蔬菜植保员手册

商鸿生　王凤葵　编著

金　盾　出　版　社

内容提要

本书是一部中型“蔬菜植保大事典”，全景式地介绍了各种蔬菜的病害、害虫和药剂。全书共分四篇，第一篇阐述了蔬菜病虫害的类群、生物学特性、发生规律等基础知识和田间诊断、调查与综合防治方法；第二篇和第三篇分别介绍了各种蔬菜的396种病害，186种害虫、害螨和有害软体动物，对各种病虫害，都介绍了症状或形态特点、发生规律以及具体防治方法；第四篇阐述了农药基本性质并详细介绍了150种农药。本书内容丰富实用，语言简练准确。适于广大植保技术人员、蔬菜技术人员、蔬菜种植人员、农药经销人员和农业院校相关师生阅读参考。

图书在版编目(CIP)数据

蔬菜植保员手册/商鸿生，王凤葵编著. —北京：金盾出版社，2009.1

ISBN 978-7-5082-5421-0

Ⅰ.蔬… Ⅱ.①商…②王 Ⅲ.蔬菜—病虫害防治方法—手册 Ⅳ.S436.3-62

中国版本图书馆 CIP 数据核字(2008)第153544号

金盾出版社出版、总发行

北京太平路5号(地铁万寿路站往南)

邮政编码：100036 电话：68214039 83219215

传真：68276683 网址：www.jdcbs.cn

封面印刷：北京金盾印刷厂

正文印刷：北京金盾印刷厂

装订：万龙印装有限公司

各地新华书店经销

开本：850×1168 1/32 印张：35 字数：870千字

2009年1月第1版第1次印刷

印数：1～10 000册 定价：76.00元

前 言

植物保护工作面广、事多、技术含量高，入门尚且不易，做一个合格的植保技术员更难。蔬菜栽培已经实现了专业化，广大种植者致力于无公害蔬菜或绿色食品的生产，外销基地还要与国际标准接轨，对病虫害防治的要求空前提高。在这一形势下，学个三招两式，是难以胜任植保工作的。这本植保员手册，就是为植保员作参考，放在手头案边，以备查询。为此，在编写时力戒简陋，尽量使用准确的语言，提供更多的信息。本手册收录了蔬菜病害 396 种（同一类蔬菜的相同病害，未按蔬菜种类重复统计），害虫 186 种，药剂 150 种，基本涵盖了重要的和常见的种类，可以满足田间防治的一般要求。

本手册对每一种有害生物都给出了拉丁文名称，这并不是要求读者去背诵学名，而只是作为一种准确的记号，去区分不同的有害生物，避免因名称混淆而犯错误。现时除去一些重要病、虫的名称通用以外，多数病、虫的中文名称并不通用。拿病害来说吧，看到报刊、书籍、农药说明上的“叶斑病”、“褐斑病”、“茎腐病”、“萎蔫病”一类的名称，编著者尽管是从业多年的专业人员，也不知道究竟是指的何种病害。有了学名，就可以摆脱这种烦恼。

农药是病虫害防治的利器。但为了食品安全和环境保护，又必须限制农药的使用。这就要求调整农药品种，降低用药剂量，减少施药次数，提高化防水平。常有读者来电询问某病该喷何种药剂，用多大浓度，这类问题的确难以简单地回答。因为防治效果取决于药剂、有害生物、田间条件、用药技术等多种因素。农药厂商所推荐、书刊杂志所介绍以及本书所提供的技术参数，代表了前人的试验结果或使用经验，不一定完全适合你的具体情况，你应当通过试验或试用，建立你自己的用药技术。这就是联系实际，合理用药。

无公害蔬菜和绿色食品生产，要更多地倚重抗病（虫）品种和农业防治措施。与药剂防治相比，这些措施所涉及的因素更为复杂，往往缺乏可操作的方法，也难以标准化。各种参考书多做原则的阐述，本书虽然尽量提供一些具体事例和方法，但基本格局未变。总之，在普及和提高两个层次，蔬菜植保员都有大量工作可做。

21 世纪以来，蔬菜新病虫害（特别是病害）不断出现，本书尽量收录，但限于篇幅和体例，未能一一详加解说。有兴趣进一步了解的读者，请参考编著者的《蔬菜新病害识别与防治》一书。非常欢迎读者诸君提供这一方面的所见所闻。

在编写本书过程中，参考了大量国内外文献书籍，各地防治经验和网上资源，难以一一列举，部分昆虫线条图复制自《农业昆虫学原理》（西北农学院 1972 年印制），《蔬菜昆虫学》（沈阳农学院主编，农业出版社 1980 年版）以及其他作者，在此一并致谢。本书涉及面广，介绍的专题多，限于编著者的学识和经验，难免有各种错误与不当之处，欢迎读者指正，以便修改。在此预先致谢。

我国是世界上蔬菜生产的第一大国，蔬菜科技也有长足发展，极富特色与创新。蔬菜植保问题非常复杂，理应在病虫防治实践中成长出一批高水平的蔬菜植保员，成为植保战线的主力军。谨祝各位胜利成功！

商鸿生，王凤葵

于西北农林科技大学

目　录

第一篇　基础篇

第二篇　蔬菜病害篇

第三篇　蔬菜害虫篇

第四篇　药物篇

第一篇 基础篇

第一章 蔬菜病害与病原生物

植物传染性病害是农林生产的重要生物灾害。据估计，在世界范围内，病害造成的经济损失平均为10%～20%，对于蔬菜等经济作物，这一数字更高达20%～30%。病害不仅造成作物减产、品质变劣、商品价值降低，而且还因毁坏植物和防治措施的副作用等，带来严重的生态和环境问题。

一、传染性病害与非传染性病害

同其他农林作物的病害一样，蔬菜病害也有传染性病害和非传染性病害两类。由生物因素引起的病害，有明显的传染现象，是传染性病害。由营养失调、环境胁迫或环境污染等化学、物理因素引起的植物失常，不能传染，是非传染性病害。

但是，并非仅是营养物质的失调，气象因子异常，空气、土壤或水受到污染等原因引起的变化都可以视为病害。这一类变化的原因和表现相当复杂，有些可能是植物体对内外因素变动的一种适应性反应，仍然是植物的"常态"，有些则可能超出了植物正常的反应范围，是一类"异常"现象。不论如何，对这类变动的研究属于植物生理学、植物营养学、作物栽培学或环境科学的范畴。人们防治或管理病害的目的是"除害"，而防止和管理此类异常的目的，就不仅是"除害"，而主要是"趋利"，即以最低的成本，获取最高的产出。蔬菜植保人员所面对的主要是传染性病害。

植物体遭受的“创伤”也不是病害，创伤是机械伤害，如压伤、割伤、踏伤、灼伤和虫伤等。幼嫩叶片之间相互摩擦也可使叶肉组织受到伤害，产生变褐斑块，俗称“风磨”，有时被误认为是传染性病害的病变。

田间诊断时要正确区分传染性病害，排除非传染性病害和机械创伤。传染性病害有明显的传染现象，田间分布不均匀。通常经历一个发病区域由点到面，发病植株由少到多的发展过程。即使是气传外来菌源引起的，通常植株上部叶片普遍发病，也有与病原菌传播方式相关联的特点。非传染性病害或生理异常的特点是均匀受害，无传染现象。凡受某种因子影响的，都表现相同的变化。有时是同一地区各个田块的同种或不同种植物都发生改变，有时则局限于一个田块或一个田块的局部地段。若非整株异常，也局限于特定器官或部位。例如，同一侧的枝条、同一龄期的叶片、叶片的同一部位（例如叶尖）。在多数传染性病害的发病部位，生有大量的病原菌营养体和繁殖体，成为肉眼可见的病征，非传染性病害不出现病征。传染性病害与非传染性病害（或生理异常）主要区别点详见表1-1。

表1-1　传染性病害与非传染性病害的主要区别

特　点	传染性病害	非传染性病害（或生理异常）
病　因	由真菌、原核生物（细菌、植原体等）、病毒、类病毒、线虫及其他病原生物侵染引起	与某种环境因子或栽培管理措施有关联。营养失调，环境污染，气象异常或遗传因素等都可引起
分　布	不均匀，田间常有发病中心	均匀，凡病因影响所及都有发生。多发生于范围相对固定的区域、植株或器官

续表 1-1

特　点	传染性病害	非传染性病害(或生理异常)
传染性	有。可传染其他器官,其他植株和其他田块。有由少到多、由轻到重的发生过程	病因消失后不再发生
症　状	有病状和病征(类病毒、病毒、植原体等无病征)	无病征
对防治药剂的反应	施用杀菌剂、杀虫剂(针对传毒介体)或杀线虫剂后可抑制发展	无作用
鉴定方法	镜检、血清学检查等病原物鉴定方法,接种试验	营养诊断,残留物分析,指示植物法或模拟试验等

二、传染性病害的症状

病原生物侵入植物体以后,消耗了植物细胞的养分和其他内含物质,通过分泌酶、毒素和激素扰乱了植物正常代谢,阻碍了营养、水分的吸收和输导,使植物体受到损害,发生了一系列生理病变和组织病变,导致外部形态的异常变化。这种植物外表的不正常表现称为"症状"。症状通常由"病状"和"病征"两类特点所构成,"病状"为植物本身的不正常表现,而"病征"则为发病部位出现的病原菌营养体和繁殖体。症状是诊断病害和评价植物抗病性的重要依据。植保技术人员通过辨识症状,应能区分或初步区分不同的病害,区分或初步区分感病植物与抗病植物,区别或初步区分不同抗病程度和抗病类型。因而,研究或辨识症状是植保技术人员的基本技能。

(一)病状的主要类型

病状是植物体遭受病原生物侵染后,本身所表现的形态病变。蔬菜病害的病状主要有下述五类。

1. 变色 变色是指病株整体或局部的色泽异常变化。叶片均匀地变为淡绿色或黄绿色,称为"褪绿";若均匀发黄则称为"黄化";叶片不均匀变色,造成深绿色、浅绿色或黄色的变色部分交错混杂,这称为"嵌纹"或"花叶";若各种颜色之间界线模糊不清,则称为"斑驳"。花叶和斑驳都是病毒侵染的常见病状。有的病毒还引起叶脉黄化,叶片失绿变白等特殊症状。蔬菜的细菌和真菌叶斑病在发病初期常形成"水浸状病斑",其特点是侵染点轻微变色并浸润性地向周围扩展。真菌引起的蔬菜茎部、叶部病斑,后期多变为黄褐色、褐色或黑褐色。根部等非绿色部分,发病后多变为黄色、黄褐色、褐色、紫红色或黑色。多种蔬菜的根腐病和萎蔫性病害,因根部腐烂或茎部维管束坏死,可导致地上部叶片变黄。

2. 坏死 病株细胞和组织受到破坏而死亡,这称为"坏死"。有的整个植株或整个器官坏死,有的仅局部组织坏死,其扩展受到限制,形成斑点。在叶片上形成斑点是最常见的病状,产生叶斑的病害通称叶斑病。蔬菜作物的叶斑病种类很多,不同叶斑病的病斑往往有特定的形状和大小。最常见的是圆形、近圆形病斑,也有纺锤形、多角形、星芒形、"V"字形、长条形或不规则形病斑。病斑的大小、颜色、形状、有无轮纹等结构特点和产生部位等特征都是识别病害的依据。多个病斑相互连接或汇合,往往产生较大范围的坏死,造成叶枯。许多叶斑病的病斑形态因抗病性而改变,可以区分出感病型和抗病型。病毒侵染的叶片,也能出现形状不同的局部坏死斑点和条纹,后者如线纹、环纹、橡叶纹、蚀纹等。

"疮痂"也是一种局部坏死斑,发生在叶片、果实、块茎、枝条等部位表皮，伴有细胞增生，形成木栓化组织，略隆起，表面粗糙，有时凹陷破裂，似结痂的疮痕。著名的病例有马铃薯疮痂病、粉痂病，辣椒的细菌性疮痂病等。番茄细菌性溃疡病病果实产生特征性的鸟眼状溃疡斑，也属于这一类型。

根部、叶柄、茎部、花梗、果梗、果实等部位也发生坏死性病变，严重时造成发病器官枯死或腐烂。茎顶生长点部位坏死，称为“顶枯”。枝梢顶部坏死，且坏死部分由顶端向下发展，这叫做“梢枯”或“回枯”。一些缓慢生长的真菌或细菌，侵染树木枝干，引起皮层组织慢性坏死，形成大小和形状不等的凹陷开裂斑块，称为“溃疡”。

3. 腐烂 植物细胞和组织被病原菌分解破坏，发生腐烂。腐烂也是一种坏死症状，但不像坏死斑那样有大体明晰固定的形状和大小。按发生腐烂的器官或部位可分为根腐、(茎)基腐、茎腐、叶腐、花腐和果腐等。植物组织腐烂时，细胞消解，流出汁液。若组织解体缓慢，水分得以蒸散消失，或细胞内含物被病原菌吸收，造成病部僵瘪，表皮干缩，形成“干腐”，像马铃薯镰刀菌干腐病、芋干腐病的症状。若病情发展很快，来不及失水，腐烂部充满水分，但仍维持外形，则成为“湿腐”。含水分较多的柔软组织受病原菌酶的作用，中胶层分解，细胞离析，继而浸解，组织软化或表皮破裂而溃散，称为“软腐”。细菌性软腐病是多种蔬菜的重要病害。有的植物腐烂组织还流出特殊的溢泌物，如胶质物、树脂等。

按照腐烂部位的色泽和形态不同，还可区分为黑腐、褐腐、白腐和绵腐等。幼苗的根和茎基部腐烂也有不同表现，丝核菌侵染导致幼苗直立死亡的，称为“立枯”；腐霉菌侵染，导致幼苗迅速折断倒伏的，则称为“猝倒”。立枯病和猝倒病都是蔬菜的常见苗期病害。镰刀菌引起的根腐病自苗期至成株期都可发生，可引起叶片萎黄，易与镰刀菌枯萎病混淆。

4. 萎蔫 病原菌侵染根、茎维管束，阻滞水分输导，造成枝叶萎垂，严重时整株枯死。植物迅速萎蔫而叶片仍维持绿色的称为“青枯”；萎蔫进展较慢，叶片变黄坏死的，称为“黄萎”或“枯萎”。细菌性青枯病、轮枝菌黄萎病、镰刀菌枯萎病等，都危害多种蔬菜。此类病害都发生输导组织坏死变褐，往往在茎基部横切面上，清晰可见。但生理异常也可能引起维管束坏死，例如番茄的黑筋病。还有一些病原菌侵染根部、根颈部或茎基部，发生腐烂、溃疡，或产生肿瘤，也阻碍水分吸收和输导，引起次生性茎叶萎蔫，应注意区分。有时萎蔫症状仅发生于部分枝条、分蘖或叶片。

5. 畸形 病原物产生激素或通过其他机制，扰乱患病植物的生长调节过程，使病植物异常生长，出现畸形。病植物发生抑制性病变，整体生长发育受阻，出现矮化、矮缩等病状。“矮化”是植株各器官都发育不良，植株整体矮小。“矮缩”则指茎秆或叶柄发育受阻而局部减生，节间缩短，叶柄、叶片畸形。蔬菜的病毒病害多引起矮化或矮缩症状。

病植物细胞体积增大或细胞数量增多都导致增生性病变。细胞异常增大造成植株徒长，叶片变形、肿大等病状。多种根结线虫侵害蔬菜，在根部取食，刺激根部细胞异常增大，形成根结。细胞过度分裂而增多，称为增生，增生导致肿瘤、根癌、发根、丛枝等病状。

病叶组织发育不均匀，会出现卷叶、皱缩、疱斑等病状。另外，植物器官变态会导致蕨叶、鸡爪形叶、扁枝、拐节、花器叶化等畸态。发病部位产生离层，则造成落叶、落蕾、落花、落果等现象。

(二)病征的主要类型

真菌、卵菌和细菌等病原生物在病植物上生成其营养体和繁殖体，形成肉眼可见的结构，即病征。与蔬菜病害有关的病征主要有以下类型。

1. 霉状物　植物发病部位生出各种颜色的霉状物，如白霉、灰霉、黄褐色霉、青霉、赤霉、黑霉等。霉状物由病原真菌的菌丝体、分生孢子梗和分生孢子构成。卵菌的霜霉状物则由菌丝体、孢子囊和孢囊梗构成。几乎各种蔬菜都发生霜霉病，因种类不同，在叶片背面产生白色、灰色或紫色等不同颜色的霜霉层。

2. 粉状物　病原真菌可在发病部位生成各种颜色的粉状物，如白色粉状物、黄褐色粉状物、黑色粉状物、红色粉状物等。各种蔬菜白粉病菌，都产生白色粉状物，后期粉斑中可能出现黑色点状物，即病原菌的子囊壳。白锈属卵菌侵染十字花科蔬菜和某些绿叶菜，在病叶上生成扁平而稍隆起的孢子囊堆，有黏质感，破裂后也散出白色粉状物，即孢子囊。瓜类红粉病病果实产生粉红色、淡红色粉状物。锈菌在病部产生的黄色、黄褐色、褐色粉状物（夏孢子、锈孢子），似铁锈，所引起的病害称为锈病。黑粉菌产生黑色粉状物（冬孢子），有些种类的孢子团外有包被或形成坚硬的菌瘿。

3. 点状物和块状物　植物罹病部位可出现微小的点状物，通过放大镜才能看清楚。最常见的是黑色小粒点，即病原真菌的分生孢子器、分生孢子盘、子囊壳或子座等。有的病害小粒点散生，有的则排列成线条状或轮纹状。

块状物突破病植物叶片表皮而外露，比点状物大而突起，形状多样，有块状、枕状、垫状、半球形、不规则形等，这是真菌的子座。

4. 线状物和颗粒状物　有些病原真菌的菌丝集结成束，形成肉眼可辨的线状物。紫卷担菌引起蔬菜、果蔬、林木的紫纹羽病，该菌产生紫红色网络状菌索，覆盖在病株附近的地面上。有些真菌产生大小、形状、颜色不同的大型颗粒状物，即菌核。

5. 细菌的菌脓　细菌的病斑，可泌出淡黄色或污白色的菌脓,称为“细菌溢脓”。菌脓干燥后成为近球形的颗粒或一层菌膜。细菌引起的蔬菜维管束病害,由病茎横切面,或病块茎、病块根的切面都可以看到细菌溢脓。因此,菌脓是识别细菌病害的重要病征。

症状虽然是传染性病害的共同特征,但也有少数病原生物侵入植物后,植物体不表现肉眼可见的症状,仅造成长势衰弱,产量降低。有的蔬菜病毒病害,在较高环境温度下,病株的异常变化趋于减弱或消失。这些都称为“隐症现象”。

三、病原生物

引起传染性病害的生物,统称为病原生物,简称病原物。病原物能在植物内完成其全部和部分生活史,但病原物自身不能进行光合作用,而是从植物体内攫取营养物质、水分和能量,供其生长发育和繁育后代。病原物的这种特性称为寄生性。具有寄生性的生物是寄生物,被寄生的植物被称为寄主或寄主植物。病原物侵入寄主植物后,还能分泌多种酶类、毒素或激素等物质,扰乱植物的生理功能,破坏植物的组织结构,给植物造成损害,使植物发病和提前死亡。病原物这种特性被称为致病性。寄生性与致病性是一切病原生物的基本属性。

病原生物的种类很多,从介于生物与非生物之间的病毒,到高等植物,各重要生物类群都有植物病原生物。其中以真菌(含卵菌)最重要,其数量占病原生物总数的 70%以上;其次是病毒,占10%～20%;细菌占 10%左右。其他较重要的还有线虫、植原体和高等寄生植物等。鉴于晚近生物分类的高级阶元屡有变动,植物病原生物的归属也有较大变化,详见表 1-2。

表 1-2　蔬菜作物的主要病原生物类群

<table>
<tr><th>变动前所用名称</th><th>变动后所用名称</th><th colspan="2">分类地位</th><th>病原生物举例</th></tr>
<tr><td rowspan="3">真　菌</td><td>根肿菌</td><td colspan="2">原生生物界</td><td>芸薹根肿菌(白菜根肿病菌)</td></tr>
<tr><td>卵　菌</td><td colspan="2">藻物界</td><td>致病疫霉(马铃薯晚疫病菌)</td></tr>
<tr><td>真　菌</td><td colspan="2">真菌界</td><td>茄链格孢(马铃薯早疫病菌)</td></tr>
<tr><td>细　菌</td><td rowspan="2">植物病原原核生物(细菌)</td><td rowspan="2">原核生物界</td><td>薄壁菌门、厚壁菌门</td><td>胡萝卜果胶杆菌(大白菜软腐病菌)</td></tr>
<tr><td>植原体</td><td>软壁菌门植原体属</td><td>甘薯丛枝病植原体</td></tr>
<tr><td>植物病毒</td><td>植物病毒</td><td colspan="2">病毒界</td><td>黄瓜花叶病毒(引起多种植物花叶病)</td></tr>
<tr><td>植物病原线虫</td><td>植物病原线虫</td><td colspan="2">动物界线虫门</td><td>南方根结线虫</td></tr>
<tr><td>高等寄生植物</td><td>高等寄生植物</td><td colspan="2">植物界被子植物门</td><td>菟丝子、列当</td></tr>
</table>

(一)真　菌

真菌是异养型生物,不含叶绿体,不能进行光合作用,必须从外界获取营养物质。真菌分布极广,种类繁多,全世界约有 150 万种,已认识的约 10 万种,大部分靠分解动植物残体生活,仅有一小部分是植物病原真菌。植物病原真菌是指那些寄生植物并引起病害的种类,已知有 8 000 种以上。真菌也是引起蔬菜作物病害的主要病原物类群。

真菌具有细胞结构,有细胞壁、原生质膜、核膜包裹的细胞核和一系列细胞器,几丁质是绝大多数真菌细胞壁的主要成分。

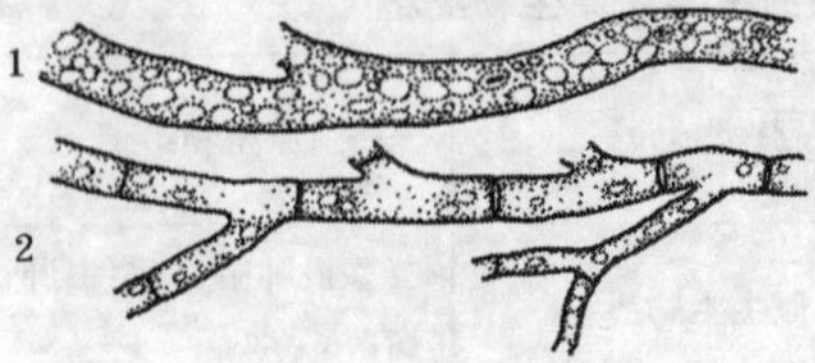

图 1-1　真菌的菌丝

1. 无隔菌丝　2. 有隔菌丝

真菌进行营养生长的菌体被称为营养体，典型真菌的营养体是结构简单的微小丝状体。单根细丝称作菌丝，管状，无色透明或具有颜色。大多数真菌的菌丝有横隔膜，将菌丝隔成许多长圆筒形的细胞，称为有隔菌丝。有些低等真菌的菌丝无横隔膜，称为无隔菌丝(图 1-1)。菌丝顶端生长，繁复分枝，形成了一团菌丝，称为菌丝体。单根菌丝和菌丝体都很微小，肉眼不可见。我们在病斑上看到的霉状物，是大量菌丝体构成的菌落。

部分真菌的菌丝体可以密集的纠结在一起，形成疏丝组织和拟薄壁组织，进而形成菌索、菌核、子座等菌丝组织体，肉眼可见。

菌核是常见的菌丝组织体，性状、大小、颜色和菌丝纠集的紧密程度依真菌种类而不同(图 1-2)。多为黑褐色或黑色，坚硬。菌核是真菌越冬、越夏的休眠机构，当条件适宜时，菌核萌发产生菌丝体或产孢结构。核盘菌危害多种蔬菜，引起菌核病，其菌核呈鼠粪状，表面黑色，长 3～7mm，宽 1～4mm 或更大。

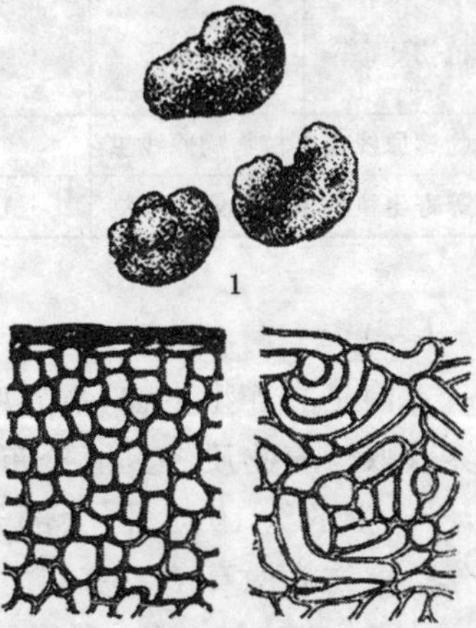

图 1-2　真菌的菌核

1. 菌核外部形态

2～3. 菌核内部组织

菌索也是一种菌丝组织

体，顾名思义，菌索绳索状，较粗、较长，与植物的根相似，也称为"根状菌索"。引起多种作物紫纹羽病的紫卷担菌，就在病株表面和周围地面形成紫色菌索，肉眼可见。

子座有垫状、柱状、棍棒状、头状等形状，多数为黑色，也有的为黄色和红色等。子座初期埋生在寄主植物表皮下，以后突破表皮而外露，肉眼可见。有的子座是菌丝组织和寄主组织结合而形成的，也称为假子座。子座的主要作用是产生产孢结构，也有渡过不良环境的作用。

真菌有无性繁殖和有性繁殖两种方式。无性繁殖体不经过两性结合和减数分裂，由营养体直接产生，或者通过无性产孢机构产生。营养体直接产生的孢子，有菌丝断裂，细胞相互脱离形成的节孢子和厚垣孢子，菌体细胞发芽产生的芽孢子等（图 1-3）。每一个断片或孢子萌发后，都可以产生新的个体。

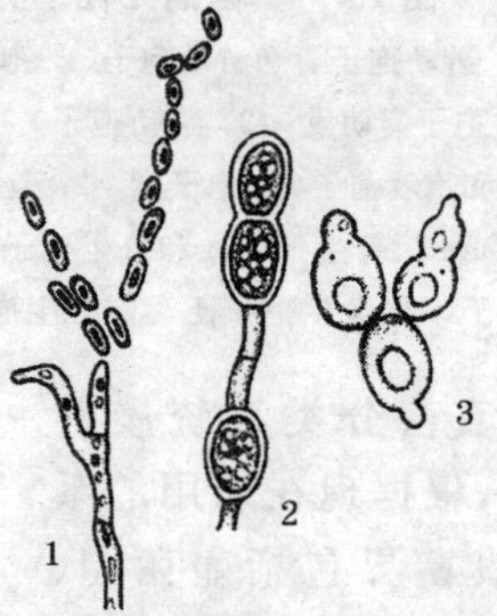

图 1-3　真菌营养体产生的孢子类型

1. 节孢子　2. 厚垣孢子　3. 芽孢子

真菌的产孢结构，不论无性的还是有性的，都称为子实体。无性子实体有孢子囊、分生孢子梗、分生孢子器、分生孢子盘等。无性子实体产生的无性孢子有游动孢子、孢囊孢子、分生孢子等（图 1-4）。大多数真菌的无性繁殖能力很强，完成一个无性繁殖世代所需要的时间短（通常只需几天），产生的无性孢子数量大，在病害传播和流行中起重要作用。

真菌的有性生殖是经过两性结合和细胞减数分裂产生后代的生殖方式。真菌营养体可分化形成有性子实体，产生有性孢子，例

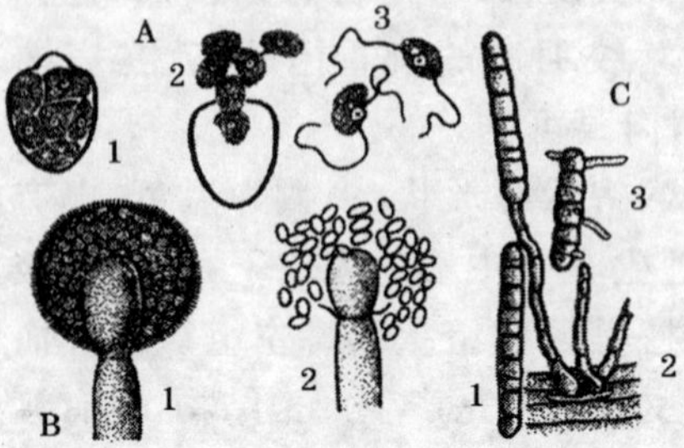

图 1-4 真菌的无性子实体

A. 游动孢子囊和游动孢子(1. 孢子囊 2. 孢子囊萌发 3. 游动孢子) B. 孢子囊和孢囊孢子(1. 孢子囊 2. 孢囊孢子释放) C. 分生孢子梗和分生孢子(1. 分生孢子 2. 分生孢子梗 3. 分生孢子萌发)

如结合子、接合孢子、子囊孢子和担孢子等(图 1-5)。真菌的有性孢子大多在植物发病后期或经过休眠期后产生。

真菌的生活史是从一种孢子萌发开始,经一定的生长发育再产生同一种孢子所经历的过程,典型的包括无性繁殖和有性繁殖两个阶段。部分真菌只有无性阶段,或者有性阶段未知,这称为无性型真菌或半知菌。

真菌分类系统屡有变动,根据现在采用的系统,真菌界包括壶菌门、结合菌门、子囊菌门和担子菌门,半知菌不再作为分类阶元。真菌最基本的分类单元为种,种的命名采用林奈的"双名制",以拉丁文书写,称为"学名"。学名的第一个词为属名,第二个词为种名,最后为定名人姓氏或姓名(可省略)。例如,危害多种蔬菜,引起白粉病的

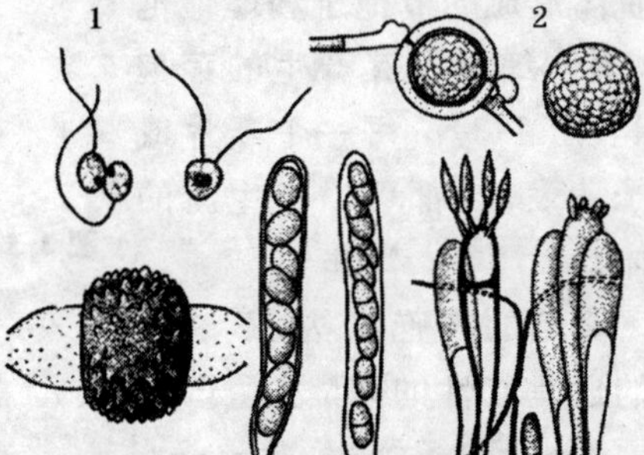

图 1-5 真菌和卵菌的有性子实体

1. 壶菌的配子结合形成结合子 2. 卵菌的藏卵器和卵孢子 3. 接合菌的结合孢子 4. 子囊菌的子囊和子囊孢子 5. 担子菌的担子和担孢子

二孢白粉菌学名为 *Erysiphe cichoracearum* DC.，其中 *Erysiphe* 为属名(白粉菌属)，*cichoracearum* 为种名，DC. 为定名人姓名的缩写。一种真菌只能有一个属名和种名，有性阶段学名为合法名称。有的种类寄主虽然很多，但从不同寄主分离到的菌株，只能寄生该种植物或亲缘关系接近的植物。这表明同一个真菌种内还可能存在寄生性分化，可以根据寄主植物的属或种的专化性，进一步划分为多个专化型。尖孢镰刀菌种内的专化型多达 120 个以上。专化型用缩写词 f. sp. 表示。例如 *Fusarium oxysporum* f. sp. *cucumerinum* 为尖孢镰刀菌黄瓜专化型，该专化型寄生黄瓜和甜瓜。

真菌界包括以下主要类群。

1. 壶菌　壶菌门的成员是一类低等真菌，营养体多为球形、近球形的单细胞，较高等的种类可以形成无隔菌丝，具有多个细胞核。无性繁殖产生游动孢子囊，游动孢子囊成熟后能释放出多个游动孢子，游动孢子后端具有一根鞭毛，能在水中游动。有性生殖产生配子囊和配子，配子结合，先发生质配，产生结合子(图 1-4，图 1-5)，再发生核配，最后产生休眠孢子囊。休眠孢子囊萌发后产生一个至多个游动孢子。

大多数壶菌在淡水中腐生，寄生植物的种类很少。芸薹油壶菌(*Olpidium brassicae*)寄生在植物根部，直接危害虽然不大，但其游动孢子可以传播多种病毒。内生集壶菌(*Synchytrium endobioticum*)侵染马铃薯，引起马铃薯癌肿病。

2. 接合菌　大多数接合菌的营养体是无隔菌丝体，无性繁殖产生一种称为孢子囊的袋状结构，内含多数孢囊孢子，有性生殖产生接合孢子(图 1-4，图 1-5)。接合菌多在土壤、粪便、植物残体中腐生，少数寄生植物，引起瓜果蔬菜腐烂，谷物生霉。

匐枝根霉(*Rhizopus stolonifer*)弱寄生，侵染瓜类、茄果类成熟的果实以及马铃薯、甘薯的薯块，引起腐烂病，病部表面密生灰色至黑色绒毛状霉层。根霉菌的营养体分化出弓状弯曲的匍匐菌丝，在基物表面蔓延，与基物接触处能生出假根，将匍匐菌丝固着在基物上。假根处还生出直立孢囊梗，顶生大型孢子囊，球形或椭圆形。在腐烂瓜果的灰色霉层中，甚至用肉眼就可以看到许多小黑点，就是这种孢子囊。另外，瓜笄霉(*Choanephora cucurbitarum*)，东北笄霉(*C. manshurica*)等侵染瓜类、辣椒、茄子、豆类等作物的花和幼果，引起花腐或果腐。

3. 子囊菌 子囊菌是一类高等真菌，营养体多为发达的有隔菌丝体，无性繁殖产生分生孢子，有性生殖产生子囊孢子。子囊孢子的形状、色泽、细胞数目等因种类不同而多有变化。子囊孢子生于子囊内，子囊大多是圆筒形或棍棒形的袋状结构，通常内含 8 个子囊孢子(图 1-5)。多数种类的子囊被包被在子囊果内，少数种类的子囊裸生，不形成子囊果。

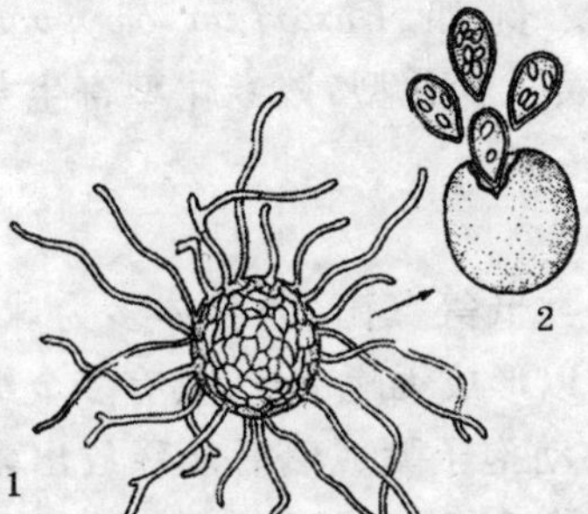

图 1-6 白粉菌的闭囊壳

1. 闭囊壳形态

2. 闭囊壳破裂释放子囊和子囊孢子

子囊果有 4 种类型，即闭囊壳、子囊壳、子囊盘和子囊座。闭囊壳球形，完全封闭，无孔口，破裂后释放子囊和子囊孢子(图 1-6)。子囊壳瓶状或囊状，内生子囊，其顶端有一孔口，子囊孢子由孔口逸出(图 1-7)。子囊盘碗状或漏斗状，顶部敞开，子囊着生于顶部的凹面上。子囊座是指在内部或表面产生子囊的子座，子囊周围不再形成真正的子囊果壁，子囊座也称为假囊壳。

子囊菌是重要的植物病原菌，侵染植物后引起叶斑病、缩叶病、白粉病、煤烟病、黑痣病、炭疽病、灰霉病、根腐病、茎腐病、干腐病、枝枯病、果腐病、麦角病、菌核病和萎蔫病等。这些病害有变色、坏死、腐烂、萎蔫和畸形等病状，子囊菌的营养体和无性子实体在发病部位形成霉状物、粉状物、点状物和颗粒状物（菌核）等病征，有性子实体子囊果呈现为点状物或块状物。

子囊菌侵染各种蔬菜，引起多种重要病害。例如，引起白粉病的病原菌属于白粉菌科的白粉菌属（*Erysiphe*）、单丝壳属（*Sphaerotheca*）、内丝白粉菌属（*Leveillula*）以及其他属。引起菌核病的为核盘菌属（*Sclerotinia*）的种类。葡萄核盘菌属的富氏葡萄核盘菌（*Botryotinia fuckeliana*）无性阶段为灰葡萄孢，引起灰霉病。

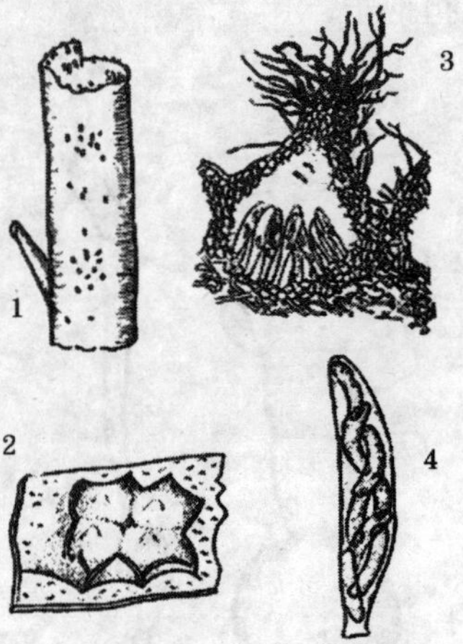

图 1-7　豆类炭疽病病原菌的子囊壳

1. 病株茎秆上的子囊壳（黑色小粒点）　2. 子囊壳突破表皮外露　3. 子囊壳和其中的子囊　4. 子囊和其中的子囊孢子

多数侵染蔬菜或其他作物的子囊菌，仅在植物生长后期，或在病残体上形成子囊果。有些子囊菌，只在特殊条件下或在人工培养基上才能产生子囊孢子。在病害流行阶段只产生分生孢子，依靠分生孢子分散传播和侵染循环。由于子囊世代较少见到或难以见到，对这类病原菌往往按其无性世代进行分类，归入半知菌。

4. 担子菌　担子菌为高等真菌，有性生殖产生担孢子，担孢子着生在担子上，每个担子一般形成 4 个担孢子（图 1-5、图 1-8）。担子菌在发育过程中形成两种不同类型的菌丝，即初生菌丝和次生菌丝。初生菌丝由担孢子萌发形成，初期无隔多核，随即产生隔膜，每个细胞仅有一个单倍体细胞核，成为单核菌丝。不同的初生菌丝间交配(质配),形成次生菌丝,每个细胞内有两个不同来源的单倍体核,为双核菌丝。担子菌中除了锈菌之外,都没有明显的性器官分化,有性生殖就靠初生菌丝间的交配完成。双核菌丝发育到一定阶段后,顶端细胞发育成为担子,进行核配和减数分裂,产生担孢子。

高等担子菌的担子着生在担子果上,形成子实层。担子果是由菌丝体构成的特殊结构,常产生在腐朽的树木和植物残枝落叶上,有些担子菌形成的大型担子果,可供食用或药用,如蘑菇、灵芝、木耳、银耳等。低等担子菌的担子裸生,不形成担子果。

担子菌的无性生殖不发达或不发生。多数担子菌没有无性阶段,部分担子菌的双核菌丝体可以进行无性繁殖,形成双核的孢子。

担子菌既有腐生类型,也有寄生类型。大多数食用菌为腐生的担子菌,而黑粉菌、锈菌等为寄生植物的担子菌。

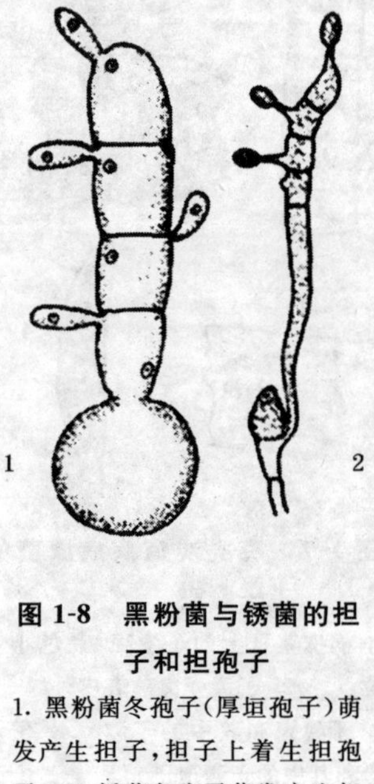

图 1-8　黑粉菌与锈菌的担子和担孢子

1. 黑粉菌冬孢子(厚垣孢子)萌发产生担子,担子上着生担孢子　2. 锈菌冬孢子萌发产生担子,担子上着生担孢子

黑粉菌目的特点是形成黑粉状的冬孢子(厚垣孢子),多为兼性寄生菌,侵染植物引起黑粉病。黑粉菌有性生殖过程简单,无特殊的性器官。冬孢子双核,萌发产生担子,在萌发过程中进行核配和减数分裂,在担子上形成单核的担孢子,担孢子结合,进行质配,形成双核菌丝体(图 1-8)。有些种类在植物体内进行系统侵染,有的则局部侵染。生长后期在植物体内形成冬孢子堆和冬孢子。无性

繁殖不发达。蔬菜黑粉病不多，较常见的有洋葱条黑粉菌（*Urocystis cepulae*）引起的葱类黑粉病，茭白黑粉菌（*Ustilago esculenta*）引起的茭白黑粉病，慈姑虚球黑粉菌（*Doassansiopsis horiana*）和暗淡实球黑粉菌（*Doassansia poaca*）引起的慈菇黑粉病，荸荠叶黑粉菌（*Entyloma eleocharidis*）引起的荸荠叶黑粉病等。

锈菌目的成员是重要的植物病原菌，专性寄生，引起多种作物的锈病。锈菌的生活史非常复杂，最多可产生5种类型的孢子，在两个不同种的寄主上完成整个生活史。产生冬孢子的寄主称为原寄主，而另一个称为转主寄生。此类锈菌的担孢子萌发后侵染转主寄主，形成单核初生菌丝和性孢子器，性孢子器又产生性孢子和受精丝。不同交配型的性孢子与受精丝结合，进行质配，产生双核菌丝体，随后又形成锈孢子器和锈孢子。锈孢子也是双核孢子，经传播后，接触并侵入原寄主。在原寄主上产生发达的双核菌丝体和夏孢子堆。夏孢子堆产生和释放双核夏孢子，夏孢子萌发后进行再侵染。在生长后期，原寄主上形成冬孢子堆和双核冬孢子（图1-9）。冬孢子是一种厚壁休眠孢子，越冬后萌发，经核配与减数分裂，产生单核的担孢子（图1-8）。锈菌纲中也有些种类仅能产生部分孢子类型，或仅有一种寄主。实际上，许多重要农作物锈病的侵染循环过程又非常简单，主要以夏孢子反复侵染危害，冬孢子阶段和转主寄主不重要或不起作用。

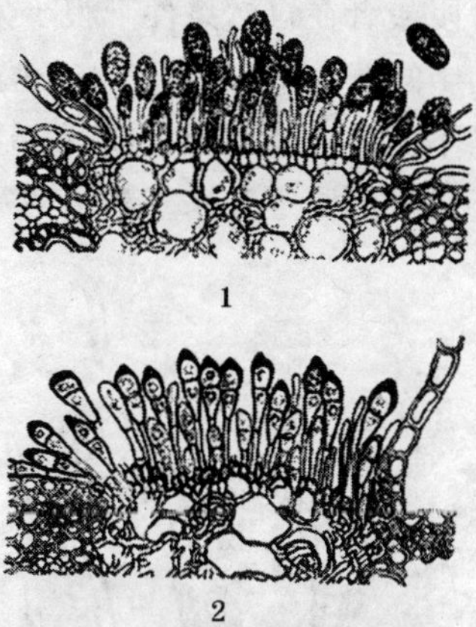

图1-9　柄锈菌的夏孢子堆与冬孢子堆

1. 夏孢子堆与夏孢子　2. 冬孢子堆与冬孢子

单孢锈菌属（*Uromyces*）的若干种侵染菜豆、豇豆、扁豆、豌豆和蚕豆等豆类蔬菜，柄锈菌属（*Puccinia*）中的葱柄锈菌侵染大葱、洋葱、韭葱、韭菜和大蒜等葱属蔬菜，天门冬柄锈菌侵染芦笋，萱草柄锈菌侵染黄花菜等，都引起重要的蔬菜锈病。

其他担子菌目多有产生大型担子果的食用菌，但也有重要病原菌。例如，丝核菌的有性阶段瓜亡革菌（*Thanatephorus cucumeris*），白绢病菌的有性阶段罗尔斯伏革菌（*Corticium rolfsii*）等。

5. 半知菌 半知菌是依据无性阶段特点而分类的系统，其有性阶段或者在自然条件下很少发生，或者尚未发现。已发现有性阶段的半知菌，大部分可归入子囊菌，少部分可归入担子菌。半知菌现已不作为正式的分类阶元，但由于植物病原真菌多半为半知菌，出于病原菌鉴定和病害防治的需要，这一分类系统仍然在应用。

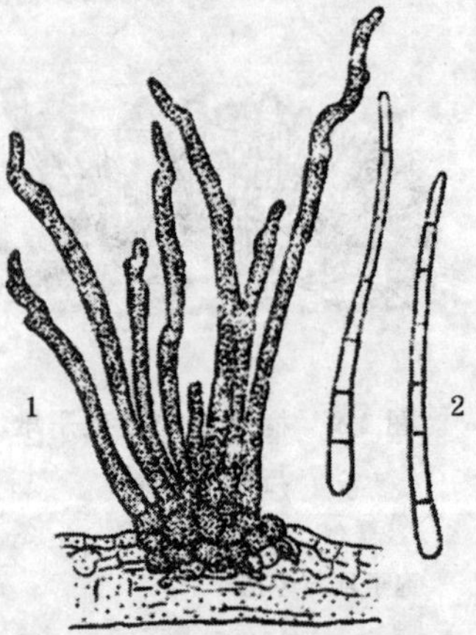

图 1-10 尾孢属半知菌的分生孢子梗和分生孢子

1. 分生孢子梗 2. 分生孢子

多数半知菌的营养体是具有隔膜的菌丝体，无性繁殖的基本方式是从营养菌丝上分化出分生孢子梗，在分生孢子梗上形成分生孢子（图 1-10）。分生孢子梗是特化的菌丝，上面生有能直接产生分生孢子的产孢细胞。分生孢子梗有的单独产生，有的集合在一起，形成特化的结构，即产孢体。产孢体有孢梗束、分生孢子座、分生孢子盘和分生孢子器等。

孢梗束是一群分生孢子梗黏结在一起而形成的长束形产孢结构。分生孢子座是生有分生孢子梗的垫状结构，由菌丝纠结而成，呈球形、碟形或瘤状，暗黑色或颜色鲜艳。分生孢子器是球形或烧瓶形的无性子实体，有的生于寄主组织表面，有的埋生或半埋生于寄主组织中，其内壁上生有分生孢子梗，顶端着生分生孢子，但也有分生孢子直接从内壁细胞上产生的（图 1-11）。分生孢子盘是垫状或浅盘状的无性子实体，生于寄主植物表皮下，成熟后突破表皮而外露，盘上生有分生孢子梗，有的种类盘上还生有长而粗的刚毛（图1-12）。

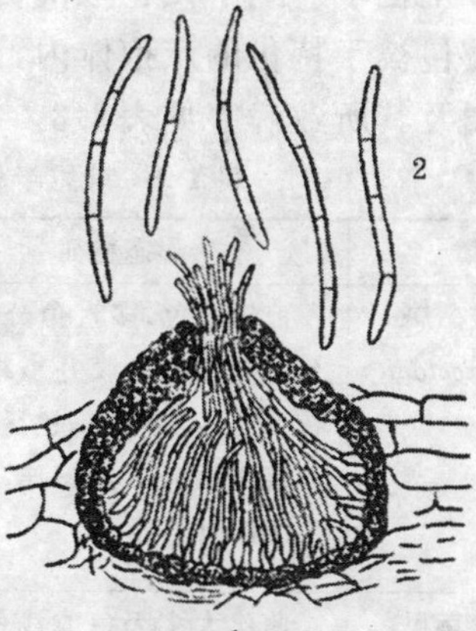

图 1-11　壳针孢霉属半知菌的分生孢子器

1. 分生孢子器　2. 脱出的分生孢子

半知菌的分生孢子无色（淡色）或有色（暗色），有的仅为单细胞，有的由两个或多个细胞组成。分生孢子形状多样，有圆形、椭圆形、卵形、圆筒形、纺锤形（梭形）、线形、砖隔形、螺旋形和星形等多种形状。分生孢子的颜色、形状、尺度、分隔数目等都是分类的重要依据。

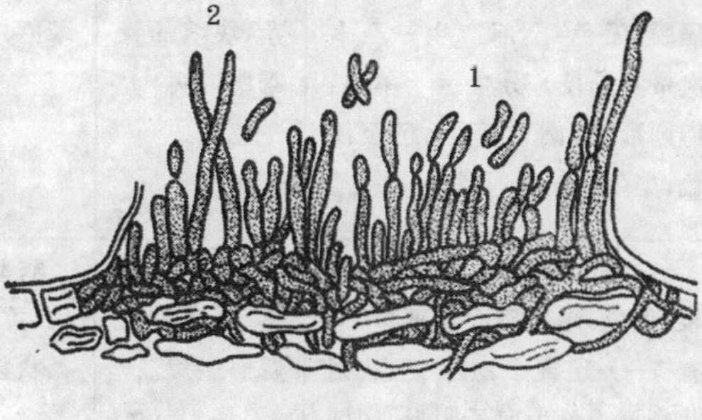

图 1-12　刺盘孢属半知菌的分生孢子盘

1. 分生孢子梗和分生孢子　2. 刚毛

引起蔬菜病害的半知菌分属于丝孢纲和腔孢纲，丝孢纲的成员分生孢子产生于无包被的分生孢子梗，腔孢纲各成员分生孢子梗被包被于特化的产孢体内，诸如分数孢子盘、分生孢子器等。常见属及其所致病害见表 1-3。

表 1-3　常见半知菌及其所致蔬菜病害

属　名	形态特征	主要蔬菜病害	症状特点
丝核菌属 *Rhizoctonia*	菌丝褐色，多直角分枝，近分支处形成隔膜并缢缩。菌核无定形，扁平，褐色至黑色，菌核之间有菌丝相连。不产生无性孢子	幼苗立枯病，成株基腐病、叶腐病等	幼根腐烂，幼苗立枯，成株根、茎、叶等部位变褐腐烂，生有蛛丝状菌丝体和黑褐色小菌核
小核菌属 *Sclerotium*	菌丝大多无色或浅色。菌核球形或不规则形，隆起或扁平，初淡色，后褐色。不形成无性孢子	白绢病	病部变褐腐烂，生白色棉絮状菌丝体和茶褐色芥菜籽大小的小菌核
粉孢属 *Oidium*	菌丝体白色，表生，分生孢子梗直立，不分枝，分生孢子长圆形，单胞，无色，串生	白粉病	病部散生白色粉斑或覆盖白色粉状物
青霉属 *Penicillium*	分生孢子梗单枝或成束，有隔膜，无色，上部产生一至多次帚状分枝。分生孢子单胞，卵圆形、椭圆形等，无色至淡色，串生	果实、鳞茎、块茎的青霉腐烂病	病部腐烂，生黄绿色、灰绿色霉状物
曲霉属 *Aspergillus*	分生孢子梗有足细胞，单枝，无色，端部膨大成顶囊，上有 1～2 层或多层小梗，放射状排列。分生孢子圆形、卵圆形，单胞，无色或淡色	果实、鳞茎、块茎的曲霉腐烂病	病部腐烂，生黄绿色、黄褐色、黑褐色霉状物，因种类而异

续表 1-3

属 名	形态特征	主要蔬菜病害	症状特点
轮枝孢属 *Verticillium*	分生孢子梗无色，二级分枝轮生。分生孢子单胞，球形、卵形、椭圆形，无色或淡色。生黑色膨大休眠菌丝、厚垣孢子或微菌核	黄萎病	整株或部分分枝萎蔫，维管束变褐色
聚端孢属 *Trichothecium*	分生孢子梗单枝，细长，无色。分生孢子长圆形、洋梨形，双胞，基部喙状，无色或淡色，常连成孢子链	粉红聚端孢引起果实腐烂，也可危害幼苗和茎叶	病部软化腐烂，生粉白色至粉红色霉状物
葡萄孢属 *Botrytis*	菌丝体无色或淡色，产生形状不规则的黑色小菌核。分生孢子梗淡色，有隔，上部树枝状分枝。分生孢子单胞，球形或椭圆形，无色或淡色，单生，聚集成葡萄穗状	灰霉病	病部腐烂，生灰色霉状物和黑色小菌核
小尾孢属 *Cercosporella*	菌丝体无色。分生孢子梗短，单枝，无色，丛生。分生孢子单生，无色，多胞，长椭圆形、圆筒形、线形，直或弯，基胞平截，端部渐细	叶斑病（十字花科蔬菜白斑病）	形成坏死斑点，生淡色霉
梨孢属 *Pyricularia*	菌丝体褐色，分生孢子梗单生或丛生，淡褐色，屈膝状，产孢痕明显。分生孢子单生，洋梨形或倒棒形，多数 3 胞，无色至淡橄榄色	叶斑病（茭白瘟病）	病斑梭形、椭圆形，生灰绿色霉状物

续表 1-3

属　名	形态特征	主要蔬菜病害	症状特点
枝孢属 *Cladosporium*	菌丝体褐色，产生子座。分生孢子梗褐色，无或有分枝，屈膝状。分生孢子褐色，椭圆形，单胞或双胞，基胞脐明显，单生或成短链，可芽殖	果腐病，斑点病(瓜黑星病)	瓜类果实产生疮痂状溃疡斑，叶斑易穿孔脱落，生绿褐色或黑褐色霉状物
尾孢属 *Cercospora*	菌丝体浅色，产生子座。分生孢子梗生在子座上，丛生，褐色，屈膝状，产孢痕明显。分生孢子倒棒形、鞭形、线形，多胞，无色至淡色，单生	叶斑病	叶斑或叶枯，病斑生黑褐色小粒点(子座)或灰色霉状物
链格孢属 *Alternaria*	菌丝体褐色，分生孢子梗褐色，单生或丛生，多屈膝状，产孢痕明显。分生孢子卵形、椭圆形、倒棒形，褐色，有纵横隔膜，多有喙，链状串生或单生	黑斑病	病斑黑褐色，生黑色霉状物
匍柄霉属 *Stemphylium*	菌丝体褐色，有时产生子座。分生孢子梗褐色，每节端部膨大。分生孢子褐色，椭圆形或长圆形，两端钝圆，多胞，有纵横隔膜，基胞脐点凹陷	叶斑病	病斑褐色，上生黑褐色霉状物
拟束梗霉属(褐柱丝霉属) *Phaeoisariopsis*	菌丝体褐色，分生孢子梗淡色至褐色，形成孢梗束，圆筒状，上半部向外展开。分生孢子顶生，淡灰色至褐色，双胞或多胞，圆筒形或棍棒形	叶斑病(菜豆、扁豆角斑病)	叶片上病斑暗褐色多角形，密生灰褐色霉状物

续表 1-3

属 名	形态特征	主要蔬菜病害	症状特点
镰刀菌属 *Fusarium*	菌丝体无色至鲜色，有的形成厚垣孢子。分生孢子座垫状，大分生孢子镰形、梭形，无色，多胞，端胞短喙状或锥形，足胞常有小突起；小分生孢子卵形、椭圆形，单胞或双胞，无色，单生或串生。分生孢子常聚集成黏孢子团	根腐病、果腐病、枯萎病	腐烂病病部变褐，干腐或湿腐，生有白色至粉红色霉或橙红色黏分生孢子团；枯萎病引起整株或部分分枝枯萎，维管束变黑褐色
刺盘孢属（炭疽菌属）*Colletotrichum*	分生孢子盘盘状或垫状，生于植物表皮下，成熟后不规则开裂。刚毛暗褐色，有隔膜，顶端尖细。分生孢子短圆柱形至新月形，无色，单胞	炭疽病（发生于茎、叶、果）	生成坏死斑点，有黑色小粒点（放大镜下可见黑色刚毛）
茎点霉属 *Phoma*	分生孢子器球形，有或无突起（或短喙），黄褐色至黑色，散生或聚生。分生孢子卵圆形或椭圆形，单胞，偶有双胞，壁薄，无色至浅色，常含油球	斑点病、腐烂病	叶、茎、根、果生坏死斑，有黑色小粒点
叶点霉属 *Phyllosticta*	形态与茎点霉相似，危害叶片	叶斑病	病斑上生黑色小粒点
拟茎点霉属 *Phomopsis*	分生孢子器褐色，球形、近球形，孔口部稍突起，器壁厚，常生在子座中。分生孢子两型，α型卵圆形至纺锤形，单胞，无色，两端各有一油球；β型为线形，单胞，无色，一端弯曲呈钩状，不含油球	叶斑病、秆枯病、果腐病	病部变褐坏死，生黑色小粒点

续表 1-3

属　名	形态特征	主要蔬菜病害	症状特点
壳球孢属 *Macrophomina*	分生孢子器球形，孔口部乳突状，器壁厚，炭质，黑色。分生孢子短圆柱形、纺锤形或球形，单胞，无色微菌核黑色，坚硬，常与分生孢子器混生	炭腐病	根部、茎基部变黑褐色腐烂，密生黑色小粒点，病株萎蔫
壳二孢属 *Ascochyta*	分生孢子器球形或扁球形，孔口外露，黑褐色。分生孢子卵圆形至圆筒形，双胞，无色	叶斑病、茎枯病	病部变褐坏死，生黑色小粒点
壳针孢属 *Septoria*	分生孢子器扁球形，孔口部稍突出，黑褐色。分生孢子针形或线形，多胞，细长，直或弯，一端较细，无色	叶斑病	病部变褐坏死，生黑色小粒点

（二）卵　菌

卵菌纲归属于藻物界，已记载的卵菌约 700 种。寄生高等植物的卵菌，营养体多为发达的菌丝体，无隔膜，含有多数二倍体细胞核，少数低等种类为多核的单细胞。细胞壁主要成分为纤维素和葡聚糖，多数不含有几丁质。无性繁殖由游动孢子囊产生游动孢子。游动孢子具有双鞭毛，一个为茸鞭，另一个为尾鞭。有些种类的游动孢子囊萌发产生芽管，由芽管发育成菌丝体。有性生殖则通过雄器与藏卵器交配，产生卵孢子（图 1-5）。

低等的卵菌多为水中的腐生菌，部分种类两栖，习居于土壤中，腐生或兼性寄生，高等种类多为陆生植物的专性寄生菌。白锈菌、腐霉菌、疫霉菌、霜霉菌等都是重要的植物病原菌。

1. 白锈属（*Albugo*）　为专性寄生菌，危害植物茎、叶、果，引起白锈病。病株出现失绿斑块和白色疱斑（孢子囊堆），还出现徒长、肿大、畸形等复杂病状。白锈菌的菌丝在寄主体内细胞间蔓延，由菌丝分化产生短棍棒形的孢囊梗，其顶端形成成串的球形孢子囊。孢子囊萌发产生肾脏形双鞭毛的游动孢子，从顶端的裂口放出。在肥肿的病组织内容易找到病菌的有性繁殖器官，雄器棍棒形，藏卵器圆形，内含一个卵孢子。

2. 腐霉属(*Pythium*)　可引起软腐性病害，包括幼苗猝倒病以及根腐病、基腐病、茎腐病和果腐病（绵腐病）等。病部生有白色絮状物，即为腐霉菌繁茂的菌丝体。腐霉菌的孢囊梗与菌丝相似，孢子囊有的与菌丝相似，仅略膨大，有的为姜瓣状或近球形。孢子囊萌发后生出膨大的囊状物，称为泡囊，内生游动孢子。少数种类孢子囊直接萌发，产生芽管。藏卵器近球形，卵孢子球形，淡黄色。雄器形状多样，但少数种可孤雌生殖。

3. 疫霉属(*Phytophthora*)　病原寄生性强，也引起腐烂性病害，包括根腐、叶腐、茎腐、果腐等，病部产生白色棉毛状霉。这类病害通常称为疫病或晚疫病，在适宜的环境条件下，病情发展迅速，在较短的时间内，就可能暴发流行。疫霉菌菌丝体繁茂，丝绵状。菌丝分枝多呈直角，常在分支处缢缩。孢囊梗与菌丝形态差异不明显或明显，常不规则分枝或合轴分枝，无限生长。孢子囊多顶生，卵形、梨形、椭圆形或不规则形，有的顶端有乳突。孢子囊萌发后产生游动孢子或芽管。藏卵器球形或近球形，无色或黄色至褐色，卵孢子球形，无色至黄色。

4. 霜霉病菌　为专性寄生菌，引起霜霉病，最明显的病征是产生白色、灰色或紫色的霜霉层。引起蔬菜霜霉病的种类多属于霜霉目霜霉科，常见的有霜霉属（*Peronospora*）、假霜霉属（*Pseudopernospora*）、单轴霉属（*Plasmopora*）、盘霜霉属（*Bremia*）和拟盘霜霉属（*Bremiella*）等。这一类霜霉病菌菌丝体发达，在寄主植物细部间蔓延，有特殊分化的孢囊梗，从寄主气孔伸出。孢囊梗有限生长，主轴基部膨大或不膨大，中上部分枝，孢子囊单生在末枝顶端，卵圆形或椭圆形，无色或淡黄色至淡紫色，有或无乳突，萌发产生芽管或游动孢子（图 1-13）。卵孢子卵圆形至椭圆形，淡黄色至黄褐色，单生。

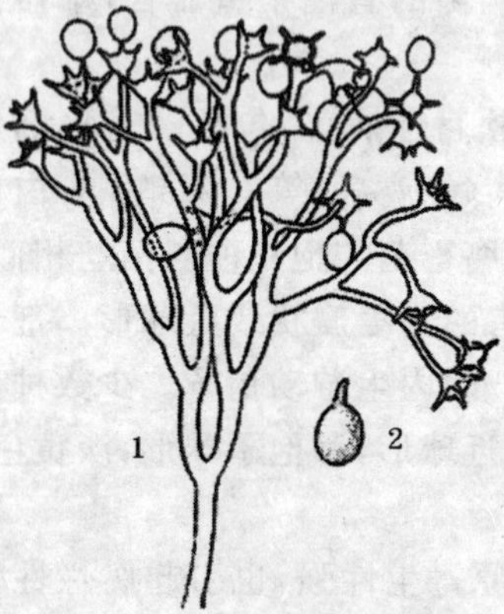

图 1-13　莴苣盘霜霉的孢囊梗和孢子囊

1. 孢囊梗　2. 孢子囊

（三）细　菌

细菌属于原核生物界，原核生物是指含有原核结构的，有细胞膜和细胞壁，或只有细胞膜包裹的单细胞微生物。它的遗传物质分散在细胞质中，无固定形态的细胞核。原核生物界成员除细菌外，能使高等植物致病的还有放线菌以及无细胞壁的植原体和螺原体等。

植物病原细菌菌体很小，大多为杆状，少数为球状。菌体有细胞壁，其外有一黏质层，主要由多糖组成。比较厚而固定的黏质层称为荚膜。大多数植物病原细菌体外有黏质层，但无荚膜。细菌的核物质集中在细胞质中部，形成核质区，无核膜。

能运动的细菌有细长的鞭毛。鞭毛从菌体质膜下粒状的鞭毛基体上生出，穿过细胞壁和荚膜，延伸到体外。有的种类仅生有 1 根鞭毛（单鞭），有的则着生多根鞭毛。着生在菌体一端或两端的鞭毛，称为极鞭，着生在菌体侧面或周缘的称为周鞭（图 1-14）。鞭毛数目和着生位置是分属的重要依

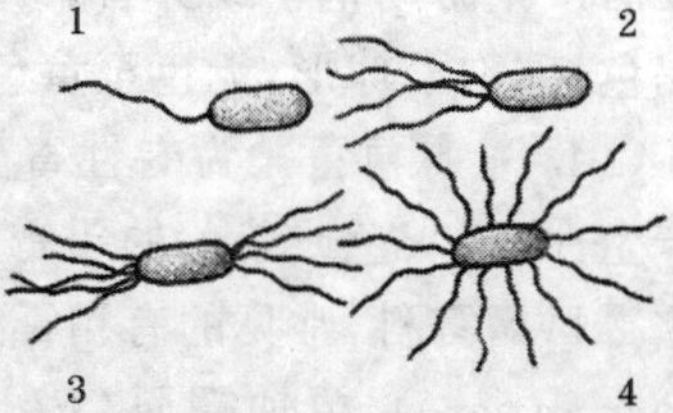

图 1-14　细菌及其鞭毛

1. 单鞭　2～3. 极鞭　4. 周鞭

据。

革兰氏染色反应也是细菌的重要形状，大多数植物病原细菌革兰氏染色反应为阴性，少数是阳性。

细菌以裂殖的方式繁殖，即一个母细胞从中间分裂为两个子细胞。细菌对营养要求不很严格，大多数可以人工培养。

原核生物最基本的分类单元为种，种的命名也采用双名制，同真菌、卵菌等相同。病原细菌在“种”的下面，还可进一步区分为“亚种”、“致病变种”等种下阶元。亚种（简写为 subsp.）是指物种内按照培养特性、生理生化性状、遗传学特性诸方面的差异而区分的类群。致病变种（简写为 pv.）则是按寄主范围和致病性差异区分的类型。例如，胡萝卜果胶杆菌种下有 3 个亚种，丁香假单胞菌已区分出 56 个致病变种。

植物病原细菌的主要类群为属于薄壁菌门和厚壁菌门的 20 余属。其中最重要的是土壤杆菌属（*Agrobacterium*）、布克氏菌属（*Burkholderia*）、棒形杆菌属（*Clavibacter*）、欧文氏菌属（*Erwinia*）、劳尔氏菌属（*Ralstonia*）、假单胞菌属（*Pseudomonas*）和黄单胞菌属（*Xanthomonas*）等。

植物病原细菌主要从自然孔口和伤口侵入寄主。病害症状随病原种类和侵染途径而有所不同，有局部坏死、腐烂、萎蔫、畸形等多种类型。

细菌引起的坏死症状，主要有叶斑、叶枯、果斑等。黄单胞菌引起的叶斑大多表现水浸状，假单胞菌引起的叶斑在发病初期和高湿条件下也呈水浸状。病斑可能溢出菌脓，干燥后成为薄薄的菌膜或颗粒状物。

细菌引起的腐烂症状多表现软腐和湿腐，发生于根、茎、叶和果实等器官，贮运期间的果蔬、块茎、块根等也经常发生软腐。软腐病主要是由欧文氏菌属、果胶秆菌属（*Pectobacterium*）、泛菌属（*Pantoea*）的成员侵染而引起的。

萎蔫和枯萎症状主要是由劳尔氏菌属、棒形杆菌属和部分欧文氏菌属成员引起的，多为整株性萎蔫，是经由维管束发生系统侵染的结果。茄科蔬菜青枯病、马铃薯环腐病等都是典型的萎蔫性病害。

畸形症状主要由土壤杆菌属成员侵染引起，出现肿瘤和发根（毛根）症状。假单胞菌属和红球菌属（*Rhodococcus*）的一些病原也引起肿瘤症状。软壁菌门的植原体属（*Phytoplasma*）则引起矮缩、丛枝等症状。

胡萝卜果胶杆菌（*Pectobacterium carotavora*）引起的软腐病，丁香假单胞菌（*Pseudomonas syringae*）引起的斑点病，茄劳尔氏菌（*Ralstonia solanacearum*）引起的青枯病，地毯草黄单胞（*Xanthomonas axonopodis*）引起的细菌性疫病、黑腐病，致瘤土壤杆菌（*Agrobacterium tumefaciens*）引起的根癌病等都是重要病害和重点防治对象。

（四）植物病毒

病毒（Virus）是指包被在蛋白或脂蛋白保护性外壳内，只能在寄主细胞中完成自身复制的核酸分子，因而又称为分子寄生物。

病毒的基本形态为微小的粒体，大部分植物病毒的粒体为球状（等轴状）、杆状和线状，少数为弹状、丝线状和双联体状等（图1-15）。完整的病毒粒体是由一个或多个核酸分子，包被在蛋白质外壳里构成的。多数病毒的衣壳只有一种蛋白质。少数病毒粒体外还具有包膜，包膜由脂类、蛋白质和多糖构成。

病毒的核酸有 RNA 和 DNA 两种，寄生于植物的病毒，按照核酸的类型、链数和功能，区分为正单链 RNA 病毒、负单链 RNA 病毒、双链 RNA 病毒、单链 DNA 病毒和双链 DNA 病毒等。

病毒繁殖时分别合成核酸和蛋白质组分，再组装成子代粒体。病毒的复制依赖于寄主的核酸和蛋白质合成系统，需要寄主提供原材料。病毒是专性寄生物，在植物细胞间的移动通过胞间联丝，在植株各部分之间的长距离移动则通过韧皮部。

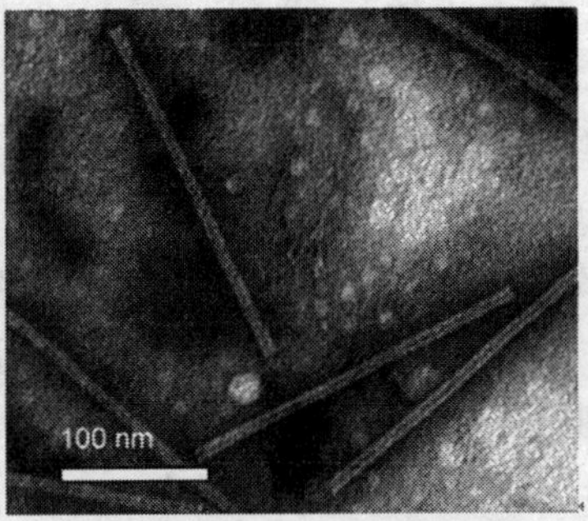

图 1-15 烟草花叶病毒(TMV)的杆状粒体
(电子显微镜照片)

植物病毒无主动侵染寄主的能力,自然状态下主要靠介体或非介体途径传播。病毒的介体生物主要有蚜虫、叶蝉、飞虱、螨类、蓟马、土壤线虫和真菌等,介体传毒有不同水平的专化性。病毒的非介体传播主要通过机械接触、有性或无性繁殖材料以及嫁接等途径实现。

植物病毒已经采用按科、属、种分类的新方案。分类的主要依据是病毒的形态学特征、理化特性、基因组结构、复制特性、蛋白质特性、抗原特性、生物学特性等。据 2005 年发布的报告,植物病毒有 18 科 81 属,其中有 17 个属还没有科一级的分类阶元。已知植物病毒的确定种 763 个,暂定种 279 个。科、属的名称采用缩拼方式,用斜体字母书写。种的名称仍然采用英文俗名法,用斜体字书写,第一字母大写,一般由寄主名称、症状加"virus"构成。例如,黄瓜花叶病毒的种名为 *Cucumber mosaic virus*,其中"寄主名称"是指最早发现的寄主或代表性寄主。黄瓜花叶病毒的自然寄主多达 67 科 470 种植物。

农业上重要的植物病毒很多,多分布在烟草花叶病毒属(*Tobamovirus*)、马铃薯 Y 病毒属(*Potyvirus*)、黄瓜花叶病毒属(*Cucumovirus*)、南方菜豆花叶病毒属(*Sobemovirus*)、蠕传病毒属(*Nepovirus*)、黄症病毒属(*Luteovirus*)以及其他属。

植物被病毒侵染后,多系统发病,表现斑驳、花叶(嵌纹)、黄化、矮缩、畸形、丛生等症状,少数有脉带、环斑、蚀纹、耳突等特征性症状。抗病寄主多表现局部坏死病斑。病毒对蔬菜作物的危害严重,且难以防治。烟草花叶病毒(TMV)、黄瓜花叶病毒(CMV)、马铃薯Y病毒(PVY)、番茄斑萎病毒(TSWV)、苜蓿花叶病毒(AMV)等都是寄主广泛、严重危害蔬菜的植物病毒。

植物类病毒是由246～574个核苷酸组成的单链环状RNA寄生物,无蛋白质外壳。典型类病毒为马铃薯纺锤块茎类病毒(PSTVd)。迄今已发现的类病毒病害有30余种,病株无明显表观症状或表现畸形、坏死、变色等症状。

(五)植物病原线虫

线虫是一类低等的无脊椎动物,寄生和危害植物的称为植物病原线虫或植物寄生线虫。植物线虫的个体相对较小,与真菌和细菌一样,需借助显微镜来观察形态,习惯上都把寄生线虫作为病原物来研究。

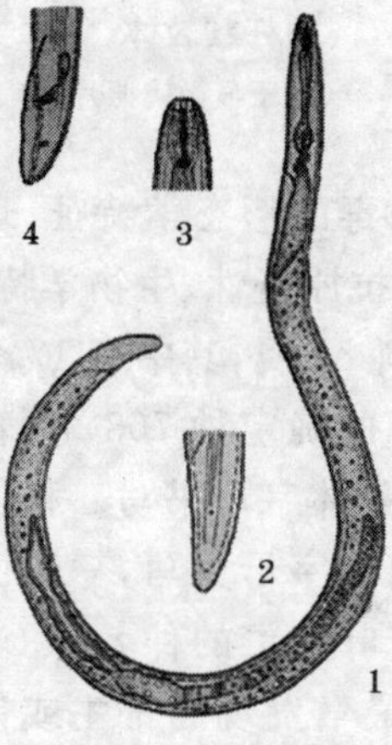

图1-16 根斑(腐)线虫(短体线虫属)形态

1. 雌虫 2. 雌虫尾部
3. 头部 4. 雄虫尾部

大多数植物线虫雌雄同型,线状,横断面圆形(图1-16)。有些线虫雌雄异体,雌虫成熟后膨大成柠檬形或梨形,例如根结雄虫属的种类(图1-17)。线虫产卵,由卵孵化出幼虫,幼虫有4个龄期或3个龄期,老熟后发育成为成虫,两性交配后又复产卵,完成了生活史。植物病原线虫都是专性寄生的,寄生方式有内寄生和外寄生两种。多数线虫在土壤中存活,植物的根部、地下茎、鳞茎、块茎等最易受到侵染。

全世界已报道的植物寄生线虫有207个属4 832种,常见重要类群有茎线虫属(*Ditylenchus*)、异皮线虫属(*Heterodera*)、根结线虫属(*Meloidogyne*)、滑刃线虫属(*Aphelenchoides*)、伞滑刃线虫属(*Bursaphelenchus*)、短体线虫属(*Pratylenchus*)和粒线虫属(*Anguina*)等。

危害蔬菜、薯类的主要线虫有根结线虫(*Meloidogyne* spp.)、腐烂茎线虫(*Ditylenchus destructor*)、鳞球茎茎线虫(*Ditylenchus dipsaci*)、甜菜胞囊线虫(*Heterodera schachtii*)、大豆胞囊线虫(*H. glycines*)和马铃薯金线虫(*Globodera rostocheinsis*)和马铃薯根斑(腐)线虫(*Pratylenchus* spp.)等。

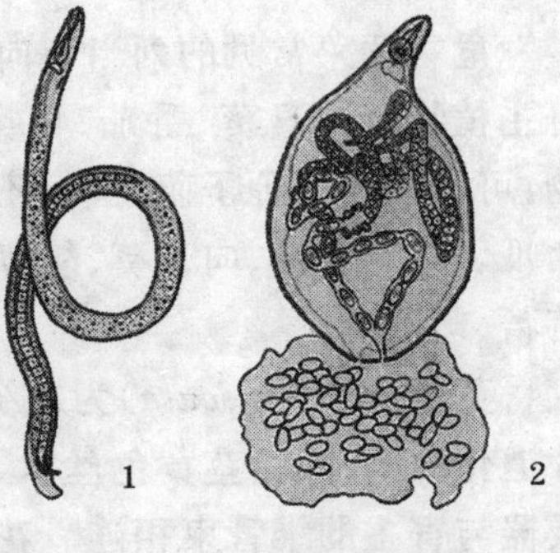

图 1-17　根结线虫形态

1. 雄虫　2. 雌虫及其卵囊

(六)高等寄生植物

大多数植物细胞内含有叶绿素或其他色素,能够进行光合作用,合成自身所需要的有机物质,但也有少数植物因根系和叶片退化,或缺乏叶绿素,需寄生在其他种类的植物上,获取寄主全部或部分营养物质,营寄生生活,称为寄生性植物。寄生性植物大多为双子叶种子植物,即高等寄生植物。高等寄生植物的寄主大多数是野生木本植物,少数是农作物。

高等寄生植物有全寄生和半寄生两类。从寄主植物获取全部营养物质的寄生方式,称为全寄生,仅获取水分和无机盐的为半寄生。寄主植物因丧失营养物质而早衰或死亡。

寄生蔬菜作物的重要寄生植物为列当和菟丝子。列当属(*Orobanche*)为全寄生型根寄生草本植物,多数种类寄生性较专化。列当无真正的根,只有吸盘吸附在植物根部,用短须状次生吸枝与寄主根部维管束相连。肉质茎伸出地面,直立,上生绒毛或腺毛。叶片退化成细小鳞片状物,无叶绿素,螺旋状排列在茎上。有两性花，花瓣筒状，白色或有色。果实为蒴果，内含大量非常细小的种子。

危害蔬菜常见的列当有向日葵列当和瓜列当。向日葵列当的寄主植物有向日葵、番茄、豆类、胡萝卜、芹菜等。辣椒为诱发植物，可诱发列当种子萌发，但不受害。瓜列当的主要寄主为甜瓜、西瓜、黄瓜、番茄、向日葵、胡萝卜等。其诱发植物有玉米、三叶草、苜蓿、芝麻等。

菟丝子属(*Cuscuta*)为缠绕性草本植物，营全寄生生活。其叶片退化为鳞片状，茎黄色丝状，缠绕在寄主植物的茎部和叶部，以吸器与寄主的维管束相连。花小，白色或淡红色，果实为蒴果，种子小而多。菟丝子常见种类有中国菟丝子、南方菟丝子、田野菟丝子、日本菟丝子等，寄主主要有豆科、菊科、茄科、伞形科、百合科植物等。

列当和菟丝子均为我国农业植物检疫性有害生物，主要靠种子传播，应严格检疫，防止随寄主植物的种苗调运而传播。寄主作物种子需彻底清除混杂的列当、菟丝子种子后，才能播种。发生严重的田块应换种禾谷类等非寄主作物，并长期坚持。在发生早期，要抓紧进行人工拔除或喷施除草剂杀灭。

第二章　蔬菜病害的发生规律

蔬菜传染性病害的发生发展，是一个有规律的过程，它包括病害的时间延续和空间扩展两个方面。时间延续主要是指病原物的侵染过程和病害的周年循环，空间扩展主要是指病害的传播。病害的发生程度则取决于寄主植物、病原物和环境条件诸方面多种因素的配合。了解蔬菜病害的发生规律，就可以合理地，有针对性地防治病害。

一、病原物的侵染过程

病原物的侵染过程也称为病害发生过程，是指从病原物与寄主植物接触、侵入到寄主发病的连续过程，可分区为接触期、侵入期、潜育期和发病期等四个阶段。

(一)接触期

接触期指病原物转移到植物上，两者相互接触的阶段。蔬菜病原物多数是由气流、雨水、介体昆虫、农事操作所携带，被动接触植物的。部分细菌菌体、卵菌的游动孢子和线虫等也能主动地接触植物体。

真菌的孢子降落到叶片上以后，就释放一些黏附物质固着在叶片上，然后在叶面营养物质的刺激下萌发，产生芽管，接受叶表结构的刺激，或者能够识别植物发出的化学信号而趋向于侵入部位。芽管延长后成为侵入菌丝，或分化形成复杂的侵入机构，后者是病原菌专门为侵入植物而产生的一系列结构。

(二)侵入期

侵入期指病原物产生侵入机构而进入植物，到开始与寄主植物建立寄生关系的阶段。侵入阶段一般持续若干分钟至几小时，长的则需1～2天。侵入阶段需有适宜的环境条件，对于真菌和细菌来说，最重要的是适宜的温度、较高的湿度和适当的光照，多数需要植株表面有水膜（露水）或保持饱和大气湿度。

各类病原物有各种不同的侵入途径，但主要的途径是穿透植物表皮直接侵入，从气孔、皮孔、水孔、蜜腺等自然孔口侵入以及从伤口侵入。真菌和卵菌可以直接主动穿透植物表皮侵入，也可以从自然孔口或伤口侵入。细菌大部分经由伤口侵染，一部分可经过自然孔口进入植物。病毒通过传毒介体造成的微伤口或机械伤口而侵入，接触和侵入一并进行，不能截然区分。线虫可直接穿透侵入，有的还可以从自然孔口侵入，高等寄生植物也是直接穿透侵入。

真菌的主动侵入有不同的方式。有些真菌可以直接以菌丝侵入，或者菌丝略有改变，成为侵入菌丝而侵入。例如，尖孢镰刀菌（瓜类枯萎病菌）的菌丝在植株根尖表面交错连接，形成网状菌丝体，由此产生较粗壮的侵入菌丝，经由微伤口，或穿透根表皮细胞壁，而进入根内。

侵染蔬菜作物的锈菌、白粉菌、多种叶斑病菌要先产生复杂的侵入机构，才能侵入寄主植物。此类真菌芽管或菌丝的前端分化形成膨大的附着胞，附着胞基部中央有很小的孔，孔中长出纤细的侵入丝。附着胞和侵入丝产生强大的压力，并能分泌多种酶，依靠压力和酶的作用，穿透植物表皮的角质层和细胞壁，进入细胞，或者经由自然孔口进入植物内部，先在细胞间隙蔓延，然后进入细胞。有的真菌种类兼有几种侵入方式，既能以菌丝从伤口或自然孔口侵入，也能形成侵入机构穿透表皮而侵入。

（三）潜育期

潜育期是从病原物与寄主建立寄生关系开始，到出现表观症状的阶段。在潜育期内，病原物与寄主建立了寄生关系，得以在植物组织中扩展蔓延，从寄主细胞吸取水分和营养物质，给寄主植物造成危害。

真菌和卵菌侵入植物后，侵染菌丝在植物细胞间或细胞内蔓延。死体营养的病原菌释放酶、毒素、激素等致病因子，在侵入时或侵染初期就杀死寄主细胞和组织，以死亡的植物组织作为生活基质，再进一步向周围扩展。侵染蔬菜的锈菌、黑粉菌、霜霉菌等活体营养的病原菌侵入后，侵染菌丝在植物细胞间隙生长蔓延，在细胞内形成一种称为吸器的特殊机构，吸取营养物质。多种白粉菌仅在表皮细胞内形成吸器，菌丝体在植物体表面发展蔓延，并形成分生孢子梗和分生孢子，进行繁殖(图 1-18)。

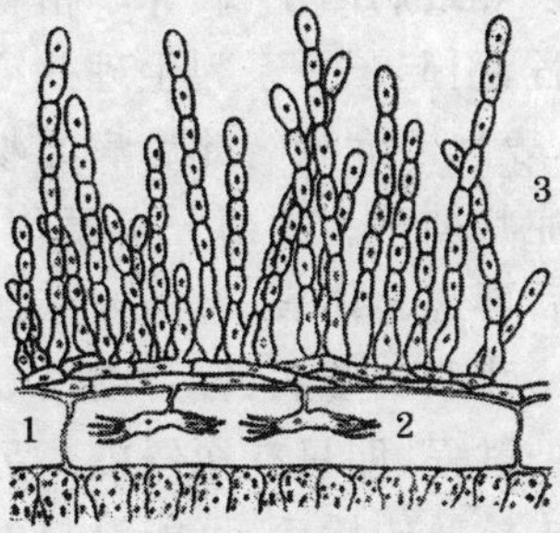

图 1-18　白粉菌的侵染特点

1. 寄主植物的表皮细胞　2. 表皮细胞内的白粉菌吸器　3. 寄主体表的菌丝、分生孢子梗和分生孢子

细菌主要在植物细胞间隙中生长和繁殖，细胞壁分解，细胞死亡后，细菌也进入细胞内。病毒进入细胞内，可以通过胞间连丝在细胞间移动，或者进入韧皮部筛管，进行长距离移动。内寄生线虫进入植物体内，外寄生线虫仅以吻针穿刺表皮细胞取食。

各种病原物在植物体内的分布特点不同，有些局限在侵入点附近，损害局部组织或器官，这称为局部侵染；有些从侵入点向植物各个器官蔓延，引起整株发病，这称为系统侵染。不同病原菌，系统侵染的方式不同，引起蔬菜萎蔫性病害的细菌和真菌，进入维管束导管，造成系统侵染。部分黑粉菌的菌丝随植物生长点而蔓延到各个部位。病毒则通过韧皮部筛管进行系统侵染。

(四)发 病 期

发病期是潜育期结束，植物表现症状的阶段。发病期可以一直延续到植物生长期结束或病株死亡。

病原物的侵染消耗了植物的营养和水分，所产生的酶、毒素、激素等致病因子，破坏了植物细胞和组织，扰乱了植物的正常生命过程，引起了一系列生理病变，组织病变，以至表观形态发生了改变，表现出症状。此后病原物仍在体内扩展和增殖，产生繁殖体，使症状加重。大部分病原物在植物表面形成繁殖体，或在体内形成后再逸出体表。

蔬菜黄萎病、镰刀菌枯萎病等病害在一个生长季节，只有一次侵染过程，即只有初侵染。另有一些病害初侵染产生的病原菌繁殖体扩散传播后，可能引起再侵染，重复相同的侵染过程。在一个生长季节，可以发生几次至十几次再侵染，也就是发生多次侵染过程。危害多种蔬菜的锈病、白粉病、霜霉病、各种叶斑病就属于这类病害。

二、病害循环

病害循环也称为病原物的侵染循环，是指一种病害从寄主生长季节开始发病，到下一生长季节再度发病的过程。病害循环包括病原物的越冬（或越夏），病原物的初次侵染与再次侵染，病原物的繁殖与传播等环节。

通常蔬菜作物收获后，病原物就停止侵染活动，进入越冬或越夏，至下一季作物萌芽出苗后，再度进入活动状态。掌握病原物的越冬（夏）规律，就要了解越冬（夏）的场所，越冬（夏）菌态和方式，以及越冬（夏）存活率等。

真菌以多种类型的残存营养体、繁殖体或休眠营养体、繁殖体越冬（夏）。常见的越季菌态有菌丝体、菌核、菌瘿、休眠孢子囊、卵孢子、子囊壳、子座、冬孢子、厚垣孢子等。越冬场所有病残体、土壤、有机肥料、种苗、田间杂草和其他寄主植物等。有的还以侵染状态在异地病株上越冬(夏)。

病原细菌以菌体随病残体、带病种子、苗木或其他繁殖材料、介体昆虫和其他寄主植物越冬(夏)。病毒、类病毒、植原体等在活的介体动物或植物体内,以及种子苗木或其他繁殖材料中越冬(夏)。线虫以卵、幼虫、成虫或胞囊在土壤或植物体内外越冬(夏)。

新生长季节开始后,越冬病原物在适宜条件下,产生新一代个体,分散传播,侵染寄主植物。在各生长季节发生的第一次侵染,称为初侵染。初侵染病株产生新一代病原物,又进行分散传播,接触植物,发生再次侵染,简称再侵染。许多病害在一个生长季节中,可发生多次再侵染,使病情不断加重。

病原物的传播导致了发病面积扩大,发病地区增多。病原物主要依赖外界因素,进行被动传播。主要传播介体有气流(风)、雨水、流水(灌溉水、渠水、河水)、土壤、粪肥、生物介体(昆虫、螨类、线虫、真菌等)、种子苗木、农作物无性繁殖材料(种薯、种球、接穗、砧木等)、植物产品(花卉、蔬菜、果实等)、包装材料、工具及农事操作人员等。不同病害的自然传播距离有很大差异,有的仅限于田块内或邻近地块,有的可以远距离传播,锈菌夏孢子随气流(风)远距离传播,最远可传播到几百公里乃至上千公里以外。调运或贩卖种子、苗木、无性繁殖材料、农产品等,也可以远距离传播病害,这类人为传播,是植物检疫防范的重点。

根据病害循环的特点,可将病害分为两种类型,即单循环病害和多循环病害。

单循环病害是指在病害循环中只有初侵染而没有再侵染,或者虽有再侵染,但作用很小的病害。这类病害的病原物越冬率较高而稳定,自然传播距离较近,每年的发生程度主要取决于越冬存活的病原菌数量。病原菌一旦侵入成功,则当年的发病数量基本已成定局,受环境影响较小。在一个生长季中病原菌增多的幅度虽然不大，但能够逐年积累，若干年后就积累了很多病原菌，引起病害大发生。单循环病害多为种子传播或土壤传播的全株性或系统发病病害。例如枯萎病、黄萎病和多数黑粉病等。

多循环病害是指在一个生长季中病原物能够连续繁殖多代，从而发生多次再侵染的病害，例如蔬菜的锈病、白粉病、白锈病、霜霉病、疫病、多数叶斑病、病毒引起的花叶病等。这类病害绝大多数是局部侵染的，寄主的感病时期长，病害的潜育期短，病原物的增殖率高。病原物对环境条件敏感，在不利条件下会迅速死亡。越冬率低且不稳定，越冬后存活的菌量不多。多循环病害在有利的环境条件下增长很快，迅速蔓延，具有明显的由少到多、由点到面的发展过程，可以在一个生长季内造成病害的严重发生。由于各年气象条件或其他环境、栽培因素的变化，不同年份间发病程度可能很不一样。

单循环病害与多循环病害的发生特点不同，防治策略也不相同。防治单循环病害，铲除菌源很重要，除选用抗病品种外，田园卫生、土壤消毒、种子处理、拔除病株等措施都有良好防效。即使当年发病很少，也应采取措施抑制菌量的逐年积累。防治多循环病害主要应种植抗病品种，采用药剂防治和农业防治措施，降低病害的增长率。

三、影响病害发生的主要因素

蔬菜病害的流行受到寄主作物、病原物、环境条件和人类活动诸方面多种因素的影响，这些因素的相互作用决定了病害流行严重程度。其中以品种抗病性、气象条件和栽培管理最为重要。

(一)品种抗病性

大面积种植感病品种是病害发生的基本前提。如果种植感病品种，又有充足的病原菌和适宜的天气条件，病害就会大发生。但若合理种植抗病品种，即使菌源和环境条件有利，病害也不会严重发生。

抗病性是植物抑制病原物侵染，减低发病程度的可遗传特性。不同类型的抗病性有不同的机制和不同的强度。有的可以阻止病原菌的侵入，有的可以抑制病原菌在植物体内的扩展。抗病性表达的结果表现在症状改变，发病程度降低。依据这种外在的表现，可以把抗病性区分为两类，一类称为定性抗病性，另一类称为定量抗病性。

定性抗病性表现为病变类型的改变。例如，对各种锈病感病品种的叶片上形成较大的孢子堆，产生大量孢子，而抗病品种产生较小的孢子堆，周围有明显的枯死组织，不产孢或很少产孢，有的抗病品种甚至只产生枯死斑。抗霜霉病的黄瓜叶片上也只产生枯死的小病斑，没有霜霉层，与细菌性角斑病的病斑很相似。

定量抗病性表现为发病数量和发病程度的改变。抗病品种发病率较低，单个叶片病斑数目较少，发病较迟，病情增长较慢，结果因病减产不明显。

还有一类品种，其发病程度与感病品种几乎没有差异，但由于自身生理补偿能力较强，可以弥补病原菌对植物养分的消耗，结果因病减产较少。植物的这种特性称为“耐病性”，具有这种特性的品种称为“耐病品种”。

植物的抗病性又是一类相对的性状，抗病品种并非都完全不得病，多数仅表现为病情比感病品种有不同程度的减轻。完全无病的品种称为免疫品种，抗病性强的品种称为高度抗病品种（高抗品种），抗病性一般的品种称为中度抗病品种（中抗品种），还有抗病性程度较低的低度抗病品种。选育中抗以上的品种，才是抗病育种的目标。

抗病性和抗病品种都是针对具体的病害而言的，现在还没有能够抵抗各种病害的万能品种，抵抗两种病害的兼抗品种也不多。

不仅如此，像锈菌、白粉菌、霜霉病菌、番茄叶霉病菌、马铃薯晚疫病菌、镰刀菌枯萎病菌等许多病原菌群体内，还存在多个致病性不同的类群，称为“生理小种”或“小种”。每个小种只能侵染特定的品种，而不能侵染其他品种。这就是说，抵抗这些病害的抗病品种，实际上只能抵抗病原菌群体内一个或几个小种，而不是抵抗所有小种。因此，我们不但要了解品种是否抗病，还要了解抗病品种到底能抵抗哪些小种。

如前所述，大面积种植感病品种往往导致病害大发生，但大面积推广种植某个抗病品种，或者大面积种植具有相同抗病基因的抗病品种，也有相当大的风险。因为这造成了抗病性的单一化，只能抵抗特定的小种，而感染其他小种。其他小种就有条件侵染致病，并大量繁殖蔓延。抗病品种推广面积越大，这些小种就繁殖得越多，在病原菌群体中所占比率就越高，最后成为优势小种。抗病品种的抗病性因此失效，成了感病品种，病害又得以大发生。使用抗病品种也要讲究策略，要提倡抗病性多元化和抗病品种合理布局，使之持久抗病。

(二)病原物因素

对病害发生作用最大的病原物因素有三方面。第一，当地病原物区系，包括病原物的种类和危害程度，几种病原物同时发生，几种病害共同危害的可能性，重要病原物先后发生的顺序等。第二，重要病原物的生理小种(病毒株系)组成和优势小种的变化，关系到栽培品种是否抗病。小种资料由专业技术部门和研究单位负责分析和发布。第三，田间菌量。最重要的是上一茬作物收获后，遗留田间的病原菌，即下一茬作物的“初侵染菌源”数量。初侵染菌源数量越多，下一茬发病就可能越早、越重。初侵染菌源种类很多，各种病害也不一样，需要考虑的主要有土壤带菌情况，土壤中和地面病残体数量，种子带菌情况，棚室所用架材、薄膜等带菌情况，多年生杂草和冬季棚室作物发病情况等。对于病毒病害，还要考虑传毒昆虫的越冬(或越夏)情况。

(三)环境因素

在蔬菜品种感病，病原又有足够菌量时，环境条件就成为影响病害发生的关键因素。在环境条件中，最重要的是气象因素和土壤因素。

1. 气象因素 气象因素很复杂，起主要作用的是温度、水分和日照三要素，具体指标有气温、大气湿度、雨量、雨日数、露时、露量、日照时间、地温、土壤湿度等。对气象要素的变化，既要收集气象台站发布的天气预报和天气形势分析资料，又要自行观测农田小气候要素，后者对棚室内病害发生尤其重要。气象因素既影响病原物的繁殖、传播和侵染，又影响寄主植物的抗病性，从而影响大范围的病害流行。

(1)温度 分析温度变化的影响，不仅要考虑温度对病原菌的影响，还要考虑温度对作物的影响。病原菌生长发育的适宜温度，不一定是病害发生的适宜温度。一般说来，适宜作物生长发育的温度，也同样适于病害发生；但不适于作物生长的异常温度，有时却造成了病害流行。例如，蔬菜苗期遭遇低温，发芽出苗时间拉长，幼苗长势弱，猝倒病、根腐病、立枯病等苗期病害就会严重发生，尽管低温也并不适于病原菌发育，但由于寄主被削弱，可供病原菌侵染的生育阶段延长，苗病就异常发生。

(2)水分 水分状况对病害发生有决定性影响。在抗病品种不多、田园卫生措施不到位的现实情况下，降水量与雨日数几乎就成了影响病害发生的主要因素。对于大多数病害，降水多，大气湿度高，病害将严重发生；降水少，大气湿度低，病害将轻微发生或不发生。大多数病原真菌和细菌只有在接近饱和的大气湿度下，或叶面湿润，有自由水(露水、水膜)存在时才能侵入。叶面保持自由水的时间越长，病害发生就越重。例如，只有保持96%以上的高湿状态，叶面湿润2小时以上，黄瓜霜霉病菌才得以完成侵染。而对于黄瓜细菌性角斑病，叶面湿润需持续5小时，对于番茄晚疫病，需持续6小时。白粉病与病毒病害是少有的例外。白粉病在湿度适中(空气相对湿度50％～80％)时多发，湿度过高或过低时发病都受抑制。干旱少雨有利于传毒蚜虫增殖，病毒病害就可能严重发生。在灌溉农业地区，土壤湿度、地下水位以及灌溉状况是影响蔬菜病害，特别是根病发生的主要因素。

(3)光照　光照是绿色植物制造养分和进行生命活动的必需条件，光照不足，光合作用减弱，植株徒长柔弱，抗病性降低，往往发病增多。另外，日照不足常与阴雨连绵相关，对病害的影响往往表现为弱光与高湿的双重作用。

2. 土壤因素　土壤因素包括温、湿度条件，土壤质地，通气性，酸碱度与其他化学特性，土壤肥力和土壤微生物等，除了其本身直接影响病原物的存活率和侵染活动以外，还通过影响植物生长和影响农田小气候，而间接影响病害的发生。

棚室等保护地多用以进行蔬菜的反季节栽培，棚室环境不同于露地，多表现出异常状态，因而特别有利于病害发生。关于棚室环境对病害发生的影响，在本章第四节将专门介绍。

(四)栽培管理因素

各种栽培管理措施可以改变或调节寄主、病原物和环境诸因素及其相互关系，从而影响病害流行。合理的栽培管理措施有助于减少菌源，增强植株抗病性，改善环境因素，使之不利于病害流行。若作物生长不良，栽培措施不合理，或者栽培措施本身虽然合理，但执行不到位，都有可能加重病害发生。在本篇第七章，将详细介绍栽培防病措施，表1-4简要介绍了一些不合理栽培管理因素对病害发生的不良影响。

表 1-4　一些有利于蔬菜病害发生的不良栽培管理因素

不良栽培管理因素	对病害发生的影响
1. 多季连作	有利于病原菌积累、接续和扩散
2. 同一类蔬菜间作、套种	
3. 棚室与露地连续种植同一类蔬菜	
4. 缺乏统筹兼顾的免耕法、少耕法	
5. 病瓜、病果丢弃于沟渠中	
6. 田头、路边、渠旁堆积、散放病残体	
7. 苗床使用旧床土或取自病田的未处理土壤	
8. 有机肥混杂病残体且未充分腐熟	
9. 肥料配方不符合农田实际情况	削弱植株长势，降低抗病性
10. 氮素追肥施用过多、过晚	
11. 灌溉水温度过低	
12. 冬春棚室通风过早或过晚	
13. 种植密度过高，过早封行，田间郁闭	提高田间湿度，有利于病原菌侵染
14. 沟渠失修，排水不畅，田间积水	
15. 大水漫灌	
16. 茎叶发病期间喷灌	促进病原菌传播和侵染
17. 病田与未发病田之间串灌	
18. 健株、病株混杂进行整枝、打杈、抹芽作业	
19. 酸性土壤未施用石灰改良	有利于部分根病发生
20. 未能及时中耕、除草	残留野生寄主，有利于病原物存活繁殖
21. 引进、购入未知详情的品种种子	该品种可能不抵抗当地病害或小种，种子可能混杂退化或带菌，有利于病害发生

续表 1-4

不良栽培管理因素	对病害发生的影响
22. 药剂使用不当,购进的“专用药剂”、“配方药剂”不适于当地使用	错失防治时机,降低防治效果
23. 不进行病害调查与预测,模仿他人用药	
24. 同一药剂使用次数过多,用药时间间隔过短	病原菌产生抗药性

对于具体的某一病害的流行,以上所述各类、各种影响因素并非同等重要,可能只有一种或少数几种因素起关键的、决定性的作用,这类因素就是病害发生和流行的主导因素。在不同地区,不同年份,病害发生的主导因素也可能不同。准确确定主导因素,采取措施消除或减低其影响,是病害防治的主要目标之一。

四、棚室环境对病害发生的影响

以塑料棚和日光温室为主体的棚室蔬菜栽培,有效地延长了蔬菜的生长期,实现了蔬菜的周年栽培和均衡供应。塑料棚和日光温室是以塑料薄膜为透明覆盖材料,以太阳辐射能作为热源,在寒冷季节主要依靠获取和蓄积太阳辐射能进行蔬菜生产。棚室环境受自然条件和人工调控的影响,不同于露地常规栽培。棚室环境的影响,表现为自然因素与栽培因素的协同作用。

(一)温　度

棚室温度取决于阳光照射状况,晴天太阳辐射较强,棚室内温度高,温度日较差大;阴天接受散射光,光照弱,温度升幅小,日较差小。阴天若不揭草苫覆盖,棚内接受不到光线,温度低,变幅也小。

在一天之内,白天阳光照射,气温升高,中午前后达到最高值,日落后气温降低，直至最低值。棚室容积越小，白天温度升高就越快，夜间温度下降也越快；棚室容积越大，日温差就越小。东西走向的大棚比南北走向的大棚温度高，但因受光不均匀，各部位的温差较大，蔬菜生长常不整齐。南北走向的大棚，各部位光照较一致，温度较均匀，蔬菜生长较整齐。

从蔬菜生产的角度来看，适宜的日较差，一般为10℃～16℃。上午光合作用产物占全天同化产物的70%左右，所以上午温度宜高，午后要逐渐降温，不超过上午的温度。日落后至前半夜，蔬菜运转同化产物，温度过低运转受抑制，前半夜温度以16℃～20℃为宜。后半夜温度要低于前半夜，以减少蔬菜的呼吸消耗。

地温的变化规律与气温相似，但最高地温出现的时间比最高气温晚2小时左右，而最低地温出现的时间比最低气温推后1～2小时。气温高时，地温也相应增高，地温以略低于气温为宜，气温低时，则要求地温提高。严冬晴天的早晨，气温可能很快升高，而地温变动缓慢，不利于光合作用。因而冬季日光温室要提高夜间气温，防止地温下降过快，使翌日上午气温与地温协调，以利于蔬菜光合作用。

各种蔬菜不同生育阶段，都有其适宜温度与最高或最低限制温度。设施栽培在严寒或酷热季节进行生产，并不符合蔬菜作物的生理要求。尽管采取了增温或降温措施，使蔬菜得以生长发育，开花结果，但仍然易于受到温度变动或极端温度的影响，出现生理障害和诱发病害。

在棚室密闭环境内，白天气温升高，夏季可高达45℃以上，夜间则趋近外温。温度高于35℃，并保持一定时间，作物的茎叶生长、花器分化、授粉受精就受到不利影响，产生高温障害。高于45℃，光照过强就会产生日烧病。一般0℃以下的低温造成冻害，菜株体内结冰，致使部分细胞死亡或全株死亡。蔬菜种类不同，产生冻害的温度也有不同。菠菜等耐寒性蔬菜短时间遭受－5℃的低温，也不至于受冻害；而半耐寒性蔬菜如甘蓝等，能耐受－2℃～－1℃的低温，茄子等喜温性蔬菜遇到0℃以下低温全株冻死。0℃以上的低温可造成植物冷害，冷害症状在几小时，至多在一天之内就可出现，而对生长发育的间接危害则缓慢表现出来。

棚室的温度环境适于许多侵染性病害的发生，北方冬春季低温时期，灰霉病、菌核病常异常发生，甚至导致"毁棚"现象。在20℃以下的较低温度下容易发生的病害，除了灰霉病、菌核病以外，还有苗期病害、霜霉病、疫病、番茄晚疫病、黄瓜黑星病等和某些细菌病害等。在高于25℃的温度环境中容易发生的病害有白粉病、炭疽病、蔓枯病、细菌性叶斑病、叶霉病、青枯病、枯萎病、黄萎病以及多种叶斑病害和病毒病害。有时温度并不在病原菌适宜的温度范围内，但由于作物生长不良，抗病性降低，病害仍可能发生。蔬菜作物遭受冷害、高温障害、虫害或伤害之后，病原菌侵染异常增多，可能导致病害的大发生。

地温对作物生长发育和病虫害的发生也有密切关系。在一定范围内，地温越低，根系的生命活性和吸收能力就越差，抗病性降低。地温低时出苗延迟，出苗期拉长，幼苗易感染立枯病和猝倒病等苗期病害。一方面，在低温下，移栽伤根后很难愈合，加长了病原菌侵入时间，根腐病加重。另一方面，地温增高有利于枯萎病、黄萎病、青枯病等维管束病害的发生。

棚室环境为病虫害提供了冬季继续发生危害的条件，改变了病虫害的发生规律。一些在冬季露地条件下不能越冬或难以越冬的病虫害，例如，黄瓜霜霉病菌、番茄晚疫病菌、多种白粉病菌、锈菌等，以及白粉虱、斑潜蝇、蚜虫等传播病毒的介体昆虫，得以在棚室内存活，成为下一季露地蔬菜的菌源、毒源或虫源，构成了棚室与露地之间的周年循环。

（二）空气湿度

棚室密闭条件好，棚内水汽不易散发。在寒冷的季节，夜间温度降低，相对湿度增高，可达90%～100%，在植株和薄膜上结露，形成水膜。阴雨天气时，棚室内甚至可能长期处于饱和湿度。这种高湿环境，对蔬菜生长不利，但适于病原菌孢子萌发和侵入。温室、大棚内湿度控制不当，是病害发生的重要诱因。浇水过多或浇水后密闭棚室，湿度更高，发病也增多。遭遇连阴天天气，棚室久不通风，湿度增高，或久阴骤晴后，出现高湿高温，都使发病增多。高湿造成疫病和各种细菌病害的异常发生，蔓枯病、炭疽病、叶霉病、早疫病等病害也有所加重。

（三）光　照

冬季温室内的光照只有外界的60%～80%，光照强度和光照时间不足，在棚膜上沾污了大量尘埃杂质时情况更为严重。在这种情况下，植株往往生长不良，组织柔嫩，有利于病原菌侵染。合理调控棚室的光照条件，增强光照强度，延长日照时间，对蔬菜生产和病害防治十分重要。

（四）有毒气体

棚室通风不足，可能积累氨气、亚硝酸气体、二氧化硫、塑料薄膜挥发的有害气体等，严重时会产生气害，而影响蔬菜的产量和品质。发生气害后，植株长势减弱，可能并发侵染性病害，但气害与病害起因不同，应对措施也完全不同。在多数情况下，往往将气害误诊为病害，或将病害误认为是气害，采取错误的应对办法，造成更大的损失。

（五）土壤障害

棚室内连年种植黄瓜、番茄、青椒、西葫芦、菜豆等少数作物，难以轮作，连茬多，复种指数高，肥料使用量大，土壤又不能受到阳光直接照射和雨水淋洗。因此，在使用一定年限后，棚室土壤理化性质就会发生很大变化，可能出现多种土壤障害，导致蔬菜生育不良。连作土壤中微生物区系发生了很大的变化，病残体逐年积累，土壤病原真菌数量迅速增加，拮抗性细菌和放线菌受到抑制。

由于寄主连作，立地不良，施用未腐熟有机肥，发生土壤障害和土壤微生物区系改变等原因，棚室内土传病害和根病发生严重。枯萎病、黄萎病、青枯病、疫病、根腐病、土壤线虫等已成为黄瓜、西瓜、甜瓜和茄果类蔬菜的毁灭性病害。新建棚室如不及时采取有效防治措施，枯萎病从出现零星病株到普遍发病只需要4～5年时间。根结线虫有虫株率只需3～4年，就可达到100%，减产50%以上。

总之，棚室蔬菜的周年生产、反季节生产，为有害生物提供了稳定的栖息和食料，改变了其发生规律。在露地条件下，冬、夏为休闲季节，有害生物进入休眠或不活动状态，即越冬和越夏，在棚室内则可在各茬作物之间辗转危害，周年发生。有些有害生物在北方露地条件下，不能就地越冬，或难以越冬，或越冬期大量死亡，每年春季需从南方迁入，才能在当地繁殖危害。但这些有害生物在棚室内可以安全越冬、持续危害，就地为露地蔬菜提供菌源或虫源。

另外，棚室生产也有减轻病害发生的事例。我国南方夏、秋季应用银灰色遮阳网封闭式小拱棚栽培蔬菜，遮阳网的避蚜效果可达88%～100%，有效地控制了病毒病害，也有效地防止了多种害虫的侵袭，有望减少农药用量或不使用农药。

棚室病虫害种类及其发生程度并不是一成不变的。棚室病害不仅因地区和年份不同而有所不同，而且还因设施、天气、品种、栽培方法、管理水平而发生变化。因此，应当开展现场病情、虫情监测，不断完善和及时调整防治方案。

第三章　蔬菜病害的田间诊断

诊断病害有多种方法，在田间现场，依据发病实况进行诊断则是最基本、最直接的诊断。田间诊断是按照一定的程序，在发病现场搜集证据，经综合判断后，而得出诊断结论或初步结论的。田间诊断是植保工作人员必须掌握的基本技能，需要不断积累经验，提高技艺。各种病害田间诊断的难易程度并不相同，应当区别对待，合理要求。要求植保技术人员在田间能够识别所有病害是不现实的，但应能正确诊断常见病和多发病。

一、田间诊断的目的和程序

蔬菜病害的田间诊断是在发病现场，以肉眼并借助手持放大镜，仔细观察病株症状，综合考虑发病特点和环境因素的影响，来识别常见病害。田间诊断技术在病害调查、测报、防治和检疫中都有广泛的应用。

(一)田间诊断的目的

蔬菜病害田间诊断的目的包括：①确诊常见病害，给出病名和病原菌名称；②有的病害可能由几种不同病原菌引起。对于这类病害，应能通过田间诊断，确定病名，并采集带有病征的标本，再经室内显微检查，确定病原菌的名称；③及时发现和识别新症状类型或新病害，采集合格标本，做进一步鉴定或送专业植保单位鉴定。在病害普查或检疫调查时，要特别注意寻找和发现新症状类型、新病害或新病原物。

(二)田间诊断的程序

蔬菜病害的田间诊断通常按下述程序进行。

1. 做好准备工作 阅读常用的参考资料，像病害志、病害图谱、调查报告等，做到“心中有数”。备好手持放大镜、小刀、铲子、剪子、卷尺、标本采集用具等。

2. 询问了解相关情况 在诊断现场，要仔细了解栽培管理和病害发生情况，查看病田立地环境，包括地形地势、土壤、植被、灌溉设施、水情和日照情况等，要注意了解发病前和发病期间有无天气异常。询问了解品种名称、种苗来源以及耕作、播种、移栽、施肥、灌水、病虫防治等管理措施。检查植株生长发育、品种混杂、种植密度，虫害与杂草发生等情况。询问和检查病害最早发生的时间和处所，前茬和邻作农作物的发病情况等。

3. 查看病害发生分布样式 检查病株在田间的分布规律，有无发病中心和扩展现象，全田普遍发生还是局限于局部地段，病株分布是否与风向、流水、冻害、虫害有关，是否田边、沟边、路边发病较重，发病是否与某一管理措施有关。检查田间是否有前作遗留的病残体、杂草是否发病。检查邻田或附近同一作物的发病情况，检查其他作物是否有同样的病害发生。查看病株为整株发病还是个别器官发病，若为全株发病，还要了解由病株顶部首先发病，还是从基部首先发病，病株突然萎蔫枯死，还是逐渐表现症状。

4. 检查病株症状 这是田间诊断的中心环节，借助手持放大镜检查病株各器官、各部位的症状和异常表现，尽力寻找有病征的标本，包括挖出根部，观察根部、根颈部的症状。对表现萎蔫症状的病株，还要用小刀横切或斜切根部或茎基部，检查维管束病变。要尽量详细地检查记载病状和病征类型，这有助于判断是否同时发生几种病害，得出正确的诊断结论。若没有发现特异性症状，就要仔细与田块内或邻近田块同一品种正常植株比较，找出生长发育程度的差异。

5. 采集标本 在田间无法作出诊断结论时，要采集具有典型症状的新鲜标本，携回实验室，进一步检查病原生物或送专业植保单位鉴定确认。

6. 给出诊断结果　对常见病、多发病，经田间诊断就可以得出诊断结论，给出病害名称和病原生物名称。田间无法诊断的病害，可给出初步结果，待病原生物鉴定后，再下诊断结论。在给出诊断结果时，通常还要提出防治建议。

(三)手持放大镜的使用

手持放大镜是田间诊断的主要工具，用放大镜可以辨识病征。合适的放大镜应具有 10×、15×、20×或 40×等较高放大倍率，用于阅读书报和查看地图的低倍镜不适用(图 1-19)。

高倍放大镜的视野直径较小，观察标本的焦距较近，观察时放大镜需贴近眼睛，并避免标本的轻微晃动。若用左手持镜，则以拇指和食指把持放大镜，凑近右眼，用拇指中节依靠鼻梁，以保持稳定。右手拿着发病叶片一类的标本，靠近放大镜，对准焦距，观察标本表面。还可将左手小拇指放在右手上保持位置稳定。

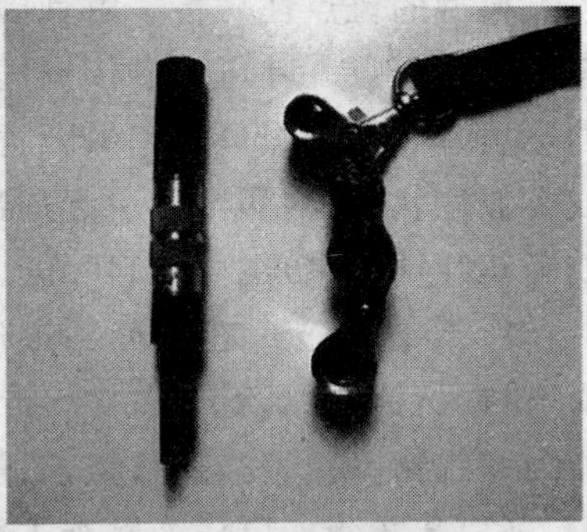

图 1-19　手持放大镜
(左:40×；右:10×和 20×)

辨识叶片病组织表面的菌落和黑色小粒点(子囊壳、分生孢子器、分生孢子盘、子座等)，可将镜面置于病斑上方观察，而辨识分生孢子梗一类的病征，就要将叶片对折，用放大镜观察折面。

放大镜的使用并不复杂，只要多练习，就能得心应手。由于放大镜放大倍数低，不能观察到真菌繁殖体和营养体的细部特征，而只能依据其整体形象进行辨识，这就要求植保技术人员通过比较鉴别，去发现和熟悉这类有用的特点。

二、田间诊断实例

本节就常见的叶斑病,腐烂性病害和整株性病害为例,解说田间诊断的方法。这些方法可以举一反三,用于其他类型病害的田间诊断。

(一)斑点性病害的诊断

在叶片、茎秆、果实以及其他部位产生坏死斑点的病害称为斑点性病害,其中发生在叶片上的病害,即叶斑病,种类最多,最常见。

典型的斑点性病害多由真菌或细菌侵染引起,形成有确定形态的坏死斑点。叶斑病多依据病斑的形态特点而命名,例如称为圆斑病、条斑病、黑斑病和褐斑病等。其他病原物类群引起斑点病或类似症状较少,病毒可引起局部枯斑,滑刃线虫属有些种类(例如菊花叶枯线虫)也可引起叶斑。

1. 检查病征 在田间诊断时,首先要寻找和鉴别明显的病征,根据病征特点,就可以初步推定病原菌种类。叶斑病的病征可能为霉状物、粉状物、点状物、细菌溢脓等。

(1)*霉状物* 要仔细检查了解霉状物的色泽、长度、形态和分布特点。霉状物的色泽由深到浅,变化很大,因病原菌而异。例如,链格孢属、匍柄霉属、黑星孢属以及小煤炱菌等多生成黑色霉状物;德氏霉属、离蠕孢属、弯孢霉属、棒孢霉等多生成黑褐色、灰褐色霉;葡萄孢霉(灰霉病菌)和番茄叶霉病菌生成灰色霉,尾孢属、拟尾孢属、梨孢属等也多生成淡灰色霉;柱隔孢属、小尾孢属、枝顶孢属等则产生颜色更淡的霉状物;镰刀菌属、单端孢属产生粉红色霉。同属的病原菌,因菌种与寄主不同,观察时的光源不同,霉状物的色泽也会有较大变化。腐霉菌、疫霉菌等卵菌产生淡色至白色霉状物,多种霜霉菌也产生淡色霉状物,有的看起来无色或白色，但也有的呈淡黄色、灰色、淡紫色、紫色和蓝紫色等。

霉状物有茸状、棉毛状、霜状等不同形态，有的稀疏淡薄，有的浓密突出，有的平铺，有的聚成微小菌丛而散生，有的只生于叶背，有的生于病斑两面，这些特点在田间诊断时都应注意。

(2)粉状物　当病征为各种粉状物时，要仔细观察粉状物的色泽(白色、黄色、粉红色、灰褐色、黑色等)、分布和形态等。白锈菌形成白色黏性粉状孢子堆(白锈病)，白粉菌形成白粉状孢子堆(白粉病)，锈菌常形成黄褐色或黑色孢子堆(锈病)，叶黑粉菌形成黑色隆起孢子堆(叶黑粉病)，散发相应色泽的粉状物，易于识别。

(3)点状物　病斑上产生的黑色或其他色泽的点状物，是病原菌的分生孢子器、分生孢子盘、子囊壳或子座等结构。要注意观察点状物的颜色、大小、排列方式(散生、轮生、疏生、密生)、发达程度等不同特点。产生黑色小粒点的斑点病最普遍，炭疽菌属真菌产生的小黑点为分生孢子盘，而叶点霉属、茎点霉属、壳球孢属、拟茎点霉属、壳二孢属、壳针孢属、壳多孢属等产生分生孢子器。白粉病菌、镰刀菌等可能产生子囊壳。

(4)菌脓　细菌侵染引起的病斑上可见污白色或黄色的胶质物，即细菌溢脓。菌脓干燥后成为圆珠或薄膜，很容易鉴别。若未见细菌溢脓，仍怀疑为细菌病害，就可从病斑边缘切割下一小块病组织，放在载玻片上，再加一水滴，覆以盖玻片后镜检(40×以上)，若是细菌病害，可从病斑切割边缘看到有大量细菌细胞涌出。

(5)其他　病斑上还可能形成其他类型的病征，例如镰刀菌产生红色的黏质物(黏分生孢子团)，炭疽病菌也泌出朱红色或淡褐色黏质物，成为针头大的液点。产生菌核的真菌较多。例如，核盘菌属、麦角菌属、绿核菌属、小核菌属、葡萄孢属、丝核菌属等，但菌核的形状、尺度、色泽、组织结构等有所不同。

有些病害的同一个病斑上可先后出现两种或多种病征。例如，有的镰刀菌在病斑上可相继产生白色霉状物、粉红色霉状物、朱红色黏质物（黏分生孢子团）和沿叶脉排列的小黑点（子囊壳）。灰霉病菌先后产生灰色霉状物和黑色微菌核。掌握这一特点，有助于准确诊断。

2. 检查重要病状 病斑上有无轮纹，以及轮纹的层数、色泽、清晰程度等是识别斑点病的重要依据。例如，链格孢属、匍柄霉属、棒孢霉属，尾孢属部分种类（例如蚕豆尾孢）、壳二孢属、茎点霉属、拟茎点霉属等，都可能产生有轮纹的病斑。

此外，病斑周围有无晕环，晕环的色泽、宽度，病健交界处有无深色界线也是重要病状。有的病害病斑中央灰白色，边缘黑褐色或红褐色，形似眼睛，被称为蛙眼病、蛇眼病或鱼眼病。例如，落葵鱼眼病。

另外，还要注意观察是否形成特殊形态的病斑，例如受叶脉限制成为角斑，沿叶脉形成放射状或星芒状病斑以及异常隆起的病斑等。黄瓜霜霉病、细菌性角斑病病斑受到叶脉限制而成多角形，黄瓜黑星病则形成放射状病斑。马铃薯疮痂病、马铃薯粉痂病、辣椒细菌性疮痂病等都因木栓化的隆起和病斑开裂而得名。

3. 检查有辅助诊断作用的病状 有些病状特点，易受寄主状态与环境条件影响，而有较大变化，但仍有辅助诊断的作用，要仔细观察比较。如斑点的形状、大小和颜色，病斑的部位、数目、开裂穿孔状况等。

病斑形状有圆形、近圆形、卵圆形、椭圆形、长圆形、纺锤形（梭形）、长条形、不规则形等多种。长条形病斑还可细分为条斑和条纹，前者叶脉坏死，后者叶脉间坏死。病斑大小可用直径、长度、宽度等表示。斑点色泽多以褐色为基调，按照浓淡、深浅的不同，可分为白斑、黄斑、灰斑、褐斑和黑斑等。

要注意叶斑是否由叶尖、叶缘开始发生，叶片发病与叶鞘发病的关联等特点。例如，灰霉病菌（灰葡萄孢）侵染番茄叶片，多从叶尖或叶缘开始发病，形成褐色斑块，呈“V”字形向内发展。

有些叶斑病后期病斑开裂，脱落穿孔或引起早期落叶。白菜炭疽病、瓜类炭疽病、菜豆炭疽病、辣椒灰叶斑病等都常见病斑脱落穿孔，辣椒灰叶斑病更引起叶片大量脱落。

4. 注意事项　病征是重要的鉴别特征，但并不是说病斑上的任何菌落都有诊断意义。在发病后期病斑上可能滋生腐生菌或弱寄生菌，在病斑表面生成密集霉状物，遮盖了真正的病原菌，若不仔细甄别，就可能导致诊断错误。常见的腐生菌和弱寄生菌有细链格孢、草芽枝霉、黑色附球菌以及一些青霉菌、曲霉菌、镰刀菌和酵母菌等。

另外，还要注意抗病品种的症状与感病品种不同，抗病品种不仅病斑小而少，而且还有可能产生完全不同的病斑类型，易被误认为是其他病害。一般书中所介绍的是典型症状，抗病品种的症状尚需诊断人员自行观察总结。

同一种病原菌可能引发不同的症状，不同的病原菌可能引起相同或相似症状，遇到这种疑难情况后就必须检查病原菌，再下结论。

(二)腐烂性病害的诊断

诊断腐烂性病害，首先要确定腐烂的器官，许多腐烂性病害是以主要受害器官而命名的，例如，根腐病、茎腐病、果腐病等。还要观察分析腐烂过程，确定腐烂过程是从器官外部开始，发展蔓延到内部，还是仅仅发生于器官内部，以及腐烂起始于自然孔口、伤口，还是维管束导管等。

以主要腐烂器官，或者腐烂起始部位为对象，进一步了解腐烂的性质。这包括腐烂部位的状态、气味、色泽、质地、深度和病征等，其对比性特征如下。

腐烂部位状态：水湿、干燥、有无黏液；

腐烂的气味：酒精味、芳香味、恶臭、无臭等；

腐烂部分的颜色：灰白色至黄色、红色、褐色至黑色等；

腐烂部分的质地：干燥坚实、软化、木栓状、海绵状等；

腐烂部分的深度：表皮附近、深达皮层、深入木质部、局限于维管束等；

腐烂部分的病征：霉状物、点状物、菌核、其他类型的子实体。

如果病征为霉状物，还要进一步辨识其色泽、形态、颜色是否有变化，内部空隙处是否有霉状物等。若是点状物，也要观察其色泽、形状和分布特点等。

依据以上各项，经综合分析判断后，给出诊断结果。

(三)整株性病害的诊断

这类病害表现整株性变色、萎蔫或枯死，全株性症状主要因根部受害、茎基部受害或维管束系统受害所造成的，因而首先要了解初始病变部位。

根部病变的检查，要选择地上部分刚刚出现症状的病株和发病后期的病株，分别挖取根部，参照上述腐烂性病害的方法检查。要特别注意根部腐烂的部位和程度，有无菌丝、菌索、菌核或其他病征，是否生有瘿瘤、癌肿，是否附生白色粒状物（线虫）或微小的虫体（螨类，蚜虫）。

茎基部或根颈部、地际部病变检查，先要确定有无肿瘤、溃疡或腐烂。若仅有坏死斑，则要检查病斑的形状、尺度、表面状态（是否干燥开裂）等项。要特别注意检查病部有否霉状物、黑色小粒点（分生孢子器、分生孢子盘、子囊壳）和菌核等。

常见的镰刀菌枯萎病、轮枝菌黄萎病、细菌侵染引起的青枯病等，病原菌从根部侵入，菌丝体穿越薄壁组织，进入导管，再随液流经由导管向上部蔓延，引起系统性病变，表现整株或部分枝条萎蔫。从根部、茎部的纵剖面或横剖面上，都可见到维管束变褐坏死，以茎基部最明显。若是细菌性青枯病，由茎基部切下一段，从横切面上不仅可以看到维管束变色，而且用手指挤压茎部，还可从导管内溢出白色菌脓。对于维管束病害，还要观察比较维管束变色部位的色泽，茎部导管变褐上升的叶位，地上部显症的时间，茎叶变色、坏死的特点等。有些系统侵染的病害，维管束病变还发展到叶脉，或者从叶片侵入，沿叶脉发展。

植物病毒侵染也造成系统侵染，全株发病，这是另一种类型的整株性病害。病株表现矮化、矮缩、畸形、花叶、斑驳、沿脉变色、坏死等病状，而且植株上部新叶也同样表现异常。单独病毒侵染，根部、茎基部、维管束系统没有腐烂现象，虽然有的病毒也引起急性系统性坏死，但这种现象很少见。

三、常见错误和改进方法

实施正确的田间诊断，需要不断总结经验，提高技艺水平。而了解和分析错误诊断的原因，就是改进诊断方法，提高水平的重要途径。

误诊的常见的原因之一，是诊断人员缺乏对当地病害及其病原物的全面了解，不能做到心中有数，不了解各种病害与其症状的对应关系，也不了解症状随环境条件和品种不同而发生的变化，遇到稍微复杂的情况，就不能应对。

病征是田间诊断的重要依据，只有使用放大镜，才能辨识病征。如果植保人员不习惯使用，或不会使用放大镜，单凭肉眼观察，病状几乎就成了病害诊断的惟一依据，造成误诊率的提高。

田间往往同时发生多种病害，在植株不同部位表现出多种类型的症状。缺乏经验的诊断人员，往往感到困惑，不知道应将哪些症状归为一种病害，哪些症状归为另一种病害，从而出现病害确认错误。

漏诊不熟悉或症状不明显的病害，也是田间诊断中最常见的错误。许多植保技术人员能够发现和诊断自己所熟悉的病害，而无意之中漏掉了自己不认识的病害、症状比较“隐蔽”的病害和发生较少的病害。

另外，还会出现病害冠名错误。除了一些重要病害，大家都使用相同的病名外，大多数病害并没有统一的病名。同一种病害，可能有不同的名称，而同一个病名，也可能用于不同的病害。作为诊断结论，应当同时给出病名和病原菌名称。若诊断后只给出“叶斑病”、“褐斑病”、“根腐病”、“腐烂病”之类的病名，就容易引起误解。若不给出病原菌名称，或泛泛的称谓“叶斑病菌”、“根腐病菌”等，实际上等于没有进行诊断。

提高田间诊断水平，减少误诊的惟一方法就是多学习、多实践。要学习关于病害和病原物的系统知识，阅读质量较好的参考书。现今书店里各种病害图谱很多，研读这类图谱当然有助于识别病害。但若图谱收录的病害少，或描述粗疏，对提高诊断水平就不可能有所帮助。要优先选用病害种类多，描述详尽，附有病原菌的图谱和参考书。

症状是外在的病变，每一种病害都有其特定的症状，病害多根据其症状特点而命名。我们在学习各种病害和各类病原生物时，都首先了解其症状或致病特点。田间诊断不过是其逆向操作，即由症状特点而推知病害和病原生物。但是，症状受到植物、病原生物与环境之间互作的影响，复杂多变，与病害之间并非简单对应的关系。要特别注意学习了解一病多症（同菌异症）和同症异病（异菌同症）等复杂情况。前者是指一种病原菌可以在植物不同生育阶段，侵染不同器官，而表现出多种症状，这不但给病害诊断，也给病害命名带来许多困难。后者是指多种病原菌可能引起同一种植物的相同或相似症状。异菌同症现象给田间诊断带来许多困难，异地诊病时，若不了解当地病害区系，就可能误诊。

任何一种诊断方法都有其应用的局限性，田间诊断也不例外。有些病害易于诊断，有些病害难以诊断或不能诊断，必须进行后续病原菌鉴定和其他实验室诊断。例如,多数病毒病害,就不可能通过田间诊断,推知病毒种类。表 1-5 详细列举了各类病害田间诊断的难易程度。植保技术人员在进行田间诊断时,一定要对其可靠程度有所估计,不下有悖常识的结论。

表 1-5 各类病害田间诊断的难易程度

类别	症状特点	病害举例	注意事项
容易诊断的病害	有明显的特异性病征	黑粉病、煤污病、菌核病、白绢病、紫纹羽病	同一种植物发生 2 种以上同属病原菌时,需进一步鉴定
	有明显的病征,侵害多种寄主植物,表现相似症状	锈病、白粉病、霜霉病、灰霉病、青霉病	同一种植物发生 2 种以上同属病原菌时,需进一步鉴定
	表现变形、肿大、根癌、发根、丛枝、根结等增生性病变	十字花科根肿病、马铃薯癌肿病、根结线虫病	同一种植物发生 2 种以上同属病原菌时,需进一步鉴定
较易诊断的病害	在特定阶段,产生明显病征	炭疽病、疫病、茄绵疫病、细菌性软腐病	必要时,进行镜检确认
	产生特异性病状	表现角斑、多重轮纹、晕圈、沿叶脉产生放射状斑纹的叶斑病,维管束病害	必要时,进行镜检确认
难以诊断,必须镜检或做其他诊断	症状因环境条件、生育期或抗病性不同而变化	某些叶斑病、某些病毒病害、某些细菌病害	注意与非侵染性病害区分
	同一种寄主上,两种或多种病原物引起相似的症状	多数病毒病害、多种细菌性叶斑病、某些根腐病	注意与非侵染性病害区分

第四章　蔬菜害虫的形态与识别

对蔬菜和其他农林作物有害的昆虫种类，通称为害虫。但在应用领域，“害虫”还用以泛称有害昆虫、害螨和有害软体动物等。昆虫属于动物界中的节肢动物门昆虫纲，有害昆虫的种类很多，在田间识别昆虫，主要依据形态特征。本章以成虫为主，介绍昆虫形态特征以及主要类群的识别。

一、成虫的形态特征

昆虫具有节肢动物的共同特征，即身体左右对称，具有外骨骼的躯壳，体躯由一系列体节组成，每个体节上具有成对的分节附肢。此外，昆虫的体躯以及头、胸、腹各部还具有以下特征。

（一）昆虫的体躯

昆虫的体躯分为头部、胸部和腹部 3 个体段。头部有取食和感觉的功能，着生有口器、1 对触角、1 对复眼和 0～3 个单眼。胸部由前胸、中胸和后胸 3 个体节构成。每个胸节生有 1 对足，中、后胸通常还各生 1 对翅，可见胸部有运动功能。昆虫的腹部大多由 9～11 个体节组成。腹部末端生有外生殖器，有些种类还生有 1 对尾须。腹部是昆虫新陈代谢和生殖的中心部位。体躯的结构详见图 1-20。

除昆虫外，还有一些常见的节肢动物，例如，多足纲的蜈蚣、马陆，蛛形纲的螨类、蜘蛛类、蜱类，甲壳纲的虾、蟹等，根据上述体躯特征，就可以把昆虫与这些节肢动物区分开来。

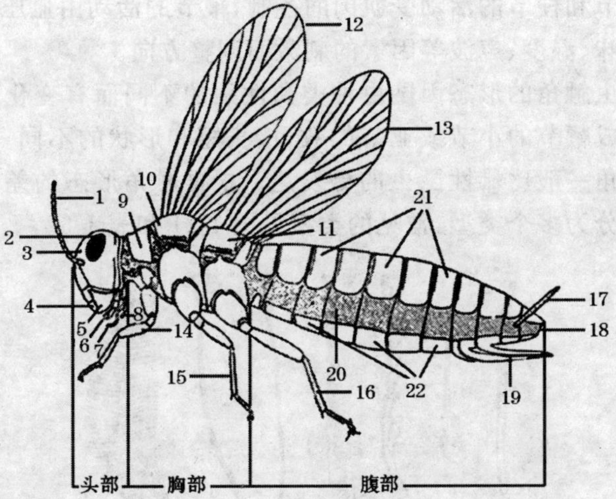

图 1-20 昆虫体躯的一般构造 (仿周尧原图)

1. 触角 2. 复眼 3. 单眼 4. 上唇 5. 上颚 6. 下颚 7. 下颚须 8. 下唇须 9. 前胸背板 10. 中胸背板 11. 后胸背板 12. 前翅 13. 后翅 14. 前足 15. 中足 16. 后足 17. 尾须 18. 肛门 19. 生殖器 20. 气孔 21. 腹节背板 22. 腹节腹板

(二)昆虫的头部

昆虫的头部位于体躯最前面,通常呈圆形或椭圆形,称为头壳。头壳以膜质的颈与胸部相连。昆虫头部的附属器官主要有触角、复眼、单眼和口器。

1. 触角 触角是昆虫头部的一对附肢,一般位于头的前方和侧前方。触角的基部着生在膜质的触角窝内,触角可以自由转动。

触角由 3 部分组成,即柄节、梗节和鞭节。柄节为触角基部第一节,通常为粗短。梗节为触角的第二节,一般比较细小。鞭节是梗节以后各节的统称,通常由若干形状基本一致的小节或亚节组成。柄节和梗节的活动受肌肉的控制，鞭节的活动由血压调节，并接受气味、温度、声波等因素的刺激而调整方向。

昆虫触角的形态因昆虫种类和性别的不同而有变化，主要表现在构成鞭节的小节或亚节的数目、长短和形状的不同。雄性昆虫的触角一般比雌性昆虫的更发达。根据触角形态的差异，可将触角区分为多个类型，常见的类型见图 1-21 和表 1-6。

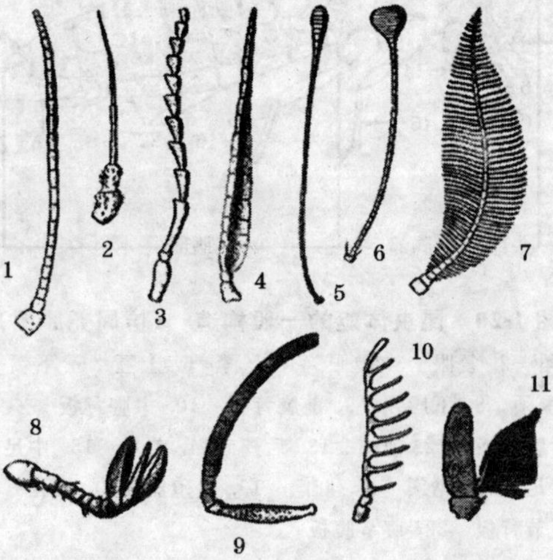

图 1-21　昆虫的触角　(仿周尧原图)

1. 丝状　2. 刚毛状　3. 锯齿状　4. 剑状
5. 棍棒状　6. 锤状　7. 双栉齿状　8. 鳃叶状
9. 膝状　10. 栉齿状　11. 具芒状

触角上生有许多感觉器，具有嗅觉和触觉功能，用以寻找食物和异性，逃避敌害。多种昆虫的雌虫分泌雌性激素，引诱雄虫交配，远处的雄虫也可感知。菜粉蝶可辨识芥子油的气味，找到十字花科植物产卵。

表 1-6　昆虫触角的常见类型

类　型	特　点	代表昆虫
丝状(线状)	基部两节稍粗大,其余各节大小相似,相连成细丝状	蝗虫、蟋蟀
刚毛状(鬃状)	触角很短,基部 2 节粗大,鞭节纤细似刚毛	叶蝉、飞虱、蝉、蜻蜓
串珠状(念珠状)	鞭节各节形状似圆球,大小相若,相连如串珠	蓟马、瘿蚊、白蚁
锯齿状	鞭节各节近似三角形,向一侧作齿状突出,形似锯条	叩头甲、绿豆象(雌虫)
剑　状	鞭节基部各节较宽大,渐向端部变窄小,整体类似剑状	短额负蝗
棍棒状	基部各节细长如杆、端部数节逐渐膨大,整个触角形似棍棒	菜粉蝶等蝶类
锤　状	基部各节细长如杆,端部数节急剧膨大形似锤头	皮蠹
双栉齿状(羽状)	鞭节各节向两侧细枝状突出,形似鸟羽	毒蛾、多种雄性蛾类
鳃叶状	端部数节扩展成片状,叠在一起形似鱼鳃	金龟甲
膝状(肘状)	柄节特别长大,梗节较短小,鞭节各节大小相似,柄节与其余各节曲折相接如膝状	蜜　蜂
栉齿状(梳状)	鞭节各节向一侧细枝状突出,整体形似梳子	绿豆象(雄虫)
具芒状	触角短,鞭节仅 1 节,但异常膨大,其上生有刚毛状触角芒	蝇　类

2. 复眼和单眼 昆虫的视觉器官为复眼和单眼。成虫和不全变态类昆虫的若虫都有1对复眼。复眼圆形、卵圆形或肾形，生于头部的两侧或头顶。复眼由小眼集合而成，构成复眼的小眼数目因昆虫种类而异，家蝇的1个复眼有4 000多个小眼，蜻蜓的复眼最多可有28 000多个小眼。复眼是昆虫的主要视觉器官，对光的强度、波长和颜色都有较强的分辨能力。

单眼的结构比较简单，它与复眼中的1个小眼相似。成虫和若虫的单眼常位于头部背面或额区的上方，称为背单眼。背单眼通常有3个，也有的种类只有2个或没有。如完全变态昆虫幼虫的单眼位于头部的两侧，称为侧单眼。侧单眼一般每侧各有1～6个。例如，菜叶蜂每侧1个，小地老虎每侧6个。

3. 口器 口器是昆虫的取食器官，位于头部的下方或前端。不同类群的昆虫，食性和取食方式不同，口器的外形和结构也发生相应的变化，形成各种类型的口器。昆虫的口器大致可区分为咀嚼式口器、嚼吸式口器和吸收式口器。

咀嚼式口器适于取食固体食物，在演化上是原始的类型，其他类型的口器都是在咀嚼式口器的基础上演化而来的。咀嚼式口器的结构比较复杂，主要由上唇、上颚、下颚(其中还有1对下颚须)，下唇(其上还有1对下唇须)和舌等5部分组成。其中上颚和下颚俱为1对，两侧各有1个。下颚上着生1对下颚须，下唇上着生1对下唇须(图1-22)。

具有咀嚼式口器的昆虫种类很多，如直翅目、鞘翅目、脉翅目的成虫以及鳞翅目的幼虫等。咀嚼式口器的害虫危害叶片，有的沿叶缘蚕食造成缺刻；有的在叶片上咬成大小不同的孔洞；有的在叶片上表皮与下表皮之间蛀食叶肉，形成弯曲的虫道或虫斑；还有的能吐丝卷叶，躲在里面咬食叶片。咀嚼式口器的害虫还能钻蛀植株茎秆、花蕾、果实，造成枝枯、落花、落果。在地下活动的咀嚼式口器害虫则取食土壤中种子、根、地下茎、块根、块茎等。

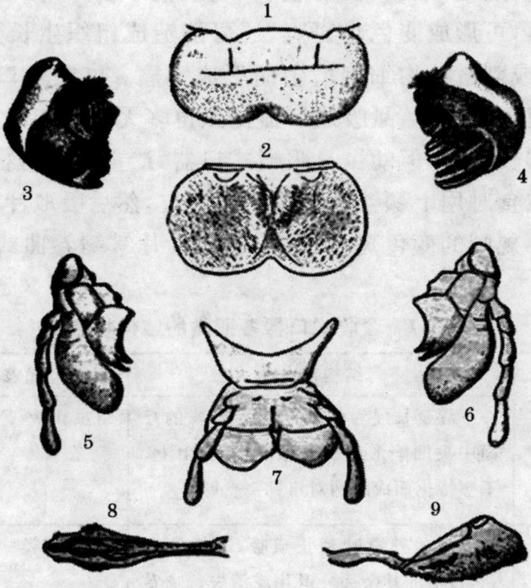

图 1-22　咀嚼式口器的结构(蝗虫)　(仿周尧原图)

1. 上唇　2. 上唇内面(内唇)　3. 左上颚　4. 右上颚

5. 右下颚　6. 左下颚　7. 下唇　8. 舌的正面　9. 舌的侧面

嚼吸式口器的昆虫既能取食固体食物，又能取食液体食物。蜜蜂具有此类口器。

吸收式口器的某些部分异常延长，以便于吸取植物汁液，其余部分常退化或消失。吸收式口器的昆虫种类很多，依据口器结构的差异，又可分为刺吸式、虹吸式、锉吸式和舐吸式等亚类，各亚类的特点详见表 1-7。

具有各类吸收式口器的昆虫，都没有咀嚼式口器昆虫那样的破坏能力，不会在植物表面造成缺刻和破损。蚜虫等刺吸式口器昆虫，在吸食过程中刺入植物组织，造成微小创口，但由于唾液酶破坏叶绿素，可形成变色小斑点，还可能造成组织生长失衡、叶片卷缩扭曲，或刺激植物细胞增生而形成瘿瘤。虹吸式口器昆虫无穿刺植物组织的能力，舐吸式口器昆虫也多无穿刺能力。蛾类、蝶类虽然口器较退化，但幼虫具咀嚼式口器，严重危害植物。锉吸式口器昆虫取食时用上颚锉破植物组织表皮，然后吸取汁液，植物表面常出现不规则的变色斑点，也能造成叶片皱缩卷曲或畸形等症状。

表 1-7　吸收式口器各亚类的结构特点

类　型	结构特点	代表昆虫
刺吸式口器	下唇延长成为分节的管状喙，喙的背面中央凹陷形成一条纵沟，内有由上、下颚特化而成的两对口针	蚜虫、叶蝉、飞虱、椿象
虹吸式口器	下颚的外颚叶延长成喙，下唇须发达，口器的其余部分退化或消失。喙卷藏在下唇须之间，可伸到花心吸取花蜜	蛾类、蝶类
锉吸式口器	右上颚高度退化或消失，只有 3 根口针，取食时用上颚锉破植物表皮，再吸取汁液	蓟马
舐吸式口器	上、下颚退化，下唇变成粗短的喙，其端部膨大，形成 1 对唇瓣，由唇瓣舐吸物体表面的汁液	蝇类

了解各种昆虫的口器类型，有助于根据危害状判断害虫的种类，还可以根据口器类型和危害特点，选用适宜的杀虫剂。防治咀嚼式口器的害虫，可选用具有胃毒作用的杀虫剂，药剂随害虫取食进入其消化道，使其中毒死亡。防治刺吸式口器的害虫，需使用具

有内吸作用的杀虫剂，药剂的有效成分随植物汁液而被吸入虫体，引起中毒死亡。具有触杀作用和熏蒸作用的药剂对各种口器类型的害虫都有效。

(三)昆虫的胸部

1. 一般特点　胸部是昆虫的第二个体段，由膜质的颈部与头部相连。胸部由 3 个体节组成，由前向后依次称为前胸、中胸和后胸。每一胸节各有 1 对足，分别称为前足、中足和后足。多数种类在中胸和后胸还各着生 1 对翅，分别称为前翅和后翅。足和翅是昆虫的主要运动器官。

昆虫的每一胸节均由 4 块骨板组成，背面的称背板，两侧的为侧板，腹面的为腹板。这些骨板又随所在胸节而冠名，如称为前胸背板、前胸侧板、前胸腹板等。胸部的骨板并非完整的一块，而被一些沟或缝划分若干骨片，即由骨片组成，这些骨片都有各自的名称。骨板和骨片的形状，以及其上的突起、刺毛等常用作鉴别昆虫种类的特征。

2. 胸足　昆虫的成虫有足 3 对，位于每一胸节的侧腹面，即前足、中足和后足。胸足一般由 6 节组成，即基节（1 节）、转节（1～2 节）、腿节（1 节）、胫节（1 节）、跗节（由几个小节组成）和前跗节（由爪和中垫组成）。节与节之间由膜质物相连，并有关节，因而各节均可活动（图 1-23）。

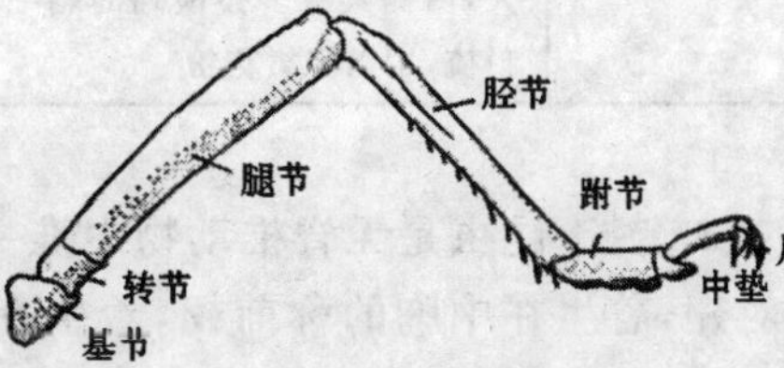

图 1-23　昆虫足的构造　（仿周尧原图）

足是昆虫的运动器官，用于行走，但因生活环境和生活习性的不同，昆虫足的构造和功能也发生了变化，形成了各种类型的足，详见表 1-8。

表 1-8 昆虫成虫足的类型

类型	主要特征	代表昆虫
步行足	各节无特殊变化，一般较细长，适于行走	步行虫、瓢虫、叶甲、蚜虫、椿象
跳跃足	腿节特别发达，胫节细长，适于跳跃	蝗虫、蟋蟀
捕捉足	基节特别长，腿节的腹面有 1 条沟槽，其两边有 2 排刺，胫节腹面有 1 排刺，胫节弯折时，正好嵌在腿节的槽内，适于捕捉小虫	螳螂和猎蝽的前足
开掘足	粗短扁壮，胫节膨大，宽而扁，末端具齿，跗节铲状，适于掘土	蝼蛄的前足
游泳足	宽扁如桨，胫节和跗节生有细长的缘毛，适于在水中游泳	龙虱等水生昆虫
抱握足	胫节端部宽而扁，外侧边缘具长毛，形成携带花粉的花粉筐，第一跗节膨大，内侧具有多排横列的刺毛，形成花粉梳，用以梳集花粉	蜜蜂的后足

3. 翅 昆虫是无脊椎动物中惟一有翅的动物，其成虫一般有 2 对翅，着生在中胸的称前翅，着生在后胸的称后翅，少数种类只有 1 对翅，或完全无翅。昆虫翅的质地一般为膜质。

前翅多呈三角形，当翅展开时，位于前方的边缘称为前缘或上缘，后方的称为后缘或内缘，外方的称外缘。与身体相连的一角称为肩角，前缘与外缘所成的角为顶角，外缘与后缘间的角为臀角。翅面生有褶纹，将翅面划分为几个区。在翅基部有基褶，在基部划分出一个三角形的腋区。从翅基到臀角有一条臀褶，臀褶之前的部分为臀前区，臀褶之后的部分为臀区。有些昆虫臀区的后方还有一条轭褶，轭褶以内的部分称为轭区，轭区连接后翅，以增强飞行力量(图 1-24)。

昆虫的翅面上还有翅脉,翅脉有纵脉和横脉两类,由翅基部伸到边缘的翅脉称为纵脉,而连接两纵脉之间的短脉称为横脉。翅脉在翅面上的分布形式称为脉相或脉序。不同种类的昆虫,翅脉的数目及其分布形式变化很大,而在同科、同属的成员间则很相似,所以脉相是昆虫分类和追溯昆虫的演化关系的重要依据。

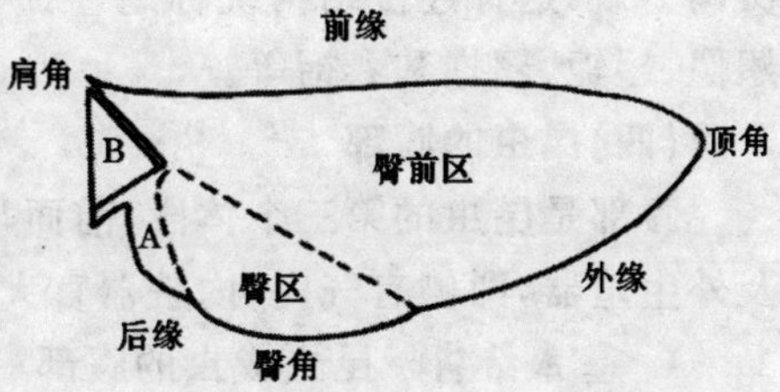

图 1-24　昆虫前翅的结构　(仿周尧原图)

A. 轭区　B. 腋区

不同类群的昆虫由于适应各自的生活环境,翅的功能有所不同,翅的发达程度、形态、质地和表面被覆物等各方面也不相同,可区分为表 1-9 所列 8 个类型。

表 1-9　昆虫翅的类型

类　型	主要特征	代表昆虫
膜　翅	膜质透明,翅脉明显	蜂类、蝇类、蚜虫
鳞　翅	膜质,翅面上被覆有一层鳞片	蛾类、蝶类
毛　翅	膜质,翅面密生细毛	石蛾(毛翅目)
缨　翅	膜质,狭长,边缘着生多数细长的缨毛	蓟马
覆　翅	加厚成革质,半透明,仍有翅脉,兼有飞翔和保护作用	蝗虫、蝼蛄、蟋蟀(前翅)
鞘　翅	角质坚硬,翅脉消失,仅有保护作用	金龟甲、叶甲(前翅)
半鞘翅	基半部革质,端半部膜质	椿象(前翅)
平衡棒	退化成棍棒状,很小,飞翔时平衡身体	蚊类、蝇类(后翅)

多数昆虫在飞行时，前后翅借各种特殊的结构相连接，使动作协调一致，这种连接结构统称翅连锁器，常见的连锁器有翅钩列、翅僵、翅轭、翅抱和卷褶等。

（四）昆虫的腹部

腹部是昆虫的第三个体段，前面与胸部紧密相连，末端有尾须及外生殖器，两侧有气门，内脏器官大部分都在腹腔内。

1. 基本结构 昆虫成虫的腹部一般由9～12节组成，较高等的昆虫多为9～10节或更少，膜翅目青蜂科成员的腹部仅有3～5节，较低等的昆虫常有11节甚至更多，原尾目成虫的腹部多达12节。

每个腹节只有背板和腹板，而没有侧板，背板与腹部之间是柔软的膜质物，称为侧膜。节与节之间则由节间膜相连。腹节的前后和两侧都是膜质物，所以腹部有较强的伸缩能力。

腹部1～8节的侧面着生椭圆形的气门，位于背板两侧的下缘，是呼吸的通道。在腹部第八节和第九节上着生外生殖器，是交配和产卵的器官。较低等的昆虫在第十一节上生有尾须，尾须是一种感觉器官，尾须的形状多有变化。缨尾目和部分蜉蝣目昆虫以及蟋蟀、蝼蛄等尾须很长，蝗虫、蚱蜢等的尾须较短，铗尾虫（双尾目）和蠼螋（革翅目）的尾须铗状，硬化，可用以御敌。

2. 外生殖器 外生殖器是用来交配和产卵的器官，雌虫的外生殖器称为产卵器，雄虫的称为交配器。不同种类的昆虫，外生殖器有显著差异，雄性外生殖器，即使在近似种类之间也有较大差别，是鉴定种的重要依据之一。

雌虫的生殖孔多位于第八、第九节的腹面，生殖孔周围着生3对产卵瓣，分别称为腹产卵瓣、内产卵瓣和背产卵瓣。产卵器的构造、形状和功能常随昆虫种类而异。蝗虫的产卵器由背产卵瓣和腹产卵瓣构成，内产卵瓣退化成小突起。产卵时依靠产卵瓣的张合动作，使腹部插入土中而产卵。蝉、叶蝉和飞虱等昆虫用产卵器刺破植物表皮，将卵产于植物体内。有些昆虫没有特殊的产卵器，而由腹部末端数节互相套入形成能够伸缩的伪产卵管，如甲虫、蝶类、蛾类、蝇类等，它们没有穿刺能力，把卵产在植物的缝隙处或植物表面。也有少数种类如实蝇、寄生蝇等，能把卵产入不太坚硬的动、植物组织中。

雄性外生殖器主要包括阳具和抱握器。阳具将精子送入雌虫体内的，一般为锥状或管状，射精管开口于顶端。阳具平时隐藏于生殖腔内，交配时伸出体外，插入雌体的交配囊内将精子射出。抱握器有叶状、钩状、钳状等不同形状，交配时用于挟持雌体。

(五)昆虫的体壁和体色

1. 体壁　体壁是昆虫骨化了的皮肤，包在昆虫体躯的外围，又称为“外骨骼”。体壁可保持昆虫固定的体形，供肌肉着生，保护内脏器官免受机械损伤，能防止体内水分的过量蒸发和阻止微生物及其他有害物质的侵入。此外，体壁还特化产生各种感觉器和腺体，以接受环境因子的刺激和分泌各种化合物，调节昆虫的行为。

昆虫的体壁由外向内分为表皮层、皮细胞层和底膜 3 部分。表皮层是皮细胞层向外分泌的非细胞性物质，表皮具有延展性、坚韧性和不通透性，亦称为虫体的外骨骼。表皮层又可分为内表皮、外表皮和上表皮 3 层。上表皮由里向外，依次有脂腈层、蜡层和护蜡层。皮细胞层由单层细胞构成，是体壁中惟一的活组织，它的主要功能是分泌表皮层，形成虫体的外骨骼。在蜕皮过程中，皮细胞层分泌蜕皮液，控制昆虫蜕皮，消化吸收旧内表皮，形成新表皮。有一些细胞还能分化形成体壁的外长物、内陷物和皮细胞腺。底膜位于体壁的最里层，是皮细胞分泌的非细胞物质，隔离体壁与体腔。

昆虫的体壁常外突形成各种外长物，包括非细胞性的外长物和细胞性的外长物两大类。非细胞性外长物仅由表皮层外突形成，如微小的突起、脊纹、棘、翅面上的微毛等。细胞性外长物是指皮细胞衍生的外长物，有的是由一个皮细胞特化而成的，如刚毛、毒毛、鳞片等，有的是由多个细胞向外突出而形成的中空刺状结，其基部不能活动的称为刺，基部可以活动的称为距。叶蝉后足胫节有成排的刺，而飞虱的后足胫节末端有一个能活动的大距。

体壁常内陷形成内脊、内突和内骨，从而增强了体壁的强度，增多了肌肉着生的面积。皮细胞腺也是皮细胞特化形成的，皆有分泌的功能，其种类很多，诸如唾液腺、毒腺、蜕皮腺、臭腺、蜡腺和丝腺等。

2. 体色 昆虫体壁的颜色有色素色、结构色和混合色 3 种。色素色是由体壁或皮下组织中的色素化合物所形成的化学色。结构色是光线经虫体表面的纹、脊、颗粒等不同结构产生折射、反射及干涉作用而形成的物理色，多有金属闪光。由色素色和结构色二者结合而形成的称为混合色或结合色，昆虫的体色大多属于这一类。如亮绿色是由黄色的色素色和蓝色的结构色结合而成的。昆虫的体色可因温度、湿度和光照等环境因素的影响而变化。

昆虫的体色有重要的生物学意义。甲虫闪光很强，以致捕食性天敌看不准它的大小和距离。闪光的躯体可以避免接受过多的阳光。有些昆虫可以形成保护色、警戒色，或与体态变异相配合而形成拟态，以躲避天敌的捕食。有的昆虫两性体色明显不同，体色差异有助于觅偶。

二、卵、幼虫和蛹的形态特征

全变态昆虫的个体发育经历卵、幼虫、蛹和成虫 4 个虫期，其幼虫与成虫的生活习性不同，形态也完全不同，其间需经历蛹期，以完成形态的变换。不全变态昆虫只经历卵、幼虫、成虫 3 个虫期，其幼虫与成虫形态相似，仅翅和性器官的发育程度有差别。

(一)卵的形态

昆虫的卵是一个大型细胞，最外层为坚硬的卵壳，其表面常饰有特殊的刻纹，卵壳里面有一层薄膜，称为卵黄膜，膜内包裹着卵黄和原生质。位于卵黄和原生质中央的细胞核称为卵核。卵的顶端有 1 个或数个小孔，称为卵孔，是精子进入卵内的通道，也称为受精孔。

卵的形状和大小因昆虫种类而不同，就卵的形状来说，常见的有球形、半球形、长椭圆形、卵圆形、肾形、桶形、瓶形、袋形、有柄形、篓形等(图 1-25)。卵的形状和色泽可作为鉴别昆虫种类的依据之一。

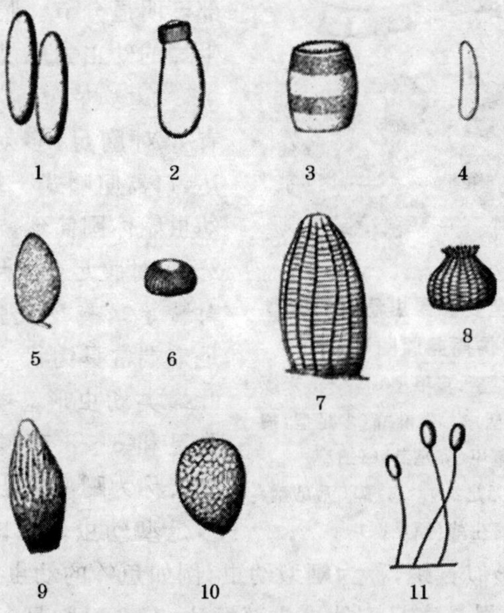

图 1-25　昆虫卵的形态　(仿周尧原图，有改动)

1. 吸浆虫(长椭圆形)　2. 三点盲蝽(袋形)　3. 黄绿椿象(桶形)　4. 大青叶蝉(肾形)　5. 粉虱(椭圆形，有短柄)　6. 小地老虎(半球形)　7. 菜粉蝶(瓶形)　8. 棉金刚钻(篓形)　9. 二十八星瓢虫(弹头形)　10. 守瓜(卵圆形)　11. 草蛉(长柄形)

(二)幼虫的形态

全变态昆虫的幼虫,按其体形和足的特点可区分为原足型、多足型、寡足型和无足型,常见的是后三种类型(图 1-26)。

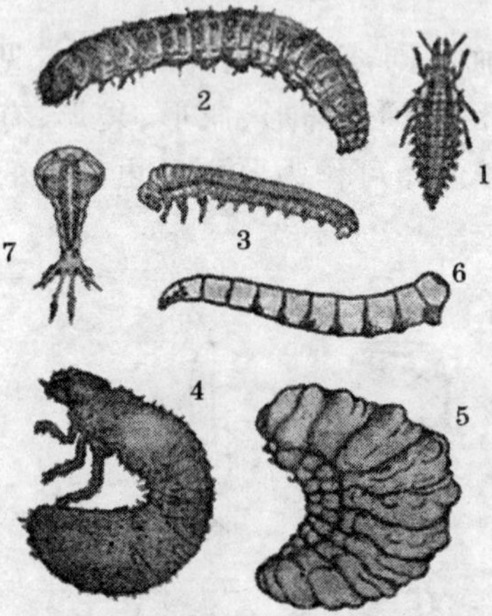

图 1-26　全变态昆虫幼虫的类型
(仿周尧原图)

1. 草蛉(寡足型,步甲型)　2. 玉米螟(多足型,蠋型)　3. 叶蜂(多足型,蠋型)　4. 金龟甲(寡足型,蛴螬型)　5. 豌豆象(无足型)　6. 蝇(无足型,蛆型)　7. 寄生蜂(原足型)

1. 原足型　原足型幼虫未完成胚胎发育即已孵化,器官发育不全。有的腹部不分节,胸足及其他附肢仅为几个突起,有的附肢虽未发育,但腹部已明显分节。膜翅目一些寄生蜂的幼虫为原足型。

2. 多足型　多足型幼虫有 3 对胸足,多对腹足,头发达,口器咀嚼式。蝶类、蛾类的幼虫躯体圆筒形,有 3 对胸足,2～5 对腹足(包括最后一节的对臀足),胸足及腹足较短,腹足末端常具钩状毛,称为趾钩。叶蜂类幼虫形态类似,有 3 对胸足和 6～8 对腹足。此类幼虫又称为蠋型幼虫。还有一类多足型幼虫体形略扁,胸足及腹足较长,形似石蛃,称为蛃型幼虫,例如鱼蛉的幼虫。

3. 寡足型　寡足型幼虫头部发达,有 3 对胸足,无腹足,常见于鞘翅目、毛翅目及部分脉翅目昆虫。寡足型幼虫形态变化较大,还可细分为多个类型。

(1)步甲型幼虫　体躯纺锤形,口器前口式,胸足发达,行动迅速,多为捕食性昆虫,诸如步甲、瓢虫、草蛉的幼虫。

(2)蛴螬型幼虫　躯体肥胖,呈“C”字形弯曲,胸足较短,行动较缓，如金龟甲的幼虫。

(3)叩甲型幼虫　躯体细长，略扁平，胸足较短。如叩头甲、拟步甲的幼虫。

(4)扁平型幼虫　体躯扁平，胸足有或退化，如一些扁泥甲科及花甲科的幼虫。

3. 无足型　无足型幼虫既无胸足，又无腹足，如蝇类、象甲、天牛的幼虫。按照头的发达程度可分为全头无足型幼虫、半头无足型幼虫和无头无足型幼虫3类。全头无足型幼虫的头部充分骨化，全部露出体外；半头无足型幼虫的头部仅前端骨化外露，后端常缩入胸部；无头无足型幼虫又称蛆型幼虫，该类幼虫头部十分退化，全部缩入胸部，或仅有外露的口钩。如双翅目蝇类的幼虫。

一般说来，幼虫的胸足构造比较简单，一般跗节不分节，前跗节只有1枚爪，节间膜比较显著。幼虫的腹足不分节，鳞翅目幼虫腹足的末端有趾钩，趾钩的数目和排列方式是分类的依据。

许多幼虫食性与成虫不同，口器类型与成虫也有很大的差异。蛾类、蝶类幼虫的口器基本上是属于咀嚼式，其上唇和上颚无变化，但下颚、舌和下唇并成一个复合体。复合体的两侧为下颚，中央为下唇和舌，在其顶端具有1个突出的吐丝器，用以吐丝结茧，特称咀纺式口器。叶蜂类幼虫的口器与蛾蝶类幼虫的口器相似，但没有突出的吐丝器，仅有1个开口。蝇类幼虫的口器仅有1对可以伸缩活动的骨化的口钩，两口钩间为食物的进口，取食时用口钩烂食物，然后吸取汁液。脉翅目幼虫多能吸取其他昆虫的体液，其口器构造特殊，上、下颚皆弯曲成镰刀状并相互嵌合，左右各成一管，末端尖锐，用来刺入虫体而吸其体液，称为双刺吸式。

(三)蛹的形态

蛹是全变态类昆虫的第三个虫态，是由幼虫转变为成虫的过渡虫态。蛹的外形已接近成虫，透过蛹壳可见成虫的触角、足、翅等外部器官。这些外部器官在幼虫期以器官原基(器官芽)的形式存在于幼虫体内，在预蛹期，这些器官芽便突出体外，形成蛹的形态。

依据形态特征可将蛹区分为3种类型，即被蛹、裸蛹和围蛹（图1-27）。

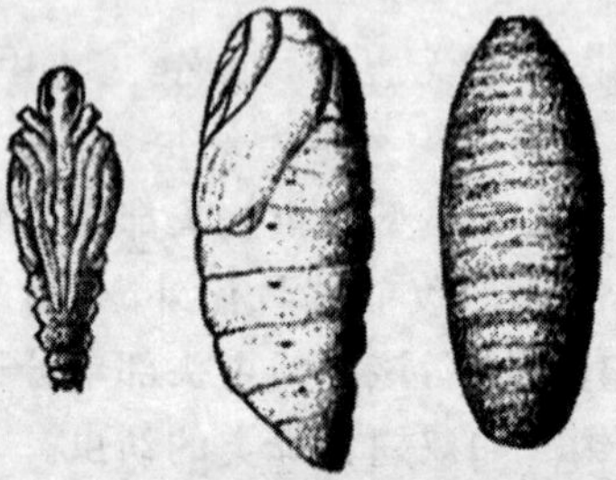

图1-27　全变态昆虫蛹的类型
（仿周尧原图）
左：裸蛹（蜂类）　中：被蛹（蛾类）
右：围蛹（蝇类）

1. 被蛹　被蛹的体外器官如翅、附肢等紧贴于体躯上，不能自由活动，末端腹部节可扭动。蝶类、蛾类的蛹属于这一类型。

2. 裸蛹　裸蛹又称为离蛹，翅和附肢等不贴附于体躯上，附肢和腹节均可活动，例如甲虫类、草蛉、蜜蜂等昆虫的蛹。

3. 围蛹　围蛹呈长筒形或长椭圆形，围蛹的蛹体本身是离蛹，但蛹体被第三、第四龄幼虫所蜕的皮共同构成的蛹壳所围裹，蝇类的蛹就是围蛹。

三、昆虫的识别

植保技术人员应能正确识别田间常见的昆虫，包括害虫和害虫的天敌昆虫。田间识别是结合昆虫调查和采集，辨识常见害虫，确定其分类地位，给出种的名称。正确区分优势种、普通种、稀有种和新种。对于稀有种、新种以及其他难以识别的昆虫，需采集标本，进行室内鉴定，或将标本寄送专家鉴定。

（一）昆虫的采集

识别昆虫，首先要发现和获得代表性个体，进行观察或制作标本。根据昆虫种类和生活习性的不同，要采用适宜的采集方法。昆虫有一年1代和一年几代的，要分别根据它们的发生期适时采集。一天内最适采集时间依昆虫种类有所不同，日出性昆虫白天采集，夜出性昆虫则在黄昏采集或利用黑光灯采集。

1. 网捕法　使用捕虫网采集捕捉善飞、善跳的昆虫。捕虫网由网柄、网框和网袋三部分组成，按照采集的对象和目的不同有捕网、扫网、水网和刮网等几种类型。扑虫网可以购买或自制。

2. 诱集法　是利用昆虫的趋性或其他生活习性而设计的方法，常用的有灯光诱集（利用趋光性）、食物诱集（利用对食物气味的趋化性）、习性诱集（利用堆草和堆集的石块瓦砾等诱集）、性诱集（利用异性信息素或异性活体等诱集）和颜色诱集等。具体诱集方法详见本篇第六章。

3. 吸虫器　采集小型、微型和虫体脆弱的昆虫，像蚜虫、蓟马、叶蝉、飞虱、小型寄生蜂等，可使用吸虫器吸取。吸虫器可以自制，用带橡皮塞的粗指形管作器体，橡皮塞上穿两个孔，其中一个孔插入略弯的细玻璃管，作进虫管，另一孔插入吸气玻璃管，吸气管外管口与橡皮管和吸气球接结。采集时将进虫管口对准所要采集的小昆虫，利用吸器球吸气形成的气流，将小虫吸到粗指形管内。

对地下害虫、钻蛀性害虫、潜叶性害虫、卷叶害虫，或在隐蔽处越冬的害虫，要仔细观察和寻找，根据害虫的危害状、鸣声、气味以及蜜露、泡沫等分泌物来搜寻采集。

采集的活昆虫需放进毒瓶或毒管内迅速杀死，然后放入三角纸袋中暂时保存。少量采集可用毒管，毒管携带较方便。毒管用带管塞且不易破碎的粗指形管制作。管塞既要封闭严密以保证管内的毒气不致漏出，又能灵活开启。专业采集的毒管用氰化钾或氰化钠作毒药。制作时先在管底铺少量锯木屑，加上适量药剂后再铺一层锯木屑，压实压平后再在上面加约 1.5cm 厚的生石膏粉，滴少许清水使石膏粉湿透，稍加压平，待石膏凝固后即可。毒管在制作、使用、保管时必须注意安全。

幼虫、蛹、卵等虫态以及微小昆虫和螨类，可浸泡在保存液中暂时保存。最简单的保存液是75%酒精液(加入0.5%～1%甘油)。

(二)昆虫的识别

对于有经验的植保技术人员，在田间发现或采集的昆虫，当即通过手持放大镜仔细观察，根据形态特征，可以识别大部分种类。不能识别的，需带回室内使用实体显微镜进一步检查。对于微小昆虫和螨类，尚需用聚乙烯醇或加拿大树胶制片，用高倍显微镜检查。若缺失成虫标本，仅根据幼虫特征不能识别的，还需采集活虫饲养。疑难种类和新害虫需请专家鉴定。

昆虫识别的主要依据是成虫期和幼虫期的形态特征。

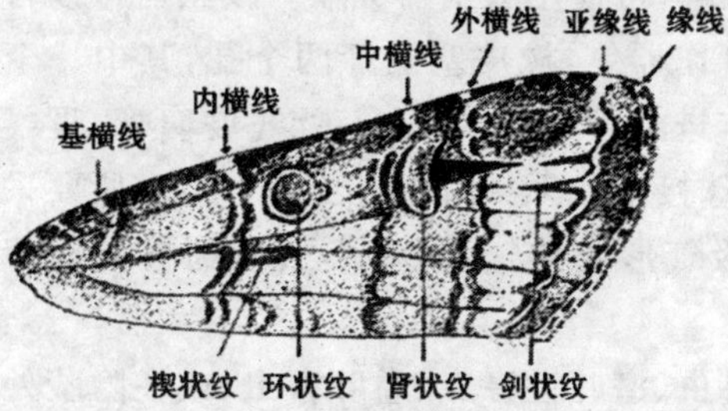

图1-28　小地老虎前翅的斑纹

(仿农业昆虫学原理原图)

1. 成虫期　成虫期重要形态特征包括体形、体长、体色、体壁特征；头部及其附器、触角的类型、结构、长度，复眼的形状、大小、颜色，单眼的有无和数目，口器的类型和结构；胸节发达程度，胸足特点，翅的类型以及翅脉脉序等；腹部体节的节数、腹足、尾须、外生殖器的特征等。鳞翅目成虫翅上有多种线纹、斑点等，也是进行分类和鉴别种类的重要依据(图1-28)。

2. 幼虫期　幼期形态特征指卵(胚胎期)、幼虫和蛹(胚后期)的形态特征，应用较多的是完全变态昆虫的幼虫形态特征。鳞翅目和部分膜翅目的幼虫为多足型，鞘翅目多数为寡足式，双翅目及一部分膜翅目、鞘翅目种类为无足型。幼虫的体色、体形、体壁特点、口器类型、腹足数目和形态等都是有用的特征。鳞翅目幼虫躯体上有多种纵行线纹，称为体线，各条体线的名称和位置详见图1-29。幼虫的体线以及体壁上的毛瘤等构造都是分类的重要特征。鳞翅目幼虫腹足末端常有钩状毛，称为趾钩。趾钩有无，趾钩的层次（单序、二序、三序），排列形式（中带式、二横带式、缺环式、全环式）等特征也用于鉴别种类（图1-30）。

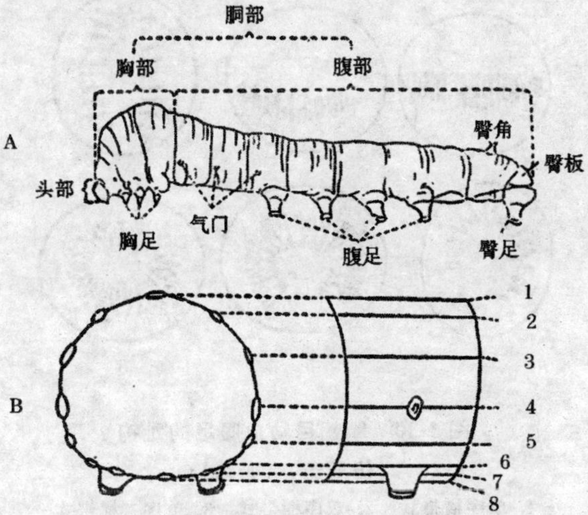

图1-29　鳞翅目幼虫躯体结构和线纹

（仿农业昆虫学原理原图）

A. 幼虫躯体结构　B. 胴体线纹

1. 背线　2. 亚背线　3. 气门上线　4. 气门线

5. 气门下线　6. 基线　7. 侧腹线　8. 腹线

除了成虫期和幼虫期的形态特征以外，寄主和危害状、习性特点等也用作识别种类的辅助依据。在种类鉴定时，有时还作细胞学、生理生化或分子生物学的比较测定。

识别昆虫要参考适用的书籍文献。依据普通昆虫学和昆虫分类书籍中时目、科的描述和检索表，即可确定常见的目和科，确定种类尚需参考《中国经济昆虫志》分科单行本，或其他专著、图谱及论文等。

昆虫的种名也采用林奈的双名法，用拉丁文或拉丁化的文字书写，但常见种类都有通用的中文名称。

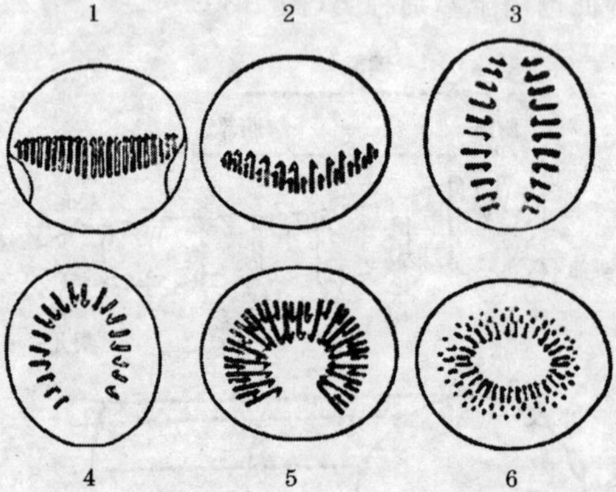

图 1-30 鳞翅目幼虫腹足的趾钩

（仿周尧，有变动）

1. 单序横带式 2. 双序横带式 3. 单序二横带式
4. 单序缺环式 5. 双序缺环式 6. 三序全环式

四、蔬菜害虫的主要类群

蔬菜害虫种类繁多，主要有直翅目、半翅目、同翅目、鞘翅目、鳞翅目、双翅目、膜翅目和缨翅目的昆虫。还有蜘蛛纲里的真螨目和软体动物类。

（一）直 翅 目

直翅目昆虫常见的有蝗虫、蝼蛄、蟋蟀、螽蟖等。该目成员多数为大、中型，口器为标准的咀嚼式，复眼发达，触角多为丝状。前胸大而发达，中、后胸愈合，多数具两对翅膀，前翅狭长，称为覆翅，后翅膜质、扇状、宽大，翅脉多为直线。后足发达，适于跳跃。雌虫产卵器发达，有尾须或听器，有的有发音器。该目渐变态。

蔬菜害虫主要有蝗科的短额负蝗、黄(红)胫小车蝗、亚洲小车蝗、云斑车蝗、芋蝗、中华稻蝗等，蝼蛄科的东方蝼蛄、华北蝼蛄等，蟋蟀科的油葫芦、蟋蟀等。

(二)半 翅 目

半翅目昆虫又称为椿象，简称"蝽"。该目为渐变态。体小型至中型，体壁坚硬，体略扁平。口器刺吸式，着生在头的前方，触角丝状或棒状，3～5 节，复眼显著。前胸背板大而发达，中胸有发达的小盾片。具翅两对，前翅基部革质坚硬，端部膜质透明柔软，称为"半鞘翅"，后翅膜质，两翅平伏于身体背面。前翅基部的硬化部分还可区分为革片、爪片、缘片和楔片，膜质部分也称为膜片。躯体腹面有臭腺开口，可发出恶臭。

危害蔬菜的主要种类有蝽科的菜蝽、斑须蝽、茼蒿蝽、赤条蝽等，盲蝽科的绿盲蝽、苜蓿盲蝽，缘蝽科点蜂缘蝽、稻棘缘蝽、瘤缘蝽等。

(三)同 翅 目

同翅目是一个较大的类群，渐变态(少数为过渐变态)，全部为植食性害虫，常见的有蝉、叶蝉、飞虱、蚜虫、粉虱和蚧虫等。该目昆虫躯体为小型，口器刺吸式，着生在头的后方。触角较短，鬃状或长丝状。两对翅，前翅质地均匀，休息时翅放在身体上呈屋脊状。少数成员仅具前翅。身体有蜡腺，可分泌蜡丝或蜡粉。

危害蔬菜的主要种类有叶蝉科的大青叶蝉、小绿叶蝉、二点叶蝉、榆叶蝉，黑尾叶蝉、白翅叶蝉等，飞虱科的白背飞虱、灰飞虱、褐飞虱、茭白长绿飞虱等，蚜科的桃蚜、甘蓝蚜、萝卜蚜、瓜蚜、芹二尾蚜、苜蓿蚜、豌豆蚜、大豆蚜等，粉虱科的温室白粉虱、烟粉虱、银叶粉虱等，有些种类为植物病毒的传毒介体。

(四)鞘翅目

鞘翅目是昆虫纲中最大的一个目,其成员一般称为甲虫。该目全变态,躯体小型至大型,肥厚坚硬。口器咀嚼式,具复眼,多无单眼,触角 10～11 节,类型多样。前胸背板发达,中胸小盾片露出,可见腹节 10 节以下。前翅革质,厚而硬,合起来可盖住腹部和后翅,故称"鞘翅",后翅膜质或无后翅。幼虫多数为寡足式,少数为无足式,蛹为裸蛹。

危害蔬菜的主要有叩头甲科(沟叩头甲、细胸叩头甲、褐纹叩头甲),金龟甲科(华北大黑鳃金龟、暗黑鳃金龟、铜绿丽金龟等),叶甲科(黄条跳甲类、蓝跳甲、芸薹叶甲、韭萤叶甲、猿叶虫类、黄守瓜、葱黄寡毛跳甲、马铃薯甲虫等),芫菁科(白条芫菁、中国豆芫菁、苹斑芫菁等),瓢虫科(马铃薯瓢虫、茄二十八星瓢虫等),象虫科(菜茎象甲、甘薯长足象等),豆象科(蚕豆象、豌豆象等)、天牛科(瓜藤天牛)以及其他。多种扑食性瓢虫为害虫的重要天敌。

(五)鳞翅目

鳞翅目全变态,躯体小型至大型,口器虹吸式,触角多样,有丝状、棍棒状、羽毛状等。具复眼 1 对,单眼 2 个。身体和膜质的翅上都被覆一层鳞毛。翅两对,翅脉多变化,翅上由不同颜色的鳞毛组成多种复杂的花纹。幼虫多足型,咀嚼式口器。具胸足 3 对,腹足 2～5 对,腹足末端有趾钩。少数营钻蛀性或潜叶性生活的种类足常退化。蛹为被蛹。鳞翅目成虫多不危害植物,幼虫多有危害农作物的大害虫。蝶类成虫白昼活动,蛾类多夜间活动,有趋光性。

危害蔬菜的种类很多,主要有地老虎类、棉铃虫、烟青虫、斜纹夜蛾、甜菜夜蛾、甘蓝夜蛾、银纹夜蛾、菜螟、瓜绢螟、甜菜白带螟、豆荚螟、豆野螟、大豆卷叶螟、姜螟(玉米螟)、印度谷螟、茴香薄翅野螟、小菜蛾、葱须鳞蛾、甘薯天蛾、豆天蛾、芋双线天蛾、芋单线天蛾、马铃薯块茎蛾、甘薯麦蛾、红腹灯蛾、菜粉蝶、云斑粉蝶、金凤蝶等。

(六)膜 翅 目

膜翅目全变态,躯体小型至中型。头部能自由活动,常具小的颈部。口器咀嚼式(或咀吸式),触角类型多样,复眼大,单眼3个,常在头顶排成三角形。前胸宽短,前胸背板两侧向后延伸,中胸特大,后胸短。两对翅均膜质,前翅大,后翅小,后翅前缘有一列钩刺。翅脉变化大,前翅前缘中部常有暗色的翅痣。腹部形状多样,第一腹节并入胸部,成为并胸腹节,除植食性种类外,第二腹节缢细成"腰"(腹柄)。雌虫多有明显的产卵器,锯状或针状,有的种类特化为螯刺。幼虫为多足型或无足型,蛹为裸蛹。

该目成员包括常见的蜂类、蚁类,许多种类为害虫的寄生性天敌或扑食性天敌。有些种类为农作物的传粉昆虫。危害蔬菜的主要种类有叶蜂科的黄翅菜叶蜂等。

(七)双 翅 目

该目昆虫为全变态。成虫小型或中型。头部圆球形或半球形,能自由活动。口器舐吸式或刺吸式,有的种类口器退化或消失。复眼特大,有的种类雄虫两个复眼紧靠在一起或非常接近(称为合眼式或接眼式),雌虫两个复眼远离(称为离眼式)。3个单眼位于头顶中部,排列成三角形,有的种类无单眼。触角丝状、念珠状、具芒状等。胸部三节紧密愈合,前、后胸小,中胸特大。只有一对前翅,膜质,后翅退化成平衡棒。腹部节数较少,雌虫的最后几节可伸缩,成为伪产卵器。幼虫无足,多数无头,蛹多数为裸蛹,但蝇类为围蛹。

该目包括蝇类、蚊类、虻类等常见昆虫。多种食蚜蝇、寄生蝇为害虫重要天敌。危害蔬菜的主要种类有种蝇、葱蝇、多种潜叶蝇(美洲斑潜蝇、南美斑潜蝇、番茄斑潜蝇、菜斑潜蝇、葱斑潜叶蝇、菠菜潜叶蝇、豌豆潜叶蝇等)、瓜小实蝇、南瓜实蝇、韭迟眼蕈蚊、异型眼蕈蚊等。

(八)缨翅目

该目昆虫为渐变态,虫体微小,狭长略扁。口器锉吸式,触角念珠状,6～9 节,其上有感觉器。复眼发达,单眼 2～3 个。两对翅狭长,翅缘有长的缨状缘毛,脉纹最多只有 2 条。足的末端无爪,有泡状中垫,故又称为"泡脚目"。若虫似成虫,蛹为拟蛹。

该目昆虫又称为"蓟马"。危害蔬菜的主要种类有葱蓟马、瓜蓟马、西花蓟马、辣椒蓟马和稻蓟马等。

(九)螨类

植食性螨类属蛛形纲,蜱螨亚纲的真螨目和寄螨目,已知的种类多为真螨目。螨类体型小至微小,圆形或椭圆形,红色,分节不明显,无头、胸、腹之分,有颚体段、肢体段(前足体、后足体)和末体段之分。无翅,无眼或只有 1～2 对单眼,有足 4 对(少数只有 2 对)。变态经过为卵、幼螨、若螨和成螨等阶段。螨类与昆虫的区别见表 1-10。

表 1-10　昆虫与植食性螨类外形的主要区别

特征	昆虫	螨类
体躯	分头、胸、腹 3 个体段	头、胸、腹愈合
触角	有	无
足	3 对	4 对(少数 2 对)
翅	多数有翅 1～2 对	无

危害蔬菜的主要种类有叶螨科的朱砂叶螨、二斑叶螨等,跗线螨科的茶黄螨,粉螨科的多种根螨和伯氏噬木螨,瘿螨科的番茄刺皮瘿螨等。

第五章　蔬菜害虫的生物学特性

蔬菜害虫的生物学特性就是其生命特性，涉及生殖、生长发育、生命周期、各发育阶段的习性及行为等方面。昆虫种类繁多，在长期的进化过程中，形成了各自相当稳定的生物学特性。了解和掌握蔬菜害虫的生物学特性，有助于合理防治害虫。了解和掌握蔬菜害虫天敌的生物学特性，则有助于合理保护这些益虫，也对蔬菜害虫防治有利。

一、生殖方式和个体发育

(一)生殖方式

1. 两性生殖　绝大多数昆虫以两性生殖方式繁殖后代，雌性个体与雄性个体交尾后，卵子与精子在雌虫体内结合，形成受精卵，由受精卵进而发育成新一代个体。

2. 单性生殖　少数昆虫种类可以进行单性生殖，也称孤雌生殖。这是不经两性结合，不发生受精过程，而由雌性的非受精卵直接发育成新一代个体的生殖方式。除蜻蜓目和半翅目外，几乎所有的目都有孤雌生殖的种类。根据孤雌生殖出现的频率不同，可区分为兼性孤雌生殖和专性孤雌生殖两大类。

(1)兼性孤雌生殖　也称偶发性孤雌生殖，即在正常情况下进行两性生殖，但偶尔产下的非受精卵，也能发育成新个体。这种生殖方式见于膜翅目、鳞翅目、缨翅目、同翅目等类群。

(2)专性孤雌生殖　此类昆虫没有雄虫或只有少数无生殖能力的雄虫，所有的卵都经不受精而发育成新个体，至少在某些世代是这样。专性孤雌生殖又包括经常性孤雌生殖、周期性孤雌生殖、幼体生殖及地理性孤雌生殖四类。

①经常性孤雌生殖　该种昆虫在自然情况下雄虫极少，甚至没有发现雄虫，几乎完全通过孤雌生殖的方式繁衍后代。膜翅目有一些成员，其雌成虫既可产下受精卵，也可产下非受精卵，由受精卵发育成雌虫，由非受精卵发育成雄虫，这也是经常性孤雌生殖。

②周期性孤雌生殖　桃蚜、瓜蚜等危害蔬菜的多种蚜虫在一个生长季节内，可以连续10余代进行孤雌生殖，只有到了秋末冬初才出现雌性和雄性蚜，进行一代两性生殖。这种孤雌生殖与两性生殖交替进行的现象，即为周期性孤雌生殖。

③幼体生殖　双翅目、鞘翅目与同翅目昆虫中有少数种类在母体尚未达到成虫阶段，还处于幼虫期时就进行生殖，这称为幼体生殖。由于幼体生殖的母体都没有发育到成虫阶段，也不可能进行两性交配，因而幼体生殖可看成是孤雌生殖的一种特殊类型。另外，进行幼体生殖的昆虫产出的都不是卵，而是幼虫，所以幼体生殖可以认为是胎生的一种形式。幼体生殖是对不利环境条件的一种适应。如瘿蚊在夏季产生雌蛹和雄蛹，成虫羽化后行两性生殖，而在其余季节则行幼体生殖。

④地理性孤雌生殖　某些种类的昆虫在不同的地理区域内，有不同的生殖方式。在某些地域，进行正常的两性生殖，而在另一些地域，进行孤雌生殖。这种孤雌生殖类型就是地理性孤雌生殖。

3. 卵胎生　有些昆虫的卵在母体内完成发育并孵化，直接产出幼虫(或若虫)，蚜虫的单性生殖就是这种现象。其形式似胎生，而实际上仍是胚胎营养方式，与一般的卵生无本质差别，因而称为卵胎生。卵胎生是有效保护卵的一种适应现象。

4. 多胚生殖　通常一个卵形成一个胚胎，但有的昆虫一个卵可形成两个以上胚胎，并能分别发育成新个体。这种生殖方式称为多胚生殖，常见于膜翅目的一些寄生性蜂类，如小蜂科、细蜂科、茧蜂科、姬蜂科、螯蜂科等部分种类。有的生殖可形成 100 多个，甚至几千个胚胎。子代的性别依卵是否受精而定，受精卵发育成为雌虫，未受精卵发育成为雄虫，因而从一个卵发育出的个体，其性别都是相同的。

(二)个体发育与变态

昆虫由卵到成虫的个体发育过程，经历胚前期、胚胎期和胚后期 3 个发育阶段。胚前期是指生殖细胞在亲体内形成和完成受精的过程，胚胎期是从受精卵发育到幼虫的过程，胚后期是从幼虫孵化到成虫和性成熟的整个生育过程，包括蜕皮、变态、滞育等一系列的生长发育现象。

昆虫的变态是指在胚后发育过程中，从幼期状态变为成虫期状态的现象，亦称后胚胎发育。多数蔬菜害虫的幼期与成虫期在形态、生理、行为等方面表现出显著的差异。

昆虫种类繁多，通过漫长的演化过程，其变态亦表现出多样性，有增节变态、表变态、原变态、不全变态和全变态等 5 个基本类型，最常见的是不全变态和全变态两种类型。

1. 增节变态、表变态和原变态　这三者都是原始的变态类型，属于这些类型的昆虫，幼虫与成虫外部形态相似，不常见。不全变态和全变态是蔬菜害虫和其他农林害虫常见的变态类型。

2. 不全变态　是有翅亚纲外生翅类(蜉蝣目除外)各目昆虫所具有的变态类型，胚后发育仅包括幼虫和成虫两个虫态。成虫的特征随幼虫的生长发育而逐渐显现，翅器官在幼虫的体外逐渐发育，成虫不再蜕皮。不全变态可分为下述 3 个类型。

(1)渐变态　这种类型的幼虫与成虫，在形态特征和生活习性等方面都很相似，只是幼虫体躯小，翅发育不完全(称为翅芽)，性器官尚未成熟。此类幼虫特称为若虫。危害蔬菜的各种蝗虫、蝼蛄、蟋蟀、蚜虫、叶蝉、飞虱、椿象等昆虫就属于这一类型。图 1-31 描绘了飞蝗渐变态过程。

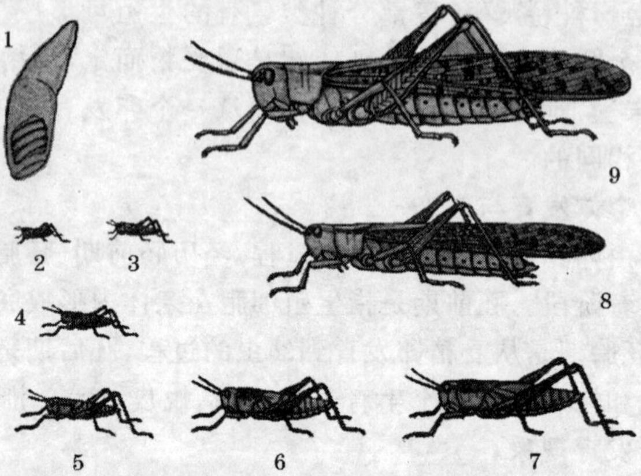

图 1-31　飞蝗生活史　(仿农业昆虫学原理原图)

1. 卵块　2. 一龄若虫　3. 二龄若虫　4. 三龄若虫　5. 四龄若虫　6. 五龄若虫　7. 六龄若虫　8. 雄成虫　9. 雌成虫

(2)半变态　蜻蜓、石蚕等昆虫的变态即属于半变态,其幼虫水生,成虫陆生,二者的形态和生活习性明显不同,此类幼虫特称为稚虫。

(3)过渐变态　此类型的若虫与成虫均为陆生,形态相似,但末龄若虫不食不动,很像全变态中的蛹,但其翅芽发生于体外,因而称之为拟蛹或伪蛹。蔬菜的大害虫粉虱、蓟马等就属于这种类型。

3. 全变态　该种昆虫的胚后发育包括幼虫、蛹、成虫 3 个虫态(图 1-32)。全变态昆虫的翅在幼虫体内发育,幼虫的内部、外部构造和生活习性都与成虫有显著差异,蛹是从幼虫转变为成虫的过渡虫态。全变态的蔬菜害虫很多,鳞翅目、鞘翅目、膜翅目、双翅目成员都属于这种类型,图 1-32 描绘了凤蝶的变态状况。

另外,有些昆虫的幼虫各龄期间外形和生活习性也有明显差异，变态过程更为复杂，这特称为复变态，芫菁就属于这一类型。

（三）各虫态的发育特征

1. 卵　卵是昆虫个体发育过程中的第一个虫态。卵从母体产下到孵出幼虫所经历的时间为卵期（胚胎期）。整个卵期为胚胎发育过程，胚胎发育完成后，卵壳破裂，幼虫脱出，这称为孵化。在卵期施用杀卵药剂或人工释放卵寄生蜂，可将害虫消灭于危害之前。

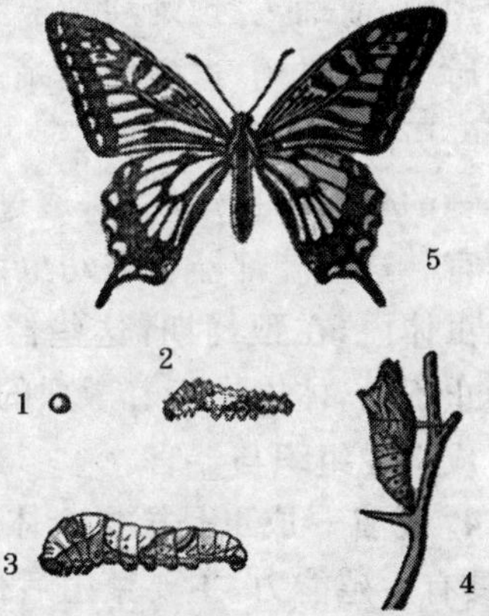

图 1-32　凤蝶生活史　（仿周尧原图）

1. 卵　2. 初龄幼虫　3. 老熟幼虫　4. 蛹　5. 成虫

2. 幼虫　幼虫是昆虫个体发育过程的第二个虫态。从卵孵化到下一个虫态蛹（或成虫）出现之前的整个发育阶段称为幼虫期（或若虫期）。在幼虫期，要完成生长发育所需的营养积累。幼虫期是蔬菜害虫和其他农林昆虫的主要危害时期，也是防治的重点虫期。

幼虫孵出后，食量不断增加，虫体不断增大，但其表皮（外骨骼）不能随之增大，因而幼虫生长到一定程度，就要蜕去旧表皮，形成新表皮。脱去旧表皮的过程叫做蜕皮，幼虫的蜕皮与生长交替进行。每次蜕皮后，虫体就得以增长，形态也发生相应变化，随后生长趋缓以致停止生长，在下一次蜕皮前不食不动。相邻两次蜕皮之间的阶段，称为一龄（虫龄），其历期称为龄期。刚从卵孵化出的幼虫为一龄幼虫，以后每蜕皮一次，就增加 1 龄。幼虫随着虫龄的增长，食量加大，危害加剧，抗药性也增强。

3. 蛹　蛹是全变态类昆虫的第三个虫态，也是由幼虫转变为成虫的过渡虫态。幼虫老熟以后，就停止取食并寻找化蛹场所，有些昆虫还要吐丝结茧或营造土室，然后静止不动，虫体缩短、增粗，成为预蛹(前蛹)。预蛹期是末龄幼虫在化蛹前的静止时期。预蛹蜕皮后，就变成蛹，这称为化蛹。从化蛹开始，到蜕去蛹皮变为成虫所经历的时间称为蛹期。

蛹的外形已接近成虫，透过蛹壳可见成虫的触角、足、翅等外部器官。这些外部器官在幼虫期以器官原基(器官芽)的形式存在于幼虫体内，在预蛹期，这些器官芽便突出体外，形成蛹的形态。蛹静止不动，体内进行着激烈的生理变化，幼虫的组织与器官转换成了成虫的组织与器官。

4. 成虫　成虫是昆虫个体发育的最后一个虫态，成虫雌雄分化，具有生殖能力，主要繁殖后代。成虫由蛹破壳或由若虫蜕皮而出的过程称为羽化。从羽化到成虫死亡所经历的时间称为成虫期。

少数昆虫在幼虫期已积累了足够的营养，羽化时性器官已完全发育，羽化后不需要取食，即可进行交配和产卵，成虫期很短。而多数昆虫羽化时生殖器官尚未成熟，必须继续取食，补充营养，生殖器官发育成熟后，才能交配产卵。有补充营养习性的昆虫，成虫期较长，口器为咀嚼式和刺吸式的，例如蝗虫、叶甲、椿象、蚜虫等，成虫也能造成严重危害；而成虫为虹吸式口器的害虫，例如蛾类、蝶类等，成虫期一般不会造成直接危害。

昆虫的雌成虫与雄成虫个体之间除内、外生殖器官，即第一性征不同外，其个体大小、体型、体色及器官构造等第二性征也常有差异，这种现象称为性二型或雌雄异型。不仅如此，有些种类在同性个体中也分化出不同类型，这种现象称为多型现象，如稻飞虱的雌、雄成虫均有长翅型和短翅型等。了解昆虫的性二型和多型现象，有助于分辨性别，识别种类，可用于昆虫调查和虫情预测。

成虫性成熟后，通常以分泌性信息素来引诱同种异性个体前来交尾。交尾次数因种类而异，有的种类一生只交尾一次，有的可多次交尾。雌虫在交尾后便可产下受精卵，交配期的长短和产卵次数因种类而异，也受环境条件影响。昆虫的生殖能力很强，一般每雌可产卵数十至数百粒，蛾类更可达千粒以上。

昆虫对产卵场所有选择性，通常产卵于对幼虫取食有利的寄主和场所。菜粉蝶可在各种植物的花朵上采食，但主要产卵于十字花科植物上。有些害虫产卵于寄主体表，如蝶类、蛾类；有些害虫产卵于寄主组织内，如飞虱、叶蝉等。有些害虫产卵时，单粒孤立，如大豆食心虫、菜粉蝶等；有些害虫将多粒卵聚产一处，形成卵块，如玉米螟、瓢虫等。还有一些害虫利用分泌物，做成胶质的卵囊，或杂以体毛等形成纤维状覆盖物，用以保护卵块，例如蝗虫将卵产于卵囊内。

二、世代、生活史和年生活史

(一)世　代

昆虫的卵或幼虫从离开母体开始，直到成虫性成熟和产生后代的个体发育过程，称为一个世代，简称一代或一化。昆虫一年发生的世代数与其遗传性和环境条件有关。一年只发生 1 代的，称为一化性昆虫，如豌豆象、大地老虎、大豆食心虫等。一年发生多代的，称为多化性昆虫，如小菜蛾、烟草夜蛾、桃蚜、葱蓟马、豌豆潜叶蝇等。多化性昆虫各年发生的代数取决于环境条件，菜螟在广西一年发生 9 代，在湖北发生 7 代，在上海、四川发生 6～7 代，在河南发生 6 代，在北京、山东只发生 3～4 代。桃蚜在气温较高的华南一年发生 30～40 代不等，而在气温较低的华北北部只发生 10 余代。也有些昆虫需两年或多年才能发生 1 代，东北大黑鳃金龟 2 年发生 1 代，华北蝼蛄约 3 年发生 1 代，十七年蝉则需 17 年才发生 1 代。

多化性昆虫可能有前一世代与后一世代相同虫态重叠发生的

现象，这称为世代重叠。例如，小菜蛾成虫产卵期很长，先产出的卵已经变为幼虫或成虫，后产出的卵尚在卵期，不同世代的卵、幼虫、蛹、成虫可能同时存在，形成了严重的世代重叠。世代重叠现象为划分世代造成了困难。有些昆虫的两性生殖和单性生殖（孤雌生殖）交替进行，这种现象称为世代交替，也称为异态交替。有的昆虫在某一世代中的某一发育阶段，一部分个体进入越冬状态而停止发育，另一部分个体则继续发育到下一个世代，这种现象称为局部世代。

（二）生活史和年生活史

昆虫的生活史又称为生活周期，就个体发育而言，与世代的概念相同。昆虫从越冬后复苏起，到翌年越冬复苏前的全过程，称为年生活史。年生活史主要着眼于一年中昆虫的出没季节、种群数量的季节变化、越冬状况等。一年发生1代的昆虫，其年生活史就是1个世代的发生过程，一年发生多代的昆虫，年生活史包括几个世代。在划分世代时，将越冬虫态所在的世代称为越冬代，越冬代产下的卵为当年第一代的起始点，第一代成虫产下的卵为第二代卵，发育成第二代成虫。当年最后发生的一代为越冬代。

了解昆虫的年生活史，就要了解其越冬（越冬虫态，越冬场所），世代数目，各世代各虫态的历期（包括始期、盛期和末期），行为习性与寄主发育阶段的配合情况等基本内容。研究昆虫年生活史的基本方法是进行田间系统调查。也可在接近自然状况的条件下进行饲养观察，相互验证。研究害虫的年生活史，目的在于弄清害虫在一年内的发生规律和习性等基本情况，作为防治害虫的依据。

三、主要生活习性

（一）昼夜节律

在长期的进化过程中，形成了昆虫活动与昼夜变化相吻合的节律,即生物钟或昆虫钟。绝大多数昆虫的飞翔、取食、交配等活动均有固定的昼夜节律。在白昼活动的昆虫,被称为日出性或昼出性昆虫,如鳞翅目蝶类;在夜间活动的昆虫被称为夜出性昆虫,例如鳞翅目蛾类。另有一些只在黎明或黄昏时分弱光下活动的昆虫,被称为弱光性昆虫。也有的昆虫昼夜均能活动,无明显差异。

(二)食 性

食性就是昆虫取食的习性。通常按照昆虫食物的性质而把它们区分为植食性、肉食性、腐食性和杂食性等4个主要类别。

植食性昆虫是以活体植物为食的昆虫,植食性昆虫多是农作物害虫。肉食性昆虫是以活体动物为食的昆虫。很多肉食性昆虫是害虫的天敌,少数是人、畜的卫生害虫,包括动物的外寄生或内寄生昆虫。腐食性昆虫以腐败的植物、动物的尸体或粪便为食,如果蝇、埋葬甲、粪蜣螂等。杂食性昆虫既取食植物性食物又取食动物性食物的昆虫,如蜚蠊、蟋蟀、谷斑皮蠹等。危害蔬菜的害虫多数为植食性的,少数为杂食性的,益虫均为肉食性的。

植食性昆虫又根据食物的范围区分为单食性、寡食性和多食性3种类型。单食性昆虫只取食一种植物的昆虫,如豌豆象只取食豌豆。寡食性昆虫是只取食一科或近缘科的若干种植物的昆虫,如豆荚螟仅取食豆科植物,菜粉蝶主要危害丨字花科植物。多食性昆虫能取食多个科的植物,如瓜蚜能取食74科285种植物。

昆虫的食性有一定的可塑性,在正常食物缺乏时,其食性可被迫改变或分化。

(三)趋 性

趋性是指昆虫对环境的物理的或化学的刺激所产生的定向活动。趋向刺激源的为正趋性,背离刺激源的为负趋性。根据刺激源的种类,可将趋性区分为趋光性、趋化性、趋湿性、趋声性、趋热性等。在害虫测报与防治中,多利用昆虫的趋光性和趋化性。

趋光性是昆虫对光源刺激的定向反应。多数蛾类成虫对光源表现正趋性，而蜚蠊、玉米螟幼虫等对光源表现负趋性（避光性）。趋化性是昆虫对某些化学物质的刺激所作的定向反应。其正、负趋化性通常和觅食、求偶、避敌、寻找产卵场所等活动有关。黏虫、地老虎等夜蛾类昆虫，对糖醋味有正趋性，菜粉蝶趋向于含有芥子油糖苷化合物的十字花科蔬菜，而菜蛾则背离含有香豆素的木樨科植物。

（四）群 集 性

群集性是同种昆虫的大量个体高密度地聚集在一起的习性。许多类昆虫具有群集习性，根据群集时间的长短，还可将群集分为临时性群集和永久性群集两类。临时性群集只在某一虫态或某一时期内群集在一起，过后就分散活动，如马铃薯瓢虫群集越冬。永久性群集则是终生群集在一起，如具有社会性习性的蜜蜂。

（五）迁移习性

迁移是在一定环境条件影响下，昆虫从发生地迁出，或从外地迁入的行为活动，是昆虫的种群行为。每一个完整的迁移活动包括 3 部分，即迁出、转移或过境和迁入。迁出是指某一种群的个体从发生地向外移动的行为。转移或过境是指某一迁移种群只在该地经过的过程，并不停留下来生活与繁殖。迁入则指迁移种群的个体进入某地，并将停留下来生息繁殖的过程。

昆虫的迁移有的是因为取食、求偶、避敌等原因而主动的迁移，如甘蓝夜蛾的幼虫在缺乏食料的情况下，就会出现群迁行为。另有的则由于水力、风力、动物或人类活动而被动转移。多数迁移是被动的，在其腾空飞翔时，为气流远距离传送。某种昆虫成群而有规律地从一个发生地长距离地转移到另一个发生地的现象，又称为迁飞。许多重要的农业害虫多具有迁飞习性，如东亚飞蝗、黏虫、小地老虎、棉铃虫和甜菜夜蛾等。

(六)休眠和滞育

昆虫在生活史的某一阶段遭遇不良环境后，生命活动会出现停滞现象，以安全度过不良环境阶段，根据引起和解除停滞的条件，可将停滞现象区分为休眠和滞育两类。

1. 休眠 休眠是昆虫在个体发育过程中，由不良环境条件直接引起的，临时停止生长发育的现象，是昆虫对不良环境的一种适应性。在不良环境条件解除后，便可恢复正常的生长发育。休眠常和盛夏的高温及隆冬的低温有关，即进行夏眠(休眠越夏)和冬眠(休眠越冬)。在夏季，由于干旱或高温，某些昆虫会暂时停止发育，进入夏眠。在冬季来临之前，由于气温下降，食物减少，进入冬眠。

具有休眠特性的昆虫，有的需在一定的虫态休眠，如东亚飞蝗以卵期休眠；有的则可在任何虫态或虫龄进入休眠，如小地老虎的成虫、幼虫或蛹都可以休眠越冬。

2. 滞育 滞育是昆虫在系统发育过程中所形成的，是对不良环境的一种适应性，具有遗传稳定性。在自然情况下，在不利环境条件尚未到来以前，便进入滞育状态。一旦开始滞育，即使给以最适宜的环境条件，也不会马上恢复生长发育。昆虫通常在相应固定的虫态进入滞育。进入滞育的昆虫要经过一定时间的滞育代谢才能解除滞育，温度、湿度和光照是解除滞育的重要因子。

一般冬季滞育的昆虫，均以短日照作为引起滞育的信号，日照时间长于 16 小时即可继续发育而不滞育，这样的昆虫称短日照滞育型(即长日照发育型)。而夏季滞育的昆虫，则以长日照作为引起滞育的信号，日照时间短于 12 小时，就可以继续发育而不滞育，这样的昆虫称长日照滞育型(短日照发育型)。

(七)假死性

假死性是昆虫受到异常刺激时，立即蜷缩、静止不动或坠地假死的习性。假死的昆虫稍停片刻就恢复常态而逃逸。金龟甲、象甲、叶甲等鞘翅目昆虫的成虫，以及黏虫、小地老虎等鳞翅目昆虫的幼虫等都有假死性。假死性是昆虫逃避敌害的一种适应性，可以利用昆虫的假死性，采取振落法采集和捕杀害虫。

(八)拟态、保护色、警戒色和伪装

1. 拟态 一种生物模拟另一种生物，或模拟环境中的其他物体的形象，从而获益的现象称为拟态。众所周知的实例有枯叶蛾在树枝上停留酷似枯叶状，竹节虫在竹子上停留时很像竹子的小枝条，这种拟态可以迷惑敌害，保护自己。

2. 保护色 一些昆虫的体色与其生活环境的背景颜色相似，有利于躲避天敌，保护自己。这种体色称为保护色，如草丛中的绿色蚱蜢，就具有保护色。有的昆虫会随环境颜色的改变而改变身体的颜色，如菜粉蝶的蛹就会随背景颜色的不同而改变体色。昆虫的保护色还常与拟态共同发挥保护作用，如尺蠖幼虫斜立于枝条上，其颜色和形态都酷似枯枝。

3. 警戒色 昆虫还可能具有与背景成鲜明对比的警戒色，如绿色的尖头蚱蜢，却具有鲜红色的后翅，能使袭击者受惊吓而逃离。

4. 伪装 伪装是指昆虫利用环境中的物体伪装自己的现象，多见于半翅目、脉翅目、鳞翅目部分种类的幼虫或若虫，伪装物有土粒、沙粒、小石块、植物叶片和花瓣、猎物的空壳等。淡带姬猎蝽的若虫主要捕食蚂蚁，在吸干蚂蚁的体液后会将蚂蚁的空壳黏在背上，成为伪装。

(九)社会行为

白蚁、蚂蚁、蜜蜂等昆虫营群居生活，在群体内有复杂的分工现象，被称为“社会性”昆虫。这类昆虫普遍存在多型现象，各类型间在生理、形态及职能分工上都有明显的差异，整个群体过着有组织、有分工的“社会性”生活。

四、环境条件对害虫发生的影响

害虫生活的环境是多种生态因子的综合体，可以区分为气象因子、土壤环境、食料因子、天敌因子、化学因子和人类活动等。各种因子相互联系，彼此影响，共同作用于害虫。各种环境因子，对同一种害虫的作用并非同样重要，往往某一种或某几种因子对害虫种群的变化起主导作用。

(一)气象因子

气象因子中对害虫影响最大的是温度、湿度和光照。

1. 温度　昆虫是变温动物，自身调节体温的能力很差，其体温基本上取决于环境温度，因而昆虫的发生、新陈代谢速率和行为在很大程度上受环境温度的支配。温度不仅直接影响害虫，而且对害虫的天敌和食料同样有重要影响，从而间接影响害虫的分布和数量变化。

昆虫的生长发育和繁殖等生命活动，均在一定的温度范围内进行，这个温度范围就称为昆虫的有效温区或适宜温区。温带地区昆虫的有效温区一般在 8℃～40℃。在有效温区范围内，最适于昆虫生长发育和繁殖的温度范围，又称为最适温区，一般在 22℃～30℃。有效温区的下限是昆虫开始生长发育的温度，称为发育起点温度，一般为 8℃～15℃。有效温区的上限是昆虫生长发育被高温所抑制的温度，称为高温临界，一般为 35℃～40℃或更高。

昆虫在发育起点以下的一定温度范围内，呈休眠状态，当温度升高到有效温区内，就恢复生长发育，因而在发育起点以下有一个停育低温区。由该温度再下降，昆虫就会因过冷而死亡，这个温度范围称为致死温区，多在零下若干度。同理，临界高温以上有一段停育高温区，在该温度范围内昆虫的生长发育因温度过高而停滞。

若温度再升高，昆虫就会因过热而死亡，即进入致死高温区，一般在45℃以上。

温度对害虫的生长发育速度、生殖力、死亡率、分布、取食和休眠等生命活动都有影响，其中以对生长发育速度的影响最为明显。在一定温度范围内，害虫的发育速度和温度成正比，发育时间和温度成反比。温度增高则发育速度加快，发育所需时间缩短。

昆虫完成其各个发育阶段（一个虫态或一个世代），需要从外界获得并积累一定的热能，而完成每一发育阶段所需的总热能是一个常数，即积温常数。积温常数K可以用发育历期与该期间平均温度的乘积表示。但实际上对昆虫发育起作用的温度，是高于发育起点温度的有效温度，达到有效温度，昆虫才开始发育。有效温度的积累值称为有效积温，对某种昆虫的一定发育阶段，有效积温是一常数，这就是有效积温法则。

有效积温可用下式计算：

$$K=N(T-C)$$

式中，K是有效积温（日度），N是发育天数，T是观测温度或日平均温度，C是发育起点温度，(T－C)就是逐日的有效温度。

在一定的温度范围内，昆虫的发育速度V与温度呈线性关系，即：

$$V=1/N=(T-C)/K$$

有效积温法则可用于害虫虫情预测，请参阅本篇第六章。

昆虫对低温和高温的适应表现为耐寒性和耐热性。害虫有适应冬季低温的能力，在低温来临前即开始作越冬准备，体内积累脂肪和糖类，减少体液中的含水量，降低呼吸速率，生长发育处于停滞状态。冬季低温一般对害虫无杀伤作用，但异常低温也可能引起体液结冰，破坏组织结构，致使昆虫死亡。高温对害虫的不利影响更大，高温可使虫体失水，破坏物质代谢，使蛋白质凝固，高温持续时间过长甚至会导致害虫死亡。

2. 降水和湿度　降水有降雨、降雪等形式，降水可改变空气湿度和温度，影响害虫的存活率、繁殖率和种群数量。积雪可以形成覆盖层，有利于地表和地下潜藏的害虫越冬。降水还改变土壤湿度和温度，可直接影响土栖昆虫的生活，也可通过影响作物的生长发育，而间接影响害虫。降雨的冲刷作用，不利于多种害虫存活。蚜虫、小菜蛾、叶螨等遭受暴风雨后，虫口会大量减少。

大气湿度主要影响虫体水分蒸散量和含水量，影响虫体温度和代谢速度，从而影响昆虫的一系列生命活动。在自然条件下，湿度与温度是共同起作用的，各种昆虫适应于一定的温度与湿度的组合。

昆虫在长期演化过程中，形成了对湿度的适应性，依据其栖息环境的水湿状况，可区分为水生性昆虫、湿生性昆虫、潜蛀性昆虫和裸露性昆虫等。水生性昆虫具有从水中获取氧气的特殊器官。蛴螬、金针虫等地下害虫是湿生性的，体壁的透水性较强，可以从土壤环境获取水分。潜蛀性昆虫生活于植物组织内部，如茄黄斑螟、豆象、潜叶蝇等，受寄主植物含水量影响较大，受大气湿度的影响较小，只有当环境十旱使寄主缺水时，才有不利影响。多数害虫是裸露性的，对湿度的反应最敏感，几乎所有的生命活动，都明显地受到大气湿度的影响。较高湿度对它们比较有利，但是湿度过高又会导致昆虫病原菌的流行，降低种群数量。蚜虫、螨类等具有刺吸口器，虽然也营裸露生活，但因为依靠吸食寄主汁液为生，主要从寄主体内获得水分。大气湿度降低，寄主受旱造成体液浓度增高，营养成分富集，更有利于此类害虫繁殖。蚜虫、螨类等在干旱年份反而严重发生。

3. 光照　光照因素包括光的性质（波长和光谱）、光强度和光照周期，对昆虫的生命活动均有不同的影响。

波长 390～750nm 为人类可见光，390nm 以下是紫外光，750nm 以上是红外光，均不可见。昆虫辨别光波的能力与人不同，能见的光在250～700nm，亦即看不到红光，却可看到紫外光。昆虫的趋光性与波长有关，棉铃虫和烟草夜蛾对330nm波长的光的趋性最强，用普通黑光灯诱集效果最好，而蚜虫对黄色光波最敏感。

光照强度反映了光辐射能量，主要影响昆虫的昼夜节律以及飞翔、交尾、产卵、取食和栖息等行为。

除赤道以外，随纬度的变化，光周期（日照时间长短）都有不同程度的季节变化，北半球夏季日照长，而冬季日照短。昆虫能够辨别光照的昼夜变化和光周期的季节性变化。许多害虫的年生活史、滞育、世代交替、季节性多型现象等都与光周期变动有关。例如，蚜虫在长日照条件下大量产生无翅蚜，在短日照条件下，大量产生有翅蚜，并进行迁移。

光周期对于昆虫的滞育也有重要信息作用。有的种类感受长日照信息，进入夏眠，属于长日照滞育类型。这类昆虫在短日照时不滞育，也称为短日照型昆虫。另有一类昆虫感受短日照信息而进入冬眠，属于短日照滞育类型。这类昆虫在长日照时不滞育，也称为长日照型昆虫。蔬菜的重要害虫烟青虫、棉铃虫、菜螟等都是长日照型昆虫。

有光周期反应的昆虫，往往只在特定虫态能对光周期变化发生反应，这一虫态被称为临界光照虫态，进入滞育的虫态称为滞育虫态。例如，菜粉蝶的临界光照虫态为幼虫期，滞育虫态为蛹期。大猿叶虫的临界光照虫态为蛹期，滞育虫态为成虫期。

引起一种昆虫种群内50%的个体进入滞育的光周期叫临界光周期。在同一纬度地区不同种类昆虫的临界光周期不同，同一虫种在不同纬度地区的临界光周期也不相同。

4. 风（气流） 风（气流）对昆虫的生长发育无直接影响，但可以降低环境温度与湿度，从而对昆虫的体温和水分状况发生间接影响。风对昆虫的扩散迁移，特别是对昆虫的远距离迁飞有较大影响。有飞行能力的昆虫，大多在微风或无风天飞行，当风速超过 15km/h 时，各种昆虫都将停止飞行。东亚飞蝗在微风时迎风飞行，若遇到 3 级以上的风，就改为顺风飞行。蚜虫在微风时逆风飞行，风速近 2 级时改为顺风飞行。昆虫腾空后往往无法自制，被动地随气流远距离扩散。

(二)土壤环境

土壤是一个特殊的生态环境，大部分昆虫都与土壤有不同程度的联系。有的种类终身生活在土壤中，多数种类有一个或几个虫态在土壤中度过。土壤环境对昆虫的生存和繁殖都有明显的影响。

1. 土壤温度　土温主要来自太阳辐射热，土壤表层温度日变化幅度很大，甚至超过气温的变化，而愈往深层变化幅度愈小，在地面下 1m 处，几乎没有昼夜温差。土壤温度的周年中的变化，也是表层大于深层。土壤类型、土壤物理性质以及土表覆盖等情况等都会影响土壤温度。

地下害虫往往随土壤温度的变动而改变栖息深度。在秋末冬初表土温度下降时，以及夏季表土温度过高时，地下害虫下移，在春季随表土温度上升而上移。在一天之内，也随土壤温度的变化而在土层中上下移动。

2. 土壤湿度　土壤湿度包括土壤水分和土壤空隙内的空气湿度，其变化主要取决于降水和灌溉。土壤中的空气湿度，除表层外，通常处于饱和状态，许多昆虫的不活动虫态卵和蛹常常栖息于土壤中，躲避了大气干燥的不利影响。

土壤湿度影响地下害虫的分布，细胸金针虫、小地老虎等主要在土壤含水量较高的低洼地、灌溉地危害，沟金针虫适于旱地，多种拟步甲适于荒漠草原的干旱沙地。在土壤中越冬的昆虫，其出土数量和时期，也受土壤含水量的影响。

在土壤中产卵的昆虫，卵的孵化受到土壤含水量的限制。以黄守瓜的卵孵化率为例，温度25℃时，在100%的相对湿度下，卵孵化率为100%，即使卵浸水3天后，大部分仍可孵化，但当湿度减低到75%时，卵就不能孵化。

土壤湿度高有利于昆虫致病微生物的发展，使土壤内昆虫的发病率和死亡率增高，可大幅减少土壤内的虫口数量。

3. 土壤理化特性 物理特性主要表现为土壤机械组成，不同昆虫偏好不同质地的土壤。蝼蛄偏好在砂质且湿润的土壤栖息，尤其喜好经过犁耕和施用厩肥的松软土壤，而在黏性高而坚实的土壤中发生较少。黄守瓜的幼虫偏好黏土，在黏土中的化蛹率和羽化率都较高。土壤酸碱度和含盐量，也影响昆虫的分布。金针虫偏好酸性土壤，蝼蛄多发生在轻砂盐碱地里。地下害虫常以土壤有机物为食，施有机肥的地块虫口密度较高。

(三)食料因子

昆虫在长期演化过程中，形成了对食物的不同适应性，亦即出现了食性分化。如前所述，植食性昆虫可根据食物的范围，而区分为单食性、寡食性和多食性等3种类型。尽管寡食性和多食性的昆虫能够取食多种植物，但各种昆虫都有其最嗜食的植物种类，取食嗜食植物时，昆虫的发育加快，死亡率降低，生殖力提高。例如，取食棉铃的棉铃虫幼虫，比取食辣椒果实的死亡率低。有时取食同一种植物的不同器官，影响也不同。

(四)天敌因子

昆虫的生物性敌害，通常称为天敌。天敌是害虫生存的抑制因子之一。害虫的天敌主要包括3大类群，即病原微生物、有益昆虫和有益动物。

侵染害虫，引起害虫疾病的微生物有细菌、真菌、病毒、原生动物和线虫等不同类群。昆虫感染这类病原微生物之后，可能形成流行病而大量死亡。苏云金杆菌、白僵菌、棉铃虫核型多角体病毒、菜青虫颗粒体病毒等都已用于防治鳞翅目害虫。

害虫的天敌昆虫有捕食性的和寄生性的两类。捕食性天敌昆虫能捕获和杀死害虫，常见的有螳螂、猎蝽、草蛉、瓢虫、食蚜蝇等。寄生性天敌昆虫可以寄生在害虫体内，以害虫为食，常见的有多种寄生蜂、寄生蝇等。例如，丽蚜小蜂寄生温室白粉虱的若虫和蛹。

作为害虫天敌的有益动物种类很多，常见的有蜘蛛、肉食螨类、鸟类、两栖类动物、爬虫类动物等，在田间可以大量歼灭害虫。在防治害虫时，应充分发挥各种天敌的作用。

(五)人类活动

人类的生产活动可以有效地控制害虫。合理的栽培管理措施，能够创造有利于农作物生长，而不利于害虫发生的农田生态条件。大面积种植抗虫品种，不利于害虫产卵、栖息或取食。引进和释放害虫天敌，可以大量压低虫口数量。人们还主动采取各种人工的、物理的或化学的防治措施，直接杀死害虫。

但是，人类活动也可能有利于害虫的扩散和猖獗。种苗和农产品的流通可能传带危险性害虫，使之侵入未发生区，造成很大的危害。不合理的栽培措施也可能对害虫产生有利的影响，有利于害虫种群的发展。不合理施用化学农药，可能杀灭天敌，或者使害虫产生了抗药性，结果是引起某些害虫的再猖獗，或者使原来的次要害虫上升为主要害虫。

第六章　病虫害的调查和预测

病虫害调查和预测都属于植保技术人员的基本业务活动。按照既定的方案，在现场检查和收集病虫害发生的相关数据，称为病虫害调查。依据调查数据，利用可靠的方法，估计未来病虫害发生情况，称为预测。由权威机构发布预测结果，称为预报。对预测和预报一般不作严格的区分，通称病虫害预测预报，简称病虫害测报。大范围病虫害发生的调查和测报，由各级专业机构实施。蔬菜生产基地、园艺场站、专业村的植保员有责任对当地病虫害进行调查和短期测报，以指导防治工作。

一、田间调查的一般方法

在病虫害田间调查时，不可能对全部田块、全部植株进行调查，只能选取若干点或若干植株进行调查，这种做法称作取样，被选中进行调查的实体称为样点或样本。为使取样调查结果能够正确反映田间实际情况，取样就必须有代表性并有足够的数量。田间调查和其他类型的现场调查，都采用取样调查方法。

(一)田间取样方法

1. 确定取样单位　取样单位为调查时计数统计的单位，根据作物种类和病虫害特点而定。密植作物一般以面积为单位，条播作物以样行的长度为单位，稀植作物以植株或株丛(穴)为单位。对于危害整个植株的病虫害，以植株为单位，对于危害特定植物器官的病虫害，还可以以特定器官(根、茎、叶片、花、果实等)为单位。同一种病虫害，在不同的时期，发生部位不同，可以分别采取不同的取样单位。

在害虫调查计数时，还常采用时间单位或器械单位。时间单位多用于调查比较活泼的昆虫，以单位时间内所观察到或所采集到的虫数表示。当寄主植株矮小密集，对象昆虫小而活泼时，以捕虫网扫捕取样，采用器械单位，统计每百网虫数。利用黑光灯、性诱剂、黄卡等诱集成虫时，也是采用器械单位，统计虫口数目。

2. 确定取样数量　包括确定在一块田内抽取的样点数，和在每个样点要检查的样本数。取样数量要适宜，取样过少，调查结果不可信，取样过多，费时而费力，成本太高。

样点数主要根据调查地块的大小、地形、生长整齐度、病虫害田间分布的均匀程度来确定。简单地说，按后述等距机械取样时，先用尺或按步长测量田块面积或目测估计田块面积，根据田块大小决定样点数。一般田块面积在 0.13hm^2 以下的取样点 5～7 个，0.14～0.68hm^2 的取样点 10 个，0.69～2.0hm^2 的取样数为 15 个，2.1～4.0hm^2 的取样数为 20 个，4.1～6.67hm^2 的取样数为 25 个，6.67hm^2 以上的取样数为 30 个。蔬菜作物单个田块面积较小，一般取 5 个样点。地形复杂、土壤和耕作措施不一致以及病虫害分布不均匀时，可考虑增加样点数目。

样点的大小随调查对象而定。一般说来，以面积为取样单位时，每个样点可为 0.1m^2。以株丛为单位时，每个样点可取 20 株或 20 丛（穴）。条播作物每点可调查 1～2m 行长，或取 50～100 株。植株较大的作物，取样面积和行长也要大一些。

每个样点内的植株一般要全部调查，在病虫发生较多时，也可在点内再随机取样调查。例如，叶片病害每点取样 20～30 片，穗部或果实病害每点取样 50～100 穗（个）等。

3. 确定取样方式　取样方式和样点位置要根据病害或害虫在田间的分布型来确定，分布型要通过调查和计算来判定。以简化的方式概而言之，常见分布样式有随机分布、核心分布和嵌纹分布三类。

活动力强的昆虫在田间往往呈现分布较均匀的随机分布，活动力弱的昆虫或活动力弱的虫态在田间往往呈不均匀分布，形成多个虫口密集的小核心，并以此为中心向周围扩散，这就是核心分布。有的昆虫在田间呈不均匀的疏密相间的分布，这称为嵌纹分布。

土传病害多为不均匀分布，多年发病地块，土壤带菌增多，趋向于均匀分布。种子传播病害，在种子带菌率较高时，接近均匀分布，种子带菌率较低时，为不均匀分布，田间会出现若干传病中心。当地菌源引起的气传病害，在发病初期，多出现中心病株，形成传病中心，为不均匀分布。病原菌从传病中心向外扩散，病株逐渐增多，趋向于均匀分布。外来菌源随气流分散所引起的气传病害，多为均匀分布。

常用取样方式有随机取样和等距机械取样两类。随机取样适用范围广泛，随机取样并非随意取样，要避免人的主观意愿的干扰，利用随机数字表或计算机（器）产生随机数的方法确定取样位置。

常见的等距机械取样方法有图 1-33 所描绘的 5 种，在图内用小方框或实线条（平行线取样图内为点线），分别表示样方或样行的位置。对于随机分布的病虫害，在田间分布较均匀的病虫害，可用五点取样法或对角线取样法（单对角线或双对角线）。五点取样法比较简单，采用的较多。对于在田间分布不均匀的病虫害，可根据实际情况采用棋盘式取样法、Z 字形取样法或平行线式取样法。不论采用何种取样方式，都不要在田边取样，一般应离开田边 5～10 步。

（二）调查记载与统计

田间调查应根据调查的目的要求，制订调查方案，准备调查表格。调查时逐项认真检查计数，记载填表，有些指标还需统计整理。

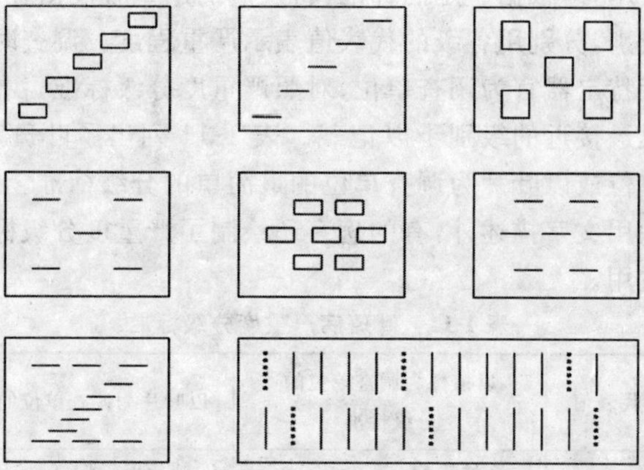

图 1-33　常用等距机械取样方法示意图

上行　左:对角线取样(按面积);中:对角线取样(按行);右:五点取样(按面积)

中行　左:五点取样(按长度);中:棋盘式取样(按面积);右:棋盘式取样(按长度)

下行　左:Z 字形取样(按长度);右:平行线式取样(按长度)

调查记载的内容,一般事项包括调查者姓名、地点、日期、田块编号、病虫害名称、作物和品种名称、生育期以及立地条件和栽培管理的摘要记载。在专门事项中,病害主要记载调查株数(或器官数),有病株数(或器官数),病株(或病器官)发病严重程度等项。害虫除了要统计记载调查株数(或器官数),有虫或受害株数(或器官数)以外,还要计数记载虫口数量。

对于病害而言,单以发病数量还不足以表示其危害程度,例如一片叶子有 5 个病斑,另一片叶子有 50 个病斑,发病数量虽然都是 1 个病叶,但受害程度可能相差 10 倍。因而除了要考虑发病率,还要考虑发病的严重程度。表示发病的严重程度,当然可以计数病斑数目,即调查其绝对数量,但这种做法难以实行。通常采用严重度这相对指标来表示植株或器官的发病严重程度。严重度用分级法表示，即根据一定的标准，将发病的严重程度由轻到重划分出几个级别，分别用各级的代表值表示严重程度。调查时，以单个植株或者特定器官为调查单位，对照严重度分级标准，找出与实际发病情况最接近的级别予以记载。表 1-11 列出了叶斑病以植株为调查单位或以叶片为调查单位的最简单的分级标准。严重度分级标准除用文字描述外，有的病害还绘制了严重度分级标准图，更为形象适用。

表 1-11　叶斑病严重度分级标准

严重度级别	代表值	以植株为调查单位的分级标准	以叶片为调查单位的分级标准
1 级	0	全株无病	叶片上无病斑
2 级	1	1/4 以下的叶片有少数病斑	叶片上有个别病斑
3 级	2	1/4～1/2 的叶片有病斑	叶片上有多个病斑，但病斑面积占叶片面积的 1/4 以下
4 级	3	1/2～3/4 的叶片发病	叶片上病斑面积占叶片面积的 1/4～1/2
5 级	4	3/4 以上的叶片发病至全株叶片枯死	叶片上病斑面积占叶片面积的 1/2 以上或全叶枯黄

田间调查记载的数据，需要进行必要的统计归纳，得出可资比较的指标。病害常用的指标有发病率（发病百分率），平均严重度和病情指数。

发病率代表调查田块的发病数量，即病害发生的普遍程度。计算发病率的公式为：

发病率（%）＝（发病样本数/调查样本总数）×100%

平均严重度是调查样本严重度的算术平均数，表示调查田块发病的平均严重程度。

为便于比较，有时还要计算病情指数，病情指数综合了发病率与严重度两个指标。若以叶片为调查单位，且严重度用分级代表值表示时，病情指数计算公式为：

病情指数(%)＝[Σ(各级病叶数×各级代表值)/调查总叶数×最高一级代表值]×100%

上式中Σ表示将各项乘积相加。直接用田块平均严重度计算时，则用以下公式：

病情指数(%)＝普遍率×平均严重度

除了发病率、严重度和病情指数以外，有时还用病田率(发病田块数占调查田块总数的百分率)，病点率(发病样点数占调查样点总数的百分率)和病田单位面积内传病中心数量等指标。

害虫调查结果常用被害率(被害田块率、被害株率、被害叶率等)，虫口数(单株虫口数、百株虫口数、单叶虫口数、百网虫口数等)，虫口密度(单位面积虫口数)等指标表示。这些指标都可以由调查数据直接算出。

二、病虫害的测报调查

病害测报调查有两方面的目的，首先是为当年、当季的病情、虫情预测提供依据，其次调查结果作为历史资料而长期积累，用于建立预测模型或进行超长期病虫发生趋势分析。国家农业部门陆续制定和发布了主要农作物病虫测报调查规范，作为各地统一采用的调查方法。一些省级植保部门还制定了本省主要病虫测报调查的地方标准。上海市农技人员编制和出版了“蔬菜病虫害预测预报调查规范”(李惠明主编，上海科学技术出版社，2006年出版)，该书收录了68种蔬菜病害和32种蔬菜害虫的测报调查办法。

(一)病害测报调查

1. 普查(一般调查) 调查目的是了解当地当季病害发生程度。按对象病害分别调查,也可多种病害一并进行。可调查一次或多次,调查一次的,在该病害盛发期或收获前进行,调查多次的,在病害主要发生期间分期调查,或者由病害始盛期开始分期调查。

以上海地区十字花科蔬菜霜霉病的大田病情普查为例,在9月中下旬,选定植15天后的早、中、晚主栽茬口的田块各2～3块作为调查田,调查的总田块数不少于15块,每5天调查一次。每次调查时都采用五点取样法,每点20株,共取样100株,计数发病株,计算病株率。对于十字花科根肿病,在收获期普查。调查田不少于20块,应包括上年无病田、轻病田、中度发病田、重病连作田和已防治田,各种类型的田块各2～3块。调查田棋盘式取样,定点20个,每点10～15株,检查根部发病情况,计算病株率。

2. 定点系统调查 调查目的是了解某一病害病情发展的时间动态和消长规律。按对象病害分别调查,通常从发现病株开始,在适宜发病田块选定调查点,定期调查。每次调查都记载发病株总数,各级严重度病株数,计算发病率和病情指数。

上海地区十字花科蔬菜霜霉病的田间病情系统调查,在9月上旬,选择定植15天后的早、中、晚主栽茬口感病品种田块各2～3块作为调查田。调查田需地势低洼,种植密度高,适于发病。在发病前,每5天调查一次,发现中心病株后,采用对角线五点取样法,立杆定点。每点20株,共取样100株,每两天调查一次。

3. 配套调查 病害种类、分布与危害情况调查,所得资料可作为遴选测报对象和防治对象的依据。病害危害情况调查即农作物损失调查,分别测定无病田与发病田,或喷药保护田块与不喷药发病田的产量,计算出因病减产率。病田发病系统调查与普查都有助于总结发病规律,但对于新病害或异常发生病害,还需要专门设计有关发病规律的调查。

在进行测报调查时，根据需要也可安排补充性调查。有的气传病害，要进行病原菌空中孢子捕捉，与地面系统调查配合，提供病原菌活动的定量资料。例如，十字花科蔬菜霜霉病菌的孢子捕捉，选2块定植后15天的地势低洼的早茬感病品种菜田，安装电子自控孢子捕捉器。每天夜间在12：00～12：30，1：00～1：30，2：00～2：30和3：00～3：30等4个时段捕捉孢子。早晨用涂有白凡士林的新玻片换下已用玻片，用显微镜检查捕有孢子的已用玻片，计数孢子数目。

土壤传播或种子传播的病害，有时也需要测定土壤或种子带菌情况，用以估计初始菌量。例如，对于十字花科蔬菜根肿病，可进行病土传病试验。由当年病田0～5cm土层或0～10cm土层采集土样，混匀后装钵。事先备有感病品种幼苗，移栽钵内，保湿栽培30天后，统计发病率，估计当地土壤带菌风险。菜用大豆紫斑病由种子带菌，引起初侵染。可抽取种子样品，根据豆粒表面的紫色斑纹，肉眼检查，统计种子带菌率。对于马铃薯晚疫病，则需检测种薯带菌率。对于介体昆虫传播的病毒病害，需要调查介体昆虫虫口消长情况。

番茄、黄瓜等作物的残花是灰霉病菌再侵染的重要菌源，其发病情况与当季灰霉病发生程度密切相关。可采集残留果蒂部的新鲜谢花，放置于已消毒的保湿皿内，在25℃培养箱内保湿培养4～5天，检查残花发病率。

气象因素是病虫害预测的重要预测因子，现一般采用当地气象台（站）的观测值，有条件的单位，还应自行观测。大面积棚室栽培基地，更需要进行小气候观测。

（二）害虫测报调查

以害虫发生预测为主要目的的调查有成虫诱集调查、田间虫情系统调查、田间虫情普查等。

1. 成虫诱集调查　当前采用的诱集方法主要有灯光诱集、性诱集、颜色诱集等。有的害虫还可应用其他诱集方法，如用杨树枝诱集棉铃虫成虫，利用糖醋液诱集小地老虎成虫，利用棕片引诱小地老虎产卵等。

(1)灯光诱集　灯光诱集适用于趋光性强的种类，在蔬菜害虫中可诱集小地老虎、小菜蛾、甜菜夜蛾、斜纹夜蛾、烟青虫、棉铃虫、茄子黄斑螟、瓜绢螟、豆野螟、大豆卷叶螟、豆荚螟、豆天蛾、甘薯麦蛾、甜菜螟、芋单线天蛾、茭白二化螟、茭白长绿飞虱等害虫的成虫。预测诱虫灯的光源，规定采用200W的白炽灯，或20W的黑光灯。灯管下方设一漏斗，漏斗的下口接毒瓶。两种灯都以漏斗口距地面1.7m为标准高度。也可选用微电脑自控不锈钢虫情测报灯、佳多智能型测报灯等。以上海地区甜菜夜蛾诱集为例，选有代表性的茬口的主栽品种菜地，面积应大于0.67hm^2，在空旷，便于进出的田边安装诱虫灯，周边需没有其他光源干扰，无房屋、树木等障碍物。每天晚上6：00至翌日早晨5：00，通宵点20W黑光灯2盏，两灯至少相距200m。诱虫灯集虫箱内使用广口瓶，内加200ml敌敌畏，用双层纱布封口，每10天添加20ml补液。每天早晨检查集虫箱内诱导的成虫数，雌、雄个体分别计数。

(2)性诱集　性诱集是利用天然或人工合成的性外激素，来诱集同种异性昆虫。性诱器有水盆式、粘胶式、漏斗式等多种装置。蔬菜害虫中小菜蛾、甜菜夜蛾、斜纹夜蛾、烟青虫、棉铃虫、瓜绢螟、豆野螟、豆荚螟、茭白二化螟和小地老虎等都有专用性诱剂供应。

以诱集番茄田棉铃虫成虫为例，在不同类型田内设置干性诱蛾器(性诱器)2～4只，需设置在田块中，高出番茄植株20cm。相邻两个诱蛾器至少间隔100m。采用棉铃虫专用性诱剂，每个诱蛾器用诱芯1个，诱芯每月换1次。每天早晨检查记载诱蛾数量。

(3)颜色诱集　颜色诱集利用的是昆虫对颜色的趋性，常见的有利用黄盆诱集黄条跳甲、蚜虫，利用黄卡诱集烟粉虱、蓟马、豌豆潜叶蝇、葱蓟马、葱潜叶蝇等。

例如，用黄盆诱集菜蚜，在便于进出的田边设置黄盆 2～3 只，直线或三角形排列，间距 30m，高出作物 10～15cm，并随作物生长而逐渐升高。黄盆可为方盆（30cm×30cm×10cm）或圆盆（直径 25cm）。在盆的 2/3 高度开通多个溢水小孔，注入清水至溢水孔。每天早晨清点隔天的投盆蚜虫数。统计单盆平均蚜量和单盆累计蚜量。

黄卡可用于露地或棚室，以诱集烟粉虱为例，在代表性大棚内挂设黄卡 3～5 片，直线排列，间距 5m。挂置高度高于作物 10～15cm，并随作物生长而逐渐升高。黄卡长 215mm，宽 150mm，双面涂布不干黏虫胶，使用 3 天后更换新卡。间隔 3 天调查 1 次，在早晨 8∶30 前后清点计数黄卡上黏附的烟粉虱数量，统计单卡平均诱虫数和单卡累计诱虫数。

2. 田间虫情系统调查 目的是了解当地当季虫情的时间动态，用以推测其发生趋势。按对象害虫，由生长季节开始，定田、定点或定株调查。专业测报点还可建立虫情自然消长观测圃，系统调查自然条件下虫情变化。以上海地区十字花科蔬菜甜菜夜蛾的调查为例，选定植 15 天以上的早、中、晚茬主栽品种类型田各 2 块，作为调查田。在田内采用棋盘式多点取样法，每田定点 25 个，每点定株 2 株，在傍晚或清晨调查有虫株率、卵块数、各龄幼虫数，每 5 天调查一次。

有的害虫按测报需要还要细分，分别进行越冬代或其他世代关键虫态的发生动态调查。例如越冬虫源调查、越冬代成虫发生期调查、早春虫口基数调查、田间卵消长系统调查、幼虫发生密度和发育进度调查等。

上海地区菜青虫越冬虫源系统调查选择菜田附近的向阳墙面 $30m^2$，在 12 月底调查越冬虫口基数。3 月初在同一地点调查冬后残留虫口数（含蛹壳）、被天敌寄生而死亡的虫口数、失踪虫口数，计算越冬存活率。小菜蛾冬季在越冬寄主植物上继续存活。越冬虫源调查由 12 月中旬开始，选有代表性的过冬花菜、卷心菜田各 2 块（每块田面积不小于 $0.13hm^2$），每月在 5 日、15 日和 25 日调查 3 次，直至 3 月下旬。各次调查记载有虫株数、单株幼虫、蛹、成虫头数，计算有虫株率和平均单株出口数。

美洲斑潜蝇越冬代成虫发生期调查，以向阳坡面的杂草龙葵和向阳水泥明沟自然散落的生菜为对象，采用随机取样法定点，定株，每点调查 2～3 株，共调查 20～30 株。自 3 月上旬起，每 2 天调查一次，观察记载潜叶虫道始见期，统计有虫株率和单株平均虫道数。

3. 田间虫情普查 在发生盛期进行，调查各种代表性类型田块的发虫情况，了解当地当年虫病害发生程度，以及虫害发生与主要立地条件、栽培措施的关系。普查可在发生盛期调查一次，也可分期多次调查，依害虫种类和预测需要而定。上海地区的调查办法规定，小菜蛾虫情普查在发生盛期的 4 月下旬开始，选主栽品种、主栽茬口的早、中、晚茬花菜、卷心菜（定植后 15 天以上）等类型田各 2 块，调查田总数不少于 10 块，每 10 天调查一次。采用对角线五点取样法，每田每次取样 25 株（小颗菜 50 株），调查统计有虫株率和平均单株幼虫数。同时目测估计发虫面积，按有虫株率分级记载。

与病害测报调查一样，害虫测报调查也需有类似的配套调查，不再赘述。前面没有提到的有天敌调查，多种天敌往往是害虫虫情消长的控制因素之一，天敌动态是害虫测报的重要参考数据。天敌调查可在选定的虫情系统调查田内取样调查（也可在虫情观测圃内专辟小区调查）。以小菜蛾为例，可在春、秋两季盛发期，各分 3 次调查，捕食性天敌需在田间取样实查，分别天敌种类计数。寄生性天敌可在田间采集小菜蛾幼虫标本（每次不少于 200 头），带回室内分隔饲养，检查天敌种类和对幼虫的寄生率。

三、病虫害的预测

病虫害发生预测是依据病虫害的发生规律和调查资料，利用经验的或数理统计的方法，在病虫害发生之前，估计未来病虫害发生状况。代表未来病虫害发生状况的指标，称为预测量，主要是发生期、发生量(发生程度)或发生趋势。而据以估计预报量的流行因子称为预测因子。按照预测的时限可区分为长期预测、中期预测和短期预测。长期预测也称为发生趋势预测，其时限尚无公认的标准，习惯上概指一个生长季以上，一年或多年，中期预测的时限一般为一个月至一个季度，短期预测的时限在 10 天左右，有的只有几天。基层预测人员应能进行中短期预测，预测结果用以确定喷药适期和防治对象田。

(一)病害预测

1. 预测因子　病害发生期预测是估计病害可能发生的时期，蔬菜病害多根据小气候因子预测病原菌集中侵染的时期，以确定喷药防治的适宜时机。病害发生量或发生趋势的预测结果，可用具体的发病数量(发病率、病情指数等)作定量的表达，也可用流行级别作定性的表达。流行级别多分为大流行、中度流行(中度偏轻、中度、中度偏重)、轻度流行和不流行，具体分级标准因病害而异。

病害预测的预测因子选自菌量、气象条件、栽培条件和寄主植物生育状况等方面。菌量因子可以直接选用菌源数量，也可以用寄主发病程度间接表示。例如，可以用种子表面带有的厚垣孢子数量，预测翌年黑粉病的田间发病率。利用土壤中黄萎病菌微菌核数量，预测黄萎病病株率。前述十字花科根肿病病土测定，用病苗率间接表示土壤带菌量。病苗率高，表明土壤带菌量高，下茬蔬菜发病就较增多。种子带菌率、种薯发病率等也都是菌量的间接指标。对于气传病害，早期空中孢子捕捉数量，也可用作病害预测的菌量因子。

气传病害的发生受气象条件影响很大，通常选用气象因子进行预测。例如，用著名的“标蒙法”预测马铃薯晚疫病侵染时期，该法指出若空气相对湿度连续 48 小时高于 75%，气温不低于 16℃，则 14～21 天后田间将出现晚疫病的中心病株。

对于气传病害，以及一些有多次后续侵染的种传病害、土传病害，可以综合运用菌量因子和气象因子进行预测。初期的发病数量也用作菌量因子，进行中后期发病程度预测。当前多数病害是依据病害越冬率或早春发病情况，以及关键时期气温与降水情况（多采用天气形势预报数值）预测当季或当年病害发生程度。

有的病害因栽培条件，以及作物生育期或生长状况的不同，发病程度差异很大。因而在进行病情预测时，还要考虑这类因子的作用。在某些叶斑病的短期预测中，就要考虑氮肥施用期、施用量，作物生育期及其与有利气象条件的配合情况。

对于昆虫介体传播的病害，介体昆虫数量和带毒率等也是重要的预测因子。

2. 预测方法 在确定了预测因子后，就要找出预测因子与预测量之间的定量关系，建立预测模型。利用预测模型，就能进行预测。由预测模型，可以用各预测因子的实测值（田间调查和观测数据），求得预测量的期望数值（预测结果）。预测模型可简可繁，简单的只是一段语言表述。例如，前述预测马铃薯晚疫病的“标蒙法”，复杂的则需要计算机运算或模拟。

建立预测模型和用以预测的方法主要有综合分析法和数理统计法。

（1）*综合分析法* 综合分析预测法是一种经验推理方法，是当前最常用的方法。预测人员将菌量、气象、栽培管理诸方面的调查资料，与历史资料进行比较，经过全面权衡和综合分析后，依据主要预测因子的状态和变化趋势估计病害发生期和流行程度。例如，对于本地越冬菌源引起的气传叶斑病来说，早春预测（中期预测）的经验推理为：如病菌越冬率高，早春菌源量大，气温回升早，春季关键时期的雨水多，将发生大流行或中度流行；如早春菌源量中等，春季关键时期雨水多，将发生中度流行甚至大流行；如早春菌源量大或中等，春季关键时期雨水少，一般将发生轻度流行，有时也可能发生中度以上的流行；如早春菌源量小，春季关键时期雨水少，一般不会造成流行。菌源量的大小可通过比较历年冬前和早春发病情况而确定。建立预测因子与预测量之间的对应关系，主要依靠预测人员的经验和对历史资料的掌握，主观性较强。若已有多年的历史资料，可以作进一步的统计分析，得出两者之间对应关系的大致数量界限，确定预测指标，更便于运用，表 1-12 就是一个例子。

表 1-12　上海地区春番茄叶霉病 3 月份病情预测指标

（上海市蔬菜科学技术推广站，引自李惠明，2006）

预测指标（预测因子）	叶霉病发生程度（预测量）				
	轻度发生（1 级）	中度偏轻（2 级）	中度发生（3 级）	中度偏重（4 级）	重度发生（5 级）
3 月份温雨系数	≤6.9	7.0～7.4	7.5～11.5	11.6～12.5	≥12.6
3 月份日照小时数	≥161	141～160	120～140	100～119	≤99
3 月份雨日数（天）	≤9	10～11	12～14	15～16	≥17
番茄生育期	发棵期	始花期	盛花期	盛花期	开花结果期
2 月下旬株发病率（%）	≤1	2～4	5～10	11～15	≥16

（2）数理统计法　数理统计预测法是运用统计学方法，利用多年多点历史资料建立数学模型，用于预测病害的方法。当前主要用回归分析、判别分析、其他多变量统计方法以及一些简易概率统计方法选取预测因子，建立预测式。

蔬菜生产基地、专业村、园艺场(站)的基层植保人员较多地从事防治适期与防治对象田的预报,主要采用综合分析的经验方法。表 1-13 选列了上海地区的一些实例。

表 1-13　上海地区部分蔬菜病害防治适期和防治对象田预报

(引自李惠明,2006)

病　害	防治适期	防治对象田
十字花科蔬菜霜霉病	查见中心病株后 5～7 天,叶背出现霜霉层或空中孢子捕捉数量急剧上升时,未来天气转阴或有重雾、露、雨等情况适宜发病时	进入莲座期至生长中后期前,田间发病株率 3%以上的各类型大田
十字花科蔬菜软腐病	查见发病中心病株后 5～7 天,或田间发病株率 3%～5%	进入生长盛期至采收前 10 天的各类型大田
十字花科蔬菜病毒病	传毒介体蚜虫有虫株率 10%～15%	成苗期至采收中期的各类型田
十字花科蔬菜细菌性黑腐病	查见中心病株后 5～7 天,或田间发病株率 10%～15%	进入生长盛期至采收中后期前的各类型大田
春番茄灰霉病	田间发病株率 5%～10%	进入始花期至开花结果中后期的各类型大田
春番茄叶霉病	查见中心病株后 7～10 天,或田间发病株率 5%	进入生长盛期至采收中期前的各类型大田
番茄菌核病	发病株率 5%～10%,结合近期天气预报多阴雨易引发病害时	春番茄的成株、开花坐果期至采收后期的类型田
番茄晚疫病	查见中心病株后 10～15 天,或田间发病株率 5%～10%	进入生长盛期至采收中后期前的各类型大田

续表 1-13

病　害	防治适期	防治对象田
番茄早疫病	查见中心病株后 10～15 天	苗期发病株率 10%～15%，大田发病株率 20%～35%
辣椒疫病	查见中心病株后 3～5 天或田间发病株率 3%	进入生长盛期至采收中后期前的各类型大田
茄子褐纹病	查见中心病株后 10～15 天或田间发病株率 5%，天气预报有连续低温，且多阴雨	进入生长盛期至采收中后期前的各类型大田
春黄瓜霜霉病	查见中心病株后 10～15 天或田间发病株率 5%～10%	进入生长盛期至采收中后期前的各类型大田
黄瓜疫病	发病始见后 2～4 天或田间发病株率 3%	进入生长盛期的各类型大田
黄瓜细菌性角斑病	发病始见后 5～7 天或田间发病株率 5%～8%	进入生长盛期的各类型大田
豇豆锈病	查见中心病株后 7～10 大或田间发病株率 8%～10%	进入生长盛期至采收中后期前的各类型大田
莴苣霜霉病	查见中心病株后 5～7 天或田间发病株率 3%～5%	进入生长盛期至采收中期前 10 天的各类型大田
芹菜斑枯病	查见中心病区后 7～10 天或田间发病株率 5%～10%，天气预报有连阴雨时	进入生长盛期至采收前 10 天的各类型大田

(二)害虫预测

害虫发生预测的基本情况与病情预测大致相似，预测因子选自早期虫情、气象因素和其他环境因素以及受害植物诸方面，预测量主要是害虫发生期和发生量。

1. 发生期预测 预测害虫某一虫态的出现日期，为适期防治提供依据。在害虫的预测中，常将发生期分为始见期、始盛期、高峰期、盛末期和终见期。有时高峰期拖长，又可分为第一高峰期和第二高峰期等。发生期预测的主要方法有发生进度预测法、有效积温预测法、物候预测法、温度指标预测法和数理统计预测法等。

(1)发育进度预测法 又称历期推算预测法，这类方法根据实查的田间害虫发育进度和气温条件，参考历史资料，将实查日期加上相应的虫态历期，来推算以后虫态发生期。具体的实施办法又有历期预测法、期距预测法、分龄分级推算法等。

①历期预测法：各虫态经历的日数称为虫态历期，历期预测法是将田间系统调查所见虫态，加上当时气温下相应世代的虫态历期，预测以后虫态的发生期。同一种昆虫各虫态的历期受温度等因素的影响，因而不同世代、不同季节、不同地区都不相同，可由试验资料和历史资料查出(表 1-14)。

表 1-14 小菜蛾各虫态历期(室内饲养结果)

(上海市蔬菜科学技术推广站，引自李惠明，2006)

温度(℃)	卵期(天)	幼虫期(天)				卵期(天)
		一龄	二龄	三龄	四龄	
16	6.9	4.9	3.4	3.6	4.0	10.7
18	5.4	4.3	2.9	3.1	3.7	8.6
20	4.5	3.8	2.6	2.7	3.4	7.2
22	3.8	3.4	2.3	2.4	3.2	6.2
24	3.3	3.1	2.1	2.2	3.0	5.4
26	2.9	2.8	1.9	2.0	2.8	4.8
28	2.6	2.6	1.8	1.8	2.6	4.4
30	2.4	2.4	1.6	1.7	2.5	4.0

②期距预测法：昆虫两个世代的相同虫态之间，或同世代不同虫态之间出现的间隔期称为期距。例如，某种害虫第二代卵期2.5天，幼虫期13.3天，蛹期9.4天，成虫产卵前期2天，则其第二代始卵至第三代始卵的期距为27.2天。根据当地累积的多年调查资料，可归纳出当地某种害虫有关期距的经验值，作为发生期预测的依据，进行预测，这就是期距预测法。预测时将当时田间调查所见虫态，再加上一个世代或一个虫态的期距，就可以估计出下一世代相同虫态，或同一世代另一虫态的发生期。此法简便易行，利用当地历史资料众数历期平均值推算期距，准确性较高。

在进行发育进度预测时，还可将各虫态发生期分为始见期、始盛期（出现数量达到16%）、盛发期（高峰期，出现数量达到50%）、盛末期（出现数量达到84%）和终见期等。这样不但可以预测某虫态的发生期，还可以预测其动态。

③分龄分级推算法：对于各虫态历期较长的害虫，还可以将各虫态进一步分级、分龄。例如，卵可以根据其色泽变化，将发育进度分级，统计各级卵的百分率。幼虫按龄划分，蛹也可按体色变化分级。预测时分龄分级推算。

（2）有效积温预测法　有效积温预测法是依据昆虫的发育起点温度和有效积温预测发生期的方法。若已知某种昆虫一个完整世代的有效积温，由当地的气象资料，可算出一年有效积温的总和，便可确定这种昆虫在该地一年可能发生的世代数；若已知该种昆虫各虫态、各龄期的有效积温和发育起点温度，便可利用天气预报的平均气温，预测该虫态或该龄期的发生期。但由于实验室恒温条件下测得的有效积温与自然变温条件下的有所不同，且昆虫生活环境的小气候温度与百叶箱内测得的气温也有差异，有效积温预测法测得结果会有误差。

（3）物候法　物候预测法是利用害虫发生与同一环境中其他自然现象的常年同步变化，来进行预测。例如，在陕西省中部平原，小地老虎越冬代成虫盛发期与连翘盛花期同步，便可依据连翘开花情况预测小地老虎越冬代成虫发生期。

如前所述，昆虫的发育与温度有密切关系，利用多年的田间虫情调查资料和匹配气象数据，经过统计分析，可以总结出预测昆虫发生期的经验性温度指标或回归方程，用于发生期预测。

2. 发生量预测 发生量预测是利用害虫发生基数、气象因素、作物因素等方面的预测因子，来估计未来虫口数量变动或分级表示害虫发生程度。预测结果可供防治决策参考。发生量预测方法有多种，包括综合分析方法与数理统计方法。当前实际运用较多的是以历史资料为参照的经验式的综合分析方法。例如，菜青虫、小菜蛾等害虫的发生趋势预测，在春、秋两个主要危害季节的初始发生期，汇总当时虫口的发生基数，中长期天气预报等综合分析发生动态，发出预报。甜菜夜蛾则依据虫情系统调查，在第二代发蛾始盛期，汇总当时虫口发生基数，中长期天气预报结果对虫情发展的影响等综合因素，分析发生动态，作出发生程度预测。番茄烟粉虱则在初始发生期，综合分析当时虫口发生基数、寄主作物生育期、栽培面积、中长期天气预报等，作出发生趋势预测。与病害预测方法一样，还可以对长期积累的历时资料，加以统计分析，找出主要预测因子的数量界限，建立预测指标，用于预测。表 1-15 列出了上海地区下半年小菜蛾发生程度预测的指标。

对害虫发生量与相关影响因素的多年配套资料，利用数理分析的方法进行分析，选择预测因子，建立数理预测模型，经过验证后，就可用于预测害虫发生量，这种预测方法就是数理统计预测法，当前研究较多的是多元回归分析预测。

害虫发生的预测预报可供各地确定药剂防治适期与防治对象田，表 1-16 选列了上海地区的一些实例，仅供参考。

表 1-15 上海地区下半年小菜蛾发生程度预测指标

(上海市蔬菜科学技术推广站,引自李惠明,2006)

预测指标(预测因子)	发生程度(预测量)				
	轻度发生(1级)	中度偏轻(2级)	中等发生(3级)	中度偏重(4级)	重度发生(5级)
8月上旬至9月上旬平均雨量(mm)	≥91	77～90	32～76	20～31	≤19
7月旬均温(℃)	≥38.9	28.3～28.8	27.3～28.2	26.6～27.2	≤26.5
8月1日至9月10日灯下诱蛾量(头)	≤39	40～59	60～140	141～160	≥161
8月1日至9月10日10株甘蓝诱卵量(粒)	≤29	30～49	50～110	111～130	≥131
9月上旬虫口密度(头/株)	≤0.2	0.3～0.5	0.6～1.0	1.1～1.5	≥1.6

表 1-16 上海地区部分蔬菜害虫防治适期和防治对象田预报

(引自李惠明,2006)

害虫	防治适期	防治对象田
小菜蛾、菜青虫	卵历期＋一龄幼虫期＋1/2二龄幼虫期	有虫株率15%以上的苗期至采收前10天的田块
甜菜夜蛾	日均温20～25℃,蛾峰日＋7～9天 日均温26～28℃,蛾峰日＋6天 日均温28℃以上,蛾峰日＋5天	大田有虫株率3%以上
斜纹夜蛾	日均温20～25℃,蛾峰日＋8～11天 日均温26～28℃,蛾峰日＋6～7天 日均温28℃以上,蛾峰日＋5～6天	大田有虫株率3%以上

续表 1-16

害　虫	防治适期	防治对象田
桃蚜、萝卜蚜、甘蓝蚜	有翅蚜迁飞始盛期	田间有虫株率5%～15%
茄子茶黄螨	有虫株率10%～25%时，或转移大田后的扩散初期，或入梅前防治以压低螨口基数	春末、夏、秋的开花坐果期至采收中期的田块
辣椒烟青虫	2～5代各代成虫发生始盛期、盛期后3～5天的卵孵化盛期	开花坐果期至采收后期，有虫株率达到3%～5%的田块
番茄棉铃虫	发蛾盛期＋产卵前期＋卵历期	普查为中度发生以上的田块
茄子二十八星瓢虫	成虫始盛期＋卵历期＋一龄和二龄幼虫期	春末、夏初有虫株率达到5%～15%的开花坐果期至采收中期田块
瓜绢螟	有虫株率15%～25%	夏、秋黄瓜田
豆荚螟	成虫发生高峰期＋卵历期	有虫株率达到5%以上，开花结荚期至采收期10天前的田块
葱蓟马	发生始盛期	有虫株率10%～15%的田块
茭白二化螟	蛾峰日＋卵历期	百穴卵块量2～3个

第七章　蔬菜病虫害的防治

蔬菜病虫害种类繁多，发生态势复杂，多种病虫可能同时或先后发生，在栽培条件或环境因素变化后，病虫格局也相应的出现变化。这就要求我们在实际防治工作中，不能单打一，不能墨守成规，应当综合考虑，病虫兼顾，利用配套措施，实行综合防治。

一、防治的原则和基本环节

防治病虫害的途径很多，可分为植物检疫、栽培防治法、品种防治法、生物防治法、物理防治法和药剂防治法等六大类，要按照综合防治的原则，协调使用，并与无公害蔬菜与绿色食品生产接轨，逐一落实好防治的各基本环节。

（一）病虫害防治的原则

蔬菜病虫害防治要贯彻“预防为主，综合防治”的植保工作方针。综合防治的简单含义就是“病虫要兼治，措施要综合”，这就要科学地确定防治对象和防治策略，以栽培和品种防治为基础，协调使用各种有效的防治措施。根据蔬菜生态系统的特点，本着安全、有效、经济、简便的原则，采取各种预防手段，杜绝病虫害的传入，一旦发生也要迅速控制在经济危害水平之下，达到优质、高产、低耗、高效、无公害的目的。

在蔬菜病虫害防治中，不同程度地存在着轻视卫生措施、过度倚赖农药的倾向。在一个病残体随处丢弃，病果、病叶俯拾皆是的环境中，单靠开发新药、特药，加大用药量，增加施药次数和提高防治费用，是不可能彻底解决病虫害问题的。只有改变单一依赖化学农药的局面，有限制地、合理地使用农药，并协调运用栽培防治，环境调控，抗病育种，生物防治等多方面的有效措施，才能低成本，高效益地控制病虫害。

植物检疫是利用立法和行政措施，防止有害生物随引种或植物产品的调运而传播。温室白粉虱、烟粉虱、多种斑潜蝇、马铃薯甲虫、苜蓿黄萎病菌、番茄细菌性叶斑病菌、十字花科蔬菜细菌性黑斑病菌、黄瓜绿斑病毒以及其他有害生物的侵入和扩散造成了深刻的教训，对检疫工作不能掉以轻心。蔬菜生产多使用异地商品种子，产品也远销外地，传播有害生物的危险性相当大，必须严格执行检疫法规，实施引种检疫、产地检疫和调运检疫。产品销往境外的，还需了解和满足进口方的植物检疫要求。

病虫害防治仅仅是蔬菜管理的部分内容，防治病虫害的各种途径，要纳入整个管理体系之中，统筹安排。蔬菜栽培已经实现了露地与保护地相接续，周年生产的大格局，病虫害发生也因此突破了越冬或越夏的“瓶颈”限制，防治形势更趋复杂，需要统一安排。棚室是一个半封闭的人工生态系统，棚室病虫害来源于露地，必须做好预防工作，只要能杜绝菌源与虫源，完全有可能不依赖农药，建立无病虫害棚室。病虫害一旦在棚室发生，若不采取根治措施，就有可能在棚室环境中持续发展，并扩散危害露地栽培的蔬菜，要搞好棚室防治与露地防治的衔接。在蔬菜集中产区，棚室与露地生产接茬进行，南方大棚蔬菜苗期和前期往往露地栽培，或覆盖遮阳网，后期才在棚上覆膜，露地与棚室的防治工作更需要严密衔接。

蔬菜病虫害的综合防治要贯彻“因地制宜，因时制宜”的原则。在蔬菜病虫害防治中要不断引进新品种、采用新技术，实行新标准。任何新品种、新药剂、新方法，都需要经过试验或试用，取得经验后再推广使用。即使是外地的成功经验，也不能照搬照用，而要经过消化吸收，加以修正或改进，才能取长补短，取得实效。

蔬菜病虫害防治还必须要确保可持续发展和食品安全，与无公害蔬菜或绿色食品的生产接轨。蔬菜在生产和流通过程中，可能受到农药、化学肥料、工业三废和有害微生物等多方面的污染。使用高残留和高毒农药以及超剂量不合理地使用化学农药，会使蔬菜受到农药污染，以致发生各种农药中毒事件和蔬菜产品中农药残留量超标现象。过量施用无机氮肥，可造成蔬菜中硝酸盐含量超标。硝酸盐进入人体后，转变为亚硝酸盐，可能存在致癌作用。果菜类蔬菜如番茄、西葫芦、甜瓜、西瓜等，为了促进坐果，常使用各种保花保果的生长调节剂，为了促进果实成熟和提早上市，要依靠激素催熟。有些蔬菜在贮存期间还常使用保鲜剂，以延长保鲜期。滥用激素和保鲜剂，都会致使蔬菜产品受到污染和降低其风味品质。

蔬菜在生产过程中还可能受到工业“三废”污染。“三废”指废水、废渣和废气中含有的有害物质，包括二氧化硫、氟化氢、氯、重金属等。这些有害物质首先污染水、土壤和空气等环境要素，进而污染蔬菜。微生物污染来源于医院排出的污水以及城镇生活污水，其中含有沙门氏杆菌、大肠杆菌、病毒及寄生虫等，流入菜田后造成蔬菜污染。速生叶菜生产过程中通常泼浇人粪尿，有可能使微生物污染更为严重。另外在贩运、销售蔬菜过程中用污水浸泡和清洗蔬菜，也会导致蔬菜的二次污染。

生产无公害蔬菜或绿色食品，是农业可持续发展和保证食品安全的必由之路。无公害蔬菜是指没有受到有害物质污染的蔬菜，其产地环境、生产过程和产品质量符合国家有关标准和规范的要求，并经认证合格，获得认证证书，并被允许使用无公害农产品标志。虽然这只是绿色食品和有机食品的初级阶段，但在现阶段条件下发展无公害蔬菜对提高食品质量，保证食品安全具有非常重要的现实意义。

无公害蔬菜实行标准化生产，执行有关产地环境条件、生产技术规范、质量安全标准及相应检测检验方法的国家行业标准或地方标准。对各种蔬菜都发布了无公害蔬菜的生产技术规程。这些规程规定了栽培季节及栽培方式,品种选择及种子处理,播种及育苗管理,定植及田间管理,施肥准则,有害生物综合治理准则以及其他内容。无公害蔬菜生产允许限量使用某些低毒、低残留化学农药,但蔬菜体内的有毒残留物质不能超过国家规定的标准。

绿色食品是遵循可持续发展原则,按照特定生产方式,经中国绿色食品发展中心认定,许可使用绿色食品标志的无污染的安全、优质、营养类食品。

我国将绿色食品分为AA级和A级两个产品等级。AA级绿色食品系指在生产地的环境质量符合相应标准(NY/T 391)的要求,在生产过程中不使用化学合成的肥料、农药、兽药、饲料添加剂、食品添加剂和其他有害于环境和健康的物质,按有机农业生产方式生产,产品质量符合绿色食品产品标准,经专门机构认定,许可使用AA级绿色食品标志的产品。

A级绿色食品指生产地的环境质量符合相应标准(NY/T 391)的要求,生产过程中严格按照绿色食品生产资料使用准则和生产操作规程要求,限量使用限定的化学合成生产资料,产品质量符合绿色食品产品标准,经专门机构认定,许可使用A级绿色食品标志的产品。目前的无公害蔬菜相当于A级绿色食品。

无公害农产品和绿色食品生产都致力于创造不利于病虫草害滋生而有利于各类天敌繁衍的环境条件,保持农业生态系统的平衡和生物多样化,减少各类病虫草害所造成的损失,强调品种的、栽培的、物理的、生物的措施在病虫害防治中的作用,而对化学农药的使用予以限制和规范。蔬菜病虫害防治应遵循相应的规定,执行有关标准。

(二)防治工作的基本环节

综合防治可以在不同层次上,按照不同的规模进行,可“土”可“洋”,可简可繁,但防治工作都包括下面一些基本环节。

第一,要根据当地病虫发生和危害的实际情况,确定主要防治对象和兼治对象。主要防治对象应当是当地普遍发生,严重危害,而又难以防治的病虫。那些虽然经常发生,但危害不太严重,或者危害虽重,但偶尔发生的病虫,则列为兼治对象。设计防治方案时,以主要防治对象为纲,兼顾其他病、虫,一并防除。例如,北方棚室黄瓜以“三病”(枯萎病、霜霉病、灰霉病)“二虫”(白粉虱、瓜蚜)为主要对象,兼顾其他病虫,实施以环境调控,嫁接抗病砧木和高效烟剂为主的综防技术。并不要求逢虫必治,但对于主要病虫害,应“治早、治小、治了”,不能养虫遗患,对于传入不久的危险性病虫害,特别是检疫对象,由于其潜在的危害特别巨大,则应采取果断措施,迅速扑灭,严防扩大蔓延。

第二,确定综合防治策略和关键防治技术。应根据防治对象和目标的不同,选用一些经济、可靠、奏效快的防治技术。通常把其中起主要作用的确定为关键技术,其余的为配套技术。综合运用这些防治技术的指导思想和技巧就是防治策略。确定防治策略和关键措施要有科学依据,除了要确切了解各种防治措施的效果、成本、副作用、与其他防治措施的关系之外,还必须要准确诊断和识别病虫害,了解病原物的侵染循环和害虫的生活史,掌握耕作制度、栽培措施、环境因素对病虫害发生的影响,找出关键流行因素。

第三,制定防治计划和实施方案。计划和方案中应包括防治对象的调查和监测,防治队伍的组织和资金筹措,所需种子、药剂、机具、油料的种类和数量,实施各项措施的时间、地点、技术要求和操作规程,防治效果的检查和防治效益的评估等重要事项。各项具体技术措施的实行,例如确定喷药的时间和次数等,可以根据病虫预测预报和现场监测安排,也可以按照相对固定的防治历执行。

第四,实施防治作业。综合防治方案最适于大规模连片实施,如在蔬菜种植基地或专业村实行统防统治。在这种情况下,要建立专门的病虫监测和防治队伍,事先要进行技术培训,防治后还要进行防治效果和经济效益的评估，以总结经验，调整防治方案或改进关键技术。当然，综合防治的基本思路和做法也完全适用于单一农户的防治。一家一户的防治，由于规模小，回旋的余地很小，对防治技术和作业质量的要求更高。农业生产条件千差万别，有许多防治措施难以具体化，全靠现场操作来落实。例如，清除病残体一类措施，即使在各种栽培"规程"和"标准"中也只能提出原则，现场技术人员的落实与安排就非常重要。

二、植物检疫

植物检疫就是利用立法和行政措施，防止有害生物随引种或植物产品的调运而传播。国内植物检疫的目的是防止国内局部发生或新传入的危险性病、虫传播蔓延，保护农业生产安全，其主要法律依据是《植物检疫条例》及其实施细则。全国的农业植物检疫工作由农业部主管，地方植物检疫工作由各级农业主管部门负责。各级农业植物检疫机构担当具体的植物检疫业务。在国内农业检疫中，将局部地区发生，危险性大，能随植物及其产品传播的有害生物作为检疫检疫性有害生物。蔬菜作物的种子、种苗和运出发生疫情的县级行政区域的蔬菜产品皆应施行检疫。在全国农业植物检疫性有害生物名单中，危害蔬菜作物的详见表 1-17。

检疫人员依法指导疫情的调查、处理和紧急扑灭，实施产地检疫，调运检疫，国外引种检疫以及其他检疫措施。有关问题应及时咨询当地农业植物检疫部门和检疫人员。

蔬菜种植者有义务配合和协助各级检疫人员，搞好检疫工作，特别是产地检疫。要关注检疫信息，自觉地不从疫区或疫情发生地区引进种子等繁殖材料，有关植物和植物产品。在调运种子、种苗、种薯等繁殖材料或蔬菜产品时应主动申报检疫。一旦在田间发现检疫性有害生物或其他侵入生物，应及时报告检疫部门，并按照检疫部门的要求，进行处理。

表 1-17　全国农业植物检疫性有害生物名单中危害蔬菜的种类

类　别	主要寄主为蔬菜作物	寄主范围中包括蔬菜作物
昆　虫	马铃薯甲虫 三叶斑潜蝇	菜豆象（仓库害虫） 四纹豆象（仓库害虫） 稻水象甲（危害茭白） 蔗扁蛾
线　虫	腐烂茎线虫	菊花滑刃线虫 香蕉穿孔线虫
细　菌	瓜类果斑病菌 番茄溃疡病菌 番茄细菌性叶斑病菌 十字花科黑斑病菌	
真　菌	黄瓜黑星病菌 马铃薯癌肿病菌	大豆疫霉病菌 苜蓿黄萎病菌 *Verticillium albo-atrum* 棉花黄萎病菌 *Verticillium dahliae*
病　毒	番茄斑萎病毒 黄瓜绿斑驳花叶病毒	烟草环斑病毒
杂　草	列当属（某些种类）	菟丝子属 列当属（某些种类）

三、合理利用抗病及抗虫品种

品种防治法是利用植物的抗病性或抗虫性，来防治病虫害。具有抗病性或抗虫性的品种，称为抗病品种或抗虫品种，当前所利用的主要是抗病品种。选育和利用抗病品种是防治植物病害最经济、最有效的途径。对许多难以运用农业措施和农药防治的病害，特别是对土传病害和病毒病害，选育和利用抗病品种几乎是最有效、最可行的防治途径。抗病育种可以与常规育种结合进行，一般不需要额外的投入。抗病品种的防病效能很高，一旦推广使用了抗病品种，就可以大幅度减少杀菌剂的使用，大量节省田间防治费用。因此，使用抗病品种不仅有较高的经济效益，而且还可以避免或减轻因使用农药而造成的残毒和环境污染问题。

(一)选育抗病虫品种

植物抗病虫育种的原理和方法与一般植物育种相同，但侧重抗病性、抗虫性鉴定和抗病虫基因转导。在育种目标中除高产、优质和适应性等一般要求外，还必须有关于抗病性、抗虫性的具体要求，诸如抵抗的主要对象和兼抗对象，所选用的抗病性、抗虫性类型以及抵抗程度等。以番茄为例，早在20世纪80年代末期就确定了番茄抗病育种的目标，保护地专用品种应抗番茄花叶病毒(ToMV)，兼抗叶霉病或晚疫病；露地品种应抗番茄花叶病毒，中抗黄瓜花叶病毒(CMV)，兼抗枯萎病、叶霉病或青枯病。罐藏番茄新品种应抗番茄花叶病毒，中抗黄瓜花叶病毒。此后又增加了抵抗根结线虫病的指标。

开展抗病虫育种必须要有抗病虫种质资源，即抗源。抗源可以从农家品种、育成品质或野生种质资源中经鉴定筛选而获得。当代蔬菜抗病育种的抗原越来越倚重于近缘野生种类，许多抗病品种、抗病自交系具有从野生种转导的抗病基因。

植物育种有多种途径，包括引种、选种、杂交育种、染色体工程育种、细胞工程与基因工程育种、诱变育种以及杂种优势利用等，这些都已用于选育抗病虫品种。常规杂交育种是最基本、最重要的育种途径。迄今为止，所选育和推广的抗病虫品种绝大部分是通过常规杂交育种而育成的。染色体工程育种可以克服远缘杂交和杂种不育方面的许多困难，将异源抗病基因转入蔬菜作物，选育出高抗和多抗品种，也是很有成就的育种领域。

对主要蔬菜作物的重要病害，现都已育成了抗病品种。仍以番茄为例，从 20 世纪 70 年代后期，我国一些单位就开始进行番茄抗病毒育种，至今已培育出包括中蔬系列、中杂系列、苏抗系列、西粉 3 号、毛粉 802 在内的百余个高抗番茄花叶病毒，抗(耐)黄瓜花叶病毒的优良品种。目前，保护地种植的番茄品种大多数抗叶霉病，如中杂 7 号、中杂 8 号、中杂 9 号、佳粉 10 号、佳粉 15、申粉 3 号、苏保 1 号、东农 707、9197、92-30 等。

我国在番茄抗青枯病育种方面处于世界领先地位，已成功地育成了一批抗病品种，例如丰顺、C396、粤星、红百合、多宝、粤宝、夏星、玉石、抗青 19 号等，都在生产上发挥了重要作用。

番茄枯萎病是重要的土传病害，不仅露地番茄发病严重，而且在棚室栽培中，因连作增多也普遍发生。培育抗病品种是控制枯萎病危害的根本措施，我国已选育出早丰、毛粉 802、西粉 1 号、西安大红、霞粉、苏抗 11 号、毛 G1 号、渝抗 4 号、蜀早 3 号等多个抗病品种。

其他蔬菜也育出了许多著名抗病品种，例如，辣、甜椒中的苏椒、中椒、湘研、津椒、中椒、甜杂、吉椒系列品种以及其他品种主抗烟草花叶病毒，兼抗(耐)黄瓜花叶病毒，商品性好，适合在保护地、露地等不同生态环境中栽培，辣椒品种苏椒 5 号、甜杂 6 号、中椒 5 号、湘研 3 号、湘研 5 号等抗(耐)疫病；黄瓜中津杂、津春和中农系列新品种等高抗霜霉病、白粉病，抗(耐)枯萎病和疫病；龙杂黄 3 号、龙杂黄 6 号、92-29、92-13、津春 1 号、农大 9302、中农 5 号、87-2等抗细菌性角斑病；津春 1 号、农大 9302、中农 7 号、中农 13 等抵抗黑星病；津杂 4 号、中农 1101、中农 2 号、早青 2 号、夏青 4 号等抗炭疽病等。

保护地专用抗病品种的培育工作起步较晚，但也选育出一些抗病品种。例如，中农 11 号、中农 13、津春 1 号等黄瓜品种对黑星病免疫，高抗枯萎病，兼具耐低温、弱光等优点；番茄品种中杂 9 号、佳粉 15、辽粉杂 3 号高抗叶霉病、抗枯萎病，耐低温、弱光能力强。蔬菜对害虫,特别是对蚜虫、粉虱一类微小昆虫的抗虫性也得到了有效利用,抗虫育种工作不断取得进展,但与抗病育种比较,仍相当滞后。

(二)正确认识抗病虫品种

植物的抗病性、抗虫性是一种稳定的可遗传的性状,要做到合理利用抗病性、抗虫性,首先必须要正确认识和鉴定抗病、抗虫品种。抗病品种具有不同的抗病机制,有的能阻止病原菌侵入,有的能抑制病原菌在植物体内的扩展,有的则减少病原菌的繁殖,还有的可能兼具几种机制。因为抗病机制不同,各种抗病品种的表观特征和发病程度也不相同。有的可能完全不发病(免疫),有的仅仅发病较少,较轻。另有一类品种发病程度与感病品种并无区别,但产量或品质降低较少,这类具有抗损失特性的品种就是耐病品种。

植物的抗虫性机制也是非常复杂的,包括不选择性、抗生性和耐害性等多个方面。不选择性能有效地减少害虫的产卵、取食或栖息,不选择性可能是由植物的形态结构特点、生理生化反应或发育阶段的差异所决定的。抗生性是指植物体内某种生化成分的毒害作用,使害虫取食植物后发育不良、寿命缩短、生殖力下降而死亡率增高。植物的耐害性机制与耐病性相似,在遭受害虫危害后,具有耐害性的品种补偿能力较强,降低损失。

认识和鉴定抗病、抗虫品种,就要在正常发病或遭受害虫危害的情况下,通过比较供测品种与已知感病、感虫品种和已知抗病、抗虫品种的病情、虫情而确定。抗病品种的鉴定工作,经长期而大规模的实行,已经有了一套标准化的方法可资利用。在此仅作简单地解说,深入了解可参阅《中国农作物抗病性及其利用》一书(李振岐,商鸿生主编,中国农业出版社,2005)。

抗病性鉴定所用的病情指标有两类,即定性指标与定量指标。常用定性指标为病斑类型(反应型),抗病品种产生小型坏死斑,而感病品种产生较大的扩展性病斑。定量指标较多，有发病的普遍率、严重度和综合两者的病情指数等。即使是单个植株，也可以判断其病斑类型，而利用定量指标，则需对足够大的发病群体进行调查统计。

植物抗病性鉴定的方法很多，按鉴定的场所区分有田间鉴定法和室内鉴定法。田间鉴定在田间自然条件下进行，是最基本的抗病性鉴定方法，通常在特设的抗病性鉴定圃，即病圃中实施。依病原菌来源不同，病圃有天然病圃与人工病圃两种类型。天然病圃依靠自然菌源造成病害流行，应设在病害常发区和老病区。人工病圃需接种病原菌，造成人为的病害流行，因此多设在没有自然菌源或其干扰较少的地区。田间鉴定可以通过病害发生的系统调查，揭示植株各发育阶段的抗病性变化，有助于全面揭示抗病性的类型和水平。但是，田间鉴定周期长，受生长季节限制。室内鉴定是在温室或其他人工设施内鉴定植物抗病性。室内鉴定不受生长季节和自然条件的限制，且主要在苗期鉴定，省工省时，可以在较短时间内进行大量植物材料的初步比较和筛选。由于受空间条件的限制，室内鉴定结果不能完全代表品种在生产中的实际表现。

抗病性具有相对性，这不仅表现在抗病程度上，也表现在抗病范围上，少数抗病品种能够抵抗几种病害，即具有“兼抗性”，多数只能抵抗一种病害。许多病原菌群体内具有若干不同的小种。各小种的形态和生物学特性一致，仅致病性不同。病毒也可以作相似的划分，但不称为“小种”，而称为“株系”。现有的抗病品种多是小种专化性抗病品种，仅对特定小种有效，不能抵抗同一种病原菌的其余小种。也有一类抗病品种无小种专化性，对一种病原菌的各个小种都有效。鉴定品种对小种的抗病性，需分别用各个小种接种致病。

许多种蔬菜病害的病原物具有小种分化或株系分化。例如，番茄枯萎病菌有 3 个小种，即小种 1、小种 2 和小种 3。我国仅具有小种1,该小种也广泛分布于世界各地。国外黄瓜枯萎病菌也有3个小种,即生理小种1号、2号和3号。我国南北各地黄瓜枯萎病菌的毒性与国外不同,命名为小种4号。番茄花叶病毒(ToMV)依据对各抗病基因的毒性,划分株系0、株系1、株系2和株系1.2等四个株系。侵染番茄的黄瓜花叶病毒(CMV)有轻花叶株系、重花叶株系、坏死株系和黄化株系等4个株系,而辣(甜)椒上的黄瓜花叶病毒有6个株系,即轻症株系、环斑株系、斑驳株系、蕨叶株系、坏死株系和黄斑株系。当前蔬菜的抗病品种多数具有小种专化抗病性。

有些品种的抗病性只在特定的器官或特定的生育阶段表达,亦即分别具有"器官专化性抗病性"或"阶段抗病性"。只有分器官或分阶段接种鉴定,才能识别这类抗病性。还有的抗病性只能在特定的温度、光照或其他环境因子具备时表达,因而在进行抗病品种鉴定时必须提供所需要的环境条件。

有些农民朋友和农技人员咨询,为什么由外地引进的、或市场上购买的抗病品种,在当地种植后并不特别抗病,有的甚至与感病品种没有区别。根据前面的介绍,我们就可以作出解答。首先,抗病性是针对某一特定病害的,现在还没有能抵抗各种病害的全能品种。因此,在引进种子或购买种子之前,应详细了解该品种抗哪种病害。否则在当地种植后,因病害种类不同,就可能不抗病。不仅如此,许多病原菌群体内还有不同的小种,各地的小种区系不同,引进或购买的抗病品种完全可能不抗当地的小种。此外,也可能因为品种具有阶段抗病性或器官专化抗病性,或者由于环境条件不适宜,抗病性不能表达。

在抗病品种选育过程中,若抗病性鉴定圃菌量较低,发病不充分,就难以选出真正抗病的材料,这就使品种抗病性不过硬,经受不住田间病害流行的考验。

(三)合理利用抗病、抗虫品种

合理使用抗病、抗虫品种的主要目的是充分发挥其抗病虫的遗传潜能,防止品种退化,延长使用年限。

在使用新品种之前,要尽量详细地了解品种的基本情况,包括抗病或抗虫范围,抗病或抗虫程度,抗病性或抗虫性表达的条件、环境适应性以及配套的栽培方法等。对抗病品种而言,最起码也要搞清到底抗哪种病害,哪种病原菌,哪些小种。对于基本情况不清楚的抗病品种,应进行抗病性鉴定或少量试种观察。

种植抗病品种也要采用适宜的栽培方法,使"良种"与"良法"配套,以保证作物正常生长发育,充分表达其抗病性。在诸多健身栽培措施中,水肥管理是中心,必须探索抗病品种的需肥、需水规律,制定合理的施肥、灌水方案。

抗病或抗虫品种在推广使用过程中因机械混杂、天然杂交以及遗传分离诸多原因,在品种群体中会出现少数感病植株,若不提纯复壮,可导致品种退化。蔬菜多为异交作物,天然杂交率高。抗病品种在继代繁殖过程中,若不遵循良种繁育规程,就可能与感病品种发生天然杂交,导致品种混杂退化,以致名不符实,不再是原来的抗病品种了。因此,必须要有健全的良种繁育制度,保持品种、自交系的真实性和种子纯度。在抗病品种群体中及时淘汰杂株、劣株和病株,选留优良抗病单株。

当前所应用的抗病品种多数仅具有小种专化抗病性,推广应用后,就可能使病原菌群体中能够侵染这些品种的小种得以发展起来,结果就可能取代原有小种,造成抗病品种失效,沦为感病品种。例如,1987 年开始在北京地区推广抗叶霉病的番茄品种双抗 2 号,该品种具有抗病基因 Cf4,抵抗叶霉病菌小种 2 和小种 1.2。3 年以后出现了对 Cf4 基因有毒性的小种,双抗 2 号逐渐失效。后来推广的番茄抗病品种佳粉 15 和中杂 9 号(含有 Cf5 基因),也因为叶霉病菌新小种的出现而"丧失"了抗病性。总而言之,除少数品种抗病性可维持较长年限外，一般小种专化性抗病品种都不会持久。

为了延长抗病品种使用年限，育种单位要使用具有不同抗病基因的优良抗源，尽量应用多种类型的抗病性，改变抗病性遗传基础贫乏的局面，进行持久抗病性育种。在推广应用抗病品种时，要实行合理布局，搭配使用多个抗病品种，避免品种单一化。此外，还要加强病原菌小种监测，根据小种变化，及时调整品种布局或更换品种。

如果在种植抗病品种的大田或棚室发现感病植株，应特别警惕，这可能预示着当地病原菌小种类型的变化，要及时向专业部门反映，以便查清原因，采取对策。

四、栽培防治和环境调控

栽培防治法又称农业防治法。栽培防治的目的是运用各种农业调控措施，铲除或减少病源与虫源，增强植株生活力和对病虫害的抵抗力以及改善环境条件，使之有利于植株生长发育，而不利于病虫害发生。

栽培防治措施大多是农田管理的基本措施，可与常规栽培管理结合进行。但是栽培防治措施往往有地域局限性，需根据当地农业生态条件而选择使用，难以标准化。有些栽培防治措施单独使用时收效较慢，效果较低，需长期坚持或与其他防治措施配合使用。在无公害蔬菜生产中，栽培防治是可以依赖的基本植保措施，发展潜力很大。

（一）使用无病虫种苗

培育无病虫壮苗，已纳入各种蔬菜病虫的综防体系。为确保幼苗健康，首先要使用无病虫的健康种子育苗。商品种子应实行种子健康检验，确保种子健康水平。对于健康状态不良的种子，应进行种子处理。种子间混杂的菌核、菌瘿、病植物残体以及病秕籽粒等，可用机械筛选、风选或用盐水、泥水漂选等方法予以汰除。对于表面和内部带菌的种子则需实行热力消毒或杀菌剂处理。热力消毒常用温汤浸种法和干热处理法，杀菌剂处理常用拌种法、浸种法或闷种法。可用来处理种子的杀菌剂很多，需依据目标病原菌种类不同而选用。杀菌剂处理还可在一段时间内，保护种子免受土壤中病原菌侵染。对于种子表面污染的病毒，可用磷酸三钠溶液浸种处理。

育苗所用土壤和容器，也要消毒杀菌。育苗还可用岩棉块、蛭石、锯末、沙子、草炭等人工基质并经严格消毒，推行无土育苗技术。有机肥要经消毒或高温堆制。育苗棚室要与生产温室隔离，最好未种过蔬菜，若前茬是蔬菜，育苗前彻底清除前茬作物残株落叶，然后封闭棚室，熏蒸杀虫灭菌。

育苗期要合理施肥、灌水，加强环境调控，精细管理，培育壮苗。培育适龄壮苗是抵抗病害和不良天气条件的基础，对不同种类的蔬菜，要采取不同的壮苗措施。例如，对茄果类、瓜类蔬菜，苗期一般采用“两高两低”温度管理，即播种后温度要高（25℃～30℃），促进出苗；出苗后温度要低（15℃～20℃），防止徒长；分苗后温度要高（25℃～28℃），以利于幼苗成活；成活后温度要低（17℃～20℃），保证花芽分化。若育苗期间地温过低，可利用地热线增温育苗。

苗期发现病虫，必须及时扑灭。若早期发现根病病苗，须立即拔除，病穴要灌药处理。发现气传病害的中心病株后，也要拔除，并全面喷药，保护其余菜苗。移栽前也要喷药，使菜苗带药移栽。移栽苗要严格检查，淘汰病苗、弱苗，防止病虫随菜苗扩散传播。实践证明，只要坚持培育无病虫菜苗，就有可能免于或大幅减少药剂防治。

（二）建立合理的种植制度

各地作物种类和自然条件不同，种植制度复杂多样，轮作、间作、套种、土地休闲和少耕、免耕等具体措施对病虫害的影响也不一致，需具体情况具体分析。合理的种植制度有多方面的防病作用，它既可调节农田生态环境，改善土壤肥力和物理性质，有利于作物生长发育和有益微生物繁衍，又能减少病虫越季存活，中断病害循环或害虫生活史。各地必须根据当地具体条件，兼顾丰产和防病的需要，建立合理的种植制度。

多年连作使土壤理化性质劣变，病原菌积累，出现连作障害，导致严重减产。疫病、枯萎病、黄萎病、细菌性青枯病和白绢病等土传病害的猖獗，都与寄主作物连作，土壤中病菌逐年积累有关。有调查表明，连作 3 年的椒田，枯萎病的发病率达到 25%，连作 8 年的达到 80%以上。棚室中菌核病、灰霉病、猝倒病、立枯病的大发生，也与重茬有密切关系。而实行合理的轮作制度，病原物或害虫就会因缺乏寄主而迅速消亡，对防治土壤传播的病害尤其有效。实施合理轮作，最重要的是选择接茬作物和确定轮作年限，做好轮作方案。因此，除了从栽培角度分析作物间相生相克的关系以外，还必须了解病原菌的寄主范围和越季菌态。只有寄主作物与非寄主作物轮作，才有意义。茄果类、瓜类蔬菜与葱蒜类、禾谷类作物少有共同的病原菌，轮作能够减轻多种病害。

若病原菌腐生性较强，或能生成菌核、卵孢子、厚垣孢子等抗逆性强的休眠体，则可能在缺乏寄主时长期存活，只有长期轮作才能表现防治效果，因而难以付诸实施。实行水旱轮作，旱田改水田后病原菌在淹水条件下很快死亡，可以缩短轮作周期。防治茄子黄萎病和十字花科蔬菜菌核病需行 5～6 年轮作，但改种水稻后只需 1 年。有的地方采用冬春茬种黄瓜、下茬种水稻的轮作方式，可明显减轻枯萎病等土传病害的发生。在根结线虫重发的棚室，可种植一茬线虫喜食的短季速生小白菜，小白菜虽然也发病，但受害轻，大量线虫随小白菜收获被带出土壤而失效，从而减少了下一茬线虫的虫源基数。

不合理的间作、套种，有利于病原菌和害虫的繁殖、扩散与传播，而合理的间作、套种能充分利用时间和空间，改善环境条件，提高水肥和光热的利用效率，发挥作物间的互补作用，抑制病虫害的发生，提高经济效益。实行间作、套种要因地制宜，不少地方都有成功的经验，合理的间作套种抑制病虫害发生的事例很多。在陕西线辣椒露地栽培中，推广麦、辣套种，玉米、大蒜、辣椒间作、套种，大蒜、菠菜、辣椒间作、套种等模式，都取得了成功。辣椒与玉米套种，玉米有遮阴和降低田间光照强度的作用，能显著减轻辣椒病毒和日烧病，降低烟青虫的蛀果率。但若田间设计不合理，玉米过度遮阴，则造成辣椒减产。小麦与辣椒套种，除麦株有遮阴作用外，大量瓢虫还可从小麦迁移到辣椒上，消灭传毒蚜虫。辣椒与大蒜、洋葱套种，可减少疫病、枯萎病的发生。

白粉虱是棚室蔬菜重要害虫，喜食黄瓜、番茄、茄子、菜豆等蔬菜，而韭菜、大蒜、菠菜、油菜等基本不受害，甜椒、萝卜、豇豆、莴苣、芹菜等发生也较轻。要避免白粉虱喜食的蔬菜间、套、接茬，特别要避免黄瓜、番茄和菜豆混栽。温室、大棚附近避免种植粉虱发生严重的蔬菜，提倡种植芹菜、油菜、大蒜等白粉虱不喜食的耐低温蔬菜。棚室秋冬茬最好栽植白粉虱不喜食的芹菜、油菜、韭菜等蔬菜。瓜苗与甘蓝、芹菜、莴苣等作物间作，也可减轻黄守瓜的危害。

(三)保持田间卫生

卫生措施包括清除收获后遗留田间的病株残体和杂草，清洗、消毒各种架材、农膜、农机具、工具等，实行棚室换土或土壤消毒，施用净肥以及生长期拔除病株等，这些措施都可以显著减少病源和虫源数量。

露地和棚室栽培的蔬菜，多茬种植后，菌源接续关系复杂。在当茬蔬菜收获后，应在下茬播种前清除植株残体、根茬、瓜蔓、烂叶及各种杂草，集中深埋或销毁，并深翻土壤。其主要目的是切断两季之间菌源、虫源的接续，或者大大压低越季菌量与虫量。深耕可将土壤表层残留的病原菌和害虫翻埋到耕层深处而失效，夏季耕翻晒土，效果更好。此外，还要防止病残体混入堆制或沤制的农家肥中，防止病原菌和害虫随农家肥扩散。这些措施对防治炭疽病、疫病、菌核病、灰霉病、枯萎病、青枯病、软腐病和多种叶斑病，以及朱砂叶螨、茶黄螨、温室白粉虱、烟蓟马等多种害虫都有重要作用。

棚室使用的薄膜、墙壁、立柱、架材、土壤等都可能带菌、带虫，也应进行清洗，实行药剂消毒，硫磺粉熏蒸，高温闷棚等处理。棚室土壤在夏季高温休闲季节，可进行太阳能土壤消毒，即用薄膜覆盖密封15～20天，利用太阳辐射使地温上升到60℃～70℃。土壤消毒还可用蒸汽灭菌或淹水等办法，蒸汽灭菌成本较高，难以大规模实施，淹水可使病原菌的菌核等加速腐烂失活，效果也好。加入石灰，调节土壤酸度，也可以抑制一些病原菌的生长繁殖。

有些病害，例如枯萎病、青枯病、菌核病、灰霉病、晚疫病等，田间先出现少数病株，然后向周围扩散成灾。对这些病害，必须及时拔除病株并施药控制。菌核病和一些叶斑病、叶枯病，往往植株基部叶片先发病，然后逐渐向上部叶片发展，早期摘掉病叶、老叶，可以减少再侵染菌源。及时除掉番茄、瓜类的败花，可以减少灰霉病的发生。棉铃虫多产卵于番茄顶端至第四复叶间，在产卵盛期及时打顶打杈，可有效减少卵量，压低虫口。

无土栽培中所使用的非土壤栽培基质，长时间使用后会污染病菌和虫卵，在每茬作物收获以后，下一次使用之前也要进行消毒处理。最常用的方法有蒸汽消毒和化学药品消毒。蒸汽消毒简便易行，以蒸汽加热的温室，更有条件进行蒸汽消毒。方法是将基质装入柜内或箱内（体积1～2m^3），用通气管通入蒸汽，密闭，保持70℃～90℃，持续15～30分钟。药品消毒可用福尔马林液等消毒剂以及熏蒸剂等。

(四)加强水肥管理

水肥管理与病虫害消长关系密切,提倡合理施肥和灌水,在整个作物生育期全面发挥水肥的调控作用,达到控制病虫害、提高产量的目的。

1. 合理施肥　要因地制宜,根据土壤肥力,作物生育阶段和营养状态,按需施肥,并科学地确定肥料的种类、数量、施肥方法和时期。在肥料种类方面,应注意有机肥与无机肥配合使用,氮、磷、钾平衡施肥。氮肥过多,易使植株徒长,组织柔嫩,体内可溶性氮含量多,病虫害发生往往加重。适量施用有机肥和磷、钾肥一般都有减轻病害的作用。微肥对防治某些特定病害有明显的效果,例如喷施硫酸锌可减轻辣椒花叶病,喷施硼酸和硫酸锰水溶液可抑制茄科蔬菜青枯病。施肥时期与病害发生也有密切关系。一般说来,增施基肥、种肥,前期重施追肥效果较好,追施氮肥过晚、过多会加重多种叶枯病的发生。

蔬菜在个体发育过程的各阶段,适宜的肥料种类与需肥量亦不相同。以辣椒为例,苗期需肥量小,需施优质农家肥和一定比例的磷、钾肥,特别是磷肥。初花期需适当施用氮、磷肥,促进根系发育。此期氮肥施用过多,造成枝叶柔嫩,易生病害。盛花坐果期以后,特别是果实膨大期,需肥量增大,要多次施肥,并适当调节氮、磷、钾肥的比例,以充分满足水肥需求。

棚室中的蔬菜生长期长,品种单一,除需要大量氮外,对磷、钾的需要量高,微量元素也不可缺少,施肥不足或不能吸收利用,都会出现缺素症,造成严重损失。棚室栽培中也存在化肥使用过多、过频的现象,因为不被雨水淋溶,导致肥料滞留,耕层土壤中含盐量异常增高,使土壤溶液的渗透压高,酸化,造成根系吸收养分、水分困难,植株生长不良,甚至烧苗死根。因此,提倡施用有机肥,控制化肥使用。

棚室中施用的有机肥应充分腐熟，因为外界气温较低，不能及时通风换气，若大量施入未经腐熟的农家肥，就很容易产生氨气、二氧化碳、二氧化硫和亚硝酸气体等，危害蔬菜。

冬季棚室封闭，二氧化碳缺乏，光合作用减弱，需人工补充二氧化碳，以增强光合作用，提高抗病性，增加产量。

在无公害蔬菜栽培和绿色食品生产中对肥料使用有严格的规定。肥料使用必须满足作物对营养元素的需要，使足够数量的有机物质返回土壤，以保持或增加土壤肥力及土壤生物活性。允许使用的有机或无机（矿质）肥料，尤其是富含氮的肥料，应对环境和作物（营养、风味、品质和植物抗性）无不良后果。

无公害蔬菜生产中允许施用无害化处理后的有机肥，规定的无机肥料、复混肥料以及国家正式登记的、不含化学合成调节剂的新型肥料和生物肥料等。禁止施用城市生活垃圾、污泥、农村工业废渣以及未经无害化处理的有机肥料；禁止使用不达标的无机肥料、未正式登记的新型肥料、复混肥料以及含有激素或化学生长调节剂的叶面肥料。

无公害蔬菜生产中，施肥以有机肥为主，化肥为辅；以多元复合肥为主，单元素肥料为辅；以施基肥为主，追肥为辅。要保持有机氮与无机氮的合理比例。化肥施用须以土壤养分测定结果和蔬菜作物需肥规律为基础确定，限制过量施肥。忌氯作物禁止施用含氯化肥，叶菜类、根菜类蔬菜不得施用硝态氮肥。追肥应根据蔬菜生长发育过程中需肥特点和土壤、植株营养诊断结果确定，对于追肥肥料类型、用量和追肥时期也都有具体规定。

生产AA级绿色食品的肥料必须选用就地取材、就地使用的各种有机肥料（堆肥、混肥、厩肥、沼气肥、绿肥、作物秸秆肥、泥肥、饼肥等），禁止使用任何化学合成肥料，禁止使用城市垃圾和污泥、医院的粪便垃圾和含有害物质的垃圾。可因地制宜地进行秸秆还田、过腹还田、直接翻压还田或覆盖还田等。可以利用覆盖、翻压、堆沤等方式合理利用绿肥。绿肥应在盛花期翻压，翻埋深度为15cm左右，盖土要严，翻后耙匀，压青后15～20天才能进行播种或移苗。腐熟的沼气液、残渣及人畜粪尿可用作追肥，但严禁施用未腐熟的人粪尿和未腐熟的饼肥。叶面肥料质量应符合国标或相关技术要求，按使用说明稀释，在作物生长期内，喷施2～3次。微生物肥料可用于拌种，也可作基肥和追肥使用，所含有效活菌的数量应符合技术指标。

生产A级绿色食品也要使用有机肥料，在不能满足生产需要时，允许有限制地按要求使用化学肥料（氮、磷、钾），但禁止使用硝态氮肥。生产绿色食品的农家肥料无论采用何种原料（包括人畜禽粪尿、秸秆、杂草、泥炭等）制作堆肥，必须经高温发酵，以杀灭各种寄生虫卵和病原菌、杂草种子，使之达到无害化卫生标准。化肥必须与有机肥配合施用，有机氮与无机氮之比不超过1∶1。对叶菜类最后一次追肥必须在收获前30天进行。城市生活垃圾一定要经过无害化处理，质量达到规定的技术要求后才能使用。每年每667m^{2}农田限制用量，黏性土壤不超过3 000kg，沙性土壤不超过2 000kg。

2. 合理灌水　灌溉是影响病害发生的重要因素，灌水失当，可使湿度增高，昼夜温差加大，结露时间延长，往往是多种病害发生的重要诱因，因而要改变灌水方式，合理灌水。

改进灌溉技术，要避免大水漫灌，提倡小水浇灌、隔行灌水以及滴灌、微喷、渗灌等方式。采用高畦或垄作，覆盖地膜，膜下灌溉（暗灌或滴灌）降低田间空气相对湿度和减轻高湿病害的危害，地膜覆盖可减少土壤水分蒸发，并有效阻止土壤中病菌的传播。

多种病原菌可以随灌溉水传播扩散，疫病和细菌病害在灌溉农区普遍而严重，灌水不当是很重要的诱因。要防止病田与无病田之间的串灌，要先灌无病田，再灌病田。实行排、灌分开，病田排出的水，未经处理不得进入无病田或无病地区。同理，已经发生病害的田块和棚室,应停止喷灌。喷灌不仅能提高田间湿度,还有助于病原菌分散。

要根据天气状况灵活灌水,冬、春季棚室气温低,蔬菜蒸腾量小,需水量相应减少,浇水量要小,间隔时间适当延长。晴天要适当多浇,阴天少浇或不浇,风雪天切忌浇水。天气由晴转阴时,浇水量要逐渐减少,间隔时间要适当拉长,而由阴转晴时,浇水量要逐渐增多,间隔时间要适当缩短。根际土壤若不干燥,一般不用浇水,可每隔 15～20 天膜下浇一次小水。

蔬菜各发育阶段需水量亦不相同。苗期需水量小,因而要控制浇水,防止苗床过湿,抑制苗病发生,促进根系发育。移栽后随着植株生长,需水随之增加,但仍要适当控制,以防止徒长。盛花坐果期以后,特别是果实膨大期,需水量增大,要多次浇水。

一天之中在中午前后棚室浇水(10 时至 15 时)为好,此时棚温较高,浇水后副作用最小。要避免清晨和傍晚浇水,以防引起蔬菜冻害。浇水应尽可能用温度较高的井水,即不浇冷水浇温水。

大棚各部位的温度相差较大,浇水量也要有所区别。大棚南部及靠近火炉、烟道等热源的地方,浇水量可适当大些,大棚东西两侧和北部温度较低,日照时间亦短,浇水量应适当减少。浇水后的头两天,易引起棚内湿度增高,应在中午气温较高时通风降湿,防止诱发病害。

(五)调控棚室环境

棚室蔬菜生产是反季节栽培,尽量创造适于蔬菜生长发育的环境条件,是棚室生产的首要任务,合理调节温度、湿度、光照和气体组成等环境要素,也是棚室日常管理的主要内容。关于温度、湿度、光照、空气、土壤等因素的一般调控方法,参见表 1-18。另外,还要特别采取措施防范灾害性天气。

表 1-18　棚室环境因素的调控

环境因素	调控目的	调控措施
温　度	提高棚室温度，特别要防止夜间热量散失，室温下降，以满足蔬菜生长对温度的要求	1. 增加透光率和土壤热量积蓄，包括采用合理的方位、合理的采光角和棚型，使用无滴膜，保持膜面洁净；2. 迎风面距温室1～2m处用高粱秆、玉米秆作防风障；3. 多层覆盖，减少热量散失。在棚外覆盖保温被，棚内架中、小棚，覆盖草帘；4. 强寒流侵袭和连续阴雨时，临时加温（火炉、暖气、热气加温等）；5. 用电热线加温土壤或用酿热物加温
	提高棚室地温	1. 挖掘防寒沟，阻止室内外热量交换；2. 增施有机肥（腐熟的马粪、麦糠、稻壳等），提高土壤吸热保温能力；3. 高垄栽培和地膜覆盖；4. 保持土壤湿度；5. 用电热线加温土壤或用酿热物加温
	夏季降温。因夏季高温，不利于春提早、秋延后和秋冬茬喜温性蔬菜生长，易诱发高温高湿病害	1. 撤膜后棚上加盖遮阳网；2. 棚内间作套种高度不同作物，遮荫降温；3. 小水勤浇，保持地面湿润，增湿降温
湿　度	降低棚室湿度，使之白天维持50%～60%，夜间80%～90%，叶片表面不结露，减轻病害发生	1. 通风换气，按需要调节通风口大小、位置和通风时间；2. 覆盖（无滴）地膜，减少土壤蒸发；3. 改进灌溉技术，采用滴灌、微喷、渗灌、膜下滴灌等；4. 中耕降湿、撒施草木灰降湿；5. 加温降湿

续表 1-18

环境因素	调控目的	调控措施
光　照	提高光强。因冬季棚室内光照强度仅为外部的50%～80%，成为喜光蔬菜冬季生产的限制因素	1. 棚室选址背风向阳，周围无树木、建筑物遮阴，避开工厂烟尘和公路扬尘；2. 覆盖材料选用防尘、抗老化、无滴透明膜；3. 经常打扫、清洗薄膜，增加透光率；4. 只要能满足温度需要，尽量晚盖苫，早揭苫，阴天中午揭草苫，以便利用散射光；5. 合理布局，喜光蔬菜种在棚室前部强光区，高秆蔬菜单行种植，及时摘除病老叶片及疯杈；6. 用塑料薄膜覆盖地面，增加近地散射光；7. 张挂镀铝聚酯反光幕；8. 连续阴雨(雪)时，用白炽灯、荧光灯或生物效应灯进行人工补光
气　体	提高设施内 CO_2 浓度，降低氨气(NH_3)、二氧化氮(NO_2)、二氧化硫(SO_2)以及薄膜挥发的有害气体含量	1. 改善通风换气，使用 CO_2 气肥，提高室内 CO_2 浓度；2. 合理施肥，有机肥必须发酵腐熟，基肥深施，追施化肥深度也要达到12cm 左右，施用尿素后要覆土或灌水；3. 及时通风换气；4. 选用安全无毒的农膜和地膜，及时清除棚内废旧塑料制品及其残留物
土壤因子	防止土壤盐渍化，土壤酸化或土壤养分匮乏与比例失调	1. 增施碳氮比高的有机肥；2. 优化施肥方法，基肥深施，追肥限量，平衡施肥，按需施肥。有机肥和化肥混合施于地表，然后翻耕，进行根外追肥；3. 深翻土壤；4. 利用换茬空隙，揭膜淋雨溶盐或灌水洗盐；5. 调节土壤 pH 值，尽量少施酸性肥料和生理酸性肥料，pH<5 的可施用石灰

另外，还可根据病虫害生物学特性或病害侵染循环的一些弱点，有针对性地安排调控措施，创造不适于病虫害发生的生态条件，达到防治目的。这种方法也称为“生态防治法”。

现已有成功进行“生态防治”的实例。例如，“高温闷棚”可用来防治多种蔬菜的叶部病害。大棚在晴天中午密闭升温至44℃～46℃，保持 2 小时，隔 3～5 天后再重复一次，可杀灭大部分的霜霉病菌，减轻黄瓜霜霉病，不对黄瓜造成伤害。高温闷棚还有灭虫作用，棕黄蓟马对温差反应敏感，在冬季蔬菜定植前 15～20 天内，先将大棚薄膜密封 8～10 天，土壤中蓟马基本羽化出土后，夜间将棚膜上方掀开，通风降温，白天密闭增温，经 10～15 天的高低温处理，可杀死土壤中 90％以上的蓟马。当低温来临时，夜间短时加温可使棚内最低温度维持在 12℃以上，能控制夜露产生，从而抑制病害发生。

变温管理可控制番茄灰霉病的发生。早春晴天上午晚通风，使棚温迅速升高，当棚温升至 33℃左右后通顶风，使之迅速降至 25℃左右，中午加大通风量，使下午温度保持 25℃～20℃。夜间棚温保持在 15℃～17℃。具体做法各地略有不同，目的都是降低棚室湿度。31℃以上的高温可减慢灰霉菌孢子萌发，推迟产孢，降低产孢量。且上午高温有利于光合作用，下午低温有利于光合产物的运转，又能减少自身呼吸消耗，有利于果实膨大和增产。

有些“生态防治”措施，各地应用效果不一，需要因地制宜。措施的设计要有试验依据，通过析因试验，搞清环境因子变动的确切生物学效应，明确其数量关系以及与其他因子的互作，切忌照搬一般理论或前人的某些结果。另外，环境因素的观测亦应规范。小气候温、湿度观测值，并非无条件地等同于病害靶标部位的数值，需进行换算。

通风换气是设施栽培调温降湿的主要措施之一。有自然通风和强制通风两类方法。自然通风法有天窗通风，扒缝通风等，排气降温效果好。强制通风法使用排风扇。低吸高排式通风，吸气口开在温室下部，排风扇设在上部，风速较大，通风快，但温度不均匀，顶部及边角容易出现高温区。高吸低排式，吸气口在上部，排风扇位置在下部，室内温度较均匀。强制通风能在较短的时间内奏效。

棚室在不通风的条件下，很容易造成二氧化碳（CO_2）匮乏。除了通风换气补充二氧化碳外，还可使用自动二氧化碳发生器或其他方法，人工补充二氧化碳，这称为施用二氧化碳气肥。

棚室地膜全覆盖有助于提高地温，减少土壤水分蒸发，降低空气湿度和减少病害发生。但地膜覆盖影响土壤气体交换，不利于根系吸收水分和矿物质。外界温度升高后，地膜阻止了土壤水分蒸发，会造成棚内空气湿度降低，引起高温障害。

（六）嫁接换根

棚室连续种植 3～5 年后，由于土壤病菌积累，诱发根病，出现连作障害，造成产量下降。应用嫁接技术换用抗病砧木，可以防止根病的发生，这在黄瓜、西瓜、甜瓜、茄子、番茄等作物上多有应用。嫁接换根还具有丰产，延长采收期，提高抗逆性、耐低温性等作用。

目前，黄瓜的嫁接砧木有黑籽南瓜、丝瓜等，西瓜的嫁接砧木有葫芦等，茄果类一般使用其相应的野生茄科植物作为砧木。嫁接植株依砧木不同，可以抵抗枯萎病、黄萎病、青枯病、疫病或根结线虫等。

现以黄瓜嫁接为例，说明嫁接的一般方法。黄瓜采用根系发达且耐低温的黑籽南瓜作砧木，多用下述靠接法嫁接，该法成活率较高，操作比较简单。

1. 浸种催芽 将砧木黑籽南瓜的种子浸泡 8 小时，然后放在 30℃～33℃的条件下催芽。经 24 小时即可发芽，36 小时后全部出齐即可播种，黄瓜种子浸种催芽按常规方法进行。

2. 播种 播种期视苗龄长短和定植期而确定。黄瓜种子要比黑籽南瓜早播 3～4 天。南瓜出苗后要适当控制浇水，以防徒长。

3. 嫁接 黄瓜播后 15 天左右，长至 1.5 片真叶期开始嫁接。

此时南瓜子叶展平，真叶露心。黄瓜苗高6cm，砧木苗高5cm。嫁接要在晴天遮阴的条件下进行。首先取出砧木苗和黄瓜苗，用竹签挖掉南瓜苗的生长点，再用刀片在南瓜幼苗上部距子叶约1.5cm处向下斜切35°左右的口子，口深达茎粗的2/3左右，再用刀片将黄瓜上部距子叶约1.5cm处向上斜切35°左右的口子，深度也是茎粗的2/3左右。随即把黄瓜苗和黑籽南瓜苗的切面对齐、对正，嵌合插好，使切口内不留空隙，再用塑料夹子固定好栽植。

4. 嫁接后管理　嫁接后头3天，必须严格遮阴，要在棚膜上覆盖草苫遮光，避免强光直射造成幼苗失水萎蔫。2～3天后逐步揭开草苫，增加光照时间，同时要适当通风。嫁接后将苗子栽在营养钵里或塑料营养袋里，摆放在苗床中，埋土部位为南瓜根部。嫁接苗要扣小拱棚，以保证适宜的温度和湿度，白天保持在23℃～30℃，夜间15℃～20℃，土温23℃～28℃。每天中午用喷雾器喷一次水，使空气相对湿度达到90%以上，以利于接口愈合和缓苗。直到秧苗见光后不再萎蔫时，停止喷水和遮光。嫁接伤口10～13天即可愈合，此时应将黄瓜根切断。砧木若有侧芽萌发应及时抹除。

秧苗长至2叶1心时，即在嫁接后的10～13天嫁接伤口愈合，可在接合处的下方用刀片切掉黄瓜根。在嫁接苗15天左右时喷药1次，防治霜霉病，同时摘掉固定夹子。

5. 定植　嫁接苗长到4～5片叶，即在苗龄50天左右时进行定植。定植前施足有机肥，铺好地膜，定植时注意培土深度不能超过嫁接的接合处，否则黄瓜茎接触到土壤后会产生不定根，失去嫁接防病的作用。

五、物理防治方法

物理防治是利用物理因素、物理作用来防治病虫害，包括使用热能、超声波、电磁波、激光、核辐射等直接杀伤有害生物，利用光波、颜色或其他物理因素诱引或排除有害生物等方法。物理防治法在蔬菜病虫害防治中也发挥相当大的作用。

(一)种子处理

1. 干热处理 干燥的蔬菜种子用干热法处理，对多种种传病毒、细菌和真菌都有防治效果。黄瓜种子经70℃干热处理2～3天，可使绿斑花叶病毒(CGMMV)失活。番茄种子经75℃处理6天或80℃处理5天可杀死种传黄萎病菌。不同作物或不同品种的种子耐热性有差异，处理不当会降低萌发率。豆科作物种子耐热性弱，不宜干热处理。含水量高的种子受害也较重，应先行预热干燥。

2. 晒种 在播种前，选择晴天将蔬菜种子晒2～3天，利用阳光杀灭附在种子表面的病菌，减少发病。

3. 温汤浸种 用热水处理种子，通称“温汤浸种”，可杀死在种子表面和种子内部潜伏的病原物。热水处理是利用植物材料与病原物耐热性的差异，选择适宜的水温和处理时间，以杀死病原物而不损害植物。一般瓜类、茄果类蔬菜的种子用50℃～55℃温水浸种10～15分钟，十字花科蔬菜的种子用40℃～50℃温水浸种10～15分钟，都能起到消毒杀菌，预防苗病的作用。大豆和其他大粒豆类种子水浸后能迅速吸水膨胀脱皮，不适于热水处理，可用植物油、矿物油或四氯化碳代替水作为导热介质处理豆类种子。

温汤浸种需用饱满、成熟度高、无破损的种子，先在冷水中预浸4～12小时，排除种胚与种皮间的空气，以有利于热传导，同时刺激种子内休眠菌丝体恢复生长，降低其耐热性。然后把种子浸在比处理温度低 9℃～10℃的热水中预热 1～2 分钟。再在设定温度的热水中浸种。热水量为种子体积的 5 倍。由于杀菌温度与引起种子发芽率下降的温度接近，需根据作物与病原菌不同的组合，设定浸种温度与浸种时间。要注意根据不同成熟度、不同贮藏时间和不同品种种子间耐热性的差异，调节水温。浸种过程中要不断搅拌，并随时补充热水，保持设定的温度。浸种完毕，将种子捞出，摊开晾晒或通风处理，使之迅速冷却干燥，以防发芽。有时浸过的种子，接着进行催芽处理，即将种子捞出放入凉水中，冷却后催芽。

4. 盐水浸种　用 10%的盐水浸种 10 分钟，可将种子里混入的菌核、线虫卵漂除，减轻菌核病和线虫病发生。

5. 热蒸汽处理　热蒸汽也用于处理种子，其杀菌有效温度与种子受害温度的差距较干热灭菌和热水浸种大，对种子发芽的不良影响较小。热蒸汽还用于温室和苗床的土壤处理。通常用 80℃～95℃蒸汽处理土壤 30～60 分钟，可杀死绝大部分病原菌，但少数耐高温微生物和细菌的芽孢仍可继续存活。

(二)太阳能消毒

利用太阳能进行土壤消毒，是简便易行、成本较低的物理方法。在南方夏季高温期，用黑色塑料薄膜覆盖土壤，土壤吸收太阳光能升温，可杀死土壤病菌、某些杂草种子、线虫和一些土壤害虫。菜田及时翻耕晒垡也可以消灭大部分土栖害虫。

另外还可采用太阳能与石灰氮(或石灰)相结合的土壤消毒方法。在夏季高温季节的 6～8 月份，棚室春茬拉秧后，及时清除残株杂草。然后取稻草或麦秸，切成长 3～5cm 的小段，撒施在地面，每平方米撒 1kg，石灰氮每平方米使用 0.1kg。用旋耕犁旋两遍，使之与土壤充分混合。然后起垄(垄宽 60cm，高 40cm)，全面覆盖透明地膜，沟内灌水。切断电源，密闭棚室 15～20 天(或20～30 天，视当地具体情况而定)，白天地表温度可达 70℃，20cm 深土层温度在 40℃～50℃。若施用生石灰，则每 667m^2 施用碎稻草或麦秸 500kg，再均匀撒施刚化开的生石灰 100kg。耕翻至 25～30cm 深，充分混合后再灌水覆膜。可起到土壤消毒和降盐的作用，防治根结线虫，白绢病，瓜类蔓枯病，茄科蔬菜青枯病、黄萎病、枯萎病、疫病等有一定效果。沙质土壤，漏水田效果差，夏季低温年份效果降低。

还可利用太阳能进行高温闷棚，在夏秋季大棚闲置期，覆盖塑料棚膜，密闭大棚，选晴天高温时闷棚 5～7 天，使棚内最高气温达到 60℃～70℃，可有效地杀灭棚内及土壤表层的病菌和害虫。

(三)高温堆肥

蔬菜基肥以有机肥为主，但农家肥中多带有病原菌和害虫，需高温堆制，以杀灭病原菌和害虫。将农家肥泼水拌湿、堆积、覆盖塑膜，使之发酵腐熟，堆内温度可达 70℃左右。经 1～2 个月堆制，充分腐熟后可作基肥施用。

(四)阻隔紫外线

多功能农用大棚薄膜，因为在制膜过程中加入了紫外线阻隔剂，使用这种薄膜，紫外线不能进入大棚内。一些病原菌孢子产生或萌发需要紫外线刺激，紫外线减弱后，这类病原菌受到强烈抑制。番茄灰霉病，黄瓜菌核病，葱紫斑病、黑斑病等多种病害明显减轻，也抑制一些蚜虫、蓟马的侵入，但是对白粉病无防治作用。覆盖阻隔紫外线的薄膜，不利于茄子果实着色，可能引起蔬菜徒长，也有可能有利于另一些病原菌的生命活动，均需注意。

(五)利用颜色诱虫或避虫

用黄板、黄皿可诱集黏结蚜虫、温室白粉虱、斑潜蝇成虫等害虫，用银灰色薄膜可避蚜。

黄板利用废旧的纤维板，裁成 1m×0.2m 见方的长条(或根据需要，确定大小形状)，用油漆或广告色涂成橙黄色(或贴上橙黄色纸，外面用塑料薄膜包好)，上面再涂上一层黏油(可用 10 号机油加少许黄油调匀)制成,装上木把,插在行间,高度略高于植株高度。每隔 10～15 天,或在虫子粘满板面时,及时重涂黏油,或取下薄膜更换一次。黄皿用瓷盘或玻璃盘,表面涂上黄色颜料和凡士林制成。

蚜虫忌避银灰色和白色,用银灰反光膜或白色尼龙纱覆盖苗床,可减少蚜虫数量,减轻病毒病害。还可在苗床上方 30～50cm 处挂银灰色薄膜条,苗床四周铺 15cm 宽的银灰色薄膜,使蚜虫忌避。定植后,畦面也可用银灰膜覆盖。

利用棕黄蓟马趋向蓝色的习性,可在作物种植行间悬挂蓝色诱集带或蓝色诱集板诱杀成虫。

(六)灯光诱虫

很多夜间活动的昆虫具有趋光性,可被特定波长的灯光强烈诱引。黑光灯(因最初用黑色玻璃作灯管管壁而得名)通电后发出诱虫作用很强的近紫外光,可以诱集多种蛾类、金龟甲、蝼蛄、叶蝉等害虫,已被广泛应用。

频振式杀虫灯是利用害虫对光、波、色、味的趋性,引诱害虫扑灯,利用频振式高压电网触杀害虫,可以诱杀 17 科 30 多种菜田害虫,其中包括斜纹夜蛾、银纹夜蛾、甜菜夜蛾、烟青虫、地老虎、菜螟、玉米螟、豆野螟、瓜绢螟、大猿叶虫、黄曲条跳甲、铜绿金龟甲和蝼蛄等重要害虫。佳多牌频振式杀虫灯已被推荐为用于无公害农产品生产的植保器械。

(七)覆盖防虫网

防虫网形似窗纱,是以优质聚乙烯原料,经拉丝织造而成的,已添加了防老化、抗紫外线的化学助剂,具有抗拉耐久、抗热、耐火、耐腐蚀和无毒无味等特点。防虫网覆盖已广泛用于夏秋蔬菜育苗和栽培,防虫防病。防虫网还适用于制种、繁种,可防止因昆虫活动造成的品种间杂交。

防虫网网眼小,对害虫有物理阻隔作用,大多数蔬菜害虫钻不进网内，形成了隔离屏障。防虫网还造成害虫视觉、触觉错乱，使之弃而远去，另觅他处取食产卵。防虫网的反射光、折射光也可使害虫忌避。因此，即使网眼稍大于虫体，也能有较好的防虫作用。应用防虫网可大幅度减少化学农药的用量，适用于无公害蔬菜生产。

防虫网的规格多样，幅宽、孔径、丝径、颜色等有所不同。防虫网目数过少，网眼孔径过大，防虫效果较低，而网目数过多，网眼过小，遮光效应较大，对作物生长发育不利。据国外研究，对潜叶蝇最大孔径为 640μm，40 目，对白粉虱为 462μm，52 目，对蚜虫为 340μm，78 目，对花蓟马为 192μm，132 目。当前国内较适用的防虫网为 20～24 目，丝径 0.18mm，幅宽 1.2～3.6m，白色。

防虫网覆盖有多种形式，应用较普遍的有大棚覆盖、小拱棚覆盖和水平棚架覆盖等 3 类。

大棚覆盖是将防虫网直接覆盖在大棚上，四周用土或砖压严，棚管（架）间用压膜线扣紧，留大棚正门揭盖，便于进棚操作。小拱棚覆盖是在大田畦面上，用钢筋或竹片作架材弯成拱棚，将防虫网覆于拱架顶上即可。小拱棚的高度要高于作物高度，避免因菜叶紧贴防虫网，害虫仍能取食菜叶和产卵。水平棚架覆盖可将 2 000～3 500m^2 的田块，用防虫网全部覆盖。

在覆盖防虫网之前，应进行土壤消毒和化学除草，杀死残留在土壤中的害虫、病菌和杂草。防虫网四周要压实，防止害虫潜入。防虫网多实行全生育期覆盖，不需要日盖夜揭或晴盖阴揭。如遇 5 级以上大风，需拉上压网线，防止防虫网被掀开。

另外，还可在一般棚室的通风口和进口处设置防虫网，阻挡有翅蚜、白粉虱等害虫迁入棚内。

（八）其他物理措施

冷冻处理也是控制植物产品（特别是果实和蔬菜）收获后病害的常用方法。冷冻本身虽不能杀死病原物，但可抑制病原物的生长和侵染。

核辐射在一定剂量范围内有灭菌和食品保鲜作用。钴^{60}-γ射线辐照装置较简单，成本较低，γ射线穿透力强，多用于处理贮藏期食品和农产品，但需符合法定的安全卫生标准。

微波是波长很短的电磁波，微波加热适于对少量种子进行快速杀菌处理，对种传病原菌有效，但有的种子处理后发芽率略有降低。微波加热是处理材料自身吸收能量而升温，并非传导或热辐射的作用。

高脂膜是用高级脂肪酸制成的成膜物。它不同于常规化学杀菌剂，本身并不具有杀菌作用，使用后在植物体表面形成一层很薄的膜，能够阻止病菌的侵染，但不影响植物的生命活动，从而达到防病目的。高脂膜对瓜类白粉病、霜霉病等均有一定的防治效果。在蔬菜的贮运防腐保鲜等方面也有一定的作用。

六、生物防治方法

生物防治法是利用有益生物及其天然产物防治病虫害的方法。迄今所利用的主要是天敌昆虫和有益微生物。有益微生物亦称生防菌，包括害虫的病原微生物和植物病原菌的拮抗微生物。有些有益微生物已被制成多种类型的生防制剂，大量生产和应用。对于天然发生的有益微生物，还可以采取措施，调节其生态环境，促进其群体增长，更好地发挥其抑制作用。

在病害防治方面，生防措施主要针对土传病害和产后病害。由于生物防治效果不够稳定，受环境因素的影响较大，适用范围较狭窄，以及生防制剂的生产、运输、贮存又要求较严格的条件，尚需进行更多的研究和改进。在无公害蔬菜生产中，有机合成农药的应用受到限制，生物防治措施备受重视。

（一）保护利用害虫天敌

害虫天敌包括寄生性的和捕食性的两大类，蔬菜害虫的天敌资源非常丰富。

1. 捕食性天敌 主要是一些昆虫和蜘蛛，多分布在鞘翅目的瓢虫科、虎甲科，脉翅目的草蛉科以及蛛形纲的管巢蛛科、皿蛛科、狼蛛科和球蛛科等。以辣椒为例，仅陕西省关中地区的调查，就发现食性蜘蛛 38 种，瓢虫 20 余种，草蛉 10 种，食虫蝽 20 余种，螳螂 3 种，赤眼蜂 5 种，以及蚜茧蜂、食蚜绒螨、步甲等多种。其中蜘蛛的种群数量居各类天敌之首，可捕食蚜虫、烟青虫与棉铃虫的卵和一至三龄幼虫、蟋蟀的一至三龄幼虫以及盲椿象等多种害虫。蜘蛛分布广，繁殖快，适应力强，是重要的捕食性天敌。瓢虫数量仅次于蜘蛛，主要捕食蚜虫，也可捕食棉铃虫、菜青虫的卵和幼虫。

2. 寄生性天敌 主要是寄生蜂类，大部分属于姬蜂总科、细蜂总科、青蜂总科以及小蜂总科，一小部分属于瘿蜂总科、泥蜂总科及尾蜂总科(尾蜂科)。例如，寄生于小菜蛾的就有菜蛾绒茧蜂、胫弯尾姬蜂、颈双缘姬蜂、拟澳洲赤眼蜂等多种。

为了充分发挥天敌的控制作用，需要因地制宜，采取有力措施保护。首先要创造天敌的适宜生境，招引天敌大量迁入。还要注意安全用药问题，选用对天敌安全的杀虫剂，尽量少用广谱性和长残效农药，还要根据害虫和主要天敌的生活史，找出对害虫有效、而对天敌杀伤较少的施药时期和施药方式。

棚室蔬菜为反季节栽培，处于自然天敌非活跃时期，加之棚室内小气候异常，作物单一，天敌较少。适于棚室条件的天敌，需人工饲养和释放，方能发挥其控害作用。在这方面，现已有多个成功事例。例如，丽蚜小蜂是在 20 世纪 70 年代从英国引进的白粉虱寄生蜂，已经开发了人工大量繁殖与商品化生产技术，并提出了适合我国温室条件的释放利用方法。在北方棚室用于防治白粉虱，获得了成功。丽蚜小蜂寄生温室白粉虱的若虫和蛹，寄生后 9～10 天，白粉虱虫体变黑死亡。草蛉和小花蝽对温室白粉虱的捕食能力较强，也可人工助迁，引进温室。每公顷释放人工繁殖的中华草蛉卵约 100 万粒，效果很好。

(二)利用有益微生物

有益微生物是指对有害生物不利，而对植物和农业生产有益的微生物类群。有益微生物可能同时具有多种生防机制，必须全面认识，方能合理利用。

1. 防治病害的有益微生物　有益微生物产生抗菌物质，能够抑制或杀死病原菌，这称为抗菌作用。例如，绿色木霉菌产生胶霉毒素和绿色菌素两种抗菌素，抑制立枯丝核菌等多种病原菌。有些抗菌物质已可以人工提取并作为农用抗菌素定型生产，我国研制的井冈霉素是吸水放线菌井冈变种(*Streptomyces hydroscopicus* var. *jinggangensis*)产生的葡萄糖苷类化合物。有的拮抗微生物产生酶或其他抗菌物质，消解植物病原真菌和细菌的芽管或菌体细胞。

有益微生物有竞争作用(占位作用)，与病原菌竞争并夺取植物体的侵染位点和营养物质。用有益细菌处理植物种子，能够防治腐霉菌引起的猝倒病，就是由于有益细菌大量消耗土壤中氮素和碳素营养而抑制了病原菌的缘故。根围有益微生物对铁离子的竞争利用也是抑制根部病原菌的重要原因。

有些有益微生物可以寄生在植物病原菌体内，这称为"重寄生"现象。例如，哈氏木霉能寄生立枯丝核菌和齐整小核菌的菌丝。豌豆和萝卜种子用木霉菌拌种，可防治苗期立枯病与猝倒病。

有益微生物的捕食作用在病害生防中已有应用。迄今在耕作土壤中已发现了百余种捕食线虫的真菌，这类真菌的菌丝特化为不同形式的捕虫结构。番茄根结线虫的捕食性真菌已经制成生防制剂，投入商业化生产。

有益微生物还能诱导或增强植物抗病性，通过改变植物与病原物的相互关系，抑制病害发生。交互保护作用是指接种致病性弱的病毒，诱发植物的抗病性，从而能够抵抗强致病性病毒侵染的现象，在病害防治上也有应用。

应用有益微生物防治病害，有两类基本措施，一是大量引进外源拮抗菌，二是调节环境条件，促进田间已有的有益微生物繁殖，发挥其拮抗作用。

多种有益微生物已成功地用于防治植物根病。例如，放射土壤杆菌的 K84 菌系产生高效抗菌物质（土壤杆菌素 A84），已经定型生产，其商品制剂已用于防治多种园艺作物的根癌病。利用木霉制剂处理农作物种子或苗床，能有效地控制由腐霉菌、疫霉菌、核盘菌、立枯丝核菌和小菌核菌侵染引起的蔬菜根腐病和茎腐病。

国内研究单位通过亚硝酸诱变得到了烟草花叶病毒弱毒突变株系 N-11 和 N-14，黄瓜花叶病毒弱毒株系 S-52，将弱毒株系用加压喷雾法接种辣椒和番茄幼苗，可诱导交互保护作用，减轻病毒病害的发生。

综合运用生防制剂和杀菌剂可以提高防治效果，降低杀菌剂用量。例如，哈茨木霉与甲霜灵共同施用防治辣椒疫病和豌豆根腐病。

调节土壤环境可以增强有益微生物的竞争能力，提高防病效果。向土壤中添加有机质，如作物秸秆、腐熟的厩肥、绿肥、纤维素、木质素、几丁质等可以提高土壤碳氮比，有利于有益微生物发育，能显著减轻多种根病。利用耕作和栽培措施，调节土壤酸碱度和土壤物理性状，也可以提高有益微生物的抑病能力。例如，酸性土壤有利于木霉孢子萌发，增强对立枯病菌的抑制作用。这类措施在无公害蔬菜和绿色食品生产中，有很好的应用前景。

2. 防治害虫的有益微生物 防治害虫的有益微生物种类很多，大都是昆虫的病原微生物，能引起昆虫的流行性病害。被寄生的虫体，陆续发病死亡。在昆虫的病原细菌中，最著名的是苏云金杆菌（杀螟杆菌），防治菜蛾、菜青虫等鳞翅目幼虫效果最好。含有该菌孢子的 Bt 乳剂是菜田应用最广泛、用量最高的生防制剂。

昆虫病原真菌种类很多，白僵菌、绿僵菌、绿穗霉等对夜蛾科幼虫致病力强，汤普森多毛菌寄生橘芸锈螨，蜡蚧轮枝孢能引起温室介壳虫和蚜虫大量发病死亡。弗雷生虫霉菌也能寄生多种蚜虫，且对环境温度、湿度的要求不严格，适生性强。

生物防治中常用的昆虫病毒有核型多角体病毒（NPV）、质型多角体病毒（CPV）、颗粒体病毒（GV）等。在冬春季棚室中，已使用棉铃虫核型多角体病毒制剂防治棉铃虫，在卵高峰后4～6天喷施，幼虫大量染病死亡。此外，一些微型动物也能使昆虫致病，比较重要的有病原原生动物和病原线虫。著名的昆虫病原微生物多已定型生产，有商品制剂出售。

（三）利用生物源农药

生物源农药或生物农药是指直接利用生物活体，生物活性物质，生物体提取物质为有效成分的定型商品农药。根据有效成分来源不同，又可划分为微生物源农药、动物源农药和植物源农药三类。

1. 微生物源农药　包括活体微生物农药和农用抗生素。活体微生物农药是直接利用昆虫病原微生物和植物病原菌生防微生物制成的定型产品。著名的有Bt乳剂、蜡蚧轮枝孢制剂、核多角体病毒制剂等。农用抗生素多用于防治植物病原真菌和细菌，例如春雷霉素、多抗霉素（多氧霉素）、井冈霉素、农抗120、中生菌素、新植霉素、农用链霉素等。也有的用于防治其他有害生物，例如浏阳霉素、华光霉素等用于防治螨类，阿维菌素用于防治菜蛾、叶螨和根结线虫等。

2. 动物源农药　包括活体制剂和昆虫信息素。前者主要涉及昆虫寄生性天敌或捕食性的天敌动物，这在前面已经作了介绍。信息素是由生物体内分泌到体外，能影响到其他生物体的生理和行为反应的微量化学物质。用于害虫防治的昆虫信息素主要是性信息素和集结信息素。信息素诱捕器已用于诱杀鳞翅目和鞘翅目害虫。

3. 植物源农药　植物体内含有多种次生代谢产物，其化学成分和生理作用非常复杂，其中就包括对昆虫的毒害物质以及天然抗菌物质，这些活性成分可以提取出来，用作植物源农药。著名的植物源杀虫剂有除虫菊素、鱼藤酮、烟碱、植物油乳剂等。印楝素是从印楝的种核、叶片和种皮中提取和分离到的一种三萜烯化合物，印楝素或印楝提取物是高效的昆虫拒食剂和昆虫生长发育抑制剂，对直翅目、半翅目、同翅目、鞘翅目、鳞翅目和双翅目害虫都有很强的活性，而对天敌昆虫、蜘蛛、螨类以及蜜蜂等传粉昆虫无毒性或伤害很小，对哺乳动物也安全。大蒜素是植物的天然抗菌物质，可提取作为杀菌剂。

生物源农药安全、有效、不污染环境，是无公害蔬菜生产的首选药物，目前的推广品种还不多，今后可望有更大的发展。

生产绿色食品对生物源农药的使用也有限制。生产 A 级绿色食品允许使用 AA 级和 A 级绿色食品生产资料农药类产品。在该类产品不能满足植保工作需要的情况下，允许使用中等毒性以下的植物源农药、动物源农药和微生物源农药，但严禁使用基因工程品种（产品）及制剂。

生产 AA 级绿色食品允许使用 AA 级绿色食品生产资料农药类产品。在该类产品不能满足植保工作需要的情况下，可以使用中等毒性以下的植物源杀虫剂、杀菌剂、拒避剂和增效剂。如除虫菊素、鱼藤根、烟草水、大蒜素、苦楝、印楝、芝麻素等；可释放寄生性、捕食性天敌动物、昆虫、捕食螨、蜘蛛及昆虫病原线虫等；在害虫捕捉器中使用昆虫信息素及植物源引诱剂；使用矿物油和植物油制剂等。经专门机构核准，允许有限度地使用活体微生物农药，如真菌制剂、细菌制剂、病毒制剂、放线菌制剂、拮抗菌剂、昆虫病原线虫、原虫等；经专门机构核准，允许有限度地使用农用抗生素，如春雷霉素、多抗霉素（多氧霉素）、井冈霉素、农抗 120、中生菌素、浏阳霉素等。但禁止使用生物源农药中混配有机合成农药的各种制剂，严禁使用基因工程品种（产品）及制剂。

在本书第四篇详细介绍了用于蔬菜病虫害防治的主要生物源农药，可检索参考。

七、药剂防治方法

药剂防治法又称为化学防治法，是使用农药防治病虫害的方法。广义的农药包括生物源农药、矿物源农药和有机合成农药三大类。生物源农药或生物制剂是指用于防止病虫草害的生物活体、代谢产物或从生物体提取的物质，包括上述微生物源农药、动物源农药和植物源农药。矿物源农药是有效成分来源于矿物的无机化合物和石油类农药。有机合成农药是人工研制和化学合成的有机化合物。按照药剂的作用对象划分，蔬菜常用的农药有杀虫剂、杀螨剂、杀线虫剂、杀菌剂、病毒抑制剂和诱抗剂等。当前品种最多、应用最广泛的是有机合成农药。这类农药是工业制成品，具有防治效果高、见效快、使用方便、经济效益明显等优点，但使用不当可对植物产生药害，引起人畜中毒，杀伤有益微生物和害虫天敌，导致害虫或病菌产生抗药性，农药的高残留还可造成环境污染。因此，应当趋利避害，合理用药。对各农药品种将在本书第四篇中详细介绍，本节侧重介绍药剂防治方法。

（一）农药的限制使用

农药的限制使用是在一定时期和区域内，为避免农药对人畜安全、农产品卫生质量、防治效果和环境安全造成一定程度的不良影响而采取的管理措施。《农药限制使用管理规定》（中华人民共和国农业部令第 17 号）指出，对影响农产品卫生质量的，因产生抗药性引起对某种防治对象防治效果严重下降的，因农药长残效，造成农作物药害和环境污染的或对其他产业有严重影响的农药加以限制。防治病虫害必须选用高效、低毒、低残留的化学农药，严禁使用高毒、高残留和具有“三致毒性”（致癌、致畸、致突变）的化学农药。

1. 全面禁止使用的农药 农业部第199号公告全面禁止使用六六六，滴滴涕，毒杀芬，二溴氯丙烷，杀虫脒，二溴乙烷，除草醚，艾氏剂，狄氏剂，汞制剂，砷制剂、铅制剂，敌枯双，氟乙酰胺，甘氟，毒鼠强，氟乙酸钠，毒鼠硅等农药。

农业部第274号公告全面禁止使用甲胺磷、甲基对硫磷、对硫磷、久效磷和磷胺等5种高毒农药。

2. 部分农作物禁止使用的农药 农业部第194号公告禁止氧化乐果在甘蓝上使用，禁止特丁硫磷在甘蔗上使用。

农业部第199号公告规定在蔬菜、果树、茶叶、中草药材上不得使用甲胺磷，甲基对硫磷，对硫磷，久效磷，磷胺，甲拌磷，甲基异柳磷，特丁硫磷，甲基硫环磷，治螟磷，内吸磷，克百威，涕灭威，灭线磷，硫环磷，蝇毒磷，地虫硫磷，氯唑磷，苯线磷19种高毒农药。三氯杀螨醇、氰戊菊酯禁止在茶树上使用。农业部第274号公告，禁止丁酰肼在花生上使用。

1982年农业部、卫生部两部发布的《农药安全使用规定》明确规定：高毒农药不准用于蔬菜、茶叶、果树、中药材等作物。

3. 无公害蔬菜生产允许使用的农药 无公害蔬菜生产允许限量使用某些低毒化学农药，此类农药以环保型低毒、低残留品种为主，重点是防治效果比较好的单剂，在蔬菜体内的有毒残留物质不能超过国家规定的标准，对天敌杀伤力也小。在采用低毒、低残留农药不能扑灭病虫害的情况下，可以有针对性地选用毒性相对较低的中等毒性农药，但要严格按照农药安全使用规程施药，不得随意提高浓度和增加施药次数。

农业部在2002年提出了“无公害农产品生产推荐农药品种和植保机械”名单，使用这些农药品种时，需严格遵守农药安全使用规程和合理使用准则的要求，并按照农药登记所确定的对象在规定的范围内使用。现将该名单包括的农药品种列入表1-19。

4. 生产绿色食品使用的农药　生产绿色食品对农药使用有严格的限制，根据农业行业标准“绿色食品农药使用准则”(NY/T 393—2000)的规定，应使用专门机构认定、符合绿色食品生产要求、并正式推荐用于绿色食品生产的农药。

表1-19　无公害农产品生产中推荐使用的农药

类　别	来　　源	药剂品种
杀虫、杀螨剂	生物制剂和天然物质	苏云金杆菌、甜菜夜蛾核多角体病毒、银纹夜蛾核多角体病毒、小菜蛾颗粒体病毒、茶尺蠖核多角体病毒、棉铃虫核多角体病毒、苦参碱、印楝素、烟碱、鱼藤酮、苦皮藤素、阿维菌素、多杀霉素、浏阳霉素、白僵菌、除虫菊素、硫磺
	合成制剂	1. 菊酯类：溴氰菊酯、氟氯氰菊酯、三氯氟氰菊酯、氯氰菊酯、联苯菊酯、氰戊菊酯*、甲氰菊酯*、氟丙菊酯 2. 氨基甲酸酯类：硫双威、丁硫克百威、抗蚜威、异丙威、速灭威 3. 有机磷类：辛硫磷、毒死蜱、敌百虫、敌敌畏、马拉硫磷、乙酰甲胺磷*、乐果、三唑磷、杀螟硫磷、倍硫磷、丙溴磷、二嗪磷、亚胺硫磷 4. 昆虫生长调节剂：灭幼脲、氟啶脲、氟铃脲、氟虫脲、除虫脲、噻嗪酮*、抑食肼、虫酰肼 5. 专用杀螨剂：哒螨灵*、四螨嗪、唑螨酯、三唑锡、炔螨特、噻螨酮、苯丁锡、单甲脒、双甲脒 6. 其他：杀虫单、杀虫双、杀螟丹、甲胺基阿维菌素、啶虫脒、吡虫啉、灭蝇胺、氟虫腈、虫螨腈、丁醚脲

续表 1-19

类　别	来　源	药剂品种
杀菌剂	无机杀菌剂（天然物质）	碱式硫酸铜、王铜、氢氧化铜、氧化亚铜、石硫合剂
	合成杀菌剂	代森锌、代森锰锌、福美双、乙磷铝、多菌灵、甲基硫菌灵、噻菌灵、百菌清、三唑酮、三唑醇、烯唑醇、戊唑醇、己唑醇、腈菌唑、乙霉威·硫菌灵、腐霉利、异菌脲、霜霉威、烯酰·锰锌、霜脲氰·锰锌、邻烯丙基苯酚、咪霉胺、氟吗啉、盐酸吗啉胍·铜、恶霉灵、噻菌铜、咪鲜胺、咪鲜胺锰盐、抑霉唑、氨基寡糖素、甲霜灵·锰锌、亚胺唑、春·王铜、噁唑酮·锰锌、脂肪酸铜、松脂酸铜、腈嘧菌酯
	生物制剂	井冈霉素、农抗 120、菇类蛋白多糖、春雷霉素、多抗霉素、宁南霉素、木霉菌、农用链霉素

注:带 * 号者茶叶上不能使用

生产 AA 级绿色食品只允许使用 AA 级绿色食品生产资料中农药类产品。在此类农药不能满足植保工作需要的情况下，允许使用中等毒性以下植物源杀虫剂、杀菌剂、拒避剂和增效剂，如除虫菊素、鱼藤根、烟草水、大蒜素、苦楝素、印楝素、芝麻素等；允许使用矿物油和植物油制剂，使用矿物源农药中的硫制剂和铜制剂。经专门机构核准后，允许有限度地使用活体微生物农药和农用抗生素。禁止使用有机合成的化学杀虫剂、杀螨剂、杀菌剂、杀线虫剂、除草剂和植物生长调节剂，禁止使用生物源、矿物源农药中混配有机合成农药的各种制剂，严禁使用基因工程品种（产品）及制剂。

生产 A 级绿色食品则允许使用 AA 级和 A 级两类绿色食品生产资料中的农药类产品。在这类农药类产品不能满足植保工作需要的情况下，允许使用中等毒性以下植物源农药、动物源农药和微生物源农药，允许使用矿物源农药中硫制剂和铜制剂，允许有限度地使用部分有机合成农药。后者应按农药安全使用标准(GB 4285)和农药合理使用准则(GB 8321.1～GB 8321.8)的要求执行，选用上述标准中列出的低毒农药和中等毒性农药，严禁使用剧毒、高毒、高残留或具有"三致毒性"(致癌、致畸、致突变)的农药(表1-20)，每种有机合成农药(含A级绿色食品生产资料中农药类的有机合成产品)在一种作物的生长期内只允许使用一次，严格按照上述标准的要求控制施药量与安全间隔期，有机合成农药在农产品中的最终残留应符合标准中最高残留限量(MRL)的要求。严禁使用高毒、高残留农药防治贮藏期病虫害。严禁使用基因工程品种(产品)及制剂。

表1-20　生产A级绿色食品(蔬菜)禁用农药一览表

(由"绿色食品农药使用准则 NY/T 393—2000"附录A摘录)

种　类	农药名称	禁用原因
有机氯杀虫剂	滴滴涕、六六六、林丹、甲氧高残毒DDT、硫丹	高残毒
有机氯杀螨剂	三氯杀螨醇	工业品中含有一定数量的滴滴涕
有机磷杀虫剂	甲拌磷、乙拌磷、久效磷、对硫磷、甲基对硫磷、甲胺磷、甲基异柳磷、治螟磷、氧化乐果、磷胺、地虫硫磷、灭克磷(益收宝)、水胺硫磷、氯唑磷、硫线磷、杀扑磷、特丁硫磷、克线丹、苯线磷、甲基硫环磷	剧毒、高毒
氨基甲酸酯杀虫剂	涕灭威、克百威、灭多威、丁硫克百威、丙硫克百威	高毒、剧毒或代谢物高毒

续表 1-20

种　类	农药名称	禁用原因
二甲基甲脒类杀虫杀螨剂	杀虫脒	慢性毒性、致癌
拟除虫菊酯类杀虫剂	所有拟除虫菊酯类杀虫剂	对水生生物毒性大
卤代烷类熏蒸杀虫剂	二溴乙烷、环氧乙烷 二溴氯丙烷、溴甲烷	致癌、致畸、高毒
	阿维菌素	高毒
	克螨特	慢性毒性
有机砷杀菌剂	甲基胂酸锌（稻脚青）、甲基胂酸钙（稻宁）、甲基胂酸铵（田安）、福美甲胂、福美胂	高残毒
有菌锡杀菌剂	三苯基醋酸锡（薯瘟锡）、三苯基氯化锡、三苯基羟基锡（毒菌锡）	高残留、慢性毒性
有机汞杀菌剂	氯化乙基汞（西力生）、醋酸苯汞（赛力散）	剧毒、高残毒
有机磷杀菌剂	稻瘟净、异稻瘟净	异臭
取代苯类杀菌剂	五氯硝基苯、稻瘟醇（五氯苯甲醇）	致癌，高残留
2,4-D类化合物	除草剂或植物生长调节剂	杂质致癌
二苯醚类除草剂	除草醚、草枯醚	慢性毒性
植物生长调节剂	有机合成的植物生长调节剂	
除草剂	各类除草剂*	

*禁用作物：三氯杀螨醇为蔬菜、果树、茶叶，拟除虫菊酯类杀虫剂为水稻及其他水生作物，阿维菌素和克螨特为蔬菜、果树，有机磷杀菌剂为水稻，除草剂在蔬菜生长期禁用，但可用于土壤处理与芽前处理。其他各剂所有作物都禁用

（二）农药的施用方式

在使用农药时，需根据药剂种类、剂型，作物与病虫害特点选择适宜的施药方式，以充分发挥药效，避免药害，尽量减少对人畜和环境的不良影响。防治蔬菜病虫害普遍应用的主要施药方式有以下几种。

1. 喷雾法　利用喷雾器将药液雾化后喷在植物和有害生物体表，按用液量不同，又分为常量喷雾（雾滴直径 100～200μm）、低容量喷雾（雾滴直径 50～100μm）和超低容量喷雾（雾滴直径 15～75μm），前两种较常用。资料中所介绍的药液浓度和用液量，凡未特别指明喷雾类型者，适用常量喷雾。低容量喷雾所用药液浓度较高，用液量较少（为常量喷雾的 1/20～1/10），工效较高。两者所用农药剂型都为乳油、可湿性粉剂、可溶性粉剂、水剂、水分散粒剂、悬浮剂（胶悬剂）、干悬浮剂和油剂等，对水稀释配成规定浓度的药液后喷雾。超低容量喷雾一般需选用油剂。

药剂稀释时要按照用药量或稀释倍数，准确计算农药的取用量和用水量。配药所用的制剂和用水，一定要准确量取，不能估计。大量配药时需采用“两步配药法”，第一步用少量水把农药制剂调制成浓稠的母液，第二步加水稀释到所需浓度。

为高效、安全地实施喷雾，保证喷雾质量，要采用合用的喷雾器，严格按照操作规程作业。农业部推荐用于无公害农产品生产的喷雾器械有卫士牌手动喷雾器、没得比手动喷雾器、PB-16 型手动喷雾器、泰山牌机动喷雾喷粉机、东方红牌机动喷雾喷粉机等。

喷雾法是应用最广的施药方式，可直接将药剂覆盖于施药部位，分布好，药效较高，操作简便，适用的农药剂型多。其缺点是工效较低，劳动强度较大，需有水源保证，施药作业受天气限制，阴雨天不能喷药。对喷药技术要求较高，否则药液分布不均匀，易人为地造成漏喷、重喷，药剂流失严重或者着药过多，产生药害。在棚室内喷雾会增高棚室湿度，在叶面形成水滴。

2. 喷粉法和粉尘法 利用喷粉器械喷撒粉剂的方法称为喷粉法。该法工作效率高，不受水源限制，适于大面积防治。缺点是耗药量大，易受风的影响，散布不易均匀，且药粉漂移流失，可能污染环境。另外，粉剂在茎叶上黏着性也较差。

在棚室蔬菜病虫害防治中，多采用粉尘法施药。所用剂型是比一般粉剂更细的粉粒，称为“粉尘剂”。其粉粒细度一般小于10μm，填料密度小，并加有分散剂，分散性能更好。粉尘剂可利用喷粉器对空喷药，形成飘尘，弥漫于整个空间内，粉粒在空中悬浮的时间长，可以多方向均匀地沉积在作物的不同层次和不同部位。这种施药方法通称“粉尘法”。粉尘法施药特别适用于棚室，施用简便，工效高，用药量少，药剂沉积分布均匀，施药作业不受天气状况制约，在阴雨天也可进行。用粉尘法施药不会提高棚室内湿度，因植株着药均匀，一般也没有药害。粉尘法施药不用于露地，棚室蔬菜苗期也不宜采用。粉尘剂保存期限短，不耐久藏，应注意防潮，最好现买现用。

当前应用的粉尘剂有百菌清、腐霉利、甲霉灵、春雷·王铜等多个品种，用于防治灰霉病、霜霉病、白粉病、炭疽病等重要病害。粉尘剂用药量一般每次每667m^2 用药1kg，8～10天喷一次粉，多数病害防治3～6次即可。

在棚室内可使用丰收5号、丰收10号等型号的喷粉器喷药。晴天可在早晨或傍晚喷药，傍晚更好，阴雨天全天都可喷药。施药前先将通风口和门关闭，操作人员由里向外退行，均匀对空喷粉，可左右摆动喷粉管，也可根据植株高度适当上下摆动喷粉管，不可对准植物喷药，以免造成伤口或使粉粒大量沉积，产生药害或降低药效。一般每次每公顷需用75～150分钟，最好退行到棚室门口正好把药喷完。喷完后施药人员立即退出，密闭棚室1小时以上，待药粉沉降完毕以后方可进棚操作。或者在傍晚喷药，整夜密闭。对小拱棚，可在棚外揭开薄膜，将喷粉管伸进棚内喷药。蔬菜的各生育期都可用粉尘剂，但苗期植株太小，最好不用药，以免药粉大量漂失浪费。植株越高大，种植密度越高，药粉漂失和浪费越少。

3. 熏蒸法　是用熏蒸剂的有毒气体在密闭或半密闭设施中，杀灭害虫和病原物的方法。多用于棚室消毒以及杀死农产品和仓库的害虫。有些熏蒸剂还用于土壤熏蒸，即用土壤注射器或土壤消毒机将液态熏蒸剂注入土壤内，使其在土壤中呈气体扩散。

4. 熏烟法和烟雾法　熏烟法是利用烟剂在密闭、相对密闭的环境中施药的方式。烟剂是可点燃发烟而释放有效成分的固体制剂，由原药、助燃剂、氧化剂、阻燃剂等成分组成。熏烟法不用药械，作业简便，省工省时，成本低廉，药效高。烟剂点燃后发烟，产生微粒，形成气溶胶，在棚室内扩散沉积，棚顶、墙面、地面、靶标植物各部位，包括叶片正反两面都可着药。作烟剂的农药须对热稳定，遇高温不分解。烟剂在加工、贮运和使用过程中，都要注意安全，远离火源，还要防止受潮，防止自燃和爆炸。多数烟剂产品不能直接在小拱棚蔬菜上使用，以免产生药害。

现已有腐霉利、百菌清、噻菌灵、敌敌畏、氰戊菊酯等许多农药品种的烟剂，用于棚室蔬菜灰霉病、菌核病、霜霉病、晚疫病、早疫病、蚜虫、白粉虱、红蜘蛛等病虫害的防治。一般每 667m^2 棚室用烟剂 200～400g，应在病虫发生初期开始使用，一般每隔7～10 天施药一次，连续 2～3 次。病虫害发生严重或棚室密封性较差时，可适当增加用药量或缩短施药间隔期。烟剂农药在贮存期间要注意防火和防止自燃。

使用烟剂不受天气条件限制，阴天、雨天都可施药，施药后也不会提高棚室内的相对湿度。棚室熏烟应分几处，多点布放，布点要均匀，烟剂放置离地面 20～50cm 高处，要避开作物和易燃品。用药时从里向外，逐点用暗火点燃，使其正常发烟。最好在傍晚点燃，熏烟一夜，次日通风排气后，人员方可进入操作。阴雨天可白天施药，密闭 4～6 小时，再通风排气。

烟雾法也是一种适用于棚室的施药方法。用烟雾法施药需利用一种称为烟雾机的专门施药机具。烟雾机产生高温高速气流，将农药吹散成为烟或雾，被迅速释放到空气中。一般液体药剂分散为雾，固体药剂则分散为烟。烟、雾的粒径小至 0.5～10μm。可用作烟雾剂的剂型有油剂、热雾剂等，也可将乳油、可湿性粉剂等与专用发射剂结合使用。烟雾法施药速度快，工效高，药剂粒径小，分散性好，可长时间附着、滞留在棚室内各处和植株各部位，药效好。

棚室施药作业时用手提式热雾机从里向外进行，对空喷药，避免烧伤叶片。傍晚施药最好，施后密闭棚室一夜。烟雾法施药不受天气限制，也不增高棚室湿度。购置热雾机成本较高，烟雾法尚待普及。

5. 土壤处理法 土壤处理是用适宜的方法，将农药施于土壤表面或土壤表层，主要目的是防治苗期病害、根病、地下害虫、土壤线虫和杂草等。用内吸杀菌剂或内吸杀虫剂处理土壤，可被植物根系所吸收，向上输导，防治植株地上部分的病虫害。

土壤处理方式可以是全面土壤处理，也可以是局部土壤处理。全面处理土壤多在播前整地时进行，一般采用喷雾法、喷粉法、毒土撒布法、颗粒剂撒布法施药，将药剂均匀撒布在土壤表面，再行翻、耙，或者用耘锄、圆盘耙将药与土壤拌和均匀，最后把土面耱平，准备播种。若使用福尔马林药液灌土，或用熏蒸剂进行土壤熏蒸，必须经过规定的日数，在散毒后才可种植。

局部土壤处理是仅在农田局部地段施药，省药省工。局部土壤处理可有多种施药方法。有的在播种时，将药剂制成毒土或使用颗粒剂，撒施于播种沟内或穴内。对种子无药害的药剂可与种子混合撒播，或者先施药后播种再覆土，或者先播种后施药再覆土。对种子发芽有不利影响的药剂，要先施药，覆土，再播种。

有的在出苗后或在生长期中施药，多使用内吸剂。可在作物的行间或行边开沟施药，施药后覆土。也可用撒施法是将颗粒剂或毒土直接撒布在植株根部周围，或者用泼浇法是将药剂用水稀释后泼浇于植株基部。

毒土是用药剂与具有一定湿度的细土按一定配比混匀制成的。用粉状制剂配制时，也要采用两步稀释法。先将药剂与过筛的少量干细土拌匀，再与潮土（手捏成团，落地破碎）拌匀。若用液态制剂配制毒土，边喷边与干细土拌和，药喷完后要继续搓拌，直到拌和均匀，无团块存在。配制好的毒土堆闷3～4小时，使药剂充分附着在土粒上。配制成的毒土要稍湿，防止撒布时药土分离。但与种子混合播种的毒土，要松散干燥，便于播种。

泼浇法是将药剂用水稀释后，用洒水壶、粗喷头等泼浇于植株基部土壤表面，操作简便，但用药量、用水量都比喷雾法多。

6. 种子处理法 常用的有拌种法（干拌法、湿拌法）、浸种法、闷种法和应用种衣剂等。种子处理用于防治种传病害，并保护种苗免受土壤中病原物侵染和害虫食害，用内吸剂处理种子还可防治地上部病虫害。

种子处理需用专门的种子处理制剂，包括多种类型的固体制剂和液体制剂。在缺乏专门的种子处理剂时，可用其他制剂代用。例如用粉剂和可湿性粉剂用于干拌法拌种，乳剂和水剂等液体药剂用湿拌法拌种。

（1）干拌法 干拌法是将药粉按一定的比例与干燥的种子混拌均匀，使种子表面均匀黏附一层药粉的施药方法。表面光滑的种子，药粉黏附量一般为种子重量的0.2%～0.5%。拌种作业使用各式拌种器，包括手摇拌种器和动力拌种器。将药粉和种子装入拌种器后，拌种器以每分钟30～40转的速度旋转，处理3～4分钟即可。处理少量种子，可用封闭的塑料袋代用。将药粉和种子装入袋中，封口或扎口，人工转动或抖动，使种子充分黏附药粉。

（2）湿拌法 湿拌法是将药剂用少量水稀释后，喷拌在种子表面，边喷边拌，使种子表面覆上一层药膜。湿拌后的种子，一般要堆闷数小时至1天，这称为闷种。闷种有助于药剂渗入种子，提高药效。湿拌法处理的种子，应及时播种，不宜存放。

（3）浸种法　浸种法是用药液浸泡处理种子的方法，可使用水剂、乳油，有时也可使用可湿性粉剂、悬浮剂等，不需要专门的器具，药液可重复使用。要掌握好浸种液的浓度、水温和浸种时间，不适当地提高浓度、水温或延长处理时间，可能发生药害。没有把握时，应先做预备试验，确定这些参数。浸种时药液要高出种子数厘米，每隔几小时要搅动1次。为防止产生药害，有时还要先进行预浸，将种子装入纱布袋内，在清水中预浸，取出后沥干水再浸入药水中。浸种要在播种前进行，浸后及时播种，若遇连阴雨无法播种，需晾干后备用。浸过的种子要播在墒情好的土壤中。

（4）种子包衣　利用种衣剂为种子包衣，可使种子标准化、丸粒化，便于农事操作。包衣后的种子发芽率和发芽势高，幼苗生长健壮。包衣在土壤中遇水吸胀但不被溶解，活性有效成分得以缓慢释放，延长了有效时期。种衣剂含有特定活性成分和多种非活性物质，前者包括农药，肥料（含大量元素、微量元素等）和植物激素，后者包括成膜剂、扩散剂、稳定剂、防腐剂和染料等配套助剂。种衣剂有多种配方，所用活性成分，依据用途而不同。蔬菜种子包衣剂，应针对造成种子霉烂的真菌、苗期病害和种传病害的病原菌、地下害虫或其他苗期害虫以及根结线虫等选用不同的杀菌剂、杀虫剂或杀线虫剂，作为农药成分。在选用种衣剂时，一定要了解其农药成分，分析是否对当地防治对象有效，从而选用适当配方的种衣剂，切忌盲目用药。使用前一定要仔细阅读说明书，准确确定下种量和下药量。

7. 毒饵法　该法利用害虫喜食的饵料，与药剂按一定比例混拌均匀，制成毒饵，用以诱杀在地下和地面活动的害虫、软体动物、害鼠等。自配毒饵常用的饵料有糠麸、饼肥、豆渣、鲜草、薯秧、谷物等。也有定型生产的饵剂，其形态有粉状、粒状、块状、片状、棒状、膏状等多种。

(三)农药的合理使用

开展药剂防治工作，必须要遵照《农药合理使用准则》(GB 8321.1～GB 8321.8)，《农药安全使用标准》(GB 4285)等文件的规定，合理使用农药。第一，要正确诊断病虫害种类，在允许使用的农药品种范围内，选准对口农药，对“症”下药。第二，要做好病虫监测和预测预报，掌握防治指标，适时用药，适量用药，确保施药质量，要合理混配或轮换使用不同药剂，以提高防治效果，防止或延缓有害生物产生抗药性。第三，要严格执行有关安全用药的各项规定、标准和安全间隔期，采取积极措施，防止发生农药中毒事故，防止农产品中农药残留超标，防止药剂对作物、害虫天敌和环境的危害或副作用。此外，要做到合理使用农药，还必须贯彻“预防为主，综合防治”的植保方针，协调使用各种非药剂防治手段，降低以至逐步消除对农药的依赖性。

1. 对症选药　任何农药都有一定的应用范围，即使广谱性药剂也不例外，因而要根据标靶病虫种类与发生特点，蔬菜种类与生育期以及药剂性质的不同，合理选用农药品种与剂型，做到对“症”下药。为了做到合理选用农药，除要仔细阅读农药说明书以外，还要及时请教农技人员，尽可能详细地了解药剂的成分、特点、性能、有效范围和使用方法等事项。要熟知常用药剂的防治对象和使用方法。在使用新药剂、新剂型之前，更要及时向农技部门或农药营销人员咨询。要合理规划，调剂使用不同药剂品种，既不要长期使用单一品种，也不要频繁换用新药。特别要避免轻率采用药效尚未证实、使用技术尚不明了的新药。用药也要讲究经济效益，不能没有根据地认为凡是价格贵的就一定是好药。任何药剂，在大面积应用之前必须先做试验或少量试用。

农药除了各种单一成分的制剂外，近年还出现了许多混剂。

混剂是指两种或三种不同的有效成分,加工制成的一种固定剂型的制剂。混剂名称中,用隔点连接各成分的简称。例如,“甲霜灵·锰锌可湿性粉剂”,即为甲霜灵与代森锰锌的混剂,“高氯·马乳油”为高效氯氰菊酯和马拉硫磷混配而成。优良混剂有增效、互补作用,扩大了杀菌谱、杀虫谱,也有延缓抗药性的作用。但需根据目标病虫种类,选择适宜混剂,避免造成浪费。若发生2种以上的病虫害,需要用不同有效成分的药剂防治时,还可选择针对性强的农药自行混配。

购买农药时,要仔细阅读标签和说明书,了解有效成分、适用作物与防治对象。合格的农药产品除了中文商品名外,还要有有效成分的中文通用名称、含量和剂型。国产农药必须有农药登记证号、准产证号、合格证号,进口农药要有农药登记证号。还要注意标签上的毒性和易燃标志,仔细阅读使用说明(适用范围、防治对象、适用时期、用药量和用药方法、限制使用范围等),检查生产日期及批号,了解有效期限,注意事项(中毒症状和急救措施,安全间隔期以及储存、运输的特殊要求),生产单位等项。不能购买三证号不全,没有注明生产日期或已过期的农药。

购进农药时还要注意检查包装是否完整无损,药剂有无变质不良情况。粉剂要注意是否受潮结块,可湿性粉剂可取少许,加水检查湿润性和悬浮性。悬浮剂长期存放可出现分层,用手摇动后可恢复均匀状态的,仍可视为合格产品,若底部的沉淀物摇不起来,不能重新成为均匀的悬浮液,就不能使用。乳油要看是否已经浑浊、分层,是否有结晶析出,再取少许乳油,加到水里,摇动后静止后,检查乳化性能。好的乳油在水中能很快地扩散开,变成白色,无油状物或膏状物浮在水面上,底部也没有沉淀物乳油。

2. 适时用药 施药时期因施药方式和病虫发生规律而不同。种子处理一般在播种前进行,土壤处理也大多在播种前或播种时进行。田间喷洒药剂应在病虫发生初期进行。对昆虫的一个世代来说，用药防治适期一般在三龄前的小龄幼虫期和成虫期，对于钻蛀性害虫多在卵孵化高峰期。对病原菌的一次侵染来说，应在侵入前或侵染初期用药，即使喷施内吸性或治疗性杀菌剂，也应贯彻早期用药的原则。

对世代发生较多的害虫和再侵染频繁的病害，一个生长季需多次用药，两次用药之间的间隔日数主要根据药剂持效期确定。药剂的持效期是施药后对防治对象保持有效的时间。施药作业安排通常有两种方式，一种是根据田间调查和天气变化安排，对于常发性重要病虫应进行预测预报；另一种方式是根据多年防治经验，设立相对固定的周年喷药历。

药剂的防治效果与施药时的环境因素有关，需据此安排作业时间。例如，敌百虫、乐果等药剂的效果在一定的温度范围内随着温度的升高而提高，适于在温度较高时用药，而菊酯类杀虫剂在温度较低时防效较好，适宜在早晨和傍晚用药。内吸性药剂在光照较弱、温度较低、相对湿度开始升高时，药剂挥发少，大部分可被植物吸收，适于在下午或傍晚使用。微生物杀虫剂对光照和湿度敏感，在雾天或露水较多时用药较好。

冬季棚室施药时，为了保持温度和降低湿度，应在晴天上午或中午喷药，用药后通风排湿。露地蔬菜不要在降水前喷药，以避免药液流失或被雨水稀释。喷药后遇雨还应及时补喷。

3. 适量用药　用药量和用药次数主要取决于药剂种类，但也因作物种类、品种和生育期的不同，以及土壤条件和气象条件的不同而有所改变。适宜的用药量和施药次数，应以效果好，成本低，不发生药害或其他不良副作用为准。未用过的农药，应先做试验确定。喷雾法施药时，用药量有两种表示方法。其一为常量喷雾的药液浓度，用制剂的加水稀释倍数表示；另一种表示法为单位面积上农药有效成分或制剂的用量。常量喷雾时在该用药量下用液量（加水量）较多，药液浓度较低，低量喷雾时用液量少而药液浓度较高。植株高大、茂密或喷药质量不高时，可酌情增加用药量，植株矮小稀疏，或品种具有一定抗病性时，可酌情减少用药量。

种子处理、棚室熏蒸、土壤消毒等施药方式，一个生长季仅施药一次，而喷雾、喷粉、熏烟等常需多次施药。持效期长的药剂，施药次数较少，持效期短的药剂，施药次数较多。天气发生变化，不利于病虫增长，或天敌控害作用增强时，可减少施药次数，若病虫有异常发展，或外来虫源、菌源突增时，可增加施药次数。

在蔬菜生产中，对用药量和一个生长季节内的最多施药次数，已作出明确的限制，以抑制抗药性产生，保护天敌和防止蔬菜产品中农药残留超标（表 1-21）。合理选用药剂，适期、适量施药和提高喷药质量，都是药剂防治成功的保证，单一增加用药量或施药次数，并不能提高防治效果。

表 1-21(1)　部分农药用于蔬菜的使用规定(一)

（摘自农业部农药检定所编“农药合理使用准则实用手册”，中国标准出版社 2002 年第一版）

药剂通用名称（商品名称）	剂型	适用作物（防治对象）	施药方法	每 667m² 施用量或稀释倍数（有效成分浓度）	一季作物最多施药次数	安全间隔期（天）
伏杀硫磷（佐罗纳）	35%乳油	叶菜（蚜虫，菜青虫，菜蛾）	喷雾	130～190ml	2	7
喹硫磷（爱卡士）	25%乳油	叶菜（菜青虫，斜纹夜蛾）	喷雾	60～100ml	2	24

续表 1-21

药剂通用名称（商品名称）	剂　型	适用作物（防治对象）	施药方法	每 667m² 施用量或稀释倍数（有效成分浓度）	一季作物最多施药次数	安全间隔期（天）
氯氰菊酯（安绿宝）	10%乳油	叶菜（菜青虫，菜蛾）	喷雾	25～35ml	3	小青菜 2，大白菜 5
		西红柿（蚜虫，棉铃虫）			2	1
	25%乳油	叶菜（菜青虫，菜蛾）	喷雾	10～14ml	3	3
顺式氯氰菊酯（快杀敌）	10%乳油	叶菜（菜青虫，菜蛾，蚜虫）	喷雾	5～10ml	3	3
		黄瓜（蚜虫）			2	3
高效氟氯氰菊酯（保得）	2.5%乳油	甘蓝（菜青虫，蚜虫）	喷雾	26.7～33.3mL	2	7
氟氯氰菊酯（百树得）	5.7%乳油	甘蓝（菜青虫）	喷雾	23.3～29.3mL	2	7
氟胺氰菊酯（马扑立克）	10%乳油	叶菜（菜青虫）	喷雾	25～50mL	3	7
溴氰菊酯（敌杀死）	2.5%乳油	叶菜（菜青虫，菜蛾）	喷雾	20～40mL	3	2（适用于南方青菜和北方大白菜）
氰戊菊酯（速灭杀丁）	20%乳油	叶菜菜青虫，菜蛾）	喷雾	15～40mL	3	夏季 5，秋冬季 12

续表 1-21

药剂通用名称（商品名称）	剂型	适用作物（防治对象）	施药方法	每667m²施用量或稀释倍数（有效成分浓度）	一季作物最多施药次数	安全间隔期（天）
顺式氰戊菊酯(来福灵)	5%乳油	叶菜（菜青虫,菜蛾）	喷雾	10～20mL	3	3
甲氰菊酯(灭扫利)	20%乳油	叶菜(菜蛾,菜青虫)	喷雾	25～30mL	3	3
三氟氯氰菊酯(功夫)	2.5%乳油	叶菜(菜蛾,蚜虫,菜青虫)	喷雾	25～50mL	3	7
醚菊酯（多来宝）	10%悬浮剂	甘蓝（菜青虫）	喷雾	30～40mL	3	7
联苯菊酯(天王星)	10%乳油	大棚番茄(白粉虱,螨类)	喷雾	5～10mL	3	4
鱼藤酮＋氰戊菊酯（鱼藤氰)	1.3%乳油	叶菜(蚜虫,菜青虫)	喷雾	100～123mL	3	5
抗蚜威＊	50%可湿性粉剂	叶菜(蚜虫)	喷雾	10～18g	3	11
灭多威（万灵）	24%水溶性剂	甘蓝（菜青虫）	喷雾	83～100mL	2	7
	90%可湿性粉剂			15～20g	1	

续表 1-21

药剂通用名称（商品名称）	剂 型	适用作物（防治对象）	施药方法	每 $667m^2$ 施用量或稀释倍数（有效成分浓度）	一季作物最多施药次数	安全间隔期（天）
丁硫克百威（好年冬）	20%乳油	甘蓝（蚜虫）	喷雾	18.75～37.5mL	2	7
氟虫腈（锐劲特）	5%悬浮剂	甘蓝（菜蛾）	喷雾	16.7～33.3mL	3	3
定虫隆（抑太保）	5%乳油	甘蓝（菜青虫，菜蛾）	喷雾	40～80mL	3	7
毒死蜱（乐斯本）	48%乳油	叶菜（菜青虫，菜蛾）	喷雾	50～75mL	3	7
啶虫脒（莫比朗）	3%乳油**	黄瓜（蚜虫）	喷雾	2000～2500倍液（12～15mg/L）	3	2
伏虫隆（农梦特）	5%乳油	叶菜（菜青虫，菜蛾）	喷雾	45～60mL	2	10
苯丁锡（托尔克）	50%可湿性粉剂	番茄（红蜘蛛）	喷雾	20～40g	2	7
阿维菌素	1.8%乳油	叶菜（菜蛾）	喷雾	33～50mL	1	7
四聚乙醛（密达）	6%颗粒剂	叶菜（蜗牛，蛞蝓）	撒施	400～544g	2	7
百菌清	45%烟剂	棚室黄瓜（霜霉病）	烟熏	110～180g	4	3
	75%可湿性粉剂	番茄（早疫病）	喷雾	145～270g	3	7

续表 1-21

药剂通用名称（商品名称）	剂 型	适用作物（防治对象）	施药方法	每 667m² 施用量或稀释倍数（有效成分浓度）	一季作物最多施药次数	安全间隔期（天）
代森锰锌（大生，喷克）	80％可湿性粉剂	番茄（早疫病）	喷雾	167g	3	15
甲霜灵＋代森锰锌（雷多米尔·锰锌）	58％可湿性粉剂	黄瓜（霜霉病）	喷雾	75～120g	3	1
恶霜灵＋代森锰锌（杀毒矾）	64％可湿性粉剂	黄瓜（霜霉病）	喷雾	170～200g	3	3
霜脲氰＋代森锰锌（克露）	72％可湿性粉剂	黄瓜（霜霉病）	喷雾	137～167g＊＊	3	2
腐霉利（速克灵）	50％可湿性粉剂	黄瓜（灰霉病，菌核病）	喷雾	45～50g	3	1
氟菌唑（特富灵）	30％可湿性粉剂	黄瓜（白粉病）	喷雾	15～20g	2	2
丁、戊、己二酸铜（琥胶肥酸铜，二元酸铜，DT杀菌剂）	30％悬浮剂	黄瓜（角斑病）	喷雾	200～233mL	4	3
氢氧化铜（可杀得）	77％可湿性粉剂	番茄（早疫病）	喷雾	134～200g	3	3
乙烯菌核利（农利灵）	50％可湿性粉剂	黄瓜（灰霉病）	喷雾	75～100g	2	4

＊适用于甘蓝；＊＊根据农药合理使用准则（七）改动

表 1-21(2)　部分农药用于蔬菜的使用规定(二)

(摘自"农药合理使用准则八",GB/T 8321.8,格式有变动)

药剂通用名称(商品名称)	剂　型	适用作物(防治对象)	施药方法	每 $667m^2$ 施用量或稀释倍数(有效成分浓度)	一季作物最多施药次数	安全间隔期(天)
阿维菌素	1.8%乳油	黄瓜(美洲斑潜蝇)	喷雾	900～1200mL	3	2
		豇豆(美洲斑潜蝇)				5
高效氯氰菊酯	10%乳油	甘蓝(菜青虫)	喷雾	75～150mL	3	3
虫螨腈	10%悬浮剂	甘蓝(菜蛾)	喷雾	500～750mL	2	14
除虫脲	25%可湿性粉剂	甘蓝(菜青虫)	喷雾	—	3	7
吡虫啉	20%浓可溶剂	甘蓝(菜蚜)	喷雾	75～150mL	2	7
		番茄(白粉虱)		225～450mL		3
多杀菌素	2.5%悬浮剂	甘蓝(菜蛾)	喷雾	500～1000mL	3	3
氟硅唑	40%乳油	黄瓜(黑星病)	喷雾	112.5～187.5mL	2	3
双胍辛烷苯基磺酸盐	40%可湿性粉剂	芦笋(茎枯病)	喷雾	800倍液～1000倍液(400～500mg/L)	1	5
代森锰锌	75%干悬浮剂	西瓜(炭疽病)	喷雾	3000～3600g	3	21

4. 合理混配,轮换用药 采用两种或两种以上的农药复配混用,可以一次施药,同时控制多种病虫的危害。混用的药剂间应不发生化学反应,保持各自的原药有效成分,或有增效作用,混配后不产生剧毒物质,有良好的物理性状。微生物杀虫剂不能同杀菌剂以及内吸性强的农药混用。

在防治实践中,多混用杀菌剂和杀虫剂,病虫兼治。但也常将两种杀菌剂,或两种杀虫剂复配使用,以兼治不同种类的病害或不同种类的害虫,或仅达到增效目的。农药混配可以现混现用,也可以使用定型的商品复配剂。

长期连续使用单一农药品种会导致害虫或病原物产生抗药性,大幅度降低防治效果。如灰霉菌对甲基硫菌灵、苯菌灵、乙烯菌核利、腐霉利(速克灵)等多种杀菌剂,镰刀菌对多菌灵和甲基硫菌灵,疫霉菌、霜霉菌对甲霜灵、杀毒矾,白粉菌对三唑酮,螨类对三氯杀螨醇,昆虫对有机磷杀虫剂、菊酯类杀虫剂等都已产生不同程度的抗药性。为防止或延缓抗药性的产生,应避免长期使用单一药剂,限制药剂连续使用的次数,提倡轮换使用或混合使用不同类型的农药。此外,对于杀伤天敌,从而可能使害虫再猖獗的杀虫剂、杀螨剂等也要控制使用。

5. 确保农药使用的安全间隔期 最后一次施用农药的日期距离蔬菜采收日期之间,应有一定的间隔天数,即安全间隔期。设定安全间隔期的主要目的是减少蔬菜产品中农药残留,使之低于允许水平。安全间隔期的天数因药剂、施药方式、施药季节、植物或植物产品的种类而异。通常做法是夏季至少为 6～8 天,春秋季至少为 8～11 天,冬季则应在 15 天以上。对一些常用药剂的安全间隔期已有规定,不尽事项请咨询当地农药管理部门。

6. 提高施药质量 施药人员要事先了解农药应用的基本知识,熟练掌握配药、喷药和药械使用技术。要合理确定作业路线、行走速度、喷幅和喷片孔径,喷药力求均匀与周到,将足够的药剂送达标靶部位，不要局部喷药过重，致使药液沿叶面流失，更不要漏喷，特别应注意叶片背面、植株内膛、茎秆基部等容易疏漏的部位。不同的病虫危害特点不同，重点用药部位也不同，对此应心中有数。

药械老化、性能低、出现跑冒滴漏现象，不仅喷药质量低下，农药利用率低，而且还可能污染环境，因此应及时更新和检修药械。

7. 防止药害 药剂使用不当，可使植物受到损害，这称之为药害。在施药后几小时至几天，发生明显异常现象，为急性药害，在较长时间后才出现的称为慢性药害。施药后对用药田块当季作物造成的药害是直接药害，而对邻田敏感作物造成的药害或对后茬作物造成的药害都称为间接药害。关于药害产生的原因和防止方法参见第四篇第一章。

（四）农药的安全使用

农药可通过皮肤、呼吸道或口腔进入人体，引起急性中毒或慢性中毒，按其对人、畜的毒害作用，可分为剧毒、高毒、中等毒和低毒等级别。农药可经过口腔、呼吸道和皮肤等途径进入体内，如果超过正常人体的耐受限量就会引起中毒。防止人畜禽中毒，就必须全面遵守国家制定的《农药管理条例》、《农药安全使用标准》、《农药合理使用准则》以及其他相关文件的规定，严禁违规用药，建立农药中毒的报告制度。除了前面所介绍的禁止或限制使用高毒、高残留农药，以及规定合理的用药量、用药次数、安全间隔期以外，还要对施药人员进行安全用药教育，事先了解所用农药的毒性、中毒症状、解毒方法和安全用药措施，在农药贮放、搬运、分装、配药、施药、保管诸环节都要做好全程防护工作。在养蜂、养蚕、养鱼的处所附近喷药，还要采取专门的保护措施。

要使用安全的施药器械。在喷药前，应先检查使用的药械有无漏水、接口是否坚固，以免作业中出现故障。调配农药时，应戴手套及口罩，严禁用手拌药。施药人员应是青壮年，老、幼、病、弱和经期、怀孕期、哺乳期的妇女不得施药。施药时要按要求穿戴防护衣具(帽、口罩、眼镜、橡皮手套、塑料雨衣、长筒鞋、长袖衣裤、防毒面具等)。熏蒸法施药更有特殊的防护要求,应严格遵守。

不要在高温、大风条件下施药,施药时应顺风、退行,不能吸烟、喝水。施药人员连续喷药时间不能太长,一天不超过 6 小时,不要连续多日喷药。在棚室内或在七、八月份高温季节作业,发生中毒较多,因而棚室和高温季节尤应强调安全用药。

在施药过程中如果皮肤不慎接触药液应迅速用肥皂洗净;若药剂进入眼部,应立即用食盐水洗净;如出现乏力、头昏、恶心、呕吐、皮肤红肿等中毒症状,应立即离开现场,脱去被污染的衣服,用肥皂清洗身体,中毒症状较重者应立即送医院治疗。

喷药后的作物应立警戒标志,蔬菜瓜果应插警戒红牌,禁止人畜入内。施药后的作物不能马上采收,应按规定预留安全间隔期。

为了防止农药中毒,应做好全程防护工作。在贮放、搬运农药时,须防止农药泄漏外渗,应穿工作服,以免身体沾染农药。搬运完毕,应及时更换工作服,清洗手、脸。农药应单独存放,分类存放。农药不得与易燃易爆物品、食物、饲料、种子和日用品混放,要设专人保管,防止儿童及其他人员接触。已失效的农药要深埋处理,切不可乱丢乱放。

储存农药的地方应通风、防潮、防漏、防高温。农药在高温下可能融化、分解、挥发,甚至燃烧爆炸。乳剂遇到高温后其乳化性能易被破坏而降低药效。有些瓶装液体农药遇到低温后容易结冰,使瓶子开裂,保存这类农药时室内温度应在 1℃以上。有些农药畏光,应避免直接光照。农药使用后要密封。敌敌畏、乐果、辛硫磷等一些农药易挥发失效,造成空气污染,保管时一定要把瓶盖拧紧,实行密封。可湿性粉剂若不密封,可能吸湿结块失效。已破损的瓶、袋等包装要及时更换,对标签已失落或模糊不清的农药,必须重新用纸写明品名、用法、用量、有效期限、使用范围,贴于瓶上或袋子上以备正确使用。

第二篇　蔬菜病害篇

第一章　蔬菜苗期病害

蔬菜育苗期可遭受多种病原菌单独或复合侵染，发生多种苗期病害。从幼芽出土到第一片真叶出现前后，是最易感病的阶段，防治不力，往往会大量死苗。引起苗期病害的病原菌可以分为两类，一类主要在芽苗期侵染危害，另一类除了苗期外，在整个生育期都可发生，成株期危害更重。本章重点介绍以苗期危害为主的猝倒病、立枯病和镰刀菌根腐病。

1. 猝倒病

猝倒病是蔬菜苗期重要根病之一，南北各地均有分布。茄果类、瓜类、豆类、莴苣、芹菜、菠菜、白菜、甘蓝以及其他蔬菜芽苗多发，严重时幼苗成片倒伏死亡。

【症　状】 幼苗接近地面的茎基部最先发病，初为水浸状，像被开水烫过一样，后变为黄褐色腐烂，可绕茎一周，使幼茎缢缩成“细脖”状，失去支撑能力而倒伏。在适宜条件下，从发病到倒苗，只需1天左右，似乎突然发生倒苗，所以称为“猝倒病”。倒伏的幼苗，叶片在一段时间内仍保持绿色，以后失水干枯。潮湿条件下，病苗及周围的床土上长出一层白色絮状物，为病原菌的菌丝体。病苗根部变深褐色，腐烂凹陷。病原菌还侵染萌动的种子和出土前的幼芽，造成烂种、烂芽。湿度高时，病苗表面及附近土表长出白色絮状菌丝。

【病原物】 猝倒病的病原菌为多种腐霉菌，以瓜果腐霉 *Pythium aphanidermatum*，终极腐霉 *P. ultimum*，大雄腐霉 *P. megalacanthum* 等最常见。腐霉菌属于卵菌，无性繁殖体是孢子囊及其产生的游动孢子，有性繁殖体是卵孢子。腐霉菌能在土壤中和病残体中长期存活，寄主范围非常广泛。

【发病规律】 猝倒病菌主要以卵孢子和菌丝体在病残体和土壤中越季，下茬温、湿条件适合时，产生游动孢子或直接产生芽管，侵染幼芽和幼苗。在终年温暖地区或保护地育苗时，这些病害可常年发生。猝倒病菌可通过土壤、未腐熟的农家肥、灌溉水、雨水、农具等多种途径传播。

土壤菌量大，苗床高湿低温，光照不足，幼苗瘦弱是猝倒病发生的主要诱因。在重茬地做苗床，或利用旧苗床、旧床土，施用带有病残体且未充分腐熟的农家肥，都导致苗床土壤带菌量增大。

土壤湿度高有利于猝倒病菌繁殖和向地表转移，猝倒病加重。发病多从棚顶滴水处开始，逐渐向外扩展。高湿时幼苗扎根不好，徒长，茎叶柔嫩，也有利于发病。空气湿度高会使土表保持湿润，促使土层中下部的病原菌上升至土表活动。苗床立地条件不良、地势低洼、地下水位高、土壤黏重、排水不畅以及灌水不当、播种时底水不足、播种后经常浇水，或遇到连阴雨、通风散湿不够等都造成苗床湿度升高，有利于苗病发生。

试验表明，较高的温度最适于病原菌生长、繁殖和侵染，但实际上低温时苗病往往大发生，遭受冷害后发病更重。这是因为幼苗生长发育要求较高的温度，长期低于 15℃或忽冷忽热，使其生理功能受到削弱，抗病性剧降，而病原菌适应的温度范围较宽，低温时仍能侵染致病。

苗床光照弱，光照时间短，或遭遇连阴雨，幼苗见光少都造成幼苗徒长，幼茎纤弱，易被侵染，发病重。播种量太大，留苗过密或幼苗未行锻炼，也造成幼苗细弱，抗病性低。反之，光照充足，适时炼苗则幼苗粗壮蹲实，抗病性强。

【防治方法】

1. 苗床准备　需选择地势高燥，避风向阳，便于排水，土质疏松肥沃且多年未种过蔬菜的无病地块做苗床，旧苗床需换用无病土壤。播种前应充分翻晒，耙平，铺上营养土，配制营养土所用的农家肥必须充分腐熟。

2. 土壤处理　苗床土壤需行药剂杀菌处理，旧苗床必须换用新土或施用药剂处理后才可使用。

常用的处理方法是施用药土。药土是用适宜的杀菌剂与细土，按一定的用量混合均匀后配成的，常用的有甲·多药土等多种。甲·多药土按每平方米苗床25%甲霜灵可湿性粉剂5g和50%多菌灵可湿性粉剂5g的药量，加适量细土，混合均匀制成。用土量可根据施药要求和土壤种类，试用确定。有的地方按施用药土厚度1～1.3cm计算，每平方米苗床约需半干半湿的细土10～15kg，可随厚度变化适量增减。配制时先用药粉与少量细土混匀，然后再加入其余细土混匀。没有混匀的药土不仅药效会降低，而且还可能发生药害。

药土多用“下垫上盖”的方法使用，即在打好底水即将播种前，取1/3药土均匀撒在床面上作为垫土，厚度约为0.3cm，播种后用其余2/3的药土覆土，当然垫土与盖土的厚度还可按品种不同和当地的耕作习惯进行调整，也可以结合整地将药土均匀施于耕作层中，留部分药土盖种。施用药土的苗床要浇透底水，保持湿润，以避免药害。

用甲醛液进行土壤熏蒸，每平方米的床土用40%甲醛30ml，对水80倍喷洒床土，然后用塑料薄膜覆盖密闭，4～5天后撤掉薄膜，将床土翻动放气2～3次，晾晒15天后播种。

恶霉灵处理，每平方米用药1g，对水稀释至3 000倍液，均匀喷洒于苗床内，或将1g药剂拌细土15～20kg制成药土，将1/3撒在床内，余下的2/3播种后盖土。此外，也可将定量药剂混入营养土，再装入育苗盘或育苗钵。每立方米营养土用药量为绿亨1号2～3g，与10～20kg细土拌匀，再与营养土充分混拌均匀。也可对水3～5kg，均匀喷布营养土，拌匀备用。

3. 种子处理 用于种子处理，防治卵菌病害的杀菌剂较多。绿亨1号拌种，每1kg种子用药1～1.5g，绿亨2号（80%多·福·福锌可湿性粉）剂拌种用3～4g。拌种方法有干拌和湿拌两种。干拌是将药剂加少量过筛细土混匀后，再加入种子充分拌匀。湿拌是用少量水将种子均匀湿润，然后加入所需药量拌匀。拌种最好用拌种桶，每次拌种量不超过半桶，每分钟20～30转，正倒转各50～60次，拌后随即播种，不需闷种，以防药害。

4. 育苗期管理 育苗期管理应因地制宜，采取措施培育壮苗。只有科学地调控温度，做好水肥管理，使温度适宜，光照充足，水分、营养适宜，幼苗光合作用强，并经一定的低温锻炼，才能培育出抗病性强的壮苗。管理不良会造成湿度偏高，光照不足，夜间温度过高，昼夜温差小，幼苗徒长；或者造成长期低温，生长受抑，出现老化苗。

育苗期管理需根据各种蔬菜的生长习性和环境要求，采取对应措施，现以辣椒冷床育苗为例加以说明。辣椒在浸种催芽后播种，应严格控制播种量。苗床过密时应及时间苗。辣椒苗期一般要求土温保持在16℃以上，气温保持在20℃～30℃，但依幼苗发育阶段不同而有所调整。寒冷地区早春育苗最好采用酿热温床、电热温床。一般说来，出苗阶段要保持较高温度，白天25℃～30℃，夜间18℃～20℃，促使出苗整齐。齐苗后适当通风降温，白天22℃～25℃，夜间15℃～18℃，防止幼茎徒长。由1片真叶顶心至3片真叶长出为小苗期，应增加光照，提高地温，促进根系发育。3片真叶期前后要进行分苗，分苗前3～4天，应降低温度，白天多放风，锻炼幼苗。分苗后1周内，保持较高地温，适温18℃～

20℃，不低于16℃，白天气温20℃～25℃，夜间15℃～18℃，促进根系恢复生长。幼苗新叶开始生长后，逐步适当通风降温，特别要降低夜温，防止徒长。定植前10～15天开始炼苗，白天气温降至15℃～20℃，最低夜温降至10℃左右，不高于15℃，白天逐步揭开覆盖物，加大通风量。

要精细进行水分管理。播种前浇透底水，分苗前不需再灌水，只薄薄地覆几次湿细土，以防止苗床板结并弥合床面裂缝。在加温温室中育苗，蒸发量大，若床土过干，必须灌水，可在晴天上午用喷壶轻浇。如果苗床湿度大，须撒盖干细土或干草木灰吸潮。

通常分苗后幼苗长出新根之前不再浇水，以利于缓苗。新叶开始生长后适当浇水，但浇后要及时中耕松土和通风，防止苗床湿度过大。苗期还应根据长势追肥，可喷多元微肥或0.1%～0.2%的磷酸二氢钾。

应尽量延长苗床光照时间，要保持苗床薄膜、玻璃清洁，增强光照。雨雪天气要及时扫除苗床薄膜上的积雪，防止雨水和融化雪水漏入苗床。薄膜上凝结的水珠，也要及时擦干，防止落至床面。连续阴雨天和下雪天湿度大、光照弱，幼苗生长不良，易生苗病，只要幼苗不受冷害，也要适度掀开覆盖物，尽量受光。为了放出苗床的湿气，连阴天也应通风，但通风口要小，时间要短，次数要多。

早期发现病株后，要及时拔除，覆以细干土或草木灰，降低床土湿度，同时加强通风和光照，并施药防治。拔下的病苗要集中销毁。病害难以控制的苗床可提早分苗。分苗和移栽时要严格检苗，剔除病苗。

5. 苗期药剂防治　防治猝倒病在发病初期可及时喷药。可用75%百菌清可湿性粉剂800倍液，或25%甲霜灵可湿性粉剂800倍液，或40%乙磷铝可湿性粉剂300倍液，或64%杀毒矾可湿性粉剂500～600倍液，或58%甲霜灵·锰锌可湿性粉剂500

倍液，或 72.2％霜霉威水剂 600～800 倍液，或 30％恶霉灵水剂 600 倍液喷雾，一般每 7～10 天喷 1 次，连续喷 2～3 次，注意茎基部及其周围地面要喷到。现在防治卵菌病害的商品制剂很多，使用前要了解其有效成分和作用特点，选择不同的药剂轮换使用。

另外，在发生初期或已见死苗时，还可用绿亨 1 号 3 000～4 000倍液，或绿亨 2 号 600～800 倍液，进行土壤喷洒或灌根，抑制病害扩展。

2. 立枯病

立枯病是由丝核菌引起的重要病害，几乎能够侵染各种蔬菜，发病比猝倒病略晚，主要危害大苗。立枯病分布很广，不仅在北方冬、春季育苗时发生，而且还在南方夏秋高温多雨季节暴发流行，造成大量死苗。

【症　状】　病苗幼茎基部产生椭圆形褐色病斑，可绕茎一周，病部缢缩腐烂，有时其上方膨大，形成上大下小的棒槌状。病苗幼根腐烂，呈深褐色或黑色。潮湿时，病斑上出现少许褐色蛛网状菌丝体，以后还可形成小菌核。病苗初期白天萎蔫，夜间恢复，以后随病情加重而萎蔫枯死。因为病苗较大，发病后保持直立而不倒伏，被称为“立枯病”。但在适温高湿情况下，发病较早，甚至在出土前烂死，此时幼茎柔嫩，腐烂症状发展快，病苗倒伏烂死。

丝核菌除了侵染幼苗，引起立枯病外，还能在成株期继续危害，引起根部、根茎部腐烂，甚至能够进一步向植株上部扩展，引起叶腐病。

【病原物】　病原真菌为立枯丝核菌 *Rhizoctonia solani*，该菌不产生无性孢子，仅有菌丝体和菌核。菌核不定型、近球形，黑褐色，直径 0.5～1mm。有性阶段为瓜亡革菌 *Thanatephorus cu-*

cumeris。立枯丝核菌寄主范围广泛，包括蔬菜、农作物、林业植物、牧草、花卉等，但由不同作物得到的菌株，致病性有差异。立枯丝核菌发育适温 24℃，最高 40℃～42℃，最低 13℃～15℃。

【发病规律】 立枯病菌以菌丝体或菌核在土壤和病残体中越冬，条件适合时产生侵染菌丝，侵入幼苗。立枯病菌的菌核在土壤中存活时间较长，菌丝体也可依靠有机质腐生。在终年温暖的地区或保护地育苗时，可常年发生侵染。病原菌可通过土壤、未腐熟的农家肥、灌溉水、雨水、农具等多种途径传播，种子也可能带菌。立枯病在高温、高湿条件下发生严重，床温变化幅度大，床温过高或过低，发病也重。病原菌对温度的适应性较强，而在低温条件下，由于种子发芽出苗时间延长，幼苗柔弱，抗病性降低，致使发病加重。立枯病菌虽然适于在干湿适度的土壤中活动，但高湿有利于菌核萌发，且幼苗扎根不好、易徒长，发病增多。苗床或育苗盘湿度升高或遇到连阴雨等，有利于发病。

【防治方法】 防治立枯病需抓好苗床准备，土壤处理，种子处理，育苗期管理和苗期药剂防治诸环节，参阅猝倒病部分，不再重复。下面仅在药剂应用方面做一些补充。

种子处理可用 40％拌种双可湿性粉剂，或 75％卫福可湿性粉剂，或 50％异菌脲可湿性粉剂等制剂拌种，用药量为种子重量的 0.2％～0.4％。还可用绿亨 1 号处理种子，详见猝倒病的防治。黄瓜、甜椒等用 30％苯噻氰乳油 1 000 倍药液浸种 6 小时，然后带药液催芽播种。

土壤处理可用 70％恶霉灵可湿性粉剂，每 667m^2 苗床用药 1.5～2kg，混合 40～80kg 细土，作药土使用。绿亨 1 号的用药方法同前。

还可在发病初期喷淋 20％甲基立枯磷乳油 1 200 倍液，5％井冈霉素水剂 800 倍液，28％多井悬浮剂 800 倍液，15％恶霉灵水剂 450 倍液，50％异菌脲可湿性粉剂 1 000～1 500 倍液，30％苯噻氰乳油 1 200 倍液等。7～10 天防治 1 次，连续防治 2～3 次。此外，也可用绿亨 1 号 3 000～4 000 倍液进行土壤喷洒或灌根。

3. 根腐病

镰刀菌侵染引起的根腐病，是苗期常见病害，瓜类、豆类、茄果类以及其他蔬菜都有发生，严重时局部或成片死苗。采用传统方法育苗的苗床，易遭受环境胁迫，根腐病多发。采用新法无土育苗时，根腐病发生也较多，仍需采取防治措施。

【症　状】 病原菌侵染引起烂种、烂芽、根腐、茎基部腐烂等一系列症状。病苗胚根和幼根初呈水浸状，后变褐腐烂，病部略膨大，有时变暗红色，没有根毛或根毛减少。变色腐烂部位可扩展到茎基部，但茎基部并不缢缩。症状较轻时根部、茎基部有局部淡褐色、红褐色或深褐色坏死斑块，严重时整体溃烂，皮层腐烂殆尽，残留黑褐色维管束，呈丝麻状。病苗地上部分萎蔫，叶片发黄枯死。高湿时在根部或地表处生淡红色霉状物。

【病原物】 病原真菌为多种镰刀菌，常见的有茄腐镰刀菌 *Fusarium solani*，串珠镰刀菌 *F. moniliforme*，燕麦镰刀菌 *F. avenaceum* 等多种。镰刀菌产生分生孢子、厚垣孢子。有的种类还产生有性态子囊壳和子囊孢子，寄主范围广泛，对环境的适应性强。

【发病规律】 病原菌主要以菌丝体、厚垣孢子随病残体在土壤中越季，也可在土壤中长期腐生。种子带菌情况因寄主和镰刀菌种类不同而异。镰刀菌的菌丝、厚垣孢子、分生孢子等还可以污染其他栽培基质、营养液、灌溉水、肥料、工具等，菌源广泛。病原菌多从伤口侵入致病，病苗产生的分生孢子，随气流、雨水、灌溉水、农事操作等途径分散传播，进行再侵染。

连作田土壤带菌量高，发病重，而新苗床很少发病。高温高湿的环境有利于发病。发病程度与土壤含水量相关,地下水位高或土壤黏重,田间积水时,土壤持水量高,透气性差,发病重。播种后和幼苗期遇到雨雪连阴天气,长时间低温寡照,地温较低,菜苗长势弱,病苗、死苗增多。施用未腐熟的有机肥料,地下害虫多,伤根多,也是发病诱因。

【防治方法】 苗床准备,育苗期管理等项参照猝倒病防治部分。

种子可用50%多菌灵可湿性粉剂或70%甲基硫菌灵可湿性粉剂拌种,用药量为种子重量的0.3%～0.4%,也可用50%多菌灵可湿性粉剂700倍液浸种10分钟。

土壤处理可用50%多菌灵可湿性粉剂(或70%甲基硫菌灵可湿性粉剂)1份与50份细干土混匀,制成药土施用,也可用绿亨1号药土。用塑料钵或纸钵育苗,可将药剂加入营养土中。通常选用肥沃洁净田园土,按6∶4的比例,将其与充分腐熟的有机肥混合均匀,每立方米营养土中掺入50%多菌灵可湿性粉剂(或70%甲基硫菌灵可湿性粉剂)80g,过筛后装入育苗钵中。

在发病初向幼苗基部喷淋50%多菌灵可湿性粉剂600倍液,或70%的甲基硫菌灵可湿性粉剂800倍液,15%恶霉灵水剂450倍液,50%异菌脲可湿性粉剂1 000～1 500倍液,或绿亨1号3 000～4 000倍液等,隔7～10天1次,连续防治2～3次。

无土栽培的非土壤基质使用前应消毒灭菌。通常采用蒸汽灭菌法,将基质放入灭菌箱中(体积1～2m^3),密闭,通入热蒸汽,温度70℃～90℃,保持15～30分钟。还可用40%甲醛的40～50倍稀释液处理,按基质数量用适量药液均匀喷洒,然后用塑料薄膜覆盖24小时以上。使用前揭去薄膜将基质风干2周左右,使残留药物完全发散。砾石、沙子可用漂白剂(次氯酸钠或次氯酸钙)消毒,在水池中配制有效氯含量0.3%～1%的漂白粉药液,浸泡基质半小时以上,然后用清水冲洗。

无土栽培所用栽培床以封闭式为宜，且高于地面，贮液池要加盖，以防环境中病菌污染，营养液要定期更换。

4. 其他蔬菜苗期病害

其他蔬菜苗期病害及防治，详见表2-1。

表2-1 其他苗期病害及防治

病名	症状	发生规律	防治方法
串株霉黑根病 *Thielaviopsis basicola*	豌豆、番茄、黄瓜、芹菜、莴苣等蔬菜以及烟草的胚轴和幼根湿腐变黑，幼苗猝倒或变黄枯萎	病原真菌以厚垣孢子在病残体和土壤中越冬，从根表皮直接侵入，或通过自然孔口、伤口侵入，病株产生分生孢子，由雨水、灌溉水传播，引起再侵染。带菌土壤可由气流、农机具等传播，病、健根接触也能传病。土壤湿度高，土温17℃～23℃时病重	与谷类作物进行2～3年轮作，清除田间病残体；加强苗期管理，促进出苗，培育和移栽健苗；使用甲基硫菌灵、多菌灵等药剂处理种子、处理土壤、灌根或喷淋
豆类丝囊霉根腐病 *Aphanomyces euteiches*	豌豆、香豌豆、豇豆和其他一些豆科植物根部水浸状软腐，变黑褐色，病苗猝倒枯死	病原卵菌的卵孢子在病残体和土壤中，或混杂在种子间越冬，带菌土壤、种子都传病。病株产生孢子囊和游动孢子，由雨水、灌溉水传播。土壤高湿，低温时发病重	与谷类作物轮作，清除病残体和杂草，深翻整地；适期播种，促进出苗，加强水肥管理，降低土壤湿度；使用甲霜灵、恶霉灵等对卵菌有效的药剂处理种子、处理土壤、喷淋或灌根

续表 2-1

病　名	症　状	发生规律	防治方法
菠菜、甜菜丝囊霉黑根病 *Aphanomyces cochlioides*	菠菜、甜菜胚轴、幼根水浸状，软腐，黑褐色，须根易脱落，根尖也可腐败脱落，病苗枯死	同上	同上
十字花科蔬菜丝囊霉根腐病 *Aphanomyces raphani*	白菜、萝卜、甘蓝、花椰菜等十字花科蔬菜幼根黑腐，大根表面有黑色斑块，叶柄变褐缢缩，叶片黄枯	同上	同上
西葫芦子叶红腐病 *Fusarium* sp.	子叶上出现水浸状黄褐色小斑点，扩大后成为不规则形黄褐色坏死斑，上生白色至粉红色霉状物。子叶畸形，病苗萎蔫死亡	种子带菌，在萌发出苗过程中侵入，病苗产生分生孢子，随气流、流水、昆虫等传播扩散。幼苗生长衰弱时发病较重	播前用多菌灵药液浸种，加强苗期管理，培育壮苗，及时清除病苗和喷施多菌灵等药剂
番茄、辣椒幼苗肿根病 *Spongospora subterranea*	幼苗侧根呈楔状肿大，并生出多个近圆形肿瘤，乳白色至暗褐色，病苗萎蔫枯死	病原菌以休眠孢子囊在种薯、土壤或农家肥中越冬，随带病种薯、带菌土壤、粪肥、雨水、灌溉水等传播。地温较低，土壤高湿时病重，黏重和酸性土壤多发	参考马铃薯粉痂病

续表 2-1

病　名	症　状	发生规律	防治方法
沤根（非传染性病害）	多在育苗期和移栽期发生。幼根根皮变锈褐色，后坏死腐烂，新根很少。地上部生长缓慢，并褪绿萎蔫，叶缘变褐枯焦，病苗易于拔起	土壤环境不适于根系发育，地温过低或浇水过多，土壤透气性减低，根系严重缺氧，细胞坏死变褐，生长停滞。遭受寒流和连续阴雨天气后易发生，黏土地较重	使用通气良好的肥沃床土，保持正常苗床温度，定植前要炼苗。分苗和定植时控制浇水量，防止大水漫灌。定植后采取措施促根、促秧，轻浇水，早追肥。浇水后及时中耕，提温保墒，促进发根

第二章　十字花科蔬菜病害

十字花科蔬菜是我国最重要的蔬菜，分布广泛，栽培面积大，产量和消费量高。十字花科蔬菜种类繁多，可分为白菜类和甘蓝类。白菜类主要有大白菜、小白菜、乌塌菜、菜薹（菜心）、薹菜、油菜和芥菜等。甘蓝类主要有甘蓝（结球甘蓝）、花椰菜、青花菜、球茎甘蓝、芥蓝等。十字花科蔬菜有共同的病害，软腐病、霜霉病和病毒病是著名的“三大病害”。此外，常见的重要病害还有苗期病害、黑斑病、白锈病、根肿病、炭疽病、白斑病、菌核病、灰霉病、黑腐病、丝核菌基腐病与叶腐病、根结线虫病等。细菌性黑斑病、镰刀菌枯萎病等是近年新发现的危险性病害。根菜类的萝卜、芜菁也属于十字花科，与白菜、甘蓝等有相同的病害，现归入本章一并介绍。

1. 霜霉病

霜霉病是十字花科蔬菜的重要病害，广泛发生，白菜、甘蓝、青花菜、花椰菜、油菜、芥蓝、萝卜等十字花科蔬菜发病普遍而严重。

【症　状】 霜霉病主要危害叶片，也侵染茎、花梗、种荚等部位。

白菜类幼苗发病，叶片变黄枯死，叶片背面有白色霉状物（病原菌的孢子囊和孢子囊梗）。成株叶片上初生淡绿色水浸状斑点，很快转变为黄绿色或黄褐色病斑。大白菜病斑扩大后受叶脉限制，呈多角形、不规则形，小白菜病斑边缘不明显，高湿时病斑背面生出白色霉状物。发病晚期病斑连片，病叶逐渐变黄干枯。严重发病的白菜，叶片自外围开始逐层枯死。采种株的茎、花梗、角果被侵染后，出现黑褐色病斑，长出白色霉状物。有时花梗膨肿，弯曲畸形，呈“龙头拐”状。花器变绿、肿大，也出现霉层而干枯。角果细小弯曲，结实不良或不结实。

甘蓝、紫甘蓝等叶球最外围一、二层叶发生，病斑不规则形，灰褐色至紫黑色，靠近叶脉处略带紫褐色。病斑边缘色深而稍隆起，中部色淡而略下陷。叶面上和较大病斑周围常有多数褐色小斑点，病叶背面生白色霉状物，有时也生于叶片正面。

花椰菜、青花菜、抱子甘蓝等病株初在基部叶片出现小型黄绿色、黄褐色斑块，无明显边缘，以后发展成为淡褐色不规则形斑块，有的受叶脉限制，呈多角形，背面有白色霉层。干燥时病斑枯黄。严重时，病斑汇合，叶片枯黄。茎上形成灰褐色斑点或条斑，花球上生成淡褐色或淡灰色变色部。

萝卜叶部症状与白菜相似，病斑背面生有少许白色霉状物。肉质根上病斑不规则，黑褐色，稍凹陷。

病斑上长出白色霉状物是霜霉病的重要识别特征，但在干旱条件下或病斑枯死后难以见到。有疑问时，可采取新鲜病叶，濡湿后放入塑料袋中，保湿一天后，病斑背面陆续长出白色霉状物。

【病原物】 为寄生霜霉 *Hyaloperonospora parasitica*（= *Peronospora parasitica*），是一种卵菌。霜霉病菌为专性寄生菌，有明显的致病性分化。我国已知该菌有 3 个变种：芸薹属变种、萝卜属变种和荠菜属变种。芸薹属变种对芸薹属蔬菜致病性强，对萝卜致病性弱，不侵染荠菜。萝卜属变种对萝卜致病性强，对芸薹属蔬菜致病性很弱，不侵染荠菜。荠菜属变种仅侵染荠菜。芸薹属变种内不同菌株对各种芸薹属蔬菜的致病性又有差异，可分为 3 个类型。其中白菜类型对白菜、油菜、芜菁、芥菜致病性强，对甘蓝类蔬菜致病性弱；甘蓝类型侵染甘蓝、花椰菜等，但对白菜、油菜、芜菁、芥菜等致病性很弱；芥菜类型侵染芥菜，对甘蓝类致病性弱，有的菌株可以侵染白菜、油菜和芜菁。

该菌孢子囊形成温度 3℃～25℃，适温 8℃～10℃，孢子囊萌发适温 8℃～12℃，侵染适温 16℃，发病适温 10℃～15℃。

【发病规律】 在北方地区，病原菌以卵孢子随病残体在土壤中或混杂在种子间越冬。卵孢子在土壤中可存活 1～2 年。卵孢子也可附着在种子表面越冬和传播，但种子带菌率低。霜霉病菌还能以菌丝体在采种株、越季蔬菜或窖藏大白菜中越冬。

田间病残体传带的卵孢子，翌年春季萌发，生出芽管，由春菜叶片的气孔侵入，或穿透叶表皮直接侵入，引起春菜发病，以后在病叶上形成孢子囊，孢子囊由气流和雨水传播，发生多次再侵染。孢子囊寿命很短，不耐干旱，适合在低温、高湿条件下活动。春菜发病中后期，病组织中形成大量卵孢子。卵孢子经 1～2 个月休眠后即可萌发，侵染当年秋季的大白菜、萝卜、甘蓝等蔬菜。在冬季种植十字花科蔬菜的地方，无明显越冬期，霜霉病可周年发生。

露地霜霉病主要发生在春、秋两季。华北多发生于 4～5 月份和 8～9 月份；长江流域 4 月中旬至 5 月上中旬为春季发病高峰期，9 月初至 11 月为秋季发病高峰期。

棚室与露地蔬菜之间存在菌源交流。棚室秋延后栽培，菌源来自发病秋菜，继而辗转侵染。春季露地发病，菌源可能来自棚室病株。冬季设施栽培和春季露地栽培发生都较普遍。长江流域利用塑料棚和遮阳网栽培的小白菜和花椰菜，因通风透光不足、湿度高，发病往往较多。

高湿和较凉爽的天气适于霜霉病发生，因而早春和秋季常出现发病高峰。白天气温 24℃，夜间 8℃～16℃，空气湿度 98% 以上，昼夜温差大，叶片结露时间长时发展最快，几天后就严重发病。温度低于 5℃，病害便停止发展。棚室冬春季密闭高湿，遇连阴雨天气或浇水后不通风有利于发病。十字花科蔬菜连作，土壤中积累较多菌源，过度密植，偏施氮肥，发病都重。

【防治方法】

1. 选用抗病品种 品种间抗病性差异显著，各地报道的抗病品种较多,可供选用。引种抗病品种应先行试种或进行抗病性鉴定,因为霜霉病菌存在致病性分化,同一品种在各地的抗病表现可能不同。

2. 加强栽培管理 发病地避免连作,实行 2 年以上轮作,水旱轮作效果更好;保持田园卫生,收获后彻底清除病残体,及时深耕;选无病株留种;种子用 50%福美双可湿性粉剂,或 75%百菌清可湿性粉剂拌种,用药量为种子重量的 0.4%,用 25%甲霜灵可湿性粉剂拌种,用药量为种子重量的 0.3%;选择地势平坦,排水方便的肥沃壤土作苗床和栽植地;适期播种,合理密植;合理灌溉,棚室浇水后及时通风降湿,施足基肥,适时追肥,增施磷、钾肥。

3. 喷药防治 初现病株后及时喷药控病,重点喷叶背。常用药剂有 25%甲霜灵可湿性粉剂 800 倍液,58%甲霜灵·锰锌可湿性粉剂 600～700 倍液,69%安克·锰锌可湿性粉剂 600～800 倍液,64%杀毒矾可湿性粉剂 500 倍液,72%霜脲·锰锌可湿性粉剂 800 倍液,72.2%普力克(霜霉威)水剂 800 倍液,66.8%霉多克可湿性粉剂(丙森锌与缬霉威的复配剂)800～1 000 倍液,50%溶菌灵(多菌灵磺酸盐)可湿性粉剂 600～800 倍液等,每 10 天喷 1 次,连喷2～3 次。棚室中还可施用 5%百菌清粉尘剂或 5%霜霉清粉尘剂,每次每 667m^2 用药 1kg。

2. 白锈病

白锈病是十字花科蔬菜的常见病害,主要发病部位是叶片,其次是茎和花器。比较冷凉湿润的地区和低温多雨季节可严重发生,显著降低产量和品质。

【症　状】 叶片背面生出许多稍隆起的白色疱斑,直径约1～4mm,表面光滑,略有光泽。后期疱斑表皮破裂,散出白色粉末状物,即病原菌的孢子囊。在与疱斑相对应的叶片正面,产生淡黄色或黄绿色病斑，无明显边缘。采种株茎和角果上生长椭圆形或短条状白色疱斑，严重时疱斑密集，相互汇合。花梗变粗，花序膨肿卷曲，呈“龙头拐”状。花瓣膨大成绿色叶状结构，不能结荚或结籽。

【病原物】 病原卵菌为白锈菌 *Albugo candida* 和大孢白锈菌 *Albugo macrospora* 等，侵染甘蓝、花椰菜、大白菜、小白菜、芥菜、芜菁、萝卜、油菜等十字花科作物以及野生十字花科植物，引起相似的症状。

【发病规律】 病原菌以卵孢子在田间病残体内越冬或越夏。种子表面也可能传带卵孢子。下一季十字花科蔬菜出苗后，卵孢子同步萌发，产生游动孢子，借雨水传播，附着在叶片上。游动孢子萌发后，产生芽管，芽管经由叶片的气孔而侵入，引起初侵染。病原菌的菌丝在叶肉细胞间蔓延，并在叶片背面生出白色疱斑，这是病原菌的孢子囊堆。其表皮破裂后，散出孢子囊，借风雨传播，引起再侵染。

高湿、多雨、多露、多雾，温度相对较低，昼夜温差大的气象条件适于白锈病流行。十字花科蔬菜连作，田间遗留菌源数量多，氮肥施用过多、过晚，造成植株贪青柔嫩，以及地块低洼积水，棚室湿度增高等情况下，都能诱使白锈病严重发生。

【防治方法】 在常发地区，十字花科蔬菜、油菜应与水稻或其他非十字花科作物轮作。低湿地区实行高垄、高畦栽培，棚室漏雨后及时排水。合理施肥，避免偏施氮肥；发病初期摘除病叶，携出田外销毁，收获后及时清除田间病残体。

发病初期喷施 58%甲霜灵·锰锌可湿性粉剂 500～700 倍液，或 72%霜脲·锰锌可湿性粉剂 600～800 倍液，或 69%安克·锰锌可湿性粉剂 800～1 000 倍液，或 64%杀毒矾可湿性粉剂 500 倍液，或 25%甲霜灵可湿性粉剂 800 倍液，或 72.2%霜霉威水剂 800 倍液，或 72%霜脲·锰锌可湿性粉剂 800 倍液等，每 10 天喷

1次，连喷2～3次。

3. 根肿病

根肿病是一种危险性土传病害，病原菌侵染各种十字花科蔬菜和野生植物，以白菜受害最重。根肿病主要分布于南方冷凉多雨的局部地区，但近年有扩大蔓延的趋势，需要警惕。

【症　状】 根肿病主要危害植株地下部，引起主根、侧根、地下茎等部位肿大，形成肿瘤。肿瘤纺锤形或不规则形，大小差异很大，小的如米粒，大的如茶杯。白菜、甘蓝等叶菜类，肿瘤多发生在主根和侧根上。萝卜、芜菁等根菜类，肿瘤多发生在侧根上，主根也生肿瘤，但肉质根不变形。初期肿瘤表面光滑，后期表面粗糙，龟裂，腐烂。病株生长缓慢，矮小，叶色变黄，无光泽。严重时病株萎蔫枯死。

【病原物】 病原物为芸薹根肿菌 *Plasmodiophora brassicae*，原属真菌，后归入原生动物界。该菌在寄主根部细胞内形成休眠孢子囊。休眠孢子囊萌发产生游动孢子。病原菌有致病性分化现象，有多个生理小种，因而抗病品种异地种植时，抗病性有可能失效。

【发病规律】 根肿病菌以休眠孢子囊随病残体在土壤中越冬，休眠孢子囊的抗逆性很强，即使在没有寄主的情况下，也能在土壤中长期存活，有的甚至存活10年以上。休眠孢子囊在适宜条件下萌发，产生具有双鞭毛的游动孢子，由植株根毛或侧根的伤口侵入寄主。侵入后，病原菌在寄主根内发展蔓延，刺激薄壁细胞分裂，致使组织膨大，形成肿瘤。同时病原菌经过复杂的菌体变化，完成生活史，在寄主根部细胞内形成休眠孢子囊。肿瘤破裂后，休眠孢子囊又散入土壤中。

病原菌主要随带菌土壤和染病菜苗远距离传播，在田间可通过灌溉水、雨水、有机肥料以及被病原菌污染的农机具、人畜、昆虫、线虫等扩散。酸性土壤(pH 5.4～6.5)发病重，但土壤带菌量较高时，即使土壤为碱性，根肿病也能发生。冷凉、湿润的气候有利于发病，适宜的土壤含水量为最大持水量的 70%～90%，适温为 17℃～23℃。十字花科蔬菜连作地块，低湿地块，施用未腐熟有机肥的地块发病重。雨天移栽或定植不久遇雨，有利于根肿病发生。大白菜苗期易感病，生育早期被侵染，发病和损失都重。

【防治方法】

1. 防止传播　不由发病地区调运种苗或蔬菜至无病地区。

2. 施用石灰　酸性土壤应施用石灰调节土壤酸度，使土壤 pH 值高于 7.2。消石灰至少在移栽前 6 周施用，每公顷施用1 700 kg。消石灰调节土壤酸度见效较快，但持效期较短。生石灰持效期可长达 1 年以上。

3. 合理栽培管理　重病田要与非十字花科作物实行 4 年以上的轮作。发病地区选用无病地块作苗床，或进行苗床土壤消毒。苗床不宜施用石灰，因为施用石灰后，难以发现苗床带菌，病菌就有可能随症状不明显的菜苗移入本田而发病。移栽时加强检查，确保移栽无病苗。若苗床发现病苗，则同一苗床的菜苗都不宜移植，因为这些菜苗可能已经被侵染，但尚未表现症状。要选择晴天定植。避免在低洼积水地块或酸性土壤中种植十字花科蔬菜。多雨地区应行高垄或高畦栽培，雨后及时排除田间积水。要合理施肥，增施腐熟粪肥。田间发现零星病株后，要及时拔除，病穴及其周围撒生石灰，或浇 15%石灰乳。要铲除田间十字花科杂草，收获后仔细收集病残体烧毁。

4. 药剂防治　苗床床土可用福尔马林液消毒。湿土用稀释 50 倍的福尔马林液(每平方米苗床用 2～3kg 药液)，干土用稀释 100 倍的福尔马林液(每平方米苗床用 4～5kg 药液)，施后用塑料薄膜密封 2～3 昼夜，待药味散失后（约 20 天）播种。本田土壤处理用 75％五氯硝基苯 1.5～3kg，在定植前条施。生长期间可用 72％霜脲·锰锌 600 倍液，72.2％霜霉威水剂 600 倍液，或用 70％甲基硫菌灵可湿性粉剂 800～1 000 倍液在发病初期灌根。

4. 黑斑病

黑斑病是各种十字花科蔬菜最常见的病害之一，白菜、小白菜、青花菜、甘蓝、紫甘蓝、芥蓝、萝卜等普遍发病，重病株生长衰弱，严重减产。病菜有苦味，叶片、叶球、花球外观污损，品质降低。种株染病后，种子皱缩不饱满，并造成种子带菌。

【症　状】 主要危害叶片，但叶柄、茎、花梗、种荚等部位也可被侵染。苗期发病，叶片上出现大小不一的黑褐色病斑，病叶局部变黄或整叶变黄枯死。成株期多由基部叶片或叶球的外层叶片开始发病，整株叶片由下而上，由外向内变黄干枯。

叶片上典型的病斑圆形、近圆形，直径 5～15mm 或更大，病斑上有层次不等的同心轮纹，病斑边缘明显，周围有黄色晕。有时病斑中间破裂或穿孔。高湿时，病斑两面生黑色霉状物。

由于十字花科蔬菜种类、品种和病原菌种类的不同，病斑的大小、色泽、轮纹清晰程度等多有变化。花椰菜、甘蓝叶片上常见无同心轮纹的黑色病斑。

此外，田间还常见一类小型病斑，圆点状，直径 1mm 左右或更小，淡褐色或黑褐色，周围常有黄绿色晕圈。有时叶片上密生多数小型病斑，致使叶片局部枯黄。若不仔细鉴别，有可能把病叶上的这类小型病斑，误诊为其他病害。

采种株的茎、叶柄和花梗上病斑椭圆形或不规则形，黑褐色，凹陷。角果上病斑近圆形、不规则形，暗褐色至黑色，稍凹陷。有时，花梗和荚上病斑中部灰色，周边褐色。潮湿时，各部位病斑表面都可产生黑色霉状物。

【病原物】 由链格孢属几种病原真菌侵染引起。芸薹链格孢 *Alternaria brassicae* 主要危害大白菜、小白菜等；甘蓝链格孢 *Alternaria brassicicola* 主要危害甘蓝、青花菜、花椰菜等；萝卜链格孢 *Alternaria raphani* 主要危害萝卜。

【发病规律】 病原菌在田间病残体、病株、十字花科杂草以及贮菜上越冬或越夏。种子内部和种子表面也带菌传病。越季病原菌在适宜条件下产生分生孢子，侵染下一季蔬菜。各种十字花科蔬菜由苗期至收获前都可被侵染而发病，整个生长期发生多次再侵染。

病原菌的分生孢子随风雨、农机具、农事操作分散传播。若叶片结露 9 小时以上，则降落在叶片上的分生孢子就可萌发，生出芽管由气孔侵入叶片，也可以直接穿透叶表皮而直接侵入。几天后，被侵染的叶片就出现症状，最初仅为黑点状小病斑，以后病斑扩大，发展成为典型病斑，同时叶片局部或全体变黄。条件适宜时，病斑两面产生大量分生孢子梗和分生孢子。

造成黑斑病大发生的主要诱因是环境温湿度适宜和菜株抗病性降低。温度较高而湿润的季节发生重。病原菌发育适温 17℃，最低 10℃，最高 35℃。孢子萌发适温 15℃～20℃，发病适温 13℃～15℃。棚室中在气温偏低，湿度过高，多露时发病趋重。植株生长中后期肥力不足时发病也重。

【防治方法】

1. 选用抗病或耐病品种　各种十字花科蔬菜均有抗病或轻病品种，可以选用。

2. 栽培防病　重病地可与豆类、葫芦科蔬菜、茄科蔬菜等非寄主作物，进行 2～3 年轮作，避免十字花科蔬菜连作；彻底清洁田园，及时清除病残体，秋后深翻，铲除田间十字花科杂草；根据菜种与品种特性合理施肥，增施腐熟有机肥，注意磷、钾配合，防止菜株脱肥。合理灌水，在叶球形成期不要过度灌溉，棚室浇水后及时通风散湿。遮阳网栽培的，雨后及时排水，降低田间湿度，低洼多雨地区应行高垄或高畦栽培。要及时摘除菜株底部发病老叶。

3. 种子处理 使用不带菌种子，必要时进行种子处理。可用50％异菌脲可湿性粉剂，或50％福美双可湿性粉剂，或70％代森锰锌可湿性粉剂拌种，用药量为种子重量的0.3％～0.4％。也可进行温汤浸种，即用50℃热水浸种20分钟。

4. 喷药防治 在菜株下部普遍出现病斑，且天气情况有利于病情发展时，喷施50％异菌脲可湿性粉剂1 000～1 500倍液，或70％代森锰锌可湿性粉剂500～700倍液，或80％代森锰锌可湿性粉剂800倍液，或69％安克·锰锌可湿性粉剂600～800倍液，或75％百菌清可湿性粉剂500～600倍液，或80％炭疽·福美可湿性粉剂800倍液，或65％多果定(醋酸十二胍)可湿性粉剂1 000倍液，或50％敌菌灵可湿性粉剂500倍液，或50％福·异菌(福美双、异菌脲混剂)可湿性粉剂800～1 000倍液，或66.8％霉多克可湿性粉剂800～1 000倍液等。间隔7～10天喷1次，用药3～4次。

5. 炭疽病

十字花科蔬菜的常见病害，白菜类和萝卜发生较多，通常仅侵染外叶，高湿地块发生较重。

【症　状】 主要危害大白菜、小白菜、萝卜、甘蓝等蔬菜的叶片，在叶片上形成多数小病斑。病斑圆形、近圆形，直径1～3mm，中央灰白色、淡褐色，边缘深褐色或黑褐色，稍隆起，病斑上微露黑色小粒点，为病原菌的分生孢子盘，肉眼不易察觉。病斑较薄，易穿孔。发生多时，叶片上密布小圆斑，叶片局部枯死。主脉和叶柄上生较大的褐色坏死斑，纺锤形或长椭圆形，凹陷，有时开裂。种株花梗上也产生紫褐色的椭圆形凹陷病斑，易从发病处折断。

【病原物】 病原真菌为希金斯刺盘孢 *Colletotrichum higginisianum*，病部产生的黑色小粒点为分生孢子盘。

【发病规律】 病原菌随病残体在田间土壤中越冬，成为翌年春季主要初侵染菌源。种子也带菌传病。在周年种植白菜类蔬菜的地区，炭疽病可终年持续发生。病叶上产生的分生孢子，借风雨和昆虫活动而传播，进行再侵染。病原菌发育适温 26℃～30℃，高温多雨，叶片重露时发病增多。低湿积水的田块易于发病。田间病残体遗留多，生长期间偏施氮肥，则发病加重。

【防治方法】 一般发病田，可在防治其他叶病时予以兼治。严重发病地区应在搞好田间卫生，加强水肥管理，降低田间湿度的基础上喷药防治。有效药剂有 70%甲基硫菌灵可湿性粉剂 800 倍液，80%炭疽·福美可湿性粉剂 800 倍液，40%多·硫悬浮剂 600 倍液，或 25%溴菌腈可湿性粉剂 600～800 倍液，25%咪鲜胺乳油 1 000 倍液，25%丙环唑乳油1 000倍液，30%苯噻氰乳油 2 000倍液，2%春雷霉素水剂 600 倍液等。

6. 灰霉病

灰霉病是冬春季棚室常见病害，十字花科蔬菜发生虽不如茄科、葫芦科蔬菜严重，但在适宜条件下发病也相当普遍。

【症　状】 幼苗期和成株都可发病。幼苗水浸状腐烂，密生灰色霉状物。成株最初在叶球外叶或植株下部叶片的边缘或基部，生成淡褐色水浸状病斑，以后发展成“V”字形或形状不规则的深褐色至红褐色大斑。茎部伤口处也可变褐腐烂，引起上部叶片变黄，萎蔫。潮湿时，病斑上形成浓密的灰色霉层。高湿时，病叶严重腐烂。灰霉病可由植株下部叶片向上部发展，或由叶球的外层叶片向内部蔓延，甚至引起整个叶球腐烂。干燥时，病情停滞，仅患病外叶局部干枯破裂。花椰菜和青花菜的花球局部或全部变褐色、稍软，上生灰色霉状物。

贮藏期间，甘蓝叶球由外向内逐渐软化腐烂，并密生灰色霉状物。大白菜菜帮上初生椭圆形水浸状褐色病斑，后逐渐扩大。潮湿时，造成叶片腐烂，病叶生灰色霉状物。干燥时病斑扩展缓慢，很少生灰霉，难以与软腐病区分，需仔细鉴别。

【病原物】 病原真菌为灰葡萄孢 *Botrytis cinerea*，该菌在植物发病部位产生大量分生孢子梗和分生孢子，形成肉眼可见的灰色霉层。灰葡萄孢能侵害的植物多达数百种，其中包括 20 余种重要蔬菜。

【发病规律】 田间和蔬菜贮运场所往往遗留大量病残体，带有病原菌的菌丝体、分生孢子和菌核，成为下一季发病的菌源。灰霉病还是棚室栽培的瓜类、番茄、韭菜、莴苣、草莓等蔬菜的严重病害，冬春季发病尤其严重，是棚室内和邻近田间十字花科蔬菜发病的重要菌源。

灰霉病菌生长适温 20℃～25℃，发病适温 20℃，24℃以上不利于病害发展，30℃以上则被抑制。棚室低温潮湿，植株表面有水滴或水膜最适于灰霉病发生。菜株遭受低温冷害后，生理功能减弱，可导致灰霉病严重发生。植株上伤口多，或植株脱肥，营养不良，抗病性降低等都是重要发病诱因。

【防治方法】 收获后及时清除田间病株残体，用杀菌剂进行棚室地面、墙壁、立柱、棚膜消毒。合理施肥，增强菜株抗病能力，采用滴灌、膜下管灌等节水灌溉技术，发病初期适当提高棚室温度，上午尽量保持在 20℃～25℃，下午适当延长通风，降低湿度。药剂防治参见本篇第三章茄果类灰霉病。

7. 菌核病

菌核病是十字花科蔬菜的重要病害，造成死苗、烂棵、种株枯死等多种危害，蔬菜产品在贮运期间病情还会继续发展。

【症　状】 十字花科蔬菜苗期和成株期都可被病原菌侵染。幼苗茎基部发病，变褐软腐，病苗猝倒。甘蓝、白菜等成株多由靠近地表面的茎基部、叶柄或下叶边缘开始表现症状，变为淡褐色水浸状，继而软化腐烂。天气潮湿时，可长出灰白色棉絮状物（病原菌的菌丝体），后在絮状物中出现黑色鼠粪状菌核。天气干燥时，甘蓝叶球外叶仍能保持原形，但呈黄褐色，薄纸状，叶球内部已经腐烂，有空隙和菌核。通常菌核病造成的腐烂无恶臭，但混生细菌性软腐病后，也有恶臭。

留种株和油菜多在终花期后发病，先从近地面茎基部或接触土壤的衰老叶片边缘、叶柄开始发病，进而蔓延到茎部。茎上病斑水浸状，稍凹陷，初为淡褐色，后变灰褐色。后期病茎组织朽烂，茎部中空，内生黑色菌核。严重发病的，病茎或整个留种株提前枯死，发病较轻的，生长衰弱，角果瘦小，籽粒瘦小。角果上也可生白色不规则形病斑，荚内亦生黑色菌核。

萝卜由接近地面的叶柄开始发病，在叶片和叶柄上形成褐色水浸状病斑，引起叶片腐烂。病原菌还由肉质根顶部侵入，使肉质根发糠，变褐色，腐烂，也产生白色絮状菌丝体和黑色菌核。

幼苗和成株病部软腐，产生灰白色棉絮状物和坚硬的黑色鼠粪状菌核，这是菌核病的重要的鉴别特征。病茎髓部、茎基部表面和病叶球空腔中，都是易于产生菌核的部位，田间诊断时应注意。

【病原物】 病原真菌为核盘菌 *Sclerotinia sclerotiorum*，引起多种蔬菜和经济植物的菌核病。

【发病规律】 菌核和带菌病残体可以混入土壤与有机肥中，

甚至还可以夹杂在种子中进行有效的传播，进入先前没有发生菌核病的苗床和棚室。菌核病一旦发生，病株将逐渐增多，病情逐年加重。

在已有菌核病发生的田块和棚室，表层土壤中的菌核和上一季病株的残体是主要初侵染菌源。菌核需经过一段低温休眠期，才能萌发和侵染植物。若土壤持水量达80%以上且持续湿润，菌核萌发后产生子囊盘和子囊孢子。子囊孢子成熟后被放射到空中并被风吹散，降落在植株的叶片、花器、嫩梢或其他部位，侵入并引起发病。子囊孢子最易侵染衰老的叶片和行将凋萎的花瓣。在土壤湿度较低的条件下，菌核萌发产生菌丝。土壤中的带菌病残体也长出菌丝。菌丝向周围扩展，接触并侵入幼嫩的茎部或植株底部衰弱的老叶。菌核在土壤中至少存活3年以上，它们并不在同一时间萌发，而是参差不齐，延续一段相当长的时期，这大大提高了侵染的效率。在我国南方，子囊孢子一年有2个萌发高峰期，即2～4月份和11～12月份。

在潮湿的环境中，病株上产生白色絮状菌丝，通过与健株接触，农事操作和工具等传播，引起再侵染。

病原菌寄主广泛，寄主植物连作、套种或间作时，菌源增多，发病重。栽植密度大，偏施氮肥，棚室郁闭也导致发病加重。病原菌可在植株下部老叶、黄叶、病叶上存活繁殖，积累菌量，若不及时清理，也有利于发病。冬、春低温季节，凡导致土壤和空气湿度升高，光照减弱的因素都有利于发病。开花结果期灌水次数增多，灌水量增大，有利于菌核萌发和子囊孢子侵染花器。

种株开花期是菌核病的易感阶段，始花期提早，花朵带病率高，花期降水量多，发病加重。

【防治方法】 发病棚室应换种禾本科作物或其他非寄主植物2年以上，或更换土壤。若不能采取以上措施，则可进行深翻或土壤淹水，以减少菌源。病田深翻30cm以上，可将菌核翻入下层土壤。菜田淹水 1～2cm，保持水层 18～30 天，可以杀死大部分土表菌核。夏季天气炎热时淹水效果更好。还要清选种子，汰除菌核。冬春棚室要采取加温措施，合理通风，控制浇水量，以增温降湿；要多施基肥，避免偏施氮肥，增施磷、钾肥，防止植株徒长，提高抗病能力；出现病株后应及时摘除病、黄、老叶，以利于通风透光和减少菌源。药剂防治可参见本篇第四章瓜类菌核病。

8. 丝核菌基腐病与叶腐病

立枯丝核菌除侵染幼苗，引起立枯病外，还引起成株根部、根茎部腐烂和成株叶腐病，均为白菜、甘蓝和其他十字花科蔬菜常见病害，露地和棚室都有发生。本病也称为褐腐病、株腐病或尻腐病。

【症　状】 大白菜生长中后期，在接触地面的外叶叶柄上出现不规则形或椭圆形斑块，黑褐色，后腐烂凹陷，病叶可发黄枯死，严重发病时内部叶片也腐烂，但无恶臭。贮藏期大白菜菜帮上初生黑色小斑点，周围变褐腐烂，扩大后成为褐色椭圆形凹陷斑，长度可达 1～3cm。在干燥条件下，病斑略微开裂，潮湿情况下长出少许蛛丝状褐色菌丝和多数小菌核。小菌核近球形或不规则形，黑褐色，直径 0.5mm 左右。

小白菜接近地面的叶柄和叶片变黄褐色，继而湿腐，水烫状，变灰绿色或灰褐色，严重时全叶腐烂，仅残留主脉。病叶上可见蛛丝状菌丝体和黑褐色小菌核。

甘蓝在叶球顶部或叶缘形成淡黑色不规则形小病斑，后病斑汇合，叶球黑腐。病叶内侧初无病斑，病原菌扩展到内侧后，形成淡黑色不规则形病斑。在湿润状态下，病害可继续缓慢向叶球内部蔓延，干燥时则停止。叶球底部叶片基部也产生黑色近圆形病斑，短缩茎上有时附有黑褐色颗粒状菌核。

【病原物】 为立枯丝核菌 *Rhizoctonia solani*，是一种寄主广泛的病原真菌。

【发病规律】 本病为土传病害，病原菌以菌核和菌丝体在土壤与病残体中存活，成为初侵染菌源。寄主植物各生育阶段都可被侵染，幼芽和幼苗被害，则发生烂种和幼苗立枯病。在发病部位形成菌丝体和菌核。通过菌丝接触，可侵染邻近叶片或植株，菌核则落到土壤中，形成再侵染菌源。带菌土壤还可随种子、农机具、肥料等传病。

病原菌发育适温为 22℃～25℃，在 5℃以下和 30℃以上难以发育，在 25℃～30℃和高湿条件下产生菌核。田间遗留病残体多，施用未腐熟的含有病残体的粪肥，风雨频繁，土壤高湿等都加重病害发生。

【防治方法】

1. 栽培防病 收获后清除病残体，减少菌源。避免在前作丝核菌病害严重发生的地块种植。加强田间管理，尽量减少底部叶片与土壤接触，及时摘除病叶或拔除病株，不要偏施氮肥和大水漫灌，雨后及时排水，降低田间湿度。

2. 喷药防治 叶腐病多发、重发地区可行药剂防治。发病早期选喷 5%井冈霉素水剂 700～1 000 倍液，或 28%多·井悬浮剂 800 倍液，或 50%乙烯菌核利可湿性粉剂 1 000～1 500 倍液，或 45%噻菌灵悬浮剂 1 000 倍液，或 50%异菌脲可湿性粉剂 800～1 000倍液，或 30%苯噻氰乳油 1 200 倍液等。7～10 天防治 1 次，连续防治 2～3 次。重点喷布基部叶柄。

苗期立枯病的防治参见本书苗期病害部分。

9. 黑腐病

黑腐病是十字花科蔬菜的重要病害，甘蓝类蔬菜和萝卜发生最普遍，受害最重。在大白菜上往往黑腐病与软腐病同时发生，形成了两病的复合侵染。

【症　状】 十字花科蔬菜各个生育期都可发病。幼苗子叶沿边缘水浸状，变黑并迅速枯死。成株期叶片从边缘出现病变，逐渐向内扩展，形成“V”字形黄褐色病斑，周围变黄。病斑内网状叶脉变褐色或黑色。病斑进一步扩展，造成叶片局部或大部腐烂枯死。叶柄发病，病原菌沿维管束向上发展，可形成褐色干腐，叶片歪向一侧，半边叶片发黄。短缩茎腐烂，维管束变色，横剖面有一圈黑色小点，严重的髓部中空，变黑干腐。严重发病植株多数叶片枯死或折倒。种株发病，叶片上也产生“V”字形褐色病斑，病叶片脱落，花薹髓部变黑褐色。花椰菜的花球腐烂，严重时形成无头株。

萝卜肉质根受害，外表无明显异常，切开后可见内部变黑干腐，出现空洞。

黑腐病单独发病，虽然引起病部腐烂，但无臭味。田间常并发软腐病，腐烂加重，有恶臭。黑腐病发病早期就出现特征性病变，易于识别，但后期病部腐烂，可能误认为软腐病，需仔细区分。

【病原物】 为野油菜黄单胞杆菌野油菜致病变种 *Xanthomonas campestris* pv. *campestris*，是一种病原细菌。

【发病规律】 病原菌随种子和病株残体越冬，也可在采种株、越冬菜株或十字花科杂草上越冬，带菌种子是最重要的初侵染来源。病区生产的带菌种子，可以通过引种传播到无病区。播种病种子后，细菌从幼苗子叶边缘的水孔和气孔侵入，引起发病。病原细菌可在田间病残体上存活 1 年左右。随病残体越冬的细菌，春季通过雨水、灌溉水、昆虫或农事操作传播带到叶片上，经由叶缘的水孔、叶面的伤口、虫伤口侵入，引起发病，并以同样的方式在菜株之间传播，发生多次再侵染。

病原菌还进入植物的维管束，在导管内扩展，传到根部和其他叶片，引起系统发病。病原细菌从果柄维管束进入角果，污染种子，或从种脐侵入种子内部，这都造成种子带菌。

病原细菌的最低生长温度为5℃，最高39℃，适温为25℃～30℃。多雨重露，日均温16℃～21℃时有利于黑腐病发生。暴风雨后往往大发生。易于积水的低洼地块和灌水过多的地块发病多。棚室高湿，棚膜滴水，植株表面结露时间长，有利于黑腐病发生。在十字花科蔬菜连作，施用未腐熟有机肥，以及害虫严重发生等情况下，发病都加重。

各种十字花科蔬菜的抗病性有差异，甘蓝、花椰菜、球茎甘蓝、抱子甘蓝等高度感病。

【防治方法】

1. 种植抗病品种 各地报道的抗病品种较多，可根据品种特性选用。引种抗病品种，应先进行试种或进行抗病性鉴定，予以确认，并注意对其他病害的兼抗性。

2. 使用无病种子 使用由无病田和无病株采种，所获得的无病种子。可能带菌的种子须行种子消毒。用温汤浸种法处理时，可用50℃热水浸种20分钟，或用55℃热水浸种15分钟，用200mg/L的链霉素或新植霉素浸种也有效，但白菜类种子对链霉素、新植霉素敏感，不宜使用，以免发生药害。此外，还可用50%琥胶肥酸铜(DT)可湿性粉剂或50%福美双可湿性粉剂，按种子重量0.4%的药量拌种。47%春雷·王铜可湿性粉剂按种子重量0.3%的药量拌种。

3. 栽培防病 病原细菌在田间仅存活1年左右，因而可与非寄主作物，例如豆类、葫芦科蔬菜、茄科蔬菜等进行2年轮作，避免十字花科蔬菜连作；清洁田园，及时清除病残体，秋后深翻，施用腐熟有机肥；适时播种，合理密植；及时防虫，减少传菌介体；合理灌水，降低棚室湿度；减少农事操作造成的伤口。

4. 药剂防治 发病初期及时喷药防治。可供选用的药剂有波尔多液(1∶1∶250～300),77％氢氧化铜可湿性粉剂500～800倍液,47％春雷·王铜可湿性粉剂800倍液,30％络氨铜水剂350倍液,50％琥胶肥酸铜(DT)可湿性粉剂1 000倍液,60％琥·乙磷铝(DTM)可湿性粉剂1 000倍液,72％农用链霉素可溶性粉剂4 000～5 000倍液等。隔7～10天喷1次,共喷2～3次,各种药剂宜交替施用。为防止萝卜肉质根发病,可在肉质根大拇指粗时和肉质根“露肩”始期,分别喷淋施药。

白菜幼苗对链霉素、新植霉素等敏感,药害严重,形成白苗。在成株期使用,白菜心叶表现轻微药害,叶缘变白。此外,十字花科蔬菜对铜制剂敏感,应注意药液浓度适当,以免造成药害。

10. 软腐病

软腐病是十字花科蔬菜以及其他多种蔬菜作物的主要病害之一,夏秋露地栽培和遮阳网栽培多发,在棚室和贮运期间也可发生,若防治不及时,可造成重大损失。

【症　状】 大白菜多在包心期以后表现症状。有的从植株基部的裂口和伤口处开始腐烂,初期病部水浸状,半透明,继而变褐色腐烂,表皮下陷。病株外叶萎垂贴地,叶球暴露。发展后叶柄基部和根茎部完全溃烂,充满黄色黏稠物,散发臭味,病株一触即倒。有的从心叶顶端向下腐烂,或从叶片中部虫伤口向四周扩展,可造成整个菜头腐烂。还有的叶片外缘发病枯焦,俗称“烧边”。干燥时病叶迅速失水干枯,呈薄纸状。腐烂病在贮藏期间可继续发展,导致烂窖。

未包心白菜和小白菜多从茎基部或叶柄基部的裂口和伤口发病,病斑初呈水浸状,半透明,扩大后可导致整株软腐。菜心多从虫伤口或摘心造成的伤口开始腐烂,散发恶臭,造成空心,有时虽能抽出新的侧芽,但叶片萎蔫,稍一触动则全株倒地。

结球甘蓝多在包头期以后发病，植株外叶或叶球基部先发病，病部初呈水浸状，后变褐腐烂，散发恶臭。腐烂叶片失水后薄纸状，紧贴在叶球上。叶柄和短缩茎基部腐烂后，菜株塌倒溃散或一触即倒。芥蓝多由摘心后的切口发生水浸状腐烂。摘心前发病，多在茎部出现水浸状斑，后期茎髓部软腐中空，植株软化枯死。花椰菜和青花菜花球变褐腐烂，最初腐烂部分呈分散的斑点状，后迅速扩大和汇合，最后变成一团褐色糊浆状物。球茎甘蓝的球茎上出现黑褐色不定型凹陷斑，病组织腐烂，迅速向周围和内部扩展，以至球茎大部软腐。

萝卜肉质根变褐软腐，常有汁液渗出。有时肉质根外观完整，但髓部腐烂，甚至成为空壳，地上部叶片变黄萎蔫。

各种作物软腐病的共同特点是从植株伤口或自然裂口处首先开始发病，病部初呈浸润状半透明，后黏滑软腐，有恶臭，出现污白色细菌溢脓。

【病原物】 病原细菌为胡萝卜果胶杆菌胡萝卜亚种 *Pectobacteriam carotovorum* subsp. *carotovorum*，寄主范围非常广泛。

【发病规律】 病原细菌随带菌的病残体、土壤、未腐熟有机肥以及越冬病株等越冬，成为重要的初侵染菌源。在生长季节病原细菌可通过雨水、灌溉水、肥料、土壤、昆虫等多种途径传播，由伤口或自然裂口侵入，不断发生再侵染。残留土壤中的病菌还可从幼芽和根毛侵入，通过维管束向地上部转移，或者残留在维管束中，引起生长后期和贮藏期腐烂。病原菌寄主种类很多，可在不同寄主之间辗转危害。

软腐细菌多从植株的自然裂口和伤口侵入。伤口包括虫伤口、机械伤口、病伤口等。自然裂口多在久旱降雨之后出现。不同品种的愈伤能力强弱不同，直立型、青帮型的品种愈伤能力较强，愈伤能力强的品种软腐病发生较轻。另外，白菜苗期愈伤能力强，木栓化作用发生快，而莲座期以后愈伤能力减弱，因而软腐病多在包心期后严重发生。

昆虫取食造成大量伤口，成为软腐细菌侵入的重要通道，同时多种昆虫的虫体内外可以携带病原细菌，能有效传病。因此，害虫发生多的田块，软腐病也重。

高温、多雨有利于软腐病发生。若白菜包心后久旱遇雨，软腐病往往发病重。高温、多雨有利于病原细菌繁殖与传播蔓延，雨水多还能造成叶片基部浸水，使之处于缺氧状态，伤口不易愈合。

十字花科蔬菜连作地发病重，前作为茄科、葫芦科作物以及莴苣、芹菜、胡萝卜和其他感病寄主的发病也重。地势低洼，田间易积水，土壤含水量高的田块发病重。高垄栽培不易积水，土壤中氧气充足，有利于根系和叶柄基部愈伤组织形成，可减少病菌侵染。

【防治方法】

1. 种植抗病、耐病品种　已有的抗病、耐病品种较多，种植抗、耐病品种需因地制宜。各地自然条件、栽培管理水平和对品种抗病程度的要求不同，引进品种时应先行试种或进行抗病性鉴定，以确认品种的抗、耐病水平能够满足需要。由于一些抗病品种的抗病效能不太高，使用抗病品种必须以合理的栽培防病措施为基础。

2. 栽培防病　病田避免连作，换种豆类、麦类、水稻等作物；清除田间病残体，精细翻耕整地，暴晒土壤，促进病残体分解；适期播种，避免因早播造成包球期的感病阶段与雨季相遇；避免在低洼黏重土地上种植白菜，不要大水漫灌，雨后及时排水，降低土壤湿度，多雨地区应行高垄栽培；增施基肥，施用净肥，及时追肥，使菜株生长健壮；及时防治地下害虫、黄条跳甲、菜青虫、小菜蛾以及其他害虫，减少虫伤口；发现病株后及时拔除，病穴撒石灰消毒。

3. 药剂防治　发病初期及时喷药防治，喷药要周到，特别要注意喷到近地表的叶柄和茎基部。有效药剂有 72%农用链霉素

(或新植霉素)可溶性粉剂 4 000～5 000 倍液,47%春雷·王铜可湿性粉剂 800 倍液,45%代森铵水剂 900～1 000 倍液,77%氢氧化铜可湿性粉剂 800 倍液,20%噻菌铜悬浮剂 500 倍液,50%琥胶肥酸铜(DT)可湿性粉剂 1 000 倍液,60%琥·乙磷铝(DTM)可湿性粉剂 1 000 倍液,14%络氨铜水剂 400 倍液等。不同药剂宜交替施用,隔 7～10 天喷 1 次,连喷 2～3 次。一些白菜品种对铜制剂和链霉素、新植霉素等较敏感,要注意防止药害。

11. 病毒病害

病毒病是十字花科蔬菜最严重的病害之一,棚室和露地普遍发生,夏秋高温季节发病较重。

【症　状】 十字花科蔬菜病毒病害的症状因病毒种类、株系不同,植物种类、品种不同或环境条件不同,而有较大变化。

大白菜苗期主要表现花叶和叶片皱缩,生育后期还表现植株矮化,薹茎缩短,角果畸形。发病初期心叶叶脉失绿,半透明状(明脉),支脉和细脉更明显。以后沿脉褪绿,变为叶色浓淡相间、深浅不一的花叶,叶片皱缩不平,甚至扭曲卷缩。有的在叶片上产生近圆形或不规则性的灰褐色坏死斑,叶脉出现褐色坏死。还有的产生环状坏死蚀纹。

轻病植株仅新叶和中部叶片表现花叶,仍能包心,但已造成减产。重病株多数叶片皱缩畸形,甚至枯死,植株明显矮化、不包心。采种株病重的,在花薹抽出前死亡,轻者花薹抽出较迟,短而弯曲,有裂纹,结果较少,角果瘦小畸形。小白菜、乌塌菜、菜心、芜菁、芥菜、白菜型与芥菜型油菜等作物的症状与大白菜相似。

甘蓝、青花菜、花椰菜叶片上产生直径 2～3mm 的褪绿斑点,有明脉现象,出现淡绿与黄绿相间的斑驳花叶。严重时叶片皱缩、畸形,植株矮化。病株结球迟,叶球疏松。甘蓝型油菜除表现花叶症状外，有的在叶片上还形成多数直径 1～5mm 的黄斑或形成黑褐色小枯斑，有时茎秆上出现黑褐色小斑点或条斑。

萝卜叶片出现花叶、皱缩、畸形等症状(彩照 02)，发病早的植株严重矮小，根不膨大。有时的叶片上形成黄斑、坏死斑或条斑。

【病原物】 主要由芜菁花叶病毒(*Turnip mosaic virus*，TuMV)、黄瓜花叶病毒(CMV)、烟草花叶病毒(*Tobacco mosaic virus*，TMV)、花椰菜花叶病毒(*Cauliflower mosaic virus*，CaMV)、萝卜花叶病毒(*Radish mosaic virus*，RMV)等多种病毒单独或复合侵染引起。各地鉴定结果表明，芜菁花叶病毒分布最广，危害最大，所占比例高达 70%以上(包括与黄瓜花叶病毒双重感染者)，其次为黄瓜花叶病毒。在我国南方黄瓜花叶病毒发生的比例较高。由于保护地蔬菜面积扩大，蔬菜多季连作等原因，黄瓜花叶病毒所占的比例有逐年上升的趋势。田间发病往往是多种病毒复合侵染的结果。

【发病规律】 芜菁花叶病毒除侵染各种十字花科蔬菜以外，还能寄生菠菜、茼蒿、车前草等。我国发生的芜菁花叶病毒，可根据对不同寄主的致病性差异，划分为 7 个不同株系。黄瓜花叶病毒寄主有葫芦科、茄科、十字花科、藜科等 40 余科植物，其中包括瓜类、番茄、辣椒、菜豆、芹菜、莴苣、菠菜等多种重要蔬菜，毒源很多，烟草花叶病毒的寄主范围也非常广泛。花椰菜花叶病毒和萝卜花叶病毒侵染各种十字花科的作物与杂草。

芜菁花叶病毒、黄瓜花叶病毒、花椰菜花叶病毒都由蚜虫或汁液接触传染。桃蚜、萝卜蚜、甘蓝蚜等都是重要传毒介体。蚜虫传毒为非持久性，即蚜虫在病株上短时间取食后就可获毒，转而在健康植株上短时间取食就可传毒，蚜虫保持传毒的时间较短。烟草花叶病毒主要经由汁液接触传毒，萝卜花叶病毒主要由黄条跳甲等叶甲类昆虫传毒，也可借汁液接触传毒。

在北方菜区，病毒主要随棚室寄主植物和窖内保存的十字花科蔬菜的采种株越冬，也可在菠菜、芥菜等宿根植物以及田间十字花科杂草根部越冬。春季蚜虫把病毒由采种株或其他毒源植物，传播到春菜上，以后又先后传播到夏菜和秋菜上。在南方，田间终年种植十字花科蔬菜，病毒辗转传播，可周年发生。

干旱少雨，气温偏高有利于蚜虫繁殖和迁飞，有利于病毒增殖和传播，而不利于菜苗生长发育，病毒病往往大发生。降水量大，雨日多，阴雨连绵，蚜虫和病毒病发生都轻。十字花科蔬菜互为邻作发病重，邻地为非十字花科作物，发病就轻。白菜七叶期前特别感病，早期被病毒侵染，会加重发病程度，秋季播种过早的田块，受害也重。

【防治方法】

1. 种植抗病、耐病品种 已育成的抗病、耐病品种较多，许多地方利用抗病品种，已经成功地控制或减轻了病毒病。由于各地感染十字花科蔬菜的病毒种类、株系不尽相同，在引进抗病品种时，需经试种或另行抗病性鉴定。

2. 栽培防治 调整蔬菜生产布局，合理间、套、轮作，不与十字花科蔬菜或其他毒源植物相邻或接续种植；适期播种，使苗期避开高温期与蚜虫迁飞高峰期；加强肥水管理，合理施用基肥和追肥，喷施叶面营养剂，以提高植株抗病能力和缓解病株症状。

3. 治蚜防病 及时采用防虫网以及其他避蚜、诱蚜、杀蚜措施，参见本书第三篇桃蚜、萝卜蚜和甘蓝蚜等章节。

4. 喷药控病 发病初期喷施20%盐酸吗啉胍·铜可湿性粉剂500倍液，或1.5%植病灵乳剂1000倍液，或2%宁南霉素水剂250倍液（可加用适量喷多丰抗病毒复合营养液），或3.95%病毒必克500倍液（可加用适量傻老大微肥1000倍稀释液）等。

12. 根结线虫病

根结线虫是近年南北各地猖獗发生的重要有害生物，棚室栽培的蔬菜受害尤其严重。根结线虫的寄主范围很广，不仅十字花科蔬菜，几乎各种常见蔬菜都是根结线虫的寄主，严重受害的种类有甘蓝、花菜、番茄、茄子、马铃薯、瓜类、菜豆、芹菜、莴苣、胡萝卜、豆类、草莓等。根结线虫侵染蔬菜根部，形成根结，有虫株生长不良，变黄萎缩，造成严重减产。

【症　状】 根结线虫危害的植株，根部形成多数瘤状物，即根结。根结以侧根和须根最多。有虫株初期根部略膨肿，后增大成为根结，根结有近球形、纺锤形、葫芦形、串珠形或不规则形等多种形状。根结的大小差异也很大，小者肉眼勉强可见，大者如乒乓球，多数如小米粒至豆粒大小。根结初期白色，表面光滑，后变灰褐色，表面粗糙并腐烂。病株地上部发育不良，矮小，叶片发黄，萎蔫。

【病原物】 为根结线虫属寄生线虫，常见种类有南方根结线虫 *Meloidogyne incognita*，花生根结线虫 *M. arenaria*，北方根结线虫 *M. hapla* 和爪哇根结线虫 *M. javanica* 等。南方根结线虫为优势种群，分布范围较广。

根结线虫成虫雌雄异型。雌成虫洋梨形，褐色，固定于根结内。雄成虫线状，细长，头部尖，尾部稍圆（图 2-1）。幼虫 4 龄，二龄幼虫虫体线形，三龄、四龄为膨大囊状。卵长圆形，无色。现以南方根结线

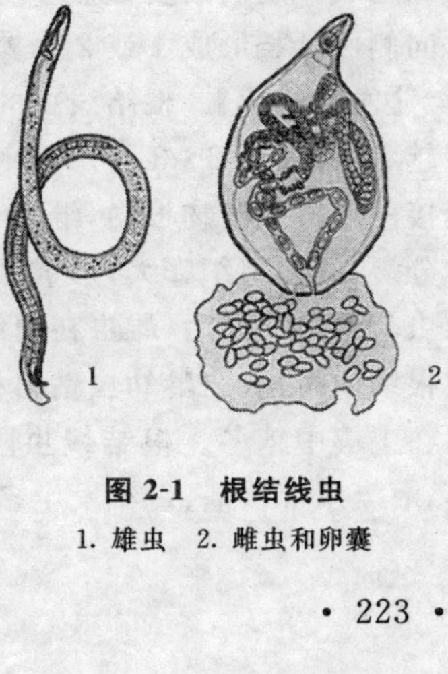

图 2-1　根结线虫

1. 雄虫　2. 雌虫和卵囊

虫为例，说明其形态特征。

1. 成虫 雌成虫固定在植株根内，洋梨形或卵形，乳白色，体长0.44～1.59mm，宽0.26～0.81mm。阴门位于虫体末端，裂缝状。会阴花纹背弓较高，由平滑至波浪形的线纹组成，有些线纹在侧面分叉，一般无明显的侧线。雄虫线形，无色透明，尾梢钝圆，体长1～2mm，宽0.03～0.04mm。

2. 卵 椭球形或近肾脏形，长0.07～0.13mm，宽0.03～0.05mm。外被棕黄色胶质卵囊，一个卵囊内有100～300粒卵。

3. 幼虫 幼虫共4龄。一龄幼虫在卵内孵化，蜕皮后破壳而出成为二龄幼虫，线形，无色透明，进入土壤后，侵入植物根内。三龄幼虫和四龄幼虫尾膨大囊状，有尾夹突，寄生于根结内。

会阴花纹是分类的重要依据。南方根结线虫会阴花纹特点如上所述。爪哇根结线虫会阴花纹具有一个圆而扁平的背弓，侧区有明显的侧线。花生根结线虫会阴花纹圆形至卵圆形，背弓扁平至圆形，弓上的线纹在侧线处稍有分叉，并常在弓上形成肩状突起，背面和腹面的线纹常在侧线处相遇，并呈一个角度。北方根结线虫会阴花纹近圆形的六边形至扁平的卵圆形，背弓扁平，背腹线纹相遇成一定的角度，或呈不规则变化，但侧线不明显，有些线纹可向侧面延长形成1或2个翼。

【发病规律】 根结线虫的二龄幼虫或卵囊在病残体中或土壤中越冬，可存活2～3年。越冬后的卵孵化成幼虫，越冬二龄幼虫直接侵入寄主植物根内，继续发育并刺激根部皮层和中柱细胞反常分裂，致使组织膨大，形成根结。幼虫经几次蜕皮后变为成虫。雌虫与雄虫交配后，雌虫在根结内产卵，雄虫进入土壤而死亡。卵在根结内孵化，二龄幼虫钻出根结，进入土内，随后再侵入寄主，或留在土壤中越冬。根结线虫随病残体、带虫土壤、菜苗、粪肥、农具、灌溉水等传播，每年发生多代，世代重叠，冬季在温室中可继续危害。

根结线虫大多分布在30cm深的土层内，以5～30cm耕作层土壤中数量最多。地温25℃～30℃有利于根结线虫发生，10℃以下幼虫停止活动；在55℃，经10分钟则虫体死亡。土壤持水量40%左右适于根结线虫发育，土壤间湿间干发生加重。沙质土壤比黏重土壤更适于线虫发生。

感病寄主植物连作时间越长，土壤中虫口越多，发病也越重。棚室中蔬菜长期连作，是根结线虫猖獗的主要诱因。在北方，蔬菜秋茬重于春茬，温室重于大棚，大棚重于露地。生长期长的蔬菜品种，较生长期短的发生重。

【防治方法】

1. 轮作和诱集　有虫地与禾谷类作物轮作2～3年，最好水旱轮作1年或20cm土层浸水4个月。也可改种葱、韭菜、大蒜、石刁柏、辣椒等发虫较轻的蔬菜。还可种植诱捕植物，在发生严重的地块，种植生长期短的叶菜类蔬菜，例如小白菜、菠菜、夏萝卜等，生长期只有一个多月，根部生有大量根结，收获时将病根全部挖出，集中销毁。此法可以有效减少土壤中线虫虫口数量。

2. 栽培防治　种植抗虫、耐虫品种；清除田间病残体，集中销毁，深翻土壤，将表层土壤翻埋于20cm以下；使用无虫土育苗，禁止定植带虫菜苗；施用腐熟有机肥，加强肥水管理，提高菜株耐害能力。大棚、温室还可实行夏季日光晒土或冬季低温冻土。夏季日光晒土在春茬作物拉秧后实施，在7～8月份耕翻土壤，挖沟起垄，沟内灌水，垄上覆盖地膜，并密闭棚室15天以上。经受日光暴晒后，土温可达到55℃以上，能杀灭大部分线虫。

3. 药剂防治　发虫地块可用药剂进行土壤处理或生长期灌根。

非熏蒸性杀线虫剂在播前或定植前用于处理土壤。10%噻唑磷颗粒剂在移栽时沟施或穴施，每667m² 用1.5kg。3%氯唑磷颗粒剂每667m² 用药1.5～2kg，5%丁硫克百威颗粒剂每667m² 施用3kg。在播种或移栽前施药，施药方式可撒施、沟施或穴施。撒施即在整地前把药均匀撒入田块内地面，然后耕耙入土，与土壤充分混合，以避免与种子或根系直接接触，撒施用药量稍大。沟施是在播种（移栽）沟内施药，穴施是在播种（移栽）穴内施药，施药后拌（覆）土，再播种或移栽。还可在定植行中间开沟施药，覆土踏实，形成药带。干旱时在施药后要及时浇（灌）水。种植前施用1.8%阿维菌素乳油，每平方米用1～1.5ml，稀释2 000～3 000倍，全面均匀喷洒土表，而后立即耙入15～20cm耕层，充分拌匀后播种或定植。也可对水均匀沟施或穴施，浅覆土后播种或定植。

土壤熏蒸剂可用98%～100%必速灭（棉隆）微粒剂，熏蒸前清除作物残体、残秆、残根等，整平土地，使土壤疏松，打碎大的土块，深度达到20～30cm，土壤的含水量达到饱和持水量的60%～70%，土壤温度在10℃～15℃。如果土壤含水量不够时，要先浇水。必速灭微粒剂的施药方式有沟施、面施和堆施。沟施即沿种植行开沟，沟深20～30cm，每平方米用10g制剂（每667m^2用5～6kg），均匀撒施在沟内，覆土后浇水，再紧贴土壤表面盖上塑料薄膜，薄膜周围压实，不能漏气。此时必速灭气体开始对土壤进行熏蒸消毒。3～7天后揭膜通风透气，松土1～2次，3～7天后种植作物。面施即整地后均匀撒施，用药量20g/m^2，然后立即翻动土壤，深至20～30cm，浇水然后覆膜，3～7天后揭膜，松土1～2次，3～7天后种植作物。堆施用药量为1m^3的土壤或其他介质用药100～250g。处理时以2～3m^3为一堆，整平成20～30cm厚，撒上制剂300g，翻动均匀，然后覆膜，处理3～7天，然后揭膜散气3～7天，其间翻动1～2次。

35%威百亩水剂是一种低毒、水溶性及灭生性土壤熏蒸剂。施药前先整好地，种植前17～18天，在温度15℃以上时开沟，沟深16～23cm，间距24～33cm，每667m^2用4～5kg（发生重地块可用8～10kg）加水300～500kg，均匀浅施沟内，随即盖土踏实，盖地膜，15天后揭膜，翻耕透气2～3天后播种或移栽。

生长期间可用50%辛硫磷乳油1 500倍液，80%敌敌畏乳油1 000倍液，或1.8%阿维菌素乳油1 000～1 500倍液灌根，每株灌药液0.25～0.5kg。

禁止使用涕灭威、克百威、灭线磷、苯线磷、硫环磷、甲基异柳磷等高毒农药，其他的高毒杀线虫剂如丙线磷、克线磷、硫线磷等，也不能用于蔬菜。

13. 十字花科蔬菜其他病害

十字花科蔬菜其他病害及防治，见表2-2。

表2-2　十字花科蔬菜其他病害及防治

病　名	症　状	发生规律	防治方法
细菌性黑斑病 *Pseudomonas syringae* pv. *maculicola*	叶片上初生水浸状暗绿色小斑点，后发展为褐色至黑褐色多角形、不规则形病斑，多沿脉发展，病斑易破裂穿孔。高湿时，叶背病部有污白色菌脓，严重时，病斑汇合，病叶变黄枯死。叶柄和茎上产生深褐色不规则形条斑	在土壤中病残体上以及越冬的十字花科蔬菜、杂草上存活的细菌为主要初侵染菌源。种子带菌传病。田间发生多次再侵染，病原细菌可随风雨、灌溉水、被污染的农机具和人体在植株间传播。多雨湿润的天气适于发病	1. 实施检疫，使用无病种子；2. 种植抗病品种；3. 发病田与非十字花科蔬菜轮作；4. 发病初期喷施农用链霉素、新植霉素、氢氧化铜、春雷·王铜等药剂

续表 2-2

病　名	症　状	发生规律	防治方法
白斑病 *Pseudocercosporella capsellae*	叶片上病斑近圆形，灰白色至灰褐色，小的直径仅几毫米，大的可达10～20mm，有不明显的轮纹。有时受到叶脉限制，而成为多角形或不规则形。后期病斑开裂穿孔。高湿时，病斑上生稀疏的灰色霉状物。严重时，多数病斑汇合，病叶早枯	病原真菌随田间病残体越冬，种子也可以带菌传病。翌年春季病残体上产生分生孢子，随气流和灌溉水传播。在一个生长季中，可发生多次再侵染。秋季多雨年份，大白菜发病较多。肥料不足，菜株早衰或灌水失当，田间高湿时病重	参见黑斑病防治方法
环斑病 *Phyllosticta brassicae*	主要危害白菜叶片，病斑近圆形，直径10mm左右，灰白色至淡褐色，病斑周围有黄绿色晕圈。病斑上轮生或散生黑色小粒点，为病原菌的分生孢子器	病原真菌随病残体在田间土壤中越冬，成为翌春主要初侵染菌源。当年病株上产生分生孢子，借风雨传播，进行再侵染。发病适温18℃～20℃，多雨高湿，叶片重露时发病增多。偏施氮肥，茎叶旺而不壮，或后期脱肥，生长衰弱的植株病重	参见黑斑病防治方法

续表 2-2

病　名	症　状	发生规律	防治方法
褐斑病 *Cercospora brassicicola*	主要危害白菜叶片。病斑圆形、近圆形、不规则形，有些受叶脉限制，长径0.5～6mm，淡褐色至褐色，病斑边缘深褐色。病斑多时，可相互连接，使叶片变黄	病原真菌随病残体在土壤中越冬，当年病株上产生分生孢子，借风雨传播，进行再侵染。温度较高，多雨高湿，叶片重露时发病增多。低湿积水的田块易于发病	参见黑斑病防治方法
根朽病（黑胫病）*Phoma lingam*	主要危害甘蓝。叶片上生淡褐色至灰白色的不规则形病斑，茎部和根部病斑长条形，紫黑色，皮层腐朽，木质部外露。后期病部密生黑色小粒点。可引起病苗、病株死亡	病原真菌主要随病残体在土壤中或粪肥内越冬，种子带菌传病。病株产生分生孢子随风、雨、灌溉水、昆虫传播，引起再侵染。高温、高湿、多雨时发病重，苗期多发	1. 与非十字花科作物轮作3年以上；2. 选用无病种子或用异菌脲、甲基硫菌灵等药剂拌种；3. 苗床换用无病菌土壤或用药剂处理；4. 发病初期选喷代森锰锌、异菌脲、甲基硫菌灵、噻菌灵或敌菌灵等杀菌剂
白粉病 *Erysiphe cruciferarum*	叶片上初生小型白色粉斑，扩展后成为白色粉状霉层，覆盖大部或全部叶面，也生在种株的茎上和荚上。重病株黄化枯死	病原真菌以闭囊壳随病残体越冬，引起初侵染。生长期由分生孢子随气流传播，引起再侵染。在南方或棚室内，由分生孢子在各茬十字花科蔬菜间辗转传播，终年危害	1. 收获后彻底清除病残体；2. 加强水肥管理，施足基肥，增施磷、钾肥；3. 发病初期选喷氟硅唑、多硫悬浮剂、氯苯嘧啶醇（乐必耕）、氟菌唑（特富灵）或武夷菌素等药剂

续表 2-2

病 名	症 状	发生规律	防治方法
甘蓝枯萎病 *Fusarium oxysporum* f. sp. *conglutinans*	幼苗叶脉首先变黄，后叶片变黄枯死。严重时一侧叶片或全株叶片变黄。病株变小，萎蔫，枯死。剖开病株短缩茎，可见维管束变褐色	病原真菌以厚垣孢子在土壤和病残体中越冬，主要随土壤和带菌种子传播。连作田病重	1. 种植抗病品种；2. 轮作非十字花科作物3年以上；3. 清除田间病残体和十字花科杂草；4. 不从发病地区引种，使用不带菌种子和无病种苗；5. 早期拔除病株，灌浇多菌灵药液
大白菜干烧心（非传染性病害）	叶片边缘水浸状，淡褐色至黄褐色，后干枯皱缩，向内翻卷，成为“干边”，叶球松散。包心期后发病的菜株外形正常，顶叶边缘变黄干枯，叶球内部叶片黄枯，干纸状。被细菌侵染后，分别形成“烂边”或“夹心烂”	主要发生在莲座期至结球期，贮藏期间可继续发展。缺少水溶性钙或活性锰所致，高温干旱，氮肥施用过多，土壤缺钙，水质不良，土壤溶液矿化度高等因素都可诱发干烧心	1. 选用病轻的适宜品种；2. 增施有机粪肥，均衡施肥，不要偏施氮肥；高温干旱时，要及时灌水，降温防旱；3. 莲座期开始至包心期，分期喷施0.7%氯化钙和稀释20 000倍的萘乙酸混合液，或喷1%过磷酸钙溶液，共喷3～5次，补锰可喷施0.7%硫酸锰水溶液
甘蓝叶球开裂（非传染性病害）	多在叶球顶部出现一道裂缝，轻者仅外部数层叶片开裂，重者裂隙可深达短缩茎。也有的叶球顶部发生纵横裂缝或叶球侧面开裂	甘蓝叶球因组织脆嫩、吸水过多而胀裂。甘蓝结球后遇大雨或大水漫灌后，田间积水，甘蓝植株浸水，易发生叶球开裂。延迟收获时，裂球增多	1. 种植不易裂球的品种；2. 合理浇水，避免大水漫灌，叶球生长紧实后，应停止浇水，雨后要及时排除田间积水；3. 及时收获，避免因延迟收获而增加裂球

续表 2-2

病　名	症　状	发生规律	防治方法
萝卜肉质根开裂（非传染性病害）	沿肉质根纵向开裂，裂口较深，长度不一。严重时，裂口由根头部开始，纵贯全根。也有的在靠近叶柄处横裂，或在根头处放射状开裂。开裂的肉质根易生软腐病，不耐贮藏	在萝卜生长前期遇到高温干旱，土壤水分供应不足，肉质根皮层组织老化。中后期若温度适宜，水分供应充足，肉质根薄壁细胞再度膨大，但因周皮细胞不能相应地生长，就使肉质根开裂	改进灌溉技术，均衡供水，在肉质根膨大阶段使土壤保持一定湿度，不能过干过湿
萝卜歧根（非传染性病害）	萝卜的肉质根出现一个或几个分杈，分杈的发育情况有所不同，有的主根与几个侧根同时肥大，有的则是主根仍较发达，侧根稍有肥大，也有的主根被几个肥大的侧根所代替	萝卜主根生长点被破坏或生长受抑，从而侧根膨大，形成歧根。土质坚硬或有石块，肉质根不能下扎，便在侧根着生处形成突起，后膨大而形成分杈。肉质根先端被粪肥烧伤，或被地下害虫咬伤，不能继续生长，也造成侧根膨大，形成歧根	改进耕作技术，深翻土壤，细致整地，加深活土层，清除耕层中的石块、砖头等杂物，不留土坷垃。施用充分腐熟的粪肥，防治地下害虫

续表 2-2

病　名	症　状	发生规律	防治方法
萝卜糠心（非传染性病害）	肉质根重量减低，敲击有中空感，切开后可见薄壁组织绵软，有空隙	肉质根生长盛期高温干旱，水分不足，肉质根的薄壁细胞空瘪，细胞相互分离，间隙增大，形成糠心。萝卜过早抽薹开花，或收获过迟，也会消耗大量水分而发生糠心。贮藏条件不良，温度太高，湿度太低，或贮藏时间过长，失水多，糠心增多	栽培不易糠心的品种，并适时播种与收获，生长期间均匀供水，合理追肥。适期贮藏，贮藏温度保持在1℃～3℃，相对湿度保持在90%～95%。挖沟贮藏的，覆土不要过干

第三章　茄果类蔬菜病害

茄果类蔬菜主要有番茄、辣椒(含甜椒)和茄子,均为露地和棚室栽培的大宗品种,栽培时间长,茬口类型复杂,病虫害问题突出。以番茄为例,冬春季棚室低温、寡照、高湿时,灰霉病、菌核病、早疫病、晚疫病等易严重发生。随后露地苗期病害、早疫病、晚疫病、叶霉病以及病毒病陆续发生,直至秋季。此外,根结线虫、枯萎病、溃疡病,西北地区的白粉病,南方高温地区的青枯病都是需要严密防范的重要病害。辣椒和茄子除了与番茄有共同的病害问题以外,辣椒的疫病、炭疽病,茄子的黄萎病、褐纹病等都是主要防治对象。近年出现了番茄细菌性斑点病、曲叶病毒、番茄斑萎病毒、茄子叶霉病等新病害,也需要严密注意。

1. 茄果类灰霉病

灰霉病是茄果类蔬菜的常见病害,以番茄发病最为严重。棚室栽培的番茄,在冬季和早春低温多湿条件下发病很普遍。灰霉病在苗床期就可能大发生,造成缺苗或毁床。结果期发病一般减产20%左右,严重时减产50%～60%或更高。在果实储运期还可继续发病,损失也很重。

【症　状】 幼苗和成株期都可发病,病原菌侵染植株各部位,以果实受害最重。

苗期被侵染,多见小苗的下胚轴变褐腐烂,严重的使病苗倒伏。子叶受侵染,从叶缘开始变黄,呈水浸状腐烂,变软下垂,进而扩展到心叶和幼茎,造成幼苗萎倒。大龄幼苗茎上产生梭形病斑,发展后可绕茎一周,使幼茎腐烂变细,甚至折断,病株萎蔫。

成株叶片多由叶缘产生“V”字形病斑，也可在叶面上生成近圆形病斑。初期病斑水浸状，边缘不清晰，以后变为黄褐色或灰褐色，生有不清晰的浅黄色轮纹，严重时病叶干枯。茎和枝条上多从伤痕处，或接触病花瓣的枝杈处生成灰白色至褐色的病斑，可绕茎一周，由病斑部位折断，上部枯死。严重时，小枝大量枯死。

发病茎叶表现水浸状褐色腐烂，产生灰色霉状物，有时还产生黑色粒状小菌核，据此可与类似病害区分。

花瓣上先产生黄褐色或褐色斑点，以后整朵花褐变腐烂而凋萎，密生灰色霉层。果实多从青果残留的花瓣、花柱、花托等处开始发病，果面形成不规则形水浸状大斑，灰白色至灰褐色，表面光滑，果肉腐烂。后发展至半个或整个果实，表皮破裂，表面密生灰白色或灰黄色霉状物。病果内部或表面可产生黑色米粒状菌核。幼果发病后易大量软腐脱落。

番茄果实还发生另一种特殊症状，果面产生隐约可见的外缘淡绿色、中部灰白色的圆形病斑，病斑直径可达 1cm 左右，严重时病果畸形。

【病原物】 为灰葡萄孢 *Botrytis cinerea*，是一种病原真菌。该菌在植物发病部位产生大量分生孢子梗和分生孢子，形成肉眼可见的灰色霉层，因而这种病害称为“灰霉病”。灰葡萄孢能侵害的植物多达数百种，其中包括各种蔬菜。

【发病规律】 病株遗留在地表和土壤中的残茎、败叶、落果等病残体中有大量菌丝体和小菌核，可以传染下一季寄主作物。种子中间夹杂的小菌核与病残体也能传病。在温度和湿度适宜时，由病残体长出分生孢子和菌丝，接触并侵入植株，小菌核萌发后也产生菌丝体而侵入。植株上的伤口是灰霉病菌侵入的主要门户。病原菌还从开败的花瓣侵入，造成花腐，进而蔓延到花柱和果实。

植株发病后产生分生孢子，扩大传播范围，不断发生再侵染，灰霉病菌得以在露地与棚室之间，以及棚室各茬蔬菜间辗转侵染。

在棚室内，病原菌也有多种传播途径：第一，苗床发病，随移栽苗带病入棚；第二，植株发病部位产生病原菌的分生孢子，随气流、灌溉水传播；第三，病花落在叶片上或者病花、病叶与健康茎叶接触而传病；第四，通过蘸花、抹果等农事操作人为地传播病花、病果上的病原菌。

棚室内灰霉病流行动态随地区和茬口而有所不同。以东北地区冬春茬节能日光温室为例，番茄叶片灰霉病发病过程可分为3个阶段：定植后3月初至4月上旬为始发期，4月上旬至下旬为上升期，4月下旬至5月下旬为发病高峰期。第一层果在3月末，即番茄定植后20～25天开始发病，4月中旬至5月初为盛发期。以后温室开始大通风，病情下降。第二层果在4月上中旬开始发病，在4月下旬至5月初达到高峰期，以后温度上升，温室开始大通风，第一、第二层果病情下降。灰霉病的发生与番茄叶位、果位关系密切。从3月初至3月中旬，灰霉病主要发生在1～5叶位，由3月中旬至4月上旬，扩展到6～9叶位，同期第一穗果较重。从4月上旬至4月中旬，灰霉病发展到10～12叶位，第二穗果发病较重。4月中旬至5月上旬，灰霉病上升到13叶位以上，第三穗果也开始发病，5月上旬以后，随着温度上升，病情不再发展。

北京地区冬季加温温室在1月中旬为盛发期，半加温温室和春大棚3月中下旬至4月下旬为盛发期。在长江中下游地区，棚室春番茄发病盛期为2月中下旬至5月间。

影响棚室灰霉病发病程度的因素很多，诸如菌源数量、栽培措施、环境因子和品种抗病性等因素的变化，都有重要作用。

前作蔬菜灰霉病严重、遗留病残体多、土壤未进行消毒、菌源充足，则发病早且重。棚室种植的高效蔬菜多是灰霉病的寄主，棚室往往多年使用，不易轮作，棚内积累的病菌越来越多，成为灰霉病逐年猖獗的重要原因。另外，灰霉病菌可以在衰老的叶片、凋萎的花器以及伤果、落果上腐生一段时间，再行侵染，若不及时清除，有利于当季再侵染。在苗床和棚室中植株密度过大，施用未腐熟有机肥或氮肥施用过量，棚室的表面积尘过多，光照不足等条件下，都会造成植株徒长、衰弱，导致严重发病。田间操作不当，造成较多伤口，发病也多。

低温、高湿和光照不足是灰霉病大发生的主要环境因素。灰霉病是低温病害，病原菌生长发育和侵染的适温虽为18℃～23℃，但低至0℃～10℃仍能发病，气温低于15℃的时间越长，发病越重。温度超过31℃，灰霉病菌就不能产生孢子。孢子萌发和侵入都需有水滴存在，高湿度适于发病。有研究表明，每天90%以上高湿时间达到8小时以上，灰霉病菌就能够完成侵染。凡是有利于温度降低，湿度升高的环境因素和栽培措施都能促进灰霉病流行。

北方冬、春棚室栽培的蔬菜长期处于低温高湿环境中，灰霉病发病最重。一旦遇到寒流、大风或者连阴雨的天气后，棚室中温度剧降，湿度升高，光照不良，植株衰弱，抗病性降低，有利于灰霉病流行。棚室灌水后遇到连续阴雨，无法通风散湿，或者半加温、加温棚室停火后温度下降，湿度升高都导致灰霉病大发生。

在长江中下游地区，早春温度偏低，多阴雨，日照时数少的年份发病重。种植过密，通风透光差，氮肥使用过多，排水不良的田块多发，与莴苣、芹菜、草莓等易感灰霉病的作物接茬或间作的田块以及春播特早熟茬口易发病。

【防治方法】

1. 减少菌源 收获后应彻底清洁田间，清除前茬遗留的病残体，并行深翻。前作发病严重的苗床和棚室，使用前用有效药剂对地面、棚顶、棚面、墙面等处均匀喷药灭菌。也可用硫磺熏蒸消毒，每100m^3空间用硫磺0.25kg，锯末0.5kg混合后分成几堆，点燃熏蒸一夜。当年使用的架材可一并放入棚内处理。

在夏天高温期可进行高温土壤消毒。方法是每667m^2施用石灰 100kg,加稻草 500kg,均匀施在地面。然后深翻 60cm,起高垄 30cm,垄沟灌水至饱和,覆盖地膜,将棚室密闭10～15 天。育苗用无病土壤或,旧床土壤需消毒灭菌。

早期发现病苗、病株或病花、病果后,在灰霉长出前及时拔除或摘除,携出棚外销毁,以减少再侵染。番茄蘸花后 10～15 天(幼果直径在 1cm 左右),摘除残留花瓣和柱头。操作时,用一只手的食指和拇指捏住番茄的果柄,另一只手轻微用力即可摘除残留的花瓣和柱头。

2. 加强栽培管理 因地制宜地调控棚室内的温湿度,进行生态防治。北方冬春季棚室实行变温控病,即在上午温度开始升高时先通风 1～2 小时,排出湿气,然后密闭棚室,使气温上升到32℃～35℃,闷棚 2 小时,然后再通风,使气温降低,保持在25℃～20℃,湿度降低到 60%～70%。晚间密闭棚室,降温到15℃～13℃。阴雨天要坚持短时间通风,以降低湿度。如果外界最低气温超过 12℃～13℃,则整夜都可通风。

棚室采用垄作地膜覆盖栽培,采用膜下暗灌技术。发病后要适当节制灌水,尽量在晴天上午补水,灌水后闭棚提温,中午或下午再通风排湿。果菜类在晴天早春浇膨果水,浇水后立即闭棚升温,高温闷棚 1 小时后通风排湿。只要植株表面不形成水膜,就可以显著减少灰霉病菌侵染的机会。

3. 生长期施药防治 可用喷雾法、粉尘法、烟雾法或其他方法施药。定植前几天,在苗床对移栽苗喷药,做到带药定植。定植后,加强病情监测,在发病前或发病始期适期施药。茄果类重点抓住开花期和果实膨大期用药,特别注意保护果实。番茄、茄子蘸花后 3～4 天,开始喷药,防止柱头、幼果发病。

喷雾法施药可选喷的药剂详见表 2-3,应根据当地灰霉菌抗药性状态和发病情况选用。第一次喷药后,间隔 7～10 天再次喷药,连续 2～3 次,或根据病情发展情况确定喷药时间和次数。浇水前要先喷药。

表 2-3　防治灰霉病的常用杀菌剂

制剂名称	参考喷药液浓度	备　注
50%腐霉利可湿性粉剂	1500 倍液(棚室喷洒消毒用 500 倍液)	二甲酰亚胺类杀菌剂,高湿、高温条件下以及苗期用药应降低浓度,防止药害,灰霉菌容易产生抗药性,注意轮换用药(不宜与异菌脲、乙烯菌核利轮换,可用甲霉灵、多霉灵代替)
50%乙烯菌核利可湿性粉剂	1000～1500 倍液(棚室消毒用400～500 倍液)	二甲酰亚胺类杀菌剂,有保护作用,持效期 10～14 天,与苯并咪唑类药剂无交互抗药性
75%百菌清可湿性粉剂	600～800 倍液	取代苯类保护性杀菌剂
50%异菌脲可湿性粉剂	1000～1500 倍液	二甲酰亚胺类广谱保护性杀菌剂
45%噻菌灵悬浮剂	800～1200 倍液	硫化苯并咪唑类内吸杀菌剂,与多菌灵等苯并咪唑药剂有交互抗药性
50%多菌灵可湿性粉剂	500 倍液	苯并咪唑类广谱内吸杀菌剂
70%甲基硫菌灵可湿性粉剂	800～1000 倍液	硫脲基甲酸酯类内吸杀菌剂,在植物体内转化为多菌灵起作用
65%甲霉灵(硫菌·霉威)可湿性粉剂	800～1500 倍液	甲基硫菌灵和乙霉威的复配杀菌剂,具有保护和治疗作用,有内吸性,不能与碱性物质混用,每 7～10 天喷 1 次,连续喷药 3 次
50%多霉灵(多·霉威)可湿性粉剂	1000～1500 倍液	有效成分为多菌灵和乙霉威,具有保护和治疗作用,有内吸性,不能与碱性物质混用

续表 2-3

制剂名称	参考喷药液浓度	备　注
40%施佳乐(嘧霉胺)悬浮剂	1500 倍液	苯胺嘧啶类内吸杀菌剂,对抗药性菌有效,棚室用药剂量过高有药害,施药后需通风,空气相对湿度低于65%、气温高于28℃时停止施药
25%嘧菌酯悬浮剂	1500 倍液	甲氧基丙烯酸酯类杀菌剂,具有保护和治疗作用
2%武夷霉素水剂	150 倍液	广谱抗菌素

此外,据上海等地试验,用 25%丙环唑乳油 2 000～2 500 倍液,在成株期用药,防效好于腐霉利与乙烯菌核利。番茄早期可使用腐霉利烟剂或万霉灵粉尘剂防治,中期(座果期)使用丙环唑,还能兼治其他病害。

生物源农药特立克(每克含 1.5 亿木霉菌活孢子)600～800 倍液、2%武夷霉素水剂 150 倍液、1.5%多抗霉素可湿性粉剂 150～300 倍液,在发病初期喷雾。

当棚室内湿度高时,不宜喷雾,可采用粉尘法或烟雾法(熏烟法)施药。

粉尘法施药可选用 5%百菌清粉尘剂,或 10%灭克粉尘剂,或 6.5%乙霉威粉尘剂,用药量每 667m² 每次 1kg,在傍晚关闭棚室后或早晨用丰收 5 型(或丰收 10 型)手摇喷粉器施药。喷药人员要做好人身防护,佩带口罩和风镜,防止粉尘进入眼睛或吸入体内。施药后至少需静止 1 小时,方可开棚进行农事操作。每 7～10 天用药一次,连施防治 2～3 次。

熏烟法施药可用 10%腐霉利烟剂,用药量每次每 667m² 用药 200～250g,每 7 天施药一次。傍晚日落后关闭棚室,室内均匀布点，放置烟剂纸盒，由里向外用暗火逐个点燃，施药人员立即离开现场，密闭棚室过夜。还可用45%百菌清烟剂，或15%克霉灵烟剂（主要成分为百菌清），或3%噻菌灵烟剂，或50%乙烯菌核利烟剂等。

在番茄、甜椒、茄子等蔬菜进行蘸花处理时，可在蘸花药液中，加入0.1%的50%腐霉利可湿性粉剂，或50%灭霉灵可湿性粉剂，或50%异菌脲可湿性粉剂，或50%乙烯菌核利可湿性粉剂，或50%多菌灵可湿性粉剂或其他对灰霉病有效的药剂，预防灰霉病菌从花器侵染。例如，用2,4-D或防落素稀释液1 000ml，则可加入50%灭霉灵可湿性粉剂1g，混合均匀后用于蘸花。另外，用保果灵1号可湿性粉剂效果也好，每克药对热水0.5L充分搅拌，冷却后用于蘸花。

长期多次使用同一类专化性杀菌剂，灰霉病菌就会产生抗药性，若再继续使用同类药剂，就会发现药效降低或无效。国内有些地方已发现抗多菌灵（苯并咪唑类药剂），抗甲基硫菌灵（类同苯并咪唑类药剂）和抗腐霉利（二甲酰亚胺类药剂）的灰霉病菌。在田间防治实践中，若发现常用药剂防治灰霉病的药效突然下降，就要想到病菌可能产生了抗药性，预防抗药性产生的主要方法是轮换使用不同类别的药剂。内吸杀菌剂乙霉威（3,4-二乙氧苯基氨基甲酸异丙酯）可防治对苯并咪唑类药剂、二甲酰亚胺类药剂的抗药性菌，现多用于复配剂，例如与甲基硫菌灵复配成65%甲霉灵（硫菌·霉威）可湿性粉剂，与多菌灵复配成50%多霉灵（多·霉威）可湿性粉剂等。需严密注意双抗灰霉菌的产生动态。现在防治灰霉病的商品制剂很多，需要在搞清其有效成分的前提下选用。

2. 茄果类菌核病

菌核病是北方棚室冬春茬蔬菜主要病害之一，辣椒、茄子、番茄等蔬菜多发，但严重程度因棚室特点和管理水平而异，一般零星发生，严重的可以毁棚。

【症　状】 苗期和成株期都可发病，主要鉴别特征是发病部位软腐，潮湿时产生灰白色絮状菌丝体和黑色坚硬的鼠粪状菌核。在病茎髓部、病果果面和果内空腔中，更易产生菌核。

辣椒苗期发病较多，在幼茎靠近地面的部位，产生水浸状黄褐色病斑，扩大后色泽加深，可环绕幼茎一周，软腐，通常无恶臭，干燥后呈灰白色，高湿时长出白色絮状菌丝体。病苗立枯状死亡或由病斑处折断倒伏。病叶叶缘水浸状，发展成为淡褐色病斑，最后腐烂脱落。成株常在茎秆上或枝条分叉处，产生褐色水浸状病斑，并迅速扩大。病斑处皮层软腐，木质部也变褐色。干燥后表皮破裂，纤维外露。常造成整个植株或1～2个分枝凋萎死亡。病茎表面和内部可生黑色鼠粪状菌核。果实多从蒂部开始发病，生褐色病斑，有时出现深褐色与浅褐色相间的轮纹，病部向果面扩展，果实全部或部分软腐，果内生菌丝团和菌核。

茄子幼苗茎基部发病处初为浅褐色水渍状，软腐，湿度高时，长出白色絮状菌丝体，干燥后呈灰白色，病部缢缩，茄苗枯死。成株先从主茎基部或侧枝5～20cm处开始发病，初生淡褐色水渍状病斑，稍凹陷，渐变灰白色，湿度高时也长出白色絮状菌丝，病茎表面及内部形成黑色菌核。病茎表面易破裂，纤维呈麻丝状外露，髓部消解，病枝或整株枯死。叶片生褐色水浸状圆斑，有时具轮纹，病部长出白色菌丝，干燥病斑破裂。花器水渍状湿腐，脱落。果柄腐烂，果实脱落。果实端部或向阳面出现水渍状斑，褐腐，稍凹陷，斑面先后长出白色菌丝体和菌核。

番茄主要要茎部和果实受害，茎部呈暗绿色至灰白色软腐，病茎变空，内外均可着生絮状菌丝体和黑色菌核，果实暗绿色软腐，后变黄褐色，呈水烫状，长出浓密的白色菌丝团，生出黑色菌核。病株萎蔫枯死。

【病原物】 菌核病由子囊菌门的核盘菌 *Sclerotinia scleroti-*

orum 引起。核盘菌能危害 400 多种植物，国内已知寄主有 171 种，其中包括各类蔬菜。

【发病规律和防治方法】 参见本篇第四章瓜类菌核病。

3. 茄果类细菌性青枯病

青枯病是南方高温高湿地区茄果类蔬菜重要病害，近年有向北发展的趋势。在棚室中主要侵害秋延后或秋冬茬，需要警惕。

【症　状】 多在开花期以后显症，有“突发性”。最早仅枝条顶部嫩叶萎蔫，或个别枝上一张或几张叶片褪绿变淡，此类茎叶局部萎蔫，傍晚还可恢复，病势加重后变为永久萎蔫。发展快时，2～3 天内全株叶片萎蔫，但不变色，因而称为“青枯”。有时病株幼叶脱落，出现顶枯或枝枯，较大的植株叶片褪绿变黄，后期叶片变褐枯焦。茎部外表症状多不明显，有时出现水浸状褐色条斑。在病茎的横切面上，可见木质部维管束变黄色或褐色，挤压茎部，可溢出污白色菌脓。病株根部变褐腐烂。在低温高湿条件下，或品种较抗病时，病株茎上能生出不定根和气生根。病果表面正常，内部变褐色，后期病果水浸状，易脱落。

【病原物】 病原细菌为茄劳尔氏菌 *Ralstonia solanacearum*。其寄主范围很广，有 200 余种栽培植物和杂草，其中包括茄科蔬菜、马铃薯、烟草等重要作物。青枯病菌具有多个致病性不同的生理小种。

【发病规律】 青枯病是土壤传播的系统侵染病害，青枯病菌能在土壤中长期存活，病田土壤、病残体、带菌肥料和田间多年生杂草寄主都能带菌传病，成为初侵染菌源。在生长季节，病原菌主要随雨水、灌溉水传播，引起再侵染。病原菌通过根和茎基部的伤口侵入，在植株体内系统扩展。植株上由农事操作、害虫和线虫危害所造成的伤口多，发病就重。微酸性土壤，黏重土壤有利于发病。高温、高湿的天气适于青枯病流行，连阴雨后骤晴，气温剧升，发病增多。

【防治方法】

1. 轮作　病田应与十字花科作物或禾本科作物实行3年以上轮作，禁止茄科作物相互接茬种植。

2. 种植抗病品种　根据抗病性鉴定结果，选用适合当地的抗病、轻病品种。番茄已有丰顺、C 396、粤星、红百合、多宝、粤宝、夏星、玉石、抗青19号、夏红一号、新星101、益丰等抗病品种。

3. 嫁接换根　采用野生茄科植物作为砧木进行嫁接换根，是防治青枯病和其他土传病害的有效方法。例如，用大面积推广的托鲁巴姆作砧木，可兼抗青枯病、枯萎病、黄萎病和根结线虫。嫁接换根成功的关键是选择适于当地使用的亲和性砧木和接穗品种。广东地区番茄嫁接用砧木101作砧木，皇冠333等作接穗。广西桂林地区用砧木一号和砧木二号作为嫁接砧木的首选品种，选用适应性较强的主栽品种帅特F101、百利、翠红等品种作接穗。江西地区用赣番茄砧1号和赣番茄砧2号作砧木，接穗选择适宜当地种植，产品适销且抗病毒病的番茄品种。山东寿光地区的樱桃番茄生产，选用亲和性较好的CRP和托鲁巴姆作砧木，同心、金王、金冠、串串红等樱桃番茄品种作接穗。茄子嫁接可用托鲁巴姆、CRP(刺茄)、托托斯加、野茄2号、日本赤茄等作砧木。砧木不同，对抗病丰产性能有明显影响，应先行试验，筛选适宜砧木。

4. 栽培防治　做好苗床消毒，培育无病壮苗。提倡清沟排水，合理灌溉，忌大水漫灌，宜穴灌、滴灌，以降低土壤湿度，避免积水伤根。低湿灌区宜采用深沟高畦，地膜覆盖栽培。酸性土壤可结合整地施基肥，每667m^2施熟石灰粉100kg，调节为微碱性。要及时防治地下害虫，减少根、茎虫伤。零星发病田要拔除病株，病穴灌2%福尔马林液或20%石灰水消毒。收获后要清除病残体，搞好田间卫生。

栽植密度适宜，不要过密，及时整枝，适当摘除植株下部老叶、黄叶，改善通风透光条件。采用配方施肥技术，氮磷钾合理配合，防止偏施氮肥，造成幼苗徒长。监测发病情况，发现中心病株后，及时拔除，并喷药封锁。

棚室晴天日间适时通风散湿，夜间闭棚保温，雨天、阴天不通风。缓苗期温度保持在白天 28℃～30℃，夜间 12℃以上，生长期白天 25℃～28℃，夜间 10℃左右，相对湿度维持在 45%～55%。

3. 药剂防治 做好病情测报，及早发现中心病株，发现后立即在发病处及其周围喷药，间隔 7～10 天喷一次，连喷 3～4 次。检查中心病株时，在上层叶片通常只能发现个别或少数病斑，但在下层叶片能找到较多病斑。有时造成棚室发病的菌源来自棚外，发病初期就出现较多零星分散的病斑，发生于上部叶片，无明显中心病株，在这种情况下，需立即全面喷药。

喷雾适用的商品制剂很多，应在搞清其有效成分的前提下选用。常用的有甲霜灵系列杀菌剂、铜制剂、有机硫杀菌剂等以及一些新型杀菌剂，表 2-4 列出了其中部分品种，供参考。

表 2-4 防治番茄晚疫病的杀菌剂

制剂名称	使用方法和参考用药浓度	药剂特点
25%甲霜灵可湿性粉剂	800～1000 倍液喷雾	苯基酰胺类内吸杀菌剂，长期单一用药，病原菌易生抗药性
58%甲霜灵·锰锌可湿性粉剂	400～500 倍液喷雾	甲霜灵与代森锰锌的混剂，具保护和内吸治疗作用
40%三乙膦酸铝可湿性粉剂	300 倍液喷雾	有机磷内吸杀菌剂
64%噁霜·锰锌可湿性粉剂	500 倍液喷雾	噁霜灵与代森锰锌的混剂，具有保护、治疗、铲除活性，可内吸传导

续表 2-4

制剂名称	使用方法和参考用药浓度	药剂特点
72%霜脲·锰锌(克露)可湿性粉剂	600～800 倍液喷雾	霜脲氰与代森锰锌混剂,具保护与内吸治疗作用
69%安克·锰锌可湿性粉剂	800 倍液喷雾	烯酰吗啉和代森锰锌混配剂,烯酰吗啉是吗啉类高效、低毒、内吸性杀菌剂。每季作物用药不多于 4 次
72.2%普力克(霜霉威)水剂	800 倍液喷雾	氨基甲酸酯类内吸杀菌剂
80%代森锰锌可湿性粉剂	用 500 倍液喷雾	有机硫广谱保护性杀菌剂
66.8%霉多克可湿性粉剂	用 800～1000 倍液喷雾	主要成分是丙森锌和缬霉威,有保护、治疗和铲除作用
86.2%铜大师(氧化亚铜)可湿性粉剂	1200～1600 倍液喷雾	无机铜杀菌剂,以保护作用为主
50%甲霜铜可湿性粉剂	用 500～600 倍液喷雾	甲霜灵与琥胶肥酸铜复配剂
77%氢氧化铜可湿性粉剂	500～750 倍液喷雾	无机铜杀菌剂,有保护作用
波尔多液	配比 2:1:100 或 1:1:160～200 的药液喷雾	无机铜制剂,有保护作用,碱性。需现配现用

为降低棚室湿度,可用粉尘法或熏烟法施药。5%霜脲·锰锌粉尘剂或 5%百菌清粉尘剂,10%防霉灵粉尘剂等,每 667m² 用药 1kg,于傍晚棚室封棚前施药,过夜即可。7～8 天施药一次,连续

要叶斑病，近年有发病加重的趋势。斑枯病多在开花结果后发生，造成病叶枯死和脱落，导致减产。有报道称一般减产 20%～30%，严重时可减产 50%以上。

【症　状】 番茄全生育期发病，危害叶片、叶柄、茎秆和果实等部位。病株下部叶片先发病，逐渐向上部扩展。叶片上初生水浸状圆形病斑，直径约 1～3mm。扩展后成为边缘暗褐色，中部灰白色的圆形、近圆形病斑，直径可达 6mm 以上，病斑相互汇合，造成叶片变黄枯死。病斑上散生黑色小粒点，即病原菌的分生孢子器。干燥时，病斑可能脱落穿孔。茎秆和叶柄上多形成大小不等的梭形、椭圆形病斑，略凹陷，边缘红褐色，中部灰白色。病斑上也长出黑色小粒点。果实较少发病，若发病，形成近圆形的灰褐色病斑，略凹陷。叶片和叶柄发病，还造成病叶脱落，严重时中下部叶片脱落殆尽，使果实暴露于日光照射之下，易发生日烧病。

另外，抗病植物材料被病原菌侵染后，还产生“小斑型”病斑。该型病斑直径小于1mm，多数针尖大小，暗褐色，不产生或很少产生分生孢子。

【病原物】 病原真菌为番茄壳针孢 *Septoria lycopersici*。在病叶、病茎上形成分生孢子器，释放分生孢子。病原菌生长的温度范围为 12℃～30℃，22℃～25℃最适，孢子产生的温度范围为 15℃～27℃，最适 25℃，且需 90%以上的高湿度。除番茄以外，该菌还侵染马铃薯、茄子以及曼陀罗、北美刺龙葵、龙葵等野生茄科植物。

【发病规律】 病原菌主要随病残体在土壤中越季，也可在田间茄科杂草上越季。种子带菌传病。在生长季节，病株产生的分生孢子，随气流、雨滴飞溅、昆虫活动或农事操作等多个途径分散传播，引起再侵染。气温 25℃左右，光照较弱，大气湿度 95%以上，叶片结露时间长，或阴雨连绵，适于斑枯病流行。在适宜条件下，着落在叶片上的分生孢子，48 小时内萌发，从气孔侵入，5 天内显症，10～13 天内产生孢子。前作发病较重的田块，以及低洼高湿，管理粗放的田块病重。

【防治方法】 防治斑枯病首先要搞好田间卫生，收获后细致清除病残体，深翻土地，及时防除杂草，重病地应换种非茄科作物 1～2 年。要在无病田块或无病地区制种，使用无病种子。种子处理可用 52℃温水浸种 30 分钟。苗床要使用净土，培育无病壮苗。低湿易发地区采用高畦或高垄地膜覆盖栽培，施足有机基肥，增施磷、钾肥，注意后期追肥，防止植株早衰。雨后要及时排水，降低田间湿度。要适当密植，及时摘除植株底部老叶、病叶，以利于田间通风散湿。

发病初期开始药剂防治，间隔 7～10 天喷一次药，连喷 2～3 次。有效药剂有 70%代森锰锌可湿性粉剂 600 倍液，或 40%多·硫悬浮剂 500 倍液，或 50%甲基硫菌灵可湿性粉剂 800～1 000 倍液，或 50%敌菌灵可湿性粉剂 500 倍液，或 50%异菌脲可湿性粉剂 1 000 倍液，或 40%氟硅唑乳油 8 000 倍液，或 43%戊唑醇悬浮剂 8 000 倍液，或 10%苯醚甲环唑水分散粒剂 8 000 倍液等。保护地还可施用 5%百菌清粉尘剂，或 6.5%甲霉灵粉尘剂等。

8. 番茄枯萎病

枯萎病是重要的土传维管束病害，可引起番茄成片枯萎死亡。我国南方各地都有发生，北方保护地发病增多，连作田块严重。

【症　状】 多在开花期以后显症，病株矮小，中下部叶片先表现萎蔫，叶柄下垂，有时一侧发病，造成半边凋萎。叶片变小，出现黄褐色斑块，往往半边枯黄，下部叶片脱落。茎基部生暗褐色坏死条斑，茎基部和根部皮层软腐，易剥落，须根黑腐。病株多在成熟前枯黄死亡。高湿时病部表面生有少量粉红色霉状物或点状黏质物。剖秆检查，可见木质部导管变暗褐色。

小的灰褐色、褐色病斑。在暴风雨后或在喷灌条件下，发生较多。果实表面出现白色圆形小点，直径1mm以下，扩大后病斑直径可达3～5mm，其中央褐色而粗糙，略微隆起，边缘乳白色，这就是典型的“鸟眼”斑，易于鉴别。

【病原物】 病原菌为密执安棒形杆菌密执安亚种 *Clavibacter michiganensis* subsp. *michiganensis*，是一种病原细菌，可侵染多种茄科植物。

病原细菌革兰氏染色阳性，生长温度1℃～33℃，适温25℃～27℃，适宜pH值为6.6～7.9，在53℃时10分钟致死。

【发病规律】 病原细菌在种子内外和病残体上越季，成为下茬发病的主要初侵染源。病原细菌在病田土壤中可随病残体存活2～3年。病土育苗，产生大量病苗。远距离传播主要靠带菌种子、种苗、果实调运而实现。种子带菌率虽然甚低，但传病效率很高，由带菌种子造成远距离传病的实例，屡见不鲜。

病原细菌主要从根部伤口侵入，也可从植株地上部分的微伤口和气孔侵入，还可从叶片和果实上的毛状体侵入。侵入后，通过输导组织在植株体内系统扩展，直至进入果实和种子。病菌通过风、雨、灌溉水、昆虫、农具或农事操作传播。再侵染主要在茎、叶、果实等部位产生局部病斑。例如，风雨或喷灌时从病叶上滴下的带菌水滴污染果实，产生鸟眼状病斑。但通过分苗、移栽、整枝、绑蔓、摘心等农事操作造成的伤口侵入，则仍产生系统侵染。

病地连作，使用带菌种子或秧苗，是溃疡病发生的主因。农事操作不当，造成较多伤口，加重发病。溃疡病菌侵染番茄的温度范围为10℃～32℃，适温24℃～25℃，棚室温度不是限制因子。番茄生长期间灌水不当，大水漫灌或喷灌，环境高湿，结露时间加长，都有利于病害蔓延。

【防治方法】

1. 实行检疫 严禁从病区调运种子、种苗，在番茄生长期进行产地检疫,一旦发现病情,需及时铲除。

2. 种子处理 用1%盐酸液浸种5~10小时,或用1.05%次氯酸钠液浸种20~40分钟,或用硫酸链霉素药液(200mg/L)浸种2小时,浸种后用清水冲洗掉药液,稍晾干后催芽。温汤浸种可用55℃温水浸种25~30分钟,种子干热灭菌可在70℃处理72小时,或在85℃处理24小时。

3. 发病田防治 病地换种非茄科作物3年以上,彻底清除田间病株残体,清除田间茄科杂草。苗床需换用新土,在播前20天左右,将床土耙松,每平方米用40%甲醛(福尔马林液)30ml,加水3~4kg,浇到苗床上,随后用塑料布覆盖5天,揭去塑料膜,将床土耙松,使药剂散发,半个月后再播种。苗床框架、覆盖物、架材、用具等皆用福尔马林30~50倍液浸泡或喷布消毒。

生长期间一旦发现病株及时拔除烧毁,病穴灌药处理或埋生石灰覆土消毒。自发病前或发病始期定期喷药防治,有效药剂有77%氢氧化铜可湿性微粉剂600倍液,50%琥胶肥酸铜可湿性粉剂500倍液,47%春雷·王铜可湿性粉剂800倍液,72%农用链霉素可溶性粉剂4 000倍液等。亦可用农用链霉素或新植霉素药液灌根。棚室内还可喷布5%春雷·王铜粉尘剂,用药量为每667m^{2}喷1kg。

10. 番茄细菌性斑点病

细菌性斑点病是我国番茄的一种新病害,仅分布在局部地区,现已列为全国农业植物检疫性有害生物。

【症　状】 危害叶片、叶柄、茎、果柄、果实等部位。叶片上初生黑色小点,直径仅1mm左右,后扩大成为黑褐色近圆形病斑,直径2~3mm,有油渍状光泽,边缘有黄色晕圈。后期病斑相连成片,单个病斑也可能扩大成为直径5~7mm的黑褐色大斑,病叶黄枯。开花坐果期在茎秆和果柄上也产生类似黑色斑点，果柄发病可造成早期落果。果实上也产生类似的黑褐色病斑，近圆形，略凹陷，大小不等，表面平滑。病果完全丧失商品价值。

本病不形成疮痂状病斑，与细菌性疮痂病有明显区别。

【病原物】 为丁香假单胞番茄致病变种 *Pseudomonas syringae* pv. *tomato*，是一种病原细菌。

【发病规律】 新发病田块和棚室初侵染菌源来自带菌种子和病秧苗，种子带菌是远距离传播的主要途径。病原细菌经由植株上的微伤口或气孔、皮孔侵入。老病地病原菌主要在病残体中越季。发病后，病原菌随气流和灌溉水分散传播，引起再侵染。农事操作也可以传病。

适温(20℃左右)高湿是重要发病诱因。据甘肃观察，春夏发病重于秋冬，温棚重于露地，新棚重于旧棚，棚前重于棚后。灌水多，且串灌、漫灌等有利于病害扩展。

【防治方法】 首先应严格检疫，不由病区引种，一旦发现，需在检疫人员指导下立即铲除。老病地需综合防治，限期扑灭。防治措施为种子处理，加强管理以及及时喷药等。种子处理可用1%盐酸液浸种 10～20 分钟，取出洗净后晾干备用，也可用 47%春雷·王铜可湿性粉剂拌种，用药量为种子重的 0.4%。病地不得重茬栽植，灌溉宜采用高垄地膜滴灌。发病始期及时喷药，有效药剂有新植霉素和其他防治细菌病害的常用药剂，参见番茄细菌性溃疡病。

11. 番茄病毒病害

病毒病害的发生严重降低了番茄的产量和品质，一般减产30%以上，夏番茄甚至可能绝收。世界上有百余种病毒可以侵染番茄，我国至少有 13 种，近年更发现了一些新病毒，番茄斑萎病毒已列为全国农业植物检疫性有害生物。

【症　状】 番茄病毒种类繁多，在田间多复合侵染，症状复杂。根据南北产区田间发病实况，可区分为以下几个主要类型。

1. 花叶型 症状复杂，以花叶为主。病株叶片褪绿，出现黄绿相间或深浅相间的斑驳花叶，有的形成网状花叶。常见病叶畸形、皱缩、萎缩，缢细卷曲，呈条状或线状（蕨叶），甚至枝芽丛生。病株略矮小，新叶小，结果小，果实花脸状。有时病叶和病果上还出现黑褐色坏死斑。重病株落花落果，早衰死亡。

2. 条斑型 以病株叶片、叶柄、茎枝、果实出现严重的坏疽症状为主要特点。中上部叶片散生黄褐色、黑褐色的坏死病斑，有的沿叶脉生出褐色短条斑，叶柄变褐。茎秆和枝条上出现暗绿色至黑褐色的油渍状坏死条斑，略下陷，长短、形状不一，后期开裂，病茎质脆易折断，严重的枝条或整株变褐枯死。花序和果柄上着生褐色坏死小斑，大小形状不一，严重时花、果早落。果实上多形成不同形状的褐色斑块，变色仅及表层组织，不深入到果肉内部，病部凹陷而成为畸形僵果。

3. 曲叶型 以病叶片向上卷曲，病株黄化萎缩为主要特点。病叶增厚、叶质脆硬，叶片变小，叶脉墨绿色或紫色，叶片边缘上卷，呈鲜黄色。病株顶部叶片褪绿发黄，早期感染的植株严重矮缩，不结果，后期感染的植株仅上部小叶和新芽表现症状，但结果减少，果实变小，成熟期果实着色不均匀，失去商品价值。

4. 萎凋坏死型 以病株产生萎凋和坏死斑为主要特点。发病幼叶变黄，形成许多小黑斑，叶背面沿脉变紫黑色，叶柄和茎枝上也产生褐色坏死条斑，病株矮化、萎蔫，或仅半边生长，半边萎凋。发病早的不结果，发病晚的，虽能结果，但果实有明显病变，严重的全果僵缩，病果易脱落。果实上出现略凸起的褪绿环斑，成熟果实环纹较明显，红黄相间。青果还产生褐色坏死斑，呈瘤状突起。

【病原物】 侵染番茄的重要病毒有番茄花叶病毒(*Tomato mosaic virus*,ToMV),烟草花叶病毒(*Tobacco mosaic virus*,TMV),黄瓜花叶病毒(*Cucumber mosaic virus*,CMV),马铃薯X病毒(*Potato virus X*,PVX),马铃薯Y病毒(*Potato virus Y*,PVY),中国番茄黄曲叶病毒(*Tomato yellow leaf curl China virus*,TYLCCNV),中国台湾番茄曲叶病毒(*Tomato leaf curl Taiwan virus*,TLCTWV),番茄斑萎病毒(*Tomato spotted wilt virus*,TSWV)等,各种病毒的主要特点见表2-5。

表2-5 番茄上发生的几种重要病毒

病毒名称	粒体形态	寄 主	传毒途径
番茄花叶病毒	长秆状	番茄、辣椒、烟草等多种	汁液接触传毒,种子和土壤(病残体)传毒
烟草花叶病毒	长秆状	非常广泛,主要有茄科、葫芦科、豆科、藜科、菊科等多种作物	汁液接触传毒,种子和土壤(病残体)传毒
黄瓜花叶病毒	等轴对称的二十面体(球形)	国内有38科120余种植物,包括多种蔬菜	蚜虫、汁液接触和嫁接传毒
马铃薯X病毒	弯曲线状	主要为茄科植物	汁液接触传毒
马铃薯Y病毒	弯曲线状	主要为茄科植物	蚜虫和汁液接触传毒
中国番茄黄曲叶病毒	双联体	自然侵染番茄、烟草、菜豆、豨莶草等,人工接毒还侵染本氏烟	烟粉虱传毒

续表 2-5

病毒名称	粒体形态	寄　主	传毒途径
中国台湾番茄曲叶病毒	双联体	自然侵染番茄。人工接毒还可侵染曼陀罗、金银花、本氏烟、矮牵牛、洋酸浆、茄子等植物	烟粉虱传毒
番茄斑萎病毒	球形	70 余科 925 种植物，包括茄科、豆科、芹菜、菠菜、黄瓜、菊苣、莴苣、蕹菜等蔬菜，大豆、花生、向日葵、烟草等农作物，大丽花、菊花、仙客来、凤仙花等花卉，苦苣菜、曼陀罗、黄茎鸟菜等杂草	西花蓟马、烟蓟马、葱蓟马等多种蓟马传毒，汁液接触传毒，嫁接传毒，番茄种子传毒

上述花叶型症状主要由黄瓜花叶病毒、马铃薯 X 病毒、马铃薯 Y 病毒、番茄花叶病毒、烟草花叶病毒等复合侵染所致，条斑型症状由烟草花叶病毒、黄瓜花叶病毒和马铃薯 X 病毒侵染所致。曲叶型症状为中国台湾番茄曲叶病毒和中国番茄黄曲叶病毒等侵染所致，这类病毒是近年发现的。萎凋坏死型症状是由番茄斑萎病毒侵染引起的。

【发病规律】　黄瓜花叶病毒和马铃薯 Y 病毒由带毒蚜虫传毒，曲叶病毒由烟粉虱传毒，斑萎病毒主要由蓟马传毒，番茄花叶病毒、烟草花叶病毒和马铃薯 X 病毒主要由机械接触传毒，烟草花叶病毒、番茄花叶病毒还可由带毒种子与土壤中病株残体传播，番茄斑萎病毒也可由种子传毒，但种子带毒率较低。露地和棚室发病的毒源都较广泛，包括露地越冬蔬菜、棚室栽培的蔬菜、杂草寄主等。一般春季大棚番茄前期发病轻，进入 5 月份以后，病株开始增多，秋延后番茄发病比春大棚严重。前茬蔬菜发病重，棚室内外毒源植物多，传毒介体昆虫多发，整枝、打杈、绑架等作业以及植株相互摩擦造成较多伤口，都加重发病。秋茬播期早，定植苗龄大，植株生长势弱，棚室昼夜温差小，温度偏高等也有利于病毒病发生。

番茄斑萎病毒侵染大丽花等花卉以及苦苣菜、曼陀罗、黄茎鸟菜等杂草，蓟马由这类毒源植物获毒，进而传染番茄。因而番茄地附近有花卉或杂草寄主的，往往发病多而重。露地与棚室番茄的发病动态与蓟马的虫口数量变化成正相关。4月份定植的露地番茄，从5月份开始发病，此时正值蓟马开始活动，传毒增多，病株率逐渐上升，蓟马不耐梅雨，梅雨季节病情停滞，梅雨过后，又复上升。9月份定植的棚室番茄，也处于蓟马活动期，10月份开始出现病株，由于大棚内的温湿条件适宜，虫口数量和病情都稳步上升。

【防治方法】

1. 选用抗病品种 番茄抗病品种较多，中蔬、中杂、苏抗系列新品种以及西粉3号、毛粉802、苏保1号、霞粉、早丰等品种，高抗番茄花叶病毒，中抗(耐)黄瓜花叶病毒。桃太郎、齐研矮黄、皖粉1号、皖粉2号、佳粉17号等品种也抗病。现有抗病品种一般高抗番茄花叶病毒，对黄瓜花叶病毒多表现中度抗病。

2. 种子处理 种子在播前用清水浸泡4小时，然后放入10%磷酸三钠溶液中浸20分钟，捞出后用清水冲洗干净后催芽播种。干燥种子还可以用70℃干热处理2～3天。

3. 加强栽培管理 收获后及时清除病残株和棚室内外杂草，要合理安排作物茬口和播种期。避免番茄、黄瓜、豆类混栽换茬，尽量与谷类作物或葱蒜类蔬菜换茬。搞好田间与棚室卫生，清除残留病株，清除附近野生寄主植物。

要适期播种，培育无病壮苗。番茄育苗时间要尽量避开蚜虫、蓟马、烟粉虱等传毒介体昆虫的高发期，育苗地要远离传毒介体昆虫发生区域，以防止苗期带毒。在番茄分苗、定植、绑蔓、打杈前，先喷1%肥皂水加0.2%～0.4%磷酸二氢钾，或1∶20～40的豆浆，农事操作前手和工具应进行消毒。

要加强田间水肥管理，在重施基肥，增施磷、钾肥的基础上，喷施1.8%复硝酚钠水剂5 000～6 000倍液，促进生长，增强抗病能力。定植后至果实膨大期以前要勤中耕，促进根系发育。

4. 防治介体昆虫　苗床采用防虫网覆盖，棚室张挂防虫网，防止传毒介体昆虫进入。田间悬挂银灰色塑料膜条或镀铝聚酯反光幕避蚜，采用黄板或黄盆诱杀蚜虫、烟粉虱等。发现介体昆虫后，要及时喷药防治。

5. 喷施防病毒制剂　苗期或发病初期喷布20%的盐酸吗啉胍·铜可湿性粉剂500倍液，或1.5%植病灵乳剂1 000倍液，或2%宁南霉素水剂200～250倍液，或40%病毒必克可湿性粉剂500倍液等。

12. 番茄筋腐果与脐腐果

在不良栽培条件下，番茄果实表现多种非传染性的形态异常，其中筋腐果和脐腐果发生较多，较严重，能显著降低果实品质和商品价值。

1. 筋腐果　有黑筋果和白筋果两类，冬春季节低温弱光的棚室番茄较常见。黑筋果的果面着色不均，出现局部褐变，切开果实，可看到果皮内的维管束变黑褐色，呈条状坏死，称为“黑筋”。病果表面凹凸不平，果肉僵硬，不堪食用。病株的茎、叶没有明显异变。白筋果在绿果转红期易发现，果面变红不均匀，出现半透明状有蜡质光泽的斑块。切开果实，可见果肉呈糠心状，出现白色筋丝。病果果肉硬化，品质差。

筋腐果的病因还不完全清楚。黑筋果被认为是番茄体内碳水化合物不足、碳氮比下降、亚硝酸积累、维管束木质化所致。光照不足、气温偏低、湿度过高、二氧化碳不足、昼夜温差小、夜间温度偏高等均可造成植株体内碳水化合物不足，而有机肥施用较少，偏施氮肥，缺钾等也会造成使植株体内碳氮比下降。也有人认为，浇水过多、土壤通透性不良，缺氧导致根部呼吸障害也是产生黑筋果的原因。白筋果被认为是感染烟草花叶病毒后所发生的过敏性反应。

预防黑筋果发生，首先要选种筋腐病发生较轻的品种(诸如中杂 7 号、西粉 3 号和早丰等)，其次要改善栽培条件，提高光合作用，促进光合产物的运输和积累。要增加棚室采光，适当稀植，适度整枝，通风透光；控制氮肥，特别是铵态氮的施用，防止缺钾，施用二氧化碳气肥；要小水勤浇，不要大水漫灌，保持适宜的土壤湿度。预防白筋果发生，要选用抗烟草花叶病毒的品种，搞好病毒病害的防治。

2. 脐腐果 幼果脐部(果顶部)变色，初呈水浸状暗绿色，后变为暗褐色，果肉失水，脐部扁平或凹陷，果实不增大，提前转色，无商品价值(图 2-2)。变色部若滋生真菌则表现腐烂症状。

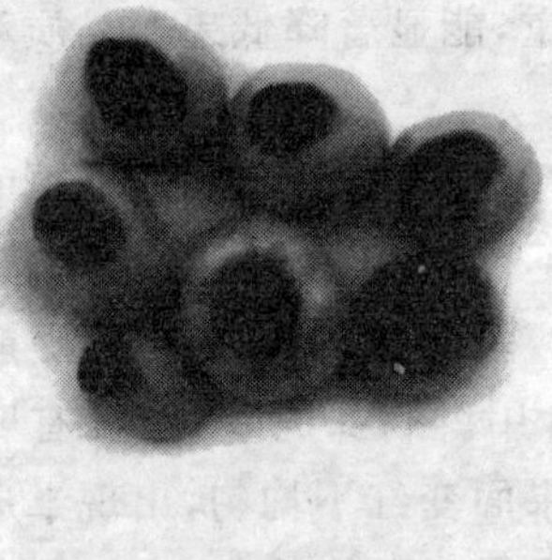

图 2-2 番茄脐腐果

病因是植株缺钙，使草酸过剩，引起细胞中毒。缺钙可能由于土壤本身钙素不足，也可能由于根系活性降低，钙的吸收减少所致。高温干燥，土壤水分急剧减少，过量施用铵态氮与钾肥，都不利于根对钙的吸收和运转，可能出现大量脐腐果。还有人认为发病的主要原因是水分供应失调。干旱条件下土壤缺水，或忽干忽湿，根系吸水受阻，加之叶片蒸腾量大，果实中的水分被消耗，导致果肉坏死。

防止脐腐现象，要使土壤中不缺钙，植株正常吸收钙素。要均衡施肥，不要过量施用铵态氮肥和钾肥，避免一次性大量施用速效肥。砂性土壤应多施腐熟鸡粪，酸性土壤应施用石灰改良。要合理灌溉，均衡供水，不使土壤湿度剧烈变化，雨后要及时排水，防止田间长时间积水。灌水后及时中耕松土。进入结果期后，叶面喷布 0.1%～0.3%氯化钙或硝酸钙水溶液，每 7 天喷一次，连喷数次。

13. 辣椒疫病

疫病是辣椒最重要的卵菌病害，危害根、茎、枝、叶和果实，常引起大面积死株，一般田块死株率 20%～30%，严重的达 90%以上，造成毁灭性损失。南北各省露地辣椒普遍发生，近年来大棚辣椒发病也相当严重。

【症　状】 苗期和成株期都可发生，以成株期受害最重。幼苗主要在根和茎基部发病，茎基部水浸状，暗绿色，后形成梭形大斑。病部软腐，变褐缢缩，蜂腰状，致使幼苗折倒，但有时也以立枯状死亡。

成株多在茎基部和枝杈处发病，最初产生水浸状暗绿色病斑，以后扩展成为长条形黑褐色斑，可绕茎一周，病斑部位皮层腐烂，与周围健康组织分界明显。发病部位以上的叶片由下向上枯萎死亡。根部被侵染后变褐色，皮层腐烂，植株青枯死亡。病部表面可产生稀疏的白色霉状物。

叶片多由边缘开始发病，病斑暗绿色，水浸状，形状不规则，边缘不明显，迅速扩展后使叶片枯缩脱落，出现秃枝。天气干燥时，病斑变褐色而停止扩展。花、蕾受害后变黄褐色，腐烂脱落。果实多由蒂部首先发病，最初出现暗绿色水浸状病斑，稍凹陷，病斑扩展后，全果变褐软腐，脱落。病果表面可产生稀疏的白色霉状物。若天气干燥，病果干缩，多挂在枝梢上不脱落。

【病原物】 为辣椒疫霉 *Phytophthora capsici*，是疫霉属的

一种病原卵菌。该菌产生有性繁殖体卵孢子、无性繁殖体孢子囊和游动孢子，有些菌株还产生厚垣孢子。该菌生长最适温度为25℃～27℃，最低10℃，最高37℃。产生孢子囊以26℃～28℃最适。辣椒疫霉寄主范围较广，除辣椒外，还可以危害番茄、茄子、黄瓜、南瓜、甜瓜等。

【发病规律】 病原菌的卵孢子可存活3年以上，因而主要以卵孢子在土壤中和病残体上越冬，或度过不种植寄主作物的季节。在适宜的温湿度条件下，卵孢子萌发，产生游动孢子，侵入辣椒的根部、茎基部、叶部。伤口有利于病菌侵入。在辣椒生长期间，病株陆续产生孢子囊和游动孢子，主要随灌溉水和雨水扩散传播，发生多次再侵染。病原菌还可通过风雨吹溅和农事操作而传染，引起叶、枝、果发病。游动孢子能随灌溉水和雨水渗入土壤，有人发现游动孢子随灌溉水渗入黏重土壤5cm，渗入沙质土10cm，还能随水渗入椒床和垄台，这一特点有利于病菌迅速传播蔓延。

田间和棚室中最初仅少数植株发病，形成传病中心，很快向周围扩展，侵染邻近植株。有一个田间病情调查的例子表明，由1个病株向周围扩展，10天内发病面积达到$12m^2$，20天内达到$45.5m^2$。在适宜条件下，由开始发病到全田植株枯萎，通常只需5～7天。

各地因辣椒栽培方式、生育期和环境条件不同，发病时期也不一致。露地栽培的辣椒，发病时期大致由北向南逐渐提早。内蒙古乌海市青椒发病始期为6月下旬至7月上旬，盛期为7月中下旬。甘肃天水和陕西关中露地栽培的线辣椒，6月下旬或7月上旬始发，7月中旬至8月份盛发。湖南长沙5月下旬开始发病，6月份大流行。广西宜州春种辣椒常年4月下旬始发，5～6月为盛发期。江西抚州市发病始期为4月下旬，5月下旬及6月下旬是两个高峰期。广州地区一般5月中旬至5月下旬大田开始发病，6月下旬至7月下旬为盛发期。南方冬辣椒苗期就有发生，成株期在11月下旬(始花期)后病株增多,结果期达高峰。京津地区春棚辣椒,4月下旬至5月初为疫病高峰期。

气温和水分状况是影响疫病发生的最重要的环境因素。日均温16℃以上开始发病,27℃~30℃最适,33℃~35℃受抑制。土壤含水量达到40%以上,有利于侵染发病。雨水多,灌溉失当,大水串灌,适于病原菌繁殖、传播和侵染。在辣椒开花结果阶段突遇暴雨、连阴雨或者大水猛灌,往往导致疫病大发生,因而有些地方把疫病叫做“水灾病”,因为辣椒“灌水就死”。

病原菌可以随雨水和灌溉水在田块内与田块间传播,下水田块病情重于上水田块,坡底重于坡腰,坡腰重于坡顶。低凹积水、土壤黏重、排水不畅的田块发病最重。南方红壤地多为重壤,湿度高,偏酸性,发病重。高畦栽培比低畦和平畦发病轻,高垄窄畦比低垄宽畦发病轻。

连作椒田以及与番茄、茄子复种的椒田,土壤中积累菌量多,发病重。与水稻、玉米、大豆、葱蒜类蔬菜等非寄主作物轮作的田块,菌量低,发病轻。

一般说来,辣椒比甜椒抗病能力强,品种间发病程度也有明显差异,但生产上仍缺乏高度抗病的品种。

【防治方法】 防治辣椒疫病要在搞好栽培防治的基础上,重点实施药剂防治。

1. 种植抗病、耐病品种 已育成的抗病、轻病、耐病品种,辣椒有苏椒5号、碧玉、哈椒杂一号、新尖椒1号、皖椒3号、陕8212、毕节线椒、黔椒2号、绥椒1号、绥椒2号、雷山朝天椒、乌当辣椒、遵义朝天椒、遵义辣椒11、湘辣1号、早杂二号、七寸红等;甜椒中有20079(法国引进)、20080(法国引进)、中椒5号、中椒7号、中椒8号、中椒12号、中椒13号、甜杂6号、冀研4号、冀研5号、神农红8号等。另外,用菌悬浮液接种鉴定表明,在湘研系列辣椒中,湘研2号、湘研5号、湘研8号、湘研9号、湘研19号和

8501 抗病性较好。

2. 栽培防治措施 避免连作，辣椒可与稻、玉米、豆类、十字花科蔬菜、葱蒜类蔬菜轮作。北方产区有的采用辣椒与小麦套种，或与玉米间作的栽培方式，有减轻发病的作用。苗床也要用不带菌新土或药剂消毒的土壤育苗。

为了减轻发病，不要在低凹、易积水的田块种植辣椒，提倡高垄栽培，垄沟内覆盖地膜。例如，有的地方采用以下栽培模式：高垄底宽 90cm，顶宽 50cm，沟底宽 20cm。高垄两侧上部双行栽苗，适宜栽植高度保证植株易于吸水，且灌水时水不超过根颈。沟内铺膜，膜上扎孔灌水。定植前灌水泡垄，垄沟潮润时在沟内铺膜，膜与垄底贴实。沿沟底和两侧 1/3 高处各扎 1 孔，孔距和株距相当，孔径 0.3～1.5cm。浇水时不使植株基部接触水。

要改良灌溉技术，改大水串灌为小水细灌、浅水小畦灌溉，改长垄灌水为短垄灌水，可隔行浇水，尽量避免植株基部接触水，最好采用软管滴灌法。河、渠流程延长，带菌概率增高，有条件的地方可采用井水灌溉，减少病菌随灌溉水传入的机会。提倡适时灌水，按墒情浇水，减少灌水次数，田间出现零星病株后，要控水防病。

棚室更应加强水分管理，务必降低湿度，通风透光。首先要减少浇水次数，改进浇水方式，推行膜下渗灌或软管滴灌。应选择晴天的上午浇水，浇水后提温降湿，避免出现高温、高湿。秋延后栽培前期以控制温度上升为主，后期以保温为主。

增施农家肥，追肥要注意氮磷钾配合施用。增施钾肥可增强抗病能力，提高产量。黏重土壤要施入农家肥和细炉灰，加以改良，增加其通透性和渗水能力。

在始发期，要及时发现和拔除中心病株，携出田外销毁，决不可弃于田间或水渠内。收获后彻底清理病残体，集中销毁。

3. 药剂防治 现在用于防治疫病的药剂种类较多，施药方法也较灵活，可根据当地发病规律和防治要求选用药剂与用药时期。

若当地没有进行过防治，应先试验或试用。甲霜灵是防治疫病的主要药剂之一，由于长期单用，有些地方疫病菌已产生了抗药性，因而应当交替使用不同药剂。下面列举一些用药实例，供参考。

(1)土壤处理 用25%甲霜灵可湿性粉剂或40%乙磷铝可湿性粉剂处理土壤，按每平方米苗床8g的用药量，与适量细土混拌均匀做成药土，取总量1/3的药土施入苗床内，2/3的药土播种后覆盖。有的地方还用70%恶霉灵可湿性粉剂(每公顷用药15～30kg)或72%霜脲·锰锌可湿性粉剂(每公顷用药30～40kg)，拌药土处理土壤。

(2)灌根、浸根 苗期可选用25%甲霜灵可湿性粉剂500～700倍液，或64%杀毒矾可湿性粉剂400～500倍液，或98%恶霉灵可湿性粉剂2 000倍液灌根1～2次。商品制剂绿亨1号(恶霉灵)3 000～4 000倍液，在发病前或发病初期灌根，每株100～150ml。

定植前选用25%甲霜灵可湿性粉剂500倍液，或64%杀毒矾可湿性粉剂500倍液浸根10分钟，每穴浇50～100ml坐窝水。

定植缓苗后和开花盛期等阶段发现病株，可选用25%甲霜灵可湿性粉剂500倍液，或64%杀毒矾可湿性粉剂500倍液，或36%霜霉威水剂300倍液，或72.2%霜霉威水剂500～600倍液，或72%霜脲·锰锌可湿性粉剂500～600倍液，或69%安克·锰锌可湿性粉剂1 000～1 200倍液，或70%恶霉灵可湿性粉剂1 500倍液灌根，每株灌药液150～250ml，视病情10～15天一次，连灌2～3次。

山东省植保所试验表明，防治大棚辣椒疫病，在定植后发病的，可用35%霜霉威水剂300倍液灌根，成株期发病用72%霜脲·锰锌可湿性粉剂300～400倍液灌根，连灌4～5次，可基本控制病害。

陕西线辣椒栽培区在夏至后灌溉时，随灌溉水施用硫酸铜。每667m^{2}线辣椒用硫酸铜1.25～1.5kg，先用水化开，在入水口均匀加入水中，使药剂随水分散，可用药2次，中间间隔15～20天。

(3)喷雾施药　田间出现中心病株后，可交替使用甲霜灵、乙磷铝、杀毒矾、霜霉威或其他药剂对地面、茎基部和枝叶喷雾，预防再侵染，每7～10天1次，连喷3次。另外，生物源药剂4%农抗120瓜菜烟草型500～600倍液也用于喷雾。可供选用的药剂参见表2-6。

表2-6　防治辣椒疫病常用的杀菌剂

制剂名称	药液喷雾参考浓度	药剂特点
25%甲霜灵可湿性粉剂	500～700倍液	苯基酰胺类内吸杀菌剂，有保护和治疗效果，在发病前和发病初期使用。长期单一用药，病原菌易生抗药性
58%甲霜灵·锰锌可湿性粉剂	400～600倍液	甲霜灵与代森锰锌的复配剂，具保护和内吸治疗作用，杀菌谱较广
53%金雷多米尔水分散剂	600～800倍液	精甲霜灵与代森锰锌复配剂
50%甲霜铜可湿性粉剂	600～700倍液	具有保护和内吸治疗作用
64%杀毒矾可湿性粉剂	500倍液	噁霜灵与代森锰锌的混剂，具保护、治疗和铲除活性
40%三乙膦酸铝可湿性粉剂(乙磷铝，疫霉灵)	300～400倍液	有机磷内吸杀菌剂，具保护和内吸治疗作用，持效期较长
72%霜脲·锰锌可湿性粉剂(克露)	600～800倍液	霜脲氰与代森锰锌混剂，具保护与内吸治疗作用
69%安克·锰锌可湿性粉剂	800～1000倍液	烯酰吗啉和代森锰锌混配剂，烯酰吗啉是吗啉类内吸性杀菌剂。每季作物用药不多于4次
72.2%普力克水剂(霜霉威)	800倍液	氨基甲酸酯类内吸杀菌剂，有刺激植物生长作用

防治辣椒疫病，以前一直使用甲霜灵类杀菌剂，且喷药次数多，以至许多地方的疫病菌已经产生了很强的抗药性，不得不换用有效成分不同的杀菌剂。因而在疫病防治中应选择作用机制不同的药剂轮换使用，最大限度地阻滞和延缓抗药性的产生。

14. 辣椒白粉病

白粉病主要危害叶片，造成严重早期落叶，缩短结果期，降低果实产量。我国南、北辣椒产区都有发生，近年有病区扩大，发病加重的趋势。

【症　状】 幼嫩叶片和老熟叶片都可被害。多从植株下部老叶开始发病，逐步向上部发展，直至全株叶片发病。病叶背面密生白色或灰白色粉状物，病叶正面初无症状，后产生形状不规则的黄褐色病斑，边缘不清晰。严重发病时，叶片两面都布满白粉。病叶黄化，枯死，脱落。在棚室栽培条件下，有的叶表面粉状物稀薄不显，但叶片黄化脱落，易误认为是由其他原因造成的。

【病原物】 为鞑靼内丝白粉菌 *Leveillula taurica*，是子囊菌内丝白粉菌属的一种病原真菌，在病叶上所见到的粉状物是无性分生孢子（称为"粉孢子"）和菌丝体。该菌的寄主范围很广，但有明显的寄生专化性，侵染辣椒的菌系可危害茄子、番茄等作物。

【发病规律】 在棚室条件下以及在广东、云南等全年都可种植辣椒的地方，白粉病菌在各茬辣椒间辗转危害，终年发生。在冬季寒冷的地方，病菌必须安全越冬后，方有可能侵染下一季辣椒。现在还不知道其确切的露地越冬场所，有人推测很可能在多年生杂草上越冬。分生孢子在干燥条件下能存活几个月，也有可能随辣椒病叶在地表越季。

在发病季节，分生孢子随气流分散传播，降落在叶片上，发芽后从叶片的气孔侵入，也可直接穿透叶表皮而侵入。经过长达

18～21 天的潜育期后，方表现症状，进而由气孔抽出分生孢子梗，产生分生孢子，形成菌落。以后分生孢子飞散，随气流或农事操作而传播，进行再侵染。

大多数真菌病害的发生需要高湿，白粉病与此不同，可以在干旱或半干旱的栽培条件下发生。大气湿度低至 30%时也能发病。发生侵染的温度范围也较宽，为 19℃～33℃。一般说来，相对湿度 52%～75%，气温 20℃～25℃，有利于白粉病发生。30℃以上高温可加快症状表现。旱区水浇地，昼夜温差大时发病加重。大棚辣椒春季发病较多，在稍干燥或干湿交替条件下，容易发病。夏、秋季干旱，灌水较少时，也容易发病。

【防治方法】

1. 种植抗病品种　辣椒品种间发病程度和发病后落叶程度有明显差异，应选抗病品种或发病较轻的品种。据报道，湘研 4 号、湘研 5 号、通椒 1 号、茄椒 2 号、保加利亚尖椒等品种较抗病。

2. 加强田间管理　收获后应及时清除病残体，防除杂草。棚室种植前用硫磺粉熏蒸灭菌，或用杀菌剂喷洒棚室内部表面灭菌，可用药剂有 43%戊唑醇悬浮剂 8 000 倍液，或 10%苯醚甲环唑水分散粒剂 8 000 倍液，或 40%氟硅唑乳油 6 000 倍液。生长期加强温湿度管理，合理灌水，防止湿度过低和空气干燥。

3. 药剂防治　在发病始期喷施三唑类杀菌剂、硫磺制剂等有效药剂，一般需连续用药两次以上，间隔 7～15 天。可选用 20%三唑酮乳油 2 000 倍液，或 25%丙环唑乳油 4 000 倍液，或 10%苯醚甲环唑水分散粒剂 8 000 倍液，或 40%氟硅唑乳剂油 6 000～8 000倍液，或 50%硫磺悬浮剂 500 倍液(仅有保护作用)，或 40%多硫悬浮剂 200 倍液，或 50%甲基硫菌灵 1 000 倍液等。生物源药剂可用 2%农抗 120 水剂 200 倍液，2%武夷霉素水剂 200 倍液等。

棚室中还可使用 6.5%甲霉灵粉尘剂或 5%百菌清粉尘剂，每 $667m^2$ 每次用药 1.5～1.8kg，也可使用 45%百菌清烟剂或 15%

腐霉利烟剂防治。

15. 辣椒炭疽病

炭疽病在苗期和成株期都能发生，危害叶、茎和果实，果实受害最重。在暖湿地区可大量发病，贮运期间病情还能进一步发展，直至腐烂殆尽。采用塑料薄膜冷床育苗，苗期发病有加重的趋势，需要防范。

【症　状】 叶片上最初生成水浸状褪绿斑，以后扩大为近圆形或不规则形病斑，边缘深褐色，中间灰白色，后期在病斑上产生轮状排列的小黑粒点。在有利的天气条件下，可能发生急性症状，叶片烫伤状萎蔫，易脱落。茎部形成梭形、不规则形黑色病斑，纵裂凹陷，有时病部缢缩，易折断。

成熟期和近成熟期的果实发病，果面上初生水浸状褪绿斑，很快扩大为圆形、近圆形病斑。病斑大小不一，甜椒果面上病斑直径可达到 2cm 以上，病斑明显凹陷，周边果皮有细小皱纹。病斑部位褐色，中部枯黄色，病斑上密生黑色小粒点，排列成同心轮。潮湿时病斑表面生有粉红色至淡红色胶质物，为病原菌的黏分生孢子团。病果大部腐烂或烫伤状皱缩，干燥时病果干缩。未成熟果实也能被侵染，但病原菌处于潜伏状态，直至成熟期方显症。但被短尖刺盘孢侵染的幼果，也能在侵染后不久就表现出可见的症状。

【病原物】 有多种刺盘孢属真菌可侵染辣椒，引起炭疽病。主要为盘长孢状刺盘孢 *Colletotrichum gloeosporioides*，辣椒刺盘孢 *C. capsici*，短尖刺盘孢 *C. acutatum* 和球刺盘孢 *C. coccodes* 等，其寄主范围都不限于辣椒。病斑上的小黑粒点是病原菌的分生孢子盘，淡红色或粉红色黏质物是分生孢子团。球刺盘孢还能形成黑色球形微菌核。各种病原菌引起的症状相似，难以区分，需进行病原菌鉴定。

据初步研究，盘长孢状刺盘孢、辣椒刺盘孢和球刺盘孢在我国分布较广，各地的主要种类可能不同。

【发病规律】 病菌主要在病残体和种子中存活，成为下一季辣椒的初侵染菌源。炭疽病菌还可以侵染番茄、马铃薯、茄子等茄科植物、瓜类以及杂草等，因而这些寄主植物也可能提供初侵染菌源，各地需对当地相关炭疽菌种类、寄主与菌源接续关系进行专门的调查研究。

炭疽病菌主要从伤痕侵入辣椒，也可以直接穿透植株表皮而侵入。温度适宜时，侵入后 3～5 天就表现症状，此后病斑上产生大量分生孢子。孢子随空气流动、水滴飞溅、昆虫取食或农事操作而分散传播，着落在植株上，又发生新的侵染。在一个生长季节中，能反复发生多次侵染，病情发展很快。

据我国学者测定，供试 3 种辣椒炭疽病菌在 12℃～38℃范围内都能生长，在 15℃～32℃范围内都能产生孢子，最适温度为 26℃～28℃。孢子在 13℃～38℃均可萌发，以 25℃或略高于 25℃最适。病原菌侵染辣椒的温度范围较宽，最适温度大致为 25℃～27℃。空气相对湿度高于 95％最适于侵染；低于 70％，即使温度适宜也不发病。辣椒结果期间温度高，降水多，或大雨骤晴，日晒强烈，果实将大量发病。暴风雨后，因植株相互摩擦造成的微小伤口增多，也有利于病菌侵入，发病加重。

发生日烧病的辣椒果实易感染炭疽病。导致日烧的各种因素，例如天气干热，土壤缺水，因叶病严重或生长不良造成茎叶稀疏等，都有利于炭疽病流行。

椒田低湿、缺肥或偏施氮肥、植株抗病性弱、前茬遗留病残体多和种子带菌率高等也都是有利于病害发生的重要因素。

塑料薄膜苗床育苗时，若通风不及时，膜内高温高湿，光照不足，辣椒苗密度过大或徒长，炭疽病菌大量侵染茎叶，造成死苗。

揭膜过早或揭膜后遇到阴雨降温，都会导致苗期炭疽病大发生。

【防治方法】

1. 选用抗病良种　品种间抗病性有明显差异，新品种要经过抗病性鉴定，证明确实是抗病的优良品种。从外地引入或购买的抗病品种，应当先少量试种，再确定是否扩大种植。据介绍，牟农1号、华椒2号、鹤椒1号、佳农椒1号、龙椒1号、龙椒2号、哈椒2号、河世椒、湘研1号至6号、线椒陕8212和陕8819等品种抗病。鉴于侵染辣椒引起炭疽病的病原菌有多种，而且据前人研究，抵抗某一种炭疽病菌的品种，并不一定能抵抗其他种类的炭疽病菌，仅有少数抗病材料能够抵抗多种炭疽病菌。因而在抗病育种和抗病性鉴定中，需要明确所针对的病原菌种类。

2. 使用无病种子或进行种子处理　提倡在无病地区留种，选留无病种子。在发病地区，需选择周围没有辣椒栽培的隔离地块，作为留种地。留种地要播种健康种子，在辣椒生长期间多次喷药，防止发生炭疽病，选留无病株的健康果实留种。

市购种子应行温汤浸种或者药剂消毒。各地推荐的温汤浸种方法略有差异，主要有以下操作方法：①先将种子浸入55℃热水中，并不断搅拌使水温降低到30℃～40℃，再继续浸12小时，然后催芽播种。②用52℃热水浸种30分钟，冷却干燥后再用福美双拌种。③种子用冷水预浸1～2小时后，用50℃热水浸泡30分钟，或用55℃热水浸泡10分钟，再放入冷水中冷却，然后催芽播种。

药剂消毒可以用1％硫酸铜溶液浸种5分钟，种子捞出后用清水反复冲洗，将种子表面残留的药液洗净，再催芽播种。也可以用1％次氯酸钠溶液浸种5～10分钟，再经清水充分冲洗。还可用50％多菌灵可湿性粉剂500倍液，浸种1小时。拌种可用25％咪鲜胺可湿性粉剂或25％溴菌腈可湿性粉剂，用药量为种子重量的0.3％～0.4％。

3. 栽培防病　重病田应停种辣椒和茄科作物2～3年，以减少田间菌源。并要彻底清除病残体，翻耕土地，及时除草。生长期间要采取降低田间湿度和减轻果实日烧病的栽培措施。发病初期要及时清除病果、病叶。苗期发病地区要科学管理苗床，控制好苗床内温、湿度，合理通风，切忌通风时间过早或过猛。

4. 药剂防治 在田间发病始期开始喷药，以后间隔7～10天喷一次，连喷2～3次。在发病前或发病初期可喷保护性杀菌剂，例如炭疽·福美、代森锰锌、杜邦易保等，发病后应喷具有治疗作用的杀菌剂。可选用的药剂参见表2-7。棚室内还可施用5%百菌清粉尘剂，或5%春雷·王铜粉尘剂，每次每667m^2，用药1kg。

表2-7 防治炭疽病常用的杀菌剂

制剂名称	药液喷雾参考浓度	药剂特点
80%炭疽·福美可湿性粉剂	800倍液	福美双和福美锌的混合制剂，为广谱保护性杀菌剂
70%安泰生可湿性粉剂(丙森锌)	600倍液	广谱、速效的保护性杀菌剂
杜邦易保68.75%水分散粒剂	1000～1500倍液	Famaxate与代森锰锌的复配剂，杀菌谱广，耐雨水冲刷，有保护作用
75%达科宁可湿性粉剂(百菌清)	600倍液	取代苯类保护性杀菌剂，具有保护作用和较低的治疗与熏蒸作用
70%代森锰锌可湿性粉剂	500～700倍液	有机硫广谱保护性杀菌剂
70%品润干悬浮剂(代森联)	600倍液	二硫代氨基甲酸酯类杀菌剂，具有保护作用
40%甲硫·咪鲜可湿性粉剂(诺炭宁)	600～800倍液	咪鲜胺与甲基硫菌灵复配剂，有保护和治疗作用
30%倍生乳油(苯噻氰)	2000倍液	兼有保护、治疗作用
25%炭特灵可湿性粉剂(溴菌腈)	600～800倍液	具有保护作用和局部治疗作用对多种真菌和某些细菌有效

续表 2-7

制剂名称	药液喷雾参考浓度	药剂特点
25%丙环唑乳油	1000 倍液	三唑类内吸性杀菌剂，兼具保护和治疗作用
10%世高水分散颗粒剂（苯醚甲环唑）	1500～2000 倍液	三唑类内吸杀菌剂，具有保护、治疗和铲除作用
43%好力克悬浮剂（戊唑醇）	3000～4000 倍液	三唑类内吸杀药剂，具保护和治疗作用
6%氯苯嘧啶醇可湿性粉剂	1500 倍液	兼有保护、治疗作用，广谱性杀菌剂
25%阿米西达悬浮剂（嘧菌酯）	1500 倍液	为甲氧基丙烯酸酯类杀菌剂，具有保护、治疗和铲除作用
50%施保功可湿性粉剂（咪鲜胺锰盐）	1500 倍液	咪酰胺类广谱杀菌剂，具保护和铲除作用
25%咪鲜胺乳油	2000 倍液	咪酰胺类广谱杀菌剂，具保护和铲除作用
70%甲基硫菌灵可湿性粉剂	600 倍液	硫脲基甲酸酯类内吸杀菌剂，具有保护和治疗作用
50%多菌灵可湿性粉剂	600 倍液	苯并咪唑类广谱内吸杀菌剂，具保护和治疗作用
50%敌菌灵可湿性粉剂	400～500 倍液	广谱内吸杀菌剂，具保护和治疗作用
40%多·硫悬浮剂	600 倍液	多菌灵和硫磺的复配剂
2%春雷霉素水剂	600～800 倍液	广谱抗生素，有内吸性，有保护和治疗作用
2%农抗 120 水剂（抗霉菌素）	200 倍液	嘧啶核苷类广谱抗菌素，以预防保护作用为主，兼具一定的治疗作用

16. 辣椒褐斑病

褐斑病从苗期开始发生，主要危害成株中下部叶片，大发生时也侵害上部叶片。棚室辣椒后期发生，各地轻重不一。

【症　状】 叶片上初生白色小斑，直径2～3mm，以后扩展为灰褐色的圆形、近圆形病斑，直径10～15mm。成熟病斑中央灰褐色，有一环纹，边缘深褐色，略似蛙眼，有的病斑周缘还有黄色晕圈。湿润时病斑中心有一层黑褐色霉层。病斑多时，相互汇合，叶片变黄脱落。叶柄和茎上病斑椭圆形、条形，中部淡灰色，边缘暗褐色。

【病原菌】 为辣椒尾孢 *Cercospora capsici*，是一种病原真菌。该菌在病斑上产生分生孢子梗和分生孢子。

【发病规律】 田间病残体传带的病原菌是主要初侵染菌源，种子也能带菌。在辣椒生长期间，病原菌的分生孢子随气流、灌溉水、雨滴飞溅、昆虫、农事操作而传播，发生多次再侵染。病原菌的分生孢子在叶面有露水或高湿条件下萌发，主要通过气孔侵入。适温高湿适于褐斑病发生发展。病原菌的生长温度为5℃～35℃，在20℃～25℃时发病重。前茬遗留病残体多，椒田低凹积水或栽植密度高，郁闭高湿，植株脱肥，生长势弱等因素都有利于发病。

【防治方法】 常发地区严重田块应换种其他作物，彻底清除病残体。要使用不带菌种子，或进行温汤浸种（52℃热水浸30分钟）。保持苗床不发病，移栽无病辣苗。生长期间加强水肥管理，合理施肥，防止脱肥，适量浇水，雨后及时排水，降低田间湿度。早期要及时摘除病叶，减少菌源。还要适当打掉下部老叶，以利于通风降湿。在发病前或发病始期开始喷药防治。

发病较少的地区，在辣椒生长后期，下部叶片有少数叶斑发生，不需采取特别的防治措施，可在防治其他病害时予以兼治。但若品种高感，当季发病早、来势猛，叶斑病有进一步发展的趋势时，需进行喷药防治。

防治褐斑病的有效药剂有70%代森锰锌可湿性粉剂600～800倍液，75%百菌清可湿性粉剂500～600倍液，14%络氨铜水剂300～400倍液，50%多菌灵可湿性粉剂600～800倍液，70%甲基硫菌灵可湿性粉剂800～1 000倍液，64%杀毒矾可湿性粉剂500倍液，50%敌菌灵可湿性粉剂500倍液，6%氯苯嘧啶醇可湿性粉剂1 500倍液，25%嘧菌酯悬浮剂1 500倍液，10%苯醚甲环唑水分散颗粒剂1 500倍液，80%氟硅唑乳油8 000倍液等，可供选用，一般每7～10天喷药一次，连续用药2～3次。

此外，辣椒还发生灰叶斑病、匍柄霉叶枯病、白星病、链格孢早疫病等多种叶斑类病害，可一并防治。

17. 辣椒细菌性疮痂病

疮痂病又称为“细菌性斑点病”，危害辣椒叶、茎和果实，露地和保护地都能发生，是世界分布的重要病害。国内以暖湿地区发生最重，造成大量落叶、落花和落果，减产率高达20%～30%。近几年来，又在东北、内蒙古、山西、北京、新疆、山东、云南等地以及南方冬季露地辣椒上严重发生。

【症　状】 幼苗和成株都能发病。病苗子叶和真叶上产生水浸状银白色小斑点，后变为暗褐色凹陷病斑，严重时叶片脱落，植株死亡。

成株叶片上先产生黄绿色水浸状小斑，随后扩展为圆形、近圆形或不规则形黄褐色病斑，周边褪绿变黄。成熟病斑直径为0.1～0.5cm，边缘深褐色，稍隆起，中间浅色，稍凹陷。多个病斑可相互汇合，叶片由叶尖、叶缘变黄干枯并脱落。此外，幼叶受害后还沿叶脉产生水浸状病斑，可相互连接成条斑，叶片卷缩畸形。

茎秆上初生水浸状褪绿斑，纵向扩展，形成褐色不规则条斑，中间稍凹陷。以后木栓化隆起，开裂，疮痂状。叶柄和果柄上的病斑与茎部相似。茎秆、叶柄、果柄受害后常造成落叶、落花和落果。严重时全株叶片脱落，变成光杆。

果实表面也产生水浸状褪绿斑点，后变为直径 0.1～0.3cm 的近圆形黑褐色病斑，稍隆起，疮痂状。初期病斑周围常有黄绿色晕圈，边缘有裂口，潮湿时病斑上有菌脓溢出，干燥后残留一层发亮的薄膜。

【病原菌】 为一种病原细菌，称为甘蓝黑腐黄单胞疮斑致病变种 *Xanthomonas campestris* pv. *vesicatoria*，还能侵染番茄、黄花烟草、马铃薯、枸杞、曼陀罗、天仙子、龙葵等多种植物。世界各地已发现了 6 个小种，我国已知有 2 个，即番茄小种 1 和辣椒－番茄小种 3，后者能侵染辣椒和番茄，分布很广。

病原细菌杆状，鞭毛极生，能游动，有荚膜，好气性，革兰氏染色阴性。发育适温 27℃～30℃，最高温度 40℃，最低 4℃。致死温度为 50℃，需处理 10 分钟。

【发病规律】 种子和病残体带菌传病。种子表面和种皮内都带菌，种子表面附着的病原细菌在干燥状态下可存活 16 个月以上，异地调种导致远距离传病。病原细菌由辣椒植株的气孔、伤口、害虫食痕等处侵入。在发病田，细菌还随风雨、灌溉水、昆虫、农事操作和植株间互相接触而扩大传播，发生多次再侵染。早期只要有 10％病株，就足以导致全田发病。

高温、高湿是最重要的发病条件。20℃～25℃为发病适温，20℃以下和 30℃以上病轻。在结露或降雨以后，叶面、果面有一层水膜，空气相对湿度高达 90％以上，有利于病原细菌侵入。在 6～7月份或 7～8 月份高温多雨季节，特别是在暴风雨后或台风过后，疮痂病往往大发生。长期低湿高温可抑制发病。低凹、密植、土壤偏酸性、管理粗放的椒田病重。害虫多发，风雨袭击和果实遭受日灼等都使植株伤口增多，有利于病菌侵染。

【防治方法】

1. 改善栽培管理　病田忌重茬，要与非茄科蔬菜、大豆、水稻或谷类作物等轮作2～3年。育苗应在无病地或3年内没有种过辣椒、番茄、烟草的地块进行，要使用没有被病原菌污染的育苗用器和无病土壤。

椒田要施足有机肥，定植后及时松土追肥，以促进根系发育，提高抗病耐害能力。要合理施肥，防止植株缺氮脱肥，降低抗病性。雨季要做好椒田排水，防止田间渍水。要合理灌溉，降低湿度，病田不得喷灌。还要彻底防治害虫，减少虫伤口。温室、大棚要加强通风，防止高温高湿。

一旦发病，要在早期拔除中心病株，并及时收集病叶、病果、病株，携出田外，深埋或烧毁。收获后和定植前更要彻底清除病残体和自生辣苗。

2. 种植抗病和轻病品种　辣椒品种间抗病性和发病程度有差异，应根据抗病性鉴定结果或农技部门的推荐选用抗病、轻病品种。现已知甜椒02，9701尖椒（辽宁）高度抗病，辽椒2号尖椒（辽宁）抗病，晋尖椒1号（山西）和尖椒6号（山西）中度抗病，德国6号（大连），汉椒1号（武汉），098（江苏），种都8号（四川），中椒8号、中椒11号、中椒13号（中国农科院）等病轻。在引进抗病品种前要了解该品种所抵抗的小种，与当地小种是否相同，还要了解所引进或购买的种子是否混杂退化。

3. 使用无病种子　要由无病地、无病单株或无病果留种。播种前要进行温汤浸种或药剂消毒。温汤浸种可用55℃热水浸泡种子10分钟或用50℃热水浸泡25分钟，再移入冷水中冷却，然后催芽播种。在温汤浸种过程中，水温要保持稳定不变。不同品种的种子耐热力不同，陈年种子发芽率更易因受热而降低。在大量温汤浸种之前，需先做试验，明确温度对发芽的影响，以调整水温和处理时间。种子消毒的常用药剂为硫酸铜和链霉素。种子先用清水浸泡10小时，再用1%硫酸铜溶液浸种5分钟，捞出种子用清水冲洗干净，稍晾干后催芽播种。或用农用硫酸链霉素药液(200mg/L)浸种2小时，浸种后用清水冲洗掉药液，稍晾干后催芽。

4. 喷药防治 要定期进行田间检查，及时发现病株。在发病初期或暴风雨过后要及时喷药防治。有效药剂有77%氢氧化铜可湿性微粉剂600倍液，或50%琥胶肥酸铜可湿性粉剂500倍液，或47%春雷·王铜可湿性粉剂800倍液，或72%农用链霉素可溶性粉剂4 000倍液等。每隔7～10天喷一次，连喷3次。另外，也可喷布1∶1∶200波尔多液。棚室可喷布5%春雷·王铜粉尘剂，用药量为每667m² 喷1kg。

18. 辣椒病毒病害

辣椒的病毒病害是由多种病毒复合侵染而引起的一类重要病害，各地棚室和露地辣椒都有发生。辣椒全株受害，减产幅度30%～70%，重病田绝收。病株果实变小而畸形，品质和商品价值大幅降低。

【症　状】 侵染辣椒的病毒种类多，症状复杂，常见的有下述4类。

1. 花叶和斑驳 叶面、果面出现不规则的褪绿，形成无一定形状但轮廓清晰的浓绿、淡绿、黄绿和失绿部分，相间和交错分布，这种症状称为“花叶”或“嵌纹”。若各类变色部分轮廓不甚清楚，则称为“斑驳”。出现花叶和斑驳的叶片往往皱缩不平，形成疱斑，有时叶缘内卷，叶脉扭曲。严重的生长缓慢，植株矮小，果实少而小。果实表面也发生色泽杂驳交错的嵌纹症状。

2. 黄化　病叶均匀地褪绿，变为黄色。严重时上部叶片全部黄化，大量落叶。

3. 坏死　枝杈顶端幼嫩部分变褐枯死，称为“顶枯”。枝条和叶柄上还可产生褐色条斑状坏死，沿枝条上下扩展。叶片和果面上则产生形状不规则的褐色坏死斑，包括斑点、环斑、环纹、蚀纹、橡叶纹、闪电纹等，以及沿脉坏死、沿脉失绿等症状(彩照16，彩图17)。发生坏死的植株往往严重落叶、落花、落果。

4. 畸形　叶片增厚，细小狭窄，叶面皱缩。植株节间缩短，矮小，枝叶丛生呈现丛簇状。严重矮化的株高不及健康植株的一半。结果少，病果短小而畸形。

由于多种病毒的复合侵染，田间症状变化复杂。早期病株和轻度病株只出现轻微花叶、斑驳或变色，以后出现坏死、畸形、矮化等复杂症状。由于病毒株系、辣椒品种和环境条件的变化，即使同一种病毒的症状也表现出很大的变化。虽然症状可作为诊断病毒病害的依据，但不能简单地由田间症状推断病毒种类。

【病原物】　寄生辣椒的病毒多达38种，国内已知种类较少。分布最广泛，危害最严重的有黄瓜花叶病毒、烟草花叶病毒、马铃薯Y病毒。此外还有马铃薯X病毒、烟草蚀纹病毒、苜蓿花叶病毒、蚕豆萎蔫病毒等。番茄斑萎病毒在国外危害辣椒甚重，我国已列为全国农业植物检疫性有害生物。

1. 黄瓜花叶病毒(*Cucumber mosaic virus*，CMV)　在辣椒上引起系统斑驳、花叶、蕨叶、丛枝、顶枯、矮化等症状，有时叶片上生不规则线状斑、橡叶纹、褐色坏死环斑，茎部生条斑。果实表现褪绿，畸形，产生坏死环斑等症状。寄主范围广泛，自然寄主有67科470种植物，其中包括瓜类、豆类、茄果类、白菜类、绿叶菜类蔬菜以及烟草、向日葵、花生、花卉等重要经济植物。由蚜虫和汁液接触传毒。

2. 烟草花叶病毒(*Tobacco mosaic virus*，TMV)　引起辣椒

花叶，褪绿，矮缩，产生坏死枯斑，顶枯，落叶等症状。寄主范围非常广泛，由汁液接触传毒，种子和土壤（病残体）也带毒。

3. 马铃薯Y病毒（*Potato virus Y*，PVY） 辣椒产生轻花叶至重花叶症状，叶片皱缩，植株矮化，结果减少，有的株系引起沿脉坏死。寄主广泛，主要寄生茄科植物，引起马铃薯、烟草、番茄、辣椒等作物严重发病。由蚜虫传毒。

4. 番茄斑萎病毒（*Tomato spotted wilt virus*，TSWV） 侵染辣椒，引起花叶，坏死，矮化，落叶等症状。叶片上生特征性的褪绿或坏死环斑。寄主范围广泛，有70余科925种植物，包括番茄、烟草、花生、莴苣、花卉、杂草等，由蓟马传毒。

5. 苜蓿花叶病毒（*Alfalfa mosaic virus*，AMV） 辣椒叶片表现花叶症状，大片脉间组织变亮黄色或白色，有时出现叶脉坏死。叶片不畸形，植株略矮。寄主广泛，主要侵染苜蓿和豆科作物。由蚜虫传毒。

6. 烟草蚀纹病毒（*Tobacco etch virus*，TEV） 辣椒表现花叶症状，沿叶脉有暗绿色条带，叶片和果实畸形扭曲，植株矮小。还侵染烟草、番茄等植物，蚜虫传毒。

7. 蚕豆萎蔫病毒（*Broad bean wilt virus*，BBWV） 侵染辣椒产生系统花叶，茎部坏死，顶枯，萎蔫等症状。寄主范围很广，包括多种蔬菜和杂草，蚜虫传毒。

【发病规律】 病毒是专性寄生物，离不开活的寄主植物，病毒自身并不能主动运动，传播方式有生物介体传播和非生物介体传播两类，不同种类的病毒有不同的传播方式。

生物介体传播是指病毒进入其他生物体体内，借其活动而传播。侵染辣椒的黄瓜花叶病毒、马铃薯Y病毒、苜蓿花叶病毒、烟草蚀纹病毒、蚕豆萎蔫病毒等都以多种蚜虫为传毒介体，其中主要是桃蚜、菜缢管蚜和棉蚜。蚜虫在有病植株上取食时，病毒粒体进入其体内，以后蚜虫再在健康植株上取食，其体内的病毒又进入健康植株，引起发病。

机械传播(汁液接触传播)是主要的非介体传播方式。田间病株与健株之间接触和摩擦，造成许多微小伤口，病毒由此侵入。人体、动物体、工具和农机具等接触病株或带毒的物品(病残体、烟叶、烟丝等)，被病毒污染后，再接触健康植物也能传毒。烟草花叶病毒和马铃薯X病毒主要进行机械传播。蚜传的黄瓜花叶病毒和马铃薯Y病毒等也可以进行机械传播。

种子传毒也是一种非介体传播方式，有利于提供初侵染毒源和远距离传毒。烟草花叶病毒可污染种皮，种子传毒率较高。也有人证实辣椒种子可以传带黄瓜花叶病毒，但在大多数情况下，种子不传毒或传毒率很低，不起重要作用。辣椒轻斑驳病毒(*Pepper mild mottle virus*)是辣椒的一种重要病毒，主要由种子和机械接触传播，无生物介体。该病毒在欧美广泛分布，我国台湾省有发生。

侵染辣椒的主要病毒寄主范围都较宽，在棚室和南方温暖地区，终年都有病毒的寄主植物生长，可以在多种植物间辗转传播，周年危害。

北方冬季寒冷，黄瓜花叶病毒和马铃薯Y病毒等主要在棚室蔬菜或多年生杂草上存活，春季由蚜虫传播到露地辣椒上，随着蚜虫的迁移而扩散。烟草花叶病毒的抗逆力较强，土壤、肥料中的病残体，带毒种子，带毒的烟叶、烟丝，棚室内的越冬寄主植物等都可以成为初侵染源。

近年棚室栽培的辣椒发病都相当严重，但各地病情消长过程，依栽培时期和环境条件不同而有相当差异。冬春茬棚室辣椒多在生育后期发生，而秋延迟辣椒在苗期就多有病毒发生。

在棚室、育苗地、定植田连作茄科作物，辣椒与其他寄主植物间作套种，棚室周围有多量病毒和蚜虫的寄主植物等情况下，毒源数量激增，辣椒发病加重。蚜虫发生早，数量多，带毒率高，迁移时间早，都有利于病毒病早发、重发。一般温度较高，日照较多，干旱少雨的年份发病重；阴雨日多、降水充沛的年份发病较轻，因为阴雨寡照不利于传毒蚜虫的发生和迁飞。

施肥不当，特别是偏施氮肥时，植株生长旺而弱，吸引蚜虫取食传毒，发病较重，而氮磷钾配合使用，合理施肥，可减轻病毒危害。辣椒品种之间抗病性有明显差异，有些虽不抗病，但症状表现较轻，产量损失也较小，具有耐病性。

【防治方法】 防治辣椒病毒病害应因地制宜，采取以种植抗病、耐病品种，栽培防病和喷药防蚜等为主要环节的综合措施。

1. 实行检疫 番茄斑萎病毒已被列为全国农业植物检疫性有害生物，辣椒是其重要寄主，应行检疫。

2. 选用抗、耐病品种 各地已选出一批抗病、耐病的品种或一代杂种，可供选用(表 2-8)。当前的抗病品种主抗烟草花叶病毒，中抗或耐黄瓜花叶病毒。

表 2-8 部分抗(耐)病毒的品种和一代杂交种

类　型	品　种　名　称
辣　椒	中椒 6 号、中椒 10 号、中椒 13 号、湘研 3 号、湘研 5 号、湘研 9 号、湘研 10 号、苏椒 2 号、苏椒 3 号、苏椒 5 号、苏椒 6 号、皖椒 3 号、鄂椒 1 号、碧玉、云丰、辽椒 4 号、吉椒 3 号、津椒 3 号、津椒 8 号、呼椒 2 号、西杂 7 号、哈椒杂 1 号、新尖椒 1 号、新椒 10 号、陕 8819
甜　椒	中椒 2 号、中椒 3 号、中椒 4 号、中椒 5 号、中椒 7 号、中椒 8 号、中椒 11 号、中椒 12 号、农大 40、农发、农乐、甜杂 1 号、甜杂 2 号、甜杂 3 号、甜杂 6 号、苏椒 4 号、吉椒 1 号、吉椒 2 号、辽椒 3 号、津椒 2 号、紫星 1 号、冀研 4 号、冀研 5 号、冀研 6 号、格丽、下卡、朝平、查可、雄鹰、阿瑞纳、佛斯塔、印尼亚、玛瑞托、卡地拉、佐罗、玛沃瑞斯、德尤拉

3. 种子处理 种子先用清水浸种几小时，再用 10%磷酸三钠溶液浸 20～30 分钟，清水淘洗干净后再催芽或直接播种。此法可

减少污染种子的烟草花叶病毒。

4. 栽培防病　避免寄主作物连作和间、套作，清除棚室内外病残体和杂草，搞好棚室周围露地蔬菜和其他作物的蚜虫防治。适期播种，使苗期或结果期避开蚜虫迁移高峰期。净土育苗，培育壮苗，增施磷钾肥，小水勤浇，避免缺肥缺水。幼苗期遇高温干旱，要及时洒水增墒降温，并覆盖黑色遮阳网，以降低地温和防蚜。农事操作先健株后病株，以减少传毒。操作前和接触病株后用肥皂水洗手。

5. 及时防治蚜虫　要及时消灭传毒蚜虫，防止病毒扩展，具体方法参见本书蚜虫部分。

6. 药剂防治　现已有几种市售病毒抑制剂或钝化剂，可供使用。盐酸吗啉胍·铜通过抑制核酸和脂蛋白的合成而起到抗病毒的作用。发病初期喷施20%盐酸吗啉胍·铜可湿性粉剂500倍液，隔7天喷一次，共喷3次，有明显防效，可使病株恢复。也可喷1.5%植病灵乳油1 000倍液或1%抗毒剂1号水剂200～300倍液。另外，在幼苗期和成株期还可分别喷施1～2次NS-83增抗剂200倍液，以增强辣椒的抗病性。

19. 辣椒果实病害

辣椒果实在生长和贮运期间，遭受病原微生物侵染，或不利的环境因素伤害，发生多种病害。炭疽病、灰霉病、疫病、菌核病是危害果实的重要病害，已在前述有关章节详细阐述，危害果实的其他常见病害，在此一并介绍。

【病害概况】

1. 软腐病　多于近果柄处发生，也在萼筒周围和害虫蛀孔、伤口处发生，初生水浸状暗绿色病斑，边缘稍凹陷，以后迅速扩展，可使果实全部腐烂。烂果有臭味，果皮变黄白色，破裂后，果内溃烂液体流出，仅残留皱缩的表皮。病果脱落或挂在枝上成僵果。

病原菌为胡萝卜果胶杆菌胡萝卜亚种 *Pectobacterium carotovorum* subsp. *carotovorum*，是一种寄主范围很广的病原细菌，引起各种蔬菜的软腐病。该菌生长发育最适温度 25℃～30℃，最低 4℃，最高 39℃，不耐光和干燥。软腐病是辣椒果实的常见病害，在田间和贮运过程中都能发生。

软腐病菌的寄主作物很多，其侵染菌源来自土壤中未腐烂的病残体，田间或贮运环境中发病的植物和植物产品，甚至昆虫虫体，十分复杂。病原细菌可通过雨水、灌溉水、带菌农家肥、工具、昆虫等传播。该菌从果实上的虫伤口、机械伤口、裂口等处侵入。椒田遇暴风雨、连阴雨，低凹积水或棚室内湿度高都是适于发病的环境。田间病残体多，败枝烂果得不到及时清理，使菌源增多，烟青虫等害虫猖獗，果实采摘和贮运过程中操作粗放，使伤口增多，这些都有利于软腐病大发生。

2. 黑斑病　果实上初生淡褐色、形状不规则、边缘清晰的稍凹陷病斑，其大小不一，大的可占据半个果实。潮湿条件下，病部生出黑色霉状物。天气干燥时，病部发干，羊皮纸状。

病原菌为细链格孢 *Alternaria tenuis*，是链格孢属的病原真菌。果实黑斑病在田间和贮运期间常见。

黑斑病菌是露地和棚室环境中广泛分布的一种真菌，多由伤口侵入，也可在其他病害的发病部位复合侵染或腐生，辣椒日烧病病果常继发黑斑病。田间卫生不良，温暖高湿，往往发病重。该病还可在贮运期间发生发展。

3. 黑霉病　多由近果梗处开始发病，病部水疱状，不变色，有皱褶，长出污灰色绵毛状物，上生点点黑霉。被害果实软化腐败。病原菌主要为匍枝根霉 *Rhizopus stolonifer*，是根霉属的病原真菌。该病在贮运过程中常发生。

黑霉病与灰霉病同为辣椒最重要的贮运病害。黑霉病多由果实采摘时果梗的伤口侵入，采摘时果梗撕裂，伤痕大，愈合慢，侵入率高。栽培场所通风不良，特别是大棚内常处于高湿状态，尤其有利于病菌侵染。被侵染的果实在运输、贮存和进入市场的过程中陆续发病腐烂。发病适温为25℃～30℃，高温高湿促进黑霉病扩展蔓延。

4. 日烧病　在果实向阳面上发生，病部褪色变硬，呈灰白色或淡黄色，略皱缩。以后病部表皮和果肉失水变薄，近革质，半透明，易破裂。干制用线辣椒果实多一侧变黄白色，俗称虎皮果。多种弱寄生和腐生真菌可在病部滋生，长出黑色或杂色霉层。

日烧病是一种常见的非侵染性病害，不是由病原菌侵染引起的，不传染。该病是果实受到强烈的阳光照射后，表皮细胞被烧伤，水分代谢失调所致。辣椒植株株型开张，枝叶稀疏，遮阴不良，果实暴露的病重。长期缺水，灌溉不足，土壤水分缺乏时发病较多，大雨后暴晴发病特别严重。因病害或生理因素而严重落叶的田块，稀植田块，植株发育不良的田块，日烧果都较多。土壤黏重、缺钙，地温过高，以及其他造成辣椒根系发育不良，吸水能力降低的因素都有利于日烧病发生，在植株蒸腾作用强烈时，发病严重。

5. 脐腐病　在果实顶端初现水浸状暗绿色病斑，后变黄褐色，可扩大到2～3cm，甚至占据果面一半以上。病部表面皱缩，凹陷，有时龟裂，因弱寄生菌或腐生菌滋生而有黑绿色或粉红色霉层。果肉也变褐，但仍较坚实。病果的健康部分往往提早变红。

脐腐病为非侵染性病害，与缺钙和水分代谢失调有关。脐腐病在高温、干旱和缺钙条件下易于发生。在辣椒旺盛生长期，若土壤中有效水分不足或根系吸水功能减低，都造成水分供应减少，加之高温干旱，叶片蒸腾量大，体内水分向叶部转移，果实脐部大量失水而发生坏死。土壤缺钙或虽不缺钙，但植株不能正常吸收土壤中的钙，会造成果实中钙含量降低，生理调控紊乱，失去控制水分的能力而失水发病。高温干旱，浇水不及时病重，土壤中长期水分过多，根部发育不良，突遇干热风也易生脐腐病。

6. 紫斑果 辣椒鲜果一般为绿色或深绿色，紫斑果则在绿色果面上出现紫色斑块，斑块没有固定形状和大小，一个果实有一块至多块，甚至多半个果面布满紫斑。有时植株顶部叶片沿中脉出现扇形的紫色变异，扩展后形成紫斑。

紫斑果是磷元素缺乏和花青素积累所致。土壤中有效磷不足或辣椒根系吸磷困难，导致紫斑果产生。温度低，土壤水分不足，多年种菜的老菜地多发。地温低于10℃，根系吸磷困难，多造成植株缺磷。

【防治方法】 软腐病、黑斑病和黑霉病都是病原菌侵染引起的，黑斑病菌、黑霉病菌等都是弱寄生菌，具有一定程度的腐生性，病原菌来源和流行态势都十分复杂。有些病果是在田间被侵染并发病的，有些果实虽然在田间已经被病原菌侵染，但尚未表现症状，以后在贮运过程中陆续发病。采收的健康果实，在贮运期间也可被病原菌侵染而发病。非侵染性的果实病害也可能被多种弱寄生菌侵染，加重病情和损失。前述灰霉病和炭疽病也是重要果实病害，且常是主要防治对象。常发地区应先搞好调查研究，确定病因主次，采取综合措施，对症防治。

1. 栽培防治 防治侵染性果病，首先要减少菌源，及时清除田间病残体和生长期间的死株病果，搞好田间卫生。防治软腐病，要尽可能选择水稻、麦类、豆类等作前茬，避免与十字花科、茄科、葫芦科蔬菜连作。要及时清除田间病残体，并精细翻耕整地，暴晒土壤，促进遗留病残体分解。定植、松土或锄草时避免伤根。

要搞好健身栽培，培育壮苗、壮株。改善生长环境，减低田间和棚室湿度，田间应做到雨天地里不积水，多雨地区或低洼地应实行高畦深沟栽培，以减轻软腐病、黑斑病、黑霉病的发生。防治日烧病和脐腐病则要适时灌溉，结果期要保证水分供应，结果盛期以后应小水勤灌。

实行大垄双行密植，可使植株相互遮阴，与玉米等高秆作物间作，也可加强遮阴，保护地栽培还可用黑色遮阳网。这些措施都能减少果实暴露，减轻日烧病。采用地膜覆盖技术，可保持土壤水分相对稳定，减少土壤中钙素淋失，有利于减轻脐腐病。

防止脐腐病，可在果实坐住后喷施 1%过磷酸钙浸出液，或 0.1%氯化钙水溶液，或 0.1%硝酸钙水溶液等，每隔 7 天左右喷 1 次，连续 3～4 次。

为防止出现紫斑果，保护地辣椒春提早或秋延晚栽培时，应选用早熟耐低温品种，还要特别注意提温、保温，保持地温在 10℃以上。另外，还要增施磷肥和腐熟农家肥，改良酸性土壤。在果实生长期，适时喷布磷酸二氢钾 200～300 倍液。

2. 及时防治害虫　及时防治烟青虫、棉铃虫等蛀果害虫，减少虫伤口。

3. 田间药剂防治　要根据病害种类，选用适当药剂，及时施用。防治软腐病可选用 72%农用链霉素（或新植霉素）可溶性粉剂 4 000～5 000 倍液，或 45%代森铵水剂 900～1 000 倍液，或 77%氢氧化铜可湿性粉剂 800 倍液，或 50%琥胶肥酸铜（DT）可湿性粉剂 1 000 倍液，或 60%琥·乙磷铝（DTM）可湿性粉剂 1 000 倍液，或 14%络氨铜水剂 400 倍液等。隔 6～7 天喷 1 次，连喷 2～3 次。

防治黑斑病可选喷 75%百菌清可湿性粉剂 600 倍液，或 64%杀毒矾可湿性粉剂 500 倍液，或 58%甲霜灵·锰锌可湿性粉剂 500 倍液，或 40%克菌丹可湿性粉剂 400 倍液等。

4. 搞好采收贮运卫生　食用青果的甜椒和半辣型辣椒在果实发育充分，绿色变深，质脆而有光泽时，选择晴天采收，减少采收损伤。若田间清洗果实，可在池水内加入 25mg/kg 的漂白粉，最好用活水漂洗，以减少病菌污染。要及时挑出病果和伤果，分别装载，避免与好果混合。要清洁贮藏环境，尽量避免在操作中造成伤口，经常清除病伤果。

试验表明，果柄表面附生多量镰刀菌、链格孢菌、灰霉菌、青霉菌、曲霉菌以及软腐细菌，内部也多有潜伏。果柄发病多而早，往往是贮藏期病害发生的条件。辣椒果实剪掉果柄贮藏（剪把贮藏）可以大幅提高好果率。

20. 茄子黄萎病

黄萎病是主要土传病害之一，严重危害多种蔬菜作物。棚室栽培的蔬菜，因寄主作物连作，菌量积累等原因，黄萎病增多，以茄子受害最严重。

【症　状】 黄萎病菌侵染根和茎部，使维管束腐烂变褐。植株叶片自下而上逐步变黄萎蔫，有时病株仅一侧枝条发病。黄萎病的症状常因蔬菜种类、品种或菌系不同而有变化。发病轻的仅叶尖、叶缘变黄，或叶脉间出现黄色斑驳，变色部分略成掌状，病株不枯死，矮化不明显。严重时，叶片变黄皱缩，萎垂脱落，病株矮化或枯死。

茄子黄萎病多在坐果后开始表现症状，多由下部叶片开始变黄，以后中上部叶片陆续显症。也有的植株仅1～2个侧枝显症。发病叶片叶缘先变黄，或叶脉间变黄，黄斑部分不断扩大和汇合，以致全叶变黄。早期病叶晴天中午萎蔫，早晚尚可恢复，以后不再恢复，叶缘上卷，叶片枯萎下垂。严重时全株叶片脱光，仅剩茎秆。剖检病株根、茎，可见维管束变褐色。

黄萎病症状常出现在半边叶片或半边植株上，然后再发展到全叶或整株，因此有人称为“半边疯”。

【病原物】 病原菌为大丽轮枝孢 *Verticillium dahliae*，是一种病原真菌。该菌寄主范围广泛，引起茄科蔬菜、十字花科蔬菜、莴苣、瓜类、棉花、马铃薯、向日葵、豆类、草莓等多种作物的黄萎病。在茄科蔬菜中，茄子发病最重，番茄次之。病原菌的休眠体是微菌核。病原菌发育适温 19℃～24℃，最高 30℃，最低 5℃。菌丝、微菌核死亡温度为 60℃，10 分钟。

【发病规律】 黄萎病为土传病害，病原菌的微菌核抗逆性强，在土壤中可存活多年。带菌病残体，带菌种子等都能传病。带有微菌核和菌丝体的土壤或病残体，也可随风雨扩散。栽植带菌幼苗，是黄萎病传入棚室的重要途径。

黄萎病菌主要从根部伤口侵入，也可以直接从幼根的表皮和根毛侵入致病。黄萎病与枯萎病、青枯病一样，都是土壤传播的系统侵染病害，所谓“系统侵染”是指病原菌的一种特定的侵染方式，系统侵染的病原菌一旦侵入后，病原菌的菌体或所产生的毒素，能随植株的维管束系统，转移扩散到各个部位，导致全株发病。

茄子苗期发病少，多在门茄坐果后出现病株，进入盛果期后病株增多。温度 20℃～25℃，湿度高，土壤 pH 值 6～8 时，病原菌生长良好，有利于发病。温度低于 15℃，虽然不利于病原菌生长，但在低温下寄主受到削弱，根部伤口叶不易愈合，发病加重。土壤含水量在 10%以下，病原菌不能生长，15%以上，随含水量增高，发病率增高，病株株高明显降低。低温高湿，光照不足，发病早而重。黏土发病较重，其次为壤土，沙地较轻。使用未腐熟的有机肥以及线虫与黄萎病复合侵染，均加重发病。

【防治方法】 防治黄萎病应以种植抗病品种和嫁接抗病砧木为主，采取综合措施。

1. 选用抗病、轻病品种 吉茄 1 号、黑又亮、长野郎、冈山早茄、辽茄 3 号、熊岳紫长茄、齐茄 1 号、丰研 1 号、海茄、长茄 1 号、长茄 3 号、鲁茄 1 号、齐杂茄 2 号、沈茄 2 号、龙杂茄 2 号等品种抗病或发病轻。

2. 农业措施

(1)轮作　与非寄主作物实行3年以上轮作,与葱蒜类蔬菜轮作效果好,茄科作物不宜相互接茬种植。

(2)土壤消毒　北京市农林科学院植保环保所针对棚室重茬茄子地,提出了日光高温土壤消毒法,可使5～20cm耕层地温达到40℃以上。该法在夏季空茬期间进行,病田拉秧后清洁田园。每667m^2施用石灰100kg,碎稻草500kg,再翻耕土壤60cm左右,使石灰与碎稻草均匀分布于耕层中。然后起高垄30cm。每天浇水使垄沟中始终充满水。铺盖地膜,四周用土压紧,密闭温室15天(闷棚)。

播种前床土消毒,可用棉隆处理土壤。每平方米用40%棉隆10～15g与15kg过筛细干土充分拌匀,撒在床面上,后耙入土中,深约15cm,均匀耙平后浇水,覆地膜,使其发挥熏蒸作用,10天后揭膜翻动床土1～2次散气,在规定等待天数后方可播种,否则会产生药害。定植田土壤也可用棉隆按上法处理,或用50%多菌灵可湿性粉剂按每667m^2用2kg的比例喷施地面,再耙入土中。也可在定植前施用多菌灵药土,即用50%多菌灵可湿性粉剂,每667m^2用药5kg,加细土100kg,拌匀制成毒土,均匀施入定植沟内。

(3)种子处理　播种前种子用55℃温水浸种15分钟,待水温降至30℃时浸种6～8小时,取出晾干后催芽播种。另法,用49℃～52℃温水浸种30分钟。药剂处理可用50%多菌灵可湿性粉剂500倍液浸种1小时,或60%多菌灵盐酸盐可湿性粉剂600倍液浸种1小时。还可用种子重量0.2%的50%福美双可湿性粉剂拌种。

(4)合理栽培　茄子适时定植,10cm深处地温15℃以上开始定植。合理灌溉,茄子生长期间小水勤浇,防止积水,不用过冷井水浇灌。酸性土壤可调节为微碱性。门茄采收后,开始追肥或喷施过磷酸钙。零星发病时要拔除病株，病穴灌 2%福尔马林液或 20%石灰水消毒。

3. 生长期药剂防治　发现个别植株发病，可灌根防治。可选用 60%多菌灵盐酸盐可湿性粉剂 500 倍液，或 50%多菌灵可湿性粉剂 500～800 倍液，或 50%硫磺·多菌灵悬浮剂 400 倍液，或 50%苯菌灵可湿性粉剂 1 000 倍液，或 50%甲基硫菌灵可湿性粉剂 800 倍液，或 50%硫磺·甲硫灵悬浮剂 500 倍液，或 50%琥胶肥酸铜可湿性粉剂 350 倍液，或 70%代森锰锌可湿性粉剂 600 倍液，或 30%多·福可湿性粉剂 600 倍液等药剂，每株灌 150～250ml 药液，7 天后重复灌一次。

4. 嫁接防病　茄子嫁接采用野生茄科植物作为砧木，使用较普遍的砧木品种有赤茄、托鲁巴姆、CRP、安阳 AYQ、耐病 vf 等。赤茄抗枯萎病，中抗黄萎病，嫁接苗生长健壮，具有较强的耐寒性和耐热性。托鲁巴姆的嫁接苗高抗黄萎病、枯萎病、青枯病和根结线虫，但种子小，休眠性强，发芽困难，前期幼苗生长缓慢。CRP 也能抵抗多种病害，根系发达，植株生长势强，但茎叶密生长刺，嫁接时难以操作。安阳 AYQ 抵抗黄萎病、枯萎病、青枯病和根结线虫，根系发达。耐病 vf 是日本的一代杂交种，主要抗枯萎病和黄萎病，种子易发芽，成活率高。

21. 茄子褐纹病

褐纹病是茄子的常见普发病害，露地与棚室发生都有发生，苗期发病可造成死苗，成株期大量烂果，能严重降低产量。

【症　状】　幼苗茎基部出现褐色梭形凹陷斑，严重时幼苗猝倒或立枯。成株果实最易发病，生黄褐色圆形或椭圆形的凹陷病斑，有明显或不明显的轮纹，密生黑色小粒点，即病原菌的分生孢子器。病斑扩大或相互连接后，可波及整个果实。病果后期落地软腐,或留在枝上干腐成僵果。病果中的种子灰白色,皱瘪无光泽。叶片上生近圆形褐色病斑,后期扩大成不规则形大斑,中间灰白色,略有轮纹,边缘深褐色,周围有黄晕。病斑上生有许多黑色小粒点。干燥时病斑开裂,常穿孔脱落。茎秆上生梭形、长椭圆形、不规则形的凹陷病斑,边缘深紫褐色,中间灰白色,有轮纹,其上生有多数隆起的黑色小粒点。病斑易开裂或皮层脱落,木质部外露。

【病原物】 病原真菌为茄褐纹拟茎点霉 *Phomopsis vexans*(有性态为 *Diaporthe vexans*),该菌仅侵染茄子。

【发病规律】 病原菌在田间病残体上越季,成为主要初侵染菌源,种子也能带菌传病。在茄子生长期间,病原菌的分生孢子随气流,灌溉水、昆虫、农事操作而传播,发生多次再侵染。病原菌的分生孢子在叶面有露水或高湿条件下萌发,主要通过气孔侵入。茄子最易发病的生育期为苗期以及开花坐果盛期至采收中后期。

高温高湿适于病害发生发展,病原菌侵染发病的最适温度为28℃～30℃,相对湿度需达95％以上或有露水。棚室多在棚膜漏雨处和通风口附近形成病窝。前茬遗留病残体多,地面低凹积水或栽植密度高,郁闭高湿,植株脱肥,生长势弱等因素都有利于发病。

【防治方法】 选用抗病品种,长茄较圆茄抗病,白皮茄、绿皮茄较紫皮茄抗病。病田应换种其他蔬菜,实行2～3年轮作。要使用无病种子或播种前温汤浸种。种子用55℃温水浸15分钟或在50℃温水中浸30分钟。苗床需每年更换无病新土,还可在播种时施用多菌灵可湿性粉剂与福美双可湿性剂制成的药土。生长期间加强栽培管理,施足基肥,增施磷、钾肥,适当控制灌水,棚室要适时通风排湿。茄子生长期间发现病枝、病果后要及时摘除烧毁。发病田收获后要彻底清除病株残体和深翻,以减少菌源。

药剂防治可选用75％百菌清可湿性粉剂600倍液,或58％甲霜灵·锰锌可湿性粉剂500倍液，或64%杀毒矾可湿性粉剂500倍液，或70%乙膦·锰锌可湿性粉剂500倍液，或50%苯菌灵可湿性粉剂800倍液或72.2%霜霉威水剂800倍液等药剂。在发现病株后立即喷药，视天气和病情隔7～10天喷1次，连续防治2～3次。

22. 茄子绵疫病

绵疫病是茄子主要病害之一，各地普遍发生，茄子各生育阶段虽然都可发病，但以果实受害最重。

【症　状】　幼苗茎基部水浸状腐烂，病苗猝倒枯死。成株期叶片上生水浸状不规则形病斑，褐色或紫色，有轮纹，高湿时病斑上生少量白色霉状物。茎部生水浸状褐色斑块，病部缢缩或折断，使上部茎叶青枯状枯死。高湿时，病茎也长出白色霉状物。被病原菌侵染的花器变褐腐烂，果实上初生水浸状圆形斑点，稍凹陷，黄褐色至黑褐色。病部迅速扩展，造成果肉软化腐烂，呈黄褐色或黑褐色，高湿时病果表面密生白色或灰色絮状菌丝体。病果易脱落或干瘪收缩成为僵果。

【病原物】　病原卵菌为辣椒疫霉 *Phytophthora capsici*，寄生疫霉 *P. parasitica* 等，寄主广泛，能危害多种茄果类、瓜类蔬菜。

【发病规律】　病菌主要以卵孢子在土壤中和病残体中越冬，为主要初侵染菌源。当季病株产生大量孢子囊，萌发后释放游动孢子，借雨水或灌溉水扩散传播，引起再侵染。高温、高湿有利于病害发展，发病的温度范围为15℃～32℃，适温25℃～30℃，需有90%以上的相对湿度和叶片表面结露。茄子在卒果期至采收期最感病，若逢高温和连阴雨，往往大量发病。地势低洼，排水不良，土壤黏重的田块，以及连茬栽培，过度密植，管理粗放，不及时整枝打老叶，或偏施氮肥造成植株徒长的田块发病都重。

【防治方法】

1. 栽培防治 病田不宜接茬种植茄果类、瓜类蔬菜，可换种其他蔬菜；收获后彻底清除病残体，深翻土地。选用抗病、轻病品种，采用高畦栽培，覆盖地膜，雨后及时排除积水，降低田间湿度。要施足腐熟有机肥，增施磷、钾肥，促进植株健壮生长，及时整枝打老叶，发现病果、病叶后要及时摘除。

2. 药剂防治 发病初期及时喷药防治，喷药要均匀周到，重点保护茄子果实。一般每隔 7 天左右喷一次，连喷 2～3 次。适用药剂参看辣椒疫病的药剂防治。

23. 茄果类蔬菜其他病害及防治

茄果类蔬菜其他病害及防治，详见表 2-9。

表 2-9 茄果类其他病害及防治

病 名	症 状	发生规律	防治方法
白绢病 *Sclerotium rolfsii*	病根皮层腐烂，茎基部生暗褐色水浸状腐烂斑块，稍凹陷，可环绕茎基，导致枝叶萎蔫，病部生有白色绢丝状菌丝束，辐射状伸展，甚至可蔓延到周围地面上，后期生茶褐色圆粒状小菌核	病原真菌的小菌核在土壤和病残体内越冬，可随土壤、雨水、灌溉水、农家肥等传播。高温、高湿、田间积水后多发	清除病残体，深耕翻埋小菌核，或实行水旱轮作；及时拔除中心病株，淋灌或喷布异菌脲、腐霉利、甲基立枯磷、苯噻氰、噻菌灵或井冈霉素等

续表 2-9

病　名	症　状	发生规律	防治方法
镰刀菌根腐病 *Fusarium solani*	根部、茎基部皮层变褐腐烂，茎叶发黄、萎蔫、枯死	病原真菌的厚垣孢子在病残体和土壤中越冬，多从根部伤口侵入。分生孢子借雨水、灌溉水传播蔓延。高温、高湿有利于发病，连作地、低洼地及黏土地发病重	病田与谷类、葱蒜类等实行 2～3 年轮作；嫁接抗病砧木，高畦、高垄栽培，雨后要及时排除田间积水，避免土壤过湿；定植前在定植穴撒施多菌灵药土，在发病初期用多菌灵、甲基硫菌灵等药液灌根
细菌性软腐病 *Pectobacterium carotovora* subsp *. carotovorum*	病果初生水浸状、暗绿色病斑，边缘稍凹陷，果肉腐烂，有臭味。可迅速造成全果腐烂，果皮呈黄白色，破裂后流出溃烂液体，病果脱落或挂在枝上成僵果	参考十字花科蔬菜软腐病	参考十字花科蔬菜软腐病
根结线虫病 *Meloidogyne* spp.	在须根和侧根上形成浅黄色、褐色的串珠状根结，或肥肿的袋状、瘤状根结，病株发育不良，瘦弱矮小	以卵、幼虫在土壤和病残体中越冬，也可周年危害。二龄幼虫侵入寄主植物新根，引起发病。病原线虫可随菜苗、土壤、病残体、农家肥以及灌溉水，农机具等传播	病田改种禾本科作物或施用杀线虫剂，种植番茄抗、耐品种（西粉 3 号、佳粉 2 号、L402、瑞里、瑞光、荷兰 GC779、W773 等）。参见十字花科蔬菜根结线虫病

续表 2-9

病　名	症　状	发生规律	防治方法
番茄丝核菌基腐病 *Rhizoctonia solani*	茎基部和根部皮层变灰褐色或暗褐色腐烂，致使茎叶发黄，枯萎。病部可能生出蛛丝状菌丝体和黑褐色小菌核	病原真菌寄主多，菌源广泛，主要在病残体和土壤中越冬。旬均温16℃开始发病，24℃最适宜，土壤高湿、盐碱地、平畦栽培时多发，移栽伤根发病重。砂壤土，高垄栽培，覆盖地膜发病较轻	选用抗病品种，彻底清除田间病残体，重病地换种谷类作物；用3%噁霉·甲霜水剂400倍液在移栽前灌根，用45%敌磺·琥铜可湿性粉剂750倍液在发病初期灌根
番茄黄萎病 *Verticillium dahliae*	下部叶片最先变黄萎蔫，叶片的尖端和边缘先坏死，向叶片内部发展，形成"V"字形斑块。病茎基部维管束变淡褐色，有时只植株一侧表现症状。病株常可继续存活，但较矮小，果实变小减产	参考茄子黄萎病	参考茄子黄萎病

续表 2-9

病名	症状	发生规律	防治方法
番茄细菌性髓部坏死病 *Pseudomonas corrugate*	植株上、中部叶片萎蔫，茎部长出不定根，出现黑褐色斑块，茎内髓部变黑坏死、干缩中空，无臭味。病部上、下延伸，整株萎蔫枯死。小叶多从叶尖、叶缘向内变色枯黄。果柄变褐，继而全果褐腐变硬，挂于枝上。高湿时，病茎伤口溢出黄褐色菌脓	病原细菌随病残体越季，通过雨水、农事操作传播蔓延，多从整枝造成的伤口侵入，通常从青果期显症。4～6月份夜温低，湿度高有利于发病，连作、排水不良、氮肥施用过量的地块发病重	与非茄科蔬菜轮作2～3年，施用腐熟有机肥，增施磷钾肥；雨后及时排除积水；不在阴雨天气整枝打杈，及时拔除和销毁病株；田间出现发病中心株时开始施药，可选用农用链霉素、新植霉素、氢氧化铜、琥胶肥酸铜等药剂
番茄白粉病 *Leveillula taurica*	主要危害叶片，病叶两面初生白色粉斑，后布满白粉，病叶叶缘卷曲，严重时枯死	参考辣椒白粉病	参考辣椒白粉病
番茄煤霉病 *Pseudocercospora fuligena*	叶片上生圆形至不规则形病斑，初黄色、黄褐色，后变褐色，表面生有褐色绒毛状霉层，叶柄和茎上也生成具有褐色绒毛状霉层的病斑	病原真菌主要随病残体越冬，产生分生孢子，借风雨传播，进行初侵染和再侵染，高温、高湿、连续阴雨时病重	参考番茄叶霉病

续表 2-9

病　名	症　状	发生规律	防治方法
番茄灰斑病 *Ascochyta lycopersici*	叶片上病斑近圆形、椭圆形，灰褐色，直径多为 10～20mm，着生轮纹状排列的黑色小粒点，后期病斑易破裂或穿孔	病原真菌随病残体越冬，产生分生孢子，借风雨传播，进行初侵染和再侵染，多雨高湿条件下病重	轮作非茄科作物，收获后及时清除病残体；加强水肥管理，防止田间湿度过高和植株早衰；发病初期选喷代森锰锌、甲基硫菌灵、异菌脲、噻菌灵等药剂
番茄褐斑病 *Helminthosporium carposaprum*	叶片上生圆形、近圆形病斑，灰褐色，有光泽，略凹陷，直径 1～10mm 不等，湿度大时生褐色霉状物	参考番茄早疫病	参考番茄早疫病
番茄靶斑病 *Corynespora cassiicola*	叶片上病斑近圆形，直径约 1cm，褐色有光泽，有稀疏同心轮纹，形似标靶，但有时轮纹不明显。果实上初现略有光泽的褐色小斑，后变大，色泽变深，中心有暗灰色霉状物，相互汇合后形成较大的凹陷斑	病原真菌寄主广泛，侵染瓜类、豆类、茄果类蔬菜，主要随病残体越冬，种子也可传病，高温（28℃）高湿适于发病	参考瓜类靶斑病

续表 2-9

病　名	症　状	发生规律	防治方法
番茄细菌性疮痂病 *Xanthomonas campestris* pv. *vesicatoria*	叶片生圆形、近圆形或不规则形黄褐色病斑，边缘明显，周围褪绿。茎秆、叶柄、果柄上生褐色不规则形病斑，隆起，疮痂状。果实表面也产生褐色稍隆起的疮痂状病斑	参见辣椒细菌性疮痂病	参见辣椒细菌性疮痂病
番茄果实黑斑病 *Alternaria tomato* 等	果面上生圆形或椭圆形黑褐色病斑，稍凹陷，边缘整齐，大小不一，湿度大时病斑上生出黑色霉状物，后期病果腐烂	病原真菌主要随病残体在土壤中越冬，菌源较广泛，分生孢子随风雨传播，引起初侵染和再侵染。衰弱的植株和近成熟的果实最易发病，多从伤口侵入。高温高湿适于发病	收获后彻底清除病残体，深翻土壤；加强水肥管理，防止田间湿度过高和植株早衰；及时发现并摘除病果，适时采收；若需药剂防治，可参见番茄早疫病
番茄果实绵疫病 *Phytophthora* spp.	果实表面出现黄褐色病斑，边缘不清晰，有时具皱纹，高湿时生出白色棉毛状物。果肉变褐腐烂，病果多不软化，易脱落	病原卵菌以卵孢子和厚垣孢子随病残体越冬，随雨滴溅在果实上侵入。有多次再侵染。青果和开始着色的果实多发病，高温高湿时病重	采用高垄地膜覆盖栽培，清除病残体，雨后及时排水；发病初期摘除病果，并喷药保护，有效药剂有甲霜灵、霜脲·锰锌、安克·锰锌等

续表 2-9

病　名	症　状	发生规律	防治方法
番茄果实绵腐病 *Pythium aphanidermatum* 等	病果实上出现水浸状暗绿色至淡褐色斑块,扩展后软化腐烂,表面产生白色霉层,病果易脱落	病原卵菌以卵孢子和菌丝体在土壤表层越冬,随雨滴或灌溉水滴溅落到果实上而侵入发病。近地面成熟果实、受伤果实多发,温度 10℃～30℃,高湿多雨时病重	采用高垄、高畦、地膜覆盖、搭架栽培,清除病残体,避免大水漫灌,雨后及时排水;多发田块在种植前,用硫酸铜稀释液泼浇地面;发病初期摘除病果,并喷药防治,有效药剂有甲霜灵、霜脲·锰锌、安克·锰锌、霜霉威等
番茄果实炭疽病 *Colletotrichum coccodes* 等	成熟果实上生黄褐色略凹陷的病斑,有同心轮纹,密生黑色小粒点,高湿时有淡红色黏液,病果腐烂脱落,干燥时萎缩成僵果	病原真菌在种子和病残体中越冬,在田间成熟分生孢子随风雨扩散传播,多次再侵染,果实采摘期高温多雨,田间高湿发病重	及时清除病残果,合理灌溉,防止雨后积水;多发田块从绿果期开始喷药防治,有效药剂有溴菌腈、咪鲜胺、甲基硫菌灵、丙环唑、多·硫悬浮剂等
番茄果实红腐病 *Fusarium* spp.	成熟果实上生红褐色不定型斑块,有白色或粉红色絮状霉层,病果软腐,脱落	病原菌在病残体和土壤中存活,多侵染接触地面的果实,过度成熟或有伤口的果实。采收期多雨,或过度灌溉时多发	搞好田间卫生,采用地膜覆盖栽培,生长后期控制浇水,适时采收,及时清除病果

续表 2-9

病　名	症　状	发生规律	防治方法
番茄青霉果腐病 *Penicillium expansum* 等	果面上产生圆形、近圆形水浸状褐色病斑，凹陷，大小不等，可扩大至半个果实以上，病果软化腐烂，生出黑绿色霉状物	病原真菌腐生性较强，菌源较广，分生孢子随风雨和病、健果接触等途径传播，从伤口侵入，果实成熟期和贮运过程中多发	加强肥水管理，培育健株，适时采收，采收时轻拿轻放，减少伤口；贮藏窖先用硫磺粉熏蒸或用福尔马林液消毒，科学贮运，及时剔除病果、烂果和伤残果，合理调控温湿度
番茄空洞果（非传染性病害）	果实较轻，外形较大，多棱角。切开果实可见果皮与胎座之间缺少胶状物和种子，出现空腔	花粉形成阶段光照不足和异常高温，花粉发育不良，不能正常授粉，胎座组织生长不充分，形成空腔。棚室光照不足，生长调节剂浓度过高，用量过多，或水肥过多，植株徒长时，空洞果增多	开花阶段补光控温（白天不高于35℃，夜温17℃左右）；合理进行水肥管理，使植株营养生长与生殖生长协调进行；用2，4-D或番茄灵蘸花，药液浓度和用量要准确，切忌过量，不能用于处理花蕾
番茄日烧果（非传染性病害）	膨大期的绿果肩部向阳面出现大块褪绿变白的斑块，后变黄褐色，干缩发硬，表面凹陷，出现皱纹。病部果肉坏死，可滋生杂菌而腐烂	果实经受强烈阳光照射，温度过高而被烧伤。番茄定植过稀，整枝、打顶过重，摘叶过多，日烧果增多。天气干旱，土壤缺水或雨后暴晴，可加重发生	合理密植，调整株型，适时、适度地整枝打杈，减少果实经受日光直射的机会；适时通风降温，及时灌水，覆盖遮阳网；喷施0.1%硫酸锌或硫酸铜溶液

续表 2-9

病　名	症　状	发生规律	防治方法
辣椒枯萎病 *Fusarium oxysporum* f. sp. *capsici*	病株根和茎基部腐烂，茎基部变暗褐色，有光泽。下部叶片先表现萎蔫，以后整株枯萎。剖开茎基部，可见维管束变褐色	病原真菌在带菌土壤、粪肥、病株残体中越季，成为下一季发病的初侵染菌源，种子也带菌传病。在田间还随雨水、灌溉水、农具等传播。土壤黏重、偏酸性，田间低洼积水以及降雨后病重	参考番茄枯萎病
辣椒黄萎病 *Verticillium dahliae*	下部叶片先变黄萎蔫，病株迅速枯死。病叶先在叶尖、叶缘或侧脉之间变黄，逐渐转褐，自叶缘起向内枯死。剖开茎基部，可见维管束变淡褐色	参见茄子黄萎病	参见茄子黄萎病
辣椒霜霉病 *Peronospora capsici*	叶片上生不规则形淡绿色或淡褐色病斑，背面生稀疏的白色霉层，严重时易落叶。易与白粉病混淆	可能以卵孢子越冬，生长期间病株成熟孢子囊，随风雨传播，引起再侵染。气温 20℃～24℃，高湿多雨时病重	清除病残体，合理排灌，降低田间湿度，发病早期开始喷药防治

续表 2-9

病　名	症　状	发生规律	防治方法
辣椒叶霉病 *Fulvia fulva*	叶片上生多数不规则形病斑，淡黄色至黄褐色，背面生有绒毛状霉层，初白色，后变灰色至黑褐色。发病严重时整叶花斑状，变黄干枯	病原真菌随病残体越冬，条件适宜时产生分生孢子，通过风雨传播，引起初侵染。后续发生多次再侵染，病情迅速发展。品种感病，栽培密度过大，田间郁闭，忽干忽湿时多发	参考番茄叶霉病。寿光长羊角椒、中蔬 4 号、中蔬 5 号、苏椒 5 号等品种发病较轻
辣椒灰叶斑病 *Stemphylium solani*	叶片上散生近圆形或不规则形病斑，中部灰白色，边缘褐色，直径 2～4mm，病斑中央坏死部分常脱落穿孔。高湿时病斑上生灰黑色霉状物	病残体是主要初侵染菌源，种子也能带菌传病。生长期间分生孢子随风雨、昆虫、农事操作而传播，发生多次再侵染。高温季节遇到暴风雨或连阴雨时大发生，植株脱肥，生长势弱有利于发病	参考辣椒褐斑病
辣椒白星病 *Phyllosticta capsici*	叶上病斑为圆形、近圆形，稍隆起，直径 1～5mm，中部灰白色，边缘黑褐色。病斑上生黑色小粒点（分生孢子器），病斑中心部分常破裂脱落	病原真菌主要随病残体越季。高湿多雨，植株生长势弱时多发	参考辣椒褐斑病，防治褐斑病时兼治

续表 2-9

病　名	症　状	发生规律	防治方法
辣椒早疫病 *Alternaria solani*	叶片上病斑圆形、近圆形，直径 2～8mm，黑褐色，有同心轮纹。高湿时，病斑上生黑色霉状物。幼苗发病出现叶尖和顶芽腐烂，形成无顶苗	病原真菌主要随病残体越季，种子也能带菌传病。病株产生的分生孢子，随风雨和灌溉水传播，进行再侵染。高湿多雨，温度适中时多发，植株脱肥，生长势弱发病重	参见番茄早疫病
辣椒沤根（非传染性病害）	幼苗根皮变褐色，锈渍状，后坏死腐烂，新根很少，病苗易于拔起。地上部萎蔫，叶片叶缘变褐。严重时成片死秧	地温过低或浇水过多，土壤透气性减低，根系严重缺氧，土壤环境不适于根系发育，造成生长停滞，甚至坏死腐烂。该病多在育苗期和移栽期发生	使用通气好的肥沃床土育苗，地温不低于 17℃～18℃，促进根系发育。定植前 10 天左右降温炼苗。分苗和定植时控制浇水量，定植后轻浇水，早追肥，浇水后及时中耕，提温保墒，促进发根
茄子枯萎病 *Fusarium oxysporum* f. sp. *melongenae*	病株矮小，从下部叶片开始枯黄，逐渐向上部发展，有时只一侧变黄，造成半边凋萎，或仅一、二分枝表现症状。剖视病茎，可见维管束变褐色，根腐烂，病株叶片脱落	病原真菌在带菌土壤、粪肥、病株残体中越季，成为下一季发病的初侵染菌源，种子也带菌传病。病原菌从根部侵入。连作、偏酸性土壤病重	病田轮作，苗床采用新土，播种不带菌种子，或进行药剂处理；使用抗病砧木嫁接（参见茄子黄萎病）；发病初期用多菌灵、甲基硫菌灵等杀菌剂药液灌根

续表 2-9

病　名	症　状	发生规律	防治方法
茄果黑斑病 *Alternaria tenuis* 等	果实上生成椭圆形至不规则形病斑，稍凹陷，褐色，密生黑色霉状物。病斑下果肉变褐干腐	病原真菌具较强的腐生性，菌源广泛，多由伤口侵入，田间卫生不良，湿度高发病增多，在贮运期间继续发生	参考辣椒果实病害
茄子炭疽病 *Colletotrichum coccodes*	果实上生近圆形、椭圆形或不规则形黑褐色病斑，稍凹陷，扩大后可汇合形成大型斑块，有的占据半个或整个果实。病部表面密生黑色小粒点，并溢出红色黏质物。病部果肉淡褐色干腐	病原真菌随病残体在土壤中越冬，种子也带菌传病。在生长季节病果实产生的分生孢子，借风雨、昆虫和农事操作传播，多次再侵染。在高温、高湿条件下，近成熟和成熟果实常有发生	与非茄科蔬菜进行2～3年轮作，使用无病种子，种子处理可用55℃温水浸种15分钟或52℃温水浸种30分钟；适时适量灌水，雨后及时排水，降低田间湿度；发病初期用药防治，可用多菌灵、甲基硫菌灵、炭疽·福美或溴菌腈等
茄子白粉病 *Podosphaera xanthii* 等	叶片两面生近圆形白色粉斑，后扩展为覆盖整个叶面的灰白色霉层，病叶枯死	病原真菌寄主广泛，可在棚室蔬菜上越冬，也可随病残体越冬。温暖地区周年在各茬蔬菜间辗转危害。发病适宜温度20℃～25℃，湿度25%～85%	清除田间病残体，前茬发病棚室在使用前用硫磺粉熏蒸或喷杀菌剂消毒，种植抗病品种，发病初期喷施三唑类杀菌剂、硫磺制剂等有效药剂

续表 2-9

病　名	症　状	发生规律	防治方法
茄子霜霉病 *Peronospora tabacina* var. *solani*	叶片上生不规则形淡绿色病斑，后变黄褐色，背面生灰白色霉层	露地菌源来自棚室病株，可否以卵孢子越冬不明	参见其他作物霜霉病的防治
茄子早疫病 *Alternaria solani*	叶片上病斑圆形、近圆形，直径 2～10mm，边缘褐色，中部灰白色，具有同心轮纹，后期病斑开裂。高湿时，病斑上长出淡黑色霉状物。发病严重的病叶脱落。此外，还能引起苗枯和果斑	病原真菌随病残体和种子越冬，生长季节病株产生分生孢子，随风雨传播，引起再侵染。植株后期衰弱，温度 16℃～32℃，阴湿多雨时病重	清除田间病残体，实行 3 年以上轮作；带菌种子用 50℃温水浸种 30 分钟，或 55℃温水浸 15 分钟；发病初期开始选喷杀菌剂，有效药剂参见番茄早疫病
茄子晚疫病 *Phytophthora infestans*	病叶生暗绿色至褐色近圆形斑块，水浸状，边缘不明显，叶背有白色霉状物。叶柄、茎和果实病部变暗绿色至黑褐腐烂，湿度大时也生出白霉	参见番茄晚疫病	参见番茄晚疫病

续表 2-9

病　名	症　状	发生规律	防治方法
茄子褐斑病(褐色圆星病) *Paracercospora egenula* (= *Cercospora solani - melongenae*)	叶片上生圆形、近圆形病斑,直径多 2～5mm,中部淡褐色,边缘浓褐色,上有灰色霉状物,病斑可破裂穿孔。多个病斑汇合引起叶枯和早期落叶	随病残体越冬的病原菌是主要初侵染菌源,在生长季节病株产生分生孢子,随风雨传播,引起再侵染。在气温适中,多阴雨的条件下发病增多,缺肥早衰植株病重	合理排灌,降低田间湿度,增施肥料,培育壮株,收获后彻底清除病残体;发病初期开始喷药,可选用百菌清、甲基硫菌灵、多菌灵、代森锰锌等
茄子黑枯病 *Corynespora melongenae*	病叶生圆形、不规则形病斑,直径 5～10mm,中部褐色,周缘紫黑色,有时形成轮纹。可造成叶枯和早期落叶	病原真菌主要随病残体越冬,种子也能带菌传病,有多次再侵染。气温 20℃～28℃和高湿条件适于侵染。多发生于苗床和棚室	清除田间病残体,使用无病种子;加强苗床和棚室管理,适时通风,防止高温高湿;发病初期开始选喷百菌清、代森锰锌、甲基硫菌灵等杀菌剂
茄子叶霉病 *Mycovellosiella nattrassii*	病叶背面密生多数圆形、近圆形霉斑,直径 5～10mm,初白色,后变为灰褐色,边缘不明显,病叶表面对应地产生黄褐色至褐色病斑。严重时病叶枯萎脱落	病原菌在病残体上和棚室架材、塑料薄膜上越季。生长季节病株产生分生孢子,随风雨传播,引起再侵染。棚室内温度 23℃～28℃,湿度高时多发	清除病残体,搞好棚室卫生;覆盖地膜,合理灌水,适时通风换气,降低湿度;早期摘除植株下部病叶,并喷施嘧菌酯等甲氧丙烯酸酯类杀菌剂

续表 2-9

病名	症状	发生规律	防治方法
茄子轮斑病 *Ascochyta melongenae*	叶片上病斑圆形、椭圆形,褐色,有同心轮纹,密生黑色小粒点,后期常破裂穿孔	病原真菌主要随病残体越冬,种子也能带菌传病,在生长季节病株产生分生孢子,随风雨、昆虫和农事操作传播,引起再侵染。高温高湿,植株生长柔嫩时病重	参考茄子褐斑病
茄子斑枯病 *Septoria melongenae*	叶片上病斑圆形、椭圆形,直径3～8mm,褐色,边缘深褐色,有黑色小粒点	病原真菌主要随病残体越冬,在生长季节病株产生分生孢子,由风雨传播,引起再侵染。高温高湿时有发生	参考茄子褐斑病
茄子病毒病害 TMV(烟草花叶病毒) CMV(黄瓜花叶病毒) BBWV(蚕豆萎蔫病毒)	CMV和TMV引起斑驳花叶,TMV病株有隐症现象;BBWV病株上位叶片生成紫褐色坏死斑,直径仅0.5～1mm,病叶扭曲畸形,叶缘上卷,萎蔫	有关病毒寄主多,毒源广泛;CMV和BBWV由蚜虫传毒,也可经由病株汁液接触传播,TMV主要由汁液接触传毒,种子也可能带毒	合理安排邻作、间作和前作,减少毒源植物;不由病株和隐症病株采芽嫁接;及时防治传毒蚜虫;防治TMV要进行种子消毒,农事操作前用肥皂洗手;严防茄花叶病毒(*Eggplant mosaic virus*)和茄斑驳矮化病毒(*Eggplant mottled dwarf virus*)传入

第四章　瓜类蔬菜病害

瓜类是一类重要蔬菜，常见种类有黄瓜、西葫芦、冬瓜、丝瓜、瓠瓜、苦瓜、中国南瓜以及甜瓜和西瓜等。瓜类蔬菜的病虫害较多，苗期有猝倒病、立枯病，棚室冬春低温高湿易发生灰霉病和菌核病，整个生育期还发生枯萎病、疫病、霜霉病、炭疽病、蔓枯病、白粉病、细菌性角斑病、病毒和根结线虫等。霜霉病是流行性大病害，病势发展很快，在1～2周内就可能流行成灾，白粉病在较干旱的地区已经成为日光温室栽培的毁灭性病害。枯萎病、疫病、根结线虫等土传病害随着瓜类连作增多，菌量积累，逐年加重。病毒的种类趋于复杂，发生普遍而严重。黄瓜、甜瓜和西葫芦的细菌性枯萎病，西瓜和甜瓜的细菌性果斑病，黄瓜绿斑花叶病毒等都是近年发现的危险性病害，需严密监测和紧急防治。各种瓜类都属于葫芦科，病害相同，本章一并介绍，不再按作物种类区分。

1. 瓜类霜霉病

霜霉病是黄瓜和甜瓜的毁灭性病害，各地棚室普遍发生，病株一般减产15％～25％，严重的减产40％以上。霜霉病还危害冬瓜、苦瓜、西葫芦、南瓜、丝瓜、西瓜以及其他葫芦科作物。

【症　状】 该病在整个生育期都可发生，主要危害叶片。黄瓜和其他瓜类发病叶片的背面初现水浸状淡黄色的小斑点，病斑逐渐扩大，因受叶脉限制而成为多角形黄褐色病斑，在潮湿条件下病斑表面长出灰黑色、紫灰色的霉层（病原菌的孢囊梗和孢子囊）。叶片正面病斑初期褪绿，逐渐变成灰褐色至黄褐色多角形坏死斑。发病严重时，多个小病斑汇合成为不规则大型斑块，致使叶片干枯，卷缩。病叶由植株下部向上部发展，严重时全株叶片枯死。抗病品种叶片上产生较小的褐色枯斑，圆形或多角形，病斑上不生霉状物，或仅产生稀疏的霉状物。

厚皮甜瓜病叶上多形成近圆形淡褐色的斑点，直径5～8mm，后期病斑背面也很少出现灰黑色的霉层。在高温季节病斑较小，多表现为水浸状褐色小点，易误认为细菌性角斑病。

【病原物】 为古巴假霜霉 *Pseudoperonospora cubensis*，是一种病原卵菌。病原菌孢子囊产生适温15℃～20℃，大气湿度低于60%不产生，高于83%大量产生。孢子囊萌发适温21℃～24℃。孢子囊萌发产生游动孢子，游动孢子萌发生出芽管而侵入寄主。孢子囊的萌发与侵入，都需要叶面保持水滴或水膜3小时以上。叶面干燥则孢子囊不能萌发，经2～3天死亡。

霜霉病菌为活物寄生菌，仅能在生活植株上寄生，有致病性分化现象。我国瓜类霜霉病菌菌株间有致病性强弱差异，但尚未明确区分生理小种。

【发病规律】 霜霉病菌周年在各种寄主间辗转危害，秋季露地发病植株提供菌源，侵染棚室瓜类作物，春季棚室菌源侵染露地瓜类作物。在当地没有冬季发病寄主的地方，春夏季发病的菌源是随气流来自外地的孢子囊。最初发病的中心病株，产生大量孢子囊，孢子囊随气流、雨滴飞溅或农事操作分散传播，侵染附近植株，在一个生长季节中发生多次再侵染。

温暖高湿的环境条件适于霜霉病发生。霜霉病发生的起始温度为15℃～16℃，适温20℃～24℃，高于30℃或低于15℃，发病受抑制。病原菌孢子囊萌发和侵入均需叶面有水膜存在，高湿多露是霜霉病发生的必需条件。在适宜条件下，病情发展很快，1～2周内就可使瓜秧枯黄。

北方露地黄瓜、甜瓜霜霉病多在7～8月份盛发，棚室黄瓜、甜瓜一般在5～6月份盛发。10月上旬育苗的一大茬黄瓜，多在12

月下旬开始发病，1 月下旬病情激增，2 月下旬至 3 月份为发病高峰期，正值产瓜盛期。在长江下游一带，露地栽培的春黄瓜在 4 月上旬始见发病，5 月上中旬至 6 月上中旬为发病盛期，秋黄瓜在 8 月中下旬至 10 月下旬盛发。棚室黄瓜在 3 月中下旬开始发病，4 月中下旬至 5 月上旬为发病盛期。

降水偏早，雨量偏多的年份发病早而重。地势低洼，密度较高，大肥大水，管理粗放的田块易于流行。棚室通风不良，湿度过大，温度调节不好，昼夜温差大，叶面结露时间长，都有利于霜霉病发生。行间铺麦草或地膜，实行滴灌的，棚室湿度较低，发病较轻。秋季育苗早，接受露地病株菌量多，发病重，有的甚至在苗期就严重发病而毁苗。

【防治方法】

1. 种植抗病品种 可供选用的黄瓜抗病品种较多，例如津优系列、津杂系列、津春系列、中农系列、津研 4 号、龙杂黄 2 号、龙杂黄 3 号、新 4 号、夏盛（广东）、早春 2 号（广东）、碧春（北京）、春香（北京）、唐山秋瓜、温棚 2 号、甘丰 2 号、夏丰 1 号、早丰 1 号、北京黄瓜 301、长春密刺、山东密刺、新泰密刺、恩施地黄瓜、赣春 1 号、赣春 2 号、沪 58、宁丰 4 号（江苏）、新杂 1 号（江苏）、早抗（江苏）等。许多品种还兼抗其他病害，例如，津杂 1 号、津杂 2 号抗霜霉病兼抗白粉病，津杂 3 号、津杂 4 号高抗霜霉病兼抗枯萎病，津杂 4 号还兼抗白粉病。早抗（早熟雌性型一代杂种）高抗霜霉病、枯萎病、白粉病。中农系统品种也兼抗霜霉病和白粉病。但是，适于棚室栽培的免疫或高抗品种较少，多数抗病品种都有不同程度的发病。

2. 栽培防病 育苗温室与生产棚室分开，秋季适期晚播，错开露地发病时期，搞好苗床防治，防止带病入棚。大棚尽量选用无滴膜，透光性能好，不结露。采用高垄地膜覆盖栽培技术，膜下暗灌，或行间铺撒干草。遇到连阴雨天气或发生霜霉病后，需控制浇水。要加强通风，降低空气湿度。结瓜后及时摘掉下部老黄叶，早期摘除病叶。黄瓜生长中后期，长势减弱，可根外喷施0.2%磷酸二氢钾溶液或者喷施尿素、白糖和水(0.5∶1∶100)的混合液，补施CO_2气肥，提高植株抗病能力。

依据当地当茬实际情况，实施变温管理，调控棚室温湿度，减少叶面结露，创造适宜瓜类生长而不利于发病的环境条件。例如，有的地方在早晨拉开草苫后，放顶风、腰风，排湿0.5～1小时，降低棚内湿度，然后紧闭风口，上午升温到28℃～32℃，中午和午后再度通风，使温度下降到20℃～25℃，相对湿度降到60%～70%。前半夜将温度控制在18℃～20℃，后半夜在12℃～15℃。浇水应在晴天上午进行，浇后闭棚，使温度上升至35℃～40℃，1小时后缓慢通风。

有的地方在黄瓜霜霉病迅速增长的情况下，实行高温闷棚，杀死病原菌。温度高于30℃，病原菌活力削弱，高于42℃致死。该法在晴天上午关闭棚室门窗和通风口，使棚室内的温度上升到45℃(不低于42℃，最高不能超过48℃)，保持2小时，然后通风，通风量由小到大，不可过急，使棚室温度逐渐下降，恢复正常。闷棚前一天或当天早上喷药，浇水，以增加棚内湿度，确保安全。闷棚时要观测气温，事先将温度计挂在棚内上、中、下三个部位，闷棚时每10～15分钟观测一次，以植株生长点高度的温度为准。如果发现黄瓜生长点处小叶萎缩抱团，就表明温度过高，要及时小通风。高温闷棚后，若病斑黄白色，边缘整齐，霉层干枯，周围组织鲜绿色，就表明有效。高温闷棚不当可能灼伤生长点，顶梢弯曲下垂，通风后干枯死亡，在植株较弱，土壤含水量较低时更危险。高温闷棚植株营养消耗大，削弱长势，未坐住的小瓜和雌花脱落，7～10天内不能正常结瓜。闷棚后要灌一次水，并追肥补充营养。

3. 药剂防治 霜霉病长发地区，菌量较大，应在发病前施药预防。一旦发现中心病株，应立即喷药，连续防治。有效的单一成分药剂有25%甲霜灵可湿性粉剂800～1 000倍液，或75%百菌清可湿性粉剂600～800倍液，或40%乙磷铝可湿性粉剂250倍液，或72.2%霜霉威水剂800倍液。有效的复配剂有72%霜脲·锰锌可湿性粉剂600～800倍液，或58%甲霜灵·锰锌可湿性粉剂500～700倍液，或69%安克·锰锌可湿性粉剂600～800倍液，或64%噁霜·锰锌可湿性粉剂500倍液，或66.8%丙森·缬霉可湿性粉剂800～1 000倍液等。棚室中还可施用5%百菌清粉尘剂，5%霜霉清粉尘剂，6.5%万霉灵粉尘剂，7%防霉灵粉尘剂，5%霜克粉尘剂，或5%霜霉威粉尘剂等，每667m^{2}用药1kg。

66.8%霉多克可湿性粉剂的主要成分是丙森锌和缬霉威，缬霉威是拜耳公司研制的新化合物。霉多克是内吸性治疗剂，杀菌谱广，对霜霉病、疫病、黑斑病有预防、治疗和铲除作用。另外，还能抑制螨类、介壳虫危害。其作用机制有别于目前应用的卵菌杀菌剂，不会产生交互抗药性。霉多克有高效补锌作用，含锌量比代森锰锌杀菌剂高8倍。霉多克具有较好的安全性，在作物的花期也可用药。该剂毒性低，无不良异味，对使用者安全，对蜜蜂无害。可与绝大多数杀虫杀菌剂混用，但不能与碱性药剂以及含铜药剂混用，如与此类药剂分开前后使用，需间隔7天以上。

唐山市农科院研制的疫霉净烟剂，据介绍主治黄瓜霜霉病、灰霉病等，定植后用疫霉净烟剂熏烟，根瓜采摘后用疫霉净烟剂进行第二次防治，以后间隔7天一次，连续4～5次，一旦棚内发病，可采用治疗型疫霉净烟剂加以治疗，用药量皆为每667m^2 250g。河南省浚县绿宝农药厂的20%霜霉清烟剂为复配剂，亦用于温棚霜霉病防治。

霜霉病菌对药剂较易产生抗药性，导致防治失败。目前在北方部分地区，对甲霜灵、噁霜灵、乙磷铝等药剂的抗药性病菌出现频率很高，需换用有效成分不同的药剂。为了延缓病原菌抗药性的产生，必须轮换使用有效成分不同，且无交互抗药性的药剂。

2. 瓜类白粉病

白粉病危害各种瓜类作物，发生普遍。现已成为棚室栽培黄瓜、西葫芦、甜瓜的重要病害，多在生长季的中、后期发生，一旦发病能迅速蔓延，若防治不及时，就会造成叶片焦枯，植株早衰，严重减产。

【症 状】 主要危害叶片，也危害叶柄和茎蔓，果实很少发病。发病初期叶片正面和叶片背面产生白色近圆形粉状斑点，以后逐渐扩大并相互连接成片，甚至整个叶片覆盖一层白色粉状物，后期粉状物变为灰白色，病叶变黄褐色或黑褐色枯焦，但不脱落。叶柄和茎蔓染病，同样长出白色粉状物，严重时叶柄、茎蔓萎缩枯干。病部的白色粉状物为病原菌的菌丝体、分生孢子梗和分生孢子。有的地方后期在白粉丛中还会出现黑色小粒点，即病原菌的闭囊壳。

【病原物】 多种白粉菌可以侵染瓜类，主要为瓜单囊壳 *Sphaerotheca cucurbitae*（现名 *Podosphaera xanthii*），此外还有葫芦科白粉菌 *Erysiphe cucurbitacearum*（现名 *Golovinomyces orontii*），二孢白粉菌 *Erysiphe cichoracearum*（现名 *Golovinomyces cichoracearum*）等。除葫芦科植物外，还可寄生其他多种蔬菜和观赏植物。白粉菌是活物寄生菌，只能在生活植株上存活。白粉菌有明显的致病性分化，存在许多生理小种。

【发病规律】 在棚室栽培条件下，白粉病可辗转侵染各茬作物，常年发生。白粉菌还可从温室传到露地，侵染露地栽培的作物或杂草，然后又由露地传入棚室。白粉菌的分生孢子随气流传播，不仅可以在单个棚室内扩散，而且在一个较大的地理范围内，也存在菌源交流。有的地方秋季病株上可能产生病原菌的闭囊壳，闭囊壳随病残体越冬，翌年春季子囊孢子成熟，随气流分散，侵染寄主植物。

白粉病菌对温度湿度要求不严格，分生孢子萌发温度在10℃～30℃，最适温度为20℃～25℃，对湿度的适应范围也较广，分生孢子在空气相对湿度25%～100%时都可萌发，以80%～90%最适宜。白粉病田间流行温度16℃～24℃，湿度45%～75%。棚室郁闭，通风不良，光照不足，昼夜温差大，干湿交替，或遇阴雨天气，最易诱发白粉病。

在栽培管理中，如密度过大，氮肥过多，灌水过量，植株徒长柔嫩，发病加重。但土壤缺水，植株抗病性降低，也有利于发病。

【防治方法】

1. 选用抗病品种　目前对瓜类白粉病菌生理小种分化研究不够，对各种致病菌的分布范围也不甚清楚。因而在进行品种抗病性鉴定时，所用菌种多就地采样扩繁，对品种抗病性的地域适应性则由区域试验或异地示范来确定。现有抗霜霉病的黄瓜品种大都兼抗白粉病。津杂1号、津杂2号、津杂4号、津春1号、津春2号、津春3号、津春4号、津春5号、津研2号、津研4号、津优1号、津优3号、中农2号、中农4号、中农5号、中农7号、中农8号、中农13号、中农1101、龙黄杂5号、农大春光1号、鲁黄瓜1号、鲁黄瓜10号、夏青4号、满园绿、碧春、春香等对白粉病都有不同程度的抗(耐)病性。小西葫芦品种长蔓西葫芦、阿太一代、早青1号等较抗病。甜瓜品种龙甜1号、娜依鲁网纹甜瓜、伊丽莎白等较抗病。

2. 棚室熏烟消毒　在播种或幼苗定植前，每100m^2用硫磺粉200～250g，锯末500g，密闭棚室，于晚上点燃后熏闷一夜，次日早上打开门窗通风，数日后播种或定植。黄瓜生长期间，硫磺粉可减量一半熏烟。熏烟时室温保持在20℃左右，气温超过35℃，不宜施药，以免发生药害。另外，还可用45%百菌清烟剂熏烟，每667m^2用药200～250g。

3. 加强栽培管理 加强肥水管理，施足基肥，适时追肥，适量灌水，增施磷、钾肥，防止开花结瓜后缺肥早衰。保持棚室内通风透光良好，防止植株徒长。

4. 药剂防治 田间初现病株时，及时喷药防治。可选用2%农抗120水剂200倍液，或2%武夷菌素水剂200～300倍液，或2%春雷霉素水剂500倍液，或50%硫磺悬浮剂500倍液，或40%灭病威（多菌灵·硫磺）悬浮剂600倍液，或40%氟硅唑乳油8000倍液，10%苯醚甲环唑水分散粒剂1000～1500倍液，或43%戊唑醇悬浮剂8000倍液，或30%氟菌唑可湿性粉剂1500～2000倍液，或25%三唑酮可湿性粉剂1500倍液喷雾，交替使用，每7～10天用药1次，连续防治2～3次。另外，还可用0.1%～0.2%的小苏打溶液喷雾。用5%百菌清粉尘剂或5%春雷·王铜粉尘剂喷粉，每667m^2用药1kg。

棚室在发病前或初发期还可用15%克菌灵烟剂（腐霉利与百菌清的复配剂）熏烟，每667m^2用药250～300g，间隔7～10天施药一次，连用3～4次。

3. 瓜类黑星病

黑星病是保护地黄瓜的重要病害，幼苗、叶片、嫩茎、瓜条等部位都可受害，致使产量和品质降低。黄瓜病株一般减产10%～20%，严重的达30%～50%。黑星病还能危害西葫芦、南瓜、甜瓜、葫芦等瓜类作物。黑星病菌已被列为全国农业植物检疫性有害生物。

【症 状】 病原菌主要侵害幼嫩部分，嫩叶、嫩茎、幼果受害最重。幼苗子叶上出现黄白色近圆形病斑，生长不良。严重的心叶枯萎，生长点腐烂，形成秃桩苗，或全株烂死。叶片上生近圆形污绿色浸润状小病斑，扩大后成为直径2～5mm的淡黄色的星芒状病斑，常开裂。叶脉上生坏死斑，局部停止生长，致使病叶扭曲皱缩。叶柄、茎蔓、瓜柄受害后出现大小不等的长梭形病斑，初暗绿色，后淡黄褐色，中间凹陷开裂，卷须变褐腐烂。瓜条上产生圆形至椭圆形病斑，初暗绿色，后黄褐色，病斑直径 2～4mm，凹陷，龟裂，呈疮痂状或烂成孔洞，病部组织停止生长，致使瓜条畸形，但瓜条一般不发生湿腐。发病部位有半透明白色胶状物溢出，后变成琥珀色，湿度高时病部表面产生绿褐色霉层。

西葫芦、南瓜幼叶、嫩茎、果实等部位发病，症状特点与黄瓜相似。

【病原物】 为瓜枝孢 *Cladosporium cucumerinum*，是一种病原真菌。病原菌在 2℃～35℃均可生长，适温 20℃～22℃。

【发病规律】 病原菌主要以菌丝体和分生孢子随病残体在地面或土壤中越季，病卷须和病原菌也可附着在架材上越季，成为下一茬的初侵染菌源。种子带菌传病，来自病区的瓜类种子带菌率高，多有黑星病随带菌种子传入无病区的事例。病株产生分生孢子，随风雨、昆虫和农事操作分散传播，发生多次再侵染。病原菌可以从叶片、茎蔓、果实的表皮直接侵入，也可以从伤口或气孔侵入。连续 15℃～17℃的低温和高于 90%的湿度，有利于黑星病发生。棚室重茬，种植密度过大，植株徒长，通风不及时，或遭遇连阴雨时病重。

【防治方法】

1. 实施检疫　该菌为全国农业植物检疫性有害生物，需由检疫机构采取产地检疫、调运检疫、引种检疫以及其他检疫措施，扑灭疫情，防止扩散传播。

2. 选用抗病品种　黄瓜对黑星病的抗病性由显性单基因控制，抗病品种的表现相当稳定。抗源材料有 89121、33G、38 号、农大甲号等，抗病品种有津春 1 号、农大 9302、中农 7 号、中农 13 号、吉杂 2 号、宁阳大刺、北抗选等。

3. 种子处理 黄瓜种子可行温汤浸种或药剂处理。温汤浸种可用50℃温水浸种30分钟，或用55℃温水浸种15分钟。药剂浸种可用50%多菌灵可湿性粉剂500倍液或47%春雷·王铜可湿性粉剂500倍液，浸种30分钟。也可用50%多菌灵可湿性粉剂或47%春雷·王铜可湿性粉剂干拌种子，用药量为种子重量的0.3%。

4. 栽培防病 病田与非瓜类作物轮作2～3年。收获后彻底清除病残体，棚室使用前用硫磺熏蒸消毒，杀死棚内残留病菌。每100m^3空间用硫磺0.25kg，锯末0.5kg，混合均匀后分成几堆，点燃熏烟一夜。采用高垄地膜覆盖栽培，膜下软管滴灌。棚室管理要防止低温高湿，要及时通风，降低棚室湿度。

5. 药剂防治 发病初期可选用2%武夷霉素水剂150～200倍液，或40%氟硅唑乳油8 000倍液，或50%多菌灵可湿性粉剂500倍液，或43%戊唑醇悬浮剂6 000倍液，或30%氟菌唑可湿性粉剂1 500倍液，或47%春雷·王铜可湿性粉剂500倍液，或30%苯甲·丙环唑乳油6 000倍液喷雾，喷药要均匀周到，幼嫩部分和生长点要喷到，每7～10天喷药一次，连续防治3～4次。棚室防治还可用5%春雷·王铜粉尘剂喷粉，用药量每次每667m^2 1kg。发病前还可使用10%百菌清烟剂（每667m^2每次用药250～300g）预防。

4. 瓜类灰霉病

灰霉病是棚室冬春茬黄瓜和其他瓜类的常见病害，主要危害花和幼果，低温高湿条件下发病严重，在瓜果储运期还可继续发病。近年来，棚室西葫芦生产发展很快，灰霉病严重危害西葫芦和南瓜，有加重发生的趋势。

【症 状】 花、幼瓜及嫩茎最易受害。病菌多从开败的花瓣、柱头侵染，病花变褐腐烂，密生灰色霉状物，后由病花向幼瓜发展。

幼果多从果蒂处开始发病，形成不规则形水浸状大斑，变灰白色至灰褐色，表面光滑，果肉腐烂。其上产生灰色霉层，有时病果表面或内部长出黑色米粒状小菌核。茎秆发病则茎部数节腐烂，瓜蔓折断，植株枯死。病花落到叶片上可引发叶片发病，形成水浸状病斑，后变灰褐色，病斑形状不规则，沿叶缘发生时，形成楔形大斑，出现同心轮纹和灰色霉状物。

【病原物】　为灰葡萄孢 *Botrytis cinerea*，是一种病原真菌。该菌寄主范围很广，其中包括各类蔬菜。

【发病规律和防治方法】　参见本篇第三章茄果类灰霉病。

5. 瓜类菌核病

菌核病在北方是棚室冬春茬的常见病害之一，老病区或棚室温度偏低时发病较重。病原菌可以在土壤中长期生存并随土壤和病残体传播，若防治不力，病原菌在土壤中逐季积累，使病情逐年加重，甚至可能造成毁灭性损失，只能弃种或换土。

【症　状】　苗期和成株期都可发病，主要鉴别特征是发病部位软腐，潮湿时产生灰白色棉絮状菌丝体和黑色坚硬的鼠粪状菌核。在病茎髓部、病果果面和果内空腔中，更易产生菌核。菌核是病原菌的一种休眠体，用以度过非生长季节。本病也因病株可产生菌核而被命名为“菌核病”。

幼苗发病，在幼茎基部出现水浸状病斑，扩展后可绕茎一周，幼苗猝倒。成株果实、茎蔓、叶片都可发病腐烂，以果实、茎蔓受害为主。茎蔓以基部和分杈处多发，先出现淡绿色水浸状腐烂，后变淡褐色，表面着生白色絮状物(菌丝体)。病茎秆内部也生有白色絮状物和黑色菌核。干燥时病茎干缩坏死，灰白色至灰褐色，髓部破裂，剩下丝状的维管束组织，发病部位以上的枝叶萎蔫黄枯。叶片以中下部衰老叶片发病多，产生污绿色水浸状大斑，后变灰褐色，边缘黄褐色，病斑有不甚明显的轮纹，霉层稀疏。有时叶片上病原菌经叶柄向茎部蔓延。幼瓜多从开败的残花开始发病，初呈水浸状腐烂，以后表面长满白色菌丝体，其间着生黑色菌核。

【病原物】 菌核病由核盘菌 *Sclerotinia sclerotiorum* 引起，是一种子囊菌。核盘菌能危害 400 多种植物，国内已知寄主有 171 种，其中包括瓜类、茄果类、莴苣、十字花科蔬菜、豆类、胡萝卜等各类蔬菜。

核盘菌在潮湿环境中，在被侵染的植物上生成白色絮状菌丝体和菌核。菌核最初白色，后变成黑色，鼠粪状、豆瓣状，长度 3～7mm，宽度 1～4mm 或更大，有时单个散生，有时多个聚生在一起。菌核有两种萌发方式。若土壤持续湿润，菌核萌发后产生特殊的繁殖器官，叫做“子囊盘”，由子囊盘产生子囊孢子。子囊孢子成熟后被放射到空中并随风分散传播。在土壤湿度较低的条件下，菌核以另一种方式萌发，仅产生菌丝体。

病菌生长发育的温度范围为 5℃～30℃，适温为 15℃～24℃。菌核在 5℃～30℃形成，以 10℃～25℃最适，在 5℃～20℃萌发，萌发适温为 10℃，子囊孢子在 5℃～25℃萌发，5℃～10℃最适。菌核的形成和萌发，子囊孢子的萌发和侵入都需要有高湿的环境。

【发病规律】 菌核和带菌病残体可以混入土壤与有机肥中，甚至还可以夹杂在种子中进行有效的传播，进入无病苗床、大棚或温室中。菌核病一旦发生，土壤带菌量逐渐增多，病情将逐年加重。最初田间出现少数病株，后逐渐增多，逐年加重。

在已有菌核病发生的棚室，表层土壤中的菌核和上一季病株残体是主要初侵染菌源。菌核需经过一段低温休眠期，方能萌发和侵染植物。若土壤持水量达 80％以上且持续湿润，菌核萌发后产生子囊盘和子囊孢子。子囊孢子成熟后被放射到空中并随风飞散，降落在植株上，萌发后产生芽管和菌丝而侵入。在土壤湿度较低的条件下，菌核萌发产生菌丝，土壤中的带菌病残体也长出菌丝。菌丝向周围扩展，接触并侵入幼嫩的茎部或植株底部衰弱的老叶。菌核在土壤中至少存活 3 年以上，它们并不在同一时间萌发，而是参差不齐，延续一段相当长的时期，这大大提高了侵染的效率。

在潮湿的环境中，病株上产生白色絮状菌丝，通过病株与健株接触传播，也随农事操作和农机具等传播，引起再侵染。黄瓜带菌的病花接触健康部位，也能传病。

寄主植物连作、套种或间作时，菌源增多，发病重。栽植密度大，偏施氮肥，田间郁闭也导致发病加重。病原菌可在凋谢的花器，植株下部老叶、黄叶、病叶上存活繁殖，积累菌量，若不及时清理，也有利于病情扩展。

菌核病是低温病害，病原菌侵染的温度范围为 0℃～28℃，适温为 15℃～21℃，要求有 85%以上的湿度。冬、春低温季节，凡导致土壤和空气湿度升高，光照减弱的因素都有利于发病。开花结果期灌水次数增多，灌水量增大，有利于菌核萌发和产生子囊孢子，进行花器侵染，至盛果期达到发病高峰。

【防治方法】

1. 铲除菌源 发病地应换种非寄主植物 3 年以上，或更换土壤。若不能采取以上措施，则可进行深翻或土壤淹水，以减少菌源。病田深翻 30cm 以上，可将菌核翻入下层土壤。菜田淹水 1～2cm，保持水层 18～30 天，可以杀死大部分土表菌核。夏季天气炎热时淹水效果更好。夏季闭棚 7～10 天，可利用高温杀灭表层菌核。地表采用地膜覆盖，阻挡子囊盘出土，也有一定效果。

土壤药剂处理可在育苗前或定植前进行，每 667m^2 施用 50%腐霉利可湿性粉剂 2kg。

2. 栽培防治 清选种子，汰除菌核；冬春棚室要采取加温措施，合理通风，控制浇水量或覆盖地膜，膜下灌水，以增温降湿；多施基肥，避免偏施氮肥，增施磷、钾肥，防止植株徒长，提高抗病能力。要及时摘除病叶、黄叶、老叶，以利于通风透光，降低湿度和减少菌源。

3. 药剂防治 发病始期及时喷药防治，药剂可选用50%腐霉利可湿性粉剂1 500～2 000倍液，或40%菌核净可湿性粉剂1 000～1 200倍液，或50%异菌脲可湿性粉剂1 000倍液，或50%乙烯菌核利可湿性粉剂1 000倍液，或65%甲霉灵可湿性粉剂600倍液，或50%多霉灵可湿性粉剂700倍液，或45%噻菌灵悬浮剂1 200倍液，或40%嘧霉胺悬浮剂800～1 000倍液等。视病情发展，确定喷药次数。若连续喷药，两次喷药之间间隔7～10天。生长早期需在植株基部和地表重点喷雾，开花期后转至植株上部。

棚室中还可使用上述药剂的粉尘剂，或者施用10%腐霉利烟剂或45%百菌清烟剂，每10天施药1次，连续防治3～4次。

6. 瓜类疫病

疫病是黄瓜、西葫芦、南瓜、甜瓜、西瓜等瓜类作物的毁灭性病害，易大面积流行。棚室内多造成死苗、死秧，对瓜类生产威胁很大。

【症　状】 该病主要危害茎基部，也侵染叶片、茎蔓和果实。茎基部初生水渍状暗绿色病斑，迅速扩展，造成茎基部软腐，明显缢缩，上位茎蔓和叶片萎蔫青枯，但病茎维管束不变色。有时主根腐烂，也造成地上部青枯。叶片发病，出现暗绿色水渍状病斑，很快扩展成黄褐色大斑，近圆形或不规则形，边缘不明显，高湿时可造成全叶腐烂，干燥时病斑青白色，易破裂。叶柄、瓜蔓发病，症状与茎基部相同，造成局部茎叶萎垂。果实上生暗绿色、灰褐色近圆形水浸状病斑，略凹陷，软腐，发展后大半个或整个果实变色软腐。高湿时，各发病部位都长出一层稀疏的白色霉状物。

幼苗从嫩尖染病，出现暗绿色水渍状萎蔫，病部明显缢缩，病部以上的叶片干枯，秃尖状。子叶发病，出现不规则形水浸状褪绿斑，萎蔫腐烂。茎基部发病，缢缩腐烂，病苗倒伏。

疫病与枯萎病的区别在于疫病茎基部维管束不变色，在后期病部长出稀疏灰白色霉层。另外，疫病发病速度快，数天内就可能造成多数病株萎蔫或枯死。

【病原物】 主要为掘氏疫霉 *Phytophthora drechsleri*（= *P. melonis*），是一种病原卵菌。该菌最适生长温度 26℃～29℃，最高 36℃～37℃。主要侵染瓜类和一些观赏植物，不侵染茄果类蔬菜。

此外，辣椒疫霉 *Phytophthora capsici* 和烟草疫霉 *Phytophthora nicotianae* 也可侵染瓜类果实，引起绵疫病。这两种疫霉菌寄主范围广泛，还能引起茄果类蔬菜严重发病。

【发病规律】 病原菌以菌丝体、菌丝膨大体以及卵孢子随病残体在土壤中、未腐熟粪肥中越冬，条件适宜时病原菌侵染寄主。初侵染病株产生孢子囊和游动孢子，通过灌溉水和风雨传播，进行再侵染，使病害迅速蔓延。高温高湿有利于疫病的发生发展，发病适温 28℃～30℃，往往在连阴雨后暴晴或不当灌溉后发病。南方瓜类疫病在梅雨季节 5 月中下旬和 6 月上旬为发病高峰期，北方则在 6～8 月份。棚室栽培的，多在春、秋温度较高时发病。

瓜田地势低注、排水不良、土质黏重或大水漫灌、串灌，特别是瓜田畦面被水淹没后，疫病就会大发生。瓜田连作，施用未腐熟的有机肥，追施化肥时伤根严重，都有利于疫病发生。

【防治方法】

1. 选用抗病、耐病品种　抗病和耐病的黄瓜品种有早青 2 号、82 大雌性系、大衙 8303、92-29、92-13、87-2、龙杂黄 2 号、龙杂黄 6 号、中农 1101、中农 2 号、中农 4 号、中农 5 号、中农 11、中农 13、津春 3 号、津杂 3 号、津杂 4 号、湘杂黄瓜、赣春 1 号、早青 2 号、夏盛、长春密刺等。82 大雌性系还兼抗枯萎病、霜霉病、炭疽病和细菌性角斑病。甜瓜耐病品种有金道子(薄皮甜瓜)、VA435、红蜜脆、香黄等。西瓜耐病品种有湘西瓜3号、湘西瓜4号、湘西瓜6号、琼雪、庆红宝等。

2. 嫁接防病 可用黑籽南瓜或南砧1号作砧木,嫁接黄瓜。

3. 栽培防病 与非瓜类作物轮作3～4年。采用高垄栽培,垄面覆地膜或麦草,膜下暗灌。做好通风透光,降低田间湿度工作。合理灌水,苗期少浇水,结瓜后浇水也不宜过勤,雨前不浇水。早期发现病株后,立即拔除销毁,并喷药保护周围健株。收获后及时清除田间病残株并销毁。

4. 药剂防治 在发病前或发病初期喷药防治,中心病区可用药液灌根。重病田还可用药剂进行土壤处理。有效药剂参见本篇第三章辣椒疫病。

7. 瓜类枯萎病

枯萎病是瓜类作物的主要土传病害,病原菌在土壤中积累,发病逐年加重。初发病的田块,仅见个别植株死亡,一般病田出现多个点片状发病中心,重病田几乎全部植株枯死而绝产。黄瓜、甜瓜、西瓜、苦瓜等发病都很严重。

【症　状】 苗期和成株期都可发病,但主要在开花坐果以后陆续显症。在发病初期植株下部叶片褪绿,萎蔫下垂,中午明显,早晚尚能恢复。几天以后叶片黄褐色枯萎,不能再恢复正常,直至发展到全株叶片,整株枯死。有时症状只在茎的一侧发展,造成半边凋萎。病株茎基部一侧往往有长条形凹陷病斑,潮湿的情况下,茎基部纵裂成麻丝状,会长出粉红色或白色的霉状物,有时还有少量红褐色胶质物(病原菌的黏分生孢子团)。纵剖病茎,可见维管束变黄褐色。病株根部也可变褐腐烂,易拔起。

【病原物】 侵染瓜类,引起枯萎病的病原菌是尖孢镰刀菌的几个专化型：①黄瓜专化型 *Fusarium oxysporum* f. sp. *cucumerinum* 严重侵染黄瓜和甜瓜，轻度侵染西瓜、白瓜、冬瓜、节瓜等，不侵染葫芦。②西瓜专化型 *F. oxysporum* f. sp. *niveum* 主要侵染西瓜，也可侵染甜瓜，很少侵染黄瓜，不侵染西葫芦。③甜瓜专化型 *F. oxysporum* f. sp. *melonis* 主要侵染甜瓜，也可侵染黄瓜。④葫芦专化型 *F. oxysporum* f. sp. *lagenariae* 侵染葫芦。⑤冬瓜专化型 *F. oxysporum* f. sp. *benincasae* 侵染冬瓜。⑥苦瓜专化型 *F. oxysporum* f. sp. *momordicae* 侵染苦瓜。⑦丝瓜专化型 *F. oxysporum* f. sp. *luffae* 侵染丝瓜。

在专化型内部，因各地菌株间致病性不同，还可以区分出不同生理小种。例如，黄瓜专化型国外有生理小种 1 号、2 号和 3 号。我国黄瓜枯萎病菌的致病性与美国、以色列和日本等国家的不同，命名为生理小种 4 号。西瓜专化型有生理小种 0 号、1 号和 2 号。小种 1 号普遍存在，目前主要针对小种 1 号进行抗病育种，小种 2 号的分布范围很小，可能成为未来抗病育种的目标，小种 0 号感染无抗病基因的品种，在育种上没有实际意义。

【发病规律】 枯萎病是土壤传播的系统侵染病害，病原菌一旦侵入后，菌体和所产生的毒素，能随植株的维管束系统，转移扩散到各个部位，导致全株发病。枯萎病菌以厚垣孢子和菌丝体在土壤中长期存活，可在带菌土壤、粪肥、病株中残体越季，成为下一季发病的初侵染菌源。种子也能带菌传病，带菌种子和种子间夹杂的土壤、病残体碎片等是远距离传播的主要载体。带菌土壤和病原菌在田间还可随雨水、灌溉水、昆虫、农具等传播。

病原菌从根部伤口侵入或穿透根部表皮直接侵入，侵染菌丝在根部薄壁组织中扩展并进入维管束，堵塞导管，削弱其输导功能，病株萎蔫。病田连作，土壤菌量增高，发病加重。土壤黏重、偏酸性，田间低洼积水，大水漫灌或灌水次数多，土壤含水量高，透气性差等因素都有利于发病，土壤干旱则加重病株枯死。梅雨期降水多，随后持续晴天，气温骤升时发病增多。棚室倒茬困难，瓜类往往连作，且高温高湿，有利于枯萎病发生，在土壤中盐类浓度较高，根部线虫危害较多时，发病加重。

国内对甜瓜发病的调查表明，连作田发病重于轮作田，有机肥不腐熟，土壤过分干旱或质地黏重是枯萎病发生的重要条件。轮作 3 年的发病率最低。发病重的田块，农户采取的轮作措施大多是 1～2 年的小轮作，且瓜类迎茬，菌量仍有积累。苗床育苗的在移栽时伤根，伤口较多，发病率高于纸筒育苗和营养钵育苗。甜瓜开花前后田间持水量对病情发展影响很大，如果这一时期 0～20cm 土层土壤含水量在 15%～25%，且有降水过程，则病情发展减慢，且病株能长出新根，若含水量低于 10%，且持续干旱，病株干枯死亡。棚内湿度高，温度低有利于病菌侵染，空气相对湿度在 90%以上、温度为 24℃～25℃时，发病率最高。土壤中速效氮含量越高，发病越重。

【防治方法】 防治枯萎病要侧重预防，一旦发病，要采取综合措施，将病情扑灭在点片发生阶段之前。发病后的药剂防治只用作辅助措施。

1. 选用抗病品种 中国农科院蔬菜花卉所以抗霜霉病的雌性系 371G 为母本、抗枯萎的自交系 476 为父本进行杂交育种，选育出了抗枯萎病黄瓜品种中农 5 号和中农 7 号。广东省农科院经作所和植保所用 82 大雌性系及自交系 56 等抗枯萎病材料配制杂交组合，选育出了早青 2 号、夏青 4 号等抗枯萎病的黄瓜品种。此外，津杂 3 号、津杂 4 号、龙杂黄 2 号、龙杂黄 3 号、龙杂黄 6 号、津研 2 号、津研 6 号、津春 1 号、中农 5 号、中农 13 号、中农 202、鲁春 1 号、湘黄瓜 1 号、湘黄瓜 2 号等品种都抗枯萎病并兼抗其他病害。西瓜抗病品种有郑抗 1 号、郑抗 2 号、郑抗 3 号、西农 8 号、京抗 2 号、京抗 3 号、京欣 2 号、丰乐 5 号、庆发 8 号、庆红宝、豫西瓜 4 号、华农宝、庆农 2 号、庆农 5 号、武陵红、密桂、圳宝、花蜜、85-

26、聚宝1号、湘西瓜3号、湘西瓜4号、湘杂3号、早花、粤新宝、新密红、齐红西瓜、红优2号、丰收2号、金钟冠龙、旭东、汴梁1号、重茬绿霸王、美国绿帝王等。甜瓜抗病品种有西域1号、新蜜15号、广州蜜瓜、龙甜1号、龙甜2号、伊丽莎白等。

2. 嫁接防病　黄瓜的最佳嫁接砧木是黑籽南瓜和圆瓠瓜，与黄瓜的嫁接亲和力强，抵抗枯萎病和疫病。西瓜嫁接常用砧木有瓠瓜、超丰F1，野生西瓜“勇士”、南砧1号、葫芦等。甜瓜嫁接可用南瓜，例如土佐系列南瓜一代杂种。

3. 实行轮作　与非瓜类作物轮作3～5年，茬口最好选择小麦、玉米等谷类作物，葱、蒜等蔬菜作物。

4. 土壤处理　夏季进行棚室土壤日光消毒，每667m^2用1 000kg稻草，切成4～6cm长的小段，均匀撒在地面上，再均匀撒上100kg石灰，深翻土地25cm以上，然后覆盖地膜，浇足水，密闭棚室15～20天。地表土温达到60℃～70℃，可杀死枯萎病菌和土壤线虫。苗床土壤可用药剂处理，参见本书苗期病害部分。

5. 种子处理　黄瓜种子用55℃温水浸种10分钟，然后催芽播种。药剂处理可用70%甲基硫菌灵500倍液，或50%多菌灵可湿性粉剂1 000倍液浸种40分钟。也可用种子重量0.2%～0.3%的70%甲基硫菌灵可湿性粉剂，或50%多菌灵可湿性粉剂拌种。

6. 栽培防病　选用无病新土采用营养钵育苗，以避免起苗时伤根。播前平整好土地，施用充分腐熟的肥料，适当中耕，提高土壤透气性。采用高垄栽培和膜下浇水的栽培技术，严禁大水漫灌、串灌。适时追肥，增施磷钾肥，提高作物的抗病性。

7. 药剂防治　发现病株后，立即拔除，病穴及邻近植株用药液淋浇灌根。有效药剂有50%多菌灵可湿性粉剂500倍液（多菌灵淋施冬瓜有药害），或70%甲基硫菌灵可湿性粉剂800～1 000倍液，或40%瓜枯宁（多菌灵·五氯硝基苯）可湿性粉剂600～800

倍液,或10%宝丽安(多抗霉素)可湿性粉剂600倍液,或88%枯必治(水合霉素)可溶性粉剂1 500倍液,或70%恶霉灵可湿性粉剂1 500倍液,或10%苯醚甲环唑水分散粒剂3 000倍液,或25%丙环唑乳油1 500倍液,或45%噻菌灵悬浮剂1 000倍液等,每株用药液200～250ml。发病前或发病初期还可用绿亨1号(恶霉灵)3 000～4 000倍液灌根,每株100～150ml。

8. 瓜类蔓枯病

蔓枯病是甜瓜、西瓜、黄瓜的常见病害,危害严重,西葫芦、南瓜、冬瓜、丝瓜等也有不同程度的发生。日光温室和大棚栽培的厚皮甜瓜,冬春季多发,若防治不及时,病株死亡率可达30%以上,造成大片死秧。

【症　状】 瓜类作物在整个生育期都可发病,危害植株地上部分,茎蔓和叶片受害最重。茎蔓发病,多在茎基部或茎节处产生水渍状深绿色病斑,后扩展成黄褐色至红褐色不规则形病斑,可长达几厘米,病斑表面密生黑色小粒点(分生孢子器或子囊壳),并泌出乳白色至红褐色胶状物。后期发病茎蔓枯死,灰白色,皮层纵裂,可使上部茎叶萎蔫枯死或茎折死秧。叶片发病后出现圆形或不规则形大型病斑,病斑直径多为10～35mm,少数病斑更大,有的病斑自叶缘向内发展,呈"V"字形或半圆形。病斑灰褐色至红褐色,边缘色泽较深,病斑上有同心轮纹,后期密生黑色小粒点。干燥时病斑灰白色,易开裂脱落。蔓枯病菌还危害果实,果面上形成近圆形病斑,初为淡绿色水浸状,后变为深褐色或炭黑色大斑,凹陷,也产生黑色小粒点,泌出胶状物,病瓜腐烂。

蔓枯病与枯萎病有明显区别,蔓枯病从茎蔓表面向内部发展,皮层腐烂,维管束不变色,病部生有黑色小粒点,并有红褐色胶状物。

【病原物】 病原真菌无性世代为葫芦科茎点霉 *Phoma cucurbitacearum*(＝西瓜壳二孢 *Ascochyta citrullina*)，有性世代为一种亚隔孢壳属子囊菌 *Didymella bryoniae*(＝甜瓜球腔菌 *Mycosphaerella melonis*)。菌丝体生长温度5℃～35℃，最适温度25℃。分生孢子在5℃～40℃萌发，最适温度26℃～30℃。

【发病规律】 病原菌主要以分生孢子器和子囊壳随病残体在土壤中或未腐熟的粪肥中越季，种子也能带菌传病。病残体中病原菌存活时间随环境不同而有变化，在潮湿土壤中存活3个月，在干燥土壤中存活8个月以上。病原菌在种子中存活18个月以上。病原菌越季后，释放分生孢子或子囊孢子进行初侵染。种子带菌直接引起幼苗发病，甚至造成死苗。病株产生分生孢子，随灌溉水、气流、雨水或农事操作传播，从气孔，水孔或伤口侵入，多次发生再侵染。整枝打杈造成的伤口特别有利于病原菌侵入，果实发病则多从花器侵入。

高温高湿有利于发病。对于露地栽培的瓜田，降水次数和降水量是蔓枯病流行的主导因子。南方梅雨季节，气温30℃以上，是发病高峰期，北方夏秋两季多发。瓜田灌水过多，排水不良，或植株密度高，植株旺长，高湿郁蔽的发病重，连年重茬的地块，偏施氮肥的地块发病也重。

棚室冬春季光照弱，通风透气不良，或灌水偏多，土壤含水量过大时发病重。日本学者认为，甜瓜蔓枯病在高温(25℃～30℃)、多湿(空气湿度85％以上)和日照不足(阴雨连续多日)等条件具备时，发生严重。叶蔓茂密或植株长势衰弱，施肥和整蔓造成较多伤口时，发病增多。

甜瓜品种间抗病性差异明显，一般薄皮甜瓜抗病性较强，厚皮甜瓜较感病，厚皮网纹类高度感病。

【防治方法】

1. 使用无病种子　选用无病种子或从无病株上留种。黄瓜种子处理可用55℃的温水浸种15分钟，也可用种子重量0.3%的50%多菌灵可湿性粉剂或50%异菌脲可湿性粉剂拌种。

2. 栽培防病 病田与非瓜类作物实行2～3年的轮作。生长期及收获后及时清除病残体销毁，搞好田间和棚室卫生。施足充分腐熟的基肥，适当增施磷、钾肥，生长中后期及时追肥，避免脱肥。采用高垄地膜覆盖栽培，膜下灌水，严禁大水漫灌，浇水后及时通风，降低棚室内空气湿度。在通风换气也不能有效降湿时，可采用临时加温等方法除湿。整枝、打蔓须在晴天进行，以利于伤口愈合，在打侧蔓时基部应留有少半截，避免病原菌由伤口进入，直接向主蔓蔓延。上海南汇瓜农在多年西瓜、甜瓜连作的田块上，当棚内湿度高，蔓枯病重时，在瓜苗附近施适量石灰，可起到降湿、抑病、促苗的作用。

3. 药剂防治 发病初期喷布47%春雷·王铜可湿性粉剂700倍液，或75%百菌清可湿性粉剂600倍液，或50%多菌灵可湿性粉剂500倍液，或70%甲基硫菌灵可湿性粉剂800倍液，或70%代森锰锌可湿性粉剂500倍液，或50%异菌脲可湿性粉剂1 000倍液，或40%多·硫悬浮剂500倍液，或40%氟硅唑乳油8 000倍液，或10%苯醚甲环唑水分散颗粒剂1 000～1 500倍液等。一般每7～10天防治一次，连续防治3～4次，重点喷洒植株中、下部，整枝打杈后要立即喷药保护。病害严重时，可将上述药剂使用量加倍后涂抹病茎。在打侧蔓之后，可用药剂涂抹伤口断面。另外，有的地方在黄瓜发病初期，用赤霉素(920)稀释液(稀释倍数根据有效成分含量确定)涂抹茎基部或嫁接口出现的病斑，有防治效果。

棚室还可施用5%百菌清粉尘剂或5%春雷·王铜粉尘剂，每667m^{2}用药1kg。施用45%百菌清烟剂，每667m^{2}用250g。

9. 瓜类炭疽病

炭疽病主要危害甜瓜和西瓜，黄瓜、南瓜、苦瓜、丝瓜以及其他葫芦科蔬菜也被侵害。在北方棚室内，黄瓜、甜瓜炭疽病有发生增多的趋势。炭疽病在瓜果贮运期间还能继续危害。

【症　状】 黄瓜全生育期均可发病，以中、后期为重。叶片、茎蔓、叶柄和果实均可受害。幼苗期子叶边缘和真叶上出现半圆形或圆形病斑，黄褐色，稍凹陷，边缘明显。幼茎基部发病变黑褐色缢缩，幼苗倒伏。成株叶片上初生近圆形淡黄色水渍状病斑，后变红褐色近圆形病斑，边缘有黄色晕圈，病斑可相互汇合成为不规则的斑块。干燥情况下，病斑中部常破裂穿孔。茎和叶柄上的病斑为梭形或长圆形，淡黄色至深褐色，稍凹陷，严重时病部可环切茎蔓或叶柄。瓜条上的病斑圆形，深褐色，稍凹陷，中部开裂，病果可弯曲变形。后期各部位病斑上产生黑色小粒点，即病原菌的分生孢子盘。用放大镜观察时可见盘中的黑色刺毛状物(刚毛)。潮湿时，病斑上还溢出红色黏质物，即病原菌的黏分生孢子团。

甜瓜、西瓜等表现相似症状。幼苗染病，多在子叶或真叶边缘出现褐色半圆形或圆形病斑，幼茎基部出现水浸状坏死斑，后变黑褐色，病部坏死缢缩。成株期发病，叶片上生近圆形至不规则形黄褐色病斑，有时有轮纹，边缘出现晕圈，干燥时病斑易破碎穿孔。茎蔓或叶柄上的病斑椭圆形至长圆形，浅黄褐色至黑褐色，稍凹陷。果实上初生暗绿色水浸状病斑，后扩大成圆形凹陷的暗褐色溃疡斑，凹陷处常龟裂。严重时病斑连片造成瓜果腐烂。各部位病斑上生黑色小粒点和红色黏质物。

丝瓜叶片多从叶缘开始，形成半圆形、圆形病斑，褐色至灰褐色，斑面轮纹明显或不明显。后期病斑上出现黑色小粒点。病斑常开裂或部分脱落。

【病原物】 病原真菌为瓜刺盘孢 *Colletotrichum orbiculare*，该菌致病性有明显分化，存在不同生理小种。

【发病规律】 病菌以菌丝体和拟菌核(未发育成熟的分生孢子盘)随病残体在土壤中越季，成为下一季作物的初侵染菌源。瓜类种子也带菌传病。此外，病原菌还能在棚室的木桩上短期腐生。

生长期内病株产生的分生孢子通过风雨、灌溉水、昆虫、农事操作分散传播，引起再侵染。成熟瓜果表面附有大量分生孢子，收获后在贮运期间遇到温湿度适宜条件，也能侵入致病。

发病温度 10℃～30℃，适温 20℃～24℃，适宜相对湿度 97%以上，低温高湿时病重，湿度低于 54%时不发病，温度高于 28℃发病轻。连年重茬，施用氮肥过量，植株徒长，浇水过多，排水不良、棚室通风透光不好，均有利于发病。瓜果随着成熟度提高，抗病性降低。

【防治方法】

1. 种植抗病品种 广东省农科院经作所和植保所育成了黄瓜抗源抗材料 82 大雌性系及大衙 8303 等，育出了抗炭疽病的华南型黄瓜品种早青 2 号、夏青 4 号等。此外，已育出的抗炭疽病黄瓜品种还有津杂 4 号、中农 1101、87-3、中农 2 号、中农 13、碧春、赣春 1 号、赣春 2 号、鲁黄 7 号等，这些品种多属露地栽培品种。抗(耐)病西瓜品种有西农 8 号、庆农 5 号、重茬绿帝王、京抗 3 号、京欣 2 号、雪峰花皮无籽西瓜、丰收 2 号、金钟冠龙、早花、翠宝、郑杂 1 号、84-1(河南)、乐密 1 号、琼雪、庆红宝、粤优 2 号、湘西瓜 4 号、湘西瓜 5 号、聚宝 1 号等。

2. 使用无病种子 从无病田的无病植株采种。播前黄瓜种子处理用 55℃的温水浸种 20～30 分钟(或用 58℃的温水浸种 20 分钟)。药剂拌种可用 50%多菌灵可湿性粉剂，或 70%甲基硫菌灵可湿性粉剂，或 25%咪鲜胺可湿性粉剂，或 50%敌菌灵可湿性粉剂，或 25%溴菌腈可湿性粉剂等，用药量为种子重量的 0.3%。

3. 栽培防病　病田与非瓜类作物进行3年以上的轮作。施足基肥，增施磷钾肥，提高植株的抗病性。收获后清除病蔓、病叶、病果并销毁。加强栽培管理，合理灌水，棚室适时通风透光，降低田间湿度。发现病株后及时摘除病叶、病瓜，并喷药防治。

供贮运的瓜果，应严格挑选，剔除病、伤果实。有条件时采用低温贮运或涂抹保鲜剂，温度控制在4℃左右。

4. 药剂防治　发病初期可选用50%多菌灵可湿性粉剂500倍液，或75%百菌清可湿性粉剂500倍液，或80%代森锰锌可湿性粉剂600倍液，或50%炭疽·福美可湿性粉剂800倍液，或25%溴菌腈可湿性粉剂800倍液，或50%咪鲜胺锰络合物可湿性粉剂1 500倍液，或6%氯苯嘧啶醇可湿性粉剂1 500倍液，或25%丙环唑乳油1 000倍液，或2%农抗120（抗霉菌素）水剂200倍液等药剂喷雾，每隔7～10天喷1次，连续2～3次。

棚室在发病前或发病初期还可喷施5%百菌清粉尘剂或5%春雷·王铜粉尘剂，每次每667m^2用药1kg，施用45%百菌清烟剂，每667m^2用药250g。

10. 瓜类红粉病

红粉病在露地栽培中是一种次要病害，多在中、后期发生，危害瓜果。在棚室栽培中发生提早，变重。据河北省永年县调查，发病棚室黄瓜病株率达9.8%～70%，病叶率达30%～89%。另有报道，棚室栽培的网纹厚皮甜瓜也易发病，病瓜率达10%左右。

【症　状】　黄瓜红粉病主要危害叶片，在叶片产生圆形、椭圆形或不规则形状的病斑，浅黄褐色，病健部界限明显，直径2～50mm，病斑处变薄，后期容易破裂。植株下部叶片先发病，逐渐向中上部发展。高湿时，病斑上产生浅橙色、粉红色霉状物。发生严重时，叶片大量枯死，引起化瓜。

甜瓜的叶片、叶柄、茎蔓和果实都可被侵染，但以果实受害最重。叶片上初生暗绿色圆形、近圆形病斑，后扩展为浅黄褐色不规则形坏死斑，病斑大小变化较大，易破裂穿孔，高湿时表面生稀疏的浅橙色粉状物。叶柄和茎蔓发病后软化腐烂。果实多从裂口处发病，初生灰白色菌丝团，扩展成为粉白色至粉红色的粉状物，病部软化腐烂。

苦瓜、西瓜苗期多发，在子叶和真叶叶缘形成半圆形、不规则形的灰绿色至红褐色坏死斑，进而扩展到叶柄和幼茎，瓜苗烂死，发病部位表面生白色至粉红色粉状物。果实多从裂口、伤口处发病，软化腐烂，表面生粉白色至粉红色粉状物。

【病原物】 为粉红单端孢 *Trichothecium roseum*，是一种病原真菌。病菌发育适温 25℃～30℃，适宜湿度 85%以上。

【发病规律】 粉红单端孢腐生性较强，可在棚室内外各种植物残体和有机物上腐生，菌源广泛。病原菌的孢子随气流和灌溉水分散传播，从植株伤口侵入。高温、高湿、通风不良、光照不足时，植株生长衰弱，有利于该病发生。

【防治方法】 防治红粉病，首先要搞好棚室卫生，彻底清除病残体和各种枯枝烂叶。同时加强栽培管理，增施有机基肥，适时追肥，保证植株健壮生长；适当稀植，膜下灌溉，及时通风排湿；摘除病瓜、病叶、老叶。发病初期喷药防治，有效药剂有 70%甲基硫菌灵可湿性粉剂 800 倍液，或 80%代森锰锌可湿性粉剂 800 倍液，或 50%敌菌灵可湿性粉剂 500 倍液，或 50%异菌脲可湿性粉剂 1 200倍液，或 64%噁霜・锰锌可湿性粉剂 500～600 倍液，或 50%炭疽・福美可湿性粉剂 800 倍液，或 10%苯醚甲环唑水分散粒剂 1 000～1 500 倍液等。棚室还可用 5%百菌清粉尘剂或 5%春雷・王铜粉尘剂喷粉，每 667m^2 用药 1kg。

11. 瓜类细菌性角斑病

丁香假单胞黄瓜致病变种侵染引起的叶斑和果斑病是黄瓜、甜瓜的重要病害，各地棚室都有发生，在低温高湿条件下，发病更为严重。该病还危害南瓜、西葫芦、西瓜、冬瓜、苦瓜、丝瓜等作物。对于黄瓜，该病称为“细菌性角斑病”，对其他瓜类，通称“细菌性斑点病”或“细菌性叶斑病”。

【症　状】 主要危害叶片，茎蔓、卷须和瓜条也受害。黄瓜幼苗子叶和真叶发病，初生水渍状凹陷斑，圆形或近圆形，以后变为黄褐色而干枯。成株叶片上产生暗绿色水渍状斑，后变淡褐色，受叶脉限制而呈多角形，湿度高时叶背面病斑上产生白色菌脓，干燥后成为一层白色透明薄膜。病斑质脆，易开裂穿孔。茎蔓、叶柄、卷须发病，出现水浸状小斑点，纵向扩展成短条状，高湿时溢出菌脓，可纵向开裂和水浸状溃烂，干燥时变褐干枯。果实上的病斑最初也是水渍状，近圆形，后变为灰褐色，不规则形，病斑中间常产生裂纹。潮湿时，病部溢出污白色菌脓，并发细菌性软腐病后，果肉变褐腐烂，有臭味。幼瓜被害后常腐烂早落。

甜瓜子叶上产生水渍状近圆形病斑，略凹陷，黄褐色。真叶上生半透明油渍状小斑点，后变为近圆形至多角形黄褐色病斑，边缘常有深绿色或黄色晕环，呈半透明状，干燥时病斑破裂。果实上病斑初为深绿色、油渍状的小点，后中部变褐色，形状多不规则，龟裂或形成溃疡，果肉变色腐烂。各部位病斑均可溢出黄白色菌脓。

西瓜叶片上初生水浸状半透明小点，后扩大为黄褐色近圆形病斑，周边有黄绿色晕环。后期病斑中央破裂穿孔。果实上初生油渍状黄绿色小点，扩大后变成近圆形褐色坏死斑，边缘黄绿色油渍状，后期病部凹陷龟裂。高湿时，病斑有黄白色菌脓溢出。

【病原物】 病原细菌为丁香假单胞黄瓜致病变种 *Pseudo-*

monas syringae pv. *laehrymans*，其生长温度 1℃～35℃，适温 20℃～28℃，39℃停止生长，49℃～50℃致死。

【发病规律】 病原细菌随病残体在土壤中越冬、越夏，成为下一季发病的初侵染源。病原菌还可在种皮和种子内部存活 1～2 年，播种带菌种子可直接引起子叶和幼苗发病。病原细菌通过风雨、棚顶滴水、灌溉水、农事操作和昆虫传播，从植株的自然孔口或伤口侵入。在一个生长季节中，可发生多次再侵染。

高温和高湿是细菌性角斑病发病的重要条件。发病的温度范围为 20℃～30℃，最适宜的温度为 25℃左右。即使温度较低，但湿度高，发生也相当严重。重茬地遗留菌源较多，发病也较多。地势低洼，土质黏重，排水不良，灌水过多，栽植密度过大，通风不畅，田间郁蔽以及磷、钾肥不足等都有利于发病。

【防治方法】

1. 选用抗病品种 黄瓜的抗病材料有 82 大雌性系、大衙 8303、87-4、B10、94-35、94-30、89121、农大甲号等，抗病品种有龙杂黄 3 号、龙杂黄 6 号、92-29、92-13、津春 1 号、农大 9302、中农 5 号、中农 13 号、87-2、北京黄瓜 301 等。

2. 种子处理 黄瓜种子用 50℃温水浸种 20 分钟（或 55℃温水浸种 15 分钟），或用农用链霉素 1 000 倍液浸种 30 分钟，洗净后播种。还可用 47%春雷·王铜可湿性粉剂拌种，用药量为种子重量的 0.3%。有报道称，潜伏于种子内外的病原细菌存活期为 3 年，因而可使用收获后贮存 3 年的种子，不必进行种子处理。

3. 加强栽培管理 重病地块实行 2 年以上的轮作，用无病土壤育苗。高畦种植，合理灌溉，不大水漫灌，雨后及时排除田间积水。棚室合理调节温湿度，要适时支架提蔓、绑蔓，加强通风降湿。温室大棚黄瓜要求叶面不结露或结露时间不超过 2 小时，中午和下午通风，使湿度降到 70%～80%。如气温达到 13℃以上可整夜通风降湿。浇水应在晴天上午进行，浇后闭棚，使温度上升，1 小时后缓慢通风，遇连阴雨或发生角斑病、霜霉病后应控制浇水。不在露水未干时进行农事操作。当季瓜类收获后应彻底清除病残体并集中销毁。

4. 药剂防治 于发病初期施药防治，可选用72%农用链霉素可溶性粉剂4 000倍液，或90%新植霉素可溶性粉剂5 000倍液，或77%氢氧化铜可湿性粉剂500倍液，或47%春雷·王铜可湿性粉剂600倍液，或30%琥胶肥酸铜（DT）可湿性粉剂600～800倍液，或14%络氨铜水剂350倍液，或77%氢氧化铜可湿性粉剂600～800倍液等，7～10天喷药一次，防治2～3次。棚室用5%春雷·王铜粉尘剂喷粉，每667m^{2}用药1kg。

琥胶肥酸铜又名二元酸铜，为有机铜保护性杀菌剂，有效成分为丁二酸络铜、戊二酸络铜和己二酸络铜。对细菌性角斑病有良好预防效果，但瓜苗较敏感，浓度过高易产生药害，需严格控制用药浓度和次数。

12. 瓜类细菌性褐斑病

又称为“黄瓜细菌性叶斑病”、“甜瓜细菌性叶枯病”等，危害黄瓜、甜瓜、西葫芦、南瓜等葫芦科蔬菜，症状常与瓜类细菌性角斑病混淆。该病分布于世界各产区，国内也有发生，甜瓜受害较多，近年棚室黄瓜也多有发现，值得严密注意。

【症　状】 主要危害叶片，也危害叶柄、茎和果实。黄瓜先在叶片下表面出现水浸状小斑，随即在叶片上表面出现黄斑，扩大后成为圆形或角形病斑，黄白色至黄褐色，中央半透明，周围有黄晕，病斑直径多为1～2mm，但也有扩大到7mm的。病斑多分布在大叶脉附近。

甜瓜和其他瓜类的症状因品种不同而有所变化。甜瓜叶片背面初现水渍状小点，迅速扩大成近圆形病斑，黄褐色至黑褐色，大小差异很大。叶片病斑薄，中部半透明，周围有黄色晕圈、无菌脓。有时病斑扩展受到叶脉限制，出现角斑，不易与细菌性角斑病或霜霉病病斑区分。茎部发病初现褐色小斑点，扩展后成为不规则形斑块，可环绕茎部，而使病部以上茎叶枯死。幼茎和叶柄受害后常开裂。

南瓜叶片上病斑较小，多在大叶脉近旁出现直径 2～4mm 的黄色至黑褐色角斑。在果实上产生稍凹陷的圆斑，直径 1～3mm，中央灰褐色，周围有暗褐色的晕环，果皮开裂。病斑可扩大到直径 10～15mm，并明显凹陷。病原细菌还可侵染果肉，造成田间或贮藏期果腐。

【病原物】 病原细菌为野油菜黄单胞杆菌瓜致病变种 *Xanthomonas campestris* pv. *cucurbitae*，侵染葫芦科植物。病菌生长适温为 25℃～30℃，40℃以上不能生长，致死温度 49℃。

【发病规律】 病原细菌主要潜藏在种子中越冬，随种子调运而传播。在田间，病原细菌还可随雨水飞溅、灌溉水、黄守瓜等害虫以及农事操作而在植株间传播，从伤口、气孔和水孔侵入。高温、高湿的天气适于发病，降水或喷灌后病情往往加重。棚室内灌水过多，大水漫灌或平畦沟灌，造成湿度增高，叶面结露时间长，发病多而重。品种间病情差异较大。

【防治方法】 该病尚分布不广，需防止病害随种子调运而传播。在已发病产区，应实行轮作，选种抗病品种，多雨高湿地区和灌区应行高垄、高畦和地膜覆盖栽培，采取降低棚室湿度的管理措施。应使用无病种子或进行种子处理，病田适时喷药防治，种子处理和药剂防治方法参见瓜类细菌性角斑病。

13. 瓜类细菌性枯萎病

细菌性枯萎病是瓜类蔬菜的毁灭性病害，在国外分布较广泛，国内已有发生,需严加防范,避免扩散。该病危害各种瓜类作物,以黄瓜和甜瓜受害最重,西葫芦和南瓜次之,西瓜抗病性强,一般不发生。

【症　状】 发病叶片初现暗绿色水浸状病斑并迅速扩展,造成叶片萎蔫、变褐、枯死。黄瓜和甜瓜发病最快,几天之内萎蔫症状可蔓延到整个枝蔓,进而扩展到主茎和其他枝蔓,严重时 15 天内整株叶片都变褐枯死。西葫芦和南瓜发病较慢,病株较矮,开花和分枝还可能异常增多。

检查病株细菌溢脓,可与真菌性萎蔫病害相区分。用刀片切断黄瓜病株茎基部或病枝基部,用手挤压,观察病茎(枝)横断面,可见有白色菌脓从维管束溢出,用手指接触,可感觉菌脓很黏,慢慢脱离,可拉出细丝。镰刀菌枯萎病等真菌性萎蔫病枯萎病病茎维管束变褐,且无菌脓溢出,但蔓枯病茎基部病斑表面可泌出乳白色至红褐色胶状物。

但是,发病较轻的病株和甜瓜病株,不一定有上述现象。因而检查不到细菌溢脓,不能下否定的结论,还要做进一步的病原学检查。

【病原物】 病原细菌为嗜维管束欧文氏菌 *Erwinia tracheiphila*,该菌除了侵染葫芦科植物之外,还寄生玉米、约翰逊草、 枝黄花属植物等。该菌生长适温 25℃～30℃,最高 34℃～35℃,最低 8℃。在 43℃,经 10 分钟后死亡。

【发病规律】 病原细菌在病残体中仅能存活 1～2 个月,在一枝黄花属植物、约翰逊草等野生寄主体内可以存活越冬。某些葫芦科和非葫芦科植物可被该菌侵染,但不发病。在美国病区,早春瓜条叶甲(*Acalymma vittata*)和瓜十二星叶甲(*Diabrotica undecimpunctata*)取食带菌越冬植物,病菌得以进入虫体。后来,带菌甲虫取食瓜类作物叶片,咬成伤口,并遗留带菌虫粪污染叶片。在叶面有水膜的条件下,病原细菌从虫伤口侵入,进入维管束导管，并大量繁殖，阻塞导管，妨碍水分输导，造成病株萎蔫。

在美国病区，病原细菌可在叶甲消化道内存活，主要借叶甲的活动而扩散传播。1头叶甲，在病株上取食一次，至少可传染3～4个健株。有时一次取食后，传染能力甚至可保持3周以上。瓜类连作，田间杂草多，栽培管理粗放，以及低温高湿、光照不足、灌溉施肥不合理等因素都有利于病害发生。

对于瓜类细菌性枯萎病传入国内的途径，在国内病田的越冬方式和传菌介体等尚需进一步研究。

【防治方法】 瓜类细菌性枯萎病是一种危险性病害，国内近年个别产区已有发生，应尽快扑灭，防止继续发生和扩散。

国外病区首要防治方法是选种抗病、轻病品种和施用杀虫剂，早期消灭传病甲虫。另外，还采取轮作，铲除杂草，清除病残体，加强田间管理等措施。瓜田间作萝卜、紫罗兰、万寿菊、旱金莲等花卉有忌避叶甲的作用。在发病初期喷施铜制剂、农用链霉素、新植霉素等，或用药液灌根，也有减轻发病的作用。

14. 西瓜、甜瓜细菌性果斑病

细菌性果斑病是西瓜和甜瓜的重要病害，严重减低产量与品质。我国自20世纪90年代中期以来，南北产区陆续有所发生，已被列为农业植物检疫性有害生物。

【症　状】 病原菌危害子叶、真叶和果实，在果实上产生典型症状。西瓜果皮上初生水浸状绿褐色小斑点，圆形或卵圆形，直径仅几毫米，略凹陷。随后扩展至几厘米或更大，边缘不规则，成为黑褐色斑块。发病初期，病变局限于果皮，果肉组织仍正常，以后蔓延到果肉，使之变为水浸状腐烂，后期病果果皮龟裂，常溢出黏稠、透明的琥珀色菌脓。有的西瓜品种发病后仅在果皮上出现龟裂的小褐斑，不形成大型的黑褐色斑块，但病原菌已经进入果肉，仍可使果肉病变。西瓜子叶上出现水浸状褪绿斑，有黄色晕圈，后变褐坏死。真叶上形成多角形、不规则形褐色病斑，可沿叶脉扩展。高湿时，病斑背面溢出菌脓，干燥后成为白色菌膜。甜瓜发病后，症状与西瓜相似。

【病原物】 病原细菌为燕麦嗜酸杆菌西瓜亚种 *Acidovorax avenae* subsp. *citrulli*，人工接菌可侵染黄瓜、南瓜、西葫芦、菜瓜、丝瓜等葫芦科植物以及番茄、辣椒、茄子等茄科蔬菜。

【发病规律】 病原菌可在种子中越冬，还可随种子的销售调运而远距离传播。病原细菌在种子中至少可存活一年以上。带菌种子萌发后，病原细菌得以侵染芽苗。在嫁接育苗时，被细菌污染的用具、人体都有可能传病。病苗产生的细菌溢出之后，可随风雨、灌溉水、工具和农事操作等多种途径在田间传播，接触健康植株后，从其自然孔口和伤口侵入，不断发生再侵染，扩大发病范围。在老病区，带菌病残体也提供重要越冬菌源。连作、种植品种感病、天气多雨高湿、病田喷灌等都有利于果斑病流行。

【防治方法】 病原细菌为农业植物检疫性有害生物，应依法检疫。禁止从病区、病田采种、调种。要严格进行调运检疫，防止病原菌随带菌种子和病果传入未发病产区。未发病产区应加强监测，一旦发现病株，应在检疫人员指导下销毁。

已发病产区，需在检疫人员监督指导下尽快扑灭。老病区还应采取轮作，清除病残体、病瓜，种植抗病品种，播种无病种子和药剂防治等综合措施控制发病。

15. 瓜类病毒病害

瓜类可被多种病毒侵染，南瓜（西葫芦）发病最重，甜瓜次之，黄瓜、西瓜、中国南瓜、丝瓜等作物也都不同程度地发病。现已发现感染瓜类作物的病毒近 30 种，国内从瓜类作物上分离和鉴定的病毒近10种，其中分布最广泛，危害最严重的有黄瓜花叶病毒、西瓜花叶病毒2号、南瓜花叶病毒、小西葫芦黄花叶病毒等。

【症 状】 田间往往发生多种病毒的复合侵染，症状表现复杂，且因地域与瓜类品种不同而有较大变化。

1. 西葫芦 花叶病是西葫芦的主要病害之一，不论露地栽培或棚室栽培，发病都普遍而严重。西葫芦症状复杂，因致病病毒种类不同而有变化，一般区分为花叶型、黄化皱缩型和混合型。花叶型的症状特点为新叶上出现褪绿斑点，后变为均匀的花叶斑驳，严重时顶叶畸形，变为“鸡爪形”或线形叶。病株矮化，病瓜小而有凸凹不平的瘤状突起。黄化皱缩型病株上部叶片沿叶脉褪绿，叶面花叶有隆起的浓绿色疱斑，然后叶片黄化，皱缩下卷。病株矮小，后期扭曲畸形，严重时枯死。病瓜很小，瓜面上生有花斑或产生许多瘤状突起。混合型系花叶型和皱缩型症状混合发生。感染西葫芦的主要是南瓜花叶病毒，也常发生黄瓜花叶病毒、西瓜花叶病毒2号、小西葫芦黄花叶病毒等。

2. 甜瓜 露地、保护地栽培的甜瓜普遍发生病毒病害，秋茬比春茬发病多。在西北干旱地区广为栽培的厚皮甜瓜，发病尤其严重。有人将田间发病症状区分为不同类型。花叶型表现系统花叶症状。心叶明脉，后发展为花叶或深绿色疱斑，病叶畸形减小，结果少。黄化型叶片初生褪绿黄斑，后发展为斑驳花叶，叶片变黄、变厚，株型矮缩，节间短。坏死型叶片上产生系统的不规则的坏死斑点和条斑，严重时植株矮小。侵染甜瓜的病毒种类多，尚需进一步鉴定和甄别。已知的主要种类有西瓜花叶病毒2号、黄瓜花叶病毒、南瓜花叶病毒、小西葫芦黄化花叶病毒等，田间多混发。西瓜花叶病毒2号的主要症状为花叶斑驳，叶面生长不均匀，出现凹陷和突起疱斑。黄瓜花叶病毒侵染产生褪绿黄斑，新叶黄化卷曲，果实也呈现淡浓相间的斑驳，有深绿色略突出的斑纹。南瓜花叶病毒病引起脉间褪绿，出现深绿色脉带。小西葫芦黄化花叶病毒常引起花叶、黄化叶、叶片和果实畸形、病株矮化等症状。另外，甜瓜叶脉坏死病毒、甜瓜坏死斑病毒侵染还产生坏死斑和沿脉坏死等症状。

3. 西瓜　各地西瓜表现的症状主要有花叶型和蕨叶型。花叶型北方较多，病片上出现黄绿相间的花叶症状，叶片皱缩不平，节间缩短。蕨叶型发生普遍，新叶变窄细长，扭曲变形。早期发病的植株矮化，不结瓜，或结畸形小瓜，产量低，品质差。病毒造成的损失可达20%～50%，秋西瓜受害最重。西瓜花叶病毒2号、番木瓜环斑病毒西瓜株系、小西葫芦黄花叶病毒中国株系（ZYMV-CH）等是危害我国西瓜的主要病毒。

另外，黄瓜绿斑花叶病毒也侵染西瓜。病株叶片出现淡黄色斑点或黄绿相间的花叶，叶面不平，有浓绿的凸斑，叶缘上卷，叶片僵硬；果梗有褐色坏死斑，果实表面病斑不明显，有时生有不太明显的绿色疣瘤。果肉变色，种子周围的果肉紫红色，油浸状，出现空洞。

4. 黄瓜　夏、秋黄瓜和秋棚黄瓜上发生多，田间症状复杂。花叶型叶片出现褪绿和花叶斑驳。皱缩型除表现一般花叶症状外，叶面皱缩，有浓绿色突起。果实畸形，果面有花斑和凸出的瘤状物。黄化型叶片变黄绿色至黄色，有绿色脉带，病叶硬化，向叶背卷曲。侵染黄瓜的病毒有黄瓜花叶病毒、西瓜花叶病毒2号、小西葫芦黄花叶病毒中国株系、南瓜花叶病毒等多种。黄瓜花叶病毒侵染后叶片产生褪绿斑点和花叶症状。瓜条畸形，有褪绿斑和大小不等的瘤疣。西瓜花叶病毒2号侵染后叶脉间出现黄色斑块，叶脉两侧绿带状，有时叶脉初生褐色坏疽，病果出现黄色斑驳。南瓜砧木嫁接植株被黄瓜花叶病毒和小西葫芦黄花叶病毒侵染后，还可能出现萎蔫症状，顶端叶片最先萎蔫，逐渐向下位叶片发展，严重的全株叶片萎蔫，病株枯死。病株新叶还表现花叶症状。

另外，黄瓜绿斑花叶病毒也已传入我国。黄瓜被绿斑花叶病毒侵染后新叶出现黄色小斑点，后出现系统花叶症状，叶面有浓绿色的疱状突起而变形，叶脉间褪绿，叶脉附近保持绿色呈绿带状。病株矮小减产。有的株系侵染后，果实上出现黄色斑纹，畸形，长出浓绿的瘤状物。

【病原物】 侵染瓜类的病毒种类很多，不同地区和不同时期区系有所差异，主要种类有以下各种：

1. 黄瓜花叶病毒(*Cucumber mosaic virus*，CMV) 病毒粒体球形，直径 29nm。病毒的钝化温度为 55℃～70℃，体外存活期 1～10天，稀释限点 10^{-6}～10^{-3}。寄主范围广泛，自然寄主有 67 科 470 种植物，其中包括瓜类、豆类、茄果类、白菜类、绿叶菜类蔬菜以及烟草、向日葵、花生、花卉等重要经济植物。由多种蚜虫非持久性传毒，机械传毒，某些寄主植物(例如繁缕)可种子传毒。

该病毒分布广泛，引起黄瓜、甜瓜、南瓜、西葫芦、笋瓜、西瓜、冬瓜、瓠瓜、丝瓜等多种葫芦科作物的花叶病。病毒可在多种多年生杂草体内越冬。

2. 西瓜花叶病毒 2 号(*Watermelon mosaicvirus* **2**，**WMV-2**) 又称为西瓜花叶病毒(*Watermelon mosaic virus*，WMV)，甜瓜花叶病毒(*Melon mosaic virus*)。病毒粒体长丝状，长 730～765nm，病毒的钝化温度为 55℃～65℃，体外存活期 10～50 天，稀释限点 10^{-5}～10^{-3}。主要通过瓜蚜、桃蚜、豆蚜、萝卜蚜、麦二叉蚜等 29 种以上蚜虫传毒，机械传毒。

该病毒可以侵染甜瓜、黄瓜、西葫芦、中国南瓜、笋瓜、西瓜等各种瓜类作物，多与黄瓜花叶病毒复合侵染，引起花叶、斑驳、叶片畸形等多种症状。此外，还侵染大豆、豌豆、菜豆、豇豆、蚕豆、苜蓿、三叶草、烟草、菠菜以及其他重要作物。

3. 番木瓜环斑病毒西瓜菌株(*Papaya ringspot virus type W*，PRSV-W) 又称为西瓜花叶病毒 1 号(*Watermelon mosaic* virus 1,WMV-1)。病毒粒体长丝状,长 760～800nm,宽 12 nm。病毒的钝化温度为 60℃,体外存活期 40～60 天,稀释限点 10^{-5}～10^{-4}。主要通过多种蚜虫以非持久方式传毒,机械接触传毒,种子不传毒。

该病毒侵染多种瓜类作物,侵染西葫芦引起花叶、叶面初生疱状突起、叶片和果实畸形等症状,侵染西瓜、甜瓜、苦瓜等引起花叶、斑驳、叶片畸形等症状。

4. 南瓜花叶病毒(*Squash mosaic comovirus*, SqMV)　又名西葫芦花叶病毒,病毒粒体球形,直径 28nm。病毒的钝化温度为 70℃～80℃,体外存活期 30 天,稀释限点 10^{-6}～10^{-4}。可侵染葫芦科、豆科植物。主要通过种子和汁液传播,花粉不传毒。种子带毒率可高达 10%(甜瓜)～30%(西葫芦)。还可通过瓜叶甲、食叶瓢虫等昆虫传毒。

该病毒主要侵染甜瓜和西葫芦,引起花叶病。幼苗症状包括产生褪绿斑驳,形成沿脉绿带和叶片扭曲等。成株叶片表现暗绿色花叶,叶面不平,产生疱斑以及叶片僵硬等,果实表现黄绿相间的斑驳,网纹消失。该病毒还侵染黄瓜、中国南瓜、笋瓜等,引起系统花叶、环斑、叶片畸形等症状。某些株系可侵染西瓜。带毒种子即使经温汤浸种或磷酸三钠处理,也不能消除所带病毒。

5. 小西葫芦黄花叶病毒(*Zucchini yellow mosaic virus*, ZYMV)　病毒粒体长丝状,长度 750nm。病毒的钝化温度为 55℃～60℃,体外存活期 3～5 天,稀释限点 10^{-5}～10^{-4}。由桃蚜、棉蚜以及其他多种蚜虫以非持久性方式传毒,机械接触传毒,种子不带毒。

侵染甜瓜、黄瓜、西葫芦、中国南瓜、笋瓜、丝瓜、西瓜等葫芦科作物。病叶出现花叶、斑驳、褪绿黄化、叶面凸凹不平、卷曲畸形、新叶变小等症状。病株矮化,新梢坏疽,节间缩短,甚至凋萎死亡。果实畸形,果面颜色不均匀或产生褐斑。此外,该病毒还侵染菜豆、豌豆、欧洲黄菀、千日红、苋色藜、昆诺藜等非葫芦科植物。

6. 黄瓜绿斑(驳)花叶病毒(*Cucumber green mottle mosaic virus*,CGMMV) 病毒粒体杆状,尺度300nm×15nm。病毒的钝化温度为80℃～90℃,体外存活期240天(20℃),稀释限点10^{-6}。黄瓜和西瓜种子传毒,汁液接触传毒,还可能通过根部接触带毒土壤(含病残体)而传毒,菟丝子传毒。该病毒侵染黄瓜、西瓜和瓠瓜,不能侵染西葫芦。分布于欧洲、印度、日本等地,近年已传入我国,局部地区发生,已被列为农业植物检疫性有害生物。

此外,侵染瓜类的重要病毒还有烟草花叶病毒、甜瓜叶脉坏死病毒(*Muskmelon vein necrosis virus*,MkVNV)、甜瓜坏死斑病毒(*Melon necrotic spot virus*,MNSV)。

【发病规律】 瓜类发病由多种病毒侵染所致,病毒种类不同,发生规律也有所不同。一般说来,多数病毒在棚室和露地的作物、杂草上越冬,经由昆虫和农事操作传播。在冬季温暖,露地仍然栽培寄主作物的地区,周年发生和造成危害。在冬季寒冷地区,冬季在温室、大棚内继续发生。带毒杂草也是重要越冬毒源。南瓜花叶病毒、黄瓜绿斑驳花叶病毒则主要随带毒种子越季和传播。

各种病毒都可以汁液接触传毒(机械传毒),即病株的汁液带有病毒粒体,工具或人体接触病株后,就有可能被病毒污染而带毒,若再接触无病健株,就可能把病毒传给健株,使病株增多。

田间毒源植物多,种子带毒率高或传毒蚜虫盛发,往往造成病毒病害的大发生。田间管理粗放,多年生杂草多,前作、邻作为感病寄主作物(瓜类、豆类等),或者棚室与邻近露地接续种植感病寄主作物,都可能使毒源增多,有利于病毒流行。天气高温干旱、日照强,适于蚜虫繁殖、有翅蚜迁飞和病毒扩散。瓜株缺水、缺肥,生长不良,则抗病性和耐害性降低,受害重。苗期和生育早期发病,受害更重。

【防治方法】 在了解当地病毒种类的前提下，可以针对具体病毒提出防治措施。若不了解，可依据病毒病害防治的一般原则，进行防治。

1. 选用抗病、耐病品种 选用抗病、耐病品种是防治病毒病害的首要措施。对各种重要瓜类作物，都已开展抗病育种工作，已有抗病、耐病品种问世。例如，就西葫芦而言，各地报道的抗耐病品种就有花叶西葫芦、银青西葫芦、早青一代、寒玉、晋葫1号、阿太一代、冬玉、百利、碧波、玉龙等。但是，抗病品种均有其抵抗的目标病毒，不可能兼抗各种病毒。若目标病毒与田间实际发生的病毒种类或株系不同，抗病品种就不能发挥作用，这是在选用品种时所需要注意的。

2. 使用无毒种子，实行种子消毒 搞好制种地的病毒防治，不由病株留种，不种植带毒商品种子。种子消毒可用10%磷酸三钠溶液浸种20～30分钟，或用1%高锰酸钾溶液浸种30分钟，用清水冲洗干净后再催芽播种。干种子可用70℃干热处理72小时的方法，另法：在40℃下处理24小时后，再在68℃下干热恒温处理5天，能钝化种子内外的病毒。

3. 加强栽培管理 不与瓜类作物或其他毒源作物连作、间作，田块周围不种植瓜类作物，清除杂草，减少毒源。培育壮苗，移栽时淘汰感染病毒的苗子。施足腐熟的农家肥，增施磷、钾肥，补施锌、硼微肥，开花后适时浇水追肥，结果期用0.2%～0.3%磷酸二氢钾进行叶面追肥，高温季节适当多浇水，或覆盖遮阳网，降低地温，防止瓜株早衰，增强其抗病性和耐害性。病毒可通过农事操作传毒，进行嫁接、打杈、绑蔓、掐卷须、去雄等田间作业时，应遵循先健株、后病株的原则，避免器械和人手传毒，尽可能地不造成过多的伤口。

4. 防治蚜虫 尽早防治蚜虫，减少传毒介体，是控制病毒发生的关键措施。防治蚜虫的具体技术措施参见本书第三篇瓜蚜部分。

5. 药剂防治 苗期喷施83增抗剂（植物抗病毒诱导剂）100倍液，提高幼苗的抗病能力。发病初期可喷施20%病毒A可湿性粉剂500倍液，或1.5%植病灵1000倍液，每7～10天一次，连喷3～4次。

6. 严格检疫 黄瓜绿斑花叶病毒已被列为农业植物检疫性有害生物，需依法严格检疫，防止病毒随种子传播。生育期间定期检测，拔除病株，病田停种葫芦科作物。

16. 瓜类其他病害

瓜类其他病害及防治，详见表2-10。

表2-10 瓜类其他病害及防治

病名	症状	发生规律	防治方法
瓜类根结线虫病 *Myloidogyne incognita* 等	根部产生多数瘤状根结，病株矮化，叶片变黄枯萎	参见本篇第二章	参见本篇第二章
瓜类白绢病 *Sclerotium rolfsii*	病株茎基部、根部和接触土表的果实变褐腐烂，茎叶变黄凋萎。茎基部和周围地面部覆盖白色棉絮状菌丝体，生有茶褐色芥菜籽大小的小菌核	病原真菌在病残体和土壤中越冬，借土壤、流水以及菌丝接触而传播。天气高温高湿，病田连作，施用未腐熟有机肥，土壤沙性偏酸有利于发病	轮作，深翻，清除病残体，早期发现并挖除病株，淋灌多菌灵、甲基硫菌灵、腐霉利、异菌脲或井冈霉素等

续表 2-10

病名	症状	发生规律	防治方法
瓜类炭腐病 *Macrophomina phaseolina*	近地表的茎基部初现水浸状斑块，可向上扩展至 2.5～15cm，后病部变黄褐色，开裂，表面出现黑色小粒点（分生孢子器和微菌核），茎内变褐腐烂，基部叶片黄化死亡	病原真菌主要在病残体和土壤中越季，带菌土壤或孢子通过雨水溅射接触植株，引起发病。高温高湿，田间积水，土壤贫瘠，植株生长不良时病重	清除病残体，深翻土壤，施足基肥，适期追肥灌水，防止植株早衰；雨后及时排水，降低湿度；药剂防治可喷施百菌清、异菌脲、三唑酮或多硫悬浮剂等
瓜类黑点根腐病 *Monosporascus cannonballus*	多从果实肥大期显症，茎叶急性萎凋，根部和茎基部水浸状褐变枯死，细根脱落，后期枯死根上散生黑色小粒点（子囊壳）	病原菌可在土壤中长期存活，由带菌土壤传播。病原菌侵染各种瓜类，甜瓜受害最重，地温高时病重	国外发生的危险性病害，国内台湾省已有发现，应加强监测，防止传入
瓜类拟茎点霉黑腐病 *Phomopsis cucurbitae*（有性态 *Diaporthe melonis*）	茎基部初现水浸状斑块，后变为紫红色溃疡，干枯后白色。病部可泌出琥珀色流胶，并着生黑色小粒点，症状易与蔓枯病混淆。也危害叶片和果实，网纹甜瓜果实上生圆形淡褐色水浸状斑块，软腐凹陷，果肉褐色带绿	参考瓜类蔓枯病	参考瓜类蔓枯病

续表 2-10

病 名	症 状	发生规律	防治方法
瓜类黑斑病 *Alternaria cucumerina*	叶片上生近圆形至不规则形病斑，黄褐色至暗褐色，边缘明显，表面生黑色霉状物	病原真菌主要随病残体越季，发病后产生分生孢子，借风雨传播，再侵染频繁。生长后期多雨高湿，植株脱肥时病重	实行轮作，清除病残体，合理施肥，防止植株早衰，雨后及时排水，降低湿度；药剂防治可喷施百菌清、代森锰锌、异菌脲等
瓜类靶斑病（褐斑病）*Corynespora cassiicola*	叶片上初生淡褐色小斑，后扩大为黄褐色近圆形、多角形大斑，长径可 2～3cm，病部中部色淡，边缘色深，略有轮纹，表面生灰白色霉状物	病原真菌主要随病残体越季，种子可以带菌传病。病株产生分生孢子，进行再侵染。温度 25℃～27℃，多雨高湿时多发，脱肥衰弱时病重	实行轮作，清除病残体，选用无病种子，合理施肥，防止早衰，雨后及时排水，棚室适时通风，降低湿度；早期摘除病叶，选喷代森锰锌、百菌清、甲基硫菌灵、敌菌灵和氟硅唑等药剂
瓜类尾孢叶斑病 *Cercospora citrullina*（= *C. momordicae*）	西瓜叶片上生近圆形、不规则形小斑，灰白色，边缘黑褐色，黄瓜、甜瓜、西葫芦病叶上病斑较大，直径 0.5～10mm，灰褐色。病斑中部薄，半透明，易开裂。病斑上生稀薄的灰色霉状物。严重时造成落叶	病原真菌在病残体、葫芦科杂草和种子上越季。分生孢子随气流、雨水和被污染的器具传播。多雨高湿适于发病	轮作非葫芦科作物，清除病残体，选用无病种子；加强水肥管理，降低田间湿度，发病早期开始喷药防治

续表 2-10

病　名	症　状	发生规律	防治方法
瓜类叶点霉叶斑病 *Phyllosticta orbicularis*	在叶片上形成圆形、近圆形病斑，或沿叶缘形成“V”字形病斑，灰白色至淡褐色，周围常有黄色晕圈。病斑易破裂，后期密生黑色小粒点	病原真菌主要随病残体越季，发病后产生分生孢子，借风雨传播，再侵染频繁。生长后期多雨高湿，植株脱肥时病重	实行轮作，清除病残体，合理施肥，防止植株早衰，雨后及时排水，降低湿度；药剂防治可喷施百菌清、代森锰锌、异菌脲等
瓜类细菌性缘枯病 *Pseudomonas marginalis* pv. *marginalis*	叶缘水孔附近产生水浸状小斑，扩大后成为褐色不规则形病斑，周围有晕圈，可沿叶缘连接成带状，或向叶内扩展成“V”字形斑	病原细菌在种子或病残体中越冬后，从叶缘水孔、皮孔等自然孔口侵入，可靠风雨、田间操作传播蔓延和重复侵染。高湿多雨露时发病增多	参考瓜类细菌性角斑病
瓜类绵疫病 *Phytophthora* spp.	果实表面出现灰褐色病斑，边缘不清晰，有时具皱纹，高湿时生出白色绵毛状物。果肉变褐腐烂，逐渐收缩，易脱落	病原卵菌以卵孢子和厚垣孢子随病残体越冬，随雨滴溅落在果实上而侵入，有多次再侵染。青果和开始着色的果实多发，高温多雨发病重	采用地膜覆盖栽培，清除病残体，雨后及时排水；发病初期摘除病果，并喷药保护，有效药剂有甲霜灵、霜脲・锰锌、安克・锰锌等

续表 2-10

病　名	症　状	发生规律	防治方法
瓜类绵腐病 *Pythium aphanidermatum*	果面上生暗绿色水浸状椭圆形病斑，或从端部水浸状腐烂，扩展后病果大部或全部变褐软腐，表面密生絮状白色霉层。叶片上生近圆形至不规则形暗绿色水浸状病斑，高湿时继续腐烂，干燥时干裂脱落	病原卵菌在病残体和土壤中越季，寄主种类多，菌源复杂。生长季节病株产生孢子囊和游动孢子，随风雨、灌溉水传播，进行再侵染，多雨年份多发，低洼积水，土壤高湿时发病重	采用高垄、高畦栽培，覆盖地膜；合理灌水，避免大水漫灌，雨后及时排水，及时清除病瓜；在种植前，用硫酸铜稀释液泼浇定植沟；发病初期喷施霜霉威盐酸盐、霜脲·锰锌、安克·锰锌等药剂
瓜类笄霉褐腐病 *Choanephora cucurbitarum*	花瓣变褐腐烂，进而侵染幼果，病果水浸状腐烂，褐变，表面密生灰白色至黄褐色绒毛状霉	病原菌腐生性强，在土壤、病残体、架材和环境中存活越季，传播途径多，从伤口和衰弱组织侵入，植株荫蔽，环境高湿时易发病	搞好田间卫生，用杀菌剂药液喷布棚室地面、墙壁、立柱、架材等灭菌；采用高垄、高畦和地膜覆盖栽培；合理灌水，适时通风，降低棚室湿度；及时清除残花、病花和病果；必要时喷施多菌灵、代森锰锌、异菌脲等杀菌剂防治
瓜类根霉腐烂病 *Rhizopus nigricans*	瓜条水浸状软腐，表面密生灰色至黑色绒毛状霉层	病原菌腐生性强，在土壤、病残体、架材和环境中存活越季，能产生大量孢子，随气流和雨水传播，多从伤口和花器侵入，高湿时多发	参考瓜类笄霉褐腐病

续表 2-10

病 名	症 状	发生规律	防治方法
瓜类果实红腐病 *Fusarium* spp.	果实多从花蒂处或伤口处变褐腐烂，表面生粉白色至粉红色霉状物	病原菌存在于土壤、病残体、架材和环境中，高湿时病重，幼瓜，未成熟瓜，裂口、伤口较多或与土壤接触的瓜发病多	搞好田间卫生，合理排灌，降低湿度，采用高垄地膜覆盖栽培，不使幼瓜接触土壤，及时喷施多菌灵等药剂
瓜类果实酸腐病 *Oospora* sp.	病瓜软腐，果面密生白色霉层，有酸臭味	病原真菌在土壤、病残体和环境中存活，分生孢子随风雨、灌溉水等分散传播，侵染半成熟和成熟的果实，多雨高湿时发病重	参考瓜类笄霉褐腐病
瓜类果实细菌性软腐病 *Pectobacterium carotovora* subsp. *carotovorum*	病果实初生水浸状暗绿色病斑，继而软化腐烂，有臭味。可迅速造成全果腐烂	参见十字花科蔬菜软腐病	参见十字花科蔬菜软腐病
瓜类果实日烧病（非传染性病害）	果实向阳一面变灰白色或淡黄色，略下陷，表皮变薄发硬，高湿时滋生腐生菌，生出灰黑色霉状物	果实表面遭受强烈阳光直射，表皮温度过高而坏死，西葫芦、南瓜、甜瓜等易发病	加大种植密度，增多茎叶遮蔽，间作高秆作物或覆盖遮阳网，减少阳光照射

第五章　绿叶菜类蔬菜病害

绿叶菜类蔬菜通常以柔嫩的叶片、叶柄或嫩茎供食用，没有严格的采收标准，可周年栽培。绿叶菜类蔬菜种类繁多，普遍栽培的主要有莴苣、芹菜、菠菜、茼蒿、蕹菜、叶菾菜、落葵、苋菜、芫荽等。绿叶菜患有多种重要病害，有一些是各类绿叶菜共患的普发性病害，诸如各种苗病，菌核病，灰霉病，软腐病，根结线虫病以及某些病毒等，更多的病害具有不同程度的专化性，仅危害同科、同属或同种的绿叶菜，搞清各种病原物的寄主范围和各种绿叶菜之间的菌源交流关系，对于确定防治对象和采取合理的防治措施，都有重要意义。

1. 莴苣霜霉病

霜霉病是莴笋、皱叶莴苣（生菜）、结球莴苣、长叶莴苣、菊苣等莴苣类蔬菜最重要的病害，各地普遍发生。棚室栽培的莴苣类蔬菜在春末和秋季发病最普遍，危害较大。

【症　状】　病原菌主要侵染叶片，幼苗发病后变黄枯死，成株由下部较老叶片开始发病，逐渐向上叶发展，严重时全株叶片相继枯死。

叶片上生浅绿色至黄色的多角形或不规则形斑块，叶片背面对应位置生出白色霉状物，有时霉状物可蔓延至叶片正面。发病后期叶片上的斑块变成褐色，相连成片，叶片发黄干枯。病原菌还可扩展到茎部，引起茎部变黑。

【病原物】　病原物为莴苣盘霜霉 *Bremia lactucae*，是一种卵菌，侵染莴苣属蔬菜和菊苣。

【发病规律】 病原菌主要潜伏在病残体中越冬，种子也能带菌传病，但带菌率低。越冬后病残体产生孢子囊，随气流和雨水传播，着落在莴苣叶片上。在适宜条件下，孢子囊萌发，产生游动孢子或芽管，由叶片上的气孔侵入，引起发病。整个生长期间发生多次再侵染。棚室与露地栽培的莴苣间有菌源交流，病原菌在各茬莴苣类蔬菜间辗转侵染，可周年发病。

莴苣霜霉病菌的孢子囊在相对湿度近100%的环境中，或在叶面水滴中萌发，萌发最适温度为10℃。气温较低而湿润的环境有利于发病，在4℃～23℃均可发病，适温8℃～15℃，叶片结露时间长，有利于发病和病原菌孢子囊形成。

莴苣品种间抗病性有明显差异，病原菌也有多个毒性不同的小种，新小种的出现，往往使抗病品种失效。长期和多次施用同类杀菌剂，霜霉病菌易生抗药性。

【防治方法】 种植抗病或轻病品种是最经济有效的防治方法，但因不同地区病原菌小种可能不同，引进的品种不一定能抵抗当地的小种，由国外或外地引种时应特别注意。收获后要彻底清除地面病残体，减少越冬菌源。要使用不带菌种子，加强栽培管理，合理密植，防止田间郁蔽，合理灌溉，不要大水漫灌，防止地面积水。棚室栽培的要及时通风散湿。在生长季节，从苗期开始监测病情发展，早期发现和拔除病株，并及时喷药。

可供选用的药剂有58%甲霜灵·锰锌可湿性粉剂500～700倍液，或64%杀毒矾可湿性粉剂500倍液，或25%甲霜灵可湿性粉剂800倍液，或72.2%霜霉威水剂800倍液或72%霜脲·锰锌可湿性粉剂800倍液等。施药时应尽量把药液喷到基部叶片背面。

棚室内还可施用粉尘剂或烟剂。发病初期用5%百菌清粉尘剂或5%霜霉清粉尘剂（$15kg/hm^2$）喷粉。烟剂可用45%百菌清烟剂（$3kg/hm^2$），或15%霜霉清烟剂（每$667m^2$用250g）。

2. 莴苣褐斑病

褐斑病是莴苣类蔬菜的常见病害，各地都有发生，莴笋、长叶莴苣等发病较多，局部地区严重。

【症　状】 主要危害叶片，病叶布满叶斑，严重发生时由植株基部叶片向上部发展，相继黄枯，造成减产，病叶不堪食用。

叶片上生圆形、近圆形褐色病斑，发生在叶片边缘的半圆形或不规则形。有的受叶脉限制而略成多角形。病斑大小变化较大，直径初仅1～2mm，后扩展到5～8mm或更大。病斑边缘清晰，中部色泽略淡，有时病斑内嵌套一边缘不甚清晰的小斑。潮湿时病斑上生稀薄的灰色霉状物。病斑多散生于整个叶片，也可见到几个病斑相互汇合成较大的斑块。

【病原物】 病原物为极长尾孢 *Cercospora longissima*，是一种病原真菌。

【发病规律】 病原真菌主要以菌丝体或分生孢子随病残体在土壤中越季。温、湿度适宜时产生分生孢子，借风雨传播，着落在叶片上，萌发后产生芽管，由气孔侵入或穿透表皮直接侵入。在一个生长季节中可发生多次再侵染。灌水不当，湿度高，结露时间长适于发病，病情迅速增长。缺肥或偏施氮肥时，植株抗病能力降低，发病偏重。

【防治方法】 搞好露地田间和棚室卫生，收获后及时清除病残体，铲除杂草；加强通风透光，降低田间、棚室湿度，缩短叶片结露时间；平衡施肥，避免偏施氮肥。

在发病初期开始喷药防治。可选用70％代森锰锌可湿性粉剂800～1 000倍液，或75％百菌清可湿性粉剂600～700倍液，或50％异菌脲可湿性粉剂1 000倍液，或50％多菌灵可湿性粉剂800倍液等。间隔7～10天喷1次，连续防治2～3次。棚室还可施用

5%百菌清粉尘剂，或5%春雷·王铜粉尘剂或6.5%甲霉灵粉尘剂等。

3. 莴苣轮斑病

轮纹病侵染莴苣类各种蔬菜，分布较广，南方多雨地区发病较重。主要危害叶片，产生叶斑，严重时引起叶片黄枯，病叶不堪食用。采种株发病造成种子产量降低。

【症　状】 多由底部叶片开始发病，叶片上生圆形、近圆形病斑，黑色至黑褐色，病斑直径3～7mm或更大，病斑上有明显的同心轮纹。病斑散生或几个病斑相互汇合，潮湿时病斑上生黑色霉状物。

【病原物】 病原真菌为微疣匍柄霉 *Stemphylium chisha*，枯叶匍柄霉 *Stemphylium botryosum* 等。枯叶匍柄霉寄主广泛，寄生性较弱。

【发病规律】 病原菌主要以菌丝体或分生孢子随病残体在土壤中越冬，成为下一季的初侵染菌源。种子也能传带病原菌。病原菌的分生孢子，借风雨传播，由叶片的伤口或气孔侵入，在一个生长季节中可发生多次再侵染。温暖多湿的天气适于轮斑病发生，缺肥或偏施氮肥时，植株生长衰弱，发病重，老叶多发。

【防治方法】

1. 栽培防治 实行轮作，病田不接茬种植菊科蔬菜，加强肥水管理，平衡施肥，适当增施磷、钾肥，培育壮苗、壮株，避免植株缺肥早衰；合理排灌，降低田间湿度，加强通风透光，缩短叶片结露时间。生长期间及时打去老叶、病叶，收获后清除病残体。

2. 药剂防治 参见莴苣褐斑病。

4. 莴苣黑斑病

黑斑病是莴苣类蔬菜常见病害，主要危害叶片，严重时造成叶片黄枯早衰，降低产量。

【症　状】 病株多由基部叶片或叶球的外层叶片开始发病，整株叶片由下而上，由外向内相继发病。叶片上生圆形、近圆形的黑褐色病斑，直径 2～8mm 或更大。病斑上生同心轮纹，但有的病斑轮纹不明显。病斑边缘较清晰，周围有黄色晕。有时病斑中间破裂或穿孔。高湿时，病斑两面生黑色霉状物。

【病原物】 病原物是几种链格孢属真菌，包括苦苣菜链格孢 *Alternaria sonchi*，芸薹链格孢 *Alternaria brassicae*，细链格孢 *Alternaria tenuis* 等。芸薹链格孢还侵染十字花科蔬菜，而细链格孢寄主广泛，但致病性较弱。

【发病规律】 病原菌在田间病残体、病株、十字花科蔬菜上越冬或越夏。越季病原菌在适宜条件下产生分生孢子，侵染下一季蔬菜。整个生长期发生多次再侵染。

病原菌的分生孢子随风雨、农机具、农事操作分散传播。分生孢子萌发后，生出芽管由气孔侵入叶片，也可以穿透叶表皮而直接侵入。几天后，被侵染的叶片就出现症状，最初仅为黑点状小病斑，以后病斑扩大，发展成为典型病斑，同时叶片局部或全体变黄。

高湿、多露、阴雨连绵时病重。早播，肥水缺乏，植株生长中后期肥力不足时发病也重。

【防治方法】

1. 栽培防病　及时清除病残体，铲除田间杂草；根据菜种与品种特性合理施肥，增施腐熟有机肥，注意磷、钾配合，防止菜株脱肥；合理灌水，不要过度灌溉，雨后及时排水，降低田间湿度，要及时摘除菜株底部发病老叶。

2. 喷药防治　在植株下部普遍出现病斑，且天气情况有利于病情发展时，可喷施50%异菌脲可湿性粉剂1 000～1 500倍液，或70%代森锰锌可湿性粉剂500～700倍液，或75%百菌清可湿性粉剂500～600倍液等。间隔7～10天喷1次，用药3～4次。

5. 莴苣丝核菌基腐病

莴苣类蔬菜基部茎叶腐烂是生产中常见的病害，可由多种病原菌引起。由立枯丝核菌侵染引起的基腐病较常见。丝核菌基腐病也称为褐腐病，严重发生时造成死苗、死株。除莴苣外，其他绿叶菜也有类似病害发生。

【症　状】　接触土壤的外叶基部受到立枯丝核菌侵染后，中肋变黄褐色，水烫状，半透明，发生湿腐，腐烂部位沿叶帮向上发展，引起烂叶，叶片变灰绿色或灰褐色，严重时全株叶片枯黄腐烂，但没有细菌性软腐病那样的恶臭。结球莴苣在叶球形成后，也是接触地面的下部叶片中肋首先发病，形成褐色腐烂斑块，逐渐侵染叶球内叶，严重时整个叶球溃烂。病叶在潮湿情况下长出少许蛛丝状褐色菌丝和多数小菌核。

立枯丝核菌还引起小苗出土前或出土不久死亡，根腐烂，幼苗立枯。有时并发腐霉菌感染，造成幼苗猝倒。

本病易与菌核病或灰霉病引起相似的症状混淆，但菌核病发病部位产生灰白色的棉絮状菌丝团，后期形成较大的黑色鼠粪状菌核，而灰霉病发病部位在湿度高时产生浓密的灰色霉层。

【病原物】　病原真菌为立枯丝核菌 *Rhizoctonia solani*，该菌不产生无性孢子，仅有菌丝体和菌核。菌核不定型、近球形，黑褐色，直径0.5～1mm。立枯丝核菌寄主范围广泛，是引起多种作物苗期病害的主要病原菌。

【发病规律】　立枯丝核菌的寄主范围很广，绝大多数栽培植物都可被侵染而发病。病原菌可在不同作物间辗转传播，周年持续发生。菌核和菌丝体也可以在田间土壤与病残体中长时间存活，成为初侵染菌源。病原菌可随灌溉水、雨水、土壤、土杂肥等传播。寄主植物各生育阶段都可被侵染，在发病部位形成菌丝体和菌核。通过菌丝接触，也可继续侵染邻近叶片或植株。病株产生的菌核和带菌病残体则回归土壤，使土壤带菌量不断增加。

病原菌发育适温为22℃～25℃，在5℃以下和30℃以上难以发育，在25℃～30℃和高湿条件下产生菌核。发病的温度范围较广，有时虽然环境温度较低，但寄主植物柔弱，发育不良，抗病性降低，也会导致严重发病。田间遗留病残体多，施用未腐熟的含有病残体的粪肥，风雨频繁，多露高湿等都加重病害发生。棚室栽培的冬春茬莴苣受害重。露地栽培的则以梅雨季节和秋后多雨时发生普遍。

【防治方法】

1. 栽培防病 收获后清除病残体，减少菌源，不在前作丝核菌病害严重发生的地块种植莴苣；要加强田间管理，尽量减少底部叶片与土壤接触，及时摘除病叶或拔除病株；不要偏施氮肥和大水漫灌，雨后及时排水，降低田间湿度。

2. 喷药防治 基腐病多发、重发地区可行药剂防治。在发病早期选喷有效药剂，参见本篇第二章十字花科蔬菜丝核菌基腐病与叶腐病。苗期立枯病的防治参见本书苗期病害部分。

6. 茼蒿霜霉病

霜霉病是茼蒿的主要病害之一，露地和棚室都有发生，局部地区危害严重，显著降低产量和品质，需要采取防治措施。

【症　状】 苗期和成株期都可发生，使叶片变黄枯萎，严重减产。病叶上形成周缘不明显的黄绿色斑块，后变黄褐色，形状不规则，扩大后波及整个叶面。叶片背面生白色至淡黄色霉层，即病原菌的孢囊梗和孢子囊。有时叶片正面也产生霜霉层。后期病株叶片相继变褐枯萎。但若病情发展很快，叶片满布霜霉层而萎蔫，但仍可保持绿色。

【病原物】 病原物为冠菊霜霉 *Peronospora chrysanthemi-coronarii*，是一种卵菌。

【发病规律】 病原菌主要潜伏在病残体中越冬，越冬后病残体产生孢子囊，随气流和雨水传播。孢子囊直接发芽，产生芽管，在0℃～25℃都可萌发，萌发适温为10℃～20℃。整个生长期间发生多次再侵染。气温较低而湿润，昼夜温差大，易结露的天气有利于发病，田间多在春季和秋季发生。病田连作，棚室通风透光不足，发病均重。

【防治方法】 提倡栽培防治与药剂防治相结合，具体防治方法参见莴苣霜霉病。

7. 茼蒿灰斑病

灰斑病又称为褐斑病、叶枯病，是茼蒿的常见病害，全生育期发生，在露地和棚室都可流行，局部田块发病较重。

【症　状】 叶片上生成圆形、近圆形病斑，生于叶片边缘的半圆形或不规则形。病斑直径2～4mm，中部灰白色，边缘深褐色，有的病斑色泽略呈淡浓相间的层次，高湿时病斑两面生灰黑色霉状物。两个或多个病斑可相互汇合，造成叶枯。茎部病斑椭圆形，色泽同叶部病斑。严重发生时病株枯死。

【病原物】 病原真菌为菊尾孢 *Cercospora chrysanthemi*，侵染茼蒿和某些菊科植物。

【发病规律】 病原菌随病残体在土壤中越冬，春季条件适宜时，产生分生孢子，随气流或农事操作传播，侵染致病。茼蒿自苗期到成株期都可发病,一个生长季节发生多次再侵染,秋季发生较重。天气温暖多湿,植株生长过旺时病情增长较快。

【防治方法】 收获后清洁田园,清除病残体。加强肥水管理,培育壮株,增强抗病能力。合理排灌,降低田间湿度。发病较重的地区,可在发病初期喷药控病。可用70%代森锰锌可湿性粉剂800～1 000倍液,或75%百菌清可湿性粉剂600～700倍液,或50%异菌脲可湿性粉剂1 000倍液,或50%多菌灵可湿性粉剂800倍液等。间隔7～10天喷1次,连续防治2～3次。

8. 茼蒿炭疽病

炭疽病是茼蒿的主要病害之一,分布较普遍,多在茼蒿生长的中后期发生,叶片、叶柄和茎秆都可受害。

【症　状】 叶片上初生黄色小斑点,扩展后成为近圆形或不规则形褐色病斑,发生在叶缘的为半圆形。茎上病斑长椭圆形,暗褐色至黑色,略凹陷,几个病斑可相互连接。发生严重时,病斑环绕茎部,病茎软化缢细,导致植株部分枯死。若茎端发病,则造成烂梢。高湿时病部生出点状橘红色黏质物,即分生孢子盘上聚集的分生孢子团。

【病原物】 病原真菌为胶孢炭疽菌 *Colletotrichum gloeosporioides*。该菌寄主广泛,但来源于不同植物的菌系,致病性有所不同。

【发病规律】 病原菌随病残体越冬,春季分生孢子盘产生分生孢子,借雨水溅射或昆虫带菌而传播,从茎、叶的伤口或自然孔口侵入。种子也可带菌,但种子在病害传播中的作用不明。在南方周年种植茼蒿或其他菊科植物的地方,炭疽病可接续发生,无越冬现象。

【防治方法】 参见茼蒿灰斑病。药剂防治尚可试用25%溴菌腈可湿性粉剂 600～800 倍液，或 50%咪鲜胺锰络合物可湿性粉剂 1 000～1 500 倍液，或 47%春雷·王铜可湿性粉剂 600～800 倍液，或 2%春雷霉素水剂 600 倍液等。

9. 芹菜斑枯病(晚疫病)

斑枯病又名晚疫病，是芹菜的主要病害，在露地和保护地都可严重发生，广泛分布于南北各地。病原菌侵染芹菜叶片、叶柄和花茎，致使叶片枯黄，造成严重减产和品质降低，甚至可造成绝产。

【症　状】 发病叶片上产生两种类型的病斑，分别称为“大斑型”和“小斑型”。大斑型病斑近圆形，较大，直径 3～10mm，有时受到叶脉限制而成多角形，病斑中部灰褐色，边缘褐色，与周围健康部分分界明显。后期病斑两面散生褐色小粒点，即病原菌的分生孢子器。小斑型病斑圆形、近圆形，较小，直径仅 2～3mm，灰褐色，后边灰白色，无明显边缘，有时病斑周围有绿色晕圈，病斑上密生黑色小粒点。病斑密度大时，多个病斑可汇合成为不规则形大斑，病叶迅速黄枯。叶柄、花茎上病斑椭圆形、长圆形，褐色，稍凹陷，边缘明显，病斑上也产生黑色小粒点。严重发病时，病株叶片相继枯死。

【病原物】 病原真菌为芹菜生壳针孢 *Septoria apicola*。

【发病规律】 病原菌主要随病残体在田间越季，在病残体中病原菌可存活 18 个月以上。在适宜条件下，越季病残体内病原菌恢复生长和繁殖，所产生的分生孢子随风雨传播，着落在芹菜叶片上。在叶片表面有露水，持续湿润时，孢子萌发，产生芽管和侵入丝，经由气孔或直接穿透叶表皮而侵入。8 天后叶片表现症状，随后病斑上产生分生孢子梗和分生孢子，分生孢子分散传播，进行再侵染。在生长季节中发生多次再侵染，使病情不断加重。

病原菌还可潜伏在种皮内而由种子传播。播种带菌种子后，在出苗过程中，病原菌就可以侵染幼苗。

温度20℃～24℃，雨水多，湿度高，适于斑枯病发生。连阴雨和大雾、重露有利于病原菌侵染，发病重。温度忽高忽低，植株生长不良，发病也重。

【防治方法】

1. 使用无病种子 由无病种子田选留种子。带菌商品种子可行温汤浸种，即用48℃～49℃热水浸种30分钟（或50℃热水浸25分钟），边浸边搅拌，然后移入凉水中降温，捞出晾干后播种。为补偿发芽率的降低，可增加播种量10%。芹菜品种间耐热性不同，宜先行浸种试验，明确对发芽率的影响。

2. 栽培防治 种植轻病、耐病品种，例如芹菜3号、津芹、上海大芹、北京8401、津南实芹1号、春丰、天马、美国玻璃翠、佛手、文图拉等品种。夏季栽培宜选用耐高温的抗病品种。重病地实行2～3年轮作；搞好田间卫生，收获后清除田间病残体，生长期间将病株干枯的下叶携出田间深埋。

芹菜根系浅，抗旱力弱，需肥量大。定植后要小水勤浇，保持土壤湿润。要施足基肥，看苗追肥，勤追淡施，不断供给速效性氮肥和适量的磷、钾肥，并施用适量硼肥。苗期叶面可喷施0.2%～0.5%的尿素水或0.2%磷酸二氢钾水溶液，促进幼苗生长。

冬春棚室栽培要注意保温排湿，昼温高于20℃，要及时通风，夜温控制在10℃～15℃，缩小昼夜温差，减少结露。露地栽培要适度灌水，切忌大水漫灌，雨后及时排水，发病期间不要喷灌。

夏季将大棚“围裙膜”拆去，改成防雨棚，在大棚外覆盖遮阳网，通风散热，遮阳避雨。

3. 药剂防治 发病初期开始喷药防治。有效药剂有70%代森锰锌可湿性粉剂800～1 000倍液，或75%百菌清可湿性粉剂600～700倍液，或50%异菌脲可湿性粉剂1 000倍液，或50%多菌灵可湿性粉剂800倍液，或40%氟硅唑乳油8 000倍液，或50%

敌菌灵可湿性粉剂500倍液，或45%噻菌灵悬浮剂1 000倍液，或40%四氯丹可湿性粉剂500倍液，或43%戊唑醇悬浮剂8 000倍液，或65%醋酸十二胍可湿性粉剂1 000倍液，或40%多·硫悬浮剂500倍液，或70%丙森锌可湿性粉剂800倍液等。通常间隔7～10天喷一次，连续防治2～3次。棚室芹菜可喷撒5%百菌清粉尘剂(每公顷用药15kg)或6.5%甲霉灵粉尘剂，也可使用45%百菌清烟剂(每公顷3kg)。

10. 芹菜早疫病

早疫病是芹菜的主要病害，在露地和保护地都可严重发生。病原菌侵染芹菜叶片、叶柄，产生病斑，致使叶片或整株枯黄，造成严重减产和品质降低。

【症　状】 发病叶片上生近圆形或不规则形病斑，直径5～10mm，灰褐色，边缘黑褐色，与周围健康部分分界明显。潮湿条件下，病斑上生出灰白色霉状物，即病原菌的分生孢子梗和分生孢子。两个或多个病斑可互相汇合，病叶变黄枯萎。

叶柄、花茎上病斑初椭圆形、长梭形，淡褐色，稍凹陷，后发展成为长条形黑褐色病斑，病部凹陷缢细，黄枯或变黑腐烂，致使病株萎黄倒伏。叶柄、花茎病斑上也产生灰白色霉状物。

【病原物】 病原真菌为芹菜尾孢 *Cercospora apii*。病原菌生长适温25℃～30℃，分生孢子形成适温15℃～20℃，分生孢子发芽温度10℃～30℃，适温28℃。

【发病规律】 病原菌主要随病残体在田间越季，条件适宜时，越冬病残体产生分生孢子，通过气流、雨水以及农事操作传播，从芹菜气孔或直接穿透叶、茎表皮而侵入。芹菜种子也可带菌传病。此外，早疫病可在棚室栽培的芹菜上持续发生，为露地芹菜发病提供菌源。露地芹菜产生的分生孢子，也可以侵染棚室芹菜。

发病适温为25℃～30℃，高温、多雨或夜间结露重，相对湿度高时早疫病易流行。缺水、缺肥、植株生长不良时发病也重。保护地通风不及时，棚内闷热高温，昼夜温差大，易结露，发病加重。

【防治方法】 品种间抗病性或发病程度有差异，可选用耐病、轻病品种，例如津南实芹1号、美国犹他、百利芹菜、加州王、文图拉等。种子消毒、栽培防治与药剂防治参见芹菜斑枯病。

11. 芹菜细菌性叶斑病

棚室芹菜和露地芹菜的常见病害，主要危害芹菜叶片，造成叶片腐烂干枯，病株生长不良，产量降低，品质变劣，甚至丧失商品价值。

【症　状】 叶片受害，严重时叶柄也受害，芹菜从幼苗到成株都可发病。发病初期，叶片正面和背面形成油渍状褐色小斑点，病斑逐渐扩大为长2～4mm的灰褐色、黄褐色坏死斑，不规则形，中部凹陷，边缘色泽较深。病斑多沿叶脉产生，叶脉褐变。多个病斑可汇合成大斑块，使叶片腐烂或干枯。叶柄上生成长椭圆形、不规则形病斑，中部灰白色，边缘褐色，有光泽，略凹陷。

【病原物】 病原细菌为菊苣假单胞 *Pseudomonas cichorii*，该菌还侵染莴苣(莴苣细菌性叶焦病)、黄瓜、番茄、萝卜、白菜、青花菜等多种蔬菜。病原菌生长温度5℃～35℃，以26℃最适。

【发病规律】 病原细菌随病残体越季，也可在其他寄主植物或杂草上存活越季。病原菌经由风雨、灌溉水、害虫、农事操作等途径分散传播，从植株的自然孔口，或者从害虫、风、冻害、化肥烧伤等造成的伤口而侵入。在高湿多露，拱棚漏雨，菜株遭受冷害，或管理粗放，芹菜生长衰弱以及害虫多发等情况下，发生较多，病情加重。

【防治方法】 清除田间病残体，避免与其他发病蔬菜连作或相邻种植；合理浇水、施肥和防治害虫；及时通风排湿，减少结露，防止拱棚漏雨。发病初期喷药防治，可用72%农用硫酸链霉素可溶性粉剂4 000倍液，或90%新植霉素3 000～4 000倍液，或47%春雷·王铜可湿性粉剂600～800倍液，或50%琥胶肥酸铜(DT)可湿性粉剂500倍液，或14%络氨铜水剂300倍液等，或77%氢氧化铜可湿性微粉剂600倍液，或30%碱性硫酸铜胶悬剂400～500倍液等。7～10天喷1次，连续2～3次。

12. 芫荽根腐病

土壤中多种镰刀菌可以侵染芫荽，引起根腐，造成死苗、死株，严重发病时芫荽大片死亡。根腐病难以防治，应积极采取预防措施。

【症　状】 根部和根颈部出现褐色或黑褐色病变，皮层腐烂，部分或全株叶片失绿变黄。发病早的，病株矮小不长，叶片变色萎蔫，相继枯死。有时病根表面生粉红色或白色霉状物。剖根检查，可见维管束变褐色。

【病原物】 多种镰刀菌复合侵染所致。其中尖孢镰刀菌 *Fusarium oxysporum* 致病性最强，侵染破坏根部和茎部维管束系统，引起病株枯萎。茄病镰刀菌 *Fusarium solani* 等侵染根系，引起皮层腐烂。

【发病规律】 病原镰刀菌以菌丝体、厚垣孢子等随病残体在土壤中越季，还可以在土壤中长期腐生存活。带菌土壤、粪肥、病株残体等，都可能成为下一季发病的初侵染菌源。种子也能带菌传病。各种镰刀菌在田间还随雨水、灌溉水、农具等扩散传播。病原菌主要由根部伤口侵入，尖孢镰刀菌在侵入后可以进行系统侵染。系统侵染是指病原菌的菌体或所产生的毒素，能随植株的维管束系统，转移扩散到各个部位，导致全株发病。

连作田土壤带菌量高，发病增多，土壤黏重、偏酸性，田间低洼积水以及降水后病重。施用未腐熟的有机肥料，地下害虫多，伤根多，发病也重。

【防治方法】

1. 栽培防治 与非寄主作物实行3年以上轮作，宜与禾本科作物轮作，水旱轮作最好。选种抗病或轻病品种，清除田间病残体，合理灌溉，降低田间湿度，雨后应及时排水，防止积水。零星发病田要拔除病株，病穴灌2%福尔马林液或20%石灰水消毒。

2. 药剂防治 发病初期可用50%多菌灵可湿性粉剂600倍液，或70%的甲基硫菌灵可湿性粉剂800倍液等灌根。

种子处理方法和苗期根腐病防治方法参见本篇第一章苗期病害部分。

13. 菠菜霜霉病

霜霉病是菠菜最常见的病害，露地菠菜、大棚秋菠菜、越冬菠菜和棚室越夏菠菜都有发生，影响菠菜产量和品质。

【症　状】 菠菜霜霉病主要危害叶片，叶片正面初生淡绿色至淡黄色小点，扩展后成为边缘不明显的不规则形大斑。叶片背面病斑上产生紫灰色霉状物，即病原菌的孢囊梗和孢子囊。有些老病斑上滋生腐生菌，而出现黑色霉状物，可能误诊。发病严重时，叶片相继枯黄或腐烂。种子带菌产生的病株萎缩畸形，早衰枯死。

【病原物】 病原卵菌为菠菜霜霉 *Peronospora spinaciae*，其孢子囊形成适温7℃～15℃，最高20℃，最低5℃。孢子囊萌发适温8℃～10℃，最高24℃，最低3℃。

【发病规律】 病原菌以菌丝体潜伏在病株、病残体中越季，卵孢子也可在病残体中越冬。采种株发病，可产出带菌种子。种子内部带有菌丝体，表面黏附卵孢子，带菌种子可以传病。病株产生孢子囊，随气流和雨水传播。整个生长期间发生多次再侵染。平均气温 8℃～18℃，尤其是 10℃左右，多阴雨的天气最适于发病。露地多在春季和秋季发生。棚室透光不足，气温较低而湿润，昼夜温差大，易结露时发病严重。

【防治方法】 种植抗病或轻病品种，使用无病种子，采种田需严格检查，厉行防治。病田换种其他蔬菜 2～3 年，加强肥水管理，培育壮株，降低棚室湿度，及时拔除种子带菌所产生的矮缩病株。大棚秋菠菜易得霜霉病，在扣大棚膜前 2～3 天喷药预防。扣棚后如果发现有霜霉病发生，用百菌清烟剂或其他烟剂防治，7～8 天 1 次，连续防治 2～3 次。棚室越夏菠菜全苗后喷一次药预防，以后视病情发展，隔 7～8 天喷一次药。药剂种类参见莴苣霜霉病。

14. 菠菜炭疽病

炭疽病是菠菜常见病害，分布普遍，主要危害叶片。除了炭疽病外，菠菜还发生多种叶斑病，症状相似，有时难以准确区分，需仔细鉴别。

【症　状】 叶片上初生淡黄色小病斑，水浸状，周缘污绿色，不清晰，扩大后成为椭圆形或不规则形大小不一的病斑，灰褐色至黄褐色，有的具不清晰的轮纹，后期病斑上生有多数黑色小粒点（病原菌的分生孢子盘）。发病严重的叶片有多数病斑，腐烂枯死，颇似化肥烧伤状。叶柄上生长条形灰褐色病斑。采种株茎部病斑梭形或纺锤形，密生轮纹状排列的黑色小粒点。有时种子表面也生有黑色小粒点。

【病原物】 病原真菌为菠菜刺盘孢 *Colletotrichum spinaciae*，病部的黑色小粒点是病原菌的分生孢子盘，盘中生有黑色刚毛。病原菌生长适温 24℃～29℃，最低 5℃，最高 35℃。

【发病规律】 病原菌主要随病残体越季，条件合适时，产生分生孢子，通过风雨、昆虫等传播，由伤口侵入或直接穿透表皮而侵入，发病后又产生分生孢子进行再侵染。种子带菌率较高，也是重要的初侵染来源。

地势低洼，田间积水，或间苗不及时，密度过大，浇水多，湿度高，或遇阴雨连绵天气发病较多。施肥不合理，偏施氮肥或缺肥，植株生长差，发病都重。

【防治方法】 病田与其他蔬菜轮作 3 年以上。收获后及时清除病残体。选用无病种子，从无病地或无病株上采种。种子可用 52℃温水浸种 20 分钟，或用药剂拌种。拌种药剂可用 25%咪鲜胺可湿性粉剂或用 25%溴菌腈可湿性粉剂，用药量为种子重量的 0.3%。

在栽培措施中，要强调合理密植，避免大水漫灌，防止淋雨和田间积水。要施足有机肥，追施复合肥料，氮、磷、钾配合，使菠菜生长良好。大棚加强通风，降低湿度。

发病初期及时喷药，可选用 50%多菌灵可湿性粉剂 700 倍液，或 70%甲基硫菌灵可湿性粉剂 1 000 倍液，或 40%多·硫悬浮剂 600 倍液，或 25%溴菌腈可湿性粉剂 600～800 倍液，或 25%咪鲜胺乳油 1 000～1 500 倍液，或 30%苯噻氰乳油 1 000～1 500 倍液，25%丙环唑乳油 1 000 倍液，或 6%氯苯嘧啶醇可湿性粉剂 1 500倍液，50%敌菌灵可湿性粉剂 500 倍液，2%春雷霉素水剂 500 倍液，80%代森锰锌可湿性粉剂 600～800 倍液，或 62.25%腈菌唑·锰锌可湿性粉剂 600～800 倍液等，隔 7～10 天喷 1 次，连喷 2～3 次。棚室可用 8%克炭灵粉尘剂，每 667m^2 每次喷 1kg，隔 7 天喷 1 次，连喷 2～3 次。

15. 菠菜烂根病

菠菜苗期至成株期根部遭受多种病原菌侵染，引起根腐，导致死苗、死株，这些根部病害可统称为烂根病。烂根病是菠菜的重要病害，病株可大片死亡，造成重大损失。露地和棚室栽培的菠菜需加强发病监测和防治。

【症　状】 多种病原菌侵染菠菜根部，引起主根和侧根变褐色和黑色，腐烂，地上部茎叶变黄，萎蔫，甚至枯死。造成烂根的病害主要有以下几种。

1. 猝倒病 腐霉菌多在种子发芽后到真叶展开前侵染根部。幼根变褐软腐，病株基部也呈褐色腐烂，近地面处缢缩，病苗很快倒伏，仍保持绿色，此种症状称为"猝倒"。苗期症状不易与立枯丝核菌病变区分，两菌多复合侵染。

2. 立枯病(株腐病) 立枯丝核菌侵染引起种子腐烂，幼芽和幼根腐烂，幼苗近地面部位褐变缢缩，叶片萎蔫。成株发病，主根近地面部分黑腐，接触地面的叶柄也变黑褐色腐烂。越冬菠菜的根颈部和根部发病多。病株外叶黄枯，严重的整株腐烂死亡。中下部叶片被侵染，形成不规则形病斑，灰白色至灰绿色，以后病叶坏死穿孔。在潮湿条件下，病部和附近地面生出稀疏的褐色蛛丝网状菌丝。

3. 黑根病 丝囊霉也侵染幼苗，使幼根水浸状腐烂，变黑褐色，叶片黄变，植株停止生长。有时菠菜长到尺余高时，地下根发黑腐烂，叶片萎黄下垂。

4. 枯萎病和镰刀菌根腐病 尖镰孢在 4～6 叶期到收获前都可侵染。主根和侧根顶端以及侧根基部变褐色至黑褐色，维管束导管褐变，称为"枯萎病"。其他种类的镰刀菌引起根腐和茎基部腐烂，称为"根腐病"。严重时主根与侧根腐烂，侧根脱落，外叶黄化萎蔫，并逐步向内侧扩展，以至全株枯死。

5. 黏菌病 病苗或病株根部生长停滞，不生新根，无根毛，根表皮浅红色湿润状。地上部分由外叶开始褪绿变黄，以后变褐腐烂，并向新叶发展。以至全株枯死倒伏。病株往往矮缩，新叶扭曲。地表有病原菌菌体相互集结形成的紫红色至紫褐色的胶质物。

【病原物】 引起幼苗和成株根腐的病原菌较多，猝倒病是由多种腐霉菌 *Pythium* spp. 侵染引起的，立枯病(株腐病)的病原菌是立枯丝核菌 *Rhizoctonia solani*，黑根病的病原菌是丝囊霉 *Aphanomyces cochioides*。枯萎病的病原菌是尖孢镰刀菌 *Fusarium oxysporum* f. sp. *spinaciae*，根腐病则由多种镰刀菌引起。黏菌病的病原是尚未鉴定的黏菌。各种病原菌除能单独侵染外，两种或多种病原菌还常复合侵染。

【发病规律】 各种病原菌在土壤中或病残体中越冬或越夏，在土壤中可以长期存活。越季病原菌在适宜的条件下侵入根部，引起发病。病原菌可随雨水、灌溉水、农机具、土壤和有机肥传播蔓延。此外，立枯丝核菌还可通过菌丝接触而传染。腐霉菌和丝囊霉在低温、多湿时多发，越冬菠菜病重。镰刀菌根腐病和立枯丝核菌在温度、湿度较高时多发，夏收菠菜发病重。连作田的土壤带菌量高、发病重，地下害虫较多的田块，给植株造成较多伤口，发病加重。黏菌病在使用未腐熟有机肥，土壤潮湿，光照不足时发病多。

【防治方法】 病地不连作，不用作苗床，换种谷类作物，要精细整地，施用不带病残体的腐熟基肥。加强苗期管理，防冻保温，保持土壤干湿适度，适时通风透气，及时除草、间苗。采用高畦或半高垄栽培，合理灌溉，防止田间积水。

黏菌病发生地块在种植前要深翻、晾晒土壤，可施用适量细沙、草木灰、生石灰等改良黏重土壤；实行条播，出苗后行间浅中耕，增强土壤通透性并破坏菌体结构。控制过多浇水，降低土壤湿度，夏季栽培的适时浇水，浇后划锄。

猝倒病、立枯病、黑根病、镰刀菌根腐病的药剂防治方法参阅本书苗期病害部分，镰刀菌枯萎病参阅瓜类枯萎病。

16. 叶菾菜褐斑病

褐斑病是叶菾菜的主要病害。分布广泛，危害严重。病原菌主要危害叶片和叶柄。通常叶片布满病斑，不堪食用，发病早的造成严重减产。病原菌还侵染采种株的叶、茎和花器，危害也很重。

【症　状】 叶片上初生水浸状褐色小点，后扩大为圆形、近圆形病斑，病斑直径多达5mm左右。病斑边缘黑褐色至紫红色，中部灰白色。潮湿时，病斑上生稀疏的灰黑色霉状物。随着叶片上病斑增多，两个或多个病斑可联合成为大小不等的斑块。

叶柄上病斑梭形、长条形，病斑边缘色深，为紫红色或黑褐色，中部灰褐色，稍凹陷。

【病原物】 病原真菌为甜菜生尾孢 *Cercospora beticola*，该菌还侵染糖用甜菜、饲用甜菜等，也引起褐斑病。菠菜、豌豆、蜀葵、蒲公英、车前、酸模、滨藜等植物也可被侵染。

【发病规律】 病原菌主要以菌丝团和分生孢子梗随病残体在土壤中越冬。菌丝团与分生孢子也可随种球越冬传病。菌丝团在种球或叶片上能存活2年。春季温湿度适宜时，越冬菌源产生分生孢子，借风雨传播，降落在叶片上，萌发后产生芽管，由气孔侵入。日平均最低气温高于13℃，旬均温19℃～23℃，降水多，空气湿度达90％～100％时，适于褐斑病流行，再侵染频繁，病情迅速增长。

【防治方法】

1. 栽培防治　与谷类作物或其他非寄主作物实施2年以上

轮作;搞好田间卫生,收获后及时清除病残体,铲除藜科杂草;合理排灌,降低田间湿度,加强通风透光,缩短叶片结露时间;使用不带菌的种子。

2. 药剂防治 在发病初期开始喷药防治。有效药剂有70%代森锰锌可湿性粉剂800～1 000倍液,或75%百菌清可湿性粉剂600～700倍液,或50%异菌脲可湿性粉剂1 000倍液,或50%多菌灵可湿性粉剂800倍液,或40%氟硅唑乳油8 000倍液,或50%敌菌灵可湿性粉剂500倍液,或47%春雷·王铜可湿性粉剂800倍液,或12%松脂酸铜乳油600倍液,或40%多·硫悬浮剂500倍液等。通常间隔7～10天喷1次,连续防治2～3次。

17. 叶菾菜蛇眼病

蛇眼病是叶菾菜的常见病害,也称为黑胫病。病原菌危害幼苗和成株,引起幼芽出土前腐烂,幼苗根部、根颈部腐烂,成株叶斑和叶枯等症状,还引起糖用甜菜块根黑腐。

【症　状】 幼苗发病后,多在近地面处产生黑褐色病斑,扩展后可环绕一周,病部腐烂缢细,幼苗倒伏。

成株叶片上产生褐色病斑,圆形、近圆形,直径5～15mm不等,病斑上有同心轮纹,生有黑色小粒点,即为病原菌的分生孢子器。两个或多个病斑可相互汇合,后期病斑中心灰褐色,开裂或脱落。

【病原物】 病原真菌是甜菜茎点霉 *Phoma betae*,该菌也危害糖用甜菜、饲用甜菜、菠菜等。

【发病规律】 病原菌以菌丝体和分生孢子器随病残体在土壤中越冬。种子带菌率较高,带菌种子也是重要初侵染菌源。春季先侵染甜菜幼芽和幼苗,引起苗病。幼苗上或越冬病残体上产生的分生孢子随风雨或灌溉水传播,侵染叶片,引起叶部发病。严重时植株下部病叶枯死,中上部叶片也陆续发病。

病原菌发育和发病的温度范围较广,天气湿润多雨,田间郁蔽,植株生长衰弱或过旺时,蛇眼病发生较多,较重。

【防治方法】 重病田实行 2 年以上轮作。收获后彻底清除病残体,搞好田间卫生。使用无病种子,加强肥水管理,增强植株抗病性,降低田间湿度。喷药防治褐斑病时可兼治本病。

18. 叶蒸菜炭疽病

炭疽病是叶恭菜的常见病害,分布普遍,南方菜区发病较重。炭疽病主要危害叶恭菜的茎叶,可严重降低产量和品质。

【症　状】 叶片上初生水浸状褪绿病斑,扩大后成为圆形、近圆形病斑,黄褐色,有同心轮纹,后期病斑上有多数黑色小粒点,略呈轮状排列,即为病原菌的分生孢子盘。种株茎秆上生梭形至长椭圆形病斑,灰褐色,略下陷,病部也密生黑色小粒点。发病严重的,多数病斑汇合成片,造成叶枯。

【病原物】 病原真菌是菠菜刺盘孢 *Colletotrichum spinaciae*,该菌也危害糖用甜菜、饲用甜菜、菠菜等。

【发病规律】 病原菌以菌丝体和分生孢子盘随病残体在土壤中越冬,成为下一季发病的主要初侵染菌源。带菌种了也带菌传病。发病后,病株产生分生孢子盘,释放分生孢子,随风雨传播,着落在健康叶片上,条件适宜时,孢子萌发,产生芽管,可从叶片上的微伤口侵入,也可直接穿透叶表皮而侵入,引起再侵染。天气湿润多雨,田间郁蔽,结露时间长,植株生长衰弱或过旺时,发病较重。

【防治方法】 重病地需轮作非藜科作物 3 年以上;种植抗病或轻病品种,播种无病种子,商品种子应行温汤浸种(52℃热水浸种 15～20 分钟),也可以用种子重量 0.3%的 25%溴菌腈可湿性粉剂拌种;收获后要彻底清除病残体,搞好田间卫生;要加强肥水管理，降低田间湿度，避免田间积水和植株脱肥。发病初期喷药防治，可选用25%溴菌腈可湿性粉剂600～800倍液，或25%咪鲜胺乳油1 200～1 500倍液，或2%春雷霉素水剂600～800倍液，或25%丙环唑乳油1 000～1 500倍液等。

19. 苋菜黑斑病

黑斑病为苋菜的常见病害，黑斑病分布广泛，保护地、露地都有发生，通常不太严重，多在植株下部叶片上产生病斑。局部地块发病较重，下部叶片枯死，并蔓延到上部叶片，显著降低产量和品质。

【症　状】 初期在叶片上形成小型褐色坏死斑点，周围褪绿，以后发展成圆形、近圆形淡褐色病斑，具不明显的轮纹，在高湿条件下病斑表面产生淡黑色霉状物，即病菌分生孢子梗和分生孢子。

【病原物】 病原真菌是苋链格孢 *Alternaria amaranthi*，还可侵染其他苋科植物。

【发病规律】 病原菌在病残体中越冬，翌年越冬病残体产生分生孢子，随风雨传播，着落在叶片上。若叶面有露水，分生孢子萌发并侵入叶片，引起初侵染。初侵染植株发病后，病斑上又产生分生孢子，继续分散传播和引起再侵染。一个生长季节可发生多次再侵染。降水频繁，田间高湿，以及水肥管理不当，植株衰弱时发病重。

【防治方法】

1. 栽培防治 清除病残体和苋科杂草，搞好田间卫生；重病地应避免连作，换种其他蔬菜；增施腐熟有机肥，注意磷、钾配合，防止菜株脱肥；合理灌水，雨后及时排水，降低田间湿度；及时摘除菜株底部发病老叶。

2. 喷药防治 历年发病重的地块应喷药防治，否则可在防治其他病害时予以兼治。当植株下部普遍出现病斑，且天气情况非常有利于病情发展时，可喷施 50%异菌脲可湿性粉剂 1 000～1 500倍液，或 70%代森锰锌可湿性粉剂 500～700 倍液，或 80%代森锰锌可湿性粉剂 600 倍液，50%敌菌灵可湿性粉剂 500 倍液，或 75%百菌清可湿性粉剂 500～600 倍液等。间隔 7～10 天喷 1 次，用药 3～4 次。

20. 苋菜白锈病

白锈病是苋菜的主要病害，分布普遍，病原菌危害叶片、叶柄和嫩茎，病叶布满疱斑，严重时变黄枯死，显著降低产量与品质。

【症　状】 叶片表面出现边缘不明显的淡黄色病斑，形状不规则，叶片背面对应部位生出隆起的白色疱斑，近圆形或不规则形，有黏质感。疱斑破裂后散出白色粉末状物，即为病原菌的孢子囊。白锈病症状明显，病叶皱缩不展，叶背生白色疱斑，易于与其他病害区分。

【病原物】 病原卵菌是苋白锈 *Albugo bliti*，还可侵染其他苋科植物。

【发病规律】 病原菌以卵孢子随病残体在土壤和粪肥中越冬或越夏。卵孢子可存活 2 年以上。下一季蔬菜出苗后，卵孢子同步萌发，产生游动孢子，借雨水传播，黏附在叶片上。游动孢子静止后在水滴中萌发，产生芽管，芽管经由叶片的气孔侵入，引起初侵染。病原菌的菌丝在叶肉细胞间蔓延，并在叶片背面生出白色疱斑，这是病原菌的孢子囊堆。其表皮破裂后，散出孢子囊，借风雨传播，引起再侵染。

整个生长季节都可发生，以多雨高湿，温度相对较低时发生较重。偏施氮肥，植株抗病能力降低或地块低洼，灌溉不当，田间湿度增高等都诱使白锈病严重发生。撒播易使植株过密，通风不良，发病较重，条播有利于通风散湿，发病较轻。

【防治方法】

1. 种植抗病品种 据山东鱼台调查，青苋品种发病重于紫苋品种，青苋中的青米苋较抗病。上海圆叶青苋抗病性最强，柳叶苋易感病。

2. 栽培防治 病田与小麦、水稻或其他禾本科作物进行2～3年轮作；实行条播或垄作，植株过密时，应及时疏除，以通风排湿；合理施肥，宜施用应充分腐熟的农家肥，增施磷、钾肥，避免偏施氮肥；合理灌溉，避免大水漫灌，低洼地块雨后需及时排水；发病初期摘除病叶，携出田外销毁，收获后及时清除田间病残体，清洁田园。

3. 药剂防治 选用高效、低毒、低残留的药剂，在发病前或发病始期喷药。常用药剂有58%甲霜灵·锰锌可湿性粉剂500～700倍液，或64%杀毒矾可湿性粉剂500倍液，或72.2%霜霉威水剂800倍液，或77%氢氧化铜可湿性粉剂800～1 000倍液，或72%霜脲·锰锌可湿性粉剂800倍液等。通常每7～10天喷1次药，连喷2～3次。在苋菜采收前15～20天应停止用药。

21. 蕹菜轮斑病

轮斑病是蕹菜的一种分布广泛的重要病害，在露地和保护地都能严重发病，显著降低产量和产品质量。

【症　状】 主要危害叶片，叶片上初生褐色小斑点，扩大后成为圆形、近圆形或不规则形病斑，黄褐色至红褐色，具同心轮纹，后期在病斑上产生稀疏黑色小粒点，即病原菌的分生孢子器，病斑易脱落穿孔。叶片上病斑数量较多时，病斑之间可相互汇合成为较大的斑块，可导致病叶片变黄，卷缩，干枯。叶柄和嫩茎发病，形成长椭圆形病斑，略凹陷，易从病斑部折断。

【病原物】 病原真菌为旋花叶点霉 *Phyllosticta ipomoeae*，

还侵染其他旋花科植物。

【发病规律】 病原菌随病残体在土壤中越季，在适宜条件下病残体产生分生孢子，随风雨传播，引起初侵染。植株发病后，病斑上产生分生孢子，继续传播和侵染。一个生长季节可发生多次再侵染。温暖高湿，阴雨寡照，植株生长衰弱时发病重。

【防治方法】 收获后及时清除病残体，深翻晒土，铲除田间杂草；根据品种特点合理施肥，增施腐熟有机肥，注意氮、磷、钾配合，防止菜株脱肥；合理灌水，不要过度灌溉，雨后及时排水，降低湿度，要及时摘除菜株底部发病老叶；重病田实行轮作。

发病初期，在天气情况有利于病情发展时，可喷施50%异菌脲可湿性粉剂1 000～1 500倍液，或70%代森锰锌可湿性粉剂500～700倍液，或70%甲基硫菌灵可湿性粉剂600～800倍液，或40%多·硫胶悬剂500倍液，或75%百菌清可湿性粉剂500～600倍液等。间隔7～10天喷1次，用药3～4次。

22. 蕹菜褐斑病

褐斑病多在秋季发生，分布广泛。主要危害叶片，叶片布满病斑，不堪食用。严重时引起叶片早枯，造成减产。

【症　状】 叶片上病斑近圆形，有时受到大叶脉限制，而成为半圆形或不规则形，较大，成熟病斑直径可达5～10mm。病斑褐色、黑褐色或红褐色，依品种不同而有差异，通常病斑边缘色深，中部色浅。多数病斑中部嵌套一个小斑，中心色淡，边缘色深，几个病斑可汇合成为较大的斑块。病斑沿主脉发展后，可使叶片扭曲。干燥时病斑中部开裂。潮湿时，病斑两面生黑色霉状物。

【病原物】 病原真菌为旋花假尾孢 *Pseudocercospora ipomoeae*，该菌还危害甘薯和旋花科杂草。

【发病规律】 病原菌在病残体中越季，病残体产生分生孢子，随风雨传播，引起初侵染。植株发病后，病斑上产生分生孢子，继续传播和侵染。一个生长季节可发生多次再侵染。

【防治方法】 参考蕹菜轮斑病的防治方法。

23. 蕹菜白锈病

白锈病是蕹菜的常见病害，分布普遍，危害较重。危害叶片，叶柄和嫩茎，严重发生时显著降低产量和品质，甚至造成绝收。

【症　状】 叶片表面生淡黄色褪绿斑，后渐变褐色，叶片背面相对应的部位生有隆起的白色疱斑，近圆形或不规则形，有黏质感。此种疱斑是病原菌的孢子囊堆，疱斑破裂后，散出白色粉末状物（病原菌的孢子囊），成为空疱。发病严重时病叶扭曲畸形，易脱落。叶柄和嫩茎膨肿，也出现白色疱斑。

【病原物】 病原卵菌为旋花白锈 *Albugo ipomoeae-aquaticae*，还侵染其他旋花科植物。

【发病规律】 病原菌以卵孢子随病残体在土壤和粪肥中越冬或越夏。卵孢子可存活 2 年以上。种子表面也可能附着卵孢子。下一季蔬菜出苗后，卵孢子同步萌发，产生泡囊，泡囊产生游动孢子，游动孢子借雨水传播，附着在叶片上。游动孢子静止后在水滴中萌发，产生芽管，芽管经由叶片的气孔而侵入，引起初侵染。病原菌的菌丝在叶肉细胞间蔓延，并在叶片背面生出白色疱斑，这是病原菌的孢子囊堆。其表皮破裂后，散出孢子囊，借风雨或农事操作传播，引起再侵染。孢子囊萌发最适温度为 25℃～30℃。萌发后产生游动孢子，游动孢子萌发产生芽管而侵入。较低的温度适于白锈菌侵入，但侵入后在寄主体内扩展，则需要较高的温度，若白昼气温低于 23℃，不显症。

连作田间遗留菌源数量多，发病早而重。土质瘠薄，营养缺乏或氮肥施用过多、过晚，植株抗病能力降低时，发病早而重。地块低洼积水，灌溉不当或植株密度过高，通风透光不足，昼夜温差大，露水重，都使白锈病严重发生。

【防治方法】 重病田与其他蔬菜轮作2～3年或换种水稻1～2年。收获后及时清除田间病残体，清洁田园。种植抗病、轻病品种，据海南省报道，泰国种、细叶种和柳叶种较抗病。选用无病地生产的不带菌种子，必要时种子可用72%霜脲·锰锌可湿性粉剂或69%安克·锰锌可湿性粉剂拌种，用药量为种子重量的0.3%。

低湿地区实行高垄、高畦栽培，合理密植。蕹菜对肥水需求量大，宜施足基肥。定植田每667m^2基施腐熟有机肥3 000kg、蔬菜专用肥75kg。追肥宜前轻后重，避免偏施氮肥，每次采收后施一次肥。

遇到寒冷天气，在畦上搭塑料小拱棚保温。要合理灌溉，干旱时沟灌，及时通风降湿，外界气温升高到蕹菜生长的适宜温度后，逐渐撤除小拱棚和大棚膜。发病初期摘除病叶，携出田外销毁。

蕹菜生产周期短，宜选用持效期短、无残留、高效低毒药剂。发病初期开始喷药。常用药剂有58%甲霜灵·锰锌可湿性粉剂500～700倍液，或64%杀毒矾可湿性粉剂500倍液，或25%甲霜灵可湿性粉剂800倍液，或72.2%霜霉威盐酸盐水剂800倍液，或安克·锰锌69%可湿性粉剂800倍液，或72%霜脲·锰锌可湿性粉剂800倍液等。通常每7～10天喷1次药，连喷2～3次。棚室内还可施用5%百菌清粉尘剂或5%霜脲·锰锌粉尘剂喷粉。

24. 落葵鱼眼病

又名蛇眼病、紫斑病、褐斑病等，是落葵的主要病害之一，分布广泛，主要危害叶片，病叶密布斑点，不堪食用，商品率降低。

【症　状】 叶片上初生紫褐色小点，扩大后成为圆形、近圆形病斑，直径 2～5mm。发生在叶片边缘的呈半圆形。病斑中部黄白色，边缘色深而明显，周围有浓重的紫红色晕圈，病部质薄，略下陷，有时穿孔。病斑上可产生不明显的灰色霉状物，较少见。叶片上病斑分散，少有两个或多个病斑汇合的情况，严重发生时全株叶片满布病斑。

【病原物】 病原真菌为落葵假尾孢 *Pseudocercospora basellae*。

【发病规律】 病原菌的菌丝体和分生孢子随病残体在田间越冬，成为翌年春季主要初侵染菌源。种子也可以带菌传病。初侵染病株产生新一代分生孢子，孢子随气流和雨水扩散，着落在健康植株上，萌发后侵入叶片，产生再侵染。在生长季节可发生多次再侵染，使病情不断加重。在南方，病原菌可在各茬落葵之间连续侵染，周年发病。

病田连作，田块低洼，排水不良，过度密植，偏施氮肥等都有利于发病。落葵是喜温蔬菜，耐高温，低于 20℃生长缓慢，落葵生长期间要保持适宜温度，要有充足的水分供应，但忌大水漫灌。高湿多露时发病严重。落葵对肥料需求量大，缺肥，缺铁素营养时心叶黄化，抗病性降低。

【防治方法】 轮作倒茬，避免连作；清洁田园，收获后及时清除病株残体，携出田外烧毁或深埋；种植抗病、耐病品种。

种子处理可行温汤浸种或药剂拌种。前者可用 55℃温水浸种 15 分钟或用 52℃温水浸种 30 分钟；后者可用 70%甲基硫菌灵可湿性粉剂，或 75%卫福可湿性粉剂（萎锈灵与福美双复配剂），或 50%敌菌灵可湿性粉剂拌种，用药量为种子重量的 0.3%。

种植落葵应选用肥沃、微酸性的土壤。要加强肥水管理，施用充分腐熟的农家肥，搭配施用氮、磷、钾肥，适当喷施叶面营养剂。因其生长期长、上市期也长，每次采收嫩叶、嫩茎后应追施尿素、复合肥或人畜粪水。要及时摘除花茎，减少养分消耗，以利叶片生长肥大。但要避免因过量施用氮肥,降低植株抗病性。要合理灌溉,干旱时及时浇水,但发病期间不要喷灌,要及时通风排湿,防止空气湿度过高。低洼多雨地区宜高畦、高垄栽培,合理密植。发现病叶后要及时摘除,减少再侵染菌源。

发病初期开始喷药防治,药剂有 75%百菌清可湿性粉剂1 000倍液,或 50%敌菌灵可湿性粉剂 400～500 倍液,或 70%甲基硫菌灵可湿性粉剂 1 000 倍液,40%多·硫悬浮剂 600 倍液,或 60%多·福可湿性粉剂 600～800 倍液,或 70%安泰生可湿性粉剂 800 倍液等。间隔 7～10 天喷 1 次,连续防治 2～3 次。棚室也可施用 45%百菌清烟剂,每 667m^2 用药 250g。

25. 落葵黑斑病

该病是落葵上的常见病害,主要危害叶片引起叶斑或叶枯,除造成减产外,还污损叶片,降低品质,露地和棚室都有发生,管理不良时严重。

【症　状】 田间可见叶上病斑有两种类型:①大型病斑:病斑圆形、近圆形,褐色或黑褐色,病斑较大,多数直径 5～10mm,有不清楚的轮纹,病斑边缘清晰,不变紫色。高湿时病斑上生黑色霉状物。②小型病斑:病斑圆形、近圆形,褐色,小型,直径多为 2～3mm,边缘浓紫色,病斑上生较淡的黑色霉状物。这两类病斑是由不同种类的链格孢侵染而引起的。

【病原物】 由细链格孢 *Alternaria tenuis*,芸薹链格孢 *Alternaria brassicae* 或其他链格孢属真菌引起。

【发病规律】 病原菌随病残体在田间越冬,条件适宜时产生分生孢子,随风雨传播,从叶片的伤口侵入,引起初侵染,随后发生多次再侵染。雨水较多的秋季发病严重。南方无明显越冬期,病原菌周年辗转危害。北方大棚栽培的落葵,在管理不善,棚内湿度高，光照差，植株长势较弱时病重。

【防治方法】 清除病残体，搞好田间卫生；加强肥水管理，均衡施肥，适时喷施叶面营养剂，使植株生长壮健；棚室栽培的要及时通风散湿，增强光照，避免温度过高。药剂防治参见落葵鱼眼病。

26. 绿叶菜菌核病

菌核病是绿叶菜的重要病害，露地和保护地都有发生，北方棚室栽培的莴苣、茼蒿、芹菜、菠菜、芫荽等受害很重。在黄河中下游，菌核病是冬、春季结球莴苣的毁灭性病害，在江淮流域多与灰霉病并发，造成大棚莴苣腐烂。

【症　状】 各种绿叶菜全生育期感病，发生类似的症状。菌核病的主要鉴别特征是发病部位软腐，产生棉絮状菌丝体和鼠粪状菌核。

1. 莴苣 莴苣苗期和成株期都可发病。叶用莴苣多由靠近地表面的叶柄或下叶边缘开始表现症状，变为淡褐色水浸状，继而软化腐烂，天气潮湿时长出灰白色棉絮状菌丝体，以后絮状物中出现黑色鼠粪状菌核。天气干燥时，叶球外叶仍能保持原形，但呈黄褐色，薄纸状，叶球内部已经腐烂，有空隙和菌核。通常菌核病造成的腐烂无恶臭，但混生细菌性软腐病后，也有恶臭。

茎用莴苣和采种株多在生长后期发病，先从近地面茎基部或接触土壤的衰老叶片边缘、叶柄开始发病，进而蔓延到上部。茎上病斑水浸状，稍凹陷，初为淡褐色，后变灰褐色。后期病茎生灰白色菌丝团和菌核，叶片变色凋萎，植株提前枯死。

2. 茼蒿 苗期发病造成芽苗烂死，成株从茎基部和下叶枯死发病，变褐腐烂，病部密布灰白色霉，霉层中渐生菌核。

3. 芹菜 主要危害叶柄，多从基部开始发病，出现水渍状褐色病斑，迅速上下扩展，溃烂软腐，表面密生絮状白色菌丝，后来形成鼠粪状黑色菌核。有时在叶片上产生污绿色病斑，病部溃烂，并可向下蔓延到叶柄和茎。

4. 芫荽　苗期发病造成大片死苗，成株茎叶发病，初水浸状，变黄褐色，后软化腐烂，病株瘫倒。

5. 其他绿叶菜　地上各部分都可被侵染，多从茎基部、叶柄基部和下部叶片开始发病，病部初污绿色水浸状，后软腐变褐。病部密生灰白色霉状物，后逐渐形成鼠粪状黑色菌核。严重时病株成片腐烂。

【病原物】　病原真菌主要为核盘菌 *Sclerotinia sclerotiorum*，核盘菌能危害 400 多种植物。菌核是病原菌的一种休眠体，菌核在 5℃～30℃形成，以 10℃～25℃最适，在 5℃～20℃萌发，萌发适温为 10℃，子囊孢子在 5℃～25℃萌发，5℃～10℃最适。病菌生长发育的温度范围为 5℃～30℃，适温为15℃～24℃。有的地方还分布有小核盘菌 *Sclerotinia minor*，也引起莴苣和其他绿叶菜腐烂。

【发病规律】　菌核和带菌病残体可以混入土壤与有机肥中，甚至还可以夹杂在种子中进行有效的传播，进入先前没有发生菌核病的苗床、棚室或田间。菌核病一旦发生，土壤带菌量逐渐增多，病情将逐年加重。

在已有菌核病发生的棚室和田块，表层土壤中的菌核和上一季病株的残体是主要初侵染菌源。菌核需经过一段低温休眠期，方能萌发和侵染植物。若土壤持水量达 80％以上且持续湿润，菌核萌发后产生子囊盘和子囊孢子。子囊孢子成熟后被放射到空中并随风飞散，降落在植株上，萌发后产生芽管而侵入。在土壤湿度较低的条件下，菌核萌发产生菌丝。土壤中的带菌病残体也长出菌丝。菌丝向周围扩展，接触并侵入幼嫩的茎部或植株底部衰弱的老叶。菌核在土壤中至少存活 3 年以上。

在潮湿的环境中，病株上产生白色絮状菌丝，通过病株与健株接触传播，也随农事操作和农机具等传播，引起再侵染。

除绿叶菜以外，重要的寄主还有十字花科蔬菜、油菜、大豆、向日葵、莱豆、黄瓜、茄子、番茄、胡萝卜等。寄主植物连作、套种或间作时，菌源增多，发病重。据江苏省江都及扬州郊区的调查，菌核病的平均发病率，种植 1 年的大棚为 4.5%；种植 2 年的为 17.6%；种植 3 年的为 41.5%。

栽植密度大，偏施氮肥，田间郁闭也导致发病加重。病原菌可在植株下部老叶、黄叶、病叶上存活繁殖，积累菌量，若不及时清理，也有利于病情扩展。

发病适温为 18℃～20℃，菌核的形成和萌发，子囊孢子的萌发和侵入都需要有高湿的环境。冬、春低温季节，凡导致土壤和空气湿度升高，光照减弱的因素都有利于发病。据江苏调查，棚内温度 20℃～25℃，相对湿度达 90%以上时，发病重，发展快，相对湿度在 80%以下时则发病轻，发展慢。塑料大棚空间较大，通风较好，棚内湿度较低，比小棚发病轻。浙江省金华市大棚栽培的莴苣，在 11 月份以后，遇上连续阴雨即进入发病高峰期，雨水少的年份，湿度低于 70%，则发病明显减轻。

【防治方法】

1. 铲除菌源 发病棚室或露地应换种禾本科作物或其他非寄主植物 2 年以上，或更换土壤。若不能采取以上措施，则应彻底清除病残体，进行深翻或土壤淹水，以减少菌源。病田深翻 30cm 以上，可将菌核翻入下层土壤。菜田淹水 1～2cm，保持水层 18～30 天，可以杀死大部分土表菌核。夏季天气炎热时淹水效果更好。另外，还可覆盖阻止紫外线通过的地膜，抑制菌核萌发或防止子囊孢子飞散。

2. 栽培防治 清选种子，汰除菌核；冬春棚室要采取加温措施，合理通风，控制浇水量，增温降湿；多施基肥，避免偏施氮肥，增施磷、钾肥，防止植株徒长，提高抗病能力；出现病株后应及时摘除病、黄、老叶，以利于通风透光和减少菌源。

3. 药剂防治　发病始期及时喷药防治，药剂可选用50%腐霉利可湿性粉剂1 500倍液，或50%乙烯菌核利可湿性粉剂1 000倍液，或45%噻菌灵悬浮剂800倍液，或20%甲基立枯磷乳油900～1 000倍液，或40%菌核净可湿性粉剂1 000倍液，或65%甲霉灵可湿性粉剂600倍液，或50%异菌脲可湿性粉剂1 000倍液，或40%灭病威(多菌灵·硫磺)可湿性粉剂600倍液，或70%甲基硫菌灵可湿性粉剂800～1 000倍液等。若连续喷药，两次喷药之间间隔7～10天。生长早期需在植株基部和地表重点喷雾。

芹菜苗期对菌核净较敏感，用40%菌核净进行常规喷雾有明显的抑制作用，延迟芹菜的收获期20天左右，应慎用。

27. 绿叶菜灰霉病

灰霉病在冬、春季保护地发生普遍，露地和贮运中也有发病，茎叶腐烂，可造成严重损失。早期发生，还可引起大面积死苗。

【症　状】　莴苣类幼株多由接触地面的茎基部和下部叶片开始发病，病部最初水浸状，半透明，继而湿腐，腐烂部位沿叶帮向上发展，引起烂叶，叶片变褐色，严重时全株叶片腐烂。结球莴苣叶球形成后，多由接触地面的下部叶片中肋首先发病，形成褐色腐烂斑块，并向内叶蔓延。也可由外叶叶片边缘或叶片伤口处开始发病，形成不定型褐色或黑褐色病斑，低温高湿时病情迅速发展，造成叶片腐烂枯萎。莴笋的肉质茎由伤口或裂口处发病，形成水浸状褐色斑块，造成局部湿腐，并继续向周围或内部发展，使肉质茎大部腐烂。各发病部位产生密集灰色霉状物。

芹菜的叶片、叶柄和茎部软化腐烂。多由植株基部、叶缘或伤口处开始发病，形成不定型褐色或黑褐色斑块，初水浸状，后湿腐溃烂。顶梢和上部叶柄发病,可由发病处缢缩或折倒,叶片发黄萎蔫。高湿时,病斑上生灰色霉状。

其他种类的绿叶菜感染灰霉病后,出现类似症状,病部变褐,软化腐烂,高湿时密生灰色霉状物。

【病原物】 病原真菌为灰葡萄孢 *Botrytis cinerea*,寄主非常多,引起各种农园作物的灰霉病。

【发病规律】 病田、棚室内外和蔬菜贮运场所往往遗留大量病残体,带有病原菌的菌丝体、分生孢子和菌核,成为下一季发病的菌源。除莴苣等绿叶菜以外,灰霉病还是棚室栽培的瓜类、番茄、韭菜、草莓、十字花科蔬菜等作物的严重病害,冬春季发病尤其严重,并成为邻近田间莴苣的重要菌源,灰霉病菌得以交叉侵染各茬蔬菜。

灰霉病菌生长适温20℃～25℃,发病适温20℃。但在较低的温度下,菜株抗病性削弱,易于发病,棚室低温、高湿、寡照时发生较多。菜株遭受低温冷害后,生机削弱,可导致灰霉病严重发生。害虫大发生,植株上伤口多,或植株脱肥,营养不良,抗病性降低等都是重要发病诱因。

【防治方法】 及时清除田间病株残体,前作严重发病的棚室,应对土壤、墙壁、棚膜等喷施杀菌剂灭菌;采用小高畦栽培,地膜覆盖和滴灌,及时增温散湿,增加光照,合理施肥,增强菜株抗病能力。

有效药剂有50%腐霉利可湿性粉剂2 000倍液,或50%乙烯菌核利可湿性粉剂1 000～1 500倍液,或40%嘧霉胺悬浮剂1 000～1 500倍液,或65%甲霉灵可湿性粉剂600～1 000倍液,50%多霉灵可湿性粉剂1 000～1 500倍液,或50%异菌脲可湿性粉剂1 000～1 500倍液等。间隔7～10天喷1次,连喷2～3次。棚室内还可施用百菌清粉尘剂或腐霉利烟剂等。注意轮换使用不同类型的药剂,避免长期施用同一类药剂,以延缓灰霉病菌抗药性的产生。

28. 绿叶菜细菌性软腐病

软腐病是莴苣、芹菜、菠菜、茼蒿以及其他多种绿叶菜的主要病害之一，全生育期受害，在露地菜田、棚室内和贮运期间都可发生。病势迅猛，若防治不及时，可造成重大损失。

【症 状】 结球莴苣多在包心期以后表现症状。一般从植株基部的裂口和伤口处开始腐烂，初期病部水浸状，半透明，继而变褐湿腐。病株外叶萎垂贴地，叶球暴露。发展后叶柄基部完全腐烂，并向上发展，甚至整个叶球腐烂。病部渗出黏稠的菌脓，散发臭味。有的从外叶叶缘或叶球顶部向下腐烂，或从叶片中部虫伤口向四周扩展。不包心莴苣可从茎基部和叶柄基部的裂口和伤口发病，也可从叶片伤口、裂口处发病，病斑初呈水浸状，半透明，扩展后可导致整株软腐。莴笋肉质茎出现黑褐色不定型凹陷斑，病组织腐烂，迅速向周围和内部扩展，以至大部软腐。

芹菜多由叶柄基部的裂口和伤口处开始腐烂，出现淡褐色水浸状小斑点，后形成长条状褐色斑块，半透明，略凹陷。以后迅速上下扩展，叶柄大部褐变湿腐。病部薄壁组织溃散，仅残留表皮和维管束，并有黄白色黏稠物，散发恶臭。病株茎叶萎垂，一触即倒。也有的从叶片叶缘或心叶顶端开始腐烂，向下发展，造成整个菜头腐烂。

茼蒿多在根颈和茎基部发病，出现水浸状软腐，并向上部扩展，使茎秆变污绿色腐烂，以致软化折倒，有的植株从嫩叶、嫩茎部位开始腐烂。菠菜多在嫩茎、叶柄和菜心发病，褐变湿腐。芫荽常从根颈、心叶或伤口处发病，表现水浸状湿腐，腐烂部分变黄褐色，有臭味。其他绿叶菜发生类似症状。

各种作物软腐病的共同特点是从植株伤口或自然裂口处首先

开始发病，病部初呈浸润状半透明，后黏滑软腐，散发恶臭，出现黄白色黏稠物，即细菌溢脓。

【病原物】 病原细菌为胡萝卜果胶杆菌胡萝卜致病变种 *Pectobacterium carotovorum* subsp. *carotovorum*，寄主植物很多。

【发病规律】 病原细菌随带菌的病残体、土壤、未腐熟有机肥以及田间病株越季，成为下一茬发病的初侵染菌源。在生长季节病原细菌可通过雨水、灌溉水、肥料、土壤、昆虫等多种途径传播，由伤口或自然裂口侵入，残留土壤中的病菌还可从幼芽和根毛侵入。软腐病菌在生长季节可多次再侵染，带菌植株在采收后可继续发病，并传染健株，引起贮藏期腐烂。病原菌寄主种类很多，可在不同寄主之间辗转危害。

昆虫取食造成大量伤口，成为软腐细菌侵入的重要通道，同时多种昆虫的虫体内外可以携带病原细菌，能有效传病。因而害虫发生多的田块，软腐病也重。

病田连作，发病逐年加重，前作为十字花科、茄科、葫芦科作物，胡萝卜和其他感病寄主的发病也重。高温、高湿有利于病原细菌繁殖和传播，软腐病大发生。地势低洼，田间易积水，土壤含水量高的田块发病重。大水漫灌或串灌有利于病原菌传播，会加速软腐病扩展。芹菜遭受冷害，生机削弱，发病也重。

【防治方法】

1. 种植抗病、耐病品种 莴苣、芹菜品种间抗病性有差异，应因地制宜地种植抗、耐病品种。各地自然条件、栽培管理水平和对品种抗病程度的要求不同，引进品种时应先行试种或进行抗病性鉴定，以确认品种的抗、耐病水平能够满足需要。使用抗病品种应以合理的栽培防病措施为基础。

2. 栽培防病 重病田避免连作，可换种豆类、麦类、水稻等作物，实行 2 年以上轮作；清除田间病残体，精细翻耕整地，暴晒土壤，促进病残体分解；定植、松土或锄草时避免伤根，及时防治害虫，减少虫伤口；不要大水漫灌，雨后及时排水，降低土壤湿度，发病期减少浇水或暂停浇水，多雨地区应行高垄、高畦、深沟栽培；增施基肥，施用净肥，及时追肥，使菜株生长健壮；秋冬季芹菜要适时扣棚覆膜，防止低温冷害。外界最低气温降至 5℃～6℃时，扣大棚膜，最低气温降至－2℃～－3℃时应在大棚内套上小拱棚，气温降至－5℃时，小拱棚上还应加盖草帘；发现病株后及时挖除，病穴撒石灰消毒。

3. 药剂防治　发病初期及时施药防治，喷药要周到，特别要注意喷到近地表的叶柄和茎基部。有效药剂有 72％农用链霉素（或新植霉素）可溶性粉剂 4 000～5 000 倍液，或 77％氢氧化铜可湿性粉剂 800 倍液，或 50％琥胶肥酸铜（DT）可湿性粉剂 1 000 倍液，或 60％琥·乙磷铝（DTM）可湿性粉剂 1 000 倍液，或 14％络氨铜水剂 400 倍液，或 45％代森铵水剂 900～1 000 倍液等。

29. 绿叶菜病毒病害

1. 莴苣病毒病

【症　状】　也称为花叶病，是莴苣类蔬菜的主要病害，苗期与成株期都可发生，表现为花叶、畸形、矮缩、坏死等多种症状，病株生育不良，严重降低产量和品质。采种株结实率降低。

侵染莴苣和菊苣，引起花叶病的病毒种类较多，分布最广泛的是莴苣花叶病毒和黄瓜花叶病毒。此外，芜菁花叶病毒、蚕豆萎蔫病毒、甜菜西方黄化病毒等也侵染莴苣，有时发生还相当严重。各种病毒侵染莴苣产生一些相似的症状，因而不能根据田间症状简单地推测病毒种类，若要了解确切的病毒种类，应作病毒检测。

莴苣种子带有莴苣花叶病毒的，苗期就表现症状。第一片真叶出现叶色淡浓相间的斑驳，在第二、第三片真叶上出现明脉、斑驳和花叶症状。病叶皱缩，叶缘不整齐或发生缺刻。此类病株矮小，叶球发育不良，丧失商品价值。再侵染病株表现明脉、花叶、叶片皱缩、叶片边缘深裂呈锯齿状，病株有不同程度的矮化。有时叶片上出现黄色、褐色坏死斑点或细脉变褐。

黄瓜花叶病毒的症状与莴苣花叶病毒相似，但花叶症状伴有有更明显的叶脉褪绿，随温度变动，也常有叶脉变褐或坏死。有时皱叶莴苣的花叶症状不易看出。黄瓜花叶病毒有多个毒系，其致病性不同，这给抗病育种和抗病品种的推广应用带来困难。莴苣发生芜菁花叶病毒不多，但菊苣对该病毒高度感病。芜菁花叶病毒的典型症状是下部叶片叶脉褪绿和坏死，病株严重矮化，结球不良。蚕豆萎蔫病毒严重感染某些莴苣品种，症状与莴苣花叶病毒与黄瓜花叶病毒相似。田间温度较低时，病株表现严重的叶脉坏死。甜菜西方黄化病毒在国外是莴苣和菊苣的重要病毒，引发重花叶症状。幼叶褪绿斑驳，花叶，生育不良，结球期外叶褪绿，叶缘黄褐色枯死。有时叶片上生褐色坏死小斑点。

【病原物及发病规律】

(1)莴苣花叶病毒(*Lettuce mosaic virus*，LMV)　主要侵染莴苣、菊苣，也侵染翠菊、万寿菊、波斯菊、百日菊、蒲公英、红花、千日红、菠菜、苋色藜及其他植物。该病毒主要在冬季栽培的莴苣病株上和田间寄主植物(包括杂草)根部越冬。杂草寄主有保存毒源的作用，不可忽视。莴苣种子传毒，菊苣种子不传毒。莴苣种子带毒率为1%～2%。带毒种子是莴苣发病的重要毒源。播种带毒莴苣种子后，苗期即可发病，成为传毒中心，由桃蚜、萝卜蚜、棉蚜或其他蚜虫向附近植株传毒，造成再侵染。也可由病株汁液接触传染。蚜虫传毒方式为非持久性，即蚜虫在病株上短时间取食后就可获毒，转而在健康植株上短时间取食就可传毒，蚜虫保持传毒能力的时间较短。桃蚜为主要传毒介体。桃蚜取食15秒即可获毒，一次获毒可连续向2～3个植株传毒。

(2)黄瓜花叶病毒(*Cucumber mosaic virus*，CMV)　寄主很

多,可侵染775种植物,其中包括主要蔬菜作物和多种杂草(繁缕、荠菜、马齿苋、鸭跖草等)。主要在棚室栽培的蔬菜作物以及露地存留的菜株、杂草上越冬,由桃蚜、瓜蚜和其他种类的蚜虫传毒。病株汁液也可接触传染。

(3)芜菁花叶病毒(*Turnip mosaic virus*,TuMV)　主要毒源植物是棚室越冬的十字花科蔬菜以及田间十字花科杂草。主要由桃蚜等蚜虫进行非持久性传毒。

(4)蚕豆萎蔫病毒(*Broadbean wilt virus*,BBWV)　由蚜虫进行非持久性传毒,车前草等杂草是主要带毒寄主。

(5)甜菜西方黄化病毒(*Beet western yellows virus*,BWYV)　其蚜传方式与以上病毒不同,该病毒由蚜虫进行持久性传毒。

莴苣病毒病在全生育期均可发生,发病越早对产量影响大。田间毒源植物多,干旱少雨,蚜虫多发时发病重。

【防治方法】

(1)种植抗病、耐病品种　莴苣品种间抗病性有明显差异,利用抗病品种可控制或减轻花叶病。据张宝棣(2002)介绍,一般散叶型品种较结球型品种抗病,耐热品种较不耐热品种抗病。皇帝、凯撒、前卫75、绿波、马来克、太湖366、红生菜、甜脉菜、鸡冠生菜、广东生菜(散叶生菜)等表现抗病。由于各地感染十字花科蔬菜的病毒种类、株系不尽相同,在引进抗病品种时,需经试种或另行抗病性鉴定。

(2)栽培防治　调整蔬菜生产布局,合理间、套、轮作,不与其他毒源植物相邻或接续种植;铲除田间杂草;莴苣花叶病毒经由带毒莴苣种子传播,须种植不带毒种子,商品种子应行健康检验;苗期应加强病情监测,定植前淘汰病苗;加强肥水管理,合理施用基肥和追肥,喷施叶面营养剂,以提高植株抗病能力和缓解病株症状。

(3)治蚜防病　及时采取各种避蚜、诱蚜、杀蚜措施(参见本书桃蚜一节)。

(4) 喷药控病　发病初期喷施20%盐酸吗啉胍·铜可湿性粉剂500倍液,或1.5%植病灵乳剂1 000倍液,或5%菌毒清水剂300倍液等。

2. 茼蒿病毒病

【症　状】 病毒病害是茼蒿常见病害,田间发病轻重不一。症状复杂而有变化,发病较早的,明显矮缩,发病较晚的,植株生长受抑,发育迟缓。病株叶片多表现轻花叶或重花叶,有的叶片表现畸形、皱缩和卷曲,叶片窄细,条状或线状,有的病株顶芽或腋芽簇生。

【病原物及发病规律】 侵染茼蒿的病毒有菊花B病毒(*Chrysanthemum virus* B,CVB)和黄瓜花叶病毒(CMV),单独侵染或复合侵染。这两种病毒都可汁液接触传毒和蚜虫传毒。菊花B病毒的介体蚜虫主要为桃蚜和马铃薯蚜,均行非持久性传毒。菊花B病毒还侵染其他菊科植物。高温干旱,蚜虫繁殖增多,发病也严重。

【防治方法】 主要防治措施是加强肥水管理和及时灭蚜,必要时喷施叶面营养剂,以提高植株抗病能力和缓解病株症状。在发病初期可喷施盐酸吗啉胍·铜、植病灵、菌毒清等药剂。

3. 芹菜病毒病　是芹菜的主要病害,危害幼苗和成株,致使病田严重减产,产品丧失商品价值。棚室和露地普遍发生,夏秋多见。

【症　状】 田间可见多种症状类型,最常见的是斑驳和花叶。发病初期叶片褪绿,出现黄绿相间的斑驳或黄色斑块,以后发展成为明显的黄斑花叶。也有明脉和叶脉黄化症状。病株叶片卷曲、皱缩,植株矮缩。有的病株叶片畸形,细小,呈蕨叶或柳叶状。较少见的症状还有全株黄化,叶片细小丛生,叶片上产生多数疱状突起以及产生褐色坏死斑点等。上述症状并非单独存在,多种症状可以在一块地里共存。

【病原物及发病规律】 侵染芹菜病毒种类较多，重要的有芹菜花叶病毒(*Celery mosaic virus*，CeMV)、芹菜环斑病毒(*Celery ringspot virus*，CeRSV)、黄瓜花叶病毒(*Cucumber mosaic virus*，CMV)、番茄斑萎病毒(*Tomato spotted wilt virus*，ToSMV)、苜蓿花叶病毒(*Alfalfa mosaic virus*，AMV)以及其他多种病毒。各种病毒单独侵染或复合侵染引起多种症状。国内芹菜病毒病害发生较普遍，但病毒种类尚未完全明了，已知黄瓜花叶病毒和芹菜花叶病毒较重要。

如前所述，黄瓜花叶病毒寄主范围十分广泛，侵染几百种蔬菜与经济作物。芹菜花叶病毒可侵染伞形花科、菊科、藜科、茄科的一些植物。在北方，病毒主要在大棚和温室等保护地栽培的寄主作物上越冬，也可在杂草寄主上越冬。在南方冬季仍可栽培蔬菜，病毒可在不同茬口的蔬菜间接续侵染，周年发生。主要传毒介体是桃蚜、瓜蚜、胡萝卜微管蚜和其他蚜虫，也可以通过农事操作或茎叶接触而由病株汁液传播。芹菜生长期间蚜虫严重发生，或长期高温十旱，缺水、缺肥时发病较重。

芹菜品种间发病程度有明显差异，意大利夏芹、冬芹，津南实芹1号，白庙芹(天津)等表现一定的抗病性。

【防治方法】 ①调整蔬菜生产布局，合理间、套、轮作，不与十字花科蔬菜、茄科、葫芦科蔬菜以及其他毒源植物相邻或接续种植。②种植抗病、耐病品种，各地病毒区系不一定相同，引进的品种需先行抗病性鉴定或试种观察。③加强肥水管理，合理施用基肥和追肥，喷施叶面营养剂，高温季节及时浇水，以提高植株抗病能力和缓解病株症状。及时采取各种避蚜、诱蚜、杀蚜措施(参见本书桃蚜部分)。④发病初期喷施20%盐酸吗啉胍·铜可湿性粉剂500倍液，1.5%植病灵乳剂1 000倍液，或5%菌毒清水剂300倍液等。

4. 菠菜病毒病 菠菜病毒病是由多种病毒单独或复合侵染而引起的，其中重要的有黄瓜花叶病毒（CMV），蚕豆萎蔫病毒（BBMV），甜菜花叶病毒（*Beet mosaic virus*，BMV）等。主要侵染十字花科蔬菜的芜菁花叶病毒（TuMV），侵染莴苣的莴苣花叶病毒（LMV），侵染菜豆的菜豆黄色花叶病毒（BYMV）等也都能侵染菠菜。

【症　状】 各种病毒单独或复合侵染，引起花叶、黄化、畸形、坏死、萎缩等症状，严重降低产量和品质，采种株也可严重受害，结实少而小。

（1）黄瓜花叶病毒　病株叶片褪绿变黄，表现为深浅不一的斑驳、花叶症状，幼叶多畸形，边缘皱缩扭曲，叶面不平，有疱斑。发病早而严重的植株矮缩，有的品种在高温时根颈部坏死。

（2）蚕豆萎蔫病毒　症状类似黄瓜花叶病毒。新叶变黄绿色，明脉，形成浓淡不同的花叶症状，后叶缘波状皱缩，严重时外叶变黄褐色枯死。高温时叶基部和叶柄出现坏疽斑。

（3）莴苣花叶病毒　在菠菜上产生淡黄色圆斑，汇合后形成形状不规则的褪绿斑驳，幼叶变小，扭曲，有斑驳。较老的病株矮缩，老叶早枯。

（4）芜菁花叶病毒　芜菁花叶病毒病株表现斑驳，叶片扭曲和植株矮缩，下部叶片坏死，早落。

【发病规律】 上述几种病毒寄主范围广，毒源植物多。在北方带毒的露地和保护地越冬菠菜，其他蔬菜作物，杂草等都是春季发病的重要毒源。在南方，病毒可在不同寄主植物间辗转侵染，周年发病。莴苣花叶病毒和芜菁花叶病毒虽然侵染菠菜，但菠菜种子不带毒，邻近的莴苣发病后可进而传染菠菜。

各种病毒多由蚜虫和汁液摩擦传播，适于蚜虫繁殖和有翅蚜迁飞的天气和栽培条件，都有利于菠菜病毒病的发生。田间毒源植物多，干旱少雨，蚜虫多发时发病重。菠菜品种间抗病性有明显差异。

【防治措施】 ①调整蔬菜生产布局，合理间、套、轮作，不与其他毒源植物相邻或接续种植；铲除田间杂草；种植抗病、耐病品种；加强肥水管理，合理施用基肥和追肥，喷施叶面营养剂，以提高植株抗病能力和缓解病株症状。②治蚜防病，及时采取各种避蚜、诱蚜、杀蚜措施（参见本书桃蚜一节）。③发病初期喷施盐酸吗啉胍·铜，植病灵，菌毒清等。

5. 叶菾菜病毒病　病毒病是叶菾菜的常见病害，由甜菜花叶病毒（BMV），黄瓜花叶病毒（CMV）等单独或复合侵染而引起，局部地区发生重。

【症　状】 病毒系统侵染造成整株发病，降低产量和品质。轻病植株叶片出现深绿和黄绿相间的斑驳与花叶症状，严重的植株除表现花叶症状外，叶片还皱缩卷曲，增厚，变脆变硬，植株严重矮缩。有时病叶上还出现局部坏死病斑。

【发病规律】 甜菜花叶病毒和黄瓜花叶病毒由桃蚜等多种蚜虫传播，也可以通过病、健株之间接触，相互摩擦而由病株汁液传毒。此外，种子可传带甜菜花叶病毒。黄瓜花叶病毒、甜菜花叶病毒毒源植物多，可在寄主蔬菜或杂草上越冬。

【防治方法】 应采取综合防治方法，包括铲除田间杂草，减少毒源，在发病初始阶段，拔除病株，减缓病毒扩散；加强水肥管理，喷施叶面营养剂，使植株生长健壮，增强抗病、耐病能力，缓解症状；及早防治蚜虫以及在发病初期喷施盐酸吗啉胍·铜等药剂等。

6. 苋菜病毒病　病毒病是苋菜的常见病害，田间发病轻重不一。已知黄瓜花叶病毒（CMV）和千日红病毒（*Gomphrena virus*，GoV）可单独或复合侵染，但各地的病毒区系尚需进一步研究。

【症　状】 田间症状复杂而有变化，有的叶片仅表现轻度褪绿和斑驳，有的表现重花叶和叶片皱缩。发病早的，植株矮缩，叶片丛生。有时病叶上还出现坏死斑点。

【发病规律】 病毒在越季蔬菜、花卉或杂草寄主上越冬，南方则周年持续侵染。黄瓜花叶病毒由蚜虫传毒，也可由病株汁液传染。千日红病毒只通过汁液接触传染，在农事操作过程中可以传毒。毒源植物多，天气条件适于蚜虫大发生时，病情加重。

【防治方法】 包括合理间、套、轮作，不与其他毒源植物相邻或接续种植，铲除田间杂草；早期发现病株后，及时拔除；接触病株后，要用肥皂水洗手，接触病株的农机具应在消毒后进入无病苋菜田块；加强肥水管理，合理施用基肥和追肥，喷施叶面营养剂，以提高植株抗病能力和缓解病株症状；及时采取各种避蚜、诱蚜、杀蚜措施以及在发病初期喷施盐酸吗啉胍·铜等药剂。

7. 蕹菜病毒病 病毒病是蕹菜的常见病害，由几种病毒单独或复合侵染所致。露地或棚室栽培的蕹菜都有严重发生的事例，需引起重视。

【症　状】 蕹菜全株发病，轻者表现花叶，生长不良，发棵不旺，严重的矮缩畸形，造成严重减产，甚至全田毁灭。田间可见多种症状，最常见的是叶片出现黄绿相间的花叶或斑驳，病叶皱缩，叶质粗厚，心叶症状最明显。有的病株以叶片黄化为主，病叶全部或大部变金黄色。有的黄化病株，幼叶小而畸形，多呈窄条状，纵卷，丛生。病株矮缩，高度不及健株的1/2。

已知病毒种类有黄瓜花叶病毒（CMV）、烟草花叶病毒（TMV）、甜菜曲顶病毒（*Beet curly top virus*，BCTV）等，可能还有其他病毒或植原体发生，有待进一步调查研究。

【发病规律】 上述各种病毒的传毒途径不同。黄瓜花叶病毒由桃蚜等多种蚜虫传播，也可以在病、健株之间接触和相互摩擦时由病株汁液传毒。烟草花叶病毒则通过病健株接触传播，也可通过农机具传播。甜菜曲顶病毒由叶蝉和菟丝子传播。黄瓜花叶病毒、烟草花叶病毒等寄主范围很广，棚室、露地栽培的多种蔬菜都可被感染而发病，毒源植物多，可周年在不同蔬菜间持续发生，辗转危害。

【防治方法】 要搞好各种蔬菜病毒病害的协同防治，铲除田间杂草，减少毒源。在蕹菜发病初始阶段，拔除病株，以减缓病毒扩散。加强水肥管理，喷施叶面营养剂，增强抗病能力，缓解症状。要抓紧防治蚜虫和其他种类的传毒介体，在发病初期喷施20%盐酸吗啉胍·铜等制剂。

8. 落葵病毒病 病毒病是落葵的常见病害，在棚室和露地都有发生，造成产量和品质降低，近年有发病增多的趋势，已成为落葵栽培中值得注意的问题。

【症　状】 病株叶片有几种症状，常见的有花叶型和环斑型。花叶型叶片表现褪绿，出现黄绿相间的斑驳和花叶，幼叶更为明显。发病早的，叶片皱缩，叶面呈泡状突起，叶背面叶脉明显突起，植株矮小。环斑型的叶片上出现大型环斑，由黄色和浓绿环纹交错发生而组成，十分醒目。

【发病规律】 目前对感染落葵的病毒种类还缺乏研究，很可能有多种病毒，发生复合侵染。夏秋发生较多，高温干旱时较重。邻近十字花科蔬菜种植的落葵常见发病，可能与带毒蚜虫迁飞有关。落葵种子带毒情况不明。需进一步摸清病毒种类和传毒途径，提出针对性防治方法。当前可根据病毒病害防治的一般原则采取措施，参见芹菜花叶病的防治。

30. 绿叶菜其他病害

绿叶菜其他病害及防治，见表2-11。

表 2-11　绿叶菜其他病害及防治

病　名	症　状	发生规律	防治方法
莴苣炭疽病 *Microdochium panattonianum*	叶片病斑圆形或近圆形，直径 0.3～0.8cm，黄褐色或灰褐色，边缘色深，后期穿孔。叶片中肋由基部发生褐色长形病斑，腐烂凹陷。在潮湿条件下，病部生污白色至淡红色霉状物	病原真菌随病残体越冬。由分生孢子或小菌核引起侵染。侵染温度 10℃～30℃，适温 21℃～24℃，需有雨露和高湿度。病原菌通过气流、雨水与土壤传播	病田实行 4～5 年轮作，清除病残体和杂草；避免病田土壤和农机具传病，发病期间不行喷灌；适期喷施杀菌剂
莴苣细菌性叶焦病 *Pseudomonas cichorii*	外侧叶片或心叶的边缘变褐枯焦，叶片渐黄化萎蔫	病原细菌随病残体越冬，种子也带菌传病，高温低湿条件下多发	加强水肥管理，不要过量灌水，保持土壤干湿适度，防止温度过高过低、忽高忽低；必要时喷布春雷·王铜等防治细菌病害的药剂
莴苣细菌性褐腐病 *Xanthomonas campestris* pv. *vitians*	叶柄基部开始发病，变褐腐烂，并沿叶脉发展，下叶边缘初生 1～2mm 的水浸状暗褐色病斑，扩展后成“V”字形斑块，也有的在叶面散生黑褐色小斑点；种株根部、根颈部先被侵染，沿维管束扩展，叶片由下而上萎蔫枯死	病原细菌随病残体越冬，种子也带菌传病，在田间通过风雨、灌溉水、农机具、农家肥、病苗传播。病原菌从伤口、自然孔口侵入，22.7℃ 最适于发病，高湿多雨时病重	轮作，清除病残体，使用无病种子，培育无病苗；合理灌溉，雨后及时排水，防治地下害虫；发病初期及时拔除病株，选喷春雷·王铜、氢氧化铜、络氨铜、新植霉素或链霉素

续表 2-11

病 名	症 状	发生规律	防治方法
莴苣顶腐病（非传染性病害）	叶球心叶和外叶叶缘干边，或变红褐色坏死，严重的整个叶球干腐，轻微的仅内叶叶缘失水褪色	钙素缺乏或活性锰含量过低所致，结球期高温干旱，土壤湿度低，偏施氮肥时病重	合理灌溉，高温期及时补充水分，合理适量追肥，避免偏施氮肥；补钙可喷施0.7%氯化钙水溶液和稀释20000倍的萘乙酸混合液，或喷1%过磷酸钙水溶液，补锰可喷施0.7%硫酸锰水溶液
茼蒿黑斑病 *Alternaria* sp.	多由下叶叶缘开始发病，形成不规则形褐色坏死斑，汇合后造成叶片枯死，病斑上生灰黑色霉状物	病原真菌随病残体越季，病株产生分生孢子，随风雨和农事操作传播，进行再侵染。多雨高湿时多发，缺肥衰弱的植株病重	清除田间病残体，平衡施肥，适时追肥，防止植株早衰，雨后及时排水，降低田间湿度。发病初期选喷代森锰锌、异菌脲、敌菌灵等杀菌剂
芹菜绵腐病 *Pythium aphanidermatum*	主要危害叶柄。初生水浸状不规则形斑块，暗绿色，后变褐腐烂，表面密生绵毛状白色菌丝体	病原卵菌在土壤中越冬，在芹菜生长期间，病原菌的游动孢子随雨水、灌溉传播，田间积水时病重	低洼地块采用高畦或高垄栽培，地膜覆盖，雨后及时排水，发病初期选喷甲霜灵、霜脲·锰锌、甲霜灵·锰锌、安克·锰锌或霜霉威等

续表 2-11

病 名	症 状	发生规律	防治方法
芹菜黑腐病 *Phoma apiicola*	真菌病害，病株根颈部和叶柄基部变黑褐色并腐烂，相连的根部也变黑腐烂。后期病部生出许多小黑粒点（分生孢子器）。病株发育不良，矮小，叶片多因叶柄基部腐烂而变黄或脱落	病原真菌随病残体在土壤中越冬，种子也带菌传病。在棚室中可持续发生。病原菌随气流、雨水、灌溉水、病苗移栽或农事操作而传播，发生多次再侵染。病田连作，土壤湿度增高或田间积水时发病加重	病田和发病棚室不宜连作芹菜，收获后及时清除病残体，搞好田间卫生；使用不带菌的种子或行种子处理；合理排灌，避免田间积水；发病初期及时拔除病株与喷药防治
芹菜根腐病 *Fusarium* spp.	由根部和叶柄基部开始发病，初水浸状暗绿色，后变灰白色或灰褐色软腐，沿叶柄扩展，造成叶柄折断或叶片萎蔫，后期病部生白色或粉红色霉状物	病原真菌在土壤和病残体中越冬。在土壤黏重，板结积水，施用未腐熟农家肥，地下害虫多发等情况下发病较重	轮作，深翻，清除病残体，施用腐熟农家肥，灌溉后及时中耕，防治地下害虫，发病始期拔除病株，选喷多菌灵、甲基硫菌灵等杀菌剂
芹菜黑斑病 *Alternaria* spp.	多从叶片边缘产生暗绿色病斑，近圆形或不规则形，后变暗褐色，腐烂，表面生黑色霉状物，病斑易破裂	参考茼蒿黑斑病	参考茼蒿黑斑病

续表 2-11

病　名	症　状	发生规律	防治方法
芹菜叶柄开裂（非传染性病害）	芹菜叶柄上出现深浅不一的纵向裂口，直线状或曲折状，或短或长，后期可并发腐烂症状，叶片变黄	芹菜在干旱条件下叶柄生长受抑，大雨或过量灌溉后，叶柄薄壁组织充水膨大，胀破表皮而开裂，但也有人认为是由缺硼引起	精细整地，增施有机肥，促进根系发育，小水勤浇，防止过多过少，雨后及时排水；缺硼时，叶面喷施0.2%硼酸或硼砂水溶液，但应注意勿过量施用
芹菜烂心病（非传染性病害）	幼苗生长点和心叶变褐坏死，死苗或成为无心苗，幼株叶柄基部坏死变褐，短缩茎内部也褐变	由缺钙引起，苗期高温多雨，雨后暴晴，光照强烈时病重，偏施氮肥，生长衰弱时发病也重	种植耐热品种，苗期遮阳，避免阳光暴晒，防止田间积水，合理施肥；苗期叶面喷施1%氯化钙溶液1～3次，并喷布对细菌有效的药剂，防止细菌后续感染
芫荽黑斑病 *Alternaria* sp.	叶片上病斑近圆形或不规则形，灰褐色，多从叶片边缘或伤口处发病，叶柄上生长条形褐色病斑，高湿时病部生黑色霉状物，严重时叶片和叶柄霉烂	参考茼蒿黑斑病	参考茼蒿黑斑病

续表 2-11

病 名	症 状	发生规律	防治方法
菠菜心腐病 *Phoma betae*	茎基部变褐腐烂，缢缩，生黑色小粒点。病株内叶坏死，外叶黄化。苗期发病引起幼苗猝倒和苗腐	病原真菌随病残体越冬，种子也带菌传病。病株产生分生孢子随风雨传播，进行再侵染。根颈部受伤或施肥不当，生长衰弱时病重	清除病残体，选用无病种子或用异菌脲、甲基硫菌灵等药剂拌种，加强肥水管理，发病初期选喷代森锰锌、异菌脲、甲基硫菌灵、噻菌灵或敌菌灵等杀菌剂
菠菜茎枯病 *Phoma spinaciae*	种株茎、花薹上生梭形或长条形灰色病斑，边缘深色，病斑上生黑色小粒点。严重时病斑汇合，环绕茎部，病株枯萎	病原菌随病残体越冬，种子也带菌传病。病株产生的分生孢子随风雨传播，进行再侵染。多雨高湿，植株生长较弱时病重	清除病残体，选用无病种子，加强肥水管理，发病初期选喷代森锰锌、异菌脲、甲基硫菌灵或敌菌灵等杀菌剂
菠菜褐斑病 *Cercospora beticola*	叶片上病斑圆形、近圆形，直径 0.5～4mm，中部灰白色，边缘褐色，上生灰色霉状物，易穿孔	病原菌随病残体越冬，病株产生的分生孢子随风雨传播，进行再侵染。植株生长柔弱的低湿缺肥田多发	收获后及时清除病残体，合理密植，施足基肥，适时、适量追肥、灌水，发病初期选喷代森锰锌、甲基硫菌灵、敌菌灵或多霉灵等杀菌剂

续表 2-11

病　名	症　状	发生规律	防治方法
菠菜黑斑病 *Alternaria spinaciae*	叶片上病斑近圆形,或受叶脉限制而成多角形,褐色、黑褐色,略有轮纹,边缘清晰,外缘有狭窄的黄晕。初生病斑直径1～2mm,扩大后达10mm。潮湿时病斑上生黑色霉层	在北方病原真菌随病残体和藜科杂草越冬,在冬季露地种植菠菜的地区,可持续发生。分生孢子随风雨传播,多次再侵染。春、秋季多发。天气多雨高湿,植株缺肥衰弱时发病重	1. 清除病残体和藜科杂草,搞好田间卫生;2. 增施腐熟有机肥,注意氮、磷、钾配合,防止菜株脱肥;3. 合理灌水,雨后及时排水,降低田间湿度;4. 发病初期选喷百菌清、代森锰锌、敌菌灵或异菌脲等
菠菜褐点病 *Cladosporium variabile*	叶片上密布圆形小病斑,略隆起,中部灰白色、淡黄色,边缘淡褐色,生灰黑色霉状物,病叶黄化	病原真菌随病残体越冬,种子也带菌传病。病株产生分生孢子,随风雨传播,进行再侵染。多雨高湿、缺肥时病重	收获后及时清除病残体,适时、适量追肥、灌水,发病初期选喷代森锰锌、甲基硫菌灵、戊唑醇、多·硫悬浮剂或春雷·王铜等杀菌剂
菠菜叶点病 *Phyllostigta chenopodii*	叶片上病斑圆形、近圆形,中部变薄,灰白色至淡褐色,边缘褐色,病斑上散生黑色小粒点	参考菠菜褐点病	参考菠菜褐点病
叶恭菜基腐病 *Rhizoctonia solani*	根颈和叶柄基部生不规则的褐色病斑,向上部扩展,成为黑褐色条斑,腐烂干缩	参见莴苣丝核菌基腐病	参见莴苣丝核菌基腐病

续表 2-11

病名	症状	发生规律	防治方法
叶菾菜霜霉病 *Peronospora farinosa*	多危害幼嫩叶片，叶小而肥厚，反卷或皱缩，失绿变黄，叶背生有灰紫色霉层	卵孢子在病残株上越冬，种球也带菌传病。病株产生孢子囊，随风雨传播而再侵染，多雨高湿时病重	清除病残体与藜科杂草，早期发现和拔除病株，喷布甲霜灵、杀毒矾、甲霜灵·锰锌、安克·锰锌、霜脲·锰锌或霜霉威等杀菌剂
苋菜炭疽病 *Colletotrichum erumpens*	叶片上生近圆形至不规则形灰褐色病斑，边缘色泽较深，后期病斑上生黑色小粒点。茎上病斑长梭形，褐色，凹陷，表面龟裂，也生黑色小粒点	参考叶菾菜炭疽病	参考叶菾菜炭疽病
苋菜斑点病 *Phyllostigta amaranthi*	叶片上初生红褐色小斑点，扩展成近圆形淡褐色病斑，边缘红褐色，病斑上生黑色小粒点。叶柄和茎上生黄褐色长梭形至长条形病斑	病原真菌随病残体越冬，种子也带菌传病。病株产生分生孢子，随风雨传播，进行再侵染。多雨高湿、缺肥时病重	清除病残体，选用无病种子或行温汤浸种，加强肥水管理，发病初期选喷代森锰锌、异菌脲、丙环唑、戊唑醇或氟硅唑等杀菌剂
蕹菜黑斑病 *Alternaria bataticola*	叶片上生近圆形褐色、红褐色病斑，有轮纹，边缘有黄晕，潮湿时病斑上生灰黑色霉层	参考茼蒿黑斑病	参考茼蒿黑斑病

续表 2-11

病　名	症　状	发生规律	防治方法
落葵叶点霉紫斑病 *Phyllosticta* sp.	主要危害叶片。病斑圆形、近圆形，中部近白色，边缘紫红色，形态与鱼眼病相似。病斑质薄，易脱落穿孔。后期病斑上可散生小黑点，不常见	在北方病原真菌随病残体越冬，在南方可周年持续发生。分生孢子随风雨传播，多次再侵染，多雨高湿时发病重	避免连作，收获后及时清除病株残体；合理进行水肥管理，降低田间湿度，早期摘除病叶；发病初期选喷代森锰锌、百菌清、敌菌灵、甲基硫菌灵、异菌脲、氟硅唑、噻菌灵或丙森锌等杀菌剂
茴香灰斑病 *Cercospora foeniculi*	小叶上生近圆形小病斑，直径仅 1mm 左右，边缘黑褐色，中央灰色。叶柄上病斑椭圆形，不规则形，边缘黑褐色，中部色泽较淡，高湿时病斑上生稀薄的灰色霉状物。严重时大部分小叶变黄枯萎	病原真菌随病残体越冬，病株产生的分生孢子随风雨传播，进行再侵染。雨季多发，偏施氮肥，生长柔弱的低湿田病重	收获后及时清除病株残体，合理进行水肥管理，不偏施氮肥，发病初期选喷代森锰锌、甲基硫菌灵、敌菌灵、百菌清、异菌脲或多霉灵等杀菌剂
茴香白粉病 *Erysiphe heraclei*	病小叶上生白色粉斑，严重时布满白色粉状物而枯死	病原真菌的菌丝体、子囊壳或分生孢子随病残体越冬，种子也带菌。病株产生分生孢子，随风雨传播，引起再侵染。昼夜温差大，湿度较高，发病重	清除病残体或行轮作，发病初期选喷戊唑醇、苯醚甲环唑、氟菌唑或氟硅唑等杀菌剂

续表 2-11

病 名	症 状	发生规律	防治方法
茴香霜霉病 *Bremiella oenantheae*	主要在棚室内发生,小叶和叶柄表面生白色霜状霉层,病叶发黄,后期变褐干枯	病原卵菌随病残体越季,病株产生的孢子囊随风雨传播,引起再侵染。湿度高,结露时间延长,发病重,幼苗和幼嫩叶片多发	清除病残体,加强棚室管理,及时通风降湿,早期发现和拔除病苗,发病前喷施百菌清粉尘剂,发病后喷施霜脲·锰锌粉尘剂

第六章　豆类蔬菜病害

豆类蔬菜种类多，面积大，分布广。大宗栽培的有菜豆、豇豆、豌豆、蚕豆、扁豆、菜用大豆（毛豆）等，棚室栽培的主要有菜豆、豇豆、荷兰豆（豌豆软荚种）等。豆类蔬菜病害种类多，发生态势复杂，危害严重，需要重点防治。菜豆、豇豆、扁豆的常见重要病害有苗期病害、炭疽病、枯萎病、根腐病、菌核病、灰霉病、锈病、白粉病、煤霉病、细菌性疫病等。菜豆细菌性疫病、灰霉病和菌核病等是老菜区棚室生产的主要病害。棚室生产倒茬困难，连作易导致菜豆根腐病、枯萎病、线虫病等土传病害以及花叶病发生加重。南方采用防虫网覆盖栽培的方式，生产夏秋豇豆，锈病和煤霉病发病增多，病毒病害也有发生，但病毒种类和毒源传播关系多不明确。荷兰豆（食荚豌豆）也是露地和棚室生产的重要豆类作物，重要病害有白粉病、褐斑病、枯萎病、根腐病和病毒病害等。豆类对农药较敏感，适用不当，易生药害，使用农药时要多加注意。

1. 菜豆、豇豆和扁豆炭疽病

菜豆、豇豆和扁豆的炭疽病发生普遍，近年来明显加重，不但造成严重减产，而且降低豆荚品质和商品性。在豆类运输和贮藏期，炭疽病仍可持续发生。

【症　状】 叶、茎、豆荚均可发病。幼苗子叶上生成红褐色至黑色的近圆形病斑，凹陷溃疡状。幼茎下部产生红褐色小斑点，发展后成为长条形的凹陷病斑，有时表面破裂，病斑相互汇合后，受害部分扩大，甚至环切茎基部，致使幼苗倒伏枯死。

在成株叶片上，多从叶片背面开始侵染，沿叶脉形成红褐色条斑,后扩展成为三角形或多角形的网状斑,红褐色至黑褐色,边缘不整齐。叶柄和茎上产生类似病斑,病斑凹陷龟裂,叶柄受害后常造成全叶萎蔫。豆荚上初生黑褐色小斑点,后扩大成为近圆形稍凹陷的病斑,中部暗褐色至黑色,边缘可有深红色的晕圈,大小不一,大的直径可达 1cm 左右,多个病斑汇合,形成大的变色斑块,甚至覆盖整个豆荚。病原菌能穿透豆荚,进入豆粒内部。豆粒上生成不规则形褐色溃疡斑,稍凹陷。高湿时,在豆荚和茎蔓的病斑上,出现粉红色黏质物,为病原菌的黏分生孢子团。

【病原物】 病原真菌为豆刺盘孢 *Colletotrichum lindemuthianum*,该菌还能侵染蚕豆、豌豆和扁豆等作物。生长适温 21℃～23℃,最低 6℃,最高 30℃。分生孢子致死温度为 45℃,10 分钟。

【发病规律】 炭疽病菌主要随种子或病残体越季传播。播种带病种子,造成幼苗子叶或嫩茎染病。随病残体越季的病原菌,在条件适宜时产生分生孢子,进而侵染幼苗。当季病株病部产生的分生孢子通过气流、灌溉水或昆虫分散传播,进行再侵染。

温度为 20℃～23℃,相对湿度 100%最适于炭疽病发生。温度 27℃以上,相对湿度低于 92%发病少或不发生,温度低于 13℃,病情停止发展。在凉爽高湿的季节发病重。棚室土壤黏重,地势低洼,郁闭,湿度大加重发病。

品种间抗病性有差异,菜豆蔓生种抗病性较强,矮生种抗病性较弱。东北品种及朝鲜品种抗病性较强,而欧洲品种的抗病性较弱。豇豆品种间田间发病情况也有明显差异,在浙江杭州台湾 8 号发病较轻,而扬豇 40 发病最重。

【防治方法】

1. 选用无病种子或种子消毒 从无病田、无病株和无病荚上采种。播前种子粒选,严格剔除病种子。种子处理可用 50%多菌灵可湿性粉剂或 50%福美双可湿性粉剂拌种,用药量为种子重量的 0.4%。也可实施温汤浸种(45℃温水浸种 10 分钟),或用福尔马林液200倍稀释液或40%多·硫悬浮剂600倍液浸种30分钟，捞出后用清水洗净晾干，待播。

2. 种植抗病品种 据山东报道，早熟14号、芸丰623、老来少、枣庄半架、大白架、83-A、双丰2号、哈豆1号等菜豆品种抗病。贵州报道，贵阳白棒豆、无筋棒豆、紫棒豆等蔓生菜豆品种较抗病。

3. 加强栽培管理 与非豆科蔬菜实行2～3年轮作。收获后清除病残体，及时翻耕晒土，以减少菌源。旧架材使用前以50%代森铵水剂800倍液或其他有效药剂消毒。加强田间发病监测，及时发现和拔除病苗。移栽前严格淘汰病苗，定植壮苗。实行地膜覆盖栽培，通风降湿，及时绑蔓搭架，开花期少浇水，及时摘除病叶，开花后合理浇水追肥，结荚期增施磷肥。要适时采收，包装储运前注意剔除病荚。

4. 药剂防治 可选用50%多菌灵可湿性粉剂800倍液，或70%甲基硫菌灵可湿性粉剂1 000倍液，或50%咪鲜胺锰络合物可湿性粉剂1 000～1 500倍液，或25%咪鲜胺乳油2 000倍液，或25%溴菌腈可湿性粉剂600～800倍液，或75%百菌清可湿性粉剂600倍液，或80%代森锰锌可湿性粉剂600～800倍液，或68.75%易保水分散粒剂Famaxate与代森锰锌的复配剂1 000～1 500倍液等。一般从发病初期开始喷药，隔7～10天喷1次药，连喷2～3次。或苗期喷2次，结荚期喷药1～2次。喷药要周到，注意不要漏喷叶背面。棚室栽培的还可用45%百菌清烟剂熏烟，每667m² 用250～300g。

2. 菜豆、豇豆和扁豆锈病

锈病主要在生长中、后期发生，主要危害叶片，也危害叶柄、茎蔓和豆荚，病叶干枯脱落，损失程度因品种而异。种植高度感病品种或天气条件有利，发病提早，可能造成严重减产，不能掉以轻心。

【症　状】 叶片背面出现许多浅黄色小斑点，以后逐渐扩大，并变为黄褐色突起疱斑，覆盖疱斑的表皮破裂后，有红褐色粉状物分散出来，叶片正面对应的部位形成褪绿斑点。这种疱斑就是病原菌的夏孢子堆，夏孢子堆内产生红褐色椭球形夏孢子，粉末状。夏孢子堆有时也生于叶片正面。一片叶片上夏孢子堆甚至可多达2 000 个以上，严重时病叶干枯脱落。生长后期病叶上长出黑褐色的疱斑，即冬孢子堆，表皮破裂后散出黑褐色的冬孢子。

因品种抗病性不同，夏孢子堆的形态也有变化，抗病品种孢子堆小，周围有枯死组织，有的仅为枯死斑，没有夏孢子产生。中抗品种孢子堆较大，但周围组织枯死或明显褪绿。感病品种孢子堆大，周围组织不枯死，但有的略有褪绿。有时在孢子堆周围还生出1～2 圈更小的孢子堆，称为次生孢子堆。在枯黄叶片上，孢子堆周围仍保持绿色。

叶柄、茎蔓和豆荚上症状与叶片上相似，疱斑稍大，荚上疱斑较隆起。

【病原物】 引起菜豆和扁豆发病的是疣顶单胞锈 *Uromyces appendiculatus*（=*Uromyces phaseoli*）。引起豇豆发病的主要是豇豆单胞锈 *Uromyces vignae*。

【发病规律】 病原菌虽然在菜豆或豇豆上可以完成整个生活史，但有性过程在田间很少发生。实际上主要靠夏孢子世代周年循环。夏孢子在各茬寄主植物之间辗转侵染危害，在生活植株上越夏、越冬。夏孢子随气流传播，在一个生长季节内可发生几次或十几次再侵染。锈菌通过气孔侵入，也可直接穿透表皮而侵入。南方发病早、产孢早，北方地区发病除了当地菌源之外，还接受南方随气流传来的异地菌源。秋季日照变短，日照时间的变化诱导病原菌产生冬孢子堆和冬孢子。在南方长日照地区，锈菌不产生冬孢子。

一般在现蕾或初花后，开始进入锈病盛发期，近地面的成熟叶先发病，逐步向上蔓延。若发病早，常造成叶片早期脱落，结荚减少，损失较大。若发病过晚，仅部分下叶发病，危害不大。气温20℃～25℃，相对湿度95%以上最适于锈病流行，叶面结露，有水膜是锈菌孢子萌发和侵入的先决条件。露地栽培的，当季降水早，雨次多，雨量大，锈病降严重发生。例如，豇豆锈病在日平均气温稳定在24℃，雨日数和间断中、小雨多，就会流行。棚室浇水多、昼夜温差大，早晚重露，最易诱发锈病。此外，菜地土质黏重，地势低洼积水，种植密度过大，田间郁蔽不通风，或过多施用氮肥，植株旺长等都有利于发病。菜豆（豇豆、扁豆）套种或紧邻迟播菜豆（豇豆、扁豆）病因，则发病加重。不同品种间抗病性有明显差异。

【防治方法】

1. 选用抗病品种　品种抗病性差别较大，各地应因地制宜选用抗病、耐病品种。在菜豆蔓生种中，细花、福三长丰、新秀1号、九粒白等比较抗病，而大花、中花则易感病。另据山东报道，菜豆抗病品种有新秀1号、新秀2号、双丰1号、双丰2号、双丰3号、碧峰、芸丰1号、九粒白、绿龙、秋抗6号、紫秋豆、细花等。豇豆品种中粤夏2号高抗，桂林长豆角、铁线青豆角等较抗病。

2. 加强栽培管理　采用高畦定植，地膜覆盖，合理密植；加强肥水管理，采用配方施肥技术，施用充分腐熟的有机肥，适当增施磷钾肥，提高植株抗病性；摘除老叶、病叶，合理通风，降低相对湿度。

3. 药剂防治　发病初期及时喷药防治，有效药剂可选用15%三唑酮可湿性粉剂1 000～1 500倍液，或40%多·硫悬浮剂400～500倍液，或25%丙环唑乳油3 000倍液，或10%苯醚甲环唑水分散性颗粒剂1 500～2 000倍液，40%氟硅唑乳油8 000倍液，或12.5%烯唑醇可湿性粉剂1 000～1 500倍液。隔10～15天1次，连续防治2～3次。上列药剂大多是三唑类内吸杀菌剂。多·硫悬浮剂为多菌灵和硫磺的复配剂，高效、广谱、低毒，具有分散性好、渗透性强、耐雨水冲刷、易被作物吸附等特点。低温阴雨天气，可选用粉尘剂防治，不增加棚室的湿度，效果也好。

3. 菜豆、豇豆和扁豆白粉病

白粉病是菜豆、豇豆和扁豆的常见病害，分布广泛，局部地区危害严重。可造成植株中下部叶片大量发病而枯死，引起产量和产品质量较大的损失。

【症　状】 白粉病危害植株各个部位，以叶片发生较多。初期成株叶片背面产生圆形黄白色小斑点，后扩大成褐色病斑，覆盖白色粉状物，严重时相互连接，遍布全叶，由白色变为灰白色至灰褐色，叶片正面也出现白粉。病株叶片枯黄脱落。叶柄、茎、豆荚染病也产生白色粉状物，并可使茎、豆荚早枯，籽粒干瘪。

【病原物】 病原真菌为蓼白粉菌 *Erysiphe polygoni* 和苍耳单丝壳 *Sphaerotheca fuliginea*（*Podosphaera xanthii*）等，两者都是寄主众多、分布广泛的种类，引起多种蔬菜和其他双子叶植物的白粉病。

【发病规律】 在病原菌能够产生闭囊壳的地方，闭囊壳可在病残体上越冬。翌年春季闭囊壳成熟，散出子囊孢子，由气流传播，侵染寄主植物。但有些地方通常不产生闭囊壳，则以分生孢子在各茬、各种蔬菜之间，在蔬菜与其他寄主作物或杂草之间，在棚室与露地之间辗转侵染。温度适中，昼夜温差大，湿度较低（65%），就可发生流行。品种之间抗病性有明显差异，栽培感病品种往往是白粉病流行的重要诱因。

【防治方法】 防治白粉病要因地制宜选种抗病品种，采取栽培控病措施，主要是搞好田间通风降湿和增加透光，天旱时要及时浇水，防止植株因缺水而降低抗病性，在开花结荚后及时追肥，但勿过量施氮肥，可适当增施磷、钾肥，防止植株早衰。在发病始期喷药防治，防治白粉病的有效药剂较多，例如 15%粉锈宁可湿性粉剂1 500倍液，或 40%多・硫悬浮剂 300～400 倍液，50%硫磺悬浮剂 250 倍液，10%苯醚甲环唑水分散性粒剂 1 500～2 000 倍液，或 40%氟硅唑乳油 6 000～8 000 倍液，或 43%戊唑醇悬浮剂 6 000～8 000 倍液，或 30%氟菌唑可湿性粉剂 4 000～5 000 倍液等，各种药剂宜轮换使用。生物源农药可用 2%农抗 120 水剂 200～300 倍液，或 2%武夷霉素水剂 200～300 倍液等。防治锈病的药剂可兼治白粉病，若喷药防治锈病，就不必再单独喷药防治白粉病了。

4. 菜豆、豇豆和扁豆菌核病

菌核病是菜豆、豇豆和扁豆的重要病害，在棚室栽培的低温高湿环境下，发病尤其严重，可引起茎蔓枯死，豆荚腐烂，造成毁灭性损失。

【症　状】　苗期与成株期都可发生。幼苗期先在茎基部出现暗褐色水浸状病斑，向上下发展，使整个幼茎变褐软腐，叶片萎蔫脱落，幼苗枯死。病苗可以很容易地从土壤中拔出，根部腐烂，须根少。湿度大时病苗部表面长出白色絮状菌丝，以后菌丝团中出现黑色鼠粪状菌核。

成株茎基部或第一分枝分杈处，产生水浸状不规则形暗绿色、污褐色病斑，后变为灰白色，病部皮层纤维状干裂。茎蔓相互缠绕相连处，以及茎蔓与叶片相接触处易发病。蔓生菜豆多在贴近地面的茎蔓部分变褐腐烂。发病部位以上茎叶萎蔫，枯死。茎基部腐烂的，往往全株枯死。发病茎蔓表面和茎组织内产生密集的白色菌丝和黑色菌核。

叶片发病，生出暗绿色水浸状不规则形大病斑，叶片略向背面卷缩，叶片背面产生密集的白色菌系。腐烂部分可扩展到叶柄，病叶褪绿，继而萎蔫干枯。

病原菌能在衰老花瓣上腐生，花器褐腐并生白色菌丝，进而侵染嫩荚，引起豆荚变褐腐烂。病花落在茎叶上，也引起发病。豆荚还可以从与茎蔓或叶片接触部位开始发病，出现水浸状腐烂。病豆荚也产生白色菌丝和黑色菌核。贮藏期豆角堆积过密，环境湿度过大，豆荚可继续腐烂，并波及周围健康豆荚。

【病原物】 病原真菌为核盘菌 *Sclerotinia sclerotiorum*，其寄主范围广泛，引起多种蔬菜的菌核病。

【发病规律】 核盘菌的菌核夹杂在种子间，散落在土壤中，或在病株残体与堆肥中越季，成为下茬发病的主要初侵染的来源。越季菌核萌发产生子囊盘，继而放散出子囊孢子，子囊孢子借气流、雨水、灌溉水传播，侵染周围植物。菌核萌发还可直接产生菌丝，侵染植物。通过植株之间的相互接触，发病部位长出的菌丝，也能蔓延到邻近健康茎、叶、果荚，引起再侵染。冷凉高湿适于菌核病发生，发病的适宜温度为 5℃～20℃，最适温度 15℃，相对湿度 100%。

【防治方法】 选用健康种子，汰除种子间混杂的菌核和病残体。病地实行轮作，拉秧时清除病株残体，结合整地进行深翻，将菌核埋入土壤深层。实行地膜覆盖，阻隔子囊盘出土。或在子囊盘出土盛期中耕，灌水，覆盖地膜并闭棚升温。增施磷、钾肥，提高植株抗病性，适当提高棚内温度(25℃)，控制浇水，尽量减低棚室湿度，及时摘除老叶、病叶，拔除病株。

药剂防治详见本篇第四章瓜类菌核病和第五章绿叶菜菌核病。40%菌核净可湿性粉剂和 10%菌核净烟雾剂是防治菌核病的常用药剂。菌核净的有效成分是 N-3,5-二氯苯基丁二酰亚胺，具有保护作用和内渗治疗作用，持效期较长。现已发现保护地种植的莱豆伸蔓期对该剂较敏感，用 40%菌核净进行常规喷雾后，对蔬菜的生长会有明显的抑制作用，对菜豆的开花、结荚产生明显的不利影响，应慎用。10%菌核净烟剂，每667m^2温室大棚中，设烟剂放置点10～15个，每点用药25g，各点的位置要距离蔬菜30cm以上。

5. 菜豆、豇豆和扁豆灰霉病

灰霉病是棚室豆类蔬菜的重要病害，冬春季多发，冬暖大棚和春大棚需加强发病监测和防治。

【症　状】 茎、叶、花荚均可染病。苗期子叶发病，呈水渍状变软下垂，叶缘出现清晰的灰色霉层。成株茎基部生不规则形病斑，初水浸状暗绿色，后变褐色，病斑中部色泽较淡，干燥时表皮破裂。有时病菌从茎蔓分支处侵入，使分支处形成水浸状斑，略凹陷，扩大后可环切茎蔓，病部以上枯萎。带病花瓣着落叶片，造成叶片发病，形成暗绿色不规则形水浸状病斑，以后发展成污褐色大斑，具有同心轮纹，后期易破裂。病原菌还由枯死的花瓣侵染豆荚，出现水浸状淡褐色软腐。高湿条件下，茎蔓、叶片、果荚等发病部位都密生灰色霉状物。

【病原物】 病原真菌为灰葡萄孢 *Botrytis cinerea*，该菌在植物发病部位产生大量分生孢子梗和分生孢子，形成肉眼可见的灰色霉层。灰葡萄孢能侵害的植物多达数百种，其中包括各种重要蔬菜。

【发病规律】 病原菌以菌核和菌丝体随病残体在土壤和有机肥料中越季，是主要初侵染的菌源。带菌土壤和病残体碎片也随种子、灌溉水或农机具传播。棚室发病的病菌来源十分复杂，可参阅本篇第三章茄果类灰霉病，在此不再作详细介绍。

高湿，温度偏低，适于灰霉病发生和流行。棚室中2～5月份为主要发病时期，病情迅速增长，此后温度升高，发病减少。

【防治方法】

1. 栽培防治 棚室高畦定植，地膜覆盖，加强棚内的通风，降低棚内湿度。适当降低密度，及时摘除并销毁病叶、病花、病荚。有的地方通过调节棚内温湿度 进行“生态防治”。其法在初花期后晴天 9 时关棚，使温度迅速升高，棚内温度升到 32℃时，开始通风，下午棚温保持 20℃～25℃，若下降到 20℃，就关棚。夜间棚内温度保持在 15℃～17℃，早晨开棚通风，以达到降低棚内湿度和缩短结露时间的目的，创造不利于灰霉病菌侵染的条件。

2. 药剂防治 加强病情监测，发现零星病斑后及时用药。喷雾可用 50%多霉灵可湿性粉剂 800～1 000 倍液，或 50%腐霉利可湿性粉剂 1 000～1 500 倍液，或 65%甲霉灵可湿性粉剂 800～1 000倍液，或 28%灰霉克可湿性粉剂（山东省农业科学院植物保护研究所研制）600～800 倍液，或 50%异菌脲可湿性粉剂 1 000 倍液等。阴天时可使用 6.5%万霉灵粉尘剂，每 667m^2 每次用药 1kg。还可用 10%腐霉利烟剂，每 667m^2 用药 300g。

6. 菜豆、豇豆和扁豆枯萎病

菜豆枯萎病在我国各地发生普遍，近年来危害日渐加重，是棚室菜豆的重要真菌病害。豇豆枯萎病也是重要病害，在高温、高湿的条件下多发，近年来在华南地区流行，可引起结荚期病株大面积枯死。扁豆枯萎病发生也普遍而严重。菜豆枯萎病与豇豆、扁豆枯萎病的病原菌是同一种真菌的不同专化型，症状、发病规律和防治方法相似。

【症 状】 在开花结荚期病株地上部分症状开始明显表现，病株先从下部叶片开始发黄，逐渐向上部叶片发展。病叶叶脉变褐，脉间变黄，有时叶尖和叶缘变黑焦枯。叶片先表现萎蔫，后期枯死。病株细根先变褐腐烂，后期主根腐烂。根部和茎基部木质部变为褐色，有别于根腐病。因根部和茎基部病变，病株易被拔起。发病植株结荚显著减少，在结荚盛期可能死亡。

【病原物】 菜豆枯萎病的病原菌为尖孢镰刀菌菜豆专化型 *Fusarium oxysporum* f. sp. *phaseoli*，只侵染菜豆。豇豆枯萎病的病原菌是尖孢镰刀菌嗜导管专化型 *Fusarium oxysporum* f. sp. *tracheiphilum*，还侵染大豆，有小种分化，不同小种间，致病性差异很大。扁豆枯萎病的病原菌可能也是尖孢镰刀菌嗜导管专化型。

【发病规律】 病原菌主要以菌丝体、厚垣孢子在病残体、土壤和带菌肥料中越季。种子带菌传病。在当季生长期间，病原菌可通过灌溉水、农机具、土壤肥料等传播。主要通过细根、根部伤口而侵入，并进入木质部导管，在植株体内系统扩展而发病。木质部发生病变后，逐渐向外扩散到皮层，也造成皮层腐烂。

在北京地区，春菜豆 6 月中旬开始发病，7 月上旬为发病高峰期。日平均气温达到 20℃以上，田间出现病株，上升到 24℃～28℃时，发病最重，低于 24℃或高于 28℃，发病减轻。土壤酸性，黏重，地势低洼，湿度高，则发病加重。土壤肥力不足，管理粗放，植株生育不良时受害也重。

土壤多湿也是豇豆枯萎病发病的必要条件。土壤含水量越高，发病越重，土壤相对含水量低于 30%，则发病较轻。线虫发生较多的地块，往往枯萎病也较重。

【防治方法】

1. 选用抗病品种 要因地制宜选用抗病丰产品种。菜豆品种丰收 1 号、秋抗 19 号、锦州双季白、双丰 2 号、春丰 1 号和春丰 2 号等抗病。据广东省蔬菜所鉴定，豇豆品种丰产 2 号高度抵抗，谭冈油青和丰产 6 号抗病，益农 607、扬豇 40、华赣 998、神禾三尺绿、桂林王中王、华赣银豇、华珍甜豆、宁豇 3 号、福建黄金桂、广丰 7 号、春宝 2 号和江西特长 80 等中度抗病。

2. 轮作 重病地应与非豆类蔬菜轮作 3 年以上。前茬收获后及时清除病株残体并集中烧毁。

3. 种子消毒 用种子重量 0.5%的 50%多菌灵可湿性粉剂拌种，或用 40%甲醛 300 倍液浸种 30 分钟，再用清水冲洗干净，晾干后播种。

4. 土壤处理 播种前用 50%多菌灵可湿性粉剂，每 667m^2 用药 1.5kg，加细土 30kg，混匀制成药土施用。

5. 加强栽培管理 采用高垄栽培，合理灌水，棚室及时通风，降低湿度；施腐熟有机肥，追施磷、钾肥；及时清除病株，深埋或销毁。

6. 药剂防治 田间出现零星病株时浇灌根部，可用 70%甲基硫菌灵可湿性粉剂 800 倍液，或 50%多菌灵可湿性粉剂 600 倍液，或 10%混合氨基酸铜水剂 300 倍液，或 10%恶霉灵水剂 400 倍液，10%苯醚甲环唑可湿性粉剂 3 000 倍液等。每株不少于 50ml，间隔 7～10 天再灌一次。

7. 菜豆、豇豆和扁豆根腐病

根腐病是菜豆、豇豆、扁豆的常见病害，由于连茬增多，低湿地块发病趋重，甚至造成连片死秧，在棚室栽培中尤需严密防范。根腐病还常与镰刀菌枯萎病复合发生，加重危害。

【症　状】 从苗期到成株都可发病，主要危害根部和茎基部皮层，造成皮层腐烂，使地上部叶片萎蔫黄枯。

幼苗多在出苗后 2～3 周，先是初生根和下胚轴发病，随之次生根也发病。病部表面出现红褐色斑点或条斑。扩展后根部变红褐色或黑褐色腐烂，可深达内部，腐烂部分略下陷，皮层易剥离，有时纵裂。腐烂部分可伸展到幼茎基部，病痕长条形，严重的可环绕茎基部一周。因根部腐烂，幼苗叶片自下部开始相继发黄，同时上部真叶萎蔫，但病叶一般不脱落。发病严重的幼苗烂死。高湿时，病部生粉红色霉状物。

成株根系被侵染，自根尖开始变褐腐烂，病变部分稍下陷，表皮开裂，变色腐烂部分深入皮层，严重时小根、侧根腐烂脱落，甚至整个根系变红褐色坏死，腐烂部分可延伸到茎基部。湿度大时，病株根部、茎基部生粉红色霉状物。一般到开花结荚期，地上部分表现出明显异常，病株矮小，下部叶片变黄枯死，甚至早期落叶，荚瘪瘦。因根系腐烂，病株易拔起。

根腐病与枯萎病都造成叶片变黄枯死，容易混淆。但根腐病局部侵染，引起根部皮层腐烂，枯萎病系统侵染，剖视茎基部，可见维管束变褐色。

【病原物】 病原菌主要为菜豆腐皮镰刀菌 *Fusarium solani* f. sp. *phaseoli*，该菌侵染菜豆、豇豆等。其生长适温为 29℃～32℃，最低 13℃，最高 35℃。还有其他种类的镰刀菌，例如燕麦镰刀菌、串珠镰刀菌、木贼镰刀菌等也引起根腐病。

【发病规律】 病原菌随病残体在土壤中越季，在没有寄主植物的情况下，也可在土壤中长期存活。本病是土传病害，带菌土壤和病株残渣通过有机肥、风雨、灌溉水、农机具等途径传播扩散，引起发病。病原菌主要从根部伤口侵入。在田间病株最初散生，随着病原菌从病株往周围扩散，侵染邻近植株，形成病点，呈点片状发生，最后发展到全田普发。这一过程可能经历数年。

多年连作田或连作棚室，土壤中积累病菌增多，是根腐病流行的重要诱因。高温、高湿的环境适于根腐病发生，发病适温24℃～28℃，相对湿度 80%。低洼积水地块以及黏重土壤和酸性土壤发病重。地下害虫多或农事操作伤根多，都可能加重发病。

【防治方法】 根腐病全生育期发生，危害幼苗和成株，首先要搞好苗期防治，保护幼苗，重病地区应在直播或移栽时使用药土，或用药土营养钵育苗，带钵移栽。苗期防治方法参见本书苗期病害部分。

豆类不宜连作，病地需换种白菜类蔬菜、葱蒜类蔬菜等非寄主作物，实行3年以上轮作。采用高垄栽培，合理灌水，降低土壤湿度，防止淋雨浇苗。发现病株后立即拔除，病穴及四周撒施生石灰粉或草木灰或用药剂消毒。

药剂防治要提早，在茎叶症状明显时用药，已为时过晚，需在发病初期施药。有效药剂有70%甲基硫菌灵可湿性粉剂800～1 000倍液，或60%多菌灵盐酸盐水溶性粉剂800倍液，或30%恶霉灵水剂600～1 000倍液，10%苯醚甲环唑可湿性粉剂3 000倍液等，在发病初期喷淋茎基部。连喷2～3次。另外，还可用多菌灵、代森锰锌、氢氧化铜等药液灌根，或者穴施用多菌灵、甲基硫菌灵等制成的药土。

据山东五莲县试验，用叶宝绿4号(净土灵)，每667m^2用药5～7kg，在定植前5～7天均匀施于地面，然后浅刨，立即灌水(以水下渗25～30cm为宜)，防效较高。

8. 菜豆、豇豆和扁豆细菌性疫病

细菌性疫病是菜豆、豇豆和扁豆的常见病害，因严重时病株叶片干枯，病田呈现火烧状，又称为“火烧病”或“叶烧病”。近年有发病增多的趋势，特别是在多年连作的高湿棚室，发病多而重，造成叶枯减产。菜豆细菌性疫病与豇豆细菌性疫病的病原菌为同一种病原细菌的不同致病变种。

【症　状】 植株整个地上部分，包括叶片、茎蔓、豆荚和种子等部位都可受害，而以叶部为主。先在叶尖和叶缘出现暗绿色油渍状小斑点，后扩大成为近圆形至不规则形的褐色病斑，在叶缘的发展成为“V”字形病斑，病斑周围有明显黄色晕环。病斑组织干枯变薄，近透明，易破裂穿孔。多个病斑汇合，常造成全叶枯死，似火烧状，但病叶不脱落。茎蔓上产生红褐色稍凹陷的溃疡状条斑，扩展后可绕茎一周，导致上部茎叶枯萎。豆荚上病斑不规则形，红褐色，严重时豆荚萎缩。潮湿时各部位病斑上有淡黄色的菌脓溢出，干燥时变成白色或黄色的菌膜。

【病原物】 菜豆的致病细菌为地毯草黄单胞菜豆致病变种 *Xanthomonas axonopodis* pv. *phaseoli*，该菌主要危害菜豆，也侵染扁豆、利马豆、绿豆、乌头叶豇豆、红花菜豆等豆科植物。豇豆的致病细菌为地毯草黄单胞豇豆致病变种 *Xanthomonas axonopodis* pv. *vignicola*。

【发病规律】 病原细菌在种子内部或黏附在种子表面越季，以种内带菌为主。病菌也可随病残体在土壤中越冬。当季菜豆发病后，病斑上菌脓中的细菌又借气流、灌溉水、棚膜滴水、昆虫以及农事操作传播，发生再侵染。病原细菌从气孔、水孔、伤口侵入，潜育期 2～3 天。田间条件适宜时，发病株迅速增多。据研究，在 100 000 个植株中，只要有 1 株由带菌种子产生的病株，就足以造成疫病流行。

适于发病的气温为 24℃～32℃，最适 28℃。高温和连续阴雨的天气有利于疫病的发生和流行，露地或棚室若通风不良，高湿郁闭，结露多，发病就严重。重茬种植，栽培管理不合理，如实行大水漫灌或施肥不当，偏施氮肥，以及杂草丛生，虫害严重时，都会加重病情。

【防治方法】

1. 减少菌源 病地与非豆科作物轮作 3 年以上。拉秧时彻底清除病株残体，深耕翻土，以减少田间菌源。应使用无病种子，不用病田、病区生产的种子。种子还可用种子重量 0.3％的 95％敌磺钠粉剂拌种，或用农用链霉素药液浸种，药液浓度和浸种时间由试验确定。

2. 加强栽培管理 棚室内实行高畦定植，地膜覆盖，加强通风,避免环境高温高湿。施用腐熟有机肥,促进植株健壮生长。

3. 药剂防治 发病初期可喷洒47%春雷·王铜可湿性粉剂800倍液,或14%络氨铜水剂300～400倍液,或77%氢氧化铜可湿性粉剂800倍液,或50%琥胶肥酸铜可湿性粉剂600倍液,或12%松脂酸铜乳油600倍液,或60%琥·乙磷铝(DTM)可湿性粉剂500倍液,或10%混合氨基酸铜络合物水剂300～400倍液,或78%科博可湿性粉剂600倍液,或20%噻菌铜浮剂500倍液,或72%农用硫酸链霉素可溶性粉剂3 000～4 000倍液等。一般间隔7～10天喷1次(科博施药间隔期在10～15天),连喷2～3次。棚室还可喷布5%春雷·王铜粉尘剂,每次用药量为每667m^2用1kg。

9. 菜豆细菌性晕疫病

菜豆细菌性晕疫病是一种危险性病害,国内已有发生。病原细菌可随种子远程传播,需加强监测,一旦发生,应迅速采取防治措施。

【症　状】 主要危害叶片,通常由下叶开始发病,逐渐向上位叶片扩展。病叶片上先出现针尖大小的水浸状斑点,后扩大为近圆形或不规则形红褐色病斑,直径3～6mm,病斑周围环绕直径宽达0.5～1cm的黄色晕圈,斑上有奶油色、银白色菌脓溢出。果荚上初现水浸状小点,后变红褐色病斑,干缩下陷。种子小,皱缩,有的变色。种子带菌引起的系统侵染病株矮小,发黄。

本病叶片上病斑中间枯死部分较小,而周围黄色晕圈宽,与细菌性疫病的病斑有明显区别。细菌溢脓近白色,也与细菌性疫病不同。

【病原物】 病原细菌为丁香假单胞菜豆致病变种 *Pseudomonas syringae* pv. *phaseolicola*,除菜豆外,还可侵染大豆等豆科作物。

【发病规律】 病原菌主要由带菌种子传播，病原菌在种子中可以存活 4 年之久。在老病区，病原菌还可以随病残体在土壤中越冬，成为下一季发病的初侵染菌源。

带菌种子萌发后，病原菌就可以直接侵染幼芽、幼苗，进行系统扩展，造成病株黄化，矮缩，落叶和早期枯死。种子的传病效能很高，即使种子带菌率只有 0.02%，在适宜条件下，仍然可以造成严重的病害流行。带菌种子产生的病株起发病中心的作用，所泌出的细菌由雨滴飞溅、灌溉水、气流、工具或农事操作而传播扩散，通过气孔或机械伤口侵入健康植株，发生再侵染。

气温较低，高湿多雨的天气条件适于细菌性晕疫病的发生。在 16℃～20℃时，潜育期 2～3 天，症状典型，而在 28℃～32℃的高温下，症状轻，不形成晕圈，但体内细菌数量仍较多。

【防治方法】 无病地区不要从发病地区引种，严格防范传入，并加强监测，一旦发现病株，要及时铲除。已发病区应采取轮作，栽培抗病品种，无病留种或进行种子处理，加强水肥管理以及药剂防治等综合措施，参见细菌性疫病的防治。

10. 菜豆花叶病

花叶病是由多种病毒单独或复合侵染所产生的病害，发生普遍，是菜豆的重要病害。栽培高感品种或早期发病，可造成严重产量损失，损失率高达 30%～40%。

【症　状】 侵染菜豆，引起花叶症状的病毒有多种，田间发病往往是几种病毒复合侵染的结果，症状表现更为复杂。

菜豆普通花叶病毒侵染后，病株表现黄绿相间的花叶，叶片沿主脉下卷。有时嫩叶初期有明脉现象。另外，叶面还出现疱状突起，沿叶脉有绿色带以及叶片畸形等异常现象。早期侵染的植株生育不良、矮小、变黄。荚果短小，表现斑驳、褪绿、畸形等症状。有的菜豆品种还发生系统性叶脉黄化，叶脉坏死或局部坏死斑。具有抗病基因 *I* 的品种，发生系统过敏性坏死。

菜豆黄色花叶病毒的典型症状为黄花叶，即黄绿相间的花叶，也常出现叶片畸形、扭曲、落叶等症状。早期被侵染的植株矮小。该病毒有的株系引起下叶基部变紫色，叶柄、茎部坏死，或叶片产生局部坏死斑。

黄瓜花叶病毒菜豆株系的症状与菜豆普通花叶病毒相似，表现花叶、卷叶、疱斑等，有的品种发病后沿主脉出现有拉链状皱纹。

【病原物】 侵染菜豆，引起花叶病的病毒主要有 3 种。

1. 菜豆普通花叶病毒(*Bean common mosaic virus*, BCMV) 寄生栽培菜豆和菜豆属植物，分布普遍。病毒粒体线状，致死温度 60 ℃，体外保毒期 1～4 天，稀释限点 10^{-4}～10^{-3}。种子带毒率高达 30%～50%，传毒蚜虫有蚕豆蚜(黑豆蚜)、豆蚜、豌豆蚜、大戟长管蚜和桃蚜等，汁液接触传毒。抗病品种较多。花叶症状在适温 20℃～25℃易表现，系统脉坏死多在高温 26℃～32℃时表达。

2. 菜豆黄色花叶病毒(*Bean yellow mosaic virus*, BYMV) 寄生菜豆、豌豆、大豆、苜蓿等作物，分布普遍。病毒粒体线状，致死温度 65 ℃，体外保毒期 2～7 天，稀释限点 10^{-5}～10^{-3}。生长期间主要是靠蚜虫传毒，汁液接触传毒，菜豆种子带毒率低。

3. 黄瓜花叶病毒菜豆株系(*Cucumber mosaic virus*, CMV) 传毒蚜虫 60 余种，汁液接触传毒，通常不由种子传毒，但某些品种可能种传。

【发病规律】 初次侵染来源主要是越冬的寄主植物，带毒种子也是重要的初次侵染源，特别是菜豆普通花叶病毒，种子带毒率较高。在田间，主要由蚜虫进行非持久性传毒，蚜虫发虫量大，带毒率高，菜豆花叶病发生就严重。影响蚜虫发生的环境因素，也相应的影响花叶病的流行。温度和光照等因素还影响花叶病的严重程度，在较高温度（26℃）下，病株多表现重花叶、矮化与卷叶，在18℃左右表现轻花叶，在28℃以上和18℃以下，症状受到抑制。增强光照和延长光照时间有加重症状的趋势。加强肥水管理，适时施肥灌水，补充营养和水分，可减轻病株的产量损失。

【防治方法】 防治菜豆花叶病，首先要栽培抗病、轻病、耐病品种。品种间抗病性有明显差异，要因地制宜，鉴选抗病品种。缺乏抗病品种时，要尽量利用轻病或耐病品种，前者症状表现相对较轻，后者虽然发病较重，但产量损失较轻。另外，要选留无病种子。不由病田留种，商品种子需了解其产地发病情况和种子带毒情况。有的地方推荐使用种子处理法，即种子用清水预浸后，放入10%磷酸三钠溶液中浸种20～30分钟，捞出后用清水冲洗干净后播种。但这种处理方法仅能钝化种子表面的病毒。

防治蚜虫是田间关键防治措施，要及早安排，切实执行。菜豆与其他豆科蔬菜不接茬种植，不间作、套种，也是减少毒源，减少蚜虫发生量和降低蚜虫带毒率的有效措施。发病田要加强水肥管理，适时追肥，喷施叶面营养剂，高温季节及时浇水，以缓解症状，降低产量损失。发病初期可选喷1.5 %植病灵乳剂1 000倍液，或NS 83增抗剂100倍液，或20%盐酸吗啉胍·铜可湿性粉剂500倍液，或5%菌毒清水剂300倍液等，10天左右1次，连续防治3～4次。

11. 豇豆煤霉病

煤霉病又被称为“叶霉病”，在全国各地均有发生，是近年来一种较为严重的豇豆病害。该病可致使叶片干枯脱落，结荚不良，采收次数减少，严重减产。

【症　状】 主要危害叶片，茎蔓和豆荚也可受害。发病初期在叶片两面产生赤褐色小斑点，后扩大成直径为 0.5～2cm 的近圆形或多角形的褐色病斑，病、健部分交界不明显。潮湿时，叶背面病斑上密生灰黑色霉层，有时叶正面病斑也有霉层。严重发生时，病斑相互连片，引起早期落叶，仅留顶端嫩叶。病叶变小，病株结荚减少。

【病原物】 病原真菌为豇豆尾孢菌 *Cercospora vignae*，除豇豆外还侵染菜豆、蚕豆、豌豆、大豆等豆科作物。病原菌发育温度 7℃～35℃，最适 30℃。

【发病规律】 病原菌主要随病残体在土壤中越冬，初侵染产生的病株，形成大量分生孢子，通过风雨传播扩散，发生多次再侵染。田间多在开花结荚期开始发病，植株下部老叶或成熟的叶片发病早而重，上部叶片和顶端嫩叶发生迟而轻。贵州省春豇豆一般 4 月中旬开始发病，6 月上中旬至 7 月上中旬为发病高峰期。

田间高温、高湿是发病的重要条件。温度在 25℃～30℃，相对湿度 85%以上，通风不良时发病重。连作地发病重，春播过晚的豇豆发病较重。

品种间抗病性有差异，如“红嘴燕”品种发病较重，而“鳗鲤豇”品种比较抗病，发病轻。

【防治方法】

1. 实行轮作 与非豆科作物实行 2～3 年的轮作或水旱轮作 1～2 年。

2. 种植抗病品种 据报道，鳗鲤豇、湘豇 1 号、湘豇 2 号、扬豇 40、宁豇 3 号等品种比较抗病。

3. 加强栽培管理 保护地要及时通风，排湿降温。发病初期及时摘除病叶，减轻病害蔓延。豇豆收获后要及时清除病残体，集中烧毁或深埋。

4. 药剂防治 发病初期选喷 70%甲基硫菌灵可湿性粉剂 800 倍液，或 77%氢氧化铜可湿性粉剂 500 倍液，或 40%多·硫悬浮剂800倍液，或50%多菌灵可湿性粉剂500倍液，或50%硫磺·甲硫灵悬浮剂500倍液，或58%甲霜灵·锰锌可湿性粉剂800倍液，或65%硫菌·威霉可湿性粉剂1 000倍液，或50%多·霉威可湿性粉剂1 000倍液等，隔7～10天1次，连续防治2～3次。

12. 豇豆疫病

棚室栽培的豇豆可能严重发生疫病，症状常与其他病害混淆，需要在正确诊断的前提下，加强监测和防治。

【症　状】 病原菌侵染茎蔓、叶片和豆荚。茎蔓症状多发生在节部或节附近，以地面处居多。病部初呈水浸状暗色斑，无明显边缘，后绕茎扩展成为暗褐色缢缩，发病部位以上茎叶萎蔫枯死。湿度大时皮层腐烂，表面产生白霉，即病原菌的孢子囊梗和孢子囊。叶片初生暗绿色水浸状斑，周缘不明显，扩大后呈近圆形或不规则的淡褐色斑，可蔓延至整个叶片，造成叶片干枯，病斑表面也生稀疏白霉，豆荚产生类似症状，多腐烂。

【病原物】 病原菌为豇豆疫霉 *Phytophthora vignae*，是一种卵菌，仅危害豇豆。其生长适温25℃～28℃，最高35℃，最低13℃～14℃。

【发病规律】 病原菌以卵孢子随病残体在土壤中越冬，卵孢子萌发产生孢子囊，孢子囊萌发产生游动孢子，随风雨、灌溉水传播进行初侵染当季豇豆发病后，病部又产生孢子囊，传播并引起再侵染。主要发病条件为高温、高湿。

【防治方法】 病地应与非豆科作物实行3年以上轮作。作物收获后，及时清除前茬作物的残体。选用抗病、轻病品种，采用深沟高畦、地膜覆盖种植，及时拔除病株深埋或烧毁等措施。前期要适当控制生长，连续阴天要注意通风排湿。进入结荚期，温度不宜超过30℃。浇水后，要加大放风量排湿，减少棚膜水滴和叶面结露。药剂防治采用灌根与喷雾相结合的施药方法。可选用的药剂参见辣椒疫病。

13. 豌豆白粉病

白粉病是露地和棚室豌豆的主要病害之一，各地普遍发生。病株叶片由下向上逐层枯黄，提前衰老，豆荚产量大幅降低，品质变劣。

【症　状】 主要危害叶片，也可侵害茎蔓和豆荚。初期叶面产生圆形微小白粉状斑点，后扩大成不规则形粉斑，可相互连接，遍布全叶，叶背呈现褐色斑块。后期病斑颜色由白色转为灰白色，叶片枯黄脱落。茎蔓和豆荚上也出现白色粉斑，致使茎蔓枯黄，豆荚变小，干枯。病斑上的白色粉状物为病原菌的分生孢子和菌丝体，有些地方后期病斑上出现微小的黑色点状物，为病原菌的闭囊壳。

【病原物】 病原真菌为豌豆白粉菌 *Erysiphe pisi*，该菌还侵染豌豆、菜豆、豇豆等豆科作物以及其他多种蔬菜。

【发病规律】 在北方豌豆栽培地区，病原菌可以产生闭囊壳，以闭囊壳在土壤中的病残体上越冬，翌年春产生子囊孢子，由气流传播，进行初侵染。白粉菌还可能以分生孢子在露地与棚室之间，在各茬寄主作物之间，辗转侵染，周年循环，全年危害。以哪种方式为主，依当地具体情况而定。在南方产区，病原菌的分生孢子世代可以周年循环危害。

温度25℃左右，昼夜温差大，潮湿的天气和郁闭的环境条件，有利于白粉病的发生。在干旱条件下，植株对白粉病的抗病性减低，发病也重。种植密度过大，田间通风透光状况不良，施氮肥过多，管理粗放等都有利于白粉病发生。

【防治方法】 防治白粉病首先应因地制宜，选种抗病品种。还要搞好田间卫生，收获后及时清除病残体，带出田间集中烧毁。棚室栽培要通风降湿和增加光照，干旱时要及时浇水，防止植株因缺水而降低抗病性。开花结荚后及时追肥，但勿过量施用氮肥，可适当增施磷、钾肥，防止植株早衰。

发病初期喷施15%三唑酮可湿性粉剂1 000～1 500倍液，或40%多·硫悬浮剂400倍液，或43%戊唑醇悬浮剂6 000～8 000倍液，或40%氟硅唑乳油6 000～8 000倍液，或10%苯醚甲环唑水分散粒剂1 500～2 000倍液或30%氟菌唑可湿性粉剂4 000～5 000倍液等，交替使用，每隔10～15天喷一次，连喷2～3次。生物源农药可用2%武夷霉素(Bo-10)水剂200～300倍液，或2%农抗120水剂200～300倍液，或2%春雷霉素水剂500倍液等。

粉尘法施药可用5%春雷·王铜粉尘剂或5%百菌清粉尘剂，每次每667m² 用药1mg。发病初期可施用45%百菌清烟剂，每667m² 用药200～250g。

14. 豌豆褐斑病

褐斑病是豌豆的常见病害，分布广泛，在发病条件适宜的地块或棚室可大量发生，造成减产。

【症　状】 病原菌可侵染叶片、叶柄、茎蔓和豆荚。叶片上病斑近圆形，淡褐色、深褐色或红褐色，边缘明显，病斑上有同心轮纹。后期病斑上长出黑色小粒点，为病原菌的分生孢子器。叶柄和茎蔓上病斑椭圆形或纺锤形，褐色至黑褐色，略凹陷。果荚上病斑近圆形，稍隆起，褐色至黑褐色，也有同心轮纹，后期产生黑色小粒点。

【病原物】 病原真菌为豌豆壳二孢 *Ascochyta pisi*，该菌还侵染菜豆、蚕豆等豆类作物。病原菌生长发育温度8℃～33℃，适宜温度 15℃～26℃。

【发病规律】 病原菌主要以菌丝体和分生孢子器在种子或病残体上越季，侵染下一茬豌豆。当季病株产生的分生孢子，随风雨、灌溉水传播，发生再侵染。气温 15℃～20℃，高湿多露时病重。

【防治方法】 豌豆不应与豆科作物连作、间作、套种，需选择没有种过豆科蔬菜的地块建造棚室。收获后及时清洁田园和翻耕，减少越冬病菌。要种植抗病品种，选留无病植株留种。商品种子应行处理，防止种子带菌。药剂处理可用种子重量 0.3%的 70%甲基硫菌灵可湿性粉剂，或 50%敌菌灵可湿性粉剂拌种。温汤浸种可用 50℃～55℃温水浸种 5 分钟。在发病初期可喷施 50%甲基硫菌灵可湿性粉剂 700 倍液，或 75%百菌清可湿性粉剂 600～800 倍液，或 80%代森锰锌可湿性粉剂 800 倍液，或 70%丙森锌可湿性粉剂 700 倍液，或 50%异菌脲可湿性粉剂 1 000 倍液，或 40%多·硫悬浮剂 400 倍液，或 45%噻菌灵悬浮剂 1 000 倍液等。棚室也可用 5%百菌清粉尘剂或 5%春雷·王铜粉尘剂，每次每 667m^2 用药 1kg。

15. 豌豆根腐病

豌豆根部可被多种病原菌侵染，发生根腐病，严重时造成大片死苗、死株。根腐病分布很广泛，在各栽培区都有发生，常是主要防治对象。

【症　状】 幼苗期至成株期均可发病，主要危害根部和茎基部。苗期发病可造成死苗。成株根部变黑或变褐，皮层软化腐烂，根瘤和根毛明显减少。茎基部也变黑色或变褐，病部凹陷或缢缩。整株或个别分枝叶片变浅黄色，突然萎蔫。轻病株不一定完全枯死，仍可继续生长和开花结实，但植株矮小，结荚数减少，籽粒秕瘦，严重的开花后大量枯死，田间一片枯黄。

不同病原菌侵染造成的根腐，虽然发病部位、腐烂程度、腐烂部分的外表色泽等相对有所区别，但很难截然区分，且多复合侵染，造成复杂症状，因而难以由表观症状推定病原菌，必须诱发或分离病原菌，进行鉴定。下面就各种病原菌所介绍的侵染特点，只用作参考。另外，豌豆还被尖孢镰刀菌侵染，发生枯萎病。根腐病与枯萎病的症状也常被混淆。

【病原物】 单独或复合侵染，引起豌豆根腐病的，主要有下列病原菌。

1. 根腐丝囊霉 *Aphanomyces euteiches* 是一种卵菌，产生卵孢子和丝状孢子囊，侵染豌豆、香豌豆、豇豆、羽扇豆、苜蓿和其他一些豆科植物根部。罹病主根皮层水浸状软腐，易与木质部分离，须根多烂死，地面下的茎部也腐烂。各腐烂部位表面黏湿，初为灰色，后变浅黄色，最后黑褐色。病株较矮，由下叶起变黄枯萎，荚与籽粒少而小，严重的病株结荚前枯死。晚期侵染的病株地上部分几无异常。

2. 腐霉菌 *Pythium* spp. 属于卵菌，侵染豌豆的腐霉菌中以终极腐霉 *Pythium ultimum* 最重要，产生卵孢子和球形、近球形的孢子囊。寄主范围很广，几乎包括各类蔬菜。通常引起种子腐烂和幼苗猝倒，但在土壤高湿时也引起成株根腐，缩短根系长度。病根变淡褐色湿腐，病株较矮小，叶片暗绿色至黄色。

3. 茄腐镰刀菌豌豆专化型 *Fusarium solani* f. sp. *pisi* 该菌产生大分生孢子、小分生孢子和厚垣孢子。茄腐镰刀菌寄主范围广，其豌豆专化型寄生豌豆，多与腐霉菌复合侵染。多从主根接近种子的部位开始发病，初现红褐色坏死条纹，随后相互融合成腐烂斑块。主根内部深红色。茎基部生砖红色、巧克力色病斑，随后变为尖端向上的楔形。有时病斑环切茎部，使病株折倒。通常病株地上部分较矮小，从下叶起变黄萎蔫，最终枯死。

4. 立枯丝核菌 *Rhizoctonia solani* 该菌仅产生菌丝体和小菌核，不产生无性孢子。寄主范围广泛，多引起种子腐烂和幼苗立枯。成株根部、茎的地下部分和茎基部被侵染，形成红褐色凹陷的腐烂病斑。茎部病斑扩大后可能环切茎部，病株地上部分矮小变黄。用放大镜观察，根、茎病部可见细丝状菌丝体。

5. 根串株霉 *Thielaviopsis basicola* 该菌形成分生孢子和厚垣孢子，寄主范围广，侵染豌豆、番茄、黄瓜、芹菜、莴苣等蔬菜以及烟草。幼苗和成株都可被侵染，成株根和茎基部初生黑褐色条斑，后变黑色腐烂，俗称"黑根病"。病株地上部分生长缓慢，变黄枯萎。

【发病规律】 上述各种病原菌可以在病残体内或土壤中越冬，越冬菌态依种类而异，有卵孢子、厚垣孢子、小菌核、菌丝体等，加之寄主广泛，初侵染菌源复杂多样。这些病原菌有不同程度的腐生能力，可以在土壤中较长时间存活，有的可存活多年。例如，即使没有寄主，丝囊霉的卵孢子也可在土壤中有机物残渣内长期存活，甚至可存活 10 年以上。茄腐镰刀菌豌豆专化型产生的厚垣孢子脱离寄主后可在土壤中存活 5 年以上。

越冬后，土壤中水分充足时，丝囊霉的卵孢子萌发产生菌丝和孢子囊。孢子囊释放梨形游动孢子，在孢子囊孔口外变为休止孢子，休止孢子萌发，产生肾形游动孢子，发芽后穿透根部外皮层侵入。该菌可在病根组织中产生大量卵孢子，根腐烂后，卵孢子进入土壤。丝囊霉游动孢子产生和萌发的温度范围为 8℃～30℃，适温为 13℃～20℃，侵染豌豆的适温为 16℃，在高温下显症快。丝囊霉在土壤高湿，土温 22℃～27℃时危害最重。丝囊霉的孢子可由雨水、灌溉水传播，也可随土壤由气流传播，卵孢子可混杂在种子间远传。

根串珠霉的越冬厚垣孢子萌发后，经根表皮直接侵入，或通过自然孔口、伤口侵入。发病后，在病根表面形成分生孢子和厚垣孢子，在定植的皮层和维管束组织中形成厚垣孢子。孢子主要由雨水、灌溉水传播，引起再侵染。也可经病、健根系接触传病，或者随土壤、病株残渣等由气流、农机具等传播。在土壤湿度较高，土壤温度较低(17℃～23℃)时，根串珠霉发病重，温度不利于植物生长时，发病更重。土壤酸度低于 pH 5.6 时症状有所减轻，施用石灰可使症状加重，但机制不明。

腐霉菌主要引起苗期猝倒病，镰刀菌引起幼苗根腐病，丝核菌引起立枯病，对其发生环境在苗期病害部分已有介绍，可以参阅。终极腐霉引起成株根腐病，也需有高湿的土壤环境，而适宜的土温较低，为 17℃～23℃。茄腐镰刀菌侵染豌豆，需要土壤湿度适中，适宜土壤温度较高，为 26℃～27℃。立枯丝核菌可以在较低(18℃)或较高(24℃～30℃)的土壤温度下危害豌豆，适宜的土壤湿度范围也较宽泛。豌豆生长早期低温多湿，植株根系发育慢，生机被削弱，抵抗力降低，而后高温干燥，根腐病发生重。另一方面，不论温度、湿度水平如何，腐霉菌与镰刀菌复合侵染的危害都重于单独侵染。

【防治方法】 根腐病的病原菌种类多，发病态势复杂。有条件地方，最好参考发病情况，进行土壤带菌检查。所得结果可作为制定综合防治方案的依据，特别是作为合理轮作与选择药剂的依据。防治根腐病，首先要选种抗病品种，在缺乏抗病品种时，要尽量选种抗逆性强，发病较轻的丰产品种。豌豆不宜连作，常发田块更要及时换种谷类作物。病田要彻底清除病残体，深耕细耙，施用充分腐熟的有机肥。要提高播种技术，适期播种，促进出苗。要搞好水肥管理，合理排灌，降低土壤湿度。实行配方施肥，供给豌豆充足的养分，提高抗病性、抗逆性。药剂防治是防治根腐病的主要措施，可采用种子处理、土壤处理、灌根、喷淋等多种方式，配套实施，在本篇第一章苗期病害部分已多有介绍，可参阅。

16. 豌豆和蚕豆病毒病害

豌豆和蚕豆可遭受多种病毒侵染,发生症状复杂的病毒病害。在我国各栽培地区,豌豆与蚕豆都普遍发生病毒病害,但其严重程度和减产幅度,因品种和毒源不同,而有很大差异。至于侵染蚕豆和豌豆的病毒种类,因研究较少,现今仅有部分了解。

【症　状】

1. 豌豆　蚕豆萎蔫病毒侵染的豌豆,表现重度花叶,叶片皱缩或扭曲等症状,植株矮化、萎蔫或坏死。黄瓜花叶病毒侵染豌豆引起的症状较轻,往往为轻花叶,但常与蚕豆萎蔫病毒复合侵染,使症状加重,茎、叶、叶柄甚至豆荚均可产生坏死症状。菜豆黄花叶病毒侵染后产生叶脉褪绿和花叶症状,有时茎上有坏死斑,叶脉也可能坏死。莴苣花叶病毒侵染豌豆后产生轻花叶、脉间褪绿等症状。豌豆花叶病毒的病株表现花叶,矮小,结实减少。总之,豌豆病毒病的田间症状,除蚕豆萎蔫病毒较特殊外,其他病毒无大区别,主要表现花叶症状。由于普遍存在复合侵染,单凭症状很难确定病毒种类。

2. 蚕豆　蚕豆萎蔫病毒发病初期,叶面表现明脉和深绿、浅绿交错的花叶症状,不久植株萎蔫坏死或茎部顶端坏死。有些病株不显花叶,植株矮小,叶片变黄易落。菜豆黄花叶病毒的株系不同,表现花叶型或黄化型症状,花叶型叶片表现黄绿相间的斑驳和花叶症状,有的叶片皱缩卷曲,病株明显矮小。轻病株矮缩不明显,但顶端心叶多变黄或卷缩,重病株明显矮小,不开花结实。黄化型病株矮小,叶片黄且薄,茎直立,一般不萎蔫,后期病叶易早落。感染蚕豆染色病毒的植株矮化,顶端枯死,病叶表现斑驳、花叶或畸形,有的小叶正常无明显病变。苗期和开花期被侵染的,结荚少,籽粒小。种皮出现坏死色斑,严重时外种皮上形成连续坏死带。当两种或两种以上病毒复合侵染时症状表现更为复杂，但基本是花叶、黄化、坏死和萎蔫。

【病原物】 侵染豌豆的病毒多达36种，国内已发现的有蚕豆萎蔫病毒、芜菁花叶病毒、黄瓜花叶病毒、莴苣花叶病毒、大豆花叶病毒、菜豆黄花叶病毒、豌豆花叶病毒和苜蓿花叶病毒等，其中以蚕豆萎蔫病毒、黄瓜花叶病毒、莴苣花叶病毒发生较多。国内迄今已知的侵染蚕豆的病毒有9种，分别是蚕豆萎蔫病毒、蚕豆染色病毒、芜菁花叶病毒、大豆花叶病毒、菜豆黄花叶病毒、黄瓜花叶病毒、菜豆卷叶病毒和蚕豆真花叶病毒等。

1. 蚕豆萎蔫病毒(*Broad bean wilt virus*，BBWV)　病毒粒体球形，直径约25nm。钝化温度为50℃～55℃，稀释限点为10^{-4}～10^{-3}，体外保毒期为3天。可通过汁液摩擦传毒，还由桃蚜、豆蚜等多种蚜虫以非持久性方式传毒，一般不能通过种子传毒。寄主范围广，可侵染328种植物，在我国豌豆、蚕豆、菜豆、豇豆、大豆、茄子、辣椒、菠菜、芹菜等蔬菜上广泛发生，是我国侵染豌豆和蚕豆的主要病毒种类。根据血清型不同，蚕豆萎蔫病毒被区分成两个种，即蚕豆萎蔫病毒1号(BBWV-1)和2号(BBWV-2)。在我国，蚕豆萎蔫病毒2号普遍发生，而蚕豆萎蔫病毒1号尚未发现。

2. 黄瓜花叶病毒(*Cucumber mosaic virus*，CMV)　病毒粒体球形，直径约29nm。可通过汁液摩擦传毒，也由60余种蚜虫以非持久性方式传毒，还可通过种子传播。寄主范围极广，能侵染775种植物，其中包括主要蔬菜作物和多种杂草(繁缕、荠菜、马齿苋、鸭跖草等)。侵染豌豆产生轻花叶，侵染蚕豆产生系统褪绿斑。

3. 菜豆黄花叶病毒(*Bean yellow mosaic virus*，BYMV)　病毒粒体线形，长约750nm。致死温度65℃，稀释限点10^{-5}～10^{-3}，体外保毒期2～7天。主要是靠蚜虫以非持久性方式传毒，汁液接触传毒，种子带毒率低。主要侵染豆科植物，分布普遍。

4. 莴苣花叶病毒(*Lettuce mosaic* virus,LMV) 病毒粒体线形,平均长约750nm。钝化温度为55℃～60℃,稀释限点为10^{-3}～10^{-2},体外保毒期为1～2天,可由蚜虫以非持久性方式传毒,汁液接触传毒。寄主范围较窄,主要侵染莴苣等植物,莴苣种子传毒。侵染豌豆引起花叶症状。

5. 豌豆花叶病毒(*Pea mosaic virus*,PMV) 病毒粒体线形,长785～800nm。钝化温度为55℃～60℃,稀释限点为10^{-4}～10^{-3},体外保毒期为1～2天。可由桃蚜等15种蚜虫以非持久性方式传毒,汁液接触传毒,种子不传毒。侵染豌豆、蚕豆等。

6. 蚕豆染色病毒(*Broad bean stain virus*,BBSV) 病毒粒体为等径球状体,直径25～28nm。在自然条件下侵染蚕豆、豌豆等豆科植物。钝化温度为60℃～65℃,稀释限点为10^{-3},体外保毒期为31天。侵染蚕豆、豌豆、小扁豆等。主要由花粉和种子传毒,某些蚕豆品种种子带毒率可达10%以上。在国外豆长吻象和豌豆根瘤象等昆虫传毒,国内尚未发现。

【发病规律】 在南方,各种病毒终年在豆类或其他寄主作物间辗转危害,毒源植物多,发病态势复杂。在北方,病毒主要在越冬栽培寄主或杂草上,以及在棚室内豆类作物或其他寄主上越冬。翌年春季主要由蚜虫扩散传播,造成当季作物大面积发病。寄主作物间作套种,毒源植物多,传毒蚜虫发虫量大,有翅蚜迁飞高峰期与豆类感病生育阶段重合,田间管理条件差,天气干旱等都加重病毒的发生。蚕豆染色病毒种子带毒率高,带毒种子萌发,产生发病幼苗,形成发病中心,再由传毒昆虫传毒,或通过农事操作接触摩擦而传毒。

有的病毒并非以蚕豆、豌豆等豆类植物为主要寄主,其周年发病过程更为复杂。例如,莴苣花叶病毒主要危害莴苣,冬季在莴苣病株或杂草根部越冬。莴苣种子也带毒。带毒的莴苣可能是豌豆发病的主要毒源。菜田内的豌豆,尤其是邻作为莴苣的豌豆,发病较多。各地对当地豌豆和蚕豆发病规律,应进行具体分析。

【防治方法】 防治豌豆和蚕豆的病毒病害,首先应选用抗病或发病较轻的品种。对于商品抗病品种应具体了解该品种所能抵抗的病毒种类,或者先少量试种,根据田间发病情况来决定取舍。其次,应合理安排种植规划,要合理确定茬口接续和间作套种,避免毒源植物接续或相邻种植。豆类与大蒜套栽,避蚜防病作用明显。多种病毒都由蚜虫传毒,要及早施药防治蚜虫,压低蚜口基数。还要合理调节播期,尽量使苗期避开有翅蚜迁飞高峰期。要加强水肥管理,培育壮苗,增强抗病能力。发病初期开始喷施植病灵、盐酸吗啉胍·铜、菌毒清等抑制病毒或减轻病情的药剂。防治蚕豆染色病毒,要强调播种不带毒种子,更不要从发病地区引种和购种。一旦发现田间有蚕豆染色病毒的病株,要及时拔除并销毁。

17. 蚕豆赤斑病

赤斑病是蚕豆的主要病害,各地都有发生,在长江流域产区、西北产区发病尤其普遍,严重时病株成片死亡,减产可达30%以上。

【症　状】 病原菌主要侵染叶片,也危害茎、花和豆荚。叶片上产生多数紫红色小斑点,圆形、卵圆形,直径1～3mm,中部略凹陷,色泽较淡,周缘稍隆起,色泽较浓,病健部交界明显,似红色小圆圈。病斑主要分布叶片正面。茎和叶柄被侵染后最初也出现紫红色小病斑,后扩展为梭形、长圆形、条形病斑,有时可长达8～10cm,边缘红褐色,表皮易破裂翘起或形成长短不等的裂痕。花器上生棕褐色小斑点,扩展后花冠变褐枯萎。豆荚上生成多数很小的红褐色病斑,种子也被侵染,种皮上出现红褐色小斑点。枯死的茎腔内壁附着许多黑色块状小菌核,豆荚内侧也产生黑色小菌核,不易脱落。赤斑病与下述灰葡萄孢引起的灰霉病症状不同,其叶片病斑一直保持原状，不再扩大。在适宜条件下，病叶片大部分变为灰绿色或灰黑色而枯死，其上常产生肉眼可见的毛刺状物（集聚的分生孢子梗和分生孢子）。

灰霉病菌（灰葡萄孢）也能侵染蚕豆，但症状与赤斑病不同。叶片上初生红褐色的圆形小斑，高湿时病斑迅速扩大成褐色大斑，轮廓不明显，常扩展连接成片，叶片很快发软变黑而脱落。茎秆上出现红褐色不定型的病痕，病痕迅速发展，易使主茎变软折断。茎基发病易使植株倒伏，茎端发病后垂落，变黑死亡。花瓣被侵染后，产生浅褐色水渍状斑块。病花瓣着落在叶片上，可诱发叶片产生病斑。后期常在荚皮或茎秆上产生不定型黑色小菌核，直径2～4mm。

【病原物】 病原真菌为蚕豆葡萄孢 *Botrytis fabae*，除蚕豆外，还侵染菜豆、豌豆以及其他一些豆科植物。病原菌产生黑色小菌核，圆形、长圆形或不规则形，直径 0.5～2.5mm。菌丝生长的温度范围为 5℃～36℃，适温 24℃～26℃。

【发病规律】 病原菌以菌丝体或菌核随病残体在土壤中越冬或越夏。在适宜条件下，产生分生孢子，借风雨传播，引起初侵染和再侵染。此外，种子也能带菌传病。

适温高湿有利于赤斑病发生。病原菌侵染的温度范围为 1℃～30℃，适温 18℃～24℃。分生孢子从发芽到侵入，在 5℃时需3～4 天，在 20℃时仅需 8～12 小时。病原菌侵入需有饱和湿度或叶片表面有水膜。连阴雨时病情迅速增长，甚至 3～5 天就可能使植株病死。在甘肃春蚕豆产区，该病往往在 7 月下旬至 8 月上旬雨水较多且连续阴雨时大量发生。

连作地块以及地势低洼，土壤黏重，排水不良的地块发病加重，酸性土壤和植株缺钾也有利于发病。

【防治方法】 提倡种植抗病或发病较轻的品种，高畦深沟栽培，雨后及时排水，降低田间湿度，要合理追肥，适量增施磷、钾肥。

病田要严格采取田间卫生措施，收获后及时清除病残体，深埋或烧毁。重病田要与非豆科作物轮作 2 年以上。种子可选用 50%多菌灵可湿性粉剂，或 50%多霉灵可湿性粉剂，或 50%敌菌灵可湿性粉剂拌种，用药量为种子重量的 0.3%。

在发病初期及时选喷 50%乙烯菌核利可湿性粉剂 1 000～1 500倍液，或 50%腐霉利可湿性粉剂 1 000～1 500 倍液，或 50%异菌脲可湿性粉剂 1 000 倍液，或 40%多·硫悬浮剂 500 倍液，或 45%噻菌灵悬浮剂 800 倍液，或 65%甲霉灵可湿性粉剂 800 倍液等，隔 10 天左右喷药 1 次，连续防治 2～3 次。

18. 蚕豆褐斑病

褐斑病是蚕豆的重要病害，分布很广泛，各地都有程度不同的发生。大发生时造成病株死亡或严重减产。

【症 状】 病原菌主要侵染叶片，也危害茎和荚。病叶片初生红褐色小斑点，后扩大为近或椭圆形病斑，直径 3～8mm，病斑中部灰褐色，周缘红褐色，病斑上密生黑色小粒点(分生孢子器)，呈轮纹状排列。湿度大时，病部可破裂穿孔。病斑可相互汇合成不规则大斑块，病叶变黄，进而枯死脱落。茎部生纺锤形、椭圆形病斑，中央灰白色，稍凹陷，周缘红褐色。病茎常折断或枯死。豆荚上病斑圆形、近圆形，中部灰褐色至暗褐色，明显凹陷，周边黑褐色。病荚皱缩枯萎，种子瘦小，种子表面有褐色或黑褐色斑块。茎部和豆荚病斑上也轮生黑色小粒点。

【病原物】 病原真菌主要为蚕豆壳二孢 *Ascochyta fabae*。该菌生长适温 20℃～26℃，最高 35℃，最低 8℃。此外，豌豆壳二孢、小豆壳二孢等病原菌也可侵染蚕豆，引起类似症状。

【发病规律】 病原菌主要随病残体越季，是主要初侵染菌源，种子也能带菌传病。在生长季节，病株产生分生孢子器，释放分生孢子，随风雨传播蔓延。病田连作或播种带菌种子，以及高湿多雨，偏施氮肥时发病较重。

【防治方法】 严重发病田块应换种非豆类作物2年以上。病田收获后需及时清除病残体，不要在上一年的病田附近种植蚕豆。应选用无病豆荚，单独脱粒留种，播种无病种子。种子处理可在播种前用56℃温水浸种5分钟，或采用药剂拌种方法。田间药剂防治可参阅豌豆褐斑病。

19. 蚕豆轮纹病

轮纹病是蚕豆的重要病害，分布普遍，各地都有发生，在西北蚕豆产区发生较重，可引起严重减产。

【症　状】 最初在植株基部叶片上产生红褐色小点，仅1mm左右。扩大后成为圆形、长圆形病斑，直径6～7mm，中央浅褐色，外缘较宽，深紫褐色，稍隆起。在叶片边缘的病斑成“V”字形。进一步发展后成为近圆形或“V”字形黑褐色大斑，直径14～20mm，有清晰的同心环纹，病斑上散生有黑色小粒点（病原菌的子座）和灰色霉状物（分生孢子梗与分生孢子）。病斑相互汇合后形成不规则形坏死斑块，病叶变黑而早期脱落。叶柄和茎上产生梭形至长圆形病斑，中间凹陷，灰色，边缘黑褐色。荚上生近圆形的黑色凹陷病斑。

【病原物】 病原真菌为蚕豆尾孢 *Cercospora fabae*（＝*Cercospora zonata*），该菌生长适温25℃，最高30℃，最低5℃，侵染蚕豆和野豌豆属其他一些植物。

【发病规律】 病原菌主要随病残体在土壤中越季，种子也能带菌传病。在生长季节，病株产生分生孢子，通过风雨传播，进行多次再侵染。

在甘肃春蚕豆产区，在5月下旬至6月上旬，田间就有零星出现。在6～7月份，气温18℃～20℃且阴雨高湿时，就会大发生。种植密度大，低洼潮湿的地块发生较重。土壤黏重，缺钾的地块发病也重。蚕豆与玉米套种发病较重，而与马铃薯套种发病较轻。

【防治方法】 防治轮纹病要选用抗病或轻病品种，从无病田采种，播种不带菌种子。要适时播种，不宜过早，低湿地区采用高畦栽培，适当密植，增施有机肥和磷、钾肥。收获后彻底清除病残体，减少越季菌源。发病初期开始喷施杀菌剂，有效药剂有70%代森锰锌可湿性粉剂500倍液，或50%敌菌灵可湿性粉剂500倍液，或70%甲基硫菌灵可湿性粉剂600倍液，或30%碱式硫酸铜悬浮剂500倍液，或50%乙霉·多菌灵可湿性粉剂1 000～1 500倍液，或50%琥胶肥酸铜可湿性粉剂500倍液，或77%氢氧化铜可湿性粉剂500倍液等。

20. 蚕豆茎疫病

茎疫病在蚕豆整个生育期都可发生，引起死苗、茎枯、叶腐、花腐等多种症状。主要分布于南方产区，云南发生最重，发病率等于减产率，大流行时可能全田发病而绝产。

【症　状】 病原菌侵染危害植株地上部分，苗期发病可使病苗发黑腐烂，成株的典型症状是在茎的顶端产生黑色小斑块或短条斑，稍凹陷，在高温、高湿条件下，病斑迅速扩大并向茎秆下方蔓延，病茎变黑腐烂，有黏性，有的收缩成线状，叶片逐渐枯萎脱落，仅残留变黑色的茎端。从叶片侵入的，最初使叶尖和叶缘变褐，继而整个叶片变黑腐烂，叶片扭卷。有的叶缘形成一暗褐色坏死环，使叶片下卷，成勺状。叶柄和茎秆被侵染后，出现长条形黑褐色病斑，沿茎秆扩展，使之变黑腐烂。在温度较高的晴天，病茎变黑发亮。花器、荚发病后也变黑腐烂，种子表面生褐色病斑，中部色泽较深，边缘有晕环。

【**病原物**】 病原细菌为蚕豆假单胞 *Pseudomonas fabae*，该菌生长适温 35℃，最高 37℃～38℃，最低 4℃，52℃～53℃经 10 分钟致死。除蚕豆外，还侵染菜豆、豌豆、大豆、羽扁豆等豆类作物。

【**发病规律**】 病原细菌在病残体和土壤中存活越季，是老病区的主要初侵染菌源。带菌种子可传病到未发生地区或未发生田块。在生长季节，病原菌还可随风雨、灌溉水和农事操作传播扩散。病原菌侵染茎、叶、花器、豆荚等部位，多从伤口侵入，也可从气孔等自然孔口侵入。蚕豆整个生育期都可发病，但田间病情多在开花、结荚以后迅速增长。

在云南病田的调查表明，病斑在温度突然下降，雨季或雨后湿度较高时集中出现。田间症状最早在 11 月中旬出现，12 月至翌年 1 月大面积暴发流行。冬季低温多雨是茎疫病流行的主因，低洼高湿，排水不畅的淹水田块尤其严重，植株营养不良或遭受冻害后会加重病情。增施钾肥可大幅降低茎疫病的发病率。

【**防治方法**】

1. 选用抗病品种 蚕豆品种间抗病性有明显差异，应鉴选抗病品种，推广使用。据云南省鉴定，抗病品种有启豆 2 号、启豆 4 号、洪都蚕豆、通研一号、宜池小胡豆、蓬溪二板子、黑牛蚕豆、冕宁大胡豆、临蚕三号、海门大青豆、K0747、K0627 等。

2. 减少菌源 病田收获后要彻底清除病残体，深翻晒土。要建立无病留种田，选留无病种子，防止种子带菌传病。种子播前还可用 1%次氯酸钠液浸种 30 分钟，或用 1%盐酸液浸种 8～12 小时，然后洗净晾干催芽。

3. 合理栽培 低湿多雨地区采用高垄栽培，建好排灌系统，雨后及时排水，降低田间湿度。要合理施肥，保证植株生长健壮，高发田块追施硫酸钾（10～15kg/667m^2）。要早期拔除中心病株，减少再侵染。

4. 药剂防治　在发病初期，喷施72%农用硫酸链霉素可溶性粉剂或新植霉素4000倍液，或50%琥胶肥酸铜可湿性粉剂500～600倍液，或30%碱式硫酸铜悬浮剂400倍液，或77%氢氧化铜可湿性粉剂500～600倍液，或47%春雷·王铜可湿性粉剂800倍液等，隔7～10天1次，防治2～3次。云南病区在初花期和初荚期各喷药1次，在大暴雨过后要及时喷药保护。

21. 菜用大豆紫斑病

紫斑病在各大豆产区都有发生，南方重于北方。该病不但能造成减产，而且病株形成紫斑病粒，严重减低籽粒质量和商品价值。

【症　状】　主要危害豆粒和豆荚，也可侵染茎秆和叶片。幼苗发病，子叶上产生褐色至红褐色圆形或不规则形病斑，常皱缩。真叶上产生圆形至多角形病斑，灰褐色或红褐色，多生于中脉和侧脉两侧。后期多个病斑汇合成为不规则形大斑。茎秆上形成梭形或长条形红褐色病斑，严重的整个茎秆变成黑紫色，上生小黑点(子座和分生孢子梗束)和稀疏灰色霉状物。豆荚上形成圆形或不规则形病斑，灰黑色，干后黑褐色，边缘不明显。

豆粒在种脐周围形成放射状淡紫色或暗紫色斑纹，变色仅限于种皮，称为“紫斑粒”。严重的种皮大部呈紫色，表面粗糙龟裂，籽粒干缩。有的品种豆粒上病斑黑褐色，干缩有裂纹，成为“黑霉豆”。

【病原物】　病原真菌为菊池尾孢 *Cercospora kikuchii*。

【发病规律】　病原菌以菌丝体、分生孢子或子座在豆粒和病残体上越季，成为下一季的初侵染菌源。播种带菌种子，病菌从种皮扩展到子叶，引起子叶发病并产生大量的分生孢子，然后借气流和雨水传播，进行再侵染。大豆开花期和结荚期高温多雨有利于病害流行。该时期多雨高湿，日均温 25.5℃～27℃，发病重。大豆品种间抗病性有明显差异。

【防治方法】 防治紫斑病的主要措施是鉴选和种植抗病品种。还要精选种子，淘汰病粒。种子药剂处理可选用50％福美双可湿性粉剂，或50％异菌脲可湿性粉剂，或50％敌菌灵可湿性粉剂，按种子重量0.3％的用量拌种。大豆收获后要清洁田园，清除病残体，深翻土地，以减少初侵染菌源。生长期要做好排涝降渍，避免田间积水。药剂防治应在蕾期、开花始期、结荚期、嫩荚期各喷药一次。有效药剂有50％多·霉威可湿性粉剂1 000倍液，或70％甲基硫菌灵可湿性粉剂800～1 000倍液，或50％敌菌灵可湿性粉剂500倍液，或50％异菌脲可湿性粉剂1 200倍液，或6％氯苯嘧啶醇可湿性粉剂1 200倍液，或80％代森锰锌可湿性粉剂800倍液等。在雨水多的年份尤应搞好药剂防治。

22. 菜用大豆炭疽病

炭疽病是菜用大豆的重要病害，南北产区均有发生，南方发生重于北方。炭疽病可造成烂种和幼苗、幼株烂死，成株叶、茎、荚受害，严重降低大豆产量和品质。

【症　状】 全生育期都可发病，以茎秆和豆荚受害最重。带菌种子可造成幼芽烂死，幼苗子叶上产生暗褐色凹陷病斑，子叶水浸状溃烂，或干枯脱落。幼茎上产生红褐色溃疡斑，严重时幼株死亡。成株叶片上病斑近圆形至不规则形，红褐色，周围有黄色晕环。后期病斑上生黑色小粒点(分生孢子盘)。茎上病斑椭圆形或不规则形，灰褐色，常包围茎部，表面密生黑色小粒点。荚上病斑近圆形，初红褐色，后变灰褐色，有时呈溃疡状，略凹陷，上密生小黑点，有时略呈轮纹状排列。重病植株不结荚或不结实，或虽结实，但豆粒暗褐色，皱缩干瘪。

【病原物】 病原真菌为大豆刺盘孢 *Colletotrichum glycines* 和毁灭性刺盘孢 *C. desructivun*。

【发病规律】 病菌原以菌丝体和分生孢子盘在病茎秆上或种子上越冬，成为翌年的初侵染菌源。病株产生的分生孢子随风雨传播，引起再侵染。种子带菌，苗期遇低温或土壤干旱，出土延迟，幼芽、幼苗发病增多。菜用大豆生长中后期高温多雨，有利于炭疽病流行。

【防治方法】 大豆收获后要及时清除病株残体，实行土地深翻，以减少菌源。重病田实行 3 年以上轮作。要播种无病种子或进行种子处理。播前用50%多菌灵可湿性粉剂，或 50%异菌脲可湿性粉剂，或 25%溴菌腈可湿性粉剂拌种，用药量为种子重量的 0.4%。在大豆开花期进行药剂防治，可选喷 50%甲基硫菌灵可湿性粉剂 600 倍液，或 50%多菌灵可湿性粉剂 600 倍液，或 80%炭疽·福美可湿性粉剂 800 倍液，或 25%溴菌腈可湿性粉剂 600 倍液，或 25%咪鲜胺乳油 1 200 倍液等。

23. 菜用大豆疫病

疫病又称疫霉根腐病，是大豆的世界性大病害，已列为我国农业植物检疫性有害生物。在大豆的整个生育期均可发生，一般发病田块减产 30%～50%，高感品种损失达 50%～70%。病株籽粒蛋白质含量明显降低。

【症　状】 大豆各生育期都可发病，引起根腐、茎腐、植株矮化、枯萎和死亡。播种后，引起种子和幼芽出土前腐烂和出土后幼苗猝倒。病苗主根变深褐色，侧根几乎完全腐烂。病茎由地表到第一分枝处出现水浸状病斑，以后因腐生菌侵染，茎部溃烂而倒伏。感病品种叶片黄化。成株期受害，主、侧根腐烂，茎基部出现黑褐色溃疡病斑，病变部位向上扩展，有的在茎部断续出现，发病节位高达11～12节。病茎髓部变黑，皮层和维管束组织坏死。靠近病斑的叶柄基部变黑凹陷，叶片下垂凋萎，呈“八”字形，但叶不脱落。受害植株叶片由下而上发黄，随即整株枯萎死亡。侵染较晚的植株可以结实，但豆荚基部呈水渍状，病部逐渐向端部扩展，整个豆荚变褐干枯。潮湿时，荚皮被腐生菌二次感染，出现黑色霉层。病荚中的种子也受到侵染，豆粒表面淡褐色、褐色至黑褐色，无光泽，皱缩干瘪，部分种子表皮皱缩后网纹状，豆粒变小。根部被侵染，主根生长缓慢衰弱，黑褐色腐朽。

【病原物】 病原卵菌为大雄疫霉大豆专化型 *Phytophthora megasperma* f. sp. *glycinea*（= *Phytophthora sojae*）。该菌除侵染大豆外，还可侵染羽扇豆、菜豆、豌豆等。

【发病规律】 大豆疫病是典型的土传病害。病株根、茎内形成大量卵孢子，卵孢子随着病残体落入土中。卵孢子抗逆性很强，可以在土壤和病残体中越冬。翌年春季当温湿度条件适宜时，大豆残茬和病残体中的卵孢子解除休眠而萌发。土壤积水时，产生大量游动孢子，通过土壤中的水流传播。游动孢子被吸引到发芽的种子及根的渗出液周围，休止后萌发，侵入寄主根部，并进一步向上扩展至茎部和下部侧枝。风雨还可将病土颗粒吹溅到叶面，出现叶部感染。阴雨连绵或潮湿多云时，叶部感病加重，并向叶柄和茎部蔓延，加重病情。

大豆种子带菌，种子在病原菌传播，尤其是远距离传播中起重要作用。收获过程中混杂在种子间的带菌土壤颗粒也可随种子远距离传病。

涝洼地、过水地以及连阴雨造成的高湿环境有利于大豆疫病发生。降水或灌溉造成土壤水分饱和，是发病的必要条件。播种一周后地表积水最适于该病发生。土壤被水淹没时，游动孢子大量形成并释放，随水流传播，有利于病菌侵入和发病。黏土地发病尤重。及时排水可减轻危害。连作地、免耕地或播前施用过多氮肥均加重发病。

【防治方法】

1. 实行检疫　发病地区需彻底铲除病株，生产的大豆籽粒不能种用。无病地区不由发病地区引种或购种。实施调运检疫和产地检疫。

田间监测以重、迎茬大豆地块和低洼内涝地块为重点。分苗期和成株期两期进行发病调查。苗期在子叶期进行第一次调查，重点检查有无烂籽、缺苗。真叶期进行第二期调查，重点检查猝倒，茎部缢缩与水浸状病斑。成株期调查一次，重点检查有无枯黄的植株，茎部缢缩病斑和“八”字形下垂的叶子。

2. 栽培防治　避免在低洼、排水不良或土壤黏重的地块种植大豆。适时中耕培土，防止土壤板结，增加土壤透水性。雨后及时排水，防止内涝。收获后彻底清除病残体，及时深翻土地。病田不连作，与禾本科作物轮作 4 年以上。

3. 种植抗病品种　大豆品种间对疫病的抗病性有明显差异，应选育与栽培抗病品种和耐病品种。国内抗病大豆品种有九农 9 号、合丰 23、合丰 34、东农 76-943、东农 3 号、丰收 3 号、绥农 10 号、绥农 11、抗丰 2 号等。菜用大豆品种的抗病性有待进一步鉴定。大豆疫病的病原菌有多个小种，在引种抗病品种时，需了解所抵抗的小种类型。

4. 药剂防治　可用甲霜灵和其他对卵菌有效的药剂早期防治。35%甲霜灵拌种剂按种子重量 0.3%的用量拌种。发病初期可用 25%甲霜灵可湿性粉剂 800 倍液，58%甲霜灵·锰锌可湿性粉剂 600 倍液，64%杀毒矾可湿性粉剂 500 倍液，72%霜脲·锰锌可湿性粉剂 700 倍液，或 69%安克·锰锌可湿性粉剂 900 倍液喷雾，7 天喷一次，共喷三次。还有用霜霉威水剂防治，72.2%霜霉威水剂喷雾，第一次用药量每公顷 450ml，7 天后喷第二次，用药量每公顷 900ml，14 天后喷第三次药，用药量为每公顷1 350ml。

24. 豆类蔬菜其他病害

豆类蔬菜其他病害及防治，详见表 2-12。

表 2-12　豆类蔬菜其他病害及防治

病　名	症　状	发生规律	防治方法
菜豆、豇豆、扁豆轮纹斑病 *Phoma exigua* var. *exigua*	病叶上病斑圆形、近圆形，淡褐色至暗褐色，边缘颜色深，有轮纹，中部常破裂，脱落，大小不一，大的直径 1～2cm，高湿时表面生黑色小粒点（彩照 09）	病原真菌主要随病残体越冬，种子可带菌传病，在生长季病株分生孢子随风雨传播，引起再侵染。高温多雨和缺肥早衰时病重	种植抗病或轻病品种，使用无病种子；与非豆科作物轮作，清除田间病残体；加强水肥管理，发病初期选喷代森锰锌、甲基硫菌灵、异菌脲或敌菌灵等杀菌剂
菜豆、豇豆、扁豆红斑病 *Cercospora canescens*	叶片上病斑圆形至不规则形，中部灰褐色，边缘红褐色，直径 2～6mm，背面生灰黑色霉状物。豆荚上生较大红褐色病斑，中部黑褐色，后期生灰黑色霉	病原真菌主要随病残体越冬，种子可带菌传病，生长季病株产生分生孢子，随风雨传播，引起再侵染。高温多雨季节病重	种植抗病或轻病品种，使用无病种子；与非豆科作物轮作，清除田间病残体；加强田间管理，降低湿度，发病初期选喷代森锰锌、甲基硫菌灵、敌菌灵或氯苯嘧啶醇等杀菌剂
菜豆、豇豆、扁豆黑斑病 *Alternaria brassicae* var. *phaseoli* 等	叶片上病斑卵圆形，近圆形，中部浅褐色，边缘红褐色，斑内有不甚明显的轮纹，生黑色霉状物，病叶枯死，早期脱落。荚果上也生病斑	病原真菌主要随病残体越冬，生长季病株产生分生孢子，随风雨传播，引起再侵染。高湿多雨，植株营养不良，缺氮或缺钾时多发。低湿，密植田块病重	清除病残体，施足基肥，适期追肥灌水，防止植株早衰，雨后及时排水，降低湿度。发病初期选喷敌菌灵、醋酸十二胍、异菌脲、代森锰锌、春雷·王铜等

续表 2-12

病　名	症　状	发生规律	防治方法
菜豆、扁豆褐斑病 *Pseudocercospora cruenta*	叶片上生圆形、近圆形褐色病斑，边缘色泽略深，直径 1～5mm，干燥时病斑中心易破裂，脱落穿孔，高湿时主要在背面生灰黑色霉状物	病原真菌主要随病残体越冬，生长季病株产生分生孢子，随风雨传播，引起再侵染。高温多雨季节病重	种植抗病或轻病品种；与非豆科作物轮作，清除田间病残体；加强田间管理，降低湿度，发病初期喷布杀菌剂
菜豆、扁豆白星病 *Phyllosticta phaseolina*	叶片上病斑近圆形或不规则形，直径 5～8mm，中央灰白色，边缘红褐色，上生黑色小粒点	病原真菌主要随病残体越冬，生长季病株产生分生孢子，随风雨传播，引起再侵染。高温多雨时发生较多	清除田间病残体，使用无病种子；加强田间管理，降低湿度，必要时选喷百菌清、代森锰锌、甲基硫菌灵、异菌脲、三唑酮或噻菌灵等杀菌剂
菜豆、扁豆角斑病 *Phaeoisariopsis griseola*	叶片上初生黄褐色小斑点，后成为暗褐色多角形病斑，直径 2～5mm，背面密生灰褐色霉状物。茎和叶柄上病斑暗褐色长形，荚上病斑近圆形，黑褐色有光泽	病原真菌随病残体越冬，种子也带菌传病。生长季病株产生分生孢子，随风雨传播，引起再侵染。发病适温 16℃～28℃，最适 24℃。高湿，多雨露时病重	种植抗病或轻病品种；与非豆科作物实施 2 年轮作，清除田间病残体；在始花期和盛花期选喷代森锰锌、甲基硫菌灵、敌菌灵或氯苯嘧啶醇等杀菌剂

续表 2-12

病 名	症 状	发生规律	防治方法
菜豆、豇豆炭腐病 *Macrophomina phaseolina*	根部、茎基部变黑褐色腐烂，密生黑色小粒点（分生孢子器或小菌核），病株萎蔫、变黄、枯死	病原真菌在病残体和土壤中越冬，带菌土壤或孢子通过雨水溅射接触植株，引起发病。高温高湿，田间积水，土壤贫瘠，植株生长不良时病重	清除病残体，施足基肥，适期追肥灌水，防止植株早衰；雨后及时排水，降低湿度；药剂防治可喷施百菌清、异菌脲、三唑酮或多硫悬浮剂等
菜豆、豇豆根结线虫病 *Meloidogyne* spp.	根部形成多数根结，形状多样，初期白色，表面光滑，后变灰褐色，表面粗糙并腐烂。病株矮小，叶片发黄	以卵和幼虫在土壤与病残体中越冬。若有适宜寄主，可周年危害。线虫随带虫土壤、菜苗、植株残体、未腐熟农家肥以及灌溉水、农机具等传播。二龄幼虫侵入寄主植物新根，引起发病	参见十字花科蔬菜根结线虫病
菜豆绵腐病 *Pythium aphanidermatum*	豆荚上初生水浸状斑点，扩大后成为不整形黑褐色病斑，边缘不明显，豆荚软腐，表面密生白色绵毛状物（彩照 45）。叶片上也生类似病斑	病原卵菌以卵孢子或菌丝体随病残体越冬，产生孢子囊及游动孢子，借雨水、灌溉水等传播扩散。适温高湿时病重	避免密植，加强田间管理，保持通风透光，降低湿度，及时喷布杀菌剂，有效药剂有百菌清、甲霜灵、甲霜灵·锰锌、霜脲·锰锌、霜霉威等

续表 2-12

病　名	症　状	发生规律	防治方法
豇豆病毒病(花叶病)*Cowpea aphid-borne mosaic virus*(豇豆蚜传花叶病毒)和CMV(黄瓜花叶病毒)等多种病毒	叶片出现明脉、花叶、沿叶脉绿色带、疱斑、皱缩畸形等症状，病叶较小，生长受到抑制。苗期染病的病株矮小，生长停滞，花序畸形，开花迟缓，结荚少而小	由多种蚜虫和带毒种子传播。毒源植物多，高温干旱，蚜虫多发时病重，品种间抗病性有明显差异	种植抗病品种，使用不带毒种子，及时防治蚜虫，喷施叶面营养剂和抑制、钝化病毒，减缓症状的药物
豌豆霜霉病 *Peronospora pisi*	叶面初现褪绿病斑，叶背生白色至淡紫色霉层，病叶枯黄	病原卵菌随病残体或种子越冬，侵染下一茬豌豆幼苗，菌丝在病苗体内扩展，产生大量孢子囊，随风雨传播，进行再侵染。气温20℃～24℃，高湿多雨时病重	种植抗病品种，使用不带菌种子，或以种子重量0.3%的甲霜灵拌种；清除田间病残体，及时耕翻灭茬；发病初期选喷甲霜灵、霜脲·锰锌、霜霉威或安克·锰锌等药剂
豌豆烂头病 *Choanephora cucurbitarum*	株端2～5cm的幼嫩部位水渍状湿腐，致茎部折曲，干燥时腐烂部位干枯倒挂在茎顶，豆荚由蒂部先发病，呈灰褐色湿腐状，后长出灰白色茸毛状霉层，豆荚逐渐枯黄	病原真菌寄生性较弱，主要在病残体或土壤中越冬，从伤口侵入下茬豌豆。病部长出大量孢囊孢子，借风雨或昆虫传播。阴雨连绵、田间积水、株间郁闭时病重。低温、寡照、高湿的棚室多发	高畦栽培，合理密植，雨后及时排水，棚室要通风降湿；及时摘除残花、病荚，开花期开始选喷百菌清、杀毒矾、甲霜灵·锰锌、霜脲·锰锌或安克·锰锌等药剂

续表 2-12

病　名	症　状	发生规律	防治方法
豌豆黑斑病 *Ascochyta pinodes*（*Mycosphaerella pinodes*）	叶片生近圆形紫黑色病斑，具2～3圈轮纹，病斑上生有多数黑色小粒点，病茎上生紫黑色条斑。豆荚上生圆形紫褐色小斑点，汇合成为黑褐色凹陷斑，也产生多数黑色小粒点	病原真菌随病残体越冬，种子也带菌传病。生长期间病株产生孢子，随风雨传播，进行再侵染。高温高湿适于发病，苗期遇低温，生机削弱时发病也重	选用无病种子或行种子药剂处理，清除田间病残体，适时播种，合理施肥，增施钾肥；发病初期选喷百菌清、甲基硫菌灵、代森锰锌、琥胶肥酸铜等药剂
豌豆锈病 *Uromyces pisi-sativi*	叶面和叶背产生圆形赤褐色疱斑，即夏孢子堆，破裂后散出褐色粉末状夏孢子。后期生出黑褐色隆起疱斑，即冬孢子堆	病原真菌转主寄生，在豌豆、山黧豆、野豌豆等寄主上产生夏孢子和冬孢子，在大戟属植物上产生性孢子和锈孢子，完成生活史。有的地方豌豆初侵染菌源来自转主寄主。但多以夏孢子时期在豆类寄主间辗转侵染，终年危害	种植抗病品种，避免各茬豌豆或豆类寄主接续、相邻种植，发病初期喷施三唑酮、丙环唑或氟硅唑等药剂

续表 2-12

病 名	症 状	发生规律	防治方法
豌豆炭疽病 *Colletotrichum gloeosporioides* 等	叶片病斑圆形、椭圆形，直径 2～4mm，边缘深褐色，中间浅褐色或暗绿色。茎上病斑椭圆形，中央浅褐色，边缘暗褐色，略凹陷。荚上病斑近圆形，中间浅绿色，边缘暗绿色。病部密生黑色小粒点，高湿时泌出粉红色黏质物	参见“菜豆、豇豆和扁豆炭疽病”	参见“菜豆、豇豆和扁豆炭疽病”
豌豆灰霉病 *Botrytis cinerea*	幼苗茎叶腐烂，密生灰霉。成株叶片叶缘形成“V”字形灰白色至褐色病斑，叶面产生近圆形病斑，严重时腐烂。茎荚也变褐腐烂。各发病部位均生灰霉	参见“菜豆、豇豆和扁豆灰霉病”	参见“菜豆、豇豆和扁豆灰霉病”
豌豆菌核病 *Sclerotinia sclerotiorum*	幼株叶片、茎蔓水浸状腐烂，产生白色菌丝体和黑色鼠粪状菌核。成株多在茎基部发病，呈水浸状灰绿色软腐，致使茎蔓萎蔫枯死，病茎内可见菌核	参见“菜豆、豇豆和扁豆菌核病”	参见“菜豆、豇豆和扁豆菌核病”

续表 2-12

病　名	症　状	发生规律	防治方法
豌豆枯萎病 *Fusarium oxysporum* f. sp. *pisi*	病株先从下部叶片开始发黄,叶缘下卷,逐渐向上部叶片发展,根部褐色腐烂,茎基部木质部变黄褐色或黑褐色。病株矮小,多在结荚期前后枯死	参考"菜豆、豇豆和扁豆枯萎病"	参考"菜豆、豇豆和扁豆枯萎病"
豌豆细菌性叶斑病 *Pseudomonas syringae* pv. *pisi*	叶片生圆形至多角形水渍状病斑,褐色,略透明,干枯后纸质状。茎部、花梗生褐色条斑,可造成花萎和幼荚腐烂。豆荚上病斑近圆形,稍凹陷,初暗绿色,后黄褐色。高湿时,病部有白色至奶油色菌脓,干燥后成为菌膜	病原细菌随豌豆、蚕豆种子越冬,为主要初侵染菌源。多雨高湿时多发,低温受冻害后可能异常发生	无病留种,播种不带菌种子;采用高畦、高垄栽培,雨后及时排水降湿;发病初期喷施农用硫酸链霉素、春雷·王铜等药剂

续表 2-12

病 名	症 状	发生规律	防治方法
蚕豆枯萎病 *Fusarium oxysporum* f. sp. *fabae*	开花结荚期叶片褪绿,变黄色和黑色,由下而上顺次枯萎,干枯脱落,后全株枯死。根部和茎基部变褐腐烂。剖茎检查,可见茎基部木质部变黑褐色	带菌土壤、粪肥和种子为主要初侵染源。灌溉水和黏附带菌土壤的农机具也可传病。病原菌由细根侵入,经木质部导管系统扩展,全株发病。土壤湿度低于65%时发病重。缺肥土壤和酸性土壤发病也重	采用抗病品种和不带菌种子;病田实行3年以上轮作(水旱轮作2年以上);播前种子处理可用56℃温水浸种5分钟;药剂防治参考"菜豆、豇豆和扁豆枯萎病"
蚕豆根腐病和茎基腐病 *Fusarium solani* f. sp. *fabae*, *F. avenaceum* f. sp. *fabae* 等	根和茎基部变黑腐烂,后期侧根或主根大部分干缩。病株叶片边缘或脉间出现黑色枯斑,严重的茎叶变黑枯死	病残体、土壤和种子带菌,都为重要初侵染菌源。连作田,地下水位高或田间积水田块发病重,播种出苗期多阴雨,则根病死苗严重	蚕豆与小麦、油菜等作物轮作,不用病残体沤肥,收获后及时清洁田园;播种无病种子,播前温汤浸种或用多菌灵药液浸种;加强排灌管理,防止土壤过干过湿;苗期施用多菌灵药土,发病初期喷淋多菌灵或甲基硫菌灵药液
蚕豆菌核病 *Sclerotinia trifoliorum*, *S. sclerotiorum*	茎基部变苍白色腐烂,密生白色至黄褐菌丝体,后期产生黑色菌核,严重的病株枯死	参见"菜豆、豇豆和扁豆菌核病"	参见"菜豆、豇豆和扁豆菌核病"

续表 2-12

病 名	症 状	发生规律	防治方法
蚕豆锈病 *Uromyces viciae-fabae* var. *viciae-fabae*	叶片上生锈褐色椭圆形隆起的夏孢子堆，排列成圈或不规则散生，生长后期形成黑褐色椭圆形冬孢子堆。叶柄和茎上也产生夏孢子堆与冬孢子堆	病原菌可在蚕豆上完成生活史，在田间多以夏孢子世代在各茬寄主间交互侵染，辗转危害。气温14℃～24℃，多雨高湿时易流行，品种间抗病性有明显差异	参考见“菜豆、豇豆和扁豆锈病”
蚕豆白粉病 *Erysiphe pisi* 等	危害叶片、茎和荚，初现白色粉斑，后全被白粉覆盖，后期生黑色小粒点（闭囊壳）。幼嫩部位发病后变形皱缩，幼荚畸形，发育不良	参见“豌豆白粉病”	参见“豌豆白粉病”
蚕豆炭疽病 *Colletotrichum lindemuthianum*	叶片上生褐色近圆形病斑，边缘色泽较深，可破裂穿孔。茎上病斑锈褐色，椭圆形、条形，下陷龟裂。荚上病斑近圆形，黑色，边缘隆起，中间下陷。种子表面生红褐色凹陷病斑。病部密生黑色小粒点，高湿时泌出粉红色黏质物	参见“菜豆、豇豆和扁豆炭疽病”	参见“菜豆、豇豆和扁豆炭疽病”

续表 2-12

病　名	症　状	发生规律	防治方法
蚕豆油壶菌火肿病(泡泡病) *Olpidium viciae*	叶片和茎部产生圆形、扁圆形的隆起小肿瘤,表面粗糙,单生或群生。后期肿瘤变褐溃烂,病叶卷曲畸形,凋萎干枯,病株矮化	病原菌以休眠孢子囊越冬,春季萌发,释放游动孢子,侵入蚕豆幼芽、幼茎或幼叶而发病,病株产生游动孢子囊,进行再侵染	栽培抗病品种,病田与小麦、马铃薯轮作 3 年以上,也可豆麦间作,收获后及时清洁田园;用适量三唑酮拌种,在发病初期喷施三唑酮、甲基硫菌灵或苯菌灵等药剂
菜用大豆靶斑病 *Corynespora cassiicola*	叶片上病斑近圆形,直径 10～15mm,具轮纹,中心为黑褐色圆点,周围浅褐色,最外圈深褐色,病斑外缘有黄晕。叶柄和茎上病斑条形,暗褐色。荚上病斑近圆形,略凹陷,中央暗紫色,边缘褐色。病斑上生黑色霉状物	病原真菌随病株残体越季,为主要初侵染菌源,种子也能带菌传病。生长期间分生孢子由风雨传播,进行再侵染。多雨高湿时多发。病原菌寄主范围广,能侵染豆类、瓜类、番茄、辣椒等多种蔬菜	栽培抗病品种,选用无病种子,播前用多菌灵或异菌脲拌种;收获后清除病残体,深翻土地,重病田与禾本科作物实行 3 年以上轮作;田间发病初期选喷百菌清、甲基硫菌灵、多菌灵、异菌脲等杀菌剂

续表 2-12

病　名	症　状	发生规律	防治方法
菜用大豆粉霉病 *Fusarium* spp.	幼苗子叶边缘生半圆形稍凹陷病斑，中部淡褐色，边缘紫红色。豆荚上病斑半圆形、近圆形，稍凹陷，上生橙红色或白色粉霉(彩照 49)。豆粒腐烂干缩，亦生白色或红色霉状物	病原真菌随病残体、土壤、种子越季，引起初侵染。结荚期和贮藏期温度、湿度增高，豆荚和籽粒发病重	选用健康种子或用多菌灵拌种；及时排除田间积水，降低湿度；必要时喷施多菌灵、甲基硫菌灵等杀菌剂；收获后及时晾晒，清除发霉病粒
菜用大豆霜霉病 *Peronospora manshurica*	叶片表面生圆形至不规则形褪绿斑，后变黄色至褐色，叶背生灰白色至淡紫色霉层。后期多个病斑汇合成大的斑块，病叶干枯	病原卵菌以卵孢子随种子或病残体越冬，成为下一季的初侵染菌源。带菌种子造成系统侵染，病株产生孢子囊，随风雨传播，进行再侵染。气温 20℃～22℃，高湿多雨时病重	实行 3 年以上轮作；种植抗病品种，播种无病种子，或选用甲霜灵、霜脲·锰锌、春雷·王铜等拌种；合理密植，增施磷、钾肥，及时铲除系统侵染的病苗；发病初期选喷甲霜灵、甲霜灵·锰锌、杀毒矾、霜脲·锰锌、安克·锰锌或霜霉威等药剂
菜用大豆锈病 *Phakopsora pachyrhizi*	叶片上生近圆形隆起的红褐色疱斑(夏孢子堆)，破裂后散出褐色粉末状的夏孢子。后期生成黑褐色隆起的疱斑(冬孢子堆)。叶柄和茎部产生类似症状	以夏孢子随气流传播危害，夏孢子可附在种子上传播。多雨高湿，品种感病时多发，秋大豆播种早，发病重	种植抗病品种；适期播种，使结荚期避开锈病盛发期和多雨时期；发病初期开始选喷三唑酮、萎锈灵、氟硅唑、丙环唑或戊唑醇等药剂

续表 2-12

病　名	症　状	发生规律	防治方法
菜用大豆细菌斑疹病（叶烧病）*Xanthomonas axonopodis* pv. *glycines*	叶片上生红褐色病斑，直径 1～2mm，中央隆起，表皮破裂后斑疹状，似火山口，病斑周围有黄色晕圈。严重时病斑汇合，叶片变褐枯死，常破裂。豆荚初现红褐色小点，后变为黑褐色枯斑，稍隆起	病原细菌在种子和病株残体上越季，从自然孔口或伤口侵入，在田间借气流和雨水飞溅传播，多次再侵染。大豆开花期至收获期多发，高湿多雨时病重	与禾本科作物轮作 2～3 年，种植抗病、耐病品种；及时清除病残体，深翻土地；播种无病种子，或用 1%稀盐酸液浸种 3～4 小时后洗净播种，或用种子重 0.3%的 47%春雷·王铜拌种；从发病初期选喷农用链霉素、春雷·王铜、碱式硫酸铜或氧氯化铜等药剂
菜用大豆花叶病 *Soybean mosaic virus* 等	症状多变，叶片多现轻重不等的花叶，病叶皱缩畸形，沿叶脉呈泡状突起，叶缘下卷或扭曲，后期叶脉坏死，植株矮化。有的老叶上出现黄色斑块，嫩叶多皱缩花叶。还有的顶梢及侧枝顶芽萎缩卷曲，变黑色枯死。叶片和荚上生褐色斑块，豆粒生褐色或黑色斑纹	带毒种子是大豆花叶病毒的主要初侵染来源，在田间经蚜虫传毒，引起多次再侵染。发病越早，种子带毒率越高。干旱年份蚜虫猖獗，发病多。气温 18℃左右皱缩花叶严重，30℃以上隐症	选用抗病品种，播种无毒或带毒率低于 0.5%的种子；田间尽早清除病苗，拔除病株；适期播种，使大豆开花期在蚜虫盛发期前；利用银色膜驱避蚜虫，及时喷药治蚜；病田加强水肥管理，喷施植病灵、盐酸吗啉胍·铜等抑制、钝化病毒，减缓症状的药物

续表 2-12

病　名	症　状	发生规律	防治方法
大豆胞囊线虫病 *Heterodera glycines*	病株矮小，瘦弱，叶片黄枯。根系不发达，根瘤稀少，须根增多，须根上附有多数白色颗粒状胞囊(雌成虫)，后期变褐色	以胞囊在土壤中越冬，幼虫4龄，二龄幼虫从根冠侵入，寄生于根的皮层中。雌成虫发育成胞囊，内有卵粒。胞囊落入土中，可随土壤、种子、农机具、有机肥、灌溉水以及人畜携带而传播。一年发生几代至十几代。病原线虫有多个小种	种植抗病、耐病品种，病田与禾谷类作物或马铃薯轮作5年以上；选用含有杀线虫剂成分的种衣剂进行种子包衣

第七章　葱蒜类蔬菜病害

葱蒜类蔬菜属百合科葱属，因具有辛辣气味，又称为香辛类蔬菜。葱蒜类蔬菜中国内栽培较多有大葱、洋葱、韭菜、大蒜等，较少栽培的有韭葱、分葱、细香葱等。各种葱蒜类蔬菜感染的病害种类大体相同，症状和发病规律基本一致，防治方法可以互相借鉴。就各主要产区而言，葱类常见的重要病害是紫斑病、霜霉病、疫病、白腐病、灰霉病、锈病、炭疽病和病毒病害等，发生互有轻重。韭菜的疫病和灰霉病在露地与棚室中发生都很严重，若防治不利，可招致重大损失。大蒜最重要的病害是匐柄霉叶枯病、白腐病、灰霉病和病毒病害。洋葱、蒜头和蒜薹在贮运过程中的腐烂，既具有重要经济意义，又涉及多种病原菌，发病态势比较复杂。

1. 紫斑病

紫斑病是大葱、洋葱、韭葱、韭菜等作物发生最普遍的病害。多雨年份可造成大面积倒秧，严重减产。采种株受害后种子皱瘪或败育。

【症　状】 主要危害叶和花茎。初生椭圆形或纺锤形小型病斑，淡褐色，后扩大成长3～4cm的大病斑，稍凹陷，呈紫褐色或边缘为紫色，有波状同心轮纹，潮湿时病斑上产生黑色霉状物。严重时多个病斑汇合，致使叶片或花茎黄枯死亡。若病斑环绕叶或花茎一周，叶或花茎由病斑处软化折倒。此外，洋葱鳞茎可在切顶后的颈部或伤口开始发病软腐、鳞茎皱缩，变深黄色或红色并渐变为黑褐色。

紫斑病在葱类叶片上产生典型的椭圆形、纺锤形紫褐色大斑，一般不会误诊。但是，有些品种上病斑形态与匍柄霉叶枯病病斑相似，此时应仔细观察细微区别。紫斑病病斑上轮纹更为明显，病斑上霉状物较稀薄。若有混淆，需检查病原菌。

【病原物】 病原真菌为葱链格孢 *Alternaria porri*，在病斑上产生黑褐色分生孢子。该菌危害各种葱蒜类蔬菜，但以大葱、洋葱、韭葱等发病最重。分生孢子萌发适温23℃～30℃，最适25℃。

【发病规律】 在冬季较寒冷地区，紫斑病菌主要以菌丝体和孢子在病株上越冬，或者以菌丝体在田间病残体内越冬，翌年春季越冬病菌产生分生孢子，随气流和雨水传播，接触并侵入葱类叶片。在冬季较温暖地区，病菌的分生孢子周年在田间葱类蔬菜上持续发生。

葱类和韭葱病株的种子有可能带有菌丝体或孢子，鳞茎也可能被病原菌污染。

紫斑病菌由叶片的气孔、伤口侵入，也可直接穿透叶表皮而侵入。分生孢子萌发和侵入需要叶面有露水并保持足够的湿润时间，发病最适温度为25℃～27℃，12℃以下不发病，因而在温暖、高温、多雨的夏季发病重，梅雨和台风时期病害蔓延很快。阴湿多雨的地区或年份往往大流行。缺肥地块，尤其是葱类生育中后期脱肥或植株衰弱时，发病重。沙性土壤和易旱地块发病早而重。蓟马危害，造成较多伤口的发病也重。不同品种间发病程度有差异。

【防治方法】

1. 栽培防治 重病地与非葱类作物实行2年以上轮作。及时清除田间病残体，收获后深耕。育苗地和栽植地应平坦肥沃，排水方便。实行健身栽培，施足基肥，适时追肥，以氮为主，氮磷钾平衡施用，防止生长后期脱肥。

2. 药剂防治 在苗期或发病初期喷药防治。有效药剂有58%甲霜灵·锰锌可湿性粉剂800倍液，或70%代森锰锌可湿性粉剂 600 倍液，或 50%异菌脲可湿性粉剂 1 500 倍液，或 75%百菌清可湿性粉剂 600 倍液等。间隔 7～10 天喷一次药，连续喷 2～3 次。

在种子带菌或母鳞茎带菌较多的地区，应选用无病种子，或用种子重量 0.3%的异菌脲可湿性粉剂拌种。鳞茎可用 40℃～45℃温水浸 1.5 小时。

2. 匍柄霉叶枯病

匍柄霉叶枯病是葱蒜类蔬菜的常见病害，分布广泛。大蒜受害最重，在各大蒜产区是造成蒜株早枯、蒜头减产和蒜薹霉烂的主因，连年流行，一般减产 50%～60%，有的年份高达 70%～80%。

【症　状】 大蒜的叶片、叶鞘、薹茎和薹苞等部位都可被侵染，因病原菌侵染的时期和病程阶段不同，罹病叶片表现出复杂的症状，可大致区分为尖枯型、条斑型、紫斑型、白斑型和混合型 5 种类型，各类症状的特点详见表 2-13。叶片上病斑可穿过叶节向叶鞘延伸，使叶鞘枯黄。雨后或田间潮湿时病斑病表面密生黑褐色霉层，为病原菌的分生孢子梗和分生孢子。在早期发病田块和重病田块，抽薹前大部分叶片枯死，田间枯焦一片，蒜薹不能抽出或严重减产。染病蒜薹在贮藏期发生严重霉烂。

大葱、洋葱、韭葱、韭菜等主要是叶片和花茎受害。叶片上病斑初黄白色，后变黑褐色，椭圆形、长圆形，周边有黄色晕圈，变色部分向病斑上下方伸展，病斑上略现轮纹，后期病斑上产生黑色霉状物。发病严重的叶片发黄或由发病部位折断。花茎被侵染，初期生椭圆形白色凹陷小点，后发展成为褐色枯斑，花序变色黄枯。

【病原物】 病原真菌主要为膨胀匍柄霉 *Stemphylium vesicarium*，在发病部位生成分生孢子梗和分生孢子，有性态韭葱格孢腔菌 *Pleospora allii* 为子囊菌。该菌生长的温度范围为 10℃～

34℃,适温 20℃～28℃,分生孢子形成的最适温度 23℃～28℃,在 2℃～39℃温幅内都可以萌发,19℃～34℃最适。另外枯叶匐柄霉 *Stemphylium herbarum*(有性态枯叶格孢腔菌 *Pleospora herbarum*)也能侵染葱蒜类蔬菜,引起类似症状。

表 2-13　大蒜叶枯病的叶部症状类型

症状类型	发生时期	主要特征
尖枯型	越冬期和早春最明显,底部叶片多发	叶片尖端变枯黄色至深褐色,坏死捻曲。坏死部分上生黑色霉层,有不清晰的紫褐色斑纹,隐约可见。坏死部分可向叶片中部发展,严重时全叶黄枯
条斑型	越冬期和早春最明显,中下部叶片多见	叶片上生纵贯全叶的褐色条斑,沿中肋或偏向一侧发展,宽度占叶宽的 1/3～1/2,有时条斑部位有明显伤痕。潮湿时条斑上有黑色霉层(彩照 14)
紫斑型	为主要病斑类型,全生育期可见	病斑椭圆形或梭形,两端较尖,中央色泽较深,呈紫褐色,边缘淡褐色,两端有明显的枯黄色坏死线,伸展后可使叶片大部或全部枯黄,病斑表面生黑褐色霉层
白斑型	多见于抽薹前上部叶片和蒜薹上	圆形、卵圆形白色小斑,边缘明显,多不相连接,孤立而分散。有时病斑略有扩大,变浅褐色
混合型	无特定时期	同一个叶片上出现两种类型或多种类型的病斑。常见紫斑型与条斑型,尖枯型与条斑型或 3 种类型混发

【发病规律】 病原菌主要随病残体越夏或越冬,成为下一季发病的初侵染菌源。种子也带菌,但在病害循环中的实际作用不

明。以秋播大蒜区为例，散落田间地表和土壤中的病残体以及大蒜收获后临时堆放场所、加工场地附近遗弃的病残体为主要越夏菌源。秋播大蒜出苗后，病残体上产生的病菌分生孢子随气流和雨滴飞溅传播，降落在蒜叶上，引起侵染发病。夏季栽培的感病葱类、韭菜也能提供侵染秋苗的菌源。由秋季至翌年 4 月上旬病株增长缓慢，多数病叶上只有单个病斑，有明显的尖枯型和条斑型症状。4 月中旬至 5 月中旬为病情增长的主要时期，病叶严重程度急剧上升，叶片由底部向上依次枯死，这一时期以紫斑型病斑最多，但 5 月以后蒜株顶部叶片出现再侵染所致的密集白斑，感病品种每个叶片上一般有 30～50 个病斑，多者达百个以上，病斑迅速扩大汇合导致叶枯，并进而侵染蒜薹。蒜薹采收时划伤蒜叶，也有利于病原菌大量侵染，蒜株霉变枯死，整个田块枯焦一片。重病株鳞茎瘦小，不耐贮藏，容易干僵空包。

在春播大蒜栽培区，病原菌以分生孢子和菌丝体在田间病残体上越冬，成为翌年初侵染菌源。在新疆北部，6 月下旬田间普遍出现病斑，7 月份为发病高峰期。病叶自感染至枯死只需要 5～6 天，流行年份经 10～15 天即可使全田蒜苗焦枯死亡。大蒜发病早，于 7 月底以前死亡的，鳞茎还未及膨大，损失率达 80％～90％，大蒜延迟至 8 月上旬或以后枯死的，鳞茎产量损失为 30％以下。

膨胀匍柄霉对温度的适应性较强，但分生孢子萌发和侵入大蒜需有水滴存在，降水和田间高湿是病害流行的必要条件。在秋播大蒜栽培区 4 月份和 5 月上旬（特别是 4 月中下旬）的降水量和雨日数是决定当年流行程度的关键因子，此期降水达到常年平均值即有中等程度流行，超过平均值就可能大发生。在春播大蒜栽培区，影响病情的天气因素主要是 7 月份的温度和 7 月份（特别是 7 月中旬）的降水次数与降水量。若 7 月份雨次多，降水时间长，雨量大，则病情严重，可能导致大蒜绝收。新疆 7 月中旬至下旬只要有3次连续12小时以上的降水，日均温24℃～28℃，就可能大发生。

蒜田地势和栽培管理因素对发病也有影响。连作蒜田和蒜、葱、韭菜混作蒜田发病重。病原菌虽然能正常侵入没有伤痕的叶片，但蒜株遭受冻伤、虫伤和机械损伤后发病加重，采收蒜薹时若大量划伤叶片，常导致后期病情加剧。春季肥水管理不当，偏施氮肥，追肥灌水偏多，蒜株旺而不壮或基肥不足，追肥偏晚，蒜株生长瘦弱者发病均重。地势高燥的台地病轻，而地势低洼，雨后排水不畅且又大水漫灌的地块发病重。

【防治方法】

1. 轮作　与非葱属作物轮作，较好的前茬是小麦、玉米、豆类、瓜类等。葱蒜类蔬菜不相互邻作或间作。

2. 栽培防病　选种抗病、轻病品种。清除田间和贮放、加工场地遗留的病残体。播前精细整地，适期播种，合理密植，加强田间管理。合理施肥灌水，防止植株早衰。大蒜田要施足基肥(腐熟的有机肥、过磷酸钙和草木灰)，苗期以控为主，适当蹲苗，培育壮苗，越冬期应防止低温冻害。烂母后以促为主，抽薹分瓣后，加强肥水管理。雨后及时排水，避免大水漫灌，尽量降低田间湿度。淘汰发病早而重的高度感病品种。

3. 喷药防治　大蒜发病需重点监测和防治。秋播大蒜要秋苗期早治，春季重治，中后期巧治。常发地区秋苗病株率达1%时，喷药防治发病田块。3月下旬至4月上旬蒜株上部病叶率达5%时，应全面喷药。此后若有连续雨雾应再补喷。孕薹期和抽薹初期若天气预报有雨或田间叶病发生较多时，应及时喷药保护上位叶片和蒜薹，7～10天后再喷一次。有效药剂有70%代森锰锌可湿性粉剂800倍液，或75%百菌清可湿性粉剂600～800倍液，或50%腐霉利可湿性粉剂800～1000倍液，或50%异菌脲可湿性粉剂1000～1500倍液，10%苯醚甲环唑水分散粒剂1500倍液，或25%咪鲜胺乳油1000～1500倍液等。上述药剂尚可兼治其他叶斑病。

3. 枝孢叶斑病

枝孢叶斑病又称为煤斑病，危害洋葱、大葱、韭葱、大蒜等葱属蔬菜，局部地区严重危害，造成叶片早枯和显著减产。

【症 状】 病株叶片上先出现黄白色小点，随后发展成水浸状褪绿斑，扩大后形成梭形、椭圆形稍凹陷的病斑，黄色至灰褐色，边缘红褐色。洋葱叶片上病斑长1.5cm，宽0.5cm，在大蒜上病斑可能更大，长度可达2.5cm左右，宽度1.5cm左右。病斑两端及周边叶组织枯黄，严重时全叶枯死。在大蒜叶片上，多与叶脉平行，向两端扩展。高湿度下病斑上长出青灰色霉层，此时病斑变为褐色至黑褐色。

【病原物】 病原真菌为韭葱芽枝霉 *Cladosporium allii-cepae*，有性态为子囊菌韭葱球腔菌 *Mycosphaerella allii-cepae*。在病斑上生分生孢子梗和分生孢子。菌丝生长的温度范围为0℃～25℃，在10℃～20℃时生长较快，分生孢子萌发的温度范围为0℃～30℃，在20℃时萌发最快。孢子萌发需有水滴或高湿度，空气相对湿度低丁90%不萌发。

【发病规律】 病原菌主要随病残体在土壤中或有机肥中越季，也可在存活的病株上越季，引起下一季葱蒜类的初侵染。因各地冬季或夏季自然条件不同，主要的初侵染菌源也不相同。

以大蒜发病为例，在高温高湿的四川大蒜产区，5～6月份雨水多，湿度大，遗留田间的病残体很快腐烂，病残体上的病原菌分生孢子寿命不超过20天，不能安全越夏。种蒜蒜瓣本身也不带菌，不能传病。病原菌主要随种蒜间混杂的病残体在农户室内越夏，播种时又随病残体进入田间，引起初侵染。在陇南等地形地势复杂的地方，病原菌可以在高海拔大蒜植株上越夏，分生孢子随气流传播到低海拔地区，侵染秋蒜。

四川省西昌早蒜在10月初开始发病，11月中旬出现传病中心，从苗期到鳞茎膨大期有两个发病高峰，分别在1月中旬和2月中旬。

病原菌较耐低温，空气相对湿度高或有水滴存在是孢子萌发与侵染的必要条件。四川省西部大蒜生长期温度适宜，叶斑病由苗期到鳞茎收获期均能发生，从病害始发期到盛发期田间小气候日均温在0℃以上，相对湿度80%以上。

栽培管理与发病也有密切关系。种蒜夹带病残体多，特别是以蒜渣作种肥或盖种肥的发病重。灌溉不当或田间积水，夜间叶面结露时间长，露量大，有利于病害流行。施肥种类也影响病情，单施尿素提苗、催苗的病重，施用农家肥的病轻。大蒜栽种密度过大，发病严重，产量降低。在川西西昌、德昌一带以每667m^2栽植7万～8万苗为宜。

【防治方法】 发病地区要及时处理病残体，减少初侵染菌源。要防止病残体、残屑随蒜种进入田间。加强栽培管理，合理密植，合理排灌，降低田间湿度。增施有机肥，避免偏施氮肥，增强蒜株抗病能力。种植抗病、轻病品种。在初发期及时喷药防治，防治的关键时期因地而异，四川秋播早、中熟大蒜的雅安、成都等地区在10～12月份，汉源、西昌早、中熟大蒜地区在9～11月份。有效药剂有43%戊唑醇悬浮剂5 000～8 000倍液，或10%苯醚甲环唑水分散粒剂1 500倍液，或40%氟硅唑乳油8 000倍液，或47%春雷·王铜可湿性粉剂800倍液，或30%氟菌唑可湿性粉剂3 000倍液，或2%春雷霉素水剂300倍液以及三唑酮、代森锰锌等。

4. 锈 病

葱柄锈寄生葱属植物，包括洋葱、大葱、细香葱、分葱、韭葱、胡葱、韭菜、大蒜、薤等，产生相似的症状。锈病分布广泛，多在生育后期发生，通常危害不重。但若大面积连片种植感病品种，或发病较早，可导致大流行，造成严重减产。

【症 状】 锈病主要发生在叶片、叶鞘和花茎上，蒜薹也可被侵染。病部最初出现椭圆形褪绿斑点，不久由病斑中部表皮下生出圆形稍隆起的黄褐色或红褐色疱斑，称为夏孢子堆。疱斑的表皮破裂翻起后，散出橙黄色粉末状夏孢子。夏孢子堆圆形、近圆形，长 2～3mm，宽 0.5～1mm，密度高时，可互相汇合成片，使叶片提前枯死。

植株生长后期，病叶上形成长椭圆形稍隆起的黑褐色疱斑，内部生有褐色冬孢子，称为冬孢子堆。

【病原物】 病原真菌为葱柄锈 *Puccinia allii*，该菌在葱属植物上产生夏孢子时期和冬孢子时期。夏孢子黄褐色或橙黄色，冬孢子黑褐色。葱柄锈菌夏孢子在 6℃～27℃范围内都能萌发，9℃～18℃最适，高于 22℃萌发减少，34℃时不萌发。夏孢子可耐受－16℃以下的低温。

【发病规律】 在温暖地区可周年发生，病原菌的夏孢子随气流和雨滴飞溅传播，在葱属蔬菜间辗转危害。冬季寒冷地区主要以菌丝和夏孢子堆在越冬大蒜，留种大葱植株上越冬。翌年侵染春播大蒜和其他寄主。冬季天暖多湿时仍能生长和侵染，但症状表现所需时间较长，发病率较低。有些地方，病原菌的夏孢子还可以在田间植物残体上越冬存活。春季气温回升后，越冬植株上产生新一代夏孢子，随风雨传播，侵染邻近植株和附近田块，在田内出现发病植株集中的区域，即“发病中心”，成点片状分布。在整个春季能多次侵染，3～4 月上旬病株率和病叶率缓慢上升，4 月中旬以后，气温和湿度适宜，病情增长很快，由点片发生发展到全田普发，进入主要危害期。春播大蒜收获后，主要侵染大葱、洋葱、韭菜等寄主并以菌丝体在病叶内越夏。秋季大蒜出苗后，又陆续侵染蒜苗，再度流行。有些地方秋苗发病早而重，在冬前就出现发病高峰。

田间发病的适宜温度为 10℃～23℃。空气湿度高，叶面有水滴，夏孢子方能萌发和侵入大蒜。在以春季流行为主的秋播大蒜栽培地区，春季 3～5 月份的雨日数和降水量是决定当年发病程度的关键因素，春季降水次数多，降水量超过常年水平，就有可能出现中度偏重流行或大流行。葱属蔬菜混作发病重。植株密度大，偏施水肥，田间郁蔽，或者地势低洼，易于积水都使湿度增高，有利于锈病流行。

【防治方法】

1. 栽培防病 选用抗病品种，淘汰高度感病品种。避免葱属蔬菜连作或间作套种。加强水肥管理，增强植株生长势和抗病能力。雨后及时排水，降低田间湿度。发病严重田块适时早收。

2. 药剂防治 早春查找发病中心，喷药封锁。以后视病势发展和降水情况，及时喷药。有效药剂有 25%三唑酮可湿性粉剂 2 000～3 000 倍液（或每 667m² 用药 40g），或 50%萎锈灵乳油 800～1 000 倍液，或 25%丙环唑乳油 3 000 倍液，或 43%戊唑醇悬浮剂 4 000～5 000 倍液等。

5. 霜霉病

霜霉病是大葱、洋葱的重要病害，南北各地普遍发生。在低温多雨年份，病害严重度迅速上升，叶片大量干枯死亡，严重减产。除大葱、洋葱外，葱属其他蔬菜，例如韭葱、分葱、细香葱、韭菜和大蒜等也可被霜霉病菌侵染。

【症 状】 霜霉病有系统侵染和局部侵染两类病株，其症状特点不同。系统侵染的病株是由土壤和种植材料传带的病菌侵染后所形成的，表现出全身性的症状。系统侵染病株产生病原菌孢子囊再度侵染健康植株，只在被侵染的部位出现症状，这称为局部侵染。

1. 洋葱的症状 系统侵染病株多在葱苗叶长 10cm 以后表现症状，病害由下叶向上叶，由外叶向心叶扩展，病叶全面长出白色或淡紫色绒毛状霉层，霉层出现初期叶色无明显变化，后来很快变为苍白色或淡黄色，湿度高时由叶片蔓延到叶鞘，叶鞘发黄枯死，严重时全株叶片逐层死亡，仅存嫩叶，嫩叶抽展后又再发病。病株矮化，叶片扭曲。由气传孢子囊引起的局部侵染病株，在叶片和花茎上生成椭圆形、长椭圆形稍凹陷的淡黄色至黄色大型病斑，边缘不明显，病斑表面生有初白色，后变为淡紫色的霉层。病叶枯萎，高湿时腐烂。叶片和花茎多由发病处折断。高温时产生较小的椭圆形白色坏死斑。病鳞茎外观无特殊症状，严重发病时变软，外层鳞片表面粗糙或皱缩。

2. 大葱的症状 系统侵染病株矮化，叶片扭曲畸形，叶片与花茎表面生一层疏松的绒毛状霉层。局部侵染的叶片和花茎上病斑卵圆形、椭圆形，大小不一，淡黄色，边缘不明显，潮湿时表面生绒毛状霉层，干燥时变为枯斑。叶片中下部发病，则叶片上方下垂干枯。

其他葱蒜类蔬菜发生类似症状。霜霉病的诊断特征为病斑黄白色，表生白色至淡紫色绒毛状霉层，病叶软化易折。但后期病部有时滋生腐生性真菌，出现黑霉，需注意鉴别。

【病原物】 病原卵菌为毁坏霜霉 *Peronospora destructor*，该菌菌丝在植物细胞间蔓延，在细胞内产生吸器，吸收养分。孢囊梗由气孔伸出，上生孢子囊。孢子囊单胞，卵圆形至梭形，淡褐色，集聚成肉眼可见的淡紫色霉层。孢子囊形成的适温为15℃，最低6℃，最高25℃，均需有90%以上的相对湿度。孢子囊发芽适温10℃，最低5℃，最高28℃。生长后期病叶组织内出现病原菌卵孢子。

【发病规律】 田间病残体中的卵孢子和鳞茎中的潜伏菌丝体为主要初侵染菌源。卵孢子在土壤内病残体中可存活数年。此外，洋葱病鳞茎表皮中带有卵孢子，葱类种子中有菌丝体潜伏，种子表面也可黏附卵孢子，但带菌种子能否传病尚未有定论。越夏或越冬的卵孢子以及鳞茎传带的菌丝体都能侵染幼苗，形成系统侵染病株。秋播葱苗染病后，菌丝在秋冬季节随生长点在体内蔓延，2～3月份即出现系统侵染症状。病部陆续产生孢囊梗和孢子囊。孢子囊随风雨和昆虫传播，接触叶片，在叶面水滴中萌芽，产生芽管，由气孔侵入，形成局部侵染。叶片和叶鞘发病部位的病菌向基部蔓延，引起鳞茎发病，孢子囊随雨水降落在土壤中也能侵染鳞茎。在适宜条件下可发生多次再侵染，形成大流行。

气象条件与霜霉病的发生有密切关系。凉爽高湿有利于病原菌发育和病害发生。孢子囊多在夜间形成，清晨成熟，白天飞散，但不耐干燥，寿命短，可随潮湿气流进行中、短距离传播。气温15℃左右，降水较多时最有利于发病。4月中旬至5月上旬(东北地区5～6月份)持续阴雨或经常出现重露大雾时，霜霉病可能大流行。地势低洼、大水漫灌、密植和生长不良的地块发病尤重。夏季温度高，发病受抑制。秋季发病程度也与雨量成正相关，灌水失当也诱导发病加重。秋季病重田块，翌年春季发病也重。

【防治方法】

1. 合理栽培管理 发病地避免连作，实行3～4年轮作。保持田园卫生，收获后彻底清除病残体，及时深耕。选用抗病、轻病、耐病品种，栽植健康母鳞茎或播种无病种子。选择地势平坦，排水方便的肥沃壤土作苗床和栽植地。雨后及时排水，土壤湿度高时，浅中耕散墒。合理密植，加强肥水管理，定植时淘汰病苗，早期拔除田间系统侵染病株，携出田外烧毁。

为抑制洋葱鳞茎在收获后继续发病，需合理收获和贮藏。在洋葱鳞茎顶部成熟后适时收获，收获后晾晒至鳞茎外部充分干燥后贮藏。收获贮运过程中应尽量避免损伤葱头。贮藏窖控制气温为0℃，空气相对湿度为65%，同时注意通风。

2. 药剂防治　苗期和发病初期喷药防治。常用药剂有58%甲霜灵·锰锌可湿性粉剂500～700倍液倍液，或64%杀毒矾可湿性粉剂500倍液，或25%甲霜灵可湿性粉剂800倍液，或72.2%霜霉威水剂800倍液，72%霜脲·锰锌可湿性粉剂800倍液等。每10天喷1次，连喷3～4次。为了增加黏着性，每10kg药液加中性洗衣粉5～10g。

关于霜霉病的防治指标，还缺乏研究。国外有人认为早春系统侵染病株率达到0.02%以上，可导致严重发生，需喷药防治。

另外，若洋葱、大葱的种子带菌率高，也可进行种子处理。用种子重量0.3%的72%霜脲·锰锌可湿性粉剂拌种，或用72.2%霜霉威水剂400倍液浸种30分钟，然后晾干播种。

6. 疫　病

疫病是大葱、洋葱、韭葱、韭菜、大蒜等蔬菜的常见病害，各地都有发生，但严重程度不同。韭菜受害最重，疫病引起韭菜叶片、假茎、鳞茎和根部腐烂，抑制植株生长，减少养分贮存。疫病对棚室栽培的韭菜危害更大，防治不力，甚至可能造成韭菜大量烂死。

【症　状】　葱类叶片多从叶尖开始发病，初生苍白色、灰绿色至浅黄色水浸状斑点，并迅速扩展，成为边缘不明显的灰白色大型病斑，纵向蔓延成长形白斑，宽度可达大半叶片或环绕叶身，致使半个或整个叶片萎垂，或在病斑处折断而枯死。高湿时，病部生稀疏的白色霉状物(病菌孢囊梗及孢子囊)。天气干燥时白霉消失,但撕开病叶,可见葱管叶内侧有绵毛状的白色菌丝体。有时病变局限于叶片端部,变白枯死,叶尖下垂或扭曲,有人称为“白尖病”。

韭菜一般多由下部叶片和叶片的下、中部开始发病,初现边缘不明显的暗绿色水浸状病斑,迅速扩大,可达到叶片的一半以上。病部组织失后水收缩,缢细,呈蜂腰状,叶片黄化或萎蔫下垂。湿度大时病部软腐,上生稀疏的白色霉状物。叶鞘出现暗绿色、浅褐色水浸状腐烂,易剥离脱落。鳞茎、茎盘、根状茎、须根等部位也表现浅褐色至暗褐色水浸状腐烂。病株根毛明显减少,很少发出新根,严重的根部腐烂,地上部分折倒或干枯。花茎受害也产生边缘不明显的水浸状病斑,暗绿色或浅褐色,病部腐烂缢细,花茎萎垂。潮湿时,叶片、花茎等患部表面长出稀疏的白色霉状物。

【病原物】 病原卵菌为葱疫霉 *Phytophthora porri*,烟草疫霉 *Phytophthora nicotianae* 等。葱疫霉侵染葱属植物和其他少数植物。烟草疫霉寄主范围广,还可侵染烟草、茄科蔬菜和多种果树等。

【发病规律】 病原菌在越冬病株上越冬,或者以卵孢子随病残体在土壤中越冬。在生长季节,葱类蔬菜发病后,在潮湿条件下病斑上产生大量病原菌的繁殖体(孢子囊和游动孢子),随风雨和灌溉水传播,着落在健康叶片上,在温度适宜并有水滴存在时侵入,引起再侵染。在生长季节中重复发生多次再侵染,病株不断增多。高温高湿有利于疫病发生,发病最适温度为 25℃～32℃,降水多,高湿闷热时发病重。

夏季是露地韭菜疫病的主要流行时期,夏季多雨年份发病发生大流行。以北京地区为例,7 月下旬至 8 月上旬为盛发期,以后随降水减少而流行减缓,10 月下旬停止发生。重茬地,老病地,土质黏重、排水不畅的低洼积水地块和大水漫灌地块发病重。

扣棚韭菜因棚内温湿条件适宜,昼夜温差大,发病早,病势发展快，受害重。北京地区3月中旬棚内温度常超过25℃，若通风不及时，浇水过量，湿度增高，韭菜幼嫩徒长，可造成疫病大发生。4月底5月初不去棚膜，或在棚内套种喜温蔬菜，疫病常局部严重发生。甘肃河西走廊设施韭菜多在12月下旬开始发病，3月中旬以后，随着外部气温升高，设施内高温高湿，韭菜容易徒长，发病也较为严重。

【防治方法】

1. 栽培防病　提倡轮作倒茬，育苗地和养茬地宜选择土层深厚肥沃，能灌能排的高燥地块，3年内未种过葱属蔬菜和烟草疫霉的其他寄主植物。苗床应冬耕施肥休闲，春季细致整地做畦。栽植地亦应深耕，施入腐熟有机肥，掺匀细耙。南方雨水多，应做高畦，畦周围筑水沟以便排水，做到大雨后不积水。

加强水肥管理，培养健株。应施足基肥，合理追肥。浇足底水，幼苗期先促后控，轻浇勤浇，结合灌水施入速效氮肥2～3次，以促进幼苗生长。韭菜苗高12～15cm后，应控水蹲苗，不追肥或少追肥，加强中耕除草，以培育壮苗、防止幼苗徒长倒伏。不从病田取苗，栽植健苗、壮苗，定植当年着重养根壮秧。

露地栽培的要避免大水漫灌和田间积水，做好雨季排涝。发病田块应控制或停止浇水。韭菜栽植密度大，田间郁蔽的还可采取“束叶”措施，即进入雨季前，摘去植株下层黄叶，将绿叶向上拢起并松松地捆扎，以避免叶片接触地面并促进株间通风散湿。棚室栽培的要严格管理，适时通风换气，降低温度和湿度，避免或减少叶面结露。

2. 药剂防治　发病初期及时喷药，对疫病有效的药剂较多，例如72%霜脲·锰锌可湿性粉剂600～800倍液，或69%安克·锰锌可湿性粉剂800倍液，或72.2%霜霉威水剂800倍液，或25%甲霜灵可湿性粉剂800～1 000倍液，或58%甲霜灵·锰锌可湿性粉剂500倍液，或64%杀毒矾可湿性粉剂500倍液，或40%

乙磷铝可湿性粉剂 300 倍液等。一般间隔 7～10 天喷一次，连续防治 2～3 次。

除喷雾施药外，也可在栽植时用药液蘸根或雨季始期用药液灌根。有的地方依据棚室韭菜疫病发生实态多次灌药，即在定植时淋灌甲霜灵药液，定植成活后再灌 1～2 次，以后在每次割韭后（最迟于新叶抽出时），各喷淋药液 1 次。

7. 灰霉病

灰霉病是韭菜、葱类和大蒜的重要病害，分布广泛，在田间常造成叶片大量霉烂，贮运期危害也很严重。侵染葱蒜类蔬菜的灰霉菌种类较多，有人还根据侵染部位和侵染特点的差异，将灰霉菌侵染引起的病害区分为灰霉叶疫病和灰霉颈腐病，前者主要危害叶片，后者主要危害鳞茎。

【症　状】 葱蒜类蔬菜叶片发病有 3 种主要症状，即白点型、干尖型和湿腐型。

1. 白点型 是最常见的症状类型，叶片两面出现白色至浅灰褐色小斑点，扩大后成为梭形至长椭圆形，病斑长度可达 1～5mm，潮湿时病斑上生灰褐色绒毛状霉层。后期病斑相互连接，致使大半个叶片甚至全叶腐烂死亡，死叶表面也密生灰霉，有时还生出黑色小菌核。

2. 干尖型 多从采收韭菜的刀口处开始腐烂，也出现在葱、蒜的中下部叶片的叶尖。病叶的叶尖初呈水浸状，后变为淡绿色至淡灰褐色，并向基部扩展，病部呈半圆形或“V”字形，后期也生有灰色霉层。大蒜还沿脉扩展成长条形大斑，严重时全叶枯死。下部叶片发病后，可继续蔓延到叶鞘和上位叶片。

3. 湿腐型 多发生在采收后和贮运期的韭菜上。韭菜叶片呈水浸状，变深绿色，湿腐霉烂，可使成捆的韭菜腐烂失形。病叶表面密生灰色至灰绿色霉状物，有刺鼻霉烂气味。

洋葱鳞茎多在成熟期和贮藏期发病。鳞茎颈部产生污褐色至暗紫色的凹陷干枯病斑，可扩大到整个鳞茎，并引起内部腐烂，潮湿时病斑表面密生灰霉。横切染病鳞茎，可见内部受害鳞片变褐色，有干缩现象，鳞片间有灰色霉状物和黑色片状菌核。有时鳞茎颈部产生多数菌核，呈硬痂状。患病鳞茎常被软腐细菌二次侵染而软化腐烂，有臭味。

大蒜的蒜头和蒜薹在贮运期也发生霉烂，详见本章“蒜头贮藏期病害”和“蒜薹贮藏期病害”。

【病原物】 危害叶片主要为葱鳞葡萄孢 *Botrytis squamosa*，该菌只侵染葱蒜类蔬菜。其菌丝生长温度 0℃～22℃，最适 14℃～16℃。菌核形成温度 15℃～27℃，随温度升高产生增多，27℃时最多，高于 30℃即不能形成。菌核黑色，直径 1～2mm，常 2～4 个聚生，薄形，紧密附于寄主组织上。分生孢子萌发需要水膜，相对湿度需达 90%以上。

危害叶片的其他灰霉病菌还有大葱葡萄孢 *Botrytis allii-fistulos*，葱细丝葡萄孢 *Botrytis byssoidea*，韭葱葡萄孢（大蒜盲种葡萄孢）*Botrytis porri*，灰葡萄孢 *Botrytis cinerea* 等。

【发病规律】 灰霉病菌随发病寄主越冬或越夏，也能以菌丝体和菌核在田间病残体上与土壤中越夏或越冬，都可成为侵染下一季寄主植物的重要菌源。在温湿度适合时，越季菌丝体产生分生孢子，分生孢子随风雨传播，接触植物体后，主要由伤口侵入，也可直接穿透表皮而侵入。菌核萌发产生菌丝体直接侵入，或产生孢子后再侵入植物。菌核和病株的带菌残屑也可混杂在种子间，随种子调运而传播。生长期中病株产生分子孢子随气流、灌溉水和农事操作而分散，引起多次重复侵染。刈割韭菜不仅有助于孢子分散传播，而且所造成的伤口，是病原菌侵入的门户。因而头刀韭菜发病较轻，2～3 刀韭菜发病逐渐加重。

灰霉病菌适应的温度范围较宽，低温高湿的环境条件最有利于灰霉病的发生。温度为9℃～15℃，相对湿度为75％时即可发病，20℃左右，相对湿度达90％以上时，病情发展迅速。但是在低温（0℃～10℃）下病原菌仍然活跃，仍可正常侵染，加之在较低温度下，植株生机减弱，发病加重。

冬春季棚室栽培韭菜，多采用密闭保温措施，棚内高湿，空气相对湿度达95％以上，棚膜滴水，叶面结露，加之光照不足，忽冷忽热，昼夜温差大，非常有利于灰霉病的发生，使灰霉病成为棚栽韭菜最严重的病害，初春即可达发病高峰期，防治不及时可能毁棚。

露地韭菜和葱类，在秋苗期即可被侵染，冬季病情发展缓慢，春季再度蔓延并达到发病高峰。冬春季阴雨日多，降水量大发病重。早春降水情况决定侵染菌量高低，而4～5月份降水天数往往是影响大面积流行的关键因素。

连作田和田间卫生状况不良，遗留有较多病残体的田块，菌源量大，发病早而重。凡是能提高田间湿度和不利于植株健壮生长的因素都有利于灰霉病发生。土壤黏重，排水不良，灌水不当，过度密植，偏施氮肥，植株衰弱，伤口、刀口愈合慢等情况都导致发病加重。

洋葱贮藏期灰霉病菌源主要来自田间发病和带菌的鳞茎。另外，贮藏加工场所附近堆积的病残体，腐烂葱头以及库房内滋生的灰霉菌也是重要侵染菌源。洋葱收获期遇雨或收获后没有晾干，贮藏期间湿度高都加重鳞茎腐烂。

【防治方法】

1. 选用抗病品种　品种间抗病性或受害程度有明显差异，应选用抗病、轻病品种。但是，由于缺乏系统的抗病性鉴定，现在还不能提出抗病品种的名单。据各地观察，韭菜品种克霉1号、791雪韭、寒冻韭、竹杆青、嘉兴白根、铁丝苗、黄苗、中韭2号、金勾、汉中冬韭等品种发病较轻。棚室冬春茬栽培宜选用抗病能力强、品质好、休眠期居中、耐低温弱光、低温下生长速度较快，适合覆盖栽培的品种。

2. 合理栽培管理　病地停种韭菜、蒜、葱类蔬菜，实行轮作。收获后要彻底清除病残体。韭菜扣棚前，也应清除田间病残体，每次收割韭菜时都应把清出的病叶携出销毁。多雨地区可推行垄栽和高畦栽培，雨季及时排水，防止田间积水。加强田间管理，实行健身栽培。韭菜在夏秋季要养好根，以提高抗病能力。扣棚后控制好温湿度，采取一切措施降低棚内湿度，使之保持在75%以下。这些措施包括升温降湿，适时通风换气，适当控制浇水，小水勤浇，勤中耕，松土散湿等。

栽培防病措施要因地制宜。据山东省寿光市经验，冬春茬棚室栽培韭菜，在扣棚前要搞好根株培养，扣棚后加强温湿度管理。日光温室韭菜栽培，采用育苗移栽养根。育苗床宜选择富含有机质的肥沃土壤。每667m^2施用充分腐熟的有机肥5 000kg、氮磷钾复合肥40kg作基肥，精细整地，使土壤与肥料充分混合，然后做畦。4月上旬播种，每平方米播种量10～15g。幼苗期加强管理，及时除草，株高达15～20cm时移栽。移栽地结合整地每667m^2施用腐熟优质圈粪5 000kg、氮磷钾复合肥100kg，做成垄畦或平畦移栽。定植后以促进缓苗为主进行管理。立秋后是肥水管理的关键时期，此期应每隔5～7天浇1次水，结合浇水，追施速效性氮肥2～3次，每667m^2施尿素10kg，以促进根茎膨大和根系生长。

在扣棚前清除枯叶杂草，并在土壤封冻前浇好冻水。扣棚后加强保温，加盖草帘子，通过中耕培土提高地温。白天温度控制在18℃～28℃，夜间8℃～12℃，不能低于5℃，要防止昼夜温差过大。高温、高湿时易徒长和烂尖，并诱发灰霉病，超过27℃，就必须通风排湿。头刀韭菜收获前4～5天适当通风，收割后闷棚升温，以促进韭菜伤口愈合。每次浇水后要及时通风，使湿度低于80%。由于塑料温室保湿性强，割头刀韭菜前可不浇水，在二刀收割前4～5天浇水，水量根据棚内温度而定，温度高水量可大些，反之要小些，浇水要在晴天上午进行。要合理施肥，头刀韭菜收获后，每次浇水时追施一次化肥，每667m^{2}施氮、磷、钾复合肥10kg。追肥后要及时通风，排除氨气，以免韭叶脱水烂尖。为防止韭菜硝酸盐污染，一般不追施含硝态氮的肥料。每次割韭前15～20天停止浇水施肥。

河南、河北等地的管护方法基本与山东相同。河南有的地方在韭菜扣棚后，棚内白天保持20℃左右，夜晚保持5℃以上，扣棚初期气温偏高，在中午前后通风降温。头刀韭收割后待新叶长到9～12cm高，棚温超过25℃以上时通风。以后每割一刀都要扒垄，晾晒鳞茎，待新叶长出后，结合浇水追肥并培土。

韭菜在夏秋季要养好根，以提高抗病能力。夏秋季揭棚后，不施肥，少浇水，及时割除嫩花薹，防止植株过旺生长，减少植株养分消耗，及时进行中耕，清除杂草，促进韭菜健壮生长。

3. 及时喷药防治　发病初期开始喷药防治。有效药剂可选用50%腐霉利可湿性粉剂1 000～1 500倍液，或50%异菌脲可湿性粉剂1 000～1 500倍液，或28%灰霉克可湿性粉剂（有效成分为乙霉威和百菌清）600～800倍液，或40%嘧霉胺悬浮剂1 000～1 500倍液，或70%代森锰锌可湿性粉剂500～800倍液，或50%多菌灵可湿性粉剂500倍液，或70%甲基硫菌灵可湿性粉剂800倍液，75%百菌清可湿性粉剂600倍液，或50%多霉灵可湿性粉剂1 000倍液等。间隔7～10天喷一次药，连续防治2～3次。韭菜施药要严格控制使用浓度和用量，掌握药剂使用的安全间隔期，防止或减轻农药污染。

棚室栽培还可用粉尘剂和烟剂，参见本篇第三章茄果类灰霉病防治。

8. 白腐病

白腐病为危害多种葱属蔬菜的一种土传病害，也称为黑腐小核菌病。大葱和大蒜受害最重，早期发病造成大量死苗，发病较晚的、假茎基部、鳞茎也因病腐烂，地上部枯萎。在甘肃南部大蒜产区病田蒜薹因病减产可达 30%～50%，蒜头减产可达 40%～60%。

【症　状】 病株须根软化腐烂，鳞茎和假茎基部初生水渍状病斑，迅速软化腐烂，潮湿时病部长出一层白色绒状菌丝体（白腐），后密生多数黑色颗粒状物，即病原菌的菌核。病株地上部通常先由外叶发病枯死，随后内叶变黄，严重时甚至整株叶片全部枯黄。单个叶片多从叶尖开始发黄，进一步扩展到全叶，叶鞘也变黄枯死。病株矮小，生长缓慢。因根部和叶鞘腐烂软化，病株很容易由土壤中拔出或折断。大蒜发病后不能抽薹或蒜薹发育不良。蒜头去皮后观察，蒜瓣上生凹陷病斑，有时下陷处可见白色菌丝，病斑周围无色或略变褐色。部分蒜瓣无症带菌，此类蒜瓣在 17℃～18℃下保湿培养 5～7 天后，蒜瓣表面出现病斑。

病原菌产生球形、扁球形的菌核，初白色后变黑色，内部浅红白色，多数长 0.3～0.5mm，数量多时，彼此重叠形成菌核块。某些菌系产生较大菌核，直径可达 1mm，但菌丝体稀薄，“白腐”症状不明显。

【病原物】 病原真菌为白腐小核菌 *Sclerotium cepivorum*，该菌的生长适温 15℃左右，25℃以上生长不良，菌核在 6℃以上萌发。

【发病规律】 病原菌主要以菌核在土壤中越夏或越冬，菌核可在土壤中长期存活。带病种蒜以及混有病田土壤或病残体的种蒜，也是主要初侵染菌源，且能远距离传病。现已发现病田生产的种蒜可能无症带菌，值得注意。白腐病还可随带有菌核或菌丝体的土壤、灌溉水、有机肥、农机具等再田间传播。

据发病大蒜田的系统调查，越冬菌源侵染蒜苗，发病后形成中心病株，中心病株产生的菌核不经休眠，在6℃以上和高湿条件下萌发，产生菌丝，引起再侵染，侵入根部和假茎基部。距离中心病株越近，发病越重，蒜头带菌率越高。

白腐病发病的适宜土温为10℃～20℃，低温高湿的条件适于发病，多雨或大水漫灌时病重。一般春末夏初病势发展较快，夏季高温期病情增长缓慢。多年连作葱属作物，地势低洼，长期积水和缺肥的地块发病重。地膜覆盖栽培可减少病原菌传播，减轻发病。

【防治方法】

1. 选用无病蒜种 不由发病地区调种，病田鳞茎不作种用。严防随带病母鳞茎传入无病地区和无病田块。

大蒜的种蒜在播前可行药剂处理，用福尔马林300倍液浸3小时，浸后及时洗净，晾干播种。也可选用50％拌种灵，50％福美双或50％异菌脲拌种，每100g药剂对水3kg，拌50kg种蒜。成县农技中心用种瓣重量0.2％的50％异菌脲可湿性粉剂或40％多菌灵胶悬剂拌种，效果较好。先按蒜种重量6％的用水量，配制药液，加入种蒜均匀搅拌，然后堆闷8小时，晾干后播种。

2. 实行轮作和减少菌源 避免葱属蔬菜连作，可与禾本科、十字花科、茄科、葫芦科等非寄主植物行2～3年轮作。老病区田间病残体要集中销毁，病田要深翻，实行地膜覆盖栽培。对不能轮作的发病地块要进行土壤处理。有的地方在播前15天，深翻地前每667m^2，均匀撒施5％粒满库颗粒剂10kg(防治线虫)，深翻后再喷施50％福美双600倍液100kg，并耙耱。初发病的地块在病株未形成菌核前，将病株连根拔出，移出田间烧毁或深埋。病株周围的土壤也需挖走深埋，客以无菌土壤。

3. 药剂防治 发病初期在田间出现零星病株时，及时施药防治。可选用50%多菌灵可湿性粉剂500倍液，或40%多菌灵胶悬剂600倍液，或75%百菌清600倍液，或50%甲基硫菌灵可湿性粉剂600倍液，或50%异菌脲可湿性粉剂1 000倍液，或20%甲基立枯磷乳油800～1 000倍液或75%蒜叶青可湿性粉剂1 500倍液喷雾。大蒜田于上午露水干后喷雾，每667m^2用药液量不少于75kg。每隔7～10天一次，连用3～4次。喷药时可加入0.2%～0.3%的磷酸二氢钾。此外，也可用50%异菌脲可湿性粉剂1 000～1 500倍液灌根。

9. 黑粉病

黑粉病仅局部地区发生，危害葱属植物，特别是洋葱，苗期多发，可使幼株发育不良或死苗。

【症　状】　主要危害洋葱的叶片、叶鞘、鳞茎和花茎各部位。被侵染的葱苗叶片发黄，稍萎缩。在叶和鳞茎等部位表皮下有银灰色稍隆起的条斑（病原菌的孢子堆），重者呈瘤肿状，内部充满黑褐色粉末（病原菌的孢子球），表皮破裂后散出。病苗多早期枯死。成株发病后叶萎缩屈曲。生长初期发病的很少能形成鳞茎。产生鳞茎的，鳞茎上也有黑色、隆起的条斑。

【病原物】　病原真菌主要为洋葱条黑粉菌 *Urocystis cepulae*（=*U. magica*）。

【发病规律】　病原菌以原垣孢子在土壤中和粪肥中长期存活。苗龄3周以内的洋葱最感病，此时病原菌主要由子叶基部接触土壤的部位侵入。在这一时期若气温为10℃～25℃，发病重，29℃以上不发病。带菌鳞茎和种子可远距离传病。

【防治方法】　病田与非葱属作物实行4～6年轮作，选用无病地育苗。选择适宜的播种时期和地点，使幼苗3周龄以前气温达到29℃以上，或者在气温高于25℃的季节播种。无病地区不由病区引种，严防随种苗传入。田间一旦发现病株，应及时剔除销毁。

在发病地区，种子可行药剂处理。用种子重量0.2%～0.3%的75%卫福可湿性粉剂，或种子重0.15%～0.2%的40%卫福胶悬剂拌种。还可用40%氟硅唑乳油4 000倍液，或43%戊唑醇悬浮剂4 000倍液浸种10分钟。

病田播种前处理可用12.5%粉唑醇乳油2 000倍液，或98%恶霉灵2 000～3 000倍液，或43%戊唑醇悬浮剂4 000倍液，或40%氟硅唑乳油4 000倍液喷浇苗床。

10. 软腐病

细菌性软腐病是蔬菜作物的主要病害之一，也危害葱蒜类蔬菜，不但在田间生长期间发生，在贮运期间还可继续发展，造成严重损失。

【症　状】 大葱、韭菜的假茎基部、须根，韭菜根状茎等部位多由根蛆造成的伤口发病，病部水浸状腐烂。洋葱在鳞茎膨大期，1～2片外叶基部近地面处出现苍白色水浸状病斑，进而软化腐烂，叶片下垂或倒伏。鳞茎颈部呈水浸状凹陷，鳞茎内部腐烂，腐烂部分汁液外溢，有恶臭。

大蒜先由地下假茎开始腐烂，随着病情发展，病株逐渐表现生长不良，矮小，叶失水萎蔫状，叶色变红，新叶难以抽出。最后重病株地下部分腐烂殆尽，地上部分枯死。稍轻者因假茎地下部分腐烂，不能分化蒜瓣，形成无瓣蒜头。

各种作物软腐病的共同特点是从植株伤口处首先开始发病，病部初呈浸润状半透明，以后黏滑软腐，有恶臭，出现污白色细菌溢脓。

【病原物】 病原细菌为胡萝卜果胶杆菌胡萝卜致病变种 *Pectobacterium carotovorum* subsp. *carotovorum*，危害多种蔬菜

和经济作物。

【发病规律】 病原细菌能随病残体在土壤中长期生存，也能在鳞茎中越季。在田间生长季节，病原菌可以通过雨水、灌溉水、带菌肥料、土壤、昆虫等多种途径传播，由伤口侵入。栽培管理粗放，植株生长不良或徒长，生育期延迟，鳞茎成熟度不足，病虫害严重时，较易发病。低凹地、连作地多病重。收获期降水多，鳞茎带泥土、潮湿，在贮运期容易发病。

【防治方法】 重病地避免连作，改种粮食作物。防治大蒜软腐病，应选用无病蒜种，种蒜去除须根保存过夏。播前用农用链霉素溶液浸蒜种 24 小时，每千克蒜种用药 200mg，浸后晾干播种。要加强栽培管理，施用净肥，培育壮苗，雨后及时排水，降低田间湿度。及时防治葱蓟马、种蝇等害虫，减少虫伤口。收获前 1 周停止浇水。在晴天收获，收获后鳞茎充分晾晒，在通风处贮藏。发病初期喷施 72%农用链霉素（或新植霉素）可溶性粉剂 4 000～5 000 倍液或其他有效药剂（参阅本篇第二章十字花科蔬菜软腐病）。

11. 病毒病害

侵染葱蒜类蔬菜的病毒很多，症状也较复杂，在田间多见黄化矮缩症状，因而也称为“黄矮病”、“萎缩病”等。病毒病害是大葱、洋葱、大蒜以及其他葱蒜类蔬菜的重要病害，各地普遍发生，在品种感病，毒源较多，环境田间适宜时可造成较大损失，轻者减产 20%～30%，严重的减产 60%～70%。大蒜是无性繁殖作物，多种病毒在体内逐年积累，导致种蒜严重退化，蒜头和蒜薹产量减低，外观和内在品质都严重下降。

【症　状】 葱类、韭菜等首先在新叶基部出现淡黄绿色的花叶斑驳，黄色条纹或长短不一的黄色条斑，严重时布满叶面，有的叶片扁而向下方扭曲。另一种常见叶片症状是叶片均匀变黄。病株生育不良，黄化矮缩，分蘖多，叶片细。洋葱多在育苗后期开始发病，病株生长缓慢，叶片扁平，波状，出现花叶症状或长条形黄斑，病株明显矮小。

大蒜病株叶片也有明显花叶和斑驳症状，有时还出现褪绿斑点或黄色条纹，叶片扭曲畸形，叶尖枯黄或叶片变色等症状。花叶症状在晚秋和早春最明显。病株矮小，鳞茎变小，蒜薹短而细。蒜薹薹苞上出现褪绿斑点或斑纹，薹茎上出现细小的褪绿斑点，白色或淡黄色。此种褪绿小斑点与匐柄霉侵染产生的早期病斑相似，但匐柄霉病斑在贮藏期可进一步扩大，造成蒜薹腐烂。

【病原物】 侵染葱蒜类蔬菜的病毒种类很多，田间发病往往是多种病毒复合侵染的结果，主要种类因地区和品种而不尽相同，国内已陆续有所报道，但缺乏系统的比较研究，现在还难以确指实际发生的种类及其地区分布。

1. 洋葱黄矮病毒（*Onion yellow dwarf virus*，OYDV） 侵染葱蒜类蔬菜，表现褪绿、花叶、黄条斑等症状，病毒粒体线状，由多种蚜虫进行非持久性传毒，可由病株汁液接触传毒。病苗，病株鳞茎带毒。该病毒发生普遍而重要。

2. 韭葱黄条病毒（*Leek yellow stripe virus*，LYSV） 发生普遍，侵染各种葱属植物，主要危害韭葱和大蒜，洋葱较少被侵染。在韭葱叶片上产生黄色条纹，叶片卷曲。大蒜幼叶上初生浅绿色条纹，后中下部叶片条纹变黄色。病毒粒体线状。在田间由蚜虫进行非持久性传毒，汁液接触传毒。病苗，病株鳞茎带毒。

3. 胡葱黄条病毒（*Shallot yellow stripe virus*，SYSV） 寄生胡葱等葱属植物以及台湾百合等，国内已发现于洋葱、大葱。引起褪绿、黄色条纹、坏死、畸形、矮缩等症状，依寄主、株系不同而异。病毒粒体线状。蚜虫非持久性传毒，汁液接触传毒。

4. 大葱黄条病毒（*Welsh onion yellow stripe virus*，WoYSV） 侵染葱属植物，主要寄主为大葱，有人认为是胡葱黄条病毒的一个株系(SYSV-Wo)。

5. 洋葱螨传潜隐病毒(*Onion mite - borne latent virus*, OMbFV)　侵染洋葱、大蒜等,病株表观无症或表现轻微黄色条纹。病毒粒体线状。由螨类(Aceria tulipae)传毒,汁液接触传毒,种子不传毒,可由鳞茎等无性繁殖材料传毒。

6. 大蒜普通潜隐病毒(*Garlic common latent virus*, GCLV)　寄生大蒜和多种葱属植物,单独侵染大蒜多不表现症状,与其他病毒复合侵染,表现花叶和黄化症状。病毒粒体线状,汁液接触传毒。

7. 胡葱潜隐病毒(*Shallot latent virus*, SLV)　即以前报告之大蒜潜隐病毒(Garlic laent virus),侵染大蒜、洋葱等无症,侵染韭葱,表现褪绿条斑。病毒粒体线状。蚜虫非持久性传毒,汁液接触传毒。

【发病规律】　各种病毒都可经由葱苗、鳞茎等无性繁殖材料传播,田间发病的毒源主要来自带毒母鳞茎、种蒜等。病区连续多年种植没有复壮或更新的品种,带毒率均高,可造成严重发病。各种病毒还可随带毒鳞茎的引种和葱蒜产品的调运,进行远距离传播。在田间,各种病毒可由汁液接触传播或介体生物传播。病株与健株叶片相互摩擦或田间作业造成了多数微伤口,病株带毒汁液接触健株,通过伤口传毒。传毒的生物介体有蚜虫、螨类等,依病毒种类不同而异。大多数病毒都可由多种蚜虫进行非持久性传毒。蚜虫传毒有一定的专化性。

苗期高温、干旱,有翅蚜迁飞多,附近有葱类毒源植物,则发病早而重。春季早播病轻,晚播病重。

病毒的发病程度与栽培管理也有密切关系。田间管理粗放,缺水少肥,植株生育不良,发病较重,减产幅度较大。间作套种不合理,附近毒源植物多,传毒蚜虫发生量大,发病重。老菜区毒源植物复杂,病毒积累多,传毒昆虫也多,往往是主要发病地区。天气高温偏旱有利于蚜虫发生，发病也重。

【防治方法】

1. 建立合理的种植制度 合理轮作，避免大面积多年连续种植葱蒜类蔬菜，实行合理的间作套种，减少葱蒜类蔬菜田附近的毒源植物和传毒蚜虫，不在葱类采种地或葱类栽植地附近育苗。

2. 加强栽培管理 选用抗病、轻病品种；调整播期，使苗期避开当地蚜虫迁飞高峰期，育苗期间若遇到蚜虫迁飞，应在苗床上覆盖尼龙纱或白塑料纱网避蚜；病田增施水肥，促进植株生长；苗期喷杀虫剂适时防治蚜虫、螨类等害虫；适当施用减轻病毒症状和诱导抗病性的药剂。

3. 种植无毒繁殖材料 建立良种繁育制度和无病留种基地，选留和供应健康种用鳞茎等无性繁殖材料。若尚未建立良种繁育体系，则可选择当地退化较轻的优良品种留种，或由相距较远，病毒较轻的地方调换优良品种。

大蒜品种多因病毒积累而发生退化，需大力推广使用无毒或病毒含量低的种蒜，对此已有许多好的做法，下面予以简单介绍。

(1)*无病留种* 在田间选择健壮植株留种，选留的优良植株要单独收获，收获后再选出符合该品种特性的优良蒜头。中选蒜头单独晾晒，单独编辫，单独收藏。栽蒜前再选出大瓣播种。

(2)*利用气生鳞茎* 繁殖病毒含量低的气生鳞茎(蒜珠)作种用。在蒜头完全老熟，植株干枯时，剪下薹苞单贮。翌年播种气生鳞茎获得独头蒜，再播种独头蒜，第三年可获得健壮饱满的分瓣蒜作种。

(3)*利用脱毒种蒜* 当前主要用茎尖培养结合热处理的方法进行脱毒，获得无毒种蒜。该法先将幼苗或鳞茎在相对高温下处理(37℃恒温干热处理 30 天)，以钝化病毒，然后剥离蒜芽，切取 0.1～0.9mm 茎尖分生组织，用系列培养基培养，诱导茎尖分生组织分化，成芽生根，获得试管苗或小鳞茎，驯化后移至防虫网室中定植，或在无特定毒源的开放地区种植扩繁。

大蒜鳞茎以37℃恒温干热处理30天后作茎尖剥离，脱毒率达60％～80％。栽培脱毒大蒜的防病增产效果优异，脱毒蒜比未脱毒的蒜头增产30％～110％，直径5cm以上的蒜头率增长20％～90％，脱毒效果一般可保持4年。

12. 洋葱鳞茎贮藏期病害

洋葱鳞茎在贮运期间发生多种病害，条件适宜时鳞茎大量腐烂。有时虽然不发生严重腐烂，但病害污损了葱头外观，大大降低了商品价值。另外，洋葱头还是远销和出口的重要农产品，鳞茎病害具有检疫重要性。

【症状和病原物】 洋葱鳞茎主要病害有以下几种。

1. 青霉病 鳞茎的颈部、肩部、中部或底部都可发病，初现近圆形或不规则形水浸状病斑，略凹陷，苍白色。以后病部软化湿腐，密生蓝色、青灰色或绿色霉层，即病原菌的菌丝和孢子。撕开外层鳞片，可见内层鳞片上也出现变色腐烂斑块。病原菌为青霉属真菌（*Penicillium* spp.）。

2. 灰霉病 多从颈部开始发病，鳞茎颈部产生污褐色凹陷的病斑，可蔓延到内层鳞片，使之软化腐烂，继而可扩大到整个鳞茎，潮湿时病斑表面密生灰色霉状物，后期鳞茎表皮下生黑褐色片状菌核，直径1～5mm。横切染病鳞茎，可见内部受害鳞片变褐色，有干缩现象，鳞片间有霉状物和菌核。有时鳞茎颈部可产生多数菌核，呈硬痂状。患病鳞茎常被软腐细菌二次侵染而软化腐烂。病原菌为葱腐葡萄孢 *Botrytis aclada*（＝*Botrytis allii*）和其他葡萄孢属真菌。

3. 黑霉病 鳞茎的颈部或肩部先发病，先在外层干鳞片尖发展，然后进入邻近内层鳞片。初现近圆形或不规则形水浸状病斑，若环境条件干燥，病鳞片干枯皱缩，撕开外层鳞片，可见有乌黑的粉状霉层，生有大量黑粉状物（分生孢子）。病部也可能被软腐细菌再次侵染，使病鳞茎软化湿腐。病原真菌为黑曲霉 *Aspergillus niger* 和其他曲霉属真菌。

4. 炭疽病 鳞茎外侧鳞片或颈部下方生圆形稍凹陷的褐色病斑，病斑上生多数黑色小粒点，排列成圆形轮生，可向四周和内层鳞片扩展，使之变褐腐烂，深度可达鳞茎的 1/3 以上，严重时整个鳞茎腐烂。另外，在发生较轻时，仅鳞茎表面散生黑色小粒点，略高于表皮，需仔细检查方能发现。病原真菌为葱刺盘孢 *Colletotrichum circinans*。

5. 干腐病 病鳞茎须根脱落，茎盘变褐，连接茎盘的鳞片底部变色腐烂。条件适合时，发病部位迅速扩大并深入内层鳞茎，以致整个鳞茎干腐，皱缩塌陷，最后消失殆尽。病鳞茎上生有粉白色至粉红色霉。病原菌为多种镰刀菌。

6. 污斑病 鳞茎颈部和肩部发生较多。表皮上生出许多形状、大小不一的黑斑，病斑长度小的不足 1mm，大的可达 5mm 左右，有时多数黑斑连成一片。病斑不能透过表皮侵染鳞茎内部，也不引起腐烂，仅严重污损鳞茎外观。病原菌为枯叶匍柄霉 *Stemphylium botryosum*。

7. 细菌性软腐病 鳞茎颈部呈水浸状凹陷，鳞片软化腐烂，进而整个鳞茎腐烂。腐烂部分不变黑，有汁液外溢，有恶臭。病原菌是胡萝卜果胶杆菌胡萝卜致病变种 *Pectobacterium carotovorum* subsp. *carotovorum*。

【发病规律】 洋葱鳞茎发病的菌源来自田间或贮运场所，发病态势比较复杂。部分洋葱鳞茎可能在田间已经被侵染，但尚未出现表观症状，入贮后症状显现。还有一些鳞茎带有病菌，入贮后在适宜温度、湿度条件下，病原菌经由表皮伤口或茎盘侵入，导致发病和表现症状。在蔬菜贮运场所，往往遗留许多残株烂叶，滋生大量病菌，洋葱入贮后，就可被侵染。新发病鳞茎产生的病原菌孢子，通过气流或与健全鳞茎接触而传播，也是重要的侵染菌源。

上述各种病原菌在田间均有发生，近成熟期鳞茎的须根、茎盘、颈部等都可能被侵染，贮运期间病情进一步发展。洋葱鳞茎在收获、加工和贮运过程中都可能被病原菌污染，鳞茎表面黏附大量病原真菌孢子或细菌菌体。若洋葱鳞茎具有较多机械伤口、虫伤口，入贮后很容易发病。鳞茎含水量高，贮藏期间通风不良，空气潮湿，温度过高等都有利于发病。

以炭疽病为例，高温、高湿是炭疽病入贮后继续发病的主要条件，病原菌适生温度5℃～28℃，最适温度13℃～20℃。在高湿条件下，窖温上升到5℃以上，病鳞茎上的病原菌开始活动，侵染病斑下方的鳞片组织，使之开始表现水浸状腐烂，温度升高到10℃～15℃，腐烂加快，经7～10天，鳞茎就可全部腐烂。鳞茎表皮上的分生孢子盘，产生分生孢子，传染周围鳞茎，扩大发病。

【防治方法】

1. 搞好田间防治　搞好田间病虫害防治，不但可以减轻鳞茎发病和减少菌源，还能减少虫伤口。这都有助于减轻贮藏期发病。另外，在田间还应避免过晚施用氮肥，不过晚灌水，以提高鳞茎品质，减少含水量。

2. 搞好入贮准备　适时收获，要在晴天采收，操作时要不磕不碰，轻拿轻放，尽量避免洋葱鳞茎受到机械损伤。鳞茎要充分晾晒后贮藏，将选好的鳞茎摊开呈单层，在阳光下暴晒10～12天，至鳞茎外部干燥，上端干涸封顶时，方可晾置冷却，准备入贮。收获后用35℃热空气干燥处理鳞茎，可减少灰霉病。入贮时还要严格淘汰发病、有虫、受伤的葱头。入贮前还要搞好贮藏场所、容器、货架、用具的清洁和消毒。

3. 合理贮藏　贮藏期间要薄层摊放，保持鳞茎外皮干燥，防止淋雨发潮，适时通风降温，及时检查清除发病和腐烂的鳞茎。贮藏环境要保持较低的贮藏湿度和温度，相对湿度保持在 65%左右，温度保持 0℃～5℃。

13. 蒜头贮藏期病害

蒜头（大蒜鳞茎）在贮藏调运期间常发生严重的病害，造成蒜头腐烂和污损，大幅度降低其商品价值和种用价值。常见的蒜头贮藏期病害有青霉病、灰霉病、曲霉病、红腐病和黑腐病等。

【症状和病原物】

1. 蒜头青霉病 蒜头的部分蒜瓣或全部蒜瓣发病。蒜瓣上生黄褐色条形或不规则形病斑，病斑凹陷，向内部腐烂，多个病斑汇合后，形成较大的变色区，以后腐烂部分不断扩大，蒜瓣皱缩失重。发病蒜瓣上长出青绿色霉状物。发病蒜头的商品价值和种用价值都严重降低。本病由多种青霉菌（*Penicillium*）引起。

2. 蒜头灰霉病 蒜头的部分或全部蒜瓣发生褐色腐烂，逐渐失水而使蒜头萎缩空瘪，发病蒜头表面密生灰色霉状物。本病严重降低蒜头的商品价值和种用价值。病原真菌为灰葡萄孢 *Botrytis cinerea*，韭葱葡萄孢（大蒜盲种葡萄孢）*B. porri*，葱鳞葡萄孢 *B. squamosa* 等。

3. 蒜头曲霉病 蒜头鳞皮灰暗，内部蒜瓣腐烂。有的仅个别或少数蒜瓣被破坏，有的全部被破坏，蒜头变成空包，鳞皮破裂后散出黑色粉末状物，即病原菌的分生孢子。病原真菌为黑曲霉 *Aspergillus niger* 等。

4. 蒜头红腐病 多由根部发病蔓延到鳞茎基部。蒜瓣上生黄褐色不规则形的凹陷斑，后期病斑周围往往变褐和软化，病部干腐，并逐渐扩展到整个蒜瓣，蒜瓣干枯抽缩。发病蒜瓣上生橙红色霉状物。病原菌为多种镰刀菌。

5. 蒜头黑腐病 发病蒜头有一个或多个蒜瓣表现明显症状，

蒜瓣上生形状不规则的黑色凹陷病斑，病斑与健康部分交界清晰，表面有稀疏黑色霉状物。病斑下的蒜肉组织变黑腐烂。多数罹病蒜瓣由邻近茎盘的部位首先显症，出现浅黄褐色水浸状病斑，几天后病斑变黑色。此后病斑变黑部分向蒜瓣顶部扩展，表面出现霉状物，蒜肉组织黑腐，腐烂部分逐渐深入。最后整个蒜瓣干缩，直至消失殆尽。病原真菌为葱埃里砖隔孢 *Embellisia alli*。

【发病规律】 蒜头贮藏期病害种类多复杂，发生规律不尽相同。初侵染菌源有的来自田间，有的来自贮藏处所。有些病害在田间已经发生，在贮运期间进一步发展。例如，引起红腐病的镰刀菌在田间侵害蒜株根部，造成根部腐烂，在贮运期间由根部蔓延到蒜头基部，蒜瓣变黄褐色而干枯。但是，贮蒜病害的病原菌腐生性较强，分布很广，蒜头不论在田间，还是在贮运过程中都可被病原菌污染。贮运条件对蒜头病害的发生起着关键作用。蒜头内在质量较差，生活力降低或收获贮运期间受到机械损伤，都是发病的重要内在因素。贮藏期间通风不畅，蒜头受潮发热则是主要的外部条件。

【防治方法】 防止或减轻蒜头贮藏期病害，首先应搞好有关病害的田间防治，减少田间菌源。在此基础上，合理收获和贮藏蒜头。

1. 适时收获 当大蒜叶片变为灰绿色，底叶枯黄脱落，蒜头基本长成时，就应适时收获。收获过早，蒜头幼嫩，富含水分，贮藏后易干瘪。收获过迟，拔蒜秧时蒜瓣容易散落。收蒜时要不磕不碰，轻拿轻放，以免蒜皮、蒜瓣受到机械损伤，有利于病原菌侵入。

2. 及时晾晒 起出的蒜要捆扎好，及时晾晒蒜秧，同时保护蒜头，避免阳光灼伤或使蒜皮变绿。晾晒 2～3 天，茎叶失绿并干燥后，即可编辫。晾晒时还要防雨、防潮、防热、防磕碰。

3. 合理贮藏 晾晒后淘汰受伤、生虫、发霉、污损的蒜头，按蒜头大小分别编辫，晾晒蒜瓣，充分干燥后挂在蒜棚内。在蒜棚内注意遮阳、防雨、防潮、防热和通风。立冬后气温下降，可运至贮藏室内，室温 0℃左右，注意通风，防止温度过高而受热，并要防止低温冻害。用堆藏法贮藏时应在蒜头晒干后，留茬 2～3cm，剪去假茎，在贮藏室内堆贮或贮放于容器中，也要保持通风和低温。

14. 蒜薹贮藏期病害

贮藏蒜薹腐烂是由多种病原真菌侵染引起的复合型病害，主要病原菌在不同地区有所不同，但都降低贮存蒜薹的品质，甚至引起大量霉烂，造成重大损失。当前以蒜薹匍柄霉腐烂病和灰霉腐烂病最重要。

【症状和病原物】

1. 蒜薹匍柄霉腐烂病（白斑腐烂病） 病原菌为膨胀匍柄霉和枯叶匍柄霉。薹茎和薹苞上初生多数白色圆形小斑点，直径 1mm 左右，有时病斑略呈黄色，变色部位仅限于表皮。采收时薹茎上密生此类白色斑点，仅少数病斑有所扩大，成为椭圆形白斑，稍凹陷，但不发生组织腐烂。入库贮存至 10 月中旬，即入贮120～150 天后，病斑已有明显扩展，成为黄褐色的椭圆形、梭形凹陷斑，直径达 3～5mm，进一步浸润状向周围扩展，形成褐色长条形凹陷斑，继而产生严重湿腐，薹茎单侧腐烂凹陷或环绕薹茎腐烂，病部缢细。病部可滋生多种腐生菌，加重腐烂。

2. 蒜薹灰霉腐烂病 病原菌为多种葡萄孢属真菌，造成烂梢、烂薹、烂基。多从薹苞和梢部开始发病，向下蔓延。薹茎上初期生成水渍状不规则形或长条形单侧凹陷黄褐色病斑，后软化腐烂，生出灰色霉状物，有时产生黑色小菌核。腐烂部分可绕薹一周，使之明显缢缩。由薹尾发生者形成鼠尾状烂薹，严重时整个薹茎软化霉烂。本病的主要识别诊断特征为病部软腐，产生灰霉，并有强烈霉味。

3. 其他病原菌引起的腐烂　软腐细菌、链格孢、青霉菌、曲霉菌、镰刀菌(半裸镰刀菌、燕麦镰刀菌、串珠镰刀菌等)等都可引起蒜薹腐烂,多复合发生。软腐细菌引起水浸状湿腐,有臭味。链格孢主要发生在薹梢,生黑色斑点,严重的整个薹梢变黑发霉,薹条上较少发病。其他真菌侵染也产生不同颜色的霉状物。

【发病规律】　造成蒜薹腐烂的病原菌来源较复杂,大致可区分为田间菌源和贮藏库内菌源。田间菌源主要为已侵入蒜薹内部的病原菌,其次为蒜薹表面附着的病菌孢子。引起匍柄霉腐烂病的膨胀匍柄霉在蒜株抽薹后就已侵入薹茎和薹苞,在贮藏期间进一步扩展并造成蒜薹腐烂。在贮存期间还可发生新的侵染。葡萄孢(灰霉菌)和软腐细菌在田间也发生多量侵染。不仅如此,蒜薹表面携带的多种葡萄孢菌以及其他多种真菌(链格孢、镰刀菌、青霉菌等)在冷库内或者可以发生新的侵染,或者可在已有病斑上滋生,加重腐烂。库房内货架上、墙壁上,各种器物上带有多种病原菌,也是引起蒜薹腐烂的重要菌源。

大蒜连作田块和管理粗放的田块,茎叶部和薹部病害多,在整个生育期陆续发生,菌源量大。抽薹阶段田间湿度高,雨水多,病情严重,病薹数量增多,特别是已经被侵染但采收时尚未表现症状的病薹多,蒜薹表面附着的真菌孢子也多,从而奠定了贮藏期间蒜薹大量发病的菌源基础。田间病残体少的轮作地块,精心管理和及时防治病虫害的田块,蒜薹病害少而轻,带菌带病入库少,贮藏期病害轻。干旱年份和干旱地区田间发病轻,蒜薹腐烂也较轻。

采收过早,蒜薹表皮角质层尚未发育完全,抗病能力差,又因生长旺盛,呼吸强度较高,易造成损伤和脱水,有利于病菌侵染。采收过晚,薹茎基部木质化,薹尾衰黄,贮藏期薹尾枯死,有利于寄生性较弱的病原菌滋生和侵染。采收质量差,伤痕多,特别有利于病菌侵染,发病重。

蒜薹贮存温度以 0℃左右最为适宜。温度过高,蒜薹加速老化，温度长期低于－0.5℃，蒜薹呼吸受抑，出现代谢障害，僵硬起泡。造成灰霉腐烂的葡萄孢很耐低温，在0℃左右仍能繁殖和侵染，高温老化和低温伤害的蒜薹抗病性降低，易霉烂。空气湿度高有利于病原菌活动和侵染蒜薹。库房温度突然降低，常在贮蒜塑料袋的塑料薄膜上结露，滴露打湿蒜薹，常引起病菌侵染。因此，应防止库房温度的剧烈波动。危害蒜薹的病原真菌皆为好气性，在含氧量较低和二氧化碳气体含量较高的条件下，病原菌生命活动缓慢，生长受抑。但是，蒜薹对二氧化碳气体的耐受力亦有限度。有些品种的蒜薹在二氧化碳浓度达到15%以上，含氧量低于1%时，可能出现中毒症状，蒜薹上出现黄色小斑点，可扩大为水渍状，不规则凹陷斑，散发出酒精气味，因腐生真菌和细菌滋生而腐烂。库内卫生条件差，未经消毒处理，遗留病原菌数量多也有利于发生蒜薹腐烂。

【防治方法】

1. 搞好田间防治 抽薹前及时防治叶部病害，特别是匍柄霉叶枯病和灰霉病，减少病薹数量，提高蒜薹品质。

2. 消毒杀菌 贮藏前用药物进行库房消毒能减少库房内部菌源量。恒温冷库的消毒措施包括：①清扫库房，用0.3%～0.5%漂白粉水液擦洗货架和支撑物。②硫磺粉熏蒸，硫磺用量为每立方米10g。先将硫磺压细，加2倍锯末，多点分布，暗火点燃，熏蒸24小时后通风散气。③用1%甲醛液喷洒墙角、架缝、地角等处。

3. 适时采收 贮藏的蒜薹要在品质脆嫩、色泽鲜绿，组织未硬化，基部未纤维化，气生鳞茎未发育、未膨大时采收。采收宜在晴天午后进行，应精细操作尽量减少损伤和划薹，提高采收质量。

4. 分级入贮 采收的蒜薹应及时分级，细致加工，尽快入库冷藏，以减缓蒜薹衰老过程，减少病变和抑制有害微生物活动。根据蒜薹外观、品质和病虫损伤程度划分等级。一等蒜薹除外观和品质符合标准外，应没有各类病斑，没有虫伤和破损。二等蒜薹仅有轻微病斑或机械损伤。三等的有较严重病害或损伤。一等蒜薹适于长期贮存，二等的可短期贮藏，三等的不宜贮存。入贮蒜薹分级贮放，淘汰薹苞膨大，老化变质，严重病、伤和萎蔫的蒜薹，去掉残留叶鞘，剪掉薹苞上端干黄梢和蒜薹基部干萎部分。

5. 合理贮藏　加工好的蒜薹在0℃±0.5℃温度下预冷36时，再定量装入塑料袋中，封口后上架贮存。贮藏期间应合理调控温度和气体成分。温度应保持在0℃±0.5℃范围内，库房内相对湿度前期应保持在90%～95%，中后期80%～85%，塑料袋内90%～95%，应避免塑料布或蒜薹上形成水滴。塑料袋内的气体成分贮存前期氧气占1%～3%，二氧化碳气体占12%～14%，后期氧气占2%～4%，二氧化碳气体占10%～12%。这一气体比例有利于抑制真菌生长，降低蒜薹呼吸强度。氧气含量低，二氧化碳过高，可能对蒜薹造成毒害。

在入库预冷期和贮藏中期分别用杀菌剂浸蘸薹尾，待药液晾干后再装袋封口。有效药剂40%噻菌灵可湿性粉剂600倍液，或50%异菌脲可湿性粉剂600倍液，或50%腐霉利可湿性粉剂1 000倍液等。

15. 葱蒜类蔬菜其他病害

葱蒜类蔬菜其他病害及防治，详见表2-14。

表 2-14　葱蒜类蔬菜其他病害及防治

病　名	症　状	发生规律	防治方法
菌核病 *Sclerotinia sclerotiorum*	鳞茎基部和下部叶片变褐腐烂，病部密生灰白色棉絮状菌丝体和鼠粪状黑色菌核，长度 3～7mm，宽度 1～4mm	土壤中菌核和病残体是主要初侵染菌源，带菌土壤、繁殖材料、农具、病株与健株接触等都能传病。发病适温 18℃～20℃，需高湿条件	换种禾本科作物或其他非寄主植物 2 年以上；清除病残体，深翻或行土壤淹水，减少菌源；清选种子，汰除菌核；发病始期及时选喷腐霉利、乙烯菌核利、噻菌灵、甲基立枯磷、菌核净、甲霉灵、异菌脲等
小粒菌核病 *Ciborinia allii* (＝*Botryotinia allii*)	根部、鳞茎、假茎基部腐烂褐变。下部叶片、花梗由先端开始变黄，逐渐向基部发展，成为长形大斑。病叶枯萎下垂，变白易碎，表皮下生有多数不规则的薄片状黑色小菌核，大小为 1.5～3mm×1～2mm	病原真菌以菌核随病残体在土壤、土杂肥中越季，种蒜也带菌传病。发病适温 15℃，春、秋季多雨年份病重。连作，低凹，土壤酸性、黏重、透水性差的地块发病较多	轮作，清除田间病残体，深耕土地；选用无病蒜种或用腐霉利拌种蒜瓣；施用净肥，适量浇水，雨后及时排水，保持地面干燥；发病初期用菌核净、腐霉利等药剂对水喷施或灌浇

续表 2-14

病　名	症　状	发生规律	防治方法
白绢病 *Sclerotium rolfsii*	根、根状茎、假茎基部变褐腐烂，生有白色绢丝状菌丝体和油菜籽状小菌核，初白色，后变茶褐色。病株初期叶片干尖变黄，外叶枯黄脱落，后整株萎蔫倒伏	病原真菌的小菌核在土壤和病残体内越冬，可随土壤、雨水、灌溉水、农家肥等传播。高温、高湿多发，连作田、积水高湿田、酸性土壤发病重	与水稻、小麦、玉米等禾本科作物轮作，施用净肥，播种不带菌种子或种子过筛除去小菌核。田间早期拔除病株，浇灌三唑酮、丙环唑等杀菌剂药液
炭疽病 *Colletotrichum circinans*	在叶片和花茎上形成梭形、不规则形褐色病斑。在大蒜、洋葱鳞茎外侧鳞片或颈部下方生圆形稍凹陷的褐色病斑，引起鳞茎腐烂。病斑上散生或轮生黑色小粒点	病原真菌随病残体或病鳞茎越冬。生长季节有多次再侵染。发病温度 4℃～34℃，适温 26℃，鳞茎生长期多雨年份发病较重。低洼地、排水不良地块病重	与非葱类作物轮作，栽培抗病品种。在发病初期和雨季前喷施甲基硫菌灵、百菌清、炭疽·福美等药剂
白粉病 *Leveillula taurica*	叶片上生椭圆形粉斑，具白色或灰色霉层，后期散生小黑点（子囊壳），病叶黄化早衰	病原真菌随病残体越季，也可能由杂草或其他越冬寄主提供初侵染菌源	发病初期及时喷施三唑酮、硫磺悬浮剂等杀菌剂
球腔菌叶斑病 *Mycosphaerella allicina*	病叶从先端向下枯黄，散布多数黑色菱形病斑，病斑上聚生许多小黑点，即假囊壳	病原真菌随病残体越冬，侵染下一季作物。植株遭受冻害后或缺肥，长势弱时发病重。生育后期凉爽多雨病情有明显增长	搞好田间卫生，清除病残体。加强水肥管理，培育壮株，高感品种发病较早时，可在防治紫斑病时予以兼治

续表 2-14

病 名	症 状	发生规律	防治方法
尾孢菌叶斑病 *Cercospora duddiae*	叶片上初生近圆形黄色小斑点，后发展成椭圆形、长条形浅褐色病斑，周边褪绿。叶片尖端的病斑汇合成灰褐色斑块，造成干尖。高湿时病斑上生灰色霉状物	病原真菌随病残体或鳞茎越季。病株产生分生孢子，随风雨传播，引起再侵染。多雨高湿时发病增多	参考紫斑病的防治
叶点霉叶斑病 *Phyllosticta allii*	叶片上生卵形、椭圆形病斑，初水浸状暗绿色，后变黄褐色，略凸起，后期病斑上多数黑色小粒点	病原真菌随病残体越季。病株产生分生孢子，随风雨传播，引起再侵染。夏、秋多雨高湿时多发	一般不需单独防治，可在防治其他叶部病害时予以兼治
镰刀菌基腐病 *Fusarium oxysporum* f. sp. *cepae*	须根黑褐色或红褐色腐烂脱落，茎盘变褐腐烂，并可扩展到鳞茎，病部生白色霉状物。病株叶片从尖端开始变黄枯死	病原真菌的厚垣孢子在土壤中越冬，病残体、带菌鳞茎、病苗等也能传病。病原菌直接侵入或通过伤口侵入，高温、高湿时病重	实行4年轮作，彻底清除病残体，种植抗病品种，使用无病母鳞茎和种蒜，用多菌灵、恶霉灵等药剂处理土壤，发病初期用药液灌根

续表 2-14

病　名	症　状	发生规律	防治方法
根结线虫病 *Meloidogyne* spp.	幼嫩的须根最易受害，导致须根膨肿，根尖肿大，形成瘤状根结。根结初白色，表面光滑，后变褐色，粗糙。须根少而扭曲，植株生长缓慢瘦弱，叶尖枯死	以卵和幼虫在土壤与病残体中越冬。若有适宜寄主，可周年危害。线虫随带虫土壤、菜苗、植株残体、未腐熟农家肥以及灌溉水，农机具等传播。二龄幼虫侵入寄主植物新根，引起发病	不在上茬蔬菜发虫严重的地块种植葱蒜以及其他蔬菜，改种禾本科作物或施用杀线虫剂
腐烂茎线虫病 *Ditylenchus destructor*	病株矮化，新叶上产生淡黄色小斑点。叶片基部和鳞茎顶部变软，外部鳞片干枯脱落，最外层的肉质鳞片撕裂呈白色海绵状。病鳞茎被细菌或真菌第二次侵染后发生腐烂，有异臭	病原线虫寄主广泛，在多种植物的茎、鳞茎、球茎、块茎、叶片的薄壁组织内取食。以卵、幼虫或成虫在土壤、病残体、病鳞茎中越冬，可随植物材料和土壤远距离传播	严格检疫，防止传播，不引进带虫鳞茎、种苗；病田与玉米、小麦、高粱、棉花、花生等非寄主作物实行3年以上的轮作；清除病株、白生苗和杂草；土壤施用克线磷颗粒剂，鳞茎用克线磷药液浸泡处理

第八章 薯芋类蔬菜病害

薯芋类蔬菜是指以块茎、根茎、球茎、块根等地下器官供食用的一类蔬菜，主要种类有马铃薯、姜、山药、芋、魔芋等。马铃薯晚疫病、环腐病、青枯病、病毒病、姜瘟病、芋疫病，魔芋白绢病等都是具有典型意义的重要病例。本章以这些病害为主，系统介绍薯芋类的常见病害。

1. 马铃薯晚疫病

晚疫病是马铃薯最重要的病害，多雨而冷凉的地方发病特别严重。一般发病田块，病株率可达 40%～80%，流行年份全田毁灭。染病块茎除在田间腐烂外，窖藏中病情还会进一步发展，严重的造成毁窖。用病薯作种薯，幼芽、幼苗腐烂致死，造成缺苗断垄。该菌除马铃薯以外，还危害番茄，也侵染其他茄科植物。

【症　状】 最初下部叶片的叶尖或叶缘出现水浸状小病斑，扩大后成为圆形、半圆形的大病斑，暗绿色至污绿色，周边有黄色水浸状晕圈。潮湿时病斑外缘有一圈稀疏的白色霉状物，宽为3～5mm，病斑背面的霉层更明显。病斑可以扩展到主脉或叶柄，叶片萎蔫下垂。最后整个植株湿腐，变黑色。在连续高湿条件下，病情发展迅猛，病株叶片由下向上枯死腐烂，恰如开水烫过，全田枯焦一片，发散出一种特殊的酒精气味。

天气干燥时病斑褐色，不产生白色霉状物，扩展受到抑制。在难以确诊时，可摘下有新鲜病斑的枝叶，用水浸湿后放入塑料袋中保湿培养一夜，若是晚疫病，病斑上出现白色霉状物，可与其他叶斑病区别。

茎部很少直接受到侵染，但叶上病斑可顺着叶柄扩展到茎上，产生暗褐色至黑色条斑，潮湿时条斑上也生出白色霉层。

块茎表面产生淡褐色或灰紫色不规则形病斑，稍凹陷。严重时病斑汇合，占据大部薯面。剖开块茎，可见病斑下面的薯肉出现深浅不一的褐色坏死部分。病变深入内部后，薯肉水浸状变褐腐烂，与周围健康组织界限不明显，以后还可能感染细菌或腐生真菌而软腐发臭。

【病原物】 卵菌病害，病原菌为致病疫霉 *Phytophthora infestans*。该菌在病斑上产生无性繁殖器官孢囊梗和孢子囊。该菌有多个生理小种，其致病性不同，可侵染不同的马铃薯品种。

【发病规律】 在北方和高海拔寒冷地区，晚疫病菌主要以菌丝在种薯中越冬，成为下一季主要初侵染菌源。播种后，重病种薯完全腐烂或不能出苗。只有少数轻度病薯能够出苗，但幼芽和幼茎已经在萌发和出苗过程中，被晚疫病菌侵染，出土后茎基部有病斑。在潮湿条件下，病斑上形成白色霉状物，就是病原菌的无性繁殖器官孢囊梗和孢子囊。

由越冬病菌初次侵染而产生的病株很少，多在0.05%左右，一般不超过0.1%，这些病株叫做“中心病株”。中心病株上产生的孢子囊，随风、雨和流水向周围传播，着落在健康叶片上，发生再侵染，使病株不断增多。在中心病株发现后10天检查，有90%以上的病株，分布在中心病株周围1000m^2 的范围内，仅10%的病株距中心病株较远。这样经过几代再侵染，就可能造成全田发病。早期发现和控制中心病株，是防治晚疫病的关键措施。

除了种薯上的病原菌通过茎部病斑蔓延到地上部，引起初侵染，形成中心病株以外，还有人发现，土壤中的病原菌可以直接侵染叶片。土壤中的病原菌，可能随中耕除草或培土起垄，由土层深处被翻到土壤表面，然后直接接触或被雨水溅泼到植株下部叶片上，进而侵入叶片。

病残体中的晚疫病菌存活时间短，也不耐低温。在北方一季作地区，田间由上一年遗留的病残体中，病原菌已经死亡。温室和大棚中的患病番茄以及田间和薯窖附近的自生病苗，则有可能给大田发病提供菌源，需作具体分析。在二季作地区，春薯遗留田间的病残体和染病的自生薯苗，可以提供秋季发病的初侵染菌源。在终年温暖的南方，晚疫病菌在各茬马铃薯或茄科作物间辗转危害，没有明显的越冬现象。

凉爽多雨的气候最适于晚疫病流行。病原菌孢子囊形成的温度范围为16℃～22℃，相对湿度接近100%。孢子囊有间接萌发和直接萌发两种萌发方式。低温高湿时孢子囊间接萌发，生出游动孢子。这种孢子有2条鞭毛，可以在水中游动，停止游动后，萌发产生芽管，芽管经由气孔或穿透表皮而侵入植物。若温度较高，孢子囊直接萌发，产生芽管而侵入。叶片表面有露水，孢子囊才能萌发和侵入。在6℃～15℃（适温10℃～13℃），孢子囊萌发产生游动孢子，经3～5小时即可侵入；高于15℃（适温20℃～24℃），孢子囊直接萌发，产生芽管，经5～10小时后侵入。侵入后温度为20℃～23℃时，菌丝在马铃薯体内扩展最快，潜育期最短；超过30℃，病原菌活动严重受抑。有人指出，只要连续48小时保持相对湿度75%以上，气温10℃以上，就会发生侵染。尽管初侵染菌源很少，但只要气象条件适宜，阴雨连绵，病情增长很快，2～3周后晚疫病普发。

有的地方地上部茎叶发病不重，但地下块茎严重腐烂，引起块茎发病的病菌来自地上。茎叶上的晚疫病菌可以通过多条途径侵染块茎。一是孢子囊从发病茎叶上被风雨带走，降落到土表，在水湿条件下萌发，产生游动孢子，又随雨水渗入土壤，侵染靠近土表的块茎。此时多雨低温（16℃以下）最适于发病，而培土则显著减少块茎发病，培土两次更好。二是菌丝沿着茎部向下转移而侵染块茎。三是在马铃薯收获时，通过健康块茎与病茎叶、病块茎或带菌土壤的接触，病原菌污染健康块茎，进而由伤口或皮孔侵入健康块茎，使之在贮藏中发病腐烂，通常入贮后3周达到发病高峰。收获时茎叶散布孢子多，块茎伤口多，入贮后温度适宜，块茎发病重。

不同的马铃薯品种，对晚疫病的抗病性不同。同一马铃薯品种，不同生育期的植株，抗病性也有差异。通常芽期感病，以后抗病性逐渐增强，到现蕾期又复减弱，开花期最敏感。田间多从开花期开始严重发病。植株地上部的抗病性与块茎的抗病性之间，没有明显的相关性。例如，东农303和克新4号植株地上部感病而块茎抗病，克新1号却是植株抗病，块茎感病，可发生严重烂薯、烂窖。该菌有多个致病性不同的生理小种，小种的改变，往往使马铃薯品种的抗病性失效，沦为感病品种，酿成晚疫病大发生。

【防治方法】 防治晚疫病应以使用抗病品种为主，合理施药为辅，实行综合防治。

1. 使用抗病品种 已有较多抗晚疫病的马铃薯品种，可供选用。国外引进的抗病品种有疫不加(波友1号)、疫畏它(波友2号)、米拉(德友1号)、阿奎拉(德友3号、中寨黄皮)、卡皮拉(德友7号)、白头翁(块茎抗)、克疫(老不死)、金冠等。国内选育的抗病品种有：黑龙江的克新2号、克新3号、克新4号(块茎抗病)、克新7号、克新10号、克新11、东农303、黑龙江1号、黑龙江3号等；河北的跃进、虎头、坝薯9号、坝薯10号、冀张薯3号等；山西的晋薯2号、晋薯3号、晋薯4号、晋薯5号、晋薯7号、同薯3号、同薯5号、系薯1号等；辽宁的金坑白等；吉林的春薯1号、春薯2号、春薯3号等；甘肃的胜利1号、陇薯2号、陇薯3号等；宁夏的宁薯5号等；青海的高原1号、高原2号、高原3号、高原4号、青薯168号等；陕西的沙杂1号、沙杂15号、文胜4号、安农5号(块茎抗病)、安薯56号、西薯1号等；内蒙古的乌盟684、乌盟601、乌盟623、内薯2号、内薯3号等；四川的万芋9号等；湖北的双丰收、新芋4号、鄂芋783-1等；广东的五台白、丰收白等。

各地抗病的农家品种有滑石板、老林洋芋、阿斯、河坝洋芋、黄麻子、小叶子、小白梨、大白花、大山包红皮、广灵里外黄、水城转心红、龙山白皮、威 28、岷县 15、炉霍红洋芋、元叶青、倮波书波、靖县洋芋子等。

在选用抗病品种时，除了要考虑其产量水平、品质、适应性、生育期以及其他重要因素外，在抗病性方面要注意以下几点：①各科研单位选育的和由国外引进的品种，多具有小种专化抗病性，只能抵抗一定的晚疫病菌小种。不同地区的小种类型不同，品种的抗病表现也不相同。若小种有所改变，抗病性也发生改变。在选用品种时应就此向农技、种子部门或科研单位咨询；②抗病品种并非全不发病，不同的抗病品种，抗病程度也有所不同。应根据当地晚疫病发生的严重程度，合理确定所需抗病性水平；③应全面考虑品种的地上部抗病性和块茎抗病性，有些品种两者并不一致；④注意品种对其他重要病害（例如，病毒、青枯病、黄萎病、疮痂病等）的兼抗性。

2. 选用无病种薯 无病留种，播前严格检查并剔除病薯，以减少田间初侵染菌源。必要时种薯可用杀菌剂处理。58%甲霜灵·锰锌可湿性粉剂，72%霜脲·锰锌可湿性粉剂都可按用种薯重量的 0.3%拌种薯块。

3. 加强栽培管理 薯田应清沟排渍，雨后及时排水，降低田间湿度。要控制氮肥用量，增施磷、钾肥，增强植株抗病性。发现中心病株后，必须立即清除。为预防块茎发病，应进行 1～2 次厚培土。病田割秧晒地两周后收薯，收薯时精细操作，减少块茎伤口。

4. 合理施药防治 当前可用于防治马铃薯晚疫病的药剂很多，常用的有甲霜灵系列杀菌剂、铜制剂、有机硫杀菌剂等。

除叶面喷雾外，有些地方还采用了其他施药方式。例如，药液灌根、拌药土根施等，这些施药方法都需按照当地实际情况，对效果、成本和操作难易各方面加以比较后选用。例如，25%甲霜灵可湿性粉剂用 800～1 000 倍液喷雾，或用 500～800 倍液灌蔸，也可拌药土根施，即每 100g 药拌干细土或煤灰 20～25kg，穴施后盖土。58%甲霜灵·锰锌可湿性粉剂用 400～500 倍液喷雾，或用 500 倍液灌根。

喷雾施药还可选用 69%安克·锰锌可湿性粉剂 800～1 200 倍液，或 72%霜脲·锰锌可湿性粉剂 600～800 倍液，或 72.2 霜霉威水剂 600 倍液，或 64%杀毒矾可湿性粉剂 400～500 倍液，或 40%三乙膦酸铝 300 倍液，或 50%多菌灵磺酸盐可湿性粉剂 600～800 倍液，或 70%代森锰锌可湿性粉剂 500～600 倍液，或 86.2%氧化亚铜可湿性粉剂 1 200～1 600 倍液，或 77%氢氧化铜湿性粉剂液 500～750 倍液等。代森锰锌、氧化亚铜、氢氧化铜等药剂主要有保护作用，在发病前喷布效果最佳。

药剂防治的成败取决于能否适时施药。利用叶面喷雾方式施药，通常在田间中心病株出现后立即喷施，间隔 10～14 天再次喷药，共防治 2～3 次。也可根据病情发展情况，确定两次用药的间隔天数和防治次数。为了及时喷药，必须搞好田间病情监测，以及时发现中心病株。检查中心病株时，通常在上层叶片上只能发现个别或少数病斑，但拨开株丛，就可在下层叶片找到较多病斑，茎基部有从地下蔓延上来的条斑。有些地方，田间发病的初侵染菌源并非来自本田，而是附近田块。发病初期就出现较多零星分散的病斑，发生于上部叶片。在这种情况下，需赶在外来菌源大量到来之前喷药。

晚疫病菌易于产生抗药性。长期单一使用甲霜灵，病原菌产生抗药性，药效下降。为防止或延缓抗药性晚疫病菌产生，应轮换、交替使用化学成分不同，且无交叉抗药性的药剂。例如，甲霜灵与霜脲·锰锌或铜制剂轮换、交替使用。

2. 马铃薯早疫病

早疫病是茄链格孢引起的真菌病害，各地都有发生，一般减产10%左右，严重时全株枯死，减产较大，且病株块茎食用品质降低。病原菌还侵染番茄、茄子、辣椒等茄科蔬菜，发病和损失都较严重。在北方一季作地区，早疫病多在7月份以前发病，比晚疫病早，所以称为“早疫病”。

【症　状】 叶片上的症状最明显，叶柄、茎、块茎、果实等部位也都可发病。叶片上初生黑褐色、形状不规则的小病斑，直径1～2mm，以后发展成为暗褐色至黑色，直径3～12mm，有明显同心轮纹的近圆形病斑，有时病斑周围褪绿。潮湿时，病斑上生出黑色霉层。通常植株下部较老叶片先发病，逐渐向上部叶片蔓延。严重发生时大量叶片枯死，全株变褐死亡。

发病块茎上产生黑褐色的近圆形或不规则形病斑，大小不一，大的直径可达2cm。病斑略微下陷，边缘略突起，有的老病斑表面出现裂缝。病斑下面的薯肉变紫褐色，木栓化干腐，深度可达5mm。

本病容易诊断，通常下部叶片发病早而重，病叶上产生特征明显的病斑，黑色，有轮纹，病斑上生黑色霉层。

【病原物】 病原真菌为茄链格孢 *Alternaria solani*，该菌除马铃薯外，还侵染其他茄科植物。菌丝生长适温为26℃～28℃，最低1℃～2℃，最高37℃～45℃。形成分生孢子的适温为19℃～23℃。在较高的温度下，分生孢子萌发很快。

【发病规律】 病原菌随病株残体、病薯越冬，或度过不种植马铃薯的季节。在温湿条件适宜时，产生分生孢子，侵染下一茬马铃薯幼苗，引起田间发病。病原菌还可以危害大棚和温室栽培的番茄、辣椒等蔬菜，度过冬季，侵染春、夏季的大田马铃薯。在生长季节，马铃薯叶上病斑产生的孢子，可由风、雨、昆虫等分散传播，侵染四周的健康植株。叶面湿润时，降落在叶片上的孢子萌发，由气孔和伤口侵入，几天后就形成新的病斑，病斑上又产生孢子，分散传播。在一个生长季节里，可以反复发生多次侵染，以致造成全田发病。

降水有利于孢子形成，雨后 2～3 天，空中飞散的孢子数量明显增多，孢子传播高峰期后 10～20 天，田间发病数量急剧增多。生长早期雨水多，有利于早疫病流行。重茬地，邻近棚室番茄、辣椒的田块，菌源较多，发病早而重。土壤瘠薄，植株脱肥，生长不良，抗病性降低，发病加重。

【防治方法】 在马铃薯病虫害综合防治体系中，早疫病是兼治对象。我国许多马铃薯栽培品种，对早疫病具有一定程度的田间抗病性，发病不会很重。在发病条件特别适宜的地区和大发生年份，仍需专门防治。

1. 栽培防治 常发地块应加强栽培管理，采取合理灌溉，清沟排渍，低洼地高畦种植，合理密植等措施，降低田间湿度，改善通风和光照条件。要合理施肥，施足基肥，及时追肥，增施磷、钾肥，防止植株脱肥早衰，提高抗病性。还要清除田间病残体，搞好邻近番茄、辣椒等茄科蔬菜早疫病的防治，减少菌源。

2. 药剂防治 发病初期及时喷施杀菌剂，有效药剂有 70%代森锰锌可湿性粉剂 500～600 倍液，或 75%百菌清可湿性粉剂 600 倍液，或 77%氢氧化铜可湿性粉剂 500 倍液，或 50%异菌脲可湿性粉剂 1 000～1 200 倍液，或 50%敌菌灵可湿性粉剂 500 倍液等，可供选用。一般每 7～10 天喷一次，连续喷 3～4 次。另外，还可用 86.2%氧化亚铜可湿性粉剂1 200～1 600 倍液，间隔 10～15 天喷一次。

3. 马铃薯癌肿病

癌肿病是马铃薯的毁灭性病害，分布在云南、贵州、四川诸省局部高寒阴湿地区，但有扩大发展的潜在危险性。癌肿病可大幅度降低块茎产量，并使块茎品质劣变，失去食用、种用和饲用价值。据病区调查，重病田可减产70%～80%。

【症　状】 主要危害块茎、匍匐茎和地下茎。在高度感病品种上也危害叶、花、茎、根诸器官。发病部位组织增生，形成大小形状不一的柔软肿瘤。

块茎上多以芽眼为中心，产生多个豆粒大小的肿瘤，外形像花椰菜的花球，有的整个块茎变为一个大肿瘤。肿瘤初为白色或淡黄色，后期褐色，破裂后呈现泥块一样的表面，被杂菌污染后腐烂发臭。茎基部也生出花椰菜状的肿瘤，并不断向周围扩展，以至包围整个茎基部，有的露出地面，变为绿色。肿瘤腐烂后留下凹凸不平的疤痕。匍匐茎上长出成串卵形癌肿，有的生在一侧，有的环绕匍匐茎，严重时匍匐茎枯死，不结块茎。

感病品种病株地上分支处、叶腋处、枝尖、幼芽都可长出密集的卷叶状肿瘤，初绿色，后变褐腐烂。叶片、花梗、花萼、果梗上长出无叶柄的丛生小叶，像鸡冠，叶背最多，使叶片变黄，进而变黑，最后腐烂脱落。有些品种的根端和根的中部也产生肿瘤。根上肿瘤小的如油菜籽，大的直径超过1cm，白色半透明，似水疱，后期变褐色。一条根上可以产生多个肿瘤，连成一串。

【病原物】 为内生集壶菌 *Synchytrium endobioticum*，是一种低等真菌，菌体简单，但生活史复杂。在发病马铃薯膨大细胞内，病原菌先后形成原孢囊堆和孢子囊堆，每个孢子囊堆分割产生成4～9个淡色、近球形的孢子囊。孢子囊成熟后，吸水膨胀，寄主细胞破裂。孢子囊逸出马铃薯细胞而萌发，生出200～300个有单鞭毛的卵圆形游动孢子。游动孢子侵入健康马铃薯细胞，形成肿瘤，又在被侵染的细胞内形成原孢囊堆和孢子囊堆。在春、夏两季，不断重复以上过程，发生多次再侵染。天气低温干旱时，出现外形与游动孢子相同的配子，两性配子交配，产生双鞭毛的结合子，接合子也能侵入马铃薯细胞，引起细胞膨大，但在其中形成褐色、厚壁、近球形的休眠孢子囊。休眠孢子囊越冬后，在适宜条件下，萌发产生游动孢子。游动孢子趋近并侵入寄主细胞，引起当季第一次侵染，即初侵染。

癌肿病菌的主要寄主是马铃薯，但也能侵染其他茄科植物。有多个形态相同，致病力不同的生理小种。

【发病规律】 病原菌随病薯远距离传播，并引起田间初侵染。有人发现，马铃薯抗病品种罹病后不产生明显的肿瘤，但体内也生成病原菌的休眠孢子囊，潜在带菌，不易辨识，传病的危险性较高。

在发病田块，病原菌的休眠孢子囊随病残体在土壤中越冬。休眠孢子囊抗逆能力很强，一般在土壤中存活 5～6 年，有的存活 16～20 年，最长的甚至存活 30 余年。休眠孢子囊经过牲畜的消化道也不死亡。病田的自生马铃薯苗，混有病残体的农家肥料，病区马铃薯加工厂的污水、废料等都有可能提供初侵染菌源。

病原菌的休眠孢子囊越冬后，在适宜条件下萌发，释放出大量游动孢子，趋向并侵入马铃薯表皮细胞。该菌主要由伤口、皮孔、气孔侵入，也可以穿透马铃薯表皮细胞而直接侵入。低温、高湿、土壤通气性好适于休眠孢子囊萌发和侵入。在一个生长季节中，病原菌多次产生孢子囊和游动孢子，反复进行再侵染，使病株增多，病情加重。在贵州省毕节地区，一个生长季节发生两次侵染。第一次在 4 月下旬至 5 月上旬，第二次在 7 月中下旬。

如前所述，癌肿病菌主要通过引种与调种，随病种薯远距离传播，进入无病地区。附着在种薯表面的带菌土壤也可能造成远距离传播。带有病土的农机具、带菌农家肥、农事操作和流水等都可能使病原菌在田块间和田块内近距离传播。

在栽培感病品种的地区，气象、栽培条件、地形地势等都是重要流行因素，决定了癌肿病的轻重。病原菌休眠孢子囊、孢子囊的萌发，游动孢子的释放、扩散和侵入，都发生在温度适宜，土壤水分饱和的条件下。在马铃薯生长季节中，雨量 600mm 以上，地温 12℃～24℃，土壤 pH 3.9～8.5，最有利于发病。据调查，四川省各发病县份，共同的气候特点是凉爽、雾多、雨日多。在 3～8 月份马铃薯生长期间，降雨量最多达 855.3mm，最少也有 519.1mm，平均 668.1mm。降雨量多于 5mm 的雨日数平均有 55 天。地面温度最高 24.9℃，最低 16.9℃，平均 22.4℃。在上述条件中，雨量和雨日数是决定因素。

海拔高的地方，气候冷凉湿润，适于发病。四川省发病地区最高海拔高度为 3 600m，最低 1 680m。海拔 2 500m 以上，发病面积最大。山区坡向对发病也有影响。一般阴坡病重，阳坡病轻。阴坡日照较短，温度较低，土壤湿度较高，非常有利于发病。马铃薯连作地病重，轮作地病轻。自生马铃薯较多的病田发病较重，清除了自生薯的田块较轻。

【防治方法】

1. 使用无病繁殖材料 使用不带菌的健康种薯和其他繁殖材料，不由病区引种，不使用病区来源的种用块茎和其他繁殖材料。严格执行《马铃薯产地检疫规程》，建立无病种薯生产基地，生产无病种薯。

2. 种植抗病品种 抗病品种有米拉、金红、119-3、卡久、黑皮阿坝、凉薯 97、抗疫白、西北果、疫不加、阿奎拉、卡它丁、七百万、费乌瑞它等。

3. 栽培防病 病田停种马铃薯和茄科作物，改种麦类、玉米、油菜、向日葵、白菜、萝卜、亚麻、豆类等非寄主作物，实行 4 年以上的轮作。加强田间管理，彻底清除病残体和自生薯，高厢畦植，增施钾肥，酸性土壤适当施用石灰。发现病株后立即拔除，挖出已形成的种薯，深埋或烧毁。

4. 施药防治　于出苗70%至齐苗期，应用20%三唑酮乳油1 500倍液浇灌，如果水源困难，可分别在苗期和蕾期用20%三唑酮乳油2 000倍液喷雾一次，每667m^{2}喷对好的药液50～60kg。另外，还可选喷50%多菌灵磺酸盐可湿性粉剂600～800倍液，或69%安克·锰锌可湿性粉剂800～1 000倍液，或72%霜脲·锰锌可湿性粉剂600～800倍液。

4. 马铃薯黑痣病

黑痣病又称为丝核菌茎基腐病，我国南北都有分布，马铃薯整个生育期间都能发生。甘肃高海拔冷凉山区发生较普遍，平均病株率10%～15%，重病田块茎带菌率28.4%～43.7%。

【症　状】　主要危害茎基部和块茎。幼苗出土后不久，地面上下的茎基部产生一个至数个红褐色椭圆形凹陷斑，以后色泽变深，扩大并绕茎一周，包围茎基部。在潮湿情况下，病斑上生出一层淡淡的白霉。根部受害，产生褐色斑点，严重时根系死亡。病株叶片变黄或卷曲，新芽变红，叶腋处形成气生块茎。病原菌有时侵染芽尖，幼芽或幼苗变黑腐烂，与晚疫病难以区别。

块茎上以皮孔为中心，形成褐色病斑，其后干腐，或变成疮痂状而龟裂。有的只在块茎表面形成土粒状黑色小菌核，菌核长1～5mm，散生或聚生。贮藏期间块茎病情可进一步发展。

【病原物】　病原真菌为立枯丝核菌 *Rhizoctonia solani*，寄主范围广。菌丝生长温度最低4℃，最适23℃，最高32℃～33℃，菌核形成的最适温度23℃～28℃。

【发病规律】　病原菌以病薯上的菌核或残留在土壤中的菌核越冬。带菌种薯是翌年主要初侵染来源，并能远距离传病。春季种薯发芽后以及秋季块茎收获期前最易发病。气温15℃～21℃，湿度适宜，有利于病原菌侵染。播后地温低，发芽出苗慢，发病多。黏重土壤和酸性土壤发生较重。

【防治方法】 防治黑痣病的主要方法是使用无病种薯，或种薯播前用药剂浸种消毒，常用药剂有0.5%福尔马林液，或0.1%福美双药液和0.1%多菌灵药液。要适期播种，培育壮苗，避免因播后地温过低，发芽出苗阶段延长，芽苗衰弱。加强田间管理，增施磷、钾肥，雨后及时排水等措施都有利于减轻发病。

5. 马铃薯粉痂病

国内南北多个省区有发生，20世纪50年代福州连作薯田根部发病率曾达99.3%，薯块发病率达40.7%，云南省东北部、湖北省西部山区也曾大面积发生。

【症　状】 粉痂病危害马铃薯植株地下部分。根部产生豆粒大的瘤状物。块茎表面最初出现褐色小疱斑，近圆形，针头大小，周围有宽1～2mm的半透明环，边缘清楚。以后扩大成为直径3～5mm的隆起疱斑。发病部位的病健组织之间形成木栓化的环，致使疱斑表皮破裂，反卷，散出褐色粉末状，疱斑部分凹陷露出空洞。这种症状称为“粉痂”。土壤潮湿时，病变部分可深入薯肉，变色皱缩，常感染杂菌，引起干腐。

【病原物】 病原菌为粉痂菌属的马铃薯粉痂菌（*Spongospora subterranea* f. sp. *subterranea*），原属真菌，后划入原生动物界。除马铃薯外，还寄生番茄等茄科植物的根、茎，生成肿瘤。马铃薯病块茎疱斑中的褐色粉末，为病原菌的休眠孢子囊堆，是由许多休眠孢子囊构成，为海绵状中空球体。该菌可传播多种植物病毒。

【发病规律】 病原菌以休眠孢子囊在种薯、土壤或农家肥中越冬，在土壤中可生存5年。休眠孢子囊萌发后产生游动孢子，这种孢子有鞭毛，可以游动，接触马铃薯块茎后，鞭毛收缩，变为变形体，从皮孔或伤口侵入。各年发病程度主要取决于初侵染数量。病原菌随带病种薯、带菌土壤、粪肥、雨水、灌溉水等传播。

黏重和酸性的土壤，土壤温度 16℃～20℃，湿度 90%左右适于该菌侵染和发病。夏季凉爽，雨水多的年份发病重。马铃薯品种间抗病性有明显差异。

【防治方法】 防治粉痂病应选用无病种薯或行种薯消毒处理。种薯消毒方法有：①用稀释 200 倍液的福尔马林液浸湿种薯，然后用塑料薄膜或草袋覆盖闷种 2 小时，用清水冲净，晾干后播种。或用福尔马林液加温浸种，即用 45℃药液浸种 10 分钟。②温汤浸种，用 55℃热水，浸种薯 15 分钟。已经发芽的种薯，在温汤浸种时芽子会受到损伤。因而已发芽的种薯，在处理后应贮藏一定时间，待新芽生出后再播种。③用 2%盐酸液浸种 5 分钟。另外，重病田需与非茄科作物进行 5 年轮作，施用未混有病残组织的农家肥。田间要高畦栽培，清沟排渍，避免大水漫灌，增施磷、钾肥。酸性土壤要施用石灰，以减轻发病。要种植新芋 4 号、鄂芋 783-1 或其他抗病、轻病品种。

6. 马铃薯疮痂病

又叫普通疮痂病，最早发现于德国，以后随种薯扩散到世界各地。我国早有发生，在北方二季作地区对秋季马铃薯危害较重。本病主要危害块茎，但不深入薯肉。鲜薯外观变劣，满布疤痕，商品价值降低。在块茎膨大期发病，又遇阴雨潮湿，会引发其他真菌或细菌侵染，导致块茎腐烂而减产。

【症　状】 块茎上初生褐色隆起的小斑点，扩大后中央凹陷，周缘向上凸起，表面皱缩粗糙，呈疮痂状，褐色至黑褐色，直径可达到 0.5～1cm，病斑之间可相互愈合。病斑下产生木栓组织和离层，发病部分较浅，除去木栓组织后，成为深 3～4mm 的凹坑。有时仅为黄褐色小斑，数量很多，覆盖整个薯面，或稍隆起，中心凹陷，有少量木栓组织。有时病株的根上形成大小不等的肿瘤，可变成溃疡。贮藏期间病薯易发生干腐病。

【病原物】 为疮痂链丝菌 *Streptomyces scabiei* 等，系链丝菌属的原核生物。菌体丝状，很细，有分枝，末端螺旋状，可连续分隔，形成圆柱形孢子。该菌也侵染甜菜、萝卜、胡萝卜等作物。

【发病规律】 病原菌可以长期在土壤中和病残体中存活，病土、病薯和混有病残体的农家肥是病原菌的主要初侵染源。由于种薯可以带菌传病，无病地或未种过马铃薯的田块，播种带病种薯后就可能发病。疮痂病菌通过马铃薯块茎上的皮孔、气孔或伤口侵入。病原菌只在块茎膨大初期才能侵入，一旦形成了木栓质的周皮，就不能侵染了。

疮痂病发生的温度范围为 11℃～30℃，适温 20℃～22℃。通气性好的中性至微碱性沙质土壤适于发病，温度较高，较干燥时发病较重。低温高湿和酸性土壤对病菌有抑制作用。

【防治方法】

1. 种植抗病品种 尚缺乏正规抗病性鉴定，田间表现较抗病的品种有泰山 1 号、春薯 1 号、白丰、五里白、豫马铃薯 2 号、鲁马铃薯 1 号以及一些由国外引进的品种等。

2. 加强栽培管理 在发病重的地块，与非寄主作物轮作。使用无病种薯，不从病区引种、调种。要加强栽培管理，施用不带菌而充分腐熟的有机肥料和酸性肥料，不施用石灰，保持土壤 pH 值在 5～5.2；要及时灌溉，防止结薯早期土壤干旱；及时防治地下害虫；病田灌水，以抑制病情发展。

3. 药剂防治 用稀释 200 倍液的福尔马林液浸湿种薯，然后用塑料薄膜或草袋覆盖闷种 2 小时，再用清水冲净，晾干后播种。或用 0.1%对苯二酚水溶液，浸种薯 30 分钟，然后取出晾干播种。

据初步试验，用98%棉隆颗粒剂处理栽培基质也有较好的防治效果。该法按30g/m^{2}的用药量，将药剂与基质混合均匀，然后浇水，盖膜，1周后掀膜散气，4天后栽扦插苗。

另外，还有人推荐选用72%农用链霉素可溶性粉剂5 000倍液，或45%代森铵水剂900倍液，或30%琥胶肥酸铜(DT)可湿性粉剂500倍液，或60%琥·乙磷铝(DTM)可湿性粉剂1 000倍液，或47%春雷·王铜可湿性粉剂600～800倍液，或77%氢氧化铜可湿性粉剂600倍液等喷雾，每隔7～10天喷一次，连喷2～3次。

7. 马铃薯黄萎病

黄萎病是一种枯萎性病害，病株早期死亡，又称为“早死病”，因病减产40%～60%不等。近年在部分产区黄萎病有加重趋势，值得重视。

【症　状】 病株根部和茎部维管束被破坏，叶片的侧脉之间变黄，逐渐转褐，有时叶片稍往上卷，自顶端或边缘起枯死。轻病植株生长缓慢，下部叶片变褐干枯，或者仅1～2个分枝表现黄萎症状，严重的整个植株萎蔫枯死。剖茎可见维管束变褐色。病块茎维管束环淡褐色，受害重的块茎内部可形成空洞，围绕芽眼内形成红褐色变色区，有的病薯表面形成不规则的褐色斑点。

有时黄萎病病株被误认为晚疫病的中心病株，需仔细鉴别。病株的块茎维管束有时也变褐色，但由于引起块茎维管束变褐的原因有多种，在贮藏期间仅仅发现块茎维管束变褐，也不能简单地断定为黄萎病。

【病原物】 病原菌为大丽轮枝孢 *Verticillium dahliae*，其寄主范围很广泛，除马铃薯外，还能引起棉花、番茄、茄子、辣椒、烟草、向日葵、豆类、豆科牧草、草莓以及其他多种作物的黄萎病。

【发病规律】 黄萎病菌主要在土壤和病残体中存活越冬，能在土壤中和病株残秆上形成抗逆性很强的微菌核，可侵染下一季寄主。种薯也能带菌，病原菌主要存在于薯脐、芽眼及表皮中。

黄萎病病菌通过根毛、伤口侵入，侵入后菌丝可进入导管内繁殖，并随液流系统侵染，毒素与分生孢子迅速扩展至全株，导致萎蔫，并使组织中毒变褐。分生孢子在田间也可传播侵染，但不起主要作用。病菌喜温暖和高湿的条件。20℃～26℃的温度，辅以土壤高湿度，有利于病害发展，灌水量过大，有利于传播，又降低土温，根部伤口难以愈合，适于病害发生，地势低洼，土质黏重，土壤阴湿，施用未腐熟粪肥，均会加重病情。连作地块发病重，与禾谷作物轮作病害减轻。土壤中线虫和地下害虫多，发病也重。

【防治方法】 防治黄萎病需采用综合措施，重病田应停种马铃薯，与禾谷类作物进行 3 年以上轮作，病田收获的块茎不得作种用。零星发病田要尽早拔除病株，病穴用 2％甲醛液或 20％石灰水消毒。农事操作应注意减少伤根，及时防治地下害虫。收获后清除田间病株残体，以减少菌源。必要时可用杀菌剂处理土壤，具体方法参考棉花黄萎病或茄子黄萎病，经试验后再用于马铃薯。发病区必须将抗黄萎病列为育种目标，选育抗病品种。当前应利用自然发病的重病地建立病圃，对现有品种和引进品种进行抗病性鉴定，选定抗病或轻病品种。

8. 马铃薯青枯病

青枯病也叫细菌性萎蔫病，在高温多雨地区是马铃薯的毁灭性病害，减产 40％～80％，且难以防治。世界各地都有分布，以热带、亚热带发生最重，温带较轻，寒带偶有发现。国内主要发生于华南、西南、江南诸省区，中原和华北也有发生，有些地方还逐年加重。

【症　状】 幼苗期和成株期都可发病。典型症状是植株急性萎蔫，枝叶萎垂，但仍保持绿色，以后全株枯死。有时仅个别分枝突然青枯萎蔫，植株其他部分暂时保持正常，但最终也枯死。病情发展缓慢时，会出现叶片变黄、干枯和植株矮化等症状。剖开病株茎基部，可见维管束变黄色或黄褐色，横切后用手挤压，切面有白色菌脓溢出。病块茎芽眼变浅褐色，切开可见维管束变黄色或褐色，周缘水浸状，严重的整个维管束环变色，块茎腐烂。发病后期的块茎，用手指挤压切面维管束，可溢出污白色乳状菌脓，但薯肉和皮层不分离。

【病原物】　病原菌为一种细菌，称为茄劳尔氏菌 *Ralstonia solanacearum*。菌体杆状，有端生鞭毛，无荚膜，无芽孢，革兰氏染色反应阴性。该菌有 5 个生理小种，寄生马铃薯的是 1 号小种和 3 号小种。3 号小种是我国青枯病菌的优势小种，台湾省发生的为 1 号小种。3 号小种寄主范围较窄，主要危害马铃薯，也侵染番茄。1 号小种寄主范围宽广，侵染马铃薯、番茄、辣椒、茄子、烟草及其他多种茄科植物，也侵染甘薯、花生、芝麻、姜、蓖麻、草莓等作物。青枯病菌生长发育的最适温度 34℃，最高 37℃，最低 18℃。在 52℃，10 分钟即死亡。

【发病规律】　带菌块茎是主要侵染菌源，种薯切块播种的地方，切刀是重要传病介体，可将病原菌由病薯传播给健薯。种薯之间的接触、浸种、催芽等都有可能传病。除种薯外，带菌土壤、移栽苗和农家肥等也是田间初侵染菌源。病原菌可在土壤中生存 14 个月以上，也有存活 25 年之久的事例。病原菌可随带菌种薯、种苗、土壤等远距离传入无病区。

在发病田，病原菌通过雨水、灌溉水、被病原菌污染的农机具、昆虫、病株根系与健株根系接触等扩大传染，引起更多植株发病。甚至在人们农事操作中，鞋上的带菌土壤，也可以传病。通过上述途径，青枯病菌还可以由邻近其他作物发病田，传入马铃薯田。病原菌接触块茎后，通过伤口、皮孔侵入。

种薯中的病原菌沿着维管束，先后进入植株的主茎和分枝，造成地上部萎蔫发病。病原菌还可通过匍匐茎维管束侵入新一代块茎。大量病原菌直接或者随病株残体进入土壤，成为下一季马铃薯发病的菌源。各地生态条件不同，青枯病流行动态亦不相同。山东南部一年有两次发病高峰，春季在5月下旬至6上旬，秋季在9月下旬至10上旬。二季作地区，秋薯发病往往比春薯严重。青枯病菌有潜伏侵染特性，有些块茎虽然已被侵染，但并不表现明显症状，待条件适宜时，病情发展，引起贮藏中块茎腐烂。

青枯病在高温多湿季节发生严重，冬季较少发生。虽然高温有利于青枯病发生，但病原菌小种不同，对温度的适应性亦有差异。3号小种要求的温度较低，生长适温27℃左右，可以在北方和南方山地发生，使青枯病得以向相对冷凉的地区发展。土壤湿度高有利于发病，湿度低病害较轻，土壤干燥或淹水都不利于青枯病菌生存。该菌的适宜土壤酸碱度为pH 6～8，以pH 6.6最适。连作田土壤带菌多，发病重。土壤线虫较多的地块，马铃薯伤口多，发病也较重。

【防治方法】 青枯病是土壤病害，难以防治，只有采取以选育和使用抗病品种为主的综合防治措施，才有望得到有效控制。

1. 种植抗病品种 由于缺乏免疫或高抗的抗源材料，长期以来抗青枯病育种工作难有进展。国内科研单位拓展抗源，经多年鉴选，已育出高抗青枯病的无性系，可用作抗病亲本。现有品种中较抗病的有鄂芋783-1、怀薯6号、阿奎拉、新芋4号等。

2. 使用无病种薯 在青枯病流行区，特别是3号小种发生区，主要侵染来源是种薯，使用无病种薯是当前最重要的防治措施。可以通过换种，从北方一季作无病区调运种薯，或自行在无病地点建立无病留种基地，选留无病种薯。南方一些地区秋马铃薯可采用休眠期短的品种或播种小整薯。必要时可行种薯药剂消毒，用0.5%福尔马林液浸种20分钟，晾干后播种，其他药剂参考环腐病和黑胫病的防治。

3. 切刀消毒 种薯切块播种地区，除了要彻底拣选剔除病薯外，还需进行切刀消毒，消毒药液可用0.1%酸性升汞液、0.1%高锰酸钾液、75%酒精、5%石炭酸液等，从其中任选一种即可。

4. 栽培防病 病区实行马铃薯与水稻、小麦、玉米、谷子、甘蔗、棉花、大豆等非寄主作物轮作，种1～2年马铃薯后间隔2～3年。避免与青枯病菌的其他寄主作物间、套作。如有可能，要合理调节播种期，避过高温多雨季节，减轻危害。不施用混有病残体的未腐熟农家肥，清除田间地头的杂草。酸性土壤可结合整地施基肥，每667m^{2}施熟石灰粉100kg，调节为微碱性。要搞好田间排水，降低土壤湿度。零星发病田要尽早拔除病株，病穴用2%甲醛液或20%石灰水消毒。要适时抢晴收获，收获后彻底清理和移去病株残体。

5. 药剂防治 病田在发病初期选用72%农用链霉素可溶性粉剂4 000倍液，或30%琥胶肥酸铜(DT)可湿性粉剂500倍液，或47% 春雷·王铜可湿性粉剂500～600倍液，或77%氢氧化铜可湿性粉500倍液喷雾，每7～10天喷一次，连续喷3～4次。也可用上述药液灌根，每株灌药液0.3～0.5kg，连灌2～3次。

9. 马铃薯环腐病

环腐病是一种维管束病害，在马铃薯生长期和贮藏期都能发生。播种后发病造成种薯和芽苗腐烂，使田间缺苗断垄。成株期发病使病株萎蔫死亡或矮小黄化，产量大减。在贮藏期块茎仍继续腐烂，严重时甚至造成烂窖。国内自20世纪50年代开始，各栽培区陆续都有发生。60年代在北方一作区蔓延成灾，70年代尤为严重。以后采取得力防治措施，环腐病的危害逐渐得到控制，当前部分产区发生较多。

【症　状】 病株茎叶和块茎都表现症状,但因侵染程度、品种和环境条件不同,症状表现有所变化。播种重病种薯后,有的腐烂殆尽,不能出苗,有的虽能出苗,但幼苗生长迟缓,节间缩短,植株矮化,细弱黄瘦,甚至茎基部腐烂而枯死。在一般情况下,植株多在现蕾、开花期出现明显症状。初期症状为叶脉间褪绿变黄,但叶脉仍为绿色,以后叶片边缘或全叶黄枯,病叶沿主脉向上卷曲。多从植株下部叶片开始发病,逐渐向上叶发展。另一种症状类型是发生急性萎蔫。此时病叶青绿色,叶缘卷曲而萎垂。发病较轻的仅部分叶片和少数枝条萎蔫,发病严重的则大部分叶片和多数枝条萎凋,甚至全株倒伏、枯死。晚期出现的病株,株高、长势无明显变化,仅收获前萎蔫。病株的茎部和根部维管束变奶黄色至黄褐色,有时溢出白色菌脓。

染病块茎外表多无明显异常,有的后期皮色变暗。切开块茎后,由切面可见维管束变为淡黄色、乳黄色,严重的一圈维管束全部变色,病原菌侵害维管束周围的薯肉,形成环状腐烂,皮层与髓部分离,但无恶臭。手捏病薯,受害部破裂挤出。入贮后病薯芽眼干枯变黑,表皮龟裂。病块茎可并发软腐病,全部软化腐烂,有臭味。由于块茎被侵染后潜育期较长,肉眼检查无症的块茎,有可能已经被侵染和带菌。由于发病程度不同,块茎症状表现不一,诊断时可参见表 2-15。

【病原物】 为一种病原细菌,称为密执安棒形杆菌环腐亚种 *Clavibacter michiganensis* subsp. *sepedonicus*,菌体棒状,但新鲜培养菌用显微镜检查时,可见到 V 形、L 形和 Y 形菌体,无鞭毛,无荚膜,不生芽孢,革兰氏染色阳性。最适生长温度为 20℃～23℃,在 50℃时 10 分钟致死。该菌在自然条件下只侵染马铃薯。

【发病规律】 病种薯带菌造成田间发病。种薯切块播种时,切刀切过病种薯后,便可染菌,再切健康块茎,就能传染。切刀切过一个病块茎后,可连续传染 20 多个健康块茎。播种后,被传染的薯块发病，病原菌大量繁殖，沿着维管束进入植株地上部分，引起茎叶发病。

表 2-15　马铃薯块茎被环腐病菌侵染后的症状

时　期	块茎内部症状特点	肉眼检查效果
潜育期的块茎	无肉眼可见症状	不能检出，需检查病原菌
发病初期的块茎	脐部表现症状，维管束略有乳白色或乳黄色浸润性病变，髓部与皮层未明显分离，挤压后无明显细菌溢	较难，仅可查出部分病块茎
充分发病的块茎	表现典型症状，维管束乳黄色，维管束环整圈或多半圈病变，髓部和皮层分离	可以较准确地检出
发病后期的块茎	皮层与髓部严重分离，可形成空洞，薯肉发沙。易并发软腐病，腐烂发臭	可以检出，但应注意与块茎其他腐烂性病害相区分

马铃薯生长后期病原菌又沿着茎部维管束，经由匍匐茎，侵入当季新块茎。病原菌侵入块茎后，需经 40～60 天的潜育期，才表现症状。收获、贮运期间，病块茎接触健康块茎而不断传染。盛装块茎的容器若附着有带菌病残体，也能传病。

环腐病菌在土壤中仅能存活很短时间，土壤不传病，但在土壤中残留的病块茎和病残体内存活时间较长。在发病田，雨水、灌溉水虽能将病菌由病株传往健株，但实际作用不大。

田间地温 18℃～22℃时适于发病，病情发展快。地温超过 31℃，高温干燥时发病受抑，症状推迟表现。

【防治方法】 防治环腐病应采用以推广抗病品种，建立种薯繁育基地和使用无病种薯为主的综合措施。

1. 种植抗病品种 国内已经选育出一批抗病品种，例如克新1号、克新5号、克新6号、克新7号、克新10号、克疫、东农303、春薯1号、春薯2号、五里白、乌盟601、宁薯1号(固红2号)、固红1号、渭会2号、高原1号、高原3号、高原7号、坝薯8号、坝薯10号、虎头、跃进、晋薯2号、晋薯5号、郑薯4号、北薯1号、双丰收、疫不加、万芋9号、鄂芋783-1、安农5号和白头翁等。这些品种的农艺性状和抗病程度不同，可按实际情况选用。

2. 繁育无病种薯 建立无病留种基地，与脱毒薯生产相结合，繁育无环腐病和其他种传病原的种薯，供大田使用。

3. 种薯和切刀消毒 病区应严把种薯质量关，播前晾晒种薯，严格鉴选，剔除可疑病薯，清洗盛放种薯的容器，必要时可行种薯消毒。提倡播种小整薯，如必须采用种薯切块播种，则应行切刀消毒。

种薯消毒可用下述方法：用95%敌磺钠可溶性粉剂拌种，用药量为100kg种薯拌药210g；用70%或50%敌磺钠可溶性粉剂拌种，用药量同前；用55%敌磺钠膏剂拌种，每100kg种薯用药100～200g。敌磺钠具有一定的内吸渗透作用，还可兼治黑胫病和青枯病。过去一些病区用敌磺钠拌种曾使发芽种薯发生药害，影响出苗，土壤过干过湿时造成缺苗。据研究药害主要是药剂含杂质过多所致。

切后的薯块还可用新植霉素5 000倍液或47%春雷·王铜可湿性粉剂500倍液浸泡30分钟，或用50mg/kg硫酸铜稀释液浸泡10分钟。

用于切刀消毒的药剂有0.1%酸性升汞液、0.1%高锰酸钾液、75%酒精溶液、5%石炭酸液等，任选一种即可。消毒操作时先配制2 000ml消毒药液，倒入盆中。要准备2把切刀，将切刀浸入药液中消毒。先取出一把切刀，切一个种薯后，将刀放回药液。再取出另一把切刀，切下一个种薯，切完后再将刀放入药液，两把刀如此交替使用。切薯块时，应边切边观察切面，发现的病薯或可疑薯块要全部淘汰。切好的薯块放在清洁的大筐里（或苇席上）备用。

10. 马铃薯黑胫病

黑胫病又叫“黑腿子病”，在我国西北、东北和华北地区发生较多，春季多雨年份发病严重，可造成缺苗、死棵、烂薯和烂窖。

【症　状】 马铃薯整个生育期都可发病，表现出多种症状，主要危害茎和块茎。

带菌严重的种薯播后在土壤中腐烂，溃脓、发臭，不能出芽。发病较轻的虽能出芽成苗，但部分幼芽或幼苗腐烂死亡，造成田间缺苗断垄。

典型症状为病株茎基部变墨黑色，茎部腐烂，成为“黑胫”或“黑腿子”。茎基部症状是病变部分由种薯经地下茎往地上蔓延而产生的，地下茎和匍匐茎也变黑腐烂，病株易于由土中拔出。茎部发病往往使病株生长不良，植株矮化、僵直，叶片褪绿变黄，小叶边缘向上卷曲。常见叶柄贴近茎部，其间夹角变小，略呈束顶状。茎基部易生气生块茎。潮湿时，茎基部腐烂加剧，整株萎蔫、倒伏、死亡。

块茎发病由脐部（与匍匐茎相连处）开始变褐，以后扩大成为有光泽的水浸状腐烂部分。剖开块茎，由切面可见黑色病变由脐部向髓部放射或略呈黑环状，最后整个块茎腐烂。轻病块茎当年不表现症状。

【病原物】 病原细菌为胡萝卜果胶杆菌黑胫亚种 *Pectobacterium carotovorum* subsp. *atrosepticum*，是杆状细菌，周生鞭毛，无荚膜，无芽孢，革兰氏染色反应阴性。除马铃薯外，还侵染其他茄科蔬菜、甜菜、向日葵等。该菌生长温度 10℃～38℃，25℃～

27℃最适，45℃失活。

【发病规律】 田间主要侵染菌源来自病种薯。病原菌可随种薯调运而远距离传播，使发病地区不断扩大。在切薯播种地区，切刀也是重要传病介体。每切一刀病薯，可传染7～15块健薯。

病种薯播种后，病原菌经由幼芽进入茎部，由下而上扩大侵染，引起植株地上部发病。在马铃薯生长期间，病原菌还可经雨水、灌溉水、害虫等媒体传播，由植株的伤口、气孔而侵入健株。病株匍匐茎尖端与健株匍匐茎接触也能传病。

结薯后，病原菌又侵染块茎，其途径有：①由发病匍匐茎进入块茎；②病原菌从发病地上茎，通过匍匐茎传给新块茎；③在马铃薯生长期间，病原菌从病种薯或病株逸出，进入土壤中，在马铃薯根系和杂草根系周围存活，进而直接侵染块茎。在块茎贮藏期，病原菌也可通过块茎的皮孔、伤口侵入健薯，扩大传染。

病原菌在土内病残体中可以存活，在低温多湿条件下存活时间稍长。例如，2℃时存活80～110天。在许多地区，土壤中病原菌作为越冬初侵染菌源的作用不大。

黑胫病流行的年份差异较大。在一季作栽培区，春季低温多雨的年份发病重，春季干旱则发病轻。低洼积水，土壤黏重的地块发病重。在西北黄土高原病区，阴湿山区、二阴山区病重，半干旱区和干旱区病轻；山原区病轻，川区病重。贮藏期间温度高、湿度大、通风不良时，块茎发病重。

【防治方法】

1. 种植抗病品种 克新1号、郑薯2号、丰收白较抗侵入，克新4号、郑薯3号、高原7号较抗扩展，疫不加抗侵入和扩展。跃进、下寨65、晋薯5号、安薯56等品种发病较轻。

2. 使用无病种薯 建立无病留种基地，选留无病种薯，不用病区、病田的块茎留种。实行小整薯播种，不宜采用切块播种。播前严格选薯，淘汰病薯。

有些地方采用土沟薄膜催芽晒种法，淘汰病薯。在播前25天左右，挖深0.5m、宽1.0～1.3m、长度根据种薯数量而定的土沟。沟底铺草厚10.0～13.3cm，上堆种薯3～4层，盖上塑料薄膜，保持在17℃～25℃下催芽7天左右，当幼芽催出火柴头大小时，白天揭膜晒种，夜间盖草帘防冻，切脐部检查，淘汰病薯。

3. 种薯药剂消毒 种薯用0.2%高锰酸钾溶液浸种20～30分钟，或用敌磺钠拌种。浸种后取出，迅速阴干。实行种薯切块播种的，薯块应分散摊放，不宜堆积，以防相互传染。切刀要用75%酒精或其他消毒剂消毒。

4. 栽培防治 病区避免在低洼地块种植马铃薯，要搞好田间排水，防止积水，降低土壤湿度。初发病田要及时挖除病株。在块茎收获和贮运过程中应尽量减少薯皮擦伤。贮藏前搞好薯窖消毒，入窖时严格选薯，贮藏期注意通风，调节温湿度，保持薯面干燥，减少发病。

5. 生长期喷药 发病初期用72%农用链霉素($13g/667m^2$)或86.2%氧化亚铜可湿性粉剂($50g/667m^2$)喷雾，间隔7～10天，防治2～3次。

11. 马铃薯软腐病

软腐病主要危害块茎，贮藏期间常与干腐病复合发生，造成严重损失。

【症 状】 田间块茎多由脐端开始发病，贮藏中块茎多由伤口、皮孔处发病。初生圆形、近圆形的褐色水浸状小病斑，表皮下软腐。高湿、高温时病斑迅速向四周和深处扩展，形成暗褐色的大片湿腐，薯肉腐烂崩溃，表皮皱缩破裂，溢出多泡状黏滑液体，散发恶臭。在干燥条件下，病斑扩展缓慢，成为凹陷的干疤。

软腐病菌也侵染叶片、叶柄和茎部。植株下部接近地表的叶片发病，生成暗绿色或褐色水浸状病斑，无明显边缘，高湿时迅速腐烂。叶柄和茎上多由伤口开始形成褐色条斑，有的病茎上端枝叶萎蔫。严重时病茎内部腐烂（维管束正常），形成空洞，有臭味。

【病原物】 病原细菌主要为胡萝卜果胶杆菌的胡萝卜亚种 *Pectobacterium carotovorum* subsp. *carotovorum*。该菌寄主范围很广，侵染多种蔬菜、水果、花卉等，引起软腐病。

【发病规律】 带菌种薯和遗留田间的病残体是重要侵染菌源，土壤、农家肥也带有大量病菌。在田间，病原菌还可随雨水、灌溉水、昆虫等传播。病原菌经由各类伤口（机械伤口，虫伤口，其他病害的病灶等）和皮孔侵入。

高温、高湿的条件适于发病，水淹地块受害最重。仓储期温度高，水分多，空气缺氧，二氧化碳含量高，块茎伤口多又不易愈合时会大量发病。

马铃薯品种间对软腐病的抗病性有明显差异，有皮孔抗侵染和伤口抗侵染两种类型。高原 4 号兼具两类抗病性，紫花里外黄、长薯 4 号等只具有伤口抗病性，临薯 7 号只具有皮孔抗病性。

【防治方法】 防治软腐病需在田间、入贮和贮藏期分别采取措施。田间应加强栽培管理，减少块茎带菌。种植抗病品种，增施磷、钙肥，提高块茎抗病能力。马铃薯收获前田间保持干燥，晴天收获，细心操作，尽量减少块茎碰伤。入贮前剔除伤、病薯。用 0.05%硫酸铜溶液或用 0.2%漂白粉液洗涤或浸泡块茎，可以杀死块茎皮孔和表皮的潜伏病菌。在运输和贮藏过程中，要注意避免碰伤块茎，并及时检查和汰除病薯。入贮后 2 周维持 13℃～15℃，促进伤口愈合，然后保持低温、干燥和通风。

12. 马铃薯病毒和类病毒病害

马铃薯病毒种类很多，全世界有 30 余种病毒和 1 种类病毒，我国发生较普遍有7种。马铃薯品种种植年限越多，体内积累的病毒也越多，发病越来越重，结果造成了马铃薯退化。卷叶病毒引起的卷叶病遍布各马铃薯栽培地区，北方各地尤其严重。感病品种因病减产幅度一般为30%～40%，严重的达到80%～90%。多种病毒单独或复合侵染引起的花叶病，国内分布普遍，由于高温可降低马铃薯的抗病性，花叶病在南方更为严重。重花叶减产50%以上，轻花叶一般产量损失在15%以下，两种以上病毒混合侵染危害加重，严重的病株表现皱缩花叶，矮化和提前枯死，减产50%～80%不等。马铃薯纺锤块茎病（纤块茎病）由类病毒引起，从20世纪60年代开始，国内才有发生。该病严重降低马铃薯的产量和品质。感染强毒株系，马铃薯减产60%以上，感染弱毒株系也减产20%～55%。在我国马铃薯一季作区的一些省区发生严重，已成为种薯生产和实生种子利用中亟待解决的问题。

【症　状】

1. 卷叶病　由病薯长出的植株明显矮化，僵直，略呈扫帚形，可早期枯死。下部叶片纵向上卷，呈匙状或筒状，上部叶片褪绿发黄。通常叶片较厚、较硬、较脆，叶背紫色。有些品种叶片边缘发红或严重坏死。所结块茎小而畸形，多簇生于主根附近，病块茎切面可见维管束有环状孔或局部锈斑（韧皮部坏死）。

当年田间感染的植株症状较轻。上部叶片直立向上，轻微卷叶和褪绿，某些品种叶片边缘发红。生育后期被病毒侵染，不表现症状，但病毒已进入块茎。

2. 花叶病　因病毒种类不同症状有明显变化。重花叶由马铃薯Y病毒引起，当季被侵染而发病的植株，叶片出现斑驳，黄化或坏死，叶脉、叶柄和茎上产生褐色条形坏死斑，下部叶片多干枯下垂，不脱落。所结块茎小，畸形，表面粗糙。有些品种仅出现花叶，不产生坏死症状，但病株矮小，叶片丛生。由带毒种薯长出的病株矮小，叶片严重花叶和皱缩，坏死现象略轻。

其他花叶病毒单独侵染仅引起轻微花叶、斑驳或症状潜隐。例如，马铃薯X病毒引起轻微脉间花叶，A病毒引起轻度叶脉花叶。几种病毒复合侵染，如马铃薯Y病毒与X病毒，或与A病毒复合侵染，X病毒与A病毒复合侵染等都使病情加重，表现皱缩花叶，坏死和植株矮化，严重的提前枯死。单由田间症状不能确定病毒种类。

3. 纺锤块茎病（纤块茎病） 病株所结块茎变长，两端尖，状如纺锤。有时有明显龟裂，芽眼多而平浅，但有时呈突起状。红皮、紫皮品种褪色，有网纹的品种网纹消失。病株矮化，束顶状，分枝少而纤细，枝叶向上，与主茎夹角小。叶片小而直立，叶缘波形或向上卷起，叶背略有紫红色，后期叶脉坏死。有的品种出现丛枝症状。

【病原物】 我国发生的主要有马铃薯卷叶病毒（*Potato leaf roll virus*，PLRV）、马铃薯Y病毒（*Potato virus Y*，PVY）、马铃薯X病毒（*Potato virus X*，PVX）、马铃薯A病毒（*Potato virus A*，PVA）、马铃薯S病毒（*Potato virus S*，PVS）、马铃薯M病毒（*Potato virus M*，PVM）和马铃薯纺锤块茎类病毒（*Potato spindle tuber viroid*，PSTVd）等。卷叶病毒引起马铃薯卷叶病。其他几种病毒单独或复合侵染引起花叶病，单凭症状不能确定是由哪种病毒引起的。纺锤块茎类病毒侵染引起马铃薯纺锤块茎病，又名马铃薯纤块茎病。

马铃薯卷叶病毒粒体球形，直径24～25nm。致死温度70℃～80℃，稀释终点10^{-3}，体外保毒期在2℃为3～5天，25℃为12～24小时。对马铃薯的侵染局限于韧皮部。寄主范围狭窄，主要为茄科植物。

马铃薯Y病毒的粒体线状，弯曲，长730nm，宽11nm。致死温度52～62℃，稀释终点10^{-3}～10^{-2}，体外保毒期2～3天。寄主范围广泛，侵染番茄、茄子、辣椒、烟草等茄科植物以及某些藜科、豆科植物。该病毒有3个株系，株系不同，症状也有差异。

马铃薯X病毒的粒体线状，长13nm，宽5.5nm。致死温度68℃～76℃，稀释限点10^{-6}～10^{-5}，体外保毒期数周。寄主范围广，其中包括番茄、辣椒、烟草等。

马铃薯A病毒的粒体与马铃薯Y病毒相似，致死温度44℃～52℃，体外保毒期12～24小时。寄主仅限于茄科植物。

马铃薯S病毒的粒体线状，大小为650nm×12nm，致死温度55℃～60℃，稀释限点10^{-3}，体外保毒期2～3天。寄主范围窄，不能侵染烟草和番茄。

马铃薯M病毒与马铃薯S病毒的粒体相似，致死温度65℃～70℃，稀释限点和体外保毒期与马铃薯S病毒相同。寄主范围窄，主要为茄科植物。

马铃薯纺锤块茎类病毒为一种游离的低分子量核糖核酸，无蛋白外壳，耐热性强，失活温度高于100℃，侵染能力强，仅存在于寄主植物细胞核中，能侵染138种植物，但仅少数茄科和菊科植物表现症状。

【发病规律】　马铃薯病毒主要通过带毒种薯传到下一代植株。这就是说，田间初次发病的根源是种薯。种薯带毒率高低往往决定了田间发病的严重程度。此外，由遗留田间的病块茎所产生的自生薯苗，也是当季再侵染的毒源。

马铃薯病毒还可以靠带毒昆虫介体，实现植株间的传播和田块间的传播。卷叶病毒在自然条件下主要由桃蚜传播，鼠李蚜、田旋花蚜和大戟长管蚜等蚜虫也能传毒。这些蚜虫都进行持久性传毒。所谓持久性传毒是指蚜虫在植物上取食时，病毒粒体随同蚜虫的唾液吸入其体内，经过一段循回时间后，方回到口器中，再取食健康植株时，病毒随唾液进入其体内，引起发病。从取食获毒到有效传毒所需时间较长。以此种方式传毒的病毒，在蚜虫体内能够增殖，也不受蚜虫蜕皮的影响，传毒时间也相当长。马铃薯Y

病毒、马铃薯A病毒、马铃薯S病毒的个别株系和马铃薯M病毒等则由桃蚜等蚜虫进行非持久性传毒。所谓非持久性传毒，是指蚜虫由病株获得的病毒粒体仅留在口针里，立即又能随唾液进入健康植株，很快就会丧失传毒能力。马铃薯X病毒不能由昆虫介体传毒。

多种病毒还可以由病株汁液传毒，这是通过病株枝叶与健株相互接触和摩擦而实现的。当然，也可由已经接触并沾染了病毒的农具、衣物、动物皮毛、咀嚼口器的昆虫等传毒。马铃薯X病毒和马铃薯S病毒主要以这种方式进行田间再侵染。但是马铃薯卷叶病毒不能通过病株汁液摩擦传毒。

马铃薯纺锤块茎类病毒也由病株汁液接触传染，包括由块茎切面相接触传毒，切刀传毒等。蚜虫、马铃薯甲虫和其他甲虫也能传毒，但此种昆虫传毒是偶然的和非专化的，是通过带毒汁液污染的足和口器来传播的。后来还发现马铃薯花粉和实生种子也能传播类病毒，由病株采收的种子带毒率可达6%～89%。

近年，棚室栽培的茄科蔬菜增多，其带毒病株，也是春季感染马铃薯的毒源。

马铃薯田附近毒源较多，传毒蚜虫的寄主植物较丰富，天气条件又较好，阳光充足，温度较高，较干燥时，蚜虫迁飞和繁殖活跃，马铃薯病毒发病重。反之，在毒源较少，或蚜虫寄主植物较少，天气又冷凉阴湿时发病就轻。

【防治方法】

1. 使用抗病品种 种植抗病品种是最经济有效的防治方法。由于抗病育种事业的进步，现已有了一些抗病、耐病品种可供选用（表2-16）。

表 2-16　抗病、耐病毒的马铃薯品种

病毒种类	品种名称
马铃薯卷叶病毒	克新 1 号、克新 3 号、克新 5 号、克新 11、高原 3 号、高原 7 号、波友 1 号、波友 2 号、德友 4 号、黄扁头、呼自 77-106、6042-6060、费乌瑞它、春薯 2 号、阿姆塞尔、阿普它、红纹白、维拉、卡皮拉、卡它丁、米拉、北斗星、燕子、斯塔尔、安农 5 号、中薯 3 号、呼薯 1 号、冀张薯 3 号、陇薯 3 号、坝薯 10 号、宁薯 6 号
马铃薯 Y 病毒	克新 1 号、克新 2 号、克新 3 号、克新 9 号、小叶子、丰收白、西薯 1 号、361、沙杂 15、郑薯 2 号、呼薯 1 号、呼薯 4 号、内薯 2 号、泰山 1 号、波友 1 号、德友 2 号、费乌瑞它、川芋早、陇薯 1 号、东农 304、中薯 3 号、宁薯 3 号、宁薯 6 号
马铃薯 X 病毒	中薯 2 号、克新 2 号、克新 3 号、克新 9 号、川芋早、呼薯 4 号、陇薯 1 号、中薯 3 号、坝薯 10 号、超白
马铃薯 A 病毒	费乌瑞它、阿普它、斯邦它、巫峡、卡它丁、白头翁、兰芽、西北果、燕子、早玫瑰、宁薯 3 号
马铃薯纺锤块茎类病毒	米拉、呼薯 4 号、自-278、68-红、郑薯 2 号、中心 24、克疫

抗病性是一个相对的概念，抗病品种发病比感病品种轻，但并非完全不发病。抗病品种之间发病程度也不相同，有的发病相对轻一些，有的重一些。另外，由于病毒株系不同，环境条件不同，品种的抗病性也会有所变化，这是需要注意的。

2. 生产无病毒种薯　利用马铃薯茎尖脱毒技术，脱去优良品种所携带的病毒，培育脱毒苗和微型薯，建立脱毒种薯繁育体系，不断地供应各级无病毒种薯。马铃薯茎尖脱毒技术已在我国推广应用，取得了显著的防病效果和巨大的经济效益，具体技术参见相关著作。在此，特别强调以下几点：①进行茎尖脱毒的品种要对推广地区的重要病害有较好的抗病性，起码不应严重感病。要特别注意对晚疫病、环腐病、青枯病等病害的抗病性。②要搞好病毒检测，确保茎尖培养材料和脱毒苗不带有病毒和类病毒。③在隔离设施或天然隔离条件好的地段，生产各级无毒种薯，严防蚜虫传毒。④脱毒种薯用于生产后，要特别注意防治蚜虫，减少病毒再侵染，减缓体内病毒积累速度，延长使用寿命。

3. 采用避蚜留种技术　针对病毒的蚜传特点，因地制宜地采用适宜的防蚜、避蚜措施，可以有效地减轻病毒危害，生产出合格的种薯。我国劳动人民在长期的生产实践中，创造出许多好办法，科研、技术单位已加以总结提高，使之规范化，形成了很有特色的技术体系，主要有：

(1)*北方夏播留种*　在北方一季作地区，把种薯田播种日期推迟2个月左右，大致在6月底至7月初播种，出苗后就躲过了当地蚜虫迁飞高峰期。8月份多雨，不利于少数有翅蚜迁飞和繁殖，病毒病轻。因夏播生长期短，可适当提高播种密度。有些地方还采用育苗移栽的办法，来延长生长期。夏播薯田要加强晚疫病的防治或采用抗晚疫病的品种。夏播留种对减轻卷叶病效果很好，但对皱缩花叶较差。现多使用脱毒种薯，实行夏播留种。

(2)*中原地区二季作留种*　该区一年可以种植两季马铃薯，以春薯为主。春播生产商品薯，秋播生产种薯，供翌年春播使用。具体留种方式主要有阳畦留种和春季早收留种。前者利用阳畦，于1～2月份播种，3～4月间结薯，5月初收获。收获的种薯于8月份秋播密植，生产的小种薯用作下一季的种薯。春、秋薯生长期间均较冷凉，蚜虫少，病毒和其他病害都轻。但阳畦仍应罩防虫纱网防蚜。春季早收留种是在春季将种薯与商品薯分开种植，提前到蚜虫传毒高峰期前收获。所收种薯秋播密植，生产翌年所用种薯。

4. 实生薯留种　马铃薯种子不带有病毒(但仍带有纺锤块茎类病毒)，可以利用种子生产无病毒的实生薯，用作种薯。此法适用于西南山区和北方一季作地区，西南山区应用较多。

5. 搞好田间卫生　铲除杂草，消灭病毒和蚜虫的野生寄主。早期检查并拔除病株，减少田间毒源。

6. 防治传毒蚜虫　参见本书第三篇蚜虫的防治。

13. 姜白星病

白星病是姜的主要叶部病害，各地都有发生，轻重不一，严重发病地块茎叶早枯，造成减产。

【症　状】　叶片上病斑梭形或长圆形，长 3～5mm，中部黄白色，边缘红褐色，周围常有浅黄色晕环。后期病斑变薄，易破裂或穿孔。病斑表面密生黑色小粒点，即病原菌的分生孢子器。发病严重时，全叶布满病斑而黄化枯萎。

【病原物】　病原真菌为姜叶点霉 *Phyllosticta zingiber*，在病斑上产生分生孢子器和分生孢子。其有性态属于子囊菌亚球壳属(*Sphaerulina* sp.)，在病株上产生子囊座。该菌还侵染白豆蔻。

【发病规律】　病原菌以菌丝体、分生孢子器或子囊座随病残体遗落土中越冬。翌年产生出分生孢子或子囊孢子传播至姜叶片上，进行初侵染。发病后病叶产生分生孢子借风雨传播进行再侵染。病害再侵染频繁，条件适宜病害发展很快。温暖多雨，株间郁蔽，田间湿度高时，易于发病。

【防治方法】　选地势较高地块种植，低洼地采用高垄或高畦栽培，重病地应与粮食作物或其他蔬菜进行 2 年以上轮作；施足腐熟粪肥，避免偏施、过施氮肥，增施磷、钾肥；雨后及时排除田间积水，降低田间湿度；及时发现并拔除病株，收获后彻底清除田间病残体，深翻土壤；发病初期选喷 70％甲基硫菌灵可湿性粉剂800～1 000倍液，或 50％多菌灵可湿性粉剂 500 倍液，或 75％百菌清可湿性粉剂 600 倍液，或 80％代森锰锌可湿性粉剂 600～800 倍液，或50%异菌脲可湿性粉剂1 000倍液，或40%多·硫悬浮剂400倍液，或45%噻菌灵悬浮剂1 000倍液等。

14. 姜眼斑病

眼斑病为姜的常见叶部病害，分布普遍，北方部分产区发病较重，引起叶片提前干枯，降低产量。

【症　状】 叶片上初生褐色小斑点，扩展后成为梭形、椭圆形病斑，大小5～10mm，中部灰白色，边缘浅褐色，有的周围有黄色晕圈。湿度高时，病斑两面生出暗灰色至黑色霉状物。严重发病叶片上病斑连成长条形，病叶黄枯。

【病原物】 病原真菌为穗状德氏霉 *Drechslera spicifera*。病斑上产生的霉状物为分生孢子梗和分生孢子。

【发病规律】 病原菌随病残体在土壤中越冬，翌年越冬菌产生分生孢子，引起初侵染。病株产出大量分生孢子，借风雨传播扩散，频繁再侵染。温暖、多湿的天气有利于发病，地势低洼，管理粗放，植株缺钾，生长不良时病重。

【防治方法】 选地势较高、排水良好的肥沃地块种姜；施足腐熟粪肥，增施磷、钾肥，适量灌水，清沟排渍，降低田间湿度；发病初期及时拔除病株或摘除病叶，减少田间菌源。收获后彻底清除田间病残体，深翻土壤；结合防治白星病、炭疽病等病害，及早喷药，参考白星病、炭疽病的药剂防治。

15. 姜绵腐病

绵腐病是姜的重要病害，各地都有程度不同的发生，往往多雨地区和低湿地块发病较重，病株大片死亡，造成减产。

【症　状】 病株地上茎基部出现不定型黄褐色病斑，软化腐烂，引起下叶尖端和叶缘褪绿变黄，后扩展到整个叶片，并逐渐向上部叶片扩展，使茎叶黄化，病株倒伏，萎凋枯死。根茎变褐腐烂，散发出臭味。高湿时，地上茎基部与根茎表面生白色霉状物。

【病原物】 病原卵菌属于腐霉属，致病力最强的是群结腐霉 *Pythium myriotylum*，其次是简囊腐霉 *P. monospermum*、瓜果腐霉 *P. aphaniderrnatum* 等。其寄主范围都较广泛。

【发病规律】 病原菌以菌丝体在种姜内，或以菌丝体、卵孢子随病残体在土壤中越冬。这几种腐霉菌都是土壤习居菌，土壤中也多有存在。带菌种姜、病残体、土壤和混有病原菌的农家肥，都提供重要初侵染菌源。在温湿度条件适宜时，腐霉菌侵入根和茎基部，引起发病。发病部位可产生孢子囊，萌发产生游动孢子。两者都可随雨水、灌溉水传播，进行再侵染。

天气日暖夜凉，田块低洼积水，或土壤黏重，含水量高，都有利于发病。姜田前期较干，中期遭遇暴雨，极易造成病害流行。病田连作或种植带病种姜，发病都重。

【防治方法】 重病地停止种姜，改种非寄主作物 2～3 年；宜选用地势高燥，土质肥沃的地块种姜，栽姜前要精细整地，翻晒土壤，施用充分腐熟的粪肥；选用不带菌健康种姜，剔除病弱姜，苗床喷洒 72.2%霜霉威水剂，或 72%霜脲·锰锌可湿性粉剂，或 69%安克·锰锌可湿性粉剂，均用 600～800 倍稀释液；加强栽培管理，播种和刚分苗后，应注意适当控水和提高温度，生长期间配合施用氮、磷、钾肥，科学灌水，切忌大水漫灌，防止田间积水，降低田间湿度；发病初期及时选用 72%霜脲·锰锌可湿性粉剂 600～800 倍液，或 72.2%霜霉威水剂 600～800 倍液，69%安克·锰锌可湿性粉剂 600～800 倍液，或 15%恶霉灵水剂 500 倍液喷雾或浇灌。

16. 姜瘟病

姜瘟病又称为青枯病，是姜的主要病害，分布普遍，南北产区发病都多而重，可造成病株枯死，块茎腐烂，产量和品质大幅降低，已经严重制约了姜产业的发展。

【症　状】 病株表现青枯症状，叶片凋萎，向叶背卷曲，渐次由下部叶片向上发展，最后整株青枯或黄枯，不倒伏。根茎初水渍状，变黄褐色，失去光泽，内部组织软化腐烂，仅残留外皮，挤压病部可渗出污白色细菌溢脓。根部和地上茎的茎基部也变褐腐烂，内部茎维管束坏死，变黄褐色，用手挤压时也有污白色菌液从维管束溢出。

【病原物】 病原细菌为茄劳尔氏菌 *Ralstonia solanacearum*，寄主广泛，有多个小种，3 号小种对姜的致病性强。

【发病规律】 病原菌在种姜内或随病残体在土壤中、未腐熟的粪肥中越冬，皆为下一季发病的重要初侵染菌源。带菌种姜可远程传病，是新病区的主要菌源。种植带菌种姜，姜苗被侵染，往往成为中心病株。老病区生姜连作地块，越冬菌源多，发病早而重。遗弃田埂和周围田沟的病残体、腐烂姜块等所携带的病原细菌，可随雨水、灌溉水流入田块，造成翌年病害严重发生。田内病株产生的病原细菌也随雨水、灌溉水、土壤、地下害虫、农机具等传播蔓延。病菌多由根茎的自然裂口和伤口侵入，经薄壁组织而进入维管束，系统扩展，引起全株青枯。

青枯病在 15℃以下很少发生，25℃以上适于发病。高温多雨，时晴时雨的天气有利于病害流行。大雨或暴雨后 5～10 天，出现发病高峰。

山东病区常年 6 月下旬至 7 月上旬开始出现病株，第一个发病高峰期在 7 月下旬至 9 月上旬，持续 40～50 天，该期间温度高，降水较多,湿度大,有利于姜瘟病的流行。9月中旬后温度下降,病情趋缓,9月下旬至10月中旬又出现一段病情增长期,个别地块延续到生姜收获,整个姜瘟病发病期长达90～120天。姜瘟病在日均温20℃左右开始发生,最适气温在25℃～30℃,16℃以下趋于缓和。另外,姜瘟病的发生还与5cm地温有关。7月下旬至8月中旬,平均地温25℃以上,正是病害流行阶段,9月中旬以后,地温降到20℃左右,病害发生趋于平缓。

据安徽铜陵2003年调查,最适发病温度为28℃～35℃或更高。发病迟早还取决于6、7月份的降雨量和雨日数。当地常年6月上中旬为发病始期,但2003年降雨较晚,6月下旬至7月上旬才进入发病始期,7月下旬至9月上旬为盛发期,9月中下旬后逐渐停止发展。气温20℃～25℃,从发病到植株枯死需15～18天,气温35℃以上则仅需6～8天。

地势低洼,土质黏重,地温变幅大,多年连作,地下害虫多发以及大水漫灌、串灌的田块往往病重。有些地方姜农有剥老姜的习惯,以致机械伤口增多,发病加重。偏施氮肥的地块发病较重,施用豆饼肥的发病减轻。

【防治方法】

1. 选用抗病、轻病品种 据报道,广东细肉姜、义乌首姜、临平小型姜、新昌小型竹边姜、浙江铁杆青姜等较抗病。

2. 种植无病种姜 从无病地选留种姜,精选健种,单收单藏。最好建立无病留种基地,繁育无病种姜。用于种姜消毒的药剂很多。常用福尔马林100倍液浸泡30分钟,再闷种3～6小时。还可用30%氧氯化铜800倍液浸6小时,种姜切口蘸草木灰后下种,或用20%噻菌铜悬浮液600倍液浸种4小时,再晒1～2天播种。用康发可湿性粉剂(蜡质芽孢杆菌8亿个/g)处理种姜,每100kg种姜用240～320g制剂,对水浸泡姜种30分钟。此外,还可用3%克菌康(中生霉素)可湿性粉剂300倍液,或72%农用硫酸链霉素可溶性粉剂 3 000～4 000 倍液等处理姜种。

3. 病地轮作 重病地与粮食作物或非茄科蔬菜进行 4～5 年轮作，最好与水稻进行水旱轮作。选地势高燥、排水良好地块种姜，酸性土壤每 667m^2 施生石灰 100～150kg 改良，起垄或高畦栽培。冬季要深翻土壤，进行土壤冻垡熟化，或以生压熟。

4. 土壤灭菌处理 播前土壤处理可用氯化苦熏蒸法。在生姜种植前 60 天左右，将肥料撒入地块，并用旋耕犁耕地，耙平。然后用施药器将氯化苦土壤熏蒸剂药液注入土壤表面下 15～20cm 处，每 667m^2 用药量 25～30kg。覆盖地膜，闷 25～30 天。然后去膜翻地，散气 30 天后播种此法可杀死 0～40cm 土层中和肥料中的病原菌。

5. 栽培防病 施用充分腐熟的有机粪肥、豆饼肥，增施磷、钾肥。姜田四周挖排水沟，雨后迅速排水，田间不积水。宜用软管灌水，浅水沟灌或浇灌，切忌漫灌、串灌。最好用不带病菌的井水、泉水和其他净水灌溉。姜田要及时防治地下害虫，不剥老姜，以减少伤口。施肥培土等田间操作时，要尽量小心，以免造成人为的机械伤口。生产工具、器械要专用，避免其上附着的土壤、粪肥带菌入田。高温强光时期姜田需遮阳降温，可搭棚或覆盖黑色遮阳网。

6. 药剂防治 发现中心病株后立即挖除，邻近的几株健株也要一并挖除，带出田外，深埋处理。病穴内施 5%漂白粉或生石灰，或淋灌 72%农用硫酸链霉素可溶性粉剂 3 000～4 000 倍液。

自齐苗开始，应用防治药剂灌根，可选用 72%农用硫酸链霉素可溶性粉剂 3 000～4 000 倍液，或 3%克菌康（中生霉素）可湿性粉剂 600～800 倍液，或 14%络氨铜水剂 300 倍液、56%氧化亚铜水分散粒剂 800 倍液，或 53.8%氢氧化铜干悬浮剂 1 000～1 200 倍液，或 20%噻菌铜悬浮液 600 倍液等灌根，每隔 15～20 天 1 次，用药 4～5 次。此外，还可用康发可湿性粉剂（蜡质芽孢杆菌 8 亿个/g）对水后用药液顺垄灌根，每 667m^2 用制剂 400～800g。

17. 姜细菌性叶枯病

姜细菌性叶枯病又称为姜腐烂病，主要危害叶片和根茎，可使病株枯死，局部产区严重发生。

【症 状】 叶片多从叶尖发病，沿叶缘、叶脉扩展，初水浸状，淡褐色，略透明，后变为深褐色透明的条斑，边缘清晰，病健界限分明。根茎初生水渍状黄褐色斑块，逐渐失去光泽，从外向内部软化腐烂，后仅剩余表皮，内部充满灰白色黏稠状物和汁液，具有硫化氢臭味，茎基部、根部初为浅黄褐色水浸状，后变紫褐色腐烂，病株叶片黄枯，早期脱落。

【病原物】 病原细菌为野油菜黄单胞杆菌姜致病变种 *Xanthomonas campestris* pv. *zingibericola*。菌体短杆状，两端钝圆，多单生，具 1～2 根单极生鞭毛，革兰氏染色阴性，侵染姜、薄荷。

【发病规律】 病原菌主要随病残体在土壤中越冬，种姜也带菌传病。在田间病原菌还可随风雨、灌溉水、地下害虫、农事操作传播扩散。病原菌从伤口或叶片上水孔侵入，沿维管束上下蔓延。高温多雨季节多发，地温 28℃～30℃，土壤湿度高适于发病，暴风雨后明显加重。

【防治方法】 应选择地势高燥、通风良好、土质肥沃地块种姜，低洼地块高垄或高畦栽培。重病田与粮食作物进行 2～3 年轮作。选用无病种姜，栽种前用药剂浸种杀菌。姜田施足腐熟粪肥，增施磷、钾肥，科学灌水，严防病田的灌溉水流入无病田，雨后及时排除田间积水。及时发现和拔除病株，发病前或发病初期开始浇灌有效药液。可与姜瘟病一并防治(参阅姜瘟病)。

18. 山药炭疽病

炭疽病是山药的重要病害，分布广泛。该病主要危害叶片，也可危害茎蔓、叶柄和零余子，常导致叶枯。

【症　状】 叶片发病多自叶尖或叶缘产生水渍状暗绿色小斑点，扩展后病斑近圆形、椭圆形或不规则形，长径0.6～2.1cm，边缘褐色至暗褐色，中央灰褐色，略凹陷，稍显轮纹。病斑上散生许多黑色小粒点（分生孢子盘），湿度大时病斑表面有橘红色黏质物泌出。严重时，病斑常汇合成大斑块，易穿孔。茎蔓多在近地面处产生长条形、不规则形病斑，边缘褐色至黑褐色，中部颜色较浅，后凹陷，也产生黑色小粒点。严重时，常造成病部以上茎叶枯死。零余子和叶柄症状与茎部相似，叶柄发病常使叶片脱落。

【病原物】 病原真菌为薯芋盘长孢菌 *Gloeosporium pestis*，其分生孢子盘上无刚毛。也有胶孢炭疽菌 *Colletotrichum gloeosporioides* 和辣椒炭疽菌 *C. capsici* 致病的报道。

【发病规律】 病原菌随病残体在地面和土壤中越冬，产生分生孢子进行初侵染和再侵染。分生孢子在田间随雨水溅射、昆虫和农事操作传播。温度25℃～30℃，空气相对湿度80%以上适于发病。全生育期都可发生，高温多雨，氮肥过多，植株徒长时病重。

【防治方法】 病田实行轮作，避免连作，收获后彻底清除田间病残体，并行深翻；施足腐熟粪肥，避免偏施、过施氮肥，增施磷、钾肥，合理灌水，降低田间湿度；发病初期拔除中心病株，及时喷药防治，有效药剂有70%甲基硫菌灵可湿性粉剂800倍液，或25%溴菌清可湿性粉剂600倍液，或80%炭疽·福美可湿性粉剂800倍液，或25%咪鲜胺乳油1 000倍液等。

19. 山药褐色腐败病

山药褐色腐败病，也称为镰刀菌褐腐病，是山药的重要病害，分布广泛，造成病株块茎腐烂，显著降低产量和品质。

【症　状】 主要危害根状块茎，造成块茎腐烂。其症状早期不明显，收获时可见。病块茎生不规则形褐色腐烂斑块，稍凹陷，变软，有的畸形，有时生有白色或粉红色霉状物。切开块茎可见褐变腐烂部比外表范围大且深。病株茎叶褪绿，叶缘坏死或全株萎黄。

【病原物】 病原菌主要为茄腐镰孢菌 *Fusarium solani*，也有其他种类的镰刀菌发生。

【发病规律】 病原菌在土壤中、粪肥中或田间病残株上越冬。种薯（山药栽子）也带菌传病。在田间产生分生孢子借雨水、灌溉水、农机具传播，进行再侵染。病原菌多从块茎伤口侵入。地温20℃～24℃，土壤高湿有利于发病。连作田，低洼积水田，土质黏重，湿度高或地下害虫多的田块发病较重。

【防治方法】 ①收获时彻底清除病残体，并深翻晒土或用薄膜密封，利用太阳能消毒土壤。重病地需施用药土。可用70%恶霉灵可湿性粉剂，或50%多菌灵可湿性粉剂，或50%福美双可湿性粉剂，每公顷用药45～75kg，拌细土450～750kg，制成药土，均匀撒于种植沟内。②无病留种，选用健全不带菌种薯。③施用充分腐熟的农家肥，适当灌水，保持土壤湿润，避免过湿，雨后及时排水。中耕宜浅，减少伤根。彻底防治地下害虫。④发病初期选用70%甲基硫菌灵可湿性粉剂1 000倍液，或50%多菌灵可湿性粉剂500倍液，或40%多·硫悬浮剂500倍液，或10%双效灵水剂500倍液灌根。

20. 芋疫病

疫病是芋的重要病害，各地均有发生，我国南部、东南部各产区发生较重。疫病主要危害叶片和叶柄，也危害球茎。高温多雨季节流行，发病率可达70%以上，常使大量叶片枯死，芋产量和品质降低。

【症　状】 叶片上生圆形、椭圆形、不规则形病斑，淡褐色，有色泽浓淡相间的轮纹，病斑边缘常有暗绿色水浸状环带。潮湿时，病斑表面长出稀疏的白色霉状物，因病组织腐烂，可泌出黄色至淡褐色的液滴状物。后期病斑汇合，病部干枯、脆裂和穿孔脱落，严重时仅残留叶脉，成破伞状。叶柄上生长椭圆形、不规则形病斑，暗褐色，周围黄色，病斑可相互连接或环切叶柄，使之腐烂倒折，叶片枯萎。球茎变褐腐烂。

【病原物】 病原卵菌为芋疫霉 *Phytophthora colocasiae*，危害芋和水芋。

【发病规律】 病原菌在种芋球茎内或病残体上越冬。带菌种芋是田间主要初侵染菌源，引起幼株发病，成为中心病株，产生孢子囊，随风雨扩散，进行再侵染。生长季节雨多露重，发病多而重。南方产区3月中下旬至4月中旬开始零星发病，6～9月份主要发病时期，7月为发病高峰期。连作地，地势低洼的积水地，以及偏施氮肥和种植过密的田块发病较重。品种之间抗病性有明显差异。通常水芋较旱芋抗病，香芋比红芽芋和白芽芋品种抗病。

【防治方法】 ①重病田与粮食作物进行2年轮作，最好水旱轮作。②种植抗病、轻病品种。使用从无病区（田）采留的无病种芋。③高畦深沟栽培，清沟排渍，雨后不积水。合理确定种植密度，保持株行间通风透光良好。施足腐熟粪肥，增施磷、钾肥，避免偏施、过施氮肥。④及时清除田间中心病株，或摘除病叶深埋，不要丢弃田间和沟渠内。收获后彻底清除田间病残体，集中烧毁。⑤中心病株出现前后及时开始喷药防治，可选用72%霜脲·锰锌可湿性粉剂600～800倍液，或72.2%霜霉威水剂600～800倍液，或64%杀毒矾可湿性粉剂500倍液，或40%三乙膦酸铝可湿性粉剂300倍液，以及其他对疫病有效的药剂，参见马铃薯晚疫病的防治。

21. 芋污斑病

芋污斑病也称为污叶病，是芋的重要病害，分布广泛。污斑病危害叶片，引起叶枯。

【症　状】 病株下部叶片先发病，逐渐向上位叶片发展。叶片上生圆形、椭圆形病斑，直径0.3～1cm不等，初淡黄色，后渐变为淡褐色至暗褐色，背面病斑淡黄色，病斑边缘模糊。高湿时，病斑上生出暗褐色霉层，霉层薄，仅隐约可见。后期病斑密布，叶片污损，变黄干枯。

【病原物】 病原真菌为芋枝孢霉 *Cladosporium colocasiae*，侵染芋、水芋。

【发病规律】 病原菌随病残体在地表越冬。翌春产生分生孢子，借气流和雨水传播，进行初侵染和再侵染。在南方产区，周年辗转发生，无明显的越冬期。

天气高温多雨有利于发病。在湿度适宜的条件下，温度24℃左右，田间出现零星病叶，6月底至7月底温度升高到26℃～28℃，进入发病高峰期。夏、秋季雨水较多的年份发病增多，偏施氮肥或缺肥，旺长衰弱的植株发病重。

【防治方法】 ①收获后彻底收集并烧毁病残叶。②选择地势高燥，排水良好地块种芋，密度适宜，不使株间郁蔽高湿。加强肥水管理，避免偏施、过施氮肥，培养壮株。③发病初期及时喷药防治，可选用70%代森锰锌可湿性粉剂600倍液，或70%甲基硫菌灵可湿性粉剂800倍液，或50%多菌灵可湿性粉剂500倍液，或40%多·硫悬浮剂500倍液，或50%异菌脲可湿性粉剂1 500倍液，或43%戊唑醇悬浮剂6 000～8 000倍液，或30%氟菌唑可湿性粉剂5 000倍液，或47%春雷·王铜可湿性粉剂600～800倍液，或2%春雷霉素水剂400～500倍液等。

22. 芋炭疽病

炭疽病是芋的常见病害，分布较广，主要危害叶片，严重发生时也危害叶柄和球茎。

【症　状】 叶片上初生水渍状暗绿色斑点，后扩展为近圆形、椭圆形的褐色病斑，叶片边缘的半圆形。斑面有深褐色轮纹，病斑四周有浸润性黄色晕圈。后期病斑上轮生许多黑色小粒点，即病原菌的分生孢子盘，高湿时小粒点溢出橘红色黏质物。干燥时病斑干缩成羊皮纸状，易破裂。球茎上病斑圆形，似漏斗状向内部扩展，去皮后可见病部组织变黄褐色腐烂，无臭味。

【病原物】 病原真菌为辣椒刺盘孢 *Colletotrichum capsici*，该菌还侵染辣椒等茄科蔬菜等。

【发病规律】 病原菌随病残体在土壤中越冬，球茎也带菌传病。田间病株产生分生孢子，借风、雨、昆虫传播，进行再侵染。高温高湿的条件适于发病，在高温季节，遇连续阴雨、多雾或重露，病害得以流行。

【防治方法】 防治炭疽病应种植从无病田或无病株上采留的种芋，必要时种芋需行处理，可用58℃～60℃温水浸10分钟，或用50%多菌灵可湿性粉剂100倍液浸8分钟，或用25%溴菌腈可湿性粉剂600倍液浸10分钟；要选择地势平坦、排水良好的砂壤土种植，或行深沟高厢栽培。雨后及时排除田间积水；发现初始病叶要及时摘除，收获后彻底清除田间病残体、病球茎，集中深埋或烧毁；发病初期及时喷药防治，可选用的药剂有70%甲基硫菌灵可湿性粉剂800倍液，或25%溴菌腈可湿性粉剂600倍液，或80%炭疽·福美可湿性粉剂800倍液，或25%咪鲜胺乳油1 000倍液等。

23. 魔芋白绢病

白绢病是魔芋的主要病害，魔芋叶柄基部发病后腐烂折倒，严重发病田块成片倒伏，危害极重。白绢病也是多种蔬菜、花卉、药材、林果的重要病害，多发生于南方高温多湿地区，需重点防治。

【症　状】 主要危害部位是距地面1～2cm的叶柄基部，初生水浸状不规则形暗褐色病斑，后迅速扩大并软化腐烂。3～5天后发病部位表面产生白色绢丝状菌丝体，集结成束，呈辐射状延伸，7～10天后菌丝在叶柄基部扩展成一圈，病斑外缘呈半透明水浸状。其后产生大量初为白色，后变为黄褐色至红褐色的小菌核，油菜籽状。白色菌丝可由茎基部蔓延到附近土表，也产生褐色小菌核。病株从基部腐烂处折断倒伏。球茎和根状茎也产生类似症状，变褐湿腐。

【病原物】 病原真菌为整齐小核菌 *Sclerotium rolfsii*，菌丝体白色，呈束状，菌核球形或椭圆形，油菜籽状，表面光滑，直径0.5～2mm，初为白色，后变为淡褐色，最后变为红褐色，菌核内部灰白色。病原菌生长的温度范围为13℃～40℃，最适温度31℃，最适pH值为6。菌核需在有水滴存在或100%高湿条件下萌发，萌发的温度范围为16℃～40℃，最适温度34℃，最适pH值为3～4。该菌寄主范围很广，可侵染62科210多种植物，其中包括豆类、瓜类、胡萝卜、茄果类、十字花科、葱蒜类、薯芋类以及其他蔬菜，发生白绢病，造成苗枯、根腐、基腐、果腐等多种症状。

【发病规律】 病原菌主要以菌核和菌丝体在土壤、病残体中越冬。菌核抗逆性强，耐低温，在旱地可存活 5～6 年，但水旱交替可促进菌核死亡。越冬后在环境条件适宜时，菌核萌发，产生菌丝，从植株地下部分或近土表处直接侵入魔芋，引起发病，成为中心病株。另外，魔芋球茎也带菌，是重要初侵染菌源。在发病田，病株产生菌丝体，就近蔓延，侵染附近健株。病株周围的菌丝沿土壤裂缝一般可延伸 20～40cm，土表干燥时菌丝向土壤深处延伸，深度可达 20cm。菌核则通过雨水、灌溉水、带菌土壤、肥料、附着土壤的农机具等传播，发生再侵染。

白绢病是高温高湿型病害，主要在魔芋生长的中后期发病，换头期以后发病较重。发病最适温度为 30℃～33℃，最低 8℃，最高 40℃。雨水多，土壤湿度大，尤其是雨后天晴，往往大发生。在陕西安康，6 月中下旬田间出现病株，7 月下旬至 9 月上旬高温、高湿、日照长，有利于病害发展，8 月中旬进入盛发期，9 月上旬达到发病高峰期。9 月中旬气温下降，病害逐渐停止发展。魔芋为半阴性植物，荫蔽栽培可降低发病率，魔芋间作玉米、桑树、杜仲等，白绢病发生较轻。

山区随海拔高度变化，生态条件不同，发病程度也相差较大。在陕西安康魔芋产区，海拔 700m 以下的低山丘陵区伏期气温高，干旱严重，昼夜温差小，植株抗病性低，发病重；海拔 700～1 000m 地带，气候温暖潮湿，适宜魔芋生长，发病率低；海拔 1 100m 以上地区气温较低，魔芋生长缓慢，产量低，也是不适宜种植区域。

在发病地区，连作地块土壤中积累较多病原菌，连作年限越长，发病越重。酸性土壤有利于菌核萌发和菌丝生长，因而土壤偏酸性的田块发病较重，酸性土壤需施石灰改良。合理施用钾肥能促进魔芋养分合成和运输，植株生长健壮，提高抗病性、抗旱性，改进球茎品质和耐贮性，白绢病发生较轻。另外，低洼积水田，地下害虫发生多的田块，以及农事操作不慎，给植株造成较多伤口的田块，发病都较重。

魔芋品种间抗病性有差异。据陕西安康调查，当地种植的花魔芋，因长期没有提纯复壮育，种性退化，发病重。近年引进的金沙江流域的白魔芋农家种发病最轻，日本品种农林 2 号较轻。

【防治方法】

1. 实行轮作　重病地与禾本科作物水稻、玉米、小麦等轮作 3 年，水旱轮作效果更好。

2. 改善土壤条件　挖收魔芋后做好清园工作，彻底清除病残体，并将带病的土层翻到 15cm 深以下，抑制病原菌。酸性土壤，在整地前撒施生石灰，每公顷用 750～1 500kg，撒匀深翻，7 天后播种。

3. 选用健康种芋　建立种芋基地，繁育健康种芋，实行统一供种，保证种芋规格和质量，避免种芋带菌。选择单个重 0.15～0.25kg、形状整齐，凹陷很小，表面光滑，无病无伤的魔芋作种。种芋晒 1～2 天，然后用 64％杀毒矾或 77％氢氧化铜 500 倍液浸种 20～30 分钟，也可用饱和石灰水清液浸种 12 小时，晾干后播种。

4. 栽培防治　在生态条件适宜魔芋生长、发病轻的区域种植魔芋，选用阴湿而不积水，土层深厚、土质疏松、富含有机质的壤土地作为芋田。施用充分腐熟的有机肥作基肥，肥料不宜与种芋和植株直接接触；合理追肥，适量施用氮肥，增施磷、钾肥。栽芋不宜过深，以种芋顶端距土表 5cm 左右为宜。栽种时，种芋略倾斜，芽眼侧放，避免渍水造成病害烂芽。魔芋喜阴、怕强日光直射，要及时遮阴，盛夏应适量追加覆盖物。宜与高秆作物玉米间作。要合理灌溉，保持芋田湿润，防止雨后积水。中耕和其他农事操作不要伤根伤苗，尽量减较少伤口，要及时防治害虫。要适时收挖魔芋，要轻挖、轻放、轻搬、轻运，避免机械损伤，贮藏期经常检查，及时发现和清除病芋。

5. 人工防治　出苗后经常检查，及时发现病株，在菌核形成前拔除销毁,病穴喷洒灌 50%甲基硫菌灵或 50%多菌灵 400～500 倍液,或撒施生石灰粉。

有的地方采用塑料薄膜包裹法,在株高 20cm 时,用 10～15cm 见方的薄膜包裹叶柄基部,对白绢病有良好的防治效果。

还有的地方在白绢病盛发期,在魔芋植株周围土表撒施石灰粉,亦有防病作用,每 667m^2 施用石灰粉 15kg 左右,分 3 次施完,隔 1 周施一次,注意每次不要过量施用,否则对魔芋生长有一定的抑制作用。

6. 药剂防治 据各地报道,防治魔芋白绢病的有效药剂较多,其中包括 25%三唑酮可湿性粉剂 1 500 倍液,或 50%的多菌灵可湿性粉剂 500～600 倍液,或 50%甲基硫菌灵可湿性粉 800 倍液,或 50%代森铵水溶液 1 000 倍液,或 50%异菌脲可湿性粉剂 1 000倍液,可喷雾或灌根。

24. 魔芋软腐病

软腐病是魔芋的主要病害,在生长期和贮藏期都可发生,引起叶片、叶柄和球茎腐烂,与白绢病并发,危害更大,甚至可能绝收。

【症　状】 整个魔芋生育期均可发病,球茎膨大期之后多发,在贮藏期可继续危害。出苗期种芋发病,造成烂芽,不出苗,或出苗后苗尖弯曲变黑,叶片不能完全展开而萎蔫。高湿时种芋和幼苗都变黑湿腐。成株期发病,球茎半边或全部湿腐,前者造成植株半边发黄萎蔫,后者造成全株叶片发黄萎蔫,甚至全株枯死。球茎与叶柄交界处腐烂折断,有的叶柄基部出现变褐斑块,沿叶柄向上发展,最后整个叶柄和叶片腐烂,有臭味。膨大期植株多从叶片开始发病,叶片上初生墨绿色油渍状不规则病斑,边缘不明显,沿叶脉向叶肉呈放射状或浸润状发展,造成叶片腐烂。还可沿叶柄向下扩展至球茎,造成叶柄、球茎以致整个植株变黑腐烂。贮藏期发病，球茎局部或全部腐烂发臭，流出汁液，有恶臭。

【病原物】 病原细菌为胡萝卜果胶杆菌胡萝卜亚种 *Pectobacterium carotovorum* subsp. *carotovorum*，菌体短杆状，周生鞭毛，革兰氏染色阴性。生长发育的最适温度为 25℃～30℃，最低 4℃，最高 38℃。该菌可在腐烂的魔芋组织中存活 2 周，在未完全腐烂的组织上可存活较长时间。该菌寄主范围很广泛，引起各种蔬菜的软腐病。

【发病规律】 病原细菌随带菌的病残体、土壤、未腐熟有机肥以及病球茎越冬，初侵染菌源较多。在生长季节，病原细菌可通过雨水、灌溉水、带菌肥料、带菌土壤、昆虫等多种途径传播，由伤口或自然裂口侵入，不断发生再侵染，使病情加重。一般从发病到倒苗只要 7 天左右，高温时 2～3 天就会倒苗。

多雨高湿，有利于软腐病流行，地势低洼、排水不良的田块病重。在一些湿度较高的南方产区，高温是主要的发病诱因，软腐病多在温度较高的 7～8 月份流行。病田连作，或前茬作物为蔬菜等寄主作物，菌源多，发病重。

魔芋与玉米等高秆作物套种，长势好，日灼伤少，发病较轻。土壤黏重板结，湿度高，又易使魔芋根部受伤，有利于细菌侵入。砂壤土通气性好，根部不易产生伤口，发病较轻。

【防治方法】 防治软腐病应选好前茬作物，尽量选择小麦、大麦、玉米等植物作为前茬，避免与魔芋以及蔬菜作物连作。种植地应选择地势高、不易积水的田块，土质疏松、肥沃、通气性好，要修好排灌系统，高畦或高垄种植。前茬收获后要清除田间病残体，及早翻地整地。要选择高秆作物与魔芋套种，以遮阴防晒。挑选健康种芋，晒 1～2 天后，用 72％农用硫酸链霉素 4 000 倍液浸 1 小时，晾干后播种。要合理施肥，施用的有机肥要充分腐熟。要及时防治害虫，减少植株的虫伤口。

发病初期要及时发现和拔除病株，带出田间销毁，同时在病穴及其周围撒石灰消毒。发病初期喷施72%农用硫酸链霉素4 000倍液，或新植霉素4 000倍液，或14%络氨铜水剂400倍液，或50%琥胶肥酸铜(DT)可湿性粉剂1 000倍液，或77%氢氧化铜可湿性粉剂800倍液等。

25. 薯芋类蔬菜其他病害

薯芋类蔬菜其他病害及防治，见表2-17。

表2-17 薯芋类蔬菜其他病害

病名	症状	发生规律	防治方法
马铃薯炭疽病 *Colletotrichum coccodes*	叶片上生近圆形、不规则形褐色病斑，边缘明显，可相互汇合成较大斑块，也侵染根部和块茎，引起植株萎蔫和块茎腐烂。病部生黑色小粒点(分生孢子盘)	病残体和带病种薯提供主要初侵染菌源，发病后病部产生分生孢子，随风雨传播引起再侵染。高温高湿，雨露多时发病重	选用无病种薯，用溴菌腈或甲基硫菌灵药液浸种薯杀菌；精细管理，降低田间湿度，防止积水；发病初期开始选喷溴菌腈、咪鲜胺、苯醚甲环唑、苯噻氰、春雷霉素或甲基硫菌灵等药剂
马铃薯叶枯病 *Mcrophomina phaseolina*	叶片多从叶尖或叶缘开始发病，形成"V"字形或半圆形大型病斑，灰褐色，有不明显的轮纹，外缘有黄色晕圈。茎上生不定型灰褐色坏死斑。病部可形成黑色小粒点	病原菌多随病残体越冬，寄主较多，初侵染菌源较广泛。在病株上生成分生孢子器和小菌核，高湿时多发	清除病残体，加强肥水管理，防止植株早衰；雨后及时排水，降低湿度；药剂防治可喷施百菌清、异菌脲、三唑酮或多·硫悬浮剂等

续表 2-17

病　名	症　状	发生规律	防治方法
马铃薯干腐病 *Fusarium* spp.	贮藏期块茎干腐，僵缩坚硬。薯皮干燥发皱，有同心环纹，生白色、灰白色、黄色或粉红色霉状物。薯肉变褐色或黑色，发硬，干缩，形成空洞或裂缝，有灰白色绵毛状物	病原镰刀菌在土壤中和薯窖里广泛存在，长期存活，通过伤口、病灶、皮孔、芽眼等处侵入块茎。入贮1个月后陆续发病，高温高湿时病重，早熟品种最感病	晴天收获，避免块茎表皮受伤，块茎充分晾干后入贮，贮藏期间通风降湿，保持1℃～4℃，及时清除病薯
马铃薯白绢病 *Sclerotium rolfsii*	茎基部和块茎水浸状腐烂，密生绢丝状白霉，后期生黄褐色、褐色圆粒状小菌核。病块茎内部也变褐腐烂	病原真菌的小菌核在土壤和病残体内越冬，可随土壤、雨水、灌溉水、农家肥等传播。高温高湿，田间积水时多发。贮藏期间高温高湿时也发生	深耕翻埋小菌核，清除病残体，实行水旱轮作，生长期及时清除病株，发病初期选喷杀菌剂，用药参考魔芋白绢病
马铃薯根斑(腐)线虫 *Pratylenchus* spp.	根和块茎生黑褐色溃疡斑，腐烂，地上部茎叶变黄，矮小	以卵或其他虫态在土壤和病根、病块茎残体内越季，幼虫4龄，2～4龄幼虫和成虫侵入根部危害，可在根内移动。土温高、湿度低有利于线虫发生	实施2年以上轮作，清除病残体，选用无虫种薯，施用腐熟有机肥，栽植前土壤施用杀线虫剂处理

续表 2-17

病　名	症　状	发生规律	防治方法
马铃薯腐烂茎线虫 *Ditylenchus destructor*	块茎表皮褐色龟裂,内部出现点状空隙或糠心状,薯块重量减轻,无经济价值	病原线虫寄主广泛,在多种植物的茎、块茎、鳞茎、球茎、块根、叶片的薄壁组织内取食。以卵、幼虫或成虫在土壤、病残体、病块茎、鳞茎中越冬,可随植物材料和土壤远距离传播	严格检疫,防止传播,不引进带虫块茎等繁殖材料;病田与玉米、小麦、高粱、棉花、花生等非寄主作物实行3年以上的轮作;清除病株、自生苗和杂草;施用杀线虫剂
姜炭疽病 *Colletotrichum* spp.	多从叶尖、叶缘开始发病,初现水渍状斑点,扩展后成椭圆形、不规则形褐色病斑,边缘云纹状。高湿时,表面出现黑色小粒点。严重时,数个病斑连合成斑块,叶片变褐干枯	病原真菌随病残体越冬,分生孢子在田间由风雨、昆虫传播,再侵染频繁。在南方,终年在姜科、茄科寄主作物间辗转危害。高湿多雨,连茬种植,偏施氮肥时病重	参考马铃薯炭疽病
姜丝核菌病(立枯病) *Rhizoctonia solani*	引起幼苗立枯,成株茎基部变褐坏死,叶片和茎秆上生椭圆形至不规则形病斑,可相互融合成云纹状,边缘褐色、中央淡色的大斑,根茎局部变褐腐烂或干缩。病部在高湿时生微细的褐色菌丝体	病原真菌以菌核和菌丝体在土壤与病残体中存活,成为主要初侵染菌源。病原菌可随带菌种姜、土壤、肥料、农机具、雨水、灌溉水以及菌丝接触等途径传病。前作稻纹枯病严重,或用纹枯病重的稻草覆盖姜地,发病早而重	轮作,前作稻纹枯病重的地块不要种植姜;姜地不用带纹枯病菌的稻草或其编织物覆盖;适度灌水,雨后排水;发病初期及时喷布或浇灌井冈霉素等

续表 2-17

病　名	症　状	发生规律	防治方法
姜根茎腐烂病 *Fusarium* spp.	地上茎基部和根茎变褐腐烂，其表面常长有白色霉状物。严重时，地上茎叶枯萎	病原真菌以菌丝体和厚垣孢子随病残体在土壤中和农家肥中越冬，由伤口侵入，引起初侵染。带菌种姜也能传病。当年病株产生分生孢子，借雨水、灌溉水传播，进行再侵染。连作，地势低洼，土质黏重，施用未腐熟粪肥时发病重	常发地与粮食作物进行 3 年以上轮作，收获后彻底清除病残株，选地势高燥、排水良好的地块种植，低平地要高厢深沟；种植耐涝轻病品种，精选无病种姜或用多菌灵药液浸种；施足腐熟的有机肥，雨后及时排除田间积水，及时拔除病株，发病初期开始选用多菌灵、甲基硫菌灵等药剂灌根或喷淋施药
姜菌核病 *Sclerotinia sclerotiorum*	茎基部和根茎生水浸状褐色腐烂斑块，形状不规则，生有白色絮状菌丝体和黑色鼠粪状菌核。病株茎叶萎蔫枯死	参见茄果类菌核病	参见茄果类菌核病
姜曲霉病 *Aspergillus* sp.	茎基部和根茎水浸状软化，内部变黄色或黄褐色腐烂，病株萎蔫枯死。储藏期病根茎干腐，仅残留干缩的表皮和维管束，内部充满黑粉（分生孢子）	病原菌弱寄生，菌源广泛。多由伤口侵入，植株生长衰弱时病重。贮藏期块茎发病多	精细管理，适时灌水施肥，培育壮株，减少生理裂口和机械损伤；必要时选喷异菌脲、咪鲜胺、苯醚甲环唑、噻菌灵等药剂，重点喷布茎基部

续表 2-17

病　名	症　状	发生规律	防治方法
姜软腐病 *Pectobacterium carotovorum* subsp. *carotovorum*	根茎湿腐溃烂，糊状，散发恶臭，病株枯死	病原细菌主要随病残体、带菌土壤、有机肥、带病种姜等越季，为初侵染菌源，由伤口和自然孔口侵入。病原细菌可随雨水、灌溉水、昆虫和接触传播，引起再侵染，高温、高湿条件下发病重	选用无病种姜，高畦或高垄种植，施用充分腐熟的粪肥，防治地下害虫，早期挖除病株，喷施农用硫酸链霉素等药剂，参见十字花科蔬菜软腐病
姜根结线虫病 *Meloidogyne* spp.	根部和根茎生大小不等的瘤状根结，有时连接成串状，初黄白色，后变褐色，病部破裂、腐烂。病株生长不良，叶小茎矮、分枝少	病原线虫二龄幼虫在土壤中，以卵在病残体、病姜体内越冬。幼虫多从幼嫩的根部侵入，刺激寄主细胞增生，形成根结。线虫可随灌溉水、病土、病株、病种姜传播。地势高燥、土质疏松的连作田病重	与禾本科作物实行2～3年轮作，使用无病虫种姜；彻底清除病残体，铲除杂草，施用充分腐熟的有机肥；施用杀线虫剂，参见十字花科蔬菜根结线虫
山药疮痂病 *Streptomyces scabies*	块茎表面初生褐色小点，扩大后成为褐色不规则形病斑，其表层细胞木栓化，形成多数大小不等的瘤状突起，疮痂状破裂。病根茎表层僵硬，病组织易碎裂脱落	病原放线菌在土壤、肥料、种薯等处越冬，提供初侵染菌源，从块茎的气孔、皮孔、伤口侵入。地温23℃～25℃最适于发病，低于10℃或高于30℃很少发病。土壤沙质、中性或偏碱性，以及湿度低时病重	重病地应行2～3年轮作，选种无病种薯，或行杀菌处理。施用净肥，适时浇水，及时防治地下害虫

续表 2-17

病 名	症 状	发生规律	防治方法
山药斑纹病 *Cylindrosporium dioscoreae*	多从下叶开始发病，病叶生黄白色小点，扩展受叶脉限制，形成多角形至不规则形病斑，直径 2～5mm，中间浅褐色，边缘褐色稍隆起，散生黑色小点，易脱落穿孔，可引起叶枯	病菌真菌以分生孢子座或菌丝体在病残体上越冬，分生孢子借风雨传播，再侵染频繁，潜育期仅 1～2 天。高温高湿，连续阴雨时病重	实行轮作，收获后彻底清除田间病残体；加强水肥管理，雨后及时排除田间积水；发病初期摘除病叶，选喷代森锰锌、氢氧化铜、碱式硫酸铜、春雷·王铜等
山药叶点霉斑点病 *Phyllosticta dioscoreae*	叶片上病斑近圆形、多角形至不规则形，边缘褐色，中部灰褐色至灰白色，后期病斑表面出现许多小黑粒点（分生孢子器）	病原真菌以菌丝体和分生孢子器随病残体越冬，发病后病部产生大量分生孢子借风雨传播，反复再侵染。温暖多雨，偏施氮肥，植株徒长时发病重	收获后及时清除病残体，深翻土壤；清沟排渍，加强肥水管理，防止植株早衰，发病初期开始选喷代森锰锌、甲基硫菌灵、多菌灵等杀菌剂
山药斑枯病 *Septoria dioscoreae*	叶片上生近圆形、多角形病斑，大小 6～10mm，边缘暗褐色，中部褐色，上生多数黑色小粒点（分生孢子器）。严重时病斑汇合连片，病叶干枯	病原真菌在病残体上越冬，翌年产生分生孢子进行初侵染和再侵染，分生孢子借风雨传播。高温多雨有利于发病	重病地与粮食作物进行 2 年以上轮作，收获后及时清除病残体，合理进行水肥管理，避免偏施、过施氮肥，雨后及时排水；发病初期开始选喷代森锰锌、氧氯化铜、多菌灵盐酸盐、异菌·福或多·硫悬浮剂等药剂

续表 2-17

病　名	症　状	发生规律	防治方法
山药褐斑病 *Phaeoramularia dioscoreae*	叶片上病斑圆形至不规则形，小的 2～5mm，大的可达 20mm，中部灰褐色，边缘暗褐色，常有 1～2 个细轮纹，有的周围有黄色晕圈，高湿时病斑表面生灰黑色霉状物。病斑汇合，病叶干枯脱落	病原真菌随病残体越冬，种苗也传病。田间产生分生孢子，随风雨传播，进行初侵染和再侵染。高温阴雨，重露多雾，病害易流行	重病地进行 2 年以上轮作，收获后及时清除病残体，合理进行水肥管理，雨后及时排水；发病初期及时选喷百菌清、代森锰锌、松脂酸铜、多霉灵、甲基硫菌灵、异菌脲等
山药花叶病 *Yam mosaic*	叶片花叶，叶面凸凹不平，有时畸形或生坏死斑。病株瘦弱，生长缓慢	种薯带毒传病，生长季节主要由蚜虫进行非持久性传毒，高温干旱，蚜虫猖獗时发病重	选留无病种薯，适期早栽，使苗期躲过蚜虫盛发期，及早防治蚜虫，发病初期喷布盐酸吗啉胍·铜、病毒必克等药剂
山药红斑病 *Pratylenchus dioscoreae*	块茎上形成黄褐色近圆形至不规则形稍凹陷的斑点，大小 2～4mm，汇合成大片暗褐色斑块，表面具龟裂纹，病部组织褐色干腐，海绵状，深 2～3mm。病株蔓叶变黄，根黑褐色缢缩	病原为薯蓣短体线虫，在土壤中存活 3 年以上，种秧、病残体、土壤均可传病。每年发生 2 代，只侵染山药	实行 3 年以上轮作，使用无病田繁殖的无病种秧，合理施用杀线虫剂

续表 2-17

病　名	症　状	发生规律	防治方法
山药根结线虫病 *Meloidogyne* spp.	病块茎表皮暗褐色，产生许多 2～7mm 大小的瘤状物（根结），毛根上生米粒大小的根结，块茎组织自表面向内变褐或腐烂。病株叶片变小，长势弱	主要以二龄幼虫在土壤中越冬，种薯也带虫传病，连作田病重	病田改种水稻、玉米、棉花 2～3 年后再种蔬菜；选择健壮无病种薯；彻底清除病残体，铲除杂草，施用充分腐熟的有机肥；施用杀线虫剂，参见十字花科蔬菜根结线虫病
芋干腐病 *Fusarium solani*	病株生长不良，外叶变黄，严重的茎叶倒伏或干枯；球茎皮层凹陷变红褐色腐烂，生有白色霉状物，内部有红褐色小斑点或大块变红褐色，后期成海绵状干腐或中空	病原真菌在土壤和病残体中存活越冬，种芋也可带菌传病，发病适温 28℃～30℃。在重茬，土壤酸性，排水不良，地下害虫多发等情况下病重。贮运期间病情仍可发展	重病地行 3 年以上轮作；使用无病种芋，或用多菌灵药液浸种；高畦或高垄栽培，畦面铺稻草或麦秆；适时追肥，均匀灌水，防治地下害虫；及时拔除病株，收获后彻底清除病残体；发病初期开始选用多菌灵、甲基硫菌灵、双效灵或菌毒清等灌根、喷洒土表及茎基部
芋叶点霉穿孔病 *Phyllosticta* sp.	叶片上生椭圆形、不规则形病斑，直径 3～8mm，灰褐色至灰白色，边缘不清晰，表面生有黑色小粒点。病斑易破裂穿孔，严重的病叶仅余叶脉，呈破伞状	病原真菌随病残体越冬，病株产生分生孢子，随风雨、昆虫传播，多次再侵染，高温多雨，偏施氮肥时病重	清除病残体，加强肥水管理，均衡施肥，降低湿度，发病初期喷施甲基硫菌灵、百菌清、施保功、氟硅唑或腈菌唑等药剂

续表 2-17

病 名	症 状	发生规律	防治方法
芋灰斑病 *Cercospora caladii*	叶片上病斑圆形、近圆形，直径 1～4mm，深灰色，边缘褐色，高湿时病斑上生灰黑色霉状物	病菌真菌在病残体和种芋上越冬，栽植带病种芋，病害相继传染亲芋和子芋。病株产生分生孢子，随风雨传播，多次再侵染。最适发病温度为25℃～27℃，高湿多雨时病重	选用无病健康种芋，或行温汤浸种(58℃～60℃，10 分钟)；重病田轮作；及时摘除病叶，收获后清除病残体；晴天收获，不在土壤湿度过大时收获，减少种芋伤口；发病初期开始选喷多霉灵、多菌灵、异菌脲等
芋黄萎病 *Verticillium* sp.	病株叶片由外向里萎蔫枯死。初期叶脉间出现褪绿斑块，沿叶脉向内发展，变黄褐色，后病叶卷曲枯死。剖视叶柄，可见维管束变褐	病原真菌随病残体在土壤中越冬，条件适宜时由根部伤口或幼根侵入。带菌土壤、风雨、灌溉水、农家肥、被污染的农机具等传病。连作、低湿、土壤砂质的田块病重	与禾谷类、葱蒜类作物轮作，选用抗病、耐病品种，重病地种植前施用多菌灵药土，发病初期用多菌灵药液灌根
芋软腐病 *Pectobacterium carotovorum* subsp. *carotovorum*	叶柄基部和球茎变褐腐烂，叶片变黄，病株枯腐、倒伏，有恶臭	病原细菌在种芋内或随病残体越冬，从伤口侵入。在田间病原菌借雨水、灌溉水、昆虫和接触传播，进行再侵染。多雨高湿，田间积水，地下害虫多发时病重	选用耐病品种，严格挑选种芋，剔除病芋；选不积水地种植，深耕细耙，高垄深沟，雨后及时排水；防治地下害虫，及时拔除病株，病穴撒石灰消毒，选喷农用硫酸链霉素、氢氧化铜、春雷·王铜等

续表 2-17

病　名	症　状	发生规律	防治方法
芋细菌性斑点病 *Pseudomonas colocasiae*	病叶上生圆形、近圆形病斑，直径多1～3mm，中部灰白色，边缘黑褐色，有黄色晕圈，易破裂穿孔	病原细菌随病残体或在球茎表面越冬，在田间随雨滴飞溅和流水传播，多雨年份发病重	清除病残体，早期拔除病株，喷施春雷·王铜、噻菌铜、氢氧化铜等药剂
芋花叶病 *Dasheen mosaic virus*（芋花叶病毒）和CMV	沿叶脉出现黄点，逐渐形成黄绿相间的花叶，顶叶出现羽毛状黄绿色斑纹，有的叶片扭曲畸形，叶面出现褐色环形蚀纹或坏死斑。病株矮小，分蘖少，球茎退化变小，有的维管束变褐色	病毒在发病母株球茎内存活越冬，通过分株繁殖传到子芋，也可在野生芋、魔芋、马蹄莲上越冬。发病田由蚜虫传毒或汁液接触传播	种植抗病品种，用无病母株繁殖种芋，或行种芋脱毒；田间早期防蚜，及时发现和挖除病株，发病初期开始喷布NS-83、盐酸吗啉胍·铜等药剂
魔芋炭疽病 *Colletotrichum* sp.	叶片上病斑圆形至不规则形，中部淡褐色至灰褐色，边缘紫褐色，上生黑色小粒点（分生孢子盘）。多个病斑汇合成大斑块，易裂，严重时叶片变褐干枯	病原真菌随病残体在土壤中越冬，条件适宜时产生分生孢子，借风雨传播。天气温暖多湿，地势低洼，偏施氮肥均加重发病	收获后及时清除病残体，减少菌源；选择高燥地块，深沟高厢或高垄种植，合理密植，避免偏施氮肥；发病初期开始选喷炭疽·福美、溴菌腈、咪鲜胺、丙环唑、甲基硫菌灵等杀菌剂

第九章 水生蔬菜病害

水生蔬菜是在水泽环境中生长的一类蔬菜，在我国南方栽培较多。常见种类有莲藕、茭白、慈姑、荸荠、菱角、芡实、水芹、豆瓣菜等10余种，莲藕、茭白、菱角、荸荠等栽培面积较大。水生蔬菜多喜水、喜湿、喜高温，其生境适于许多病害发生。多种水生蔬菜以无性器官作为繁殖材料，这也有利于病原物的保存和侵染接续。正确识别和合理防治病害，对于发展水生蔬菜生产特别重要。

1. 莲藕腐败病

腐败病是莲藕的重要病害，又称为枯萎病，各地都有发生，造成产量降低和品质劣化。病田一般减产20%～30%，严重的减产60%以上，重病田植株大量枯死，一片枯黄。

【症 状】 病原菌侵染植株地下部分，病藕心部变黑褐色，腐烂，不能食用。地下茎、莲鞭和根部出现黑褐色不规则形病斑，也坏死腐烂。地上部叶片从叶缘向内褪绿变黄，以后叶片卷曲，变褐干枯。叶柄沿气孔变褐凹陷，干枯，顶部弯曲下垂。有的叶片初期青枯，后期变黄枯死。由病茎上抽生的花蕾瘦小，荷花不能正常张开而死亡。病情较轻的植株顶芽还可抽生新叶，但新叶最终也青枯变黄，重病株全株枯萎。

地上部枯萎症状是地下茎节发病，植株输导组织病变的结果。横切茎部可见部分或全部维管束部变淡褐色至褐色。后期地下茎节上可生有粉白色或粉红色霉状物（菌丝体）或污红色黏稠状物（黏分生孢子团）。

【病原物】 真菌病害，主要病原菌为尖孢镰刀菌莲专化型

Fusarium oxysporum f. sp. *nelumbicola*。病株还可能相继被其他种类的镰刀菌侵染，或被其他腐烂病菌侵染，使病情加重。

【发病规律】 病原菌以菌丝体或厚垣孢子在土壤中越冬，以菌丝体在种藕内越冬。种藕和带菌土壤都为初侵染菌源。病原菌先侵染当季新生地下茎节和根系，使之变色腐烂。维管束受害后，阻滞水分输导，使病株地上茎叶表现萎蔫症状。病株产生的分生孢子，随流水或由地下茎相互接触以及农事操作而接触传播，引起再侵染。病原菌主要通过藕鞭节部或节间的伤口、自然孔口而侵入。

老莲区连作田块，病菌积累多，发病加重。品种间抗病性有差异，深根系品种比浅根系品种发病轻。莲藕生长期间多阴雨，日照不足，遭受暴风雨等都有利于腐败病流行。日平均气温在20℃～30℃范围均可发病，24℃～28℃最适，水温在35℃以上病重。藕田施用未腐熟有机肥，过量施用氮肥，污水灌溉，土壤黏重，透气性差，土壤偏酸性以及根部害虫多发等，都是发病诱因。田间湿润发病较轻，断水干裂田块发病加重。

【防治方法】

1. 减少菌源 病田轮作2～3年，水旱轮作更好；莲田冬耕晒土、种植蔬菜或长期浸水泡田，以减少菌源。

2. 种藕处理 选用无病、无伤口，色泽新鲜，农艺性状优良的种藕。还可用50％多菌灵可湿性粉剂800倍液，或70％甲基硫菌灵可湿性粉剂800倍液浸种或闷种。种藕洗净晒干，用药液浸1～2小时，或喷布药液后用塑料薄膜覆盖闷种一昼夜，待药液晾干后再栽种。

3. 加强栽培管理 选土层深厚、有机质丰富、近中性的黏质土作藕田，栽植前深耕翻耙，酸性土壤宜施用石灰改良。要施足腐熟有机肥，施用以豆科作物茎秆沤制的基肥发病轻。适当控制化肥施用量，氮磷钾肥要合理配比，避免单施氮肥。生长前期灌浅水，深 5～6cm，促进发芽长叶，中期灌水深 15～16cm，后期浅水，促进结藕。防止水温过高或长期深灌加重发病。及时防治食根金花虫等害虫。

4. 及时拔除病株 在始花期或始病期拔病株。将病株的地下茎节在紧靠健株处切断，然后拔除，集中处理。

5. 药剂防治 在始病期施用药土或喷布药液。可用 50%多菌灵可湿性粉剂，或 70%甲基硫菌灵可湿性粉剂，或 75%百菌清可湿性粉剂，每 667m^2 用药 500g，拌 25～30kg 细土制成药土，撒施于浅水层藕田。用上述药剂的 600～800 倍药液喷布莲株茎秆，连喷 2～3 次，每次间隔 5～7 天。为增强药液的展着性，可加用 0.2%的中性洗衣粉。

据近年试验，用绿亨 1 号防治莲藕腐败病效果好，可以试用。在莲藕移植前，用绿亨 1 号按每 667m^2 10g 的用药量进行土壤消毒，再用绿亨 1 号 4 000 倍液浸种藕 20 小时，并在发病盛期用绿亨 1 号 5 000 倍液喷施一次。

2. 莲藕褐斑病

又称为斑纹病，是莲藕的主要病害之一，分布普遍。一般发病株率 30%～50%，严重时病株率 80%以上，引起荷叶早枯，产量损失较大。

【症　状】 病原菌主要危害叶片和叶柄。叶片发病初期生针头大小黄褐色圆点，扩大后呈近圆形或多角形病斑，正面略隆起，背面略凹陷，直径 0.5～8mm。病斑淡褐色至黄褐色，边缘深褐色至紫褐色，有明显轮纹。有时病斑上产生微细的黑色小粒点。中后期病斑汇合成不规则形大斑，全叶枯死。浮叶正面的病斑多数深褐色，中后期病部腐烂，用手触摸，表层易脱落，但不穿孔。

【病原物】 病原真菌为莲假尾孢 *Pseudocercospora nympha-*

eacea，病斑上微细的黑色小粒点为丛生的分生孢子梗。

【发病规律】 病原菌随病残体在土壤中越冬，条件适宜时产生分生孢子，随风雨传播，进行初侵染和再侵染。4月中下旬平均气温约17℃时开始发病，6～8月间多雨发病加重。水面浮叶发病重于立叶，深水田发病重于浅水田。连作或过度密植田块多发。

【防治方法】

1. 栽培防治 挖藕前摘去病叶，集中堆肥或深埋，冬季清洁藕田，重病田实行2年以上水旱轮作。在无病田选留前端肥大的二、三节正藕作种，叶片出水快，可减少侵染概率。合理密植，经常清除病、黄叶，改善通风透光条件。施足腐熟农家肥，增施钾肥，避免过施氮肥。生长前期浅灌，夏季高温大风时适当深灌。

2. 药剂防治 发病初期喷布70%代森锰锌可湿性粉剂600倍液，或50%敌菌灵可湿性粉剂400～500倍液，或70%甲基硫菌灵可湿性粉剂600～800倍液等，间隔7～10天喷1次，连喷2～3次。立叶的正面、背面都要喷上药。

3. 茭白纹枯病

纹枯病是茭白的重要真菌病害，主要危害秋茭，长江以南产区发生较重。重病株叶片早枯，孕茭减少，肉质茎干瘪，纤维增多，品质变劣，甚至失去食用价值。

【症　状】 叶鞘和叶片上初生水浸状暗绿色椭圆形病斑，扩展后呈为色云纹状病斑，病部中部草黄色，高湿时灰绿色，边缘暗褐色。后期病部有蛛丝状菌丝和黑褐色小菌核。病情严重时叶片早枯，茭肉干瘪。

【病原物】 病原真菌为立枯丝核菌 *Rhizoctonia solani*。该菌寄主植物很多，引起水稻纹枯病和多种蔬菜苗期立枯病，成株期的基腐病、叶腐病等。小菌核由菌丝纠结而形成，初期白色，后变黑褐色，球形、扁球形，多形成于叶鞘内侧。小菌核初形成时沉于水中，约半个月后上浮。成熟的小菌核在 27℃～30℃，相对湿度 95%以上，1～2 天内就可萌发，产生菌丝。小菌核抗逆性强，是重要的越季菌态。

【发病规律】 病原菌以菌丝体、小菌核在土壤、病残体或杂草寄主上越冬。田间先形成发病中心，后由菌核漂浮、菌丝伸长或病健株接触而扩大侵染。病原菌侵染适温 28℃～32℃。气温 22℃时，田间开始发病，25℃～32℃时发病最快。纹枯病主要危害秋茭，6～8 月份发病最重。连续阴雨，高温高湿，长期深灌，偏施氮肥，植株长势过旺，株间郁闭时病重。

【防治方法】 病田应行水旱轮作，并加强肥水管理，避免偏施氮肥，适当施用锌肥，前期浅灌，孕茭期加深，孕茭后期逐渐灌浅水，定期换水，或日灌夜排，以降低温度。结合中耕等农事操作，及时清除下部病叶、黄叶，改善通风透光条件。在发病初期及早喷施 5%井冈霉素水剂 500 倍液，或 50%甲基硫菌灵可湿性粉剂 800 倍液，或 50%异菌脲可湿性粉剂 800～1 000 倍液等，每 667m^2 喷药液 50～75kg。隔 7～10 天用药 1 次，连用 2～3 次。

4. 茭白胡麻叶斑病

胡麻叶斑病是茭白的重要真菌病害，分布很普遍，危害叶片和叶鞘，严重发生时造成叶片大量枯死。

【症　状】 叶片散生褐色椭圆形至长圆形病斑，大小为 2～4mm×1～2mm，边缘深褐色，中间黄褐色至灰白色，四周有黄色晕圈。高湿时病斑两面生黑色霉层，为病原菌的分生孢子梗和分生孢子。叶鞘上病斑长椭圆形，较大。发病严重时，叶面布满病斑，且相互汇合，造成病叶枯黄。

【病原物】 病原真菌是菰德氏霉 *Drechslera zizaniae*，其生长温度为 5℃～35℃，最适温度 28℃。

【发病规律】 病原菌以菌丝体和分生孢子在茭白老株和病残体上越冬，春季产生分生孢子，从茭白叶片气孔侵入，或者穿透表皮直接侵入。病株在适宜条件下，不断产生分生孢子，分生孢子随风雨扩散传播，引起再侵染。茭田郁闭，通风不良，多雨高湿，平均气温 26℃左右时适于发病。据浙江缙云县调查，气温 15℃以下仅零星发生，5 月中旬至 7 月上旬的梅雨期，气温 20℃～32℃，病情迅速上升，7 月中旬以后，气温 35℃以上，高温干旱，发展受抑制，8 月中旬后气温下降，秋雨多，达到全年的发病高峰期。病田连作多发，土壤偏酸，肥力不足或缺钾、缺锌的田块病重。

【防治方法】 病田应与莲藕、慈姑等轮作，茭白采收后，排干田水，割除茭白残茬，清除病叶，铲除田边杂草。要加强管理，合理密植，施足基肥，适时追肥，合理施用氮、磷、钾和锌肥。要科学灌溉，分蘖前期要浅水灌溉，促蘖早发，中期发足苗后适时适度搁田（晒田），控制无效分蘖，防止茭株生长过旺，高温季节适当灌深水降温，除去老黄叶和无效分蘖。发病初期喷施 40%异稻瘟净乳油 600～800 倍液，或 40%敌瘟磷乳油 1 000 倍液，或 50%异菌脲可湿性粉剂 1 000 倍液，或 25%咪鲜胺乳油 1 000 倍液，或 20%丙硫咪唑悬浮剂 800 倍液，或 50%甲基硫菌灵可湿性粉剂 1 000 倍液等，间隔 7～10 天喷一次药，连喷 2～3 次。

5. 茭白黑粉病

又称为灰茭病，是广泛发生的一种真菌病害。黑粉菌分泌生长素吲哚乙酸，刺激茭白花茎肥大，形成洁白的肉质嫩茎，称为茭白，可食用。但若肥水管理不当，茭白生长不良时，病原菌较早形成厚垣孢子，致使茭肉充满黑色粉末状冬孢子堆，称为“灰茭”，无食用价值，这种病态就是黑粉病。

【症　状】 病株生长弱，叶色深绿，叶鞘发黑，不开裂。地下茎(茭笋)变短，茭肉条体变短，成为纺锤形或长圆形的菌瘤，外表面多有纵沟，切开后可见多数椭圆形、短条形黑色冬孢子堆，严重时茭肉内充满冬孢子，成为一包黑粉。

【病原物】 病原真菌是茭白黑粉菌 *Ustilago esculenta*。

【发病规律】 病原菌以菌丝体潜伏于地下茎内越冬，当新芽萌发时，菌丝即由母茎侵入芽内，扩展到生长点附近，随植株生长而蔓延，在茭肉内形成冬孢子堆和冬孢子。分蘖期母茎中的黑粉菌菌丝如果未能侵入新的分蘖腋芽，花茎也不能肥大成茭肉，植株长得特别高，成为“雄茭”。植株分蘖过多，肥力不足及灌水不当时发病重。

【防治方法】 ①应选择符合品种特性，结茭多而整齐，茭肉品质优良，健壮无菌优良茭种。②冬季烧毁田间病叶残株，挖去灰茭病墩和雄茭墩，连地下根状茎彻底挖除。春季割老茭墩，压茭墩，降低分蘖节。茭白发苗时，疏除过密分蘖和弱苗。合理进行肥水管理，施足基肥，分蘖前期灌浅水，重施追肥，促进分蘖，夏季控制追肥，防止徒长，灌深水调节水温，抑制后期分蘖。孕茭期保持茭田湿润。③结合中耕追肥等农事操作，及时摘除脚叶、黄叶、病叶，增强通风透光，降低田间湿度。④ 发病初期喷施 3%多抗霉素可湿性粉剂 600 倍液，也可选喷波尔多液(1：1.5：250)、多菌灵、百菌清、三唑酮等药剂。茭白是受黑粉菌侵染而膨大的肉质茎，使用杀菌剂容易抑制黑粉菌而产生不孕的“假性雄茭”，三唑类药剂对锈病、黑粉病防效好，但可因抑制黑粉菌，减少生长素，使茭白孕茭时期推迟，甚至不孕茭。因此在孕茭期慎用三唑酮、腈菌唑等杀菌剂。

6. 慈姑斑纹病

斑纹病是一种叶部真菌病害，在南方产区发生相当普遍，严重时叶片大量枯死，显著降低产量。

【症　状】 叶片上生近圆形或不规则形病斑，黄褐色或灰褐色，直径 1.5～15mm，略有轮纹，病斑周围有黄绿色晕圈。叶柄上病斑长梭形，褐色，周围略有褪绿晕环。潮湿时病斑表面生灰色霉状物。严重发病可造成叶片、叶柄枯死。

【病原物】 病原真菌是慈姑尾孢 *Cercospora sagittariae*。

【发病规律】 病原菌以菌丝体和分生孢子座随病残株越冬。一般 6 月开始发病，8～10 月份发生最重。高湿多雨的天气适于病害流行。偏施氮肥，植株徒长，生长过密，皆有利于发病。

【防治方法】 病田收获后应彻底清除病残株，集中烧毁。要合理施肥，避免偏施氮肥，要及时清除植株下部病黄叶，改善通风透光条件。发病初期选喷 50%多菌灵可湿性粉剂 800 倍液，或 70%甲基硫菌灵可湿性粉剂 800～1 000 倍液，或 50%代森锰锌可湿性粉剂 500 倍液等。每隔 7～10 天喷一次，共喷 3～4 次。

7. 慈姑黑粉病

黑粉病是慈姑的重要真菌病害，俗称“疱疱病”，发生普遍而严重，常年叶片发病率可达 60%，减产 20%～30%，重病田减产 50%以上。

【症　状】 叶片上初生椭圆形至不规则形褪绿斑，大小不等，随后叶面形成黄褐色疱状隆起，叶背病斑略凹陷。疱斑破裂后散出黑粉状物（冬孢子团）。叶柄生椭圆形黄褐色肿瘤或短条状突起，花梗上形成球形肿瘤，子房变黑褐色疱状，内部均充满黑粉。

球茎基部也变为黑色孢子堆。

【病原物】 病原真菌主要为慈姑虚球黑粉菌 *Doassansiopsis horiana*(＝*Doassansia horiana*)。

【发病规律】 病原菌以冬孢子在种球的种芽内越冬,或随病残体在土壤中越冬,翌年冬孢子发芽,产生担孢子,经气流、雨水或灌溉水传播,进行初次侵染,生长季发生多次再侵染。6 月下旬至 7 月上旬为发病高峰期。高温、高湿是主要发病因素,气温 26℃～28℃,连续降水 2 天以上则病情迅速增长。连作,种植密度过大,施肥不足,灌水过深,植株生长不良时发病重。

【防治方法】

1. 栽培防治 病田避免连作,可与莲藕、水芹等水生蔬菜轮作。收获后要彻底清除田间病残株。种植抗病、耐病品种,在无病田留种,选用无病种球。合理密植,加强水肥管理,根据生育阶段,调节灌水深浅,及时摘除老叶、黄叶和病叶。

2. 药剂防治 种球在催芽前进行药剂处理,用 25%三唑酮可湿性粉剂 1 000 倍液,或 12.5%粉唑醇乳油 3 000 倍液,或 50%多菌灵可湿性粉剂 800～1 000 倍液浸种球 1～3 小时。发病初期应及早喷布杀菌剂。可选用的药剂有 38%粮果丰可湿性粉剂 500 倍液,或 25%三唑酮可湿性粉剂 1 000 倍液,或 50%多菌灵可湿性粉剂 500 倍液等,隔 7～10 喷雾一次,连续防治 3 次。

粮果丰为复配剂,即 38%多 · 福 · 酮可湿性粉剂,含多菌灵 16.6%、福美双 16.7%、三唑酮 4.7%。

8. 荸荠秆枯病

秆枯病又称为瘟病,是荸荠的一种重要真菌病害,大流行时多数植株枯死倒伏,招致严重损失。

【症　状】 主要危害叶鞘、茎和花。多从叶鞘基部产生水浸状暗绿色不规则形病斑，可扩展到整个叶鞘，干燥后病部灰白色，上生多数黑色小煤点(分生孢子盘)。茎部病斑梭形、椭圆形、长条形，暗绿色、灰褐色至黑褐色，亦生黑色小煤点，有时轮状排列。病茎凹陷变软，黄枯倒伏。花器多在鳞片和颈部发病，症状与茎秆上相似。

【病原物】 病原真菌为荸荠柱盘孢 *Cylindrosporium eleocharidis*。

【发病规律】 病原菌主要以菌丝体在病残体里越冬，球茎也可带菌传病。生长季中病株产生分生孢子，随风雨传播，引起再侵染。气温 20℃～29℃，多雨高湿适于发病。生长后期脱肥或缺水，茎秆抽生慢，发病加重。

【防治方法】 病田应实行 3 年以上水旱轮作，要清除病残体，使用无病球茎或行药剂处理，加强肥水管理，培育健株，及时拔除田间病株，发病初期喷药防治，有效药剂有多菌灵、甲基硫菌灵、苯菌灵、代森铵、三唑酮等。

9. 荸荠枯萎病

枯萎病是一种毁灭性真菌病害，引起死苗死株，严重威胁荸荠生产。

【症　状】 整个生育期均可发病，引起芽腐、苗枯、烂根、茎腐、整株枯萎、球茎腐烂等症状。急性病株表现青枯症状，不结球茎或球茎发育不良。慢性或轻度病株，叶状茎上产生灰白色至淡黄色不规则形病斑。病株茎秆基部维管束变褐色，病株上有时长出少量粉红色黏质物(黏分生孢子团)或霉状物。

【病原物】 病原真菌为尖孢镰刀菌荸荠专化型 *Fusarium oxysporum* f. sp. *eleocharidis*。

【发病规律】 病原菌主要以菌丝体和厚垣孢子等潜伏在球茎

内外越冬，随球茎调运而传播。在田间病原菌还借雨水、灌溉水分散传播，进行再侵染。

【防治方法】 病田应实行2年以上水旱轮作，禁止带病球茎种用，种球或种苗可用多菌灵等药液浸渍处理，田间发病初期喷施多菌灵或咪鲜胺。

10. 菱角白绢病

在南方湿热地区，白绢病是多种农作物的常见病害，菱角受害也很严重。

【症　状】 叶片、叶柄和浮于水面的菱角受害发病。叶片生黄褐色近圆形病斑，可脱落穿孔，病斑汇合形成不规则的腐烂斑块，严重时全叶腐烂。常在叶片背面出现白色菌丝体和初为白色、后变黑褐色的小菌核，高温、高湿时叶片正面也出现。叶柄和果实发病后变褐腐烂。

【病原物】 病原真菌为齐整小核菌 *Sclerotium rolfsii*。

【发病规律】 病原菌主要以菌核、菌丝体在土壤和病残体中越冬，也可在杂草和野生寄主体内存活越冬。翌年平均气温达到20℃以上时，菌核发芽长出菌丝，菌丝从伤口或直接穿过表皮侵入出水叶。病株又产生菌丝体和菌核，侵染邻近植株。菌核漂浮水面，可通过风雨和菱萤叶甲等传播，菌丝体接触传播。菱角封盘后易发病，7～8月份高温季节发病重，连绵阴雨或暴风雨常导致病害大发生。

【防治方法】 在采菱后及时清除病株和塘边杂草。菱盘幼小时，在菱塘四周留出隔离保护带，阻止塘边越冬病菌侵入危害。及时拔除中心病株，并喷布井冈霉素、乙烯菌核利等药剂防治。

11. 水芹斑枯病和褐斑病

斑枯病和褐斑病是水芹的重要病害，在适宜条件下病情迅速发展，造成严重损失。

【症　状】 斑枯病在叶片上生椭圆形至不定型病斑，直径3～10mm，灰褐色，中部灰白色，周围有黄色晕圈，病斑上散生黑色小粒点（分生孢子器）。叶柄和茎上病斑长圆形，稍凹陷，暗褐色，后期也生黑色小粒点。

褐斑病主要危害叶片和叶柄。病斑近圆形或不定型，黄褐色至褐色，潮湿时病斑表面产生暗灰色霉层。

【病原物】 两病都由病原真菌侵染引起，斑枯病的病原菌是水芹壳针孢 *Septoria oenanthes-stolonif erae*，褐斑病的病原菌是芹菜尾孢 *Cercospora apii*。

【发病规律】 两种病原菌主要以菌丝体潜伏在种株或病残体内越季，种子也能带菌传病。斑枯病 9 月下旬开始发病，10～11 月份普遍发生，可延续到翌年 3～4 月份。防治措施参见芹菜斑枯病。褐斑病在高温、多雨时多发，肥水不调，水芹生长不良时发病加重。

【防治方法】 应加强肥水管理，培育健株，提高抗病性。发病初期及时喷药控病，有效药剂有代森锰锌、百菌清、异菌脲、多菌灵、混杀硫、三唑酮、氟硅唑等。

12. 水生蔬菜其他病害

水生蔬菜其他病害及防治，详见表 2-18。

表 2-18 水生蔬菜其他病害及防治

病 名	症 状	发生规律	防治方法
莲藕黑斑病 *Alternaria nelumbii*	叶上病斑近圆形、不规则形，褐色，直径6～15mm，具轮纹，边缘明显，外有黄色晕圈，病斑上生黑色霉状物。病斑相互汇合，叶片焦枯	病原真菌随病残体在藕田越冬，夏、秋多发。水温高于35℃，遭受暴风雨，偏施氮肥，长势过旺或衰弱时发病重	参考莲藕褐斑病，多在防治褐斑病时予以兼治
莲藕棒孢叶斑病 *Corynespora cassiicola*	叶片上病斑近圆形至不规则形，长径2～10mm，多具同心轮纹，红褐色至紫褐色，外围有黄色晕圈，病斑汇合后多致病叶干枯。叶柄染病易折断下垂。高湿时，病斑上生稀疏灰色霉状物	病原真菌以菌丝体随病残体在藕田越冬，病株产生分生孢子，随风雨传播，引起再侵染。气温20℃～30℃，多雨高湿季节多发	参考莲藕褐斑病，多在防治褐斑病时予以兼治
莲藕斑枯病 *Phyllosticta hydrophila*	叶上病斑圆形、近圆形，中央灰白色，边缘褐色，易穿孔，上生黑色小粒点(分生孢子器)。病斑可相互连接成为不规则形大斑，形成大型孔洞，叶片焦枯腐烂	病原真菌以分生孢子器随病残体越冬。田间5月中旬开始发病，多阴雨、暴雨、大风的年份发病重，老叶、浮叶以及生长衰弱的植株多发	冬季彻底清理田间病残体，集中烧毁，生长季合理施肥，多施农家肥，氮、磷、钾肥搭配施用，发病初期喷布甲基硫菌灵、多菌灵、异菌脲等杀菌剂

续表 2-18

病　名	症　状	发生规律	防治方法
莲藕炭疽病 *Colletotrichum gloeosporioides*	主要危害立叶，叶缘病斑半圆形，叶面近圆形、不规则形，褐色至红褐色，有不明显的轮纹，有的外围具黄色晕圈。后期斑面散生黑色小点和朱红色溢出物（分生孢子盘与分生孢子）。叶柄和茎上病斑长椭圆形，暗褐色，稍凹陷，亦生黑色小点。叶斑互相连合后，叶缘或全叶红褐色干枯	病原真菌随病残体在藕塘中存活越冬，分生孢子借助风雨传播，进行初侵染与再侵染。雨水频繁的高温季节多发，暴风雨后和偏施、过施氮肥时发病重	清除病残体，加强肥水管理，氮肥与磷钾肥相结合施用，管好水层，适时换水，深浅适度，以水调温、调肥；发病初期选喷炭疽·福美、溴菌腈、咪鲜胺、氟硅唑或甲基硫菌灵等药剂
莲藕叶腐病 *Sclerotium hydrophilum*	浮叶上形成蠕虫形、S形、不规则形病斑，黄褐色至黑褐色，常密布连片，叶片局部或全叶变褐坏死。后期坏死部位相继出现白色球状菌丝团和茶褐色颗粒状小菌核	病原真菌的小菌核随病残体在土壤中越冬，翌年漂浮水面，萌发产生菌丝，侵染叶片。高温、多雨季节病重	及时清除病株残体，发病初期摘除病叶，喷布乙烯菌核利、异菌脲、嘧霉胺、硫菌·威霉或其他有效药剂

续表 2-18

病名	症状	发生规律	防治方法
莲藕疫病 *Phytophthora* sp.	浮叶上生圆形、椭圆形、不规则形黑褐色湿腐状病斑，病斑颜色不均匀。严重时病斑汇合，叶片褐腐或干缩，叶柄也坏死腐烂	病原卵菌以卵孢子随病残体越冬，随水流传播蔓延，游动孢子从叶片气孔侵入，高温、高湿、多雨条件下多发，夏、秋季严重	选用抗病品种，不移栽带病秧苗，及时拔除中心病株，发病初期喷施杀菌剂，有效药剂有安克·锰锌、霜脲·锰锌、霜霉威、甲霜灵等
莲藕腐霉根腐病 *Pythium* sp.	发病茎节水浸状变褐腐烂，表面生稀疏平铺状白色菌丝层。严重时茎节全部腐败，叶片黄枯	参考莲藕疫病	参考莲藕疫病
茭白锈病 *Uromyces coronatus*	叶片背面生黄褐色隆起的疱斑状夏孢子堆，破裂后散出锈粉状夏孢子，秋末病叶两面出现黑色长条状冬孢子堆。叶鞘和茎上也产生孢子堆	以菌丝体或夏、冬孢子在病残体上越冬。生长期间夏孢子随气流传播，进行多次再侵染。气温高于20℃开始发病，发病最适气温25℃～30℃，雨日多，湿度高，发病重	彻底清除残体，合理密植，施足基肥，增施磷、钾肥，前期浅水勤灌，中期适时、适度搁田，高温季节适当深灌降温。发病初期选喷多·硫悬浮剂、石硫合剂（0.1～0.2波美度）、三唑酮等杀菌剂，但孕茭始期停用三唑酮

续表 2-18

病 名	症 状	发生规律	防治方法
茭白瘟病 *Pyricularia grisea*	叶片和叶鞘上形成梭形、椭圆形病斑，中心灰绿色，边缘褐色，潮湿时生灰绿色霉状物；肉质茎上形成褐色、稍凹陷的长椭圆形病斑	病原真菌在茭墩和病叶上越冬，翌春产生分生孢子，随风雨传播而侵染。平均气温 25℃～28℃，连绵阴雨，病情发展快。连作，高密，长期深灌，氮肥过多的茭田病重	病田冬季火烧茭墩，消灭越冬菌源，合理进行水肥管理，前期浅水勤灌，中期适度搁田，孕茭期灌深水，控制无效分蘖。发病初期喷施甲基硫菌灵、异稻瘟净或异菌脲等杀菌剂
茭白白腐病 *Sclerotium hydrophilum*	叶鞘和茎秆上出现水浸状、灰绿色至黄褐色斑块，多呈云纹状，叶鞘大片变褐坏死。剥开叶鞘，可见茭笋表面生绢丝状白霉，茭笋组织水浸状褐变腐烂。后期病叶鞘内产生大量黑色小菌核	参见茭白纹枯病	参见茭白纹枯病
慈姑褐斑病 *Ramularia sagittariae*	叶片上生近圆形病斑，直径 0.5～4mm，中心褐色，中部灰白色，边缘深褐色，严重时汇成褐色大斑块，叶片干枯。叶柄病斑近梭形，稍下陷，可环绕叶柄，使之折倒。高湿时，病斑表面生灰白色霉状物	参考慈姑斑纹病	参考慈姑斑纹病

续表 2-18

病 名	症 状	发生规律	防治方法
慈姑叶柄基腐病 *Sclerotium hydrophilum*	多从外层老叶柄开始发病，叶柄基部软腐，产生白色菌丝，继而形成颗粒状小菌核，初白色，后变黄褐色至黑色。叶面形成不规则形斑块，边缘不明显，有时生不清晰的轮纹，干燥时易破裂穿孔	病原真菌以小菌核随病残体在土壤中越冬，翌年菌核漂浮水面，萌发产生菌丝，从伤口侵入叶柄。有性态子实体也可随病残体越冬，可产生担孢子，侵染衰老叶片。高温、高湿、多雨适于发病	实行2年以上水旱轮作，收获后清除田间病残体，发病初期喷布多菌灵、甲基硫菌灵、异菌脲或乙烯菌核利等杀菌剂
荸荠茎腐病 *Curvularia lunata*	受害叶状茎生灰褐色不定形病斑，边缘不明显，病斑组织变软，易折断，高湿时生稀疏黑褐色霉状物。严重时病茎黄枯，长势衰弱，短而细	病原真菌随病残体越冬，为翌年初侵染菌源。秋栽荸荠9月上中旬为发病盛期，遭遇台风暴雨，茎部伤口增多，发病加重。立地条件不良，土层浅薄，缺肥，灌水过深时易发病	及时清除病残体，加强水肥管理，必要时喷药防治，参考荸荠秆枯病
荸荠菌核病 *Sclerotium hydrophilum*	茎基部变褐腐烂，严重的枯死倒伏，病部生黑色小菌核。危害贮藏期球茎，使之褐变腐烂	参考慈姑叶柄基腐病	参考慈姑叶柄基腐病

续表 2-18

病 名	症 状	发生规律	防治方法
荸荠灰霉病 *Botrytis cinerea*	多在贮藏期发生。在球茎伤口处生灰色霉状物,球茎内部变深褐色,软腐。侵染生长期叶片,多从叶尖或伤口处产生褐色斑块,严重时叶片枯死	病原真菌以菌丝体或分生孢子随球茎或病残体越冬,分生孢子借风雨传播,从伤口侵入。贮藏期湿度高时发病重	选用无病种球,或用杀菌剂药液浸种处理,田间发病初期喷施腐霉利、异菌脲、甲基硫菌灵或多菌灵防治。入贮球茎用噻菌灵稀释液喷淋,低温贮藏
菱角绵疫病 *Phytophthora nicotianae*	出水叶上出现近圆形或不规则形病斑,灰绿色至褐色,边缘明显,造成叶片腐烂,花和果实也变色腐烂,病部产生白色霉状物	病原卵菌以卵孢子随病残体越冬,为初侵染菌源,病株产生孢子囊,引起再侵染。高温高湿和遭遇暴风雨后病重。偏施氮肥,植株柔嫩易发病	彻底清除病残体,使用腐熟有机肥,及时摘除病叶,发病初期选喷安克·锰锌、霜脲·锰锌、霜霉威、甲霜灵等药剂
菱角软腐病 *Pectobacterium carotovorum* subsp. *carotovorum*	危害叶片、茎蔓、“菱盘”、花器、果实等部位,造成水浸状暗绿色至褐色软腐,严重时植株腐烂解离,有恶臭	病原细菌来源广泛,除本田外,还可能来自周围发病田块,通过流水、风雨、昆虫传播,从植株的伤口和自然孔口侵入。害虫多发田块或遭遇暴风雨后,发病加重	及时清除病残体,使用充分腐熟的有机肥,利用未被污染的净水灌溉,加强害虫防治,发病初期喷布对细菌有效的药剂

续表 2-18

病名	症状	发生规律	防治方法
菱角纹枯病 *Rhizoctonia solani*	叶片上生水浸状云纹状病斑，暗绿色至黄褐色，有蛛丝状菌丝和褐色小菌核。叶柄和茎也发病腐烂	病原真菌以菌丝体、菌核在土壤、病残体或杂草寄主上越冬。田间先形成发病中心，后由菌核漂浮、菌丝伸长或病、健株接触而扩大侵染	病田清除病残体，加强肥水管理，在发病初期及早喷施井冈霉素等有效药剂
芡实叶瘤病 *Entyloma* sp.	叶面初生淡黄绿色斑，后隆起肿大，形成外表皱缩的球状叶瘤，形状不规则，黄色，有红色条纹或斑点，后期变褐腐烂，散出大量黑褐色粉状物（冬孢子球）	病原真菌随病残体越冬，多夏、秋高温多雨季节发生，偏施氮肥时病重	发病早期摘除病叶，喷施甲基硫菌灵800～1 000倍液和0.2%磷酸二氢钾溶液
芡实炭疽病 *Colletotrichum nymphaearum*	叶斑圆形至椭圆形，直径2～7mm，褐色至红褐色，边缘稍隆起，色泽较深，病斑上有明显或不明显的轮纹，并散生黑色小煤点（分生孢子盘）。花梗上生褐色病斑，椭圆形或菱形，略下陷	病原真菌随病残体遗落在芡实塘中存活越冬，分生孢子通过风雨传播，引起初侵染和再侵染。高温多雨，时晴时雨的天气有利于发病。病塘连作，偏施、过施氮肥，磷、钾肥不足，水层调节失当，虫害猖獗时发病重	重病芡实塘，在播前撒施生石灰和硫磺粉消毒，不施用未腐熟或以病残株沤制的农家肥，适时喷施微肥及叶面营养剂，要根据生育期调节水层，发病初期钩摘病叶，选喷百菌清、甲基硫菌灵、咪鲜胺、多·硫悬浮剂等药剂

续表 2-18

病　名	症　状	发生规律	防治方法
芡实叶斑病 *Dichotomophthoropsis nymphaearum*	叶片上病斑圆形、多角形至不定形，初暗绿色水浸状，后变黑褐色，有轮纹，周边有黄色晕圈，表面生灰褐色稀疏霉状物，易破裂穿孔，严重时叶片变黑褐色腐烂。病花梗枯萎，变黑褐色	病原真菌随病残体越冬，翌春产生分生孢子进行初侵染和再侵染，7～9 月份多发，水温过高或长期深灌可加重发病	及时清除病残体，施用腐熟有机肥，适时、适量追肥，根据生育阶段的需要管好水层，做到深浅适宜，发现病株后应立即拔除，并选喷多菌灵、百菌清、甲基硫菌灵或溴菌腈等药剂
水芹锈病 *Puccinia oenanthes-stoloniferae*	叶片散生褐色疱斑状夏孢子堆，直径仅 0.1～0.6mm，后期出现黑褐色疱斑，即冬孢子堆。叶柄上夏孢子堆点状或短条状隆起	病原真菌在种株上越冬。南方冬暖地区，夏孢子持续侵染，无越冬现象	加强水肥管理，培育壮株，提高抗病性，发病初期及早喷布三唑酮等药剂
水芹花叶病 病原物主要是芹菜花叶病毒和黄瓜花叶病毒	病株表现花叶以及明脉、叶脉黄化、蕨叶、坏死、叶片卷曲皱缩，植株矮缩等多种症状	主要由蚜虫传毒，也可由病株汁液通过茎叶接触传毒，寄主多，周年在各种作物或杂草寄主间接续侵染，夏秋栽培的比春季栽培的发病多	避免在高温干旱季节育苗，或用遮阳网、防虫网保护栽培。加强肥水管理，缓解病毒症状，及时喷药杀蚜，发病初期喷施盐酸吗啉胍·铜、十二烷基硫酸钠等药剂

续表 2-18

病　名	症　状	发生规律	防治方法
豆瓣菜褐斑病 *Cercospora nasturtii*	叶片病斑近圆形至不规则形，直径 3～5mm，褐色，具有轮纹，斑面生稀疏的灰色霉状物。多数病斑汇合成较大斑块，病叶变褐干枯	病原真菌在种株或病残体上越季。分生孢子借气流和雨水传播，引起初侵染和再侵染。高温、高湿的天气适于发病，偏施氮肥的田块病重	合理施肥，避免偏施、过施氮肥，适时喷施叶面肥。病田及早喷药防治，有效药剂有多菌灵、甲基硫菌灵、百菌清、代森锰锌等
豆瓣菜纹枯病 *Rhizoctonia solani*	叶片多从叶尖或叶缘开始发病，生成椭圆形至不定型病斑，灰褐色至灰白色。高湿时病斑生褐色蛛丝状菌丝体。茎部病斑褐色，椭圆形至不定型，有的可绕茎一周，病部缢细	参见菱角纹枯病	参见菱角纹枯病

第十章　其他蔬菜病害

蔬菜的种类很多,随着蔬菜生产的发展和人民生活需求的提高,还不断出现新的种类,难以尽述。石刁柏、香椿、黄花菜、百合、黄秋葵、菜用仙人掌等蔬菜,虽然生产规模有限,但很有特色,现另立一章,集中介绍其重要病害的发生和防治。胡萝卜是大宗栽培的蔬菜,本属于根菜类。由于病害区系相同的原因,本篇已将根菜类的主要种类萝卜归入十字花科蔬菜,将余下的胡萝卜、牛蒡、根恭菜等根菜的病害也在本章一并介绍。

1. 胡萝卜黑斑病

【症　状】 主要危害叶片,多发生于中下部小叶。多从叶尖或叶缘发病,病斑不规则形,褐色,周边略褪绿,生有稀薄的黑色霉状物。严重的病斑汇合,形成不规则形斑块,叶缘上卷,叶片早枯。叶柄、花茎发病,产生长圆形黑褐色稍凹陷病斑,易从病斑部位折断。

【病原物及发病规律】 病原真菌为胡萝卜链格孢 *Alternaria dauci*。该菌以菌丝体和分生孢子随病残体越季,成为下一季的主要初侵染源。种子也能带菌传病。在生长季节,病株产生的分生孢子,通过气流和雨滴飞溅而传播蔓延,进行再侵染。适温高湿有利于发病。在 16℃～25℃,叶面湿润 8～12 小时,就发生侵染。多雨地区发病较多,降水后气温增高有利于症状表现。低洼高湿,植株长势弱的田块发生严重,大量叶片提早枯死。

【防治方法】 防治黑斑病首先要搞好田园卫生,收获后彻底清除田间病残体,深翻土地,重病田换种其他作物 2 年以上。还要使用无病种子,从无病株上采种。怀疑带菌的商品种子播种前可用种子重量0.3%的50%异菌脲可湿性粉剂,或50%福美双可湿性粉剂拌种。要增施基肥,及时追肥,增施磷、钾肥,防止植株脱肥早衰。要清沟排渍、合理灌溉,改善通风和光照条件降低田间湿度。根据病情监测结果,适期喷药,发病初期开始喷洒75%百菌清可湿性粉剂600倍液,或70%代森锰锌可湿性粉剂500～600倍液,或77%氢氧化铜可湿性粉剂500倍液,或50%异菌脲可湿性粉剂1 000～1 200倍液,或50%敌菌灵可湿性粉剂500倍液,或86.2%氧化亚铜可湿性粉剂1 200～1 600倍液等,间隔10～15天喷一次,连续防治3～4次。

2. 胡萝卜灰斑病

【症　状】 老叶和幼叶都可发病,叶片上初现褪绿小病斑,后扩展成为圆形、近圆形病斑(叶片边缘半圆形),直径2～4mm,灰褐色,边缘明显,暗褐色。后期多数病斑汇合成不规则形大斑,致使叶片枯死。高湿时,病斑上生灰色霉状物。叶柄上生椭圆形、梭形病斑,略凹陷,中心色泽较浅,严重时叶柄折断。

【病原物及发病规律】 病原真菌为胡萝卜尾孢 *Cercospora carotae*。该菌随病残体或种子越季,成为下一季胡萝卜的初侵染菌源。生长季节有多次再侵染。高温高湿时多发,在20℃～30℃,叶面保持湿润至少12小时,就发生侵染。在适宜条件下3～5天后显症。病原菌可侵染幼嫩组织,发病较早。

【防治方法】 参考黑斑病。

3. 胡萝卜细菌性叶斑病

【症　状】 主要危害叶片、叶柄。叶片上初生淡褐色小斑点,扩展后变为圆形、不规则形病斑，暗褐色至黑褐色，四周具有黄色晕圈，在叶片边缘的病斑多为“V”字形。发病严重时，叶片布满病斑，干枯而死，病叶卷缩。叶柄上产生暗褐色的条状病斑，严重时由病斑处折断。

【病原物及发病规律】 病原细菌为油菜黄单胞胡萝卜致病变种 *Xanthomonas* axonopodis pv. *carotae*。该菌主要随病残体和种子越季，在田间还可由雨水、灌溉水、昆虫、农事操作传播。气温25℃～30℃，叶面有露的田间适于病原菌侵染。气温高，雨日多，雨量大，发病增多。暴风雨时植株伤口增多，有利于病原菌侵染，发病重。

【防治方法】 重病地应换种谷类、豆类或葱蒜类蔬菜 2 年以上。要使用从无病株上采收的种子，或进行种子处理。温汤浸种可用 50℃ 温水浸种 25 分钟，药剂处理可用种子重量 0.4% 的 50% 琥胶肥酸铜拌种。要加强田间水肥管理，降低湿度，培育壮株，收获后清除病残体，精细整地。

在发病初期及时喷施 72% 农用硫酸链霉素可溶性粉剂 4 000 倍液，或 77% 氢氧化铜可湿性微粉剂 600 倍液，或 47% 春雷·王铜可湿性粉剂 800 倍液，或 30% 碱式硫酸铜悬浮剂 500 倍液等。

4. 胡萝卜菌核病

主要在北方保护地和南方露地发生，贮藏期继续发病，可造成肉质根大量腐烂。

菌核病主要危害肉质根，田间可见病株短缩茎或花茎基部变褐湿腐，地下肉质根也软化腐烂，表面有白色至灰白色棉絮状菌丝体和黑色鼠粪状菌核。在贮藏期，带菌胡萝卜继续发病，严重时烂窖。如果栽种轻度发病的肉质根采种，种株会很快发病枯死。

病原真菌主要是核盘菌 *Sclerotinia sclerotiorum*，有的地方还

有小核盘菌 *S. minor*。病原菌寄主范围广泛，引起多种蔬菜、花卉和其他经济植物的菌核病。其发病规律和防治方法参见瓜类菌核病。为防范烂窖，要做好窖库消毒，精选入贮胡萝卜，淘汰有病、有伤口的肉质根，贮藏期窖库保持低温，春季外温逐渐升高时尤应注意。

5. 胡萝卜黑腐病

【症　状】 黑腐病主要危害肉质根，病根上形成圆形至不规则形的黑斑，稍凹陷，病斑上生有黑色霉状物。病变部分可深入肉质根内部，严重时整个肉质根变黑腐烂，地上部茎叶变黄。在贮藏期间，病情可继续发展。另外，病原菌也可侵染植株地上部分，病苗水浸状软腐，叶片上生暗褐色不规则形病斑，叶柄、花茎、花器上生梭形至长条形病斑，高湿时病部表面密生黑色霉状物。

【病原菌及发病规律】 病原真菌为胡萝卜黑腐链格孢 *Alternaria radicina*。病原菌以菌丝体或分生孢子随病残体残留在土表越冬，也可随种子越冬。生长期分生孢子借风雨传播，进行多次再侵染。发病适温 28℃，多雨高湿时病重。多发生于生长后期。

【防治方法】 参见胡萝卜黑斑病。

6. 胡萝卜细菌性软腐病

软腐病是胡萝卜的重要病害，在田间和贮藏期都可发生，主要危害肉质根。被侵染的肉质根最初局部水浸状腐烂，病部浅褐色至灰褐色，不规则形，边缘多不明显，扩展后整个软化溃烂，汁液外溢，散发恶臭。病株地上部分变黄乃至萎蔫。

病原细菌为胡萝卜果胶杆菌胡萝卜亚种 *Pectobacterium carotovorum* subsp. *cartovorum*。该菌寄主范围很广，引起多种蔬菜的软腐病，菌源多而复杂。软腐病的发病规律和防治方法参见十字花科蔬菜软腐病。

7. 胡萝卜裂根

【症 状】 胡萝卜裂根属于非传染性病害，发生于生长中后期，肉质根膨大过程中。肉质根从近地表处或有伤口处出现开裂，以纵向开裂为多。初期裂口较短、较浅、缝口较窄，后逐渐加长、变宽，可深达髓部。高湿时，裂口色泽变深。有的还受到软腐细菌感染而腐烂，有的伤口可愈合，但外观不佳，商品价值降低。

【发病规律】 胡萝卜裂根是土壤忽干忽湿，水分供应不均匀所造成的。前期水分适宜，肉质根生长正常，中后期浇水不及时，土壤干燥，供水量低，肉质根髓部增长快，而皮层慢，肉质根开裂。保水性能较差的沙质土多发生裂根现象。

【防治方法】 防止裂根，首先应选择土层深厚，疏松肥沃，保水性能好的土壤栽培胡萝卜，在肉质根膨大期做好水分管理，使土壤含水量为最大持水量的65%～80%，均衡供给植株所需要的水分，避免土壤忽干忽湿。另外还要选用抗逆性强的品种。

8. 石刁柏茎枯病

【症 状】 茎枯病是石刁柏的毁灭性病害，主要危害茎部。因发病条件不同，茎秆产生两种类型的病斑，一种是急性型病斑，另一种为慢性型病斑。湿度高且温度适宜时，易产生急性型病斑。茎上先出现梭形或短线形水浸状病斑，迅速扩展和相互汇合，形成不规则形斑块，灰白色和黄褐色，中间略凹陷，边缘水浸状淡褐色，隐约可见灰白色菌丝体。病斑表面散生黑色小粒点。茎秆内部腐烂或折断，上部枝叶发黄干枯。大发生时病田一片枯黄。当天气干燥、气温过低或过高时，则产生慢性型病斑。病斑较小，扩展缓慢。病斑梭形、长椭圆形，灰褐色，边缘明显，褐色至棕褐色。病斑上不形成或仅形成稀疏的黑色小粒点。茎秆内部常不腐烂。

【病原菌及发病规律】 病原真菌为天门冬拟茎点霉菌 *Phomopsis asparagi*，在自然条件下只侵染石刁柏。该菌主要以分生孢子器和菌丝体随病残体越冬，春季产生分生孢子，侵染嫩茎或实生苗。种子也能带菌传病，种子带菌率低者 0.14%，高者达 37%，是新种植区发病的主要菌源。当季病斑上新生的分生孢子由气流、雨水和农事操作传播，多次再侵染。发病与气温有密切关系。气温低于 10℃，一般不发生，15℃时病原菌侵入后 7～10 天显症，26.5℃～28℃时显症仅需 5～7 天。旬均温 19.8℃～28.6℃时发病重。多雨高湿季节，特别是暴风雨后茎枯病多发。

在河南省 4～6 月份由于温度较低，湿度小，病情发展缓慢，发病轻，7 月份采笋结束以后，温度增高，雨季来临，且笋丛逐渐变密，进入病害盛发期，病原菌侵染周期仅为 7～14 天，反复再侵染。10 月初温度降低，发病趋缓，10 月下旬病原菌进入越冬期。在山东莱阳，5 月上旬始见病株，7 月下旬至 8 月上旬田间病株率较低，为病害扩展期，8 月中旬以后降水增多，气温升高，进入发病高峰期。

刚出土的嫩茎最感病，发病率高，笋龄越长发病率越低，40 天以上的笋株基本不发病。偏施氮肥的田块，茎株丛生茂密，通风透光不良，幼茎角质化时间长，发病率较高。地势低洼，土壤黏重的笋田发病较多。过度采收时，植株营养消耗过大，长势弱，发病也重。1～3 年的新笋田发病较轻，老笋田菌源多，发病重。

【防治方法】 防治茎枯病应采用以种植抗病品种和改进栽培方法为基础，以药剂防治为保障的综合防治措施。

(1)种植抗病品种　对石刁柏品种尚缺乏系统抗病性鉴定，根据田间发病程度，较抗病的品种和杂交一代种有格兰德(美国)，阿特拉斯(美国)，泽西骑士(美国)，欢迎(日本)，Pacific 2000(新西兰)，88-5 改良系(山东潍坊)，2000-3(山东潍坊)，88-5 改良系(山东潍坊)等，阿波罗(美国)耐病。

(2)栽培防治　选择地势高，排水方便，通气性好的微酸性壤土和砂壤土地块种植石刁柏，而不宜选用土壤黏重、地势低洼、地下水位高和靠近水田的地块。重病田宜实行轮作。

笋园要施足有机肥，增施磷、钾肥，不偏施氮肥，适时喷施叶面肥。要小水勤灌，避免大水漫灌，雨季做好排水，使根系不受渍涝影响。还要适时中耕锄草，合理选留母茎，疏枝打顶，及时培土立支架，防止倒伏。剔除过小、过弱和发病枯死的母茎和打顶后，冠层通风透光条件改善，湿度降低。定植后翌年不套种其他作物，以免田间郁闭。应合理安排采收期，使嫩茎大量出土期与雨季错开。还要避免采收过度，以免造成植株衰弱，降低抗病能力。

在秋季母茎生长结束至翌年 3 月份以前，要搞好清园，拔除或齐地面割除病枝、老枝，收集地上病残体，全部拿到田外烧毁或深埋，不能随便丢弃在田埂上。

在多雨地区，为防止雨水传病，采用多种避病栽培措施，包括大棚避雨栽培，稻麦草地面覆盖和地膜覆盖等。大棚避雨栽培是周年在大棚内栽培，避免雨水直接接触芦笋。稻麦草覆盖是在新留母茎长出 6～10 层侧枝后，笋行均匀铺上 3～4cm 的稻草或麦草，避免下雨时带菌泥土溅到茎秆上，并能抑制杂草和保墒。地膜覆盖是在准备留母茎的垄上覆盖一层宽 50cm 的地膜，边沿用土压紧，嫩茎长出时破膜。

另外，为防止人为传播病原菌孢子，新植区(园)的人员在病害流行期不得到病区参观，从病区回来的人员未经清洗和更换衣鞋等也不得进入无病新植地块。

(3)种子处理　新种植区(园)要播种不带菌种子或行种子处

理。采用温汤浸种法，可在播种前，将干种子直接用60℃热水浸泡20分钟，然后再用冷水浸泡48～72小时后播种。此法对种子发芽及幼苗生长无不良影响，防病效果好。也可用55℃热水浸泡种子30分钟，然后放在冷水中浸泡72小时，每天换水1次并搓洗种子，再进行催芽或不催芽直接播种。另法，将干种子放在55℃～58℃热水中，使水温保持在54℃～56℃，维持20分钟，并定时搅拌种子。当温度下降至54℃时，要及时加进70℃以上热水，调节到56℃。浸泡20分钟后，立即倒出热水，加入25℃左右的冷水降温，然后用手搓洗种子10～15秒，再换清水浸泡种子。浸泡水量要高出种子5cm以上，每天早晚各换清水1次。每次换水时均要用手搓洗种子，将种子表面的黏质物搓洗掉。在20℃～25℃下浸泡72小时后，沥去水分，放在干净的盆中，上覆湿布，在25℃～28℃下催芽24小时后播种。多菌灵浸种，可先用冷水浸泡种子48小时后，改用50%多菌灵可湿性粉剂500倍液浸泡24小时，浸泡时药液应高出种子2～3cm，浸泡结束后沥去药液即可播种。

(4)药剂防治　要重点抓好关键时期的药剂防治，以减少菌源和及早保护嫩笋、嫩茎、嫩枝。施药方式有地表消毒，涂茎和喷雾等。地表消毒指在清园后和培土前，用50%多菌灵可湿性粉剂500～600倍液，或70%甲基硫菌灵可湿性粉剂600倍液，或75%百菌清可湿性粉剂600～800倍液喷布地表土壤和灌根盘。涂茎是在预留母茎抽出的嫩茎长5～10cm时开始，用浓度较高的药液涂抹幼茎，每隔5～7天一次，直至分叉出枝叶时停止。喷雾是主要施药方式，在茎枝抽发成长期间，连续喷药保护。发病初期间隔5～7天喷药一次，1个月后根据发病程度可酌情改变为7～10天喷一次，保持到清园。降水前和降水后应各喷一次，采收前7～10天停止用药。

防治茎枯病的药剂有70%甲基硫菌灵可湿性粉剂600～1 000倍液，或50%多菌灵超微可湿性粉剂500～600倍液，或

50% 苯菌灵乳油 800～1 000 倍液，或 75% 百菌清可湿性粉剂 600 倍液，或 50%异菌脲可湿性粉剂 1 500 倍液，或 4%农抗 120 水剂 200 倍液，或 5% 烯唑醇微乳剂 1 000～2 000 倍液，或 25%嘧菌酯悬浮剂 1 000～2 000 倍液，10%苯醚甲环唑水分散粒剂 2 000～2 500 倍液等。多混合用药，例如 70%甲基硫菌灵与 75%百菌清(1∶1)混用，或 69%安克·锰锌与百菌清(1∶1)混用等。各地还研发出多种防治茎枯病的专用复配剂。

甲基硫菌灵是防治茎枯病的主要药剂，每年用药次数多，老产区的茎枯病菌已经产生了抗药性，且高抗菌株对噻菌灵、苯菌灵、多菌灵等药剂也表现正交互抗药性。为延缓抗药性产生，应避免长期施用单一药剂，交替使用作用机制不同的药剂。

烯唑醇具有预防、治疗和铲除作用，可用于防治对多菌灵产生抗药性的病菌。但对芦笋生长有明显的抑制作用，例如喷施 12.5%烯唑醇可湿性粉剂 1 000 倍液 10 天后，就明显抑制生长，停止施药 3 周后，植株才基本恢复生长。芦笋苗期不宜用药，成年芦笋在生长中、后期植株枝叶繁茂以后，可与其他药剂轮换施用防治芦笋茎枯病。若植株生长被过度抑制，可喷施赤霉素溶液缓解。

9. 石刁柏褐斑病

褐斑病是石刁柏的重要病害，广泛分布在南北各产区，严重影响后期生长。

【症　状】 基部茎枝最早发病显症，而后逐渐向上发展，一直蔓延到茎枝末梢以及拟叶上，以小枝和拟叶发病为主。病斑初为棕褐色卵形小斑点，后逐渐扩大成卵圆形或椭圆形病斑，中部灰白色，边缘紫褐色。病斑上有黑色小粒点(子座)，高湿时产生稀疏的灰白色霉状物(分生孢子梗和分生孢子)。发病严重时，病株提早枯黄。

【发病规律】 病原真菌为石刁柏尾孢 *Cercospora asparagi*，该菌主要在病残组织中越冬，翌春气温回升后分生孢子经风雨传播进行初侵染，生长期间发生多次再侵染。在未采笋田，病原菌主要侵染幼苗和早春抽生的幼茎。在采笋田，一般在停采后 1 个月左右开始发病，封行后开始扩展蔓延，8 月份以后达到发病高峰。7～9 月份高温多雨，枝冠繁茂，田间高湿，有利于褐斑病流行。

【防治方法】 防治褐斑病需采用种植抗病品种，清除病残体，加强栽培管理和药剂防治等措施，参见石刁柏茎枯病的防治。

10. 石刁柏锈病

锈病是石刁柏的大病害，在欧美产区危害甚重，国内也有发生。

【症　状】 锈病危害石刁柏茎枝和拟叶，全生育期发病。明显的症状是产生红褐色略隆起小疱斑（夏孢子堆），疱斑的表皮破裂后散出黄褐色粉状物（夏孢子）。秋末冬初在病部产生椭圆形暗褐色的冬孢子堆。发病严重时茎叶变黄枯死。

【病原菌及发病规律】 病原真菌为天门冬柄锈菌 *Puccinia asparagi*，为单主寄生的长生活史型锈菌。该菌以冬孢子在发病老茎和病残体上越冬，翌春萌发产生担孢子，随气流传播，侵染新发出的茎枝，产生微小的性孢子器和性孢子，不久又产生锈子腔和锈孢子，锈孢子成熟后散出，随气流扩散，继续侵染石刁柏，病部产生夏孢子堆和夏孢子。夏孢子也随气流传播，进行多次再侵染，引起锈病流行。在冬季温暖的产区，夏孢子世代可终年发生。栽培感病品种和天气多雨高湿是锈病的主要流行因素。

【防治方法】 防治锈病首先要选用抗病品种，玛丽华盛顿、格兰德、阿波罗、阿特拉斯、加州大学 711、加州大学 309、泽西巨人等都抗锈。冬季要搞好清园，销毁病残体。发病期间要适时喷药防治，有效药剂有15%三唑酮可湿性粉剂1500倍液，或12.5%腈菌唑乳油2000倍液，或25%丙环唑乳油2000倍液，或10%苯醚甲环唑水分散粒剂8000倍液等。

11. 石刁柏炭疽病

炭疽病分布比较普遍，局部产区发病较重，病株早衰，产量和品质降低。

【症 状】 炭疽病主要危害主茎和侧枝，病斑椭圆形，红褐色至黑褐色，中部略凹陷，轮生黑色小粒点(分生孢子盘)。小粒点比茎枯病的粗大，突出明显。后期多个病斑汇合成为不规则形大斑块。病茎秆易干枯，小枝和拟叶易脱落。

【病原菌及发病规律】 病原菌为刺盘孢属真菌 *Colletotrichum* sp.。该菌主要在病株和病残体上越冬，种子也能带菌传病。生长期间病株产生分生孢子，随风雨传播，发生多次再侵染。

【防治方法】 防治炭疽病首先要搞好清园，铲除病茎，清除病残体，用药液喷布地面消毒。要播种不带菌种子，或播前用种子重量0.3%的25%咪鲜胺可湿性粉剂，或25%溴菌腈可湿性粉剂拌种。发病初期开始喷药防治，有效药剂有25%溴菌腈可湿性粉剂600～800倍液，或25%咪鲜胺可湿性粉剂800～1000倍液，或70%甲基硫菌灵可湿性粉剂800倍液，或50%多菌灵超微可湿性粉剂600倍液等。

12. 石刁柏匍柄霉斑点病

局部产区发生，造成拟叶黄化脱落，植株早衰，严重影响根内养分积累和贮存，造成减产。

【症 状】 拟叶、小枝和茎秆均可发病，以拟叶为主。初生水浸状小斑点，扩展后成为长椭圆形褐色病斑，稍凹陷。后期病斑中部灰白色，边缘黄褐色。发病拟叶黄化脱落，小枝顶梢焦枯，严重时整株枯死。高湿时，病斑上生出灰白色霉状物。

【病原菌及发病规律】 病原真菌为总状匐柄霉 *Stemphylium botryosum*。该菌随病残体在田间越冬，翌年产生分生孢子，侵染石刁柏枝叶，生长期间有多次再侵染。在山东病区，不采笋田5月上旬始见发病，采笋田7月中旬被侵染。8月上旬以前，病情发展较缓慢，8月中旬植株封行后，病害迅速发展，发病部位由拟叶扩展到小枝和茎秆，9月下旬达到发病高峰。

7～8月份雨量大，雨日多，降水早的年份适于发病，地势低洼、土质黏重、排水不畅的田块，病残体遗留较多的田块以及植株长势弱的田块发病较重。

【防治方法】 防治斑点病要彻底清除病残体，拔除越冬茎秆，根盘不留残茬。清园结束后，深翻行间土壤，并撒施药土。药土用70%甲基硫菌灵可湿性粉剂或37%多菌灵草酸盐可溶性粉剂加细土拌匀制成，用药量每667m^2用2～3kg。在生长季节要及时摘除发病枝叶，减少再侵染菌源。发病初期开始喷药防治，50%戊唑醇可湿性粉剂，50%异菌脲可湿性粉剂和80%代森锰锌可湿性粉剂效果较好。

13. 石刁柏紫纹羽病

【症　状】 为石刁柏的常见土传病害，病原菌危害根部，造成烂根，多零星发生，但严重发生的病田可造成死株毁种。病部和周围土表产生特征性的紫色菌丝、菌索层。

病根失去光泽，渐变黄褐色和黑褐色，内部腐烂。病根表面生有绒膜状紫色菌丝层和紫色根状菌索，菌索纵横交错呈网状，布满根部。根系腐烂，病株易从土中拔出。地上部分长势衰弱，拟叶小枝变黄枯死，最后整株死亡。

【病原菌及发病规律】 病原真菌为紫卷担菌 *Helicobasidium purpurcum*，其寄主范围甚广，危害多种林木、果树、薯类、药材、蔬菜等。该菌以菌丝体、菌索、菌核等在病根或土壤中越冬，以菌丝侵入石刁柏根部。根表和土壤中的菌索不断生长蔓延，接触并侵染邻近植株根系。带菌土壤和病残体还可随风雨、灌溉水、肥料和农机具传播。多雨高湿，笋园排水不畅或土壤瘠薄，植株生长衰弱时病重。果园、桑园或连作薯类的地块改种石刁柏后，往往发病较多。

【防治方法】 应慎重选择种植地块，不在曾发生紫纹羽病的果园、桑园、薯田、菜地种植石刁柏。发病重的笋田应换种谷类作物 4 年以上。若只发现少数病株，应连根带土挖除，病穴灌注稀释 150 倍的福尔马林液或 65%甲霜灵可湿性粉剂 500 倍液，或撒施生石灰消毒，并填入无病土壤。还可在病株周围开沟隔离。发病初期应及时用杀菌剂药液灌根，有效药剂有 70%甲基硫菌灵可湿性粉剂 600 倍液，或 50%多菌灵可湿性粉剂 500 倍液，或 12.5%粉唑醇乳油 3 000 倍液，或 45%噻菌灵悬浮剂 2 000 倍液，或 30%苯噻氰乳油 1 000 倍液，或 95%敌磺钠可溶性粉剂 600 倍液等。

14. 石刁柏根腐病与枯萎病

两者都是镰刀菌侵染引起的土传病害，分布广泛，局部田块发病重，造成病株成簇、成片枯死。

【症　状】 根腐病在苗期和成株期都可发生。苗期发病造成立枯死苗。成株期根系、根状茎被侵染，腐烂变色。病部表面初呈红褐色水浸状坏死斑，后发展为黑褐色不规则形大斑。纤细根变黑褐色腐烂或干枯，肉质根、根状茎从皮层向内腐烂变黑，皮层易与木质部分离。病株地上部逐渐褪绿变黄，最后枯死。有时病根、病茎表面产生白色或粉红色霉状物。

枯萎病也危害根和根状茎，并引起地上部分枯萎。发病初期细根和茎基部变黄褐色，后转深褐色，植株自下而上变黄，最后变枯白色。病株明显矮化、扭曲。病根、茎内木质部变褐坏死，也引起皮层腐烂，以致表面呈现褐色湿腐状。

【病原菌及发病规律】 根腐病的病原菌是串珠镰刀菌 *Fusarium moniliforme* 以及其他镰刀菌，枯萎病病原菌为尖孢镰刀菌天门冬专化型 *Fusarium oxysporum* f. sp. *asparagi*。

病原菌在病残体和土壤中越冬，为主要初侵染菌源。种子也能带菌传病。带菌土壤和病残体还可随风雨、灌溉水、粪肥、农机具等传播。在条件适宜时，病原菌由根部直接侵入，也可由伤口侵入。根腐病菌先危害地下部分，从开始发病至整株枯死的所需时间长。枯萎病菌从小根和伤口侵入后，进入导管，菌体和所产生的毒素随液流扩散，引起系统侵染，整株发病。降雨或灌水偏多，平畦栽培，土壤黏重，地面积水或湿度高时发病增多。地下害虫多发地块发病也较重。

【防治方法】 防治根腐病和枯萎病，首先应避免在低洼下湿地块和盐碱贫瘠地块种植石刁柏，宜选用土层深厚，土质疏松，透气性好，保水、保肥性能好的壤土。笋苗定植要尽量避开高温多雨季节。笋园需合理灌溉，不大水漫灌，雨后要及时排水，适时中耕培土。发病重的笋园应尽快换种其他作物。搞好田间卫生，彻底清除病残体，铲除病株。为防止种子、种苗带菌，种子可用65%多菌灵盐酸盐可湿性粉剂或50%多菌灵可湿性粉剂拌种，用药量为种子重量的0.3%。种苗可用65%多菌灵盐酸盐可湿性粉剂或50%多菌灵可湿性粉剂400倍液，或45%噻菌灵悬浮剂800倍液浸10～20分钟。

在发病初期可用药液灌根，可选用的药剂有50%多菌灵可湿性粉剂500倍液，或45%噻菌灵悬浮剂1000倍液，或25%丙环唑乳油 2 000 倍液，或 30%恶霉灵水剂 700 倍液等。

15. 香椿叶锈病

叶锈病是栽培香椿的重要病害，分布较普遍。病叶布满锈菌夏孢子堆，不堪食用。且病株生长衰弱，早期落叶，产量剧降。

【症　状】 叶片背面初生多数褪绿小斑点，以后在叶表皮下出现隆起的半球形黄褐色疱状（夏孢子堆），其表皮破裂后，散出许多黄色粉末状物（夏孢子）。叶片正面有近圆形褪绿斑点。生长季节的后期在叶片背面产生黑褐色疱状突起（冬孢子堆），破裂后散出黑褐色粉末状物（冬孢子）。严重时，病叶黄化脱落。

【病原菌及发病规律】 病原菌为香椿花孢锈菌 *Nyssopsora cedrelae*，夏孢子堆多在晚春开始形成，夏孢子成熟后随气流传播，着落在健株叶片上，在叶面有水膜的高湿条件下萌发，产生芽管而侵入叶片，几天后，度过潜育期，叶片表现症状，出现夏孢子堆，产生新一代夏孢子。在整个生长季节由夏孢子辗转危害，发生多次再侵染，使病叶不断增多。生育后期，出现冬孢子堆。温度适宜，雨水多，田间湿度高，有利于叶锈病流行。高温、干旱时病情停止发展。植株肥水失调，抗病性降低，发病加重。

【防治方法】 防治叶锈病要及时剪除病枝和摘除病叶，集中烧毁，以减少侵染菌源。要合理密植，适时灌水，降低田间湿度，棚室栽培的要及时通风降湿；增施磷、钾肥，增强树势，提高抗病性。在发病始期及时喷药防治，可用 40%多·硫悬浮剂 500 倍液，或 25%三唑酮可湿性粉剂 2 000 倍液等。

16. 香椿白粉病

【症　状】 白粉病主要危害叶片和嫩枝，影响树冠正常生长，削弱树势，降低翌年椿芽的产量和品质。病株叶片和嫩枝上产生白色粉斑，后期在白粉层上产生大小不等的黑色小粒点，为病原菌的闭囊壳。病叶发黄，卷曲枯焦，严重时叶片脱落，枝条扭曲变形，干枯死亡。

【病原菌及发病规律】 香椿白粉病的病原菌是榛球针壳 *Phyllactinia guttata*，还寄生核桃、板栗、山楂、柿等多种经济林木。该菌以闭囊壳在病叶和病枝上越冬，春季释放子囊孢子，随风雨传播，从气孔侵入叶片。以后在叶背产生菌丝层和分生孢子，持续进行再侵染。8～9 月份开始形成闭囊壳，9～10 月份成熟。

【防治方法】 冬季要清除病叶、病枝梢，集中烧毁，以减少越冬菌源。在香椿发芽前和发病初期喷药防治，可选用 25%三唑酮可湿性粉剂 2 000 倍液，或 40%多 · 硫悬浮剂 500 倍液，或 70%甲基硫菌灵可湿性粉剂 800 倍液等。生物源农药可用 2%农抗 120 水剂 200 倍液，或 2%武夷菌素水剂 200 倍液等。

17. 香椿褐斑病

褐斑病为香椿常见病害，分布较广，病情严重时造成大量落叶，削弱树势，降低椿芽品质和产量。

【症　状】 病叶片上生成近圆形、不规则形病斑，红褐色，高湿时病斑上产生灰白色霉状物，即病原菌的分生孢子梗和分生孢子。严重时病叶枯死脱落。

【病原菌及发病规律】 病原菌为一种尾孢属真菌 *Cercospora* sp.，该菌随病残体越冬，条件适宜时产生分生孢子，随风雨传播，引起初侵染和再侵染。天气温暖，湿度高，叶面结露时间长，发病增多。2～3年生香椿发病较重。

【防治方法】 防治褐斑病要保持田园卫生，冬季彻底清除病残体。要合理密植，适当打掉部分老叶，以利于通风透光，降低田间湿度。雨后及时排水降湿。从发病初期开始喷药防治，可选用70%代森锰锌可湿性粉剂500倍液，或50%敌菌灵可湿性粉剂400～500倍液，或70%甲基硫菌灵可湿性粉剂800倍液，或6%氯苯嘧啶醇可湿性粉剂1 500倍液，或47%春雷·王铜可湿性粉剂800倍液，或25%丙环唑乳油1 000倍液，或30%苯噻氰乳油1 500倍液等。

18. 香椿炭疽病

【症　状】 炭疽病是香椿的常见病害，分布较普遍。病情严重时造成枝叶干枯，削弱树势，影响椿芽产量与质量。

叶片、叶柄和嫩枝受害。叶片上初生暗绿色水浸状斑点，后扩大成为红褐色不规则形病斑，高湿时常在病斑外围形成较宽的灰绿色环带，边缘浅褐色至暗绿色。病斑上可形成黑色小粒点，即病原菌的分生孢子盘。干燥时病斑易破裂、穿孔或脱落。叶柄、嫩枝、嫩茎上生浅褐色坏死斑。病情严重造成枝叶枯死。

【病原菌及发病规律】 病原菌为刺盘孢属真菌 *Colletotrichum* sp.，该菌随病残体越冬，生长季节产生分生孢子，随风雨传播。多在6～8月份发生，高湿多雨时病重。

【防治方法】 防治炭疽病应搞好田园卫生和栽培管理，减少菌源，增强树势。在发病初期或雨季前，开始用药剂进行防治，可选用25%溴菌腈可湿性粉剂500～700倍液，或50%施保功可湿性粉剂1 000～2 000倍液，或25%丙环唑乳油1 000～1 500倍液，或30%双苯三唑醇乳油1 000～1 500倍液，或2%春雷霉素水剂500～800倍液，或70%甲基硫菌灵可湿性粉剂1 000～1 500倍液等，10～20天防治1次，共防治2～4次。

19. 香椿干枯病

干枯病是香椿的重要病害，露地和棚室内都有发生。苗木和幼株发病较重，可造成枝干干枯，甚至整株枯死。

【症　状】 幼苗和嫩芽被病原菌侵染后，变水浸状污绿色，随后幼苗萎蔫烂死，嫩芽变褐干枯。幼树枝干树皮上出现梭形棕褐色水浸状病斑，扩大后呈不规则形，病部湿腐。当病斑环绕枝干一周时，上部枝叶枯死。干燥时病斑中部树皮开裂，流出树胶。后期病斑上密生的黑色小粒点(分生孢子器)。幼树多为主干受害，其朝阳面尤其严重。

【病原菌及发病规律】 病原菌为大单胞属的一种真菌 *Haplosporella* sp.，该菌在病树上越冬，生长期间以分生孢子随雨水、气流和农事操作传播。露地栽培的多在春、秋或梅雨后发生，棚室栽培的多在冬、春发生。田间郁闭高湿，树势衰弱，营养不良的病重。

【防治方法】 秋末要及时清除染病枝干，集中烧毁，以减少菌源。冬、春季树干涂白，防止日灼或冻裂。要加强幼树管理，合理施肥，避免偏施氮肥，适当补充磷、钾肥，增强树势。露地要做好雨后排水，棚室要及时通风降湿。要合理整枝，伤口处涂抹波尔多液或石硫合剂保护。在初发病斑上打些小孔，深达木质部，然后喷涂70%甲基硫菌灵可湿性粉剂200倍液。也可剥除患处树皮，涂以氯化锌甘油合剂或10%的碱水。

20. 黄花菜锈病

锈病是黄花菜的重要病害，病叶枯死，病株抽薹减少或不抽薹，花茎黄枯，花蕾干瘪易脱落。

【症　状】 锈病危害叶片和花茎，初生黄白色小斑点，很快发展成为橘黄色疱状斑，即夏孢子堆。孢子堆周围往往失绿而呈现淡黄色。覆盖疱斑的表皮破裂后，散发黄褐色粉末状夏孢子。发病后期，病部产生黑色长椭圆形或线条状的冬孢子堆。

病原菌为萱草柄锈 *Puccinia hemerocallidis*，该菌转主寄生，在黄花菜上仅产生夏孢子和冬孢子。其完整的生活史是以冬孢子在病残体上越冬，春天条件适宜时，冬孢子萌发产生担孢子，由风、雨传播到败酱草上，侵入败酱草叶片，发病后先在叶面产生性子器和性孢子，以后在叶背产生锈子腔和锈孢子。锈孢子侵染黄花菜，产生夏孢子堆和夏孢子。夏孢子随风雨传播，不断进行再侵染。秋末又产生冬孢子堆和冬孢子。在温暖地区，病原菌以夏孢子周年辗转发生。

【病原菌及发病规律】 在国内主产区，通常在 5 月上中旬田间开始发病，先出现中心病株，由点片发生，逐步发展到全田发病。6～7 月份多雨季节和秋苗生长旺季发病最重。至 10 月份气温下降后逐渐停止发病。适温(24℃～28℃)高湿(相对湿度 85%以上)有利于锈病流行。在地势低洼，排水不畅，栽植过密，田间高湿，或土质瘦薄，植株缺肥，或偏施氮肥，茎叶柔嫩等情况下，皆可加重发病。没有及时更新的衰老株丛发病也较严重。黄花菜品种间抗病性有明显差异，栽培感病品种，往往是锈病大发生的主要因素。

【防治方法】 防治锈病首先要选栽抗病品种。据湖南省邵东产区调查，长嘴子花、白花、猛子花、茄子花、五月花等品种较抗病，可以替换易感病的茶子花、荆州花等品种。要有计划地更新老龄株丛，加强田间管理，增施有机肥，合理施用氮、磷、钾肥(1∶0.6∶0.8)，分期施肥，培育壮株。要及时中耕除草，秋季花蕾采收完毕，立即拔掉枯薹，割除老叶，深翻行间土地，秋苗枯死后随即用土肥壅培株丛。药剂防治的最佳时期是发病始期，要及时喷施三唑酮等有效药剂，封锁发病中心，防止锈病扩散蔓延。以后根据病情，每隔 13～15 天喷一次药，连防治 2～3 次。

21. 黄花菜炭疽病

炭疽病又称为“叶枯病”，是黄花菜的重要病害，发生普遍而严重，病株大量枯死，往往不抽薹或仅零星抽薹。

【症　状】 炭疽病主要危害叶片，也侵染花茎。初期在叶尖或叶片上中部的边缘产生水浸状褪绿小点，以后沿叶脉上下蔓延，成为褪绿条斑。发病叶尖枯死，并沿叶脉向下扩展，使叶片上部枯死。病斑中部深褐色，病健交界处红褐色。后期病斑上产生多数黑色小粒点，即病原菌的分生孢子盘。病斑多时可相互连接，全叶枯死。枯死的叶片初呈红褐色，后变灰白色。花茎多从下部靠近地面处发病，生成长卵圆形黄褐色病斑，病健交界处深褐色，病斑上密生黑色小粒点，严重时花茎枯死。

【病原菌及发病规律】 病原菌为百合科刺盘孢 *Colletotrichum liliacearum*，该菌随病残体越冬，4 月下旬田间开始发病，5～6 月份发展最快。雨水多的年份发病多，排水不良、田间高湿的地块发病重，偏施氮肥或氮肥过量，茎叶柔嫩的地块发病也重。

【防治方法】 防治炭疽病应选用抗病、轻病品种，适时中耕松土，加强秋、冬培育管理，合理施肥，培育壮株，增强抗病性。在发病初期剪除病叶，喷布 50％多菌灵可湿性粉剂 600～800 倍液，或 50％代森锌可湿性粉剂 500～600 倍液，或 50％稻瘟净 600～700 倍液，或其他对炭疽病有效的药剂。

22. 黄花菜镰刀菌叶斑病

镰刀菌叶斑病简称为“叶斑病”，发生普遍，危害严重，可造成叶片、花茎枯死，一般减产 10％～20％，病情严重的损失可达 50％以上。

【症　状】 该病主要危害叶片，最初在嫩叶中部叶脉附近出现暗绿色小点，后变为深黄色近椭圆形小斑，边缘水浸状半透明，扩展后成为纺锤形坏死斑，中央灰白色，边缘深褐色，周边有黄色晕圈。干燥时病斑易破裂穿孔，高湿时长出淡红色霉状物。严重时病斑汇合，叶片枯死。花茎被侵染后出现褐色凹陷病斑，表面也产生淡红色霉状物，病斑可环切包围花茎，导致折断枯死。

【病原菌及发病规律】 病原菌为同色镰刀菌 *Fusarium concolor*，该菌以菌丝体、分生孢子和厚垣孢子随病残体越冬，田间在3月下旬，旬均温达到12℃以后开始发生，4月进入盛发期，5月中下旬发病最重，6月下旬以后逐渐停止蔓延。病原菌在枯病叶和茎秆上越夏。9月上中旬以后再度发生，侵染秋苗，10月中旬至11月上旬发病最重。春秋两季多雨高湿时发病增多，春苗遭受寒流冷害后病重。栽种过密、株丛衰老、偏施氮肥、杂草丛生、管理粗放的田园发病也重。品种之间发病程度有差异，在现有栽培品种中，荆州茶和茶子花发病早而重，五月花、炮筒花、猛子花、茄子花和长嘴子花等品种发病晚而轻。

【防治方法】 应栽培抗病品种，适时进行株丛更新，加强肥水管理，培育壮株。采收结束后，及时清除病残组织，集中烧毁。结合秋施肥，每667m^2撒施石灰硫磺粉（100kg石灰加3kg硫磺粉配成）50～100kg，再深刨一次，促进土壤熟化，减少菌源。发病初期开始喷药防治。常用药剂有50%甲基硫菌灵可湿性粉剂800～1 000倍液，或50%多菌灵可湿性粉剂800～1 000倍液，或75%百菌清可湿性粉剂600～800倍液等，每隔7～10天防治1次，共喷2～3次。

23. 百合病毒病害

病毒病害是百合最重要的病害，各地普遍发生，显著降低鳞茎产量和品质。高感品种多严重发病，常濒临毁灭。

【症　状】 病毒病害的症状复杂，因毒源不同而异。以系统花叶症状最常见，叶面出现浅绿、深绿相间的花叶斑驳，有时叶片分叉扭曲，花器变形或花蕾不开放，病株明显矮缩。有的还产生坏死斑、环斑以及植株丛簇状等。

【病原菌及发病规律】 侵染百合的病毒，已有报道的达 14 种以上，其中发生普遍而重要的有百合无症病毒（*Lili symptomless virus*），黄瓜花叶病毒（*Cucumber mosaic virus*），郁金香碎锦病毒（*Tulip breaking virus*）等。各种病毒单独或复合侵染，田间多发生复合侵染。

(1)百合无症病毒　病株常不表现肉眼可见症状，在冷凉条件下可表现褪绿、条纹、卷叶等症状，与其他病毒复合侵染表现复杂症状。病毒粒体线形，汁液接触传毒，蚜虫非持久性传毒，鳞茎带毒。百合无症病毒分布广泛，引起鳞茎退化。

(2)黄瓜花叶病毒　常与百合无症病毒复合侵染，表现花叶、坏死斑、矮缩等症状，由汁液接触和多种蚜虫传毒。鳞茎带毒。黄瓜花叶病毒普遍发生，危害较大。

(3)郁金香碎锦病毒　也称为百合花叶病毒（*Lili mosaic virus*），百合斑驳病毒（*Lili mottle virus*）等，侵染百合、郁金香等。百合表现花叶、坏死条斑等症状。病毒粒体线形，汁液接触传毒，蚜虫非持久性传毒，鳞茎带毒。

【防治方法】 防治病毒首先应选种不带毒种球或脱毒苗。病田生产的鳞茎不能用于繁殖，要使用经检测不带病毒的种球。热处理结合茎尖培养脱毒效果良好，可购进脱毒苗种植。田间应适时喷药防治传毒蚜虫。发现病株后应及时拔除。在发病初期还可选喷 3.85％三氮唑核苷可湿性粉剂 500 倍液，或 7.5％菌毒·吗啉胍水剂 800 倍液，或 20％盐酸吗啉胍·铜水溶性粉剂 500 倍液，或 0.5％菇类蛋白多糖水剂 300～ 350 倍液等，以抑制病毒或缓解症状。

24. 百合灰霉病

灰霉病是百合的重要病害，全生育期均可发生，危害幼苗以及成株的花蕾、花、叶片、茎秆、鳞茎等部位。

【症　状】 幼苗发生腐烂症状，病部生有灰色霉状物，严重时幼苗成片烂死。成株花蕾受害后出现不规则形黄褐色斑块，扩大后可使整个花蕾变黑褐色腐烂。花被侵染后也产生水浸状黄褐色斑点，随后花瓣黑褐色腐烂。叶片多在叶尖和叶缘产生圆形至椭圆形病斑，中部黄白色，边缘深紫色，周围红褐色。还常由叶片端部扩展为1～2cm长的黄褐色斑块或多个病斑汇合，病叶腐烂枯萎。茎上生梭形、椭圆形黄褐色病斑，扩展后病茎腐烂或失水干缩。病鳞茎变褐腐烂。高湿时，各发病部位都产生灰色霉状物。

【病原菌及发病规律】 病原菌有灰葡萄孢 *Botrytis cinerea*，百合葡萄孢 *Botrytis liliorum*，椭圆葡萄孢 *Botrytis elliptica* 等。灰葡萄孢寄主范围宽广，引起多种蔬菜的灰霉病，菌源广泛。其他两种葡萄孢主要寄生百合科植物。灰霉病菌主要以菌丝体在病残体内越冬，或以小菌核遗留在土壤中越冬。翌年条件适宜时产生分生孢子，成为初侵染源。田间发病后，产生分生孢子，引起多次再侵染。多雨高湿是引起灰霉病发生的重要因素。连作地，低洼积水地发病早而重。

【防治方法】 防治灰霉病要及时清除病残体，加强田间管理，棚室栽培的尤其要合理灌水，搞好通风散湿。发病腐烂的花蕾，往往成为扩大侵染的菌源，花蕾出现病斑时，应及时摘除，深埋或烧毁。百合灰霉病的药剂防治参见茄果类灰霉病。

25. 百合炭疽病

炭疽病是百合的常见病害，各地多有发生。严重发病时往往使叶片大量枯死，造成减产。鳞茎发病还降低产品质量。

【症　状】 病叶片上出现近圆形、椭圆形病斑，灰白色至黄褐色，边缘常有浅黄色晕环。叶尖发病后，向内扩展，可形成“V”字形褐色斑块。后期病斑上长出黑色小粒点（分生孢子盘）。多个病斑相互汇合，造成病叶变黄枯死。茎秆上形成椭圆形至不规则形病斑，灰褐色至黄褐色，略下陷，后期也长出黑色小粒点。鳞茎外层鳞片上产生近圆形或不规则形黄褐色病斑，稍凹陷，严重时鳞片干燥皱缩。

【病原菌及发病规律】 病原菌为百合科刺盘孢 *Colletotrichum liliacearum*，该菌随病残体在土壤中越冬，田间适宜时产生分生孢子，随风雨传播，引起初侵染和再侵染。多雨、高湿时病重。

【防治方法】 防治炭疽病要搞好田园卫生，及时清除病残体，种植无病种球。重病地应换种非百合科蔬菜2年以上。在发病初期，开始喷药防治，常发地区还应在发病前喷药预防。有效药剂有50%多菌灵可湿性粉剂600～800倍液，或70%甲基硫菌灵可湿性粉剂1 000倍液，或25%溴菌腈可湿性粉剂600～800倍液，或50%咪鲜胺锰络合物可湿性粉剂1 000倍液，或25%咪鲜胺乳油600～800倍液，或25%丙环唑乳油1 000～1 500倍液等。

26. 百合镰刀菌病害

百合可以被多种镰刀菌复合侵染，引起根、茎、鳞茎腐烂，植株枯萎。有人根据发病部位的不同，分别称为枯萎病、根腐病、基腐病、茎腐病等。镰刀菌病害分布广泛，局部田块严重。

【症 状】 病株肉质根和茎盘水浸状褐变，鳞茎从盘基处散开，外层鳞片产生褐色凹陷斑块，潮湿时病部有粉白色或粉红色霉状物。茎基部初生水浸状黄褐色斑块，逐渐软化腐烂，也常造成茎基部缢缩。病株明显矮化，叶片由下而上黄化，最后呈淡紫色，枯萎干死。

【病原菌及发病规律】 病原菌为多种镰刀菌，以尖孢镰刀菌 *Fusarium oxysporum* 和茄镰刀菌 *Fusarium solani* 为主。病原镰刀菌在病残体和土壤中越季，带菌土壤和病残体随土壤、粪肥、气流、流水、农机具等传播扩散。种球也带菌传病。连作田，土质黏重、通气不良的田块，低湿田块发病重。地下害虫、根螨和土壤线虫较多的田块，发病率也较高。

【防治方法】 重病田块应与谷类作物轮作 2～3 年，搞好田间卫生，清除病残体。要种植不带菌种球或播前进行种球药剂处理。常用 50%多菌灵可湿性粉剂 800 倍液浸种 30 分钟，然后捞出，用清水洗净，阴干后播种。有的地方用 20%绿野种衣剂，以种子重 2%的药量包衣种球，效果也好。发病初期要用 70%甲基硫菌灵可湿性粉剂 800 倍液，或 50%多菌灵可湿性粉剂 600 倍液等灌根。

27. 百合疫病

疫病是百合的重要病害，南方发生较多，严重时可造成病株成片死亡，降低百合产量和品质。

【症 状】 病鳞茎产生水浸状褐色斑块，继而扩展腐烂。茎部初生水浸状腐烂斑块，污绿色至褐色，随后上下扩展，致使病茎折倒或枯死。嫩茎尖端被侵染，呈现水浸状枯萎。叶片初生水浸状小病斑，发展为污绿色大斑，最后全叶腐烂。花器变黄褐色至暗褐色软腐。高湿时，病部出现稀疏的白色霉状物（孢囊梗和孢子囊）。

【病原菌及发病规律】 病原卵菌为寄生疫霉 *Phytophthora*

parasitica，以卵孢子、厚垣孢子等随病残体在土壤中越冬，生长季节病株产生孢子囊，进行再侵染。降雨多，空气、土壤湿度高发病重。

【防治方法】 防治疫病应采取高畦或高垄栽培，精细整地，清除病残体。加强肥水管理，雨后及时排水，降低田间湿度。要早期发现和挖除病株，发病初期开始喷药防治。防治疫病的有效药剂参阅番茄晚疫病。

28. 其他病害

其他蔬菜病害及防治，详见表 2-19。

表 2-19 其他蔬菜病害及防治

病 名	症 状	发生规律	防治方法
黄秋葵疫病 *Phytophthora parasitica*	幼苗根腐，水浸状猝倒；叶片从叶尖或叶缘开始，形成水浸状暗绿色不规则形斑块，后变褐腐烂；茎褐色软烂，病株枯萎或折倒。嫩梢、嫩荚也水浸状腐烂	病原卵菌以卵孢子、厚垣孢子等随病残体在土壤中越冬；生长季节病株产生孢子囊，随风雨、灌溉水传播，不断再侵染。高温、高湿适于发病	清除病残体，高畦或高垄栽培，合理排灌，发病初期选喷霜脲·锰锌、安克·锰锌、杀毒矾、甲霜灵·锰锌等药剂
黄秋葵黑斑病 *Alternaria malvae*	叶片上病斑圆形、近圆形、不规则形，直径 2～4mm，中间浅褐色，边缘暗褐色，病健交界明显。病斑上生灰黑色霉状物。病斑组织变薄下陷，后期穿孔。数个病斑汇合成大斑，造成叶枯	病原真菌随病残体越冬，种子也带菌传病。生长季节病株产生分生孢子，随风雨传播，多次再侵染。春、秋两季连阴雨后发病重	重病地换种非锦葵科作物，彻底清除病残体；播种无病种子或行药剂处理；适时浇水施肥，培育壮株；发病早期开始喷药，有效药剂有代森锰锌、敌菌灵、异菌脲、醋酸十二胍等

续表 2-19

病　名	症　状	发生规律	防治方法
黄秋葵褐斑病 *Cercospora malayensis*	叶片上生圆形至多角形病斑，直径 1～5mm，中部灰褐色，边缘红褐色，病斑上生灰黑色霉点，引起叶枯和落叶	病原真菌随病残体在土壤中越冬，生长期间病株产生分生孢子，随风雨传播，引起再侵染。夏、秋多发，适温多雨时病重	收获后彻底清除病残体，加强肥水管理，培育壮株，发病初期开始喷药，有效药剂有代森锰锌、甲基硫菌灵、敌菌灵、丙环唑等
黄秋葵炭疽病 *Colletotrichum* sp.	叶片、茎秆、果荚上生近圆形、椭圆形褐色病斑，后扩展为不定型斑块，病部密生黑色小粒点(分生孢子盘)	病原真菌随病残体和种子越冬，发病后产生分生孢子，随风雨传播，进行再侵染。多雨高湿时病重	收获后彻底清除病残体，播种无病种子或行药剂处理；适时浇水施肥，培育壮株；发病早期开始喷药，有效药剂有甲基硫菌灵、溴菌腈、施保功等
黄秋葵白粉病 *Leveillula malvacearum* 等	叶片两面生白色粉斑，扩展后白色粉状物覆盖整个叶片，后期生出黑色小粒点(闭囊壳)，病株早衰	病原真菌以闭囊壳随病残体越冬，发病后以分生孢子进行再侵染。气温 15℃～30℃，昼夜温差大，间断性阴雨多易流行	清除病残体，种植抗病品种，早期选喷三唑酮、多·硫悬浮剂、甲基硫菌灵等药剂
黄秋葵病毒病害	秋葵黄脉花叶病毒引起叶脉变黄，网络状，幼叶变黄，病株矮缩；秋葵叶卷病毒引起叶片皱缩，卷叶，病株矮缩；秋葵花叶病毒主要引起花叶症状	黄脉花叶病毒和叶卷病毒由烟粉虱传毒，花叶病毒由甲虫和汁液接触传毒。毒源多，传毒介体多，高温干旱时多发	种植抗病品种，清除杂草，防治介体昆虫，加强肥水管理，缓解症状，喷布菌毒清、盐酸吗啉胍·铜、植病灵等药剂

续表 2-19

病　名	症　状	发生规律	防治方法
牛蒡轮纹病 *Ascochyta lappae*	叶片上病斑近圆形、半圆形或不规则形，中部灰白色，边缘褐色，有同心轮纹，后期病斑上生黑色小粒点(分生孢子器)	病原真菌随病残体越冬，生长季节病株产生分生孢子，随风雨传播，多次再侵染。夏秋多雨时多发，管理粗放，排水不良、密植高湿的田块病重	搞好田间卫生 清除病残体，疏松土壤；氮、磷、钾肥配合施用，培育壮株；雨后及时排水，降低田间湿度；发病初期选喷甲基硫菌灵、代森锰锌、异菌脲等
牛蒡黑斑病 *Alternaria* sp.	叶片上生近圆形或不规则形褐色病斑，有时略有轮纹，干燥时可破裂穿孔，后期病斑上生灰黑色霉状物	病原真菌随病残体越冬，种子也带菌。生长期间病株产生分生孢子，随风雨传播，多次再侵染。高温高湿适于发病，6～9月份多发	清除病残体，氮、磷、钾肥配合施用，培育壮株；雨后及时排水，降低田间湿度；发病初期选喷代森锰锌、百菌清、敌菌灵、异菌脲、春雷・王铜等药剂
牛蒡白粉病 *Sphaerotheca fuliginea*	叶片和叶柄上生有白色粉斑，严重的布满白粉层，后变灰褐色，并产生黑色小粒点(闭囊壳)，病叶干枯	病原真菌以闭囊壳随病残体越冬，引起初侵染，生长季节病株产生分生孢子，引起再侵染。病原菌寄主多，菌源复杂	清除病残体，加强肥水管理，避免脱肥或偏施氮肥。发病初期喷施三唑酮、多・硫悬浮剂、甲基硫菌灵等药剂

续表 2-19

病 名	症 状	发生规律	防治方法
牛蒡枯萎病 *Fusarium oxysporum* f. sp. *arctii*	主根、侧根变褐腐烂，剖检可见根部、根颈部、叶柄基部导管变褐，病株叶片变黄枯萎	病原真菌厚垣孢子在病残体和土壤中越冬，带菌土壤传病。病原菌由根部侵入，经由导管系统扩展。发病适宜的地温为25℃～30℃，连作田、低湿田、土壤偏酸性的田块多发	实行轮作，清除病残体，施用石灰改良酸性土壤，及时防治地下害虫；早期发现和拔除病株，利用多菌灵、甲基硫菌灵药液灌根
牛蒡细菌性叶斑病 *Xanthomonas campestris* pv. *nigromiaculans*	叶面上生暗绿色圆形至多角形水浸状斑点，扩大后变为黑褐色至黑色，多个病斑汇合成大型斑块，干枯易破裂。叶柄上生黑色短条斑，扩大后成为梭形黑色病斑，稍凹陷，病部易折断	病原细菌随病残体和种子越冬，翌年条件适宜时进行初侵染，在田间还通过雨水、灌溉水、农事操作等途径传播，引起再侵染。6～7月份连续阴雨多发，连作田、密植高湿和偏施氮肥的田块病重	不连作，清除病残体，高畦栽培，严禁大水漫灌，合理施肥，防止氮肥过多；早期发现和摘除病叶，喷施氢氧化铜、琥胶肥酸铜等防治细菌病害的药剂
根菾菜病毒病害、褐斑病、炭疽病、蛇眼病等	详见叶菾菜有关病害，两者病原菌与症状相同	参考叶菾菜有关病害	参考叶菾菜有关病害

续表 2-19

病　名	症　状	发生规律	防治方法
菜用仙人掌炭疽病 *Colletotrichum opuntiae*	扁茎上产生水浸状浅褐色小斑，扩展后成近圆形褐色病斑，略凹陷，周围有黄色晕圈。后表面散生或轮生黑色小粒点，泌出粉红色黏稠物。病斑可汇合成不规则形腐烂斑块，茎节腐烂折倒	病原真菌随病残体越季或周年发生，分生孢子随风雨、昆虫或农事操作传播。高温高湿有利于发病，植株长势弱或有伤痕时多发	采用无病茎节繁殖，插植前用杀菌剂药液浸泡；发病后及时挖除病斑，用杀菌剂药液涂抹伤口，发病初期喷药防治。有效药剂有溴菌腈、咪鲜胺、苯噻氰、甲基硫菌灵、多菌灵等
菜用仙人掌枯萎病 *Fusarium oxysporum*	茎基部初生黄褐色水浸状病斑，扩展后掌面软化腐烂，最后失水，仅残留干枯的外皮，全株枯死。高湿时病斑表面生出白色、粉红色霉	病原真菌在病残体和土壤中越季，由带菌土壤、肥料传播。病株产生的分生孢子随风雨传播，引起再侵染。高湿多雨，植株生长不良时多发	施用腐熟的有机肥；及时挖除病株，清除病残体，轻病株可挖除病部，创口涂抹杀菌剂；发病初期喷药防治。有效药剂有多菌灵、甲基硫菌灵、醋酸十二胍、苯醚甲环唑、丙环唑等
菜用仙人掌软腐病 *Pectobacterium carotovorum* subsp. *cartovorum*	根颈或扁茎上初生暗绿色水浸状斑点，迅速扩展成黄褐色斑块，软化腐烂，病部可溢出黏液状物，散发臭味。病部以上萎蔫坏死或折倒	病原细菌寄主多，主要随病残体和田间病株越季，在生长季节可通过雨水、灌溉水、肥料、土壤、昆虫等多种途径传播，多从伤口或自然裂口侵入。在田间有多次再侵染，贮运期间可继续腐烂。高温、高湿时病重	施用充分腐熟的有机肥；防治害虫，精细操作，减少植株的伤口；发病初期挖除病部，涂抹杀菌剂，必要时喷药防治，有效药剂有农用链霉素、春雷·王铜、氢氧化铜、噻菌铜等

第三篇　蔬菜害虫篇

第一章　地下害虫

地下害虫是指生活史的全部或大部分时间在土壤中生活，主要危害植物的地下部分和近地面部分的一类害虫，也称为土壤害虫。危害蔬菜的主要地下害虫有蛴螬、蝼蛄、金针虫、地老虎和根蛆。此外还有沙潜、象甲、鼠妇等多种。根蛆（种蝇、葱蝇、蕈蚊等）也是一类重要地下害虫，将在本篇第二章、第三章和第六章随主要寄主分别介绍。

1. 蛴　螬

蛴螬是鞘翅目金龟甲科的幼虫，种类很多，危害蔬菜幼苗的主要有华北大黑鳃金龟（*Holotrichia oblita* ），东北大黑鳃金龟（*H. diomphalia*），暗黑鳃金龟（*H. parallela* ），棕色鳃金龟（*H. titanis*），黑皱鳃金龟（*Trematodes tenebrioides*），铜绿丽金龟（*Anomala corpulenta* ）等多种。蛴螬的食性很杂，取食多种植物的种子，咬断幼苗的根、茎，断面整齐平截，易于识别。蛴螬危害多造成缺苗、死苗，严重时毁种。有些种类的成虫还食害植物叶片、嫩芽、花蕾等。

【形态特征】　金龟甲类成虫身体坚硬肥厚，前翅为鞘翅，后翅膜质。口器咀嚼式，触角 10 节左右，鳃叶状，末端叠成锤状，中胸有小盾片，前足开掘式。幼虫体白色，柔软多皱，胸足 3 对 4 节，腹部末端向腹面弯曲，肛腹板刚毛区散生钩状刚毛，多数种类还着生刺毛列。

1. 华北大黑鳃金龟 见图3-1。

(1)成虫 体长17～21mm,宽11mm,长椭圆形,黑褐色,有光泽,前翅表面微皱,肩凸明显,密布刻点,缝肋宽而隆起,另有3条纵肋。臀板后缘较直,顶端为直角。

(2)幼虫(蛴螬) 体长35～45mm,头黄褐色,体乳白色,多皱褶,头部前顶刚毛每侧各3根,排成一列。肛腹板上的钩头刚毛群紧挨肛门孔裂缝区,两侧有明显的无毛裸区。

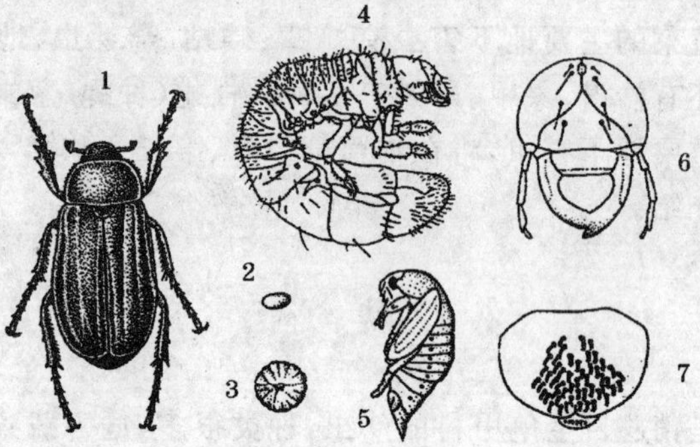

图3-1 华北大黑鳃金龟

1. 成虫 2. 初产卵 3. 孵化前卵 4. 幼虫 5. 蛹 6. 幼虫头部前顶刚毛 7. 幼虫肛腹板刚毛区

2. 东北大黑鳃金龟 与华北大黑鳃金龟形态相似的近缘种。成虫形态与华北大黑鳃金龟相似。但臀板后缘较弯,呈弧形,顶端球形。蛴螬肛腹板上钩头刚毛群两侧无明显的无毛裸区。

3. 暗黑鳃金龟

(1)成虫 成虫体长16～22mm,宽7.8～11mm,长椭圆形,羽化初期红棕色,渐变红褐色,黑褐色或黑色。无光泽。前胸背板前缘有成列的褐色长毛，鞘翅的 4 条纵肋不明显。

(2)幼虫　幼虫体长 35～45mm，头及胸足黄褐色，胸腹部乳白色或污白色。臀节肛腹板刚毛区散生多数钩状刚毛，而无刺毛列。头部蜕裂缝两侧的前顶各有刚毛 1 根。肛腹板上的钩状刚毛群的中央，有两列平行的毛列，每个毛裂有 18～22 根毛。

4. 棕色鳃金龟

(1)成虫　体长 20mm 左右，体宽 10mm 左右；体棕褐色，具光泽。触角 10 节，赤褐色。前胸背板横宽，与鞘翅基部等宽，两前角钝，两后角近直角；小盾片光滑，三角形。鞘翅较长，为前胸背板宽的 2 倍，各具 4 条纵肋，第一、第二条明显，第一条末端尖细，汇合缝肋明显，足棕褐色有强光。

(2)幼虫　体长 45～55mm，乳白色。头部前顶刚毛每侧1～2根，绝大多数仅 1 根。

5. 黑皱鳃金龟

(1)成虫　长 15～16mm，宽 6.0～7.5mm，黑色无光泽，刻点粗大而密，鞘翅无纵肋。头部黑色，触角 10 节，黑褐色。前胸背板横宽，前缘较直，前胸背板中央具中纵线。小盾片横三角形，顶端变钝，中央具明显的光滑纵隆线，两侧基部有少数刻点。鞘翅卵圆形，具大而密排列不规则的圆刻点，基部明显窄于前胸背板，除汇合缝处具纵肋外无明显纵肋。后翅退化仅留痕迹，略呈三角形。

(2)幼虫　体长 24～32mm。头部前顶刚毛每侧各 3 根，成一纵列，也有各 4 根的。

6. 铜绿金龟甲

(1)成虫　体长 19～21mm，铜绿色，有金属光泽。前胸背板两侧淡黄色，鞘翅肩部有疣突。臀板三角形，黄褐色，基部有 1 个倒三角形大黑斑，两侧各一个椭圆形小黑斑。

(2)幼虫　老熟时体长 30～33mm。肛腹板有两列长针状刚毛组成的刺毛列，每列 15～18 根，刺毛尖端相对或交叉，略呈“八”

字形。

【发生规律】 蛴螬类的生活史因种类和地区不同而有很大差异。大黑鳃金龟有2个形态相似的常见生态种，即华北大黑鳃金龟和东北大黑鳃金龟。

1. 华北大黑鳃金龟 华北大黑鳃金龟多数两年1代，少部分个体一年1代，以成虫或幼虫在80～100cm深的土层中越冬。以成虫越冬时，当春季10cm土层地温上升到14℃～15℃时开始出土，5月中下旬开始产卵，6月上旬至7月上旬为产卵盛期，6月上中旬开始孵化，盛期在6月下旬至8月中旬，孵化的幼虫在土壤中危害。在10cm土层地温低于10℃以后，向土层深处移动，低于5℃以后，全部进入越冬。以幼虫越冬的，翌年春季越冬幼虫开始活动危害，6月初开始在土壤中化蛹，7月初开始羽化，7月下旬至8月中旬为羽化盛期，羽化后的成虫当年不出土，在土中潜伏越冬。华北大黑鳃金龟以成、幼虫交替越冬。若以幼虫越冬，翌年春季危害重；若以成虫越冬，翌年夏、秋季危害重。成虫昼伏夜出，白天潜伏于土层中和作物根际，傍晚开始出土活动。尤以20～23时活动最盛，午夜后相继入土。成虫具趋光性，对黑光灯趋性强。对厩肥和腐烂的有机物也有趋性。

2. 东北大黑鳃金龟 在北方地区两年完成1代，以成虫和幼虫在土层中越冬。越冬成虫4月间开始出土，交尾期长达2个月，交尾后4～5天产卵。卵产于5～12cm深的耕层土壤中，卵期10～15天。幼虫持续危害到10月份，以后越冬。越冬幼虫翌年春季出土，危害小麦和春播作物，可持续至6月份。老熟幼虫入土15cm左右化蛹，化蛹盛期在5～6月间。幼虫多发生于低湿地块和水浇地。

3. 暗黑鳃金龟 一年发生1代，多以三龄老熟幼虫越冬，少数以成虫越冬。在地下潜伏深度为15～40cm，20～40cm深处最多。以成虫越冬的，来年5月份出土。以幼虫越冬的，4月下旬至

5 月初化蛹，化蛹盛期在 5 月中旬，6 月初至 8 月中下旬为成虫发生期。成虫多昼伏夜出，趋光性强，喜飞翔在高秆作物和灌木上，交尾后即飞往杨、柳、榆、桑等树上，取食中部叶片。成虫在土中产卵，以 5～20cm 处最多。7 月初开始产卵，直至 8 月中旬，7 月中旬卵开始孵化，下旬为孵化盛期，8 月中下旬为幼虫危害盛期。幼虫食性杂，三龄后食量最大，可转移危害，使植物成片死亡。

4. 棕色鳃金龟　在陕西二至三年完成 1 代，以二至三龄幼虫或成虫越冬。在渭北塬区，越冬成虫于 4 月上旬开始出土活动，4 月中旬为成虫发生盛期，延续到 5 月上旬。4 月下旬开始产卵，卵期平均 29.4 天，6 月上旬为卵初孵期，7 月中旬至 8 月下旬幼虫达二至三龄，10 月下旬下潜到 35～97cm 深的土层中越冬。翌年 4 月份，越冬幼虫上升到耕层，危害小麦等作物地下部分，7 月中旬幼虫老熟，下潜深土层做土室化蛹，8 月中旬羽化，成虫当年不出土，直接越冬。第三年春季越冬成虫出土活动。棕色鳃金龟成虫于傍晚活动，基本不取食，雌虫偶尔少量取食，雌虫交配后约经 20 天产卵，卵产于 15～20cm 深土层内，卵单产。幼虫危害期长，土壤含水量 15%～20%，最适于卵和幼虫的存活。

5. 黑皱鳃金龟　两年完成 1 代，以成虫、三龄幼虫和少数二龄幼虫越冬。越冬成虫于 3 月下旬气温上升到 10.4℃时零星出土，4 月上中旬气温升到 14℃时大量出土，发生期约 50 天。4 月下旬开始产卵，卵于 5 月下旬开始孵化，6 月下旬达孵化盛期。大部分幼虫于 8 月份发育为三龄，秋季危害到 11 月下旬，以后下潜越冬。翌年 3 月上旬当 10cm 地温上升到 7℃以上时开始活动，地温 11℃时，绝大部分幼虫上升到地表危害。6 月上旬开始化蛹，6 月下旬开始羽化。成虫白天活动，以 12～14 时活动最盛。

6. 铜绿丽金龟　在北方一年发生 1 代，以幼虫越冬。翌春越冬幼虫上升活动，5 月下旬至 6 月中下旬为化蛹期，7 月上中旬至 8 月是成虫发生期，7 月上中旬是产卵期，7 月中旬至 9 月是幼虫危害期，10 月中旬后陆续进入越冬。少数以二龄幼虫、多数以三龄幼虫越冬。幼虫在春、秋两季危害最烈。成虫夜间活动，趋光性强。在江苏、安徽等地，5 月底为越冬幼虫化蛹盛期，6 月中旬为成虫活动盛期，6 月下旬至 7 月上旬为产卵盛期，7 月中旬为卵孵化盛期，孵化的幼虫危害至 10 月中旬，下潜至 20～50cm 土层越冬。在东北地区，春季越冬幼虫危害期较迟，盛期在 5 月下旬至 6 月初。

大多数种类的金龟甲成虫白天潜伏于土中或作物根际、杂草丛中，傍晚开始出土活动，前半夜活动最盛。成虫具假死性、趋光性和趋化性，粪便和腐烂的有机物有招引成虫产卵的作用。幼虫有 3 个龄期，全在土壤中度过，随土壤温度变化而上下迁移，其中以三龄幼虫历期最长，危害最重。

土壤温湿状况对蛴螬的活动影响很大，一般说来中等略低的温度较适，地温升高则趋于地表，地温降低则深入土层。以黑色金龟甲为例，当 10cm 土层地温 5℃～10℃时，蛴螬进入 20cm 土层以下；地温降到 5℃以下，蛴螬在 80～120cm 深处越冬；温度 22℃以上，上升到 10～20cm 深处；温度 24℃～30℃时，则趋于距地表 3～5cm 处活动。土壤湿度过高过低都不利，土壤含水量 15％～20％较适宜。另外，淤泥地虫口数量高于壤土地，壤土地高于沙土地。施用未腐熟农家肥的地块和管理粗放、杂草丛生的地块发生都重。

据报道，金龟甲的天敌很多。除某些鸟类、刺猬、鸡等外，还有步行甲、食虫虻、土蜂、寄生螨、线虫等有害昆虫、螨类；还有许多真菌、细菌和病毒等。

【防治方法】

1. 栽培防治 深耕翻犁，通过机械杀伤，暴晒，鸟类啄食等消灭蛴螬。施用腐熟农家肥，最好在施肥前，向粪肥均匀喷洒 2.5％敌百虫粉（粪与药的比例约 1 500 ∶ 1），避免带入幼虫和卵，或吸引金龟甲成虫产卵。冬灌或春、夏季适时灌水可淹死蛴螬或改变土壤通气条件，迫使其上升到地表或下潜。发生严重的地块可因地制宜地改种棉花、芝麻、油菜等直根系非嗜好作物，或行水旱轮作，以降低虫口密度。

2. 捕杀诱杀成虫　成虫具有假死性，在盛发期，可摇动植株，落地后扑杀。利用金龟子的趋光性，设置黑光灯诱杀。多种金龟甲喜食树木叶片，利用这种习性，可于成虫盛发期在田间插入药剂处理过的带叶树枝，来毒杀成虫。该法取 20～30cm 长的榆树、杨树或刺槐的枝条，浸入敌百虫可溶性粉剂稀释的药液中，或用药液均匀喷雾，使之带药。在傍晚插入田间诱杀成虫。还可用性诱剂诱杀成虫。

3. 药剂防治　防治成虫在盛发期用 80%敌百虫可溶性粉剂 1 000倍液，或 50%辛硫磷乳油 1 000 倍液喷雾。防治幼虫可用 90%敌百虫 1.4kg 加少量水稀释后，喷拌 100kg 细土，制成毒土，在播种前或栽植前，将毒土撒于播种穴中或播种沟中，但应注意毒土不要接触种子。毒土还可均匀撒施在地面，然后浅锄。在发生严重地块，可用 80%敌百虫可溶性粉剂 1 000 倍液或 50%辛硫磷乳油 1 000 倍液灌根。也可用 3%氯唑磷颗粒剂（每公顷用药 30～37.5kg）拌细土后均匀撒在植株根际附近，避免与种子直接接触。

2. 金针虫

金针虫是鞘翅目叩头甲科幼虫的总称，常见的种类为沟金针虫（*Pleonomus canaliculatus*），褐纹金针虫（*Melanotus caudex*）和细胸金针虫（*Agriotes fuscicollis*）等，主要分布在我国中部、北部。成虫发生时间短，只取食植物嫩叶，危害不严重。幼虫长期生活在土壤中，危害蔬菜和其他作物，咬食种子、根和茎，可咬断须根，还可将主根一侧咬食，残留另一侧，被害部位断面不整齐，毛刷状。受害苗生长不良或枯萎死亡。

【形态特征】　金针虫的成虫是细长的褐色甲虫，略扁，密被灰色细毛。末端尖削，前胸背板后缘两角常尖锐突出，受压时前胸可作“叩头”的动作。幼虫金黄色、褐黄色，体细长，略扁，坚硬光滑，被称为金针虫。三种金针虫的蛹均为裸蛹。

1. 沟金针虫

(1)**成虫** 雌雄异型。雌成虫体长16～17mm，宽4～5；雄成虫体长14～18mm，宽约3.5mm。雌虫触角11节，锯齿状，长度约为前胸长的2倍。鞘翅长为前胸的4倍，其上纵沟明显，后翅退化。雄虫触角12节，丝状细长，可达腹部末端(图3-2)。

(2)**幼虫** 老熟时体长20～30mm，宽约4mm全体金黄色，稍扁平，坚硬有光泽。体背中央有一条细纵沟。尾节黄褐色，背面有近圆形的凹陷，每侧外缘各有3个角状突起，体末端分两叉，叉内侧各有一小齿(图3-3)。

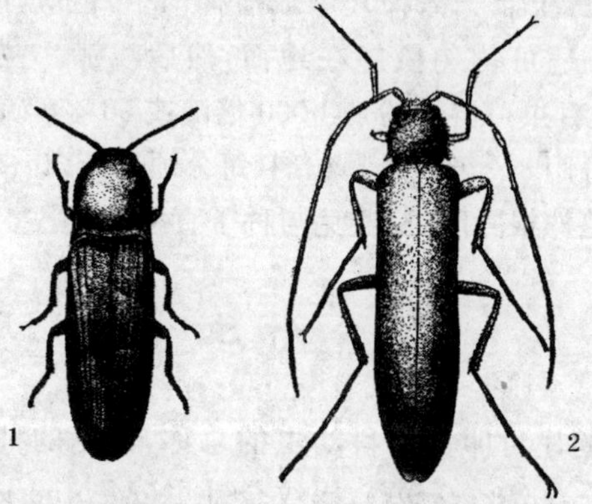

图3-2 沟金针虫成虫 (仿农业昆虫学原理原图)

1. 雌虫 2. 雄虫

2. 褐纹金针虫

(1)**成虫** 体长8～10mm，宽约1.7mm，黑褐色，生有灰色短毛。头部及前胸布粗点刻。唇基分裂。触角、足暗褐色，触角第

二、第三节略成球形，第四至第十节锯齿状。前胸背板长明显大于宽，后角尖，向后突出。鞘翅狭长，每侧具 9 行点刻。

(2)**幼虫**　老熟时体长 25～30mm，宽约 1.7mm 细长圆筒形，茶褐色，有光泽；身体背面中央具细纵沟。自中胸至腹部第 8 节各节前缘两侧生有深褐色新月形斑纹。尾节扁平而长，尖端具 3 个小突起，中间的尖锐。尾节前缘亦有 2 个新月形斑，斑后有 4 条纵线；并密生大而深刻点(图 3-3)。

3. 细胸金针虫

(1)**成虫**　体长 8～9mm，宽约 2.5mm 头胸黑褐色，触角红褐色。前胸背板略呈圆形，长大于宽。鞘翅上有 9 条纵列刻点。

(2)**幼虫**　老熟时体长 23mm，宽约 1.3mm，圆筒形。尾节圆锥形，背面前缘有 1 对褐色圆斑，其下 4 条褐色细纵纹，末端有红褐色小突起(图 3-3)。

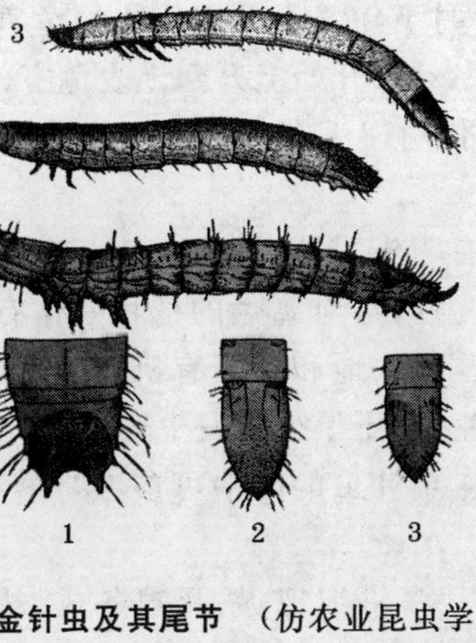

图 3-3　三种金针虫及其尾节　(仿农业昆虫学原理原图)

1. 沟金针虫　2. 褐纹金针虫　3. 细胸金针虫

【发生规律】　金针虫需二至五年完成 1 代，以幼虫或成虫在土层 15～40cm 深处越冬，最深可达 1m 左右。

沟金针虫一般三年完成 1 代，以成虫越冬时，翌年 3 月中旬至 4 月上旬为成虫出土活动高峰期，5 月上旬为卵孵化盛期，孵化的幼虫危害到 6 月底下潜越夏，9 月中旬又迁移到土壤表层危害，至 11 月中下旬下潜越冬。翌年 3 月上旬越冬幼虫至表土层活动危害，3 月下旬至 5 月上旬危害最重，6 月底越夏，秋季再危害一段时间，再以幼虫越冬。第三年 8 月下旬至 9 月中旬幼虫在土层内化蛹，9 月下旬羽化为成虫，直接在土层内越冬。

褐纹金针虫在我国北方三年完成 1 代。第一年、第二年以幼虫越冬，第三年以成虫越冬。成虫出现期为 5 月上旬至 6 月中旬，幼虫在春季和初夏(4～6 月份)、秋季(9～10 月份)两季危害。

在北方，细胸金针虫二至三年发生 1 代。在陕西关中大多两年一代，越冬成虫 3 月上旬开始出土活动，4 月中下旬为高峰期，4 月下旬开始产卵，5 月中旬孵化出当年幼虫，在土中取食危害，6 月底开始越夏，到 9 月下旬又上升至表土层危害，直到 12 月份进入越冬。翌早春越冬幼虫开始上升到土表危害，3～5 月份是危害盛期，6 月下旬开始化蛹，8 月份为成虫羽化盛期，成虫直接在土室中潜伏越冬。

金针虫成虫有叩头习性，具假死性。沟金针虫雄成虫和细胸金针虫成虫有趋光性，都对腐烂的植物残体有趋性。金针虫喜潮湿，在水浇地、低洼过水地和土壤有机质较多的田块发生多，降水早而多的年份发生重，干旱少雨发生轻。

【防治方法】 金针虫的防治可参考蛴螬和蝼蛄的防治方法，采用以下措施。

1. 栽培防治 深耕细耙，杀死越冬成、幼虫。与棉花、油菜、芝麻等金针虫不喜食的作物倒茬，恶化其食料条件，施用腐熟农家肥，适时灌水。

2. 诱杀 设置黑光灯，在成虫出土期开灯诱杀。堆草诱杀细胸金针虫，在田间堆 10～15cm 厚的小草堆，每 667m^2 20～50 堆，在草堆下撒布 1.5%乐果粉少许，每天早晨翻草扑杀。

3. 药剂防治　采用杀虫剂进行土壤处理，参见蛴螬的药剂防治。

3. 蝼　蛄

蝼蛄属直翅蝼蛄科，是多种农林植物的重要害虫，危害蔬菜的最常见种类有东方蝼蛄(*Gryllotalpa orientalis*)和华北蝼蛄(*Gryllotalpa unispina*)两种。华北蝼蛄又称为单刺蝼蛄。蝼蛄咬食刚播下的、特别是刚发芽的种子，也咬食植物根和嫩茎，将其咬成乱麻状，使小苗枯死，大苗枯黄。它具有开掘式前足，在土层中穿掘隧道，可使幼苗吊空而死。

【形态特征】　两种常见蝼蛄的卵、若虫、成虫等虫态的形态特征及其区别见表 3-1 和图 3-4。

表 3-1　东方蝼蛄和华北蝼蛄的形态特征及其区别

虫态	项　目	东方蝼蛄	华北蝼蛄
卵	形状、大小颜色 每窝卵粒数	椭圆形，长 2.0～2.4mm 黄白色－黄褐色－暗紫色 30～50 粒	椭圆形，长 2.4～2.8mm 乳白色－黄褐色－暗灰色 120～150 粒
若虫	体色	灰褐色	黄褐色
	腹部形状	末端近纺锤形	末端近圆筒形
	龄数	8～9 龄	13 龄
成虫	体长	30～35mm	36～55mm
	体色	灰褐色	黄褐色
	前胸	背板中央心脏形斑小，凹陷明显	背板中央心脏形斑大，凹陷不明显
	腹部	末端近纺锤形	末端近圆筒形
	前足	腿节内侧外缘较直，缺刻不明显	腿节内侧外缘弯曲，缺刻明显
	后足	胫节背面内侧有刺 3～4 根	胫节背面内侧有刺 1 根或消失

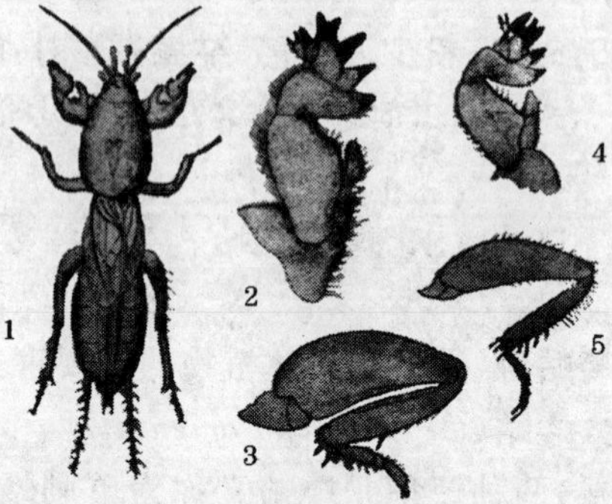

图 3-4 蝼 蛄

1. 华北蝼蛄成虫 2. 华北蝼蛄前足 3. 华北蝼蛄后足 4. 东方蝼蛄前足 5. 东方蝼蛄后足

【发生规律】 东方蝼蛄各省都有分布，在山东、陕西关中、长江流域及其以南地区一年 1 代，在华北、西北大部地区和东北二年 1 代，以各龄若虫、成虫越冬。华北蝼蛄主要分布在北方，一般三年发生 1 代，以 8 龄以上的若虫和成虫在土层内越冬 。

据山西忻州观察，两种蝼蛄全年活动大致可分为 6 个阶段。从 10 月下旬到翌年 3 月中旬为冬季休眠阶段，以成虫在土层深处越冬。从 3 月下旬到 4 月上旬为春季苏醒阶段，越冬蝼蛄恢复活动并上升到表土层。东方蝼蛄的隧洞洞顶隆起一小堆新鲜虚土，华北蝼蛄可将表土顶出约 10cm 长的新鲜虚土堆，两者有明显区别。第三个阶段是出窝转移阶段，4 月中下旬地表虚土堆有小孔出现，表明蝼蛄已出窝转移。5 月上旬至 6 月中旬为猖獗危害阶段，此时正值春作物苗期，是一年中第一次危害高峰期，也是施药保苗的关键时期。6 月下旬至 8 月份是产卵和越夏阶段，孵化的若虫随温度升高而潜入 30～40cm 以下的土层越夏。9 月上旬以后进入秋季危害阶段，若虫上升危害，此时正值秋播作物播种和幼苗阶段,形成一年中的第二次危害高峰。

东方蝼蛄以夜间 9～11 时活动最盛,在气温高,湿度大,闷热的夜晚大量出土活动。该虫有趋光性,对香甜物质,如半熟的谷子,炒香的油渣、豆饼、麦麸以及新鲜马粪等有强烈的趋性。土壤温、湿度对其活动影响很大,壤土和砂壤土发生重。华北蝼蛄的习性与东方蝼蛄相似。该虫虽有趋光性,但因形体大,飞翔力弱,黑光灯不易诱到。

【防治方法】

1. 栽培防治　深耕翻地,机械杀伤土中的虫体,或将其翻到土面,经暴晒,冷冻和鸟兽啄食而死亡。平整土地,治理田边的沟坎荒坡,以清除蝼蛄产卵场所。马粪等农家肥需充分腐熟后才能施用,以防止招引蝼蛄产卵。春、秋危害高峰期适时灌水可迫使蝼蛄下迁,减轻受害。

2. 诱杀防治　在成虫活动高峰期,设置黑光灯诱杀。还可利用该虫对马粪的趋性,用新鲜马粪放置在坑中或堆成小堆诱集,人工扑杀。也可在马粪中拌入 0.1%敌百虫或辛硫磷诱杀蝼蛄。

3. 挖卵防治　夏季在蝼蛄产卵期,根据地表的虚土堆,查找土层中蝼蛄的虫窝和卵室,查到后先铲去表土,洞口暴露后,向下挖 10～18cm 即可找到卵,再向下挖 8cm 左右就可挖到雌成虫,一并消灭。

4. 药剂防治　利用毒饵诱杀,即用炒香的谷子、麦麸、豆饼、米糠、或玉米碎粒等作饵料,拌入饵料量 1%的 40%乐果乳油或 90%敌百虫结晶做成毒饵。操作时先用适量水将药剂稀释,然后喷拌饵料。傍晚将毒饵撒入苗床。还可在苗床内每隔 3～4m 挖一小坑,坑内放一罐头瓶,瓶口要低于地面,瓶中放入熟豆饼或炒香的油渣,再倒入少量的 90%敌百虫结晶的稀释液,然后每天检查,取出溺死的蝼蛄。灌穴法是用 50%辛硫磷乳剂 1 000 倍液灌注蝼蛄隧洞的穴口,也可从穴口滴入数滴煤油,再向穴内灌水。

4. 小地老虎

小地老虎(*Agrotis ypsilon*)属鳞翅目夜蛾科，是世界性大害虫，国内分布广泛，食性很杂，春天危害多种农林植物幼苗，对定植的茄子、辣椒、番茄以及其他蔬菜幼苗危害也较大，严重时使田间缺苗断垄。

【形态特征】

1. 成虫　体长16～23mm，翅展42～54mm。暗褐色。前翅黑褐色，从基部到外缘有6条横线，环状斑、楔状斑、肾状斑各1个，在肾状斑外侧有1个尖端指向外方的剑形纹，其外方又有2个尖端向内的剑形纹。后翅灰白色。

2. 卵　直径约0.5mm，半球形，表面有纵横隆起线，顶端中心有精孔。初产时白色，后渐变黄色，近孵化时淡灰紫色。

3. 幼虫　老熟时体长37～47mm，圆筒形，头黄褐色，体灰褐色，背面有暗色纵带，体表布满黑色小颗粒。腹部第一至第八节各节背面有2对毛片，前面1对小而靠近，后面1对大而远离，4个毛片排列成梯形。臀板黄褐色，有2条深色纵带。幼虫有3对胸足，5对腹足。

4. 蛹　体长18～24mm，赤褐色有光泽，末端色深，具一对分叉的臀棘(图3-5)。

【发生规律】　小地老虎在我国每年发生2～7代，东北和长城以北地区2～3代，黄河以北3～4代，长江流域4～5代，长江以南6～7代。在南岭以南地区无越冬现象，可终年繁殖，在北纬33°以南至南岭一带有少量蛹和幼虫越冬，在北纬33°以北广大地区不能越冬。北方的虫源是每年由南方迁飞而来的。例如，在陕西关中，每年2月底至3月上旬成虫开始迁入，3月下旬至4月上旬为高峰期，5月初至5月底是第一代幼虫危害期，正值多种作物苗期，受害最重。

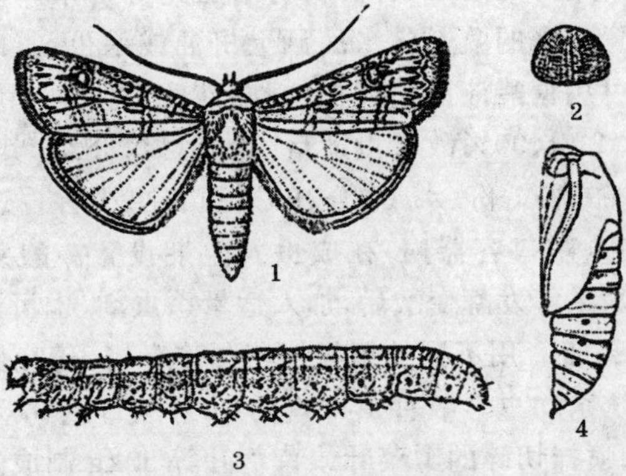

图 3-5　小地老虎

1. 成虫　2. 卵　3. 幼虫　4. 蛹

小地老虎成虫昼伏夜出，飞翔、取食、交配和产卵都在夜间进行，对黑光灯和糖醋液趋性也很强。成虫产卵于矮小杂草贴近地面的叶背和嫩茎上，也可产在表土上，散产，偶尔聚产。幼虫共 6 龄，三龄前在植物叶背和心叶处昼夜取食。三龄后白天潜伏在植株周围 2～3cm 深的表土中，夜间出来活动和危害，咬断幼苗茎基部，将咬下的部分拖入土中取食，有假死习性，受惊后可收缩成环形。老熟后在寄主田中就地化蛹。

小地老虎的适温范围为 13.4℃～24.8℃，适宜的相对湿度为 50％～90％，高温不利于生长和繁殖，但该虫也不耐低温。小地老虎在地势低洼、雨量充足的地方发生多，土壤含水量影响成虫产卵和幼虫存活，以土壤含水量 15％～20％适宜，过高则幼虫密度大大降低。土质疏松，团粒结构好，保水性好的土壤适合于小地老虎发生，田间管理粗放，杂草丛生，靠近荒地的地块发生也多。

【防治方法】

1. 诱杀成虫 在成虫发生期利用黑光灯诱杀。黑光灯下放置毒瓶或放置盛水的盆、缸，水面洒上机油或杀虫剂，以杀死诱到的蛾子。也可用糖醋液诱杀成虫，糖醋液配方为糖3份、醋4份、白酒1份、水2份、90%敌百虫适量[另有材料介绍，其配方为：糖6份、醋3份、白酒1份、水10分、90%敌百虫少许(按重量计)]，混合调匀，装入敞口容器内，在成虫发生期设置。酸菜水以及甘薯、胡萝卜、水果等发酵变酸后，加入适量杀虫剂，也可诱杀成虫。

2. 诱杀幼虫 用不同的饵料拌药制作毒饵，傍晚撒于田间植株基部土表诱杀幼虫。敌百虫毒饵用90%敌百虫0.5kg，加水稀释5～10倍，喷拌切碎的鲜菜叶或苜蓿叶等50kg制成。还可用豆饼、油渣、棉籽饼、麦麸等作饵料。例如，取粉碎的豆饼20～25kg，炒香后，再用50%辛硫磷0.5kg的5～10倍稀释液，均匀喷拌后制成毒饵。此外，还可用泡桐树叶或芥菜叶诱杀，于黄昏后在田间地面将3～5片叶子堆成小堆诱虫，黎明时掀开叶子扑杀幼虫。

3. 药剂防治 需在幼虫三龄以前抓紧防治，可撒施毒土，喷粉或喷雾。毒土用2.5%敌百虫粉1.5kg与细土22.5kg混匀制成。喷粉可用2.5%敌百虫粉剂，每667平方米喷2～2.5kg。喷雾可用90%敌百虫晶体800～1 000倍液，或50%辛硫磷乳剂1 000倍液，或2.5%溴氰菊酯乳油3 000倍液，或20%氰戊菊酯3 000倍液，或20%菊·马乳油3 000倍液等。

4. 人工扑杀幼虫 在发生量不大时，可在被害株周围表土下扑杀幼虫，每天清晨进行，坚持10～15天，即可见效。

5. 其他地下害虫

1. 黄地老虎 黄地老虎(*Agrotis segetum*)属鳞翅目夜蛾科，幼虫食性杂，食害幼苗，切段近地面的茎部，造成缺苗断垄。

成虫体长 14～19mm，翅展 32～43mm。雌蛾触角丝状，雄蛾双栉齿状。前翅亚基线、内横线、外横线均不明显，肾状纹、环状纹及楔状纹均明显，周围各环以黑褐色边。后翅灰白色，翅脉及前缘黄褐色。

老熟幼虫体长 33～43mm，体黄褐色，体表颗粒不明显，有光泽。腹部背面每节各有 4 个毛片，前边两个比后两个略小。臀板中央有黄色纵纹，两侧各有一块黄褐色斑纹。

黄地老虎在东北地区每年发生 2 代，在新疆、甘肃河西地区 2～3 代，在华北 3～4 代，各地均以幼虫在 10cm 以下土层中越冬。春、秋两季危害重，春季以第一代幼虫危害蔬菜、芝麻、薯类、棉花、烟草等，秋季危害秋菜、冬麦等。

成虫昼伏夜出，喜食糖、酒、醋味物质，对黑光灯有趋性。产卵习性与小地老虎不同，多产在田间作物根茬上、草棒上，几十粒成串状排列，但产在小旋花、小蓟等杂草上的卵一般 2～3 粒或 6～7 粒在一起。幼虫共 6 龄，危害习性与小地老虎相似，三龄以前多在寄主心叶里取食，危害不大，三龄以后可咬断幼苗。管理粗放、杂草多、适合成虫产卵的田块发生重，疏松的土壤幼虫发生较多，黏土则较少。

防治方法有：①铲除杂草，春耕耙耱杀卵，秋季翻耕，暴晒土壤，进行冬灌。②黄地老虎喜在小白菜和苘麻上产卵，可播种用作诱引产卵植物，出苗后每 5 天喷一次药，20 天后处理掉。③利用黑光灯或糖醋液诱杀成虫。利用毒饵诱杀幼虫，参见小地老虎。④药剂防治，在幼虫三龄之前喷布菊酯类制剂。

2. 大地老虎　大地老虎（*Trachea tokionis*）属鳞翅目夜蛾科，分布普遍，在长江沿岸局部地区发生重，多食性，主要危害春播作物幼苗。

成虫体长 20～22mm，翅展 52～62mm，暗褐色。前翅灰褐色，前缘自基部至 2/3 处黑褐色。肾状纹、环状纹及楔状纹均明显，周围各环以黑褐色边，肾状纹外方有一黑色斑。亚缘线内侧无剑形纹。基线、内横线、外横线均为双条曲线，但有时不明显。外缘有一列黑点。后翅浅褐色，外缘具很宽的黑褐色边。

老熟幼虫体长 41～61mm，黄褐色，体表皱纹多，颗粒不明显。臀板除末端 2 根刚毛附近为黄褐色外，几乎全为深褐色，且全布满龟裂状皱纹。

一年发生 1 代，以低龄幼虫在表土层越冬，长江流域 3 月初出土，5 月上旬进入危害盛期。气温高于 20℃则在土壤 3～5cm 深处筑土室滞育越夏，滞育期长达 100 余天。9 月中旬开始化蛹，10 月上中旬羽化为成虫。成虫趋光性不强，交配后第二天产卵。卵多产在土表或幼嫩的杂草茎叶上。幼虫共 7 龄，幼虫孵化后取食一段时间，就以二至四龄幼虫越冬。

防治方法有：①清除杂草，减少产卵场所和早期食料来源。②实行冬灌，杀死越冬幼虫。③利用糖醋液诱杀成虫，用毒饵诱杀幼虫。④施用敌百虫毒土，喷布有机磷或菊酯类药剂。

3. 八字地老虎　八字地老虎（*Amathes c-nigrum*）属鳞翅目夜蛾科，分布较普遍，以东北和西南发生较多，主要危害幼苗。

成虫体长 11～13mm，翅展 29～36mm。头、胸灰褐色，足黑色有白环。前翅灰褐色略带紫色，中室黑色，环状纹向前开展，在前缘形成一个三角形的淡褐色区域。肾状纹褐色，外缘黑色，前方有 2 黑点。外横线双线锯齿形外弯，亚缘线灰色，前端有 1 黑斑。后翅淡黄色，外缘淡灰褐色。

老熟幼虫体长 33～37 mm，头黄褐色，有 1 对“八”字形黑褐色斑纹。体黄色至褐色，背、侧面满布褐色不规则花纹，体表较光滑，无颗粒。腹部第五节至第九节有倒八字形黑色斑纹，越后端越显，以第九节的最大、最明显。从侧面看，亚背线上的斑纹和气门上线的黑斑纹则组成正“八”字形。臀板中央部分及两角边缘颜色常较深。

在我国北方 1 年发生 2 代，以老熟幼虫在土中越冬。成虫具趋光性。幼虫在春、秋两季危害。

防治方法参考小地老虎。

4. 白边地老虎　白边地老虎（*Euxoa oberthuri*）属鳞翅目夜蛾科，主要分布在东北、西北、华北和西南，局部地区发生较重。幼虫危害蔬菜、豆类、玉米、甜菜、苜蓿、胡麻等，多从地面上咬断幼苗，主茎硬化可爬到上部危害生长点。

成虫体长 16～19mm，翅展 42～45mm。前翅狭长，灰褐色至红褐色，颜色、斑纹变化大，但可分两种基本色型。一种为白边型，前缘具明显灰白色至黄白色宽边，中室后缘有白色狭边。基线、内横线、外横线均明显。剑状纹黑色，环状纹和肾状纹灰白色，明显。另一种暗化型，前翅全部深暗色，无白边、淡斑和黑斑。后翅均褐色，缘毛灰白色。

老熟幼虫体长 35～40mm，体表光滑，无微小颗粒。头黄褐色，有明显的八字形斑纹。胸、腹部气门线以上区域淡黑色，气门线以下浅褐色或浅灰色。臀板黄褐色，前缘及两侧深褐色，小黑点集中于臀板基部，排成 2 个弧形。

在东北 1 年发生 1 代，以胚胎发育成熟的卵在表土越冬。幼虫于 4 月中下旬孵化，5～6 月份是幼虫危害期，6 月中下旬老熟幼虫潜入 10cm 深的湿润土壤中营土室化蛹。成虫于 6 月底 7 月初羽化，7 月下旬为盛发期，8 月初产卵，一周后胚胎发育成熟，在表土开始越冬，越冬卵长达 9 个月。

成虫昼伏夜出，对黑光灯趋性强，但对糖、蜜液的趋性弱。成虫产卵于表土层或土缝，多靠近植物附近，块产或单粒散产。初龄幼虫抗低温和耐饥能力强。幼虫多数为 6 龄，少数为 5 龄或 7 龄，转株危害。在杂草多的地块，发生较重。

防治方法参考小地老虎。

5. 警纹地老虎　警纹地老虎（*Agrotis exclamationis*），属鳞

翅目夜蛾科，主要分布于内蒙古、甘肃、宁夏、新疆、西藏、青海等地，以河西走廊和天山南北麓发生最重。危害油菜、萝卜、马铃薯、大葱、甜菜、苜蓿、胡麻等，幼虫在土中钻入块茎、块根、根、葱茎等内部啃食，常环绕胡麻根颈啃食韧皮部，致使胡麻叶片在现蕾开花后枯黄凋萎或全株死亡。

成虫体长16～18mm，翅展33～38mm。前翅灰色至灰褐色，有的前缘、外缘略显紫红色。横线多不明显，内横线暗褐色，波浪形，剑状纹黑色而粗大，易于识别，肾状纹和环状纹显著，边缘为黑褐色或灰褐色。后翅色浅，白色，微带褐色，前缘浅褐色。

末龄幼虫体长35～42mm，体淡黄褐色。头部黄褐色，有1对呈“八”字形的黑褐色条纹。体表生大小不等颗粒，略具皱纹。背线、亚背线褐色，气门线不显著。前胸盾、臀板黄褐色，臀板上有明显的皱纹，在基部及中央两根刚毛附近颜色较深。

在我国西北地区一年发生2代，以老熟幼虫在土中越冬。越冬幼虫于翌年3月中下旬开始化蛹，4月上旬为化蛹盛期，成虫在4月中旬开始羽化，5月上旬盛发，6月上旬终见，成虫发生期长约两个月。第一代幼虫从5月上旬至7月上旬危害，第一代成虫7～9月份出现。第二代幼虫于10月上中旬老熟后，即在土壤中越冬。

成虫有趋光性，雌蛾喜食马蔺花、洋槐花。卵单产或聚产，多产于植株靠近地面的叶上或土块上。第二代幼虫有滞育现象，不滞育的个体虽能化蛹，但半数以上不能羽化而死亡。该虫常和黄地老虎混合发生，比小地老虎耐干燥，在干旱少雨地区发生较重。

防治方法参考小地老虎。

6. 沙潜　沙潜（*Opatrum subaratum*）属鞘翅目拟步甲科，又名网目拟地甲、网目沙潜。食性杂，成虫主要取食萌发的种子和幼苗嫩叶，幼虫取食根、茎，可钻入根颈或块根、块茎中食害，造成幼苗枯萎死亡。

成虫体长6.4～8.7mm，体宽3.3～4.8mm，椭圆形。羽化初体色乳白，后逐渐加深，最后成黑褐色，翅面常附有泥土，呈土灰色。触角棒状，11 节，除 1、3 节较长外其余均为球形。前胸背板发达，密布小点刻。鞘翅近长方形，前缘向下弯曲将腹部包围，因而有翅不能飞行，每鞘翅有 7 条纵隆线，各隆线两侧有突起 5～8 个。各足有距 2 个，生有黄色细毛。腹部背面黄褐色，肛上板黑褐色，密生点刻。卵椭圆形，乳白色，表面光滑。

老熟幼虫体长 15～18mm，深灰黄色，体细长似金针虫。足 3 对发达，前足长，为中、后足的 1.3 倍，中、后足大小相等。腹部末节较小，纺锤形，背面前部稍突起成一横沟，沟前部有褐色钩形纹 1 对，末端中央有褐色的隆起，末端边缘共有刚毛 12 根，其中中央 4 根。蛹为裸蛹，体长 6.8～8.7mm，腹部末端有 2 个刺状突起，全体乳白色略带灰色，羽化前深黄褐色。

网目沙潜在东北和华北每年发生 1 代，以成虫在土中缝隙、洞穴或枯草落叶下越冬。成虫在春季土温达 15℃后开始爬行，蔬菜出苗后取食嫩叶，3～4 月份活动最盛。3 月中旬即可交配产卵，卵产于 4cm 以下的土层中。幼虫在土中活动取食，共 6～7 龄，老熟后在土层 5～8cm 深处做土室化蛹。成虫羽化后，多在根部越夏，秋季继续活动危害，至 11 月份陆续潜土越冬。成虫不能飞行，寿命很长，有的长达 3 年。有孤雌生殖现象。沙潜适生于干旱和较黏性的土壤。

防治方法有：①耕翻土地，精耕细耙，机械杀伤土中越冬虫体。②用杨树枝诱捕成虫。将长约 67cm 的杨树枝 4～5 枝捆成一把，浇上清水后插到地上，每 667m^2 插十几把诱虫。雨后和气温突降后诱虫效果更好。③喷施 90％晶体敌百虫 700～1 000 倍液，或 80％敌敌畏乳油 1 000 倍液等，也可喷布菊酯类农药。

7. 蒙古土象　蒙古土象（*Xylinophorus mongolicas*）属鞘翅目象虫科，为多食性害虫，危害豆类、瓜类、辣椒、甜菜、马铃薯、芦笋、玉米、棉花、花生、牧草、苗木、桑树等，是苗期和苗圃的重要害虫之一。成虫可将幼苗生长点咬断成为秃桩，取食嫩叶，造成孔洞缺刻，也取食有机质好的作物须根。

成虫体长4～6mm，黑灰色，全体密生黄褐色茸毛。头部向前延长呈喙管状，触角棍棒状，柄节长，似膝状。前胸略呈椭圆形，两侧各有一灰白色长纹。鞘翅椭圆形，末端尖，无光泽，两翅各有10条纵列刻点，其间散生黄褐色短毛和灰白、黄白色小圆斑。

老熟幼虫体长6～9mm，乳白色，头黄褐色。上颚黑色，有2个尖齿。下颚须、下唇须均2节，身体背面弯曲。

两年发生1代，以成虫和幼虫隔年交替在土中越冬。在辽宁，4月中旬越冬成虫出土活动，6月中旬是成虫盛发期，成虫获补充营养后交配，于5月上旬开始产卵，卵多产在表土里，5月下旬开始出现幼虫，9月末幼虫作土室越冬。翌年春季，幼虫取食后于6月下旬陆续化蛹，7月上旬羽化为成虫，成虫不出土，在原土室里越冬，直至翌年4月才出土活动。

成虫后翅退化，不能飞翔，只能爬行。早春平均气温达10℃时开始活动，晴天中午大量出土。不耐高温，具有群居性和假死性，常数头或数十头集中在苗根为害，受惊后足收缩坠落假死。成虫昼夜取食，可转株危害。幼虫、成虫寿命都可长达1年。

防治方法有：①进行春浇和秋灌，增加土壤湿度，推迟象甲出土时间或引起死亡。②利用成虫的群居性和假死性，人工捕捉。③成虫发生期喷施有机磷或菊酯类药剂。

8. 大灰象 大灰象（*Sympiezomias velatus*）属鞘翅目象虫科，为多食性害虫，危害瓜类、豆类、花生、棉花、烟草、玉米、马铃薯、辣椒、甜菜等作物。成虫取食幼苗嫩尖和叶片，造成缺刻孔洞，或吃成光秆。

成虫体长9～12mm，雄虫宽卵形，雌虫椭圆形。体灰黄色或灰黑色，全体密生灰白色具金属光泽的鳞片和褐色鳞片。褐色鳞片在前胸中间和两侧形成3条纵纹，在鞘翅基部中间形成长方形近环状斑纹。鞘翅卵圆形，末端较尖，中间有 1 条白色横带，其前后、两侧散布褐色云斑。两鞘翅各有 10 条纵列刻点。小盾片窄长，中央有 1 条纵沟。雄虫胸部窄长，鞘翅末端不缢缩，钝圆锥形。雌虫胸部宽短，腹部膨大，鞘翅末端缢缩，较尖锐。

老熟幼虫体长 14mm，体乳白色，头部米黄色，上颚褐色，前端具 2 齿，后方具 1 钝齿。下颚须和下唇须均 2 节。肛门孔两裂，暗褐色。

生活习性与蒙古土象相似，但发生略晚，卵不产在土里而产在叶片上。

防治方法参考蒙古土象。

第二章　十字花科蔬菜和绿叶菜害虫

十字花科蔬菜害虫种类繁多，菜蛾、菜青虫、菜蚜是其中危害最烈、分布最广的三大害虫。危害绿叶菜的害虫也很多，但绿叶菜品种不同，重要害虫也不尽相同。本章介绍了 59 种害虫，其中详细介绍了 34 种，这基本涵盖了常见的和重要的种类。还有少数多寄主害虫，因另有重要寄主，将在其他章节予以介绍，例如棉铃虫、斑潜蝇、豌豆彩潜蝇等。另外，地下害虫已在第一章介绍，有害软体动物也将作专门介绍。

1. 菜　蛾

菜蛾（*Plutella xylostella* ）属鳞翅目菜蛾科，又名小菜蛾，分布广泛。主要寄主为甘蓝、花椰菜、青花菜、球茎甘蓝、小白菜、萝卜、芥蓝等十字花科蔬菜。此外，还危害番茄、马铃薯、洋葱、生姜以及一些花卉与药用植物。菜蛾的幼虫食害叶片，初龄幼虫钻入叶肉中蛀食，稍大则取食叶片一面表皮叶肉，残留另一面表皮，形成半透明小孔洞。三至四龄以后食量增大，将叶片咬成较大孔洞和缺刻，严重时将叶片吃成网状，甚至吃光。菜蛾也取食嫩茎、角果和籽粒。

【形态特征】　见图 3-6。

1. 成虫　灰褐色小蛾子，体长 6～7mm，翅展 12～15mm。前翅与后翅狭长，缘毛长。前翅暗灰色或淡灰褐色，中部有三度曲折的黄白色或黄褐色波纹，静止时两翅折叠成为屋脊状，两翅的黄色波纹合并成 3 个相连的菱形斑翅。前翅缘毛翘起，鸡尾状。

2. 卵　长约 0.5mm，椭圆形，扁平，黄绿色，表面光滑。

3. 幼虫　老熟时体长 10mm 左右，头部黄褐色，胸腹部绿色。虫体纺锤形，腹部第四节、第五节膨大，两头尖细。前胸背板上有淡褐色小点，排列成 2 个“U”字形斑纹。

4. 蛹　体长 5～8mm，初淡绿色，后变黄绿色，最后变灰褐色。蛹体包裹在薄茧内。茧纺锤形，灰白色，多附着在叶片上。

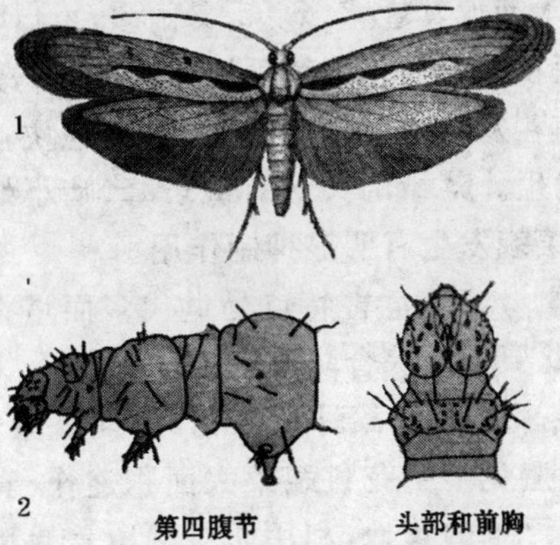

图 3-6　菜蛾　(仿农业昆虫学原理原图)

1. 成虫　2. 头胸部及第四腹节

【发生规律】　菜蛾每年发生 4～19 代不等，因地而异，越往南代数越多。在北方以蛹越冬，或以幼虫、成虫在棚室内越冬，危害春菜较重。在长江中下游及其以南地区终年发生，3～6 月份和 8～11 月份为盛发期，世代重叠严重。

菜蛾成虫昼伏夜出，有一定趋光性，飞行能力不强，受到惊扰后，可在植株间作短距离飞行，但可随气流远距离迁移。成虫可多次交配，产卵期长。卵单产或聚产，多产于叶片背面靠近叶脉的部位，少数产在叶片正面和叶柄上。幼虫共 4 龄。初孵幼虫可咬破表皮，钻入上、下表皮之间取食，形成小隧道，二龄脱出，三至四龄多在叶片背面和心叶取食，即使老叶、黄叶，也可供其取食。幼虫活跃，受到惊动后，不断扭动虫体，吐丝下垂。在叶脉附近或落叶上结茧化蛹。

菜蛾对温度变动的适应性强，在10℃～40℃都可生存繁殖，发育最适温度为20℃～30℃，各虫期都耐低温和高温。空气湿度的变动对菜蛾发生的影响不显著，但暴雨、雷雨冲刷对卵和幼虫不利，小龄幼虫对水滴尤其敏感。夏季暴雨多，虫口数量减少。十字花科蔬菜种植面积大且周年接续种植，食料丰富，是菜蛾猖獗的主要条件。菜田前茬发虫重，或靠近虫源多的地块，虫口基数大，往往导致菜蛾大发生。菜蛾的天敌有绒茧蜂、啮小蜂、姬蜂、颗粒体病毒等多种，对菜蛾发生有明显抑制作用。

【防治方法】 菜蛾危害特点是世代多而重叠，危害时间长，抗药力增强，因此要采取综合防治措施。

1. 合理栽培 调整蔬菜种植结构，不同蔬菜种类、品种搭配种植，合理布局，避免十字花科蔬菜大面积连作、套种或邻作。育苗地应远离发虫严重的菜地，利用防虫网覆盖栽培。蔬菜收获后要彻底清除残株落叶，及时翻耕，以减少虫源。

2. 诱杀成虫 成虫有趋光性，可设置黑光灯或高压诱虫灯诱杀成虫。在成虫发生期，可挂性诱器诱扑。还可将诱芯悬挂于诱蛾盆上方，盆口径30cm，盆深10cm，盆内加水至盆口3～4cm处，水中加少许洗衣粉，每667m^{2}放2～3盆。

3. 喷药防治 菜蛾繁殖快，世代多，用药频繁，易生抗药性，需合理用药，轮换用药。由于长期大面积使用单一杀虫剂品种，老菜区的菜蛾已经对常用有机磷杀虫剂、菊酯类杀虫剂等产生了抗药性。对抗药性菜蛾，可换用新的高效杀虫剂、昆虫生长调节剂、抗生素类制剂、细菌杀虫剂等。或用药剂混配的方式防治。

有效的普通杀虫剂有90%敌百虫晶体1 000～1 500倍液，或50%辛硫磷乳油1 000倍液，或2.5%溴氰菊酯乳油3 000倍液，或

10%醚菊酯悬浮剂 1 500～2 000 倍液，20%氰戊菊酯乳油 2 000～3 000 倍液，2.5%三氯氟氰菊酯乳油 3 000～4 000 倍液等。已经对菊酯类杀虫剂产生抗药性的菜蛾，可换用新药剂，例如 5%氟虫腈悬浮剂 1 500～2 000 倍液，3%啶虫脒乳油 1 000～2 000 倍液，10%虫螨腈悬浮剂 1 500～2 000倍液等。施药宜在低龄幼虫盛发期，因世代不整齐，需每隔3～5 天喷一次，连续防治 2～3 次。喷药务必周到细致，要使叶背和叶心着药。

昆虫生长调节剂及其参考用药量为 50%氟虫脲乳油 1 000～2 000倍液，或 5%氟啶脲乳油 1 000～2 000 倍液，或 20%除虫脲悬浮剂 2 000～3 000 倍液，25%灭幼脲悬浮剂 1 000 倍液等。此外，还可用 5%氟铃脲乳油 1 000～2 000 倍液，20%虫酰肼悬浮剂 1 500～2 000 倍液。此类制剂药效发挥较缓慢，但持效期较长，在菜蛾发生初期和幼龄期使用，施药时间可比普通杀虫剂提早 3 天左右。氟虫脲、定虫隆宜在卵孵化高峰期使用。频繁使用后，菜蛾也能产生抗药性，不可连续多次使用，宜与不同类型的杀虫剂轮换或混配使用。

抗生素类杀虫剂主要是各种阿维菌素制剂，例如 1.8%虫螨克乳油(用 2 000～3 000 倍液)，1%阿维菌素乳油，1%阿维·高氯乳油，1.8%齐螨素乳油，0.9%齐螨素乳油，0.6%齐螨素乳油，35%辛·阿维乳油等。还可用 2.5%多杀菌素悬浮剂 1 000～1 500倍液。

细菌杀虫剂主要是各种苏云金杆菌制剂。例如，2 000IU (国际单位) / ml 的苏云金杆菌悬浮剂(每公顷用 3 000～4 500ml 制剂)，4 000IU / ml 的苏云金杆菌悬浮剂(每公顷用 1 500～2 250ml 制剂)，8 000 U /mg 的苏云金杆菌可湿性粉剂(每公顷用 1 500～2 250g 制剂)，16 000 IU / mg 的苏云金杆菌可湿性粉剂(每公顷用 750～1 125g 制剂)等。还有一些外国公司的产品，例如敌宝 3.2%可溶性粉剂，快来顺 10%可湿性粉剂，康多惠 7.5%悬浮剂等。有些地方的菜蛾对苏云金杆菌制剂也产生了抗药性。

植物性杀虫剂有1%印楝素水剂800～1 200倍液，或0.65%茴蒿素水剂400～500倍液，或0.5%藜芦碱醇溶液800～1 000倍液，或0.26%苦参碱水剂600～800倍液等。

2. 菜粉蝶（菜青虫）

菜粉蝶（*Pieris rapae*），属鳞翅目粉蝶科，幼虫又称为菜青虫，幼虫主要食害甘蓝、花椰菜、白菜、芥菜、芜菁、萝卜、油菜等十字花科蔬菜，是十字花科蔬菜最重要的大害虫。初龄幼虫在叶片背面啃食叶肉，残留上表皮，食痕小，半透明，三龄以后食量增大，将叶片咬成较大孔洞和缺刻，严重时将叶片吃光，只残留叶柄和较大的叶脉。菜青虫还排出大量粪便，污染叶面和菜心。幼虫还食害采种株的角果。

【形态特征】 见图3-7。

1. 成虫 体长12～20mm，翅展45～55mm，体黑色，前翅与后翅都为粉白色。雌蝶前翅前缘和基部大部分为灰黑色，顶角有三角形黑斑，在翅的中部外方有2个黑色圆斑，1个位于中室外方，1个接近后缘。后翅基部灰黑色，在翅的前缘近外方处有1个黑色圆斑。翅膀展开后，前、后翅上的3个圆斑，几乎排列在一条直线上。雄蝶翅色较白，基部黑色部分较小，顶角的三角形黑斑小而色淡，前翅近后缘的圆斑较不明显。

2. 卵 长约1mm，瓶状，顶端较尖，基部较钝。初产时淡黄色，后变橙黄色。卵的表面有许多纵列和横列的脊纹，构成多数长方形小格。

3. 幼虫 老熟幼虫体长28～35mm，体青绿色，背线淡黄色，腹面淡绿色。虫体密布细小的黑色毛瘤，上生细毛。沿气门线有1列黄色斑点。体节每节有5条横皱纹。

4. 蛹　体长18～21mm，纺锤形，两端细，中间膨大，体背有3条纵脊。蛹的颜色多样，有绿色、黄绿色、灰绿色、黄色、褐色等不同个体，因化蛹场所而异。

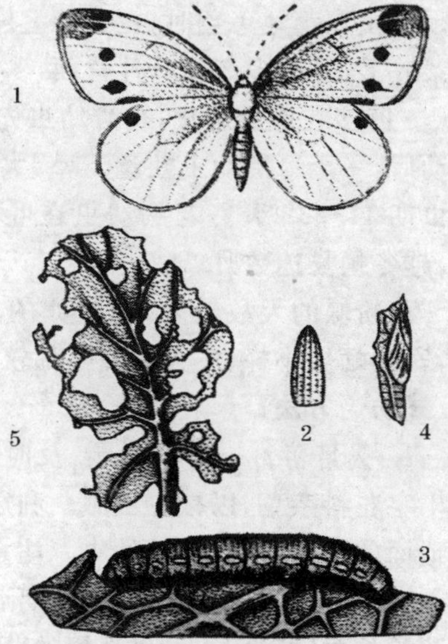

图3-7　菜粉蝶　（仿刘绍友原图）

1. 成虫　2. 卵　3. 幼虫　4. 蛹　5. 危害状

【发生规律】　菜粉蝶每年发生代数因地而异，北方4～5代，南方5～9代。在北方以蛹在田块周围的土缝里，建筑物缝隙中，杂草和残株落叶间以及其他干燥而阳光不能直接照射到的处所越冬。在南方没有明显的越冬现象，可终年发生。越冬蛹羽化不整齐，因而各世代发育亦不整齐，世代重叠严重，往往同一时期在田间存在多个虫态。

菜粉蝶幼虫最适发育温度为20℃～25℃，相对湿度为76%左右。气温高于30℃，相对湿度低于68%，即大量死亡。通常春季随气温上升，虫口增多，4～6月份条件适宜，虫口数量激增，达到高峰期，这也是严重危害春菜的时期。盛夏气温高，十字花科蔬菜减少，天敌增多，菜粉蝶迅速减少。秋季环境条件又复适宜，虫口数量再度增多，9～11月份是第二个盛发期和秋菜严重受害期。

成虫吸食花蜜，只在白天活动，晴天的中午活动最盛。成虫交尾后2～3天开始产卵，成虫产卵对芥子油有趋性，而芥子油为十字花科所特有，故卵多产在十字花科植物上，特别是甘蓝和花椰菜上。成虫在菜地飞翔时，在菜叶上停留一次，即产卵1粒。卵直立在菜叶上，夏季多产在叶片背面，冬季多产在叶片正面。卵期4～8天。卵多在清晨孵化，初孵幼虫先吃掉卵壳，再取食叶片。受到扰动后，一至二龄幼虫吐丝下坠，大龄幼虫则蜷缩虫体坠落地面。幼虫期11～22天。老熟幼虫在叶片上化蛹，蛹期一般为5～16天，越冬蛹长达数月。

菜粉蝶的天敌较多，寄生卵的广赤眼蜂，寄生幼虫的黄绒茧蜂，寄生蛹金小蜂、广大腿蜂等都较常见。

【防治方法】

1. 栽培防治 清洁田园，及时清除残株败叶，铲除菜田内外的十字花科杂草，以减少虫源。利用幼虫受到惊扰后，蜷缩虫体坠落地面的特性，人工捕捉幼虫。注意保护和利用天敌。

2. 喷药防治 通常产卵盛期后5～7天为孵化盛期，也是喷药防治的关键时期。可供选用的药剂有90%敌百虫晶体1 000～1 500倍液，或40%乐果乳油1 000～1 500倍液，或50%辛硫磷乳油1 000倍液，或2.5% 溴氰菊酯乳油3 000～4 000倍液，或20%氰戊菊酯乳油2 000～3 000倍液，或2.5%三氯氟氰菊酯乳油3 000～4 000倍液等。因世代不整齐，需连续防治2～3次。据报道，用0.04%的氯菊酯粉喷粉(22.5～50kg/hm)，一天后效果可达100%，残效期7～8天。

有些十字花科蔬菜品种对辛硫磷较敏感，50%乳油500倍液喷雾有药害，1 000倍液也可能有轻微药害，注意轮流使用不同药剂，以减缓抗药性的产生。对已产生抗药性的，可采用昆虫生长调节剂、抗生素、细菌杀虫剂以及新品种药剂防治(参见菜蛾的防治)。

3. 大菜粉蝶

大菜粉蝶（*Pieris brassicae*）属鳞翅目粉蝶科，又名欧洲粉蝶，寄主为甘蓝、花椰菜、油菜、白菜等十字花科蔬菜，分布我国西北及西南地区，新疆严重发生。幼虫取食叶、蕾、花、荚并排泄粪便，污染菜株，严重时将叶吃光，仅留叶脉，还能钻蛀甘蓝叶球或花椰菜头部，影响包心，造成减产，降低蔬菜的商品价值。

【形态特征】 见图 3-8。

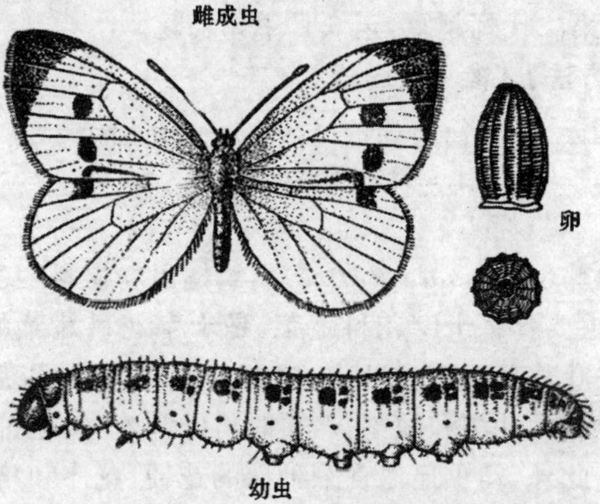

图 3-8　大菜粉蝶

1. 成虫　翅展 60～70mm，体型较大。前翅白色，顶角黑色，内缘呈圆弧形，雌蝶尚具 3 个黑斑，也略呈弧形排列，雄蝶无黑斑。后翅白色，有时微带黄色，前缘具黑斑。

2. 卵　长约 1mm，瓶形，淡黄色。表面具纵横网格，有纵脊 16～17 条，其中 12 条到达精孔区，精孔外围有瓣饰 8 个，横脊

30～38条。

3. 幼虫 老熟幼虫体长38～44mm，头部黑色，在额区及沿颅中沟两侧有"∧"形黑带；胴部蓝绿色，带黑点；体背黄色，体侧具白毛构成的隐约条纹，各节每侧具一显著黑斑。

4. 蛹 淡黄至绿色，具黑斑或黑点。

【发生规律】 在新疆伊犁1年发生4代，以蛹在墙壁、树枝等处越冬，3月末羽化。成虫白天活动，卵多产在幼苗1～2片外叶背面，聚产成块，每个卵块有卵80～100粒。初孵幼虫群集危害，3龄以后分散到周围菜株上取食。老熟幼虫在寄主植株的叶或茎上化蛹，以蛹越冬。在四川西昌1年发生5代，越冬期短，仅1个月。4月下旬以第二代蛹越夏，至6月中旬羽化。

【防治方法】 参见菜粉蝶。

4. 云斑粉蝶

云斑粉蝶（*Pontia daplidice*）属鳞翅目粉蝶科，我国北方各地发生较多，主要食害十字花科蔬菜，是十字花科蔬菜的重要害虫。初龄幼虫在叶片背面啃食叶肉，残留上表皮，三龄以后食量增大，将叶片咬成较大孔洞和缺刻，严重时将叶片吃光，还排出大量粪便污染菜株。此外，幼虫还取食采种株的花梗、花序和角果。

【形态特征】 见图3-9。

1. 成虫 体长15～18mm，翅展40～48mm，体黑色，前翅与后翅都为粉白色。前翅正面顶角及外缘有5个黑斑，其内侧有较长的梭形黑斑2个，中室外方横脉上有1个黑斑。后翅外缘也有多个黑斑。翅基部雄白色，雌淡黑色，云斑状。前翅背面的斑纹与正面相同，但都为黄绿色。后翅的背面，中室四周由许多连续的黄绿色斑点组成环圈，中室中央黄色，中室外侧由6个黄绿色斑组成半圆形，外缘有4个楔形黄绿斑。

2. 卵　长约1mm，瓶状，顶端平圆。初产时淡黄色，后变橙黄色。卵的表面有许多纵列和横列的脊纹，构成多数长方形小格。

3. 幼虫　老熟时体长约30mm，体黄色，背线和亚背线黄紫色，呈3条明显的纵带。虫体密布毛瘤，多皱褶。

4. 蛹　体长约20mm，灰黄褐色，纺锤形，两端细，中间膨大，背有3条纵脊，生有斑点。

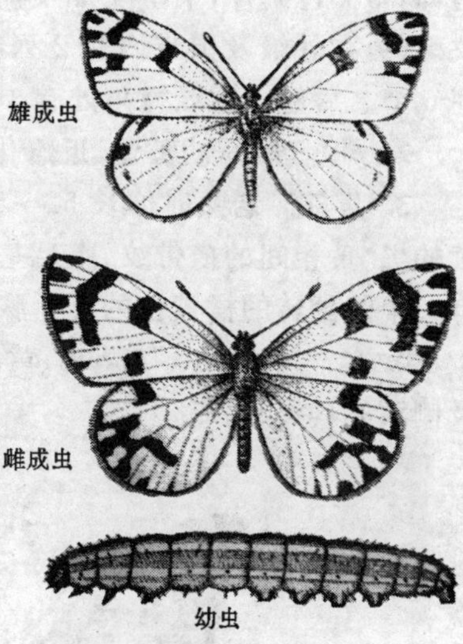

图3-9　云斑粉蝶
（仿王就光原图）

【发生规律】　云斑粉蝶在北方每年发生3～4代，以蛹越冬。春、秋两季为盛发期，常与菜粉蝶混合发生，发生规律及习性与菜粉蝶相似。

【防治方法】　参见菜粉蝶。

5. 黄凤蝶

黄凤蝶（*Papilio machaon*）属鳞翅目凤蝶科，又称为金凤蝶、茴香凤蝶，危害茴香、芹菜、胡萝卜等伞形花科蔬菜，以幼虫蚕食叶片。黄凤蝶也是著名的观赏昆虫。

【形态特征】　见图3-10。

1. 成虫　春型体长约25mm，翅展约80mm；夏型体长约32mm，翅展约90mm。金黄色，背脊具黑色宽纵纹。前翅基部色暗，满布黑色鳞片，中室端部及横脉外各具1大黑斑。前、后翅脉纹黑色，在外缘及黑带内有2列新月形斑，前翅每列8个，后翅每列6个。后翅在后缘臀角处有1个红斑，具尾状突。

2. 卵 球形，淡黄色，近孵化时紫黑色。

3. 幼虫 老熟时体长52～55mm，黄绿色，胸、腹部各节有断续的黑、黄相间的横带纹，腹足基部有圆形黑纹。前胸前缘后中央有一个能翻转的橘黄色的臭丫腺。

4. 蛹 体长30～35mm，黄绿色，头部有2个角状突起，胸背及侧面亦具突起。

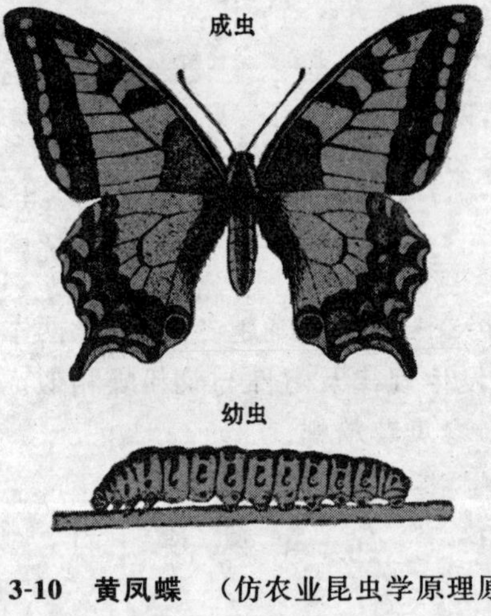

图3-10 黄凤蝶 （仿农业昆虫学原理原图）

【发生规律】 一年发生2代，以蛹在灌木丛枝条上越冬，翌年4～5月间羽化。第一代幼虫发生于5～6月份，第二代幼虫发生于7～8月份。成虫白天活动，卵散产于叶面、花或芽上。幼虫昼夜取食，受惊动时从前胸背板前缘伸出臭丫腺，释放臭味。

【防治方法】 参见菜粉蝶。

6. 甘蓝夜蛾

甘蓝夜蛾(*Mamestra brassicae*)属鳞翅目夜蛾科,分布广泛,是危害多种农作物的大害虫。幼虫取食十字花科蔬菜、绿叶菜以及其他蔬菜的叶片,初孵幼虫集中在叶背取食,将叶片上咬成透明小孔,残留叶表皮,大龄幼虫将叶片吃成较大孔洞或缺刻,严重时仅残留叶脉。

【形态特征】

1. 成虫 体长10～25mm,翅展30～50mm。灰褐色,前翅中央前缘内侧有1个灰白色肾形纹,内方有1个灰黑色环形纹。外横线、内横线和亚基线黑色,沿外缘有一列黑点,下方有白点2个。前缘近端部有等距离的白点3个。亚外缘线白而细,外方稍呈淡黑色。缘毛黄色。后翅灰白色(图3-11)。

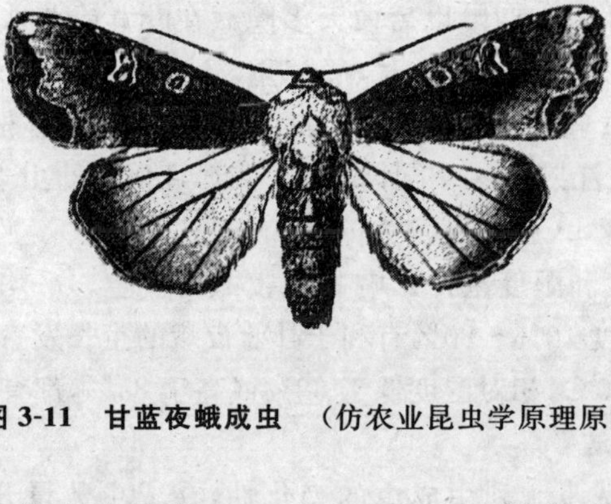

图3-11 甘蓝夜蛾成虫 (仿农业昆虫学原理原图)

2. 卵 半球形,直径0.6～0.7mm,上有放射状的3序纵棱,棱间有1对下陷的横道,隔成1行方格。初产时黄白色,后出现褐色环纹,孵化前变紫黑色。

3. 幼虫 6龄，体色不同。初孵幼虫体长约2mm，黑色，长满粗毛，二龄幼虫体长8～9mm，绿色；三龄幼虫长12～13mm，全体黑绿色，有明显的黑色气门线；四龄幼虫体长约20mm，灰黑色，各体节线纹明显。一至二龄幼虫有2对腹足，三龄以后都有4对腹足(不包括臀足)。老熟幼虫体长约40mm，头部与前胸背板黄褐色，胸、腹部背面黑褐色，散布灰黄色细点，腹面淡灰褐色。背线和亚背线为白色点状细线，各体节背面中央两侧沿亚背线内侧有黑色条纹，呈倒"八"字形。气门线黑色，气门下线为白色宽带。

4. 蛹 体长20mm左右，红褐色，背面中央由腹部第一节起到体末止，有1条深褐色纵行暗纹。

【发生规律】 甘蓝夜蛾一年发生2～4代，以蛹在土中越冬。翌年3～6月，越冬蛹羽化出土。成虫昼伏夜出，白天潜伏在土缝、草丛以及枯叶下等处所，夜晚活动，以21～23时活动最盛。成虫对糖醋液和黑光灯的趋性强。卵产于叶片背面，聚产成块，卵块单层。幼虫三龄前群集叶背取食，食量小。三龄后分散取食，但仍集中在周围植株上。四龄以后白天多隐藏在叶背或菜株根部附近表土中，夜间出来取食，食量大，危害重。食料缺乏时，幼虫成群迁移。幼虫严重危害期各地不同，东北地区在8～9月份，黄淮平原6～7月份，长江以南4～5月份和9～10月份。幼虫老熟后入土，吐丝作茧化蛹，入土深度多为6～7cm。

环境温度和湿度条件影响甘蓝夜蛾的发生。平均温度18℃～25℃，相对湿度70%～80%有利于甘蓝夜蛾的生长发育。温度低于15℃或高于30℃，相对湿度低于68%或高于85%，都有不利影响。

【防治方法】

1. 诱杀成虫 利用成虫的趋化性，在成虫数量开始上升时，用糖醋液诱杀成虫。糖醋液用红糖3份、米醋4份、白酒1份、水2份(按重量计)，加少量敌百虫混合制成。糖醋液放在大碗里或小盆里，扣上盖子，放入田间。黄昏时揭开盖诱虫，黎明后取出诱到的蛾子。每5～7天换1次糖醋液。此外,还可用黑光灯诱蛾。

2. 合理栽培　冬季翻耕土地，铲除田边、田坎的杂草,减少越冬蛹。在产卵期和幼虫集中取食期,人工摘除有卵块和初孵幼虫的叶片。

3. 药剂防治　大龄幼虫抗药性很强,须在卵孵化期和一至二龄幼虫盛期喷药防治。若用糖醋液诱杀成虫,成虫盛发期开始1周后,即为防治适期。晴天在清晨或傍晚喷药,阴天全天都可喷药。喷药务必周到,不要漏掉叶片背面和中下部叶片。发生不重时,在防治菜粉蝶幼虫时予以兼治,不必专门喷药。用药种类可参考菜粉蝶和菜蛾的防治。

7. 斜纹夜蛾

斜纹夜蛾(*Prodenia litura*)属鳞翅目夜蛾科。该虫为多食性,寄主种类多达290种,是多种农林作物的大害虫。该虫具有暴食性,在大发生年份甚至可将作物吃成光秆。在蔬菜作物中,十字花科蔬菜、绿叶菜、茄科蔬菜、水生蔬菜等受害最重。幼虫取食叶片、花蕾、角果等部位。小龄幼虫仅蚕食叶肉,残留上表皮和叶脉,食痕白色纱孔状,后变黄色。大龄幼虫食量增长,可吃光叶片。幼虫还能蛀入大白菜、甘蓝叶球内,把内部吃空,并诱发腐烂病。

【形态特征】　见图3-12。

1. 成虫　体长14～20mm,翅展35～40mm,全体褐色,胸背有白色丛毛,腹部前数节背面中央有暗褐色丛毛。前翅灰褐色(雄虫较深),斑纹复杂,内横线和外横线灰白色,呈波浪状,中间有白色条纹,环状纹不明显,肾状纹前部呈白色,后部黑色,在环、肾纹间由前缘向后缘外方有3条白色斜线,据此命名为斜纹夜蛾。后翅白色。前后翅上常有淡红色至紫红色闪光。

2. 卵　直径0.4～0.5mm,扁半球形,初产黄白色,后渐变淡绿色，孵化前变紫黑色。由3～4层卵粒组成卵块，其上有雌蛾产卵时粘上的灰黄色绒毛。

3. 幼虫 老熟时体长38～51mm，头部黑褐色，胴部体色变化较大，常因寄主和虫口密度不同而有变化，常为土黄色、青黄色、灰褐色或暗绿色。全体遍布不太明显的白色斑点，从中胸至第九腹节各节的亚背线内侧有近三角形的黑斑1对，其中第一、第七和第八腹节的最大，中、后胸的黑斑外侧有黄色小点。

4. 蛹 体长15～20mm，初蛹胭脂红色，稍带青色，后渐变为赤红色。

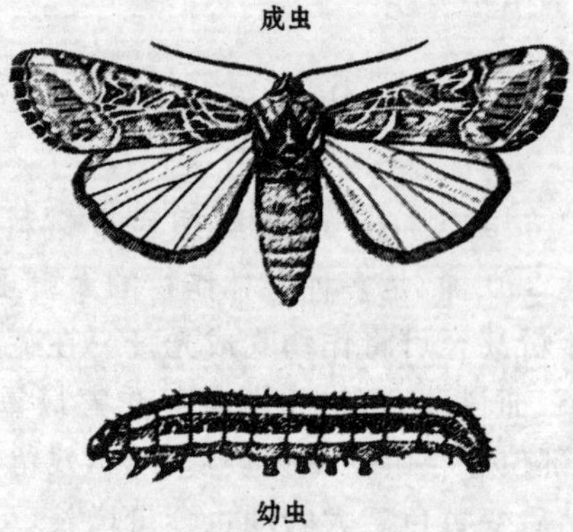

图3-12 斜纹夜蛾 （仿王就光等原图）

【发生规律】 斜纹夜蛾在长江流域一年发生5～6代，在华北和西北东部发生4～5代。在广东、台湾和福建终年危害，无越冬现象。在陕西以蛹在土壤内越冬，翌年4月下旬成虫羽化，第一代幼虫发生在5月上中旬，以后各代幼虫分别发生在7月中下旬、8月上中旬和10月上中旬。各地发生代数虽有不同，但均以7～10月份危害最重。大致长江流域7～8月份大发生，黄河流域8～9

月份大发生。

成虫昼伏夜出，飞翔力很强，对黑光灯和糖醋液趋性强。成虫喜在植株茂密处嫩绿的叶背产卵，卵聚产成块，其上覆盖雌蛾的体毛，每块卵有100～200粒。幼虫6龄。初孵幼虫群集在卵块附近取食，二龄后分散危害，四龄进入暴食期，五至六龄取食量占整个幼虫期取食量的80%左右。幼虫多在傍晚以后危害，晴朗的白天躲在土缝中和其他阴暗处所，逢阴雨天气，白天也可取食活动。幼虫老熟后入土，在1～3cm深的土层内统一椭圆形土室化蛹。若土壤板结，则多在表土下或枯叶下化蛹。

斜纹夜蛾是喜温性害虫，发育适温29℃～30℃，对低温抵抗性弱，温暖湿润地带常发。各年发虫量不等，具有间歇性猖獗发生的特点。

【防治方法】

1. 诱杀成虫　利用成虫的趋化性，在成虫数量开始上升时，用糖醋液诱杀成虫。还可用黑光灯或杨树枝把诱蛾。据报道，频振式杀虫灯对菜田斜纹夜蛾等害虫的诱杀效果很好。可降低田间蛾量、落卵量和幼虫量分别达75.8%、53.2%和64.4%。

2. 药剂防治　在幼虫三龄以前，及时喷药防治。四龄以后抗药性增强，且夜间活动，可在午后或傍晚喷药。用药种类参考菜粉蝶和菜蛾的药剂防治。

8. 银纹夜蛾

银纹夜蛾（*Argyrogramma agnata*）属鳞翅目夜蛾科。该虫多食性，主要危害甘蓝、芜菁、萝卜、白菜等十字花科蔬菜，也危害莴苣等绿叶菜，豆类，茄科蔬菜，胡萝卜等。在田间以幼虫取食叶片，造成空洞和缺刻。

【形态特征】　见图3-13。

1. 成虫 体长12～17mm，翅展32mm，全体灰褐色。前翅深褐色，有2条银色的横线纹，翅中央有1个“Y”字形银色斑纹和1个近三角形的银色斑点。后翅暗褐色，有金属闪光。

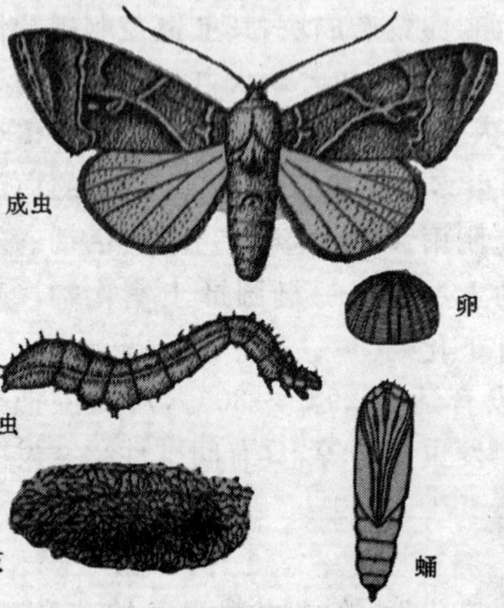

图3-13 银纹夜蛾
（仿王就光原图）

2. 卵 直径0.5mm左右，馒头形，淡黄绿色。

3. 幼虫 体长30mm左右，淡绿色。身体前端较细，后端较粗。背线双线，白色。亚背线白色，气门线黑色，气门黄色。第一对和第二对腹足退化，行走时体背拱曲。

4. 蛹 体长约18mm，背面褐色，腹面绿色，羽化前变为黑褐色。蛹体外包被疏松的白色丝茧。

【发生规律】 银纹夜蛾在一年发生4～6代，以蛹在土壤内越冬。田间多在春秋两季发生较多。成虫昼伏夜出，有趋光性。成虫喜在叶背产卵，卵多单产。幼虫6龄。初孵幼虫群集在叶片背面取食叶肉，残留上表皮，大龄幼虫食量大，蚕食叶片、嫩茎、嫩荚。幼虫有假死习性。老熟后多在叶背吐丝结茧，化蛹。

【防治方法】 在防治菜粉蝶、菜蛾或其他夜蛾类害虫时予以兼治。

9. 甜菜夜蛾

甜菜夜蛾(*Laphygma exigua*)属鳞翅目夜蛾科。该虫寄主种类多,具有暴发性,是多种蔬菜的大害虫。猖獗发生年份危害十字花科蔬菜、绿叶菜和葱类较重。幼虫取食茎叶,小龄幼虫在叶片上咬成透明小孔,大龄幼虫吃成孔洞或缺刻,严重的将叶片吃成网状。危害幼苗时,甚至可将幼苗吃光。

【形态特征】 见图 3-14。

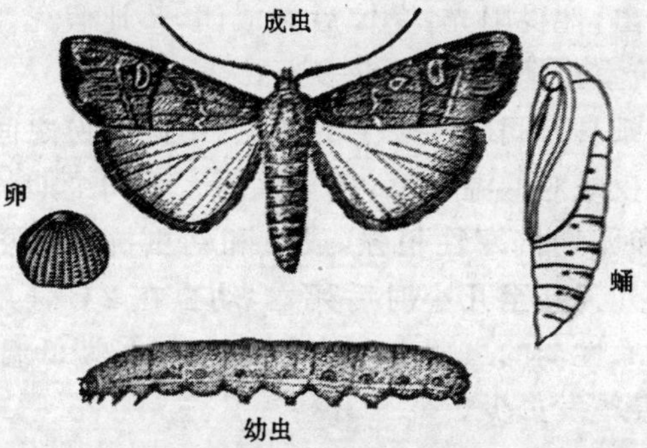

图 3-14　甜菜夜蛾

1. 成虫　体长 10～14mm,翅展 25～33mm,灰褐色。前翅中央近前缘的外方有肾形纹 1 个,内方有环形纹 1 个,肾纹大小为环纹的 1.5～2 倍,土红色。后翅银白色,略带紫粉红色,翅缘灰褐色。

2. 卵　馒头形,白色,直径 0.2～0.3mm。

3. 幼虫　老熟时体长 22mm,体色变化较大,有绿色、暗绿色、黄褐色、褐色、黑褐色等不同体色。气门下线为黄白色纵带,每节气门后上方各有一明显的白点。

4. 蛹 体长10mm,黄褐色。

【发生规律】 甜菜夜蛾在亚热带和热带地区无越冬现象,在陕西、山东、江苏一带以蛹在土室内越冬,一年发生4～5代,在其他地区各虫态都可越冬。成虫白天潜伏在土缝、土块、杂草丛中以及枯叶下等隐蔽处所,夜晚活动,成虫趋光性强,趋化性较弱。卵产于叶片背面,聚产成块,卵块单层或双层,卵块上覆盖灰白色绒毛。幼虫5龄,少数6龄,三龄前群集叶背,吐丝结网,在内取食,食量小。三龄后分散取食,四龄以后食量剧增。幼虫多食性,危害甜菜、苋菜、大葱、白菜、甘蓝、萝卜、辣椒、菠菜等蔬菜尤其严重。幼虫昼伏夜出,性畏阳光,受惊后蜷成团,坠地假死。幼虫老熟后入土,吐丝筑室化蛹,化蛹深度多为0.2～2cm。

甜菜夜蛾具有间歇性发生的特点,不同年份之间发虫量差异很大。甜菜夜蛾对低温敏感,抗旱性弱。不同虫期的抗寒性又有差异,蛹期和卵期抗寒性稍强,成虫和幼虫抗寒性更弱。成虫在0℃条件下,几天甚至几小时后死亡,幼虫在2℃时几天后大量死亡。若以抗寒性弱的虫期进入越冬,冬季又长期低温,则越冬死亡率高,翌年春季发虫少。

【防治方法】

1. 诱杀成虫 利用成虫的趋化性,在成虫数量开始上升时,用糖醋液诱杀成虫。也可用黑光灯诱蛾。

2. 栽培防治 铲除田边、田坎的杂草,减少滋生场所;化蛹期及时浅翻地,消灭翻出的虫蛹;利用幼虫假死性,人工捕捉,将白纸或黄纸平铺在垄间,震动植株幼虫即落到纸上,捕捉后集中杀死;晚秋或初冬翻耕,消灭越冬蛹。

3. 药剂防治 大龄幼虫抗药性很强,须在幼虫三龄以前,及时喷药防治。在卵孵化期和一至二龄幼虫盛期施药,用5%增效氯氰菊酯乳油1 500倍液和菊酯伴侣500～700倍液混合于傍晚喷雾。也可用保得2.5%乳油1000倍液加氟虫脲5%乳油500倍液混合喷雾，或10%氯氰菊酯乳油1000倍液加5%氟虫脲乳油500倍液混合喷雾。对大龄幼虫或已经产生抗药性的幼虫，可用10%虫螨腈悬浮液1000～1500倍液喷雾。用48%毒死蜱乳油1000倍液喷雾，效果也好。

晴天在清晨或傍晚施药，阴天全天都可施药。喷药要周到，注意下部叶片以及叶片正面与背面都要着药。

10. 菜　螟

菜螟（*Hellula undalis*）属鳞翅目螟蛾科，别名菜心野螟、萝卜螟等，主要危害萝卜、白菜、甘蓝、花椰菜、芜菁、菠菜等。十字花科蔬菜以秋播萝卜受害最重，甘蓝、白菜次之。该虫是一种钻蛀性害虫，常危害幼苗期的心叶及叶片，有时蛀入茎髓或根部，受害植株因生长点被破坏而停止生长或萎蔫死亡，造成缺苗、毁种。甘蓝、白菜幼苗生长点受害后，重者死亡，轻者发出分枝，不能结球，严重减产。

【形态特征】　见图3-15。

1. 成虫　体长约7mm，翅展15～20mm。身体灰褐色，前翅灰褐色或黄褐色，内外横线和外缘线均为白色波浪形。在中室有一深褐色肾形纹，纹的四周为灰白色。后翅灰白色，外缘稍带褐色。

2. 卵　长约0.3mm，椭圆形，扁平。卵壳表面有不规则的网纹。初产时淡黄色，以后渐现红色斑点，孵化前橙黄色。

3. 幼虫　老熟幼虫体长12～14mm，头部黑色，胸腹部黄色或淡黄绿色，前胸背板淡黄褐色，背线、亚背线、气门上线明显，呈灰褐色带，气门下线灰褐色不明显。中、后胸背面各有6对毛瘤，横排成一行，腹部各节的背面及侧面着生毛瘤2排，前排8个，后排2个，毛瘤上着生细长刚毛。腹部趾钩单行双序缺环形。

4. 蛹 体长约7mm，淡黄棕褐色，翅芽长达第四腹节后缘，腹部背面5条纵线隐约可见，腹末生长刺2对。

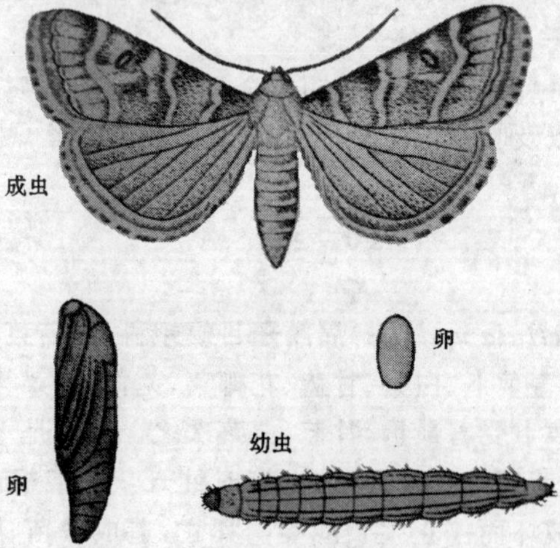

图3-15 菜螟 （仿刘绍友原图）

【发生规律】 菜螟每年发生的代数，由南向北逐渐减少，广西(柳州)每年9代、武汉7代，上海、成都6～7代，河南焦作6代，北京、山东3～4代。无论发生几代的地区，严重危害时期都在8～10月份。老熟幼虫在避风、向阳、温暖的处所和菜根附近，吐丝缀合土粒、枯叶成为丝囊，在内越冬，少数也能以蛹越冬。越冬幼虫于翌春在6～10cm深的土层中做茧化蛹，也有在土面残株败叶间化蛹的。

成虫白天隐伏在菜叶下，夜间活动，趋光性不强，飞翔力弱，多在离地面1m左右的上空飞行。成虫产卵前期约2天，卵多散产在嫩叶上，以菜苗上最多，每雌平均可产200粒左右。成虫寿命

5～7 天，最多不超过 11 天。卵期 2～5 天。幼虫共 5 龄，在 5～9 月份幼虫期为 9～16 天，在寒冷季节可延长到 3～7 周。老熟后，在菜根附近土中化蛹，蛹期 4～19 天。幼虫孵化后，大多潜入叶表皮下，啃食叶肉，形成小的袋状隧道，隧道短，易为人们所忽视；二龄以后又穿出叶面，在叶上活动。三龄后多穿入菜心，吐丝将心叶缠结，藏身其中，食害心叶基部，受害植株心叶枯死，不能抽出新叶。四至五龄幼虫向上蛀入叶柄，向下蛀食茎髓或根部，蛀孔显著，孔外有细丝掩蔽，并有许多潮湿的淡黄绿色粪便，受害植株枯死或叶柄腐烂。幼虫可转株危害，一头幼虫可危害 4～5 株菜，并能传播软腐病菌。

菜螟一般较适宜于高温低湿的环境条件，平均气温在 24℃左右，相对湿度 67% 时有利于发生，如相对湿度 75%，温度在 20℃以上幼虫可大量死亡。菜螟幼虫喜危害幼苗，3～5 片真叶期着卵最多，因此幼虫盛发期与菜苗 3～5 片真叶期相遇，发生危害最严重。在长江中、下游，8～9 月份播种的甘蓝、萝卜受害重，10 月上旬播种的受害较轻，10 月中旬末播种的很少受害。前茬作物是十字花科蔬菜的油菜田，往往受害较重。地势较高，土壤干燥，干旱季节灌溉不及时，都有利于菜螟发生。

【防治方法】

1. 加强田间管理 春耕翻土、清洁田园，消灭部分在表土和枯叶残株内的越冬幼虫，减少虫源。调节播种期，使 3～5 片真叶期与菜螟盛发期错开，可减轻或避免危害。在南方可延迟播种，如必须早播，应加强管理和防治。在干旱年份，早、晚勤灌水，增大田间湿度，有一定防治效果。要结合间苗、定植，拔除虫苗销毁，见到被丝网缀合的菜心，应立即捕杀。要合理安排茬口，避免萝卜、白菜连作。

2. 药剂防治 在幼苗期检查卵的密度和孵化情况，在幼虫初孵期，吐丝结网前喷药防治。常用药剂有 90%晶体敌百虫 800～

1 500倍液，或 50%敌敌畏乳油 800～1 000 倍液，或 80%敌敌畏乳油 1 000～1 500 倍液，或 50%马拉硫磷乳油 800～1 000 倍液，或 4.5%高效氯氰菊酯乳油 2 000 倍液，或 5%顺式氯氰菊酯乳油 2 500～3 000 倍液，或 2.5%联苯菊酯乳油 2 500～3 000 倍液，或 10%醚菊酯悬浮剂 1 500～2 000 倍液，或 5%氟虫脲乳油1 000～2 000倍液等。喷药时应将药液喷到菜心内。一般需连续喷药 2～3 次。

11. 甜菜白带螟

甜菜白带螟（*Hymenia recuralia*）是鳞翅目螟蛾科害虫，主要分布于黄河流域、长江流域及其以南地区，危害甜菜以及菠菜、苋菜等藜科蔬菜，也取食十字花科蔬菜。幼虫取食叶片，造成空洞和缺刻，严重时仅残留叶脉。

【形态特征】 见图 3-16。

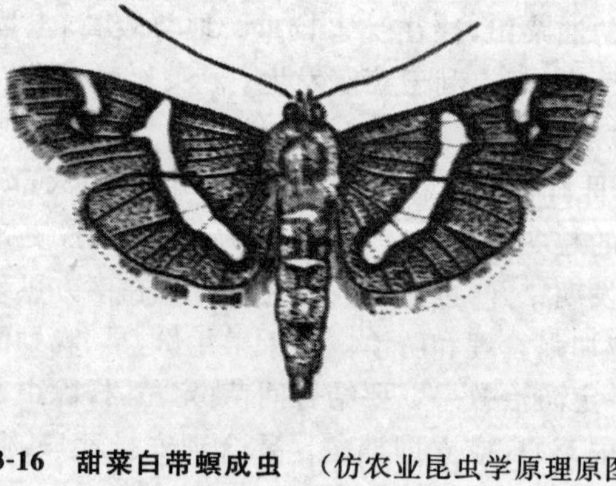

图 3-16 甜菜白带螟成虫 （仿农业昆虫学原理原图）

1. 成虫 为茶褐色的蛾子，体长 11mm，翅展 19～23mm。前翅深褐色，中央有 1 条达前缘的白色横带，横带上方有 1 个指状白斑。亚缘内侧由前缘下伸1条短白带，其外侧有1～2个白色小点。后翅中央自前缘至后缘也有1条白带。两翅展开时，前、后翅白带连成倒“八”字形。

2. 卵　长约0.9mm，椭圆形，淡黄色，表面有不规则的网状纹。

3. 幼虫　共5龄。初孵幼虫乳白色至淡黄色，二至五龄幼虫黄绿色。老熟幼虫体长20mm左右，前后端较尖细。头部黄褐色，前胸背板和中胸背板两侧各有1个月牙形黑斑。背线、亚背线、气门线均明显。

4. 蛹　体长约10mm，长纺锤形，黄褐色。尾部有8根臀刺，分成2排，前6后2。近羽化时，前翅芽褐色，显出白色带纹。

【发生规律】　甜菜白带螟在一年中发生的代数因地而异。在黄河中下游，一年发生4代，以蛹在土壤内越冬。越冬代成虫于5月上中旬出现，5月下旬至6月上旬为盛期。6月下旬至7月下旬第一代成虫发生，8月中下旬第二代成虫发生，9月下旬至10月下旬第三代成虫发生。7～9月份田间幼虫数量最多，危害加重。

成虫昼夜活动，飞行能力不强，趋光性和趋化性弱。成虫喜在叶背产卵，4～6粒卵聚产。初孵幼虫群集在叶片背面取食叶肉，残留上表皮，有吐丝和避光习性。三龄以后幼虫食量增大。老熟后在土缝中结茧，化蛹。

【防治方法】　采用冬季深翻等耕作措施，破坏甜菜白带螟的越冬场所，杀死越冬蛹。铲除灰绿藜、野苋菜等杂草寄主，减少虫源。药剂防治参考斜纹夜蛾，在防治斜纹夜蛾等主要害虫时可予以兼治。

12. 甘薯天蛾

甘薯天蛾（*Herse convolvuli*）又名旋花天蛾，属鳞翅目天蛾科。主要危害蕹菜、甘薯、牵牛花等旋花科植物，也危害豆科、茄科植物，幼虫取食叶片和嫩茎。

【形态特征】 见图 3-17。

1. 成虫 体长 43～52mm，翅展 100～120mm，头暗灰色，胸背灰褐色，有两丛鳞毛，呈“八”字形，中胸有灰白色斑块，腹部背面有灰色纵带，各节两侧有黑色、粉红色及白色相间的横带；前翅灰褐色，翅上密被锯齿状纹和云斑纹，后翅淡灰色，有 4 条黑色锯齿状斜带。

2. 卵 球状，直径约 2mm，淡黄绿色。

3. 老熟幼虫 体长约 90mm，体表密布小颗粒，腹部第一节至第七节各有 7 条背褶；腹部各节侧面有浅色斜线。体色有绿色和褐色两型。

4. 蛹 体长约 56mm，红褐色，喙长而游离，臀棘三角形。

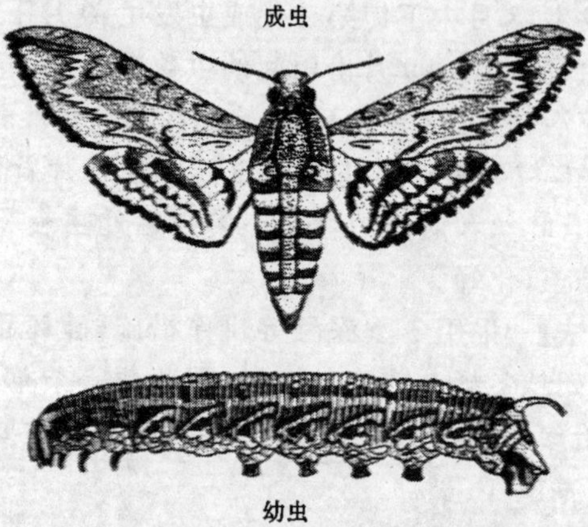

图 3-17 甘薯天蛾

【发生规律】 在我国北方一年发生 3～4 代，以蛹在土中越冬，越冬蛹 5 月下旬至 6 月下旬羽化，第一代幼虫于 6 月上旬至 7

月中旬发生，第二代幼虫于7月上旬至8月下旬发生，第三代幼虫8月下旬至9月下旬发生。成虫黄昏以后活动，飞翔力强，有趋光性。卵散产在甘薯、蕹菜叶背边缘处，少数产于叶片正面和叶柄上。幼虫有转移危害习性，老熟幼虫在田间以及路边、沟边等处入土化蛹。夏季雨量少，温度高，有利于甘薯天蛾的发生与危害。幼虫耐低温能力较差，若秋季突然降温，不利于最后一代幼虫发育，可能减少越冬虫口基数。

【防治方法】 可采取冬耕灭虫，黑光灯诱杀成虫，卵盛期释放赤眼蜂以及喷药防治等措施。有效药剂有机磷杀虫剂、菊酯类杀虫剂、苏云金杆菌制剂等。

13. 黄条跳甲类

黄条跳甲属鞘翅目叶甲科，常见的有4种，即黄曲条跳甲(*Phyllotreta striolata*)、黄直条跳甲(*P. rectilineata*)、黄宽条跳甲(*P. humilis*)和黄狭条跳甲(*P. vittula*)。黄曲条跳甲分布于全国大多数省、自治区，危害较重。黄直条跳甲主要分布于南方各地，黄宽条跳甲和黄狭条跳甲主要分布于北方，都较少见。各种黄条跳甲都以危害十字花科蔬菜为主，也可危害茄科、豆科和葫芦科蔬菜。各种黄条跳甲的成虫和幼虫都可危害。对出土不久的幼苗，成虫吃掉子叶和生长点，造成缺苗。对较大的子叶和真叶，可在叶面咬成许多小孔洞。成虫还啃食种株的花蕾、花和角果。幼虫只取食菜根，剥食根的表皮，在根的表面蛀成许多环状的虫道，还咬断须根，致使被害株叶片变黄萎蔫，甚至枯死。在萝卜块根上蛀食成黑斑，受害块根常继发软腐病，变黑腐烂。

【形态特征】 见图3-18。

1. 黄曲条跳甲

(1)成虫　体长约2mm，卵圆形，黑色有光泽。触角基部3节和跗节深褐色。前胸背板和鞘翅上有刻点排列成行。鞘翅中央各有一个黄色曲条,曲条两端大、中央狭,其外侧中部向内凹曲较深,内侧中部较直。后足腿节膨大,善于跳跃。

(2)卵　长约0.3mm,椭圆形,淡黄色,半透明。

(3)幼虫　老熟时体长4mm左右,长圆筒形,黄白色。头部、前胸盾和腹末臀板呈淡褐色,胸部和腹部乳白色,各节均有不显著的肉瘤,其上生有细毛。

(4)蛹　长约2mm,椭圆形,乳白色。头隐于前胸下面,胸部背面有稀疏的褐色刚毛,腹末有1对叉状突起,叉端褐色。

2. 黄直条跳甲　成虫鞘翅上黄色条纹直形,狭窄,不及翅宽的1/3。

3. 黄宽条跳甲　成虫鞘翅上黄色条纹很宽大,占据了大部分鞘翅,仅余黑色边缘。

4. 黄狭条跳甲　成虫头胸部有暗绿色金属光照,鞘翅上黄色条纹直形,较狭窄,中部宽度约为翅宽的1/3。

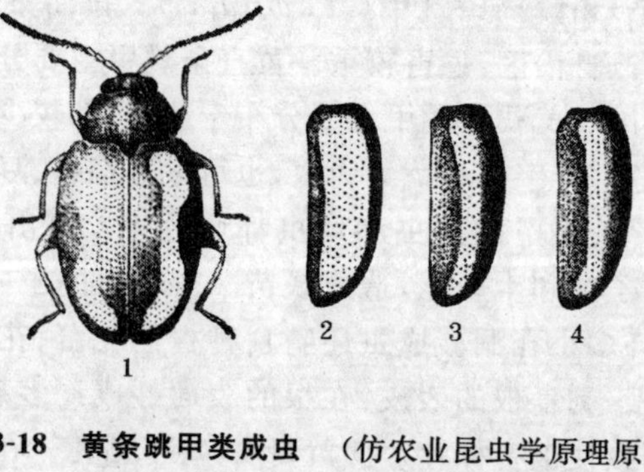

图3-18　黄条跳甲类成虫　(仿农业昆虫学原理原图)

1. 黄曲条跳甲成虫　2. 黄宽条跳甲成虫前翅
3. 黄窄条跳甲成虫前翅　4. 黄直条跳甲成虫前翅

【发生规律】　黄曲条跳甲在北方每年发生2～6代,以成虫在菜田以及田边、草地、林地等处土缝里、残叶下和草丛中越冬。在许多地方，5～6月发生的第一代、第二代食害最烈，秋季9～10月份危害也较严重。

成虫善跳跃，高温时还能飞翔，中午活跃，早、晚和阴雨天多躲藏在叶背和土块下。成虫有趋光性，可用黑光灯诱集。成虫耐饥力很弱，无食无水时耐不过3天。成虫寿命较长，可长达一年多，产卵期可持续1～1.5个月，世代重叠现象明显。成虫将卵散产于植株周围土壤缝隙中或细根上，有的在植株基部蛀成小孔，在孔内产卵。幼虫孵化后先危害根，剥食根的表皮。三龄幼虫老熟后，在3～7cm深的土层中土室化蛹。

【防治方法】

1. 清洁田园　彻底铲除杂草，收集并移走田间的残株落叶，减少跳甲越冬场所和食料。

2. 药剂防治　移栽时检查幼苗根部，若发现有虫，可用90%晶体敌百虫1 000倍液，或鱼藤精800～1 000倍液浸根灭虫。幼虫在土中危害根部，可用药液灌根，有效药剂有90%晶体敌百虫1 000倍液，或50%辛硫磷乳油1 000倍液，或25%喹硫磷乳油1 000倍液，或10%吡虫啉可湿性粉剂1 000倍液等。也可施用3%辛硫磷颗粒剂（60～75kg/hm^2）或4%杀螟丹颗粒剂（30～45kg/hm^2）。

成虫盛发期可对菜株喷布90%晶体敌百虫1 000倍液，或50%马拉硫磷乳油1 000倍液，或10%吡虫啉可湿性粉剂1 000倍液，或25%杀虫双水剂1 000倍液，或50%杀虫环可湿性粉剂1 000倍液，或21%增效马·氰乳油4 000倍液等。喷药可从田块的周边开喷，以防止成虫逃走。

14. 猿叶虫类

猿叶虫包括大猿叶虫(*Colaphellus bowringi*)和小猿叶虫(*Phaedon brassicae*)两种,都属鞘翅目叶甲科。在我国南方各地,两种猿叶虫混合发生,在北方以大猿叶虫发生较多。猿叶虫主要危害十字花科蔬菜,白菜、芥菜、萝卜、油菜等受害重,甘蓝、花椰菜等受害轻。猿叶虫的成虫和幼虫蚕食叶片,初孵幼虫仅啃食叶肉和一面表皮,大龄幼虫和成虫咬成孔洞和缺刻,严重的仅残留叶脉。

【形态特征】 见图 3-19。

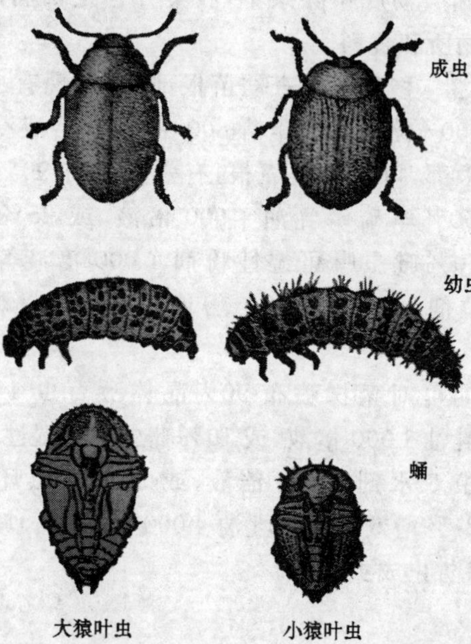

图 3-19 大猿叶虫和小猿叶虫 (仿蔬菜昆虫学原图)

1. 大猿叶虫

(1)成虫 体长4.5～5.2mm，椭圆形，暗蓝黑色。前胸背板宽是长的2倍或小于2倍。小盾片三角形，光滑无刻点。鞘翅上不规则散生大而深的刻点。后翅发达，能飞翔。

(2)卵 长1.5mm，长椭圆形，橙黄色。

(3)幼虫 老熟时体长7.5mm，身体灰黑色，稍带黄色。头部漆黑色，有光泽。各体节有大小不一的肉瘤20个，气门下线和基线上的最显著，瘤上有刚毛，不明显。

(4)蛹 长6.5mm，卵圆形，黄褐色，略被刚毛，尾端分叉。

2. 小猿叶虫

(1)成虫 体长2.8～4mm，近圆形，蓝黑色，有强烈的金属光泽。小盾片近圆形，前胸背板短，有小刻点。鞘翅上有细密的刻点，排列成11行。后翅退化，不能飞翔。

(2)卵 长1.2～1.8mm，长椭圆形，初产时鲜黄色，后变暗黄色。

(3)幼虫 老熟时体长6～7mm，初孵时淡黄色，后变褐色。头部黑色，有光泽。各体节有黑色肉瘤8个，瘤上有刚毛，沿亚背线的一行肉瘤最大。肛上板有黑色肉瘤，具黑色刚毛。

(4)蛹 长4mm，半球形，淡黄色，生褐色短毛，尾端不分叉。

【发生规律】 大猿叶虫在北方一年发生2代，长江流域发生2～3代，华南5～6代，在北方以成虫在土缝中、石块下、枯叶下越冬，5cm土层中最多。南方冬季较温暖，成虫仍可取食活动。每年3～5月份和9～10月份为两个严重危害时期。成虫白天活动，晴天更活跃，早、晚隐蔽，耐饥力强，有假死习性，不善飞翔，无趋光性。夏季高温期潜入土壤中夏眠，待平均温度降低到27℃以下后，又出土危害。成虫多产卵于根际土表和土缝中，卵成堆，排列不整齐。幼虫4龄，昼夜取食，也有假死习性，受惊动后还分泌黄色液体。幼虫老熟后在土缝中、石块下、枯叶下化蛹。

小猿叶虫每年发生3代，以成虫在草丛中、落叶下越冬，也有少量卵、幼虫和蛹越冬。春秋两季危害严重。成虫和幼虫的习性与大猿叶虫相似。成虫寿命长，平均2年左右，有夏眠习性，不能飞翔，仅爬行迁移。成虫在叶基部、叶柄上、较大叶脉上，甚至幼根上产卵。产卵时先在植物上咬出1个小孔，再将卵产在孔中，1孔1卵。幼虫在心叶取食，昼夜活动，老熟后入土3cm左右，筑土室化蛹。

【防治方法】 清洁田园，清除杂草和残株落叶，减少成虫越冬滋生场所。利用猿叶虫的假死习性，人工捕捉。喷药防治菜粉蝶和菜蛾时，可兼治本虫，不需另行喷药。若需对菜株喷药防治，可用有机磷与菊酯类制剂，以及防治菜粉蝶、黄条跳甲的其他药剂。

15. 蓝跳甲

蓝跳甲（*Psylliodes punctifrous*）属鞘翅目叶甲科，又名油菜蚤跳甲，主要寄主是十字花科蔬菜和油菜，也危害豆类、青稞、小麦等作物，成虫和幼虫都可危害。成虫取食叶片、嫩茎、角果等部位，出土不久的幼苗，子叶和生长点被吃掉，造成死苗、缺苗。对较大的子叶和真叶，可在叶面咬成许多圆形小孔洞。成虫还啃食幼嫩的角果，造成不规则的孔洞或条斑。有的还咬断花梗，啃食幼嫩的种子。幼虫蛀食叶柄、叶脉和叶肉，造成叶片发黄或干枯脱落。有些幼虫潜入根、茎内取食。

【形态特征】 见图3-20。

1. 成虫 体长2～3mm，长卵圆形，蓝黑色，有金属光泽。触角丝状，10节，为体长的1/2～2/3，基部2节黄色，端部黄褐色至褐色。前胸背板和鞘翅上有细密小刻点，在鞘翅上排列成行。后足腿节膨大，善于跳跃。

2. 卵 长约0.6mm，卵圆形，淡黄色。

3. 幼虫　老熟时体长 6～8mm，长圆筒形，黄白色。头部和臀板呈黄褐色至褐色，胴部各节均有褐色小突起，其上生有短毛。

4. 蛹　长约 3mm，卵圆形，乳白色至灰褐色。腹末有 1 对深色的叉状突起。

【发生规律】　蓝跳甲每年发生 1 代，以成虫、卵或初龄幼虫越冬。成虫多在根际土缝中、枯叶下、心叶缝隙中越冬，卵在根际土壤中和根颈处越冬，初龄幼虫在叶柄、叶脉和嫩茎中越冬。

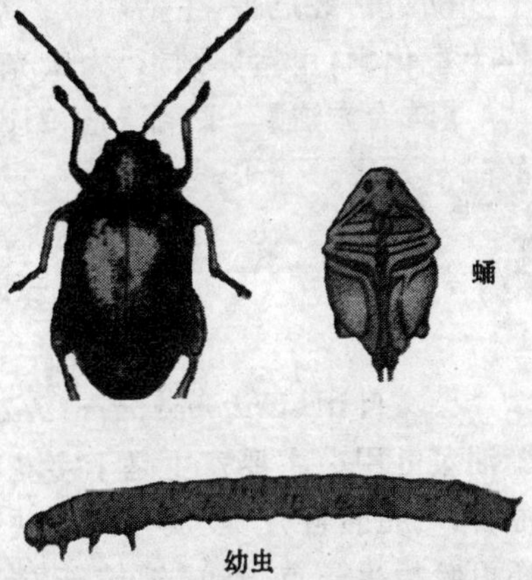

图 3-20　蓝跳甲

（仿农业昆虫学原理原图）

在黄河中游地区，自 2 月下旬或 3 月初起，蓝跳甲越冬成虫陆续开始取食活动和交配产卵。卵陆续孵化，3 月中旬为卵孵化盛期，越冬成虫在 3 月下旬大量死亡。幼虫春季危害期为 3 月上旬至 5 月中旬，盛期为 4 月上旬，主要危害油菜。白菜型油菜受害最重，甘蓝型和芥菜型油菜受害较轻。4 月下旬开始化蛹，5 月上旬成虫开始羽化。成虫取食油菜角果，随着油菜成熟和收获，陆续向十字花科蔬菜和杂草转移。夏季高温期，成虫多在表层土壤和杂草上越夏。8 月下旬以后成虫又开始活动，在秋季主要危害十字花科蔬菜。蓝跳甲成虫寿命长达 300 余天，春季羽化后开始取食活动，继而越夏，至秋季再度取食，并交配产卵，以后进入越冬，早春又取食和交配产卵。

刚羽化的成虫群集取食，以后分散。成虫善跳跃，有明显的趋上性，除中午躲避阳光强烈照射外，都趋向于植株上部，在主茎顶部和角果尖端栖息。成虫有假死性，耐饥力也很强。成虫将卵散产于植株周围土壤缝隙中，也可产在叶柄上和心叶中。

成虫多集聚油菜花序，包括未开的花苞间和已开的花上。幼虫在油菜基部1～3片老叶中，叶片中幼虫数量随叶位的升高而减少。有的幼虫在叶柄、叶脉和叶肉中取食成隧道。幼虫多的叶片往往褶皱畸形，叶小色淡。

幼虫钻蛀危害，生活隐蔽。幼虫经7龄后老熟，在根际土壤中作土室化蛹，土室卵圆形，内壁光滑。

【防治方法】 采用清洁田园和药剂防治措施，参见黄条跳甲的防治方法。

16. 芸薹叶甲

芸薹叶甲（*Entomoscelis suturalis* ）属鞘翅目叶甲科，又名黑缝油菜叶甲。主要寄主是十字花科蔬菜和油菜。成虫和幼虫都可危害，均蚕食叶片，咬成孔洞和缺刻，严重的仅残留主脉和大叶脉。还可咬掉生长点，造成缺苗断垄。也取食嫩茎、蕾、花、角果等部位。有时幼虫啃食油菜茎秆基部表皮，蛀食髓部。

【形态特征】 见图3-21。

1. 成虫 雄虫体长5～6mm，宽4mm；雌虫体长8～9mm，宽4.5mm。全体长圆形，黄褐色至红褐色。头黑色，头顶中央有1个黄褐色横斑。前胸背板中部有1个“凸”字形黑斑，其两侧各有1个小黑点。小盾片与鞘翅中缝黑色。身体腹面和足也为黑色。

2. 卵 长约1.3mm，长椭圆形，初橙黄色，后变紫褐色，表面密布刻点。

3. 幼虫 老熟时体长11～13mm，纺锤形，体背暗褐色，腹面黄褐色。头、前胸背板、臀板、足为黑色。前胸背板两侧下方各有

1个褐色毛瘤。中、后胸每侧有大小不一的黑褐色毛瘤12个，排列成3行。腹部1～6节各节每侧有毛瘤8～12个，排列成3行；7～8节各节每侧有毛瘤3～4个。腹面各节有毛瘤7个。臀板上有多个黑色突起。

4. 蛹　长5～7mm，卵圆形，黄褐色。

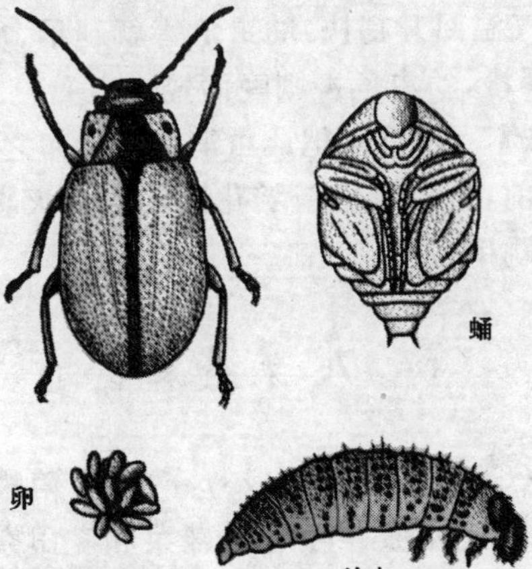

图3-21　芸薹叶甲　（仿刘绍友原图）

【发生规律】　芸薹叶甲每年发生1代，以卵或初龄幼虫越冬。在黄河中游地区，自2月下旬至4月初为幼虫危害期，4月中旬始见成虫，5月上中旬成虫入土越夏，10月上旬越夏成虫出土活动、交配和产卵。部分卵在11月中旬后孵化，大部分翌年2月中下旬孵化。

幼虫有群集性，食量大，能向周围田块爬迁转移，有假死性，耐寒性强。老熟后入土1～2cm，筑球形土室化蛹。成虫多在傍晚和前半夜羽化。成虫在植株上部群集取食，有假死性，在越夏前不飞翔，可爬迁转移。成虫在疏松潮湿土壤中，筑圆球形土室，在其中休眠越夏。秋季成虫出土后可飞翔，每天 11 时至 16 时在叶面活动，其余时间在土壤中或菜叶下栖息。卵聚产于土块下、土缝中、枯叶下等隐蔽处所。

芸薹叶甲适于干旱温暖的气象条件。秋季降雨量大，不利于成虫出土，也不利于取食、交配和产卵。冬季气温在 0℃以上，幼虫可继续取食，卵可继续孵化。气温降低到 0℃以下，就进入越冬状态。2 月份气温回升越快，幼虫危害就越早、危害也越严重。反之，气温回升缓慢，幼虫危害则晚而轻。

【防治方法】 秋季需把成虫消灭在产卵之前，早春需把幼虫消灭在危害之前，角果期把新羽化的成虫消灭在危害之前。用药种类参见黄条跳甲。

17. 菜茎象甲

菜茎象甲(*Ceutorrhynchus asper*)。属鞘鳞翅目象虫科。该虫主要危害油菜，也取食十字花科蔬菜和麦田杂草播娘蒿。菜茎象甲的幼虫在茎秆内部，取食髓部，造成隧道，茎秆常被蛀空，以致折断倒伏。成虫在茎部表皮产卵，被产卵的主茎膨大、扭曲、开裂。成虫也啃食叶片和角果，但危害不重。越夏后的成虫取食油菜和十字花科蔬菜叶片，仅啃食叶肉，残留下表皮，食痕为半透明斑点。

【形态特征】

1. 成虫 体长 3～3.5mm，近圆形至椭圆形，黑色，因密生白色绒毛，看上去呈灰白色。有圆柱形的喙，长鼻状，长 1～1.5mm，向下弯曲，伸向前足中部。口器在喙的前端，触角膝状弯曲，生于喙的中部，11 节，前端 3 节膨大成锤状。前胸背板密布粗大刻点，中央有一浅沟。鞘翅上有小刻点排列成沟，沟间有 3 行密而整齐的毛。

2. 卵 长约 0.6mm，椭圆形，乳白色稍带黄色，两端白色透明。

3. 幼虫　老熟时体长6～7mm，纺锤形，黄白色。头部较大，黄褐色。各体节有皱纹和白色细毛，背部中央有1条不明显的浅灰色纵线。

4. 蛹　长3.5～4mm，纺锤形，黄白色。在土壤中的土室内化蛹，土室椭圆形，表面光滑，长约5mm。

【发生规律】　该虫一年发生1代，以成虫在油菜根际土缝中、落叶下越冬。翌年2月中下旬越冬成虫出土活动，取食、交配和产卵。3月初至4月上旬为幼虫危害期，4月中下旬老熟幼虫入土，统一土室化蛹。5月中旬成虫羽化，5月下旬开始在植物根际表土以及杂草丛中等阴凉处所越夏。9月上中旬越夏后的成虫迁飞到油菜田或十字花科蔬菜田继续危害，11月底或12月初进入越冬。

成虫喜温暖，晴天11～17时在叶面活动，其余时间潜伏在阴凉处，遇阴雨有风天气，则全天潜伏。成虫能飞行，飞行高度达2米，每次飞行距离不超过5m。有假死习性，成虫被惊动后全身收缩成球形，落地不动。产卵于嫩茎上，成虫先用口器在茎上咬出小孔，产卵器伸入孔中产卵，每个小孔内产1粒卵。幼虫3龄，在茎秆内部活动取食，化蛹前从茎秆破裂处钻出，落地化蛹。

菜茎象甲可取食十字花科杂草，特别喜好播娘蒿、荠菜等，播娘蒿等杂草多的地方，往往虫口较多。

【防治方法】　菜茎象甲的防治重点是油菜田，由于幼虫钻入茎秆内隐蔽危害，必须抓住秋苗期和早春成虫出土始盛期这两个关键时期喷药防治成虫。可用2.5%溴氰菊酯乳油4000倍液，或40%乐果乳油1000倍液喷雾。十字花科蔬菜田可在防治菜粉蝶时予以兼治。

18. 菜蝽类

为半翅目蝽科菜蝽属害虫，国内发生10余种，其中河北菜蝽(*Eurydema dominulus*)，横纹菜蝽(盖氏菜蝽，*E. gebliri*)等分布较广泛，主要危害各种十字花科蔬菜、油菜与十字花科野生植物。菜蝽成虫和幼虫用其刺吸式口器，由植物体内吸取汁液，被害部位表面出现多数黄白色至黑褐色小斑点，幼嫩器官受害最重。子叶、嫩叶、嫩茎受害后变黄枯死，受害植株多生长不良，发育延迟。危害采种株，造成花蕾枯萎脱落，幼荚受害使种子不饱满。

【形态特征】

1. 河北菜蝽

(1)成虫　椭圆形，体长6～8mm，体色橙红或橙黄，有黑色斑纹。头部黑色，侧缘橙红。前胸背板上有6个大黑斑，略成两排，前排2个，后排4个。小盾片基部有1个三角形大黑斑，近端部两侧各有1个较小黑斑，小盾片橙红色部分呈"Y"形。前翅爪片和革片内侧黑色，中部有宽横黑色带，近端角处有较小黑斑。腹部下侧区有2对黑斑(图3-22)。

(2)卵　鼓形，初乳白色，后变灰白色，孵化前灰黑色。

(3)若虫　外形与成虫相似，虫体与翅芽均有黑色与橙红色斑纹。

2. 横纹菜蝽

(1)成虫　椭圆形，体长6～9mm。头部黑色，边缘橙黄色。前胸背板有6个黑色斑，前排2个，略成三角形，后排4个(或连接成2个)，黑斑占据大部面积，使橙黄色部分略成"工"字形斑纹。小盾片黑色，有"Y"形橙黄色纹。前翅革片黑色，前缘黄色，端部有1个黄色横斑。腹部体下黄色，各节中央和侧沿缘有1对黑斑(图3-23)。

图 3-22　河北菜蝽成虫

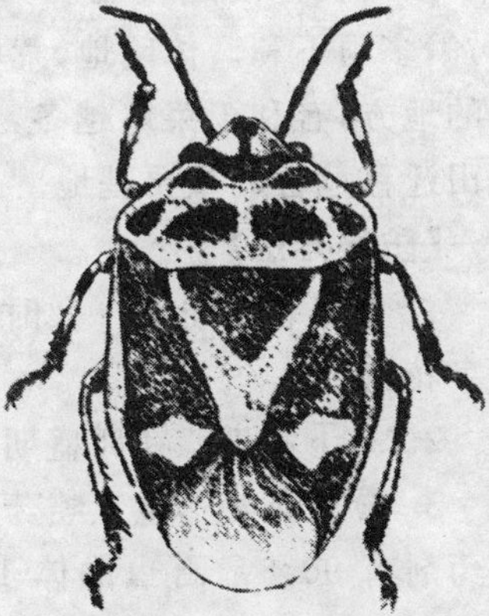

图 3-23　横纹菜蝽成虫

（仿周尧原图）

(2)卵　圆柱形，高约 1mm，乳白色至黑色，两端黑褐色。

(3)若虫　无翅，类似成虫。

【发生规律】　每年发生 1～2 代或 2～3 代，因种类和发生地区而异。成虫多在田间或田外枯叶下、石块下或土缝里越冬。翌年 4 月开始活动，取食发芽早的野生十字花科植物，以后陆续迁移到十字花科蔬菜或油菜田间危害，5 月份交配产卵。5 月下旬第一代若虫盛发，6 月中旬成虫盛发。秋末第二代或第三代成虫潜伏越冬。

菜蝽趋嫩、喜光，多在植株幼嫩部位和阳光照射的枝叶上取食和交配。成虫早晚栖息在植株上，中午活跃，善飞，有假死习性，受惊后坠地。成虫寿命较长，产卵期也长，可多次交配，多次产卵。卵多产于植株中下部叶片上，但第一代卵也产于地面或枯草上。卵聚产，呈卵块。幼龄若虫群集，取食量小，不甚活动，以后逐渐分散活动，食量增长。

菜蝽发生的适宜温度为16℃～32℃，适宜相对湿度30%～80%，多雨不利。休闲地、荒坡、渠岸、果园、林带等十字花科杂草多的地方，有利于菜蝽越冬，且早春食料丰富，常是菜蝽滋生和向菜田迁移危害的重要基地。

【防治方法】

1. 搞好田间卫生 及时清除田间枯枝落叶，铲除菜田内外的十字花科杂草。

2. 人工除虫 在卵盛期，人工摘除卵块。

3. 喷药防治 重点喷药防治成虫和一、二龄若虫。可供选用的药剂有90%敌百虫晶体1 000～1 500倍液，或40%乐果乳油1 000～1 500倍液，或2.5%溴氰菊酯乳油3 000～4 000倍液，或20%氰戊菊酯3 000～4 000倍液，或2.5%三氯氟氰菊酯乳油3 000～4 000倍液等。

19. 赤条蝽

赤条蝽(*Graphosoma rubrolineata*)是半翅目椿象科害虫，喜食茴香、芹菜、胡萝卜等伞形科植物，也危害白菜、萝卜、葱、洋葱等蔬菜。成虫和若虫危害采种株，以针状口器插入花蕾、幼果或嫩叶，吸食汁液，取食部位出现点片状褐色斑，种子干瘪，产量降低。

【形态特征】 见图3-24。

(1)成虫 体长8～11mm，黑色，体背有明显的橙红色纵条纹。头部小，两侧和中央基部红色，复眼红色，其他部位黑色。触角5节，棕褐色，基部两节红黄色。喙黑色，基节黄褐色。前胸背板宽，有5条橙红色纵纹。小盾片大，直至腹部末端，中部有3条橙红色纵纹。前翅由爪片、革片与膜片组成，后翅膜质，前翅革片与后翅基部橙红色，其余部分都为黑色。在侧缘背腹板结合处常有红橙色的斑纹。腹面橙红色，有8条小而不规则的黑点纵列。

足棕黑色，腿节有红色斑纹。

(2)卵　长约1mm，桶形。

(3)末龄若虫　体长8～11mm，体色和斑纹与成虫相似(图3-24)。

【发生规律】　在黄淮流域每年发生1代，以成虫在土壤中或在地面的枯枝落叶层与杂草丛中越冬。5月上旬成虫开始活动，5月中旬至8月上旬产卵，若虫于5月下旬至8月中旬出现，成虫于7月上旬开始陆续羽化。6～8月危害重。在山东烟台危害胡萝卜制种田，以6月中旬至7月中旬为危害盛期。成虫于10月中旬以后陆续进入越冬。

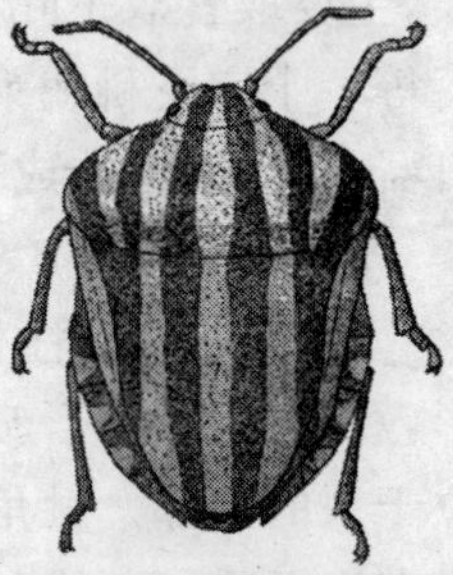

图3-24　赤条蝽成虫
(仿农业昆虫学原理原图)

成虫不善飞翔，爬行迟缓，畏阳光，白天大部分隐藏在种花背面。成虫多在上午9时以前和傍晚危害与交尾，产卵于叶片和嫩果上。在胡萝卜制种田，卵多产于种花背面的小枝梗上。卵聚产，排列成整齐的卵块。初孵幼虫群集，二龄以后分散危害。

【防治方法】

1. 栽培防治　收获后，清除田间枯枝落叶和杂草；秋季或冬季深翻，减少越冬虫源；在成虫产卵期，人工扑虫摘卵。

2. 药剂防治　在卵孵化盛期，喷施1%阿维菌素乳油2 000倍液。成虫和若虫危害期喷施21%增效氰·马乳油4 000倍液，或2.5%溴氰菊酯乳油3 000倍液，或20% 杀灭菊酯乳油3 000倍液等。

20. 短额负蝗

短额负蝗(*Atractomorpha sinensis*)属直翅目蝗科,食性很杂,主要取食双子叶植物,包括蔬菜、棉花、豆类、薯类、烟草、向日葵等。十字花科蔬菜和绿叶菜菜田常见。成虫和若虫通过咀嚼式口器蚕食叶片,造成孔洞和缺刻,严重时可将叶片吃光。

【形态特征】

1. 成虫 雄性体长 19～23mm,绿色或枯黄色。头部长锥形,短于前胸背板,颜面颇倾斜,与头顶呈锐角。复眼卵形、褐色,位于头的中部。触角剑状,17 节,较短。由头部至中胸背板两侧缘有 1 条粉红色线和 1 列浅黄色疣突,前胸背板有纵脊 3 条,前缘平直,后缘钝圆形,有横纹 4 条。前翅狭长,长 19～25mm,超过后足腿节顶端,翅顶较尖。后足腿节长 10～13mm,匀称,外侧下缘常有 1 条粉红色线,胫节向端部逐渐扩大。后翅基部玫瑰色,端部淡绿色。雌性体较雄性大,体长 28～35mm,触角较短。前翅长 22～31mm,后足腿节长 16～19mm。

2. 卵 通常被一些物质包裹形成卵囊。卵囊内上部为泡沫状物质,下端为卵室,藏有卵粒。短额负蝗卵长椭圆形,长 3～4mm,在卵囊内不规则地斜排成 3～5 行。

3. 若虫 也称为蝗蝻,共有 5 个龄期。

【发生规律】 短额负蝗每年发生 1～2 代,以卵块在草地、渠岸、沟边土壤中越冬。在黄河中下游省、自治区,越冬卵通常于 5 月下旬孵化。7 月上旬成虫出现,7 月中旬成虫交配产卵。8 月上旬出现第二代蝗蝻,9 月上旬成虫羽化,9 月中旬开始交配产卵。秋季气温高,有利于成虫危害和繁殖。

短额负蝗喜爱栖息在潮湿而杂草丛生的生境中。在河流两岸、沟渠两侧以及低洼内涝地区发生较多,并由这里迁往农田危害。邻近的菜田发生多，易受害。在多雨年份，土壤湿度过大，蝗卵和幼蝻死亡率高。干旱年份，发虫量大，危害重。

【防治方法】 早春或秋季及时铲除田边、沟边杂草，减少蝗虫越冬和食料基地。数量不多时，可用捕虫网全面捕捉，以减轻危害。发生量较多时可用药喷雾防治。有效药剂有50%马拉硫磷乳油1 000～1 500倍液，或50%乐果乳油1 000～1 500倍液，或50%杀螟松乳油1 000～1 500倍液，或20%杀灭菊酯乳油3 000倍液，或40%敌·马乳油3 000倍液等。

21. 桃　蚜

桃蚜(*Myzus persicaer*)又名烟蚜，属同翅目蚜科，为多食性害虫，已知寄主有352种，主要危害十字花科蔬菜、绿叶菜、茄果类蔬菜、马铃薯、烟草和核果类果树等，分布于全国各地。成虫和若虫在叶片、嫩茎、花梗等部位吸食植物体内的汁液，并传播多种重要病毒。危害叶片时，多在叶片背面分散危害，严重时叶片变黄、皱缩，并分泌蜜露，诱发煤污病。

【形态特征】 桃蚜的生活史很复杂，有多个虫态，最常见的是有翅胎生雌蚜和无翅胎生雌蚜(图3-25)。

(1)有翅胎生雌蚜　成蚜体长约2mm，有翅。头部和胸部黑色，腹部淡绿色，背面有淡黑色斑纹。腹部第一节有1行横行零星狭小横斑，第二节有1条背中窄横带，腹节3～6节各横带汇合为一背中大斑。第七至第八节各有一个背中横带。复眼红褐色，额瘤发达，向内倾斜，触角比身体稍短，仅第三节有9～17个感觉圈，排成1列。腹管深绿色，长圆柱形，末端缢缩。腹管长度约为尾片的2倍以上。尾片大，圆锥形，每侧有3根刚毛。

(2)无翅胎生雌蚜　成蚜体长约2mm，卵圆形，无翅。全体绿色，有时为黄色或樱红色，触角第三节无感觉圈。额瘤与腹管特征与有翅胎生雌蚜相同。

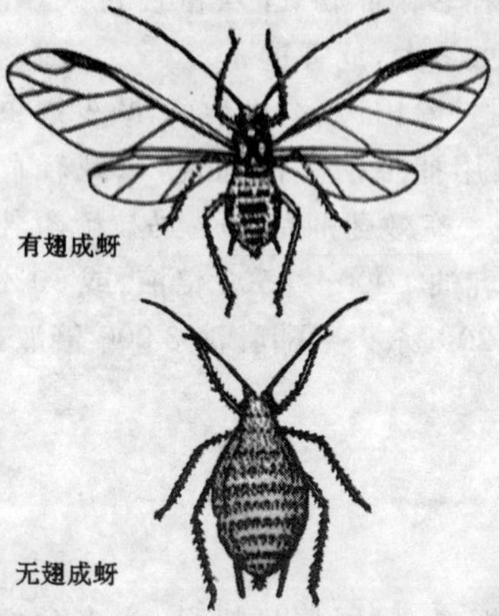

图 3-25　桃蚜
（仿蔬菜昆虫学原图）

【发生规律】　桃蚜每年发生代数各地不同，在华北北部一年发生 10 余代，在南方发生 30～40 代不等，世代重叠严重。桃蚜有两种生殖方式，一种是两性生殖，另一种是孤雌胎生繁殖。每年秋季，约在 10 月中下旬至 11 月上旬，发生产卵雌蚜和雄蚜，在桃树上交配，产卵越冬。翌年春天，越冬卵孵化出无翅雌蚜，它们不经交配就可生出雌性后代，这种繁殖方式称为“孤雌胎生”。孤雌胎生雌蚜通常无翅，有时则产生有翅胎生雌蚜，向其他寄主迁飞。

但是，危害蔬菜的桃蚜并非都要经过上述有性生殖阶段。在南方菜区，桃蚜终年可在不同种类的蔬菜间辗转危害。在北方菜区，冬季桃蚜在棚室甜椒和其他蔬菜上胎生繁殖危害，成为翌年春季露地和棚室蔬菜的虫源。桃蚜还以无翅胎生雌蚜在风障菠菜、窖藏大白菜上越冬。在露地蔬菜上，整个生长季节都有桃蚜发生，以春末夏初有虫株率和虫口数最多。

桃蚜的发育起点温度为 4.3℃，最适温度为 24℃，高于 28℃则不利。在适宜的温湿度条件下，繁殖速度很快，虫口数量迅速增长，高温、高湿不利于其发生，因而在多种蔬菜上，都是春秋两季大发生，夏季受到抑制。微风有利于桃蚜的迁飞活动，暴风雨则有强烈的冲刷作用，可减少蚜口数量。桃蚜在高燥地块比低洼地块发生重，施用氮肥多，叶片柔嫩时发生也重。桃蚜的主要天敌有瓢虫、草蛉、蚜茧蜂、食蚜瘿蚊、食蚜蝇和蚜霉菌等，天敌多时能大大减少蚜口数量。桃蚜对黄色有强烈的趋性，而对银灰色则有负趋性。

【防治方法】

1. 栽培防治　蔬菜收获后及时清理田间残株败叶，铲除杂草。根据当地蚜虫发生情况，合理确定定植时期，避开蚜虫迁飞传毒高峰。

2. 物理防治　设置黄板诱蚜和银膜避蚜。在有翅蚜发生盛期，设置黄皿或黄色粘板诱蚜。黄板诱蚜的具体方法参见温室白粉虱。还可在距地面 20cm 处架设黄色盆，内装 0.1%肥皂水或洗衣粉水，诱杀蚜虫。银膜避蚜是播种前在苗床上方 30～50cm 处挂银灰色薄膜条，苗床四周铺 15cm 宽的银灰色薄膜，使蚜虫忌避。定植时，畦面用银灰膜覆盖。在大棚周围挂银灰色薄膜条(10～15cm 宽)。还可利用银灰色遮阳网、防虫网覆盖栽培。

3. 药剂防治　防治蚜虫的药剂很多，应首先选用对天敌安全的杀虫剂，以保护天敌。蚜虫多集聚在心叶或叶背，喷药力求周到，最好选择兼具触杀、内吸、熏蒸作用的药剂。50%抗蚜威可湿性粉剂 2 000～3 000 倍液喷雾，效果好，不杀伤天敌。气温高于 20℃，抗蚜威熏蒸作用明显，杀虫效果更好。还可选用 2.5%联苯菊酯乳油 2 000～3 000 倍液，或 2.5%三氯氟氰菊酯乳油 3 000 倍液，或 20%甲氰菊酯乳油 3 000 倍液，或 20%氰戊菊酯乳油 3 000 倍液，或 21%增效氰马乳油 5 000 倍液，或 10%吡虫啉可湿性粉剂 2 500倍液，或 20%吡虫啉浓可溶剂 3 000～4 000 倍液，或 70%吡虫啉水分散粒剂 8 000～10 000 倍液，或 25%噻虫嗪水分散粒剂 5 000～6 000 倍液，或 1%印楝素水剂 800～1 200 倍液，或 20%苦参碱可湿性粉剂 2 000 倍液，或 1%阿维菌素乳油 1 500～2 000 倍液，或 0.5%藜芦碱醇溶液 800～1 000 倍液，或 3%啶虫脒乳油

1 000～2 000 倍液，或 10%醚菊酯悬浮剂 1 500～2 000 倍液等等。对叶片蜡质较多的甘蓝类蔬菜，在药液中可加入 0.1%洗衣粉作展着剂。要注意同一类药剂不要长期单一使用，以防止蚜虫产生抗药性。

棚室可喷施 5%灭蚜粉尘剂，每 667m^2 用药 0.8～1.0kg。敌敌畏熏烟法每 667m^2 用 80%敌敌畏乳油 0.25kg，傍晚加锯末适量暗火点燃，闭棚至第二天早晨。22%敌敌畏烟剂每 667m^2 用药 300～400g，10%氰戊菊酯烟剂每 667m^2 用药 500g，20%灭蚜烟雾剂，每 667m^2 用药 400～500g。

22. 萝卜蚜

萝卜蚜属同翅目蚜科，学名 *Lipaphis erysimi*，主要危害十字花科植物，特别喜食叶面多毛、蜡质较少的蔬菜，如白菜、萝卜、芥菜、芜菁、芥菜型油菜等，分布在全国各地。成虫和若虫群集叶片背面、采种株嫩梢、花梗上危害，受害幼叶向背面卷缩，老叶不变形，但有变黄斑点。严重时白菜不能包心，甘蓝不能结球。采种株受害嫩茎节间变短，弯曲，幼叶卷缩，植株矮小。在叶片上还分泌蜜露，诱发煤污病。

【形态特征】

(1)有翅胎生雌蚜　体长 1.6～1.8mm，有翅，体表有时覆盖少量白色蜡粉。头部和胸部黑色，腹部淡绿色至绿色，第一节、第二节背面有两条淡黑色横带。第三至第五节无背中大斑。腹管前两侧有黑斑，腹管后有两条淡黑色横带。复眼红褐色，额瘤不显著，微隆外倾，额部呈较浅的“W”形。触角约为体长的 1/2，第三节有 16～26 个感觉圈，排列不规则，第四节有 2～6 个感觉圈，排成 1 列，第五节有 0～2 个感觉圈。腹管长筒形，深绿色，较短，几与触角第五节长度相当，为尾片的 1.7 倍，中后部略膨大，末端有缢缩。尾片圆锥形，有横纹，有长毛12～14根。

(2)无翅胎生雌蚜 体长约1.8mm，无翅。全体黄绿色，有时覆盖少量白色蜡粉。触角第三节和第四节无感觉圈，第五节和第六节各有1个感觉圈。胸部各节中央有一黑色横纹，散生小黑点。其余同有翅型。

【发生规律】 1年发生15～46代，因地区而异。在冬季较冷地区，在冬白菜上产卵越冬，或以卵在田间枯叶背面越冬。春季3～4月份越冬卵孵化，以后产生有翅蚜向春菜田转移危害。到晚秋产生雌、雄蚜，交配产卵越冬。在冬季较温暖地区，以无翅蚜在蔬菜心叶等荫蔽处或杂草上越冬。在棚室内，无翅蚜冬季仍可危害活动。在华南，除炎热月份外，全年都有活动危害。萝卜蚜对黄色也有强烈的趋性，而对银灰色则有负趋性。

【防治方法】 参见桃蚜的防治方法。

23. 甘蓝蚜

甘蓝蚜属同翅目蚜科，学名 *Brevicoryne brassicae* ，主要危害十字花科植物，特别喜食叶面光滑、蜡质较多的甘蓝类蔬菜，多分布于北方较冷凉的地方。成虫和若虫群集叶片背面危害，严重时叶片变黄、皱缩。也危害嫩茎、花梗和角果。蚜体有厚厚的一层白粉，叶片上也有白粉。在叶片上还分泌蜜露，诱发煤污病。

【形态特征】

(1)有翅胎生雌蚜 体长约2.2mm，有翅，体黄绿色，体表覆盖多量白色蜡粉。头部和胸部黑色，腹部黄绿色，有几条不甚明显的暗绿色横带，两侧各有5个黑点。复眼红褐色，无额瘤。触角第三节等于或稍短于第四、第五节和第六节基部之和，第三节上有37～40个感觉圈，排列不规则。腹管深绿色，很短，短于尾片，也明显短于触角第五节，中部略膨大。尾片宽短，圆锥形，基部稍凹陷。

(2)无翅胎生雌蚜　体长约2.5mm，无翅。全体暗绿色，覆盖白色蜡粉。复眼黑色，触角第三节无感觉圈，无额瘤。腹管同有翅蚜。

【发生规律】　北方一年发生8～21代。在新疆以卵越冬，春季越冬卵孵化，产生的有翅蚜，陆续迁飞到春菜田危害，春甘蓝受害重。10月上旬产生雄蚜和雌蚜，交配产卵越冬。甘蓝蚜也可以成蚜和若蚜在温室和菜窖中越冬。在棚室内和在温暖地区可持续孤雌生殖，终年在蔬菜间辗转危害。甘蓝蚜对黄色有强烈的趋性，而对银灰色则有负趋性。

【防治方法】　参见桃蚜的防治方法。

24. 芹二尾蚜

芹二尾蚜(*Cavariella salicicola*)又名柳二尾蚜，属同翅目蚜科，是芹菜的重要害虫，还危害柳树。芹二尾蚜群集在叶片背面、嫩茎、花梗、幼果等部位，吸食芹菜体内的汁液。受害叶片和茎秆变黄枯焦，幼叶卷曲畸形，植株矮缩不长。种株受害后严重影响种子发育，造成种子不实。

【形态特征】

(1)有翅胎生雌蚜　体长1.8～2mm，绿色或赤褐色。腹部背面节间斑明显，各节有横带。触角比身体短或仅达体长的1/2，第三节有排列不规则的次生感觉圈23～29个。腹管形似花瓶，末端稍向内翻卷，表面有瓦状纹。尾片倒圆锥形，腹部第八节后端尾片上部有一上尾片，其顶端有毛1对，长仅有尾片的1/5～1/4(图3-26)。

(2)无翅胎生雌蚜　体长2～2.2mm，全体绿色。触角色淡，无次生感觉圈，其他特征同有翅蚜。腹管特征也与有翅胎生雌蚜相同。上尾片长而大，长度为尾片的1.5倍，尾片和上尾片均有小瓦纹(图 3-26)。

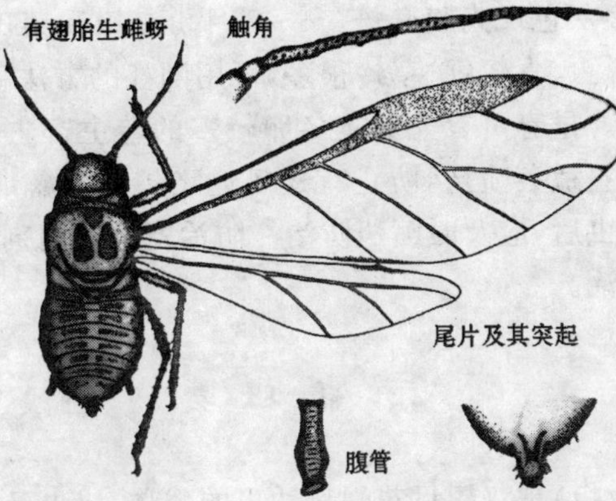

图 3-26　芹二尾蚜有翅胎生雌蚜

【发生规律】　芹二尾蚜在黄河流域一年发生 10～15 代，以卵在旱柳或垂柳的芽腋、枝条裂缝处越冬。3 月上旬平均气温高于 5℃以后，越冬卵孵化，相继出现干母与干雌，在柳树上孤雌胎生几代。4 月上旬产生有翅蚜，迁飞到芹菜上，以后在芹菜上孤雌胎生繁殖，产生无翅胎生雌蚜。

芹二尾蚜较耐低温，不耐高温。日最低温度降到－7℃时，无翅雌蚜仍未见死亡，而日最高温度达 38℃后，死亡率高达 85%，其生育最适温度为 15℃～24℃。春秋两季发生较多，5 月上中旬为第一个发生高峰期，9 月下旬至 10 月上旬为第二个发生高峰期。芹二尾蚜危害芹菜的叶片、叶柄和嫩梢。7～8 月份高温，芹菜上的蚜虫数量迅速下降。11 月中旬产生雌、雄性蚜，迁飞到柳树上，交配产卵越冬。

【防治方法】　种植抗蚜品种或发生较轻的品种；合理安排茬口，芹菜苗床应远离发生蚜虫较早的菜地、留种菜地；与玉米、架菜豆等高秆作物间作，减低蚜虫传毒概率；清除田间杂草，及时摘除芹菜老黄叶。在有翅蚜发生盛期，设置黄皿或黄色粘板诱蚜；在蔬菜苗期，用银灰色反光膜避蚜。4～5月份麦田和菜田内各种蚜虫天敌，例如瓢虫、食蚜蝇、草蛉很多，可用网扑的方法移植到蚜虫较多的芹菜田。早春可首先对越冬卵较多的转主寄主柳树，越冬蚜虫较多的棚室蔬菜喷药，防止有翅蚜迁飞扩散。露地芹菜或其他蔬菜发生蚜虫后，应及时喷药防治。防治蚜虫的药剂很多，参见桃蚜的药剂防治。

25. 根蛆类

根蛆（地蛆）是双翅目花蝇科幼虫的俗称，成虫又叫做种蝇，重要种类有灰地种蝇（*Delia platuta*），葱地种蝇（*D. antiqua*），萝卜地种蝇（*D. floralis*），毛尾地种蝇（*D. planipalpis*）等。另外，灰地种蝇又称为灰种蝇，葱地种蝇又称为葱蝇，萝卜地种蝇又称为萝卜蝇或白菜蝇，毛尾地种蝇又称为小萝卜蝇。灰地种蝇是多食性害虫，可危害十字花科、葫芦科、豆科、百合科蔬菜，玉米，陆稻，薯类，棉花，麻类，花生，花卉等多种作物。主要以幼虫食害播种后的种子和幼苗，使种子不能发芽，幼苗死亡。此外，被害株的伤口易为真菌、细菌侵染，引起根茎腐烂。葱蝇危害百合科蔬菜，在本篇第六章专门介绍。萝卜地种蝇和毛尾地种蝇主要危害十字花科蔬菜。根蛆类是北方秋菜的大害虫。

【形态特征】 根蛆的成虫为蝇类，形态相似，其体长略小于家蝇，翅暗黄色，静止时两翅相叠起，复在身体背面，超过腹部末端。雌虫两复眼间距离大，约为头宽的1/3左右，而雄虫两复眼距离小，几相接触。幼虫蛆状，后端截形，有6～7对突起，包围气门板。

1. 灰地种蝇

(1)成虫　体长4～6mm，雄虫略小，暗黄色至暗褐色。头部银灰色，复眼大，暗褐色，触角黑色，具芒状，3节，第三节长约为第二节的2倍，触角芒上有明显的绒毛。胸部背面有3条黑色纵纹。翅颜色稍暗，翅脉暗褐色，平衡棒黄色。足黑色，后足胫节下内方生有稠密而末端弯曲的等长短毛，外侧有3根长毛。腹部长卵形，稍扁平，灰黄色，中央有1条黑色纵线，各腹节间有1黑色横纹。雌虫略大于雄虫，灰色或灰黄色，腹背中央纵纹不明显。后足胫节无雄蝇的特征，中足胫节的外上方有1根刚毛。

(2)卵　长约1mm，长椭圆形，稍弯，弯内有纵沟陷，白色稍透明，表面有网状纹。

(3)幼虫　老熟时体长7～8mm，蛆状，前细后粗，乳白色稍带淡黄色。头部退化，只有黑色的口钩，前气门稍带褐色，尾部截断状，其周围有7对肉质突起，其中第一对在第二对内侧等高的位置上，第六对与第五对通常等长，第七对小，在腹面。

(4)蛹　体长4～5mm，纺锤形，黄褐色，两端色稍深，体末有7对突起。

2. 萝卜地种蝇　见图3-27。

(1)成虫　体长约7mm，雄虫略瘦小，暗褪色。胸背有3条黑色纵纹。腹部背中央有1条黑色纵纹，各腹节均有黑色横纹。雄虫后足腿节外下方生有1列稀疏长毛，腹部扁平。雌虫体粗，全体黄褐色，胸、腹背面无斑纹。

(2)卵　长椭圆形，长1.3mm，乳白色。

(3)幼虫　头端细，上有1对黑色口钩。尾端粗，具6对突起，第一、第二对排成弧形，第五对比第六对大，且末端分两叉。

(4)蛹　长约7mm，椭圆形，红褐色或黄褐色，尾端可见6对突起。

3. 毛尾地种蝇　(小萝卜蝇)成虫与萝卜蝇不同的是后足腿节下方只有近末端有显著的长毛。幼虫腹部末端的6对突起中，第六对分成很浅的两叉。

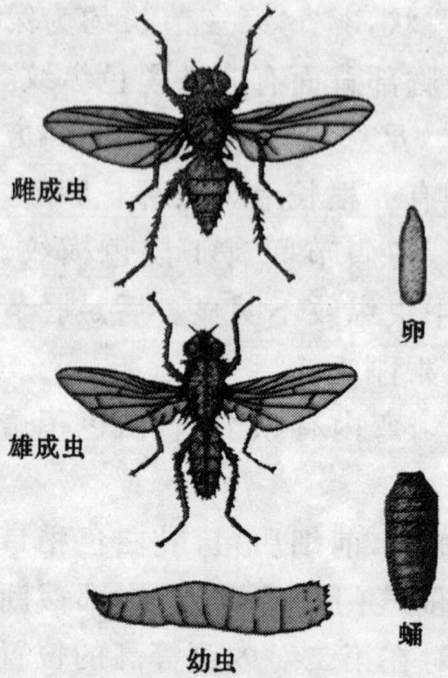

图 3-27 萝卜地种绳
(仿刘绍友原图)

【发生规律】 灰地种蝇在我国各地一年可发生 2～6 代不等，多数地区以蛹在土壤中越冬。在北京地区，3～4 月份成虫羽化，这代幼虫期正值棉花、豆类等播种发芽阶段，幼虫钻入种子和幼苗危害，有时 1 个种子有幼虫 10 余头，造成缺苗断垄。7 月上旬和 10 月份分别为第二代和第三代成虫盛发期。第二代幼虫主要危害葱、韭、蒜等葱属植物，第三代幼虫除危害葱属植物外还危害秋萝卜和大白菜。主要钻蛀植株地下部分，表皮留有蛀孔，内部蛀成孔洞，易诱发软腐病而溃烂。灰地种蝇在春、秋两季发生较多，而夏季数量较少。在北京，当 4 月下旬地温在 15℃以上时，卵期 2～5 天，春季幼虫期 18～20 天，蛹期 7～8 天。在山西大同，成虫寿命雌虫 10～79 天，雄虫 10～39 天，卵期 2～4 天，11℃时幼虫期 22 天，24.5℃时 7.2 天，25℃时 6～8 天，非越冬蛹历期 20 天。成虫善飞，喜欢在晴朗干燥的白天活动，早晚和阴雨天隐蔽。成虫对腐败的有机物趋性强。露在地表面的未腐熟农家肥，可诱集成虫产卵。成虫还喜食花蜜和有发酵霉味的物质。雌成虫在潮湿的土缝里，有机肥上，或近地面的植物叶上产卵。幼虫 3 龄，孵化后不久就取食发芽的种子和小苗。老熟后在受害菜株附近 7～8cm 深的土壤中化蛹。

萝卜蝇每年发生 1 代，以蛹在植株附近的土壤中越冬，少数化蛹晚的可随秋菜带入菜窖内越冬，蛹期较长，翌年 7 月底至 8 月上旬才开始羽化。成虫喜欢在日出前及日落前或阴天活动，中午日光强烈时常隐蔽在荫蔽处。对糖醋或未腐熟的有机质有较强的趋性。成虫喜在潮湿处成堆产卵，多产于菜苗周围土缝内、地面上，有时也产于心叶或叶腋，每雌可产卵 100 多粒。1～2 周后孵化，幼虫孵化后很快就可钻入组织内部危害。在白菜上幼虫先窜食菜帮基部，然后向下钻食菜根或蛀食菜心，菜帮和根部有许多虫道，受害植株发育不良、畸形或脱帮。在萝卜上幼虫不仅蛀食根表皮，造成许多弯曲的沟道，还能蛀入内部造成孔洞，并引起腐烂。幼虫期 35～40 天。老熟幼虫 10 月份入土化蛹。

小萝卜蝇主要发生在华北和东北，年发生 3 代，以蛹在土中越冬。翌年 5 月份羽化为成虫，卵多产于心叶、嫩叶和叶腋上，约 5 天后孵化。幼虫多由叶柄基部向菜心部钻入并向根部啃食，根、茎相接处受害更重。幼虫期 20～30 天。小萝卜蝇从春天开始危害蔬菜，8～10 月份常与萝卜蝇混合发生。

【防治方法】 防治策略以农业防治为基础，药剂防治为重点，药剂防治以成虫为主，成虫防治不力时，抓紧防治幼虫。

1. 栽培防治 收获后或播种前翻耕土地，机械杀伤土中的幼虫和蛹。发虫严重地块可换种非寄主作物，或行土壤处理。土壤处理可参照蛴螬药剂防治方法。施用腐熟农家肥，均匀深施，种子与肥料隔离。

2. 诱杀成虫 用糖醋液诱捕成虫。诱捕器可用大碗或小盆，诱剂用糖、醋和水，按 1∶1∶2.5 的比例混合，再加少量敌百虫配成。还可用糖浆 1 份、玉米粉 1 份、水 2 份、酵母粉 0.25 份混合均匀，配成诱剂，诱杀成虫的效果也很好。

3. 药剂防治 在成虫盛发期喷药防治成虫，可供选用的药剂有 90%敌百虫 1 000 倍液，或 40%辛硫磷乳油 800～1 000 倍液，或 50%马拉硫磷乳油 1 000 倍液，或 50%乐果乳油 1 000 倍液，或 50%敌敌畏乳油 1 000～1 500 倍液，或 2.5%溴氰菊酯乳油

3 000～4 000 倍液，或 21%增效氰·马乳油 6 000 倍液，或 40%菊·马乳油 3 000 倍液，或 20%氰戊菊酯乳油 3 000 倍液等。

在幼虫始盛期施药防治幼虫。可用毒死蜱 48%乳油 1 500 倍液，或 37%高氯·马乳油 1 000 倍液，40%辛硫磷乳油 800～1 000 倍液，或 40%乐果乳油 1 000 倍液灌根。

26. 菠菜潜叶蝇

菠菜潜叶蝇（*Pegomya cunicularia*）为双翅目花蝇科害虫，多分布在我国北方，寄主主要是藜科和蓼科植物。在田间严重危害菠菜以及甜菜、油菜和十字花科蔬菜等。幼虫在菠菜叶片组织中蛀食，吃掉叶肉，残留上、下表皮，形成灰白色潜道，致使叶片发白干枯，不能食用，丧失商品价值。危害采种株时，可使叶片被破坏殆尽，造成严重减产。

【形态特征】 见图 3-28。

（1）成虫　体长 5～6mm，胸部背面灰黄色至暗灰黄色而稍带绿色。

（2）卵　椭球形长 0.9mm，宽仅 0.3mm，白色，表面有六角形网纹。

（3）幼虫　蛆形，污黄色，有许多皱纹，老熟后体长 7.5mm。腹部后端围绕后气门有 7 对肉质突起。

（4）蛹　体长 4～5mm，暗褐色。田间诊断时，可根据潜道形态而与斑潜蝇区分。菠菜潜叶蝇的潜道宽大，呈不规则斑块状，潜道内叶肉被全部吃光，仅残留薄膜状上、下表皮，潜道内有黑色虫粪以及 1～2 头或 2～3 头幼虫，易于识别。

豌豆彩潜蝇（*Chromatomyia horticola*）也危害十字花科蔬菜，特别是油菜。其危害状也明显不同。幼虫在叶片中蛀食，吃掉叶肉，残留上、下表皮，形成灰白色弯曲盘绕的蛇形潜道，末端变宽。

幼虫多由叶背蛀入，主要蛀食叶肉的海绵组织，由叶背看，潜道更明显。潜道中有散生的颗粒状虫粪。幼虫在潜道末端化蛹，成虫羽化后脱出。详见本篇第五章。

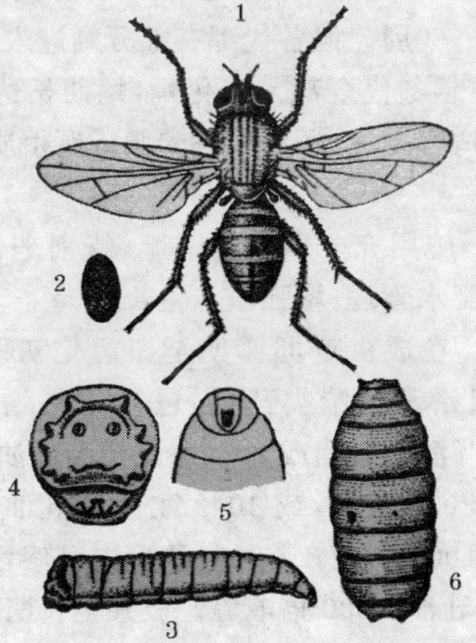

图 3-28　菠菜潜叶绳　（仿王就光原图）

1. 成虫　2. 卵　3. 幼虫

4. 幼虫尾端构造　5. 幼虫头端构造　6. 蛹

【发生规律】　在我国华北地区一年发生 3～4 代，以蛹在土壤中越冬。第一代发生在根茬菠菜上，第二代 5 月上旬开始发生，第三代 6 月发生。在东北沈阳，越冬代成虫在 5 月中旬开始产卵，5 月下旬至 6 月上旬为第一代幼虫严重危害期。各地均以第一代发生量大，夏季高温干旱不利于二、三代的发生。若第三代或其以后世代遭遇高温干旱，将大大降低越冬虫量，也就减低了翌年第一代的危害。

菠菜潜叶蝇成虫多在清晨气温较低而湿度较高时羽化，产卵前期4天，卵产于叶片背面，多4～5粒一组，呈扇形排列。卵期2～6天，多于傍晚孵化，初孵幼虫潜入叶肉危害。幼虫3龄，幼虫期约10天。老熟后一部分在叶内化蛹，一部分由叶内脱出，到土壤中化蛹。蛹期2～3周。但各代都有部分蛹进入滞育状态，到翌年春季同时羽化。越冬代全部入土化蛹，蛹期长达半年以上。此外，若该虫找不到适宜寄主，还可以在粪肥或腐殖质上完成发育。

【防治方法】

1. 栽培防治 施用充分腐熟的粪肥，特别是厩肥，避免把虫源带入田间；加强肥水管理，增强植株生长势。

2. 药剂防治 在成虫产卵盛期至卵孵化初期，及时喷药防治。以往多用有机磷和菊酯类药剂，包括21%增效氰·马乳油8 000倍液，或2.5%溴氰菊酯或20%氰戊菊酯乳油3 000倍液，或10%溴·马乳油2 000倍液，或10%菊·马乳油1 500倍液，或25%喹硫磷乳油1 000倍液，或80%敌百虫可溶性粉剂1 000倍液，或50%辛硫磷乳油1 000倍液等。菠菜生长期较短，宜选用残效期较短的药剂或低毒生物农药。有关新药剂参见本篇第四章斑潜蝇，第五章豌豆彩潜蝇的防治。

27. 黄翅菜叶蜂

黄翅菜叶蜂（*Athalia rosae japonensis*）属膜翅目叶蜂科，分布于全国各地，主要危害十字花科蔬菜，也危害绿叶菜，具偶发性，有的年份发生较多。幼虫取食叶片，咬成孔洞或缺刻，也取食花器，大发生年份危害重。除了黄翅菜叶蜂以外，国内危害十字花科蔬菜的菜叶蜂还有黑翅菜叶蜂（*A. lugens proxima*），新疆菜叶蜂（*A. rosae rosae*），黑斑菜叶蜂（*A. nigromaculata*）和日本菜叶蜂（*A. japonica*）等，均分布于局部地区，不如黄翅菜叶蜂重要。

【形态特征】 见图 3-29。

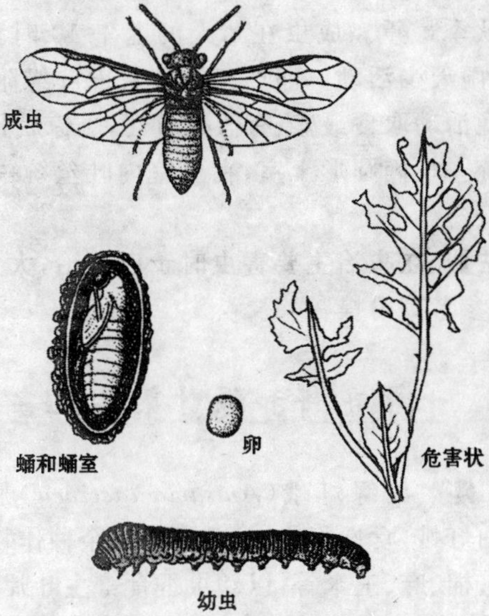

图 3-29 黄翅菜叶蜂 (仿刘绍友原图)

1. 成虫 体长 6～8mm，橙黄色，头部和中、后胸背板两侧为黑色，其余部分为橙黄色。触角 10 节，雌虫全为黑色，雄虫基部 2 节淡黄色，其他各节黑色。足橙黄色，胫节、跗节端部黑色。前翅前缘有一黑色带与翅痣相连。

2. 卵 长 0.8mm，宽 0.4mm 左右，卵壳光滑，初产时乳白色，后变淡黄色。

3. 幼虫 体长 15mm 左右，头部黑色，虫体蓝黑色或墨绿色。胸部较粗，腹部较细，体表多皱纹，有多数小突起。具 3 对胸足，8 对腹足。腹足末端无趾钩。

4. 蛹 体长 8～10mm，初为黄白色，后变橙色，头黑色。蛹包裹在暗灰色的长椭圆形薄茧内。

【发生规律】 一年发生5代，以老熟幼虫在土中结茧越冬。春秋季危害，秋季最重。成虫在晴天的上午10时至下午4时活跃，早、晚与阴雨天少活动。卵产于叶片背面叶缘附近的组织内。幼虫5龄，早晚活动取食最盛，有假死习性，受惊后紧缩体躯落地。老熟后入土，统一长椭圆形土室，在土室内吐丝统一茧，在茧内化蛹。

【防治方法】 在防治主要害虫时予以兼治，大发生年份可单独喷药。用药参考菜粉蝶。

28. 十字花科和绿叶菜其他害虫

1. 红缘灯蛾 红缘灯蛾（*Amsacta lactinea*）属鳞翅目灯蛾科，也称为红袖灯蛾，食性很广，可危害100余种作物，包括多种蔬菜、豆类、花卉、棉、麻、玉米等，以幼虫蚕食寄主叶片。

成虫体长约25mm，翅展雄蛾46～56mm，雌蛾52～64mm。体白色，触角黑色，头顶及肩角红色，腹部背面橙黄色，腹节间及气门线黑色。翅白色，前翅前缘呈宽红带状，中室上角有1黑点。后翅横脉纹为黑色新月形，外缘具1～4个黑斑。卵半圆形，乳白色，成堆单层排列。老熟幼虫体长约40mm。幼龄幼虫体灰褐色或棕褐色，老熟时黑色或赭褐色，密生黑色长刚毛。气门红色，气门线白色，其余体线黑色。蛹黑褐色，体外有薄茧。

在北方一年发生1代，以蛹越冬。翌年5～6月间开始羽化，成虫有趋光性，雌蛾产卵成块。幼龄幼虫群集危害，3龄以后分散。

蔬菜采收后要及时耕翻土地，杀死越冬蛹，并铲除杂草寄主，减少虫源。生长期用黑光灯诱杀成虫，人工摘卵。药剂防治参考菜粉蝶，在防治菜粉蝶等主要害虫时可予以兼治。

2. 红腹灯蛾　红腹灯蛾(*Spilarctia subcarnea*)属鳞翅目灯蛾科。别名人纹污灯蛾寄主广泛，危害各种十字花科蔬菜，绿叶菜，豆类，茄科蔬菜，葫芦科蔬菜，花卉以及玉米、棉花、芝麻等多种作物。幼虫蚕食叶肉，残留一面表皮，严重时仅存叶脉，又可危害花丝、嫩果、穗粒等。

成虫体长约 20mm，翅展雄蛾 40～46mm，雌蛾 42～52mm。雄蛾头、胸黄白色，腹部背面红色，腹面黄白色。腹部背面中央及两侧和腹面两侧各有一列小黑点。前翅黄白色，自后缘中央向顶角斜生一列小黑点，两翅合拢时呈“人”字形。后翅黄白色或微带红色。雌蛾翅黄白色，无红色，后翅有时有黑色亚端线点。卵半球形，淡绿色，有光泽。老熟幼虫体长 40～50mm，头黑色，体黄褐色，背线淡黄色，腹足和胸足均为黑色，各节具有10～18 个毛瘤，丛生棕褐色长毛。蛹体长约 18mm，深棕褐色，椭圆形，茧棕褐色，附有幼虫脱落的体毛。

该虫从北向南一年发生 2～6 代，在北方一年 2 代，以蛹在表土中越冬。春季 4～5 月份开始羽化，第一代幼虫发生于 6 月下旬至 7 月上旬，第二代幼虫发生于 8 月至 9 月。成虫昼伏夜出，有趋光性。卵多产于叶背，聚产平铺，初孵幼虫群集叶背取食，三龄后分散活动，受惊后有假死习性。幼虫有 7 龄，历期 40～50 天，老熟后入土，结茧化蛹。从 9 月份开始，第二代老熟幼虫向沟坡、道旁等处转移，化蛹越冬。

防治方法参见红缘灯蛾。

3. 莴苣冬夜蛾　莴苣冬夜蛾(*Cucullia fraterna*)是鳞翅目夜蛾科害虫，危害莴苣。幼虫取食莴苣叶片和花，造成孔洞、缺刻，严重时吃光。

成虫体长约 20mm，翅展 46mm。头、胸部灰色，颈板近基部有 1 条黑色横线，腹部灰褐色。前翅灰色，杂有褐色，翅脉黑色，内横线黑色，深锯齿形，肾形斑不清晰，隐约可见黑边，缘线为 1 列新月形黑点。后翅黄白色。卵乳白色，半圆形，有纵横隆纹。老熟幼虫体长约45mm，头黑色。背线、气门线黄色。各体节两侧，在背线与气门线之间各有1个近菱形大黑斑，斑外为淡黄色环，各节间有哑铃形黑斑。腹面黑色，各节间有黄、黑相间的小斑块。气门筛和围气门片黑色，气门后有1个小黑点。胸足黑色，腹足基部黑色，端部灰白色。蛹红褐色，体长约23mm，体末有宽而扁的臀棘。蛹为土茧包裹。

在辽宁、吉林等地一年发生2代，以蛹越冬。翌年6月下旬至9月初幼虫出现。

通常在防治莴苣主要害虫时予以兼治。

4. 臭椿皮蛾 臭椿皮蛾(*Eligma narcissus*)又名旋皮夜蛾，为鳞翅目夜蛾科害虫，危害椿树，分布于南北各地。幼虫取食叶片和嫩芽，轻的将叶片咬成缺刻和孔洞，严重时将叶片吃光。

成虫是灰色的蛾子，头顶部有2个黑点，颈板有2对黑点，翅基片基部和端部各有1个黑点。前翅基部至顶角有一白条，其基部有黑点，中线黑色，在白条处中断，外线双弧形，白色，亚端线为1列黑点。后翅杏黄色，外缘一蓝黑色宽带，在顶角处最宽，在各脉上显出粉蓝晕斑。腹部杏黄色，背面和侧面各有一列黑点。幼虫橘黄色，体长39～41mm，胸腹部各节具褐色环体横斑，其瘤突上生白色长毛。

一年发生2代。以蛹越冬，幼虫在叶片背面取食，活泼，体毛易脱落，多在树干基部结灰色丝质薄茧化蛹。

防治时可人工摘茧灭蛹，结合喷施杀虫剂。

5. 甘薯麦蛾 甘薯麦蛾(*Brachmia macroscopa*)又名甘薯卷叶蛾，属鳞翅目麦蛾科。危害甘薯、蕹菜等旋花科植物。幼虫吐丝卷叶，啃食一面表皮和叶肉，粪便排于卷叶内，也取食幼芽、嫩茎和嫩梢。

成虫体长约6mm，翅展15～18mm，头胸部黑褐色，前翅狭长，黑褐色或锈褐色，翅中部有2个淡黄色环状斑纹，环纹中间有1个黑褐色小点，翅的外缘有5个横列的小黑点，后翅较宽，暗灰白色，缘毛较长。卵长约0.6mm，初产淡黄色，后变黄褐色，卵面有纵、横脊纹。老熟幼虫体长约15mm，头黑色，前胸背板褐色，两侧具暗褐色倒“八”字形纹，中胸至腹部第二节背面黑色，但各节前缘白色，腹部第三节至第六节两侧各有1条向后斜伸、并与亚背线相连的黑褐色斜纹。蛹体长7～8mm，纺锤形，黄褐色，被细毛，臀棘末端有钩刺8个，呈圆形排列。

北方一年发生2～4代，以蛹在残株落叶中越冬，南方发生4～9代，以成虫越冬。8～9月间虫量大，危害重。成虫晚间活动，有趋光性，卵产于叶脉间、嫩芽、嫩茎上。幼虫性活泼，三龄后大量卷叶，老熟后在卷叶内或土缝中化蛹。

作物收获后清除枯枝落叶，铲除杂草，减少越冬虫源。生长期及时摘除卷叶，或将卷叶内幼虫捏死，低龄幼虫期喷布有机磷杀虫剂或菊酯类杀虫剂防治。

6. 茴香薄翅野螟　茴香薄翅野螟(*Evergestis extimalis*)属鳞翅目螟蛾科，又名茴香螟、油菜螟，寄主为茴香、油菜、白菜、萝卜、甘蓝、芥菜等。幼虫吐丝结网卷叶，取食心叶、种芽和种荚。

成虫是体长约12mm、翅展约28mm的黄褐色蛾子。前翅淡黄色，沿翅外缘有1个暗褐色斑，翅后缘有宽边缘。后翅淡黄白色，边缘有褐色曲线。幼虫老熟时体长18～20mm，体淡黄色，头黑褐色。前胸盾大，褐色，中央纵断较宽，中、后胸各具4个褐色毛片，腹部第一至第八节每节具6个褐色毛片，第九节具4个毛片。臀板半圆形，中纵断宽，每侧有刚毛4根。腹足趾钩双序缺环。蛹体黄褐色，长约18mm，末端较尖。蛹外包一白色薄茧。

在黑龙江密山一年生2代。以老熟幼虫在2～3cm土层中结茧越冬。翌年5月中旬，越冬幼虫另结一土茧进入预蛹期，5月下旬开始化蛹，6月上旬成虫羽化产卵。第一代幼虫在7月中旬开始化蛹，7 月下旬至 8 月上旬第一代成虫羽化产卵，8 月份第二代幼虫盛发，9 月上旬幼虫进入末龄，9 月中下旬入土越冬。在辽宁成虫于 5 月下旬至 6 月上旬出现，幼虫危害盛期为 6 月中旬至下旬。

成虫有趋光性，白天栖息在草丛或植株中，飞翔能力不强。羽化当天即可交配产卵，卵多产在十字花科嫩芽、嫩叶、嫩茎、幼嫩角果或果柄上，每雌产卵 20～300 粒，排成鱼鳞状。幼虫早期食害心叶和种芽，结荚后钻蛀荚内，取食子粒。

发生数量较多时，可在幼龄幼虫期喷药防治。

7. 甘薯叶甲　甘薯叶甲（*Colasposoma dauricum*）又名甘薯金花虫、麦颈叶甲，属鞘翅目叶甲科。有两个地理亚种，指名亚种（*C. dauricum dauricum*）分布于北方和四川，丽鞘亚种（*C. dauricum auripenne*）分布于南方。主要寄主为蕹菜、甘薯等旋花科植物以及小麦。成虫取食嫩茎、嫩梢、嫩叶，幼虫在土中蛀食薯块，造成隧道。

成虫体长约 6mm，宽 3～4mm，椭圆形，体色多变，有蓝黑色、蓝绿色、蓝紫色、青铜色、红黑色等，并有金属光泽，丽鞘亚种肩胛后方有一闪蓝色光泽的三角斑；头部向下弯，具较大刻点，刻点间形成纵皱纹，触角丝状，基部 6 节黄色或蓝色，端部 5 节黑色；前胸背板隆起，密布粗深刻点，小盾片近方形，鞘翅隆凸，其上刻点大而稀疏。卵长椭圆形，一端稍粗，长约 1mm，淡黄色，孵化前黄绿色。幼虫老熟时体长 9～10mm，粗短，圆筒形，有的弯曲呈“C”字形，头黄褐色，体暗黄色或黄白色，多皱褶，密被细毛。蛹体长 5～7mm，裸蛹，短椭圆形，乳白色，后变为黄白色。

在多数地区一年发生 1 代，以幼虫在土层里或薯块内越冬，少数以成虫在枯枝落叶、岩石缝里越冬。8～10 月份是幼虫发生盛期，对薯块造成严重危害。成虫羽化后先在土室内潜伏，经一段时间后出土，白天活动，不善飞，有假死性，耐饥饿力强，多在枯薯藤或小麦穗颈处咬一小孔产卵。初孵幼虫活泼，潜入土中取食薯根或薯块，喜温暖潮湿条件，相对湿度在50%以下，幼虫不活动，温度在20℃以下时，钻入深土层越冬。

应及时清除田间枯枝落叶，减少产卵场所；利用成虫假死性，振落捕捉；甘薯薯苗栽插前可用有机磷杀虫剂药液浸苗，成虫发生期喷布有机磷或菊酯类杀虫剂。

8. 斑须蝽　斑须蝽属半翅目蝽科，学名 *Dolycoris baccarum*，国内各地均有分布。该虫为多食性害虫，除危害十字花科蔬菜和绿叶菜以外，还取食豆类、谷类、棉、麻、果树、林木及其他蔬菜等。成、若虫刺吸嫩叶和花蕾，严重时使叶片发黄和皱缩。

【形态特征】　成虫体长8～13.5mm，宽约5mm，黄褐色或紫褐色，密布黑色小刻点和黄白色细绒毛。复眼小，红褐色，触角5节，各节基部淡黄色，其余部分黑色，形成黑黄相间。小盾片三角形，端部钝而光滑，黄白色。前翅革片淡红色至暗红褐色，膜片黄褐色透明，足黄褐色，散生黑点。腹部腹面黄褐色或黄色，具黑色刻点。

斑须蝽每年发生1～3代，以成虫在植物根际、枯枝落叶下、树皮裂缝中或屋檐底下等隐蔽处越冬。在黄淮流域第一代发生于4月中旬至7月中旬，第二代6月下旬至9月中旬，第三代7月中旬直到翌春6月上旬。后期世代重叠现象明显。第一代对小麦，第二代对烟草，第三代对烟草和蔬菜都有严重危害。

防治方法参见菜蝽。常在防治其他害虫时予以兼治。

9. 麻皮蝽　麻皮蝽属半翅目蝽科，学名 *Erthesina fullo*，各地都有发生，多食，是多种农林植物的重要害虫，菜田常见，危害较轻。成、若虫刺吸嫩叶、嫩茎，刺吸处出现黄褐色小点，严重时使叶片发黄和皱缩。

成虫躯体较大，体长约20mm，宽约10mm，黑色，密布黑色小刻点和细碎的不规则黄斑。头部中央有1条黄白色纵线，该线越过前胸背板，延伸到小盾片基部。触角黑色，末节基部淡黄色，口器细长，直达腹部第三节，末节黑色。前胸背板上散布黄白色小斑点，其前缘和前侧缘为黄色狭边。小盾片棕黑色，有粗刻点。革片棕褐色，其上散布黄色小斑点，中部较稀疏。膜片棕黑色，稍长于腹末。胸部和腹部腹面黄白色。腹部背面深黑色，侧缘黑白相间，略带黄红色。

在黄河以北每年发生 1 代，南方发生 2 代。成虫在树皮缝隙、篱笆、瓜架、屋檐墙缝等处越冬。多在 3 月下旬至 11 月中旬活动危害。成虫飞翔力较强，有弱趋光性。成虫多在上午交配，卵产于叶背，聚产，每个卵块有 12 粒卵。若虫 5 龄，初孵若虫常群居于叶片背面，二、三龄后分散活动。麻皮蝽食性很杂，多危害和栖息于各种树木和果树，也危害十字花科蔬菜以及油菜、甜菜、烟草等作物。

防治方法参见菜蝽。常在防治其他害虫时予以兼治。

10. 广二星蝽 广二星蝽属半翅目蝽科，学名 *Stolia ventralis*，分布于黄河流域、长江流域、西南、华南各地，多食，危害多种农林植物，菜田常见，危害较轻。成、若虫刺吸嫩叶、嫩茎，刺吸处出现黄褐色小点，严重时使叶片发黄和皱缩。

成虫体长 5～6mm，宽 3～4mm，卵形，黄褐色，密布黑色小刻点。头部黑色或深褐色，头侧缘在复眼基部上前方往往有 1 个黄白色小斑点。前胸背板侧角部突出，侧缘有略卷起的黄白色狭边。小盾片舌状，基角处有明显的黄白色斑点，端缘有 3 个小黑点。翅长于腹末，几乎全盖腹侧。足黄褐色，有黑点。卵长 0.7mm 左右，近圆形，初淡黄色，中期黄褐色，孵化前红褐色。卵壳网状，密生黑褐色刚毛。若虫 5 龄。

广二星蝽每年发生 4～7 代，发生代数自北向南递增。成虫在杂草丛中和枯枝落叶下越冬。多在 3 月下旬至 4 月上旬开始活动危害。成虫和若虫性喜荫蔽，遇强光照射时，常躲在叶背，有假死习性。成虫多在下午和晚间产卵，卵多产于叶背，聚产，每个卵块有12粒卵。初孵若虫常群居于叶片背面，二、三龄后分散活动。成虫在11月中下旬开始入蛰越冬。

防治方法参见菜蝽。常在防治其他害虫时予以兼治。

11. 茼蒿蝽　茼蒿蝽(*Laprius varicornis*)是半翅目蝽科害虫，危害茼蒿，发生多不严重。以成、若虫刺吸嫩叶，严重时叶片发黄和皱缩。

成虫长卵形，体长11～13mm，全体黄褐色。复眼棕黑色，单眼红色。触角基部3节暗紫红色，末2节棕黑色。喙长达于后足基节，棕褐色，末节黑。前胸背板上横列4个黄白色斑点，有时不明显。小盾片基部侧角上有2个黄白色斑点，有时基部中间隐约出现1个较小的黄白点。翅膜与腹末几等长，棕黄色，生有一些灰色小点。前胸片和中胸片的中间有沟。腿节和胫节近末端以及跗节色泽深而微红，腿节下面有2列小刺。

生活史不明，秋季田间虫口较多。管理粗放，周边多杂草的田块发生较重。茼蒿蝽还取食蒲公英等野生植物。

可在防治其他害虫时予以兼治。

12. 盲蝽类　半翅目盲蝽科害虫种类较多，食性杂，是多种农林作物的重要害虫。绿叶菜和十字花科蔬菜菜田常见牧草盲蝽(*Lygus pratensis*)与绿盲蝽(*Lygus lucorum*)，均以成、若虫刺吸植物汁液，幼芽、嫩叶、花蕾等部位都可受害，叶片被刺吸危害后出现黑褐色斑点，随叶片生长变成不规则孔洞，幼芽、花蕾被害后枯死。甘蓝受害后心叶不发育，不结球。

盲蝽成虫头部无单眼，前翅革片与膜片之间有楔片，膜区脉纹有一大一小两个封闭小室。

牧草盲蝽成虫体长约6mm，宽约3mm，体浅绿色，头部短三角形，复眼黑褐色，向两侧突出。前胸背板中央具2个黑色小纵条，后缘有2个黑斑。小盾片淡黄绿色，中央有黑褐色凹陷，三角形，前翅有多个条状黑斑。

绿盲蝽成虫体长约 5mm，绿色。头宽短，复眼黑色，触角短于身长，前胸背板绿色，小盾片黄绿色，前翅楔区绿色，膜区暗褐色。

牧草盲蝽在我国北方一年发生 2～4 代，以成虫在枯枝落叶、浅层土壤、田边杂草、树皮裂缝等处越冬。在新疆越冬成虫于 3 月中旬至 4 月中旬平均气温达 9℃时开始取食并产卵。3 月至 5 月中旬首先在麦田，后转移到十字花科和冬菠菜等开花植物上取食产卵，5 月中旬至 6 月中旬虫口分散危害各种开花植物。6 月下旬至 8 月中旬，主要危害棉花、苜蓿、胡麻、向日葵等。

绿盲蝽在北方一年发生 3～4 代，长江流域 4～5 代，以卵在受害植物茎或残茬中越冬。春季卵孵化，若虫、成虫相继危害多种作物，成虫多产卵在嫩叶主脉、叶柄、嫩茎或蕾内，有世代重叠现象。绿盲蝽严重危害豆类、苜蓿、棉花等作物。

防治方法通常以主要危害作物为重点，采取综合防治措施，包括彻底清除残株落叶和杂草，减少虫源，人工捕杀成虫，以及喷布有机磷或菊酯类药剂等。

13. 蟋蟀类 直翅目蟋蟀科害虫食性杂，危害多种农林作物，包括十字花科、豆科、茄科、伞形花科、藜科、锦葵科、旋花科、禾本科的多种蔬菜。十字花科蔬菜、绿叶菜菜田常见的种类有北京油葫芦（*Teleogryllus emma*），银川油葫芦（*Teleogryllus infernalis*），南方油葫芦（*Gryllus testaceus*），大棺头蟋（*Loxoblemmus doenitzi*），斗蟋（*Velarifictorus micado*）等十余种，常几种混合发生。成虫和若虫取食根、茎、叶、枝、果实等，常见叶片被咬出孔洞或缺刻，幼苗受害可造成缺苗断垄。

蟋蟀成虫身体粗壮，多数中小型，少数大型，黄褐色至黑褐色。触角比体长，丝状，尖细易断。口器咀嚼式，大颚发达。前足、中足同长，后足发达，善跳跃；听器在前足胫节上，跗节 3 节。雌虫产卵器针状或矛状，由 2 对产卵瓣组成，中产卵瓣退化。尾须长，不分节。雄性前翅有摩擦发音器，可昼夜发出鸣声，其音调可作为鉴别种类的依据。若虫除翅未长成外，形态与成虫相似。

(1)北京油葫芦　成虫体型大，黑褐色，头顶黑色，两复眼内方有“八”字形橙黄纹。前胸背板褐色，有1对羊角形深褐色斑。雌成虫产卵管长于后足腿节，但远短于体长。后翅发达伸出腹端如尾状。

(2)银川油葫芦　成虫大型，褐色至黑褐色，头黑色，复眼内侧有橙黄斑，不清晰，触角窝上方具黄色眉状斑1对。前胸背板黑色，有1对半月形淡色斑纹。雌虫产卵管近体长。

(3)南方油葫芦　成虫与北京油葫芦极相似，仅体型稍大，体色稍浅。头上“八”字黄纹微弱不显。

(4)大棺头蟋蟀　头扁，颜面平而向前倾斜，雄性头向两侧明显突出，呈三角形。

(5)斗蟋　成虫中型，头顶漆黑色，有反光。后头有3对橙黄色纵纹，前端一般无横纹相连。单眼间橙黄色横纹两端粗，中央缢缩。雄虫前翅长达腹末端，雌虫前翅较短，仅超过腹部中央或接近腹端。雌、雄虫后翅均不发达。产卵器长于后足腿节。

蟋蟀一年发生1代，以卵在土壤中越冬，翌年4～5月份开始陆续孵化为若虫，经5次蜕皮，发育为成虫，8月份进入发生盛期。初孵若虫群居，数天后外出觅食，各自分别掘穴独居。成、若虫白天隐蔽，夜间活动、取食和交尾，成虫有趋光性。雄虫在交配期和一个雌虫居住在一起。9～10月份交配产卵，卵单产，多产在表土1～2cm处。

蟋蟀偏好土质疏松、阴凉潮湿，植株茂密，杂草丛生的生境。有突发性，有的年份虫口异常增多。虫口过于密集时，常自相残杀。

防治方法为：①秋耕灭卵，清除田内地边杂草，减少害虫食料。②保护利用寄生螨和青蛙、蟾蜍等天敌。③利用毒饵诱杀，堆草诱杀，黑光灯诱杀等方法。毒饵诱杀每公顷用80%敌百虫可溶粉剂0.75kg，或40%辛硫磷乳油600ml，或40.7%毒死蜱乳油450ml，适量加水，喷拌30～40kg炒香的麦麸、豆饼或棉籽饼制成毒饵，在苗期撒施于田间。堆草诱杀是利用蟋蟀喜阴怕光，栖息草堆的习性，在田间地头堆放青草诱集和杀灭成、若虫。另外，也可设置黑光灯诱集成虫，在灯下放鸡鸭啄食。④傍晚撒毒土，每公顷用5%辛硫磷颗粒剂15kg，混拌细土300kg制取。⑤虫口数量大的田块可喷布顺式氰戊菊酯、高效氯氰菊酯、溴氰菊酯等菊酯类药剂。喷药时从田块四周向中心推进，以防止蟋蟀逃逸。

14. 亚洲小车蝗 亚洲小车蝗(*Oedaleus decorus asiaticus*)属直翅目斑翅蝗科，主要食害禾本科作物和禾草，也危害十字花科蔬菜、绿叶菜以及其他蔬菜，为常见的土蝗优势种类，主要分布于我国北方。

亚洲小车蝗雌虫体长约35mm，前翅长约33mm，雄虫较小，体长25mm，前翅长18mm。全体褐色带绿色，有深褐色斑。头、胸及翅上的黑褐斑纹很鲜艳。前胸背板中部明显缩狭，有明显的“X”纹，图纹在沟前区与沟后区等宽。前胸背板侧片近后部有倾斜的淡色斑，前翅基半部有2～3块大黑斑，端半部有细碎不明显的褐斑。后翅基部淡黄绿色，中部有车轮形褐色带纹。后足腿节顶端黑色，上侧和内侧有3个黑斑，胫节红色，基部淡黄褐色环不明显，上侧常混红色。

在华北北部一年1代，以卵块在地下越冬。5月中下旬越冬卵开始孵化，6月下旬多见二至三龄蝗蝻，7月上旬成虫出现，7月中下旬为羽化盛期，7月下旬开始交配，8月中旬是交配盛期，产卵期延续到10月下旬。在南部一年2代，第一代成虫6月下旬出现，第二代成虫9月出现。

防治方法为：①要精耕细作，合理灌溉，改良盐碱地。深翻土壤25～30cm，细致耙耱，通过暴晒、机械杀伤或天敌捕杀来消灭虫卵,可有效降低虫口密度。要及时清除农田四周河沟渠的杂草,破坏蝗虫的生存环境。②虫口密度不大时,可组织人工撒网捕杀。③在蝗蝻低龄期,施用微孢子虫高浓缩水剂用麦麸作载体,制成的麦麸饵料。饵料含孢子量要达到每克 $1.5\times10^8\sim3\times10^8$ 个。每 667 米^2 施用毒饵 100～150g。还可用麦糠或新鲜碎草、水和 40%氧化乐果乳油以 100∶100∶0.6 的比例混合拌匀制成毒饵,在晴天无风时施用。每 667 平方米用量 1.5～2kg,随配随撒。用药后在醒目的地方设立标牌或派专人看管。④在蝗蝻三龄以前施药,喷雾时每公顷用 50%马拉硫磷乳油 900～1 350ml,或 40%乐果乳油 750～1 050ml,或 25%敌·马乳油 2 250～3 000ml,或 2.5%溴氰菊酯乳油 450ml 左右。喷粉时每公顷用 4%敌·马粉剂 30kg。施药应选择在晴朗无风的天气进行。

15. 大青叶蝉　大青叶蝉(*Tettigella viridis*)属同翅目叶蝉科,各地都有发生,是多种农林植物的重要害虫,也危害十字花科蔬菜、绿叶菜、豆类、茄果类以及其他蔬菜,一般不严重。大青叶蝉的成虫和若虫在叶片上刺吸汁液,使叶片褪绿、变黄,严重时畸形卷缩。

大青叶蝉是有跳跃能力的小型昆虫。成虫体长 7～10mm,全体青绿色。头部橙黄色,触角鬃状,复眼黑褐色,有光泽,头部背面有 2 个单眼,两单眼间有 2 个多边形黑斑点。前胸背板前缘黄色,其余为深绿色。前翅蓝绿色,末端灰白色,半透明。后翅及腹部背面烟熏色,腹部两侧、腹面及胸足均为橙黄色。初孵化的若虫灰白色,稍带黄绿色。头大腹小,胸腹背面有不显著的条纹。三龄以后体色转为黄绿,胸、腹背面具明显的 4 条褐色纵列条纹,并出现翅芽。老熟若虫体长 6～7mm。

每年发生 2～6 代,以卵越冬,卵多产于木本植物枝条的皮下组织内或禾本科植物茎秆内。越冬卵于 4 月上旬至下旬孵化,第一代成虫羽化期为 5 月中下旬,第二代为 6 月末至 7 月下旬,第三代8月中旬至9月中旬。成虫有趋光性，非越冬代成虫多产卵于寄主植物的叶背面主脉的组织中，或树枝表皮内，卵痕月牙形，产卵成块，每块3～15粒卵。若虫多在早晨孵化，共5龄，若虫期1个月左右。在早晨或黄昏气温低时，成虫、若虫都潜伏不动，午间气温较高时活跃。

通常在防治其他害虫时，予以兼治。多对受害严重的作物施药防治，减少进入菜田的虫口数量。成虫具有趋光性，可用黑光灯诱杀或普通灯火诱杀。在若虫盛发期喷药防治，常用的药剂有40%乐果乳油1 000倍液，或20%叶蝉散乳油1 000～1 500倍液，或90%晶体敌百虫1 000～1 500倍液，或50%稻丰散乳油1 000倍液，或50% 杀螟硫磷乳油1000～1500倍液，或2.5%溴氰菊酯乳油3 000～4 000倍液，或20%氰戊菊酯乳油3 000～4 000倍液等。

16. 胡萝卜微管蚜 胡萝卜微管蚜(*Semiaphis heraclei*)是危害芹菜、胡萝卜的常见蚜虫，此外还危害当归、防风、白芷、金银花、柴胡等药用植物。成蚜、若蚜群集在叶片背面、嫩茎、花梗等部位，吸食汁液。受害叶片皱缩变黄，幼叶卷曲畸形，植株矮缩不长。严重受害的种株子粒不实。

有翅胎生雌蚜体长1.6～1.8mm，黄绿色，有薄粉。腹部背面节间斑基部大而端部小，末两节各有一横带。触角稍长于体长的1/2，第三节有排列不规则的次生感觉圈25～40个。腹管细而短，长不到尾片的1/2。尾片圆锥形，有毛6～8根。

无翅胎生雌蚜体长2～2.1mm，全体黄绿色或土黄色，有薄粉。触角灰黑色，无次生感觉圈，有瓦纹，各节有短毛。其他特征同有翅蚜。腹管和尾片特征也与有翅胎生雌蚜相同。

每年发生20余代，以卵在金银花和其他忍冬属植物上越冬。春季越冬卵孵化，后代行孤雌生殖，有翅胎生雌蚜陆续迁飞到芹菜等寄主上。在春末夏初危害芹菜、胡萝卜等蔬菜的采种株，秋季危害露地芹菜。秋末产生性蚜，在越冬寄主上交配产卵越冬。

防治方法参考桃蚜的防治。

17. 莴苣指管蚜　莴苣指管蚜（*Dactynotus formosanus*）属同翅目蚜科，危害莴苣、菊苣、苦苣、刺菜等，成、若蚜群集嫩梢、花序及叶背，吸食汁液。

无翅孤雌蚜体长 3.3mm，宽 1.4mm，纺锤形，体土黄色、黄褐色至紫红色，头顶骨化深色，腹部毛基斑黑色，腹管基部前后斑大型，黑色。体表光滑，背毛粗短，1～5 腹节每节具11～13 根毛，6～7 节每节 5～6 根，第八节具长毛 2～4 根。触角细长，第三节具短毛 25～32 根，具突起的指状次生感觉圈 76～123 个。喙细长，达后足基节。腹管长管状，尾片色浅，长锥形，具毛 18～25 根。

有翅孤雌蚜体椭圆形，红褐色至紫红色，头和胸黑色，腹部色浅，除腹部各背片具毛基斑外，都有大型缘斑，7～8 腹节各具横带斑纹 1 条，触角第三节具次生感觉圈 121～148 个。

一年发生 10～20 代，以卵越冬。喜群集嫩梢、花序和叶背面，遇振动易落地。繁殖最适温度 22℃～26℃，相对湿度 60%～80%。北方 6～7 月份大量发生，10 月下旬出现有翅雄蚜和无翅雌蚜。

防治方法是在发生初期喷施抗蚜威、阿克泰、吡虫啉或阿维菌素等杀虫剂防治。

18. 藜　蚜　藜蚜（*Hayhurstia atriplicis*）属同翅目蚜科，主要危害菠菜、叶用甜菜、根用甜菜等藜属和滨藜属植物。

无翅孤雌蚜体长 1.7mm，头部骨化，胸、腹部淡色，无斑纹，表皮光滑。有翅孤雌蚜头、胸黑色，腹部淡色。活体草绿色，有薄粉。

北方地区春末夏初和秋季发生较多，在南方和北方保护地内除夏季炎热时可持续发生危害。

防治方法参见桃蚜。

19. 菜斑潜蝇　菜斑潜蝇（*Liriomyza brassicae*）属双翅目潜

蝇科斑潜蝇属，又名甘蓝斑潜蝇，主要危害十字花科蔬菜，偶尔危害番茄或豌豆。幼虫蛀食叶肉，残留上、下表皮，形成不规则形潜道。

成虫翅长1.3～1.8mm。额宽为眼宽的1.3倍，不突出于眼，黄色，内、外顶鬃着生处黑色。眶暗黑色或棕色，最淡色个体可能看不出暗色。上眶鬃2对，下眶鬃2对，后者弯曲，触角黄色，中胸背板亮黑色，背中鬃3+1，中鬃4行，小盾片黄色，仅两侧角棕色。中侧片下方1/3暗色，足基节、腿节亮黄色，胫节和跗节暗褐色，腹部黑褐色，光滑，背板后缘黄色，第九背板褐色。幼虫体长约3mm，蛆状，白色。后气门具3个气孔开口。蛹长约3mm，长椭圆形，乳黄色至黄褐色。

该虫在亚热带地区周年可见，春、夏季危害严重。幼虫老熟后钻出潜道在叶表或土表化蛹。主要寄生十字花科蔬菜，青花菜、芥蓝、苤蓝、小白菜等受害重。也可寄生山柑科和旱金莲科植物。樱桃、番茄、荷兰豆、甜豌豆等偶尔受害。

菜斑潜蝇是世界性害虫，国内仅局部地区有发生，应加强监测，防止随蔬菜、花卉传播扩散。

20. 卷球鼠妇 属甲壳纲等足目鼠妇科，学名*Armadillidium vulgare*。该虫分布普遍，杂食，危害十字花科蔬菜、绿叶菜以及番茄、瓜类等。卷球鼠妇在田间和保护地取食蔬菜叶片，造成空洞和缺刻。

雌性成体长9～12mm，灰褐色。雄性成体长较大，体长可达14～16mm，体色与雌体稍异，为灰蓝色。成体头部与第一胸节愈合，合称头胸部。有触角2对，第一对较小，分3节，而第二对触角较大，分7节。第二对触角位于第一对外侧。口器有1对大颚和1对小颚，端部黑色，其余部分褐色。胸部发达，占身体绝大部分，分7节，每节生有1对胸肢(足)。腹部小，也分7节。成体体背有凸凹不平的刻纹，各节背板坚硬，边缘色淡。各节两侧具弧形纵向条纹 7～9 个。卵淡黄色，近圆形，直径约 1mm。幼体灰褐色或灰蓝色，形态特征同成体。

卷球鼠妇两年发生 1 代，以成体或幼体在土壤内越冬。在棚、室等保护地内，1 月下旬至 2 月下旬始有少量个体活动，3 月大量出现，取食菜苗，4～5 月份为危害盛期。4 月中下旬为交配盛期，卵产于雌体胸部腹面的抱卵囊内。5 月中旬为卵孵化盛期，孵出的幼体随母体的蠕动而释放出来。

卷球鼠妇有负趋光性，夜晚活动，白天隐藏在土块下、石缝中、墙角、沟边等隐蔽处所。有假死习性，受惊后身体立即蜷缩成球形。

防治方法为：①搞好田园清洁，及时清除残枝败叶。②撒施毒土，每公顷用 2.5％溴氰菊酯乳油或 20％速灭杀丁乳油 750～1 500ml 配成药液，喷拌 300kg 细土，制成毒土，撒施于地面。也可以用 50％辛硫磷乳油或 50％乐果乳油配制毒土，每公顷用药量都是 1 500～2 250ml。③喷药防治，用 2.5％溴氰菊酯乳油2 000 倍液，或 20％甲氰菊酯乳油 2 000 倍液，或 50％辛硫磷乳油 1 000 倍液喷地面。

第三章　茄果类和薯芋类蔬菜害虫

茄果类蔬菜与马铃薯同为茄科植物，有共同的害虫，本章合并介绍，同时也介绍了薯芋类蔬菜其他种类的重要害虫，共计 24 种，包括近年猖獗的新害虫。许多蔬菜害虫是多食性的，本章介绍的种类多数也危害其他蔬菜，而棉铃虫、西花蓟马、叶螨等更是多种农林植物的大害虫。第二章介绍的桃蚜，第四章介绍的粉虱、斑潜蝇、节瓜蓟马等也是危害茄果类的重要害虫，在使用本书时可前后参照。

1. 烟青虫和棉铃虫

烟青虫是烟夜蛾（*Helicoverpa assulta*）的幼虫，它与棉铃虫（*H. armigera*）在形态和习性上都很相似，两者均属鳞翅目夜蛾科，分布广泛，食性很杂。烟青虫的寄主主要有辣椒、烟草、麻类、玉米、高粱等。棉铃虫是棉花的大害虫，危害番茄、辣椒、茄子、莴苣等蔬菜也很严重。两虫以幼虫蛀食果实为主，也食害花、蕾、芽、叶和嫩茎。

【形态特征】

1. 烟青虫

(1)成虫　体长 13～17mm，翅展 25～28mm，全体灰黄色或黄褐色。前翅黄褐色，基线清晰，往外有暗褐色波状横线 4 条，分别是内横线、中横线、外横线和亚外缘线，以后两线最明显。内横线、外横线均为双线，亚外缘线为宽带。内横线与中横线间有一褐色环斑，上有 1 个褐点。中横线外方有一灰褐色肾状斑，该斑褐边,上有一新月形纹。前翅上各种斑、线轮廓均较清晰。后翅灰褐色,外缘有褐色宽带,其内侧中部有一条黑褐色横纹(图 3-30)。

(2)卵　直径约 0.5mm,高约 0.4～0.5mm,半球形,稍扁,底部平。表面有网状花纹,卵孔明显。

(3)幼虫　共 6 龄,老熟时体长 30～40mm,圆筒形。头部黄褐色,体色变化较大,有淡绿、淡红、红褐乃至黑紫色,常见绿色型和红褐色型两种。背部纵线色深,气门多褐色,体表布满短而钝的小刺,每体节有刚毛 12 根。幼虫全身蛀入果内,果表仅留有一个蛀孔(虫眼),果肉和胎座被取食,残留果皮,果内堆满虫粪和蜕皮。虫蛀果易腐烂和脱落。

(4)蛹　体长 15～18mm,黄绿色至黄褐色。腹部第五节至第七节有 7～8 排半圆形刻点。腹部末端较圆,有臀棘 2 个。

2. 棉铃虫

(1)成虫　体长 14～18mm。翅展 30～38mm。黄褐色(雌)或灰绿色(雄),前翅基线不清晰,内横线双线,褐色,锯齿形。中横线褐色,略呈波浪形,外横线双线,亚外缘线褐色,锯齿形,两线间为一褐色宽带。环形斑褐边,中央有 1 褐点,肾状斑褐边,中央有 1 个深褐色的肾形斑点。外缘各脉间有小黑点。后翅灰白色,沿外缘有黑褐色宽带,宽带中央有 2 个相连的白斑(图 3-30)。

(2)卵　半球形,直径 0.44mm,高 0.51mm,表面有纵横隆纹,交织成长方格。初产时白色。

(3)幼虫　共 6 龄,老熟幼虫体长 40～45mm。体色多变,有淡红色、黄白色、淡绿色、墨绿色等多种类型,还有的体色为黄绿色、暗紫色与黄白色相间。头部黄绿色,生有不规则的网状纹。气门线白色或黄白色,体背面有 10 余条细纵线,体表小刺比烟青虫的要长且尖。各体节上有毛瘤 12 个,刚毛较长。幼虫蛀入果实时,常把尾部留在果外,虫粪也排在果外。

(4)蛹　体长 17～20mm,纺锤形,赤褐色,腹部第五节至第七

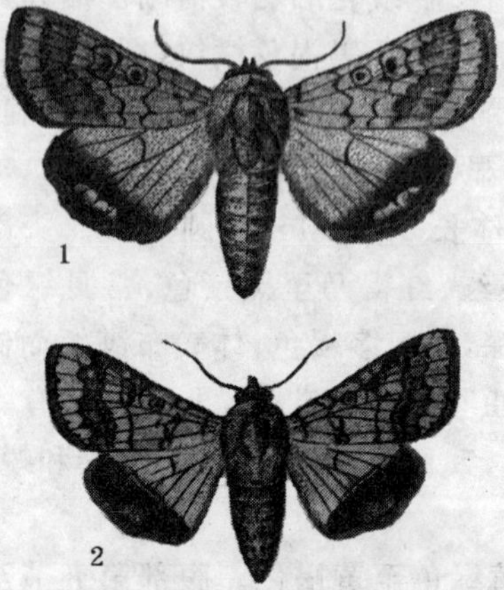

图 3-30 棉铃虫和烟青虫成虫

(仿农业昆虫学原理原图)

1. 棉铃虫 2. 烟青虫

节各节前缘密布环状刻点,末端有臀棘 2 个。

棉铃虫与烟青虫的重要区别是:成虫体型稍大,雌蛾黄褐色,雄蛾灰绿色。前翅斑纹较模糊,横纹较斜。后翅黑褐色宽带内侧无横纹,但宽带中央有 2 个相连的白斑。卵乳白色,半球形,稍高,卵孔不明显。幼虫体壁粗厚,体表小刺长而尖。蛹体气门大而突起。

【发生规律】

1. 烟青虫 烟青虫在东北每年发生 2 代,内蒙古、新疆 3 代,山东、河南、陕西等黄河中下游诸省 3～4 代,淮河、长江流域4～6 代,云南 7 代。以蛹在田间 3～7cm 土层内越冬。

在黄河中下游一带,越冬代成虫 4 月中旬开始羽化,5 月上中旬为羽化盛期,5 月中下旬为第一代幼虫发生期,6 月中旬为第一代成虫盛发期,7 月为第二代幼虫危害期,8 月为第三代幼虫危害期,9 月中下旬为第四代幼虫危害期,10 月上中旬入土化蛹越冬。该虫主要以第二、第三代幼虫危害辣椒。

在安徽省安庆市每年发生 4～5 代。越冬代成虫 5 月上旬至 6 月中旬羽化。第一代幼虫危害期为 5 月中旬至 6 月中旬,第二代为 6 月下旬至 7 月上旬,第三代为 7 月中旬至 8 月上旬,第四代为 8 月中旬至 9 月上旬,第五代为 9 月中旬。9 月中旬后多数幼虫入土化蛹越冬,少数幼虫于 10 月中旬入土化蛹越冬。从第二代开始出现世代重叠，第二、第三代是主要危害世代。

烟青虫在 20℃时，卵期 5～9 天，幼虫期 31 天，蛹期 28 天；在 25℃时，上述虫态历期分别为 4 天，22.7 天和 18 天；在 30℃时，分别为 2 天，17.4 天和 9.6 天。

烟青虫成虫白天多在辣椒或杂草株丛中栖息，晚上和阴天活动，前半夜活动最盛，但有大风或降水时不活动。成虫有趋光性，对杨树、柳树的半枯萎枝叶和糖醋液有正趋性，喜取食丝瓜、南瓜的花蜜。羽化后 1～3 天开始交尾产卵，4～5 天为产卵高峰期，产卵多在晚 8 时到翌日 10 时进行，以上半夜最多。在辣椒上卵散产于嫩叶、花蕾、果柄和枝条上，每雌可产卵 1 000 粒左右。卵初产时为乳白色，后渐变黄，顶部出现紫红色圆圈，孵化前变灰色，顶部出现黑突。若上午出现黑突，傍晚就可孵化，下午出现黑突，翌日清晨就孵化。不能孵化的卵也变黑色，但顶部无黑突。大部分卵在晚间 7～8 时和上午 6～9 时孵化。

初孵幼虫先取食卵壳，然后蛀食花蕾、嫩叶、嫩梢。幼虫 6 龄，一般三龄后开始蛀果，此后直至化蛹前，都在果内取食。在果实上孵化的幼虫先食果皮，然后直接蛀食果实。幼虫在辣椒果实内，啃食嫩籽和胎座，并排出大量粪便。可转果、转株危害，1 头幼虫可能危害 3～5 个辣椒。幼虫有假死性，稍被触动，即卷曲不动。幼虫还有自残性，一个辣椒果实内通常只有 1 头幼虫。幼虫老熟后从蛀孔爬出，到 3～7cm 深的土层中化蛹，越冬蛹入土较深。

烟青虫发生与环境温度的关系密切，发育起点温度卵期为 13.7℃，幼虫期为 13.9℃，蛹期为 11.2℃，成虫产卵前期为 16.7℃，一个世代的有效积温为 383.3 日・度。成虫产卵适温为 24℃～27℃，在日均温 25.8℃时，孵化率达 90%左右，而在 20.5℃时，只有 20%左右。在长沙市，第一、第二代卵的孵化率可达 70%～90%，以后各代降至 30%～50%。在山东、陕西等地，以第二、第三代的孵化率较高。随着气温升高，发虫量增大，7～8 月份是高温时期,也是烟青虫危害最严重的时期。

烟青虫卵的孵化和幼虫发育需要足够的湿度,一般相对湿度在70%~90%时较有利。暴风雨和大雨对卵和初孵幼虫有强烈的冲刷作用,大雨过后土壤板结,也不利于幼虫入土化蛹和蛹的羽化。

烟青虫的寄主植物虽多,但最喜取食辣椒和烟草,虽可在番茄上产卵,但幼虫不易存活,棉花也不是其重要寄主。取食不同植物对生长发育有不同影响。有调查表明,取食烟草的烟青虫能全部成活,取食辣椒叶片的成活50%,取食辣椒果实的成活75%,取食番茄叶片的全部死亡。成虫在补充营养阶段,若有较多开花植物,特别是丝瓜和南瓜,可供取食花蜜,则产卵量明显增加。

2. 棉铃虫 棉铃虫在各地的发生代数和历期与烟青虫基本相似,但发生时间较早。在东北和新疆北部每年3代,黄淮流域4~5代,长江流域5代,华南6~7代。以蛹在土层中做土茧越冬。

在黄淮流域,4月下旬至5月中旬越冬代成虫羽化,产卵。第一代幼虫主要危害小麦、春玉米、蔬菜等作物,以后各代主要危害棉花,也危害蔬菜、玉米、药材等作物,9月下旬以后陆续进入越冬或继续危害棚室蔬菜。

棉铃虫成虫也是夜间活动,白天隐蔽。趋向蜜源植物,吸食花蜜,有趋光性,杨树枝对成蛾的诱集力强。成虫在嫩尖、嫩叶、果萼、果荚等幼嫩部位产卵。初龄幼虫取食嫩叶,二至三龄钻蛀危害,食量增大,有转株危害习性,四至五龄转移蛀食频繁。1头幼虫可蛀食多果。棉铃虫食性很杂,可加害番茄、茄子、辣椒等茄果类蔬菜果实。

【防治方法】

1. 栽培防治 清洁田园,及时清除残株败叶,结合冬耕、冬灌及其他耕作措施,杀伤土层内越冬虫蛹或破坏其越冬生境。大面积椒田、番茄田,可种植烟草诱集带,即每隔数行,种植一行烟草，诱使烟青虫在烟草上集中产卵，便于消灭。南方早熟辣椒地种植烟草诱集带，诱集越冬代成虫产卵的效果显著。菜地周围适当种植玉米，引诱棉铃虫产卵，并及时摘除毁掉。结合田间管理，可锄地灭蛹或培土闷蛹，人工摘除卵块，捕杀初孵幼虫，摘除受害果实等。

2. 诱杀成虫 利用黑光灯，高压汞灯，杨树、柳树枝把，糖醋液，雌虫性诱剂等诱蛾。黑光灯可用20瓦或40瓦的，每2.5～3.5hm^2地设置1盏灯。杨树或柳树枝条先剪成67cm长，每5～10根捆成一把，基部一端绑一个木棍，插入椒田、番茄田。树枝把应高出作物20cm左右。通常每667m^2插入10把，每4～5天换一次树枝把。早晨露水未干时，用塑料袋套住树枝把，收取成虫并杀死。缺乏杨、柳树枝时，也可用枫树、刺槐、紫穗槐、榆树、洋槐、臭椿的树枝代替。利用成虫的趋化性，在成虫数量开始上升时，用糖醋液诱杀成虫。

3. 药剂防治 在当地危害世代的卵孵化盛期至2龄幼虫期喷药，将幼虫消灭在蛀果之前。也有的地方根据虫情监测，在成虫产卵高峰期后3天施药。可供选用普通杀虫剂有80%敌百虫可溶性粉剂1 000～1 500倍液，或40%乐果乳油1 000～1 500倍液，或50%辛硫磷乳油1 000～1 500倍液，或2.5%溴氰菊酯乳油3 000～4 000倍液，或20%氰戊菊酯乳油2 000～3 000倍液，或2.5%三氯氟氰菊酯乳油3 000～4 000倍液，或2.5%联苯菊酯乳油3 000倍液，或52.25%氯氰·毒死蜱乳油2 500～3 000倍液，或3%啶虫脒乳油1 000～2 000倍液等。有机磷药剂、菊酯类药剂宜与其他类型药剂交替使用，以延缓害虫抗药性的产生。对已产生抗药性的，可采用昆虫生长调节剂、抗生素、细菌杀虫剂以及新品种药剂防治。施药日期与采收重叠，应先采收，后施药，以避免果实带药上市。氯氰·毒死蜱是广谱性杀虫剂，瓜类(特别在大棚中)、莴苣苗期较敏感，应慎用。

昆虫生长调节剂可用5%氟虫脲乳油1000～2000倍液，或5%氟啶脲乳油1000～2000倍液，或5%氟苯脲乳油1000～2000倍液等。

4. 生物防治 防治三龄前幼虫可用苏云金杆菌(Bt)制剂，8000IU/ mg的可湿性粉剂，每667m² 用药200～300g。在冬春大棚棉铃虫卵高峰后4～6天，可连续喷施2次。在卵高峰期还可施用棉铃虫核多角体病毒制剂(20亿PIB/ g)1000倍液。上述生防制剂需在阴天或晴天的早、晚喷药，不能在高温强光条件下喷药。大面积辣椒产区，尚可在成虫产卵始、盛期释放人工饲养的赤眼蜂。

2. 茄黄斑螟

茄黄斑螟(*Leucinodes orbonalis*)属鳞翅目螟蛾科，又名茄白翅野螟、茄螟，幼虫食害茄子花蕾、花蕊、子房，蛀食嫩茎、嫩梢及果实，引起枝梢枯萎，落花，落果和果实腐烂。除茄子外，该虫还危害龙葵、马铃薯、豆类等。

【形态特征】 见图3-31。

1. 成虫 体长6.5～10mm，翅展18～32mm，多数25mm左右，雌蛾体型稍大。头、胸黑棕色，翅白色。前翅基部呈黄褐色，翅中部近前缘处有1个弯曲的宽纵斑，中室顶端下侧与后缘相接呈1个红色三角形纹，翅顶角下方有1个黑色眼形斑。后翅中部具1个明显的和几个不明显的小黑点，并有明显的暗色后横线及2个浅黄色斑。栖息时翅伸展，腹部翅起，腹部两侧节间之毛束直立。

2. 卵 长0.7～0.8mm，宽0.4～0.5mm，外形似水饺状，脊上有锯齿状刺2～5根，大小长短不一，或相连，或分开。卵面有稀疏刻点。初产时乳白色，孵化前呈灰黑色。

3. 幼虫 幼龄期黄白色，老熟幼虫粉红色，体长15～18mm。

头及前胸背板黑褐色。背线浅褐色。前胸背板两侧各着生5根刚毛。各体节均有6个黑褐色毛斑，前4个大，后2个小，各节体侧有1个瘤突，上着生2根刚毛。每个气孔下方有一毛瘤，上着生1根刚毛。腹末端黑色，腹足趾钩双序缺环。

4. 蛹　体长8～9mm，浅黄褐色，两侧气孔上方各有1对突起。喙、触角、前翅伸至腹面第九节。头三角形稍突出，腹面扁平。蛹外被以深褐色坚韧的不规则形茧。

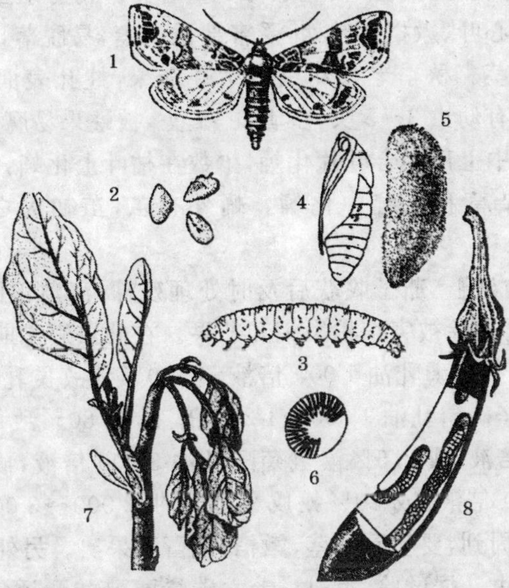

图3-31　茄黄斑螟　（仿蔬菜昆虫学图）

1. 成虫　2. 卵　3. 幼虫　4. 蛹　5. 茧　6. 幼虫腹足趾钩　7. 植株被害状　8. 茄果被害状

【发生规律】　茄黄斑螟在湖北一年约发生5代，世代重叠，以幼虫在残枝枯叶、杂草根际、表土缝隙等处越冬。一般5月份田间出现幼虫危害,7～9 月份是危害盛期,尤以 8 月中下旬虫口密度最大,危害秋茄严重。在上海地区一年发生 4～5 代,3 月份越冬幼虫开始化蛹,5 月中下旬田间始见危害状,7～9 月份为发生盛期,10 月起幼虫滞育越冬。

成虫白天在阴暗处荫蔽,受惊后做低空飞行,夜间活跃,一次飞翔时间可达 3～5 分钟,并可高飞,趋光性弱,有趋嫩性。成虫交尾产卵多在夜间进行,卵散产,多产在植株中上部,上部嫩叶背面最多,叶面及花、叶柄、嫩枝上也可少量着卵。初孵幼虫蛀食花蕾、花蕊、子房、心叶、嫩梢和叶柄,受害部位枯萎,易脱落,3 龄以上幼虫蛀果或蛀茎。秋季老熟幼虫多钻蛀茄果,蛀孔表面有虫粪。1 个茄果内常有幼虫 3～5 头,多者 6～7 头,被蛀果易腐烂。夏季老熟幼虫多在中上部缀合叶片化蛹,少数在枯叶上化蛹,秋季则多在枯枝落叶、杂草和土缝中化蛹。蛹外有茧,茧初为白色后变棕褐色。

【防治方法】 茄子收获后及时处理残株,清洁田园。田间发生后,要及时摘除被害植株嫩梢和茄果。在幼虫孵化期喷药防治,可用 50%马拉硫磷乳油 1 000 倍液,或 40%敌敌畏乳油 1 000 倍液,或 50%辛硫磷乳油 1 000～1 200 倍液,或 80%敌百虫可溶性粉剂 1 000 倍液,或 2.5%溴氢菊酯乳油 3 000 倍液,或 10%菊·马乳油 1 500 倍液,或 20%氰戊菊酯乳油 2 000～3 000 倍液等。药液要喷布周到,要喷到嫩茎、嫩梢、花蕾和果实。另外,还可用性诱剂诱集成虫。据试验,反-11-十六碳烯醇醋酸酯诱集茄黄斑螟的雄蛾,效果很好。将反-11-十六碳烯醇醋酸酯溶于二氯甲烷溶剂内,溶液浓度 1mg/ml。以 2cm^2 的滤纸片作载体,滤纸片上滴加溶液(含药 50～150μg),将滤纸片装入塑料纸袋内,封好纸袋,用回形针卡在铁丝上,再架在 20cm 直径的水盆上(距水面 1cm),盆内装水并加入少许洗衣粉,即做成诱捕器。诱捕器放置位置应高出植株 30～50cm。一般每 30m 距离设置诱捕器 1 个,持效期可达20天以上。此法可诱杀成虫，亦可用于虫情测报。

3. 马铃薯块茎蛾

马铃薯块茎蛾（*Phthorimaea operculella*）属鳞翅目麦蛾科，多分布于中、南部省份，其最适寄主是烟草，其次为马铃薯和茄子，也危害番茄、辣椒及其他茄科植物。该虫食害田间和贮藏期马铃薯，幼虫沿叶脉蛀食叶肉，仅残留上下表皮，还使幼苗、嫩茎和叶芽枯死。蛀食块茎时形成弯曲的虫道，能吃光薯肉，受害块茎易霉变腐烂。

【形态特征】 见图3-32。

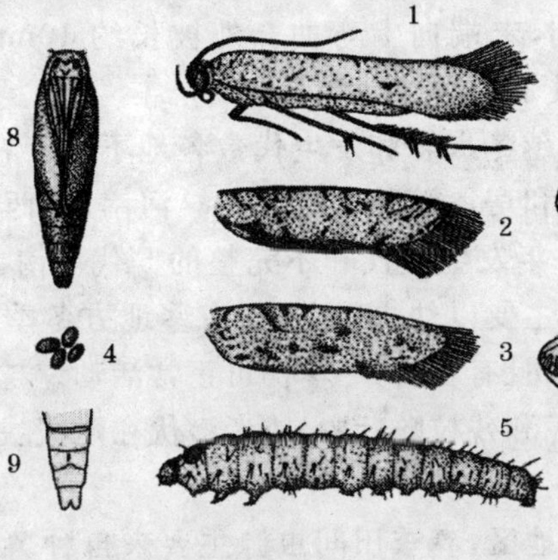

图3-32　马铃薯块茎蛾　（仿蔬菜昆虫学图）

1. 成虫　2. 雌成虫前翅　3. 雄成虫前翅　4. 卵　5. 幼虫
6. 幼虫腹足趾钩　7. 幼虫臀足趾钩　8. 蛹　9. 雌蛹腹末端腹面

1. 成虫　为体长5～6mm、翅展13～15mm的小蛾子。体灰褐色，略有银灰色光泽。前翅狭长，翅尖略向下弯，臀角钝圆，翅中央有 4～5 个黑褐色斑点。雌成虫在翅的臀区有黑褐色大斑，两翅合并时构成一长斑纹。雄蛾在该区有 4 个不甚清晰的黑斑，两翅合并时不构成长斑纹。缘毛灰褐色，排列整齐。后翅翅尖突出，缘毛长。

2. 卵 长约 0.5mm，宽 0.4mm，椭圆形，初产时乳白色，有光泽，后变黑褐色，有蓝紫色光泽。

3. 幼虫 共 4 龄，末龄幼虫体长 10.8～13.5mm，宽 1.0～2.7mm。头部红褐色，前胸盾和胸足黑褐色，臀板黑褐色，体白色或淡黄色。雄虫腹部第五背板可见肾形睾丸 1 对。腹足趾钩双序环形，臀足趾钩为双序横带。

4. 蛹 长 5～7mm，宽 1.2～2mm，圆锥形。前期淡黄色，后期复眼、翅芽、胸足黑褐色，腹部黄褐色。第十腹节腹面中央凹入，背面中央有一角刺，末端向上弯曲。外被长约 10mm 的灰白色茧，茧外粘附有泥土和黄色排泄物。

【发生规律】 越冬虫态和发生代数各地不同。在北方各地，多以蛹在窖藏块茎和房屋缝隙等处越冬。河南、陕西等地一年发生 4～5 代，山西一年发生 4 代和不完整的 5 代。南方发生 5～9 代，世代重叠严重，主要以幼虫越冬，但有些地方冬季各虫态都存在。只要温度适宜，且有食料，冬季仍可正常活动。越冬幼虫多残留在田间薯块、根茬和残枝败叶中，或者潜伏在贮藏块茎和墙壁缝隙等处。

在北方一季作地区，春季田间虫源主要来自种薯。在二季作地区，春薯田间虫源来自冬贮种薯和遗留田间的残薯。春薯收获时，块茎蛾在出土块茎上产卵，随薯块进入仓储场所。秋季危害马铃薯植株的虫源，来自仓储块茎、本田春薯自生苗以及烟草、茄子等茄科植物。秋薯收获时大部分虫体随块茎进入仓库，小部分残留田间。

成虫白天潜伏在土缝、植株与杂草丛中，夜晚活动，飞翔力不强，有趋光性。羽化当日或翌日即可交尾产卵，但也可不行交尾，仅由雌虫进行孤雌生殖。卵产在植株上或块茎上。

在植株上产卵，以叶片的叶脉附近和茎秆基部最多。孵化出的幼虫爬行到叶片边缘，吐丝下坠，随风飘送到邻近植株。幼虫潜入叶片内取食叶肉，残留上下表皮，由叶面可见略透明的弯曲虫道，粪便多排出于虫道一端。随着幼虫食量增大，虫道加宽，以至呈现不规则的褐色枯斑。也有的潜蛀叶柄和茎部，若由生长点蛀入幼茎，可使幼苗生长停滞，甚至枯死。幼虫 4 龄，老熟后爬出蛀道，在田间土表、土缝内、植株茎基部和枯叶背面等处结灰色薄茧化蛹。

在块茎上产卵，则多产在芽眼基部，也产在裂缝、破皮处。产于芽眼内的卵，可为尘土、丝网所覆盖，仅顶端少数露出，难以被发现。幼虫孵化后，从芽眼或破皮处蛀入块茎，或先在块茎表面吐丝结网，1～2 天后再蛀入。初龄幼虫仅在块茎表皮下潜蛀，由块茎表面蛀孔可见黑色粉末状粪便。幼虫长大后潜入块茎深处，粪便颗粒褐色，粗大。块茎内可被蛀食一空，外表皱缩，堆积虫粪。幼虫老熟后爬出，在块茎凹陷处、块茎间、地面与墙壁缝隙内结茧化蛹。

马铃薯块茎蛾较耐低温，冬季温度不低于 10℃（蛹期为 9℃）则无滞育现象。甚至 1 月份气温－2℃～3℃，有积雪时幼虫仍可存活。但若严寒，则多死亡，翌年发虫量剧降。该虫也耐高温，夏季高温干旱时危害严重。南方发生重于北方，愈往北愈轻。丘陵山地，特别是马铃薯与烟草混作、连作地区发生较重。

马铃薯块茎蛾可以幼虫或蛹随马铃薯块茎、未烤制的烟叶以及运输工具等远距离传播。田间靠成虫飞行扩散，也随烟苗、茄苗等近距离传播。

【防治方法】

1. 选用无虫种薯　由无虫区调用种薯，或经严格筛选留用本地无虫种薯。选薯时应特别注意检查块茎芽眼、破皮等处的虫卵、块茎上的蛀孔和虫粪。

2. 栽培防治 避免马铃薯与烟草连作、邻作、间作。及时清除田间残株、落叶和地边杂草,以减少虫源。早期人工剔除有虫苗,摘除虫叶。要及时培土,不使块茎露出表土,防止成虫产卵。块茎挖出后及时运回,不在田间过夜,减少成虫产卵。

3. 贮藏期防治 入贮前彻底清洁窖、库,并喷药除虫。挑选无虫薯入贮,门窗、风洞用纱布钉住,防止成虫飞入产卵。此外,还可用有机磷杀虫剂药液喷布种薯,晾干后入贮。

马铃薯块茎蛾曾是国内检疫对象,曾采取种薯熏蒸除虫措施。用溴甲烷熏蒸,温度21℃以上,每立方米用药32g;温度11℃~20℃时,每立方米用药38~42g,温度10℃以下时,每立方米用药50g,熏蒸时间均为2小时。用二硫化碳熏蒸,每立方米用药7.5g,在15℃~20℃温度下密闭75分钟。

4. 田间药剂防治 在成虫发生期至幼虫孵化盛期喷药防治。可供选用的药剂有50%马拉硫磷乳油1 000~1 500倍液,或50%辛硫磷乳油1 000~1 500倍液,或50%杀螟丹可溶性粉剂1 000~1 500倍液,或80%敌百虫可溶性粉剂1 000倍液,或20%甲氰菊酯乳油3 000~4 000倍液,或20%氰戊菊酯乳油3 000~4 000倍液等。

4. 马铃薯瓢虫和茄二十八星瓢虫

两种瓢虫都属于鞘翅目瓢虫科。马铃薯瓢虫(*Henosepilachna vigintioctomaculata*)广泛分布于北方各地,其寄主种类很多,以马铃薯、茄子受害较重。茄二十八星瓢虫(*Henosepilachna vigintioctopunctata*)主要危害茄子,也取食辣椒、番茄、马铃薯等。两种害虫的成、幼虫取食叶片,被害叶仅残留上表皮,形成许多不规则的透明凹纹，后变褐色。茄果被啃食处常常破裂，组织变僵，粗糙、有苦味，不堪食用。

【形态特征】

1. 马铃薯瓢虫　见图 3-33。

(1)成虫　半球形，赤褐色，体长 7～8mm，密生黄褐色细毛。前胸背板中央有一较大的剑状斑，两侧各有 2 个黑色小斑(有的合并成 1 个)。两鞘翅上各有 14 个黑斑，鞘翅基部 3 个黑斑，以及其后方的 4 个黑斑，都不排在一条直线上，两鞘翅合缝处有 1～2 对黑斑相连。

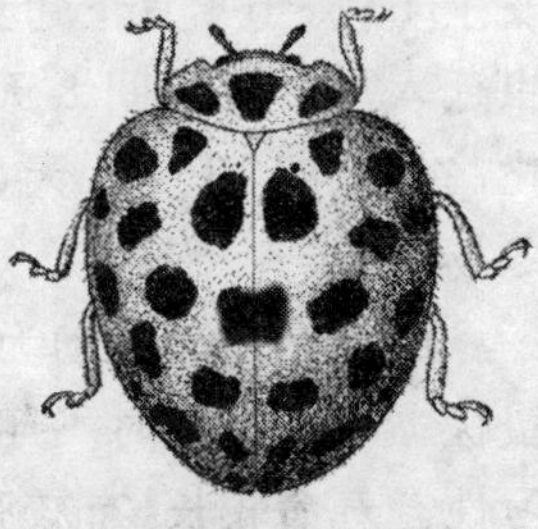

图 3-33　马铃薯瓢虫成虫

(2)卵　子弹头形，初鲜黄色，后变黄褐色，有纵纹。

(3)幼虫　淡黄褐色，纺锤形，体背面各节生有黑色刺枝，每个刺枝上有小刺 6～10 根。

(4)蛹　淡黄色，椭圆形，背面有黑色斑纹和稀疏细毛，尾端包着幼虫末次蜕皮的皮壳。

2. 茄二十八星瓢虫　成虫前胸背板有 6 个黑点，有时中间 4 个连成 1 个横斑。鞘翅上虽然也有 14 个黑斑，但鞘翅基部 3 个黑斑后方的 4 个黑斑，都几乎排列在一条直线上，两翅合缝处黑斑也不相连。据此可与马铃薯瓢虫区分。

【发生规律】　马铃薯瓢虫在北方多为一年 2 代，少数地区一年 1 代。以成虫群集在背风向阳的山洞里、土穴中、石缝内、树皮下、建筑物各种缝隙中，或者群集在背风向阳的山坡地、半丘陵坡地越冬。在华北地区，5 月份越冬成虫开始危害，6 月上中旬为产卵盛期，6 月中下旬幼虫大量孵化，6 月下旬至 7 月上旬为第一代幼虫严重危害期，7 月中下旬为化蛹盛期，7 月下旬至 8 月上中旬是第一代成虫羽化盛期。8月上旬为第二代幼虫孵化盛期，8月中旬为其严重危害时期，8月下旬为化蛹盛期，第二代成虫羽化后于9月中旬开始迁移越冬，10月上旬迁移完毕。在东北地区，越冬代成虫春季出现稍迟，秋季进入越冬期较早。在陕西部分地区一年发生1代，于4月下旬至5月上旬为越冬成虫出蛰迁飞高峰期，成虫迁入马铃薯田间8天左右进入产卵高峰期，卵经过3～11天孵化。幼虫期18～24天，蛹期7天，8月下旬成虫飞离田间寻找越冬场所。

成虫在白天活动为害，由上午10时至下午4时最活跃，早晚蛰伏。晴天高温时飞翔活动能力强，阴雨刮风时很少活动，有假死习性。寿命较长，有较强的耐饥力。卵产于叶背，20～30粒集成卵块，直立于叶背。幼虫共4龄，二龄后分散为害，老熟后在茎叶上或杂草、地面上化蛹。幼虫和成虫都在叶背啃食叶肉，残留叶面表皮，形成瓦楞状条纹，可将叶肉吃光。马铃薯瓢虫食性虽然较杂，但成虫必须取食马铃薯才能顺利完成生活史。

马铃薯瓢虫的发生与气象条件有密切关系。冬季严寒，积雪少，越冬成虫死亡多。夏季高温干燥可抑制产卵和卵的孵化，对其生长发育和繁殖不利。

茄二十八星瓢虫习性与马铃薯瓢虫相似，但适于较高的温度，在南方各地发生较重，最喜食害茄子。在江苏、安徽一年发生3～4代，江西南昌5代，福建6代。以成虫在杂草、土壤、树皮裂缝、墙壁缝隙等处越冬。各代发生时期和各虫态历期因地而异。

成虫昼夜取食，以晴朗的白天取食量最大，飞翔力较弱，有假死性和自残性，畏强光，多栖息在叶背面。卵成块产于叶背。初孵幼虫群集取食，二至三龄渐分散危害，畏强光，多栖息在叶背面或其他隐蔽处。幼虫4龄，老熟后在叶片两面、茎秆上和杂草上化蛹。成虫生长最适条件，温度为25℃～28℃，空气相对湿度为80%～85%。南方各地6～9月份雨后初晴，最有利于成虫活动。

秋、冬季当气温下降到18℃后,成虫进入越冬期。

【防治方法】 两种瓢虫的防治措施有扑杀成虫,处理有虫残株,摘除卵块和药剂防治等。

1. 人工扑杀 在冬、春季节查找成虫越冬场所,集中扑杀越冬成虫。在田间大发生时期,利用成虫假死习性,在上午10时以前或下午4时以后,拍打植株,使虫坠落,收集杀死。在成虫产卵时期,查找并摘除卵块。要清除薯田周围的茄科杂草。收获后及时处理残株,消灭残留在植株上的虫体。

2. 药剂防治 在越冬代成虫发生期至第一代幼虫孵化盛期喷药,虫卵多产于叶背,叶背面不要漏喷。供选择的药剂有90%晶体敌百虫1 000倍液,或50%敌敌畏乳油1 000倍液,或50%辛硫磷乳油2 000倍液,或50%马拉硫磷乳油1 000倍液,或2.5%溴氰菊酯乳油3 000倍液,或2.5%三氯氟氰菊酯乳油4 000倍液等,或5.7%氟氯氰菊酯乳油3 000~4 000倍液,或5%氯氰菊酯乳油3 000~4 000倍液,或3%啶虫脒乳油1 000~2 000倍液等。

5. 马铃薯甲虫

马铃薯甲虫(*Leptinotarsa decemlineata*)是鞘翅目叶甲科的恶性害虫,原产于北美洲,现分布于美洲.欧洲和亚洲部分国家,已列为全国农业植物检疫性有害生物。成虫和幼虫都取食马铃薯茎叶,常把叶子、花蕾、嫩茎和叶芽吃光,通常使块茎减产30%~50%,大发生时减产90%以上,还危害茄子、番茄、辣椒、烟草以及一些野生茄科植物。

【形态特征】

1. 成虫 为淡黄色至红褐色有光泽的甲虫,体长9~12mm,宽6~7mm,卵圆形,背部显著隆起。头部有3个黑色斑点,中间的为心脏形。触角11节,1~6节黄色,7~11节黑色。前胸背板宽度为长度的 2 倍，中间有两个大斑，排成倒“八”字形，两侧各有 5 个小斑点。鞘翅坚硬，每翅有黑色纵带 5 条，非常醒目。其中第三条与第四条在鞘翅端部相连接。鞘翅上刻点排成不规则的行。足红黄色。雄虫个体稍小，末节腹板较隆起，中间有一小窝(图 3-34)。

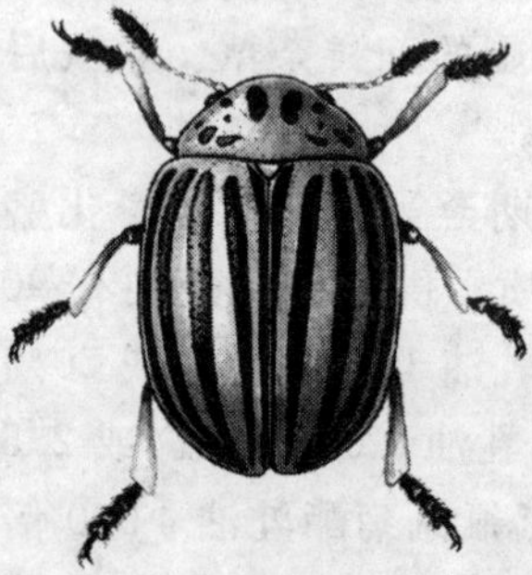

图 3-34　马铃薯甲虫成虫

2. 卵　麦粒状，黄色至橘黄色，有光泽，长 1.5～1.8mm，宽 0.7～0.8mm。

3. 幼虫　老熟幼虫体长 12mm，鲜黄色或橘黄色，背部隆起。头部黑色，两侧各有 6 个瘤状小眼和 1 个 3 节的触角。前胸明显大于中、后胸。前胸背板后部黑色。中胸和后胸侧面各有 1 个黑斑，中间 2 个，共有 4 个斑点。腹部 9 节，1～7 节两侧各有斑点 2 个，上面的较大，位于气孔周围，足黄褐色。

4. 蛹　裸蛹，椭圆形，体长 9mm，宽 6mm，背部隆起，翅鞘达腹部第七节。

【发生规律】　一年发生 1～4 代，代数多少取决于各地的气候条件。在美国一般发生 2～3 代。中亚多发生 2 代，少数地方 3 代。一年内日均温高于 15℃的日数达 120 天的地方，发生 2 代，达 140 天的地方发生 3 代。

成虫在马铃薯田和番茄、茄子田的土层中越冬。成虫抗寒力不强，越冬死亡率较高。潜入深度因土壤类型和环境条件不同而有变化，较温暖地方为 6～15cm，寒冷地方为 20～60cm。在沙质土壤中比在黏重土壤中入土更深。据观察，主要在马铃薯和番茄田内的垄沟内越冬，垄脊上很少。在茄子田内，主要聚集在近渠边潮湿地的茄子残茬根系下越冬。

春季地温上升到14℃～15℃后，越冬成虫出土，取食，交尾和产卵。出土可延续较长时间，达1～2个月。成虫靠爬行和飞行扩散，飞翔能力强，在温暖的中午可随风长距离飞行。5～10天后开始产卵，产卵期30天以上，每雌平均产卵400～700粒，最多达2 500粒。卵聚产于叶片背面，组成卵块，每块有卵5～82粒，多数24～34粒。卵粒多与叶面垂直。卵期5～17天，依世代和温度而异。幼虫4龄，幼虫期15～34天。幼虫发育起点温度11℃～13℃，最适温度23℃～28℃，最高37℃～38℃。一至二龄暗褐色，由三龄开始逐步变为鲜黄色。老熟幼虫停止取食，在被害植株周围入土做蛹室化蛹。蛹期因世代和环境温湿度不同，有较大变化。成虫羽化后可在原地继续繁殖和危害，但若食料变劣或环境条件不适，也可迁往其他地方。马铃薯甲虫一代的历期为30～70天或更长。成虫寿命1年，部分甚至长达2～3年，田间世代重叠。

马铃薯甲虫最适宜的寄主是马铃薯。除此以外，还危害茄子、番茄、辣椒、烟草以及一些野生茄科植物，也取食白菜、打碗花、灰藜、苋菜、鸡冠菜等。但是，能使马铃薯甲虫完成整个生活史的寄主只有马铃薯、茄子、番茄和天仙子。该虫食量很大，成虫和幼虫都蚕食寄主叶片和茎梢，常把叶子吃光。但是，成虫的耐饥能力也很强。只喂水不给食物时，还可存活11个月。

成虫有滞育习性。所谓"滞育"是指成虫进入新陈代谢缓慢和生长发育停滞的状态。滞育是由光周期与温度、营养诸因素的季节变化引起的，在全年的不同时期都可发生。马铃薯甲虫是长日照昆虫，在北纬45°以北，若日照短于16小时，在北纬32°若短于12小时，就可能进入滞育。严寒、高温、食料恶劣等因素可促使成虫滞育。

马铃薯甲虫可随寄主植物、农产品、包装物和运输工具等远距离传播。传入新区后，可随气流和水流向周围扩散。大风甚至可把成虫吹送到150～350km之外。

【防治方法】 马铃薯甲虫是重要检疫性害虫，必须按照国家检疫部门的规定和要求，实行严格检疫。在发生区需采取多种措施尽快扑灭。

1. 依法检疫 发生马铃薯甲虫的地区，应依法划定疫区，采取封锁和扑灭措施，马铃薯不得调出。其他农产品在调运前应行产地检疫，以确保不传带马铃薯甲虫。在疫区边界实行调运检疫，对调出的有关植物、农产品、运载工具、铺垫包装材料等，严格检查和消毒处理，防止马铃薯甲虫传出。在发生区周围应建立隔离带，应禁止种植马铃薯和其他茄科作物，防止马铃薯甲虫的自然传播。在未发生地区，若发现马铃薯甲虫或可疑虫体，一定要及时向当地植物检疫机构报告。马铃薯种薯繁育基地需按产地检疫规程的要求，实施产地检疫。发现马铃薯甲虫，必须全部割蔓销毁，喷药处理土壤，种薯不得带土壤，不得用马铃薯蔓条包装铺垫。

2. 药剂防治 多种有机磷杀虫剂、氨基甲酸酯类杀虫剂、菊酯类杀虫剂对马铃薯甲虫都有较高防治效果。依药剂品种不同，可分别采取土壤处理或茎叶喷雾等施药方式。在新发生地和疫区，应对马铃薯和其他茄科作物全面施药防治。喷药时，除发生田块外，还需喷布周围田块，以期彻底扑灭。

马铃薯甲虫对多种杀虫剂都产生了抗药性，造成药剂失效而重新猖獗。尤其值得注意的是，此种抗药性产生的速度很快。为延缓抗药性的产生，需轮换或交替使用不同化学成分的药剂，例如，有机磷杀虫剂与菊酯类杀虫剂的轮流或交替使用。还要搞好田间虫口动态监测和预测预报，合理用药，减少施药次数和用药量，配合使用栽培防治和生物防治措施，实行综合防治。

3. 栽培防治 根据当地马铃薯甲虫发生规律和栽培特点，灵活采取减少虫口数量和减轻危害的农业措施。薯田与谷类或其他非寄主作物倒茬，实行轮作，以避开前作薯田越冬成虫危害。因地制宜，调节播期，有的地方适期早播或种植早熟品种，有的地方则推迟栽培马铃薯，以避开或减轻危害。种薯地周围提前 10 天左右种植马铃薯或天仙子诱集带。诱集带要专人管理，发现马铃薯甲虫后及时消灭。国外有的地方收薯前割去茎叶，收后清理田间，除去残薯，以减少马铃薯甲虫食料。另外，早春马铃薯甲虫出土不整齐，延续时间长，可人工扑杀越冬成虫和摘除卵块。

4. 生物防治 保护利用草蛉、瓢虫、芫菁、步甲、椿象、蜘蛛等扑食性天敌和寄生蜂、寄生蝇等，以减低虫口。施用苏云金杆菌制剂，对低龄幼虫有较好防效。

6. 瘤缘蝽

瘤缘蝽（*Acanthocoris casber*）属半翅目缘蝽科，亦称辣椒缘蝽，分布于南方，局部地区曾暴发成灾。成虫和幼虫刺吸危害辣椒地上绿色幼嫩部分，嫩梢、嫩叶和花梗受害最重，致使枝叶萎黄枯死，幼果脱落。除辣椒外，还危害马铃薯、番茄、茄子、蚕豆、蕹菜、甘薯、旋花科杂草等。

【形态识别】 见图 3-35。

1. 成虫 长椭圆形，体长 12～14.5mm，体宽 4.5～6mm，黑褐色，被白色绒毛。复眼棕褐色，触角 4 节，黑褐色，喙伸达中足基节间。前胸背板有许多瘤突，前胸背板侧角突出，稍上翘，侧缘有数个齿状突。侧角间中央有一横隆脊。前翅革片黑褐色，膜片黑色，长不及腹末。足黑褐色，各足腿节端部背面具一尖刺，胫节近基部有一浅色环斑。前、中足腿节背面和腹面都有 2 列齿突，后足腿节膨大，腹面具一列短刺。雌、雄腹末形态不同。雌虫腹末有分叉，形成 4 个尖锐突起，雄虫腹末中部平直，两侧突起较小。

2. 卵 长椭圆形，初产时金黄色，孵化前红褐色。卵壳表面光亮，细纹不明显。卵产于叶背，多粒组成卵块。

3. 若虫 有5龄，初孵若虫乳白色，后变米黄色，高龄黑褐色，被白色绒毛，具毛瘤，翅芽达第三腹节。复眼红褐色，触角4节。高龄若虫和成虫第三、第四腹节间及第四、第五腹节间背面各有1个近圆形斑(臭腺孔位置)，第一至第七腹节侧缘有黑色刺突。

图3-35 瘤缘蝽 (仿陈振耀原图)

【发生规律】 在我国南方一年发生2代，以成虫在菜地周围土缝、砖缝、石块下及枯枝落叶中越冬。越冬成虫于4月开始活动，5月中旬至9月上旬均可产卵。第一代若虫于9月中旬孵出，7月上旬至9月下旬羽化和产卵。第二代若虫于7月中旬至10月上旬孵出，8月下旬至10月中旬羽化，10月下旬进入越冬。田间世代重叠，6月中旬至10月上旬危害最烈。

卵多聚产于叶背，少数产于叶面或叶柄上，每个卵块有4～50粒卵，多为15～30粒。成、若虫常群集于寄主作物幼嫩部分刺吸危害。成虫白天活动，晴天中午活跃，夜晚和雨天多栖息于叶背或枝条上。有假死习性，受惊后坠落。

瘤缘蝽发育适温20℃～33℃，高于40℃或低于15℃时繁殖受抑。高温、少雨有利于大量发生，多雨虽有抑制作用，但有助于分散传播。长势差，密度低的椒田荫蔽度低，有利于发虫。辣椒连作，前茬为蚕豆以及周边杂草多的椒田发生均重。

【防治方法】 防治瘤缘蝽首先要铲除菜地周围的杂草，避免寄主作物连作或间作套种，要合理密植，合理施肥，增强辣椒长势。还可采用人工捕捉法，摘除卵块，或利用其假死习性，统一落植株上的成、若虫，然后收集杀死。

在瘤缘蝽若虫孵化盛期施药防治，若世代重叠明显，间隔10天左右，可第二次施药。可选用5%氟虫腈悬浮剂1 000～2 000倍液，或10%溴虫氰悬浮剂1 000～2 000倍液，或4.5%高效氯氰菊酯乳油1 000～1 500倍液，或20%氰戊菊酯乳油1 000～2 000倍液，或5%氟啶脲乳油1 000～2 000倍液，或48%毒死蜱乳油1 000倍液，或80%敌敌畏乳油1 000～1 500倍液等。

7. 西花蓟马

西花蓟马（*Frankliniella occidentalis*）属缨翅目蓟马科花蓟马属，原产于北美洲，2003年发现该虫入侵我国，对大棚辣椒造成危害。其寄主植物多达62科244种，是辣椒、番茄、黄瓜、莴苣、芹菜、洋葱以及其他多种蔬菜、花卉、果树等农林植物的大害虫。西花蓟马可取食植株的茎、叶、花、果等各部位，但偏好花和花粉。受害叶片出现枯斑，变黄，并皱缩扭曲，花蕊畸形，花瓣碎色，果实表皮产生疤痕，幼果脱落，严重时受害植株枯萎死亡。成虫和若虫均可传播番茄斑萎病毒。

【形态特征】 见图3-36。蓟马为缨翅目害虫，体型微小，狭长，大约只有1～2mm，两对翅狭长，翅缘有长的缨状缘毛，脉纹最多只有2条。蓟马口器锉吸式（不对称的咀嚼式），触角念珠状，其上有感觉器，足的末端无爪而有泡状中垫。花蓟马属成虫触角8

节，前胸背板前缘角及前缘各有1对长鬃，前缘角鬃长于前缘长鬃，后缘角有2对长鬃。前翅前脉与后脉着生排列等距的鬃。雄虫与雌虫形态相似但略小，体色较淡，腹部第三至第七腹板具腹腺域。

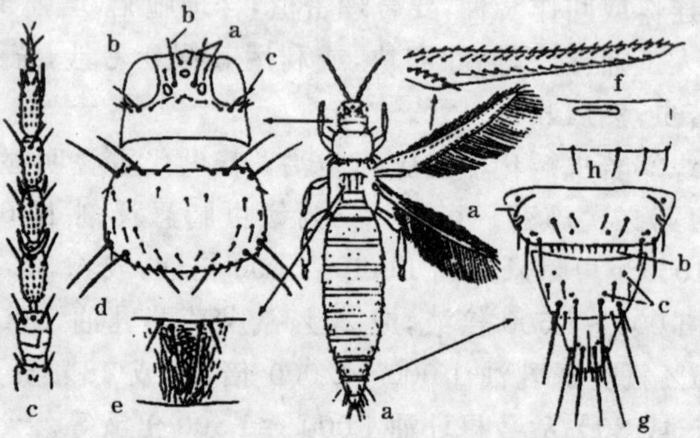

图 3-36　西花蓟马成虫形态　(复制自雷仲仁,2006)

a～g. 雌成虫形态： a. 整体　b. 头部

(a. 单眼前鬃　b. 单眼间鬃　c. 复眼后鬃)

c. 触角　d. 前胸　e. 后胸背盾板　f. 右前翅(缨毛略)

g. 腹部第8～10背板(a. 微弯梳， b. 梳状毛　c. 钟状感觉器)

h. 雄成虫腹部第5腹板(仿 T. Hayase,1991)

西花蓟马成虫虫体纤细，比其他取食花朵的蓟马种类体型略大，腹面平滑，有两对翅，在翅的前缘和后缘具有长的缨毛，休息时，双翅折起覆在背部。

西花蓟马为过渡变态昆虫，有卵、若虫、成虫等虫态。蓟马种类难以鉴别，需制备虫体玻片标本，进行显微观察。

1. 雌成虫　体长1.4～1.7mm，体色淡黄色至褐色，触角8节，第一节浅黄色，第二节褐色，第三至第五节黄色，但端部稍褐，第六至第八节褐色。第三、第四节上有叉状感觉锥。头宽略大于头长，单眼前鬃均较短，单眼间鬃1对，很长，位于前后单眼外连线的内侧，复眼后鬃6对，从内向外第四对鬃最长，约与单眼间鬃等长。前胸背板有4对长鬃，即左右前角各1对，左右后角各1对，后缘中央有5对鬃，其中从中央向外数第二对鬃最长。中后胸背板愈合，后胸背板中央有不规则的网状纹，靠近后方有一对钟状感觉器（亮点状），后胸背板前缘中央有2对长鬃。前翅淡黄色，上脉鬃18～21根，下脉鬃13～16根，排列均匀完整。腹部第五至第八节背板两侧有微弯梳，第八背板后缘有梳状毛12～15根。第九节背板有2对钟状感觉器。第三至第七腹板后缘有鬃3对，无附鬃。

2. 雌成虫　体长1～1.15mm，体黄色，腹部第三至第七腹板前部有小的横椭圆形腺室。第八节背板后缘无梳状毛。

3. 卵　肾形，长0.15～0.25mm，半透明，米色或淡黄色。

4. 若虫　初孵时白色，蜕皮前黄色。若虫共4龄，一龄和二龄若虫取食，三龄和四龄的不取食，也称为拟蛹。三龄若虫（前蛹）触角前伸，翅芽未长出。四龄若虫（蛹）触角弯向后方，翅芽长达腹部一半。

【发生规律】　西花蓟马一年可繁殖10～15代，在温暖地区以成虫和老熟若虫在寄主作物和杂草上越冬。危害辣椒时，以开花初期发虫量最高。

西花蓟马发育起点温度6.7℃，适宜发育温度为20℃～30℃，有效积温233.4日·度。在26.7℃下，卵期4天、若虫期6～7天、拟蛹期3～4天。在20℃下，整个发育历期为21～22天。成虫羽化3天后性成熟，并交尾产卵。雌虫可营有性生殖，也可营孤雌生殖。孤雌生殖时仅产生雄虫，有性生殖以产生雌虫为主，但也可产生雄虫。雌成虫寿命30～45天，一生产卵150～300粒。卵单产于植物组织中，若虫比较活跃，成虫、若虫有趋触性，喜隐藏在花器叶芽深处。若虫在1～5cm深的土壤中化蛹，成虫羽化后脱离土壤。

西花蓟马对蓝色和白色有较强的趋性。尽管成虫飞行能力很弱，但可借助气流飘散。西花蓟马还可随寄主植物、植物产品的调运以及随农事操作附着在人体和工具上传播。

【防治方法】 首先应加强监测，防范虫体随种苗、花卉、蔬菜远距离传播，进入未发生区。还应铲除菜田杂草，适时灌水，棚室覆盖防虫网，防治蓟马进入，或使用紫外线吸收膜，减轻蓟马危害。利用西花蓟马的趋白性与趋蓝性，设置蓝色或白色粘虫卡诱杀。要保护利用天敌，可人工释放钝绥螨、小花蝽等捕食性天敌或施用绿僵菌、白僵菌制剂。

在药剂使用方面，据初步测定，2.5%多杀菌素悬浮剂 1 000 倍液，或 48%毒死蜱乳油 660 倍液和 0.3%印楝素乳油 400 倍液都有高效。西花蓟马对各类杀虫剂易生抗药性，需轮换使用不同杀虫剂品种。

8. 辣椒蓟马

辣椒蓟马(*Scirtothrips dorsalis*)又名茶黄蓟马，国内已发现在广东严重危害荷花等园林植物，在台湾省危害茶树和柑橘。该虫寄主范围很广，包括 40 余科 100 余种植物。据国外报道，可严重危害茶树、辣椒、番茄、草莓、柑橘、棉花、大豆、蓖麻、花生、葡萄、杧果等。

该虫危害辣椒地上各部分，偏好取食幼叶、芽和幼果，但不取食花粉。受害叶片边缘上卷、扭曲，芽枯萎脱落。叶片背面略有银色感并变铜褐色，近叶脉处尤甚。受害果实变小，表面有锈色网状纹。严重受害植株矮缩、落叶，新生叶狭小甚至线状。辣椒蓟马可传播番茄斑萎病毒等多种病毒。

【形态特征】 据张维球描述，辣椒蓟马具有以下特征。

1. 成虫 雌体长 0.9～1mm，雄体长 0.8～0.9mm，全体橙黄

色或黄色，头部宽约为头长的1.8倍，单眼鲜红色。触角8节，第一节淡黄色，第二节及第三至第五节的基部常淡于体色。前翅浅灰色，上脉基鬃7根，端鬃3根，下脉鬃2根。腹部的第二至第八节背板前缘有褐色指甲痕暗斑，腹片第四至第七节前缘有深褐色横线。

2. 卵　肾形，淡黄色，产于寄主叶组织内，不易发现。

3. 若虫　体黄色，共4龄，一至二龄翅芽未长出，行动活泼，三龄（前蛹）长翅芽，行动较缓慢，四龄在叶缝或地下化“蛹”。

【发生规律】　国外报道该虫通常卵期6～8天，若虫期6～7天，蛹期2～3天，成虫期可达22天，平均11天。每雌产卵60～200粒。雌虫可行两性生殖或孤雌生殖。干旱季节虫口数迅速增多。

【防治方法】　对辣椒蓟马，现应加强监测，一旦发现应立即铲除，防止传播。其他参见西花蓟马。

9. 茶黄螨

茶黄螨（*Polyphagotarsonenus latus*）属跗线螨科，又称侧多食跗线螨、茶嫩叶螨、茶壁虱等。该螨食性很多，寄主植物有70余种，其中包括辣椒、茄子、番茄、马铃薯、菜豆、豇豆、黄瓜、丝瓜、苦瓜、萝卜、芹菜、落葵、茼蒿、萝卜等蔬菜作物以及茶树、棉花、烟草、橘等经济作物。大棚茄子、青椒等受害最重。成螨、若螨都刺吸植株幼嫩部分使之变色变形。受害嫩叶皱缩，向叶背纵卷，叶片增厚僵直，叶背有铁锈色油质光泽。受害嫩茎、嫩枝变黄褐色，扭曲畸形，幼芽、幼蕾枯死，脱落，仅留下光秃的梢尖。果实、果柄变锈褐色，失去光泽，果实生长停滞，僵化变硬，在果面形成典型木栓化网纹。青椒严重受害的植株矮小丛生，落叶、落花、落果，严重减产。

【形态特征】　茶黄螨体型微小，肉眼难以分辨，各虫态主要特征如下(图 3-37)。

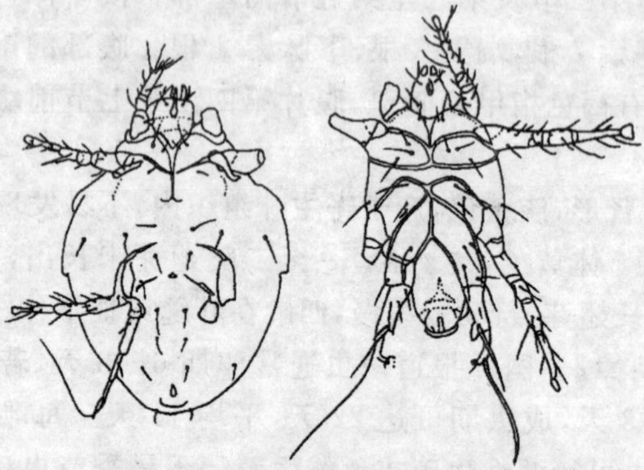

图 3-37 茶黄螨

(左:雌成螨 右:雄成螨)

1. 雌成螨 体长 0.21～0.25mm,椭圆形,较宽,腹部末端平截。初乳白色,渐变为淡黄色至橘黄色,半透明。身体分节不明显,足较短,第四对足纤细。腹面后足体有 4 对刚毛。

2. 雄成螨 体长 0.18～0.22mm,近似六角形,末端圆锥形,初乳白色,渐变为淡黄色至橘黄色,半透明。前足体背面有3～4对刚毛,腹面后足体有 4 对刚毛。足长而粗壮,第四对足的末端为一瘤突。

3. 卵 长约 0.1mm,椭圆形,无色透明,卵表面纵向排列着5～6 行(多为 6 行)白色小瘤,每行 6～8 个。

4. 幼螨 体长 0.11mm,乳白色至淡绿色,头胸部与成螨相似,腹部明显分成 3 节,后期分节逐渐消失,腹部末端呈圆锥形,上生 1 对刚毛,足 3 对。

5. 若螨 长椭圆形,半透明,外罩幼螨表皮,静止不动。

【发生规律】 在热带和北方温室条件下,可周年发生,但冬季繁殖力较低，每年可发生 25～30 代。北方冬季较冷，以雌成螨在冬作物和杂草根部越冬。在长江以南，尚可在茶树叶芽鳞片内、旱莲草头状花序中、禾本科杂草叶鞘内以及辣椒僵果萼片下和皱褶中越冬。

在北京、天津一带，茶黄螨在露地不能越冬，在棚室内继续繁殖危害。大棚蔬菜 5 月上中旬出现明显受害状，6 月下旬至 9 月中旬为盛发期，10 月份以后气温下降，虫口也随之减少。露地蔬菜以 7～8 月份受害较重。长沙地区越冬螨 4 月上旬开始缓慢扩散，7 月份虫口数量剧增，7 月下旬至 8 月下旬为发生高峰期，9 月下旬以后逐渐减少，12 月初全部进入越冬。在上海地区棚室内 3 月上中旬始见危害状，4 月下旬至 6 月份为盛期。露地 4 月中下旬始见危害状，8～9 月份为发生盛期。

茶黄螨趋嫩性强，成、若螨多在植株幼嫩部位栖息取食。成螨活泼，雄成螨活动能力更强，有携带雌若螨向植株幼嫩部位迁移的习性。雌若螨在雄螨身体上蜕皮并行交配。该螨以两性生殖为主，也可行孤雌生殖。雌螨将卵散产在嫩叶背面，也有少数产在叶片正面和果实凹陷处。每雌可产卵 30～100 粒。初孵幼螨常停留在卵壳附近取食，随着生长发育，活动能力逐渐增强。在变为成螨之前，停止取食，静止不动，进入若螨阶段，若螨蜕皮后即为成螨。

茶黄螨个体很小，爬行慢，自身迁移能力低，在田间主要随秧苗、人畜、工具和气流携带传播。

茶黄螨生活周期较短，在温度 28℃～30℃时，完成一代需 4～5 天，在 18℃～20℃时需 7～10 天。温度对其发育速度有显著影响，在 30℃以下，随温度增高而加快，在 35℃则明显减慢。相对湿度在 40％以上，成螨均可繁殖，但卵和幼螨需在相对湿度 80％以上，才能正常生长发育。另外，叶表面积水可妨碍螨的活动，大雨对螨体有明显的冲刷作用。

【防治方法】

1. 防止蔓延 培育无虫苗，移栽前全面施药防治，做到秧苗不带虫。未发生地区不由发生地区引进辣椒苗、茄苗或其他寄主秧苗，防止茶黄螨随秧苗传入新区。

2. 清除虫源 搞好冬季育苗温室和生产棚室的防治。及时清除棚室周围的杂草和残枝落叶，对当地茶黄螨集中越冬寄主喷药防治，减少越冬虫源。

3. 药剂防治 育苗期若有茶黄螨发生，可在苗床喷药防治1～2次。棚室在定植缓苗后加强调查，在发生初期或发现个别植株出现受害状时，喷第一次药，隔7～10天（或10～15天，因药剂而不同）再喷一次，连喷2～3次。供选用的药剂有1.8%阿维菌素乳油4 000～5 000倍液，或5%噻螨酮乳油1 500～2 000倍液，20%双甲脒乳油1 000～2 000倍液，或73%炔螨特乳油2 000～3 000倍液，或25%苯丁锡可湿性粉剂1 000～1 500倍液，或25%三唑锡可湿性粉剂1 000～1 500倍液等，也可应用有机磷或菊酯类制剂。在上述杀螨剂中，双甲咪对各螨态均有效，炔螨特和苯丁锡防治幼螨、若螨和成螨效果好，对卵效果较差，噻螨酮防治卵和幼、若螨效果好，倍乐霸对若螨、成螨、夏卵有效，对越冬卵无效。喷雾时要重点覆盖植株上部，尤其是嫩叶背面、嫩茎、花器和幼果，避免往成熟果上喷药。在温室中，还可用80%敌敌畏乳油吊瓶熏蒸。炔螨特宜在20℃以上用药，20℃以下药效递降。但高温高湿时敏感植物幼苗和嫩叶可能出现药害，应加大稀释倍数。

10. 朱砂叶螨和二斑叶螨

朱砂叶螨（*Tetranychus cinnabarinus*）和二斑叶螨（*T. urticae*）皆为叶螨科多食性害螨，寄主植物多达百余种。朱砂叶螨严重危害茄子、辣椒、马铃薯，瓜类、豆类蔬菜、花卉、果树、棉花、玉米和其他作物，成螨和若螨在叶背拉丝结网，爬行其中并吸取叶片汁液，使叶片褪绿，陆续出现灰白色小点和斑块，严重时卷曲，干枯脱落。二斑叶螨又名二点叶螨、白蜘蛛，可危害朱砂叶螨的各种寄主，严重危害苹果、梨、桃、葡萄等果树，近年来对茄子、辣椒、番茄、豆类、瓜类等蔬菜的危害趋重。其危害状与朱砂叶螨相似，但叶面的失绿斑较朱砂叶螨大，严重危害时，在叶片正面或枝杈处也结一层白色丝绢状的丝网。叶螨已成为棚室蔬菜的重要害虫。

【形态特征】

1. 朱砂叶螨 见图 3-38。

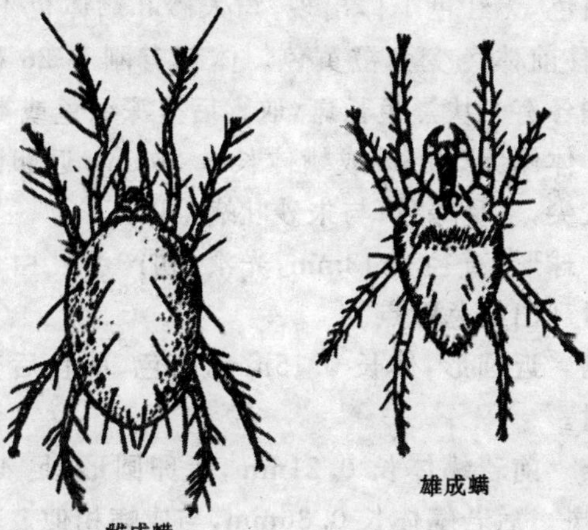

图 3-38　朱砂叶螨

(1)成螨　雌螨体长 0.4～0.6mm，宽 0.2～0.3mm，椭圆形。雄螨体长 0.4mm，宽 0.2mm，体前部近圆形，末端尖削。成螨春、夏季体色多为淡黄色至黄绿色，秋、冬季多为锈红色。体背两侧各有一长形黑斑，有时黑斑中段不明显，似分为 2 个斑点。背部有针状刚毛 13 对。足 4 对，爪退化。

(2)卵　圆球形，直径0.1mm，卵表光滑，有光泽。初产时无色透明，后渐变为淡红色，近孵化时可见两个红色眼点。

(3)幼螨　近圆形，体长0.15mm，宽0.12mm。初孵化时较透明，取食后体色变绿，足3对。

(4)若螨　椭圆形，体长0.2mm，宽厚0.15mm，体色变深，体背两侧出现块状黑色斑，足4对。雌若螨有前若螨和后若螨两期，雄若螨无后若螨期。

2. 二斑叶螨

(1)成螨　雌成螨体长0.42～0.59mm，椭圆形。在生长季节为白色、黄白色，无红色个体出现，与朱砂叶螨体色不同。密度大时或种群迁移前体色变为橙黄色。体背有刚毛26根，排成6横排，体背两侧各有一块黑色长斑，取食后呈深绿色或褐绿色。滞育型体色淡红，体侧无斑。雄成螨体长0.26mm，近卵圆形，前端近圆形，腹末较尖，多呈绿色，与朱砂叶螨难以区分。

(2)卵　球形，直径0.13mm，光滑，初产为乳白色，渐变橙黄色，将孵化时现出红色眼点。

(3)幼螨　近圆形，体长0.15mm，白色，取食后变暗绿色，眼红色，足3对。

(4)若螨　前若螨体长0.21mm，近卵圆形，足4对，色变深，体背出现色斑。后若螨体长0.36mm，与成螨相似。

【发生规律】

1. 朱砂叶螨　朱砂叶螨在我国各地一年发生10～20代不等，发生代数由北向南递增。在南方冬季仍可继续取食和繁殖。在华中和长江流域则以各螨态在杂草与蔬菜寄主上越冬，在华北地区和四川盆地多以雌成螨在杂草和枯枝落叶处越冬，但在棚室中冬季仍可存活或危害。早春气温回升到10℃以上时，越冬螨开始活动和繁殖，3～4月份先在杂草或其他寄主上取食，4月中下旬或5月上中旬开始迁往菜田，危害茄子、辣椒、瓜类等蔬菜。在菜田先点片发生，气温升高后大量繁殖，靠自身爬行或随气流、农事操作等向周围扩散迁移。秋天气温降至15℃以下时，便开始进入越冬场所。

朱砂叶螨发育起点温度为10.5℃，上限温度为42℃。气温29℃～31℃，大气相对湿度35%～55%，最适于发生。

朱砂叶螨可行两性生殖和孤雌生殖，孤雌生殖后代都为雄螨。成螨羽化后即可交配，每雌产卵50～110粒，卵多产于在叶背结成的丝网内。雌螨幼期有3龄，即幼螨（一龄），前期若螨（二龄）和后期若螨（三龄），雄螨幼期只有2龄，即幼螨（一龄）和前期若螨（二龄）。前两龄不甚活动，后期若螨活泼贪食，有向上爬的习性。植株先是下叶受害，逐渐向上部蔓延，最后植株顶部螨体密集，螨体可随风飘逸扩散或受到碰撞后坠落地面，四处爬散。2～3级风时朱砂叶螨扩散距离可达3～4米，5～6级风时可达8米。繁殖速度高时，每5～10天就可扩散一次。

朱砂叶螨种群消长受到许多因素的影响，其中最重要的是天气，干旱、高温有利于大发生。若5～8月份雨日较多，雨量较大，可能推迟发生期，减少发生量。遭遇暴风雨后，大量虫体被冲掉，死亡率很高。其间若有两个月的降水量在100mm以下，即可发生螨害。若月均降水量在20mm以下，或雨量虽高于此，但晴天较多，螨口数量就急剧增长。危害蔬菜的虫源主要来自田间杂草，若杂草丛生，虫源丰富，有可能严重发生。植株营养条件也有明显影响，叶片含氮量高，有利于该螨繁殖，增施磷肥可减轻危害。

2. 二斑叶螨　二斑叶螨在南方每年发生20代以上，北方12～15代。在北方以受精的雌成虫在土缝、枯枝落叶下、宿根性杂草根际、树皮裂缝中等处越冬。早春越冬雌虫出蛰后，先在菊科、十字花科杂草和草莓上危害、产卵。5月上旬后陆续迁移到蔬菜或棉花等主要寄主上繁殖危害。随着气温的升高，繁殖加快，6～7月份为全年的猖獗危害期，一般年份可持续到8月中旬前后。二斑叶螨为滞育型螨类，秋末因短日照而引起滞育，陆续出现滞育个体，11 月后均滞育越冬。

二斑叶螨营两性生殖，受精卵发育为雌虫，不受精卵发育为雄虫。每雌可产卵 50～100 粒，最多可产卵 216 粒。寄主不同，雌成螨的生殖力也有明显差异。二斑叶螨具有很强的抗药性，也具有很强的种间竞争能力，当与朱砂叶螨混合发生时，会逐渐取代后者，成为优势种。

【防治方法】

1. 栽培防治 在秋末、冬季或早春及时清除田间杂草与寄主植物的残株落叶，深翻土地，以消灭越冬虫源，减少野生早春寄主。棚室要注意清除后墙墙缝和土缝中的叶螨。另外，也可在越冬前，在菜地铺草，诱集叶螨越冬。要搞好早春寄主上的防治，减少叶螨向菜田的迁移。要加强田间管理，控制氮肥施用量，增施磷、钾肥，干旱时及时灌水，提高植株抗螨能力和改变田间小气候，使之不利于叶螨发生。及时摘除老叶、虫叶，集中烧毁。要保护利用天敌，特别是智利小植绥螨、西方盲走螨和加利福尼亚钝绥螨等捕食性螨类。

2. 药剂防治 喷药防治早春寄主，在蔬菜田也要及早在点片发生阶段喷第一次药，二斑叶螨具有较强的抗药性，更应掌握在发生初期进行防治。事先根据危害状或田间调查结果标出点片范围，先在标明的范围外侧喷药，形成包围圈，以防止螨的飘逸扩散，然后在圈内彻底喷药。以后视防治效果和发生动态，决定喷药次数。药剂防治要兼顾菜地周围其他寄主作物，喷药要尽量避开主要天敌的大量发生期，或选用对天敌杀伤性小的药剂。

要合理选用药剂，早春越冬卵盛孵期对越冬寄主及时喷施兼具杀卵、杀若螨特点的药剂。例如噻螨酮、虫螨腈，哒螨灵等。防治叶螨应采用高效、低毒、低残留的杀螨剂，合理地轮换使用不同类型的药剂，减缓抗药性的发展。有效药剂有：40％乐果乳油

1 500倍液，或50%敌敌畏乳油1 000倍液，或40%菊·马乳油2 000～3 000倍液，或20%甲氰菊酯乳油2 000倍液，或2.5%联苯菊酯乳油2 000倍液，或5%噻螨酮乳油1 500～2 000倍液，或15%哒螨灵乳油2 000～3 000倍液，或10%虫螨腈悬浮剂2 000～2 500倍液，或20%双甲脒乳油1 000～2 000倍液，或73%炔螨特乳油2 000～3 000倍液（高温、高湿时浓度过高对幼苗和新梢嫩叶易生药害），或50%苯丁锡可湿性粉剂2 000～3 000倍液，或1.8%阿维菌素乳油5 000倍液，或20%复方浏阳霉素乳油1 000～1 500倍液等。

11. 芋单线天蛾

芋单线天蛾（*Theretra silhetensis*）属鳞翅目天蛾科，别名芋天蛾、芋黑纹天蛾，主要危害芋类，是间歇性发生的害虫。初龄幼虫啮食芋叶表皮，大龄幼虫则咬食叶片成缺刻或穿孔，严重时仅残存叶脉。

【形态特征】见图3-39。

1. 成虫　体长28～38mm，翅展58～68mm，全体黄褐色。触角灰黄色，末端弯成小钩。复眼球形，茶褐色，其内侧围以白色鳞毛。胸背正中白色，两旁有淡黄色短纹。腹部黄褐色，背面中央具白线一条，前端与白色纹相连，后部延至尾端。前翅中央有自翅基直伸至翅顶的宽阔黑带，其上方有一小黑点，后缘有一灰白线纹，纹外的翅色较淡。近外缘有3条深色的线纹，伸至翅顶而重合。后翅小，草黄色，中间有黑褐色宽带，翅背面灰黄色，有灰黑色横线和斑点。

2. 卵　球形，淡黄色，表面光滑，直径约1.6mm。

3. 幼虫　共5龄，老熟幼虫体长约73mm。体色有两型：其一草绿色，头绿色，胸足黄色。身体背线色深，不大明显。气门红色，气门下线淡黄白色。腹面淡绿色，尾角淡黄色，尖端赤褐色。腹部有 7 个眼状纹，位于 1～7 腹节，中间 3 个较大。眼状纹橄榄状，外围黑线，中间有大黑点，点下柠檬黄色。另一型褐色，头灰黄色，左右各有 1 条灰色纹，呈“八”字形。胸、腹部有 2 条纵带，自亚背线至眼纹线呈一纵带，茶褐色，上有深色微细波纹。眼状纹线至气门下线又呈一纵带，淡黄褐色。气门黑褐色，自气门下线至亚基线灰褐色，尾角赤褐色。

4. 蛹　体长 30～46mm，宽约 8mm，灰褐色。喙帽状向前突出，气门扁圆形，黑色，周围隆起。臀棘粗大，向前略弯。

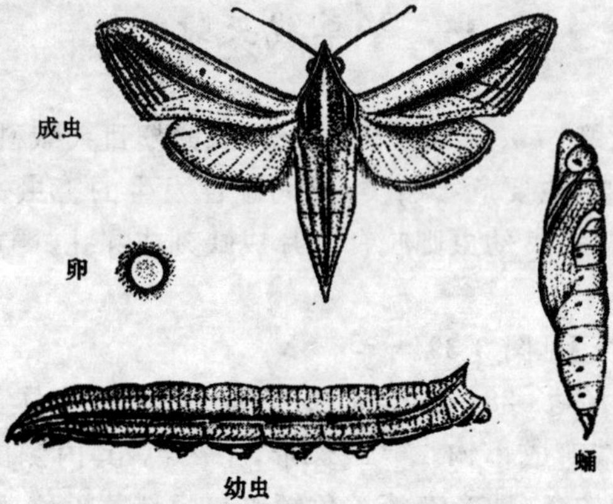

图 3-39　芋单线天蛾　（仿蔬菜昆虫学原图）

【发生规律】　在广州每年发生 6～7 代，在长江流域发生 2 代，以蛹越冬。华南各代幼虫发生期分别为 4 月中旬，5 月中旬，6 月中旬，7 月中旬，8 月中旬，9 月下旬和 10 月下旬。以 6～7 月份发生数量最多，危害最重。在长江流域一般 5 月中旬有越冬成虫羽化，6～8 月为发生盛期，9 月底至 10 月中旬前后陆续进入越冬。

成虫昼伏夜出，黄昏后开始活动，有趋光性，飞翔迅速，交尾、产卵均在夜间。卵产于叶面，单粒散产。卵期在夏秋季为 3～5 天。初孵幼虫先在叶背啮食表皮，一至三龄食量较小，一般为绿色型。四至五龄食量大增，部分变为褐色型，可咬食叶片成缺刻或孔洞。幼虫期一般为 10～15 天。老熟幼虫吐丝卷叶化蛹或入土营室化蛹，蛹期为 7～9 天。高温高湿的天气条件有利于芋单线天蛾的发生危害。

【防治方法】　冬季深翻土地杀蛹，生长期人工扑杀幼虫，利用黑光灯诱杀成虫，喷布有机磷或菊酯类制剂。

12. 姜　螟

姜螟（*Ostrinia furnacalis*）属鳞翅目螟蛾科，又名玉米螟，是危害生姜的主要害虫。幼虫钻蛀危害，多在生姜茎秆中上部蛀食，造成茎秆空心，受害姜苗枯黄、茎秆折断。该虫多食性，寄主植物多达 200 种以上，主要危害玉米，还危害豆类、马铃薯、茄子、番茄等多种蔬菜。

【形态特征】

1. 成虫　体长 10～13mm，翅展 24～35mm，头、胸部黄褐色。雄蛾略小，前翅黄褐色，横贯翅面有 2 条暗褐色横线，内横线波纹状，外横线锯齿状。其外侧黄褐色，再向外有褐色带与外缘平行。缘毛内侧褐色，外侧白色。环斑暗褐色，肾斑暗褐色、短棒状，两斑之间有一黄色小斑。后翅淡黄色，翅中部也有两条横线，与前翅的横线相连。雌蛾前后翅色泽比雄蛾淡，后翅线纹常不明显。

2. 卵　长约 1mm，扁椭圆形，初乳白色，半透明，渐变黄色，具网纹，有光泽，孵化前出现小黑点（幼虫头部）。卵粒排列成鱼鳞状卵块。

3. 幼虫　圆筒形，体长约 25mm，头、前胸背板和臀板赤褐色至黑褐色，体色黄白色、淡灰褐色至淡红褐色，体背有 3 条褐色纵线,仅中央一条较明显,两侧的纵线隐约可见。中、后胸背面各有4个圆形毛片,腹部1～8节各节背面各有两列毛片,前列4个较大,后列2个较小。

4. 蛹 长14～15mm,纺锤形,黄褐至红褐色,1～7腹节腹面具刺毛两列,体末端有黑褐色尾状钩刺(臀棘)5～8根。

【发生规律】 姜螟一般每年发生3～4代,以老熟幼虫在寄主茎秆内越冬。姜螟集中危害期在6月上中旬,与姜株的旺盛生长期相吻合。成虫飞翔力强,有趋光性。白天潜伏在作物或杂草丛中,夜间活动和交配。交配后1～2天产卵。成虫在生姜叶片背面产卵,卵3天后孵化出幼虫,幼虫迁移到嫩叶,取食姜苗叶片。随后从心叶处或叶鞘与茎秆缝隙处钻蛀孔洞而侵入,沿茎秆向上钻蛀取食,造成茎秆空心,水分和营养输导受阻。蛀入孔处有蛀屑和虫粪堆积。苗期受害致使上部叶片枯黄凋萎,或茎秆折断,而下部叶片一般仍表现正常。姜株心叶被幼虫蛀穿后,展开的叶片上出现一排排小孔。幼虫可转株危害,老熟后在危害部位附近化蛹。

【防治方法】

1. 栽培防治 在收获后或整地前,清除虫蛀的断株、枯叶等残留物并集中销毁。生长期间发现有虫株后,可找到虫口,剥开茎秆,人工捕捉幼虫。

2. 药剂防治 药剂防治的关键时期是卵孵后幼螟钻蛀前的低龄幼虫期。有效药剂有15%茚虫威悬浮剂4 000～5 000倍液,或5%氟虫腈悬浮剂3 000～4 000倍液,或24%甲氧虫酰酐悬浮剂1 500～2 000倍液,或55%特杀螟可湿性粉剂(苏云金杆菌与杀虫单复配剂1 000倍液,或2.5%氯氰菊酯乳油2 000～3 000倍液,或2.5%溴氰菊酯乳油2 000～3 000倍液,或50%辛硫磷乳油1 000倍液,或80%敌敌畏乳油800～1 000倍液等,每隔7～10天防治1次,连续防治3次。对植株喷雾,喷药时注意使叶片正反面都能喷到药液。有的地方还对姜苗心叶喷药,使药液流到茎部,或从蛀孔处注入有机磷、菊酯类制剂。

13. 异形眼蕈蚊(姜蛆)

异形眼蕈蚊(*Phyxia scabiei*)属双翅目眼蕈蚊科,是生姜贮藏期的主要害虫,幼虫俗称姜蛆。该虫还危害葱蒜类蔬菜、结球莴苣、球茎茴香、甜瓜、樱桃番茄、马铃薯等。幼虫主要取食姜块顶端幼嫩部分,受害姜块常腐烂。

【形态特征】 雌虫体长1.4～2.8mm,褐色。复眼黑色裸露,单眼3个排成等边三角形。触角16节,前两节较粗,鞭节逐渐变细,节之间有颈。翅淡褐色,翅端宽而圆。足褐色。胫节端部有距,前足1根,中、后足各2根。腹末端的尾器宽大,顶端钝圆有毛。雄虫体长1.6～2.3mm,褐色无翅,腹部长而粗大,腹端渐细长。尾须2节,端节椭圆形,其余特征同雌虫。幼虫头、尾尖细,中间较粗,呈长纺锤形,乳白色,发亮。

【发生规律】 在华北地区年发生4代左右,以幼虫在土壤中越冬,保护地内无越冬现象。翌年3月下旬至5月陆续出土,越冬幼虫在土表1～2cm化蛹,4～5月份出现成虫。第四代从10月延续到翌年5月。各代在多种寄主上循环危害。成虫喜阴湿弱光环境,善飞翔,上午温暖时活跃。幼虫孵化后可上下移动,逐渐分散。初孵幼虫即蛀入生姜皮下取食。在生姜"圆头"处取食者,则以丝网粘连虫粪,碎屑覆盖其上,幼虫藏在里面。受害生姜仅剩余表皮、粗纤维和粒状虫粪。幼虫性活泼,身体不停蠕动,头也摆动,以拉丝网。具有趋湿性和隐蔽性。

【防治方法】

1. 储藏期防治　防治后使贮藏生姜虫口率控制在5%以下,贮藏姜在外观、品质上无损害,农药残留达到国家无公害标准。

生姜入窖前,要将原姜窖内的旧姜、碎屑、铺垫物等全部清除,打扫干净，铺上 5cm 厚的细沙。用 80%敌敌畏乳油 1 000 倍液喷窖。如果姜窖内仍有存姜，也要用杀虫剂喷布处理。要尽量避免新姜和旧姜混放。

入窖新姜用阿维菌素制剂药液喷洒，边放姜边喷洒。还可撒施 3%辛硫磷颗粒剂（每 1 000kg 生姜用药 1kg）或阿维菌素类粉剂（每 1 000kg 生姜用药 0.5kg）加细沙（土）撒施，边放姜边撒施，最后均匀撒在上面一层。

鲜姜放入窖内后，姜窖用药剂熏蒸或熏烟。敌敌畏熏蒸法，用敌敌畏原液盛于数个开口小瓶中，放置于姜窖内，以后不断添加新药液。可用 80%敌敌畏乳油撒在锯末上点燃熏烟，也可用敌敌畏烟剂或 2%高效氯氰菊酯烟剂熏烟。

2. 田间防治　要精选姜种，淘汰受害种姜。种姜药剂处理，可用 5%农梦特乳油 1 000～2 000 倍液，浸泡种姜 5～10 分钟，或用 80%敌敌畏乳油 1 000 倍液，或 1.8%阿维菌素乳油 5 000 倍液，浸泡姜种 5～10 分钟。在田间幼虫孵化高峰前，喷布 90%晶体敌百虫 800 倍液或 80%敌敌畏乳剂 1 000～1 200 倍液。也可用苏云金杆菌可湿性粉剂（含 100 亿活芽孢）200～250 克加水40～50kg 喷施。

14. 茄果类和薯芋类蔬菜其他害虫

1. 茄天蛾　茄天蛾（*Acherontia styx*）属鳞翅目天蛾科，又名芝麻天蛾、芝麻鬼脸天蛾，危害茄子、芝麻、马鞭草科、豆科、木樨科、唇形科等多种农作物，幼虫取食新梢叶片及嫩茎。此外，华南还有一种鬼脸天蛾（*A. lachesis*）是近似种，危害作物大体一致。

成虫大型，头、胸和前翅褐黑色，前胸有黑色条纹、斑点及黄色斑组成的骷髅状斑纹。腹部黄色，中央有一蓝色纵带。前翅狭长，有黑色波状横带和一黄色圆点，散布有棕黑色、白色及黄色鳞片。

后翅杏黄色，有2条粗黑横带。卵球形，直径约2mm，淡黄色。老熟幼虫体长90～100mm，绿色或褐色。头部圆形，两侧具淡色条纹，腹部有7条斜线，黄色有青蓝色边。腹部背面有蓝色点，尾角黄色。

该虫在华中每年1代，在华南2～3代，各地均以末代蛹在土下6～10cm深的土室中越冬。在一代区，成虫于6月上旬出现，6月中下旬产卵，7月中下旬幼虫危害盛期，8月上旬至9月上旬老熟幼虫入土化蛹越冬。在二代区，第一代幼虫出现在7月中下旬，第二代幼虫出现在9月。在三代区，7月上旬发生数量多。幼龄幼虫晚间取食，老龄幼虫昼夜取食。幼虫有转株危害的习性。成虫昼伏夜出，有趋光性，卵散产于叶面或叶背。

成虫盛发期可用黑光灯诱杀。幼虫盛发时，喷布25％灭幼脲3号悬浮剂500～600倍液，或10％吡虫啉可湿性粉剂1 500倍液，或25％喹硫磷乳油1 500倍液等。

2. 棉尖象甲　棉尖象甲（*Phytoscaphus gossypii*）属鞘翅目象甲科。危害茄科、豆科蔬菜以及棉花等85种植物。成虫食害嫩叶、嫩芽、嫩梢、叶柄、花蕾、果柄等幼嫩部位，形成缺刻、孔洞，枝梢断头和落花、落荚。大发生年份造成辣椒花蕾和角果大量脱落。

成虫体长4～5mm，黄褐色至红褐色，两侧和腹面黄绿色，有金属光泽。头部前伸成喙状，其长度为宽度的2倍。触角膝状，柄节细长。前胸背板梯形，后缘中间突出，有不清晰的暗褐色纵纹3条。鞘翅上有纵行沟纹和褐色云斑。幼虫黄白色，头和前胸盾板黄褐色，头部较大，虫体向尾端渐细，末节略呈管状突出。自然状态下尾端常向腹面弯曲。

棉尖象甲一年发生1代，以幼虫在土壤中越冬，黄河流域5月下旬至6月下旬化蛹，6月上旬出现成虫。6月中下旬为成虫羽化盛期。高湿和降雨有利于其发生。成虫取食茄果类、豆类、棉花等主要寄主，有假死性，受惊后掉落地面，怕强光，夜间活动危害，并有群居和迁移习性。卵多散产在作物基部、土表或土块下，幼虫孵化后即入土，食害嫩根，在土壤中以辣椒嫩根为食。秋末气温下降后下移越冬。

防治棉尖象可利用成虫假死性，人工捕打。在成虫发生期喷施40%辛硫磷乳油1 000～1 200倍液，或2.5%联苯菊酯乳油2 000～3 000倍液，或5%氯氰菊酯乳油2 500～3 000倍液等。

3. 茄无网蚜 茄无网蚜(*Acyrthosiphon solani*)属同翅目蚜科，别名茄无网长管蚜，危害茄科蔬菜、豆类、甜菜等多种农作物。成虫和若虫吸食植株汁液并传播病毒。

无翅孤雌成蚜体长2.8mm，长卵形。头部和前胸红橙色，胸、腹部乳白色至绿色。头部粗糙，有深色小刺突，额瘤显著外倾，与中额呈直角，额槽深"U"字形。触角细长，为体长的1.4倍，第一节、第二节和第六节黑色，3～5节端部黑色，第三节短而钝，有次生感觉圈2～3个。胸部和腹部1～6节有微网纹，7～8节有明显瓦纹，体缘网纹明显。气门三角形关闭，气门片黑色。腹部边缘有淡褐色节间斑。腹管为体长的0.23倍，为尾片的1.6倍，端部及基部收缩，端部有明显缘突和切迹，尾片长圆锥形，中部收缩，有小刺突构成瓦纹及长毛5～6根。

在东北地区以卵在豆类植物和牧草的根部附近越冬，在河南等温暖地区以成蚜在寄主根部附近越冬。翌春寄主萌芽后，越冬卵开始孵化，有翅蚜迁飞到豆类等寄主幼苗上繁殖危害。通常发生量和直接危害不大。

防治方法参见苜蓿蚜。

4. 番茄斑潜蝇 番茄斑潜蝇(*Liriomyza bryoniae*)属双翅目潜蝇科，危害茄科、葫芦科、豆科、十字花科等30多种蔬菜，是保护地蔬菜的新害虫。幼虫潜食叶肉，形成蛇形弯曲的潜道，其末端不明显变宽。成虫刺破叶片表皮，产卵或取食，形成微小产卵点和取食点。

成虫体长约 2mm，灰黑色，额鲜黄色，侧额色稍浅，内、外顶鬃都着生于黄色区内，但眼后黑色区域有时伸达外顶鬃基部。触角第三节鲜黄色，中胸背板黑色，背中鬃 3＋1，中鬃呈不规则 4 列。翅长 1.75～2.1mm，M_{3+4}脉末段长是次末段长的近 2 倍。足腿节主要为亮黄色，有棕色纹，胫、跗节主要为棕色。雄外生殖器端阳体前端较圆钝。卵椭圆形，米色，稍透明。幼虫蛆状，初孵时无色，渐变黄橙色，老熟时体长约 3mm，后气门每侧具7～12 个孔突和开口。蛹卵形，腹面稍平，橙黄色。

在长江下游地区年发生 8～13 代，以蛹在土壤表层越冬。在保护地内可周年发生，且常与美洲斑潜蝇混合发生。一年内有两次发生高峰期，第一次在 2～5 月份，第二次在深秋至初冬。危害露地蔬菜的在 11 月底至 12 月初开始越冬。成虫有趋黄、趋嫩、趋光性，早晨至 11 时活动最盛。幼虫老熟后脱叶，在叶外和土表下化蛹。

防治方法参见美洲斑潜蝇。

5. 番茄刺皮瘿螨　番茄刺皮瘿螨(*Eriophyes lycopersici*)属真螨目瘿螨科，是近年来出现的新害虫，主要危害保护地栽培的番茄、辣椒、茄子、马铃薯等。番茄老叶受害后常不卷曲，但质地较脆，失去正常光泽，嫩叶向叶背方向卷曲，皱缩增厚，叶背渐现苍白色斑点，表皮隆起，观察叫背有银色的反射光。受害果实失去光泽，表皮粗糙，有细小裂纹(网纹)。危害严重时，番茄的茎和果实硬化，呈淡褐色，植株叶片黄化枯死。还常与茶黄螨混合危害，造成落叶落花。

在保护地栽培条件下，一年发生 20 代左右，世代重叠，成螨在土缝中或棚室蔬菜上越冬。在上海地区，常年在 5 月中下旬始见危害状，7～9 月份为发生盛期，可危害到 10 月下旬。适宜生长发育的温度为 15℃～38℃，最适温度 20℃～35℃，相对湿度 45％～70％。高温、干旱时虫口密度大，危害严重。

发生刺皮瘿螨的地块，在收获后应及时清除残株落叶，集中烧毁，深翻土壤并灌水沤泡15～20天。番茄生长期及早喷洒杀螨剂防治，隔5～7天防治一次，重点对植株上部嫩叶背面和嫩茎、花朵及幼果喷药。有效药剂有1%杀虫素（灭虫灵、虫螨光、螨虫清）乳油2 500～3 000倍液，或73%炔螨特乳油2 000～3 000倍液，或0.5%甲氨基阿维菌素苯甲酸盐乳油3 000～5 000倍液等。

6. 芋蝗 芋蝗（*Gesonula punctifrons*）属直翅目蝗总科，别名芋叶尖头蝗，危害芋类、莲藕、芭蕉、甘蔗、水稻、玉米、野生水仙等植物，分布于南方。成虫和若虫啮食叶片上表皮，残留下表皮，成虫还将叶片咬成缺刻和孔洞。

雌虫体长约21mm，雄虫约18mm，青绿色。复眼暗赤褐色，触角黄褐色，丝状，24节。头顶两侧在复眼后方各有浓褐色纵纹1条，直到前胸背板后缘为止。前胸背板宽平，上面有3条淡色横沟。前胸腹板有略向后倾斜的圆锥形突起。前翅狭长，前缘绿色，贴近腹部两侧的部分为褐色，与头和前胸的深褐色纵纹连接成一明显带状的纵纹。后足胫节青绿色，基部红色，上侧内缘具刺8～9个。

【发生规律】 芋蝗一年发生1～3代，以成虫在枯枝落叶下越冬。越冬成虫于3月中下旬恢复活动，4月下旬至7月上旬产卵，5月中旬至8月上旬孵化，6月上旬至8月下旬陆续羽化，10月以后即以成虫进入越冬。

成虫白天活动，以上午10时至午后4时活动最盛。成虫昼夜可交配，交配后1～2周开始产卵。卵聚集成块，多产于叶鞘上，叶鞘中部居多，产卵处有一圆形孔口，孔口边缘褐绿色，并溢出黄褐色胶液，易辨识。若虫历期一般为33～41天，初龄若虫即开始食害，三龄以后食量增大。雌成虫的寿命，第一代约50天，越冬代则长达10个月。成虫和若虫都有在芋叶集中危害的习性。6～8月份危害最重。

防治方法为:①清除田边地头的杂草,铲趟土壤,杀灭蝗卵。②在越冬代成虫交配盛期,人工捕捉成虫。在产卵盛期寻找产卵孔,刮杀未孵化的虫卵。③在成虫盛发期和初龄若虫群集危害时,喷布有机磷制剂等杀虫剂。

7. 芋双线天蛾　芋双线天蛾(*Theretra oldenlandiae*)属鳞翅目天蛾科,主要危害芋类、甘薯、黄麻以及葡萄属、山核桃属等植物。幼虫食害茎叶,叶片出现孔洞和缺刻,严重时仅剩叶脉。

成虫体长 23～35mm,翅展 65～75mm,体灰褐色或褐绿色。头和胸两侧有灰白色缘毛。胸部背线灰褐色,两侧有黄白色纵条。腹部有 2 条银白色背线,两侧有棕黄色纵条。体腹面土黄色,具不显著的黄褐色长纹。前翅灰褐绿色,从顶角至后缘基部有 1 条较宽的浅黄褐色斜带,斜带内、外有数条黑、白条纹,中室端有 1 个黑点。后翅黑褐色,其上有 1 条灰黄色横带,缘毛白色。前、后翅反面均为黄褐色,有 3 条暗褐色横带。幼虫老熟时体长约 80mm,体具紫黑色网状纹,胸部有 2 条黄色斑,腹部两侧,第一、第二节各有 1 个黄色斑,其余各节有 1 个卵形红色斑。尾角黑色,端部白色,较细直,长 8～10mm。

一年发生 2 代,在土中或枯叶内吐丝做茧以蛹越冬。成虫有趋光性,卵单产于心叶上。

防治方法参见芋单线天蛾。

8. 姜弄蝶　姜弄蝶(*Udaspes folus*)属鳞翅目弄蝶科,又名大白纹弄蝶,危害生姜、姜花、蘘荷等姜科植物,分布于华南。幼虫吐丝连叶成苞,隐匿其中取食,受害叶片缺刻或断落,严重时仅留叶柄。

成虫为中型偏大的黑褐色蝴蝶,前翅具有 5 个近四方形排列的灰白色斑,后翅中央具有 1 个不规则的大白斑。幼虫共 5 龄。老熟幼虫体长 45mm,草绿色,头胸部细小,腹部宽大。

在广东一年发生 3～4 代,以蛹在枯叶苞内或草丛中越冬,

7～8 月份危害最为严重。雌蝶产卵于叶背，散产，幼虫爬至叶缘，吐丝缀叶，藏匿于虫苞内咬食叶片，有转株危害习性。

防治姜弄蝶需在生姜收获后，及时清除残体销毁，以减少虫源。在发生期人工摘除虫苞，在幼虫幼龄期喷施有机磷或菊酯类制剂。

第四章　瓜类害虫

本章介绍了21种危害瓜类蔬菜的害虫，对其中12种作了详细介绍。瓜绢螟、黄守瓜、黑守瓜、瓜实蝇、瓜藤天牛等害虫专门或主要危害瓜类，而瓜蚜、粉虱、蓟马、斑潜蝇等寄主范围广泛，还是其他蔬菜和其他农林植物的大害虫。另有一些瓜类害虫，已随主要寄主在其他章节作了介绍，其中重要的有叶螨、番茄斑潜蝇、西花蓟马等。

1. 瓜绢螟

瓜绢螟(*Diaphania indica*)属鳞翅目螟蛾科，是瓜类作物上常见的害虫之一，以黄瓜受害最重，其次是丝瓜、冬瓜、苦瓜、甜瓜、西瓜、茄子、番茄、马铃薯等。近年夏秋季大棚西瓜栽培增多，危害加重。幼虫食害瓜类作物的嫩头、幼瓜和叶片。低龄幼虫在叶片背面啃食叶肉，残留表皮成网状，严重时可吃光叶片，仅剩叶脉。三龄后吐丝缀合嫩叶、嫩梢，隐匿其中危害。幼虫还啃食瓜皮，形成疮痂，还能蛀入瓜内取食。

【形态特征】

1. 成虫　体长10～11mm，翅展25mm。头、胸黑色，腹部白色，但第一节、第七节和第八节黑色，腹末端有黄褐色毛丛。前、后翅白色半透明，前翅前缘、外缘和后翅外缘均为黑色宽带。

2. 卵　扁平，椭圆形，淡黄色，表面有网纹。

3. 幼虫　共5龄，末龄幼虫体长23～26mm。头部、前胸背板淡褐色，胸腹部草绿色，亚背线为两条较宽的乳白色纵带。气门黑色。各体节上有瘤状突起，上生短毛。

4. 蛹 长约14mm，深褐色，头部光整尖瘦，翅芽伸及第六腹节。外被薄茧。

【发生规律】 瓜绢螟1年发生4～6代，以老熟幼虫或蛹在枯叶或表土中越冬。在广州地区，一般在4～5月份幼虫开始危害，6～7月份虫口密度渐增，8～9月份盛发，11月份以后幼虫进入越冬。在上海地区发生5代，世代重叠。在5月中旬至6月中旬始见越冬代成虫，7～10月份为盛发期，11月中旬后进入越冬。

成虫趋光性弱，昼伏夜出，卵产于叶背，散产或20粒左右聚集在一起，每雌产卵300～400粒。初孵幼虫多集中在叶背取食叶肉。三龄后吐丝卷叶，缀合叶片或嫩梢。幼虫性活泼，受惊后吐丝下垂转移他处继续危害。最适于幼虫发育的温度为26℃～30℃，相对湿度80%以上。老熟幼虫在卷叶内或表土中作茧化蛹。卵期5～7天，幼虫期9～16天，蛹期6～9天，成虫寿命6～14天。

【防治方法】

1. 栽培防治 及时清洁田园，收集枯藤落叶集中处理，以压低虫口基数。在幼虫发生期，人工摘除卷叶，捏杀幼虫。使用防虫网避虫。

2. 药剂防治 应掌握在卵孵化盛期施药，并注意将药液喷洒到叶背或嫩头上。可选用1.8%阿维菌素乳油3 000倍液，或2%阿维·苏可湿性粉剂1 500倍液，或5%氟虫腈悬浮剂1 500倍液，或40%阿维·敌畏乳油1 000倍液，或10%醚菊酯悬浮剂1 500～2 000倍液，或3%啶虫脒乳油1 000～2 000倍液，或10%氯氰菊酯乳油3 000～4 000倍液，或2.5%联苯菊酯乳油2 500～3 000倍液喷雾。

2. 黄守瓜

黄守瓜(*Aulacophora femoralis.*)属鞘翅目叶甲科。在我国

危害瓜类的守瓜属害虫已知有15种，发生普遍的是黄守瓜。黄守瓜危害19科69种植物，以葫芦科为主，也危害十字花科、茄科、豆科蔬菜等。在葫芦科中又偏嗜南瓜、黄瓜、冬瓜、西瓜、甜瓜等。成虫食害瓜类的叶、嫩茎、花和幼瓜，往往引起死苗。幼虫在土壤中咬食瓜根，使瓜苗整株枯死，有时也蛀食接近土表的果实。

【形态特征】 见图3-40。

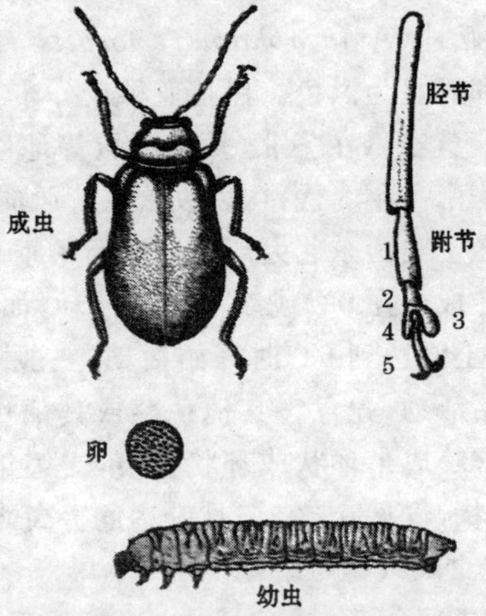

图3-40 黄守瓜 (仿农业昆虫学原埋原图)

1. 成虫 体长9mm，狭长，后方稍阔，全体橙黄色，仅中、后胸及腹部腹面黑色。复眼黑色，触角生在两眼之间。前胸背板长方形，比鞘翅窄，中央有一较深的波浪形横凹沟。雌虫腹部较膨大，末端为尖锥形，露出翅鞘外，腹部末节腹面有"V"形凹陷。雄虫腹末为锥形，部分露出鞘翅，腹部末节腹面有一匙形构造。

2. 卵 卵圆形，长约1mm，黄色，卵壳表面有六角形蜂窝状皱纹。

3. 幼虫 体长约12mm，长圆筒形，头部黄棕色，胸腹部白色微黄，上生有不显著的肉瘤。尾端臀板长椭圆形，黄色，向后方伸出，上有圆圈状褐色斑纹和4条纵行凹纹。尾节腹面有肉质突起，上生微毛。

4. 蛹 裸蛹，黄白色，近羽化时变为浅黑色。长约9mm，头顶、腹部有短刺，尾端有大刺2根。

黄守瓜有两个亚种，即黄足亚种（*Aulacophora femoralis chinensis*）和黑足亚种（*Aulacophora femoralis femoralis*），其区别在于后者中足和后足为黑色。黑足亚种仅分布在局部地区。

【发生规律】 黄守瓜在华北、长江流域等地以一年发生1代为主，部分2代，华南一年3代，均以成虫在背风向阳处杂草、落叶和土缝间群集越冬。我国东北大部分地区因冬季严寒和干旱而不能安全越冬。越冬成虫在0℃或以下全不活动，如较温暖，也可活动，甚至取食。当土温达到6℃时开始活动，一般在3月下旬至4月间越冬成虫开始活动，先危害其他蔬菜或其他作物。以后转移瓜苗，加害瓜叶，常咬成半环状或环状伤痕，受害组织干枯脱落穿孔，严重的成为网状，仅见叶脉。7月份达危害高峰，8月份危害秋菜，10～11月份成虫陆续越冬。

成虫在温暖的晴天活动，行动活泼，遇惊扰后飞行，晚上则静止潜伏。阴天活动迟钝，雨天不活动。成虫有假死习性，但不易捕捉，耐饥力强。成虫交配、产卵也多在白天，产卵期长。卵散产或成堆，每雌可产卵150～2 000粒。卵产于潮湿的表土3cm内，很少在过干、过硬的土壤产卵。一般在20℃以上开始产卵，24℃左右产卵最盛，湿度愈高，产卵愈多。降水之后可大量产卵。卵的耐水性强，但不能耐旱。卵期10～14天，幼虫期20～40天，卵与幼虫均在土中，老熟幼虫筑土室化蛹。前蛹期4～5天，蛹期12～23天。土壤性质与卵的孵化、幼虫发育和蛹的羽化都有密切关系，以壤土最适宜，黏土次之，沙土最不适。

【防治方法】

1. 栽培防治　彻底清除田间杂草、枯枝落叶，填平土缝，减少越冬虫源。在成虫产卵期，用草木灰、石灰粉、烟草粉、木屑、糠秕等撒在瓜苗根部附近，或采用地膜覆盖栽培，防止成虫产卵。调整播种期，使害虫盛发期与瓜类苗期(5 片针叶期前)错开，以减轻受害。轮作或间作葱蒜类、甘蓝、西芹、莴苣等非嗜好寄主。

2. 药剂防治　防治成虫可喷施 90%的晶体敌百虫 1 000 倍液，或 50%敌敌畏乳油 1 000～1 200 倍液，或 10%醚菊酯悬浮液 1 200～1 500 倍液，或 2.5%溴氰菊酯乳油 3 000 倍液，或 10%氯氰菊酯乳油 3 000 倍液，或 10%乙氰菊酯乳油 1 000～1 200 倍液，或 3%啶虫脒乳油 1 500 倍液，或 5%氟虫腈悬浮剂 2 000～2 500 倍液等。防治幼虫可用 90%敌百虫 1 500 倍液，或 5%氟虫腈悬浮剂 2 000～2 500 倍液，或 5%鱼藤精乳油 500 倍液灌根，也可用 3%氯唑磷颗粒剂(45～75kg/hm)拌适量细沙均匀撒施在幼株根部附近。苗期应及时防治，但瓜苗抗药性弱，易生药害，应注意避免。

3. 瓜　蚜

瓜蚜(*Aphis gossypii*)属同翅目蚜科，又名棉蚜，寄土范围广泛，是蔬菜和棉花的世界性大害虫。瓜蚜危害瓜类、豆类、菠菜、洋葱以及其他蔬菜作物，在棚室中多发。瓜蚜以成蚜和若蚜在叶片背面和嫩茎、花梗等部位吸食植物体内的汁液，使瓜苗萎蔫，叶片变黄、卷缩，提前老化枯死，造成严重减产。瓜蚜也分泌蜜露，诱生霉菌，并传播植物病毒。

【形态特征】　瓜蚜在自然条件下，生活史很复杂，有多个虫态。但是，在棚室和露地蔬菜上最常见的虫态是有翅胎生雌蚜、无翅胎生雌蚜及其若蚜。

1. 有翅胎生雌蚜 成蚜体长1.2～1.9mm，长卵圆形，有翅。头部和胸部黑色，腹部深绿色至黄色，春秋多深绿色，夏季多黄色。腹背各节间斑明显。触角比身体短，黑色，第三节至第六节的长度比例为100∶76∶76∶48＋128。第三节常次生感觉圈6～7个，排成1列。腹管和尾片黑色，腹管短，腹管长度约为尾片的1.8倍。尾片有毛6根(图3-41)。

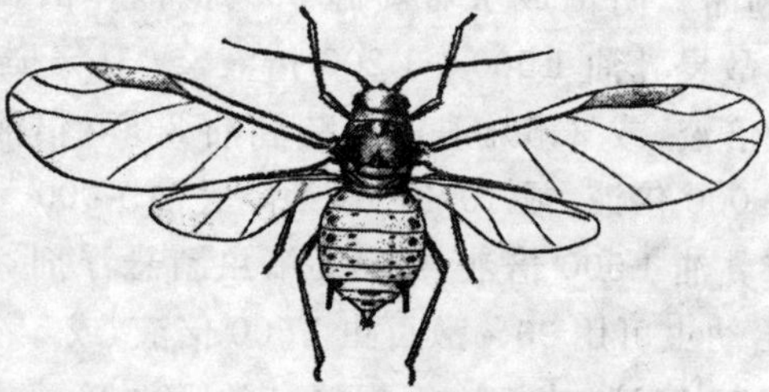

图3-41 棉蚜的有翅胎生雌蚜成蚜

2. 无翅胎生雌蚜 成蚜体长1.5～1.9mm，卵圆形，无翅。夏季黄绿色，春秋深绿色。体表具清楚的网纹构造。前胸，腹部第一节和第七节有缘瘤。触角不及体长的2/3，第三节至第六节的长度比例为100∶69∶69∶43＋94。尾片常有毛5根。盛夏常发生小型蚜(伏蚜)，体长减半，触角可见5节，体淡黄色。若蚜共4龄，体长0.5～1.4mm，复眼红色，无尾片。一龄若蚜触角4节，腹管长宽相等；二龄触角5节，腹管长为宽的2倍；三龄触角也为5节，腹管长为1龄的2倍；四龄触角6节，腹管长度为二龄的2倍(图3-42)。

【发生规律】 瓜蚜每年发生代数各地不同，在东北一年发生10余代，在黄河流域、长江流域和华南发生20～30代不等，世代重叠严重。瓜蚜为多食性害虫，有两类寄主，一类为越冬寄主，另一类为夏季寄主。越冬寄主主要有花椒、石榴、木槿、鼠李、芙蓉、车前草、夏至草、苦荬菜、月季、菊花等，夏季寄主主要有瓜类等蔬菜作物和棉花。

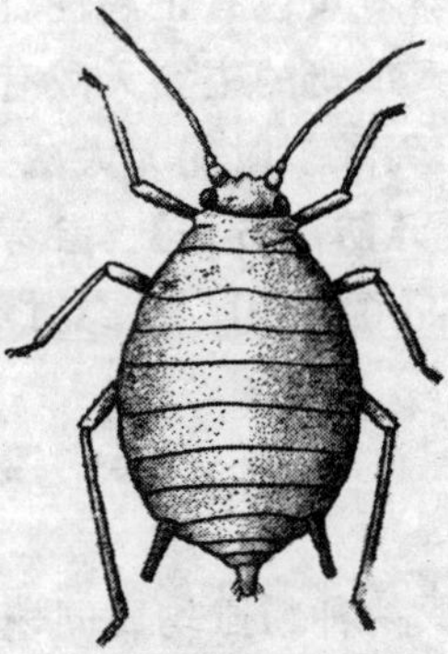

图 3-42 棉蚜的无翅胎生雌蚜成蚜

瓜蚜的年生活周期有 3 种类型：异寄主全周期型、同寄主全周期型和不全周期型。异寄主全周期型以受精卵在越冬寄主上越冬，春季卵孵化，在越冬寄主上繁殖几代后产生有翅迁移蚜，迁飞到夏季寄主上危害，进行孤雌生殖，产生无翅胎生雌蚜和有翅胎生雌蚜，后者在夏季寄主间迁飞蔓延。晚秋产生有翅雌性母和无翅雄性母。前者迁回越冬寄主，孤雌胎生无翅雌蚜，后者继续在夏季寄主上胎生有翅雄蚜，成熟后迁回越冬寄主，与无翅雌蚜交配产卵越冬。同寄主全周期型发生在花椒、木槿等植物上。这些植物即为越冬寄主，又可作为夏季寄主。越冬卵孵化后，整个夏、秋季都在这些寄主上生活繁殖，秋末发生雌蚜和雄蚜，交配产卵越冬。不全周期型发生在热带、亚热带南部以及各地温室中，瓜蚜全年孤雌生殖。

棚室中发生的瓜蚜，除了就地越冬繁殖的以外，还接受露地蔬菜迁飞来的大量个体。瓜蚜繁殖能力很强，春、秋季 10 天左右完成一代，夏季 4～5 天繁殖一代。

瓜蚜适应的温度范围较广，抗寒性较强。最适温度为 16℃～22℃，在气温 17℃～28℃条件下，繁殖速度很快，虫口数量迅速增长，29℃以上发育延缓。在亚热带地区的瓜蚜适应较高的温度。瓜蚜对湿度的适应能力也较强。在空气相对湿度 47％～81％时，蚜口都能迅速增长，以 58％左右最适，伏蚜最适相对湿度更高达 76％左右。微风有利于瓜蚜的迁飞活动，暴风雨则有强烈的冲刷作用，可减少蚜口数量。施用氮肥多，叶片柔嫩时瓜蚜发生加重。

瓜蚜对黄色有正趋性，而对银灰色则有负趋性。

瓜蚜的主要天敌有瓢虫、草蛉、蚜茧蜂、绒螨、食蚜蝇和蚜霉菌等，天敌多时能大大减少蚜口数量。

【防治方法】 参考桃蚜的防治方法，但抗蚜威对瓜蚜效果较差，不宜选用。瓜类对药剂较敏感，药剂防治要注意。

4. 温室白粉虱和烟粉虱

两种粉虱均属同翅目粉虱科。温室白粉虱（*Trialeurodes vaporariorum* ）以成、若虫吸食叶片和果实汁液，受害叶片出现黄色斑点，甚至整叶变黄，萎蔫枯死。温室白粉虱还可分泌蜜露，污染植株，诱发煤污病，传播植物病毒。该虫食性极杂，危害 653 余种植物，自 20 世纪 70 年代传入我国以来，已成为北方地区蔬菜和观赏植物的重要害虫，在大棚和温室中严重危害瓜类、茄果类、豆类、菊科和其他蔬菜。烟粉虱（*Bemisia tabaci*）传入我国较晚，但蔓延很快，已经取代了温室白粉虱，成为棚室蔬菜最重要的害虫。近年在广东、新疆、北京、天津、河北、山西等省、自治区大发生。烟粉虱寄主植物有 63 科，201 属，307 种植物，可传播多种重要植物病毒（特别是联体病毒和长线状病毒两大类群）。

【形态特征】

1. 温室白粉虱 见图 3-43。

（1）成虫　体长 1.0～1.2mm，身体淡黄色至黄色，翅膀正反面覆盖一层白色蜡粉。触角丝状，6 节，复眼哑铃状，口针细长。腹部第一节细缩成柄状，腹末尖削。前后翅各有 1 条翅脉，前翅脉有分叉。雌性休息时两翅合拢平铺于体背，腹部末端有一个三裂的产卵器。雄性休息时两翅合拢成屋脊状盖在腹背，腹末有一钳状生殖器。

（2）卵　长 0.20～0.25mm，宽 0.08～0.1mm，长椭圆形，基

部有短柄。初产时淡黄绿色，孵化前黑褐色，可见两红色眼点。

(3) **若虫**　椭球形，扁平，淡黄色或淡绿色，透明，蜕皮前身体隆起，透明度减弱，体表生长短不齐的丝状蜡质突起，周缘的蜡丝较长，尾端的 2 根蜡丝最长。一龄幼虫有 3 对足和触角，可爬行，二龄后足和触角退化，固定在叶面取食。末龄若虫体长 0.72～0.76mm，宽厚 0.44～0.48mm。

(4)**蛹壳**　蛹白色至淡绿色，半透明，体长 0.70～0.80mm，椭球形，较扁平。蛹壳边缘厚，蛋糕状，周缘排列有均匀发亮的细小蜡丝，体背有放射状长短不等的蜡丝 9～11 对，随着虫体的隆起，身体周围形成一垂直叶面的蜡壁，壁表面有许多纵向的皱褶。蛹壳内实际上是四龄若虫，成熟后冲破蛹壳下面的皿状孔飞出。

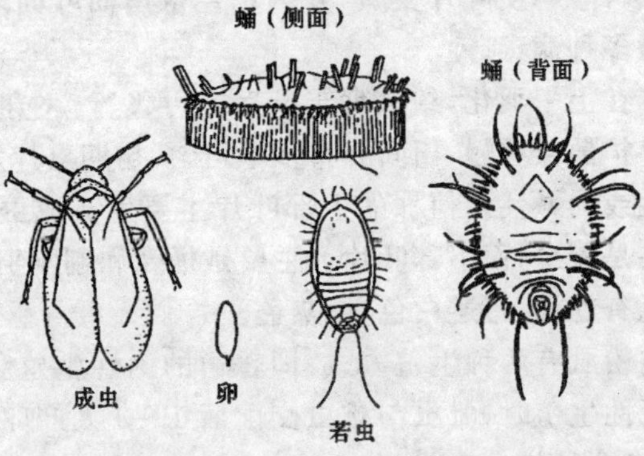

图 3-43　温室白粉虱　（仿蔬菜昆虫学原图）

2. 烟粉虱　烟粉虱与温室白粉虱形态相似，常混合发生。烟粉虱成虫微小，虫体淡黄白色到白色，前翅脉一条不分叉，左右翅合拢呈屋脊状。卵散产，卵在孵化前呈琥珀色，不变黑。蛹淡绿色或黄色，蛹壳边缘扁薄或自然下陷，无周缘蜡丝。胸气门和尾气门外常有蜡缘饰，在胸气门处呈左右对称，蛹背蜡丝有无常随寄主而异。

【发生规律】

1. 温室白粉虱 棚室中可周年发生，每年有10～12代，世代重叠严重。在我国北方，该虫不能在室外越冬，冬前即由露地向温室、大棚等保护地设施内转移。翌年春季和初夏，再由菜苗传带或成虫迁飞，从棚室内向露地蔬菜和其他植物转移，但虫口增长缓慢，直到7月份以后，虫口密度才迅速增多，危害加重。10月份以后，随气温下降，虫口数量逐渐减少，并向棚室内转移。白粉虱还可随菜苗、花卉及苗木远距离传播。

温室白粉虱喜食黄瓜、番茄、茄子、菜豆、草莓等植物，韭菜、菠菜、油菜等基本不受害，甜椒、萝卜、豇豆、莴苣、芹菜等发生较轻，但保护地甜椒比露地甜椒受害严重。成虫和若虫都可群集辣椒嫩叶背面，刺吸汁液，使叶片变黄，并因诱生霉菌而叶面发黑。白粉虱可以传播多种病毒。

成虫多在上午羽化，约取食半天后方可飞行，飞翔能力不强，向周围迁移扩散较缓慢，田间分布多不均匀，初期点片发生。成虫还有向上性或向嫩性。植株的上部叶片主要生有成虫和卵，中部叶片上主要是若虫，而下部叶片上主要是蛹壳和刚刚羽化的成虫。成虫对黄色有趋性，忌避白色、银灰色。

温室白粉虱有两种生殖方式，即普通的两性生殖和特殊的孤雌生殖。两性生殖时，雌虫与雄虫交配后1～3天产卵，卵多产在叶片背面，有两种排列方式，其一为15～30粒卵呈半环形或环形排列，另一为不规则排列。卵表面有雌虫分泌的白色蜡粉。每雌可产卵300～600粒。孤雌生殖是不经两性交配，而只由雌性繁殖的生育方式。

初孵化的一龄若虫先在叶面爬行数小时，待找到适宜的取食场所后方固定取食，并蜕皮变为二龄若虫。以后各龄若虫均营固定生活。若虫老熟后蜕皮化蛹，蛹由蛹壳包裹。成虫羽化前，蛹壳的皿状孔开裂为"T"形裂口，成虫由裂口中钻出。

气温 11℃～23℃(平均 17℃)时,温室白粉虱卵期 12 天,若虫期 18 天,蛹期 7 天;气温 16℃～27℃(平均 21.5℃)时,卵期 10.5 天,若虫期 11.5 天,蛹期 4 天。成虫寿命在 24℃时 15～57 天。

温室白粉虱是一种喜温害虫,成虫活动的最适温度是 25℃～30℃,直至 40.5℃时活动能力才明显下降,而在温度较低时即使受惊扰也不太活动。各虫态对 0℃以下的低温耐受力弱,在北方露地不能越冬。该虫世代多,发育速度快,棚室内天敌少,存活率高,群体增长很快,由少量虫源就可造成严重危害

2. 烟粉虱　烟粉虱的发生规律与温室白粉虱相似,在棚室内各虫态均可安全越冬,在露地一般以卵或成虫在杂草上越冬。在热带和亚热带地区,一年发生 11～15 代,有世代重叠现象。在广东 3～12 月均可发生,5～10 月份为盛期。

在江苏省东台市烟粉虱每年发生 8～10 代,以成虫、若虫、蛹在多层大棚苗床或定植早的辣椒上越冬危害。翌年 4 月中下旬大棚内虫量开始上升,5～6 月份达到春季危害高峰。在 7～8 月份,随着春椒的清茬,烟粉虱迁入棚外大田棉花、露地蔬菜作物上危害。8 月上旬,秋延后辣椒出苗,烟粉虱又转移至秋椒上危害,9～10 月份在大棚秋延后辣椒上形成秋季危害高峰。11～12 月份气温下降,大棚内虫量逐渐减少。12 月至翌年 3 月份在多层覆盖的大棚辣椒上越冬。

在北方 6 月中旬始见成虫,8～9 月份为盛发期,9 月底开始陆续迁入棚室危害,10 月下旬后田间虫口显著减少。成虫可在植株间作短距离扩散,也可借气流长距离迁移。

【防治方法】

1. 栽培防治　发虫地区要及时清理和销毁各种寄主植物残体,铲除田间和温室内外的杂草,以减少虫源。要避免白粉虱喜食的蔬菜接茬、混栽,特别要避免黄瓜、番茄和菜豆混栽。温室、大棚附近避免栽植粉虱发生严重的蔬菜。棚室秋冬茬最好栽植白粉虱

不喜食的芹菜、油菜、韭菜等蔬菜。白粉虱和蚜虫忌避毛粉 802、佳粉 17 等番茄品种。

要培育无虫秧苗，选择无虫棚室育苗，或在育苗前彻底熏杀残余虫口。应将育苗棚室与生产棚室分开，通风口用纱网密封，严防虫体飞入育苗棚室。秋季用密度为 24～30 目的防虫网，全程覆盖育苗。棚室周围不种植白粉虱喜食的蔬菜，以减少成虫迁入棚室的机会。

2. 黄板诱虫 可利用白粉虱的趋黄习性，将黄色板涂上机油，置于棚室内，诱杀成虫。黄板可用废旧纤维板或硬纸板，裁成 1m×0.2m 的长条，用油漆涂成橘黄色，再涂上一层黏油（可用 10 号机油加少许黄油调匀）制成。每 667m^2 设置 30 余块黄板，插在行间，底部与植株顶端相平或略高。当粉虱黏满板面时，要及时重涂粘油。注意不要将油滴在植株叶上，以免造成烧伤。

江苏省丰县采用小黄板诱虫，在长、宽为 18cm×9cm 的三合板两面，分别用黄色油漆涂成浅黄色，黄板下部钉有长 65cm 小木条，使用前在黄板上刷上 10 号机油，试验过程中，每 7 天补刷一次机油。木条插入地下 15cm 左右，使黄板处于番茄株高中部。每平方米放置 1～2 块黄板。在 9 月份扣棚覆膜后马上使用。

3. 药剂防治 在点片发生阶段开始喷药，先可局部施药，要注意使植株中上部叶片背面着药，因该虫发生不整齐，必须连续几次施药。供选药剂有 10%噻嗪酮乳油 1 000 倍液（该药对粉虱有特效，持效期长，对天敌安全），或 25%噻嗪酮可湿性粉剂 1 500～2 000倍液，或 2.5%联苯菊酯乳油 2 000～3 000 倍液，或 21%增效氰・马乳油 4 000 倍液，或 2.5%三氯氟氰菊酯乳油 3 000 倍液，或 20%甲氰菊酯乳油 2 000～3 000 倍液，或 2.5%溴氰菊酯乳油 2 000～3 000 倍液，或 20%氰戊菊酯乳油 2 000～3 000 倍液，或 3%啶虫脒乳油 1 000～2 000倍液，或 20%吡虫啉可溶剂 2 000～3 000倍液，或 10%吡虫啉可湿性粉剂 2 000 倍液，或 25%阿克泰水分散粒剂 5 000～6 000 倍液，或 50%辛硫磷乳油 1 000 倍液，或 50%马拉硫磷乳油 1 000 倍液，或 50%稻丰散乳油 1 000 倍液，或 50%敌敌畏乳油 1 000 倍液，或 58%阿维·柴乳油 3 000～4 000 倍液，或 26%吡·敌畏乳油 750～1 000 倍液，或 1.8%阿维菌素乳油 2 000～3 000 倍液，或 40%阿维·敌畏乳油 1 000 倍液等。

冬季温室防治还可采用敌敌畏熏烟法施药。傍晚密闭温室，在花盆内放置锯末，洒上敌敌畏乳油，再放上几个烧红的煤球，点燃熏烟，每 667m^2 用 80%敌敌畏乳油 0.3～0.4kg。另法将 80%敌敌畏乳油药瓶瓶口扎个小孔，倒挂起来，使药液一滴滴漏出，利用其熏蒸作用杀虫。每 667m^2 还可用 80%敌敌畏乳油 150ml，加水 1kg 稀释后，喷拌木屑 3kg，均匀撒于行间，然后密封棚室，熏蒸 1～1.5 小时，温度应控制在 30℃左右。有的地方每 667m^2 用 80%敌敌畏乳油 150ml，加水 3～5kg 稀释后，喷拌干锯木屑 20kg，傍晚均匀撒于辣椒行间，然后闭棚熏蒸。另外，也可用 22%敌敌畏烟剂熏烟，每次每公顷用药 7.5kg。用 17%蚜虱螨 1 号烟剂点燃烟熏，每 667m^2 用药300～400g，对烟粉虱成虫和初孵若虫有较好的防效。

在上述药剂中，辛硫磷、马拉硫磷、稻丰散、敌敌畏等为有机磷杀虫剂，联苯菊酯、增效氰·马、氯氟氰菊酯、甲氰菊酯、溴氰菊酯、氰戊菊酯等为菊酯类杀虫剂，吡虫啉、啶虫脒等为新烟碱类杀虫剂（此类杀虫剂还有噻虫嗪），噻嗪酮是噻二嗪类几丁质合成抑制剂，阿维菌素为抗菌素。噻虫嗪具有良好的胃毒、触杀活性和内吸传导性，持效期长。温室白粉虱和烟粉虱对包括昆虫生长调节剂在内的各类杀虫剂，都已产生了不同程度的抗药性，在药剂防治时应限制杀虫剂的使用次数，在作物的不同生长期轮换使用有效成分不同的杀虫剂。

4. 生物防治　丽蚜小蜂寄生温室白粉虱的若虫和蛹，被寄生后 9～10 天，虫体变黑死亡。可人工释放丽蚜小蜂防治白粉虱，番茄虫口密度低时，每隔 2 周放 1 次丽蚜小蜂，共释放 3 次，每株 15 头。或在棚室发现白粉虱后应马上释放丽蚜小蜂，每株有成虫 1 头以下时，每 667m^2 放蜂 1 000～3 000 头，每株虫口 2～3 头时，放蜂 5 000 头，共放 2～3 次。草蛉和小花蝽对温室白粉虱的扑捕食能力较强，可人工助迁，引进温室。利用人工繁殖的中华草蛉防治，每公顷释放中华草蛉卵约 100 万粒。

5. 银叶粉虱

银叶粉虱（*Bemisia argentifolii*）属同翅目粉虱科。原为烟粉虱 B 生物型，其危害性比烟粉虱其他生物型更大，寄主多达数百种，其中包括黄瓜、西葫芦、甜瓜、苦瓜、丝瓜、番茄、茄子、辣椒、甘蓝、花椰菜、萝卜、芥菜、白菜、生菜、莴苣、芹菜、菠菜、豇豆等多种蔬菜以及棉花、甘薯、观赏植物等。银叶粉虱危害可直接造成重大经济损失，还可传播西葫芦银叶病病毒。我国已有银叶粉虱和西葫芦银叶病发生，需警惕和防止其扩散传播。银叶粉虱的寄主范围比烟粉虱更广，产卵量、取食量、蜜露排出量更大。银叶粉虱引起若干种寄主植物的特异性症状，例如引起西葫芦银叶，番茄果实成熟不均匀，南瓜、青花菜白茎等，而烟粉虱则没有这些特异症状。

【形态特征】

1. 成虫　体长约 0.9mm，翅展约 2mm，体表和翅上覆盖有白色蜡粉，虫体淡黄色至白色，复眼红色，前翅脉仅 1 条，不分叉，左右翅合拢呈屋脊状。

2. 卵　长约 0.2mm，有光泽，长梨形，底部有小柄连接叶面。初产时淡黄绿色，孵化前深褐色，不变黑。

3. 若虫　长椭圆形，淡绿色至黄白色，一龄若虫有 3 对足和触角，能爬行，二龄后触角和足退化，固定在叶面取食。

4. 蛹壳　黄色，椭圆形，长 0.6～0.9mm，扁平，背面中央隆起，周缘薄，有 2 根尾刚毛，背面有 1～7 对粗壮的刚毛或无毛，无周缘蜡丝。蛹壳内为四龄若虫。

银叶粉虱（烟粉虱 B 型）形态与烟粉虱（烟粉虱 A 型）非常相似，但银叶粉虱的成虫个体比烟粉虱小，大多数个体的蛹壳没有第四亚缘毛。在一般情况下，胸气门和尾气门沟较窄，蜡缘饰较短，较窄，尾气门孔口的蜡缘饰一般不超出尾毛间宽度。

【发生规律】　在棚室内各虫态均可安全越冬，在露地一般以卵或成虫在杂草上越冬，一年可发生 10 余代，在北方 8 ～ 9 月份危害严重。成虫可短距离向周围扩散，也可随气流远距离迁移。生活习性和发生规律参见温室白粉虱和烟粉虱。

银叶粉虱的低龄若虫取食西葫芦，引起银叶症状，成虫则不造成银叶。病株叶片正面出现银白色病斑，扩大后整个叶片银白色，可反射光泽，病叶增厚僵直，不能正常进行光合作用。病株生长缓慢，瓜畸形或不能结瓜。据发病大棚观察，叶脉两侧和叶尖首先表现异常。叶脉两侧出现银白色斑块，不规则形或多角形。还有的叶尖端先表现淡银灰色，向叶片内部扩散。后病斑迅速增多遍布叶面。叶片形状正常，叶脉仍为绿色，叶面呈现均匀的银灰色，叶柄发黄。受害株心叶发黄。西葫芦银叶病是粉虱传联体病毒（*Whitefly－transmitted geminivirus*，WTG）侵染所致，该病毒是单链 DNA 病毒，由银叶粉虱传毒。

【防治方法】

1. 栽培防治　抓紧育苗期和棚室发虫早期的防治，减少虫源。要调整育苗期，适当延迟育苗时间，避开秋季银叶粉虱发生的高峰期，秋季育苗还可采用密度为 24～30 目的防虫网，全程覆盖育苗，并加强苗期管理，培育无虫、无病苗。在育苗前和定植前要彻底消灭棚室内的残虫，通风口用尼龙纱网密封，防止露地虫源进入。在棚室内采用黄板诱虫。

2. 药剂防治 参见温室白粉虱和烟粉虱。

6. 节瓜蓟马(棕榈蓟马)

节瓜蓟马(*Thrips palmi*)属缨翅目蓟马科,又称南黄蓟马、棕榈蓟马,是瓜类和茄子、辣椒、番茄、马铃薯等茄科蔬菜的重要害虫,也危害豆类、十字花科蔬菜等多种植物。比较而言,更嗜好瓜类和茄子。成虫和若虫锉吸瓜株嫩梢、嫩叶、花和幼果的汁液。受害叶片变黄,叶肉出现黄色挫伤点,进而变褐,皱缩卷叶。植株顶端生长受抑制,嫩梢僵缩,节间缩短。植株生长缓慢,褪绿矮小。茄子受害叶皱缩,叶片背面出现银灰色斑块,后期变为黄色枯斑,叶脉变黑褐色。

【形态特征】

1. 成虫 体长约 1mm,金红色,头近三角形,复眼稍突出。单眼 3 个,红色,排成三角形,单眼间鬃位于单眼三角形外缘连线之外。触角 7 节。前胸后缘有缘鬃 6 根。具缨翅 2 对,周缘有细长缘毛,腹部扁长。

2. 卵 长 0.2mm,长椭圆形,白色透明。

3. 若虫 若虫体长 0.3～1.1mm,淡黄色。触角第四节异常膨大,长约占全触角的 1/4。复眼红色,无单眼,无翅芽。

4. 预蛹和拟蛹 预蛹(三龄若虫)体长 0.9～1.1mm,淡黄白色。触角向两侧弯曲。无单眼。翅芽鞘状,伸达第三、第四腹节。拟蛹(四龄若虫)体长 0.9～1.1mm,淡黄白色。触角往后折于头背上,第一节较其他节粗大。单眼 3 个,红色。翅芽伸达腹部的 3/5 处。

需仔细检查形态特征,才能准确区分瓜蓟马与田间常见的其他蓟马。简而言之,节瓜蓟马与西花蓟马触角结构不同,前者 7 节,后者 8 节。与烟蓟马(*Thrips tabaci*)的区别在于本种单眼间鬃位于单眼三角形连线外缘。另外，节瓜蓟马成虫身体金红色，单眼红色，而烟蓟马身体灰黄色至褐色，单眼灰色。本种成虫单眼间鬃位于单眼三角形外缘连线之外，可与瓜亮蓟马（Thrips flarus）区分。

【发生规律】 节瓜蓟马在广东一年发生20多代，在广西发生17～18代，浙江11～12代，在北方一年发生8～10代，世代重叠严重。冬季成虫栖息于冬茄和野生茄科植物上，或在植物残株上和土块下越冬。春季气温回升到12℃时，越冬成虫开始活动。在广州地区，4月开始发生，7～9月份为发生和危害高峰期。在各地棚室内可周年活动危害。

成虫活跃，善飞，怕光，有趋嫩的习性，多在嫩梢芽内、花内或幼瓜的茸毛丛中取食，少数在叶背危害。成虫还有趋蓝色的习性雌成虫主要进行孤雌生殖，也行两性生殖。每雌平均产卵50粒，可多至200粒。卵多散产在叶肉或嫩梢组织内，一端略外露。若虫孵化后即活动取食，在老叶背面沿叶脉群集，二龄若虫爬行迅速，可扩散危害。二龄末期自然落地，三龄（预蛹）停止取食，在表土中"化蛹"（拟蛹）。

节瓜蓟马的发育适温为15℃～32℃，低至2℃时仍可生存。在30℃时，完成一代需20天，而在15℃时则延长到80天。在15℃，26℃和32℃时，卵期分别为16天，7.5天和4.3天；若虫期分别为14天，5天和4天；前蛹期和拟蛹期合计分别为12天，4天和3天；成虫平均寿命分别为20天，17天和12天。

【防治方法】

1. 栽培防治 彻底清除田间植株残体，铲除附近野生茄科及葫芦科植物，以减少虫源。要避免茄果类、瓜类、豆类等寄主作物间作、套种。搞好苗床防治，培育无虫苗。要根据当地发生情况，适当调节栽植期，使苗期避开危害高峰期。采取地膜覆盖栽培，减少出土成虫和若虫入土化蛹。用纱网阻隔棚室门窗，减少侵入虫量。在发生初期设置蓝色粘虫板诱杀成虫。7～8 月份高温期蔬菜收获后，密闭大棚 1 个月，进行高温闷棚，棚内温度上升到 60℃左右，杀灭残存蓟马。

2. 药剂防治 加强虫情检查，及早喷药，控制蓟马群体的快速增长。可选用的药剂有 5%吡虫啉乳油 1 500～2 000 倍液，1.8%阿维菌素乳油 3 000～4 000 倍液，或 20%吡虫啉浓可溶剂 3 000～4 000 倍液，或 2.5%多杀菌素悬浮剂 1 000～1 500 倍液，或 25%噻虫嗪水分散粒剂 3 000～4 000 倍液，或 10%乙氰菊酯乳油 1 000～1 500 倍液，10%甲氰菊酯乳油 1 000～1 500 倍液，或 90%杀螟丹可湿性粉剂 1 500 倍液，或 40%乐果乳油 1 000 倍液，50%辛硫磷乳油1 000倍液等。要均匀喷雾，重点喷好嫩梢及叶片背面。间隔 7～10 天喷药一次，连续防治 2～3 次。

7. 瓜亮蓟马(黄蓟马)

瓜亮蓟马(*Thrips flavus*)属缨翅目蓟马科，又名黄蓟马、棉蓟马、淡色蓟马，主要危害节瓜、黄瓜、冬瓜、苦瓜、西瓜，也危害番茄、茄子、甜椒、豆类、葱、油菜、百合、棉、甘薯、玉米等作物。主要分布于中南部，棚室蔬菜面积扩大后，在华北发生也比较普遍。成虫和若虫锉吸心叶、嫩芽、幼果汁液，导致生长点萎缩，心叶不能张开，嫩叶、嫩梢干缩。幼果毛茸变黑，表皮锈褐色，畸形，落果。

【形态特征】 见图 3- 44。

1. 成虫 雌虫体长 1.0mm，雄虫略小。体淡黄色。复眼稍突出，褐色，单眼 3 个，红色，排成三角形。单眼间鬃位于前、后单眼中心连线上。触角 7 节，念珠状，端部 3 节灰黑色。口器锉吸式。前翅翅脉 2 条，后翅翅脉 1 条，前后翅缘毛较长，尤其是后翅缘毛更长。

2. 卵 长椭圆形，长 0.2mm，淡黄色，产于嫩叶组织内。

3. 若虫　体黄白色，一至二龄若虫无翅芽，行动活泼。

4. 预蛹和拟蛹　预蛹（三龄若虫）触角向两侧弯曲，复眼红色，翅芽伸达第三、第四腹节，行动缓慢。拟蛹（四龄若虫）触角往后折于头背上，翅芽伸达腹部近末端，行动迟钝。

【发生规律】　瓜亮蓟马在广州一年可发生 20 代以上，多以成虫潜伏在土缝中或枯枝落叶间越冬，少数以若虫越冬，或有少量以第四龄若虫（拟蛹）在土表越冬。越冬成虫在翌年气温回升至 12℃以后开始活动，先在冬茄上取食繁殖，待瓜苗出土后，即转移到瓜苗上危害。7 月下旬至 9 月发生数量最多，严重危害夏植节瓜。初羽化的成虫具有趋上和趋嫩绿的习性，特别活跃，能飞善跳，以后畏强光。白天多数隐蔽于瓜苗生长点和幼瓜的毛茸内。

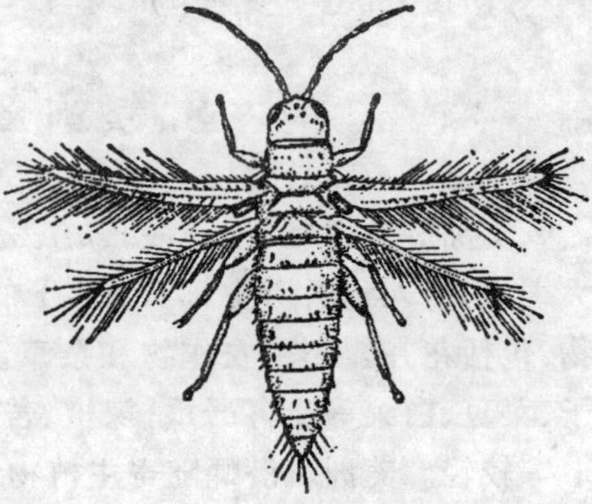

图 3-44　瓜亮蓟马成虫

（仿蔬菜昆虫学原图）

雌成虫可孤雌生殖，不经交配而产卵。每雌虫产卵 30～70 粒。刚孵化的若虫体色乳白透明，随即爬动取食，1～2 天后蜕皮进入二龄。二龄若虫有自然下落的习性，落地后从裂缝钻入土中。在日平均温度 23℃～30℃时，只需经 3～4 天就发育成为预蛹。预蛹历期 1～1.5 天，拟蛹期 2～3 天，在土层 3～5cm 深处“化蛹”。

瓜亮蓟马发育的最适温度为 25℃～30℃，土壤含水量在 8%～18%范围内，化蛹率和羽化率均较高，低于或高于该范围，不利于化蛹和羽化。砂壤土的菜田，有利于若虫入土“化蛹”和成虫羽化出土，发虫较黏土多。南方田间终年栽植瓜类、茄类，有利于蓟马的转移繁殖。北方棚室蔬菜和露地蔬菜衔接或交替，也有利于瓜亮蓟马的周年繁殖，不仅危害秋茬和春茬，也危害棚室瓜类、茄果类越冬茬。

【防治方法】 参见节瓜蓟马。

8. 美洲斑潜蝇

美洲斑潜蝇(*Liriomyza sativae*)属双翅目潜蝇科，为多食性大害虫，传入我国历史不久，但分布较广，可危害 26 科 312 种植物，包括花卉、蔬菜、农作物和杂草。蔬菜中黄瓜、丝瓜、番茄、茄子、菜豆、白菜等受害严重，辣椒、苦瓜、大蒜、洋葱、甘蓝、菜花、萝卜等较轻。美洲斑潜蝇随寄主植物调运而远距离传播。在棚室和露地危害多种蔬菜和花卉，较难防治。斑潜蝇的幼虫在叶片组织中蛀食，吃掉叶肉，残留上、下表皮，形成灰白色不规则潜道，潜道内有黑色虫粪。严重时叶片布满潜道而发白干枯，造成很大危害。成虫取食和产卵均在叶片上刺成小孔，刺孔多时，可显著减低光合作用，幼苗甚至枯死。上述危害都显著降低作物产量、品质和观赏性。

【形态特征】

1. 成虫 雌蝇体长 2.5mm，雄蝇体长 1.8mm，较南美斑潜蝇大，全体暗黑色，多处间有黄色部分。额鲜黄色，微突于复眼上方，额宽为眼宽的 1.5 倍。头鬃黑褐色，头顶内顶鬃着生于黄色与黑色区的交界处，外顶鬃着生处黑色，眼眶浅褐色，上眶鬃 2 根等长，下眶鬃 2 根细小，眼眶毛稀疏后倾。触角 3 节，黄色，第三节圆形，触角芒浅褐色。中胸背板黑色，有光泽，背中鬃 3＋1 根，第三，第四根稍短小，第一与第二根之间的距离是第二与第三根之间距离的 2 倍，第二与第三根之间同第三与第四根之间距离相等。中小毛不规则排成4列。小盾片半圆形，鲜黄色至金黄色，两侧黑色，缘鬃4根。中胸侧板以黄色为主，有不稳定的黑色斑纹。胸部腹面在前足与中、后足基节间黑色。前翅翅长1.3～1.7mm，前缘脉加粗，达中脉 M_{1+2} 脉的末端，亚前缘脉末端变为一皱褶，并终止于前缘脉折断处。中室小，M_{3+4} 脉后段为中室长度的3～4倍。平衡棒黄色。各足基节、腿节黄色，胫节、跗节褐色。腹部可见7节，各节背板黑褐色，有宽窄不等的黄色边缘。腹板黄色，中央常为暗褐色，但有的橙黄色。雌虫产卵鞘（第七腹节）黑色，圆筒形。雄虫第七腹节短钝，黑色。雄外生殖器端阳体豆荚状，柄部短。

2. 卵　圆形，白色略透明，近孵化时浅黄色。

3. 幼虫　蛆状，共3龄，初孵化时无色，渐变淡黄绿色，老熟幼虫体长3mm，橙黄色，后气门呈圆锥状突起，顶端3分叉，各分叉顶端有小孔。

4. 蛹　椭圆形，长1.7～2.3mm，初橘黄色，后期变深。后气门突出，与幼虫相似。

5. 危害状　初孵幼虫多由叶片正面潜入，蛀食叶肉栅栏组织，潜道由叶面看更明显。潜道先细后宽，蛇形弯曲，内有黑色虫粪，二龄前虫粪在潜道中交替排列，三龄常排在一侧连成线。老熟幼虫由叶片正面潜道末端脱出而化蛹，潜道末端可见半圆形破孔，而不见虫体。成虫取食和产卵均在叶片上刺成很多小孔，小孔白点状，近圆形，取食孔直径0.15～0.3mm，产卵孔更小。

【发生规律】　美洲斑潜蝇喜高温，在华南可周年发生，一年有21～24个世代，从11月份到翌年4月份发虫量大。在我国大部分地区，冬季只能在温室和冬暖式大棚内越冬，露地出现较晚，夏秋多发。该虫在北京地区一年发生8～9代，春季虫源来自温室。露地于7～9月为发生高峰期，主要危害黄瓜、豆类和白菜等蔬菜，10月份以后虫口下降，11月中旬后消失。在江苏一带，6月中下旬始在露地蔬菜上危害，8～10月份为发生高峰期，11月下旬基本消失,1 年发生 10～11 代。在北京地区棚室中,春季发生 4～5 代,秋季发生 3.5～4 代,冬季发生 0～2 代。在大棚中有初夏和秋季两个发生高峰期,在温室中全年发生,高峰期在春季和秋季。

成虫大部分在上午羽化,上午 8 时至下午 2 时是羽化高峰期。雌虫刺伤叶片,形成刻点状刺孔,取食和产卵。雄虫不能刺伤叶片,只能在雌虫造成的伤口处取食。成虫飞翔能力较弱,有趋黄、趋嫩、趋绿特性。雌虫羽化后 24 小时即可交配产卵,卵产于叶片表皮下或产于裂缝内,有时也产在叶柄上。产卵孔比取食孔小,直径仅 0.05mm。

幼虫潜叶危害,老熟后钻出,多数在叶片背面化蛹,叶正面较少,也有的从叶片落入土壤表层化蛹。

美洲斑潜蝇成虫取食、产卵的最适温度为 26.5℃,高温 36.5℃以上和低温 16.5℃以下不利于取食和产卵。低温下成虫寿命较长,在 16.5℃平均 26.7 天,在 31.5℃以上仅 4.5 天。36℃以上的高温对幼虫存活和化蛹不利。降水多,湿度高有利于成虫产卵和幼虫孵化,但强降水对成虫杀伤较大。

美洲斑潜蝇的天敌较多,幼虫被姬小蜂寄生的最多,其次为金小蜂和小蜂。幼虫末期和蛹期主要有瓢虫、椿象、蚂蚁、草蛉、蜘蛛等捕食性天敌。

【防治方法】

1. 栽培防治 调整作物布局,避免敏感作物(茄果类、瓜类、豆类、白菜等)连作、套种或邻作。收获后及时清除和销毁田间残株败叶,减少虫源数量。美洲斑潜蝇幼虫可在土壤浅层化蛹,收获后应及时翻耕除虫蛹,或秋、冬灌水灭蛹。生长季节在发生期增加中耕和灌水次数,改进通风透光条件,及时摘除有虫叶片并销毁。

2. 诱杀成虫 在棚室内设置黄色粘胶板,诱杀潜叶蝇成虫。黄板插立或悬挂,高度与蔬菜顶端持平,随着蔬菜生长不断调整。在成虫发生期采用灭蝇纸(用杀虫剂浸泡过的纸)诱杀,每 667m²

设置 15 个诱杀点，每点放置 1 张灭蝇纸，每 3～4 天更换一次。还可设置斑潜蝇诱杀卡，每 15 天更换一次。

3. 喷药防治　在成虫盛发期至低龄幼虫期喷药防治。宜选用兼具触杀作用与渗透或内吸作用的药剂。当前应用最多的为阿维菌素制剂，例如 1.8%爱福丁乳油 2 500～3 000 倍液，或 0.9%爱福丁乳油 1 500～2 000 倍液，或 0.6%齐螨素乳油 1 500 倍液，或 1%阿维·高氯乳油 1 500 倍液，或 40%阿维·敌畏乳油 1 000～1 250 倍液，或 58%阿维·柴油乳油 1 000 倍液等。此外还可选用 75% 灭蝇胺可湿性粉剂 5 000～7 000 倍液，或 48%毒死蜱乳油 1 500 倍液，或 5%氟虫脲乳油 1 000～1 500 倍液，或 21%增效氰·马乳油 5 000～6 000 倍液，或 2.5%三氯氟氰菊酯乳油 2 000～3 000 倍液，或 10%氯氰菊酯乳油1 500倍液，或 80%敌敌畏乳油 800 倍液，或 40%乐果乳油 1 000～1 500 倍液等。喷药要周到细致。斑潜蝇易生抗药性，需轮换使用不同药剂。

灭蝇胺是一种昆虫生长抑制剂，防治斑潜蝇幼虫效果好，且持效期较长，对天敌昆虫和环境较安全。菊酯类和敌敌畏等可杀灭成虫。

棚室还可使用烟雾剂。在美洲斑潜蝇发生高峰期傍晚，用 80%敌敌畏乳油（每 667m^2 用药 200～300ml）拌锯末点燃，熏杀成虫。翌日 10 时左右及时放烟，以免造成药害。22%敌敌畏烟剂，每 667m^2 用药 400～450g。

9. 南美斑潜蝇

南美斑潜蝇（*Liriomyza huidobrensis* ）是双翅目潜蝇科的多食性大害虫，最早发生在南美洲，现已扩散到其他大陆。传入我国历史不久，近年有多发趋势，在棚室和露地中危害多种蔬菜和花卉，较难防治。南美斑潜蝇是多食性害虫，寄主有 16 科 287 种植物，其中包括瓜类（黄瓜、丝瓜、南瓜、苦瓜、西葫芦等）、芹菜、莴苣、茼蒿、甜菜、菠菜、豆类（菜豆、豇豆、豌豆、蚕豆、扁豆等）、洋葱、大蒜、花椰菜、甘蓝、辣椒、番茄、烟草、马铃薯、苜蓿、亚麻、康乃馨、香豌豆、菊、万寿菊、夹竹桃、旱金莲、曼陀罗、矮牵牛等。南美斑潜蝇喜食芹菜，较少危害番茄、辣椒、茄子等，与美洲斑潜蝇不同。

【形态特征】

1. 成虫 体长 1.7～2.25 mm，亮黑色，仅小盾片，胸部侧缘和头中部黄色。额明显突出于复眼，橙黄色，上眶稍暗，内顶鬃、外顶鬃着生处暗色。上眶鬃 2 对，下眶鬃 2 对。触角第一节、第二节黄色，第三节褐色。中胸背板黑色，后角具黄斑，背中鬃 3＋1，中鬃散生，呈不规则 4 行，中侧片下方 1/2～3/4 部分，甚至大部分黑色，仅上方黄色。前翅膜质透明，有紫色闪光。中室较大，M_{3+4} 脉末端长为前端长度的 2～2.5 倍，这是与美洲斑潜蝇区别的重要特征。后翅退化为平衡棒，淡黄色。各足腿节暗褐色，胫节和跗节黑褐色。

2. 卵 长约 0.3mm，卵圆形，乳白色，将孵化时淡黄色。

3. 幼虫 3 龄，蛆形，体长可达 3mm 左右，无足。体表光滑、柔软，体壁半透明。初孵幼虫乳白色，取食后渐变黄白色或橘黄色。后气门呈圆锥状突起，顶端 6～9 个分叉（称为孔突），各分叉顶端有小孔。

4. 蛹 长约 3mm，长椭圆形，初橘黄色，后深褐色，后气门突出，与幼虫相似。

5. 危害状 南美斑潜蝇幼虫在主脉或侧脉附近或沿叶脉蛀成潜道。幼虫不仅蛀食叶肉上层栅栏组织，也蛀食下层海绵组织。虫道常开口于叶片正面，幼虫取食几厘米后转向叶片背面，因而从叶面看潜道往往不完整。黑色虫粪在潜道两侧交替排列。虫龄较大时，叶背潜道更明显。初期形成蛇形潜道，后期若干潜道可连成一片，形成模糊的取食斑，此点也不同于美洲斑潜蝇。老熟幼虫由潜道脱出化蛹。成虫取食和产卵均在叶片上刺成很多小孔，小孔近圆形，针尖大小。

【发生规律】 在北京地区露地蔬菜上于3月中旬开始发生，主要发生期为6月中下旬至7月中旬，其间7月上旬达到发虫高峰期，以后逐渐减少以至消失。在山东地区冬暖式大棚中，2月下旬虫口密度上升，3月份后可造成严重危害，直至5月中旬前后。在露地蔬菜上，成虫于4月上中旬从棚室中迁出，危害菜苗。5月中下旬后虫口激增，6月下旬以后，随气温升高，虫口数量迅速下降，9月份以后又复上升，10月份以后陆续迁移到秋延后大拱棚中危害。在冬暖式大棚中，12月份常大发生，1月份后随气温降低，虫口数量下降。

在陕西南美斑潜蝇与美洲斑潜蝇混合发生。5～10月份主要危害露地蔬菜，高峰期为9月至10月中旬。11月至翌年6月主要危害棚室蔬菜。高峰期3～5月份。在15℃～26℃，15～20天完成一个世代。在25℃～33℃，只需要12～14天。卵2～5天孵化，幼虫期3～8天，老熟后钻出隧道，随风落到地面或在表土中化蛹，蛹期9～10天。成虫交尾时间40～60分钟。交配后当天产卵，卵产于叶片的叶肉中。斑潜蝇一天之中，在上午9～11时和下午2～4时两个时段较活跃，卵的孵化，成虫羽化大都发生在这两个时段。

据国外研究人员在温室条件下观察，27℃时卵期3天以上，幼虫取食期3～5天，蛹期8～9天。成虫羽化率依寄主种类而不同，菊花上为36%，豌豆上高达74%。羽化后1天即交配产卵，羽化后4～8天为产卵高峰期。成虫存活12～14天，一个世代在夏天为17～30天，在冬天为50～65天。

成虫在白天活动，上午10时和下午4～6时最活跃。成虫飞翔能力弱，不能远传。虫体随寄主植物调运而远距离传播。

【防治方法】 调整作物布局，避免敏感作物芹菜、茼蒿、豆类、瓜类等连作、套种或邻作。在田间设置黄色粘胶板，诱杀潜叶蝇成虫。适时施药防治，参见美洲斑潜蝇。

10. 瓜小实蝇和南瓜实蝇

危害瓜类的双翅目实蝇科昆虫种类很多，在我国分布较广，危害严重的主要有瓜小实蝇（*Bactrocera cucurbitae*）和南瓜实蝇 *Bactrocera tau*，分布于我国南方。瓜实蝇危害苦瓜、丝瓜、节瓜、南瓜、冬瓜、黄瓜、甜瓜、西瓜等瓜类作物。成虫以产卵管刺入幼瓜表皮内产卵，幼虫在瓜内蛀食，受害瓜局部变黄，继而腐烂变臭，大量落瓜。即使不腐烂，刺伤处下陷畸形，果皮硬实，瓜味苦涩。幼虫危害还造成出苗不齐或幼苗突然枯萎。

【形态特征】

1. 瓜小实蝇

(1)成虫　体长 9mm，翅展 18mm，体黄褐色，额狭窄，两侧平行，宽度为头宽的 1/4。前胸左右及中后胸有黄色纵带纹。翅膜质透明，有暗黑色斑纹。腹部第一节、第二节背板全为淡黄色或棕色，腹部第三节基部有一黑色的狭带，第四节起有黑色纵带纹。腿节具有一个不完全的棕色环纹。

(2)卵　细长，一端稍尖，乳白色，长 0.8mm。

(3)幼虫　老熟时体长 9.5～10.5mm，蛆状，乳白色，具明显的黑色口钩，体躯第一节背面两侧各生颗粒状突起 1 个，尾端背面有相连的颗粒状突起 2 个，腹面 1 个。

(4)蛹　黄褐色，长约 5mm，圆筒形。

2. 南瓜实蝇

(1)成虫　体长 11～12mm，翅展 16～17mm，体黄褐色，有金蓝色光泽，前胸背面两侧各有一黄色斑点。中胸背面有 3 条黄色纵纹。后胸小盾片黄色。翅透明，近似三角形，前缘有一黑色条斑，延伸至外缘，且此黑色晕斑向下扩大，占满翅外侧上缘。下方近肘臀横脉的边缘，至肘臀脉，有一黑色晕斑。腹部背面第二至三节前端各有一小黑横纹，与第三节直达尾端中间的黑纵纹形成“T”形，其两侧各有 2 个黑色的短横纹。腹面 1～5 节各有黑色小点。腹部雄虫长椭圆形，雌虫圆锥形，雌虫有发达的产卵管，有 3 节，分别为产卵管基节、产卵管鞘和产卵管刺(图 3-45)。

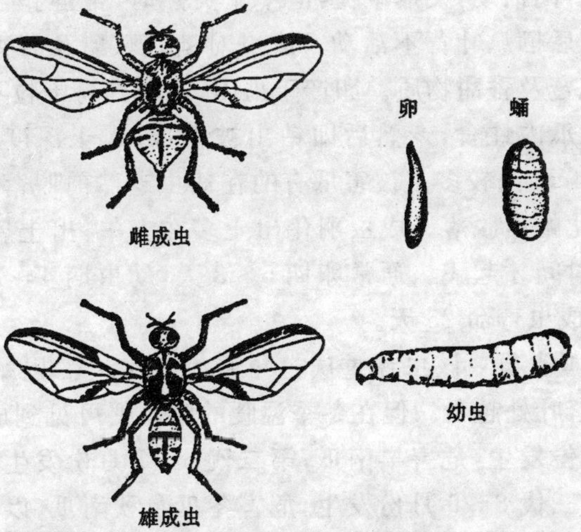

图 3-45　南瓜实蝇

(2)卵　乳白色，细长，一头尖，尖的一端略向内弯曲。长 0.8～1.5mm。

(3)幼虫　3 龄，老熟幼虫体长 10～12mm。体乳白色，细长纺锤形，头部前端尖锐，口钩黑褐色，有分叉。

(4)蛹　黄褐色，体长 5～7mm，圆筒形。蛹体有较浅的分节，尾端有两个小突起，两突起之间有 1 黑点。

【发生规律】

1. 瓜小实蝇 在华南一年发生8代左右，世代重叠，成虫在杂草等处越冬，但冬季晴朗天气仍可见成虫活动。在广州地区瓜实蝇每年有两个高峰期，即2～4月和7～11月中旬，第二高峰期发生量大，危害严重。在温度较高且为苦瓜盛产期的7～8月份，虫口密度最高。

成虫日间活动，飞翔敏捷，但中午炎热时，常静止于瓜棚阴凉处，傍晚以后栖息叶背不活动。成虫对糖、酒、醋及芳香物质有趋性，喜食花蜜及香甜物质。卵产于瓜内，几粒到几十粒不等。幼虫孵化后，在瓜内蛀食，老熟后即钻出被害瓜，入土深度在1～5cm间，以2～4cm内较多。被害瓜有的在幼虫老熟前脱落，也有的在幼虫入土化蛹后脱落。成虫羽化出土多在上午，出土后常在土面爬行一段时间才起飞。通常卵期5～8天，幼虫期4～15天，蛹期7～10天，成虫寿命25天。

2. 南瓜实蝇 该虫在重庆一年发生3～4代，以蛹在土壤表层或枯枝落叶处越冬。但在冬季温暖的晴天偶可见到成虫。第一代4～5月份发生，危害早南瓜；第二代6～7月份发生，危害冬瓜和南瓜；第三代8～9月份发生，危害冬瓜及秋南瓜，以第一代、第二代危害重。在湖南年发生5～6代，蛹于5月中下旬羽化出土。

成虫多在上午羽化，10时左右最多。成虫飞翔力强，晴天活动，阴雨天和夜间停在杂草上、瓜棚下或瓜叶背面。成虫对糖、酒、醋有一定的趋性。卵多产在瓜基部，产卵孔常流出白色胶质物，将其封闭。一个瓜上可见几个产卵孔，也有几个雌虫产卵于同一孔中的，一孔内可有卵数粒到数十粒不等，最多可达200粒。卵期较为整齐，在35℃，平均为3.5天，最短2天。幼虫孵化后即取食，搅烂果肉，被害瓜先局部变黄、变软，最后全部腐烂脱落。有时卵粒在瓜内未孵化，但刺伤处畸形下陷。老熟幼虫善于弹跳，在化蛹前从瓜中穿孔而出，入土化蛹。入土深度2～5cm，以落瓜附近1m

内的表土层为多。蛹期在6～7月份2～3天。成虫寿命2～7天，但在饲养条件下可长达3个月。

实蝇成虫仅可近距离飞翔扩散。带虫瓜类、带虫土壤或包装物可远程传播。

【防治方法】

1. 保持田间卫生　发生严重的瓜地，土壤中有大量的蛹存在，应换种非瓜类作物。收获后彻底清园，土壤深翻。生长期间及时处理虫害瓜，将瓜藤上的受害瓜和脱落在地上的烂瓜全部捡出深埋或烧毁。也可以把虫瓜和落地瓜集中倒入装有药液的塑料大桶、大缸或水泥池中，密封盖严沤杀。还要在落瓜附近土面喷药，以防止蛹羽化。

2. 套袋　在幼瓜生长到长2cm时套袋，在套袋前对果实喷一次农药，防治当地其他病虫害，提高套袋后瓜果的品质。

3. 诱杀成虫　各地采用多种方法，诱杀成虫，大致有以下具体操作方法。

(1)植物材料毒饵　用香蕉皮或菠萝皮、杀虫剂(敌百虫)、食用香精和糖，按40∶0.5∶1∶1的比例，加适量水调成糊状做成毒饵。把毒饵装入容器内，挂放在瓜棚合适的高度上。每667m^2设20个点，每点用20～30g。早上7时左右挂放效果较好。也可用南瓜或红薯煮熟后经发酵，加敌百虫(20∶1)和少许香精，再用水调成糊状，涂在瓜棚竹篱上或用容器盛装悬挂棚内，每667m^2放20个点，每点约25g。另法，用老南瓜或玉米秆500g，加水1 500g，熬成南瓜或玉米秆水，加少许敌百虫，盛在容器内挂在瓜棚下。

(2)猎蝇0.02%饵剂(GF-120)　该饵剂是美国陶氏益农公司产品，可引诱实蝇成虫取食，以胃毒作用方式杀死雌、雄成虫。每667m^2用药量100ml，采用二次稀释法稀释6～8倍，采用手持喷雾器粗滴喷雾(雾滴大小4～6mm)，间隔3～5m点喷，喷雾点在植株的中下部(在棚架的内侧)，每点喷几片老叶(叶背上)。在黄瓜结果初期开始施第一次药，此后每7天施药一次，直至果实成熟，采果前3～4天停药。

(3)性诱剂　诱蝇酮(Cuelure)对雄性瓜实蝇有强烈诱引作用。用98%瓜实蝇引诱剂诱蝇酮诱杀成虫，每667m^2挂4～10个诱杀瓶。诱杀瓶用1.25L装的可乐瓶改制，在瓶身中部剪两个直径约3cm的小口，将铁丝从瓶口穿入，在瓶中悬挂一团长3cm、直径1cm的棉团作诱芯，在诱芯上滴2ml性诱剂和数滴敌敌畏药液。1个月滴一次性诱剂，每隔5～10天滴一次敌敌畏药液。用丁酸乙酯与诱蝇酮以3∶97的比例混配，可提高对瓜实蝇的引诱效果。

(4)粘蝇纸　用绿色或黄色的粘蝇纸，包在矿泉水瓶外，挂在瓜棚内的真瓜附近，迷惑和诱集实蝇。

4. 药剂防治　在成虫盛发期，于中午或傍晚喷药杀成虫。药剂可用50%杀螟丹可溶性粉剂2 000倍液，或20%杀灭菊酯乳油3 000倍液，2.5%溴氰菊酯乳油3 000倍液，或21%增效氰·马乳油6 000倍液，或48%毒死蜱乳油1 000倍液，或4.5%阿锐宝乳油1 500～2 000倍液，或50%马拉硫磷或乳油1 000倍液，或50%敌敌畏乳油1 000倍液，或80%敌百虫可溶性粉剂800倍液等。每3～5天喷1次，连喷2～3次。注意要严格遵守瓜类的安全间隔期。

另外，还可地面撒施15%毒死蜱颗粒剂，每667m^2可用药1kg，拌沙15kg撒施，在实蝇发生前撒施1次，减少越冬虫源，其后每月一次。

11. 瓜类其他害虫

1. 黑守瓜　有黄足黑守瓜(*Aulacophora cattigarensis*)和黑足黑守瓜(*Aulacophora nigripennis*)两种。黄足黑守瓜发生于黄

河以南，黑足黑守瓜广泛分布于南北各地，在长江流域以南地区危害较重。黑守瓜比黄守瓜发生迟，危害作物较少，以丝瓜、苦瓜、黄瓜等瓜类蔬菜受害较重。成虫食害瓜苗的叶和嫩茎，幼虫食害苗根，造成死苗。

黄足黑守瓜成虫体长 5.5～7mm，宽 3～4mm，全身仅鞘翅、复眼和上额顶端黑色，其余部分均呈橙黄色或橙红色。卵黄色，球形，表面有网状皱纹。幼虫黄褐色，胸部各节有明显瘤突，上生刚毛。蛹灰黄色，头顶、前胸及腹节均有刺毛，腹末左右具指状突起，上附刺毛 3～4 根。黑足黑守瓜形态类似黄足黑守瓜，成虫头部、前胸节和腹部橙黄色至橙红色，上唇、鞘翅、中胸和后胸腹板、侧板以及各足均为黑色。

一年发生 1～2 代，以成虫在避风向阳的土缝、石缝、树皮缝中越冬。翌年 4 月上旬开始取食。6 月上旬至下旬第一代成虫产卵，6 月中旬至 7 月上旬进入幼虫发生期，7 月上旬至 7 月中旬化蛹，7 月上中旬成虫羽化出土，7 月下旬至 8 月上旬进入羽化盛期。大部分成虫随即交尾产卵，但部分成虫不交配产卵，秋季随第二代成虫进入越冬。

成虫喜群集，在 10～17 时活动，露水未干不活动，阴雨天活动迟缓，有假死坠地习性。白天交尾，卵产在 1～2cm 表土土缝中。初孵幼虫取食根部，以后蛀入根内取食。老熟幼虫在根际处 4～19cm 深处做土室化蛹。

防治方法参见黄守瓜。

2. 瓜藤天牛 瓜藤天牛(*Apomecyna saltator saltator*)属鞘翅目天牛科，俗名蛀藤虫。幼虫蛀食冬瓜、南瓜、丝瓜、节瓜、葫芦等瓜类作物的瓜藤的髓部，被害处有黏液外流，造成断藤落瓜或瓜藤枯萎。

雌成虫体长 12mm，雄成虫 10mm，圆筒形，红褐色至黑褐色，被棕黄色的短绒毛。头、胸、足和鞘翅上杂有许多不规则的白色小斑点，呈豹纹状。触角 11 节，长度仅及体长之半。前胸背板粗糙，具许多小突起，中区还有一块由白色小点组成的不很明显的斑纹。鞘翅上有呈纵行排列的点刻，在每个鞘翅的基半部和端半部各有一块大白斑，斑纹都由许多小斑点组成，有时斑点分离，则各成为一群圆斑，翅端部尚有 3、4 个圆斑，排成横列。卵长椭圆形，初产乳白色，后变黄白色。幼虫体长 13～17mm，扁长筒形。头小，足退化。前胸黄色，其余为乳白色。蛹长 11～13mm，橙黄色。翅芽伸达第五腹节基缘。后足伸达第五腹节中部。

瓜藤天牛在广州一年发生 1～2 代，以一代为主，以老熟幼虫越冬。越冬幼虫于翌年 3 月下旬至 4 月下旬陆续化蛹，羽化，5 月上旬开始产卵。第二代成虫于 8 月中下旬产卵，9 月孵化，其后以幼虫进入越冬。成虫产卵于瓜藤裂缝，卵散产，每处 1 粒。幼虫孵出后从节部侵入，被蛀食处有黏液外流，粪便也排泄在外。被害部位膨肿畸形。在幼嫩藤上蛀食，易使植株枯萎，造成枯藤、落瓜。

是在收获后彻底清除田间残藤，压低越冬虫口密度。生长期间勤检查，发现有带新鲜虫粪的虫孔后，注入 50% 敌敌畏乳油 10～20 倍药液少许，或以药棉蘸药液少许堵塞虫孔。

3. 苹斑芫菁　苹斑芫菁（*Mylabris calida*）属鞘翅目芫菁科，危害多种瓜类和苹果等，成虫蚕食叶片，吃成缺刻或孔洞。

成虫体长 11～23mm，宽 3.5～7mm。体黑色，被黑色竖立长毛，鞘翅浅黄色至棕黄色。头部中央有 2 个红色小圆斑。鞘翅基部有稀疏的黑长毛，在近基部 1/4 处有黑圆斑 1 对，中部和端部 1/4 处各具 1 横斑，有时端部黑斑分裂成 2 个斑。

在北方一年发生 1 代，南方年发生 2 代，以前蛹在土中越冬。北方 5 月中旬羽化，7 月中旬至 8 月上旬为成虫盛发期，9 月下旬成虫停止活动。成虫群居，在 9 时和 16 时活动和交尾，中午静伏不动，温度 25℃时活动最盛，并可远距离飞翔。有假死性，无趋光和趋化性。产卵前先挖土，然后产卵，产后埋土。幼虫共 6 龄，一龄幼虫活泼，口器和胸足发达。二至四龄主要取食蝗卵，五龄进入休眠休状，六龄形似蛴螬。

【防治方法】 参见黄守瓜。

4. 红脊长蝽 红脊长蝽（*Tropidothorax elegans*）属半翅目长蝽科，危害瓜类、十字花科以及其他蔬菜，还危害多种花卉、树木。成虫、若虫群集于嫩茎、嫩瓜、嫩叶上刺吸汁液，刺吸处呈褐色斑点，严重的叶片干枯脱落。

成虫长椭圆形，红黄色，头、触角和足黑色。前胸背板中部有2个并列的方形黑斑，小盾片大部分黑色。前翅革质部分中间各有一个长三角形黑斑，膜片黑色。小盾片下方，膜片上方有一个不太明显的小白点。

每年发生2代，以成虫在土穴中、石块下、树洞中群集越冬。翌年4月中旬开始活动，5月上旬交尾。第一代若虫于5月底至6月中旬孵出，7～8月份羽化产卵。第二代若虫于8月上旬至9月中旬孵出，9月中旬至11月中旬羽化，11月上旬陆续越冬。成虫有趋光性，以上午10时前和下午5时后取食较盛，卵成堆产于土缝或树木根际，平均每堆30余粒，最多可达200～300粒。

冬耕和清理菜地，可消灭部分越冬成虫；人工摘除卵块；必要时喷布21%灭杀毙乳油4 000～6 000倍液，或2.5%溴氰菊酯乳油3 000倍液，或50%辛·氰乳油3 000～4 000倍液，或80%敌敌畏乳油1 500～2 000倍液等，隔6～8天喷1次，连喷2～3次。

5. 稀点雪灯蛾 稀点雪灯蛾（*Spilosoma urticae* ）属鳞翅目灯蛾科，幼虫食害甜瓜、西瓜、苦瓜、樱桃番茄、菜用大豆、甜玉米等，蚕食叶片，严重时仅剩叶脉。

成虫体长14～15mm，翅展40～44mm，为白色蛾子。触角端部黑色。胸足有黑带，腿节上方有黄色。腹背基、端节黄色，腹背中央、侧面各有黑点纹7个和5个，个体间差异较大。前翅各横线上或多或少有黑点，后翅无。老熟幼虫体长21～26mm，暗褐色，四龄前淡褐色，头部黑色，全身被长毛。胸背每节毛瘤8个，腹部1～2节及7～9节各14个，中央2个较小。气门白色，明显。

在华北一年发生3代，4月中旬至5月上旬为成虫发生期，成虫趋光性强，白天隐蔽，夜间活动。卵多产在叶背或茎部，块产，每块6～160粒。初孵幼虫仅啃食叶肉，四至六龄进入暴食阶段，食料缺乏时相互残杀。末龄幼虫在石块下或枯枝落叶、杂草丛中结薄茧越冬。

冬前清洁田园，铲除杂草，破坏化蛹场所；利用黑光灯诱杀成虫；低龄幼虫期喷施杀虫剂，参见棉铃虫。

6. 人纹污灯蛾　人纹污灯蛾（*Spilarctia subcarnea*）属鳞翅目灯蛾科，亦称红腹白灯蛾、人字纹灯蛾。寄主为葫芦科、十字花科、茄科、豆科蔬菜等。幼虫蚕食叶片，也加害花丝和幼果。

成虫体长约20mm，翅展雄蛾40～46mm，雌蛾42～52mm。雄蛾头、胸黄白色，腹部背面除基、端节外均红色，背、侧面及亚侧面各有1列黑点，腹面黄白色。前翅黄白杂肉色，外缘至后缘有1斜列黑点，两翅合拢时呈“八”字形。后翅白色或微带红色。胸足黄白色，前足基节侧面及腿节上方红色。雌蛾翅黄白色，无红色。老熟幼虫体长约50mm，体被棕色长毛。头黑色，体黄褐色，背线淡黄色，胸足和腹足均为黑色，各节有10个～18个毛瘤。

一年发生2～6代，因地而异。在北方一年2代，秋季老熟幼虫缀连枯叶，或钻入土中吐丝黏合体毛做茧化蛹，以蛹越冬。翌年5月羽化成虫，6月下旬至7月上旬是第一代幼虫发生期，8～9月份是第二代幼虫发生期，虫量大，危害重。成虫有趋光性，卵成堆单层产于叶背。初孵幼虫群集为害，三龄以后分散，老熟幼虫有假死习性。幼虫将叶片的一面表皮和叶肉食光，仅留另一面表皮。需要防治时，可结合菜粉蝶或红缘灯蛾的防治一并进行。

7. 花蓟马　花蓟马（*Frankliniella intonsa*）属缨翅目蓟马科，又名台湾蓟马，危害瓜类、茄果类、豆类、十字花科蔬菜以及其他农作物。成虫和若虫危害花器、幼苗、嫩叶和嫩荚。

成虫体长约1.3mm，体褐色略带紫色，头、胸部黄褐色。触角较粗壮。头短于前胸，后部背面皱纹粗，颊两侧收缩明显。前翅较宽短，前脉鬃20～21根，后脉鬃14～16根。头、前胸、翅脉及腹端上的鬃较粗壮，黑色。二龄若虫体长约1mm，黄色，复眼红色。触角7节，第三、第四节最长，第四节有环状排列的微鬃。

在我国南方一年发生11～14代，以成虫越冬。成虫有趋花性，卵大多产于花瓣、花丝、花柄等处，花瓣上着卵最多。在华北地区荷兰豆、甜豌豆等蔬菜受害严重，豆荚表面有明显斑痕。

防治方法参见西花蓟马。

8. 三叶斑潜蝇　三叶斑潜蝇(*Liriomyza trifolii*)属于双翅目潜蝇科斑潜蝇属，寄主范围广泛，包括菊科、豆科、茄科、葫芦科、石竹科、锦葵科、十字花科等25科。重要的蔬菜寄主除了黄瓜、南瓜、甜瓜、西瓜等瓜类外，还有芹菜、番茄、辣椒、马铃薯、豆类、甜菜、菠菜、大蒜、韭菜、洋葱、青菜、白菜、莴苣等。嗜食寄主有菊科、茄科、葫芦科和芹菜。菊属、大丽花属和石竹属花卉也严重受害。

雌成虫体长2.3mm，雄虫1.6mm，头顶和额区黄色，眼眶全部黄色，额宽为眼宽的1.5倍，不突出于眼。头鬃褐色，头顶内、外鬃着生处黄色，具2根等长的上眶鬃和2根较短小的下眶鬃，眼眶毛稀疏且向后倾。触角3节，黄色，第二节圆形，触角芒淡褐色。中胸背板灰黑色，后角黄色，小盾片黄色，具缘鬃4根。中胸侧板下缘黑色，腹侧片大部分黑色，仅上缘黄色。平衡棒黄色。各足基节黄色，腿节大部分黄色，胫节和跗节黑褐色。翅长1.25mm(雌)至1.9mm(雄)，中室小，M_{3+4}末段长为次末段的3倍。腹部可见7节，各节背板黑褐色，第二节背前缘及中央常呈黄色，3～4节背板中央亦常为黄色，形成背板中央不连续的黄色中带纹。卵呈卵圆形，白色略透明，将孵化时浅黄色。幼虫3龄，老熟幼虫体长3mm，初孵无色略透明，渐变淡黄色，形态与美洲斑潜蝇相似。初蛹橘黄色，后期蛹色变深，后气门突出，与幼虫相似。

三叶斑潜蝇成虫飞翔能力有限，随寄主植物的调运是远程传播的主要途径。花卉、蔬菜、植物残体等均可传播，鲜切花尤其重要。幼虫潜入叶片和叶梗，蛀食正面叶肉，潜道白色，蛇形盘绕，间断有潮湿的黑斑和干燥的褐色区域，随幼虫的成熟变宽，终端没有老熟幼虫化蛹脱出口。

三叶斑潜蝇是重要检疫性害虫，传入时间较短，分布局限，已被列为全国农业植物检疫性有害生物，应加强监测，依法检疫。如有发现，应立即报告检疫机构，采取销毁、隔离或扑灭措施，严防扩散。

第五章　豆类害虫

豆类蔬菜从种子萌发，到籽粒入贮，在各个生育阶段，都会遭受多种害虫危害。苗期主要有地下害虫、豆根蛇潜蝇等。生长期危害茎叶的甚多，其中包括食叶的大豆卷叶螟、豆天蛾、豆银纹夜蛾、斑缘豆粉蝶、白条芫菁以及其他夜蛾类、毒蛾类、卷叶蛾类、叶甲类、蝗虫类害虫；潜叶的豌豆潜叶蝇、美洲斑潜蝇、豆东潜叶蝇等；刺吸危害的苜蓿蚜、豌豆蚜、大豆蚜、温室白粉虱、烟粉虱、叶螨、茶黄螨以及各种椿象、叶蝉等。此外还有蛀茎的豆秆黑潜蝇，钻蛀豆荚的豆野螟、豆荚螟、大豆食心虫等，这些都是著名的大害虫和主要防治对象。豆类入贮后还遭受多种豆象的危害。本章介绍一些重要的或常见的种类。有一些害虫多食性，还危害其他蔬菜，在以前各章已经作了介绍，例如地下害虫、粉虱类、斑潜蝇类、叶螨类以及多种食叶害虫等，可以参看。

1. 豆野螟

豆野螟（*Maruca testulalis*）属鳞翅目螟蛾科，又名豇豆荚螟，危害各种豆科作物，是豇豆、菜豆、刀豆、扁豆等豆科蔬菜的重要害虫。幼虫蛀食果荚和豆粒，荚内及蛀孔外堆有腐烂状的绿色粪便，早期危害造成严重落荚。此外，幼虫还能吐丝缀卷几张叶片，在内蚕食叶肉，蛀害花瓣和嫩茎，造成落花或枯梢。

【形态特征】　见图 3-46。

1. 成虫　体长约 13mm，翅展约 26mm，体灰褐色。前翅黄褐色，前缘色较淡，在中室端部有 1 个白色透明带状斑，在中室内和中室下面各有 1 个白色透明的小斑纹。后翅近外缘有 1/3 面积色泽同前翅，其余部分为白色半透明，有1条多皱纹的深褐色线把这色泽不同的两部分区分开，在翅的前缘基部还有褐色条斑和2个褐色小斑。前后翅都有紫色闪光。雄虫尾部有灰黑色毛1丛，挤压后能见到黄白色抱握器1对。雌虫腹部较肥大，末端圆筒形。

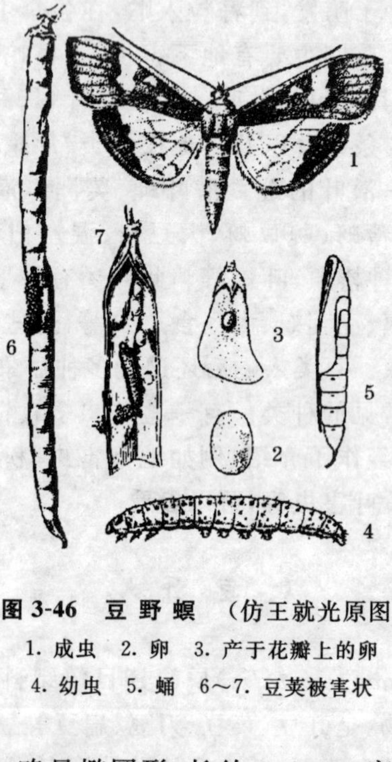

图3-46 豆野螟 （仿王就光原图）

1. 成虫 2. 卵 3. 产于花瓣上的卵
4. 幼虫 5. 蛹 6～7. 豆荚被害状

2. 卵 扁平，略呈椭圆形，长约0.6mm，宽约0.4mm。初产时淡黄绿色，近孵化时橘红色。卵壳表面有近六角形网状纹。

3. 幼虫 幼虫共5龄。老熟幼虫体长约18mm，体黄绿色，头部及前胸背板褐色。中、后胸背板上有黑褐色毛片6个，排成2列，前列4个各生有2根细长的刚毛，后列2个无刚毛。腹部各节背面上的毛片位置同胸部，但各毛片上都着生1根刚毛。腹足趾钩为双序缺环。

4. 蛹　体长约 13mm，初化蛹时黄绿色，后变黄褐色。头顶突出。复眼浅褐色，后变红褪色。翅芽伸至第四腹节的后缘，羽化前在褐色翅芽上能见到成虫前翅的透明斑纹。蛹体外包被白色薄丝茧。

【发生规律】　一年发生数代，因地而异，在西北、华北各省发生 4～5 代，华中、华东各省 5～6 代，福建、广西、台湾 6～7 代，广东 9 代。以蛹(南方)或老熟幼虫(北方)在土壤中越冬。在苏北每年发生 5 代，世代重叠。越冬代成虫 5 月上中旬出现，11 月后进入越冬。2～3 代为主要危害世代，6 月中旬至 8 月下旬危害最重。大致前期主要危害菜豆，中后期主要危害豇豆，9 月份以后多危害扁豆。在上海地区 7～9 月份是发生盛期。杭州每年 6～10 月份为幼虫危害时期，其中 7～8 月份危害最重，9 月份以后减轻，10 月份以后仅危害扁豆，10 月下旬或 11 月上旬进入越冬。

成虫夜间活动，趋光性较弱，白天潜伏，受惊后可作短距离飞翔。喜在傍晚产卵，卵散产，多产于花蕾和花瓣上。每雌产卵 80 粒左右，最高可达 400 粒。卵期 2～3 天，初孵幼虫蛀入花蕾或花器，取食花药和幼嫩子房，被害花蕾或幼荚不久脱落。幼虫脱出，转移蛀食花或幼荚。三龄后的幼虫大多蛀入果荚内食害豆粒，多从两荚相接处，或荚与花瓣、叶片及茎秆相接处蛀入，蛀入孔圆形，蛀孔外堆有绿色虫粪。一个被害荚内只有 1 头幼虫，少数有 2～3 头。少数幼虫食害叶片、叶柄或嫩茎。幼虫吐丝卷叶，蚕食叶肉而遗留叶脉。常蛀食叶柄或嫩茎一侧，引起枯萎。幼虫白天隐藏在花器和豆荚内，傍晚和夜间爬出活动，幼虫期可转株、转荚 2～3 次，4 龄幼虫有自相残杀习性。老熟幼虫脱荚，在附近浅土层内和落叶中做茧化蛹。

豆野螟生长发育的温度范围为 15℃～36℃，适温 25℃～29℃。连续阴雨，相对湿度高，对豇豆螟发生有利。相对湿度在 80%以上，发生加重。豆类开花结荚期与幼虫发生盛期匹配受害重,错开则受害轻。豆类单种,植株过密,田间荫蔽,豆野螟发生较重,与其他作物间作,合理密植则发生较轻。

【防治方法】

1. 栽培防治 及时清除田间落花、落荚,摘除被害的卷叶和果荚,集中销毁。及时采收上市,以减少幼虫转荚危害。实行玉米与豆科作物间作,水旱轮作。种植过密时,要适当疏叶,改善通风透光条件,减轻受害。

2. 灯光诱虫 大面积连片种植豆类作物时,在5月下旬至10月份设置黑光灯或频振式杀虫灯诱杀成虫,灯位应稍高于豆架。

3. 药剂防治 应在成虫发蛾高峰期、产卵盛期、幼虫三龄以前进行防治。一般在始花期至盛花期喷药。始花期开始用药,连续用药2次,间隔5～7天或7～10天,大发生年份需要增加1次,轻度发生年份,可推迟到盛花期用药1次。进行预测预报的地方,依据预测结果和当地防治指标用药。

喷药时间以上午8～10时豆类开花时效果最佳,其他时间因豆花闭合,药剂接触不到虫体,效果较差。重点喷布花蕾、花、嫩荚以及落地花。

有效药剂有90%晶体敌百虫1 000倍液,或1.8%阿维菌素乳油4 000倍液,或2.2%甲氨基阿维菌素苯甲酸盐微乳剂2 000～3 000倍液,或15%茚虫威悬浮剂3 000～4 000倍液,或10%虫螨腈悬浮剂1 500～2 000倍液,或2.5%多杀菌素悬浮剂1 000～1 500倍液以及苏云金杆菌制剂等。

有效药剂还有2.5%溴氰菊酯乳油2 000～3 000倍液,或2.5%氯氟氰菊酯乳油2 000～3 000倍液,或2.5%三氟氯氰菊酯乳油2 000～3 000倍液,或20%甲氰菊酯乳液1 500～2 000倍液,或5%高效氯氰菊酯乳油1 500～2 000倍液等。

豇豆等豆类蔬菜连续采收,为保证安全,慎用菊酯类药剂。豆类对敌敌畏敏感,易生药害,也应慎用。

2. 豆荚螟

豆荚螟(*Etiella zinckenella*)属鳞翅目螟蛾科，寄主有60余种豆科植物，包括大豆(包括毛豆)、绿豆、豌豆、菜豆、豇豆、刀豆、扁豆等食用豆类作物以及柽麻、苕子等豆科绿肥，幼虫蛀食豆荚和种子。

【形态特征】

1. 成虫　体长10～12mm，翅展20～24mm，体灰褐色。复眼圆形黑色，触角丝状，雄蛾鞭节基部有1丛灰白色鳞片。前翅狭长，灰褐色而杂有黑褐、灰白色及黄色鳞片，前缘自基角至顶角有1条明显白色纵带，近翅基1/3处有1条金黄色宽横带，此带内缘有较厚的银白色鳞片带，翅缘有淡灰色缘毛。后翅黄白色，沿外缘有1条褐色纹，缘毛灰白色。雄蛾腹部末端较钝，长有鳞毛丛(图3-47)。

2. 卵　椭圆形，长约0.5mm，卵壳表面密布不规则网状突起纹。初产时乳白色，后渐变为红色，孵化前呈浅橘黄色。

3. 幼虫　共5龄。初孵幼虫体长0.6～2mm，五龄体长14～18mm。初龄橘黄色，后变绿色，五龄时背面紫红色，腹面及胸部背面两侧呈青绿色，头及前胸背板淡褐色。四至五龄幼虫的前胸背板近前缘中央有“人”字形黑斑，其两侧各有黑斑1个，后缘中央有小黑斑2个。老熟幼虫背线、亚背线、气门线、气门下线均明显，气门黑色，腹足趾钩双序环形。

4. 蛹　黄褐色，体长9～10mm。触角及翅芽伸至第五腹节后缘。腹端钝圆，具臀刺6根。蛹茧长椭圆形，白色丝质，外附有土粒。

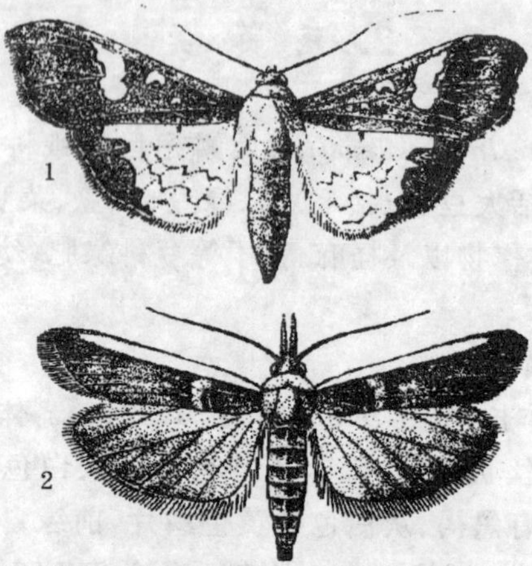

图 3-47 豆野螟和豆荚螟成虫比较 （仿农业昆虫学原理原图）

1. 豆野螟 2. 豆荚螟

【发生规律】 豆荚螟年发生代数因地而异，辽南和陕南 2 代，华北 3 代，淮河和长江中下游流域 4～5 代，广东、广西 7～8 代。各地均以老熟幼虫在大豆本田和晒场周围土壤中越冬。

在 2 代区，第一代危害豌豆、小豆，第二代危害大豆。在 3 代区，第一代危害刺槐，第二代危害春大豆，第三代危害夏大豆。在 4～5 代区，越冬幼虫 3 月下旬开始化蛹，4 月上中旬羽化。第一代幼虫主要危害豌豆、绿豆、苕子等豆科植物，第二代幼虫主要危害春播大豆、绿豆和其他豆科植物，第三代至第五代幼虫主要危害秋大豆及豆科绿肥。老熟幼虫在 10～11 月份入土越冬。在 7～8 代区，越冬幼虫于 3 月下旬至 4 月上旬化蛹，第一至第三代在豆科绿肥及豌豆上繁殖危害，从第四代开始转害大豆，至 10 月下旬大豆收获时，大部分幼虫入土越冬，但也有一部分仍在绿肥及木豆上继续繁殖，从 11 月至翌年 3 月仍有成虫发生。从第二代开始出现世代重叠。

成虫昼伏夜出，傍晚开始活动。有弱趋光性。飞行能力不强，但飞行速度快，受惊后飞翔距离3～5m。成虫羽化次日开始产卵，将卵产在荚毛间，一般1荚1粒，少数多粒，在荚毛少或无毛的荚上产卵甚少。未结荚时，卵产于幼嫩叶柄、花柄、嫩芽及嫩叶背面。在豌豆及绿肥作物上，卵多产在花苞残余的雄蕊内，不产在豆荚上。每雌平均产卵80余粒，多的可达200多粒。成虫寿命一般6～7天，产卵期4～6天。卵经3～6天孵化，孵化时间多在上午至中午前后。初孵幼虫在豆荚上爬行寻找适当部位蛀入，或吐丝悬垂至其他茎枝上寻找豆荚蛀入。少数幼虫能吃嫩茎或蛀入嫩茎内危害。幼虫入荚后即蛀食豆粒，豆粒残缺不全或被吃尽，荚内充满黄褐色虫粪。三龄以后的幼虫有转荚危害习性，一般从上部豆荚向下部豆荚危害。在大豆上一般转荚1～3次，黄熟期荚内的幼虫不再转荚。幼虫蛀入孔有丝囊，脱荚孔则没有丝囊。发现脱荚孔，就可知荚内已无幼虫。幼虫历期平均几天至20天左右，越冬幼虫则长达165天。老熟幼虫从荚内咬孔爬出，落至地面，潜入5～6cm深处土层中结茧化蛹。也有少数老熟幼虫爬出后吐丝缀合两荚，在中间结茧化蛹。蛹的历期7～42天不等。在25℃～30℃条件下，完成一代需39天左右。

豆荚螟发育起点温度，卵13.9℃，幼虫15℃，蛹14.6℃～15℃。发育有效积温，卵67.9日·度，幼虫166.5～168日·度，蛹147.1～135.7日·度。各虫态历期在15℃～32℃范围内，随温度增高而缩短。湿度对豆荚螟消长的影响很大，雨水多的年份发生轻，旱年发生重。过高、过低的湿度对产卵不利，相对湿度70%最适宜。

豆荚螟主要在大豆结荚期危害，播期不当，使大豆幼荚期与成虫产卵期相遇则受害重，结荚期长的品种受害重。在春、夏、秋几个季节多茬种植大豆，或清种豆科植物时，都有利于豆荚螟转移危害，受害严重。春播夏熟品种受害轻，夏播秋熟品种受害重。豆荚毛多的品种有利于成虫产卵，受害也重。

【防治方法】

1. 栽培防治 种植抗虫品种，结荚期较短，荚毛较少或无荚毛的品种，可减少成虫产卵，受害减轻。要合理安排种植计划，避免豆类作物连作或邻作，实行水旱轮作或与玉米间作。适当调整播种期，使结荚期与成虫产卵盛期错开。花期进行灌溉，既可满足豆类开花期的水分需求，又能提高小气候湿度，不利于豆荚螟发生。豆科绿肥在结荚前翻耕沤肥，种子绿肥及时收割，尽早运出本田。大豆要及时收割，迅速拉运，在晒场周围施药，消灭脱荚幼虫。收获后进行翻耕，消灭潜伏土中的幼虫。在冬、春幼虫越冬期灌溉，也可淹死越冬幼虫或使之不结茧而死亡。

2. 药剂防治 成虫盛发期和卵孵化盛期前喷药于豆荚上，毒杀成虫和初孵幼虫。可喷药 1～3 次，每次相隔 5～7 天。一般下午喷药效果较好。各年发生 4～5 代以上的地区应着重防治前 3 代，3 代区重点为繁殖第二代。有效药剂有 1.8%阿维菌素乳油 4 000倍液，或 2.5%多杀菌素悬浮剂 1 000～1 500 倍液，或 48%多杀菌素悬浮剂 10 000 倍液，或 15%茚虫威悬浮剂 3 000～4 000 倍液，或 50%杀螟丹可溶性粉剂 1 500 倍液，或 2.5%三氟氯氰菊酯乳油 2 000～3 000 倍液，或 2.5%溴氰菊酯乳油 2 000～3 000 倍液，或 40%乐果乳油1 000倍液，或 80%敌敌畏乳油 1 000 倍液，或 50%马拉硫磷乳油1 000倍液等。此外，也可以用敌敌畏熏蒸防治成虫，具体做法见大豆食心虫防治方法。

3. 生物防治 老熟幼虫入土前，田间湿度高时，可施用白僵菌粉剂(每 667m^2 用 1.5kg)。在产卵始盛期释放赤眼蜂，效果也好。

3. 豆银纹夜蛾

豆银纹夜蛾（*Plusia nigrisigna*），异名 *Autographa nigrisigna* 属鳞翅目夜蛾科，又名黑点银纹夜蛾，危害豆类，也危害十字花科蔬菜、莴苣、向日葵等，以幼虫蚕食叶片，造成孔洞和缺刻。

【形态特征】 豆银纹夜蛾与银纹夜蛾的形态相似（图 3- 48），但本种成虫前翅肾状纹外方有 3 个小黑点，亚外缘线为波浪形。幼虫 3 对胸足黑色（参阅本篇第二章银纹夜蛾）。

1

2

图 3-48　豆银纹夜蛾和银纹夜蛾

（仿农业昆虫学原理原图）

1. 豆银纹夜蛾成虫　2. 银纹夜蛾成虫前翅

【发生规律】 每年发生 2～3 代，以老熟幼虫在寄主上结薄茧越冬。6～8 月份成虫出现，有趋光性，卵散产或块产于叶背。6～8 月份幼虫危害豆类和其他蔬菜。

【防治方法】 参见银纹夜蛾。

4. 大豆卷叶螟

大豆卷叶螟（*Lamprosema indicata*）属鳞翅目螟蛾科，危害大豆、菜豆、豇豆、扁豆、绿豆、花生等豆类作物，是豆类蔬菜的重要害虫之一。该虫以幼虫卷叶或缀连数叶在其中取食,受害叶片出现缺刻或孔洞。

【形态特征】

1. 成虫 体长10mm,翅展18～23mm,黄褐色。胸部两侧有黑纹,腹部各节有白环。前翅灰黄色,有波状的内横线、中横线、外横线,中室中央有1个黑褐色斑点,中室端脉另有1斑点。后翅色略深,有2条黑褐色波状横线,与前翅的内横线、中横线相连。

2. 卵 椭圆形,淡绿色。

3. 幼虫 幼龄幼虫乳白色,有透明感。老熟幼虫体长15～17mm,灰黄色,头部和前胸背板淡黄色,前胸两侧面各有1个黑斑。胴部淡绿色,背中线灰黑色,气门片黄色,亚背线、气门上线、气门下线和基线上都有小黑点。体表被有细毛。

4. 蛹 长12mm,褐色。茧黄白色,丝茧极薄。

【发生规律】 在辽宁一年发生2～3代,上海和长江下游2～3代,江西4～5代,湖南5～6代,以老熟幼虫在枯叶中或土下3～6cm深处越冬。在上海地区越冬代5月上中旬羽化为成虫,7～10月份为发生盛期,11月前后进入越冬。在江西,越冬代成虫多在4月中旬至5月中下旬羽化,6～9月份田间可见各虫态,世代重叠。成虫具趋光性,昼伏夜出。卵散产在叶背面,单雌产卵约330粒。幼虫孵化后在叶背取食,三龄后开始卷叶危害,有转移危害习性,老熟后在卷叶中化蛹,有的落地在枯叶内化蛹。

【防治方法】 田间虫口数量较多时,可喷药防治。有效药剂有40%乐果乳油1 000倍液,或90%晶体敌百虫1 500倍,或2.5%三氟氯氰菊酯乳油2 000～3 000倍液,或2.5%溴氰菊酯乳油2 000～3 000倍液,或15%茚虫威悬浮剂3 000～4 000倍液,或1.8%阿维菌素乳油3 000～4 000倍液等。

5. 豆天蛾

豆天蛾(*Clanis bilineata tsingtauica*)属鳞翅目天蛾科，为大豆的重要害虫，也危害豇豆、绿豆、刺槐、洋槐等，幼虫取食叶片，将豆叶吃成缺刻或孔洞，三龄以后幼虫可将叶片吃光，受害植株成为光秆，严重发生时减产50%以上。

【形态特征】

1. 成虫　体长40～50mm，翅展100～120mm，是一种大型蛾子。头及胸部暗紫色，其余部分和翅黄褐色，有的略带绿色。前翅狭长，在前缘中央有1个淡褐色半圆形斑，自前缘至后缘有6条浓色的波浪式条纹，前3条位于半圆形斑的前方，其中第一、第二条略呈弧形，后3条位于半圆形斑后方，略呈等距平行，翅顶角有1暗褐色三角形斑纹。后翅小，自翅的基部沿内缘至臀角附近黄褪色(图3-49)。

图3-49　豆天蛾成虫　(仿农业昆虫学原理原图)

2. 卵　椭圆形，直径2～3mm，初产时黄白色，将近孵化时变为褐色。

3. 幼虫　共5龄，老熟幼虫体长约90mm，体黄绿色，体上密生黄色小突起。胸足橙褐色。腹部从第一节起，在体的两侧有7对向背后方倾斜的淡黄白色点纹，背面观每对呈“八”字形。腹部除具5对腹足外，在腹部末端背面有黄绿色的尾角1个。

4. 蛹 体长约50mm，宽18mm，红褐色。头部口器明显突出，略呈钩状，喙与身体贴紧，末端露出。腹部第五节至第七节气孔前各有一横沟纹。腹部末端臀棘三角形，表面有许多颗粒状突起，末端不分叉。腹部末端5节能活动。

【发生规律】 豆天蛾在华北、山东、河南、安徽、江苏、浙江、上海等地一年发生一代，湖北1年发生2代。各地均以老熟幼虫在9～12cm深的土层中越冬，翌年春季幼虫移动至表土层作土室化蛹。在一代区，常年6月中下旬化蛹，7月为越冬代成虫羽化盛期，8月上中旬为产卵盛期，7月下旬至8月下旬为幼虫发生盛期，9月上中旬以后老熟幼虫入土越冬。在湖北二代区，越冬幼虫在5月上中旬开始化蛹和羽化，第一代幼虫发生时期在5月下旬至7月上旬，主要危害春播大豆；第二代幼虫发生时期在7月下旬至9月上旬，主要危害夏播大豆，全年以8月中下旬危害最重，9月中旬以后老熟幼虫入土越冬。

成虫昼伏夜出，白天多在豆茬地附近粮食作物的茎秆上栖息，傍晚开始活动，直至黎明。飞翔力很强，飞行速度快，迁移性大，有弱趋光性。成虫晚间交配，喜在空旷而生长茂密的豆田产卵，多产于豆叶背面，散产，一个叶片仅产1粒。每雌平均产卵350粒左右。成虫寿命7～10天，产卵期平均3天。卵期6～8天。幼虫能吐丝自悬，四龄以前白天大多躲藏在叶背，四至五龄体重增加，白天多在豆秆枝茎上。幼虫夜间食害最烈，阴天也可整日危害。一至二龄幼虫食害顶叶边缘，一般不迁移，三至四龄食量剧增，可转株取食，五龄食量占幼虫期总食叶量的90%左右。幼虫期平均33～34天，老熟后越冬，翌年表土土温24℃左右时化蛹，蛹期10～15天。

【防治方法】 提倡合理间作，大豆与玉米等高秆作物间作，可显著减轻受害程度 。豆地冬耕或春耕时，可人工拾虫。成虫羽化盛期，清晨到豆地附近的玉米等高秆作物上捕杀成虫。可设置黑光灯诱杀成虫。当年发生量大时，也可人工采卵和捕杀幼虫。药剂防治应在幼虫三龄前进行，喷施 50%马拉硫磷乳油 1 000 倍液，90%晶体敌百虫 1 000 倍液，或 50%辛硫磷乳油 1 000 倍液，或 20%氰戊菊酯乳油 2 000 倍液，或 21%增效氰・马乳油 2 000～3 000倍液等。下午喷药效果较好。

6. 白条芫菁

白条芫菁(*Epicauta gorhami*)属鞘翅目芫菁科，又名豆芫菁或锯角豆芫菁，是芫菁类中分布广而危害重的一种。寄主植物除了大豆和其他豆科植物外，还有马铃薯、番茄、茄子、辣椒、蕹菜、苋菜、甜菜、棉花、桑、曼陀罗等。成虫取食豆叶及花瓣，将豆叶吃成缺刻或仅剩网状叶脉，严重时豆株不能结实。危害豆类和蔬菜的还有中国豆芫菁等种类，参见本章“其他害虫”部分。

【形态特征】 见图 3-50。

1. 成虫 体长 15～18mm。头部略呈三角形，触角基部有 1 对黑瘤，基部几节暗红色，复眼及其内侧为黑色，除此以外头部其余部分为红色，雌虫触角丝状，雄虫触角第三至第七节扁而宽，栉齿状。胸、腹部均为黑色。前胸背板中央以及每个鞘翅上都有 1 条纵行黄白色条纹。前胸两侧、鞘翅四周以及腹部各节的后缘都丛生灰白色绒毛。

2. 卵 椭圆形，长 2.5～3.0mm，宽 0.9～1.2mm。初产时乳白色，后变黄白色，表面光滑。卵排列成菊花状卵块。

3. 幼虫 复变态，共 6 龄，各龄幼虫形态不同。一龄幼虫似双尾虫，体深褐色，3 对胸足发达，末端有 3 个爪，行动活泼敏捷。

二龄、三龄和四龄幼虫形似蛴螬，腹部8～10节。胸足较长，但活动不灵活，体表多刺毛。五龄幼虫为不活动的伪蛹(拟蛹)，全体被一层薄膜，光滑无毛，胸足退化，呈乳头状突起，腹部9节。6龄幼虫又为蛴螬型。

4. 蛹 体长15.4mm，头宽2.8mm，体黄白色。复眼黑色。前胸背板侧缘及后缘各生有长刺9根。第一至第六腹节后缘各生有刺1排，左右各6根，第七至八腹节的左右各生刺5根。翅芽达腹部的第三节。

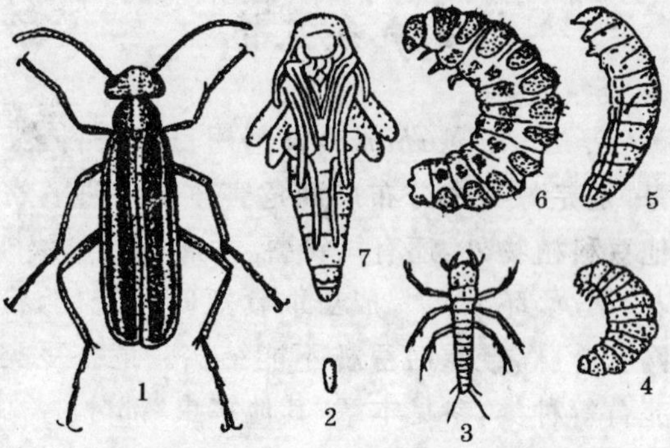

图 3-50 白条芫菁 (仿农业昆虫学原理原图)

1. 成虫 2. 卵 3. 一龄幼虫 4. 二龄幼虫

5. 六龄幼虫(拟蛹) 6. 七龄幼虫 7. 蛹

【发生规律】 白条芫菁在河北、河南、山东等地每年发生1代，在湖北等地每年发生2代。均以五龄幼虫(伪蛹)在土中越冬，翌年春暖后蜕皮发育成六龄幼虫，然后再化蛹。一代区于6月中旬化蛹，6月下旬至8月中旬为成虫发生和危害期，在大豆开花前后危害最重。二代区第一代成虫于5～6月份出现，集中危害早播大豆，以后转害茄子、番茄等蔬菜。第二代成虫于8月中旬左右出现，危害大豆，9月下旬至10月上旬转移至蔬菜等寄主上危害，发生数量逐渐减少。

成虫白天活动，中午最盛。成虫性好斗，爬行力强，有群集取食习性，中午气温较高时常成群迁飞，但飞行力不强，飞行不高。成虫喜食心叶和花等幼嫩部分，然后再吃老叶和嫩茎，吃光后转株。每头成虫每天可吃大豆叶 4～6 片。成虫受惊扰后迅速逃避或坠落地下藏匿，并从足的腿节末端分泌出一种含芫菁素的黄色液体，若触及人体皮肤，能引起红肿发泡。

成虫羽化后 4～5 天开始交配，交配后雌成虫继续取食一段时间，然后到地面用口器和前足挖一斜行土穴产卵。此种土穴口窄内宽，卵产于穴底，每穴产卵 70～150 粒，卵块菊花状排列。卵期 18～21 天。孵化后的幼虫爬出土面，行动敏捷，分散寻找蝗虫卵及土蜂巢内的幼虫为食，遇敌则腹部向下卷曲假死。若寻找不到食料，10 天左右即可死亡。幼虫有互相残杀习性。幼虫共 6 龄，幼虫仅一龄至四龄取食，食蝗卵 45～104 粒。在北京地区从一龄到四龄历期 12～27 天，五龄幼虫（伪蛹）历期最长，达 292～298 天，在土中越冬，六龄幼虫历期 9～13 天。蛹期 10～15 天。

【防治方法】 冬季深翻土地，杀死越冬的伪蛹或使之暴露于土面冻死或被天敌吃掉。在成虫发生期，可利用成虫群集危害的习性，用网捕杀。在成虫发生期还可喷布 90%晶体敌百虫 1 000 倍液，亦可用防治豆野螟的药剂。

7. 苜蓿蚜

苜蓿蚜（*Aphis craccivora* ）属同翅目蚜科，又名花生蚜、豆蚜、槐蚜，寄主植物共有 200 余种，主要危害花生、豌豆、菜豆、豇豆、扁豆、蚕豆、苜蓿、苕子、紫云英、刺槐、国槐、紫穗槐以及荠菜、地丁、刺儿菜、野豌豆等，在新疆还危害棉花。苜蓿蚜多聚集在嫩茎、幼芽、心叶、嫩叶、花蕾、花瓣、花萼上，以刺吸式口器吸取汁液，受害植株生长矮小,叶片卷缩,甚至枯萎死亡。排泄的“蜜露”易被霉菌寄生,使枝叶发黑。危害豆类嫩头可使之卷缩成“龙头”状。

【形态特征】 见图3-51。

1. 有翅胎生雌蚜 成蚜体长1.5～1.8mm,体黑绿色,有光泽。触角6节,1～2节黑褐色,3～6节黄白色,节间带褐色,第三节较长,上有感觉圈4～7个,以5～6个的为多,排列成行。翅脉橙黄色。各足的腿节和胫节端部及2个跗节为暗黑色,其余部分为黄白色。腹部各节背面均有硬化的暗褐色条斑。腹管黑色,圆筒形,具复瓦状花纹,长度为尾片的2倍。尾片乳突状黑色,明显上翘,两侧各有刚毛3根。若蚜黄褐色,体上有薄蜡粉,翅芽淡褐色 。腹管黑色细长 ,为尾片的5～6倍,尾片黑色,很短,不上翘。

2. 无翅胎生雌蚜 成蚜体长1.8～2.0mm,体较肥胖,黑色或紫黑色,有光泽,体表有薄且均匀的蜡粉。触角6节,第一节、第二节、第五节末端以和第六节黑色,其余部分为黄白色,第三节上无感觉圈。腹部各节背面骨化较强,膨大隆起,似为一块大形灰色隆起斑,体节分界不明显。其他特征与有翅蚜相似。若蚜个体小,体灰紫色或黑褐色,体节明显。

1　　2

图3-51 苜蓿蚜

1. 有翅胎生雌蚜　2. 无翅胎生雌蚜

【发生规律】 苜蓿蚜一年发生20余代。在山东主要是以无翅成蚜和若蚜,在向阳背风的山坡、地沿、沟边、路旁等处的杂草寄主或冬豌豆上越冬,也有少数以卵越冬。在新疆以卵在苜蓿等寄主上越冬。在南方各省,冬季气温较高,能在豆科或十字花科多种寄主上繁殖危害,无越冬现象。

在山东,越冬蚜虫于 3 月上中旬开始活动,先在越冬寄主上危害和繁殖,4 月中下旬平均气温上升到 14℃时,产生大量有翅蚜向附近的春季寄主(春豌豆、麦田里的荠菜以及新抽出嫩梢的刺槐、国槐)上面迁飞扩散,形成第一次迁飞扩散高峰。经过一段时间的危害和繁殖后,到 5 月中下旬花生出土时,就产生大量有翅蚜,向附近的花生及其他寄主上迁飞,形成第二次迁飞扩散高峰。6 月上旬呈点片发生危害,6 月中下旬又大量产生有翅蚜,迁飞扩散。槐树上的蚜虫,这时也产生大量有翅蚜向花生田里迁飞,形成第三次迁飞扩散高峰。此时正是花生开花期,如果天气条件适宜,繁殖很快,4～7 天就能完成一代,极易猖獗成灾。6 月底 7 月初是该地花生盛花期,危害最重。7 月中下旬雨量较多,湿度大,气温高,天敌增多,田间蚜量逐渐减少,且产生有翅蚜迁飞至菜豆、国槐、刺槐等心叶处繁殖危害,部分地方聚集在将入土的花生果针上繁殖危害,严重时果针不能入土。10 月份花生收获后,主要危害扁豆、菜豆、紫穗槐嫩芽、花生自生苗等,逐渐产生有翅蚜迁飞至越冬寄主上繁殖,最后以无翅成蚜和若蚜越冬。少数则产生有性蚜进行交配产卵,以卵越冬。

该蚜繁殖适温为气温 15℃～23℃,最适温度为 19℃～22℃,低于 15℃或高于 25℃,繁殖受抑。耐低温能力较强,越冬的无翅若蚜即使冻僵,但当日均温回升到－4℃后,也可能恢复活动能力。无翅成蚜在日均温－2.6℃时,个别个体还能繁殖。苜蓿蚜在北方的发育起点温度为 1.7℃,完成一代的积温为 136 日·度。

在适宜温度范围内,相对湿度在 60%～70%有利于该蚜繁殖和危害,高于 80%或低于 50%对繁殖有明显的抑制作用。蚜虫能否大发生,主要决定于 4～6 月份的雨量和大气温度,若 4～5 月份的相对湿度稳定在50%~80%,蚜虫可大量繁殖,6月份湿度若继续偏低,就可能造成严重危害。若6月份降雨多,湿度大,田间蚜量急剧下降。

重要的天敌有瓢虫、食蚜蝇、草蛉和蚜茧蜂等。在自然条件下天敌发生比蚜虫晚,中、后期数量增多,对蚜虫大发生有一定的抑制作用。

【防治方法】 参见本篇第二章桃蚜的防治方法。

8. 豌豆蚜

豌豆蚜(*Acyrthosiphon pisum*)属同翅目蚜科,是豌豆、蚕豆、苜蓿和苕子的重要害虫,还可危害沙打旺、山黧豆、草木樨等豆科植物以及荠菜等。该蚜刺吸植株顶部幼嫩部位,花、豆荚、幼茎,叶片等豆科被害。豌豆蚜还传播多种植物病毒。

【形态特征】 有翅孤雌蚜体长4.1mm,宽1.3mm,长纺锤形,腹部淡绿色。触角比体稍长,第三节有感觉圈14~22个,于基部2/3处排成一行。腹管细长筒状,尾片长锥形,有短毛8~9根(图3-52)。

无翅孤雌蚜体长4.9mm,宽1.8mm,纺锤形。全体草绿色,体表光滑,稍有曲纹。触角细长,约与体同长,其他与有翅型相似。

【发生规律】 在北方以卵在豆科多年生草本植物上越冬,翌年春季孵化为干母,干母再产生干雌,干母和干雌均无翅,第三代产生有翅迁移蚜,转移到豌豆、绿豆、蚕豆等寄主上危害。在温暖的南方,全年可孤雌生殖,不发生两性世代。

【防治方法】 参考桃蚜、瓜蚜的防治方法。

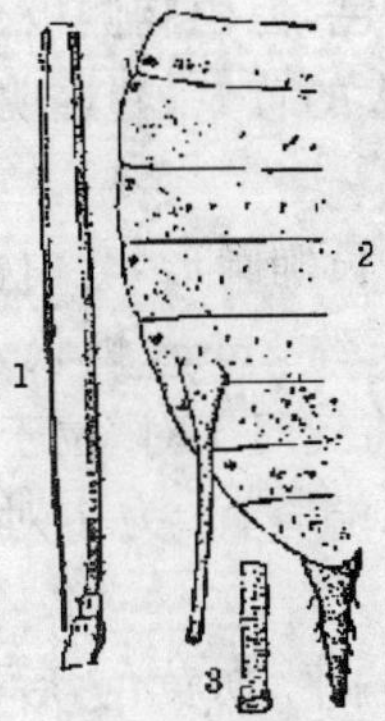

图 3-52　豌豆蚜　（仿农业昆虫学原理原图）

1. 触角　2. 腹管和尾片　3. 腹管末端

9. 豌豆彩潜蝇

豌豆彩潜蝇(*Chromatomyia horticola*),又名豌豆潜叶蝇,属双翅目潜蝇科,分布于南北各地,寄主范围非常广泛,其中包括豆科、十字花科、菊科、葫芦科的多种蔬菜,尤其以豌豆、蚕豆、油菜、甘蓝、白菜、萝卜、花椰菜、莴苣等受害最重。幼虫潜叶蛀食叶肉,形成潜道,严重的叶肉全被吃光,仅剩两层表皮。豌豆彩潜蝇的潜道蛇形弯曲盘绕,末端变宽。因为卵多产于叶背,幼虫由叶背蛀入,主要蛀食叶肉的海绵组织,所以从叶背看,潜道更明显。潜道中有散生的颗粒状虫粪。幼虫停留在潜道末端化蛹,成虫羽化后才脱出潜道。

【形态特征】　见图 3-53。

1. 成虫　体长 2～3mm,翅展 5～7mm,暗灰色,疏生黑色刚毛。头部黄色,复眼红褐色,触角 3 节,触角芒着生在第三节背面基部;胸部、腹部及足灰黑色,但中胸侧板、翅基、腿节末端、各腹节后缘黄色,胸部有4对粗大的背鬃;翅透明,有虹彩反光,前缘脉有一处间断。平衡棒淡黄色。

2. 卵 长约0.3mm,长椭圆形,乳白色。

3. 幼虫 老熟时体长约3mm,蛆状,乳白色,渐变淡黄色或鲜黄色,体表光滑透明。前气门1对,位于前胸近背处,成叉状,向前伸出。后气门在腹部末端背面,为1对明显的小突起,末端褐色。

4. 蛹 长椭圆形,略扁平,初黄色,后褐色、黑褐色。

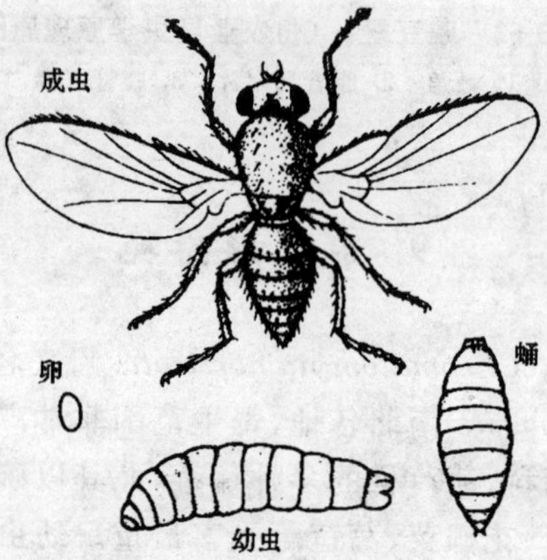

图3-53 豌豆彩潜绳 (仿蔬菜昆虫学原图)

【发生规律】 在辽宁每年发生4～5代,华北、西北发生5代,淮河流域8～10代,长江中下游10～13代,福建则发生13～15代。大致在淮河以北以蛹越冬,长江以南、南岭以北以蛹越冬为主,少数以幼虫或成虫过冬,在华南可周年活动,无越冬现象。

在北京地区,3月份即危害保护地菜苗,3月下旬至4月上中旬成虫大量发生,产卵于豌豆、留种白菜和春甘蓝等寄主上,4月下旬至6月中下旬是主要发生期，危害小白菜、油菜、莴苣、花椰菜、水萝卜以及黄瓜和豆类幼苗。夏季高温虫量下降，至秋季数量又有上升，以危害十字花科秋菜为主。

在江苏省3月份即有发生，5月中下旬达高峰期，主要危害油菜、青菜、豌豆、茼蒿等。6月上旬以后，虫量急剧减少。秋季虫量又复增多，危害秋菜和油菜幼苗。在上海地区常年3～5月份为发生盛期，夏季虫口数量下降，8月下旬以后在秋菜上繁殖危害，直到越冬。在江、浙一带油菜种植区，越冬代成虫3月份盛发，第一代、第二代成虫4月间发生，此后世代重叠严重。春季主要危害油菜和豌豆，以4月下旬前后受害最重。春末夏初田间虫量下降，秋后数量上升，先加害萝卜、白菜苗，以后又转移到油菜、豌豆上繁殖危害。在浙江无明显越冬现象。

成虫白天活动，夜间静伏。成虫喜选择高大茂密的植株产卵，卵散产于叶背边缘的叶肉里，嫩叶和近叶尖处多，每雌可产卵50～100粒。幼虫蛀食叶肉，共3龄，老熟后在虫道末端化蛹。化蛹前将隧道末端表皮咬破，使蛹的前气门与外界相通。

据测定，全世代发育起点温度为4.73℃，有效积温为357.37日·度，发育适宜温度范围为18℃～26℃。在温度16℃～20℃时，卵历期为7～9天，幼虫8～10天，蛹9～10天。在气温22℃发育最快，超过35℃不能生存，虫口密度急剧下降。

【防治方法】　收获后及时清除蔬菜残体，铲除田内、田边杂草，以减少虫源。在成虫大量活动期和低龄幼虫阶段，适时进行药剂防治。可选用1.8%虫螨克乳油2 500～3 000倍液，或40%阿维·敌畏乳油1 000～1 500倍液，或50%环丙氨嗪可溶性粉剂2 000倍液，或40.7%毒死蜱乳油800～1 000倍液，或10%氯氰菊酯乳油2 000～3 000倍液，或10%吡虫啉可湿性粉剂1 000倍液等。

10. 豆秆黑潜蝇

豆秆黑潜蝇(*Melanagromyza sojae*)属双翅目潜蝇科,又名豆秆蝇,分布广泛,危害大豆、赤豆、绿豆、菜豆、豇豆、豌豆、紫苜蓿、田菁等多种豆科作物。幼虫钻蛀茎秆危害,在茎内形成弯曲的隧道,受害幼苗茎叶枯萎,形成枯心苗,成株期发育不良,叶片发黄、脱落,豆荚减少,秕荚、秕粒增多,造成严重减产。

【形态特征】

(1)成虫　体长约 2.5mm,黑色,腹部有蓝绿色金属光泽。复眼暗红色。触角 3 节,第三节钝圆形,其背面中央生有触角芒,长度为触角的 3 倍。前翅透明,有淡紫色金属闪光。

(2)卵　长椭圆形,初产时乳白色,后变淡黄色。

(3)幼虫　黄白色或粉红色,末龄幼虫体长约 3mm,口钩黑色,端齿尖锐。第一胸节有前气门 1 对,鸡冠状突起,上有 6～9 个椭圆形气门裂。第八腹节有后气门 1 对,中央有深灰棕色的柱状突起,周围有 6～9 个椭圆形气门裂。

(4)蛹　为围蛹,长椭圆形,长约 2mm,金黄色。

【发生规律】　各地每年发生代数不一,辽宁 3 代,山东、河南 4～5 代,黄淮地区 5 代,浙江 6 代,福建 7 代,广西 13 代,世代重叠,在北方主要以蛹在寄主根茬和秸秆中越冬。

在山东、河南等地春季 5 月开始羽化产卵,幼虫危害春大豆、豌豆。第二代幼虫在 6 月下旬至 7 月上旬,三、四代幼虫在 8～9 月份相继出现,危害晚播豆类。在福州,春季 3～4 月份出现成虫,第一代、第二代幼虫于 4 月上旬至 5 月中旬危害春大豆,第三代幼虫危害豇豆,第四代幼虫在 7 月中旬至 8 月上旬危害秋大豆幼苗,第五、第六代幼虫相继在 8 月至 10 月下旬危害秋大豆、菜豆,此后第七代幼虫危害豌豆,11 月中下旬化蛹越冬。

成虫飞翔力、趋化性均较弱，有趋光性。上午 7～9 时活动最盛，多在豆株上部叶面活动。成虫吸食花蜜，也可以腹末端刺破豆叶表皮，吸食汁液，叶面出现白色小斑点。卵单粒散产于叶背近基部主脉附近表皮下，中部叶片着卵最多。每雌产 7～9 粒卵。幼虫孵化后即潜食叶肉，形成细小而弯曲的潜道，沿主脉再经小叶柄、叶柄和分枝直达主茎，蛀食髓部，在茎内形成潜道，甚至可蛀入根部。在潜道内遗留褐色粪便。幼虫老熟后，在茎壁上咬出羽化孔，在孔口附近化蛹，成虫羽化后，经羽化孔逸出。

【防治方法】

1. 栽培防治　实行轮作换茬；冬季处理豆秆，深翻豆田，清除田间野生豆科作物，在越冬代成虫羽化前用泥封闭大豆等寄主秸秆；保护天敌和越冬蛹寄生蜂。选用抗虫耐害品种、苗期早发品种；适当调整播期，使幼苗早发，错开成虫产卵盛期。

2. 药剂防治　在成虫盛发期至幼虫蛀食之前进行药剂防治。有的地方以网捕法（口径 33cm、长 57cm 的捕虫网）第一代成虫达到 100 网 20～30 头，第二代成虫达到 40～50 头为大豆田药剂防治指标。达到防治指标后，用 40％氧化乐果、50％马拉硫磷、50％杀螟松、50％辛硫磷、或 20％氰戊菊酯等药剂，稀释 1 000 倍后进行叶面常规喷雾。间隔 6～7 天后再防治一次幼虫。另外，还有的地方在豆苗出土后，用 3％氯唑磷颗粒剂（每 667m^2 用 2kg），拌上 20kg 条施，持效期可达 40 天以上。施药后淋水，且不要使药剂与豆苗直接接触，以免产生药害。

11. 豆象类

豆象是鞘翅目豆象科害虫，危害豆类种子，是重要的仓储害虫。豆象在豆类的嫩荚上产卵，幼虫孵化后蛀食豆粒，蛀入的孔道愈合后，表面看不出来。豆粒入贮后，豆象幼虫继续在内危害，在内化蛹,羽化成为成虫后才脱粒飞出。豆粒被蛀食一空,丧失发芽能力,甚至不能食用。绿豆象(*Callosobruchus chinensis*)危害绿豆,豌豆象(*Bruchus pisorum*)危害豌豆,蚕豆象(*Bruchus rufimanus*)危害蚕豆,这3种豆象已经广泛分布于全国各地,菜豆象(*Acanthoscelides obtectus*)主要危害菜豆属豆类、豇豆、绿豆、豌豆、蚕豆等豆类,现为全国农业植物检疫性有害生物。

【形态特征】 成虫小型,卵圆形,坚硬,体表被覆鳞片。头下口式,额延长为短喙状。触角11节,栉齿状、锯齿状或棒状。复眼前缘有一"U"字形缺刻并围住触角基部。前胸背板近三角形,鞘翅平,末端截形,露出腹部末端,可见腹节6节。幼虫复变态,1龄幼虫衣鱼型,胸足3对,发达,其他蠕虫形。老熟幼虫白色或黄色,柔软肥胖,向腹面弯曲,胸足退化,成为疣状突起。气门圆形。

1. 绿豆象 成虫体长2～3.5mm,赤褐色或茶褐色。雄虫触角栉齿状,雌虫锯齿状。前胸背板后缘中部两侧各有1个灰白色毛斑。小盾片被有灰白色毛。鞘翅基部宽于前胸背板,小刻点密,由灰白色毛与黄褐色毛组成斑纹,白色毛斑排成2横列。臀板被灰白色毛,近中部与端部两侧有4个褐色斑。后足腿节端部内缘有1个长而直的齿,外端有1个端齿,后足胫节腹面端部有尖的内、外齿各1个。

2. 豌豆象 成虫体长4～5mm,宽2.6～2.8mm,长椭圆形,栗褐色。触角锯齿状,基部4节红褐色,其余黑色。前胸背板后缘中央有近圆形白色毛斑,两侧缘中间前方各有1个齿尖向后弯的尖齿。鞘翅具10条纵纹,覆褐色毛,每一鞘翅上有由白色毛斑组成的3条横带。腹部末端露出,白色,左右两侧各有1个圆形黑斑。后足腿节近端处内缘有一个明显的长尖齿。雄虫中足胫节末端有1根尖刺,雌虫则无。卵橘红色、长椭圆形,较细的一端有长约0.5mm的丝状物2根。

3. 蚕豆象 与豌豆象有如下区别:成虫体长6mm,黑褐色,短椭圆形。前胸背板后缘中央白毛斑三角形，两侧缘齿突尖向两侧平向伸展。翅鞘后部 1/3 处，各有一倒“V”字白色毛斑。腹末臀板上无白色毛斑。后足腿节内缘端部有短而钝的齿。

4. 菜豆象　体长 2～2.4mm，雌虫稍大，长椭圆形，全体密被黄色绒毛。触角 1～4 节和 11 节橘红色，其余暗褐色。1～4 节丝状，5～10 节锯齿状，11 节末端尖。前胸背板圆锥形，黑色，点刻多而明显。小盾片方形，黑色，端部二分叉。鞘翅黑色，行纹深，有淡色横带状毛斑 2 条，表面散布不明显的黑斑或褐斑，端部边缘橘红色。臀板赤锈色，身体腹面也是赤锈色。后足腿节内侧近端部有长齿 1 个，小齿 2 个，齿突后方还有几个小齿突(图 3-54)。

【发生规律】　绿豆象在北方一年发生 4～5 代，南方可发生9～11 代，幼虫在豆粒内越冬，翌年春天羽化为成虫。成虫善飞，有假死性和群居性。成虫在田间豆荚上或仓内豆粒上产卵，每雌可产70～80 粒。幼虫孵化后即蛀入豆荚和豆粒。绿豆象完成一个世代需 24～45 天。温度 25℃～30℃，相对湿度 80%左右，发育最快。

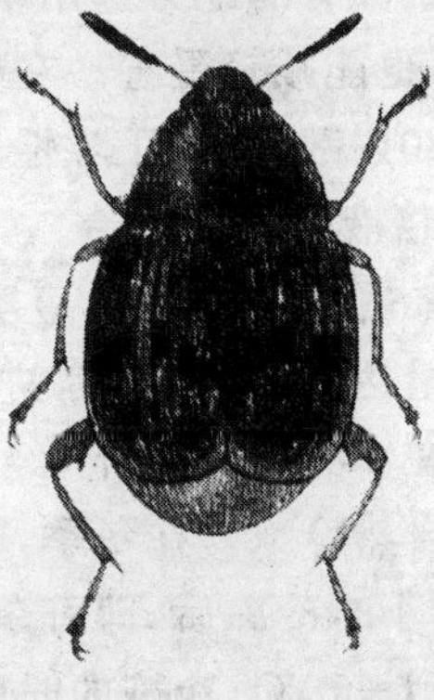

图 3-54　菜豆象成虫

豌豆象一年发生 1 代，以成虫在仓库缝隙、田间残株、树皮裂缝、松土及包装物等处越冬。翌春飞到春豌豆地取食、交配、产卵，晴天下午活动最盛。卵多产在植株中部的豆荚两侧。幼虫孵化后即蛀入豆荚和豆粒内，1 粒豆仅有 1 头幼虫存活。幼虫 4 龄，老熟后在豆粒内化蛹。成虫羽化后钻出豆粒，飞至越冬场所，或在豆粒内越冬。

蚕豆象一年发生 1 代，以成虫越冬，生活习性与豌豆象相似，春季开始活动飞入蚕豆地并产卵，卵孵化后蛀入豆荚内的豆粒中，每粒蚕豆内有幼虫1～6头，7月中旬开始化蛹，8月上旬至9月下旬羽化。羽化的成虫在豆粒内越冬。

菜豆象一年发生5～6代，以幼虫在豆粒中越冬。成虫飞翔力较强，在成熟豆荚上产卵，也可在仓贮豆粒上产卵。幼虫孵化后从种脐附近蛀入，严重受害的豆粒甚至有蛀孔12个以上。

各种豆象都可随被害豆粒的调运而远程传播。

【防治方法】

1. 检疫 菜豆象是全国农业植物检疫性有害生物，需依法检疫。其他豆象也应防止随种子调运和商品豆类的流通而传播。

2. 田间防治 清除田间豆株残体，种植抗虫品种，播种不带虫种子。有的地方选用早熟品种，使其开花、结荚期避开成虫产卵盛期，也能减轻受害。在盛花期喷药防治，可用有机磷或菊酯类制剂。80%敌百虫可溶性粉剂1 000倍液，或2.5%敌杀死乳油5 000倍液等喷雾防治。

3. 贮藏期防治 豆类收获后，抓紧时间晒干或烘干，使种子含水量达到12%以下，进行高温或低温处理，杀死豆象。高温处理是在60℃～70℃下，经12小时。低温处理是机械制冷、通风制冷或自然冷冻。在冬季，气温达到－10℃以下时，将豌豆粒摊开，经12小时冷冻后，即可杀死豆粒内的害虫，然后密闭贮存。如果达不到－10℃，冷冻的时间需延长。药剂处理多采用磷化铝熏蒸法，由技术人员指导，按照操作规程，在密封的仓库或熏蒸室内熏蒸。达到规定时间后，启封散气，待农药残留降至规定标准以下时，方可食用或饲用。

12. 豆类其他害虫

1. 斑缘豆粉蝶 斑缘豆粉蝶(*Colias erate subsp. Polygraphus*)属鳞翅目粉蝶科。主要危害豆类作物，以幼虫蚕食叶片。

成虫体长17～23mm，翅展45～58mm。雄蝶前后翅鲜黄色或橙黄色，雌蝶有黄、白两种色型。前翅端部约占全翅1/3部分为黑色区，黑色区内有大小不等的黄色斑或浅白色斑数个，中室端部有1黑色圆斑。后翅外缘约有6个黑色斑，中室端部有1个橙黄色圆斑。幼虫体长30mm，深绿色，体节多纵褶，密生细毛，气门线黄白色，气门白色。蛹体长20～22mm，浅绿色，前半部近菱形，头顶较尖。

在东北一年发生1～2代，以蛹在寄主茎枝、残体上越冬。7～8月幼虫危害大豆叶片。成虫多在豆株心叶背面产卵，幼虫老熟后在枝茎、叶柄处化蛹 。

通常不需单独防治，可在防治其他蛾类害虫时一并兼治。

2. 大豆食心虫　大豆食心虫（*Leguminivora glyeinivorella*）属鳞翅目卷叶蛾科，食性单一，仅危害大豆、野生大豆和苦参。幼虫蛀入大豆豆荚内食害豆粒，豆粒兔嘴状破瓣，严重降低大豆产量和品质。

成虫为黄褐色至暗褐色小蛾。前翅暗褐色，沿前缘有10条左右黑紫色短斜纹，其周围有明显的黄色区，在短斜纹中，从外向内数第四条为最长，外缘顶角下方稍向内弯曲，在外缘臀角上方有1个银灰色椭圆形斑，斑内有3个紫褐色小斑。后翅浅灰色。雄蛾色泽稍浅，具翅缰1根，腹部末端钝；雌蛾具翅缰3根左右，腹部末端尖，纺锤形。卵椭圆形，稍扁平，表面略有光泽，初产时乳白色，两天后变黄色，四天后变橙黄色，卵上可见一半圆形红带，孵化前红带消失，在卵的一端出现1个小黑点（幼虫的头部）。

幼虫共4龄，老熟幼虫体长8～10mm，略呈圆筒形。初孵时黄白色，后变为淡黄色或橙黄色，老熟时红色。雄虫7～8体节背面能见到1对紫红色小斑（睾丸）。腹足趾钩为单序环状。蛹长5～7mm，黄褐色，纺锤形。茧长椭圆形，由幼虫吐丝缀合土粒做成。

大豆食心虫在各地年均发生1代，以老熟幼虫在土内作茧越冬，越冬幼虫有严格的滞育期。在东北地区，越冬幼虫于翌年7月中下旬破茧而出，爬到土表重新结茧化蛹。8月中旬为成虫盛发期，8月中下旬为成虫产卵盛期，8月下旬为幼虫孵化及入荚盛期，幼虫在豆荚内危害20～30天，9月中下旬至10月上旬幼虫脱荚，入土作茧越冬。

成虫飞翔力弱，在日落前2小时左右活动最盛，晚8时后活动停止。在成虫发生期间，常将雌、雄蛾性比接近1∶1，田间出现蛾团飞舞，以及蛾量开始成倍增长作为确定成虫盛发期的标志，如果这三项标准有两项同时出现，就可确定为成虫盛发期，往后推1～2天内就是药剂防治成虫的适期，往后推7～10天则为药剂防治幼虫的适期。

成虫产卵主要在豆荚上，少数产在叶柄、主茎、侧枝或花萼上。卵散产，一个豆荚着卵1粒时最多，4粒以上的极少。幼虫孵化后，先在豆荚上爬行几小时，然后蛀荚。多数在豆荚边缘的合缝附近入荚，荚面上仍留有丝网痕迹，这个特征可以作为田间调查幼虫入荚数的一个依据。豆粒上有针头状的被害小孔，三龄以后沿豆粒边缘取食，被害豆粒有缺刻或大半被吃去，但并不将豆粒完全吃光，据此可与豆荚螟相区别。1头幼虫可咬食豆粒2～3个。老熟幼虫在豆荚边缘蛀一小孔，然后脱出落地，爬入土中作茧越冬。

防治大豆食心虫要种植抗虫或耐虫品种，豆田不接茬种植，但可在距前一年大豆田1 000米以外的地块种植大豆。进行秋季翻耙，破坏大豆食心虫的越冬场所。要加强豆茬后作物的田间管理，在大豆食心虫出土化蛹期多铲多趟。药剂防治成虫应在成虫盛发期进行，防治幼虫应在卵高峰期后3～5天进行。有效药剂有有机磷和菊酯类制剂。生物防治可释放赤眼蜂灭卵，在成虫产卵盛期放蜂1～2次，每667平方米放蜂2万～3万头。另外，还可利用白僵菌防治脱荚期幼虫，在幼虫脱荚前将白僵菌粉剂喷洒在豆田地面上，每667平方米用1.5kg。

3. 豆小卷叶蛾　豆小卷叶蛾(*Matsumuraeses phaseoli*)属鳞翅目小卷叶蛾科，危害豆科植物，幼虫食害叶片、花簇、荚和豆粒。

成虫体长6～7mm，翅展14～23mm。雌蛾前翅棕褐色，斑纹不明显，前缘近顶角处灰白色，外缘顶角下陷；雄蛾前翅淡褐色，基斑褐色，中室外侧有一褐色斑，其上方具一大褐斑与基斑断续相连，前缘有18～20组白色钩状纹。臀角内上方有3个小黑点，直线排列，顶角附近亦有2个小黑点，外缘前方稍凹入。后翅灰色，顶角、外缘和后缘色较深。卵椭圆形或圆形，中央隆起，具网纹。初产黄白色，孵化前变为黄褐色。老熟幼虫体长11～14mm，体浅黄色。头部褐色，两侧后方具黑色楔状纹。前胸背板淡褐色。腹足趾钩双序全环，臀足趾钩双序缺环。第十腹节末端有黑褐色臀栉，上具齿5～8个。蛹体长7～9mm，黄褐色，腹部第二至第七节背面各生两列齿，腹末端有8根臀棘。

在陕西一年发生4～5代，以幼虫或蛹在豆田10cm左右深的土层中越冬。翌年3月份越冬幼虫开始化蛹，4月上旬开始羽化成虫，在苜蓿、草木樨等植物上产卵，发生第一代幼虫。5月下旬至6月上旬第一代成虫盛发，迁飞到春大豆田中产卵危害。第二代成虫发生在7月中旬至8月下旬，第三代发生在9月份，这两代均危害夏播大豆。孵化晚的幼虫到10月中旬即开始入土越冬，孵化早的可继续发育，10月下旬发生第四代成虫。此时大豆已收获，成虫飞到苜蓿、苕子上产卵危害，11月后幼虫老熟越冬。

成虫夜间活动，具趋光性。卵多产在叶背，在豆苗上以第一对真叶产卵最多。卵期6～7天；幼虫5龄，历期11～16天；蛹期8～10天。

防治豆小卷叶蛾可栽培抗虫品种，豆田深翻和冬灌，在成虫盛发期和幼虫孵化期喷药防治，可使用有机磷制剂或菊酯类制剂等。

4. 小造桥虫　小造桥虫(*Anomis flava*)属鳞翅目夜蛾科，危害豆类以及棉花、落葵、冬葵、蜀葵、锦葵、黄麻、苘麻、木槿、烟草等。幼虫食害叶片，低龄啃，三龄以后蚕食，造成缺刻或被吃光。

成虫为小型蛾子，前翅向外突出成一角，中横线以内为黄色，密布赤褐色小点，内横线、中横线皆为波浪形，中横线外方褐黄色，肾状纹暗棕褐色，中间有2个黑点，环状纹白色褐边。外横线、亚缘线暗褐色，锯齿状。后翅淡灰黄色，翅基稍浅。雌蛾触角丝状，淡黄色。前翅色彩较淡，斑纹相似。后翅黄白色。

老熟幼虫体长约35mm，头部淡黄色，体色黄绿色、绿色或灰绿色。背线、亚背线、气门上线和气门下线灰黑色，中间有不连续的白斑。第一对腹足仅留不明显的趾钩痕迹。第二对腹足较小，第三和第四对腹足及臀足发达。

小造桥虫在河北和山东北部一年发生3～4代，河南、山东南部、陕西关中及苏北1年4代，湖北、湖南5代，江西5～6代，四川6代。均以老熟幼虫在寄主的叶缘处做茧化蛹越冬。第一代幼虫多在木槿、冬葵上危害，第二代进入豆田，第三、第四代危害最烈，最后一代又转移到木槿、冬葵上。成虫有趋光性，夜间交尾，产卵。卵散产在叶、茎上，初孵幼虫多取食嫩叶叶肉，老熟幼虫能吃光叶片仅留叶脉，有时还取食花蕾和嫩荚。

7月中下旬平均气温超过28℃，相对湿度超过85%时，第二代发生严重。若7～8月份降水量与历年同期降水量的平均值的比值小于1，则为小发生年；大于1，是大发生年；接近2，为特大发生年。

防治方法为：①清洁田园，收获后处理豆秸和田内外落叶，减少越冬蛹。②利用黑光灯、频振式杀虫灯、杨树枝把等诱杀成虫。③在幼虫三龄以前喷药防治，有效药剂有5%氟虫脲乳油3 000倍液，或10%氯氰菊酯乳油，或5%高效氯氰菊酯乳油，或20%氰戊菊酯乳油1 500倍液，或2.5%氟氯氰菊酯乳油2 000倍液，或50%马拉硫磷乳油，或40%乐果乳油，或40%乙酰甲胺磷乳油

1 000倍液，或 80%敌敌畏乳油 800 倍液等。

5. 大造桥虫　大造桥虫（*Ascotis selenaria*）属鳞翅目尺蛾科，危害大豆、菜豆、豇豆、扁豆、花生、棉花、苹果、梨和柑橘等，一般年份主要危害豆类和棉花。幼虫食害芽、叶、嫩茎，严重时植株被吃成光秆。大造桥虫为间歇性暴发害虫。

成虫体长 15～20mm，翅展 38～45mm。体色变化很大，一般为淡褐色。前翅上的横线和斑纹，均为暗褐色波状纹，中横线较模糊，中室端具一斑纹，前翅亚基线和外横线锯齿状，其间为灰黄色，中横线及亚缘线较模糊，外缘中部附近具一斑块。后翅横线与斑纹和前翅相似并相对应连接。雌虫触角丝状，雄虫羽状，淡黄色。

幼虫老熟时体长 38～49mm，幼龄灰黑色，老龄多为灰黄色或黄绿色。头部黄褐色至褐绿色，头顶两侧各具一黑点。背线宽，淡青色至青绿色，亚背线灰绿色至黑色，气门上线深绿色，气门线黄色，杂有细黑色纵线，气门下线至腹部末端，淡黄绿色。第三和第四腹节上具黑褐色斑，气门黑色，围气门片淡黄色。胸足褐色，腹足仅有 2 对，着生于第六和第十腹节，黄绿色，端部黑色。

大造桥虫在长江流域一年发生 4～5 代，以蛹在土壤中越冬。第一代成虫发生期为 6 月上中旬，第二代为 7 月上中旬，第三代为 8 月上中旬，第四代为 9 月中下旬，有的年份 11 月上中旬可出现少量第五代成虫。成虫昼伏夜出，具很强的趋光性，卵多聚产在地面、土缝及草秆上，大发生时，枝干、叶片上均可着卵。初孵幼虫可吐丝随风飘移传播扩散，幼虫在豆株上常呈嫩枝状拟态。10～11 月份以后，幼虫入土化蛹越冬。

防治方法为：①利用黑光灯、频振式杀虫灯诱杀成虫。②在幼虫三龄以前喷药防治，常用有机磷和菊酯类杀虫剂。

6. 大豆毒蛾　大豆毒蛾（*Cifuna locuples*）属于鳞翅目毒蛾科，又名豆毒蛾、肾毒蛾，分布广泛，食性杂，危害豆类、苜蓿 、棉花、茶、柳树、芦苇、柿树、药用植物和花卉等，幼虫危害叶片，吃成缺刻和孔洞，严重时叶肉被吃光，仅残留网状叶脉。

成虫黄褐色，体长 17～19mm，雄蛾翅展 34～40mm，雌蛾 45～50mm。前翅有 2 条黄褐色带纹，两纹中间有一个肾状斑。卵半球形，淡青绿色。老熟幼虫体长 40mm 左右，黑色，有光泽。在身体两端有成束的黑色长毛，腹部前两节的黑毛束向两侧平伸，第三腹节侧面有 1 对向两侧平伸的白色毛束，其余各节散生白色小毛束。腹部 6、7 节背面各有一黄褐色圆形背腺。蛹红褐色，背生黄色长毛，腹部前 4 节有灰色瘤状突起。

在长江流域年发生 3～5 代，以幼虫越冬。翌年 4 月开始危害，5 月老熟幼虫以体毛和吐的丝在叶背作茧化蛹，茧暗褐色。6 月第一代成虫出现，成虫对黑光灯有趋光性。卵聚产在叶片背面，初孵幼虫群集叶背集中危害，仅食叶肉，留下叶脉，以后分散危害。

设置黑灯光诱杀成虫，摘除卵块，扑杀群集于豆叶的初孵幼虫。必要时在成虫和低龄幼虫发生阶段喷施有机磷或菊酯类制剂，也可用杀螟杆菌制剂（每克含 100 亿孢子）稀释700～800 倍液喷雾。

7. 双斑萤叶甲 双斑萤叶甲（*Monolepta hieroglyphica*）属于鞘翅目叶甲科，危害豆类、茄果类、十字花科、绿叶菜等蔬菜，以及向日葵、棉花等多种作物。成虫取食叶片和花序，造成缺刻或孔洞。

成虫长卵圆形，体长 3.5～4.0mm。头、胸红褐色，触角灰褐色。鞘翅基半部黑色，上有 2 个淡黄色斑，斑前方缺刻较小，鞘翅端半部黄色。胸部腹面黑色，腹部腹面黄褐色，体毛灰白色。幼虫体长 6～9mm，黄白色，前胸背板骨化色深，腹部末端有铲形骨化板。

北方一年发生 1 代，以卵在土中越冬。5 月份出现幼虫，在土壤中活动，取食寄主根部及杂草。幼虫共 3 龄，幼虫期约 30 天。7～10 月份为成虫发生盛期，7～8 月份为危害盛期。成虫羽化后先栖息在杂草上，随后危害豆类，豆类收获后转移到十字花科蔬菜上继续危害。

成虫有群集性和弱趋光性，飞行力弱。早、晚气温低于 8℃，或风雨天时喜躲藏在植株根部或枯叶下，气温高于 15℃时成虫活跃。日光强烈时，常隐藏在植株下部叶片背面或花穗中，卵散产或数粒黏在一起。老熟幼虫在土中做土室化蛹。少雨干旱年发生较重。

防治双斑萤叶甲要及时铲除田边、地埂、沟边杂草，秋季耕翻灭卵。药剂防治参看本篇第二章黄条跳甲和蓝跳甲。

8. 中国豆芫菁　中国豆芫菁（*Epicauta chinensis*）属鞘翅目芫菁科，成虫蚕食多种豆类蔬菜的叶片。

成虫体长约 22mm。体黑色，被黑色细短毛。头部后方两侧红色，额中央有 1 块红斑。触角雄虫栉齿状，雌虫丝状。前胸背板中央有 1 条由白色短毛组成的白纵纹，沿鞘翅侧缘、端缘和中缝均镶有白色短毛组成的白边，中缝的白边狭于侧缝白边。一龄幼虫头黑褐色，胸部第一节背面大部，腹部第一至第三节和第六至第八节背面均为黑褐色，其余部分黄褐色。口器和胸足发达，足具 3 爪，腹部末端有 1 对长尾须。二至四龄幼虫蛴螬型，五龄幼虫为伪蛹，胸足退化呈乳状突起，六龄幼虫形又似蛴螬。

北方每年发生 1 代，湖北 2 代，都以幼虫在土壤中越冬，翌年春季化蛹、羽化。成虫白天活动，集中取食叶片，常点片发生，局部地块成灾。幼虫在土中活动，以食蝗卵为主。

防治方法参见本章白条芫菁。

9. 二条叶甲　二条叶甲（*Monolepta nigrobilineata* ）属鞘翅目叶甲科，危害大豆等多种豆科植物，成虫取食子叶、真叶、生长点及嫩茎，咬成小孔，严重被害叶片仅残留叶脉，呈网状，也取食豆花，造成落花。幼虫取食根部和根瘤。

成虫为小甲虫，体长约 3mm，淡黄色。鞘翅黄褐色，在两鞘翅中央各有1条略弯曲的纵行黑条。触角丝状,11节。足黄褐色,各足胫节基部外侧有深褐色斑纹。卵椭圆球形,长约0.4mm,初产乳白色,后变黄褐色。幼虫体长4～5mm,乳白色,头部和臀板黑褐色,胸足3对,褐色。蛹为裸蛹,体长3～4mm,白色,腹部末端有1对弯曲的钩刺。

各地一年发生1代,以成虫在杂草和土缝里越冬。在辽宁越冬成虫于5月中旬左右出现,危害豆类幼苗。成虫6月上旬产卵,6月中旬卵孵化为幼虫,7月下旬至8月中旬化蛹,8月上旬至9月中旬羽化为成虫。卵多产在豆株根际附近的表土里,孵化后幼虫危害大豆根瘤。

防治方法参见本篇第二章黄条跳甲和蓝跳甲的防治。

10. 斑鞘豆叶甲 斑鞘豆叶甲(*Colposcelis signata*)属鞘翅目叶甲科,主要危害各种豆类作物,成虫蚕食幼苗。

成虫体长1.6～3.0mm,卵形,头、胸部黑色,鞘翅污黄色,其上散生一些淡黄色的小斑,有时鞘翅基部带黑色,有的个体则全身黑色。翅基部的中缝凹上有1个黑色斑,而黑色个体则为黄色斑。在鞘翅基部近前缘各有1个浅黄色的小圆斑。触角丝状,与足同为污黄色。幼虫体长约3.6mm,头部、前胸背板淡黄褐色,胴部白色,身体弯曲呈"C"字形,体表生有白毛。

在辽宁、吉林一年发生1代,以成虫在土中越冬。5月中下旬豆类出苗后,成虫迁移至豆苗上危害,并交配产卵。

可在防治其他害虫时兼治斑鞘豆叶甲。

11. 红背安缘蝽 红背安缘蝽(*Anoplocnemis phasianas*)属半翅目缘蝽科,危害豆类、花生、合欢、瓜类、竹类等,以成虫和若虫刺吸豆荚、嫩芽和叶片汁液。

成虫体长20～27mm,宽8～10mm,棕褐色。触角第四节棕黄色。前胸背板具1条浅色纵带纹,侧缘直,具细齿,侧角钝圆。后胸臭腺孔和腹部背面橙红色。雌虫第三节腹板中部向后稍弯曲，雄虫则在相应部位向后扩延成瘤突，伸达第四节腹板的后缘。雌虫后足腿节稍弯曲，近端处有1个小齿突，雄虫后足腿节弯曲，粗壮，内侧基部有显著的短锥突，近端部扩展成三角形的齿状突。雄虫生殖节后缘宽圆形，中央稍凹入。半鞘翅窄于腹部，腹部两侧外露。

在长江以北一年发生1代，长江以南发生2代，以成虫在寄主附近的枯枝落叶下越冬。翌年4月中下旬开始活动、交尾。5月上旬至7月中旬产卵，第一代若虫于5月中旬出现，6月中旬至8月底羽化为成虫。7月上旬至9月中旬第二代若虫出现，8月下旬到10月下旬陆续羽化，11月后越冬。成、若虫常群集在嫩叶或豆荚上食害。成虫有假死性，遇到惊扰坠地。雌成虫产卵在茎秆上或在附近的杂草上，多粒卵横置，纵行排列，单雌产卵40～85粒。

发生较少时可利用成虫的假死性振落地下捕捉杀死。发生较多时喷药防治，可使用有机磷或菊酯类制剂等。

12. 点蜂缘蝽　点蜂缘蝽（*Riptortus pedestris*）属半翅目缘蝽科。寄主植物有菜豆、蚕豆、豇豆、豌豆、大豆、扁豆、丝瓜、白菜等蔬菜以及稻、麦、棉等作物。成虫和若虫刺吸汁液，在豆类蔬菜开始开花结荚时，往往群集危害，导致蕾、花凋落，果荚不充实，形成瘪粒。

成虫体长15～17mm，宽3.6～4.5mm，狭长，黄褐色至黑褐色，被白色细绒毛。头在复眼前部成三角形，后部细缩如颈。触角第一节长于第二节，第一至第三节端部稍膨大，第三、第四节基半部色淡。喙伸达中足基节间。前胸背板及侧板具许多不规则的黑色颗粒，前胸背板前叶向前倾斜，前缘具领片，后缘有2处弯曲，后侧角呈刺状。小盾片三角形。前翅膜片棕褐色，稍长于腹末。腹部背腹板接缘处稍外露，黄黑相间。足与体同色，后足腿节粗大，有黄斑，腹面具4个较长的刺和几个小齿，后足胫节向背面弯曲。腹部腹面散生许多不规则的小黑点。若虫共5龄。一至四龄若虫体似蚂蚁，五龄与成虫相似仅翅较短。

在江西一年发生3代，以成虫在枯枝落叶和草丛中越冬，翌年3月下旬开始活动，4月下旬至6月上旬产卵。第一代若虫于5月上旬至6月中旬孵化，6月上旬至7月上旬羽化为成虫。第二代成虫于7月中旬至9月中旬羽化，第三代成虫于9月上旬至11月中旬羽化，10月下旬以后陆续进入越冬。卵多散产于叶背、嫩茎和叶柄上，成、若虫极活跃，均取食危害。

要在低龄若虫期抓紧喷药防治，可喷布有机磷或菊酯类制剂。

13. 筛豆圆蝽 筛豆圆蝽(*Megacopta cribraria*)属半翅目龟蝽科，寄主有菜豆、扁豆、大豆、绿豆等豆科蔬菜以及刺槐、葛藤等，以成、若虫在茎秆、叶柄和荚果上群集吸食汁液。

成虫体长4.3～5.4 mm，近卵圆形，淡黄褐色或黄绿色，微带绿光，密布黑褐色小刻点。前胸背板有一列刻点组成的横线，小盾片基部两端色淡。各足胫节背面全长具纵沟。腹部腹面两侧具辐射状黄色宽带纹。雄虫小盾片后缘向内凹陷，腹末露出臀板。卵初产乳白色，后转肉黄色，长坛形，卵盖边缘环生小刺。从背面看，中部具纵凹陷3条，凹陷之间隆起。若虫5龄。末龄若虫体长5mm，宽4mm，椭圆形，淡黄绿色，密被黑白混生的长毛，两侧的白毛为最长。胸腹各节(后胸除外)两侧向外前方扩展成半透明的半圆薄板，背中央有黄色横带两条。

在山东、河北等地一年发生2代，以成虫在寄主植物附近的枯枝落叶、山体岩石缝内及石块下越冬。翌年4月下旬，越冬代成虫迁飞到刺槐上危害。5月上旬交尾，5月下旬至7月中旬产卵。一代若虫从5月中旬至7月下旬先后孵化，6月中旬到8月下旬羽化为成虫。第一代成虫于6月下旬开始迁移到豆田危害，大部分成虫于7月中旬至8月上旬交尾产卵，在豆田中的二代若虫从7月下旬至9月上旬孵出，8月初至10月上旬羽化成虫。豆类收获后，第二代成虫又迁回到刺槐及各种树木上危害，10月中下旬气温下降后陆续越冬。卵产于叶片、叶柄、托叶、荚果和茎秆上，呈两纵行，平铺斜置，成羽毛状排列。成虫、若虫均有群集性。

防治时要清除田间枯枝落叶，铲去杂草，消灭部分越冬成虫。在成、若虫危害期，喷施有机磷或菊酯类制剂防治。

14. 大豆蚜　大豆蚜（*Aphis glycines*）属同翅目蚜科，危害大豆和菜用大豆，成、若蚜刺吸幼嫩枝叶，受害叶片卷缩。大豆蚜能传播多种植物病毒。

有翅孤雌蚜卵圆形，黄色或黄褐色，体侧有明显的乳突。触角淡黑色与身体同长。腹管黑色，基部宽约为末端的 2 倍。无翅孤雌蚜，长椭圆形，黄色或黄绿色。体侧有乳突，触角比身体短，腹管基部略宽。若蚜形态与成虫基本相似，腹管短小。

大豆蚜一年发生 10 余代，以卵在鼠李枝条的芽侧或缝隙里越冬。翌年春天在鼠李上孵化为干母，繁殖几代后，于 5 月中下旬产生有翅蚜，飞往大豆田危害幼苗，6 月下旬至 7 月中旬为危害盛期，8 月下旬至 9 月初产生有翅性母蚜迁回鼠李，随后产生无翅卵生雌蚜与有翅雄蚜交尾产卵越冬。春季雨水充沛，夏季旬均温在 22℃～25℃，相对湿度在 78%以下时，最适于发生危害，盛夏高温则虫口削减。

防治方法参考桃蚜、瓜蚜。

15. 齿绢毛蓟马　齿绢毛蓟马（*Sericothrips dentatus*）属缨翅目蓟马科，主要危害豌豆、荷兰豆等豆科作物，成、若虫锉吸花器和嫩荚汁液，致使花瓣、嫩荚萎蔫，在嫩荚表面生成墨绿色小点和浅绿色疱斑。严重影响产品质量和产量。

成虫微小，棕黄色。头宽，单眼区略隆起，复眼后部有网纹。前胸宽大于长，中后部有 1 横长方形斑。中、后胸两侧有网纹。前翅狭长，基部暗，有 1 淡横带，其余部分棕色，前缘和前脉有鬃，后脉无鬃。足细，各胫节内缘有一排刺，跗节 2 节。腹部第一至第八节背片两侧有密微毛，第一至第六节两侧后缘各有多根长毛，形成梳状。

在北方一年发生 3～5 代，南方年 10 多代，主要在豆科作物残株和田间越冬。在北京地区 5～6 月份为发生危害高峰期。温暖干旱年份发生严重。

收获后要彻底消除植株残体，翻耕土地，减少田间虫源。发生初期喷药防治，重点保护花和嫩荚。有效药剂有阿维菌素制剂、吡虫啉以及菊酯类制剂等。

16. 豆东潜叶蝇 豆东潜叶蝇(*Japanagromyza tristella*)属双翅目潜蝇科，寄主为大豆及其他豆科蔬菜。幼虫在叶片内潜食叶肉，仅留叶表，叶面上呈现直径 1～2cm 的白色膜状斑块。

成虫黑色，翅长 2.4～2.6mm。头部颊狭，约为眼高 1/10。具小盾前鬃和 2 对背中鬃。前翅腋瓣灰色，缘缨黑色，平衡棒棕黑色，但端部部分白色。雌蝇产卵器瓣具紧密锯齿列，锯齿瘦长，端部钝。幼虫体长约 4mm，黄白色。前气门短小，结节状，具 3～5 个开孔，后气门平覆在第八腹节后部背面大部分，具 31～57 开孔，排成 3 个羽状分支。蛹长 2～8mm，红褐色，卵形，节间明显缢缩，体下方略平凹。

在河南省一年发生 3 代以上，以 7～8 月份发生较多，幼虫老熟后入土化蛹，多雨年份发生重。

田间虫斑较多时，可喷药防治，参看豌豆彩潜蝇。

17. 豆根蛇潜蝇 豆根蛇潜蝇(*Ophiomyia shibatsuji*)属双翅目潜蝇科，又名大豆根潜蝇，分布于东北、内蒙古、山东、河北等地，危害大豆。成虫舐食大豆幼苗的子叶和真叶，幼虫蛀入根部取食，食害主根皮层和木质部，造成条状伤痕，皮层腐烂开裂或畸形增生，地上部衰弱矮小，严重的逐渐枯死。

成虫体长约 3mm，亮黑色。复眼大，暗红色。触角 3 节，鞭节扁而短，末端钝圆。翅为浅紫色，有金属光泽。腹部具黄绿色金属光泽。足黑褐色。卵橄榄形，白色透明。末龄幼虫体长约 4mm，圆筒形,乳白色。前气门1对,靴形,具24～30个气门孔,排成2行。后气门1对,较大,从尾端伸出,有28～41个气门孔。蛹长椭圆形,黑色,前后气门明显突出,靴形。

在东北、内蒙古一年1代,以蛹在大豆根茬或土壤中越冬。翌年5月中下旬至6月上旬羽化,6月上中旬成虫盛发。6月中旬进入产卵盛期,6月下旬至7月下旬是幼虫危害盛期。成虫把卵产在豆苗胚轴的下表皮,卵多散产,每株着卵1粒。幼虫孵化后,沿胚轴表皮向根部蛀食危害。末龄幼虫在距土表5～10cm处化蛹越冬。

防治方法是:①合理轮作,换种其他作物。大豆收割后实行深翻,将蛹翻入土下30cm。适期早播,尽可能避开成虫产卵和孵化盛期,以减轻为害。②施足腐熟的基肥和种肥,增施磷、钾肥,促进幼苗生长和根皮木质化。③种子处理,用40%乐果乳油,500～700ml,加水4～5kg,拌大豆种子100kg,晾干后立即播种。④在成虫产卵盛期,喷药防治。有效药剂有40%乐果乳油1 000倍液,或90%晶体敌百虫1 000倍液,或2.5%溴氰菊酯乳油3 000倍液,或20%吡虫啉浓可溶性粉剂3 000～4 000倍液,或40%阿维·敌畏乳油1 000倍液,或48%毒死蜱乳油1 500倍液等。虫量较大时,隔7～10天再喷一次。

第六章　葱蒜类蔬菜害虫

葱蒜类蔬菜最重要的害虫是葱地种蝇、灰地种蝇、韭迟眼蕈蚊等，这类害虫俗称“根蛆”、“地蛆”或“韭蛆”，它们食害地下部分，造成大片植株枯死，且分布广泛，一直是葱蒜类蔬菜的主要防治对象。根螨是另一类危害葱蒜地下部分，引起植株枯死的有害生物。近年来，根螨发生区域也迅速扩大，损失渐趋严重，必须加强监测和防治。甜菜夜蛾、蓟马、葱斑潜叶蝇、葱须鳞蛾、蒜萤叶甲等多种害虫主要危害葱蒜类蔬菜的地上部分，局部产区受害严重。甜菜夜蛾具有暴发性，一旦发生，危害很大。对这些害虫都需要抓紧防治，不能掉以轻心。

1. 葱地种蝇(葱蝇)

葱地种蝇(*Delia antiqua*)属双翅目花蝇科，幼虫亦称根蛆或地蛆，分布较普遍，在东北、内蒙古、华北、西北中部和西北北部地区发生较多，主要危害大蒜、大葱、洋葱和韭菜等葱蒜类蔬菜。该虫以蛆形幼虫蛀食植株地下部分，包括根部、根状茎和鳞茎等，常使须根脱落成为“秃根”，鳞茎被取食后呈凹凸不平状，严重的腐烂发臭。有虫株叶片发黄、萎蔫、生长停滞甚至死亡，造成缺苗断垄或毁种。危害大蒜时从托盘食入，向上蛀蚀，轻的鳞茎和假茎被蛀成孔道，心叶枯黄，植株萎蔫，重者地下部分被蛀蚀一空，仅留一层表皮，大蒜成片死亡。

另外，灰地种蝇(*Delia platura*)也危害葱蒜类蔬菜，蛆形幼虫蛀食植株地下部分的须根、根状茎、假茎和鳞茎等部位，危害状与葱蝇相似，常造成缺苗断垄和鳞茎腐烂。该虫寄主广泛，还严重危害十字花科蔬菜，详见本篇第二章的介绍。

【形态特征】 见图 3-55。

1. 成虫 雄成虫体长 3.8～5.5mm，暗褐色。复眼大，两复眼几乎相接触，触角 3 节，具芒状，黑色。口器舐吸式。胸部黄褐色，背面有 3 条黑色纵纹，有中刺毛 2 列，只有 1 对膜质透明的前翅，后翅退化为黄色平衡棒。足黑色，中足胫节有毛 4 根，后足胫节的 1/3～1/2 部分生有成列短毛。腹部纺锤形，扁平，背中央有 1 条黑色纵纹，各腹节分节明显。

雌成虫体长 4～6mm，灰色至灰黄色，中足胫节外上方有 2 根刚毛，胸背和腹背中央纵纹不明显。其他特征同雄虫。

2. 卵 长约 1mm，长椭圆形，稍弯，弯内有纵沟，乳白色，表面有网纹。

3. 幼虫 老熟时长 8～10mm，宽约 2mm，蛆状，体形前端细，后端粗，乳白略带浅黄色。头退化，仅有 1 个黑色口钩，粗大的腹部末端近平截形，截面中央有 1 对气孔，周缘有 7 对肉质突起，其中第六对比第五对长而大，第一对在第二对的上内侧，第七对很小。

4. 蛹 围蛹长 4～5mm，宽 1.5～2mm，长椭圆形，红褐色或黄褐色，分节明显，尾端可见与幼虫相似的 7 对突起。

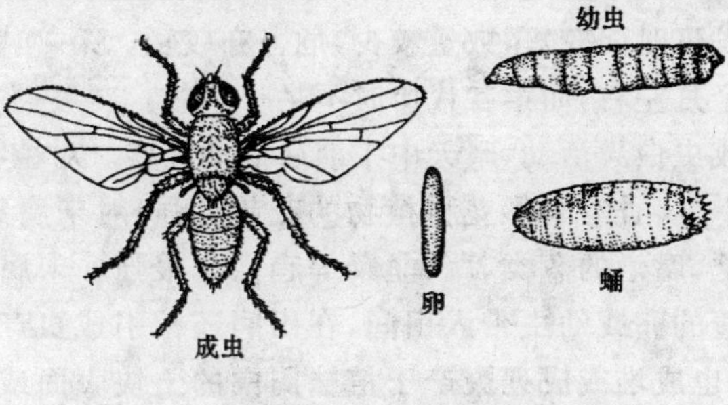

图 3-55　葱地种蝇　（仿何振昌等原图）

【发生规律】 在各地每年发生1～4代不等。以大蒜田为例，在黄淮流域的年生活史大致可划分为以下四个阶段。

1. 越冬阶段 11月中旬开始，以围蛹在大蒜根际周围5～10cm（多数5～8cm）深的土层中越冬。通常越冬死亡率较高，翌年春天的羽化率平均只有20%左右。

2. 春季危害阶段 4月初成虫开始羽化，4月中旬出现幼虫，4月下旬至5月初为第一代幼虫危害期，5月上中旬化蛹，5月底至6月初第一代成虫出现，6月上中旬为第二代幼虫危害期，这一代数量较少，主要危害大蒜鳞茎。

3. 越夏阶段 第二代幼虫一部分蛀入鳞茎，在其内化蛹，大部分在土壤中化蛹。这时已进入6月底，田间已收获，蛹在土壤中越夏。部分越夏蛹在大蒜播种时因机械伤害而死亡，其余直至大蒜出苗后，于9月初陆续羽化。

4. 秋季危害阶段 9月上旬第二代成虫在大蒜幼苗根际或周围土中产卵，9月下旬至11月初为第三代幼虫危害期，11月上中旬化蛹，以蛹越冬。

在陕西关中，越冬蛹历期59～109天，成虫寿命8～15天，卵期2.5～5.5天，幼虫期12～18天，蛹期14～21天，越夏蛹27～56天。葱蝇第一代发生时间长，数量多，危害重，其次是第三代，而第二代发生时间较短，数量较少，危害亦较轻。第一代和第三代均历期两个月左右，而第二代历时不足一个月。

葱蝇成虫白天活动，晴天中午前后活动旺盛。对植物的花，特别是胡萝卜、茴香等伞形花科植物的花趋性强，对未腐熟的粪肥，发酵的饼肥，腐烂的葱类、蒜、韭菜等趋性也很强。未腐熟的有机肥可将活着的卵或幼虫带入田间，在田间还招引成虫产卵。卵多散产，有时也成堆或成列聚产于植株周围的土块表面或植株的假茎部，也喜欢产在新耕翻的潮湿土表或土缝里。成虫发生量大时，还可将卵产于叶鞘内侧或叶腋下。每雌产卵量可达200～300粒。

成虫羽化与土壤含水量关系密切，以土壤含水量5%～20%为宜，过高则羽化率显著降低。幼虫孵化后即潜入土中，先危害根，再食害鳞茎，少数幼虫偶尔还可蠕动至地表假茎部危害。幼虫可取食土壤中的腐殖质。

葱蝇的发生和消长与温度，特别是5cm耕层的地温关系密切。第一代和第三代幼虫发生盛期，地温均在15℃～25℃，而第二代发生盛期则在25℃～30℃，若30℃以上则进入越夏。耕层5cm深处土壤含水量在25%以下时，虫口密度随含水量的增加而增大，高于25%，又有下降的趋势。

【防治方法】 葱蝇除成虫期外，绝大部分时间都在土中生活，因而应以防治成虫为主，防治幼虫为辅，把绝大多数成虫消灭在产卵之前。

1. 耕作和土壤处理 收获后或播种前翻耕土地，机械杀伤土中的幼虫和蛹。发虫严重地块可换种非寄主作物，或行土壤处理。土壤处理可用10%辛·拌磷粉粒剂（每667m^{2}用1kg）撒于地表后翻耕耙平，或用该剂0.5kg加细沙土50kg配成药土，均匀撒施于播种沟内。

2. 施肥和肥料处理 施用腐熟农家肥，均匀深施，种子与肥料隔离。粪肥可混拌药剂，在粪肥较干时，喷拌40%乐果乳油500倍液，或50%的辛硫磷乳油1 000倍液，或50%马拉硫磷乳油1 000倍液，或90%敌百虫结晶1 000倍液，混拌均匀并堆闷后施用。在粪肥较湿时，可在粪肥上撒一层毒土，毒土用5%辛硫磷颗粒剂（或粉剂）与细土按1∶15的比例拌匀制成，也可用2.5%敌百虫粉剂制毒土，拌匀后再施入田间。韭菜被害后，不要追施稀粪，可用化肥，以减少成虫产卵。大蒜在烂母子前，韭菜在头刀和二刀后，随浇水追施二次氨水，氨水对根蛆有熏蒸和窒息作用，可减轻危害。

3. 选种和蒜种处理 大蒜播前选瓣。要选择无虫、无病、无霉、无损、形状周正的健康母蒜栽种，栽前剥皮，以缩短烂母子的时间，减轻受害程度。不栽霉烂蒜瓣，防止腐烂发臭，招引成虫产卵。蒜种药剂处理用90%晶体敌百虫250g，加水50kg，配成药液，浸泡蒜种10～20分钟，捞出后摊于地面，稍加晾晒至药液不沾手时栽种。大蒜要适时早播，使春季烂母前蒜母营养已经耗尽，避免腐烂发臭，招引成虫产卵。

4. 诱捕成虫 用糖醋液诱捕成虫。诱捕器可用大碗或小盆，诱剂用糖、醋和水，按1∶1∶2.5的比例混合，再加少量敌百虫配成。诱器每天上午9时开盖，下午4时加盖，加盖前将诱到的成虫取出。诱剂每5天加半量，每10天更换一次。也可将糖醋液浇到锯末或糠麸上，加盖密封，晴天打开盖子引诱葱蝇舔食中毒。还可用腐败的洋葱头、蒜瓣或韭菜等做诱剂。

5. 成虫期药剂防治 在成虫盛发期喷药防治成虫。成虫防治适期可用诱捕法确定，当诱捕到的成虫雌雄性比接近1∶1时，或数量猛增时即为防治适期。也可用网捕法确定，此法在上一代或头一年发生较重的田块，在成虫发生前，每间隔2～3天用捕虫网捕蝇，也把所捕成虫雌雄性比近1∶1时，或数量猛增时作为防治适期。防治成虫可供选用的药剂有90%敌百虫1 000倍液，或40%辛硫磷乳油800～1 000倍液，或50%马拉硫磷乳油1 000倍液，或50%敌敌畏乳油1 000～1 500倍液，或2.5%溴氰菊酯乳油3 000～4 000倍液，或21%增效氰·马乳油6 000倍液，或40%菊·马乳油3 000倍液，或20%氰戊菊酯乳油3 000倍液等。于上午9～10时喷洒在植株和株间地面上，间隔7～10天防治一次。抓住有利时机，连续两次用药即可奏效。

6. 幼虫期药剂防治 在幼虫始盛期施药防治。幼虫始盛期可用期距法计算，即成虫盛发期（成虫数量猛增或雌雄性比达1∶1时）加上当地卵期和幼虫初期所需天数即为估计的幼虫始盛期，一般在成虫期后6～15天（南方）或15～25天（北方）。此时可用毒死蜱48%乳油1 500倍液，或37%高氯·马乳油1 000倍液，或50%辛硫磷乳油800～1 000倍液，或40%乐果乳油1 000倍液灌根。施药时将喷雾器的喷头拧去旋水片，直接对着根部喷施，7～10天喷灌一次，连喷2次。在大蒜根部已经发生害虫时，还可结合浇水冲施农药，药剂有50%辛硫磷乳油（每667m^2用0.5～1kg）或毒死蜱48%乳油（每667m^2用0.3～0.5kg）。严禁使用甲胺磷、对硫磷、甲基对硫磷、甲拌磷、磷胺、甲基异柳磷、氧化乐果、克百威、涕灭威以及其他剧毒、高毒杀虫剂。

2. 韭迟眼蕈蚊（韭蛆）

韭迟眼蕈蚊（*Bradysta odoriphaga*），属双翅目眼蕈蚊科迟眼蕈蚊属，幼虫称为韭蛆。在我国北方各地均有发生，主要危害韭菜，也危害洋葱、大葱、香葱、韭葱、大蒜和食用菌等，棚室栽培的韭菜常严重受害。幼虫聚集在根部和鳞茎、假茎部危害。初孵幼虫多从韭菜的根状茎或鳞茎一侧逐渐向内蛀食，受害部变褐腐烂。幼虫也蚕食须根，使之成为“秃根”。有时幼虫从近地面的白色的嫩茎部位蛀入，再向下至鳞茎内危害。春秋两季因植株生长旺盛，组织幼嫩，受害严重。每个幼茎或鳞茎常聚集十几头甚至几十头幼虫。地上部叶子发黄、萎蔫、干枯，甚至整株死亡。危害大蒜时，还造成鳞茎裂开，蒜瓣裸露，裂口处布满幼虫分泌物结成的丝网，其上有粪便、土粒等，受害株地上部分矮化、失绿、变软、倒伏。

【形态特征】 见图3-56。

1. 雌成虫 体长3～5mm，黑褐色，头部小，复眼大。触角丝状，长约2mm，16节，被黑褐色毛。胸部粗壮，隆突。足细长，褐色，胫节端部具1对长距及1列刺状物。前翅长度为宽度的1～1.8倍，膜质透明，后翅退化为平衡棒。腹部细长，8～9节，腹端宽大，顶端弯突。

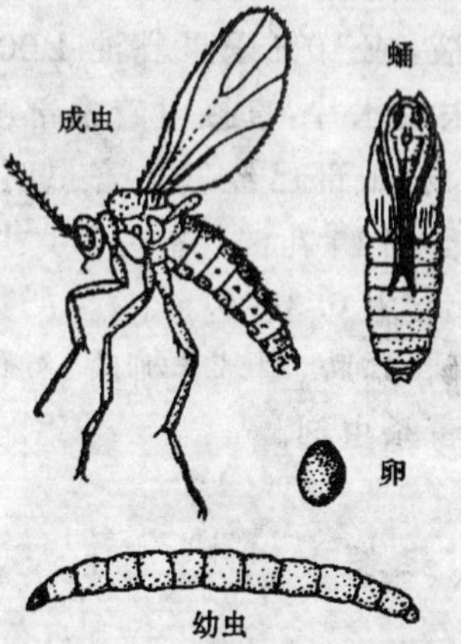

图 3-56　韭迟眼蕈蚊

2. 雌成虫　体长 4～5mm，与雄虫基本相似，但触角短且细，腹部中段粗大，向端部渐细而尖，腹端具一对分为 2 节的尾须。

3. 卵　椭圆形，细小，乳白色，孵化前变白色透明状。

4. 幼虫　老熟时体长 7～8mm，宽约 2mm，头、尾尖细，中间较粗，呈长纺锤形，乳白色，发亮。头漆黑色有光泽，无足，体节明显，体表光滑无毛，半透明。

5. 蛹　体长 3～4mm，宽不足 1mm，长椭圆形，红褐色，近羽化时呈暗褐色，蛹外有表面粘有土粒的茧。

【发生规律】　在天津郊区和陕西关中一年发生 4 代，在山西大同一年 4～5 代，在山东寿光一年 6 代，均以不同龄期幼虫群集在韭墩、蒜株根际或鳞茎、假茎内越冬，越冬深度 3～9cm 不等。越冬幼虫无滞育特性，只要温度合适即可活动危害，冬季仍可继续危害棚室栽培的寄主植物，早春化蛹。多数地区韭蛆虫口数量有春、秋两个高峰，3 月下旬至 6 月中旬为第一个高峰，持续时间较长，9 月至 11 月中旬出现第二个高峰。

成虫昼夜均能羽化，以下午 4～6 时最多。成虫出土后，在地面或植株上爬行，偶尔飞翔。成虫遇不良天气即栖息在石块下或地表洼处。雄虫昼夜活动，雌虫多白天活动。成虫可多次交配，雌虫昼夜产卵，每雌平均卵量 75 粒左右，卵多聚产。卵可随水渗入地下，孵化率较高。幼虫 4 龄，昼夜为害，有群聚性，也有一定的腐食性，可转株为害。幼虫怕光，喜趋向黑暗处，老熟后大多在寄主附近土壤中化蛹，少数留在鳞茎中化蛹，做茧或不作茧。

越冬幼虫较耐低温。耕层 8cm 处地温上升至 4℃后越冬幼虫即可开始活动，18℃～25℃为幼虫最适发育温度，直到 28℃均可正常生长发育。夏季高温引起虫口数量下降。耕层 8cm 处地温达 13℃时，成虫开始羽化出土，气温达 14℃成虫开始飞翔，气温上升至 24℃时成虫飞翔高度最高。幼虫性喜潮湿，土壤湿度较高对卵的孵化、幼虫化蛹和成虫羽化出土均有利。土壤相对湿度5％～20％最适于发育与变态。虫口密度与土质有密切关系，沙质土壤发生少，轻壤土发生数量多，中壤土发生数量最多。浇水多，土壤湿润，韭蛆发生多，控制浇水或幼虫发生初期停止浇水，可控制虫口数量上升。

【防治方法】

1. 土地翻耕　韭蛆除成虫期外均在土壤中生活，播前翻耕可杀死一部分越冬虫体，生长期间中耕可杀死一部分危害期的虫体。

2. 合理灌溉、晒土晒根　冬前浇冻水或早春浇水可以冻死一部分越冬的或刚开始活动的幼虫，压低虫口数量。生长期间结合浇水适当追施氨水，可以熏死一部分幼虫。春韭萌发前，起出韭畦表土翻晒，并晒根，经 5～6 天可晒死幼虫。覆土前沟施草木灰，或每 667m^2 用 5％辛硫磷颗粒剂 2kg，拌细土后撒于韭根附近，然后覆土。

3. 粘杀成虫　在成虫盛发期，用粘虫胶粘杀成虫。其方法是用 40 份无规聚丙烯增粘剂与 60 份机油充分混合，在 30℃恒温水浴锅中搅拌溶化，做成 40％的粘虫胶，涂于粘虫板（40cm×28cm）两面，胶厚 1mm，设置高度 50～78cm，以每 667m^2 插粘虫板 6 块为宜。

4. 药剂防治　防治时期为成虫羽化盛期和幼虫危害始盛期。成虫羽化期用 40％菊・马乳油 3 000 倍液，或 20％杀灭菊酯乳油 3 000倍液，或 2.5％溴氰菊酯乳油 3 000 倍液，或 50％辛硫磷乳油 1 000 倍液，或 1.8％虫螨克乳油 2 500～3 000 倍液，或 50％灭蝇胺乳油4 000～5 000 倍液等喷雾。

据杭州市试验，在各代的卵孵化高峰期，每 667m^2 用 3%氯唑磷颗粒剂 4kg，拌干细土或沙 5～10kg，撒于韭菜行间，并覆土。

在幼虫危害始盛期，浇灌药液防治，适用药剂较多，效果好。每 667m^2 用 48%毒死蜱乳油 200～400ml，对水 1 000ml，用手动喷雾器，拧去喷片，将药液顺垄喷入韭菜根部。也可先将 48%毒死蜱乳油对适量水配成母液，在灌溉时注入水流中，使其随水灌入韭菜根部，此法简便省工，但需适当增加用药量。

48%辛·蜱乳油灌根，每 667m^2 用 300～400ml，对水成 500 药液，用手动喷雾器（拧去喷头），或用水壶等容器，顺垄喷灌韭菜基部。可一年防治两次，第一次在春天揭棚前；第二次在秋后扣棚前。

此外，也可用 37%高氯·马乳油 1 000 倍液，50%辛硫磷乳油 800 倍液，或 50%灭蝇胺乳油 4 000～5 000 倍液喷施根部。严重危害田，在第一次施药后，间隔 10～15 天再施一次。

防治韭蛆禁用甲胺磷、对硫磷、甲基对硫磷、甲拌磷、甲基异柳磷、氧化乐果、克百威、涕灭威等剧毒、高毒药剂灌根。

3. 葱斑潜叶蝇

葱斑潜叶蝇（*Liriomyza chinensis*）属双翅目潜蝇科，分布相当广泛，凡有葱类栽培的地区几乎都有发生，食害大葱、韭菜、洋葱、大蒜等作物，以大葱和韭菜受害最重。幼虫在葱类植株叶组织中蛀食，形成无固定形状和方向的蛇形潜道，潜道黄白色，道内充满黑褐色虫粪。幼虫多时，虫道互相交错，融合成潜食斑。幼虫一般不转移危害，但危害小葱时可在一个叶筒内转移，形成一段一段的分散潜道。受害叶片变黄并逐渐枯萎，严重影响叶片的光合作用，产量和品质大幅下降。危害韭菜多在韭白和心芽部分，有虫株腐烂枯死。雌成虫用产卵器在葱叶上刺孔，通过刺孔取食汁液，形成孔白色圆形斑点，多沿叶片纵向排列。

【形态特征】 见图 3-57。

1. 成虫 体长 2～3mm，宽约 1～1.5mm。头部黄色，短而宽。复眼大，椭圆形，黑红色，周缘黄色。触角 3 节，黄色，具芒状。胸部黑色，有绿色晕纹，两侧淡黄色。前翅膜质透明，翅脉褐色，后翅退化为平衡棍，黄色。3 对足基节基部黑色，胫节和跗节黄色，跗节先端黑褐色。腹部黑色，节间膜黄色或白色，腹部可见 7～8 节。胸、腹及足表面均布满稀疏刺毛。

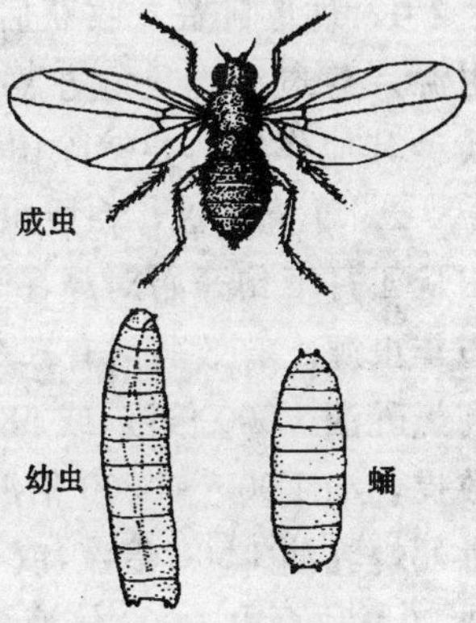

图 3-57　葱斑潜蝇

（仿王就光原图）

2. 卵 长约 0.3mm，长椭圆形，黄白色，产在叶片的叶肉里，产卵孔长椭圆形。

3. 幼虫 体长约 4mm，蛆形，淡黄色，无足。体表光滑、柔软，体末端背面有后气门突 1 对。体壁半透明，透过体壁隐约透见内脏。初孵幼虫乳白色，取食后渐变黄白色至黄色。

4. 蛹 长约 3mm，宽约 1mm，褐色，略呈纺锤形，后部略粗，全体稍扁。前端可见 2 个前气门，后端可见 1 对气门突。

【发生规律】 葱斑潜蝇在我国各地一年发生 4～15 代不等，在华北和西北地区发生 4～5 代，以蛹在被害叶内或土壤中越冬。翌年 5 月初越冬蛹羽化，5 月上旬越冬代成虫开始产卵。成虫活泼，善飞，晴朗的白天飞翔于葱和其他作物植株间，夜间或阴天栖息于叶端。雌成虫将卵单产于叶片表皮内，孵化后幼虫在叶肉内潜叶危害。幼虫在潜道内自由进退。第一代幼虫危害阳畦育苗小葱，以后各代危害大葱。幼虫老熟后脱叶落地化蛹。6 月份以后危害加剧,7～8月份盛发。危害一直可延续到10月底。夏季气温超过35℃后有越夏现象。

【防治方法】

1. 栽培防治 收获后及时清除残株败叶,深翻,冬灌,以减少虫源。葱斑潜蝇只危害葱蒜类蔬菜,成虫迁飞能力不强,有虫地可换种其他作物。要铲除田间杂草,减少成虫栖息场所。

2. 喷药防治 在成虫盛发期至低龄幼虫期喷药防治。育苗葱田从4月下旬开始对越冬代成虫、一代幼虫进行重点防治,以压低当年虫源。有效药剂有0.9%爱福丁乳油2 000倍液,或1%阿维·高氯乳油1 500倍液,或58%齐·柴乳油1 000倍液,或40%阿维·敌畏乳油1 000～1 500倍液,或20%吡虫啉乳油2 000倍液,或48%毒死蜱乳油1 500倍液,或21%增效氰·马乳油5 000～6 000倍液,或90%敌百虫1 000倍液,或40%乐果乳油1 000～1 500倍液等。

老熟幼虫脱叶落地化蛹,用对老龄幼虫有效药剂喷施土表,对保护幼虫期寄生蜂有利,可用毒死蜱48%乳油1 500倍液或1%阿维·高氯乳油1 500倍液喷雾,也可撒施氯唑磷3%颗粒剂,每667m^2用药1.5kg。

4. 葱蓟马

葱蓟马(*Thrips tabaci*)又称为烟蓟马、棉蓟马,属缨翅目蓟马科,广泛分布于南北各地,除大葱、大蒜、韭菜、洋葱、水葱、香葱外,还危害棉花、烟草、瓜类、马铃薯、番茄、甘蓝、甜菜等30多种农作物。葱蓟马以锉吸式口器先锉破寄主表皮,再用喙吸收植物汁液。多危害叶片、叶鞘、嫩芽、花器,被害处形成黄白色斑点,数量多时,黄斑密集形成大型长斑,叶子逐渐发黄萎蔫,严重时,被害叶片生长畸形,扭曲不正,甚至枯萎死亡。

【形态特征】 葱蓟马有卵、若虫、拟蛹和成虫等虫态(图3-58)。

1. 成虫　体长1～2mm，宽0.2mm，褐色，细长扁平。头近方形，口器锉吸式，触角7节，与体同色，念珠状。单眼3个，排成三角形。前胸背板近方形，两对翅膀细而狭长，顶端尖锐，全翅周缘有长缨毛，前翅有2脉，后翅1脉。足末端有泡状中垫，爪退化。腹部近纺锤形，末节为圆锥形，腹面有锯状产卵器，尖端向下弯曲。

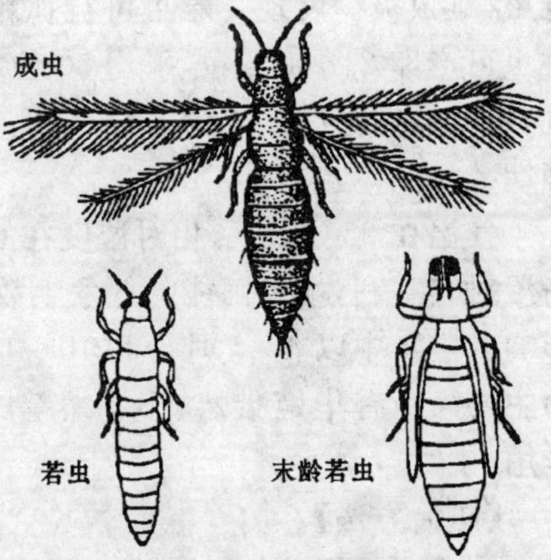

图3-58　葱蓟马

2. 卵　长约0.3mm，初期肾形，乳白色，后期卵圆形，黄白色，可见红色眼点。

3. 若虫　共4龄。一龄体长0.3～0.6mm，触角6节，第四节膨大呈锤状，体色浅黄白色。二龄体长0.6～0.8mm，橘黄色，触角前伸，未见翅芽，性活泼，行动敏捷。三龄（前蛹）体长1.2～1.4mm，触角向两侧伸出，翅芽明显，伸达腹部第三节。拟蛹（四龄幼虫）体长1.2～1.6mm，触角伸向背面，体色淡褐，不食不动。

【发生规律】　葱蓟马在我国华北北部一年发生3～4代，山东6～10代，北京10代左右，华南地区20代以上。以成虫、若虫或蛹在葱属植物的叶鞘内、土块下、土缝中及田间枯枝落叶间越冬，华南地区冬季仍可在植物上生活，无越冬现象。在25℃～28℃条件下，卵期5～7天，若虫期的一至二龄6～7天，三龄（前蛹）2天，四龄（拟蛹）3～5天，成虫寿命8～10天。成虫活泼善飞，但因体型小，飞翔距离短，看起来似跳跃，怕光，早、晚或阴天活动取食旺盛，植株阴面虫量较多。田间雌雄性比差异很大，绝大部分为雌虫,雄虫极少发现。雌虫可行孤雌生殖,产卵于叶片组织中,每雌虫可产卵21～178粒,平均50粒左右。若虫多集中于叶子基部危害,稍大即分散。二龄若虫后期,常转向地下,在表土中经历拟蛹期。

气温在25℃以下,相对湿度在60%以下时有利于发生,高温、高湿对其不利,暴风雨能降低发生数量,少量雨水对蓟马的发生无影响。一年中以4～5月份和10～11月份发生危害较重。葱蓟马的主要天敌有华姬猎蝽、小花蝽等,它们对葱蓟马有一定的抑制作用。

【防治方法】

1. 翻耕土地,清除杂草 播前翻耕或生长期中耕可机械杀死越冬虫体或在土中栖息的虫体,中耕尚可促进植物生长。清除杂草可减少野生寄主,减低虫口数量。

2. 加强水肥管理 发生数量较多时,可增加灌水次数或灌水量,淹死一部分虫体,并提高小气候湿度,创造不利于葱蓟马的生活环境。另外,可适当追施一些氨水,熏死一部分虫体。

3. 药剂防治 选用10%吡虫啉可湿性粉剂2 000～2 500倍液,或1.8%阿维菌素乳油3 000倍液,或2.5%多杀菌素悬浮剂1 000～1 500倍液,或40%阿维·敌畏乳油1 500倍液,或48%毒死蜱乳油1 300倍液,或50%辛硫磷乳油1 500倍液等进行叶面喷雾。每隔7～10天防治一次,防治2～3次。采收前15天停止用药。

另外,有的地方采用白色油板诱杀葱蓟马。其法用白色纸板,套上塑料膜袋,在正反两面涂上药油(油里加上辛硫磷少许),把制好的白色板以距地面50cm的高度,间距7m确定位置,在晴天的上午9～12点时间段内,固定好。

5. 葱须鳞蛾

葱须鳞蛾（*Acrolepia alliella*）属鳞翅目邻蛾科，又称为葱小蛾、韭菜蛾等。在我国东北、华北、西北等地分布普遍，寄主有大葱、韭菜、洋葱、大蒜等。该虫以幼虫蚕食叶片，初孵幼虫一般从叶的尖端部开始啃食，一直到叶的基部。大龄幼虫还可从心叶钻入鳞茎蚕食，造成韭菜倒伏，叶基部分叉处有虫粪堆积。受害植株叶表有一道道沟痕，严重时叶片纵裂破碎，心叶变黄，整株枯萎，老根韭菜和种株菜受害更重。

【形态特征】　见图 3-59。

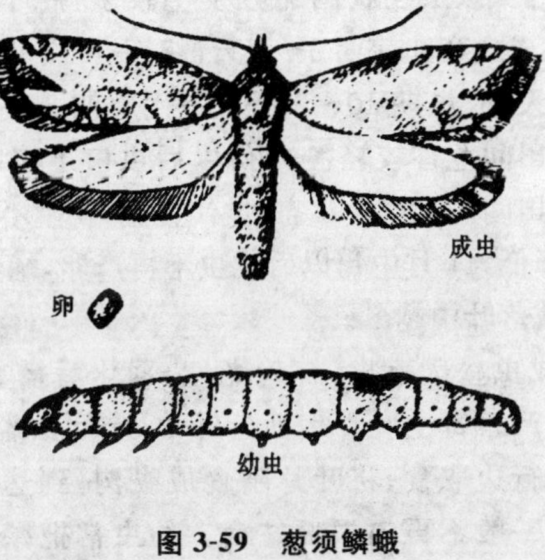

图 3-59　葱须鳞蛾

1. 成虫　体长 4～5mm，翅展 11～12mm。黑褐色，下唇须前伸并向上弯曲。触角丝状，长度超过体长的一半。前翅黄褐色至黑褐色，后缘外侧有 1 个三角形的较大白斑，当成虫静息时，两前翅合拢，两个三角形斑合拼成 1 个明显的菱形白斑。该三角形白斑至翅外缘间还有2个近三角形的小白斑，翅前缘从中部到外缘之间有5条浅褐色不明显的斜纹，翅外缘上半部有1个近三角形的深褐色区域，其外缘浅灰色，翅中部色稍浅，中央有1条稍深色的细纵纹，外缘缘毛较长。后翅淡黄褐色，脉纹隐约可见，周边缘毛较长。

2. 卵 长0.3～0.5mm，长椭圆形，初产时乳白色发亮，后变浅褐色。

3. 幼虫 老熟时体长8～9mm，宽1～2mm，黄绿至绿色。头尾稍细，中间较粗，头浅褐色。体表有稀疏的短毛。雄性幼虫老熟时，从外面可透见腹部5～6节处的紫红色睾丸。

4. 蛹 体长6mm左右，纺锤形，初期淡褐色，老熟时深褐色，外被白色丝状单层网茧。

【发生规律】 该虫在我国北方发生较多，一年发生5～6代。在25℃条件下，成虫产卵前期3～5天，卵期5～7天，幼虫期7～11天，蛹期8～10天，成虫期10～20天，一代历期33～53天。6月份以前成虫较少，田间危害较轻，6月份以后虫口迅速增加，至8月份达最高峰，此时田间可见多个虫态，世代重叠，发生不整齐，9月份以后虫量又逐渐降低，11月中旬以后成虫不再产卵，蛹也不再羽化，大部分以蛹在残枝落叶中越冬。

葱须鳞蛾成虫昼伏夜出，有趋光性，羽化后需补充营养3～5天，雌虫将卵散产于寄主叶片表面近叶端处，幼虫孵化后向叶基部转移危害，边爬行边取食，将叶片啃食成纵沟，到达叶基部后继续向茎部蛀食，但一般不再向根部蛀食。幼虫常把绿色虫粪推到叶基分叉处，因而可根据分叉处的虫粪辨认受害植株。幼虫老熟后从茎内爬出，爬至叶片中间，做薄茧化蛹，透过薄茧可见其中的蛹体。

【防治方法】

1. 药剂防治 应抓住该小龄幼虫尚未蛀入叶基部和茎内之

前的有利时机喷洒农药，效果较佳。可结合葱蓟马和其他害虫的防治，用50%辛硫磷乳油1 000倍液或90%敌百虫1 000倍液喷雾，也可选用25%西维因可湿性粉剂150～200倍液，或21%增效氰·马乳油5 000～6 000倍液，或2.5%溴氰菊酯乳油3 000倍液，或20%杀灭菊酯乳油3 000倍液喷雾。

2. 灯光诱杀　利用其趋光性，在发生严重地块，结合其他害虫的诱杀用黑光灯诱集。在黑光灯下放大缸或大盆，装入半缸（盆）水，水面上滴少量煤油或放入少量90%晶体敌百虫，诱到的成虫落到水面上死亡。

6. 蒜萤叶甲（韭萤叶甲）

蒜萤叶甲（*Galeruca reichardti*）又名韭萤叶甲，属鞘翅目叶甲科，是大蒜、韭菜和大葱的重要害虫。成、幼虫蚕食寄主叶片、假茎、花茎等部分，受害轻时叶片出现缺刻或孔洞，严重时茎叶残破不堪，甚至被吃光。又因食量大，粪便多，还会污染植株。

【形态特征】　见图3-60。

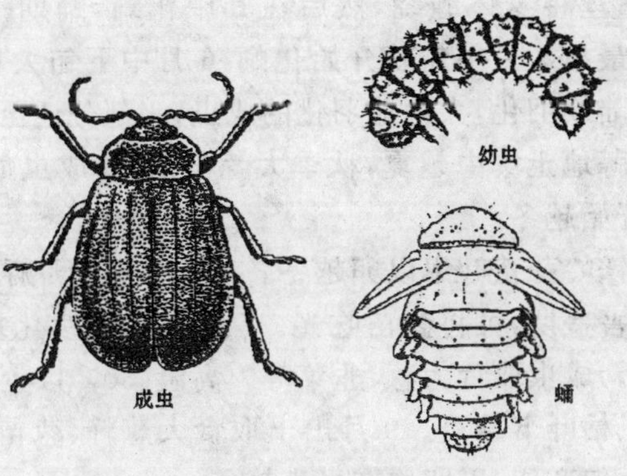

图3-60　蒜萤叶甲

1. 成虫　体长9～11mm，宽约6mm，深黄褐色，卵圆形，端部稍宽，体表密布小刻点。复眼圆形，黑褐色。触角线状，12节，长度不及鞘翅中部。前胸背板宽度为长度的2.5倍，前缘凹陷，两侧缘向外拱突，小盾片大，半圆形。前胸背板和鞘翅边缘稍向上翘起。后翅较大，膜质。雌虫臀板露出翅外。

2. 卵　细小，短圆柱形，黑褐色，聚产成块。

3. 幼虫　老熟时体长约13mm，深灰褐色，近纺锤形，稍弯向腹部。头黑色，坚硬有光泽，其上有20多根刚毛。胴部12节，每体节有毛瘤10～16个，每瘤有6～8根毛。有3对胸足，无腹足。

【发生规律】　该虫在黄河流域一年发生1代，以成虫在根际土壤中越冬，少数还可在隐蔽的残株败叶下越冬。翌年4月初越冬成虫出土活动，爬至寄主叶片和假茎部取食。4月上中旬成虫开始在根际土表或寄主心叶处产卵，卵聚产成块，每块10～15粒，卵块黑褐色，产卵后10～15天成虫死亡。4月中旬卵开始孵化，初孵幼虫爬至叶片取食。三龄幼虫取食量加大，四龄幼虫食量最大，其食量占整个幼虫期的70%以上。4月中旬至6月为幼虫危害期，在韭菜和葱地可一直延续到7月。幼虫老熟后，爬至根际表土层，吐少量丝将身体缠绕，然后在其中化蛹，蛹期平均15～25天。在蒜地最早5月中旬就开始化蛹，6月中下旬大量化蛹，6月上中旬成虫陆续羽化，大蒜地羽化的成虫，一部分迁至韭菜、葱地，一部分就在蒜地土壤中越夏，秋季大蒜出苗后，成虫危害蒜苗，一直到11月开始越冬。

在辽宁铁岭蒜萤叶甲以卵越冬。4月初越冬卵孵化为幼虫，4月中旬是危害盛期，可将葱苗吃光。5月上旬陆续化蛹，5月下旬羽化为成虫。成虫取食大葱、韭菜等。高温(30℃以上)停止取食，进入松土下、枯叶下越夏。9月出土取食大葱籽、葱苗，10月中下旬至11月上旬产卵，以卵块在土表越冬。

幼虫有假死性，受惊后常坠地蜷缩。幼虫行动敏捷，爬行较快，大龄幼虫受惊后可分泌黄色液体，以便保护自己，趁机逃逸。成虫具耐饥力，夏秋季耐饥力更强，1个月不取食仍可存活。较干旱的田块受害重，水浇地则轻。

【防治方法】

1. 栽培防治　收获后及时翻耕土地，机械杀伤土中虫体，或将虫体翻至土表，经受雨水冲刷、日晒、鸟兽啄食而死亡。成虫产卵期和化蛹期勤锄地，也可杀伤虫体。及时清除菜地残株、落叶及杂物，并作深埋或销毁处理，可以减少越冬、越夏虫源。

2. 人工捕捉　利用幼虫假死性，抖动植株，捕捉或碾死幼虫。

3. 药剂防治　在越冬成虫出土期、幼虫孵化盛期和秋季成虫羽化期，结合根蛆和葱蓟马防治，喷洒90%晶体敌百虫800倍液，或50%辛硫磷乳油1 000倍液，或80%敌敌畏乳油1 000～1 500倍液防治成虫和幼虫。还可结合根蛆幼虫防治，用50%辛硫磷乳油1 000倍液或50%马拉硫磷乳油1 000倍液浇灌。

7. 绿圆跳虫

绿圆跳虫（*Sminthurus viridis* var. *annulatus*）属弹尾目圆跳虫科，以咀嚼式口器蚕食葱蒜类蔬菜的根部、假茎基部和嫩叶，主要在植株的中、下部活动。在北方有些地区，对大蒜的危害仅次于根蛆、韭蛆和葱蓟马。绿圆跳虫咬食须根，使之断落，变为秃根。咬食假茎基部，有时诱发该部位生出细弱小叶，但不易成活。啃食嫩叶叶片一面，残留另一面，数量多时，啃食部位连片，呈网斑状或薄膜状，易破裂成孔洞，严重的叶面破碎。

【形态特征】　跳虫类昆虫属低等微小昆虫，成虫与幼虫无明显差异，成虫也有蜕皮现象，成、幼虫不易区分。

(1)**成虫**　体长2mm，宽1mm，略呈圆球形，鲜绿色至土褐色。口器咀嚼式，下口式，柱形，隐藏于头的下方。复眼黑色、球形，无单眼。触角4节，线状，长度大于头部。胸部较小，与腹部愈合。足3对，胫节与跗节不易区分，末端有一爪。腹部隐约可见3节，第一节粗大，其腹面前部有一末端向外翻卷的管状物（粘管），后部有一末端分叉的握钩，腹部后两节较小，腹面有一弹器，呈管状，末端有分叉，总长短于腹部，弹器常弯向前方，夹持在握钩上，跳跃时，由于肌肉的伸张，弹器猛向下方弹击物面，使身体跃入空中，向前跳跃，故称跳虫 。体表有稀疏短毛（图3-61）。

（2）卵　圆形至椭圆形，暗灰褐色，产于假茎基部叶鞘处，也可成堆产于土中，不易发现。

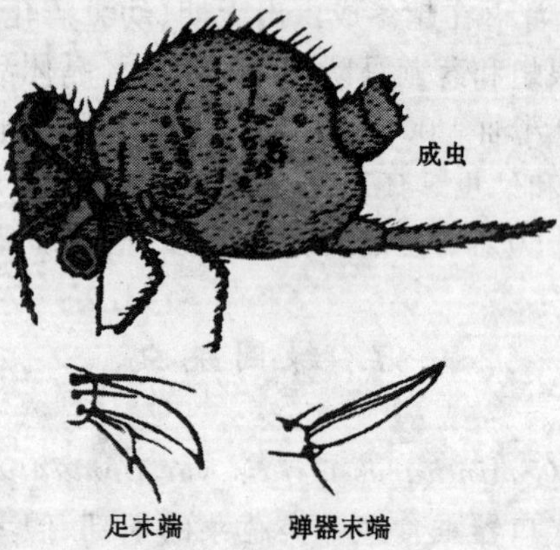

图3-61　绿圆跳虫

【发生规律】　在黄河流域大蒜产区，该虫春季活动旺盛，3月下旬至5月上旬田间数量较多，秋季也有发生，但发生时间较短，数量也较少。绿圆跳虫在旬均温15℃～20℃，相对湿度50%～75%的条件下发生数量多，为害重，温度超过25℃，相对湿度超过80%，数量显著减少。降水有明显不利影响，降水后虫口数量增长缓慢，有时还下降。不同品种的大蒜受害程度有差异，改良蒜比苍山蒜发虫多，受害重。该虫晚间活动旺盛，遇惊动即弹跳逃逸，难以捕捉。

绿圆跳虫有腐食性，可取食土壤中的腐败植物和腐殖质，清除田间植物残体可有效地减少虫口数量。

【防治方法】 绿圆跳虫生活在土壤里或植物的中下部，土壤耕作和农业技术措施对控制该虫十分重要。在农业措施贯彻不力的情况下，药剂防治也能控制危害。

1. 栽培防治 及时清除田间腐败植株及残叶。适时中耕，杀死虫体和促进根的生长发育。春季蒜苗返青后及时灌水，淹死钻入土中的绿圆跳虫虫体。

2. 药剂防治 结合根蛆、韭蛆的防治，在4月上中旬喷雾防治成虫，下旬灌根防治幼虫时都可兼治绿圆跳虫。50%辛硫磷乳剂1000倍液或90%敌百虫结晶1000倍液都可用于喷雾或灌根。

8. 根　螨

根螨是葱蒜类蔬菜的一类重要害螨，常见种类有大蒜根螨（*Rhizoglyphus allii*）、刺足根螨（*R. echinopus*）和罗宾根螨（*R. robini*），都属于真螨目粉螨科根螨属。根螨的成、若螨食害植株的根部、假茎、鳞茎。常使根部受损，严重的造成须根脱落。食害假茎或鳞茎时，一般从茎盘边缘开始，扩散危害，造成伤口，使之软化、腐烂、发臭。外层叶鞘和叶片首先腐烂，然后向内层叶鞘发展。苗期受害轻，在鳞茎膨大期受害重。受害植株地上部生长缓慢，下部叶片黄化、干枯，继而上部叶片陆续变黄，严重时整株枯黄死亡。两种螨还可在仓库内危害蒜头和洋葱头，使之出现缺刻和凹陷，严重时也可引起腐烂发臭。此外，根螨还在田间与贮运过程中危害多种植物和植物产品，其中包括洋葱，葱类，韭菜，鳞茎、球茎、球根类花卉（如唐菖蒲，百合，郁金香，风信子，水仙和大丽花等),马铃薯,甘薯,竹笋,半夏,贝母,蘑菇,稻草,贮藏食品等。

【形态特征】 根螨有卵、幼螨、若螨、休眠体和雌、雄成螨等多个虫态。虫体微小,成螨体长约 0.5～1mm,卵圆形,白色至黄白色,体壁柔软发亮。

刺足根螨雌成螨体长 0.58～0.87mm,宽卵圆形,白色发亮。附肢浅褐色,足短粗,跗节有 1 根背毛,呈圆锥形刺状。交尾囊紧接于肛孔的后端,有一较大的外口。雄螨体长 0.57～ 0.8mm,体色和特征相似于雌螨,阳茎宽圆筒形。跗节爪大而粗,基部有 1 根圆锥形刺。卵椭圆形,长 0.2mm,乳白色半透明。若螨 体长 0.2～0.3mm,体型与成螨相似,附肢色浅,胴体白色。

大蒜根螨卵长 0.12mm,幼螨体长 0.15～ 0.25mm,前若螨(第一若螨)体长 0.4 mm,后若螨(第二若螨)体长 0.5 mm,成螨体长 0.5～ 0.9 mm(图 3-62)。

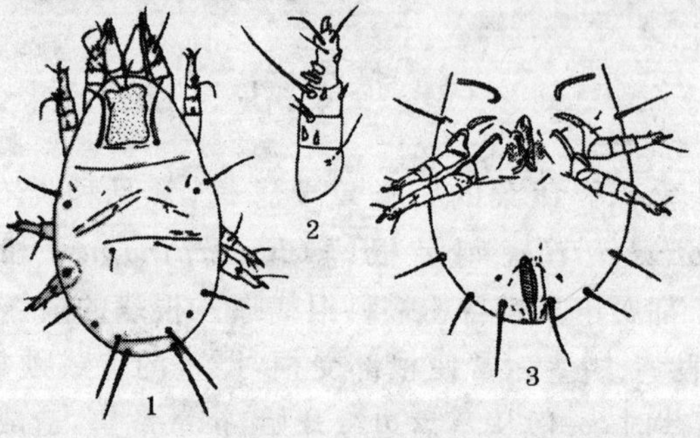

图 3-62 大蒜根螨

1. 雄螨背面 2. 第一对足背面 3. 雌螨后半体腹面

【发生规律】 根螨在田间 1 年发生 9～10 代,世代重叠现象严重。以成螨或若螨在土壤内或被害植株内越冬。当环境条件恶化时,前若螨即进入休眠,变成休眠体,休眠体不食不动,对不良的环境条件抵抗力较强,这样可以保存自己,度过寒冷、燥热和短期食物缺乏等难关，待环境条件好转后，再发育成后若螨。在黄河流域，3 月下旬至 4 月上旬开始为害，5～8 月份是危害盛期。

根螨营土中生活，避光性较强，行动迟缓，对温度适应的范围较广，较喜湿润，在土壤湿度高和温度适宜的情况下，种群数量增加很快。根螨在连作葱、蒜田，潮湿而有机质含量高的土壤发生多，晚播田比早播田发生多，常与根蛆、韭蛆等混合发生。若 1 个鳞茎有螨 100 头以上，茎叶即有可见的损害。根螨还能传播多种病原菌，并造成伤口，有利于病原菌侵入，酿成细菌性软腐病、镰刀菌枯萎病等多种病害大发生。

刺足根螨发育起点温度 6℃，发育适温 20℃～25℃。温度在 18℃～23℃时，完成 1 代需 18～27 天；20℃～27℃时，完成 1 代需 9～13 天；30℃条件下需 8～9 天。雌雄交配后 1～3 天即可产卵，单雌产卵量最多达 600 粒，每雌平均产卵 195 粒。

大蒜根螨在平均气温 10℃～30℃范围内，均可发育和活动，10℃以下停止活动。

罗宾根螨发育最低温度 11.8℃，适宜温度 24℃～27℃。发育时间因寄主而异，危害大蒜的，在 16℃由卵发育至成螨需 40 多天，在 27℃需 12 天。危害唐菖蒲的，在 27℃下卵期约 3.6 天，孵化后的幼螨乳白色透明，活动力较差，一般不取食。约经 3 天后，蜕皮为前若螨，前若螨期约 2.8 天，然后蜕皮成为后若螨，后若螨期约 2.6 天，再蜕皮为成螨。雌成螨存活 40 余天，约产卵 400 粒，多的达 700 余粒。雄成螨寿命长达 73 天。

根螨可自行调节入土深度，躲避极端干旱和寒冷。即使在淹水条件下，根螨也可存活 5 周以上。根螨以植物根系和地下器官为食，寄主范围很广，也可以取食植物残体、昆虫体和有机质，适生性很强。

根螨的传播途径复杂，传播效率高，可随葱蒜类蔬菜的产品与繁殖材料、花卉的种球、多种贮藏农产品远距离传播。根螨可随土壤、有机肥、农作机具、灌溉水在田间传播。根螨的若虫还生有吸片，能附着在动物体、人体、交通工具上，迁移到新的生境。

【防治方法】

1. 加强田间监测 根螨形体微小，生活于地下，初发生期不易被发现，即使有所察觉，也多误诊为根蛆、线虫或软腐病，贻误了最佳控制时期。因此应加强监测，遇到可疑症状，需挖土仔细检查鳞茎，寻找螨体，及时鉴定确认。

2. 农业防治 实行耕翻和冬灌，耕翻可机械杀伤土中的螨体，或翻到土面使其死亡。冬灌可促使在土中休眠的螨体死亡。适期早播，早播的寄主田块发生较轻。清洁田园，植株残体及时集中销毁，以免虫体在田间再度传播。严重发生时可与小麦、大麦等作物轮作。

3. 施用无螨繁殖材料 选购或选用无螨繁殖材料。对调运的寄主植株秧苗或鳞茎应加强检验，淘汰带螨秧苗或鳞茎，或者发现螨体后应做消毒处理，防止根螨扩大蔓延。有的地方在秧苗播种前，用2%扫螨净乳油或5%噻螨酮乳油2 000～3 000倍液浸根5～10分钟，有较好杀螨效果。

4. 药剂防治 用40%乐果乳油1 500倍液，或20%甲氰菊酯乳油4 000倍液，或5%噻螨酮乳油4 200倍液，或48%毒死蜱乳油1 000～1 500倍液，或1.8%虫螨克乳油1 000～1 500倍液，或20%双甲脒乳油1 000～1 500倍液浇灌植株基部，使药液渗入土壤。

9. 伯氏噬木螨

伯氏噬木螨（*Cologlyplus berieses*）属真螨目粉螨科，危害贮藏蒜头以及多种植物性贮藏物，也能传播人类疾病。幼螨、若螨和成螨都取食蒜肉。多从蒜头基部托盘或伤口处开始取食，逐渐扩大取食面，受害蒜瓣出现许多沟痕和凹陷。整个蒜瓣变成一团碎屑和虫粪，还流出汁液。发螨量大时，引起大蒜大量霉烂。该螨还可在发霉的蒜头上取食霉状物。

【形态特征】 伯氏噬木螨有卵、幼螨、若螨、休眠体和雌、雄成螨等虫态。虫体乳白色，光亮，有透明感。雌成螨短椭圆形，体长约1mm，宽0.6mm；雄成螨体型较狭小，卵圆形，但前部锐尖（图3-63）。

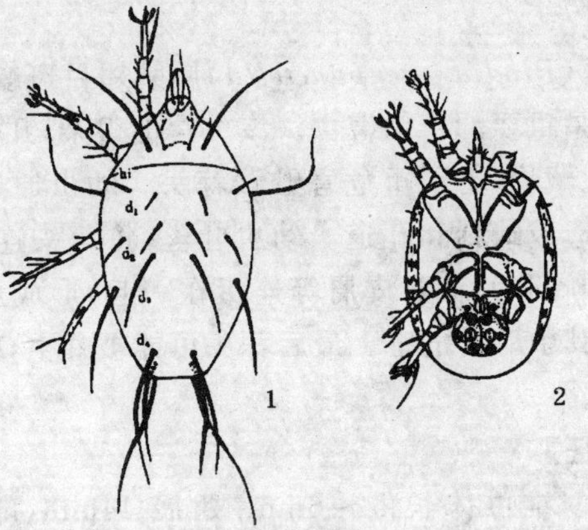

图3-63　伯氏噬木螨

1. 成螨背面　2. 休眠体腹面

【发生规律】 在仓储条件下，雌、雄成螨都可多次交配，交配后1～3天开始产卵。产卵期持续4～8天。卵单产或聚产，聚产时每个卵块2～12粒卵。卵经3～5天后孵化。幼螨期2～5天，第一若螨期3～4.5天，第二若螨期4～5天，成螨期13～17天。一个世代历期平均32天。各螨态均群体危害，且世代重叠，混合发生。伯氏噬木螨怕光，喜阴暗潮湿，见光后异常活跃，迅速逃向背光处。基质发霉可促进螨体生长发育。该螨还有休眠体阶段，以适应不良环境，且可由贮藏物携带传播。

【防治方法】 要搞好仓库卫生,贮蒜入库前需彻底清理仓库,清除残余物质,扫除尘土和杂物。贮蒜期间要通风透光,减湿降温。在试验条件下,用硫磺粉(每立方米用 100 克)或 50%敌敌畏乳油(每立方米用 0.15 克)密闭熏蒸,杀螨效果较好。

10. 印度谷螟

印度谷螟(*Plodia interpunctella*)属鳞翅目斑螟科,在我国发生相当普遍,是重要的仓储害虫。该虫食性很杂,几乎可以危害所有的植物性贮藏物,也严重危害贮藏蒜头。幼虫通过蒜皮蛀入蒜瓣,在蒜瓣上造成缺刻和孔道。幼虫吐丝,将蒜头连同虫粪、幼虫蜕掉的皮壳和咬碎的蒜头皮屑等连缀在一起,形成豆沙馅状的网茧,虫体藏匿其中取食危害。最后蒜头可能被蛀空,残留蒜瓣变褐色,软化干缩。

【形态特征】

1. 成虫 雄虫体长 5～6mm,翅展 14mm,雌虫体长 5～9mm,翅展 13～16mm。头部灰褐色,腹部灰白色。触角丝状,几乎与体长相当。前翅细长,基部 2/5 部分为浅灰色,端部 3/5 部分为棕褐色发亮,棕褐色部分距外缘 2/5 处中央有 1 个红褐色圆点。后翅灰白色,有暗灰色缘毛,翅脉上有隐约的黑纹。

2. 卵 长 0.3mm 左右,椭圆形,乳白色,一端稍尖,另一端稍凹,表面粗糙,有颗粒状饰纹。

3. 幼虫 老熟时体长 10～13mm,圆筒形,中部稍膨大,乳白色稍带淡黄色,腹部背面浅粉红色。头部黄褐色,前胸盾、臀板、气孔、足为淡黄褐色。雄性胴部第八节背面可透见 1 对紫红色斑(睾丸)。

4. 蛹 体长 6mm,细长,橙黄色,背部稍带淡褐色,前翅部分稍带黄绿色。复眼黑色。腹部常弯向背面,腹末着生尾钩 8 对,其中以末端背面的2对最长。

【发生规律】 在贮蒜仓库里年发生4～6代。雌成虫寿命9～26天，雄成虫9～25天；卵期2～17天，幼虫期36～44天，蛹期4～33天。在夏季完成一代平均需36天左右。成虫善飞，通常在黄昏飞翔，常从仓库飞出，飞至住室内，在粮食、食品（特别是甜食品）、果干、豆类甚至药材上产卵，幼虫在其上危害。该虫也可随贮蒜的调运传播，污染其他农产品。成虫羽化后约3天开始产卵，产卵期最短只有1天，最长可达18天。雌虫在夜间产卵，单雌产卵100～300粒，散产或2～8粒聚产。不同温度下各虫态发育历期差别很大，食料不同时，世代历期也有差异，一个世代最短的只有27天，最长的可达300多天。

【防治方法】

1. 清洁仓库 贮蒜入库前需彻底清理仓库，清除残余物质，扫除尘土和杂物，特别要彻底清除印度谷螟各个虫态的虫体，以免再度侵染。

2. 药剂防治 贮蒜入库前彻底清扫后，用50%马拉硫磷乳油1 000倍液仔细消毒，以杀死残存的印度谷螟虫体。贮蒜入库后若发现仍有印度谷螟危害，亦可用上述药剂喷雾防治。贮蒜入仓后，还可在仓内用敌敌畏挂袋法熏杀成虫，此法用纱布做成的厚袋，浸过80%敌敌畏乳油后挂在仓内，也可用敌敌畏棉球挂在仓内。

3. 诱杀 在大型贮蒜库内设置黑光灯诱杀成虫，还可一并诱杀粉斑螟、麦蛾等其他害虫。

11. 葱蒜类蔬菜其他害虫

1. 甜菜夜蛾 甜菜夜蛾是危害多种植物的杂食性、暴食性害虫，也是葱蒜类蔬菜的大害虫。食害大葱等葱蒜类作物时，小龄幼虫在叶面取食，多群集在叶尖和折断处危害，三龄后的幼虫钻蛀叶筒内取食，1个叶筒内往往有几头至十几头甚至几十头，蚕食叶肉，残留叶表皮，并出现多个孔洞。老龄幼虫常吃掉半个叶片或将整个叶片折断。轻者减产，虫口密度大时，可能毁产绝收。因而甜菜夜蛾也是葱蒜类蔬菜的重要防治对象，有关其形态特征、发生规律和防治方法，参见本篇第二章。

2. 葱黄寡毛跳甲 葱黄寡毛跳甲属鞘翅目叶甲科，学名 *Luperomorpha suturalis*，成虫和幼虫危害韭菜、大蒜和葱类，近年发生增多。成虫以取食叶片为主，使被害叶片出现缺刻和孔洞，幼虫集中或分散栖息于根部，取食须根，使须根残破或脱落，根部受害后，叶片变黄凋萎，甚至枯死。

成虫体长约4mm，长卵形，棕红色，头部黑色，中胸及后胸的腹面和触角中上部棕黑色，鞘翅周缘色深或黑色。雄虫触角很长，约达鞘翅末端。前胸背板宽大于长，有细小刻点，中部两侧各有一个浅凹陷，两侧边缘直。鞘翅两边缘平行，表面具粗且深的刻点。

幼虫体长约1mm，黄白色，略扁稍弯。头黄褐色，头上有黑色弧形斑。胸部3节、腹部8节、中胸和腹部各节各具1对环状气门，腹部各节腹面均具1对突起。蛹为离蛹，白色。

该虫以成虫越冬，每年发生1～3代。3～5月份为幼虫危害期，5月中旬始见成虫。成虫善跳，卵产于土壤内，幼虫为害根，发生数量少时不易被发现，常被错认为根蛆为害。在根部周围化蛹。

防治方法是在发生较重的田块要进行冬灌和春灌，收获后和播种前还要翻耕土地，这样可冻死、淹死或机械杀死一部分土中的虫体。结合防治根蛆，在韭菜头刀和二刀后追施两次氨水，这样一方面可促进植株生长，增强抗虫能力，另一方面，氨水对土壤中的害虫还有熏蒸和窒息作用。

在成虫盛发期，结合其他害虫的防治，用90%晶体敌百虫1 000倍液，50%辛硫磷乳油1 000倍液或用10%敌·马乳油2 000倍液喷雾。幼虫孵化盛期可用上述前两种药液灌根，或用50%辛硫磷乳油1 000倍液与Bt乳油400倍液混合液灌根，效果均好。

3. 葱蚜(台湾韭蚜)　学名*Neotoxoptera formosana*，属同翅目蚜科，危害葱、蒜、洋葱、韭菜、百合等百合科蔬菜。以成、若蚜刺吸寄主汁液，致使叶片扭曲，植株矮小。

无翅孤雌蚜成蚜体长约2.2mm，卵圆形。头、前胸黑色，中、后胸具黑色缘斑。腹部淡色，有光泽，第六节有中断横带，第七、第八节各具宽横带。额瘤圆，隆起外倾。喙粗糙，粗长，达中足基节或超过。触角第三节无感觉圈。体侧有凹凸不平的花纹，腹背有大型网纹。腹管长，淡色，呈花瓶状。尾片圆锥形，由小刺突构成横纹，有毛4对。足基节、腿节端部及跗节黑色，其余部分淡黄色。

有翅孤雌蚜成蚜体长约2.4mm，头、胸黑色，腹部淡色，1～3节均有宽横带，4～5节中侧融合为1块大斑，6～7节横带与缘斑抱连，第八节具1条窄横带。腹管长，光滑，花瓶状。足的腿节末端、胫节末端黑色，其余部分淡黄绿色。前翅胫分脉弯曲呈半圆形，中脉3分支。翅脉较粗，脉两侧均有黑晕。

无翅孤雌若蚜长卵形，体色由淡黄绿色逐渐变成红褐色。触角淡黄色，喙长达后足基节，足淡黄绿色，透明。有翅孤雌若蚜体色淡黄褐色，翅芽乳白色显著。

在北方露地，一年发生几十代。以孤雌若蚜在贮存的蒜、洋葱上越冬。春、秋发生量大，危害严重。在台湾可全年发生，以1～2月份发生较重。在室内1年发生26～28代，温度适宜可终年繁殖危害。该虫具背光性，一般在背阴处活动，有趋嫩性和假死性，受干扰有自行落地习性。

防治方法包括采用黄板诱杀，铺设银灰色塑料薄膜驱避以及喷布药剂等。在发生初期可选用50%抗蚜威乳油2 000～3 000倍液，20%吡虫啉浓可溶剂2 500～3 000倍液，或1.8%虫螨克乳油2 500～3 000倍液等药剂喷雾，药液中可加入0.1%～0.3%的中性洗衣粉，以增强其展着性。棚室内还可用20%灭蚜烟剂(每公顷用药 6～7.5kg)熏烟防治。

4. 异型眼蕈蚊 异型眼蕈蚊(*Phyxia scabiei*)属双翅目眼蕈蚊科，危害韭菜、洋葱、大葱、香葱、韭葱、大蒜等葱蒜类蔬菜，幼虫多聚集在根部和鳞茎、假茎部危害，受害部变褐腐烂，受害株地上部叶子发黄、萎蔫、干枯，甚至整株死亡。该虫还危害生姜和西洋参宿根。异型眼蕈蚊常与韭迟眼蕈蚊混合发生，生活习性相似，可一并防治。详细介绍参见本篇第三章和本章韭迟眼蕈蚊。

5. 仓潜 仓潜(*Mesomorphus villager*)属鞘翅目拟步甲科，是一种仓库害虫，危害贮藏蒜头，严重减低贮蒜品质。

成虫体长 6.5～7mm，体宽 2.5～3mm，躯体长筒形，黑褐色无光泽。两侧略平行，生有稀疏的紧贴体表的灰黄色毛，两鞘翅上的毛各排列成 3 行。触角扁，有 8～10 节。前胸两侧突出，宽度为长度的 2 倍，表面密生小刻点。鞘翅长度为宽度的 4 倍，鞘翅宽接近前胸宽度。老熟幼虫体长 8～10mm，褐色至黑褐色。

幼虫由蒜头的托盘边缘开始向中心蛀食，蛀成比虫体稍宽的凹槽，然后向托盘中部取食，使托盘脱落，蒜头散瓣，幼虫还蛀食蒜头的中柱。成虫取食腐烂的蒜肉。

仓潜在仓库中较潮湿的角落和腐烂的蒜堆中发生较多。除蒜头外，还取食贮藏的谷类、花生、豆类、药材，甚至毛毯与纺织品。

防治方法参见印度谷螟。

第七章　水生蔬菜害虫

水生蔬菜害虫种类繁多，有一些不同于陆生蔬菜的害虫。莲藕的主要害虫有莲藕潜叶摇蚊、莲藕食根金花虫、莲缢管蚜、多种蛾类害虫以及软体动物福寿螺等。莲藕潜叶摇蚊、莲斜纹夜蛾、毒蛾、福寿螺等危害莲藕叶片，莲藕食根金花虫蛀害藕段。茭白的主要害虫有长绿飞虱、二化螟、大螟等。长绿飞虱刺吸汁液，二化螟和大螟幼虫蛀茎，都使植株枯黄，造成严重损失。慈姑钻心虫是慈姑的主要害虫，荸荠白禾螟是荸荠的主要害虫，都能带来毁灭性损失。菱角害虫以菱萤叶甲和紫叶蝉较突出，均需重点防治。另外，各种水生蔬菜还遭受蝗虫、叶甲、金龟甲、叶蝉、飞虱、多种蚜虫（包括胡萝卜微管蚜、芹二尾蚜）以及其他害虫的危害。

1. 莲藕潜叶摇蚊

莲藕潜叶摇蚊（*Stenochironomus nelumbus*）又名莲窄摇蚊，属双翅目摇蚊科。分布于长江中下游产区，危害莲藕。幼虫潜食莲藕贴水浮叶的叶肉，使叶面布满紫黑色或酱紫色蛀道（虫斑），严重时浮叶全无绿色，且周围开始腐烂，以致全叶腐烂枯萎。该虫不危害离开水面的立叶。

【形态特征】

1. 成虫　体长 3～4.5mm，翠绿色。头小，常被胸部盖住。复眼中部褐色，周围黑色。中胸发达，背板前部隆起，呈驼背状，后部两侧各有 1 个梭形黑褐色条斑。前翅淡黄色，最宽处有较宽的黑斑，外缘也有小黑斑。足细长，前足是体长的两倍多。雌虫触角丝状，褐色，6 节。腿节中央和基部有 1 小段黑色。腹部翠绿色；

雄虫触角羽毛状,14 节,基部褐色,先端黑褐色。前足胫节黑色,腿节先端有 1 小段黑色。

2. 卵 长椭圆形,嫩黄色,长约 0.2mm,宽 0.08mm,包裹在污白色胶质物中。

3. 幼虫 体柔软纤细,长 10～11mm,黄色或淡黄绿色。头部褐色,触角 5 节,口器黑色。头部有一部分缩嵌在前胸内,中、后胸宽大。腹部圆筒形,分节明显,足退化,腹末有 2 对指状较长的气管鳃。

4. 蛹 体长 4～6mm,翠绿色,复眼红褐色。前足明显游离于蛹体,卷曲于胸、腹前。蛹体前端和尾部生有短细的白色绒毛。

【发生规律】 全年约发生 6～7 代,世代重叠,可能以幼虫随枯叶沉入水底越冬。浙江一年中成虫有两个高峰,分别在 4～5 月份和 9～10 月份,从 4 月份至 11 月底均可见到幼虫危害。在江苏南京幼虫危害从 5 月中下旬,直到 10 月中旬。湖北幼虫危害期从 4 月至 10 月,以 7～8 月危害最重。

成虫于傍晚羽化,以 18～20 时羽化最多。成虫具有趋光性,白天栖息不动,夜出活动交尾,产卵于莲藕浮叶边缘的水中。卵块胶质,黏着力强。初孵幼虫群集于卵块中,取食胶质物,虫体迅速增大,随后游动到浮叶下面,从浮叶背面侵入,蛀食叶肉,形成蛀道。侵入孔近圆形,直径近 0.2mm。蛀道起始处线形,随着向前扩大取食,成为不规则的紫褐色虫斑。一张叶片上可能有幼虫数十头至百头以上,每一幼虫有一单独蛀道,蛀道内充满水,虫粪被推在虫道两侧。幼虫老熟后,将头部前方的上表皮顶破,而后做丝茧化蛹。水温 20℃时,成虫寿命 3～5 天,卵期 3～8 天,幼虫期 14～17 天,蛹期 2～4 天。

【防治方法】 莲藕潜叶摇蚊可随带土种茎远距离传播,不要从有虫区引进种茎,必要时外引种茎、种苗用 90%敌百虫 1 000～1 500 倍液,或 80%敌敌畏乳油 2 000 倍液喷布或浸渍,再加薄膜焗闷 2～3 小时后下种。浮叶抽出后要加强检查,发现浮叶有少量蛀道时,开始喷药防治。有效药剂有 90%敌百虫晶体 1 000～1 500倍液,或 80%敌敌畏乳油 1 000～2 000 倍液,或 50%马拉硫磷乳油 1 500～2 000 倍液,或 50%环丙氨嗪可溶性粉剂 2 000 倍液,或 35%卵虫净乳油 1 500 倍液等。另外,还可摘除有蛀道浮叶,集中烧毁或深埋处理。

2. 莲缢管蚜

莲缢管蚜(*Rhopalosiphum nymphaeae*)属同翅目蚜科,分布广泛,危害莲藕、慈姑、菱角和水芋等水生蔬菜。成、若虫刺吸浮叶、立叶、叶梗、花薹和花瓣等部位,有虫株叶片发黄,生长不良。

【形态特征】

1. 无翅胎生雌蚜　体长 2.5mm,卵圆形,褐色、褐绿色或深褐色,被薄蜡粉。额瘤不明显,胸、腹背面具网纹。腹管长筒形,中部和顶部缢缩,端部膨大。尾片锥形,密生刺突,有 4～5 根长卷毛。腹部 2～6 节有缘瘤。

2. 有翅胎生雌蚜　体长 2.3mm,长卵形,体背全骨化。触角、头、胸黑色,腹部褐绿色至深褐色。额瘤不明显,腹管和尾片特点与无翅胎生雌蚜相同。

3. 卵　长 0.5～0.7mm,长卵圆形,黑色。

4. 若蚜　多数 4 龄,形体小,与无翅胎生雌蚜相似。

【发生规律】　在江苏每年发生 27～29 代,以卵在桃、李、杏、梅等核果类果树的枝条、芽腋及树皮下越冬,在浙江以成、若蚜在李属果树上越冬,而在北纬 30°以南地区,无翅成、若蚜可在水生植物上越冬。

越冬卵孵化后,在果树上繁殖几代后,于 4 月上旬至 5 月下旬产生有翅蚜,迁飞到莲藕、慈姑、菱角、芡实、水葫芦、睡莲、绿萍、浮萍、眼子菜以及其他水生植物上，孤雌生殖，繁殖危害，直到10月中下旬产生性母蚜，再迁回越冬寄主上行有性生殖，产卵越冬。

以成、若蚜在李属果树上越冬的，春季花芽萌动时开始繁殖危害，5月中下旬大量有翅蚜迁移到水生植物上继续繁殖危害。

莲缢管蚜适宜的发育与繁殖温度为20℃～25℃，25℃以上繁殖缓慢，转移到阴凉潮湿的水生植物上越夏，33℃时停止繁殖。田间在初夏和秋季发生量大，盛夏高温季节受抑制。该蚜喜高湿，相对湿度低于80%，寿命缩短，繁殖减少。长期积水，植株茂密的田块发生量大，缺水田蚜量减少，大雨可冲刷致死。

绿萍、莲藕、慈姑混生田，以及春、夏慈姑混栽田早春蚜虫发生早、数量多，受害重。

【防治方法】 水生蔬菜的栽培要合理布局，避免莲藕田与慈姑田插花栽植，避免春、夏慈姑混栽。合理密植，降低田间郁闭度，及时清除田间绿萍、浮萍等水生植物。保护蚜虫的天敌，如瓢虫、蚜茧蜂、食蚜蝇、草蛉、食蚜盲蝽和蜘蛛等，选用对天敌昆虫杀伤力低的农药，在天敌发生期减少施药。发生较重的产区，在达到防治指标（田间有蚜株率15%～20%）时及时喷药防治。有效药剂有50%抗蚜威可湿性粉剂4 000倍液，或40%克蚜星乳油800～1 000倍液，或20%丁硫克百威乳油1 000～1 500倍液等。

3. 莲藕食根金花虫

莲藕食根金花虫（*Donacia provosti*）属鞘翅目叶甲科，也称为稻食根叶甲、水稻长腿水叶甲，是莲藕的重要害虫，还危害水稻以及眼子菜等多种水生植物。幼虫取食根须，蛀害藕段，严重减低莲藕的产量和品质，成虫咬食莲与眼子菜叶片，造成孔洞和缺刻。

【形态特征】

1. 成虫 体长约6mm，纺锤形。头、触角、前胸背板、鞘翅褐绿色，具金属光泽，腹面有密厚的银白色绒毛，头顶有一红褐色斑。触角丝状，第一节膨大，第二节显著短于第三节。前胸背板近方形，中央具一细纵沟，鞘翅上有带刻点的平行纵沟，翅端平截。后足腿节较细长，基部细狭，中后部膨大，近末端有一齿状刺，腿节背面后半部有金属蓝色大斑。

2. 卵　卵粒长椭圆形，稍扁平，长约 0.8mm，初乳白色，后变淡黄色。由 20～30 粒卵构成卵块，覆盖白色透明的胶状物。

3. 幼虫　体长约 9mm，乳白色，密被褐色细毛。纺锤形，稍弯曲。胸足 3 对，甚小。腹末有 1 对褐色爪状尾钩。

4. 蛹　长约 7mm，初为黄白色，后变褐色，裸蛹，外被红褐色茧。

【发生规律】　一年发生 1 代，以幼虫在藕根须、藕节间或土下 10～30cm 深处越冬。翌年当 15cm 深处土温稳定在 18℃以上时，幼虫爬至表土层，取食须根，土温 23℃时危害最盛。在苏北，越冬幼虫 4 月下旬至 5 月上旬开始取食，5～6 月份化蛹，7 月份进入羽化和成虫产卵盛期，7 月下旬至 8 月上旬进入孵化盛期，10 月份幼虫陆续越冬。

卵多产在眼子菜、稻、莲等寄主叶背面，卵期 6～9 天，多在中午至晚上 8 时之间孵化。幼虫进入土中，食害根须和地下茎。幼虫期长达 330～360 天，甚至 1 年以上。老熟幼虫形成薄茧在根部化蛹，蛹期 13～17 天。成虫在土中羽化，爬至水面交配和产卵，产卵期 4～13 天，每雌平均产卵 130 粒。成虫趋光性不强，飞翔能力弱，有潜水习性和假死性，活泼，取食叶片。

在深水藕塘和长年积水的低洼田发生最多。冬季排除藕田积水，可使越冬幼虫死亡。土壤含水量低于 10%，幼虫存活少。3～4 月间温度偏高，各虫态发育提前。土温降低到 19℃，幼虫进入越冬。眼子菜多的田块，虫口较多，受害较重。

【防治方法】

1. 栽培防治 实行水旱轮作,或藕、慈复种;冬季排除藕田、慈姑田积水,翻地晒垡,减少越冬虫口;清除田间眼子菜、鸭舌草等杂草;若土壤偏酸性,可于早春栽藕前,每667平方米撒施石灰50kg,中和土壤酸性,可杀死部分越冬幼虫;藕田套养泥鳅、黄鳝等底栖鱼类直接捕食幼虫。利用泥鳅和黄鳝的捕食盛期和幼虫发生高峰期相遇的特点,大量捕食幼虫。

2. 药剂防治 施用氟虫腈毒土。每667平方米用5%氟虫腈悬浮剂100~150ml对水稀释,再用细土10kg拌匀,在藕秧下田前后撒施。氟虫腈对虾、蟹有较高毒性,套养的田块不可使用,同时也应防止带药的田水流入虾、蟹池塘。另外,还可施用辛硫磷毒土。每667平方米用50%辛硫磷乳油250克,拌湿润细土20~25kg,施入田中。

在成虫始盛期,每667平方米用90%晶体敌百虫100~150克,拌细土10kg于清晨撒施,或每667平方米用90%敌百虫100~200克,对水50~60kg喷雾。

4. 茭白长绿飞虱

长绿飞虱(*Saccharosydne procerus*)属同翅目飞虱科,分布在南、北方茭白种植区,是单食性害虫,仅危害茭白和野茭白。成虫和若虫群集在心叶及嫩叶中脉附近刺吸汁液危害,受害叶从叶尖向基部逐渐变黄枯焦,严重发生田内受害株成片枯死,不结茭肉。

【形态特征】

1. 成虫 雄成虫体长(含翅长)5~6.1mm,雌虫5.7~7mm,细长。体淡绿色,复眼、单眼褐色或红褐色。头顶突出在复眼前,前胸背板、中胸小盾片各具纵脊3条,整个中胸的长度与头顶、前胸之和相等。雌虫外生殖器常分泌白绒状蜡粉状物。雄虫抱器细长,剑状。

2. 卵　长0.7～1mm,香蕉状,初半透明,乳白色,后渐变灰黄色。

3. 若虫　共五龄,末龄若虫体长约4mm。初孵若虫乳白色稍透明,三龄后体色变绿。从一龄后期起体背有白色蜡粉,腹部末端有长蜡丝,似白绒尾状物。一龄后期有蜡丝1～2根,后渐增多,五龄若虫有5～7根,中间一根最长,几乎与身体等长。一至二龄若虫无翅芽,四龄前翅芽短于或接近后翅芽,五龄前翅芽完全覆盖后翅芽。

【发生规律】　吉林每年发生3代,江苏、江西、浙江、湖北、上海等地4～5代,以滞育卵在秋茭白、野茭白等寄主的枯叶、枯鞘中越冬。

各地发生期不同,在湖北越冬卵于4月上中旬开始孵化,4月下旬至5月上旬进入盛期,6月上旬始见成虫,第一代发生期在6月上旬至7月下旬,第二代发生期在7月上旬至9月上旬,第三代发生期在8月中旬至10月中旬。

上海每年发生4代,越冬卵在4月上旬茭白露青后陆续孵化,主要以第二代成虫、若虫在7～8月份危害栽培茭白,11月前后开始越冬。

浙江一年发生5代,除越冬代外,其他各代重叠发生。第二代和第五代危害重,第三代和第四代受高温影响,发生和危害相对较轻。在浙江缙云等地越冬卵在3月底至4月初孵化。越冬代和第一代若、成虫在老茭白上危害,并向新植茭田迁移,6～9月份是全年发生高峰期。第四代后期和第五代的成虫在叶鞘或叶脉内产滞育卵,以滞育卵在茭白残株组织内越冬。

长绿飞虱生长发育的温度范围为15℃～35℃,最适气温为24℃～28℃,最适相对湿度为90%～100%。成虫主要栖息在叶背，有趋光性，取食、产卵有趋嫩性，卵多产在心叶和其下一、二叶的中脉背面肥厚组织内，少数产在叶鞘内。产卵时先用产卵管刺成圆形产卵孔，单产或数粒成行。产卵孔上面覆盖雌虫腹端分泌的白色蜡粉。初孵若虫耐饥力弱，群集在心叶及嫩叶中脉附近吸汁危害。

【防治方法】 防治长绿飞虱要在冬季清除茭白残茬和田边杂草，压低过冬虫源。药剂防治以越冬代为重点，一般在低龄若虫期，喷施25%噻嗪酮可湿性粉剂1 000倍液，10%吡虫啉可湿性粉剂5 000倍液，50%辛硫磷乳油1 500倍液等，要喷到植株上中部叶片、叶鞘。如遇晴雨相间时，可在药液中加0.2%中性洗衣粉。

5. 二化螟

二化螟（*Chilo suppressalis*）属鳞翅目螟蛾科，是水稻的大害虫，也严重危害茭白、慈姑。幼虫蛀茎、食害心叶，造成枯心苗、枯茎。在茭白结茭期还蛀入肉质茎危害，产生枯茎和虫蛀茭，严重降低产量和品质。

【形态特征】

1. 成虫 雄蛾体长10～12mm，翅展20～25mm，雌蛾体长12～15mm，翅展25～31mm。体色灰黄色至淡褐色。头小，复眼黑色，下唇须发达而突出。雄蛾前翅近长方形，褐色至灰褐色，中室先端有1个紫黑色斑点，中室下方有3个斑，排成斜线，外缘有7个小黑点。后翅灰白色，近外缘稍带褐色。雌蛾前翅翅面褐色，小点不明显，外缘也有7个小黑点。后翅白色，有绢丝般反光。

2. 卵 扁平椭圆形，约长1.2mm，初产时乳白色，将孵化时灰黑色，卵块长条形，由10余粒至百余粒卵鱼鳞状黏结而成。

3. 幼虫 共6龄，老熟时体长27mm，淡褐色，体背有5条暗褐色纵带，最下一条为气门线。腹足较发达，趾钩51～56个，为1

行 3 序环形。

4. 蛹　长约 13mm，圆筒形，淡褐色，背面隐约可见 5 条棕褐色纵带。

【发生规律】　在我国中南部每年发生 2～3 代，华南南部可达 4～5 代，世代重叠，以幼虫在茭墩残株、根桩以及稻草、稻桩内越冬。长江中下游产区常年 3 月底越冬代开始化蛹，4 月中下旬出现成虫，5 月上中旬达羽化高峰。6～8 月份为盛发期，10 月份前后进入越冬。茭白田越冬代成虫始见日比稻田二化螟迟，以后发育历期也相应推迟。在江苏扬州，越冬代羽化盛期在 5 月中下旬，第一代幼虫危害期在 5 月下旬到 6 月上中旬，第二代 7 月间发生，气温较高的年份，在 8 月下旬至 9 月初还可能发生第三代。在浙江嘉兴，第一代二化螟幼虫危害期在 6 月上旬，第二代幼虫危害期一般在 7 月底 8 月初。

成虫白天潜伏，夜间飞翔，有趋光性。大多在午夜以前交配，交配后间隔一日开始产卵。产卵趋向于高大嫩绿的植株，苗期多产在叶片上，拔节后大部分产在叶鞘上。产卵时间多在晚 8～9 时，每雌可产 5～6 个卵块，约 300 粒左右。卵期 7～8 天（第一代）或 3.5～5 天（第二代）。初龄幼虫有群居性，先侵入叶鞘集中危害，在叶鞘表皮内蛀食，造成枯鞘，二至三龄后分散，从叶腋蛀入茎中，造成枯心，孕茭时还钻蛀嫩茎。

二化螟抗寒力较强，抗高温能力较弱，30℃以上对其发育不利，在 35℃以上，卵不能孵化，幼虫多死亡。二化螟还耐旱、耐淹，灌水时幼虫可逃逸至田埂而不易被淹死。

【防治方法】

1. 栽培防治　茭白采收后到越冬幼虫活动前，齐泥割掉茭白残株，在幼虫转移危害前，铲除田埂、田边杂草，消灭各代幼虫；采用灌深水杀蛹的方法，即在幼虫化蛹前，排干田水，待化蛹高峰期，灌深水 10～15cm，过 3～5 天后排水，可杀死虫蛹。

2. 药剂防治 用5%氟虫腈胶悬剂1 000倍液,50%杀螟松乳油1 000倍液喷雾防治。以第一代为重点,在孵化高峰期,每667平方米用46%杀·苏可湿性粉剂100克,或20%三唑磷乳油75～100ml,或5%氟虫腈悬浮剂30ml,或18%杀虫双水剂250ml,均对水50～75kg喷雾。茭白分蘖期及孕茭期是关键繁殖时期,一般应用药防2次。氟虫腈对二化螟的持效期长达20多天,能有效防治田间不同龄期的二化螟,但养鱼茭白田不能使用。

采用生物防治和药剂防治相结合的方法,可降低杀虫剂的使用量。浙江有些地方采用频振式杀虫灯和套养红鲤鱼的防治模式,该法每1.5～2.5公顷茭白田边砌一个10～20平方米的鱼池,鱼池与茭白田有沟相连,池边装一个频振式杀虫灯,杀虫灯诱集害虫,落入池中作为鱼的食料。也可每667平方米茭白田放养12～15只鸭子。使用生物农药,禁用化学农药。

6. 大 螟

大螟(*Sesamia inferens*)属于鳞翅目螟蛾科,是茭白的重要害虫。幼虫蛀食茎和心叶,造成枯心苗与枯茎,在结茭期还可进入肉质茎,造成枯茎和虫蛀茭。大螟寄主广泛,除茭白外,还有慈姑、水稻、玉米、甘蔗、芦苇、小麦、大麦、蚕豆、油菜、棉花、向日葵、禾本科杂草等。

【形态特征】

1. 成虫 体肥大,灰褐色。雌蛾体长约15mm,翅展约30mm,触角丝状,前翅近长方形,浅灰褐色,自翅基部向外缘有1条暗褐色纵纹,并可见到4个排列成四角形的小黑点。后翅银白色。雄蛾体长约12mm,翅展约27mm,触角栉齿状。

2. 卵 初白色后变灰黄色,扁圆球形,顶端稍凹,表面具细纵纹和横线,聚生或散生,常排成2～3行。

3. 幼虫　5～7 龄，末龄幼虫体长约 30mm，粗壮肥大，头红褐色至暗褐色，胸、腹背面桃红色，腹足发达，趾钩 1 行单序半环形。

4. 蛹　长 13～18mm，粗壮，红褐色，腹部具灰白色粉状物，臀棘有 3 根钩棘。

【发生规律】　主要分布于我国中南部，各地发生代数不等。长江中下游每年发生 3～4 代，华南 4～5 代，广东南部和台湾 6～8 代。在温带地区以幼虫在茭白、水稻等作物茎秆或根茬内越冬，在亚热带地区无越冬现象。

越冬幼虫发生期不整齐，老熟越冬幼虫在春季气温高于 10℃后开始化蛹，15℃时羽化。未老熟的越冬幼虫春季先转移食害大麦、小麦、油菜、蚕豆等作物。在江浙一带，第一代幼虫于 5 月中下旬盛发，主要危害茭白，7 月中下旬第二代幼虫期和 8 月下旬第三代幼虫主要危害水稻，茭白受害较轻。在茭白与水稻插花种植地区，大螟在两寄主间转移危害，浙北、苏南单季稻茭白区，越冬代羽化后尚未栽植水稻，则集中危害茭白，田边受害尤重。

成虫飞翔力弱，白天静伏于植株丛间，夜晚飞出活动，趋光性较弱，对黑光灯仍表现趋性。卵产于叶鞘内侧，有卵的叶鞘外侧稍隆起，呈枯黄褪绿斑，隐约可见卵块。茭白叶鞘紧密坚硬，不利于产卵，大豆产卵在田埂和田边的杂草上，幼虫孵化后，逐渐迁入茭田危害。初孵幼虫群集于叶鞘内侧危害，造成枯鞘，二至三龄后，分散蛀入邻近植株的茎秆。幼虫老熟后，多在稻茎或枯叶鞘内化蛹。

春季 3～4 月份气温上升早，第一代发生期相应提早，发生量增大。大面积种植甘蔗、玉米等作物的稻区，水稻与禾本科作物混栽的山区，茭白、芦苇较多的滨湖地区，以及杂交稻种植区，大螟的发生加重。

【防治方法】　参见二化螟。药剂防治应抓好第一代，依据测报及时喷药。通过查上一代化蛹进度，预测成虫发生高峰期和第一代幼虫孵化高峰期。在4月间检查田边雄茭、灰墩茭内的大螟蛹数，每次检查20～30头，统计化蛹率，从蛹高峰日加上该代蛹历期和下代卵历期，即为下一代幼虫孵化高峰期，也是药剂防治适期。

7. 荸荠白禾螟

荸荠白禾螟(*Scirpophaga praelata*)，属鳞翅目螟蛾科，危害荸荠、甘蔗、席草及莎草科、禾本科杂草，分布较广。该虫是荸荠的主要害虫，以幼虫蛀食茎秆，蛀空叶状茎的横膈膜。被害茎秆顶端由绿转黄，严重的茎秆由上至下黄化枯死。茎秆上能找到虫孔，剖开茎秆可见内有虫道、虫粪及灰白色幼虫。因茎秆受害，影响球茎膨大，降低产量和品质。分蘖期受害还导致分株减少，苗数不足。

【形态特征】

(1)成虫　体色纯白有光泽，复眼黑色，下唇须约为头部的2倍，前翅长而顶角尖。雄蛾体长约11.5mm，翅展23～26mm，后翅反面暗褐色，腹部细瘦，末端稍尖。雌蛾体长12.6mm，翅展40～42mm，腹部末节末端有一撮橙黄色绒毛。

(2)卵　扁平短椭圆形，大小1.1～1.3mm。卵集合成卵块，上被橙黄色绒毛。

(3)幼虫　共5龄，刚孵化的幼虫体嫩白色，至蜕皮前呈深灰色。老熟幼虫体长约15mm，黄白色而略带灰，尾部灰色更深，前胸背板两侧各有一棕褐色斑块。

(4)蛹　雌蛹体长16～18mm，雄蛹13～14mm。蛹体乳白色至淡黄色，近羽化时老黄色，翅白色，头、复眼、足和触角灰黑色。

【发生规律】　一年发生4～5代，世代重叠，以幼虫在荸荠茎秆内结薄茧越冬。翌年春季转移到附近的莎草科、禾本科和豆科的杂草或作物上取食，5月上旬化蛹，5月下旬开始羽化。成虫在田间荸荠自生苗上产卵危害。在浙江，越冬代发蛾高峰期出现在6月初，第一代发蛾高峰期在7月下旬，第二代在8月下旬，第三代在10月中旬。1～3代幼虫危害当年荸荠种苗田和栽植田，2～3代发生量大。第四代发生于9月下旬至11月上旬，该代幼虫在11月中旬进入越冬。

成虫具有趋绿产卵习性，趋光性弱，不善飞，羽化、交尾和产卵都在夜晚进行。卵多聚产于荸荠叶状茎近顶部6～7cm处，少数产于附近莎草科、禾本科杂草和作物上，多数1茎有1个卵块，少数有2～3个卵块。初孵幼虫具有群集性，在茎秆中部蛀入并向下蛀害，1个叶状茎内可有虫数条至数十条。幼虫能吐丝下垂，随风飘落他处，二至三龄幼虫可转株危害，老熟幼虫在茎基部做茧化蛹。早栽的田块和植株生长嫩绿的田块受害期长，受害最重。

【防治方法】

1. 栽培防治　在荸荠采后至翌年3月上旬收集残株烧毁，清洁田园。在5月上旬越冬代蛹羽化前铲除荸荠自生苗，以压低第一代虫口数。因地制宜地调节栽植期，以避过第二代危害和减少第三代虫口。在化蛹期适时适度深灌，杀灭虫蛹。

2. 药剂防治　药剂防治要狠治2代和3代，早治4代。在2代、3代发生期各喷药2次，第一次在卵孵化高峰后1～2天，隔7～8天后再喷一次，皆以嫩绿田为重点施药田。在4代卵孵化高峰前2～3天喷药1次。喷雾法施药可用25%杀虫双水剂500倍液，或80%敌敌畏乳油1 000～1 500倍液，或20%三唑磷乳油800～1 000倍液。用5%氟虫腈悬浮剂喷雾，每667m^{2}用药20ml。泼浇法施药可用80%敌敌畏乳剂、40%稻虫净乳剂或50%杀螟松乳剂等，每公顷用药剂2 250ml，对水6 000L泼浇。

另外，在荸荠移栽后，第二代卵孵化高峰前4～5天可撒施3%氯唑磷颗粒剂，每公顷用药15kg，混细沙撒施，保持3～4cm浅水层数天，可保护整个生长季节不受害。

8. 慈姑钻心虫

慈姑钻心虫(*Phalonidia sp*),又名慈姑髓虫,属于鳞翅目细卷蛾科,是慈姑的主要害虫,幼虫钻蛀叶柄,受害叶折断凋萎。

【形态特征】

(1)成虫　翅展13～17mm,头部棕黄色,触角基部银黄色,其余部分褐色。胸腹部褐色。前翅银黄色,基部前缘有长三角形的褐斑,中部从前缘到后缘,有褐色宽中带,翅端部有不规则形褐色小斑。后翅灰褐色,有银白色缘毛。

(2)卵　乳白色,椭圆形,中央略隆起,卵块鱼鳞状。

(3)幼虫　4龄,老熟有翅体长13～16mm,浅绿色,越冬幼虫有的淡紫红色、黄褐色或黄绿色。

(4)蛹　体长7.5～9.5mm,黄褐色,复眼深褐色。

【发生规律】 1年发生3～4代,世代重叠。老熟幼虫在慈姑的残株叶柄中越冬。翌年6月中旬开始化蛹,6月下旬羽化。第一代幼虫危害高峰期在7月中下旬,第二代在8月中下旬,第三代在10月上中旬,10月底至11月初老熟幼虫进入越冬。秋季气温较高年份,还可能发生不完整的第四代。第一代危害早栽慈姑,全年以第二、第三代危害较重。

成虫白天栖息在植株上,夜间活动。雌虫多在慈姑绿色叶柄上产卵,少数在叶片两面产卵。多数卵块有70～80粒卵,排成3～4行,呈鱼鳞状。初孵幼虫群集,爬到距水面1～3cm的叶柄处,蛀入表皮。在叶柄内逐渐向上蛀食,二龄后能转株危害。老熟后在叶柄内化蛹。

【防治方法】

1. 栽培防治　种植前清除慈姑残茬,消灭越冬幼虫。幼虫钻入叶柄后,叶片折断下挂,要立即将有虫的叶和叶柄一起按入泥中沤杀。

2. 药剂防治　在幼虫孵化初期，及时喷布80%敌敌畏乳剂1 000倍液，或40%乐果乳油1 000倍液，或2.5%溴氰菊酯2 000～2 500倍液。也可喷布18%杀虫双水剂，每667平方米用药250ml，对水50～60kg喷雾。各种药剂要轮换使用。

9. 菱萤叶甲

菱萤叶甲（*Galerucella birmanica*）又名菱角金花虫，属鞘翅目叶甲科，是菱角的毁灭性的害虫。以成、幼虫啃食菱角叶肉，形成大量孔洞缺刻，严重发生时吃光菱叶，造成减产甚至绝收。该虫除危害菱角外，还可危害芡实、莼菜、假水仙等水生植物。

【形态特征】

(1)成虫　体长约5mm，灰褐色，被白色绒毛。前胸背板两侧黑色，中央有“工”字形光滑区域，小盾片黑色，鞘翅折缘黄色。腹部可见5节，第五节后缘中央有一缺口。

(2)卵　近椭圆形，初产黄色，后变橙色。卵端有一圆形红斑，卵纹网络状突起。

(3)幼虫　3龄，蠕虫形，12节。胸节中央有一纵沟，各腹节背面有一横褶。三龄体长6～9mm。

(4)蛹　体长5～5.5mm，初鲜黄色，后变暗黄色。两侧有黑色气门6对，尾端常被老龄幼虫残皮所包裹。

【发生规律】　在长江流域每年发生6～8代，世代重叠。以成虫在菱角、芦苇残茬或土缝中越冬。翌春待菱盘和莼菜露出水面，即迁入取食，并交配产卵。第一代发生期为5月初至6月上旬，第二代为6月上旬至7月上旬，第三代6月底至7月中旬，第四代7月中旬至8月上旬，第五代8月上旬至9月上旬，第六代8月下旬至9月下旬，第七代9月下旬以后。10月下旬成虫陆续进入越冬。全年以6月中旬至7月中旬危害最重。

成虫在早晨和阴天较活跃，取食叶片，咬成孔洞，昼夜均能交尾和产卵，有假死习性。卵块产于菱盘中层叶片正面，每块卵排成4～5行。幼虫取食叶片的叶肉和上表皮，残留下表皮。三龄为暴食期。蛹粘在叶片上。

菱萤叶甲不耐高温，抗寒性也较弱，生长发育适温20℃～32℃。雨水对低龄幼虫有明显的冲刷致死作用。7月下旬以后，由于高温、暴雨和台风的影响，田间虫口密度往往下降。

【防治方法】 秋后要及时处理衰老菱盘，用作堆肥或饲料，彻底铲除杂草，减少越冬虫口。菱叶受害初期，及时喷药。有效药剂有5%氯氰菊酯乳油3 000～4 000倍液，10%苄醚菊酯悬浮剂1 500～2 000倍液，10%乙氰菊酯乳油1 000～1 500倍液，25%杀虫双乳油500～1 000倍液，或90%晶体敌百虫800～1 000倍液等。间隔5～7天喷雾一次，连续防治2～3次。菊酯类农药对鱼毒性大，切忌在养鱼的菱塘使用。

10. 水生蔬菜其他害虫

1. 中华稻蝗 中华稻蝗(*Oxya chinensis*)属直翅目斑腿蝗科稻蝗亚科，主要危害水稻、茭白、玉米、禾草等禾本科植物，也食害豆科、旋花科、锦葵科、茄科等多种植物。以成、若虫蚕食寄主叶片，严重时仅留主脉或全部吃光。

成虫前翅长，后足发达，善跳跃。雄虫体长15～33mm，雌虫19～40mm，全体黄绿色、绿色、褐绿色。前翅前缘绿色，其余淡褐色。头宽大，卵圆形，头顶前伸，触角丝状。头部两侧在复眼后方各有黑褐色丛带1条，延伸直至前胸背板后缘为止。前胸背板后横沟，位于中部之后。翅长超过后足腿节末端。雄虫尾端近圆锥形。雌虫产卵瓣长，上、下瓣大，外缘具细齿。若虫5～6龄，少数7

龄。一龄灰绿色，头大，无翅芽。三龄浅绿色，背中带明显，微露翅芽。四龄翅芽长达腹部第一节，末龄翅芽超过腹部第三节。

该虫分布广泛，在长江中下游以北地区每年发生 1 代，以南地区发生 2 代。以卵块在田埂、堤坝、荒滩潮湿的土中或杂草根际、稻茬株间越冬，翌年 4～7 月份由南向北逐渐孵化。初孵幼虫先取食杂草，三龄后扩散危害茭白、水稻、豆类等作物。五龄或六龄后羽化成为成虫，8 月中旬为羽化盛期，8 月中下旬为成虫产卵盛期。卵成块，外包卵囊，多产在田埂两侧土壤中，每雌产卵 1～3 块。9 月下旬以后成虫陆续死亡。成虫寿命 59～113 天，若虫期 42～55 天，1 代区卵期 6 个月，2 代区第一代 3～5 个月，第二代近 1 个月。

防治稻蝗要采取综合措施。冬、春季彻底铲除田埂、地头和渠沟边的杂草，杀灭蝗卵。充分开发利用稻田附近荒地，减少杂草滋生。保护青蛙、蟾蜍、鸟类等天敌，放鸭啄食。采用网捕、拍打等方法人工捕捉，在若虫三龄前抓紧药剂防治。先重点防治田埂、地边、渠旁杂草中的蝗蝻，防止扩散。可喷施 90%晶体敌百虫 800 倍液，或 80%敌敌畏乳油 800 倍液，或 50%马拉硫磷乳油 1 000 倍液，或 5%氟啶脲乳油 1 000 倍液等。当蝗虫进入稻田后，还可喷施 25%氰·辛乳油或 5%高效氯氰菊酯乳油，每 667 平方米用药 25～30ml，或 20%杀灭菊酯乳油 30～40ml，5%杀虫双水剂，每 667 平方米用 200ml，均对水 50L 喷雾。

2. 斜纹夜蛾　斜纹夜蛾又名莲纹夜蛾，不仅是陆生蔬菜的大害虫，也严重危害水生蔬菜，莲藕、水芹等受害最重。

斜纹夜蛾是多食性和暴食性害虫。危害莲藕的立叶，一至二龄幼虫在莲叶背面啃食表皮和叶肉，残留正面表皮和叶脉，呈纱网状。四龄以后进入暴食期，咬食叶片成缺刻和孔洞，甚至仅留主脉。大发生时能吃光叶片，被害植株成为光秆，还能取食嫩茎。从二龄起就能取食花蕾和花。幼虫能转移危害，将一块地吃光后，就爬迁到邻田继续取食。老熟幼虫能游水到岸边土壤中化蛹。成虫多产卵在叶片背面叶脉分叉处，少数产在叶片正面、叶柄和茎上。

防治斜纹夜蛾，可设黑光灯诱蛾（斜纹夜蛾及毒蛾成虫）。在幼虫三龄前喷药防治，有效药剂较多，例如5%氟虫腈悬浮剂2 000～2 500倍液，5%氟虫脲乳油1 500倍液，20%三唑磷乳油800～1 000倍液，10.8%四溴菊酯乳油5 000～6 000倍液，5%增效氯氰菊酯乳油1 500倍液，或10%悬浮液剂2 000～2 500倍液，50%丁醚脲可湿性粉剂1 000～1 500倍液，或40%辛硫磷乳油1 000～1 500倍液等。关于斜纹夜蛾的详细说明参见本篇第二章。

3. 稻负泥虫　稻负泥虫（*Oulema oryzae*）属于鞘翅目叶甲科，分布广泛，是水稻的重要害虫，也危害茭白等水生蔬菜。成虫、幼虫均取食叶肉，残留叶脉和透明的表皮。被害叶上形成许多白色条斑，严重时全叶发白枯死。

成虫为小型甲虫，体长4～4.5mm。头黑色，前胸背板黄褐色到红褐色，密布细刻点，后方有1明显凹缢。鞘翅青蓝色，有金属光泽。鞘翅上有10条纵行刻点。足黄色至黄褐色。体腹面黑色。卵长约0.7mm，长椭圆形，一端稍粗，初产时淡黄色，渐变暗绿色或灰褐色，将孵化时为墨绿色。幼虫共4龄，初孵幼虫头红色，体淡黄色。老熟幼虫体长约4～6mm，头黑褐色，胸、腹部黄绿色到乳白色，体背明显隆起。幼虫孵化后不久，便将灰黄色至墨绿色的粪便堆积在体背上，故称“负泥虫”。蛹长约4.5mm，蛹外有灰白色棉絮状茧。

稻负泥虫一年发生1代，以成虫在背风向阳的山坡、田埂、沟边和塘边等处的禾本科杂草丛中、根际土壤内越冬。春季，越冬成虫先在禾本科杂草上取食、活动，然后迁入水田。卵多聚产在近叶尖处，少数在叶背或叶鞘上。初孵幼虫常在心叶内取食，稍大后到叶片上危害。幼虫在早晨、傍晚或阴天活动，晴天中午躲在叶背、心叶等处。幼虫老熟后脱去背上屎堆，分泌白色泡沫，在稻叶或叶鞘上凝结成茧，在内化蛹。成虫羽化后不久就进入越冬。

防治方法为：①消灭越冬成虫，冬春结合积肥，路边、沟塘边等处杂草，消灭越冬成虫。②适时插秧，避开稻负泥虫的危害。低温高湿，雨水较多时有利于水稻负泥虫的发生。③要清除田边、路旁及沟边杂草，消灭越冬寄主，减少虫源。发生期间可在清晨用小扫帚将叶片上的幼虫轻轻地扫落水中，连续3～4次。④针对成虫和初孵幼虫喷药，有效药剂有90%晶体敌百虫1 000倍液，50%辛硫磷乳油1 000～1 500倍液，2.5%溴氰菊酯乳油3 000倍液等。

4. 稻蓟马 稻蓟马（*Chloethrips oryzae*）属缨翅目蓟马科，分布广泛，是水稻的重要害虫，也危害茭白、甜玉米、麦类等作物。成、若虫均锉吸寄主嫩叶汁液，使叶片出现白色小点，严重的全叶卷缩枯黄。

成虫褐色至黑褐色，雌虫体长1.2～1.4mm，头近正方形，触角7节，前胸背板长于或等于头长。前翅狭长，有2条纵脉。腹末锥形。雄虫体长1～1.2mm，腹部3～7节腹板具腺域，腹端钝圆。卵肾形，长约0.26mm，初产白色透明，后变淡黄色。若虫共4龄。一龄体长0.3～0.4mm，乳白色，无单眼和翅芽，三龄（前蛹）体长0.8～1.2mm，淡黄色，单眼模糊。四龄（蛹）长0.8～1.3mm，淡黄色，单眼3个，翅芽长达第六至第七腹节。

一年发生10～20代，从第二代开始出现世代重叠。以成虫在茭白、麦类、李氏禾、看麦娘等禾本科植物上越冬。成虫常藏身卷叶尖或心叶内，早晚及阴天外出活动，营两性生殖或孤雌生殖，有明显趋嫩绿产卵的习性。每雌产卵50多粒，卵散产于叶面脉间组织内，初孵幼虫多在幼嫩心叶上危害，二龄后群集在叶尖危害。5～6月份卵期约8天，若虫期8～10天。稻蓟马不耐高温，生育适温15℃～25℃，18℃时产卵最多，高于28℃，生长和繁殖即受抑制。在长江流域6～7月份多发，其间气温偏低的年份易大发生。

防治稻蓟马要在春季彻底清除田边杂草，减少越冬虫口基数。

药剂防治可喷施10%吡虫啉可湿性粉剂2 000倍液,或25%噻嗪酮乳油1 000倍液,或40%乐果乳剂或90%晶体敌百虫1 000倍液等。

5. 菱紫叶蝉 菱紫叶蝉(*Macrosteles purpurata*)属于同翅目叶蝉科,分布于长江中下游地区,是菱角重要害虫。成、若虫刺吸菱的茎叶,受害株生长迟缓,产量降低。此外,还危害芡实、莲、莼菜、绿萍、浮萍等水生植物。

菱紫叶蝉成虫体型小,紫色,头顶有两个黄色小斑。前翅紫色,前缘中部有1个椭圆形淡蓝色斑。腹部黄白色,每节侧板上有一褐点。若虫5龄,体紫色,腹部背面节间处和腹面色浅。

每年发生5~6代,世代重叠。成虫在河塘岸边莎草科杂草上产卵越冬。翌年5月初越冬卵孵化,若虫迁移到刚出水面的菱盘上危害,刺吸汁液。成虫产卵于菱叶柄浮器内,孵化后幼虫继续加害,受害菱叶皱缩发黄,菱盘早枯,结菱瘦小。每年7月初至8月下旬虫口数量最多,危害最重。

主要是秋后及时处理老菱盘,铲除塘边、沟边的莎草科杂草,减少越冬虫源。发生初期用90%晶体敌百虫1 000倍液,或40%乐果乳油1 500倍液,或25%杀虫双水剂500~1 000倍液,或2.5%溴氰菊酯2 000~2 500倍液喷菱盘叶面。每隔5至7天防治一次,连续2~3次。菊酯类农药对鱼毒性大,切忌在养鱼的菱塘使用。杀虫双对莼菜有严重药害,也要注意。

6. 福寿螺 危害水生蔬菜的软体动物主要有福寿螺、椎实螺、扁蜷螺等多种,取食莲藕、菱角、慈姑、芡实、茭白等水生蔬菜,以及水花生、水浮莲、水葫芦、绿萍等水生植物。成螺和幼螺喜食嫩芽、叶片和根,受害株茎叶破碎、叶片变色,甚至被吃光或腐烂死亡。还嗜食菱角、芡实等作物的花蕾,危害更大。福寿螺是大型螺类,食量大,危害也大。有害软体动物和福寿螺的基本知识在本篇第八章专题介绍。

第八章　有害软体动物

软体动物门的成员身体柔软，不分节，是软体动物，身体分头、足和内脏囊三部分。体外被套膜，部分种类分泌有贝壳。头部在身体的前端，其上生有眼、触角等感觉器官。足部通常位于身体的腹侧，为运动器官。内脏囊为内脏器官所在部分，常位于足的背侧。

危害农作物的软体动物隶属于腹足纲，其成员多营活动性生活，头部和足部左右对称。头部发达，具眼、触角。足发达，叶状，位于腹侧。体外多被一个螺旋形贝壳，故又称为螺类(图 3-64)。腹足类的贝壳形态为分类的重要依据。壳呈螺旋形，多数种类右旋，壳可分为两部分，即含卷曲内脏团的螺旋部和容纳头和足的体螺层。螺旋部一般由许多螺层构成，壳顶端称壳顶，各螺层间的界限称为缝合线，深浅不一。体螺层的开口称为壳口，壳口内侧为内

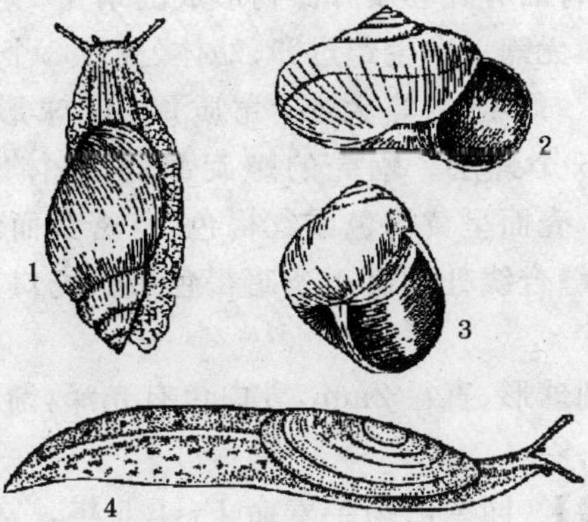

图 3-64　腹足类的外部形态

1、3. 灰巴蜗牛　2. 同型巴蜗牛　4. 野蛞蝓

唇，外侧为外唇。壳口常有一盖，称为厣。螺轴基部遗留的小窝称为脐，深浅不一。常见的蜗牛、蛞蝓等都属于柄眼目，其头部有触角 2 对，可以翻转缩入，前触角作嗅觉用，后触角顶有眼。

1. 同型巴蜗牛

同型巴蜗牛（*Bradybaena similaris similaris*）属腹足纲柄眼目巴蜗牛科，是我国常见的危害农作物的陆生软体动物之一，分布于我国南北各地，多与后述的灰巴蜗牛混生。蜗牛取食蔬菜、豆类、薯类、棉、麦、麻、桑、果木、花卉、食用菌等各种作物。蔬菜中的十字花科蔬菜、绿叶菜、豆类、瓜类、茄果类等都严重受害，近年更成为棚室栽培蔬菜的重要有害生物。蜗牛幼小时仅取食叶肉，残留叶表皮或吃成小孔洞，稍大后用唇舌刮食叶片，造成大的孔洞和缺刻。严重时可将叶片吃光或将小苗咬断。

【形态特征】 蜗牛头部发达，有 2 对可翻转缩入的触角，前触角较短小，有嗅觉功能，后触角较长大，顶端有眼。身体两侧有左右对称的足。背面有外套膜分泌物形成的蜗壳 1 枚。口腔有颚片和发达的齿舌，无鳃。一生经过卵、幼体、成体 3 个时期。

（1）成体　蜗壳中等大小，壳质厚，扁球形，高 12mm，宽 16mm，有 5～6 个螺层。蜗壳的螺旋部低矮，体螺层宽大，壳顶钝，缝合线深。壳面呈黄褐色或红褐色，有密集而细致的生长线，体螺层周缘或缝合线处常有 1 条暗褐色带。壳口马蹄形，脐孔小而深，呈洞穴状。

（2）卵　圆球形，直径 2mm，乳白色有光泽，渐变淡黄色，近孵化时为土黄色。

【发生规律】 同型巴蜗牛寿命 1～1.5 年，一年繁殖 1 代，以成体或幼体蛰伏在作物根部湿土中越冬，也有的在菜田残茎落叶层内、草丛中、石块下、房前屋后土缝中越冬。越冬蜗牛在翌年 3

月初开始取食，严重危害棚室中的蔬菜幼苗，可将菜苗叶片、叶柄吃光。4～5月份成体交配产卵。1年中有两个危害盛期，春季是第一个危害盛期，严重危害露地蔬菜。夏季干旱高温，进入土壤中、草丛中蛰伏越夏。气温降低后，又复活动危害，交配产卵，并大量取食各类秋播蔬菜。秋季是第二个危害盛期，11月中下旬以后陆续进入越冬。

同型巴蜗牛生活于阴暗潮湿、多腐殖质的环境，适应性广。不耐干旱、高温和强光，白天多潜伏不动，夜间出来取食。遇阴雨天气，昼夜都可活动危害。夏季常隐蔽起来，分泌黏液形成蜡状膜将壳口封住，暂时不食不动，温湿条件适宜后恢复活动。同型巴蜗牛雌雄同体，异体交配。任何个体都能产卵，有多次产卵习性。卵多聚产于根际疏松湿润的土中、缝隙中、枯叶或石块下。

【防治方法】

1. 栽培防治　要创造不利于蜗牛滋生和产卵的生境。蔬菜收获后，及时清除植株残体和翻耕土地，铲除田间、地埂、沟边的杂草，不施用未腐熟的农家肥。低湿地块要开沟排水，雨后及时中耕松土，降低田间湿度。菜田用地膜覆盖，可抑制和阻隔蜗牛的活动。在菜田周围或垄间撒布生石灰粉（每平方米7.5～11g）有保护作用，蜗牛碰到生石灰就会死亡，可防止蜗牛进入菜田。

2. 捕杀　发生数量较少时，可寻找蜗壳，捡拾蜗牛，集中杀灭。晴天傍晚19～21时，最宜捕捉，可连续几天进行。还可于傍晚用菜叶、蚕豆叶或绿肥植物叶片等堆成小堆，诱集蜗牛，翌日捕捉诱到的蜗牛，集中杀死。

3. 药剂防治　在蜗牛群体较大，即将进入危害始盛期时，需进行药剂防治。杀软体动物的药剂种类较多，可选用的药剂详见表3-2。现仅以6%密达颗粒剂为例说明。6%密达颗粒剂每667m^2用药量为420～600g（也有的推荐用药量为每667$m^2$250～550g），用药量可根据蜗牛密度适量增减。在田边、棚室四周、作物行间,或其他蜗牛经常出没处施药。颗粒剂可直接撒施,也可加细沙土拌匀后撒施在地表面或作物根部,尽量不要污染菜叶。种苗田可在播种后施用,本田在蔬菜移植后施用。傍晚或雨后是蜗牛活动取食时段,施药效果最佳。在蜗牛繁殖高峰期,可在第一次用药两周后,再适量施药一次。施药后如遇大雨,药剂被冲散到土壤中,会降低药效,需补充施药。土壤温度13℃～28℃用药较佳,在低温、高温或干旱时,蜗牛活动减弱,对发挥药效会有不利影响。另外,密达也不宜与化肥农药混合使用。

表3-2 杀软体动物药剂部分品种

制剂名称	使用方法	备注
6%四聚乙醛颗粒剂	每667平方米用420～600克制剂撒施,防治蜗牛、蛞蝓、福寿螺	有效成分是四聚乙醛。有胃毒、触杀作用,有一定的引诱作用。对人、畜毒性中等,对鱼低毒
5%梅塔颗粒剂	每667平方米用480～660克制剂撒施,防治蜗牛、蛞蝓、福寿螺	有效成分是四聚乙醛。
2%灭旱螺饵剂	防治蜗牛每667平方米用500～600克制剂,防治蛞蝓每667平方米用333～500克制剂	有效成分为灭梭威。杀软体动物主要是胃毒作用。不能与碱性农药混用
70%百螺杀可湿性粉剂	每667平方米用药量29～33克制剂,喷雾或撒毒土,防治福寿螺	有效成分为杀螺胺。对人、畜低毒,对鱼有毒。用于防治水稻福寿螺、旱地蜗牛、蛞蝓等
45%百螺杀可湿性粉剂	每667平方米用制剂40～60克,喷雾,防治福寿螺	有效成分为三苯基乙酸锡。对鱼虾有毒
30%除蜗净母粉	每667平方米用制剂250～500克,毒饵撒施,或对水稀释800～1000倍喷雾	有效成分为甲萘威和四聚乙醛,对蜗牛、蛞蝓、福寿螺等有触杀、胃毒和神经毒杀作用。不可与碱性农药混用

续表 3-2

制剂名称	使用方法	备注
6%甲萘·四聚颗粒剂(除蜗净2号)	每667平方米用制剂540～675克,地面撒施	有效成分为甲萘威和四聚乙醛
6%蜗克星颗粒剂	每667平方米用制剂567～700克,地面撒施	有效成分为甲萘威和四聚乙醛
6%除蜗灵毒饵剂	每667平方米用制剂650～700克,撒施	有效成分为甲萘威和四聚乙醛
6%蜗克颗粒剂	每667平方米用制剂400克左右,撒施	有效成分为甲萘威和四聚乙醛,是低毒诱杀、触杀剂
80.3%克蜗净可湿性粉剂	每667平方米用制剂250～300克,喷雾防治旱地蜗牛	有效成分为速灭威和硫酸铜。限长江中下游及其以北地区使用

2. 灰巴蜗牛

灰巴蜗牛(*Bradybaena ravida ravida*)为多食性动物,属于腹足纲柄眼目巴蜗牛科,分布广泛,危害多种蔬菜和其他农林作物,低湿菜田和棚室中发生普遍而严重,危害状与同型巴蜗牛相同。

【形态特征】 灰巴蜗牛蜗壳比同型巴蜗牛高大,近圆球形,高19mm,宽21mm,有5.5～6个螺层,体螺层膨大。壳面黄褐色或琥珀色,有细致而稠密的生长线和螺纹。壳顶尖,壳口椭圆形,脐孔狭窄,缝状。蜗内身体与同型巴蜗牛相似。卵圆球形,白色。

【发生规律】 灰巴蜗牛一年繁殖1～2代。江浙一带每年发生1代,11月下旬开始以成体或幼体蛰伏在作物根部土壤中越冬，也有的在菜田残茎落叶层内、石块下或土缝中越冬。越冬蜗牛在翌年3月初开始取食，4月下旬至5月上中旬成体交配产卵，并大量取食。夏季干旱高温，就隐蔽潜伏，秋季继续危害繁殖，直至越冬。

灰巴蜗牛性喜阴湿，雨水较多时可昼夜活动取食，连续降水后大量繁殖。干燥时蜗牛白天潜伏，傍晚、夜间和清晨活动取食。遇干旱、高温或强光之后，常隐蔽不动。蜗牛以足部肌肉的伸缩活动爬行，行动迟缓。爬行时分泌黏液，留下发亮的痕迹。

卵成堆产于作物和杂草根部土壤中、石块下或土缝中。卵的表面具黏液，干燥后把卵粒粘在一起呈块状。初孵幼贝多群集取食，长大后分散危害。

【防治方法】 参见同型巴蜗牛的防治方法，多与同型巴蜗牛混合发生，可一并防治。

3. 野蛞蝓

野蛞蝓属于腹足纲柄眼目蛞蝓科，学名 *Agriolima agrestis*，分布于南北各地，危害十字花科、豆科、茄科蔬菜和绿叶菜以及其他作物，在棚室中也能严重危害。野蛞蝓初期食量较小，仅刮食叶肉，残留叶表皮或吃成小孔洞，稍大后用唇舌刮食叶、茎，造成大的孔洞和缺刻。严重时可将叶片吃光或将小苗咬断。幼苗还因生长点被刮食而形成秃顶。排出的粪便严重污染菜株。

【形态特征】 蛞蝓类陆生，体柔软，外形呈不规则的圆柱形。贝壳退化为一石灰质的薄板，通常被外套膜包裹而成内壳。身体经常分泌黏液，爬行后留下银白色的痕迹。

1. 成体 体长20～25mm，爬行时体长达30～36mm，无外壳，身体柔软，暗灰色、暗红色或黄白色。少数有明显的暗带或斑点。触角黑色，前面1对触角短，长约1mm，有感觉作用，后面1

对触角长，长约 4mm，眼位于触角顶端，黑色。口在头的前方，口腔内有 1 对角质的齿舌。体背前端 1/3 具外套膜，其边缘稍卷起，内有一个退化的蜗壳，称为盾板。外套膜有保护头部和内脏的作用，在外套膜的后方右侧有吸孔，孔周围有细小的带环绕。生殖孔在右触角后方约 2mm 处。虫体具腺体，可分泌无色透明的黏液，因而爬过的地方有白色发亮的痕迹。

2. 卵　直径 2～2.5mm，椭圆形，淡黄白色，透明，从卵壳外面能透见明显的卵核。多数一卵 1 核，有的一卵有 2～3 个卵核。临近孵化时，卵核颜色变深。

3. 幼体　初孵体长 2～2.5mm，淡褐色，体形与成体相似。

【发生规律】　在我国各地一年发生 1～6 代，以成体或幼体在寄主根部湿土下越冬。在黄淮流域，3 月份越冬成体或幼体开始活动，5～7 月初为危害盛期。入夏后因气温升高，活动减弱，潜入土中或草丛中越夏。8 月中下旬以后气温降低，又开始大量活动，危害秋菜。11 下旬进入越冬。在大棚和温室中，冬季仍可活动危害。

野蛞蝓雌雄同体，异体受精。4～5 月份和 9～10 月份为产卵盛期。卵多产于湿度较大的土缝里，产卵期可达 160 天，每成体平均卵量 400 粒左右。卵期约 15 天，从孵化到成体约需 55 天，成体平均寿命 230 天，最长可达 300 天，短的仅有 89 天。

野蛞蝓性喜阴暗，怕光怕热，在强烈的阳光下 2～3 小时即被晒死，白天潜伏，隐蔽在近地面植物叶背等遮光处，多在下午 6 时以后出来活动取食，晚 10～11 时达活动高峰，后半夜活动减弱，清晨又陆续进入潜伏。阴雨天昼夜活动取食。野蛞蝓耐饥力很强，在食物缺乏或干旱高温条件下，能长时间潜伏在阴暗土缝或草丛中，不食不动。

野蛞蝓的活动和危害程度与气温和土壤湿度有密切关系。气温 11.5℃～18.5℃，土壤含水量 20%～30%时，最有利于野蛞蝓生长发育和取食活动。若温度升至 25℃以上，就隐蔽在土缝中或潮湿土块下，停止活动。土壤含水量低于 10%或高于 40%时，其生长受抑甚至死亡。

【防治方法】

1. 栽培防治 秋冬季清除作物残体，深翻菜地，彻底清除田间和大棚周围的杂草残叶等，减少野蛞蝓栖息地和产卵场所，降低虫口基数。在夏季棚室空闲时，选择晴天，严密封闭大棚农膜，高温闷棚，使棚内气温升至 60℃以上，杀死野蛞蝓。还可实行地膜覆盖隔离，使野蛞蝓白天无法潜入土壤，膜下的成、幼体夜间也不能爬出危害。

2. 人工捕杀 发生数量较少时，可人工捕捉，集中杀灭。还可于傍晚用菜叶、蚕豆叶或绿肥植物叶片等堆成小堆，诱集野蛞蝓，翌日捕捉诱到的蛞蝓，集中杀死。还可在傍晚或夜间喷洒氨水 70～100 倍稀释液或碳酸氢铵 50 倍液毒杀野蛞蝓和蜗牛。在田间野蛞蝓出没地段撒石灰粉（每平方米 7.5～11 克），野蛞蝓黏着石灰粉就会死亡。在棚室、田块四周撒施石灰带，可阻止野蛞蝓进入。

3. 药剂防治 土壤表面撒施可用 6%密达颗粒剂（每平方米用 0.7～1 克），梅塔 5%颗粒剂，灭旱螺 2%饵剂（每平方米用 0.5～0.75 克），30%甲萘·四聚（每平方米用 0.375～0.75 克）等，于傍晚时均匀撒在蔬菜根际周围，或撒施在野蛞蝓时常出没处的土壤表面，杀死晚间爬出来取食的野蛞蝓。

撒施毒饵诱杀，可用四聚乙醛制剂配成的毒饵或敌百虫毒饵。前者用梅塔 5%颗粒剂，与豆饼粉或玉米粉等按 1∶10～20 的比例配成毒饵。后者用 90%敌百虫可溶性粉剂 1kg 对水 10L 配成药液，均匀喷拌 100kg 麸皮或玉米粉制成毒饵。均于傍晚撒在棚室周围、畦面和蔬菜根际土壤表面上。

喷雾施药可在阴天上午或晴天清晨，即野蛞蝓尚未潜入土之前实施，可喷施 30%甲萘·四聚母粉配制成 800～1 000 倍药液，百螺杀 70%可湿性粉剂 2 000～2 500 倍液喷雾，或氨水 70～100 倍液或 1%食盐水等，把药液直接喷洒到野蛞蝓虫体上。

4. 双线嗜黏液蛞蝓

双线嗜黏液蛞蝓（*Philomycus bilineatus*）属于腹足纲柄眼目嗜黏液蛞蝓科，分布于南北各地，生活在农田阴暗潮湿的地方，食害白菜、甘蓝、花椰菜、油菜、莴苣、菠菜、马铃薯、芦笋等多种蔬菜，以及棉、麦、甘薯、烟草、花卉、果木、食用菌等。还分泌黏液污染蔬菜产品。

【形态特征】

1. 成体　全体裸露，柔软而无外壳，外套膜覆盖全身。体前端较宽，后端狭长。体长 30～80mm，宽 12mm，伸展时长度可达 120mm。体色灰白色至深灰色，背部中央有一条黑色斑点组成的纵带，两侧各有一条由细小的黑色斑点组成的纵带，足为肉白色。身体满布腺体，分泌乳白色黏液。触角两对，蓝褐色。呼吸孔圆形，位于右触角后 3mm 处。

2. 卵　圆球形，宽 2～3mm，初产乳白色，后变灰褐色，孵化前黑色。卵块少的有 8～9 粒，多的有 20 余粒。

3. 幼体　初孵幼体白色或白灰色，半透明，长约 2.5～3.5mm，宽约 1mm。1 周后体长达 3～5mm，2 周后达 7～10mm，2 个月后达 20～30mm，5～6 个月后成为成体。

【发生规律】　在浙江一年发生 1 代，以成体在菜株和树木基部、土块下、草丛中、沟渠边等处越冬。2 月份开始活动取食，3 月中旬开始交配产卵，卵聚产于作物根部、土壤中或树叶下。4 月中旬卵开始孵化，5～6 月份为幼体发生高峰期，也是危害最严重的时期。7～8 月份干旱高温，潜入地下蛰伏，8 月下旬开始出现成体,9～11 月份为成体发生高峰期,但危害比春季轻,12 月份开始入土越冬。

双线嗜黏液蛞蝓怕光喜阴,白天潜伏在菜株基部、土下、草丛中和树皮隙缝中,黄昏后陆续活动取食,天亮前又潜伏。阴天常成群爬出寻食。有趋甜趋香习性,耐饥力强。高温、高湿和干燥均不利于其生存,温度 15℃～25℃,相对湿度 60%～75%最适于生存。

【防治方法】

1. 农业防治 田间覆盖地膜,阻隔蛞蝓,使之白天无法入土潜伏,土内的夜间也不能爬出危害。在大棚、菜田四周撒石灰粉(每 667 平方米用 5 ～ 7.5kg),蛞蝓接触石灰死亡。在夏季7～8月间密闭大棚,实行高温闷棚,利用高温杀死蛞蝓。

2. 药剂防治 撒施密达 6%颗粒剂、梅塔 5%颗粒剂,每 667 平方米用药 0.5 kg,在傍晚撒入菜地。用夹竹桃叶加些糖液或炒香的豆饼,做成毒饵,在傍晚撒入菜地,也可诱杀蛞蝓。

5. 福寿螺

福寿螺(*Pomacea canaliculata* 或 *Ampullaria gigas*)又名大瓶螺、苹果螺,属腹足纲,中腹足目,瓶螺科。原产于南美洲亚马孙河流域,1979 年作为养殖螺类引入台湾,后又被引入广东等地,并逃逸于农田、河川和天然湿地。该螺水陆两栖,食性杂,食量大,繁殖速度快,威胁入侵地的水生植物、水生贝类、污染水体,也是卷棘口吸虫、广州管圆线虫的中间宿主。福寿螺以成、幼螺啃食植物幼嫩组织,危害水稻以及茭白、莲藕、芡实、菱角等水生蔬菜。

【形态特征】

1. 成螺 成体淡黄色至橙黄色,爬行体长 3.5～6cm。爬行时头部和腹足伸出。头部具触角 2 对,前触角短,后触角长,后触角的基部外侧各有一只眼睛。螺体左边具 1 条粗大的肺吸管。具一螺旋状的螺壳，淡绿橄榄色至黄褐色，光滑，壳顶尖，有 5～6 个螺层，缝合线深，壳口阔且连续，高度占壳高的 2/3，壳高 8cm 以上，壳径 7cm 以上。贝壳的缝合线处下陷呈浅沟，脐孔大而深(图 3-65)。

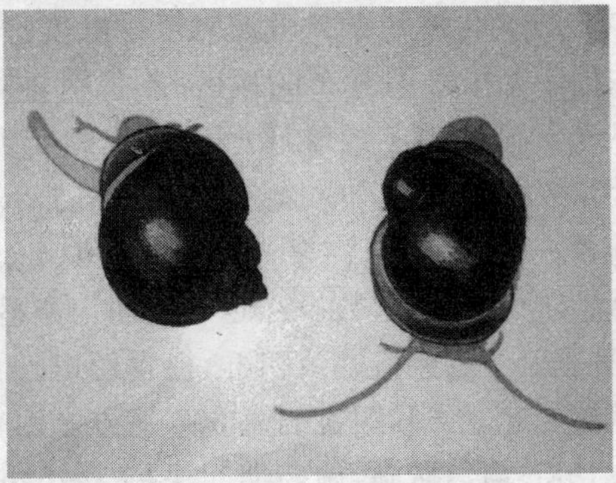

图 3-65　福寿螺形态

2. 卵　圆球形，直径 2～2.5mm，初产时粉红或鲜红色，表面有一层不明显的白色粉状物覆盖。卵块椭圆形，由 3～5 层卵粒叠覆成葡萄串状，色泽鲜艳，7～10 天后变白色至褐色。每个卵块有卵数十粒至千余粒不等。

3. 幼螺　初孵体长 2～2.5mm，软体部分呈深红色。初孵幼螺可在水中爬行，以后贝壳向右旋增加。螺口径在 2.5cm 以下的为幼螺或高齿幼螺。

【发生规律】　在广东每年发生 3 代，主要以成、幼螺在河沟渠道中越冬，少数在低洼潮湿的农田表土内越冬，3 月上旬开始交配产卵。成螺多在晚上爬出水面产卵于茎秆、沟壁、墙壁、田埂或杂草上。交配一次可产卵十多次，一年可产卵 2 400～8 700 粒，繁殖力极强。卵期 14 天，初孵幼螺有趋腐习性，长大后开始取食水生植物，幼螺发育 3～4 个月后性成熟。

成螺多栖息于水田和沟渠等处，底栖性，食性杂，喜食绿色植物。性喜高温，喜阴，怕光，暴露于阳光下会脱水而死。最适水温24℃～32℃，在8℃以下停止活动，15℃以上即可取食。有蛰伏和休眠习性。水干枯时干旱季节可钻入淤泥中，紧闭螺盖，不活动达90余天，一旦有水，又再度活跃。低温时可休眠度过150余天。

【防治方法】 无福寿螺分布的地区，不得引进养殖。已有福寿螺的地方要重点抓好越冬成螺和第一代成螺产卵盛期前的防治，压低第二代的发生量，并及时抓好第二代的防治。

1. 农业防治 整治水田、沟渠，破坏越冬和栖息场所，及时清除水田边的杂草，降低越冬基数。在越冬期和产卵盛期，人工捕螺择卵，集中深埋处理。螺卵盛期放鸭群，捉食幼螺。

2. 药剂防治 密达6％颗粒剂每667平方米用500～700克，拌干细土10～15kg均匀撒施，施药期间保持3～5cm浅水层7天以上。8％灭蜗灵颗粒剂每667平方米用1.5～2kg，碾碎后拌细土或饼屑5～7.5kg，在傍晚撒于受害植株根部。还可撒施梅塔5％颗粒剂（每667平方米用480～660克）或灭旱螺2％饵剂（每667平方米用500～600克）。百螺杀70％可湿性粉剂（每667平方米用29～33克），可撒毒土或喷雾施用。

45％百螺敌可湿性粉剂（每667平方米用40～60克）喷雾施用。该剂有效成分为三苯基乙酸锡（三苯醋锡），对鱼虾有毒，有的国家或地区禁止使用。无水的蔬菜喷施硫酸铜溶液，每667平方米用400～500克硫酸铜溶于50L清水中，均匀喷洒，在福寿螺繁殖期间，每隔半个月使用一次。

6. 褐云玛瑙螺（非洲大蜗牛）

褐云玛瑙螺（*Achatina fulica*）俗名非洲大蜗牛，属于腹足纲柄眼目玛瑙螺科，原产非洲东部，是生活在热带、亚热带的种类，我国南方有发生。寄主广泛，危害蔬菜、豆类、甘蔗、麻、甘薯、芭蕉等农作物，主要取食幼芽、嫩叶、嫩枝。褐云玛瑙螺也是人畜寄生虫和病原菌的中间宿主。

【形态特征】 贝壳大型，长卵圆形或椭圆形，外为石灰质稍厚，壳面为黄色或深黄色，带有焦褐色花纹，壳内为蓝白色或淡紫色。有6.5～8个螺层。螺旋部呈圆锥形，体螺层膨大，其高度约为壳高的3/4，缝合线深，壳顶尖。壳口呈卵圆形。无脐孔。壳高130mm，壳宽54mm(图3-66)。软体部分深褐色或牙黄色，足部肌肉发达，背面呈暗棕色，黏液无色。卵圆形，白色。

【发生规律】 主要生活在热带、亚热带，可休眠度过气温低的时期。喜栖息于植被丰富的阴暗潮湿环境及腐殖质多的地方，食性杂，食量大。6～9月份最活跃，气温17℃～24℃最适，早晨黄昏和夜间活动取食。白天在杂草丛生、农作物繁茂的阴暗、潮湿的生活环境和腐殖质丰富、疏松的土壤中。抗逆性强，当天气干燥，低温，环境不适宜时，常隐藏树叶背面、树洞或石缝中休眠。寿命5～6年，长的可达9年。

图3-66　褐云玛瑙螺

雌雄同体，异体交配，繁殖力较强，一次交配后，可在数月内多批产卵，每批卵100～400粒，全年可产卵1 200粒左右。卵多产于土壤中、石块下或树洞中。卵经30天孵化。幼螺多为腐食性，当年可长至50克，5个月即可交配产卵。

褐云玛瑙螺的卵和幼体可随菜苗、花卉、苗木、木材、车辆、包装箱等远程传播，螺卵还可混入土壤中传播。另外也可能作为食物、宠物而引进。

【防治方法】 要防止发生区域扩大,检查由发生区域调出的菜苗、花卉、苗木和包装箱等,一经发现要进行灭害处理。养殖场要隔离,养殖结束后应进行彻底的灭螺处理。发生区域要结合中耕除草和清园工作,摧毁其栖息地。在夜晚和清晨可进行人工捕捉,也可利用菜叶诱螺。药剂防治参看福寿螺。

7. 其他有害软体动物

1. 条华蜗牛 学名为 *Cathaica fasciola* ,属于腹足纲柄眼目巴蜗牛科。分布广泛,危害蔬菜、瓜果、棉、麦等作物。贝壳淡黄色,中等大小,圆盘形,有 5.5 个螺层。体螺层膨大,周缘中部有一条黄褐色带。壳口椭圆形,其中有一条白瓷状的肋。脐孔呈洞穴状。壳高 10mm,宽 16mm。卵椭圆形、白色。

2. 黄蛞蝓 学名是 *Limax flavus* ,属于腹足纲柄眼目蛞蝓科。分布广泛,危害多种蔬菜和其他作物。身体裸露、柔软,体型较大,体长伸展时可达 120mm,宽 12mm,深橙色或黄褐色,有零星的淡黄色或白色斑点。背部颜色较深,靠近足部两侧较浅。足为淡黄色。分泌黏液为淡黄色。头部有两对淡蓝色的触角。在体背前端 1/3 处有一椭圆形的外套膜,其前半部游离,当身体收缩时可覆盖其头部。外套膜内有一石灰质的盾板(即退化的贝壳)。喜阴暗潮湿的环境,昼伏夜出。

3. 高突足襞蛞蝓 学名 *Vaginulus alte*,属于柄眼目足襞蛞蝓科。分布于华南,常危害各种蔬菜、烟草及咖啡等。体扁圆筒形,活动时体长可达 80mm 以上,收缩时头尾弯曲呈拱形。体表黑褐色,有无数细小的颗粒突起,背部中央有一条细的黄褐色条纹,两侧有无数细小的黄褐色斑点。足为淡黄色,有三条纵沟,其中部区域有多数横皱褶。外套膜覆盖全身。

4. 细长钻螺 学名 *Opeas gracile*,属于柄眼目钻头螺科,是我国南方蔬菜及花卉苗期的重要害螺。主要危害十字花科蔬菜和各种花卉的幼苗，成、幼螺啮食幼芽和嫩叶。

贝壳小型，壳质薄，易碎，透明，呈细长塔形，有 6.5～8 个螺层。螺旋部高，尖细呈塔形，体螺层膨大。壳顶钝，缝合线深。壳面呈淡黄褐色或淡黄白色，并有稍密而纤细的生长线。壳口呈椭圆形，口缘完整，薄而锋利，易碎。无脐孔。壳高 7.5～9mm，宽 3～4.5mm。

5. 滑榈果螺　学名 *Cochlicopa lubrica*，又称旱螺丝，属于榈果螺科，多分布于北方各地，主要危害蔬菜。贝壳小，似纺锤形，壳薄。壳面光滑而有光泽、半透明，呈褐黄色。有 5～7 个螺层，螺旋部较高。缝合线明显。壳顶钝。壳口呈梨形，周缘完整而锋利，轴缘垂直。无脐孔。壳高 7mm，壳宽 2.8mm。卵圆形，白色，产于湿润的土壤中。

第四篇　药 物 篇

第一章　农药概述

农药是用于防治危害经济植物的有害生物和调节植物生长的化学药品。农药的种类很多，根据原料来源不同，可分为无机农药、有机合成农药和生物源农药等。按照防治对象和用途的不同，可区分为杀菌剂、杀虫剂、杀螨剂、杀软体动物剂、杀鼠剂、除草剂、植物生长调节剂等。

一、主要农药种类

(一)杀 菌 剂

对杀菌剂有广义的和狭义的两种解释，广义的解释是泛指对各类病原微生物有效的药剂。狭义的解释专指能够抑制或杀死真菌、卵菌的药剂，以区别于杀细菌剂、杀病毒剂、杀藻剂等。通常采用广义的解释，因为实际上专用于杀细菌或病毒的药剂很少。

1. 杀菌剂的作用方式　杀菌剂对病原微生物的作用机制非常复杂，大致可概括为杀菌和抑菌两方面，前者是杀死菌体，后者是抑制其生长发育或器官形成。杀菌剂防治病害的方式主要是保护作用与治疗作用。保护作用是指药剂仅对施药部位表面的病原菌表达杀菌或抑菌活性，阻止病原菌侵入植株，而对在施药前已经侵入植株内部的病原菌无效。治疗作用是指药剂可以通过内吸或渗透作用进入植物体内，杀死或抑制已经侵入的病原菌，铲除已经建立的侵染点。

保护性杀菌剂仅有保护作用，大多为杀菌谱广而杀菌活性较低的药剂，需在病害发生前施药，起预防病害的作用。

通常兼具保护作用和治疗作用，施药时间比较灵活。根据治疗作用强度和范围的不同，又可区分为局部治疗性杀菌剂和系统治疗性杀菌剂，后者就是内吸杀菌剂。

局部治疗性杀菌剂具有一定的内渗性或局部内吸性，能深入施药部位表皮层之下或浅层组织，杀死或抑制已经侵染的病原菌。

内吸性杀菌剂施用后能够被植物体所吸收，并在植物体内系统输导。输导方式有两种，一种是向顶性输导，即药剂由植物根部吸收后随蒸腾液流向植株顶部输导。另一种是向基性输导，即药剂被植物体吸收后沿韧皮部内光合产物的输送途径由顶部向基部输导。当前的内吸性杀菌剂多具有向顶性输导能力，部分品种可双向输导。

另外，还有一些病害防治药剂具有激发植物抗病性的作用。例如，苯并噻二唑(BTH)、中科2号(5%寡聚半乳糖醛酸)、中科6号(2%氨基寡糖素)、康壮素、OS施特灵等。这类药剂与杀菌剂不同，其本身并不能杀菌或抑菌，而是通过诱发植物本身的防卫反应，表达抗病性，来达到控制病害的目的，可称之为“植物诱抗剂”。但由于当前种类很少，尚待建立合理的评价方法和使用技术，有时也归入杀菌剂中一并介绍。

2. 杀菌剂的来源及成分 根据材料来源和化学成分的不同，可分为无机杀菌剂、有机杀菌剂和生物源杀菌剂。

(1)无机杀菌剂 是由矿物原料加工制成的，主要有无机铜制剂和无机硫制剂，皆为保护性杀菌剂。无机铜制剂种类较多，有氢氧化铜、络氨铜、氧氯化铜、氧化亚铜、碱式硫酸铜、波尔多液等。无机硫制剂有硫磺、石硫合剂、多硫化钡等。硫制剂还兼有杀虫和杀螨作用。无机杀菌剂使用成本低，药效可靠，病原菌不易产生抗药性，但多不能与其他常规农药混用，使用不当易生药害。

(2)有机杀菌剂　是人工合成的有机化合物农药,分非内吸性和内吸性两类。有机杀菌剂用量少,药效高,见效快,机制复杂,性能多样,可适应各种不同的需要。但往往对菌类的作用点单一,病原菌易生抗药性,某些品种有高残留问题,易污染环境。

①非内吸性有机杀菌剂:主要有硫代氨基甲酸盐类(代森锌、代森铵、代森锰锌、福美双等),取代苯类(百菌清、五氯硝基苯),有机铜类(松脂酸铜、琥胶肥酸铜),二甲酰亚胺类(异菌脲、灭菌丹、乙烯菌核利),甲氧基丙烯酸酯类(嘧菌酯、醚菌酯、肟菌酯等),吡咯类(咯菌腈),咪酰胺类(咪鲜胺、咪鲜胺锰络合物)等。

②内吸性杀菌剂:种类多,化学结构复杂多样。主要有苯并咪唑类(多菌灵、多菌灵盐酸盐、苯菌灵、噻菌灵、丙硫咪唑等),硫脲基甲酸酯类(甲基硫菌灵),三唑类(三唑酮、烯唑醇、氟菌唑、腈菌唑、苯醚甲环唑、氟硅唑、三环唑、丙环唑等),有机磷类(三乙膦酸铝、稻瘟净、异稻瘟净),酰胺类(甲霜灵、噁霜灵),噁唑类(恶霉灵),亚胺类(腐霉利、菌核净、敌菌丹、克菌丹、灭菌丹等),氨基磺酸类(敌磺钠),嘧啶胺类(嘧霉胺)、肉桂酸衍生物(烯酰吗啉、氟吗啉)以及其他。

(3)生物源杀菌剂　主要为抗生素,主要品种有多抗霉素、中生菌素、农抗120、农用链霉素、春雷霉素、井冈霉素、宁南霉素等。抗生素多兼具保护和治疗作用,有的品种还有较强的内吸作用。

(二)杀虫剂

用于杀灭害虫或控制害虫危害水平的农药,统称为杀虫剂。20世纪30年代前使用的第一代杀虫剂,都是一些无机或植物农药,对害虫的杀伤力不强,杀虫谱不广,对人畜的毒性高。1945～1965年期间出现了第二代杀虫剂,皆为人工合成的有机化合物,包括以滴滴涕、六六六为代表的有机氯类,有机磷类和氨基甲酸酯类杀虫剂。这些杀虫剂具有胃毒、触杀、熏蒸等多种杀虫功能,有的还有内吸杀虫作用,杀虫谱广。但可因高毒、高残留、易诱发抗药性等原因而被淘汰。此后至20世纪70年代初期陆续出现了第三代杀虫剂，即拟除虫菊酯类超高效农药，其特点是用量低，活性高，具有强大的触杀和内吸杀卵作用。但这类农药没有完全解决毒性、环境污染及对天敌与水生生物的杀伤等问题。20世纪70年代中期至今，出现了第四代杀虫剂，即非杀生性农药，包括几丁质合成抑制剂、保幼激素类似物、蜕皮激素类似物、拒食剂、性信息素等。为了适应农业可持续发展的要求和用于无公害与绿色农产品生产，植物源杀虫剂和微生物源杀虫剂的研制也受到了重视。

1. 杀虫剂的作用方式　常规杀虫剂主要有触杀作用、胃毒作用、内吸作用和熏蒸作用。

(1)触杀作用　是指害虫接触药剂后，活性成分通过体壁或气门进入害虫体内，发挥作用，使之中毒死亡。

(2)胃毒作用　是指害虫取食带有药剂的植物后，活性成分通过其消化系统进入体内，发挥杀虫作用，使之中毒死亡。

(3)内吸作用　是指药剂可被植物的茎、叶、根、种子等器官吸收而进入植物体内，并在植物体内输导扩散，使取食植物的害虫中毒死亡。

(4)熏蒸作用　是指药剂在常温下化为有害气体，通过呼吸系统进入害虫体内，使之中毒死亡。

多数杀虫剂兼具几种作用方式，而以一种作用方式为主。

2. 有机磷杀虫剂　即有机磷酸酯类杀虫剂，是最重要的杀虫剂类群，已商品化的品种多达200多种，常用的有数十种。有机磷杀虫剂曾占国内杀虫剂的60%，甲胺磷曾是我国产销量最大的单个农药品种之一。有机磷类杀虫剂都属于酯类，易被水解而丧失原有的药效。有机磷一般易溶于有机溶剂中，大多数都加工成为乳剂。不少为高毒品种，已被限制或禁止使用。从2007年起，我国全面禁止甲胺磷、对硫磷、甲基对硫磷、久效磷、磷胺等在农业上使用。部分品种不能用于蔬菜、果树、茶树和中草药。用于蔬菜的为低毒品种和少数中等毒品种。

3. 氨基甲酸酯类杀虫剂 此类杀虫剂的分子中都有氨基甲酸的基本骨架，所以统称为氨基甲酸酯类。1956年第一个商品化的品种甲萘威问世，此后发展成为一个比较大的类群，出现了灭多威、抗蚜威、涕灭威、克百威等著名品种。氨基甲酸酯类化合物绝大多数是固态物，在有机溶剂中的溶解性较差，在水中会缓慢发生水解作用，在碱性水中水解更快。大多数加工为粉剂、可湿性粉剂、颗粒剂、浓悬浮剂等。因高毒、高残留问题，克百威、涕灭威、灭多威等已被禁止用于蔬菜等作物。

4. 拟除虫菊酯类杀虫剂 模拟天然除虫菊素而合成的一类新型杀虫剂。1973年合成的氯菊酯，是第一个对光稳定的拟除虫菊酯，可用于防治农业害虫。此后陆续合成了更多的高效和超高效的品种，如溴氰菊酯、氰戊菊酯、氯氰菊酯、高效氯氰菊酯等。重要的品种已达60多种，仍在发展之中。拟除虫菊酯类杀虫剂也属于有机酯类化合物，易发生水解作用而失效，大多加工成乳油使用。

5. 沙蚕毒素类杀虫剂 此类药剂在害虫体内代谢而产生沙蚕毒素(或二氢沙蚕毒素)，作用于害虫的神经系统，表现杀虫作用。沙蚕毒素类杀虫剂杀虫谱较广，主要品种有杀虫双、杀虫单、杀螟丹、易卫杀等，易溶于水，一般加工为可溶性粉剂、水剂和颗粒剂等。杀虫双和杀虫单多年来是我国水稻螟虫防治的主要杀虫剂品种。

6. 昆虫生长调节剂 此类药剂通过或调节昆虫生理功能，抑制其生长发育而达到除害的目的。其作用机制不同于传统的神经毒剂，类型很多，主要有几丁质合成抑制剂、保幼激素类似物、蜕皮激素类似物等。

(1)几丁质合成抑制剂 该剂能够阻碍昆虫几丁质合成和新表皮形成，抑制胚胎发育、幼虫孵化、蜕皮、化蛹等，使虫体畸形，活动减缓，取食减少而死亡。此类化合物多达几千个，商品制剂约20种。按有效成分的化学结构不同，可区分为苯甲酰脲类（除虫脲、灭幼脲、氟啶脲、氟铃脲、氟虫脲、伏虫脲、杀铃脲等），噻二嗪类（噻嗪酮）和三嗪（嘧啶）胺类（灭蝇胺）等。

(2)保幼激素类似物　其早期开发品种生物活性和田间稳定较低，挥发性强，用于防治仓储害虫和卫生害虫。晚近开发的品种是在分子结构中引入了苯环或杂环的化合物，有很好的生物活性和田间稳定性，可用于防治农业害虫，例如双氧威、吡丙醚、哒幼酮等。

(3)蜕皮激素类似物　该剂结构复杂，不易合成，现已开发为商品制剂有抑食肼和虫酰肼，均为双酰肼类化合物。

昆虫生长调节剂毒性低，对环境污染小，对天敌和有益生物影响小（但对水栖动物、蚕有毒），有利于无公害蔬菜和绿色食品生产。但速效性较差，持效期较长，对害虫有一定选择性，使用不当，害虫也能迅速产生抗药性。

7. 植物源杀虫剂　杀虫有效物质来源于植物，经过提取、分离并加工成为一定的剂型，作为商品农药销售使用。在有机合成农药崛起之前，植物源农药曾与矿物源农药同为主要农药品类。历史上植物源杀虫剂主要取材于烟草、鱼藤和除虫菊，其有效成分分别是烟碱、鱼藤酮、除虫菊素（除虫菊素Ⅰ与除虫菊素Ⅱ）等。其他重要品种还有印楝素、苦楝素、苦参碱、藜芦碱、茴蒿素、苦皮藤素等。这些杀虫有效物质的化学成分和分子结构已被查明，有些已能进行人工合成。

8. 微生物源杀虫剂　包括活体微生物农药和农用抗生素。活体微生物农药是直接利用昆虫病原微生物制得的定型产品，著名的有Bt乳剂、白僵菌制剂、绿僵菌制剂、蜡蚧轮枝孢制剂、核多角体病毒制剂、颗粒体病毒制剂等。后者是从微生物代谢产物中分离得到的杀虫有效物质，经过加工后成为具有明确组分的商品制剂,如阿维菌素、多杀菌素等。

(三)杀螨剂

用于防治植食性害螨的药剂称为杀螨剂,专用杀螨剂应当只对螨类有效,而对昆虫无效,但也有一些品种对某些害虫也有防治效果。不论如何,杀螨剂主要用于防治害螨。某些杀虫剂对某些害螨也兼有活性,但主要用于杀虫,有时也称之为杀虫杀螨剂。

早期使用的杀螨剂多为硫磺和无机硫制剂。第二次世界大战后方出现了有机氯杀螨剂,此后杀螨剂品种不断增多,活性明显提高,性能日臻完善,还出现一些对捕食螨安全的杀螨剂。三氯杀螨醇是20世纪50年代开发的有机氯类杀螨剂,杀螨活性较高,成本低,曾是应用最广泛,使用时间最长的杀螨剂。但由于三氯杀螨醇及其重要合成中间体滴滴涕(DDT)所存在的致癌风险,属高残留农药,已逐步退出历史舞台,目前仅被准许使用于棉花等少数作物,我国已经启动了替代产品的筛选和技术示范项目。依据国内已登记生产,在功能上能够代替三氯杀螨醇,毒性低,成本相对较低等原则,初选了一批替代产品。在本篇第四章予以介绍。

(四)杀线虫剂

防治植物线虫的药剂称为杀线虫剂,大部分品种用于土壤处理,少部分用于种子、苗木处理。杀线虫剂按照化学结构可以分为卤代烃类化合物,异硫氰酸甲酯类化合物,有机磷类化合物,氨基甲酸酯类化合物,抗生素类等。卤代烃类和异硫氰酸甲酯类属熏蒸性杀线虫剂,有机磷类和氨基甲酸酯类属于非熏蒸性杀线虫剂。有些杀虫剂也有杀线虫活性,也用于植物线虫防治,例如阿维菌素、涕灭威、克百威、丁硫克百威等。现有的杀线虫剂,因多数高毒性,国家只允许少数杀线虫剂在菜田使用。除了涕灭威、克百威、灭线磷、苯线磷、硫环磷、甲基异硫磷等高毒农药不得用于蔬菜外,其他的高毒杀线虫剂如丙线磷、克线磷、硫线磷等,也不能用于蔬菜。在用于蔬菜的杀线虫剂中,威百亩、棉隆、丁硫克百威、氰氨化钙、噻唑磷、淡紫拟青霉菌 6 种农药的原药和制剂的毒性分别为微毒、低毒或中等毒，而溴甲烷和阿维菌素的原药毒性为高毒，溴甲烷制剂的毒性为高毒或中等毒，阿维菌素制剂的毒性为低毒或中等毒。

(五)杀软体动物剂

杀软体动物剂又称为杀螺剂，按物质类别分为无机和有机杀软体动物剂两类。无机杀软体动物剂的代表品种有硫酸铜和砷酸钙，现已停用。有机杀软体动物剂仅 10 余个品种，目前生产上使用较多的是杀螺胺、杀螺胺乙醇胺盐、四聚乙醛、三苯基乙酸锡、灭梭威等有机杀软体动物剂。

(六)除 草 剂

除草剂用于防治农田杂草，不论其品种数目或生产量，都在农药生产中居重要地位。生产 A 级绿色食品，在蔬菜生长期禁用除草剂，生产 AA 级绿色食品禁止使用有机合成的化学药剂，包括除草剂。本篇不再详细介绍除草剂品种。

二、农药的剂型

未经过加工的农药称为原药，原药都要经过加工，加入适当的填充剂和辅助剂，转变为具有特定形态的农药，农药的这种特定形态，就是剂型。每一种剂型又可加工成含有一定成分，具有一定规格的制剂，才成为商品农药。通常我们购买和使用的都是具有某种特定剂型的制剂。

(一)常用剂型类别

在常用剂型中可湿性粉剂、粉剂、粉尘剂、水分散粒剂、可溶性粉剂、烟剂等属于固态剂型，而乳油、水剂、悬浮剂等属于液态剂型。

1. 可湿性粉剂(WP)　原药与填充剂、表面活性剂(润湿剂，分散剂等)、辅助剂等,按一定比例混合,经机械粉碎而制成的粉状制剂。粉粒细度为98%通过325目筛,即药粒直径小于44μm,平均粒径25μm,湿润时间小于2分钟,在水中悬浮率60%以上。它易被水湿润,加水后可均匀分散在水中,成为稳定的悬浮液,用于喷雾。其雾滴比较细,湿润性好,能在植物体表上形成良好的沉积覆盖,残效期较长,且施药时受风力影响不大,防治效果优于同一农药的粉剂。除了用作喷雾外,还可用于拌种、撒毒土、土壤处理、泼浇等。

2. 粉剂(DP) 粉剂由农药原药和填充剂按一定的比例混合后,经过机械粉碎制成的粉状制剂,粉粒细度要求95%通过75μm筛(200目筛)。在贮存期有效成分不失效,不结块变质,喷撒时有良好的流动性和分散性。粉剂用于直接喷粉,高浓度粉剂可作拌种或土壤处理使用。粉剂不易被水湿润,也能不分散和悬浮在水中,所以不能加水喷雾施用。粉剂使用方便,工效高,不受水源限制。但存在用量大、残效期较短、喷粉时易受风的影响而发生飘移等缺点,不适于菜田应用。

3. 粉尘剂(DPC) 原药和添加剂混合后,用气流粉碎技术处理制成。粉粒细度在10μm以下,具有良好的分散性,在棚室空间形成稳定的飘尘。粉尘剂具有飘散、悬浮能力,易于在株冠层中扩散,可均匀沉积在作物各部位。在封闭的空间用“粉尘法”施药,具有农药回收率高、节省用药量、防治效果好、不增高棚室湿度等优点。

4. 颗粒剂(GR) 为原药、辅助剂和载体(陶土、土粒、细沙、煤渣等)配制成的颗粒状制剂。粒径变化幅度大,一般在100～2 000μm,小于60μm的称为微粒剂,大于2 000μm的称为大粒剂。其形状有小粒圆球形、小短圆柱形、碎块型等多种。用施粒法施药,包括徒手抛撒,手动撒粒器抛撒,机动撒粒器抛撒,飞机抛撒,根区施粒法,灌心叶等。颗粒剂施用方便,功效高,可随播种施用,残效期长。适用于地面、水田和土壤施药，用于防治地下害虫、土传病害、线虫、杂草等。

5. 水分散粒剂(WG)　由固体农药原药、湿润剂、分散剂、崩解剂等多种助剂和填料加工制成的一种新型颗粒剂，遇水能崩解分散成悬浮液。该剂型颗粒粒度均匀、光滑，流动性好，物理化学稳定性好，在高温、高湿条件下贮存不黏结、不结块，在水中分散性好、悬浮率高。该剂型兼具可湿性粉剂和胶悬剂的优点，主要用于加水稀释喷雾。

6. 可溶性粉剂(SP)　即水可溶性粉剂，是由可溶性原药制成的粉剂。加水后即溶解为水溶液(水剂)，可直接进行喷雾。有的产品没有配加湿润助剂，喷雾后在作物上的湿润展布性能差，可在药液中加适量湿润剂。

7. 烟剂(FU)　是利用热力分散农药有效成分的一种特殊剂型，它是由农药原药、化学发热剂、燃烧剂等加工制成的细粉状物。烟剂用暗火点燃后迅速汽化，在空气中遇冷而重新凝聚成微小的固体颗粒形成烟。烟的粒径在0.001～10μm，能在空气中长时间飘浮，缓慢沉降，能在空间中自行扩散，穿透缝隙，在植物体的所有表面上沉积。烟剂适于在棚室中用熏烟法施药。

8. 乳油(EC)　又称为乳剂，是由原药和乳化剂按一定比例溶解在有机溶剂中(苯、二甲苯等)，成为透明油状液体的一种剂型。乳油在水中不能溶解，但加水搅拌后，分散成无数微小油滴，依靠乳化剂的作用而均匀地悬浮在水里，成为白色的乳状液。乳油加工方法简单，有效成分含量高，主要用于加水喷雾，使用方便。喷雾后在植株表面湿润展布好，黏附力强，渗透性强，不易被雨水冲刷，防治效果好，残效期较长。也可用于泼浇、涂抹、拌种、浸种、土壤处理等。乳油成本较高，有机溶剂能增强农药渗透性，使用不当，容易造成药害并使人畜中毒。与乳油类似的剂型还有浓乳剂和微乳剂。

9. 水剂(AS)　在水中溶解度高而且化学性质稳定的农药，可直接用水配制成水剂。加工方便，成本低。用时加水稀释到所需的浓度即可喷雾。但因一般不添加湿润助剂，不易在植物体表湿润展布，黏着性差，易从叶面滚落，药效减低。

10. 悬浮剂(SC)　又称为胶悬剂、浓悬浮剂。由原药、水、分散剂和防冻剂等构成的黏稠性悬浮液。性质介于乳油和可湿性粉剂之间，有效成分的颗粒比可湿性粉剂细，比乳油粗。因不需要有机溶剂，对环境和操作人员的安全性提高。主要供常规喷雾用，加水调制成悬浮液即可喷雾。也可以进行低容量喷雾和浸种等。质量不好的产品，在存放期间易分层、结块，难以摇动均匀，在购买时需注意。

11. 种衣剂(SD)　是专供种子包衣用的剂型，由原药(1 种或多种)与分散剂、增稠剂、成膜剂、防腐剂、警戒色等助剂研磨成浆状物，与悬浮剂相似。也可在粉剂、可湿性粉剂、溶液等剂型中添加足量的成膜剂、黏合剂等制成种衣剂。种衣剂包覆在种子表面，形成一层牢固药膜。包衣种子播种后，种衣内的农药逐渐释放，有的还可被种子吸收而向地上部分传导。种衣剂多为混合制剂，一次包衣可兼治多种害虫，或兼治病虫。有的种衣剂还可用于调整蔬菜种子的形状和大小。小粒种子被包成圆粒状，粒径增大，流动性提高，适于机械化播种。

此外，还有片剂、糊状剂、油剂、微乳剂、悬乳剂等剂型，当前产品与应用均少。

(二)剂型的选用

同一种农药可以制成不同的剂型，同一剂型又可能有不同规格的制剂，用户需根据作物和防治对象的不同，以及施药机具和使用条件的情况来选用适宜的剂型和制剂。

用作杀虫剂时，乳油的效力要显著高于悬浮剂和可湿性粉剂。这是因为乳油的分散介质是有机溶剂，对害虫的体壁有很强的侵蚀和渗透作用，有利于触杀性神经毒剂快速进入害虫体内，药效高，发挥快。同一种有效成分的杀虫剂，以选用乳油为好。

浓悬浮剂是乳油的替代剂型，其效力虽低于乳油，但显著高于可湿性粉剂。浓悬浮剂药粒比可湿性粉剂细，又含有多种助剂，有利于提高制剂的稳定性、分散性和在植物表面、虫体表面的黏附性能。

杀菌剂大多采用可湿性粉剂、悬浮剂等剂型，因为对菌类细胞壁和细胞膜的渗透不需要有机溶剂的协助，悬浮剂的效果比可湿性粉剂更好。

在选择剂型时，除了毒理学方面的考虑外，还应考虑防治对象、价格、对施药器械的要求等。有时还要考虑天气情况。在炎热天气喷药，乳油、油剂等油性介质农药比较容易引起药害或中毒，而水性介质的剂型，如可湿性粉剂、悬浮剂、水分散粒剂、水可溶性粉剂等风险较低。

同一剂型，可能有不同规格的制剂，有效成分含量不同。以选用高含量规格的制剂比较适宜，因为低含量的制剂所含有机溶剂较多，不利于环保，且单位面积农田用药量较高，相对成本也比较高。

各种剂型在有效贮藏期间内和在正确的存放条件下，不会出现剂型被破坏的情况，但若非如此，就可能发生剂型破坏，影响药效发挥。

在贮藏期间保持适宜的温度非常重要。乳油在高温下，有机溶剂挥发快，农药的有效成分容易析出，剂型被破坏。有些剂型对低温也敏感，悬浮剂、水剂、乳油等在低温下会出现冻结、结晶析出、沉淀、浮油等现象。若隔水加温，有的能解除这些现象，而恢复原状，有的则不可能再恢复原状，无法使用。用户必须仔细阅读农药说明书中关于存放条件的要求，并按照执行。另外，凡是包装已经破损的，或包装不能密闭的也不能存放。在存放期间也不能日晒雨淋，不能靠近火源或火炉、暖气管道、温室烟道等高温物体。

市场上的农药也有的发生剂型破坏现象，在购买时需从形态上识别优劣，不购买变质或存在质量问题的农药。

三、农药的药效

农药的药效是药剂对有害生物的实际效果，多是在田间或有害生物其他发生场所的试验或使用的结果，它与药剂的毒力不同。毒力是生物测定的结果，即在室内标准条件下所测得的药剂对有害生物本身的活性。在一般情况下两者正相关，毒力高，药效亦好。但药效还与制剂质量、施药技术与施药质量有关，也与有害生物敏感性，植物状况以及环境条件等许多因素有关。毒力相同的药剂，药效不一定相同，即使同一种药剂，药效表现也不尽一致。为了发挥农药的药效，就必须正确把握农药的选购、质量辨别、配药、混用和施药等各个环节。

(一)农药防治效果的评定

药效有两方面的意义，其一是农药登记药效，其二是广义的田间试验或田间应用的效果，即防效。农药登记药效是根据“农药登记药效试验管理办法”，由农药登记药效试验单位按照“农药田间药效试验准则”等文件的规定，进行田间试验所获得的结果。农药登记药效是国家农药管理单位所认可的权威性试验结果。广义的田间防效是指专业机构或种植者自行获得的试验结果或田间调查结果。其目的是进行药剂比较，开发使用技术，进行试验示范或评估田间防治效果等。不论是何种试验，都要有合理的田间试验安排，要有对照和重复。调查时要合理取样，统计适宜的指标。

1. 杀菌剂的防效评定　杀菌剂的田间防效，根据病害的不同，可以用处理区(施药区)和对照区(未施药区)的发病率或病情指数来计算，以使用病情指数为例。

若施药前尚未发病，或虽已发病，但很轻且分布均匀，则防治效果可用下式计算：

防治效果(%)＝(对照区病情指数－处理区病情指数/对照区病情指数)×100

若施药前已经发病，且各试验小区病情有明显差异时，可在施药前和施药后若干天分别调查处理区和对照区，求出病情指数增长率，利用病情指数增长率计算防治效果。

病情指数增长率(%)＝(施药后病情指数－施药前病情指数/施药前病情指数)×100

防治效果(%)＝(对照区病情指数增长率－处理区病情指数增长率/对照区病情指数增长率)×100

2. 杀虫剂的防效评定　杀虫剂防效可以用虫口死亡率、虫口减退率或被害率来评定。

第一种情况：检查药剂防治结果时，若能够准确统计死虫和活虫数量时，可以用虫口死亡率来表示防效。

死亡率(%)＝[死虫数/(死虫数＋活虫数)]×100

第二种情况：检查药剂防治结果时，只能准确地统计活虫数，但不能找到全部死虫时，可用虫口减退率来表示防效。

虫口减退率(%)＝(防治前活虫数－防治后活虫数/防治前活虫数)×100

第三种情况：若不能或不便清查虫口数量，或害虫有转株危害习性时，可用被害率来表示防效。

被害率(%)＝[被害株数(或叶数、茎数、果数等)/调查的总株数(或叶数、茎数、果数等)]×100

死亡率、虫口减退率、被害率等指标，都可以进行处理区与对照区的比较，仿照前述杀菌剂的情况，计算(相对)防治效果。

上面计算的死亡率、虫口减退率等包含了杀虫剂造成的死亡和自然死亡，若自然死亡率高于5%，用上面的公式计算的结果，就不能反映药剂的真实效果，因此需要校正，求出校正死亡率或校正虫口减退率，以虫口减退率为例，又有以下不同情况。

若对照区和处理区的虫口都减退时，用下式校正：

校正虫口减退率(%)=[处理区虫口减退率－对照区虫口减退率/（1－对照区虫口减退率)]×100

当处理区因施药虫口下降，而对照区虫口增多时，用下式校正：

校正虫口减退率(%)=[处理区虫口减退率＋ 对照区虫口增长率 /(1＋对照区虫口增长率)]× 100

防治蚜虫、螨类等增殖迅速的害虫时，可能在施药后对照区和处理区的虫口数都比施药前增多，此时可用下式校正：

校正虫口减退率(%)= [1－(处理区防治后虫口×对照区防治前虫口/处理区防治前虫口×对照区防治后虫口)]× 100

(二)农药标签识别

农药标签是介绍农药品种、性能、指导科学用药的直接依据，农药标签必须符合“农药标签和说明书管理办法”的要求。标签应当注明农药名称，有效成分及含量，剂型，农药登记证号或农药临时登记证号、农药生产许可证号或者农药生产批准文件号、产品标准号，企业名称及联系方式，生产日期，产品批号，有效期，重量，产品性能、用途、使用技术和使用方法、毒性及标识、注意事项、中毒急救措施、贮存和运输方法，农药类别、像形图及其他经农业部核准要求标注的内容。不要购买无标签或标签残缺不全的农药，不要购买标签上“三证”标示不全的，说明不完整的或有疑问的农药。

1. 农药的名称 一种农药的名称有化学名称、通用名称、商品名称。

(1)化学名称 是根据化学命名原则，确定的有效成分化合物名称。

（2）通用名称　这是农药有效成分的正式名称。由我国《农药通用名称》国家标准由国家质量监督局发布实施。该标准收录了1 000个农药有效成分的通用名称。英文通用名称即国际通用名称，是由国际标准化组织（ISO）制定的，在全世界范围内通用。国际通用名称用英文书写，其第一个字母为英文小写。

（3）商品名称　农药产品注册的品牌名称，亦即生产厂家为其产品在有关管理机构登记所用的名称。英文商品名称的第一个字母应为大写，右上角注R。同一种有效成分的农药，在同一通用名称下，由于生产厂家的不同，可有多个商品名称。有时同一厂家生产的同一有效成分的农药制剂，因有效成分含量不同、用途不同、助剂成分不同或包装及规格不同，就可以有不同的商品名称。代森锰锌的商品名称就有大生M45、喷克、丰收、新万生、山德生等多种。

根据2007年开始实行的《农药标鉴和说明书管理办法》，农药名称应当使用通用名称或简化通用名称。

农药制剂通用名称包括有效成分的百分含量（质量），有效成分的通用名称和剂型，例如70%代森锰锌可湿性粉剂。混合制剂的通用名称可采用各有效成分通用名的词头或代词组成，例如72%霜脲·锰锌可湿性粉剂，为8%霜脲腈与64%代森锰锌的混合制剂。进口农药用国际上采用的代码和数字表示。例如EC50，表明50%乳油，WP70表明70%可湿性粉剂等。

2. 农药标签上的说明事项　农药标签下方有一条与底边平行的、不褪色的标志表示农药类别。杀菌（线虫）剂为黑色、杀虫（螨、软体动物）剂红色、杀虫/杀菌剂为红色和黑色，除草剂绿色，杀鼠剂蓝色、植物生长调节剂深黄色。

"毒性"区别为剧毒、高毒、中等毒、低毒、微毒五个级别。由剧毒、高毒农药原药加工的制剂产品，其毒性级别与原药的最高毒性级别不一致时，应当同时标明原药的最高毒性级别。农药标签有醒目的毒性以及易燃性标志，用头颅标识表明剧毒、高毒农药。

标签上的“用途、使用技术和使用方法”主要包括适用作物或使用范围、防治对象以及施用时期、剂量、次数和方法等。用于大田作物的，使用剂量用每公顷使用的制剂量表示，并以括号注明亩用制剂量或稀释倍数。

大田用农药的“注意事项”标注下述内容：安全间隔期和一个生产周期内最多施用次数；对后茬作物的不良影响，后茬作物种类与种植间隔时间；药害和抗药性产生的原因与预防方法；对有益生物和环境的不利影响，预防措施，药械清洗要求，残剩药剂和废旧包装物的处理方法；药剂混用事宜；包装物开启方法，施用安全防护措施，禁止用药的作物或范围等。

“中毒急救措施”包括中毒症状，误食、吸入、眼睛溅入、皮肤沾附农药后的急救和治疗措施，专用解毒剂，医疗建议等。“贮存和运输方法”包括贮存时对环境条件的要求，装卸、运输的注意事项，醒目标明的警示内容等。

(三)农药质量辨别

不能购买没有注明生产日期或已经超过产品质量保证期的农药。内外包装不完整，有破损的产品，外观质量不合格的产品也不要购买。可以用简易方法初步判断产品的外观质量。

1. 粉剂　粉剂的外观应为疏松的细粉，无团块。先检查粉剂包装纸袋外表有无水湿受潮的迹象，然后从袋里取出一点药粉倒在一张白纸上，拿起白纸，查看有无结块或较大的颗粒，颜色是否均匀，好的粉剂应无结块现象，颜色均匀。再用拇指和食指在纸外面捏一下，如果成片则表明药粉已吸潮，如果仍是松散的细粉，表明质量良好。

2. 可湿性粉剂　可湿性粉剂外观应为很细的疏松粉末，无团块。可湿性粉剂是加水配成悬浮液喷雾的剂型，还应有优良的悬浮性和湿润性。检查悬浮性的简易方法，是用一只 200ml 的量筒，装满配药用的水。取 1g 药粉，放在折卷起来的纸上，将药粉顺着纸卷轻轻倒在水面上。药粉在半分钟内能自行浸入水中，一面慢慢下沉，一面向周围扩散，形成浑浊悬浮液。稍加搅动后，放置半小时，上层不出现清水层，筒底不出现厚的沉淀。上述情况表明悬浮性良好。若药粉成团漂在水面，或有较粗大的团粒很快沉入水底，而不能在水中扩散，搅动后也不能在水中分散悬浮，就表明悬浮性很差。另法：用一只大口的玻璃瓶，里面装上水，然后用小勺轻轻地从上面把一勺可湿性粉剂倒在水面上。然后，堵好玻璃瓶口，来回振摇 30 次，再放置 10 分钟。若药液浑浊，瓶底沉下的药粉不多，就是悬浮性比较好的可湿性粉剂。如果有一多半药粉都已沉下或者药液已近澄清，就说明悬浮性能不好。若全部药粉都已沉到瓶底，就表明其悬浮性很差。

检查湿润性，可将配好的药液放在盆中，取作物的干叶片数张，用手指捏住叶柄，将叶片浸入药液中，数秒钟后取出叶片观察。若叶片沾满药液，表明湿润性良好；叶片上有药液的液斑，表明湿润性不佳；叶片上沾不住药液，表明没有湿润能力。另法：取一只装水的大口玻璃瓶，用小勺轻轻地从上面把一勺可湿性粉剂倒在水面上，2 分钟以后，若药粉全部湿透并且逐渐沉下的，就是润湿性好的可湿性粉剂。如果药粉还是漂在水面上，那就是润湿性差的药剂。

3. 乳油　乳油外观如出现分层、浑浊现象或有结晶析出，或者加水稀释后的乳液不均匀，有肉眼可见的漂浮颗粒、浮油、沉淀物等，都说明产品质量可能有问题。

若从外观还不能判断制剂的内在性质，可采用简易的方法检查乳油的乳化性和乳液稳定性。在玻璃杯内装 1kg 水，加入乳油 1g，能自动扩散成为白色乳液，搅拌均匀后，静置 1 小时，液面无浮油，底部无沉淀，就是合格的好乳油。若乳油入水不能乳化和扩散，而直沉水底，搅拌后也不能乳化，则表明乳油质量不合格。

如果乳油放在很冷的温度下，发现有结晶，待放到室温下又能溶解时，不能认为是变质现象。

4. 悬浮剂、悬乳剂、水剂等 悬浮剂、悬乳剂等长期存放后可能有轻度分层现象，或出现沉淀，但摇晃后能恢复原状，沉淀仍可悬浮起来。如果有硬块，经摇晃后也不能恢复原状，说明产品存在质量问题。水剂应无沉淀或悬浮物，加水稀释后一般不出现浑浊沉淀。颗粒剂应粗细均匀，不含有过多粉末。许多可溶性粉剂、水剂中没有加入湿润剂，喷药前必须检查其湿润性。若湿润性不够，可在药液中加入中性洗衣粉，加入量为药液量的 0.03%～0.1%。

(四)农药的合理配制

商品农药制剂，除了喷粉用的低浓度粉剂、直接用于拌种的拌种剂和专用超低容量油剂以外，其余制剂都是浓度很高的，在施用前要进行配制，使之成为可以在田间喷洒的状态。例如，可湿性粉剂、乳油、悬浮剂等要加水稀释后，才能用来喷洒。

进行农药配制，首先要根据选定的用药量，计算出制剂和水(或其他稀释剂)的取用量，然后正确量取所需制剂和水，最后合理混合与调制。

用药量是指单位面积农田防治某种有害生物所需的药量。有关书籍文献(包括本书)中推荐的用药量仅供参考，不一定适用于各种具体情况。若缺乏该种农药在当地的使用经验，应先进行预备试验或少量试用，确定适宜的用药量。

用药量确定后，制剂需加水配成一定浓度的药液来使用。最常用的浓度表示法是倍数法，即稀释多少倍的范围。例如，用 90%晶体敌百虫 1000～1500 倍液喷雾。其含义为 1 份 90%敌百虫制剂最少应加水 1000 份稀释，最多可加水 1500 份稀释。这样，有效成分的浓度最高为 0.09%(1000 倍液)，最低为 0.06%(1500

倍液）。

根据所要求的稀释倍数大小，可采用内比法和外比法两种配药法。上述敌百虫的例子采用外比法。外比法用于稀释 100 倍以上的药剂，计算稀释量时不扣除药剂所占的一份。如稀释 1 500 倍，即用药剂 1 份加水 1 500 份。

内比法用于稀释 100 倍以下（包括 100 倍）的药液，要扣除药剂所占的一份。如稀释 80 倍，即用药剂 1 份加水 79 份稀释。

稀释倍数并不等于用药量。喷布相同稀释倍数的药液，若单位面积上的喷雾量不同，则单位面积上的药剂沉积量也不相同。田间喷雾量大小常因人而异，有人喷雾偏重，造成药液浪费，有人喷雾偏轻，就可能降低防效。若没有经验，应先用清水试喷，找出使用该型喷雾器时单位面积的适宜喷雾量。根据确定的喷雾量，调节喷雾时的行进速度，使药液刚好喷完。

推荐用药量还可用每公顷或每亩（667 平方米）所需的有效成分药量来表示。例如，50％异菌脲可湿性粉剂用药量为 375～750g（有效成分）/hm，或 25～50g（有效成分）/ 667m^2。其含义为每公顷面积要施用的药剂有效成分最少 375g，最多 750g。

国产农药有效成分含量用重量百分含量表示，50％异菌脲可湿性粉剂就表示在 100g 制剂中含有效成分 50g。配药时制剂取用量，可用下式计算：

农药制剂取用量（g/hm^2）＝ 所需有效成分量（g/hm^2）/ 制剂中有效成分含量

上述 50％异菌脲可湿性粉剂的例子，制剂最低和最高取用量分别为：

最低农药制剂取用量＝ 375/ 50％ ＝ 750 （g/hm^2）

最高农药制剂取用量＝ 750/ 50％ ＝ 1500 （g/hm^2）

结果表明，根据推荐用药量，配制 50％异菌脲可湿性粉剂药液，制剂取用量最少每公顷 750g，最多每公顷 1 500g。若决定按最少药量用药，就可取 750g 制剂，与一定量水配成药液喷雾。每公顷用多少水配药，根据喷雾器械不同，取经验用量或试喷确定。

现今使用的农药品种多为高效农药，用药量很低，每 667m^2 只需十几毫升至数十毫升，分配到每桶喷雾器中只有几毫升，因而配药时一定要用计量器具，来量取药剂和水，决不能凭经验取用或用粗放的代用器具计量，否则很可能出现误差，用药量过大或过小，这就可能造成浪费，诱发药害或者不能达到预期的防治效果。

正确的农药稀释方法是保证农药效果的重要环节。液体制剂用“两步法”稀释，第一步先用少量水将制剂调制成浓稠的母液，第二步用水将母液稀释到所需浓度。两步稀释法可保证药剂在水中分布均匀，分散性好，还有利于准确量取药剂和减少接触浓制剂而中毒的危险。采用两步法时，两步配药的用水量加在一起等于所需的总用水量。

虽然在乳油、可湿性粉剂、悬浮剂等制剂中已经加有适宜的助剂，能抗硬水的不良影响，但仍应注意喷药用水的水质。北方许多地方井水、地下水中所含钙、镁离子多，硬度太高，或者所含电解质（如氯化钠等）多，都不适用。对此，也可用下述简易方法在配药前检查水的质量是否合用。另外，配药用的水也不能有泥沙或其他固体悬浮物。

检查用水对配制乳剂的影响，可在装有水的玻璃杯中，滴加约 10 滴质量合格的乳油。若乳油能扩散，发白，经搅动后变成乳白色液体，无油珠，这表明此水可使用。若不能形成白色乳状液，甚至有油珠、浮油，就表明水质不好，不能使用。

检查用水对配制可湿性粉剂、悬浮剂的影响，可取 1g 可湿性粉剂或悬浮剂，加少量待检查的水调成糊状，再用水冲洗到玻璃量筒中，稀释到 200ml，充分摇匀后，静置在桌上观察水中粉粒状况。

若粉粒分散均匀，下沉很慢，就表明水质合格，可以使用。若粉粒絮结成团或分散不开，下沉较快，则表明水质不好，不能使用。

粉剂、颗粒剂等制剂在施用时，一般不需要稀释。但有时为确保制剂的均匀分布，也可加入一定数量的填充料稀释。稀释也要采用“两步法”或“多步法”逐步进行，搅拌均匀。有的地方用颗粒状化学肥料作稀释颗粒剂的填充料，此时务必要注意农药与化肥的酸碱性质，碱性农药不要用酸性化肥作填充料。

(五)农药的混用

将两种或两种以上含有不同有效成分的农药制剂混配在一起施用，称为农药的混用。混用可以是在防治现场现混现用，也可以预先加工成混合制剂(混剂)出售。

合理的农药混用可以扩大药剂的使用范围，兼治几种有害生物，提高施药的工效，减少施药次数，减少用药量，降低成本。有的药剂之间有互补作用，可以提高药效。有的混用还可能降低毒性，减轻药害或其他不良副作用。作用机制不同的药剂混用可以减缓有害生物抗药性的产生。

农药混用要有明确的目的和充分的科学依据。有的混剂配方是针对不同类别的病虫害，防治对象互补，理论上成立。但实际上，两类对象若不能同时发生，或虽同时发生，但一方达不到需要防治的程度，就不需要使用混剂。

农药混用要有质量保证，有效成分不被破坏，制剂的物理性状不会恶化，也不会加大药害等不良副作用。

酸碱性会影响农药有效成分的稳定。常见的有机磷酸酯类、氨基甲酸酯类、拟除虫菊酯类杀虫剂，对碱性比较敏感，在碱性介质中易水解失效。二硫代氨基甲酸类杀菌剂的有效成分在碱性介质中也会发生复杂的化学变化而被破坏。这些药剂就不能与碱性药剂(波尔多液、石硫合剂等)和碱性化肥(氨水、碳酸氢铵、沉淀磷酸钙等)混用。还有一些农药在弱碱条件下相对稳定，可以现混现用，混配后不能放置过久。

还有的农药有效成分在酸性条件下会分解或降低药效，如双甲脒，2,4-D钠盐或铵盐等。这类农药不能与酸性药剂硫酸铜、硫酸烟碱、抗菌剂401、乙烯利水剂等混用。水胺硫磷、敌敌畏等多数有机磷酸酯农药也呈现一定的酸性，与双甲脒混用需现配现用。高效氯氰菊酯、高效氯氟氰菊酯等药剂的有效成分只在很狭窄的pH值范围内稳定，介质偏酸性易分解，介质偏碱性则会发生“转位”效应而降低药效。

很多农药品种不能与含金属离子的药物混用。二硫代氨基甲酸盐类杀菌剂、2,4-D类除草剂与铜制剂混用可生成铜盐降低药效，甲基硫菌灵、硫菌灵可与铜离子络合而失去活性。除铜制剂外，含铁、锌、锰、镍等重金属离子的制剂，混用时也要特别慎重。

不当混用可能破坏制剂的物理性状，以致减效、失效或造成药害。两种乳油混合后不能出现乳化不良，以及分层、浮油、沉淀等现象。两种可湿性粉剂混用的药液，不能出现絮结、沉淀等现象。凡是混配后药液物理性状明显恶化的，都不能混用。不同剂型之间的混用，可能出现剂型破坏现象。例如，乳油与可湿性粉剂混用，可能引起“破乳”(乳化性能被破坏)的问题。乙烯利水剂、杀虫双水剂、杀螟丹可溶性粉剂因酸性较强或含有大量无机盐，与一般乳油混用有时会出现“破乳”。有机磷可湿性粉剂与其他类别农药的可湿性粉剂混用时，悬浮率往往会降低。因而在准备混用前，必须先进行少量试配。

有效成分的化学变化还可能产生有药害的物质。例如，石硫合剂与波尔多液混用，可产生有药害的硫化铜，也使可造成药害的可溶性铜离子增多。二硫代氨基甲酸类杀菌剂与铜制剂混用会产生有药害的铜盐，与碱性药剂混用也可能产生有药害的物质。

两种农药制剂是否可以混用，有关农药使用的书籍中都有说明，在混用前应仔细查阅资料。还要先进行小面积的混用试验，明确药效、药害等情况后，才可以大面积使用。即使对某一混用配方有了使用经验，但由于不同厂家或同一厂家不同批次的产品中各种成分也可能发生变化，若更换产品，最好也进行试验。

农药混用时配药液的方法一般是用足量的水先配好一种单剂的药液，再用这种药液稀释另一种单剂，而不能先混合两种单剂，再用水稀释。另外，计算各有效成分在药液中的浓度要以药液总量为基础。

(六)农药的合理使用

为了发挥农药的药效，达到防病增产、防虫增产目的，应合理使用农药，包括采用适宜的施药方式，选用合格的药械，提高施药质量，对症下药，适时用药，适量用药，确保农药使用的安全间隔期，防止药害以及抑制有害生物抗药性等，参见本书第一篇第七章。

四、农药的药害

农药对植物所造成的各种损害，通称为药害，这表现为形态组织遭受损伤，正常代谢过程被干扰破坏，生长发育受到抑制，以致产量降低，品质劣变等多个方面的不利作用。在施药后几小时至数日内表现的药害，称为急性药害；而需要较长时间才能表现出来的不良影响，则称为慢性药害。前茬作物土壤施药，残留活性物质对后茬作物造成的药害，称为残留药害或二次药害。

(一)药害的表现

1. 变色　变色是最常见的急性药害表现。多在叶片的叶缘或叶尖开始变黄、变白或变褐。严重的从叶缘向叶片内部扩展，甚至可能造成整个叶片黄化或白化。喷施三唑酮后发生药害的植株，叶片变为浓绿色。

2. 斑点 药剂的活性成分引起植物细胞和组织坏死，在叶片、茎秆或果实表皮上形成多数坏死斑点(焦灼斑)。常见的有褐斑、黄斑、网斑等，各个斑点的形状和大小很不一致。植株着药多的部位斑点较多，着药少的部位斑点较少，漏喷的植株不出现斑点。

3. 畸形 蔬菜的茎叶、果实和根部都可能表现畸形，常见的叶片畸形有皱缩，卷叶，穿孔，僵硬等。还可见茎、枝节间缩短，叶片簇生，根部肿大，根颈部缢缩，以及畸形穗、畸形果或果实表面污损等。例如，烯唑醇药害可造成黄瓜节间缩短，叶片和瓜果短小。双胍辛烷苯基磺酸盐可使芦笋嫩茎弯曲。发生三唑酮药害的植株叶片变小变厚，色泽深绿，节间缩短，植株矮小。

4. 枯萎或落叶、落花、落果 多表现为整个植株黄化枯萎，也有的仅局部茎段或叶片枯萎。幼苗期多见，可造成大量死苗。除草剂施用不当易造成枯萎死苗。部分双子叶植物发生药害后，大量落叶、落花、落果。

5. 生长发育停滞 常见发芽延迟，发芽率降低，幼苗瘦小不长，成为僵苗。三唑酮拌种用药量过高，可能严重延迟出苗，降低发芽率。用烯唑醇防治西瓜和辣椒苗期白粉病，就曾发生严重的僵苗现象。药害还使成株期发育迟缓，植株矮小，花芽发育不良，籽粒或果实成熟延迟。例如，菌核净药害可延迟芹菜的收获期20天左右。有些药剂可使种子不灌浆，或灌浆不足，造成籽粒空瘪。在作物生殖生长期用药不当，还可能引起作物不孕。

6. 产量降低，品质改变 发生药害的植株外观无明显异常变化，但因代谢过程和产量构成因素受到不利影响而生长不良，致使产量明显降低，或产品品质、风味、色泽劣化。例如，果实变小，果表异常，品质变劣，食用价值降低。番茄遭受铜制剂药害后，果实表面细胞死亡而变褐。西瓜遭受乙烯利药害，瓜瓤暗红色，有异味。

棚室施用烟剂不当，药害表现颇为复杂。初期部分叶片萎蔫，略下垂，后逐渐变褐，受害部位逐渐干枯，形成不规则的白色坏死斑，其边缘明显，稍凹陷。药害较重时，叶片上坏死斑扩大相连，叶片枯黄死亡，植株仅残留心叶，药害更重时整株枯死。轻度受害植株的叶片，不发生坏死，仅部分叶片硬化。

急性药害发生快，可从受害植株的外表变化而直接判断，多表现为叶片、果实等部位出现变色，坏死斑点，畸形，枯萎死亡，叶片或花、果脱落，芽、苗发育迟缓等。

慢性药害主要表现为生长发育停滞，株型失常，产量降低，品质劣化等，因为多不能从植株外形直接判断，就需要与未受药害的正常植株相比较而确定。

表 4-1 列出了黄瓜对杀菌剂、杀虫剂的药害表现，可供参考。

表 4-1 黄瓜药害

药 剂	产生药害的原因	药害的表现
碱式氯化铜制剂	幼苗期喷药，高温期喷药或多次连用	叶缘黄化和硬化
有机铜制剂	高温时喷药，连续多次喷药	叶缘黄化，叶片硬化
烯酰吗啉·铜可湿性粉剂	幼苗期喷药，高温期喷药或多次连用	叶缘黄化和硬化等无机铜药害表现
代森锌可湿性粉剂	夏季高温期用药	叶片黄化
代森锰锌可湿性粉剂	在高温多湿条件下，对弱苗喷药；与波尔多液、石硫合剂等碱性药剂混用或一周内连续用药	叶片黄化
霜脲氰·锰锌可湿性粉剂	在特别高温多湿条件下，对弱苗喷药	叶缘黄化

续表 4-1

药　剂	产生药害的原因	药害的表现
腐霉利·锰锌合可湿性粉剂	对定植后不久的弱苗喷药;高温时喷药	叶缘黄化
噁霜灵·锰锌可湿性粉剂	对定植后不久的弱苗喷药;与波尔多液、石硫合剂等碱性药剂混用或一周内连续用药	叶缘黄化(黄色斑点)
甲霜灵·锰锌可湿性粉剂	药液浓度高	褪绿
苯菌灵可湿性粉剂	用超高浓度药液灌根	下叶变黄,早期生长发育被抑制
三唑酮可湿性粉剂	用高浓度药液喷药	叶片黄化
氟菌唑可湿性粉剂或乳油	幼苗期喷药	变浓绿色,生长发育受抑制
腐霉利可湿性粉剂	两次喷药间隔过近	叶缘皱缩
腐霉·乙霉威可湿性粉剂	对定植后不久的弱苗喷药;高温时喷药	中位以下叶片从边缘开始向内变黄,严重时变白
甲硫·乙霉威菌灵可湿性粉剂	高温时喷药	叶缘黄化
土菌灵乳油	灌根用药液过浓或过多,沙质土壤用药	植株根颈部缢缩,茎和下部叶片白化
异菌脲可湿性粉剂	幼苗期与乳油混用喷布	产生药斑
多抗霉素乳油	邻近收获期喷药	污损果实

续表 4-1

药　剂	产生药害的原因	药害的表现
百菌清可湿性粉剂	在高温时(30℃以上),移栽后不久,或对幼苗、弱株用土壤灌注法施药	初期生长发育被暂时抑制
百菌清烟剂	在高温时(30℃以上),移栽后不久,或对幼苗、弱株施药	叶片褪色
敌敌畏乳油	幼苗期喷药	叶片变褐
伏杀硫磷乳油	低温期施药	叶片尖端黄化
仲丁威乳油	幼苗弱株用高浓度药液喷药	叶缘褪绿
噻唑磷颗粒剂	土壤施药用药过量	叶尖、叶缘变褐
虫螨腈乳油	幼苗期喷药	叶片黄化或白化
久效磷颗粒剂	定植时进行栽植穴施药,药剂与根部接触	叶片黄化,生长发育受抑制(特别是新叶)
D-D混剂	对生育期作物进行土壤注射施药,或施药后散气不充分时种植	生长发育受抑制或枯死

(二)产生药害的原因

药害的产生与药剂本身、植物以及外界环境的多种因素有关,需要具体问题具体分析(表 4-1)。

1. 药剂因素　除了人为误用农药(特别是除草剂)以外,造成药害的药剂因素主要涉及药剂成分及其理化性质,以及使用方法不当。

农药原药成分,制剂中的助剂,制剂中的杂质,有效成分的降解产物等,都可能对植物有害,从而可能引起药害。有些除草剂的有害物质有较长的残效,使用后对当季作物并不产生药害,而残留于土壤中,对下季蔬菜产生药害。例如施用绿磺隆的地块,下季豆类、瓜类、辣椒萎缩不长,甚至早期枯死。烟剂发烟时产生的一氧化氮、二氧化硫等有害气体数量，若超过了棚室内蔬菜的忍耐限度，就可能发生药害。

农药制剂的理化性质不良，例如乳油的乳化性低劣，可湿性粉剂的悬浮率低等都可能导致药害。

农药使用技术不当，通常是引起药害的最重要因素。这包括施药剂量过高，不合理地连续重复施药，施药次数过多，间隔期过短，在不适宜的作物发育阶段施药等。喷药器械不良，施药方法粗放，农药分布不均匀，局部药量过高，也常造成药害。配药所用的水或其他稀释剂不合格，或药剂间混用不当，从而使药液理化性质变劣，或释放出了对植物有害的成分（例如铜离子），都可能造成药害。喷过 2,4-D 除草剂的喷雾器，清洗不彻底，就用来喷布其他药剂，会对双子叶蔬菜造成药害。

棚室施用烟剂，若发烟点布点少，单个发烟点用药量偏大时，可能因局部烟雾浓度过大而产生药害。发烟点布局不合理，分布不均也可能造成局部药害，特别是中、小棚内烟雾分布不均，更易产生此类药害。

棚室使用烟剂后，未能及时开棚换气，也易发生药害。因为棚室密闭时间越长，烟剂点燃后所产生的有害化学气体与植株接触时间也越长，对植株的伤害不断加大，当超过植株的忍受限度后便表现出药害。

2. 植物因素　不同的植物种类，甚至同一种植物的不同品种，对农药的敏感性不同。敏感的种类或品种，就容易发生药害。例如，豆类、瓜类（特别是幼苗）对敌百虫、敌敌畏、辛硫磷、马拉硫磷、仲丁威等杀虫剂敏感，而白菜、萝卜等十字花科蔬菜对杀螟硫磷、噻嗪酮、抑太保、杀螟丹、杀虫双等多种药剂敏感。铜素杀菌剂兼防真菌病害和细菌病害，但使用无机铜制剂易生药害，多种植物对铜素敏感，其中包括白菜、豆类、莴苣等蔬菜。而豆类、马铃薯、番茄、甜瓜、黄瓜、葱、姜等蔬菜都对石硫合剂敏感。一些白菜品种对链霉素、新植霉素较敏感，易生药害。在本篇以后章节对各种农药的介绍中，都尽量列出了已知敏感植物。

烟剂品种往往有其特定的使用对象，若超出范围则可能产生药害。例如，含二氯萘醌成分的烟剂易造成草莓药害，敌敌畏烟剂易使豆类及瓜类幼苗产生药害。各种烟剂的成分和配方不同，几乎都有限制使用的作物对象，使用前对此应有了解。

植物生长期比休眠期对药剂更敏感，在不同生育期，甚至在不同叶龄，对药剂的敏感性也不相同。苗期、花期以及嫩梢期、孕穗期、幼果期，抗药性最弱，易生药害。例如，芹菜苗期对菌核净较敏感，用菌核净进行常规喷雾就有明显的抑制作用，保护地种植的菜豆在伸蔓期对菌核净更敏感。高 25cm 以下瓜苗、豆苗、棉苗等对炔螨特很敏感，不能喷布高浓度药液。

植物的形态与生理状态，也往往与药害有关。叶片蜡质层、角质层较厚，茸毛较多，气孔较少的，药液不易渗入叶片内部，发生药害的概率较低。豆类、瓜类对多种药剂都较敏感，可能与其叶片角质层较薄和气孔较多有关。植株在生长势较弱时，抗药性降低，容易发生药害。

3. 环境因素　不利的气象因素或土壤因素都可能加重药害发生。最常见的是在高温或高湿条件下喷雾，药害增多。表 4-1 列出了许多高温期施药，导致黄瓜发生药害的事例。在棚室中施用烟剂，温度越高，也越易产生药害。在晴天白天施药，产生药害的可能性很大，因而应在傍晚日落后施用。土壤墒情差时易发生种衣剂药害，在沙质土或盐碱地土壤使用某些除草剂，发生药害的风险增多。

(三)药害的预防和补救

防止药害应以预防为主，采取避害措施，防患于未然。发生药害后，也要尽可能地采取补救措施。但若发生严重药害，往往来不及采取补救措施，或虽然采取了补救措施，但无明显效果。

1. 预防措施 第一，对于未用过的和不了解的药剂，要先做小面积试验或先试用，了解药效、药害诸方面的表现，建立合理用药技术，然后再全面推广使用。

第二，购买农药时要仔细鉴别农药的真伪和了解药剂质量，要选准所用的药剂，避免误用药剂，绝对不使用无“三证”的，过期的或有质量缺陷的产品。

第三，在种植蔬菜以前，要了解上季作物用药情况，特别是要了解土壤施药和使用种除草剂的情况，避免发生残留药害。

第四，要充分了解药剂性质，严格掌握农药使用技术，合理混配，严格控制药剂使用剂量或药液浓度，做到在适宜的时期，采用恰当的方法施药。不对敏感作物用药，不在作物敏感生育期用药。

第五，要选用合格的施药器械，遵循操作规程，提高喷药质量。喷药前要彻底清洗喷雾器，喷过 2,4-D 丁酯或其他除草剂、植物生长调节剂的喷雾器，必须彻底清洗后，才能用来喷其他药剂。塑料桶喷雾器要用 5%碱液浸泡数小时，再用清水反复冲洗。铁桶喷雾器，用 1%硫酸亚铁溶液浸泡 2 小时后，再用清水洗 2 次以上。另外，对喷雾器械的喷头、喷片、开关等处，也应认真清洗。在称量、稀释、喷药等各个环节都要认真，准确。施药务求均匀，避免局部地段药剂过多沉积。棚室使用烟剂要按要求的数量均匀布点，用药后达到规定时间要及时通风散气。

第六，要注意施药时的环境条件，不要在夏季高温、阳光强烈时喷药，也不要在雨天、重露或高湿时施药。喷雾宜尽量选择无风天气，以免药液微滴随风飘散到周围敏感作物，引起药害。

2. 补救措施 第一，若喷布药液后叶片、植株出现药害，若发现药害较早，可在早期药液尚未完全渗透吸收时，迅速用大量清水喷洒叶片，反复冲洗 3～4 次，尽量把植株表面的药物洗刷掉。由于大多数农药(除敌百虫等少数碱性农药外)遇到碱性物质比较容易分解失效，因而可在清水中加 0.2%碳酸钠或用 0.5%～1%石灰水。

第二，产生药害后，要及时浇水并追施尿素等速效肥料。叶面喷施1%～2%尿素或0.3%磷酸二氢钾溶液，可促使植株生长，提高其抗药害能力。在有些情况下，可及时摘除蔬菜受害的果实、枝条、叶片，防止有害成分继续渗透和在植株体内传导。

第三，根据引发药害的农药性质，喷施缓解药害的药物或植物生长调节剂。例如，喷施硫酸铜或波尔多液过量，可喷施0.5%石灰水缓解，喷施多效唑过量后可喷施赤霉素中和。施用氧化乐果、对硫磷过量，可用0.2%硼砂溶液缓解。对于2,4-D丁酯、甲草胺、禾草丹、禾草敌、乙烯菌核利、整形素等药剂，在药害后喷施赤霉素药液均可缓解药害程度。

第四，对于土壤施药过量的田块，应及早灌水洗田，使大量药物随水排出田外，可以减轻药害。蔬菜产生严重药害后，植株不能恢复生长的，应及时补种改种。

五、农药的毒性和残留

(一)对人、畜的毒性

毒性是指药剂对人、畜(哺乳动物)的毒害程度。毒性分急性毒性和慢性毒性两种。我国现行对农药毒性的分级标准是用原药或制剂，在大白鼠、兔、狗等试验动物身上的测定结果规定的。

1. 急性毒性　是指药剂经皮肤、经口或经呼吸道一次性进入体内较大剂量，在短时间内连续进入体内的农药量过大，就会突然发生急性中毒。也有些急性中毒，并不立即发病，在经过一定的潜伏期后，才表现急性中毒症状。经口和经皮毒性通常以致死中量LD_{50}表示。致死中量是指毒死半数受试动物的药剂剂量的对数平均数，指标为每kg体重所需药物的毫克数。经呼吸道吸入的毒性用致死中浓度LC_{50}，即在一定时间内受试动物死亡50%所需吸入剂量(mg/m^3)。LD_{50}或LC_{50}越小,药物毒性越大。我国《农药安全使用规定》,将农药分为高毒、中等毒、低毒三类。2007年发布的《农药登记资料规定》则将毒性分为剧毒、高毒、中等毒、低毒和微毒5个等级(表4-2)。

表4-2　农药产品急性毒性分级

毒性分级	级别符号语	经口半数致死量(mg/kg)	经皮半数致死量(mg/kg)	吸入半数致死浓度(mg/m3)
Ⅰa级	剧毒	≤5	≤20	≤20
Ⅰb级	高毒	>5～50	>20～200	>20～200
Ⅱ级	中等毒	>50～500	>200～2000	>200～2000
Ⅲ级	低毒	>500～5000	>2000～5000	>2000～5000
Ⅳ级	微毒	>5000	>5000	>5000

2. 慢性毒性　是指经常有小剂量农药进入体内,经过一段时间,累积到一定量后所表现出的毒性。慢性中毒一般起病缓慢,病程较长,症状往往难以鉴别。

农药本身与其制剂的毒性可能不同,例如阿维菌素原药高毒,制剂的毒性为低毒或中等毒。

为防治农药中毒事故,确保农产品质量安全,农业部陆续公布了一批国家明令禁止使用或限制使用的农药,参见本书第一篇第七章"药剂防治方法"部分。防止人畜中毒,还必须全面遵守国家制定的《农药管理条例》,《农药安全使用标准》,《农药合理使用准则》以及其他相关文件的规定,严禁违规用药。在本书第一篇第七章"农药的安全使用" 项下,还具体介绍了一些防护措施。

(二)对有益生物的毒性

1. 对水生生物的毒性　水生生物中以鱼、虾、蟹最重要。农药对鱼类的毒性与对哺乳动物的不一致。鱼类对农药反应敏感,各种农药的鱼毒性差别较大。有机磷农药对人、畜的急性毒性高，但对鱼类的毒性远低于有机氯和菊酯类农药。菊酯类农药对鱼类的毒性为高毒级，一旦进入水域，对鱼类和其他水生生物的危害极大，因而限制了这类药剂在稻田的使用。有的农药脂溶性高，易于被鱼类富集，易引起鱼类的慢性中毒。

鱼毒性包括急性毒性，慢性毒性，胚胎毒性及致畸性。在安全评价中，通常只做急性毒性，一般以致死中浓度(LC_{50})作为衡量指标。目前，把农药对鱼的毒性以 48 小时的 LC_{50} 值的大小分为三级：低毒性 LC_{50}＞10mg/L；中等毒性 LC_{50} 为 1.0～10.0mg/L；高毒性 LC_{50}＜1.0mg/L。

农药对藻类也有灭杀和生长抑制作用，参考评价标准为 96 小时的 EC_{50}(半效应浓度)。低毒性 EC_{50}＞3.0mg/L；中等毒性 EC_{50} 0.3～3.0mg/L；高毒性 EC_{50}＜0.3mg/L。这也是农药对环境安全性评价的一个重要指标。

2. 对鸟类的毒性　农药对家禽和其他鸟类生长、繁殖以及生理生化功能也有影响与危害。鸟毒性也包括急性毒性和慢性毒性两类，在《农药环境安全评价试验准则》中，对鸟类急性毒性和蓄积毒性提出了评价标准。急性毒性以 LD_{50} 表示，低毒性 LD_{50}＞150mg/kg；中等毒性 LD_{50} 15～50mg/kg；高毒性 LD_{50}＜15mg/kg。

有些农约对土壤中的蚯蚓有毒，使其数量人人减少。蚯蚓能富集农药，许多鸟类和哺乳动物以蚯蚓为食料，会中毒死亡。

3. 对有益昆虫的毒性　蜜蜂对农药敏感，在花期施药，蜜蜂可能因吸食有毒的花蜜或水而大批死亡。家蚕对农药也很敏感，例如菊酯类农药对家蚕的毒性高，若在养蚕区农田施药不慎污染桑树，就可能毒死家蚕。农药对蜜蜂的毒性分为高毒、中等毒和低毒三级：高毒 LD_{50} 0.01～1.99μg/蜂；中等毒 LD_{50} 2.0～10.99μg/蜂；低毒 LD_{50}≥11μg/蜂。

另外，有的农药在消灭害虫的同时，也杀死了天敌，或者害虫大量死亡后,益虫因缺乏食物而减少,这就可能造成害虫的再度猖獗。因此,必须注意化学农药对害虫天敌的影响。

(三)农药的残留

农药残留指的是施用农药后,农药及其代谢产物残存在农产品、畜产品、水产品中以及土壤、水体和环境中的数量。由于农药的残留,出现了严重的人体中毒和环境污染造成的“公害”问题。

有些农药,施用后在较短时间内,就可以通过生物降解而成为无害物质。有一些农药却难以降解, DDT、六六六一类有机氯杀虫剂,有机汞杀菌剂等就是历史上著名的高残留农药,曾引起严重的公害。高残留农药,包括化合物本身,其代谢产物或所含有毒杂质,可能附着在农产品表面,或进入其内部,造成食品污染。食品农药残留超标,就会直接危及人体的神经系统和肝、肾等重要器官,引起各种中毒症状,诸如头晕、头痛、腹痛、食欲减退、视觉模糊、恶心、呕吐、多汗等症状,中毒严重时陷入昏迷或死亡。残留农药也可在人体内蓄积,导致一些严重慢性疾病,甚至有的还能致畸、致癌、致突变。

农药在土壤中的高残留,可能引起下茬作物急性或慢性药害,使土壤中有益微生物或其他有益生物受害,降低土壤肥力。农药对河流、水库、鱼塘等水体的污染,引起鱼类和其他水生动物的死亡。例如,有些除草剂污染水体,造成稻田无鱼生长,江河和水库死鱼。

农产品中农药残留量超标,还使农产品不能出口,甚至不能进入国内市场,从而蒙受巨大经济损失。国外对我国出口农产品有严格的农药残留要求。例如,日本对我国番茄酱提出了多达 116 项农药残留项目,要求的残留限量标准很严,同时要求提供番茄种植地 3 年来使用的农药种类和农药残留证明。

根据各地蔬菜市场农药检测结果,农药污染较多的有小白菜、芹菜、韭菜、黄瓜、甘蓝、花椰菜、菜豆、芥菜、茼蒿、茭白等。叶菜类农药残留比较严重，其中韭菜、油菜、芹菜等最重，茄果类和葱、蒜、洋葱等相对较轻。

造成农产品农药残留超标原因，主要是违规用药。特别是违规使用国家禁止或限制使用的高毒、高残留农药，引起农药残留中毒较多的农药品种有甲胺磷，氧化乐果，马拉硫磷，对硫磷，久效磷，克百威等。农药使用不合理也是重要原因，污染严重的菜区存在滥用农药现象，用药浓度过高，施药次数过多，没有遵循农药安全间隔期，甚至还在收获前用药。

由于农药残留对人类和环境危害很大，各国对农药的施用都进行了严格的管理，并对食品中农药残留容许量作了规定。世界卫生组织对有毒化合物制定了“每人每日允许最大摄入量(ADL)”标准，联合国粮农组织、世界卫生组织和许多国家都制定了食品中农药最高残留限量标准(MRLs)。

我国已颁布了农药管理条例，农药管理条例实施办法，农药合理使用准则，农药安全使用规定等许多规范农药使用的文件。我国现已对 79 种农药规定出 197 项最高残留限量(MRL)标准。目前，我国与蔬菜有关的强制性国家农药残留标准有 35 项，涉及农药残留指标 58 项，农药 52 种。2001 年后农业部陆续颁布了无公害食品行业标准 33 项。只要严格执行这些文件和标准，加强对蔬菜生产基地及菜农生产经营行为的监督管理，建立无公害蔬菜和绿色食品生产基地，健全蔬菜批发市场的质量验收制度，才能有效地解决农药残留问题。

第二章　杀菌剂

一、无机保护性杀菌剂

无机杀菌剂主要有无机铜制剂和无机硫制剂，均为保护性药剂。铜素杀菌剂品种较多，既能防治真菌病害，又能防治细菌病害，具有毒性低、无公害、利于环保的特点，因此成为生产绿色食品的首选杀菌剂。铜素杀菌剂喷在作物上附着性强，形成一层药膜，耐雨水冲刷，持效期长，可较长时间阻止病菌侵入，防效较好。使用铜制剂，病原菌还不易产生抗药性。但某些作物对铜素敏感，使用无机铜制剂易生药害，需要特别注意。另外，长期连续使用铜素杀菌剂还易诱发螨类增殖而造成螨类危害。

1. 氢氧化铜

【通用名称】 氢氧化铜

【其他名称】 可得杀（cocide），冠菌铜，丰护安

【英文通用名称】 cupric hydroxide

【化学名称】 氢氧化铜

【主要性状】 有效成分为蓝色凝胶或淡蓝色结晶粉末，不溶于水，溶于酸、氨水和氰化钠，受热至60℃～80℃变暗，温度再高则分解为黑色氧化铜和水。77％氢氧化铜可湿性粉剂为蓝绿色粉末，含分散剂、润湿剂、黏着剂及填充剂，粒子的细度为1.8μm。属中毒杀菌剂，对人、畜较安全。对鱼类及水生生物有毒。

【作用特点】 新型的铜基杀菌剂，能够稳定地缓慢释放出杀

菌成分铜离子(Cu^{2+}),有预防保护作用,要在发病前或发病初期使用。广谱,适于防治蔬菜多种真菌及细菌性病害,对植物生长有刺激作用。溶解性、扩散性、悬浮性好,药液配兑后稳定,黏附性强,耐雨水冲刷,药效较持久。药剂的用量比其他铜制剂少。没有残留问题。在作物采收期仍可继续使用。

据国外试验,该药剂对辣椒疫病、炭疽病、叶斑病,番茄早疫病、晚疫病,马铃薯早疫病、晚疫病,瓜类角斑病、霜霉病、炭疽病,白菜软腐病,大葱紫斑病、霜霉病,芹菜叶斑病,葡萄白腐病、黑痘病、霜霉病、白粉病,棉花立枯病、炭疽病、角斑病的防治效果均在85%以上。该药与内吸性杀菌剂交替使用,防治效果会更好。

【剂型和使用方法】 剂型:53.8%干悬浮剂,61.4%干悬浮剂,77%可湿性粉剂。

53.8%干悬浮剂用1 000～1 200倍液在发病初期均匀喷雾,每隔7～10天喷一次,连喷2～3次。用药时先将少量清水注入容器内,加入药粉,经充分搅拌后加入其余清水,搅拌均匀后即可喷施,与其他农药混用时,先将氢氧化铜溶于水搅拌后,再加入其他药剂。

77%氢氧化铜可湿性粉剂用500～800倍液喷雾,防治番茄早疫病、晚疫病,辣椒疫病、炭疽病等;用600～800倍液喷雾,防治黄瓜疫病、霜霉病、炭疽病、细菌性角斑病等。

【注意事项】 在发病前或发病初期用药。避免与强酸、强碱性物质混用。不能与三乙膦酸铝类农药混用。若与其他农药混用,请先试验。桃、李、梨、苹果、柿子、白菜、大豆等对铜敏感作物慎用,要先进行试验。苹果、梨花期及幼果期禁用。蔬菜苗期采用安全浓度喷药防病,应慎用或不用。高温高湿天气要尽量避免使用铜剂,以免发生药害。对鱼类及水生生物有毒,应避免药液污染水源。

2. 络氨铜

【通用名称】 络氨铜

【其他名称】 瑞枯霉、增效瑞枯霉

【英文通用名称】 copper sulfate-ammonia complex

【化学名称】 硫酸四氨络合铜

【主要性状】 原粉为深蓝色碱性粉剂。易溶于水及低级醇，不溶于乙醚、三氯甲烷等有机溶剂。用氨水稀释可存放较长时间，用水稀释后应即时使用，否则有络合物沉淀。制剂为深蓝色液体，溶液呈碱性，有氨味，溶于水。冷、热贮稳定性较好，在酸性条件下不稳定。对人、畜低毒，对鱼低毒。

【作用特点】 络氨铜为广谱保护性杀菌剂，能防治真菌、细菌引起的多种病害，并能促进植物生长，增加叶绿素含量，增强光合作用和及抗旱能力。

【剂型和使用方法】 剂型：14%水剂，25%水剂，23%水剂，48%水剂。

在一般情况下，25%水剂稀释400～600倍液喷雾使用。

防治黄瓜霜霉病，番茄早疫病、晚疫病等，用25%水剂400～600倍液喷雾，于发病初期开始，每隔10天喷1次，连喷2～3次。

防治西瓜、黄瓜、菜豆枯萎病，用25%水剂300～600倍液灌根。防治黄瓜枯萎病，用25%水剂500倍液灌根，每株灌药液0.25～0.5kg。

防治茄子黄萎病，在发病期用48%瑞枯霉水剂800倍液灌根。防治辣椒根腐病，用48%水剂800倍液灌根，每株灌0.25kg药液，每10天1次，连续2～3次。

【注意事项】 不能与酸性物质混用。稀释后的药液应立即使用，不能存放。在水稻破口期和扬花期禁止使用。对铜离子敏感

作物慎用,参见氢氧化铜。作叶面喷雾时,使用浓度不能高于 400 倍液,以免发生药害。喷药应在早、晚或阴天为宜,喷药 8 小时内遇雨应重喷。贮藏温度不得高于 50℃。

3. 络氨铜·锌

【通用名称】 络氨铜·锌

【其他名称】 抗枯宁,抗枯灵

【化学名称】 硫酸四氨铜、硫酸四氨锌等

【主要性状】 制剂外观为深蓝色浓溶液,一般情况下稳定,碱性情况下易形成沉淀。对人、畜低毒。

【作用特点】 保护性杀菌剂,有一定的渗透性,可为作物补充一些微量元素,增强抗病性。对瓜类枯萎病防效好,可用于喷雾、灌根、浸根等。

【剂型和使用方法】 剂型:25.9%水剂,25%水剂,20%水剂等。

在瓜类枯萎病发生初期,用 25.9%水剂 500~600 倍液,或用 20%水剂 400~600 倍液灌根,每株灌 250ml,视病情发展情况,隔 7~10 天再浇一次,连用 3~4 次。在拔除病株后,往病穴及附近植株灌根,每株灌 200ml 药液。

【注意事项】 不可与酸性物质混用。喷施本剂后,应间隔数天后才能喷施其他农药。喷药应以早、晚或阴天为宜,喷药后 6 小时内下雨应重喷。采收前 15 天停止喷药。

4. 氧氯化铜

【通用名称】 氧氯化铜

【其他名称】 碱式氯化铜,王铜

【英文通用名称】 copper oxychloride

【化学名称】 氧氯化铜

【主要性状】 外观为绿色或蓝绿色粉末，理论含铜量为59.5%，工业品因含若干结晶水而含量稍低。不溶于水、乙醇、乙醚，但溶于氨水，溶于稀酸时同时分解。于250℃加热8小时后变成棕黑色。对金属有腐蚀性。低毒，低残留。

【作用特点】 该药为无机铜保护性杀菌剂，为铜制剂中药害最小的药剂。在一定湿度条件下，释放出铜离子，破坏病原菌蛋白酶而使病菌死亡，能在植物表面形成一层保护膜。用在马铃薯、花生、向日葵等作物上具有刺激生长的效果。用于蔬菜、瓜类、水稻、柑橘、苹果等，防治马铃薯晚疫病、早疫病，番茄晚疫病，瓜类霜霉病、细菌性角斑病、炭疽病，柑橘、沙田柚溃疡病、疮痂病等。

【剂型和使用方法】 剂型:30%悬浮剂。

在一般情况下，每公顷用2.25～5.6kg(有效充分)，加水喷雾。

防治蔬菜立枯病，枯萎病等，用30%悬浮剂250～400倍液进行苗床喷雾或淋根。在发病初期用500倍液喷雾。

【注意事项】 避免高温时高浓度用药。在多雨、高湿、露水未干前慎用。不能与石硫合剂、松脂合剂、矿物油乳剂、多菌灵、硫菌灵等药剂混用。不能与强碱性农药混用。可与大多数杀虫剂、杀螨剂、微肥现混现用。桃、李、白菜、杏、豆类、莴苣等敏感作物慎用。

5. 氧化亚铜

【通用名称】 氧化亚铜

【其他名称】 铜大师，靠山(Copper-Sandoz)

【英文通用名称】 cuprousoxide

【化学名称】 氧化亚铜

【主要性状】 该制剂为黄色至红色粉末，密度为 6.0，沸点约 1 800℃（失氧），熔点 1 235℃，不溶于有机溶剂和水，溶于稀无机酸（盐酸、硫酸、硝酸）和氨盐水中。在常温条件下稳定。属低毒杀菌剂。对兔皮肤和眼睛有轻微刺激，对鱼类低毒。

56%氧化亚铜水分散粒剂为红褐色微型颗粒，属低毒杀菌剂。对鱼类毒性低。

【作用特点】 无机铜广谱保护性杀菌剂，适用于预防果树、蔬菜等作物的真菌和细菌病害。其杀菌作用主要靠释放出铜离子与真菌或细菌体内蛋白质中的—SH、—N_2H、—COOH、—OH 等基团起作用，导致病菌死亡。有效成分颗粒细微，黏附性强，形成保护膜后耐雨水冲刷。喷药后植株表面会滞留一些橘红色粉状药剂，一般随植株和果实生长会逐渐消失。在一般情况下，对作物安全，并能促进光合作用，使作物叶片变绿。

【剂型和使用方法】 剂型：86.2%可湿性粉剂，86.2%干悬浮剂，56%水分散粒剂。

(1)86.2%可湿性粉剂　防治番茄早疫病，每 667 平方米用 86.2%可湿性粉剂 76～97 克，对水喷雾。在发病前或发病初期开始用药，每隔7～10 天喷药 1 次，连喷 3～4 次。

防治黄瓜霜霉病、甜（辣）椒疫病，每 667 平方米用 140～185 克，加水喷雾。从发病前或发病初期开始，每隔 7～10 天喷药 1 次，连喷 3～4 次。

使用该制剂时，要严格控制使用浓度，建议稀释倍数不低于 1 000倍，高湿时或大棚使用，浓度不低于 1 200 倍。

(2)56%水分散粒剂　防治番茄早疫病、晚疫病，用 56%水分散粒剂 500～700 倍液喷雾。于番茄发病前或发病初期开始，每隔 7～10 天喷 1 次，一般连续喷 3～4 次。

防治黄瓜霜霉病，用 600～800 倍液喷雾，于发病前或发病初期开始，每隔 7～10 天喷 1 次，连续喷 3～4 次。

【注意事项】 ①稀释后及时、均匀、全面喷洒。②低温高湿时，高温高湿时以及对铜敏感作物慎用，果树花期或幼果期禁止使用。③不能与强酸、强碱性物质以及影响药效的农药（如植物生长调节剂等）混用，应先试验再使用。④避免药液及废液流入鱼塘、河流等水域。

6. 碱式硫酸铜

【通用名称】 碱式硫酸铜

【其他名称】 三碱基酸铜，高铜，铜高尚，波尔多粉，保果灵，绿得宝，杀菌特，多病宁

【英文通用名称】 basic copper sulfate

【化学名称】 碱式硫酸铜

【主要性状】 绿色单斜结晶粉末。300℃分解。溶于无机酸、氨水，不溶于水。对人、畜安全，对蚕有毒。

【作用特点】 属保护性广谱杀菌剂，制剂的有效成分依靠植物表面水的酸化，逐步释放铜离子，抑制真菌孢子萌发和菌丝发育。粒度细小，分散性好，悬浮剂内还加有黏着剂，药液可附着在植物表面形成一层保护膜。耐雨水冲刷。适用于波尔多液能防治的各种病害。

【剂型和使用方法】 剂型：30％悬浮剂，35％悬浮剂，27.12％悬浮剂，80％可湿性粉剂。

用 30％悬浮剂预防性施药，用 600～800 倍液，在发病时期施药，用 450～500 倍液喷雾。

27.12％悬浮剂防治多种真菌、细菌病害，用400～600 倍液均匀喷雾。

【注意事项】 避免与强酸、强碱物质混用，不能与乙磷铝类

农药、遇铜分解的农药、磷酸二氢钾等微肥、矿物油制剂等混用。对铜离子敏感的作物，花期，高温期慎用，阴雨天气和有露水时不能喷药，以防药害。不要污染桑树，以保护蚕的安全。该药剂贮存后会出现分层现象。

7. 硫　磺

【通用名称】 硫磺

【其他名称】 硫悬浮剂，可湿性硫

【英文通用名称】 sulphur

【化学名称】 硫磺

【主要性状】 原药为黄色固体粉末，沸点 444.6℃，熔点 115℃，闪点 206℃。不溶于水，微溶于乙醇、乙醚。有吸湿性，易燃，自燃温度为 248℃～266℃。与氧化剂混合能发生爆炸。低毒，硫粉尘对眼结膜和皮肤有一定的刺激作用。对水生生物低毒，对蜜蜂几乎无毒。除对捕食螨有一定影响外，不伤害其他天敌。

【作用特点】 属无机硫保护性杀菌剂，杀菌机制是作用于细胞色素 b 与 c 之间的电子传递，干扰氧化还原反应。用于防治瓜类、小麦、果树、枸杞等作物白粉病，兼有杀螨作用。胶悬剂黏着性能好，药效长，耐雨水冲刷。

【剂型和使用方法】 剂型：45％悬浮剂，50％悬浮剂。

防治瓜类白粉病，每 667m^2 用药 125～250g(有效成分)，加水喷雾。在发生初期开始喷药，共喷 3 次，每次间隔 7～10 天。

【注意事项】 气温高于 32℃或低于 4℃时均不宜使用。不能与波尔多液、机油乳剂混用。喷过上述药剂 15 天后方可喷硫悬浮剂。不要与硫酸铜等金属盐类药剂混用，以防降低药效。黄瓜、大豆、马铃薯、桃、李、梨、杏、葡萄等对硫磺敏感，使用时应降低浓度和减少施药次数，并要避免在果实成熟期使用。本剂长期贮存会

出现分层现象，使用时要注意摇匀，再加水稀释。要在阴凉干燥处贮存，并要远离火源。

二、有机保护性杀菌剂

1. 代森锌

【通用名称】 代森锌

【英文通用名称】 zineb

【化学名称】 亚乙基双-(二硫代氨基甲酸锌)

【主要性状】 纯品为白色粉末，无臭味，工业品为灰白色或淡黄色粉末，有异臭。熔化前分解。室温下难溶于水，溶于二硫化碳和吡啶。遇光、热和碱性物质易分解。在潮湿条件下，易吸收水分而分解失效。对人、畜低毒，但对人的皮肤和黏膜有刺激性。对蜜蜂无毒。

【作用特点】 属二硫代氨基甲酸盐类保护性杀菌剂。广谱，对真菌、卵菌、细菌病害都有效。对叶螨和锈壁虱也有一定的防治效果。对白粉病防效差。持效期较短，约 7 天。代森锌已使用了 40 多年，虽然没有治疗作用，但杀菌谱广，病菌不易产生抗药性，所以仍在杀菌剂中占有一定的地位。代森锌可与内吸性杀菌剂混配使用。

【剂型和使用方法】 剂型：65％可湿性粉剂，80％可湿性粉剂，4％粉剂等。

防治马铃薯早疫病、晚疫病，番茄早疫病、晚疫病、斑枯病、叶霉病、炭疽病、灰霉病，茄子绵疫病、褐纹病，白菜、萝卜、甘蓝霜霉病、黑斑病、白斑病、软腐病、黑腐病，瓜类炭疽病、霜霉病、疫病、蔓枯病、绵疫病，豆类炭疽病、褐斑病、锈病、细菌性叶烧病等，用

65%可湿性粉剂500～700倍液喷雾。喷药次数根据发病情况而定，一般在发病前或发病初期开始喷第一次药，以后每隔7～10天喷1次，连喷2～3次。

防治蔬菜苗期病害，可用种子重量的0.3%～0.4%的药量拌种。

【注意事项】 瓜类蔬菜对锌较敏感，用药时要严格掌握剂量，不能过大。不能与碱性农药以及含铜农药混用。代森锌的安全间隔期为15天。本品受潮、受热易分解，应存置在阴凉、避光、干燥处，容器严加密封。

2. 代森锰锌

【通用名称】 代森锰锌

【其他名称】 大生M45、喷克、丰收、新万生、山德生等

【英文通用名称】 mancozeb

【化学名称】 乙撑双二硫代氨基甲酸锰和锌离子的配位络合物

【主要性状】 原药为灰黄色粉末，熔点136℃（熔点前分解），闪点137.8℃（开式）。不溶于水及大多数有机溶剂，遇酸碱分解。高温受潮易分解。

低毒，对敏感者皮肤有刺激性。对鱼类有毒。

【作用特点】 属二硫代氨基甲酸盐类有机硫保护性杀菌剂，可抑制病原菌体内丙酮酸的氧化，具有高效、低毒、杀菌谱广、病菌不易产生抗性等特点，对果树缺锰、缺锌症也有一定治疗作用。广泛用于防治蔬菜、果树、花卉、烟草等作物上卵菌、真菌病害。常与内吸性杀菌剂混配，以延缓抗药性的产生。

【剂型和使用方法】 剂型：70%可湿性粉剂，80%可湿性粉剂，50%可湿性粉剂，75%干悬浮剂，42%悬浮剂，43%悬浮剂等。

复配制剂很多，包括 58%甲霜灵·锰锌可湿性粉剂，64%杀毒矾可湿性粉剂，72%霜脲·锰锌可湿性粉剂，69%安克·锰锌可湿性粉剂，78%波·锰锌可湿性粉剂等。

防治多种蔬菜的早疫病、晚疫病、疫病、霜霉病、叶霉病、灰霉病、炭疽病、蔓枯病、白粉病、多种叶斑病等，每 667m^2 用药 130～150g(有效成分)，加水喷雾。发病初期开始喷药，间隔期7～10天，连喷 3～5 次。

防治黄瓜霜霉病、角斑病、炭疽病等，防治番茄早疫病、晚疫病、炭疽病、灰霉病、灰叶斑病、斑枯病等，防治西瓜、甜瓜、白兰瓜等的炭疽病、疫病、蔓枯病、霜霉病等，每 667m^2 用 80%代森锰锌 153～197g（有效成分 122.5～157.5g）加水喷雾，发病初期开始用药，7～10 天用药 1 次。

【注意事项】 ①贮藏时应避免高温，并保持干燥。②不能与碱性物质和含铜的药剂混用。③应在发病前或发病初期开始喷药，采收前 15 天停止用药。④对鱼有毒，不可污染水源，施药器械不要在河、湖、池塘中洗涤，不要把废液倒入河流、池塘等处。

3. 丙森锌

【通用名称】 丙森锌

【其他名称】 安泰生(Antracol)

【英文通用名称】 propineb

【化学名称】 丙烯基双二硫代氨基甲酸锌

【主要性状】 丙森锌为白色或微黄色粉末，在 160℃以上分解，在 300℃左右仅有少量残渣留下。对冲溶解度（20℃）为 0.01g/L，在正己烷、甲苯、二氯甲烷、异丙醇等有机溶剂中溶解度<0.1g/L。在干燥低温条件下贮存时稳定，遇酸、碱或在高温条件下易分解。制剂为米色粉末，具有特殊的气味，常温贮存稳定性

2年以上。属低毒杀菌剂。对蜜蜂无毒。

【作用特点】 丙森锌是广谱的保护性杀菌剂，属二硫代氨基甲酸盐类，杀菌机制为抑制病原菌体内丙酮酸的氧化。对蔬菜、葡萄、烟草和啤酒花等作物的霜霉病，番茄和马铃薯的早疫病、晚疫病均有优良的保护性作用，对白粉病、锈病和灰霉病也有一定的抑制作用。多次使用还能抑制螨类和介壳虫的危害。含锌量高，有良好的叶面补锌作用，在推荐剂量下对作物安全。

【剂型和使用方法】 剂型：70%可湿性粉剂。

防治黄瓜霜霉病，大白菜霜霉病，番茄晚疫病，每667m^2用70%可湿性粉剂150～215g(有效成分105～150g)加水喷雾，或用500～700倍液喷雾。在发病前或发病初期开始喷药，以后每隔5～7天喷药1次，共需喷药3次。

防治番茄早疫病，每667m^2用70%可湿性粉剂125～187.5g(有效成分87.5～131g)加水喷雾，或用400～600倍液喷雾。每隔5～7天喷药1次，连喷3次。

【注意事项】 不可与铜制剂和碱性药剂混用。若喷了铜制剂或碱性药剂，应在一周后需再使用一次。

4. 福美双

【通用名称】 福美双

【其他名称】 秋兰姆

【英文通用名称】 thiram

【化学名称】 四甲基秋兰姆二硫化物

【主要性状】 纯品为白色无味结晶体，工业品为黄色粉末，有鱼腥味。熔点155℃～156℃，难溶于水，溶于氯仿、丙酮等有机溶剂。遇酸易分解。易燃。长时间暴露于空气中，或遇高温，潮湿，会渐渐失效。

为中等毒杀菌剂，对黏膜、皮肤有刺激性，对鱼类有毒，对蜜蜂无毒。

【作用特点】 属二硫代氨基甲酸盐类保护性杀菌剂，广谱。用于种子处理、土壤处理或喷雾。高剂量对老鼠有一定驱避作用。

【剂型和使用方法】 剂型：50％可湿性粉剂，75％可湿性粉剂，80％可湿性粉剂 。

用50％可湿性粉剂，按种子重量的0.25％拌种，可防治茄子、瓜类、甘蓝、花椰菜、莴苣、蚕豆等蔬菜苗期的立枯病、猝倒病。

用100g有效成分，与100kg土壤拌合成药土，施入播种沟或播种穴。防治多种蔬菜的苗期立枯病、猝倒病。

用50％可湿性粉剂喷雾，可防治马铃薯和西红柿晚疫病，白菜和黄瓜霜霉病，黄瓜白粉病、炭疽病等，于发病初期喷洒600～800倍液，每隔7～10天喷一次，连喷2～3次。

【注意事项】 不能与铜、汞、硫酸亚铁及碱性农药混用或前后紧连使用。对皮肤和黏膜有刺激作用，喷药时注意防护。药剂处理过的种子，不可再用作饲料。贮存在避火阴凉干燥处。

5. 百菌清

【通用名称】 百菌清

【其他名称】 打克尼尔，Daconil-2787，达科宁

【英文通用名称】 chlorothalonil

【化学名称】 四氯间苯二甲腈

【主要性状】 纯品为无臭白色结晶，熔点250℃～251℃，沸点350℃。微溶于水，溶于丙酮、环己酮、二甲基甲酰胺、二甲苯等有机溶剂。对弱酸、弱碱及光、热稳定，无腐蚀作用。属于低毒杀菌剂。对兔眼有强烈刺激作用，对某些人的眼睛也有明显的刺激作用。对鱼毒性大。

【作用特点】 属取代苯类广谱保护性杀菌剂，能与真菌细胞中的3-磷酸甘油醛脱氢酶发生作用，使真菌细胞的代谢受到破坏而失活。百菌清在植物表面有良好的黏着性，不易受雨水等冲刷，在常规用量下，持效期7～10天。用于防治蔬菜、果树、茶树、烟草等多种的真菌、卵菌病害(防治土传腐霉菌病害效果不明显)。

【剂型和使用方法】 剂型：50%可湿性粉剂，75%可湿性粉剂，40%悬浮剂，10%油剂，5%颗粒剂，25%颗粒剂，10%粉尘剂，2.5%烟剂，10%烟剂，20%烟剂，30%烟剂，45%烟剂，50%烟雾片剂(每片50g)等。

用75%可湿性粉剂800～1 000倍液喷雾，防治甘蓝黑斑病，菜豆锈病、炭疽病等。用75%可湿性粉剂600～800倍液喷雾，防治番茄早疫病、晚疫病、叶霉病，茄子褐纹病、绵疫病，辣椒炭疽病、疫病，芹菜叶斑病等。用75%可湿性粉剂500～700倍液喷雾，防治瓜类白粉病、炭疽病，黄瓜霜霉病、黑星病等。

用75%可湿性粉剂加水喷雾，每667m^{2}的用药量：防治甘蓝黑斑病、霜霉病为113.3g(有效成分85g)；防治菜豆锈病、灰霉病、炭疽病为113.3～206.7g(有效成分85～155g)；防治芹菜叶斑病为80～120g(有效成分60～90g)；防治马铃薯晚疫病、早疫病、灰霉病为80～110克(有效成分60～82.5g)；防治番茄早疫病、晚疫病、叶霉病、斑枯病、炭疽病为135～150g(有效成分101.3～112.5g)；防治甜椒炭疽病、早疫病等为110～135g(有效成分82.5～101.3g)；防治瓜类炭疽病、霜霉病为110～150g(有效成分82.5～112.5g)；防治瓜类白粉病、蔓枯病、叶枯病、疮痂病等为150～225g(有效成分112.5～168.8g)。皆需从发病初期开始喷药，一般每隔7～10天喷药1次，直到病害停止发展时为止。

用烟剂在棚室防治蔬菜病害，10%或20%烟剂每667m^{2}每次使用300～400g，30%或45%烟剂，每667平方米每次用200～300g。根据棚室大小计算用量，均匀布点，每667m^{2}大棚设4～6

个放烟点，小拱棚设 5～8 个放烟点。防治的病害包括番茄早疫病、晚疫病、灰霉病、叶霉病、炭疽病等，黄瓜霜霉病，芹菜斑枯病，韭菜灰霉病等。在发病前和发病初期施放，每 7～10 天 1 次，连用 2～3 次。

使用时将烟剂均匀的放在地上（最好悬挂起来），用香火或烟头点燃。点火不能用明火，点燃后人要立即撤离。点火顺序是从棚里向棚口依次顺序点燃。棚室内燃放烟剂要密闭门窗和通风口，至少闷棚 4 小时以上。放烟时间最好在日落前后进行，第二天即可全面打开气窗以及通风口通风换气。

【注意事项】 ①不能与碱性物质混用。②梨树和柿树易生药害，桃、梅、苹果在用药浓度偏高时也会发生药害，苹果幼果易生锈斑，葡萄有时也会产生果锈，用药时应合理确定浓度和施药时期。③安全间隔期番茄为 7 天，花生 14 天。④百菌清对鱼类有毒，切勿污染水域、鱼塘。烟剂对家蚕、柞蚕、蜜蜂有毒害，需注意避免。对人的眼睛和皮肤有刺激作用，要注意防护。

6. 松脂酸铜

【通用名称】 松脂酸铜

【其他名称】 绿乳铜

【化学名称】 松脂酸铜

【主要性状】 原药为黄绿色粉末固体，可溶于甲苯溶剂、汽油等部分有机溶剂中，不溶于水。12.5％溶液为灰绿色，遇强碱分解。低毒。

【作用特点】 属广谱保护性有机铜杀菌剂，对农作物的多种真菌、卵菌和细菌病害具有良好防治效果。有渗透性，黏着力强，耐雨水冲刷，持效期较长。

【剂型和使用方法】 剂型：12％乳油，20％乳油。

防治黄瓜霜霉病，每667m^2用12%乳油21～28g(有效成分)加水喷雾。防治蔬菜猝倒病、疫病、枯萎病等，用12%乳油600～1 000倍液喷雾或灌根。防治黄瓜细菌性角斑病用12%乳油300～400倍液喷雾。

20%微乳油喷雾用1 000～1 500倍液，灌根用1 000倍液(每株灌250～300g药液)。

【注意事项】 不宜与强酸、碱性农药混用。施药时，喷雾要均匀，叶片正反面都要喷到。最好在下午4时以后喷雾使用。防治苗期病害使用浓度不宜过高。放置在阴凉、干燥、避光处保存。

7. 琥胶肥酸铜(DT)

【通用名称】 琥胶肥酸铜

【其他名称】 DT混剂，二元酸铜

【英文通用名称】 ①copper succinate；②copper glutarate；③copper adipate

【化学名称】 ①丁二酸络铜；②戊二酸络铜；③己二酸络铜

【主要性状】 为一定比例的丁二酸络铜、戊二酸络铜和己二酸络铜的混合物，外观为浅蓝色粉末，难溶于水。可湿性粉剂为浅绿色疏松粉末，无团块。悬浮剂为淡蓝色悬浮液体，pH 6.5～7.0。属于低毒类杀菌剂。

【作用特点】 是保护性有机铜杀菌剂，有一定治疗作用。有效成分为丁二酸铜、戊二酸铜、己二酸铜等。作用机制是铜离子与病原菌细胞膜表面上的阳离子K^+、H^+等交换，导致膜蛋白凝固，同时部分铜离子与病原菌细胞内某些酶结合，抑制其活性。本剂可用于防治黄瓜细菌性角斑病，柑橘溃疡病，辣椒炭疽病等多种病害，对植物生长有刺激作用。

【剂型和使用方法】 剂型：30%悬浮剂，30%可湿性粉剂，

50%可湿性粉剂等。

防治黄瓜细菌性角斑病，用30%可湿性粉剂600～800倍液喷雾。防治大白菜细菌性软腐病、黑腐病，用30%可湿性粉剂800～1 000倍液喷雾。防治茄子黄萎病，用50%可湿性粉剂500～600倍液灌根，每株灌药液250～300ml。防治蔬菜青枯病，用30%悬浮剂350～500倍液灌根，每株灌药液300～400ml。

【注意事项】 基本不与其他农药混用，使用其他药剂与本剂的间隔时间不少于7天。在一个生长季节中，最多使用4次。用作叶面喷雾的药液不得过浓，以免蔬菜产生药害。避免在高温时用药。蔬菜采收前10天停止使用。贮存于避光、干燥和阴凉通风处。

8. 异菌脲

【通用名称】 异菌脲

【其他名称】 扑海因(Rovral)

【英文通用名称】 iprodione

【化学名称】 3-(3,5-二氯苯基)-N-异丙基-2,4-氧代咪唑烷1-羧酰胺

【主要性状】 无色结晶，熔点约136℃，不易燃。微溶于水，溶于丙酮、苯乙酮、苯甲醚、二氯甲烷、乙醇、苯等有机溶剂。在碱性条件下不稳定。50%可湿性粉剂外观为浅黄色粉末，能与多种农药相混，遇碱性物质不稳定。

属低毒杀菌剂。对眼睛、皮肤无刺激。对蜜蜂无毒。

【作用特点】 属二甲酰亚胺类广谱保护性杀菌剂，也有一定的治疗作用。能抑制真菌孢子的产生和萌发和菌丝体生长，可抑制真菌蛋白激酶。杀菌谱广，可以防治对苯并咪唑类内吸杀菌剂有抗药性的真菌。主要防治对象为葡萄孢属、丛梗孢属、青霉属、

核盘菌属、链格孢属、长蠕孢属、丝核菌属、茎点霉属、球腔菌属、尾孢属等真菌引起的病害。

【剂型和使用方法】 剂型：50%可湿性粉剂，50%悬浮剂，25%悬浮剂，5%油悬浮剂等。

防治番茄灰霉病、早疫病、菌核病和黄瓜灰霉病、菌核病等，每667m^2 用50%悬浮剂 50～100ml，或 50%可湿性粉剂 50～100g（有效成分 25～50g），加水喷雾。

防治大蒜、大白菜、甘蓝、豌豆、菜豆、韭菜、西瓜、甜瓜、芦笋蔬菜的灰霉病、菌核病、黑斑病、斑点病、茎枯病等，每 667m^2 用50%悬浮剂 66～100ml，或 50%或可湿性粉剂 66～100g（有效成分 33～50g），加水喷雾。

防治温室瓜类、茄子等的灰霉病、叶斑病等，每 667m^2 用 50%悬浮剂 50～100ml，或 50%可湿性粉剂 50～100g（有效成分 25～50g），加水喷雾。

异菌脲为保护性药剂，要在发病初期开始施药，叶部病害间隔7～10 天一次，根、茎部病害间隔 10～15 天一次，连续施药 2～3次。

【注意事项】 不宜与腐霉利、乙烯菌核利等作用方式相同的杀菌剂混用或轮用。不能与强碱性或强酸性的药剂混用。为预防抗药性菌株的产生，作物全生育期施用次数控制在 3 次以内。

9. 灭菌丹

【通用名称】 灭菌丹

【其他名称】 福尔培

【英文通用名称】 folpet

【化学名称】 N-(三氯甲硫基)邻苯二甲酰亚胺

【主要性状】 纯品为白色晶体。工业品为白色粉末，有刺激性气味，熔点 177℃。微溶于水，微溶于有机溶剂。常温下在水中缓慢分解，在浓碱中迅速分解。高温易分解。常温贮存可达 2 年以上。对人、畜低毒，对人黏膜有刺激性，对鱼高毒，对蜜蜂低毒。

【作用特点】 属二甲酰亚胺类广谱保护性杀菌剂，主要用于防治粮油作物、蔬菜、果树等多种病害，包括水稻纹枯病，稻瘟病，小麦锈病，烟草炭疽病，花生叶斑病，油菜菌核病，马铃薯晚疫病，瓜类霜霉病等。对作物安全，无药害。

【剂型和使用方法】 剂型：50％可湿性粉剂。

防治瓜类及其他蔬菜霜霉病、白粉病，马铃薯和番茄早疫病、晚疫病，用 50％可湿性粉剂 500～600 倍液喷雾。防治豇豆白粉病、轮纹病，用 50％可湿性粉剂 600～800 倍液喷雾。一般一周左右喷 1 次，连续 2～3 次。

【注意事项】 不能与碱性物质混用。番茄使用浓度偏高时，易产生药害。对人的黏膜有刺激性，对鱼有毒，施药时应注意避免。

10. 乙烯菌核利

【通用名称】 乙烯菌核利

【其他名称】 农利灵，烯菌酮

【英文通用名称】 vinclozolin

【化学名称】 3-(3,5-二氯苯基)-5-甲基-5-乙烯基-1,3-噁唑烷-2,4-二酮

【主要性状】 纯品为白色结晶固体，熔点 106℃～108℃。难溶于水，溶于丙酮、苯、氯仿等有机溶剂。在室温水中以及稀盐酸中稳定，但在碱性溶液中缓慢水解。

低毒杀菌剂，对兔眼睛无刺激作用，对兔皮肤有中等刺激作用。在试验剂量下无慢性毒性。对蜜蜂和鸟类低毒，对水生生物

安全。

【作用特点】 属二甲酰亚胺类保护性杀菌剂，可能干扰病原菌细胞核功能，改变膜的通透性，抑制几丁质合成。具有广谱性，对果树、蔬菜类作物的灰霉病、褐斑病、菌核病有良好的防治效果。无雨时持效期可达 10～14 天。对作物安全，大部分作物花期也可使用。与苯丙咪唑类无交互抗药性，可有效防治对多菌灵等已产生抗性的菌株。

【剂型和使用方法】 剂型：50％水分散粒剂，50％可湿性粉剂

防治黄瓜灰霉病，番茄灰霉病、早疫病，茄灰霉病，油菜菌核病，大白菜黑斑病等，每 667m^2 用 50％可湿性粉剂 75～100g，加水喷雾。从发病初期开始喷药，间隔 7～10 天再喷一次，共喷3～4次。

【注意事项】 番茄、黄瓜安全间隔期为 21～35 天。

11. 醋酸十二胍

【通用名称】 醋酸十二胍

【其他名称】 多果定

【英文通用名称】 dodine

【化学名称】 正-十二烷基胍醋酸盐

【主要性状】 纯品为无色结晶，熔点 136℃，微溶于水。原粉为白色晶体粉末，无臭，熔点 132℃～137℃。不吸潮，不易燃，不易爆。可湿性粉剂为白色粉末，常温下贮存较稳定。为低毒杀菌剂。干燥的原粉对兔眼有强烈刺激作用。对蜜蜂低毒。

【作用特点】 属保护性杀菌剂，可破坏真菌细胞膜通透性，引起细胞内含物外渗。用于防治蔬菜、果树、观赏植物和树木的多种真菌病害。

【剂型和使用方法】 剂型：65％可湿性粉剂。

防治十字花科蔬菜黑斑病，马铃薯早疫病，番茄叶霉病、斑枯病，黄瓜枯萎病等，用65%可湿性粉剂1 000倍液喷雾。

【注意事项】 为保护性药剂，无内吸性，需发病初期用药，喷药要周到。

12. 双胍辛烷苯基磺酸盐

【通用名称】 双胍辛烷苯基磺酸盐

【其他名称】 百可得(Bellkute)

【英文通用名称】 iminoctadine tris(albesilate)

【化学名称】 1,1′-亚氨基二(辛基业甲基)双胍三十二(烷基苯基磺酸盐)

【主要性状】 纯品为白色粉末，熔点92℃～96℃，在水中的溶解度0.027g/L (25℃)，室温下水解率0.5%(8周)，光解度0.2%(8周)。原药为浅褐色蜡质固体。制剂外观为白色粉末，由有效成分、表面活性剂和填充料等组成。在40℃条件下贮存4个月稳定，常温贮存稳定性4年。在旱地土壤中的半衰期80～140天，在水中半衰期2～8天。

属低毒杀菌剂，对兔皮肤和眼睛有轻微刺激作用，试验条件下无致畸、致癌和致突变作用。对鱼类、蜜蜂、鸟类低毒。

【作用特点】 为保护性杀菌剂，主要干扰真菌类酯化合物的生物合成和细胞膜功能，抑制孢子萌发、芽管伸长、附着胞和菌丝的形成。用于防治子囊菌和半知菌病害，包括多种蔬菜的灰霉病、白粉病、菌核病、炭疽病、黑星病、多种叶斑病、茎枯病，果实软腐病、果实青霉病等。

【剂型和使用方法】 剂型：40%可湿性粉剂。

防治番茄灰霉病，每667m^{2}用40%可湿性粉剂30～50g(有效成分12～20g)，加水喷雾。在发病初期或开花初期开始喷药，每隔 7～10 天喷 1 次，连续喷 3～4 次。

防治黄瓜白粉病、灰霉病，用 40%可湿性粉剂 1 500～2 500 倍液（有效浓度 160～267mg/L）喷雾。

防治西瓜蔓枯病、白粉病、炭疽病、菌核病，草莓炭疽病、白粉病，莴苣灰霉病、菌核病，洋葱灰霉病等，用 40%可湿性粉剂 1 000 倍液（有效浓度 400mg/L）喷雾。

防治芦笋茎枯病用 40%可湿性粉剂 800～1 000 倍液（有效浓度 400～500mg/L），在留母茎笋田的嫩芽或新种植笋田的嫩芽长至 5～10cm 时喷雾或涂茎。至芦笋嫩枝伸展和拟叶长成期，用 1 000倍液（有效浓度 400mg/L）喷雾。

【注意事项】 ①不能与强酸或强碱性农药混用。②应在发病初期开始施药。喷雾要均匀、周到，不要漏喷。使用间隔期为 7～10 天，通常连续使用 3 次以上。施药选早、晚气温低，风小时进行，晴天上午 9 时至下午 5 时应停止施药。气温高于 28℃，空气相对湿度低于 65%，风速大于 5m/s 时停止施药。③在苹果落花后 20 天之内喷雾，会造成“锈果”。本剂对芦笋嫩茎会造成轻微弯曲，但对母茎生长无影响。④对蚕有毒性，喷雾时要注意不要喷到桑树上。⑤应存放在阴凉干燥处。

13. 氰霜唑

【通用名称】 氰霜唑

【其他名称】 科佳

【英文通用名称】 cyazofamid

【化学名称】 4-氯-2-氰基-5-对甲基苯基-咪唑-1-N，N-二甲基磺酰胺

【主要性状】 原药（93.5%）为白色无味粉状。熔点 152.7℃，微溶于水，溶于丙酮、乙腈。制剂外观为白色悬浮液。属

低毒杀菌剂，对兔眼睛、皮肤无刺激，弱致敏性。

【作用特点】 为新型保护性杀菌剂，是卵菌线粒体呼吸抑制剂，对卵菌各发育阶段均有作用，对甲霜灵产生抗药性或敏感的病菌也有活性。防治霜霉病，疫病，根肿病，猝倒病等有特效。持效期长，耐雨水冲刷。对环境和非靶标生物安全。

【剂型和使用方法】 剂型：10%悬浮剂 。

防治黄瓜霜霉病、番茄晚疫病，每 667m^2 用 10%悬浮剂 53～67ml(有效成分 5.3～6.7g)，一般加水 75kg，稀释成1 100～1 500倍药液，在发病前或发病初期喷雾，一般防治 3 次，间隔7～10 天。

防治大白菜根肿病，用 10%悬浮剂 800～1 000 倍液，在移栽前浸根 20 分钟。

【注意事项】 制剂为悬浮剂，使用时须充分摇匀。

三、局部治疗性杀菌剂

1. 氯苯嘧啶醇

【通用名称】 氯苯嘧啶醇

【其他名称】 乐必耕(Rubigan)

【英文通用名称】 fenarumol

【化学名称】 (±)-2,4'-二氯-α-(嘧啶-5-基)二苯基甲醇

【主要性状】 纯品为白色结晶固体，熔点 117℃～119℃。微溶于水，溶于丙酮、乙腈、苯、二氯甲烷、甲醇等多种有机溶剂，对光、热、酸、碱等稳定。制剂外观为白色粉末，常温下贮存稳定 2 年以上。

属低毒杀菌剂，对兔皮肤无刺激性，对眼睛有轻微刺激，在试验剂量内对动物无致畸、致突变、致癌作用。对鱼类的毒性中等，

对蜜蜂和鸟的毒性很低。

【作用特点】 是甾醇脱甲基化抑制剂，通过干扰病原菌甾醇及麦角甾醇的形成，抑制其生长发育。具有保护、治疗和铲除作用。用于叶面喷雾，防治苹果白粉病、梨黑星病等多种病害，并可以与一些杀菌剂、杀虫剂、生长调节剂混合使用。

【剂型和使用方法】 剂型：6%可湿性粉剂，12%乳油。

防治瓜类白粉病，每 667m^2 用 6%可湿性粉剂 5g（有效成分 0.3 克），加水 40～50L 均匀喷雾。发病初期开始施药，以后每隔 10 天施药 1 次。采收前 5 天停止使用。

【注意事项】 存放在远离火源的地方。在发病初期使用，要均匀喷洒。

2. 苯噻氰

【通用名称】 苯噻氰

【其他名称】 TCMTB，倍生（Busan），佳生

【英文通用名称】 2-(thiocyanatomethylthio) benzothiazole

【化学名称】 2-硫氰基甲基硫代苯并噻唑

【主要性状】 原油为棕红色液体，溶于部分有机溶剂。在强碱条件下易分解。遇明火、高热可燃。受高热分解，放出有毒的烟气。乳油制剂外观为红色液体，常温下贮存稳定性为一年以上。为低毒杀菌剂，对眼与皮肤有刺激性。对鱼类高毒，对鸟类低毒。

【作用特点】 属苯并噻唑类广谱杀菌剂。对由土壤和种子传播的真菌或细菌病害具有保护与治疗防效。可以用于拌种、浸种、灌根或叶面喷雾，防治水稻稻瘟病、胡麻叶斑病、白叶枯病、纹枯病，蔬菜炭疽病、猝倒病、立枯病、枯萎病，柑橘溃疡病等。也用作皮革防霉防腐剂。在 25℃时，土壤 pH 7.0 的条件下，药效半衰期为 68 天。

【剂型和使用方法】 剂型:30%乳油。

防治蔬菜苗期立枯病、瓜类炭疽病、甜椒炭疽病、黄瓜细菌性角斑病等,每 667m² 用 30%乳油 50ml,加水 50~70kg 喷雾,每隔 7~14 天喷一次。

防治苗立枯病、辣椒炭疽病、黄瓜细菌性角斑病等,黄瓜、甜椒种子用 30%乳油 1 000 倍药液浸种 6 小时,然后带药液催芽播种。

防治瓜类、茄果类苗期猝倒病、立枯病、瓜类枯萎病等,用 30%乳油 800~1 500 倍液灌根。防治番茄腐霉根腐病、茎基腐病,在发病初期用 30%乳油 1 000 倍液喷淋。防治豌豆丝核菌基腐病,用 30%乳油 1 200 倍液在发病初期喷淋。防治甘蓝黑胫病,用 30%乳油 1 000 倍液喷布苗床畦面。

防治蔬菜炭疽病,每 667m² 用 30%乳油 50ml,对水 70~100L 喷雾。

【注意事项】 贮存于阴凉、通风仓间内,远离火种、热源。该药切勿接触眼睛与皮肤。眼睛接触药后,立即用清水冲洗 15~30 分钟,皮肤接触药后,尽快用肥皂与清水洗净。对鱼类高毒,切勿污染河流水源。

3. 嘧菌酯

【通用名称】 嘧菌酯

【其他名称】 阿米西达

【英文通用名称】 azoxystrobin

【化学名称】 (E)-{2-[6-(2-氰基苯氧基)嘧啶-4-基氧]苯基}-3-甲氧基丙烯酸甲酯

【主要性状】 原药为棕色固体,熔点 114℃~116℃。纯品为白色结晶固体,熔点 116℃,水中溶解度为 6mg/L(20℃),微溶于己烷、正辛醇,溶于甲醇、甲苯、丙酮,易溶于乙酸乙酯、乙腈、二氯甲烷。水溶液中光解半衰期为2周，对水解稳定。为低毒杀菌剂。

【作用特点】 是甲氧基丙烯酸酯类杀菌剂，具保护、治疗和铲除三重功效，通过抑制病菌的呼吸作用来破坏病菌的能量物质合成使之丧失生命力。广谱，防治多种作物真菌(子囊菌、担子菌、半知菌)、卵菌病害，如白粉病、锈病、霜霉病、稻瘟病、叶斑病等，可用于茎叶喷雾、种子处理，也可进行土壤处理。

【剂型和使用方法】 剂型：25%悬浮剂。

防治番茄早疫病，每667m^2用25%悬浮剂24～32ml，加水均匀喷雾。防治黄瓜霜霉病，每667m^2用25%悬浮剂32～48ml，加水均匀喷雾。防治辣椒炭疽病，每667m^2用25%悬浮剂32～48ml，加水均匀喷雾。

【注意事项】 每季作物使用嘧菌酯不超过3次。

4. 醚菌酯

【通用名称】 醚菌酯

【其他名称】 翠贝

【英文通用名称】 kresoxim-methyl

【化学名称】 (E)-2-甲氧亚氨基-[2-(邻甲基苯氧基甲基)苯基]乙酸甲酯

【主要性状】 原药为白色粉末结晶体，熔点87.2℃～101.7℃。干悬浮剂为暗棕色颗粒，具轻微的硫磺气味，在水中分散。燃烧可产生有毒烟雾。

低毒，对家兔眼睛、皮肤无刺激性。对水生生物有毒。

【作用特点】 属甲氧基丙烯酸酯类杀菌剂，兼具良好的保护和治疗作用。广谱、持效期长，主要用于蔬菜、小麦、水稻、马铃薯、苹果、梨、南瓜、葡萄、棉花及观赏植物等，对真菌病原(子囊菌、担子菌、半知菌)和卵菌有良好的活性。对小麦锈病、白粉病,草莓白粉病,甜瓜白粉病,黄瓜白粉病,梨黑星病等病害具有良好的防效。与其他常用的杀菌剂无交互抗药性。持效期长,对作物、人畜及有益生物安全,对环境基本无污染。

【剂型和使用方法】 剂型:50%干悬浮剂,50%水分散粒剂,30%悬浮剂。

防治瓜类白粉病,每 667m^2 用 50%干悬浮剂 14～20g,加水喷雾。从发病初期开始防治,每隔 7～10 天喷 1 次,连续喷 3 次。防治黄瓜白粉病,100～150g/hm^2,喷雾使用。

【注意事项】 对鱼和水生生物有害,要注意不要污染地表水源。每季作物使用该药不要超过 3 次。

5. 溴菌腈

【通用名称】 溴菌腈

【其他名称】 休菌清,炭特灵

【英文通用名称】 bromothalonil

【化学名称】 1,2-二溴-2,4-二氰基丁烷

【主要性状】 白色或浅黄色结晶粉末。熔点 52.5℃～53.2℃。不溶于水,易溶于醇、苯等有机溶剂。略有刺激气味。低毒,对家兔皮肤和黏膜没有刺激。在试验剂量内对动物无致畸、致突变、致癌作用。对鸟类、鱼类在适用浓度内安全。

【作用特点】 广谱杀菌剂,对细菌、真菌、藻类均有活性,对作物炭疽病特效。用于叶面喷雾、种子处理和灌根。病原菌不易产生抗药性。能和大多数杀虫剂、杀菌剂、叶面肥混用,对蔬菜安全。还可用作工业品和轻工业品的防霉防腐剂,工业水处理灭藻剂,环境卫生消毒剂等

【剂型和使用方法】 剂型:25%乳油,25%可湿性粉剂。

防治由细菌、真菌引起的病害，用25%可湿性粉剂1 500～2 000倍液喷雾。

【注意事项】 可与任何中性农药、化肥、叶面肥混用；与乙磷铝混用，可明显提高对猝倒病、霜霉病、晚疫病、绵腐病等卵菌病害的防治效果。

6. 咯菌腈

【通用名称】 咯菌腈

【其他名称】 氟咯菌腈，适乐时

【英文通用名称】 fludioxonil

【化学名称】 4-(2,2-二氟-1,3-苯并二氧-4-基)吡咯-3-腈

【主要性状】 纯品为无色结晶体。微溶于水，溶于丙酮、甲醇、正辛醇等溶剂。对人、畜低毒，对兔眼和皮肤无刺激。对鸟、蜜蜂、蚯蚓无毒。对鱼有毒。

【作用特点】 属新型吡咯类非内吸性广谱杀菌剂。对子囊菌、担子菌、半知菌等许多病原菌引起的种传和土传病害有非常好的防效。与其他已知的杀菌剂没有交互抗药性。咯菌腈悬浮种衣剂在种子萌芽时可被少量吸收，可以控制种子内部的病菌，同时能够保留在种子周围，对根部提供长期保护。种子包衣成膜快，不脱落。咯菌腈应用于棉花、小麦、花生、大豆、水稻等多种作物。

【剂型和使用方法】 剂型：2.5%悬浮种衣剂等。

防治西瓜枯萎病，每100kg种子用2.5%悬浮种衣剂400～600ml(有效成分10～15g)进行种子包衣。防治豇豆立枯病每100kg种子用2.5%悬浮种衣剂400～800ml(有效成分10～20g)进行种子包衣。操作时，按推荐用药量，用水稀释至1～2L，将药浆与种子以1∶50～100的比例充分搅拌，直到药液均匀分布到种子表面，晾干后即可播种。

【注意事项】 拌种器具不得在池塘内清洗，以防水生生物中毒。

7. 咪鲜胺锰络合物

【通用名称】 咪鲜胺锰络合物

【其他名称】 施保功(Sporgon)

【英文通用名称】 prochloraz manganese chloride complex

【化学名称】 N-丙基-N-[2-(2,4,6 三氯苯氧基)乙基]-1H 咪唑-1 甲酰胺;氯化锰

【主要性状】 纯品为白色至灰白色粉，略有芳香味，纯度大于 99%，熔点 147℃～148℃。难溶于水、丙酮。原药为白至褐色粉，略有芳香味。制剂灰白色粉末，密度 0.27g/ml，pH 7.5，细度粒径大于 45μm 的占 1%，小于 150μm 的占 0.02%，悬浮率大于 75%，润湿时间小于 60 秒，稳定性良好，常温贮存稳定性可达 3 年。

为低毒杀菌剂。对兔眼睛有短暂的轻度刺激，对皮肤无刺激。在试验剂量内无致畸、致突变、致癌作用。对鱼有毒。

【作用特点】 属咪酰胺类保护兼治疗型杀菌剂，通过抑制甾醇的生物合成而起作用。该药剂对子囊菌引起的多种作物病害具有特效，对农作物、水果、蔬菜、草坪、观赏植物、蘑菇上的多种病害具有治疗和铲除作用。还可防治水果贮藏期病害。咪鲜胺与 Mn^{2+} 形成络合物后，既能保持药剂的原有活性，又能增强对作物的安全性。与多菌灵混用有显著的增效作用。在土壤中降解为易挥发的代谢产物，易被土壤颗粒吸附，不易被雨水冲刷。

【剂型和使用方法】 剂型:50%可湿性粉剂。

防治瓜类炭疽病，用 50%可湿性粉剂 1 500～2 500 倍液喷雾。

防治黄瓜炭疽病，每 667m² 用 25%可湿性粉剂 25～50g(有效成分 12.5～25g)，加水 30～50L 喷雾。发病初期开始施药，以

后每隔 7～10 天施药一次。

防治莱豆炭疽病，用 50%可湿性粉剂 1 500 倍液喷雾。

【注意事项】 西瓜苗期易出现药害。气温太高时，应加大稀释倍数。本品对鱼有毒，避免污染鱼塘、河道、水沟。

8. 咪 鲜 胺

【通用名称】 咪鲜胺

【其他名称】 施保克，使百克

【英文通用名称】 prochloraz

【化学名称】 N-丙基-N-[2-(2,4,6-三氯苯氧基)乙基]-1H 咪唑-1-甲酰胺

【主要性状】 纯品为无色结晶体，熔点 208℃～210℃。微溶于水，溶于丙酮、乙醇、二甲苯等有机溶剂。对浓酸、浓碱和光不稳定。原药为浅棕色低熔点固体，有芳香味。乳油外观为清澈的褐色液体，比重约 0.98，闪点 24℃左右。冷、热贮存稳定性良好，在 0℃～30℃条件下贮存稳定 2 年。

咪鲜胺属低毒杀菌剂。对大鼠皮肤及眼睛均无刺激，但对兔皮肤和眼睛有中度刺激。在试验剂量内，未发现致畸、致突变及致癌作用。对鱼和水生生物中等毒，对蚯蚓和瓢虫等有益生物无害。

【作用特点】 属咪酰胺类新型广谱杀菌剂，通过抑制甾醇的生物合成而起作用。选择性高、杀菌谱广，对子囊菌及半知菌引起的多种作物病害有特效，并能防治对苯并咪唑类杀菌剂已产生抗药性的菌种。对水稻恶苗病，杧果炭疽病，柑橘青绿霉病、炭疽病和蒂腐病，香蕉炭疽病、冠腐病等有较好的防治效果，可用于水果采后处理，防治贮藏期病害。用于种子处理，对禾谷类许多种传和土传真菌病害有较好活性。与萎莠灵或多菌灵混用，对腥黑穗病和黑粉病有极佳防治效果。在土壤中主要降解为易挥发的代谢产

物，易被土壤颗粒吸附，不易被雨水冲刷。

【制剂和使用方法】 制剂：25%乳油，45%水乳剂。

防治菜豆灰霉病、炭疽病、叶斑病，蚕豆赤斑病，每 667m^2 用 25%乳油 60～120ml，加水 50L 喷雾。防治辣椒炭疽病，每 667m^2 用 25%乳油 50ml，加水 50L 喷雾。

【注意事项】 对鱼和水生生物有毒，不可污染鱼塘和水域。

9. 菌核净

【通用名称】 菌核净

【其他名称】 环丙胺、纹枯利

【英文通用名称】 dimethachlon

【化学名称】 N-(3,5-二氯苯基)丁二酰亚胺

【主要性状】 纯品是白色结晶粉末，熔点 136.5℃～138℃，易溶于丙酮、四氢呋喃、二甲基亚砜等有机溶剂，可溶于甲醇、乙醇，难溶于正己烷、石油醚，微溶于水。原粉为淡棕色固体，遇碱和日光照射易分解。对人、畜低毒。

【作用特点】 属二甲酰亚胺类保护性杀菌剂，有一定的内渗治疗作用，对核盘菌和灰霉菌有高度活性，用于防治油菜菌核病、烟草赤星病、水稻纹枯病、麦类赤霉病、白粉病等。

【制剂和使用方法】 制剂：40%可湿性粉剂。

防治蔬菜菌核病、灰霉病和茭白纹枯病等，每 667m^2 用 40%可湿性粉剂 40～60g(有效成分)加水稀释喷雾。或用 40%可湿性粉剂 800～ 1 200 倍液喷雾。

【注意事项】 贮存在阴凉、干燥、通风处。芹菜苗期对菌核净较敏感，用 40%菌核净进行常规喷雾有明显的抑制作用，延迟芹菜的收获期 20 天左右，应慎用。保护地种植的菜豆伸蔓期对该剂较敏感，用 40%菌核净进行常规喷雾后，对生长会有明显的抑制

作用，对菜豆的开花、结荚产生明显的不利影响，也应慎用。

10. 甲基立枯磷

【通用名称】 甲基立枯磷

【其他名称】 利克菌(Rizolex)

【英文通用名称】 tolclofos-methyl

【化学名称】 O-(2,6-二氯-对-甲苯基)-O,O-二甲基硫代磷酸酯

【主要性状】 纯品为无色晶体，工业品为棕黄色结晶，20%乳油外观为红棕色或深褐色均相油状液体。能溶于二甲苯、丙酮、乙腈、氯仿等溶剂，难溶于水。对光、热和潮湿较稳定，遇强酸和碱都促进分解。低毒，慢性毒性试验表明无致突变和致畸作用。对鸟和鱼低毒，常规用量无药害。

【作用特点】 广谱有机磷杀菌剂，兼具保护和治疗作用。用于水稻、小麦、棉花、蔬菜、瓜果等农作物，主要防治丝核菌、白绢病菌引起的土传病害。对五氯硝基苯产生抗药性的丝核菌，对本剂没有交叉抗药性。

【剂型和使用方法】 剂型：20%乳油。

防治苗期立枯病，用20%乳油500～700g，拌种子100kg。用0.02%～0.04%的有效浓度浸种或药土盖种，每100kg种子均以400～600g制剂为宜。用于喷雾，每667m^2用制剂75g～150g，稀释为300～500倍液。

防治西瓜枯萎病，用20%乳油300～400倍液灌根，每株灌0.25kg药液，离西瓜根部15cm打穴灌根。

防治蔬菜枯萎病，用20%乳油400～500倍液喷雾，每667m^2用药150～220g。防治瓜类、蔬菜枯萎病，也可用20%乳油1 000倍液灌根。

防治蔬菜白绢病,用20%乳油800～1 000倍液灌根。

【注意事项】 不宜与碱性物质混用,以免分解失效。偏高的剂量有时会抑制种子萌发。贮存于阴凉通风处,防水、防热、防光照。

11. 喹菌酮

【通用名称】 喹菌酮

【其他名称】 奥索利酸

【英文通用名称】 oxolinic acide

【化学名称】 5-乙基-5,8-二氢化-8-氧代-1,3-二氧戊环[4,5-g]-喹啉-7-羧酸

【主要性状】 纯品白色带黄白色柱状结晶或结晶性粉末,无臭无味。熔点320℃,几乎不溶于水和乙醇,能溶于蚁酸和氢氧化钠溶液,不吸潮,对热、湿、光比较稳定。对人、畜低毒。

【作用特点】 为喹啉类杀茵剂,对革兰氏阴性菌和一部分阳性菌有较强的抗菌活性,抑制细菌分裂时DNA的复制,具有保护和治疗作用,用于防治细菌病害。对真菌没有抗菌作用。

【剂型和使用方法】 剂型:20%可湿性粉剂。

防治十字花科蔬菜软腐病,用20%可湿性粉剂1 000～1 500倍液喷雾。

防治十字花科蔬菜细菌性黑腐病,用20%可湿性粉剂1 000倍液浸种,浸种时间为20分钟。还可用20%可湿性粉剂1 000倍液喷雾。

防治西瓜青枯病,在发病早期喷施20%可湿性粉剂1 000～1 500倍液。

【注意事项】 药液要随配随用,不要过量使用。

12. 霜脲·锰锌

【通用名称】 霜脲·锰锌

【其他名称】 克露,霜克

【英文通用名称】 ①cymoxanil;②mancozeb

【化学名称】 ①1-(2-氰基-2-甲氧基亚胺基)-3-乙基脲;②乙撑双二硫代氨基甲酸锰和锌离子的配位络合物

【主要性状】 霜脲氰纯品为无色结晶固体,熔点160℃~161℃,微溶于水,溶于二甲基甲酰胺、氯仿、甲醇。在一般贮存条件下稳定,在中性或弱酸性介质中稳定。对人、畜低毒,对皮肤无刺激作用,对眼睛有轻微刺激作用。72%霜脲·锰锌可湿性粉剂为8%霜脲氰与64%代森锰锌的混合制剂。

【作用特点】 本品为混配杀菌剂,有效成分为代森锰锌和霜脲氰。霜脲氰有局部内吸作用,主要对卵菌有较高的抑菌活性,可抑制菌体在植物体内的蔓延,抑制孢子产生和孢子萌发。代森锰锌是广谱保护性杀菌剂,与霜脲氰混用可使持效期延长,延缓病菌抗药性的产生。霜脲·锰锌兼具保护和治疗防效,还可促进植物生长。

【剂型和使用方法】 剂型:72%可湿性粉剂,5%粉尘剂。

防治黄瓜霜霉病,每667m^2用72%可湿性粉剂133~167g(有效成分96~120g),一般加水100L,稀释成600~750倍液,进行叶面喷雾。发病初期开始喷药,每隔7天用药一次,一般防治4~6次。

防治番茄晚疫病、马铃薯晚疫病、茄子绵疫病等,用72%可湿性粉剂700倍液喷雾。

棚室用药,每667m^2用5%粉尘剂1kg喷粉,每隔6~7天喷一次,连喷3~4次。

【注意事项】 不可与碱性农药及铜、汞制剂混用。在喷碱性农药或铜、汞制剂后，应隔一周后再用该药。收获前7～14天停止使用。贮存于密封、阴凉、干燥处。参见代森锰锌。

13. 盐酸吗啉胍·铜

【通用名称】 盐酸吗啉胍·铜

【其他名称】 病毒A，毒克星，毒克清

【英文通用名称】 moroxydine hydrochloride，copper acetate

【化学名称】 ①盐酸吗啉双胍：N-N-(2-胍基-乙亚氨基)-吗啉盐酸盐；②醋酸铜

【主要性状】 盐酸吗啉胍·铜是由盐酸吗啉双胍和醋酸铜混配而成。盐酸吗啉双胍原药(有效成分含量为98%)为无气味，微苦的白色结晶性粉末，易溶于水，微溶于乙醇，几乎不溶于氯仿。醋酸铜原药(有效成分含量为95%)为深绿色粉末，溶于水。按我国农药毒性分级标准属低毒杀菌剂。对兔眼睛和皮肤无刺激性。在试验条件下，对试验动物无致突变作用，无胚胎毒性。在动物体内代谢，排出较快，无蓄积作用。醋酸铜原药对兔皮肤无刺激性，对眼睛有中度至重度刺激性。

【作用特点】 盐酸吗啉双胍是一种广谱病毒防治剂，经稀释喷施到植物叶面后，药剂可通过植物的水孔、气孔进入植物体，能抑制病毒的DNA和RNA聚合酶，从而抑制病毒的复制。醋酸铜可保护植物，预防菌类引起的病害，起辅助作用。对蔬菜(番茄、青椒、黄瓜、甘蓝、大白菜等)的病毒病具有良好预防和治疗作用

【剂型和使用方法】 剂型：20%可湿性粉剂(由盐酸吗啉双胍10%和醋酸铜10%混配而成)。

防治番茄病毒病害，每667m^2 用20%可湿性粉剂150～230g(折有效成分33.3～50g/667m^2)，加水100L，稀释成400～600倍

液，于发病初期进行叶面喷雾，以后每隔 7 天喷一次药，可连续喷药 3～4 次，视病情发展而定。

【注意事项】 使用浓度不能浓于 300 倍(每 667m^2 用有效成分不超过 66.7g)，否则可有药害产生。本剂不可与碱性农药混合使用。应贮存于干燥、避光、阴凉处。

14. 植 病 灵

【通用名称】 植病灵

【英文通用名称】 ①riacontanol；②copper sulfate；③sodium dodecylsulfate

【化学名称】 ① 三十烷醇；② 硫酸铜；③ 十二烷基硫酸钠

【主要性状】 1.5%植病灵是由三十烷醇(0.1%)、硫酸铜(0.4%)和十二烷基硫酸钠(1.0%)混配而成。三十烷醇为白色鳞片状结晶。不溶于水，溶于乙醇、乙醚、苯、氯仿、二氯甲烷。硫酸铜为蓝色晶体，易溶于水。十二烷基硫酸钠白色薄片或粉末结晶，有特殊气味。溶于水后为不透明溶液，溶液呈中性。制剂外观为绿色至天蓝色液体，pH 5～7.5，乳化性及悬浮性良好。属于低毒抑病毒剂。未见有致畸、致突变和致癌作用。

【作用特点】 三丨烷醇是生理活性较高的植物生长调节物质，能提高叶绿素含量，提高光合速率，增强植株组织对水分和氮、磷、钾的吸收，能抑制病毒侵染与复制。十二烷基硫酸钠和三十烷醇结合，增强表面活性及乳化发泡作用，渗透植株组织，对病毒起钝化作用。硫酸铜通过释放铜离子，起杀菌作用，与其他有效成分起偶联功能。植病灵是广谱病毒病害防治剂，兼有杀菌作用，对植物生长有一定刺激作用，可防病增产。

【剂型和使用方法】 剂型：1.5%植病灵乳剂。

防治蔬菜病毒病害，每 667m^2 用 1.5%乳剂 50～75g 对水喷雾,或用1 000倍液喷雾。喷施2～4次,间隔期为10天。

【注意事项】 喷药时要均匀,正反叶面要全部喷到。喷药时蔬菜植株表面不能有露水等水珠,不可与生物农药混用,可交替使用。

四、内吸杀菌剂

1. 多菌灵

【通用名称】 多菌灵

【其他名称】 苯并咪唑44号

【英文通用名称】 carbendazim

【化学名称】 N-(2-苯并咪唑基)-氨基甲酸甲酯

【主要性状】 纯品为白色结晶,熔点307℃～312℃(分解)。工业品为淡黄褐色粉末,290℃分解。难溶于水,微溶于丙酮、氯仿和其他有机溶剂,可溶于无机酸和醋酸,并形成相应的盐。对热较稳定,对酸、碱不稳定。40%悬浮剂为白色或淡褐色黏稠可流动的悬浮液,可湿性粉剂为白色或灰色粉末。对人、畜低毒,未见致癌、致畸、致突变作用,对鱼类和蜜蜂低毒。

【作用特点】 属苯并咪唑类广谱内吸性杀菌剂,对子囊菌、担子菌和半知菌所致的多种病害有效,对卵菌和细菌所致的病害无效。其作用机制主要是干扰菌体的有丝分裂中纺锤体的形成,从而影响细胞分裂。目前是产量最大的内吸杀菌剂品种。广泛用于防治麦类赤霉病、禾谷类黑穗病、棉花苗期病害、油菜菌核病、水稻纹枯病、稻瘟病、甜菜褐斑病等重要病害,以及防治蔬菜、花卉、果树的多种真菌病害,还用于水果保鲜和工业防霉。多菌灵与酸反应形成的盐,如多菌灵盐酸盐,杀菌活性高于多菌灵,又易溶于水,使用方便。多菌灵已连续使用多年，许多病原菌已产生了抗药性。

【剂型和使用方法】 剂型：25％可湿性粉剂，40％可湿性粉剂，50％可湿性粉剂等。

1. 土壤处理 防治蔬菜苗期猝倒病、立枯病、根腐病，用250g（有效成分）加干细土1～1.5kg，充分混合均匀，制成药土。将药土撒入播种沟并覆土。每平方米用药土10～15kg。

2. 拌种 防治番茄枯萎病，用种子重量0.3％～0.5％的药量拌种；防治菜豆枯萎病，用种子重量0.5％的药量拌种。

3. 喷雾 防治瓜类白粉病、疫病，番茄早疫病，豆类炭疽病、疫病，油菜菌核病等，每667m^2用50％可湿性粉剂100～200g，加水喷雾。于发病初期开始喷药，共喷2～3次，间隔7～10天。

防治蔬菜菌核病、灰霉病、炭疽病、白粉病，十字花科蔬菜白斑病，豇豆煤霉病，芹菜早疫病等，用50％可湿性粉剂600～800倍液喷雾。均在发病初期第一次用药，间隔7～10天喷一次，连续喷药2～3次。

4. 灌根 防治黄瓜、番茄枯萎病，茄子黄萎病，用50％可湿性粉剂500倍液灌根，每株灌0.3～0.5kg药液，发病重的地块间隔10天再灌第二次。

【注意事项】 多菌灵可与一般杀菌剂混用，但与杀虫剂、杀螨剂混用时要随混随用，不能与铜制剂混用，不宜与碱性药剂混用。长期单一使用多菌灵，易使病菌产生抗药性，应与其他杀菌剂轮换使用。

2. 多·硫

【通用名称】 多·硫

【其他名称】 多·硫悬浮剂，灭病威

【英文通用名称】 ①carbendazim；②sulphur

【化学名称】 ①N-(2-苯并咪唑基)-氨基甲酸甲酯;②硫磺

【主要性状】 40%多·硫悬浮剂外观为灰白色带浅黄色的可流动悬浮液体,不易燃、爆,与水可任意混合。在标准硬水中,多菌灵悬浮率不低于90%,硫磺悬浮率不低于80%。常温贮存2年,有效成分含量基本不变。对人、畜低毒。

【作用特点】 为多菌灵(20%)和硫磺(20%)的混剂,多菌灵为广谱内吸性杀菌剂,硫磺为保护性杀菌剂。混剂对多种子囊菌、半知菌、担子菌病害,具有保护、治疗、铲除作用,分散性好,黏附力强,耐雨水冲刷,持效期较长。

【剂型和使用方法】 剂型:40%悬浮剂。

防治黄瓜白粉病,豇豆褐斑病等,每667m^2用60～120g(有效成分),加水喷雾。

防治黄瓜、番茄、菜豆等蔬菜灰霉病,用40%悬浮剂500～700倍液喷雾。

【注意事项】 一般在发病前或发病初期开始喷药防治。在气温较高的季节,应在早晨或傍晚施药。对硫磺敏感的黄瓜、马铃薯等,应降低用药剂量。参见多菌灵和硫磺。

3. 噻菌灵

【通用名称】 噻菌灵

【其他名称】 涕必灵,特克多,霉得克

【英文通用名称】 thiabendazole

【化学名称】 2-(噻唑-4-基)苯并咪唑

【主要性状】 纯品为白色粉末,熔点304℃～305℃。室温下不挥发,但加热到310℃即升华,在水中的溶解度随pH值的改变而改变。原药为灰白色无臭粉末,熔点296℃～304℃。45%悬浮剂外观为奶油色黏稠液体。在高温、低温水中和酸、碱性溶液中均

稳定。属低毒杀菌剂,无致畸、致癌、致突变等慢性毒性。对鱼高毒,对鸟类低毒。

【作用特点】 苯并咪唑类内吸杀菌剂。杀菌谱广,对植物有保护和治疗作用,具内吸向顶传导性能,根施时能向顶传导,但不能向基传导。对子囊菌、担子菌和半知菌有抑制活性,而对卵菌和接合菌无活性。与苯菌灵等苯并咪唑类药剂有正交互抗药性。

用于防治多种果树、蔬菜病害,也用于果蔬防腐保鲜和工业防霉。

【剂型和使用方法】 剂型:45%悬浮剂,40%可湿性粉剂,60%可湿性粉剂,3%烟剂,20%烟剂等。

防治多种作物的叶部、茎部、荚部病害和根腐病,每 667m^2 用 15～25g(有效成分),加水稀释喷雾。

防治瓜类白粉病,番茄灰霉病,芹菜斑枯病、菌核病等,用45%悬浮剂 1 000 倍液喷雾。防治大葱、大蒜、洋葱等的灰霉病用 3 000 倍液喷雾。防治芹菜、菜豆和豇豆的灰霉病用 3 000～4 000 倍液喷雾。

防治保护地蔬菜灰霉病、菌核病多种真菌病害,每 667m^2 用 3%烟剂 300～400g,或用 20%烟剂 250g 熏烟。

【注意事项】 不宜与含铜杀菌剂混用。对鱼有毒,注意不要污染池塘和水源。

4. 苯菌灵

【通用名称】 苯菌灵

【其他名称】 苯来特

【英文通用名称】 benomyl

【化学名称】 1-正丁氨基甲酰-2-苯并咪唑

【主要性状】 纯品为无色结晶固体,略有臭味。熔点前分解,不易挥发。不溶于水，溶于氯仿、丙酮、二甲基甲酰胺等有机溶剂。稍有苦味。在干燥状态下稳定，遇潮湿会分解减效。在某些溶剂中离解形成多菌灵和异氰酸丁酯；在水中溶解并在各种 pH 值下稳定。对光稳定。对人、畜低毒，对作物安全。

【作用特点】 苯菌灵为苯并咪唑类内吸性杀菌剂，在植物体内代谢为多菌灵和异氰酸丁酯起作用。高效、广谱，具有保护、铲除和治疗作用，可用于喷雾、拌种和土壤处理。主要用于防治蔬菜、果树、油料作物病害。对子囊菌、半知菌和某些担子菌有良好抑制活性，对锈菌、卵菌和接合菌无效。也用于果实、蔬菜贮藏期防霉保鲜。还可用于防治螨类，有杀卵作用。

【制剂和使用方法】 制剂：50％可湿性粉剂。

防治多种作物叶部病害，如灰霉病、叶霉病、灰斑病等，用50％可湿性粉剂稀释 1 500～2 000 倍药液于发病前或发病初期喷雾。防治种传或土传病害，每 100kg 种子用 100～200 克药剂拌种。

防治瓜类白粉病，黄瓜和甜椒炭疽病，番茄灰霉病、叶霉病，黄瓜菌核病，用 1500～2 000 倍液喷雾，发病初期开始每隔 7～10 天喷一次，连喷 3 次。

防治黄瓜枯萎病，用 500～1 000 倍液于发病初期灌根，每株每次灌 0.25～0.3kg 即可。

【注意事项】 可与多种农药混用，但不能与强碱性药剂及含铜制剂混用。为避免病原菌产生抗药性，应与其他杀菌剂交替使用。但不宜与多菌灵、硫菌灵等存在交互抗性的杀菌剂轮换使用。梨、苹果、柑橘、甜菜的安全期间隔为 7 天，葡萄为 21 天。

5. 甲基硫菌灵

【通用名称】 甲基硫菌灵

【其他名称】　甲基托布津

【英文通用名称】　thiophanate methyl

【化学名称】　1,2-二(3-甲氧羰基-2-硫脲基)苯

【主要性状】　纯品为无色结晶,原粉(含有效成分约93%)为微黄色结晶。几乎不溶于水,可溶于丙酮、甲醇、乙醇、氯仿等有机溶剂。在植物组织中及在水悬液长期贮存时,可形成多菌灵。对酸、碱稳定,对光稳定。可与铜形成络合物。

低毒性杀菌剂。对兔皮肤和眼睛无刺激作用。在试验条件下无慢性毒性。对鸟类、蜜蜂低毒。

【作用特点】　硫脲基甲酸酯类内吸杀菌剂,进入植物体后转化成多菌灵发挥作用。为广谱杀菌剂,具有向顶性传导功能,对多种作物多种病害有预防和治疗作用。对子囊菌、担子菌、半知菌等有效,对卵菌无效。对叶螨和病原线虫有抑制作用。不宜与多菌灵混用或轮换。由于连续使用多年,同样存在抗药性突出的问题。

【剂型和使用方法】　剂型:50%可湿性粉剂,70%可湿性粉剂,40%胶悬剂,50%胶悬剂等。

防治瓜类白粉病、炭疽病,茄子、洋葱、芹菜、番茄、菜豆灰霉病、炭疽病、菌核病等,可用50%可湿性粉剂1 000～1 500倍液喷雾。防治莴苣灰霉病、菌核病,用50%可湿性粉剂700倍液喷雾。从发病初期开始防治,每隔7～10天喷一次药,连续喷3～4次。

【注意事项】　不能与碱性物质、含铜制剂混用。收获前14天内禁止使用。长期单一使用易产生抗药性,应与其他药剂轮换使用。

6. 丙硫咪唑

【通用名称】　丙硫咪唑

【其他名称】　施宝灵、阿苯达唑

【英文通用名称】 albendazole

【化学名称】 5-丙硫基-1H-苯并咪唑-2-基氨基甲酸甲酯

【主要性状】 白色或类白色结晶粉末，熔点 206℃～212℃(分解)，无臭，无味。溶于甲醇、乙醇、乙酸等，在丙酮或氯仿中微溶，不溶于水，微溶于热稀盐酸。对温度反应稳定。对人、畜毒性低，施用安全。

【作用特点】 苯并咪唑类广谱内吸性杀菌剂，用于防治由真菌、卵菌、细菌引致的病害，对霜霉病菌、白锈菌、腐霉菌活性高。可用作人畜肠道驱虫药，驱除蛔虫、蛲虫、钩虫、鞭虫等。

【制剂和使用方法】 制剂：10％悬浮剂，20％悬浮剂，20％可湿性粉剂。

大白菜和黄瓜霜霉病，每 667m^2 用 20％悬浮剂(或可湿性粉剂)75～100g，对水喷雾。

【注意事项】 施药后 12 小时内下雨需补施。不能与铜制剂混用。

7. 三唑酮

【通用名称】 三唑酮

【其他名称】 粉锈宁，百理通

【英文通用名称】 tradimefon

【化学名称】 1-(4-氯苯氧基)-3，3-二甲基-1-(1H，1，2，4-三唑-1-基)-2-丁酮

【主要性状】 纯品为无色结晶，有特殊芳香味，熔点 82.3℃。微溶于水，溶于许多有机溶剂。原粉外观为白色至浅黄色固体。在酸、碱介质中都较稳定。属于低毒性杀菌剂。对皮肤有轻度刺激作用，在试验剂量内无致癌、致畸、致突变作用。对鱼类毒性中等，对蜜蜂和家蚕无害，对天敌和有益生物安全。

【作用特点】 为三唑类内吸性杀菌剂。在植物体内可以双向传导，具有保护和治疗作用，还具有一定的熏蒸作用。三唑酮的杀菌机制复杂，主要抑制菌体麦角甾醇的生物合成。低剂量就有明显的药效，持效期长。对多种作物的真菌病害，特别是锈病、黑粉病、白粉病等有很高的防效。可用作喷雾、拌种和土壤处理。三唑酮可以与多种杀菌剂、杀虫剂、除草剂等现混现用

【剂型和使用方法】 剂型：15%可湿性粉剂，25%可湿性粉剂，10%乳油，20%乳油，25%乳油，25%胶悬剂，0.5%粉剂，1%粉剂，10%粉剂，15%烟剂等。

防治瓜类、豆类的白粉病、炭疽病，用15%可湿性粉剂1 000～1 200 倍液喷雾，或用 25%可湿性粉剂 1 500～2 000 倍液喷雾，间隔 15 天 1 次，连喷 2～3 次。

防治豆类锈病，用25%可湿性粉剂2 000～3 000 倍液喷雾，每隔 15～20 天喷一次，连喷 2～3 次。

防治番茄白绢病，用 25%可湿性粉剂 2 000 倍液浇灌根部，每隔 10～15 天灌一次，连灌 2 次。

防治棚室蔬菜锈病、白粉病，每 667m^2 用 15%烟剂 0.75～0.9kg 熏烟。

【注意事项】 ①粉锈宁持效期长，叶菜类应在收获前 15～20 天停止使用。②不能与强碱性药剂混用，不能与铜制剂混用。可与酸性和微碱性药剂混用。③使用浓度不能随意提高，以免发生药害。发生药害的植株生长缓慢或停滞，叶片变小、变厚，色泽深绿，节间缩短，植株矮化。遇到药害要停止用药，并加强肥水管理。拌种可能延迟种子萌发，晚 1～2 天出苗。④因抑制黑粉菌，减少生长素，使茭白孕茭时期推迟，甚至不孕茭。因此茭白田要慎用三唑酮，孕茭期不要施用。

8. 烯唑醇

【通用名称】 烯唑醇

【其他名称】 特普唑,速保利

【英文通用名称】 diniconazole

【化学名称】 (E)-1-(2,4,-二氯苯基)-4,4-二甲基-2-(1,2,4—三唑-1-基)1-戊烯-3-醇

【主要性状】 纯品为浅灰色至白色固体,熔点134℃~156℃。溶于大多数有机溶剂,对热、光和潮湿稳定。为中等毒杀菌剂。

【作用特点】 三唑类内吸杀菌剂,抑制菌体麦角甾醇的生物合成。具有保护作用、治疗作用和内吸向顶传导作用。对子囊菌、担子菌有效,对锈病、白粉病、黑粉病等有特效。使用不当、喷药浓度过高有药害。可导致水稻秧苗僵化,叶片短小,严重时甚至不能抽穗。发生药害后,应及早喷施赤霉素溶液,有一定的解害作用(一般每667m^2用2g“920”,加水50L喷施)。同一作物,不同品种间对烯唑醇或其他三唑类药物的敏感性差异也很大。

【剂型和使用方法】 剂型:25%乳油,12.5%乳油,10%乳油,12.5%可湿性粉剂等。

用25%可湿性粉剂2 500~3 000倍液喷雾,防治菜豆白粉病;用2 500倍液喷雾,防治冬瓜白粉病,豌豆锈病;用2 000~3 000倍液喷雾,防治莴苣、莴笋、扁豆等的锈病;用3 000~4 000倍液,防治西葫芦白粉病,菜豆锈病。

【注意事项】 ①注意合理用药,否则可能造成药害。例如,造成黄瓜节间缩短,叶片和瓜果短小。用烯唑醇防治西瓜和辣椒苗期白粉病,也曾发现造成严重僵苗。②不可与碱性农药混用。

9. 氟菌唑

【通用名称】 氟菌唑

【其他名称】 特富灵

【英文通用名称】 triflumizole

【化学名称】 (E)-4-氯-α,α,α-三氟-N-(1-咪唑-1-基-2-丙氧亚乙基)-邻甲苯胺

【主要性状】 纯品为白色无味晶体，熔点 63.50℃。难溶于水，溶于氯仿、丙酮、甲醇、二甲苯、乙腈等有机溶剂。原药有效成分含量为 97%，常温下贮存稳定。属低毒杀菌剂，对兔眼睛有轻度刺激性，对皮肤无刺激性，无慢性毒性。对鱼类有一定毒性，对蜜蜂无毒。

【作用特点】 属咪唑类广谱内吸杀菌剂，可抑制真菌细胞膜麦角甾醇的生物合成。具有保护、治疗、铲除作用，在植物茎叶内传导性强，药效高，持效期长。可直接作用于侵入植物体内的病原菌，抑制病斑扩展和孢子形成，有优异的治疗效果。可用于防治麦类、蔬菜、果树和其他作物的白粉病、锈病、炭疽病，茶饼病，桃褐腐病等多种病害。

【剂型和使用方法】 剂型：30%可湿性粉剂。

防治黄瓜白粉病，每 667 m^2 每次用 30%可湿性粉剂13.3～20g(有效成分 4～6g)，一般加水 70L 稀释喷雾，相当于稀释 3 500～5 000 倍液。在黄瓜白粉病发病初期喷第一次药，间隔 10 天后喷第二次药，共喷两次。

【注意事项】 不可将剩余药液倒入水田、湖、河、鱼塘里。

10. 丙环唑

【通用名称】 丙环唑

【其他名称】 敌力脱,必扑尔

【英文通用名称】 propiconazole

【化学名称】 1-[2-(2,4-二氯苯基)-4-丙基-1,3-二氧戊环-2-基甲基]-1H-1,2,4-三唑

【主要性状】 原药为淡黄色黏稠液体,沸点 180°C。难溶于水,易溶于有机溶剂。320°C 以下稳定,对光较稳定,水解不明显。在酸性、碱性介质中较稳定,不腐蚀金属。低毒,对家兔眼睛和皮肤有轻度刺激作用。

【作用特点】 属三唑类内吸杀菌剂,具保护和治疗作用。可被根、茎、叶部吸收,并能很快地在植物株体内向上传导。对子囊菌、担子菌和半知菌均有抑制活性,持效期长达一个月左右。防治对象有麦类根腐病、全蚀病、锈病、白粉病,水稻恶苗病,香蕉叶斑病等。

【剂型和使用方法】 剂型:25%乳油,20%乳油(龙牌丙环唑)。

25%乳油茎叶喷雾,一般使用剂量为每公顷 100～500g(有效成分)。

防治西瓜蔓枯病,在西瓜膨大期,用 20%乳油 5 000 倍液喷雾。防治番茄炭疽病、辣椒叶斑病,用 2 500 倍液喷雾。

【注意事项】 在农作物的苗期、花期、幼果期、嫩梢期,稀释倍数要求达到 3 000～4 000 倍,并在植保技术人员的指导下使用,以防药害。可以和大多数酸性农药混配使用。不可使废药液污染水源和水系。应贮存在通风、干燥的库房中,防止潮湿、日晒,温度不超过 35℃。

11. 腈菌唑

【通用名称】 腈菌唑

【其他名称】 叶斑清，果垒，特菌灵

【英文通用名称】 myclobutanil

【化学名称】 2-(4-氯苯基)-2-(1H-1,2,4-三唑-1-甲基)己腈

【主要性状】 原药为淡黄色固体，微溶于水，溶于多数有机溶剂，不溶于酯族烃。在日光下易降解。本品易燃。对高等动物低毒，对兔眼睛有轻微刺激。

【作用特点】 属三唑类内吸杀菌剂，是菌类麦角甾醇脱甲基化抑制剂，具有预防和治疗作用，对子囊菌、担子菌均有较高的防效，主要防治蔬菜的白粉病、锈病，番茄叶霉病，黄瓜黑星病等，可试用防治瓜果类的枯萎病。有较强的内吸性，杀菌谱广，药效高，持效期长。

【剂型和使用方法】 剂型：25%乳油，12.5%乳油，40%可湿性粉剂等。

防治瓜类白粉病，用12.5%乳油2 500～3 000倍液在发病初期喷雾，隔7～10天再喷一次，共喷2～3次。

【注意事项】 易燃，应贮存于干燥、避光和通风处，远离火源。复配剂有62.25%锰锌·腈菌可湿性粉剂，50%锰锌·腈菌可湿性粉剂，60%锰锌·腈菌可湿性粉剂，62.25%福·腈菌可湿性粉剂，12%腈菌·酮乳油，25%甲硫·腈菌可湿性粉剂等。

12. 苯醚甲环唑

【通用名称】 苯醚甲环唑

【其他名称】 世高，恶醚唑

【英文通用名称】 difenoconazole

【化学名称】 顺,反-3-氯-4-[4-甲基-2-(1H-1,2,4-三唑-1-基甲基)-1,3-二氧戊烷-2-基]苯基-4-氯苯基醚

【主要性状】 无色固体,熔点 76℃,沸点 220℃。微溶于水,易溶于有机溶剂。在土壤中移动性小,缓慢降解。低毒,对兔皮肤和眼睛有刺激作用。对鱼有毒,对蜜蜂无毒。

【作用特点】 本品属三唑类内吸杀菌剂,是甾醇脱甲基化抑制剂。有预防、治疗、铲除作用,施药后能被植物迅速吸收,耐雨水冲刷,药效持久。杀菌谱广,能有效防治子囊菌、担子菌、半知菌病害,包括白粉病、锈病、黑星病、炭疽病、多种叶斑病等。对作物有强烈的刺激生长作用。

【剂型和使用方法】 剂型:10%水分散粒剂。

防治西瓜炭疽病,每 667m^2 用 10%水分散粒剂 50～75g,加水喷雾。从发病前或发病初期开始防治。

防治大白菜黑斑病,每 667m^2 用 10%水分散粒剂 35～50g,对水喷雾。在发病初期第一次叶面喷雾,间隔 14 天左右再喷一次。

防治番茄早疫病,每 667 m^2 用 10%水分散粒剂 67～100g,对水喷雾。在发病前进行第一次叶面喷雾,间隔 10 天左右再喷一次。

【注意事项】 ①苯醚甲环唑不宜与铜制剂混用。②施药应选早晚气温低、无风时进行。晴天空气相对湿度低于 65%,气温高于 28℃,风速大于 5m/s 时,应停止施药。③对鱼及水生生物有毒,切忌污染鱼塘、水池及水源地。④避免在低于 10℃和高于 30℃的条件下贮存。

13. 氟硅唑

【通用名称】 氟硅唑

【其他名称】 福星,新星,克菌星

【英文通用名称】 flusilazole

【化学名称】 双(4-氟苯基)-(1H-1,2,4-三唑-1-基甲基)甲硅烷

【主要性状】 纯品为白色结晶,熔点55℃,难溶于水,易溶于许多有机溶剂中。对日光照射稳定,在310℃以下稳定 。对高等动物低毒,对皮肤和眼睛有轻微刺激,无过敏性,无致突变性,不危害有益昆虫。

【作用特点】 内吸性三唑类杀菌剂,是甾醇脱甲基化抑制剂,破坏和阻止病菌细胞膜麦角甾醇的生物合成,导致细胞膜不能形成,使病菌死亡。施药后可迅速地被植物吸收和传导,具有很好的保护和治疗活性。能有效地防治子囊菌、担子菌和半知菌所致病害,对白粉病、黑粉病、锈病、立枯病、纹枯病等具有优异的防效。在推荐剂量下使用,对环境、作物安全。

【剂型和使用方法】 剂型:40%乳油。

防治瓜类白粉病,用40%乳油8 000～10 000倍液喷雾,在田间初发现病害时,喷第一次药,隔6～7天再喷施一次。一般用药1～2次之后即能控制病害的蔓延。

防治黄瓜黑星病,每667m^{2}用40%乳油7.5～12.5ml加水喷雾,或用40%乳油8 000～10 000倍液喷雾。

【注意事项】 提倡与其他杀菌剂轮换使用,避免产生抗药性。防止对鱼毒害和污染水源。贮存于阴凉、干燥处,远离火源。

14. 三乙膦酸铝

【通用名称】 三乙膦酸铝

【其他名称】 疫霉灵,疫霜灵,乙磷铝,霉疫净,克霉灵,霉菌灵

【英文通用名称】 fosetyl-aluminium (fosttyi—AL)

【化学名称】 三(乙基膦酸)铝

【主要性状】 纯品白色无臭味结晶,工业品为白色晶状粉末,熔点高于300℃。易溶于水,难溶于一般有机溶剂。没有腐蚀性,不燃,不爆。遇强酸、强碱会分解。在一般贮存条件下稳定,易吸潮结块。原药和加工品均属低毒杀菌剂,对皮肤、眼睛无刺激作用。对蜜蜂、鱼类低毒。

【作用特点】 有机磷类内吸杀菌剂,具有向顶、向基双向传导功能,兼有保护和治疗作用。对霜霉病菌,疫霉病菌等卵菌有效。持效期3～4周。

【剂型和使用方法】 剂型:40%可湿性粉剂,80%可湿性粉剂,30%胶悬剂等。

防治蔬菜霜霉病,用40%可湿性粉剂200～300倍液在发病初期喷药,每隔10天喷1次,共喷2～5次。

防治番茄晚疫病,黄瓜疫病,茄子绵疫病,甜椒疫病,用40%可湿性粉剂200～300倍液喷雾,间隔期为7～10天,共喷3～4次。

【注意事项】 本品易潮结,应置于干燥密封处保存,遇结块不影响使用效果。勿与强酸性、强碱性农药混用。黄瓜、白菜上使用浓度偏高时易产生药害。长期使用容易产生抗药性,应与其他药剂轮换使用。

15. 甲霜灵

【通用名称】 甲霜灵

【其他名称】 阿普隆，瑞毒霉，瑞毒霜，甲霜安，雷多米尔

【英文通用名称】 metalaxyl

【化学名称】 D,L-N-（2,6 二甲基苯基)-N-(2'-甲氧基乙基)氨基丙酸甲酯

【主要性状】 纯品白色结晶固体，熔点 71℃～72℃，难溶于水，易溶于甲醇、二氯甲烷、异丙醇、苯中。在中性、酸性介质中较稳定，在碱性介质中易分解。对人、畜低毒，对眼睛和皮肤有轻度刺激作用。对鱼类、蜜蜂低毒。

【作用特点】 属苯基酰胺类内吸性杀菌剂，能被植物双向传导，具有保护和治疗作用。主要防治由卵菌引起的霜霉病、晚疫病、疫病、白锈病、幼苗猝倒病、果实绵疫病等。可用作茎叶喷雾，种子处理和土壤处理。持效期 10～14 天，土壤处理持效期可超过 2 个月。

【剂型和使用方法】 剂型：5％颗粒剂，25％可湿性粉剂，35％拌种剂，25％乳油等。

防治蔬菜霜霉病，用 25％可湿性粉剂对水稀释 600～800 倍喷雾。初发病时开始喷药，每隔 10～14 天喷一次，用药 2～3 次。

防治马铃薯晚疫病，用 25％可湿性粉剂 500 倍液喷雾。初发病时开始喷药，每隔 10～14 天喷一次，用药 2～3 次。

防治黄瓜、辣椒疫病，于病株始见期，每 667m^2 用 25％可湿性粉剂 400～500g 对水泼浇植株根围土壤。

防治大豆霜霉病，用拌种剂或可湿性粉剂，分别按种子重量 0.3％或 0.42％拌种。

【注意事项】 单一长期使用该药，病菌易产生抗药性。每季

用药次数不宜超过3次。

注：精甲霜灵(Metalaxyl-M)为普通甲霜灵的R异构体，是一种高效内吸杀菌剂，具有保护和治疗作用，比普通甲霜灵药效高，降解快，残留低。

16. 甲霜灵·锰锌

【通用名称】 甲霜灵·锰锌

【英文通用名称】 ①metalaxyl；②mancozeb

【化学名称】 ①D,L-N-(2,6-二甲基苯基)-N-(2'-甲氧基乙酰)丙氨酸甲酯；②乙撑双二硫代氨基甲酸锰和锌离子的配位化合物

【主要性状】 58%甲霜锰锌可湿性粉剂产品外观为浅黄色或黄绿色粉末，细度为98%，通过325目筛，悬浮率不低于50%，对人、畜低毒。

【作用特点】 为甲霜灵和代森锰锌混配而成。甲霜灵属氨基甲酸酯类的内吸性杀菌剂，能被植物双向传导，具有保护和治疗作用。主要防治由卵菌引起的病害。代森锰锌为广谱保护性杀菌剂。

【剂型和使用方法】 剂型：58%可湿性粉剂，72%可湿性粉剂。

防治黄瓜霜霉病、疫病，番茄早疫病、晚疫病，白菜、莴苣霜霉病，每667m^{2}用45～70g(有效成分)，加水喷雾。

【注意事项】 不要和铜及强碱性药剂混用，在黄瓜上的安全间隔期为3天。参见甲霜灵和代森锰锌。

17. 霜霉威

【通用名称】 霜霉威

【其他名称】 普力克(Previcur)

【英文通用名称】 propamocarb

【化学名称】 N-[3-(＝甲基氨基丙基)氨基]甲酸丙脂

【主要性状】 纯品为无色、无味结晶固体。熔点45℃～55℃,易溶于水和甲醇,二氯甲烷,异丙醇,乙酸乙酯等溶剂,难溶于甲苯、乙烷。对光、酸稳定,对强碱不稳定。易吸湿,在水溶液中2年以上不分解(55℃),但在微生物活跃的水中迅速分解并转化为无机化合物。

低毒杀菌剂,对兔皮肤及眼睛无刺激。在试验剂量内未见致畸、致突变及致癌作用。对蚯蚓低毒,对鱼低毒,对鸟低毒。

【作用特点】 属氨基甲酸酯类内吸杀菌剂,具有保护和治疗作用。对卵菌病害有效,对植物有刺激生长作用。可用于黄瓜、番茄、甜椒、莴苣、马铃薯等蔬菜以及烟草、草莓、草坪草、花卉等作物,防治霜霉病、猝倒病、疫病、晚疫病等。可防治对甲霜灵等已有抗药性的病菌。

【剂型和使用方法】 剂型:72.2%水剂。

防治苗期猝倒病和疫病,每平方米用72.2%水剂5～7.5ml对2～3L水稀释后灌根。

防治瓜类霜霉病、疫病等,在发病前或初期,用72.2%水剂600～1 000倍液喷雾,每隔7～10天喷药一次。防治黄瓜霜霉病用72.2%水剂800～1 000倍液喷雾。

【注意事项】 为预防抗药性,每个生长季节使用普力克2～3次,与其他不同类型的药剂轮换使用。可与大多数常用农药混配,但不要与液体化肥或植物生长调节剂一起混用。若施药次数过多易使黄瓜产生药害。

18. 乙霉威

【通用名称】 乙霉威

【其他名称】 万霉灵

【英文通用名称】 diethofencarb

【化学名称】 3,4-二乙氧苯基氨基甲酸异丙酯

【主要性状】 纯品为白色结晶，原药为无色至浅褐色固体，熔点100.3℃，微溶于水，易溶于甲醇、二甲苯等溶剂。属低毒杀菌剂，对兔眼睛和皮肤均无刺激作用，无致敏现象。在试验条件下，对动物无致突变作用。

【作用特点】 属氨基甲酸酯类内吸杀菌剂，有良好的渗透性和内吸性，具有预防和治疗作用，杀菌谱广，持效期长。可用于防治蔬菜上的灰霉病，同时兼治菌核病、叶霉病、黑星病、叶斑病等。与苯骈咪唑类、二羧酸亚胺类杀菌剂间没有交互抗药性，与多菌灵、甲基硫菌灵、速克灵等混配后有增效作用。多用来制备混剂，防治抗苯并咪唑类杀菌剂的病原菌。65%硫菌·霉威可湿性粉剂（甲霉灵，抗霉灵），由甲基硫菌灵52.5%和乙霉威12.5%混配而成。50%多·霉威可湿性粉剂，由多菌灵25%和乙霉威25%混配而成

【剂型和使用方法】 剂型：25%可湿性粉剂，65%硫菌·霉威可湿性粉剂，50%多·霉威可湿性粉剂，6.5%万霉灵粉尘剂。

防治黄瓜灰霉病，用25%乙霉威可湿性粉剂2 000倍液喷雾，于发病初期开始用药，连续防治3～4次。

防治黄瓜灰霉病、菌核病、黑星病，每667m² 用65%硫菌·霉威可湿性粉剂80～125g（有效成分52～81.25g），一般对水100kg，稀释成浓度为800～1 250倍的药液，对叶面喷雾。于黄瓜

始花末期、发病初期开始喷药，连续喷药3次，每次间隔10天。同法用于防治番茄灰霉病、菌核病、叶霉病，辣椒灰霉病、菌核病，韭菜灰霉病等。

防治甜菜褐斑病，每667m^{2}使用50%多·霉威可湿性粉剂120～160g(有效成分量为60～80g)，一般对水100L，稀释成600～800倍药液。于发病初期开始喷药，每次施药间隔10天，连续喷药3次。

6.5%万霉灵粉尘剂，每667m^{2}施用1kg，防治棚室番茄灰霉病。

【注意事项】 不能与铜制剂及碱性较强的农药混配使用。避免多次、大量连续使用。

19. 噁霜灵

【通用名称】 噁霜灵

【英文通用名称】 oxadixyl

【化学名称】 2-甲氧基-N-(2-氧代-1,3-噁唑烷-3-基)乙酰-2,6-二甲基替苯胺

【主要性状】 纯品为无色、无气味结晶，无挥发性，熔点104℃～105℃，难溶于水，易溶于丙酮、二甲基亚砜、甲醇等溶剂。对光、热较稳定。

对高等动物低毒，对眼睛和皮肤均无刺激性，长期饲养也未见慢性中毒症状。对鸟类、水生生物、蜜蜂在推荐用量下安全。

【作用特点】 苯基酰胺类内吸性杀菌剂，可被植物双向传导，但向顶传导能力最强。兼有保护和治疗作用，持效期长。对霜霉菌、腐霉菌有特效。与甲霜灵有交互抗药性。

【剂型和使用方法】 剂型：25%可湿性粉剂，7.5%细粒剂。

防治霜霉病，晚疫病，苗期猝倒病等，噁霜灵制剂按250mg/L

(有效成分)使用。

本剂通常与灭菌丹、丙森锌、霜脲氰等制成混剂使用。与代森锰锌混用的效果更好,常用品种有64%杀毒矾可湿性粉剂,64%噁霜灵·锰锌可湿性粉剂等。

【注意事项】 不能与碱性农药混用。与代森锰锌等保护性杀菌剂混用可延缓抗药性产生。

20. 噁霜·锰锌

【通用名称】 噁霜·锰锌

【其他名称】 杀毒矾 、霜疫清

【英文通用名称】 sandofan M8 (1. oxadixy;2. mancozeb)

【主要性状】 外观为米色至浅黄色细粉末,54℃贮存2周相对分解率小于5%,常温贮存能稳定约3年,悬浮率最低为80%,含水量低于2%。属低毒杀菌剂。

【作用特点】 杀毒矾是噁霜灵和代森锰锌两种化合物的混剂。噁霜灵属苯基酰胺类内吸杀菌剂,具有内吸传导作用,具有保护、治疗、铲除活性,防治卵菌病害。代森锰锌为广谱保护性杀菌剂,与代森锰锌混配有明显的增效作用,并扩大了杀菌谱,除防治卵菌病害外,也能防治其他病害。

【剂型和使用方法】 剂型:64%可湿性粉剂(含噁霜灵8%,代森锰锌56%),40%烟剂。

防治蔬菜霜霉病、晚疫病、疫病等,用药量为每667m^{2}110～130g(有效成分)。或用64%可湿性粉剂400～600倍液喷雾。在病发初期开始喷药,隔7～10天喷施一次,共喷2～3次。

【注意事项】 施药应选早晚风小、气温低时进行。晴天空气相对湿度低于65%,气温高于28℃,风速大于每秒5m应停止施药。不要与碱性农药和铜制剂混用。应密封贮存在原包装容器内，放在阴凉、干燥、通风处，不要放在高于 30℃的地方。清洗喷药器后的洗涤液不能倒入河流、池塘中，应远离水源。蔬菜收获前 15 天停止用药。

21. 恶 霉 灵

【通用名称】 恶霉灵

【其他名称】 土菌消，立枯灵

【英文通用名称】 hymexazol

【化学名称】 3-羟基-5-甲基异噁唑

【主要性状】 纯品为无色结晶，熔点 86℃～87℃。可溶于水，易溶于甲醇、乙醇、丙酮、苯等。对酸、碱较稳定，在强紫外光下不分解，无腐蚀性。对人、畜低毒，对鱼、鸟、蜜蜂、昆虫及土壤中的其他生物也安全。

【作用特点】 为噁唑类内吸性杀菌剂，在植物体内可双向传导，以向顶传导为主。对镰刀菌、丝核菌、腐霉菌、丝囊霉等土壤习居菌有效，并具有促进作物根系生长发育，生根壮苗，提高成活率的作用。可用作土壤或种子处理剂，防治农作物、棉花、果树、蔬菜、草坪草、林业植物的苗期病害、根病等。

【剂型和使用方法】 剂型：70％可湿性粉剂，15％水剂，30％水剂。

防治蔬菜苗期根病（猝倒病、立枯病、根腐病），枯萎病等，可行种子处理、苗床或土壤处理或大田施药。

1. 种子处理 1kg 种子用原药（98％原药）1g，进行种子干拌或湿拌。干拌是将药剂与少量过筛细土掺匀之后加入种子拌匀即可。湿拌是将种子用少量水润湿之后，加入所需药量，均匀混合拌种即可。也可以把原药用水稀释成 2 000 倍液（1g 原药加 2kg 水），用适量的稀释液，与所要消毒的种子均匀拌好之后阴干播种。

拌种最好用拌种桶。每次拌种量不要超过半桶，每分钟 20～30 转，正倒转各 50～60 次，使种子与药拌匀。不宜闷种处理。

2. 苗床土壤、营养土消毒 先将原药用水稀释成 3 000 倍药液（1g 原药加 3L 水），每平方米苗床用稀释液 3kg，在播种前或播种后以及移栽前均匀喷洒于床内，或将上述用药量与 15～20kg 过筛细土掺匀后，将其 1/3 撒在床内，余下 2/3 用作播种后盖土。营养土消毒，每立方米用原药 2～3g 对适量水均匀喷洒在营养土上，充分掺匀后装盆播种。也可先用少量过筛细土与上述用药量掺匀之后再与营养土充分拌匀，然后装盆播种。

3. 大田施药 播种前土壤消毒，可用恶霉灵对细土进行沟施或穴施。防治黄瓜枯萎病、西瓜枯萎病、甜瓜枯萎病、番茄枯萎病、茄子黄萎病、辣椒疫病等病害可用 3 000～4 000 倍液淋喷，用 4 000～5 000 倍液根部浇灌。

15％水剂的使用方法：播种覆土或出苗后土壤处理，每平方米苗床用 2～3kg 500 倍液喷洒。发病苗床，每平方米用 2～3kg 300 倍液喷洒。发病大田，每株用 500 倍液 200～300mL 灌根。灌 2 次，间隔 10 天。

【注意事项】 种子拌药后闷种，易生药害。应贮存在通风，干燥的库房中，防潮湿和日晒。

22. 腐霉利

【通用名称】 腐霉利

【其他名称】 二甲菌核利速克灵

【英文通用名称】 procymidone

【化学名称】 N-(3,5-二氯苯基)-1,2-二甲基-环丙烷-1,2-二酰胺

【主要性状】 纯品为白色至浅黄色结晶，溶点 166℃～

166.5℃，溶于丙酮、二甲苯、二甲基甲酰胺，稍溶于甲醇，难溶于水。对酸、水稳定，在碱性条件下不稳定，对光稳定。

属于低毒性杀菌剂，在试验条件下无致癌、致畸、致突变作用。对鱼有毒。

【作用特点】 二甲酰亚胺类杀菌剂，有内吸性，但较弱。可抑制菌体内甘油三酯的合成，具有保护性和治疗性防效。对灰霉菌、核盘菌特效，用于防治多种作物灰霉病、菌核病。可有效防治对多菌灵等苯并咪唑类杀菌剂的抗药性菌株。

【剂型和使用方法】 剂型：50％可湿性粉剂，25％胶悬剂，10％烟剂，15％烟剂等。

防治油菜菌核病每 667m² 用 50％可湿性粉剂 30～60g（有效成分 15～30g），稀释成 2 000～3 000 倍喷雾。轻病田在盛花期喷药 1 次，重病田于初花期和盛花期各喷药 1 次。

防治番茄、葱类灰霉病，每 667m² 用 50％可湿性粉剂 33～50g（有效成分 16.5～25g），稀释成 1 500～3 000 倍液喷雾。发病初期喷药，喷 1～2 次，间隔 7～15 天。

防治黄瓜菌核病、灰霉病，每 667m² 用 50％可湿性粉剂 33～50g（有效成分 16.5～25g），稀释成 1 500～3 000 倍液喷雾。发病初期喷药，喷 1～2 次，间隔 7～15 天。

防治韭菜灰霉病，每 667m² 用 50％可湿性粉剂 75g，加水喷雾。持效期 14 天以上。

10％腐霉利烟剂用于熏烟防治棚室番茄、辣椒、黄瓜的灰霉病等。每 667m² 用 200～300g。初见病情时，傍晚将室温室（棚）密闭熏烟，第二天打开门窗，照常作业。间隔 7～10 天用一次，连续熏烟 3～5 次。

【注意事项】 单一使用该药易产生抗药性，应与其他药轮换或混合使用。切忌与碱性农药混用，不宜与有机磷农药混配。配药后及时喷洒，不宜久置，以免影响药效。不要超量使用，蔬菜幼苗敏感，慎用。棚室施放烟剂时，如温度偏高，也可能产生药害。

23. 敌磺钠

【通用名称】 敌磺钠

【其他名称】 敌克松(Dexon)

【英文通用名称】 fenaminosulf

【化学名称】 对二甲基氨基苯重氮磺酸钠

【主要性状】 纯品为淡黄色结晶，工业品为黄棕色无味粉末。不溶于多数有机溶剂，溶于水，易溶于乙醇。药剂的水溶液遇光、热和碱易分解。属中等毒性杀菌剂，对皮肤有刺激作用。对鱼类毒性中等。

【作用特点】 氨基磺酸类杀菌剂，具有一定内吸、渗透作用。使用后，可经根、茎吸收并传导。对病害以保护作用为主，兼有治疗作用。对腐霉菌、丝核菌、丝囊霉、镰刀菌有特效。用于种子处理和土壤处理，防治蔬菜、烟草、棉花等作物的立枯病、猝倒病、镰刀菌根腐病、枯萎病等。

【剂型和使用方法】 剂型：95％可溶性粉剂，70％可溶性粉剂，50％可溶性粉剂，55％膏剂等。

防治马铃薯环腐病，每100kg种薯块，用210g(有效成分)的药量拌种。

防治蔬菜苗期根病，用700g(有效成分)药，加细干土30～40kg，拌匀作成药土，撒入播种沟，播后覆土。移栽蔬菜幼苗时，可在幼苗基部土壤施药土。

防治瓜类立枯病、枯萎病、炭疽病，番茄、茄子绵疫病、炭疽病等，每667m² 用175～350g(有效成分)药，对水稀释后喷雾或灌根。

【注意事项】 稀释液不稳定，应现用现配，不宜贮放。不能与碱性及抗生素类农药混用。土壤黏重或含有机质多的，应适当提高拌种药量。土壤施药后要覆土。避免在晴天中午施药。一般不宜在温室使用。应存放在阴凉干燥处，避免光照。

24. 噻菌铜

【通用名称】 噻菌铜

【其他名称】 龙克菌

【英文通用名称】 thiodiazole—copper

【化学名称】 2-氨基-5-巯基-1,3,4-噻二唑铜

【主要性状】 原药为黄绿色粉末结晶，溶点 300℃，微溶于二甲基甲酰胺，不溶于水和各种有机溶剂。制剂产品为黄绿色黏稠液体，比重为 1.16～1.20，悬浮率 90%以上。热贮 54℃±2℃及 0℃以下贮存稳定，遇强碱分解，在酸性条件下稳定。低毒，对皮肤、眼有轻度刺激。对鱼、鸟、蜜蜂、蚕及有益生物安全，对环境无污染。

【作用特点】 噻唑类有机铜杀菌剂，内吸性好，具有良好保护和治疗作用。广谱，对细菌性病害特效，对真菌性病害高效。20%悬浮剂在通常用量下，持效期可达 10～12 天。可防治瓜类细菌性角斑病、枯萎病、细菌性软腐病、叶斑病，白菜细菌性软腐病，辣椒、番茄的细菌性青枯病、细菌性软腐病、细菌性溃疡病、叶斑病，芹菜根腐病，生姜瘟病等。

【剂型和使用方法】 剂型：20%悬浮剂。

防治一般叶部病害，用 20%悬浮剂 500～700 倍液喷雾，防治根部病害和土传病害用 800～1 000 倍液灌根或在基部粗喷雾。皆在初发病期防治，若发病较重，可每隔 7～10 天防治一次，连续防治 2～3 次。

对于种子带菌病害，用 20%悬浮剂 300 倍液浸种 2～3 小时

后晾干。对于苗期移栽作物，在移栽之前用500倍液泼浇施药，或移栽时用500倍液蘸根，防治根病。

【注意事项】 对铜敏感的作物如苹果、梨等，不要在花期及幼果期用药，对其他敏感作物，在技术人员指导下用药。使用时，先用少量水将悬浮剂搅拌稀释，然后二次对水稀释。在酸性条件下稳定，可与各种杀虫剂、杀螨剂、杀菌剂混用，但不能与强碱性农药混用。安全间隔期为7天。

25. 噻枯唑

【通用名称】 噻枯唑

【其他名称】 叶青双，川化-018，叶枯唑，叶枯宁

【英文通用名称】 bismerthlazol

【化学名称】 N，N′-亚甲基-双（2-氨基-5-巯基-1，3，4-噻二唑）

【主要性状】 纯品为白色或浅黄色疏松细粉，溶点189℃～191℃。溶于二甲基甲酰胺、二甲基亚砜、吡啶、乙醇、甲醇等有机溶剂，难溶于水。原药为浅褐色粉末，化学性质稳定。

为低毒杀菌剂，无致癌、致畸、致突变作用，使用中对人、畜安全，未发现过敏、皮炎现象。对鱼类安全。

【作用特点】 有机杂环类内吸性杀菌剂，具预防和治疗作用，持效期长，药效稳定。对植物病原细菌有效，主要防治水稻白叶枯病、细菌性条斑病、柑橘溃疡病等。对蔬菜细菌性病害也有效。在我国部分地区，田间叶枯病菌已产生抗药性。

【剂型和使用方法】 剂型：20％可湿性粉剂。

防治白菜软腐病，用20％可湿性粉剂（蔬菜瓜果专用型）600倍液喷雾或灌根，连续防治1～2次。

防治番茄青枯病，用600倍液喷雾，连续防治2～3次。

防治黄瓜细菌性角斑病，用 800 倍液喷雾，连续防治 2～3 次。

防治生姜姜瘟病，用 1 000 倍液灌根，连续防治 3 次左右。

【注意事项】 在初发病期使用效果最佳，采用喷雾法或弥雾法施药，不宜用毒土法施药。应贮存于阴凉、干燥处，以免受潮。

26. 十三吗啉

【通用名称】 十三吗啉

【其他名称】 克啉菌，环吗啉，三得芬，克力星

【英文通用名称】 tridemorph

【化学名称】 2,6-二甲基十三烷基吗啉

【主要性状】 原油为黄色油状液体，具有轻微的氨味，沸点 134℃ 。微溶于水，可溶于多数有机溶剂。在密闭容器里贮存 2 年不变质。为低毒杀菌剂，对鱼类毒性中等。

【作用特点】 是吗啉类内吸杀菌剂，主要抑制病菌的麦角甾醇的生物合成。可以通过植物的根、茎、叶吸收进入植物体内，并在木质部内向上移动。具有保护和治疗双重作用，抑菌谱比较广，对担子菌、子囊菌和半知菌引起的多种植物病害有效，主要用于防治小麦、大麦白粉病、叶锈病、条锈病，黄瓜、豌豆、马铃薯、橡胶树白粉病、红根病，茶树茶饼病等。

【剂型和使用方法】 剂型：75％乳油，10％ 乳油。

防治瓜类、豌豆、马铃薯白粉病，每 667m^2 用 13.3～50g（有效成分），对水喷雾。

【注意事项】 对鱼有毒，不要污染水源，河流，池塘。

27. 烯酰吗啉

【通用名称】 烯酰吗啉

【其他名称】 安克

【英文通用名称】 dimethomorph

【化学名称】 (E,Z)-4-[3-(4-氯苯基)3-(3,4-二甲氧基苯基)丙烯酰]吗啉

【主要性状】 纯品为无色结晶，熔点127℃～148℃，(Z)-异构体169.2℃～170.2℃，(E)-异构体135.7℃～137.5℃。微溶于水，溶于丙酮，环己酮、二氯甲烷、二甲基甲酰胺等。日光下异构体互变，水解缓慢，热稳定(正常条件下)。低毒，对兔眼睛和皮肤无刺激作用。对蜜蜂无毒害。

【作用特点】 为肉桂酸衍生物，兼具保护与治疗作用。内吸性较强，根部施药，可通过根部进入植株的各个部位。叶面喷洒，也可进入叶片内部。对霜霉菌、疫霉菌等卵菌活性特别强，除游动孢子形成和孢子游动期外，对卵菌生活史的各个阶段均有作用，孢子囊梗和卵孢子的形成阶段更为敏感。主要用于防治葡萄霜霉病和马铃薯晚疫病等卵菌病害。通常与代森锰锌混用。

【剂型和使用方法】 剂型：50%可湿性粉剂，50%水分散粒剂。

防治马铃薯、番茄晚疫病、霜霉病，每667m^{2}用50%可湿性粉剂20～35g，对水100kg稀释喷雾。50%水分散粒剂使用2 000倍液喷雾。

【注意事项】 当黄瓜、辣椒、十字花科蔬菜等幼小时，用药量宜低。每季作物用药不要超过4次。应贮存在阴凉、干燥的地方。

28. 烯酰·锰锌

【通用名称】 烯酰·锰锌

【其他名称】 安克-锰锌(Acrobat-MZ)

【英文通用名称】 ①dimethomorph；②mancozeb

【化学名称】 ①(E,Z)4-[3-(4-氯苯基)3-(3,4-二甲氧基苯基)丙烯酰]吗啉；②乙撑双二硫代氨基甲酸锰和锌离子的配位络合物

【主要性状】 69%烯酰·锰锌可湿性粉剂由有效成分烯酰吗啉和代森锰锌、助剂等组成。可湿性粉剂外观为绿黄色粉末，细度小于10μm，常温贮存2年内稳定。水分散粒剂外观为米色圆柱形颗粒，粒径3.76～3.83μm。常温贮存2年内稳定。

69%烯酰·锰锌可湿性粉剂、69%烯酰·锰锌水分散粒剂属低毒杀菌剂，对眼有轻微刺激，对皮肤无刺激作用。

【作用特点】 烯酰·锰锌是广谱内吸杀菌剂，具保护和治疗作用。烯酰吗啉对卵菌生活史的各个阶段均有作用，孢子囊梗及卵孢子形成阶段尤其敏感。在孢子形成之前用药，可以完全抑制孢子产生。代森锰锌为广谱保护性杀菌剂。本剂可用于防治对甲霜灵，霜脲氰产生抗药性的霜霉病菌，晚疫病菌，白锈病菌等。产品中含有络合态的锰、锌，连续使用可使作物叶色浓绿，蔬菜品质好

【剂型和使用方法】 剂型：69%可湿性粉剂，69%水分散粒剂，69%超微可湿性粉剂。

防治黄瓜、苦瓜霜霉病，十字花科蔬菜霜霉病，每667m^2用69%可湿性粉剂(或水分散剂)100～133g，对水60～80L稀释后喷雾。

防治辣椒疫病、马铃薯晚疫病，每667m^2用69%可湿性粉剂(或水分散剂)133～167g，对水60～80L稀释后喷雾。

皆在发病之前或发病初期开始喷药，每隔7～10天喷一次，连续喷药3～4次。每季作物使用不要超过4次，如超过4次，应与不同作用机制的杀菌剂交替使用。

【注意事项】 本品不能与碱性农药混合使用。最好与其他杀菌剂交替使用，延缓抗性产生。贮存于阴凉、干燥的地方，远离火

源。参见烯酰吗啉和代森锰锌。

29. 氟吗啉

【通用名称】 氟吗啉

【其他名称】 灭克**【英文通用名称】** flumorph

【化学名称】 4-[3-(3,4-二甲氧基苯基)-3-(4-氟苯基)丙烯酰]吗啉

【主要性状】 原药无色晶体,熔点105℃～110℃,易溶于丙酮、乙酸乙酯等有机溶剂,不溶于水。对哺乳动物低毒,对家蚕安全。

【作用特点】 为肉桂酸衍生物,兼具内吸、保护和治疗活性。主要用于防治卵菌引起的霜霉病、疫病等重要病害。氟吗啉具有独特的作用机理,与目前市场上的农药品种无交互抗性,对甲霜灵抗药性的菌株仍有很好的活性。持效期长(16天),用药次数少。据称是我国目前惟一一个真正实现工业化生产且具有自主知识产权的农药新品种。

【剂型和使用方法】 剂型:10%乳油,20%可湿性粉剂,30%水分散片剂。

防治黄瓜霜霉病、白菜霜霉病、番茄晚疫病、辣椒疫病等,每667m^2 用6.6～13.3g(有效成分),对水喷雾。

【注意事项】 推荐用药间隔时间为10～13天,全生长期通常用药4次。

30. 嘧霉胺

【通用名称】 嘧霉胺

【其他名称】 施佳乐(Scala)

【英文通用名称】 pyrimethanil

【化学名称】 N-(4,6-二甲基嘧啶-2-基)苯胺

【主要性状】 原药白色或白色带微黄色结晶粉末，熔点96.3℃(纯品)，能溶于二氯乙烷等有机溶剂，微溶于水。在中性、弱酸性、弱减性下稳定。低毒，对家兔眼睛和皮肤无刺激性，在实验剂量内对动物无致畸、致癌、致突变作用。对鱼、蜜蜂、鸟类的毒性也很低。

【作用特点】 苯胺基嘧啶类内吸杀菌剂，有保护、治疗、铲除效果。具有内吸传导和熏蒸作用，施药后能被吸收传导，迅速达到花、幼果等部位，药效快而稳定。对灰霉病菌特效，用于防治蔬菜、葡萄、草莓等作物的灰霉病以及梨、苹果的黑星病、斑点落叶病等。与现有杀菌剂苯并咪唑类、二甲酰亚胺类、乙霉威等无交互抗药性，可有效防治抗药性灰霉病菌。在相对较低的温度下施用不影响药效。在环境中易降解。

【剂型和使用方法】 剂型：40%悬浮剂，30%悬浮剂，12.5%乳油，20%可湿性粉剂等。

防治黄瓜、番茄灰霉病，每667m^{2}用40%嘧霉胺25～95g，对水稀释成800～1 200倍液喷雾。发病初期喷第一次药，以后间隔7～10天喷一次，共喷2～3次。

【注意事项】 晴天上午8时至下午5时，空气相对湿度低于65%时喷药。气温高于28℃时，应停止施药。一个生长季用药不多于4次，应与其他杀菌剂轮换使用，避免产生抗药性。

31. 菌毒清

【通用名称】 菌毒清

【其他名称】 安索杀菌剂

【英文通用名称】 dioctyl divinyltriamino glycine, hydrochloride

【化学名称】 二辛基二(氨基乙基)甘氨酸盐酸盐，单辛基二(氨基乙基)甘氨酸盐酸盐，烷基酚基聚氧乙烯醚等。

【主要性状】 纯品淡黄色针状结晶，易溶于水。在酸性和中性介质中较稳定，在碱性介质中易分解。制剂是以甘氨酸盐酸盐的 N-取代衍生物为主要活性组分，并用聚氧乙烯醚进行复配的复合杀菌剂。低毒。

【作用特点】 菌毒清是一种氨基酸类内吸性杀菌、杀病毒剂，有效成分为甘氨酸取代衍生物，具有内吸和渗透作用，对真菌、细菌和病毒有效。其杀菌机理是凝固病菌蛋白质，破坏细胞膜，抑制病菌呼吸。具有高效、低毒、无残留等特点，并有较好的渗透性，对侵入树皮内的潜伏病菌也有一定的铲除作用。可用来防治多种真菌、细菌和病毒引起的植物病害，并作为消毒剂用于医疗卫生，食品卫生等方面。

【剂型和使用方法】 剂型：5%水剂。

防治辣椒、番茄病毒病，每 $667m^2$ 用 5%水剂 249～375ml，对水 75L 喷雾。于发病初期喷药，隔 7～10 天后再喷一次。

【注意事项】 不宜与其他药剂混用，以防降低药效。宜与盐酸吗啉胍·铜等其他病毒抑制剂轮换使用。当气温偏低时，可能有结晶沉淀，只要将药瓶放在温水中加热即可溶解。不宜用普通聚氯乙烯容器包装和贮存。

五、抗生素杀菌剂

1. 多抗霉素

【通用名称】 多抗霉素

【其他名称】 多氧清，宝丽安，多克菌，多氧霉素，多效霉素，保利霉素

【英文通用名称】 polyoxins

【主要性状】 纯品为无色针状结晶，熔点 180℃。易溶于水，不溶于有机溶剂。对紫外线稳定，在酸性和中性溶液中稳定，在碱性溶液中分解。可湿性粉剂外观为浅黄色粉末，pH 2.5～4.5。水剂为深棕色均相液体，具有发酵的清香气味，无霉变，允许有少量沉淀物。

为低毒抗生素类杀菌剂，对兔皮肤和眼睛无刺激作用。动物试验未见致癌、致畸、致突变作用。对鱼及水生生物安全，对蜜蜂低毒。

【作用特点】 为肽嘧啶核苷类抗菌素，我国产品系金色产色链霉菌代谢产物，主要成分是多抗霉素 A（polyoxin A）和 B（polyoxin B）。

作用机制是干扰病原真菌细胞壁几丁质的生物合成，能使芽管和菌丝体膨大破裂而死亡。广谱，对子囊菌、担子菌、半知菌引起的病害有良好防效。对水稻纹枯病和链格孢属真菌病害防效高。具有较好的内吸传导作用。

【剂型和使用方法】 剂型：3%水剂，10%可湿性粉剂，1.5%可湿性粉剂，2%可湿性粉剂，3%可湿性粉剂等。

防治西瓜枯萎病，用 3%水剂 600～900 倍液在初现病株时灌根，间隔 7 天后，再灌一次。

防治番茄叶霉病、白粉病、早疫病、灰霉病，用 3%水剂 600～900 倍液喷雾，如病情较重，隔 7 天再喷一次。

防治洋葱、大葱、大蒜紫斑病，在发病初期用 3%水剂 900～1 200倍液喷雾，隔 7～10 天喷一次，连用 3～4 次。

防治白菜黑斑病，用 3%水剂 600～1 200 倍液喷雾，如病情较重，隔 7 天再喷一次。

10%可湿性粉剂防治番茄叶霉病、黄瓜灰霉病，每 667m^2 用 10～14g(有效成分)对水稀释喷雾。

【注意事项】 不能与碱性农药混合使用。为防止抗药性的产生，宜与其他类型的杀菌剂交替使用，同一季作物使用次数控制在 4 次以内。

2. 中生菌素

【通用名称】 中生菌素

【其他名称】 克菌康

【英文通用名称】 Zhongshngmycin

【主要性状】 纯品为白色粉末，原药为浅黄色粉末，易溶于水，微溶于乙醇。在酸性介质中，低温条件下稳定。对人、畜低毒。

【作用特点】 是由淡紫灰链霉菌海南变种产生的抗生素，属 N-糖苷类碱性水溶性物质。可抑制细菌菌体蛋白质的合成，导致菌体死亡。能使真菌菌丝变形，抑制孢子萌和杀死孢子。加工剂型是杀菌谱较广的保护性杀菌剂，具有触杀、渗透作用。可防治农作物的细菌病害和部分真菌病害，具有一定的增产作用。

【剂型和使用方法】 剂型：3%可湿性粉剂。

防治白菜软腐病、茄科青枯病，于发病初期用 1 000～1 200 倍药液喷淋，共 3～4 次。防治姜瘟病，可用 300～500 倍液浸种姜 2 小时后播种，生长期用 800～1 000 倍液灌根，每株灌 0.2 5 kg 药液，共灌 3～4 次。防治黄瓜细菌性角斑病、菜豆细菌性疫病、西瓜细菌性果腐病，于发病初期用 1000～1 200 倍液喷雾。隔 7～10 天喷一次，共喷 3～4 次。

【注意事项】 本剂不可与碱性农药混用。贮存在阴凉、避光处。

3. 农抗 120

【通用名称】 农抗 120

【其他名称】 抗霉菌素

【主要性状】 纯品为白色粉末。易溶于水，难溶于有机溶剂。在酸性和中性介质中稳定，在碱性介质中不稳定。制剂为褪色液体，无臭味，沉淀物≤2%，pH 3～4，在 2 年贮存期内稳定。为低毒抗生素杀菌剂。在作物上施用后无残留，不污染环境。

【作用特点】 嘧啶核苷类抗菌素，为刺孢吸水链霉菌北京变种的发酵代谢产物，属广谱抗菌素杀菌剂，可抑制病原菌的蛋白质合成。对白粉病，锈病，蔬菜炭疽病、枯萎病，水稻、玉米纹枯病等多种真菌病害也有良好的防效。对作物生长有明显的刺激作用。

【剂型和使用方法】 剂型：4%农抗 120 水剂，2%农抗 120 水剂。

4%农抗 120 水剂（瓜菜烟草专用型）在防治叶部病害时，在发病初期用 600～800 倍液喷雾，每隔 10～15 天重喷一次。若发病严重，隔 7～8 天喷雾一次，并适当增加用药量。

防治枯萎病等土传病害，在植株发病初期用 250～400 倍液灌根，每株每次灌 500ml 药液。每隔 5 天灌 1 次，对重病株连灌3～4 次。

2%农抗 120 水剂在防治叶部病害时，在发病初期用 2%水剂 200 倍喷雾，每隔 10～15 天再喷雾一次。若发病严重，隔 7～8 天喷雾一次。

防治枯萎病等土传病害，在田间植株发病初期，将植株根部周围土壤扒成一穴，稍晾晒后用 2%水剂 130～200 倍液灌根，每株灌药液 500ml，每隔 5 天再灌一次，对重病株连灌 3～4 次。处理苗床土壤时，于播种前用 2%水剂 100 倍液，喷洒于苗床上。

【注意事项】 不能与碱性农药混用。贮存在阴凉、干燥、通风处，在保质期内用完。

4. 农用链霉素

【通用名称】 农用链霉素

【其他名称】 农用硫酸链霉素

【英文通用名称】 streptomycin sulfate

【主要性状】 可溶性粉剂为白色或类白色粉末，无臭，味微苦，易溶于水，不溶于乙醇、氯仿和乙醚。有吸湿性，在空气及光线下稳定，水溶液也较稳定。低毒，对家兔眼睛、皮肤无刺激性。

【作用特点】 链霉素是一种从灰链霉菌的培养液中提取的抗菌素，属于氨基糖甙类化合物。72%农用链霉素可溶性粉剂具有保护和治疗作用，防治各种作物的细菌病害。

【剂型和使用方法】 剂型：72%可溶性粉剂。

防治大白菜软腐病等蔬菜细菌性病害，每 667m^3 用 10～20g（有效成分），对水稀释喷雾，或用 72%可溶性粉剂 4 000～6 000 倍液喷雾。

【注意事项】 防潮湿，避日晒、高温，贮存在干燥、通风处。可与抗生素农药混用，避免与碱性农药混用。喷药后 8 小时内遇雨，应补喷。一些白菜品种对链霉素较敏感，要注意防止药害。

5. 链霉素·土

【通用名称】 链霉素·土

【其他名称】 新植霉素

【英文通用名称】 ①streptomycin；②oxyteracykine

【主要性状】 本品为链霉素和土霉素的混剂，制剂为黄色粉末状固体。易溶于水，不溶于氯仿和乙醚，在日光下颜色变暗，稳定，在碱性溶液中易破坏失效。为低毒杀菌剂，对家兔眼睛、皮肤无刺激性。

【作用特点】 对多种细菌病害有特效，兼具治疗和保护双重作用。

【剂型和使用方法】 剂型：90%可溶性粉剂。

防治黄瓜细菌性角斑病，每 667m^2 用 90%可溶性粉剂 12～14g，对水 50L，在发病初期喷雾。

防治大白菜软腐病，每 667m^2 用 90%可溶性粉剂 12g，对水 50L，在包心结球期喷雾。

防治辣椒疮痂病，每 667m^2 用 90%可溶性粉剂 12g，加水 50L，在发病初期喷雾。

【注意事项】 不宜与碱性农药混用，配药要用洁净水，不要用污水。一些白菜品种对新植霉素较敏感，要注意防止药害。贮存在避光干燥处，应防潮。

6. 春雷霉素

【通用名称】 春雷霉素

【其他名称】 春日霉素、加收米

【英文通用名称】 kasugamycin

【主要性状】 纯品为白色结晶，易溶于水，微溶于甲醇，不溶于乙醇、丙酮等有机溶剂。制剂为棕色粉末，具有良好的内吸性能，耐雨水冲刷。为低毒抗生素类杀菌剂。对鱼、虾和其他水生动物低毒，对蜜蜂低毒。对水稻也无药害。

【作用特点】 本剂是小金色放线菌的代谢产物，可干扰菌体氨基酸代谢的酯酶系统，从而影响蛋白质的合成，抑制菌丝伸长。兼有预防和治疗作用，渗透性强，能在植物体内移动。常用于防治稻瘟病，持效期为 15 天左右。

【剂型和使用方法】 剂型：2%水剂，6%可湿性粉剂，4%可湿性粉剂，2%可湿性粉剂。

防治番茄叶霉病、黄瓜细菌性角斑病，每 667m^2 用 2%水剂 140～170ml，对水 60～80L，在发病初期喷第一次药，以后每隔 7 天喷药一次，连续喷 3 次。

防治辣椒细菌性疮痂病，每 667m^2 用 2%水剂 100～130ml，对水 60～80L，在发病初期喷第一次药，以后每隔 7 天喷药一次，连续喷 2～3 次。

防治芹菜早疫病，每 667m^2 用 2%水剂 100～120ml，对水 60～50L 喷雾。

【注意事项】 不宜与碱性农药混用。施药 5 小时内遇降水冲刷，应补喷一次。大豆、藕等敏感，易生药害。番茄、黄瓜于收获前 7 天，水稻于收获前 21 天停止用药。避免长期单一使用春雷霉素，应与其他有效药剂交替使用，延缓耐药性菌株产生。

7. 春雷·王铜

【通用名称】 春雷·王铜

【其他名称】 加瑞农

【英文通用名称】 ① kasugamycin (kasumin)；②copper oxychloride (Bordeaux)

【化学名称】 ①春雷霉素，②氧氯化铜

【主要性状】 春雷霉素原药盐酸盐为白色结晶，熔点236℃～239℃（分解）。在有机溶剂中难溶。在 25℃水中溶解 12.5%（W/V）。在 50℃下放置 10 周不降低活性。在 pH 5 以下，800mg 开水溶液于 50℃下放 10 周不变质。在 pH 9 的同一条件下活性下降 42.6%。

按中国农药毒性分级标准，47%春雷·王铜可湿性粉剂属低毒杀菌剂。

【作用特点】 该剂由春雷霉素和王铜2种有效成分组成，具有保护和治疗作用。其中春雷霉素为内吸性杀菌剂，主要干扰菌体氨基酸代谢的酯酶系统，进而抑制蛋白质合成，王铜则是无机铜保护性杀菌剂，在一定湿度条件下释放出铜离子起杀菌作用。适用于蔬菜、果树，防治叶霉病、炭疽病、白粉病、早疫病、霜霉病等真菌、卵菌病害以及角斑病、软腐病、溃疡病等细菌病害。

【剂型和使用方法】 剂型：47%可湿性粉剂。

防治番茄叶霉病、早疫病、晚疫病等，每667m^2用47%可湿性粉剂93～124g对水喷雾，或用600～1 000倍液喷雾。

防治黄瓜霜霉病、角斑病，辣椒疮痂病，每667米^{2}用47%可湿性粉剂100～130g，对水75～100L喷雾，或用600～800倍液喷雾。于发病初期喷第一次药，间隔7～10天再喷药。防治1～2次。

【注意事项】 ①不能与铜制剂和强碱性农药混用。②藕、白菜、马铃薯、核果类、杉树（特别是幼苗）敏感，慎用。高温期用药，柑橘易生褐点药害。黄瓜也不要在幼苗期和高温时喷药。③番茄、黄瓜、西瓜、辣椒于收获前1天，洋葱于收获前5天，柑橘、甘蓝、丝瓜、苦瓜、莴苣、沙田柚于收获前7天，花椰菜于收获前21天停止使用。④春雷·王铜对金属容器有腐蚀性。

8. 井冈霉素

【通用名称】 井冈霉素

【其他名称】 有效霉素

【英文通用名称】 Jinggongmycin

【主要性状】 纯品为无色、无味、无吸湿性粉末，易溶于水，不溶于丙酮、氯仿等有机溶剂。吸湿性强。在pH 4～5的水溶液中稳定。制剂为棕色透明液体或棕黄色粉末。为低毒杀菌剂，对环境安全。

【作用特点】 为吸水链霉菌井冈变种产生的水溶性抗生素(葡萄糖苷类化合物)，主要有效成分为井冈霉素A和井冈霉素B。可干扰和抑制菌体细胞正常生长发育，并导致死亡。内吸性强，有治疗作用，持效期长。对丝核菌引起的水稻纹枯病等有特效。

【剂型和使用方法】 剂型：2%可湿性粉剂，5%水剂等。

防治黄瓜立枯病在黄瓜播种后用5%水剂1 000～2 000倍液浇灌苗床，每平方米苗床灌药液3～4L。

【注意事项】 药剂应贮存在阴凉、干燥处，保持密封，防止高温和日晒。

9. 宁南霉素

【通用名称】 宁南霉素

【其他名称】 菌克毒克

【主要性状】 纯品为白色无定形粉末，易溶于水，难溶于醇、酮、乙酸乙酯、氯仿等有机溶剂。酸性条件下稳定，遇碱易分解。制剂外观为褐色或深棕色液体，具酯香味，沉淀＜2%，pH 3.0～5.0，常温下稳定。对人、畜低毒，无致癌、致畸、致突变作用。对家兔眼及皮肤无刺激作用。

【作用特点】 为诺尔斯链霉菌西昌变种产生的胞嘧啶核苷肽型新抗生素，广谱，对病毒有抑制活性，也能抑制真菌、细菌。可有效防治烟草、番茄、辣椒、瓜类、粮食作物、豆类等多种作物的病毒病，也可防治白粉病，大豆根腐病，水稻白叶枯病、细菌性条斑病，白菜软腐病，香蕉束顶病、花叶心腐病，胡椒花叶病，辣椒炭疽病，人参立枯病、茎腐病等多种病害。

【剂型和使用方法】 剂型:2%水剂,8%水剂。

防治多种病毒病,用2%水剂,对水稀释成200～260倍液(有效成分浓度为76～100mg/L)喷雾。喷药要均匀,并视病情决定喷药次数,一般间隔7～10天,连续喷药3～4次。

防治瓜类白粉病等,用2%水剂的260～400倍液(有效成分浓度为50～76mg/L),隔7～10天喷1次,连喷2～3次。

防治瓜类蔓枯病、辣椒炭疽病等,用2%水剂200～260倍液,隔7～10天喷1次,连喷2～3次。

防治白菜软腐病,用2%水剂260～300倍液喷雾,使药液能流到茎基部。

防治大豆根腐病,用2%水剂按大豆种子重量的1%拌种,阴干后播种。

【注意事项】 不可与碱性农药混用。在烟草上施用,药液有效成分浓度不要高于100mg/L(用2%水剂不要低于200倍液),否则有轻微药害。本剂应保存在阴凉干燥处。

第三章 杀虫剂

一、有机磷杀虫剂

1. 敌百虫

【通用名称】 敌百虫

【英文通用名称】 trichlorphon

【化学名称】 O,O-二甲基-(2,2,2-三氯-1-羟基乙基)膦酸酯

【主要性状】 纯品为白色结晶体，具有醛类气味，熔点83℃～84℃。可溶于水、苯、乙醇、丙酮、氯仿等。在中性和弱酸性介质中较稳定，在 pH>5.5 时，敌百虫可转变为毒性更高的敌敌畏。在室温下稳定，在高温时遇水分解。对金属略有腐蚀性。

在环境中代谢和降解快，其第一个分解产物是敌敌畏，然后很快降解为简单的化合物。在碱性土壤中它降解更快。

对人、畜低毒，不易被人体皮肤吸收，对大多数益虫及害虫的天敌昆虫影响不大，但对蜜蜂有毒。如喷在作物上的药液已干，则对蜂无害。鳜、鲈、白鲳等鱼类特别敏感，对虾类等甲壳动物的毒性高。

【作用特点】 对害虫具有很强的胃毒作用，兼有触杀作用，有一定的熏蒸作用。抑制昆虫体内乙酸胆碱酯酶，造成神经传导阻断而引起死亡。对植物有渗透活性，无内吸传导作用。防治直翅目、鳞翅目、鞘翅目等咀嚼式口器害虫效果好，对蚜虫、螨类效果较差。可用于防治家畜体内外寄生虫和卫生害虫。

【剂型和使用方法】 剂型:90%晶体,80%可溶性粉剂,50%乳油,50%可湿性粉剂,25%油剂,2.5%粉剂等。含敌百虫的混剂也较多。

防治小菜蛾、菜青虫、甘蓝夜蛾、斜纹夜蛾、棉铃虫等,每 667m^2 用 90%晶体或 80%可溶性粉剂 80～100g,对水 60～75L(1 000～1 500 倍液)喷雾。防治黄条跳甲,用 90%晶体敌百虫 800～1 000 倍液灌根或喷雾。

防治地老虎、蝼蛄,每 667m^2 用 50%可湿性粉剂 80～100g,先用少量水将敌百虫化开,然后与 4～5kg 炒香的棉仁饼或菜籽饼、麦麸等拌匀,亦可与切碎的鲜草 20～30kg 拌均匀,制成毒饵。在傍晚撒施于菜田表面诱杀害虫。防治小地老虎,在 2 龄盛期,用 90%晶体敌百虫 800 倍液喷雾。防治蝼蛄,于蔬菜苗期,用 50%乳油 30 倍液灌洞杀灭成虫。

防治蛴螬,在卵孵化盛期至一龄初期,用 2.5%粉剂 2kg,拌细土 20～25kg,撒施根部附近,结合中耕、翻地培土埋入浅层土中。还可用 800 倍液灌根,杀死根际幼虫。

防治地蛆(种蝇、葱蝇、萝卜蝇、小萝卜蝇),在成虫和初孵幼虫期,每 667m^2 用 2.5%粉剂 1.5～2kg 喷粉。也可用药液灌根或浇灌苗床。

防治飞虱、叶蝉等,每 667m^2 用 2.5%粉剂 1.5～2kg 喷粉。

防治蟋蟀,用 50%可溶性粉剂 50g,拌炒香的麦麸 2kg,在田间撒施,以闷热的傍晚施用效果好。

【注意事项】 贮藏于通风、干燥处。不能与碱性农药混用。溶解晶体时不能用手直接接触药剂。稀释后要尽量用完,不可久放。敌百虫原药带酸性,洒药时最好不用金属容器,以免腐蚀,如用金属喷雾器,使用后必须及时用清水洗净,以防腐蚀。高粱、豆类、玉米易发生药害,苹果、花卉也会有药害。用晶体敌百虫和可溶性敌百虫作叶面喷雾时,可加入 0.05%～0.1%的洗衣粉,以增强药剂对茎叶的湿润展着性能。蔬菜收获前 7 天停止使用。

2. 敌敌畏

【通用名称】 敌敌畏

【其他名称】 DDVP

【英文通用名称】 dichlovos

【化学名称】 2,2-二氯乙烯基二甲基磷酸酯

【主要性状】 纯品为无色至琥珀色液体,微带芳香味。制剂为浅黄色至黄棕色油状液体,在水溶液中缓慢分解,遇碱分解加快,对热稳定,对铁有腐蚀性。对人、畜中等毒性,对鱼类毒性较高,对蜜蜂剧毒,对蜜蜂、瓢虫等天敌杀伤力较大。

【作用特点】 广谱性杀虫、杀螨剂,具有触杀、胃毒和熏蒸作用,高效,速效。触杀作用比敌百虫强。抑制昆虫体内乙酸胆碱酯酶,造成神经传导阻断而引起死亡。对咀嚼式口器和刺吸式口器的害虫都有效。残效期较短,适用于茶、蔬菜、烟草等作物上使用,也用于仓库及卫生害虫的防治。

【剂型和使用方法】 剂型:80%乳油,50%乳油,22%烟剂,15%颗粒剂等。

防治菜青虫、甘蓝夜蛾、菜叶蜂、菜螟、斜纹夜蛾,用 80%乳油 1 500～2 000 倍液喷雾。防治二十八星瓢虫、烟青虫、粉虱、棉铃虫、小菜蛾、灯蛾、夜蛾等,用 80%乳油 1 000 倍液喷雾。防治豆野螟,于豇豆盛花期,在早晨 8 时前花瓣张开时,喷施 80%敌敌畏乳油 1 000 倍液,重点喷洒蕾、花、嫩荚及落地花。

防治红蜘蛛、蚜虫等,用 50%乳油 1 000～1 500 倍液喷雾。防治温室白粉虱成虫和若虫,用 80%乳油 1 000 倍液喷雾。

防治小地老虎、黄守瓜、黄条跳甲,用 80%乳油 800～1 000 倍液喷雾或灌根。

棚室可用敌敌畏烟剂熏烟，每 667m^2 用 22％敌敌畏烟剂 0.5kg。另外，也可在花盆内放锯末，洒上 80％敌敌畏乳油，放上几个烧红的煤球即可，每 667m^2 用乳油 0.3～0.4kg。

【注意事项】 不能与碱性农药混用。本品水溶液分解快，应随配随用。豆类和瓜类的幼苗易产生药害，使用浓度不能偏高。本品易由皮肤进入造成中毒。中午高温时不宜施药，以防中毒。禽、鱼、蜜蜂对本品敏感，应慎用。蔬菜收获前 7 天停止用药。

3. 辛硫磷

【通用名称】 辛硫磷

【其他名称】 肟硫磷，倍腈松，腈肟磷

【英文通用名称】 phoxim

【化学名称】 O,O-二乙基-O-[(α-氰基亚苄氨基)氧]-硫逐磷酸酯

【主要性状】 纯品为无臭棕红色油状液体，熔点 5℃～6℃。在中性或酸性条件下稳定，在碱性条件下不稳定，在光照、高温下易分解。不溶于水，能溶于多种有机溶剂。对高等动物低毒，对鱼有毒，对蜜蜂以及害虫的天敌赤眼蜂、瓢虫等毒性较强。对七星瓢虫的卵、幼虫、成虫均有杀伤作用。

【作用特点】 为有机磷广谱杀虫剂，以触杀和胃毒作用为主，击倒力强，无内吸作用。对磷翅目幼虫很有效，对虫卵也有一定的杀伤作用。见光易分解，残效期短，但施入土中较稳定，残效期可达 1 个月以上，适合于防治地下害虫。可防治多种鳞翅目害虫以及蚜虫、蓟马、叶蝉、飞虱、粉虱、介壳虫、叶螨等，也适于防治仓库和卫生害虫。一般对作物安全，黄瓜、菜豆、高粱较敏感，喷雾慎用。

【剂型和使用方法】 剂型：50％乳油，45％乳油，5％颗粒剂等。

一般用50%乳油1 000～2 000倍液喷雾，防治菜青虫、烟青虫、棉铃虫、地老虎、棉蚜、叶蝉、飞虱、蓟马等。防治蓟马、蚜虫、粉虱等害虫，也可用50%辛硫磷乳油1 000～1 200倍液，均匀喷雾。

防治地下害虫，可用50%乳油100～165ml，对水5～7.5L，拌麦种50kg。还可用50%乳油100g，对水5L，拌麦种50kg，堆闷后播种。

用50%乳油800～1 000倍液浇灌或灌根，可防治地老虎以及其他地下害虫。

【注意事项】 不能与碱性物质混合使用。黄瓜、菜豆、高粱对辛硫磷敏感，易产生药害。辛硫磷见光易分解，田间最好在夜晚或傍晚使用。

4. 乐　果

【通用名称】 乐果

【英文通用名称】 dimethoate

【化学名称】 O,O-二甲基-S-甲基氨基甲酰甲基二硫代磷酸酯

【主要性状】 纯品为白色针状结晶，有樟脑臭味。40%乐果乳油外观为黄棕色透明油状液体。在水中溶解度为39g/L（室温）。在酸性溶液中较稳定，在碱性溶液中迅速水解。

乐果为中等毒杀虫剂，对鱼类低毒，对家畜和蜜蜂有毒。

【作用特点】 是内吸性有机磷杀虫、杀螨剂。杀虫范围广，对害虫和螨类有强烈的触杀和一定的胃毒作用。在昆虫体内能氧化成活性更高的氧乐果，其作用机制是抑制昆虫体内的乙酰胆碱酯酶，阻碍神经传导而导致死亡。对害虫的毒力随气温升高而显著增强。易被植物吸收并输导至全株。适用于防治多种作物上的刺吸式口器害虫，如蚜虫、叶蝉、粉虱、潜叶性害虫等，对螨类也有一

定的防效。

【剂型和使用方法】 剂型：40%乳油，50%乳油。

防治菜蚜、茄子红蜘蛛、葱蓟马、豌豆潜叶蝇等，每 667m^2 用 40%乳油 50ml，对水 60～80L 喷雾。

【注意事项】 啤酒花、菊科植物、高粱部分品种以及烟草、枣树、桃、杏、梅树、橄榄、无花果、柑橘等作物，对稀释倍数低于 1 500 倍的乐果药液敏感，使用前应先作药害试验。乐果对牛、羊的胃毒性强，喷过药的绿肥、杂草在 1 个月内不可喂牛、羊。施过药的地方 7～10 天内不能放牧牛、羊。对家禽胃毒性更强，使用时要注意。蔬菜在收获前不要用药。

5. 乙酰甲胺磷

【通用名称】 乙酰甲胺磷

【其他名称】 高灭磷

【英文通用名称】 acephate，orthene

【化学名称】 O,S-二甲基乙酰基硫代磷酰氨酯

【主要性状】 纯品为白色针状结晶，工业品为白色吸湿性固体，有刺激性气味。熔点 91℃～92℃。化学性质相对稳定，但在碱性条件下易分解。易溶于水、甲醇、乙醇、丙酮、二氯甲烷等溶剂。

属低毒农药，其水溶液易被人体皮肤吸收，使用时应注意。对鱼类相对无毒，对蜜蜂有毒。

【作用特点】 为广谱有机磷杀虫剂，对害虫以触杀作用为主，兼有胃毒、内吸和一定熏蒸作用，并有杀卵作用。施药后初效缓慢，2～3 天后药效才显著，后效作用强。可防治蚜虫、蓟马、叶蝉、飞虱、叶螨、叶蜂、介壳虫、蜡象及鳞翅目幼虫。一般使用情况下无药害，但向日葵、某些品种的苹果等较敏感。

【剂型和使用方法】 剂型：30％乳油，40％乳油，25％可湿性粉剂等。

防治菜青虫二至三龄幼虫期，防治小菜蛾在一至二龄幼虫盛发期防治，每667m^2用30％乳油80～120ml，对水40～50L喷雾。防治蚜虫每667m^2用30％乳油50～70ml，对水50～75L均匀喷雾。

【注意事项】 不能与碱性物质混用。向日葵、菜豆、某些品种的苹果等作物对本剂较敏感，不宜使用。不宜在桑、茶树上使用。本品易燃，在运输和贮存过程中注意防火，远离火源。

6. 三唑磷

【通用名称】 三唑磷

【英文通用名称】 triazophos

【化学名称】 O,O-二乙基-O-(1-苯基-1,2,4-三唑-3-基)硫代磷酸酯

【主要性状】 纯品为浅棕黄色液体，熔点0℃～5℃。20℃时在水中的溶解度为35mg/L，可溶于大多数有机溶剂。对光稳定，在酸、碱介质中水解，140℃分解。为中等毒农药。

【作用特点】 是硫逐式一硫代磷酸酯类广谱杀虫杀螨剂，具有一定的杀线虫作用。具有强烈的触杀和胃毒作用，杀虫效果好，杀卵作用明显，渗透性较强，能有效的控制叶背的害虫和害螨，无内吸作用。主要用于防治鳞翅目害虫，害螨，蝇类幼虫及地下害虫等。产品登记主要用于防治水稻二、三化螟、纵卷叶螟等。

【剂型和使用方法】 剂型：20％乳油，60％乳油，40％乳油，30％乳油，13.5％高渗乳油等。三唑磷在品种组合复配中当配角，有阿维菌素、辛硫磷、氯氰菊酯、毒死蜱、吡虫啉、高效氯氰菊酯、仲丁威、水胺硫磷等8个品种与三唑磷复配，登记产品多。

在菜青虫二至三龄幼虫期，小菜蛾一至二龄幼虫期，菜蚜在无翅蚜盛发期，20%乳油每 667m^2 用 100～125ml，对水 40～60L 喷雾。

【注意事项】 本品不能与碱性物质混用，以免分解失效。本产品中等毒性，最后一次用药应不少于收获前 7 天。本品易燃，应远离火源，存放在阴凉处。

7. 毒死蜱

【通用名称】 毒死蜱

【其他名称】 氯蜱硫磷，乐斯本

【英文名称】 chlorpyrifos

【化学名称】 O,O-二乙基-O-(3,5,6-三氯-2-吡啶基)硫代磷酸酯

【主要性状】 纯品为白色结晶，具有轻微的硫醇气味，熔点 42.5℃～43℃。在中性及酸性介质中较稳定，在强碱性介质中或无机盐含量高的水溶液中分解。不溶于水，易溶于大多数有机溶剂。遇明火、高热可燃。受高热分解，放出有毒的烟气。

对高等动物急性口服毒性中等，经皮毒性较低。对人体皮肤有明显刺激作用，对眼睛有轻微刺激作用。在高等动物体内能很快降解为无毒物质。对鱼、虾高毒，对蜜蜂有毒。

【作用特点】 硫逐式一硫代磷酸酯类广谱杀虫杀螨剂，兼具触杀、胃毒及熏蒸作用，击倒力强，有一定渗透作用。在叶片上残留期不长，但在土壤中残留期较长，因此对地下害虫防治效果较好。烟草、瓜苗较敏感适用于防治鳞翅目、鞘翅目、同翅目、半翅目害虫及螨类、蓟马等，也可用于防治卫生害虫。

【剂型和使用方法】 剂型：40.7%乳油，48%乳油。

防治菜青虫，在幼虫二至三龄期，用 40.7%乳油 1 000～1 500

倍液喷雾。防治小菜蛾，在一至二龄幼虫期，用40.7%乳油1 000～1 200倍液喷雾。

防治温室白粉虱、豌豆彩潜蝇可用40.7%乳油800～1 000倍液喷雾。

防治豆荚螟，在豇豆、菜豆开花盛期，害虫初龄幼虫蛀人幼荚前，用40.7%乳油1 000～1 500倍液喷雾。

防治害螨，在盛发期用40.7%乳油1 000～1 500倍液喷雾。

防治蛴螬，用48%乳油1 500倍液，在卵孵化盛期灌根。

防治韭蛆、根蛆，每667m^2用48%乳油200～400ml，对水1 000L，浇灌根部，或者用48%乳油400～500ml，对适量水配成母液，随水施入。

【注意事项】 不能与碱性农药混用，为保护蜜蜂，应避免在开花期使用。该药对黄铜有腐蚀作用，喷雾器用完后，要立即冲洗干净。瓜苗应在瓜蔓1m长以后用药。蔬菜收获前7天停止使用。对蜜蜂和鱼类高毒，使用时要注意保护蜜蜂和水生动物。避免药液流入鱼塘、湖、河流，在清洗喷药器械或弃置废料时不要污染水源。

8. 马拉硫磷

【通用名称】 马拉硫磷

【其他名称】 马拉松

【英文通用名称】 malathion

【化学名称】 O,O-二甲基-S-[1,2-二(乙氧基羰基)乙基]二硫代磷酸酯

【主要性状】 纯品为黄色油状液体，略带有醋气味，熔点2.85℃，微溶于水，易溶于醇、酮、醚等有机溶剂。对光稳定，但对热的稳定性稍差。在pH<5时或在碱性溶液中会迅速分解。对

铁有腐蚀性。遇明火、高热可燃。与强氧化剂可发生反应。受热分解，放出磷、硫的氧化物等毒性气体。

属低毒杀虫剂，对眼睛、皮肤有刺激性。对鱼类低毒，但其分解产物马来酸二乙酯、马来酸对水生生物高毒，对蜜蜂等益虫高毒。

【作用特点】 马拉硫磷具有良好的触杀作用、胃毒作用和一定的熏蒸作用，无内吸作用，进入虫体后氧化成毒性更高的马拉氧磷，对叶面刺吸式口器和咀嚼式口器的害虫都有效，防治钻蛀性害虫和地下害虫效果较差。残效期短，可用于防治卫生害虫和贮粮害虫。用飞机超低容量喷洒原油可防治草原蝗虫和飞蝗。

【剂型和使用方法】 剂型：45％乳油，25％油剂，70％优质乳油。另有 1.2％粉剂和 1.8％粉剂，专用于粮食拌药防治贮粮害虫。

防治菜蚜、黄条跳甲、叶螨等，用 45％乳油 1 000～1 500 倍液喷雾。防治菜青虫、大豆食心虫、大豆造桥虫、豌豆象、豌豆蚜、豆天蛾等，用 45％乳油 1 000 倍液喷雾。

【注意事项】 本品易燃，在运输、贮存过程中注意防火，远离火源。气温低时杀虫毒力降低，在春秋季低温时使用可提高药液浓度。使用浓度高时，瓜类、豇豆、樱桃、李、葡萄等会产生药害，需注意避免。

9. 杀螟硫磷

【通用名称】 杀螟硫磷

【其他名称】 速灭松，诺毕速灭松

【英文通用名称】 fenitrothion

【化学名称】 O,O-二甲基-O-(3-甲基-4-硝基苯基)硫代磷酸酯

【主要性状】 纯品为白色结晶,原油为黄褐色油状液体,微有蒜臭味。熔点 0.3℃ 。不溶于水,可溶于大多数有机溶剂。遇碱水解,遇明火、高热可燃。与强氧化剂可发生反应。受热分解,放出氮、磷的氧化物等毒性气体。

对人、畜、鱼类的毒性属中等,对蜜蜂高毒。正常使用浓度下对作物安全。

【作用特点】 为有机磷杀虫剂广谱杀虫剂,触杀作用强烈,有胃毒作用和一定的杀卵作用。无内吸作用,但对植物体有很好的渗透作用,能杀死钻蛀性害虫。持效期 5～7 天。对作物一般无药害,但对高粱和十字花科蔬菜易产生药害,使用时要注意。可用于防治卫生害虫和贮粮害虫。

【剂型和使用方法】 剂型:50%乳油,20%乳油等。复配剂有敌·杀乳油,氰·杀乳油,阿维·杀螟乳油 ,马·杀乳油等。

防治菜青虫、小菜蛾、甘蓝夜蛾、菜螟、豆荚螟、二十八星瓢虫、猿叶虫等用 50%乳油 1 000 倍液喷雾。防治菜蚜、红蜘蛛、蓟马、潜叶蝇等用 50%乳油 1 000～1 500 倍液喷雾。

【注意事项】 应贮置于阴凉干燥处。使用时随配随用,稀释后不可放置过久,以免影响药效。不与碱性农药混用,如需要混用时,混合后应立即使用。十字花科蔬菜如白菜、萝卜等易发生药害,使用时浓度不能偏高。收获前 10 天停止使用。对鱼类毒性大,使用时不能污染水域。对蜜蜂高毒,花期不宜使用。

10. 亚胺硫磷

【通用名称】 亚胺硫磷

【英文通用名称】 phosmet

【化学名称】 O,O-二甲基-S-(邻苯二甲酰亚氨基甲基)二硫代磷酸酯

【主要性状】 纯品为无色结晶固体，熔点72℃～72.7℃，无臭。工业品含有效成分90%～95%，熔点59℃～63℃，有特殊刺激性气味。在中性或酸性介质中较稳定，在碱性介质中易分解。微溶于水，溶于甲醇、乙醇、苯、甲苯、四氯化碳、丙酮等有机溶剂。属中等毒杀虫剂，对鱼类毒性中等，对蜜蜂有毒。

【作用特点】 广谱性二硫代磷酸酯类杀虫杀螨剂。对害虫具有触杀作用、胃毒作用及一定内渗作用。用于防治蚜虫、叶蝉、飞虱、粉虱、蓟马、潜蝇、盲蝽、鳞翅目害虫等刺吸式口器或咀嚼式口器害虫以及叶螨类。

【剂型和使用方法】 剂型：20%乳油，25%乳油。

防治菜蚜每667m² 用25%乳油33ml，对水30～50L喷雾。

【注意事项】 不能与碱性农药混用。对蜜蜂有毒，喷药后不能放蜂。

11. 二嗪磷

【通用名称】 二嗪磷

【其他名称】 二嗪农，地亚农，大亚仙农

【英文通用名称】 diazinon

【化学名称】 O,O-二乙基-O-(2-异丙基-6-甲基-4-嘧啶基)硫逐磷酸酯

【主要性状】 纯品为无色油状液体，商品是灰色或暗棕色液体。50℃以上不稳定，120℃以上分解。对光照稳定，易被氧化。中性介质稳定，碱性介质中缓慢水解，酸性介质中加速水解。不溶于水，易溶于一般有机溶剂。

对高等动物较低毒。可被人体皮肤吸收。对鱼类低毒，对鸭、鹅高毒，对蜜蜂高毒。

【作用特点】 广谱性硫逐式一硫代磷酸酯类杀虫杀螨剂。对

害虫具有触杀、胃毒、熏蒸作用，有一定杀螨活性及杀线虫活性。残效期较长。对鳞翅目、同翅目、双翅目等多种害虫均有较好防效，也可拌种防治地下害虫。可用于防治卫生害虫和牲畜害虫。

【剂型和使用方法】 剂型：50％乳油，40％乳油，10％颗粒剂等。

防治菜蚜和蓟马，每 667m^2 用 50％乳油 50～60ml 对水喷雾。防治菜青虫、小菜蛾、葱潜叶蝇、种蝇用 60～100ml 对水喷雾。

10％粒剂用于防治蛴螬、蝼蛄、金针虫等地下害虫。防治蛴螬，每 667m^2 磷颗粒剂 400～500g 拌 10kg 毒土沟施。

【注意事项】 莴苣和某些苹果品种较敏感。收获前禁用期一般为 10 天。不能与碱性农药含铜杀菌剂和敌稗混用，在施用敌稗前后 2 周内也不得使用本剂。

12. 丙溴磷

【通用名称】 丙溴磷

【英文通用名称】 profenofos

【化学名称】 S 正丙基-O-乙基-O-邻氯对溴苯基硫代磷酸酯

【主要性状】 纯品为浅黄色液体，沸点 110℃（0.13 Pa）。微溶于水，易溶于常用有机溶剂。丙溴磷为中等毒性杀虫剂。无慢性毒性，无致癌、致畸、致突变作用。对皮肤无刺激作用，对鱼、鸟、蜜蜂有毒。

【作用特点】 广谱有机磷杀虫杀螨剂，具有触杀和胃毒作用，作用迅速，对其他有机磷、拟除虫菊酯产生抗药性的棉花害虫仍有效，是防治抗性棉铃虫的有效药剂。无内吸性，但有横向转移能力，可杀死未着药一侧叶片上的害虫。丙溴磷与氯氰菊酯混用增效明显，丙·氯乳油是防治抗性棉铃虫的有效药剂。

【剂型和使用方法】 剂型：40％乳油，44％丙·氯乳油。

防治菜青虫、甘蓝夜蛾、黄曲条跳甲 、葱潜叶蝇、菜蚜、烟青虫等,用 40%乳油 1 200～1 500 倍液喷雾。

【注意事项】 不与碱性农药混合使用。

13. 倍硫磷

【通用名称】 倍硫磷

【其他名称】 百治屠

【英文通用名称】 fenthion

【化学名称】 O,O-二甲基-O-(3-甲基-4-甲硫基苯基)硫代磷酸酯

【主要性状】 纯品为浅黄色液体,无臭,工业品有大蒜气味。溶于甲醇、乙醇、丙酮、甲苯、二甲苯、氯仿及其他许多有机溶剂和甘油。对光稳定,热稳定性可达 210℃。属中毒杀虫剂,无慢性毒性。对狗和家禽的毒性较大,对鱼有毒,对蜜蜂高毒。

【作用特点】 广谱性硫逐式一硫代磷酸酯类杀虫杀螨剂。对害虫具有触杀和胃毒作用,对作物具有一定渗透性,但无内吸传导作用,杀虫广谱,作用迅速。杀虫作用和杀虫谱与对硫磷相似,但对螨类效果不如对硫磷。持效期一般在 10 天左右。用于水稻、果树、蔬菜等作物,防治蚜虫、螨类及多种鳞翅目害虫,亦可用于防治卫生害虫与家畜体内、外寄生虫。

【剂型和使用方法】 剂型:50%乳油。

防治菜青虫、菜蚜每 667m^2 用 50%乳油 50ml,对水 30～50L 喷雾。防治大豆食心虫、大豆卷叶螟每 667m^2 用 50%乳油 50～150ml,对水 30～50L 喷雾。

【注意事项】 十字花科蔬菜的幼苗以及梨、桃、樱桃、山楂、高粱、啤酒花等作物易产生药害,慎用高浓度药液。不能与碱性物质混用。

14. 喹硫磷

【通用名称】 喹硫磷

【其他名称】 爱卡士，喹恶磷

【英文通用名称】 quinalphos

【化学名称】 O,O-二乙基-O-喹喔啉-2-基硫代磷酸酯

【主要性状】 纯品为无色结晶固体，熔点35℃～36℃。在水溶液中可水解，在碱性介质中易分解。不溶于水，可溶于多种有机溶剂，微溶于石油醚。喹恶磷属中毒性杀虫剂，对皮肤和眼睛无刺激性，无慢性毒性，没有致癌、致畸、致突变作用。对鱼类有毒。对蜜蜂毒性较高。

【作用特点】 广谱速效性硫逐式一硫代磷酸酯类杀虫杀螨剂。具有胃毒和触杀作用，无内吸和熏蒸性能，有一定杀卵作用，有良好的渗透性，在植物体内降解速度快，残效期短。适用于防治鳞翅目、鞘翅目、双翅目、半翅目、同翅目、缨翅目等刺吸式口器和咀嚼式口器害虫、钻蛀性害虫以及叶螨类。连续使用后易于诱发害虫的抗药性，宜与其他杀虫剂交替使用。一般使用情况下对作物安全，但对玉米和某些果树有轻微药害。

【剂型和使用方法】 剂型：25％乳油，5％颗粒剂等。

防治菜青虫、斜纹夜蛾、瓜绢螟每667m² 用25％乳油60～80ml，对水50～60L喷雾。防治棉铃虫、烟青虫、小菜蛾、黄条跳甲用100ml，防治菜蚜用40ml，对水喷雾。

【注意事项】 不能与碱性物质混合使用。在青菜、白菜收获前6天，黄瓜3天，韭菜10天，停止用药。

二、拟除虫菊酯类杀虫剂

1. 溴氰菊酯

【通用名称】 溴氰菊酯

【其他名称】 敌杀死，凯素灵，强力安居保，天马，金鹿，保棉丹

【英文通用名称】 Deltamethrins

【化学名称】 (1R)-顺式-2,2-二甲基-3-(2,2-二溴乙烯基)环丙烷羧酸-(S)-α-氰基-3-苯氧基苄酯

【主要性状】 纯品为白色晶体，原药为白色无气味的粉末，难溶于水，溶于多数有机溶剂。对光及空气较稳定。在酸性介质中稳定，在碱性介质中易分解。对塑料制品有腐蚀性。

溴氰菊酯属中等毒性杀虫剂，对皮肤无刺激作用，对眼睛有轻度刺激作用，在试验剂量内对动物无致畸、致突变、致癌作用。对鱼类、水生昆虫等水生生物高毒，对蜜蜂和蚕剧毒，对鸟类毒性较低。对滴滴涕产生抗药性的昆虫，对溴氰菊酯有交互抗药性。

【作用特点】 为拟除虫菊酯类杀虫剂的第一个品种，也是该类杀虫剂中目前毒力最高的一种。对害虫的毒性是滴滴涕的100倍，对硫磷的40倍。具有触杀和胃毒作用，触杀作用迅速，击倒力强，无熏蒸和内吸作用，在高浓度下对一些害虫有驱避作用。持效期长(7～12天)。杀虫谱广，对鳞翅目、同翅目、缨翅目昆虫效果很好，对鞘翅目昆虫因种类不同药效差别很大，对螨类、介壳虫、盲蝽象等防效很低或基本无效，还会刺激螨类繁殖，在虫、螨并发时，要与专用杀螨剂混用。

【剂型和使用方法】 剂型：2.5％乳油，2.5％可湿性粉剂，

1.5%、5%敌杀死超低量喷雾剂等。

常用2.5%乳油对水喷雾，每667m^{2}用有效成分0.5～1g。防治棉铃虫、菜青虫、小菜蛾、斜纹夜蛾、甜菜夜蛾、烟青虫等，在幼虫二至三龄时施药。防治大豆食心虫、豆荚螟、豆野螟等，在幼虫钻蛀前施药。防治黄守瓜、黄条跳甲等，在若、成虫期施药。防治蔬菜蚜虫，在发生期施药。

【注意事项】 不能与碱性物质混用。不能在桑园、鱼塘、河流、养蜂场等地使用。

2. 氟氯氰菊酯

【通用名称】 氟氯氰菊酯

【其他名称】 百树得，百树菊酯

【英文通用名称】 cyfluthrin

【化学名称】 (RS)-α-氰基-4-氟-3-苯氧基苄基(1RS,3RS;1RS,3SR)-3-(2,2-二氯乙烯基)-2,2-二甲基环丙烷羧酸酯

【主要性状】 纯品为无色结晶，不同的异构体熔点不同，原药为棕色含有结晶的黏稠液体，无特殊气味。几乎不溶于水，易溶于丙酮、二氯甲烷、己烷、甲苯等有机溶剂。对光稳定，酸性介质中较稳定，碱性介质中易分解，当pH值大于7.5时就会被分解，常温下贮存两年不变质。

对高等动物低毒，对兔皮肤无刺激作用，对眼睛有轻度刺激作用。在试验剂量内对试验动物未发现致畸、致突变和致癌作用。对鱼类等水生生物、蜜蜂、家蚕高毒，对鸟类毒性较低。

【作用特点】 具有触杀和胃毒作用，对植物组织有一定渗透作用，无内吸传导和熏蒸作用。杀虫谱广，作用迅速，持效期长。对鳞翅目、半翅目、鞘翅目、双翅目等多种害虫有效，对一些地下害虫也有效，有一定抑螨活性。是近年来WHO推荐用于卫生害虫

防治的杀虫剂。

【剂型和使用方法】 剂型:5.7%乳油。

主要以乳油对水喷雾,防治各种蚜虫、棉铃虫、菜青虫、小菜蛾、斜纹夜蛾、甜菜夜蛾、烟青虫、大豆食心虫、地老虎等,对钻蛀性害虫应在幼虫蛀入作物前施药。

5.7%氟氯氰菊酯乳油防治菜青虫、小菜蛾,用 2 500～3 000 倍液,在二至三龄幼虫发生期喷雾。但防治对菊酯已产生抗性的小菜蛾防治效果不佳。防治菜蚜,用 3 000～3 500 倍液在发生期喷雾。防治大豆食心虫,用 2 000～2 500 倍液在卵盛孵期或开花结荚期喷雾。

【注意事项】 不要与碱性物质混用。不能在桑园以及鱼塘、河流、养蜂场所附近使用。药剂贮存在儿童接触不到的阴凉、通风、干燥处,避免药剂或容器污染土壤或水体。安全间隔期为 21 天。

3. 三氯氟氰菊酯

【通用名称】 三氯氟氰菊酯

【其他名称】 功夫,功夫菊酯,高效氯氟氰菊酯

【英文通用名称】 cyhalothrin

【化学名称】 2,2-二甲基-3-(2-氯-3,3,3-三氟-1-丙烯基)环丙烷羧酸-α-氰基-3-苯氧基苄酯

【主要性状】 纯品为无色固体,工业原药为米色无味固体。熔点 49.2℃,沸点 187℃～190℃。难溶于水,可溶于大多数有机溶剂。稳定性好,在酸性溶液中稳定,在碱性介质中易分解。为中毒杀虫剂。对眼睛和皮肤有刺激作用,在试验剂量体内对动物无致畸、致癌、致突变作用。对鱼类及水生动物剧毒,对蜜蜂和蚕剧毒,对鸟类低毒。

【作用特点】 具有触杀、胃毒作用,有一定的驱避作用,无内吸和熏蒸作用。活性高,药效迅速,对鳞翅目、鞘翅目、半翅目、缨翅目、膜翅目、直翅目、双翅目的多种害虫有效,对刺吸式口器害虫也有一定防效,可兼治叶螨、瘿螨、附线螨等。喷洒后有耐雨水冲刷的优点,但长期使用,害虫易对其产生抗药性。

【剂型和使用方法】 剂型:2.5%乳油。

防治小菜蛾、斜纹夜蛾、棉铃虫、烟青虫、菜螟等,每 667m² 用 2.5%乳油 40～60ml 对水喷雾,或用 2 000～4 000 倍液喷雾。防治黄守瓜每 667m² 用 2.5%乳油 30～40ml。防治菜蚜每 667m² 用 2.5%乳油 10～20ml。

防治茄叶螨、茶黄螨等,用 2.5%乳油 1 000～2 000 倍液喷雾。本剂残效期短、效果不稳定,易产生抗药性,不作为专用杀螨剂使用。

【注意事项】 不要与碱性物质混用,不能处理土壤。不要污染鱼塘、河流、蜂场、桑园。如药液溅到皮肤和眼睛上,立即用大量清水冲洗。如误服,立即引吐,并迅速就医。

4. 氯氰菊酯

【通用名称】 氯氰菊酯

【其他名称】 兴棉宝、安绿宝、灭百可、赛波凯

【英文通用名称】 alphacypermethrin

【化学名称】 2,2-二甲基-3-(2 ,2-二氯乙烯基)环丙烷羧酸-α-氰基-(3-苯氧基)-苄基酯

【主要性状】 工业品为棕黄色黏稠状液体,具轻微化学品气味。难溶于水,溶于酮类、醇类及芳烃类有机溶剂。遇碱分解,热稳定性良好,日光下稳定,常温贮存稳定性 2 年以上。为中等毒性杀虫剂。在试验剂量内对大鼠等动物未见慢性蓄积及致畸、致突

变、致癌作用。对鱼类、蜜蜂、蚕、蚯蚓剧毒。对鸟类毒性低。

【作用特点】 具触杀、胃毒及阻止摄食作用。高效，杀虫谱广，药效迅速。对鳞翅目害虫具很高活性，对同翅目、半翅目害虫也有较好防效，能有效地防治对有机磷、有机氯产生抗药性的鳞翅目害虫，对某些害虫的卵亦具杀伤作用，残效期在 10 天以上。对螨类和盲蝽防治效果差。

【剂型和使用方法】 剂型：10％乳油，5％乳油，4.5％乳油，5％可湿性粉剂等。与其他杀虫剂的复配制剂有 40％甲・辛・高氯乳油，29％敌畏・高氯乳油，30％高氯・辛乳油等。

防治菜青虫、菜螟、豆荚螟、菜蚜、蓟马等，每 667m^2 用 10％乳油 15～40ml，对水喷雾，或喷 2 000～6 000 倍液。对钻蛀性害虫施药应掌握在害虫蛀进之前。防治小菜蛾，每 667m^2 用 10％乳油 30～40ml 对水均匀喷雾，或喷 2 000～5 000 倍药液。防治黄守瓜、黄曲条跳甲、烟青虫、葱蓟马、斜纹夜蛾等，每 667m^2 用 10％乳油 30～50ml 对水喷雾，或喷洒 1 500～3 000 倍液。

【注意事项】 对鱼类、蜜蜂、蚕有毒，不可污染水域及饲养蜂场、蚕场地。不要与碱性物质混用。

5. 联苯菊酯

【通用名称】 联苯菊酯

【其他名称】 天王星，虫螨灵，氟氯菊酯

【英文通用名称】 bifenthrin

【化学名称】 2-甲基联苯基-3-基甲基-(Z)-(1RS)-顺-3-(2-氯-3,3,3-三氟-1-丙烯基)-2,2-二甲基环丙烷羧酸酯

【主要性状】 纯品为白色固体，原药为浅褐色固体。水溶性低，溶于丙酮、氯仿、二氯甲烷、乙醚、甲苯等。对光稳定，在酸性介质中也较稳定，在常温下贮存 1 年仍较稳定，但在碱性介质中会分

解。对人、畜毒性中等，对皮肤和眼睛无刺激作用，无致畸、致癌、致突变作用。对鸟类低毒，鱼毒性很高。对蜜蜂毒性中等，对家蚕高毒。在土壤中具有很高的亲和作用。

【作用特点】 高效杀虫、杀螨剂。具有触杀、胃毒作用，无内吸、熏蒸作用。杀虫谱广，对鳞翅目、半翅目、鞘翅目、缨翅目等多种害虫有效，对螨也有较好防效。作用迅速。在土壤中不移动，对环境较为安全，残效期长。在低温条件下更能发挥药效，在春秋两季使用更有效。

【剂型和使用方法】 剂型：10％乳油，2.5％乳油。

主要以乳油对水喷雾使用，一般每 667m^2 用有效成分 2.5～4g。

防治菜蚜或多种食叶害虫，于发生初期用 2.5％乳油 2 500～3 000 倍液喷雾，残效期 15 天左右。

防治白粉虱 在发生初期，虫口密度低时施药，用 2.5％乳油 2 000～2 500 倍液喷雾。虫情严重时可用 2.5％乳油 4 000 倍液与 25％扑虱灵可湿性粉剂 1 500 倍液混喷。

防治茄子叶螨，于成、若螨发生期用 2.5％乳油 2 000 倍液喷雾，可在 10 天内有效控制其危害。

【注意事项】 对蜜蜂、家蚕、水生生物毒性高 使用时注意不要污染河流、池塘、桑园、养蜂场所。不要与碱性农药混用，以免分解失效。施药要均匀周到，尽量减少使用剂量和使用次数，尽可能与有机磷、有机氮类杀虫剂轮用，以减缓抗药性的产生。

6. 氰戊菊酯

【通用名称】 氰戊菊酯

【其他名称】 杀灭菊酯，速灭杀丁

【英文通用名称】 fenvalerate

【化学名称】 (RS)-α-氰基-3-苯氧基苄基 (RS)-2-(4-氯苯基)-3-甲基丁酸酯

【主要性状】 原药为暗琥珀色黏稠液体，对光稳定，弱酸性介质中较稳定，碱性介质中易分解。难溶于水，易溶于丙醇、丙酮、玉米油、棉籽油、豆油、己烷、二甲苯等有机溶剂。对高等动物毒性中等，对兔皮肤轻度刺激，对眼睛有中度刺激作用，在试验剂量内未发现致畸、致突变和致癌作用。对鱼类等水生生物、蜜蜂、家蚕高毒，对鸟类低毒。

【作用特点】 以触杀和胃毒作用为主，无内吸和熏蒸作用。杀虫谱广，对鳞翅目、鞘翅目、双翅目、半翅目、同翅目、直翅目、缨翅目等多种害虫有效，对叶螨有一定的抑制作用。对天敌无选择性。杀虫活性高，药效迅速，残效期较长，一般为 7～14 天。高温下杀虫活性不减退。

【剂型和使用方法】 剂型：20%氰戊菊酯乳油

以乳油对水喷雾茎叶，不宜做土壤处理。一般 667m^2 用 20%乳油 30～60ml 对水喷雾。

防治小菜蛾、棉铃虫、烟青虫、甘蓝夜蛾、斜纹夜蛾、甜菜夜蛾、小地老虎、黄守瓜等，每 667m^2 用 20%乳油 40～60ml 对水喷雾。防治菜蚜，每 667m^2 用 20%乳油 20～40ml。

【注意事项】 不要与碱性农药混用。对蜜蜂、鱼虾、家蚕等毒性高，使用时注意不要污染河流、池塘、桑园、养蜂场所。在害虫、害螨并发的作物上使用此药，由于对螨效果较低，对天敌毒性高，易造成害螨猖獗，要配合使用专门杀螨剂。蚜虫、棉铃虫等害虫对此药易产生抗药性，可与有机磷制剂混用。安全间隔期夏菜 5 天，秋菜 12 天。根据农业部第 199 号公告，禁止在茶树上使用氰戊菊酯及其混合制剂。

7. 甲氰菊酯

【通用名称】 甲氰菊酯

【其他名称】 灭扫利

【英文通用名称】 fenpropathrin

【化学名称】 2-氰基-3-苯氧基苄基-2,2,3,3-四甲基环丙烷酸酯

【主要性状】 纯品为白色结晶或淡黄色油状液体,20%甲氰菊酯乳油外观为黄褐色油状液体。熔点 49℃~50℃。几乎不溶于水,溶于二甲苯、环己烷等有机溶剂。除碱性物质外,可与大多数农药混用。常温贮存稳定性 2 年以上。对人、畜毒性中等,对鱼、蚕、蜂高毒。

【作用特点】 具有触杀、胃毒和一定驱避作用,无内吸性。可防治鳞翅目、同翅目、半翅目、双翅目、鞘翅目等害虫和害螨。高效,广谱,速效性中等,残效期 3 周左右。在低温条件下药效更高、残效期更长。

【剂型和使用方法】 剂型:20%乳油,10%乳油,10%可湿性粉剂。

防治菜青虫、小菜蛾、斜纹夜蛾、甜菜夜蛾、叶螨、温室白粉虱等,每 667m^2 用 20%乳油 30~50ml 对水喷雾。防治菜蚜,用 20%乳油 3 000~4 000 倍液喷雾。

【注意事项】 不能与碱性物混用,以免降低药效。虽有杀螨作用,但不宜作为专用杀螨剂使用,只能用于虫螨兼治。施药要避开蜜蜂采蜜季节及蜜源植物,不要在池塘、水源、桑田、蚕室近处喷药。为延缓抗药性产生,在一个生长季节内施药次数不要超过 2 次,或与有机磷等其他农药轮换使用或混用。安全间隔期棉花为 21 天,苹果为 14 天。

8. 氟丙菊酯

【通用名称】 氟丙菊酯

【其他名称】 罗速发，氟酯菊酯，杀螨菊酯

【英文通用名称】 acrinathrin

【化学名称】 (S)α-氰基-3-苯氧基苄基(Z)-(1R,3R)-3-(2,2,2-三氟-1-三氟甲基乙氧基甲酰)乙烯基 2,2-二甲基环丙烷羧酸酯

【主要性状】 原药外观为白色粉末，溶点 81℃～83℃。常温贮存稳定性大于 2 年。遇酸稳定。对人、畜低毒，对兔眼睛有轻微刺激，无皮肤刺激和致敏作用。对鱼类毒性高。

【作用特点】 为拟除虫菊酯类杀螨、杀虫剂，对害螨具有触杀和胃毒作用，对成、若螨高效，击倒速度快，持效期达 20 天以上，并对蚜虫、蓟马、潜叶蛾、卷叶蛾、叶蝉、木虱等多种刺吸口器害虫，鳞翅目害虫有良好的防治效果。持效期 14～20 天。

【剂型和使用方法】 剂型：2%乳油，3%可湿性粉剂。与炔螨特复配剂：特威 41.5%乳油（重量/容重）。

用 2%乳油 1000～1500 倍液，喷雾防治豆类、茄子上的螨类。

【注意事项】 不要与碱性药剂混合使用。

三、氨基甲酸酯类杀虫剂

1. 抗蚜威

【通用名称】 抗蚜威

【其他名称】 辟蚜雾

【英文通用名称】 pirimicarb

【化学名称】 2-二甲氨基-5,6-二甲基嘧啶-4-二甲基氨基甲酸酯

【主要性状】 产品为白色固体，熔点 90.5℃。在水中溶解度为 2.7g/L，在丙酮、氯仿、乙醇等中溶解度不大。中等毒杀虫剂，对眼睛和皮肤无刺激作用，无慢性毒性，对鱼类、蜜蜂和鸟类低毒，对蚜虫天敌安全。

【作用特点】 为氨基甲酸甲酯类选择性杀蚜虫剂，具有触杀、熏蒸和渗透叶面作用。杀虫迅速，施药后数分钟即可杀死蚜虫。对蚜虫（棉蚜除外）有高效，对蚜虫的捕食性或寄生性天敌昆虫，如瓢虫、食蚜虻、草蛉、步行甲、蚜茧蜂等基本无伤害。20℃以上时熏蒸作用较强，在 15℃～20℃之间熏蒸作用随温度下降而迅速减弱，15℃以下无熏蒸作用。

【剂型和使用方法】 剂型：50％可湿性粉剂，50％水分散粒剂，25％水分散粒剂，10％发烟剂等。

主要以可湿性粉剂或水分散性粒剂对水喷雾使用。防治蔬菜蚜虫（棉蚜除外）每 667m^2 用 50％可湿性粉 10～18g，对水 30～50kg 喷雾。

【注意事项】 最好在气温 20℃以上使用，在 15℃以下使用效果不能充分发挥，应喷布周到，使药液接触虫体。不要用于防治棉蚜（瓜蚜）。见光易分解，应避光保存。

2. 丁硫克百威

【通用名称】 丁硫克百威

【其他名称】 好安威，好年冬

【英文通用名称】 carbosulfan

【化学名称】 2,3-二氢-2,2-二甲基-7-苯并呋喃-N-(2-正丁氨

基硫基)-N-甲基氨基甲酸酯

【主要性状】 无色或淡黄色油状液体，沸点124℃～128℃。不溶于水，易溶于多数有机溶剂。稳定性：在乙酸乙酯中60℃下稳定，在pH<7时分解。为中等毒杀虫剂。对鸟、鱼高毒。

【作用特点】 为氨基甲酸甲酯类杀虫剂，是胆碱酯酶的抑制剂，具有触杀、胃毒和内吸作用，杀虫谱广，持效期长。丁硫克百威是克百威的低毒化衍生物，在昆虫体内代谢为有毒的呋喃丹起杀虫作用，其杀虫机制是干扰昆虫神经系统，抑制胆碱酯酶，使昆虫的肌肉及腺体持续兴奋，从而导致昆虫死亡。在土壤中能迅速降解，半衰期2～3天。

采用种子处理剂拌种、土壤处理或喷雾法施药。主要用于防治柑橘锈壁虱、蚜虫，棉花蚜虫，苹果黄蚜，十字花科蔬菜蚜虫等。另外，对水稻二化螟、稻秆潜蝇、蓟马、瘿蚊、飞虱、叶蝉，旱地作物苗期虫害、地下害虫，柑橘潜叶蛾、蚜虫、木虱、介壳虫，苹果、梨的多种蚜虫，甘蔗螟虫，蔬菜蓟马、潜叶蝇等也有效。颗粒剂用作土壤处理，可防治根结线虫，甘薯茎线虫以及多种地下害虫和叶面害虫。

【剂型和使用方法】 剂型：20%乳油，35%种子处理剂，5%颗粒剂，1.5%颗粒剂。

防治十字花科蔬菜蚜虫每667m^{2}用5～7g(有效成分)，对水喷雾。防治甘蓝蚜虫，每667m^{2}用6～8g(有效成分)对水喷雾。

防治黄瓜蓟马，每667m^{2}用20%乳油60～100ml(有效成分12～20g)，对水30～50L喷雾可。

防治蔬菜潜叶蝇，每667m^{2}用20%乳油40～50ml(有效成分8～10g)对水30～50L喷雾。

防治番茄、辣椒、黄瓜等蔬菜根结线虫，每667m^{2}施用5%颗粒剂3kg。

【注意事项】 遇酸易分解，不能与酸性物质混用。不能与敌稗、灭草灵等除草剂同时使用，以防产生药害。在收获前25天内严禁使用。以叶片等为商品器官的蔬菜，如叶用大蒜、韭菜等，防治害虫时最好不使用丁硫克百威等农药。对鱼类、鸟类、蜜蜂有毒，使用时应避免受害。

四、昆虫生长调节剂

1. 除虫脲

【通用名称】 除虫脲

【其他名称】 灭幼脲1号，伏虫脲，二氟脲，敌灭灵

【英文通用名称】 diflubenzuron

【化学名称】 1-(4-氯苯基)-3-(2,6-二氟苯甲酰基)脲

【主要性状】 纯品为白色结晶，熔点230℃～232℃。原药(有效成分含量95%)外观为白色至浅黄色结晶粉末，熔点210℃～230℃。难溶于水，可溶于丙酮、乙酸乙酯、二氯甲烷、乙醇，易溶于乙腈、二甲基砜等。遇碱易分解，对光、热比较稳定。

属于低毒杀虫剂。对兔眼睛有轻刺激性，对皮肤无刺激作用，在动物体内无明显蓄积作用，能很快代谢。在试验条件下，未见致突变、致畸和致癌作用。对蚕高毒，对蜜蜂低毒，对鸟类毒性也低。

【作用特点】 苯甲酰脲类杀虫剂，具有胃毒作用，也有一定的触杀作用。可干扰表皮沉积，使昆虫不能正常蜕皮或变态而死亡。也可抑制昆虫胚胎发育过程中的表皮形成，使卵不能正常发育和孵化，对昆虫的生殖能力也有一定的抑制作用。杀虫谱广，对鳞翅目幼虫的效果尤好(但对棉铃虫防效不好)。对鞘翅目、双翅目多种害虫也有效。药效缓慢，施药后7天可达到害虫死亡高峰，应在卵孵化盛期或低龄幼虫期，种群密度低时施药，或者与速效性药剂

混用。

【剂型和使用方法】 剂型:20%悬浮剂,25%敌灭灵可湿性粉剂,5%可湿性粉剂。

防治菜青虫、小菜蛾、斜纹夜蛾、甜菜夜蛾、豆野螟等,一般每667m^2 用 20%悬浮剂 15～20ml,对水喷雾,或用 20%悬浮剂2 000～3 000 倍液。防治斜纹夜蛾、甜菜夜蛾,用 20～30ml 对水喷雾,或用 1 500～2 000 倍液喷雾。

【注意事项】 贮存时要避光,放在阴凉、干燥处。制剂在贮存过程中有沉淀现象,应摇匀后稀释。不能与碱性物质混用,以免分解失效。对蚕有毒,要避免在桑树上使用。在桑园附近使用应注意安全。

2. 灭 幼 脲

【通用名称】 灭幼脲

【其他名称】 灭幼脲 3 号,苏脲 1 号

【英文通用名称】 chlorbenzuron

【化学名称】 1-(2-氯苯甲酰基)-3-(4-氯苯基)脲

【主要性状】 纯品为白色晶体。工业品为浅绿色固体,熔点190℃～196℃。不溶于水,在绝大多数有机溶剂里溶解度低,易溶于二甲基亚砜、N,N-二甲基甲酰胺和吡啶等有机溶剂。对光和热较稳定,遇碱和较强的酸易分解。常温下贮存比较稳定。属低毒杀虫剂,对鱼类低毒,对虾、蟹等甲壳动物和蚕的生长发育有害。

【作用特点】 苯甲酰脲类昆虫生长调节剂,主要有胃毒作用,也有一定的触杀作用,但无内吸性。害虫取食或接触药剂后,抑制表皮几丁质的合成,幼虫不能生成新表皮,不能正常蜕皮而死亡。对鳞翅目和双翅目幼虫有特效,不杀成虫,但能使成虫不育,也能抑制卵内胚胎发育过程中几丁质的合成,使卵不能正常孵化。药

效较慢,2～3 天后才能显示杀虫作用。药效期可达 30 天左右。药物黏着性好,耐雨水冲刷。

【剂型和使用方法】 剂型:20%悬浮剂,25%悬浮剂。

用药量稍高于除虫脲,一般每 667m^2 用有效成分 8～10g,即每 667m^2 用 25%悬浮剂 30～40ml。喷药浓度过高或雾滴过大,对害虫有驱避作用,25%悬浮剂,一般喷 1 500 倍液较好。喷药要能喷到叶片背面,否则防效较差。

【注意事项】 ①不能与碱性或强酸性物质混用。②贮存在阴凉处。药剂在贮存过程中有沉淀现象,使用前应先摇匀,先用少量水稀释后,再加水至需要浓度,搅匀后施用。③药效缓慢,应在初龄幼虫期使用。④对桑蚕毒性高,不能在桑树上使用。在桑园附近使用要注意安全。

3. 氟啶脲

【通用名称】 氟啶脲

【其他名称】 定虫脲,定虫隆,抑太保

【英文通用名称】 chlorfluazuron

【化学名称】 1-[3,5-二氯-4-(3-氯-5-三氟甲基-2-吡啶氧基)苯基]-3-(2,6-二氟苯甲酰基)脲

【主要性状】 纯品白色结晶,熔点 226.5 ℃(分解)。难溶于水,溶于丙酮等有机溶剂。对光、热稳定。为低毒杀虫剂,对家兔皮肤、眼睛无刺激性。对低龄鱼以及虾等甲壳类动物有毒,对家蚕高毒。

【作用特点】 苯甲酰脲类杀虫剂,以胃毒作用为主,兼有触杀作用,无内吸性。抑制几丁质合成,阻碍昆虫正常蜕皮,使卵的孵化、幼虫蜕皮以及蛹发育受抑或出现畸形,成虫羽化受阻。药效高,作用速度较慢,从施药至害虫死亡需 3～5 天。对多种鳞翅目、

直翅目、鞘翅目、膜翅目、双翅目害虫活性高，对棉铃虫、红铃虫也有很好的防治效果，但对蚜虫、叶蝉、飞虱无效。持效期约40天左右。

【剂型和使用方法】 剂型：5%乳油。

在一般情况下，防治棉铃虫、红铃虫每667m^{2}用有效成分4～6g，防治其他害虫用2～4g。施药适期应比有机磷、拟除虫菊酯杀虫剂提前3天左右，在低龄幼虫期施药，对钻蛀性害虫在产卵高峰期至孵化盛期施药。

防治蔬菜害虫，对小菜蛾，防治适期在卵孵化至一至二龄幼虫盛发期，或至二、三龄幼虫盛发期，用5%乳油1 000～1 500倍液喷雾。对菊酯类农药有抗药性的小菜蛾，用5%乳油2 000～2 500倍液喷雾。防治菜青虫，在二至三龄幼虫盛发期，用5%乳油1 000～1 500倍液喷雾。防治豆野螟，在豇豆、菜豆开花期或卵盛期用5%乳油1 000～1 500倍液喷雾。防治斜纹夜蛾、银纹夜蛾、地老虎、二十八星瓢虫等，在幼虫孵化初期，用5%乳油1 000～1 500倍液喷雾。

【注意事项】 喷药时要使药液湿润全部枝叶，才能发挥药效。白菜幼苗易生药害。安全间隔期7天。对鱼、虾等有毒，应避免药液混入鱼塘。对家蚕有毒性，应避免在桑园、蚕室附近施药。

4. 氟铃脲

【通用名称】 氟铃脲

【其他名称】 盖虫散，伏虫灵

【英文通用名称】 hexaflumuron

【化学名称】 1-[3,5-二氯-4-(1,1,2,2-四氟乙氧基)苯基]-3-(2,6-二氟苯甲酰基)脲

【主要性状】 原药为无色固体，熔点202℃～205℃。不溶于

水，能溶于丙酮、二氯甲烷等。低毒，对皮肤无刺激性，但对眼睛有严重的刺激作用。对家蚕、鱼类和水生生物毒性较高，对蜜蜂和鸟类低毒。

【作用特点】 苯甲酰脲类几丁质合成抑制剂，以胃毒作用为主，兼有触杀和拒食作用。接触杀卵活性强，用于防治多种鳞翅目害虫，对棉铃虫有高效，对螨无效。可用以防治对有机磷或拟除虫菊酯产生抗性的害虫。比同类药剂杀虫谱广，击倒力强，杀虫迅速，施药时期要求不严格。

【剂型和使用方法】 剂型：5%乳油。

防治小菜蛾，在卵孵盛期至一至二龄幼虫盛发期，用5%乳油1 000～2 000倍液均匀喷雾。防治菜青虫，在二至三龄幼虫盛期，用5%乳油2 000～3 000倍液喷雾。防治豆野螟，在卵孵盛期，每667m^{2}用5%乳油75～100ml对水喷雾。

【注意事项】 防治叶面害虫宜在低龄(一至二龄)幼虫盛发期施药，防治钻蛀性害虫宜在卵孵盛期施药。喷药要均匀周到，叶片反面及心叶都要着药。空气湿度大时，施药可提高杀卵效果。田间虫、螨并发时，应加杀螨剂使用。不要在桑园、鱼塘及其附近使用。

5. 氟虫脲

【通用名称】 氟虫脲

【其他名称】 卡死克，氟虫隆，氟芬隆

【英文通用名称】 flufenoxuron

【化学名称】 1-[2-氟-4-(2-氯-4-三氟甲基苯氧基)苯基]-3-(2,6-二氟苯甲酰基)脲

【主要性状】 纯品为白色结晶，工业品白色或微黄色粉末或结晶。熔点169℃～172℃(分解)。不溶于水，可溶于丙酮等有机

溶剂。对光、热稳定。低毒，对兔眼睛和皮肤无刺激作用。对蚕毒性高。

【作用特点】 苯甲酰脲类昆虫生长调节剂，抑制几丁质合成，使昆虫不能正常蜕皮或变态而死亡，成虫接触药后，所产的卵即使孵化成幼虫也很快死亡。具有触杀和胃毒作用，无内吸作用。本品虫螨兼治，活性高，有很好的叶面滞留性，残效长。防治对象为植食性螨类、潜叶蛾、棉铃虫、棉红铃虫、小菜蛾、菜青虫、桃小食心虫等。氟虫脲对叶螨和全爪螨有效，杀幼、若螨效果好，不能直接杀成螨，接触药后可导致雌成螨不育、产卵量减少或所不能孵化。杀螨、杀虫初始作用较慢，但施药 2～3 小时后，害虫、害螨停止取食，3～5 天后达到死亡高峰。对鳞翅目害虫的药效期达 15～20 天，对螨可达 1 个月以上。

【剂型和使用方法】 剂型：50％乳油。

常用 50％乳油 1 000～2 000 倍液喷雾。防治害螨一般用 5％乳油 1 000～1 500 倍液喷雾。施药时间应较一般有机磷、菊酯类药剂提前 3 天左右。

【注意事项】 不要与碱性药剂混用。宜提早用药，对钻蛀性害虫应在孵化盛期，幼虫蛀入作物前用药，对害螨应在幼、若螨盛发期用药。蚕较敏感，应避免在桑园、蚕室附近施药。

6. 伏虫脲

【通用名称】 伏虫脲

【其他名称】 伏虫隆，农梦特

【英文通用名称】 teflubenzuron

【化学名称】 1-(3,5-二氯-2,4-二氟苯基)-3-(2,6-二氟苯甲酰基)脲

【主要性状】 纯品为淡黄色结晶，熔点 222.5℃。微溶于水，

稍溶于丙酮、环己酮、二甲基亚砜等有机溶剂。常温条件下贮存稳定。低毒,对兔眼睛无刺激。对蚕高毒,对水栖生物尤其是甲壳类有毒。对天敌昆虫和捕食螨均安全。

【作用特点】 苯甲酰基脲类昆虫几丁质合成抑制剂。对鳞翅目害虫的活性强,使卵孵化、幼虫蜕皮和成虫羽化受阻而发挥药效作用。杀虫作用缓慢,持效期长。对双翅目、鞘翅目、膜翅目以及粉虱、木虱等的幼虫有防效。可防治小菜蛾、菜青虫、豆野螟、温室白粉虱、棉铃虫、斜纹夜蛾、马铃薯甲虫、美国白蛾、松毛虫、果树潜叶蛾、食心虫、苹果蠹蛾等。还可用于防治幼龄期飞蝗。

【剂型和使用方法】 剂型:5%乳油,20%悬浮剂。

防治菜青虫,用5%乳油2000~3000倍液喷雾,防治小菜蛾、甜菜夜蛾、斜纹夜蛾,喷1500~2000倍液,防治温室白粉虱喷1000倍液。

防治对有机磷、拟除虫菊酯产生抗药性的小菜蛾,可在低龄幼虫盛发期,每667m^2用5%乳油25~50ml,对水50L喷雾。防治对有机磷产生抗药性的菜青虫,每667m^2用5%乳油20~30ml,对水50L喷雾。

【注意事项】 对叶面害虫,宜在低龄幼虫期施药。多年单一使用后,小菜蛾已明显产生抗性。对水栖生物尤其甲壳类有毒,应避免药剂污染水域。

7. 噻嗪酮

【通用名称】 噻嗪酮

【其他名称】 扑虱灵,稻虱净

【英文通用名称】 buprofezin

【化学名称】 2-特丁基亚氨基-3-异丙基-5-苯基-3,4,5,6-四氢-2H-1,3,5-噻二嗪-4-酮

【主要性状】 纯品白色晶体，工业品为白色至浅黄色晶状粉末。溶点 104.5℃～105.5℃。难溶于水，溶于氯仿、苯、甲苯、丙酮等有机溶剂中。对酸和碱稳定，对光和热稳定。对人、畜低毒。

【作用特点】 噻嗪酮是噻二嗪酮化合物，杀虫原理与苯甲酰脲类杀虫剂相同，都是抑制昆虫几丁质合成。具有很强的触杀和胃毒作用，对作物有一定的内渗能力。对鞘翅目、部分同翅目以及蜱螨类具有杀幼虫活性。对同翅目的飞虱、叶蝉、粉虱、介壳虫类害虫有特效。对 3 龄以上若虫药效较差。药效慢，持效期长。适用于水稻、果树、茶树、蔬菜等。目前江苏等地灰飞虱已对噻嗪酮产生了抗药性。

【剂型和使用方法】 剂型：25%乳油，25%可湿性粉剂，40%胶悬剂。

防治温室白粉虱等，在二至三龄若虫盛发期，用 25%可湿性粉剂 1 500～2 000 倍液喷雾。

【注意事项】 不可用毒土法施药。不能用于茶树。药液不能直接与白菜、萝卜接触，否则会出现褐斑和叶缘白化等药害症状。

8. 抑食肼

【通用名称】 抑食肼

【其他名称】 虫死净

【英文通用名称】 butylhydrazine

【化学名称】 1,2-二苯甲酰基-1-叔丁基肼；N-苯甲酰基-N′-特丁基苯甲酰肼

【主要性状】 纯品为白色晶体，熔点 174℃～176℃。原药外观为淡黄色或无色粉末。中等毒杀虫剂，制剂低毒。对家兔眼睛有轻微刺激作用，对皮肤无刺激作用。对鱼类、蚕和蜜蜂有毒。

【作用特点】 双酰肼类新型昆虫生长调节剂，为促蜕皮激素

类似物质。以胃毒作用为主,抑制昆虫进食,害虫取食施药鲜叶后停止取食,加速蜕皮而死亡,还有减少产卵的作用。可通过根系内吸杀虫。用以防治鳞翅目、鞘翅目、双翅目幼虫。施药后 2～3 天见效,持效期长。

【剂型和使用方法】 剂型:20%可湿性粉剂,20%悬浮剂。

防治菜青虫,在低龄幼虫施药,用 20%可湿性粉剂 1 500～2 000倍液喷雾。防治小菜蛾和斜纹夜蛾,在孵化高峰期至低龄幼虫盛发期,用 20%可湿粉性剂 600～1 000 倍液喷雾。

【注意事项】 幼虫死亡速度慢,应提前用药。不可与碱性农药混用。在蔬菜收获前 7～10 天内停止施药。对鱼类、蚕和蜜蜂有毒,用药时应注意避免。应在干燥、阴凉处贮存,严防受潮、暴晒。

9. 虫 酰 肼

【通用名称】 虫酰肼

【其他名称】 米满

【英文通用名称】 tebufenozide

【化学名称】 N-叔丁基-N-(4-乙基苯甲酰基)-3,5-二甲基苯甲酰肼

【主要性状】 纯品为灰白色粉末,熔点 191℃。不溶于水,微溶于有机溶剂。在 94℃高温下稳定存在 7 天,在 pH 7 的水中光照下能稳定存在。对人、哺乳动物低毒,对虾、蟹等水生节肢动物有毒,对蚕高毒。

【作用特点】 双酰肼类新型昆虫生长调节剂,为促蜕皮激素类似物质。通过干扰昆虫的正常发育使害虫异常蜕皮而死亡。具胃毒作用,无触杀作用。对鳞翅目幼虫有极高的选择性和药效。喷药后 6～8 小时内停止取食,2～3 天内脱水,因饥饿死亡。持效

期 2～3 周。残留低，使用安全。

【剂型和使用方法】 剂型：20％悬浮剂。

防治甜菜夜蛾、斜纹夜蛾，每 667m² 用 20％悬浮剂 40ml 对水喷雾(或喷1 000～1 500 倍液)，间隔 7～10 天喷一次。防治小菜蛾，可与阿维菌素类药剂混用。

【注意事项】 对虾、蟹等水生节肢动物有毒，药液不可污染池塘和河流。对蚕有毒，应避免喷洒在桑树上，施药远离养蚕区。

10. 灭蝇胺

【通用名称】 灭蝇胺

【其他名称】 环丙氨嗪，蝇得净，潜克

【英文通用名称】 cyromazine

【化学名称】 N-环丙基-1,3,5-三嗪-2,4,6-三胺，2-环丙基氨基-4,6-二氨基三嗪

【主要性状】 白色结晶性粉末，熔点 219℃～222℃。略溶于水(11g/L)，略溶于甲醇。

低毒，对兔皮肤中等刺激，无眼刺激。对蜜蜂无毒。对蚕有毒。

【作用特点】 属三嗪类昆虫生长调节剂，对双翅日幼虫有特殊活性，诱使双翅目幼虫和蛹在形态上发生畸变，成虫不能正常羽化。有胃毒、触杀作用，有内吸传导作用。防效高，持效期长。主要用于防治危害蔬菜、豆类、烟草、花卉、油菜、棉花等经济作物的潜叶蝇和其他蝇类害虫，如美洲斑潜蝇、南美斑潜蝇、三叶斑潜蝇、根蛆等。

【剂型和使用方法】 剂型：75％可湿性粉剂，50％可湿性粉剂，50％可溶性粉剂，2％可溶性颗粒剂，10％悬浮剂等。

10％悬浮剂防治蔬菜美洲斑潜蝇、根蛆等，用 3 000～4 500 倍

液喷雾或浇灌。

防治黄瓜美洲斑潜蝇，从斑潜蝇发生初期开始，每 $667m_2$ 用 75％可湿性粉剂 12.5g，对水 60L，进行叶面喷雾，每 7～10 天喷一次，连续喷 2～3 次。

防治韭菜韭蛆，每 $667m^2$ 用 10％悬浮剂 75g，对水稀释，顺垄喷药。

【注意事项】 贮存于阴凉、通风、干燥处。对蚕有毒，在蚕区使用应谨慎。食用作物收获前 14 天应停止用药。烟草、棉花、马铃薯等作物敏感，使用时应注意。

五、其他化学合成杀虫剂

1. 杀虫双

【通用名称】 杀虫双

【英文通用名称】 bisultap

【化学名称】 2-二甲氨基-1,3-双硫代磺酸钠基丙烷

【主要性状】 纯品为白色结晶固体，易吸湿，易溶于水。能溶于乙醇、甲醇，微溶于丙酮，但不溶于乙酸乙酯、乙醚和苯。工业品为茶褐色或棕红色单相水溶液。在中性和微酸、微碱条件下稳定，在强酸、强碱下易分解。在常温下亦稳定。鱼毒性较低。对蚕有毒。

【作用特点】 为沙蚕毒素类广谱杀虫剂，对害虫有较强的胃毒、触杀作用，兼有一定熏蒸作用，具有内吸作用。害虫中毒后，很快不能取食，逐渐死亡，持效期 7～10 天。主要用于防治水稻螟虫、纵卷叶螟、稻苞虫、蓟马、叶蝉、飞虱等。棉花易产生药害，大豆、四季豆、马铃薯等对本剂也较敏感。白菜、甘蓝等十字花科蔬

菜幼苗幼虫在高温条件下用药后易产生药害。在柑橘上喷洒药液浓度过高时，嫩梢叶片会产生药害。

【剂型和使用方法】 剂型：25%水剂，18%水剂，10%悬浮剂，3%颗粒剂，3.6%颗粒剂，5%颗粒剂，3.6%大粒剂等。

防治菜青虫、小菜蛾、茭白二化螟、茭白大螟、荸荠尖翅小卷蛾、菱萤叶甲、紫叶蝉等，每 667m^2 用 18%水剂 200～250g，对水稀释喷雾。防治慈姑钻心虫，每 667 米^2 施用 3.6%大粒剂 1～1.5kg。

18%杀虫双水剂 1 份和苏云金杆菌 4 份混配，然后对水稀释为 250 倍液，防治小菜蛾幼虫。

【注意事项】 本品对蚕有毒害，在蚕区使用要谨慎。棉花易产生药害，大豆、四季豆、马铃薯等也较敏感，使用时应注意。高温季节茄果类以及十字花科蔬菜幼苗慎用，以避免产生药害。在蔬菜收获前 15 天停用。在药液中加入 0.05%～0.1%洗衣粉，能提高防治效果。

2. 杀虫单

【通用名称】 杀虫单

【英文通用名称】 monosultap

【化学名称】 2-二甲氨基-1-硫代磺酸钠基-3-硫代磺酸基丙烷

【主要性状】 纯品为白色针状结晶，熔点 142℃～143℃。易溶于水、乙醇及无水乙醇，微溶于甲醇、二甲基甲酰胺、二甲基亚砜，不溶于丙酮、乙醚、氯仿、醋酸乙酯、苯等溶剂。常温下稳定，在 pH 5～9 条件下稳定，在强碱、强酸条件下易发生分解反应，水解为沙蚕毒素。遇铁降解。

对高等动物、水生生物(如鱼类等)毒性中等，对眼睛和皮肤未发现刺激作用，对家蚕有毒，对天敌安全。

【作用特点】 为沙蚕毒素类杀虫剂，属神经毒剂，对害虫有胃毒、触杀和熏蒸作用，并有内吸活性。对水稻螟虫、稻纵卷叶螟等多种害虫，均有优良的防治效果。主要用于防治水稻螟虫，杀虫、杀卵，残效期较长。杀虫特点和防治对象与杀虫双相同，且药效更好。

【剂型和使用方法】 剂型：50%可溶性粉剂，80%可溶性粉剂，20%增效水剂，3.6%颗粒剂，5%颗粒剂等。使用方法参考杀虫双。

【注意事项】 本品应存放于阴凉干燥处，勿与碱性物质及食物混放。棉花、马铃薯、豆类等敏感，不宜使用。十字花科蔬菜幼苗也较敏感，在夏季高温及植株生长幼弱时不宜使用。不能与强酸、强碱性物质混用。可与有机磷、氨基甲酸酯、拟除虫菊酯杀虫剂轮换使用，以延缓害虫抗药性的产生。对家蚕有毒，在蚕区使用要谨慎。

3. 杀螟丹

【通用名称】 杀螟丹

【其他名称】 巴丹，克虫普

【英文通用名称】 cartap hydrochloride

【化学名称】 1,3-双-(氨基甲酰硫基)-2-(N,N-二甲氨基)丙烷盐酸盐

【主要性状】 杀螟丹盐酸盐是无色结晶固体，熔点179℃～181℃(分解)。溶于水，微溶于乙醇、甲醇。在酸性条件下稳定，但在中性和碱性介质中水解。具有吸湿性，对湿气较敏感，无腐蚀性。

属中等毒性杀虫剂。在正常条件下眼睛和皮肤无过敏反应。

未见致癌、致畸、致突变作用。对鱼有毒，对蜜蜂和家蚕有毒，对鸟类低毒，对蜘蛛等天敌无毒。

【作用特点】 沙蚕毒素类杀虫剂，胃毒作用强，同时具有触杀和一定拒食、杀卵作用。对害虫击倒快，残效期长，杀虫广谱。对鳞翅目、鞘翅目、半翅目、双翅目等多种害虫有效，对水稻螟虫有特效。主要用于防治水稻害虫。

【剂型和使用方法】 剂型：98%可溶性粉剂，95%可溶性粉剂，50%可溶性粉剂。

防治小菜蛾、菜青虫、黄条跳甲、二十八星瓢虫等，每 667m^2 用 50%可溶性粉剂 50～100g，对水喷雾。防治马铃薯块茎蛾用 100～150g，加水喷雾。

【注意事项】 水稻扬花期或作物被雨露淋湿时不宜施药，喷药浓度高对水稻也会有药害，十字花科蔬菜幼苗对该药敏感，使用时小心。

4. 甲氨(胺)基阿维菌素苯甲酸盐(甲维盐)

【通用名称】 甲氨(胺)基阿维菌素苯甲酸盐

【其他名称】 云除，绿卡，海正三令

【英文通用名称】 emamectin benzoate

【化学名称】 4″-表-4″-脱氧-4″-甲氨基阿维菌素苯甲酸盐

【主要性状】 纯品外观为白色粉末晶体，熔点 141℃～146℃。溶于丙酮和甲醇，微溶于水，不溶于己烷。有效成分和剂型产品在通常贮存条件下对热稳定，对光不稳定，在强酸强碱条件下不稳定。对紫外光不稳定。原药中等毒，制剂为微毒或低毒。原药对家兔皮肤无刺激性，对家兔眼呈现轻度刺激性。对鱼有毒，对蜜蜂和蚕剧毒。

【作用特点】 甲维盐由阿维菌素改造而成，系新型高效半合

成抗生素类杀虫杀螨剂，其作用机制是抑制害虫运动神经内的氨基丁酸传递，使害虫迅速麻痹、死亡。具有胃毒和触杀作用，渗透性强。对鳞翅目害虫幼虫的活性很高，对甜菜夜蛾、小菜蛾有特效，同时对同翅目、缨翅目、鞘翅目和螨类等害虫均有较高活性。可在蔬菜、烟草、茶叶、果树、棉花等经济作物上使用。用量小，易降解，对作物安全。

【剂型和使用方法】 剂型：1%乳油，0.2%高渗乳油，1.5%高渗乳油，0.5%微乳剂，2.2%微乳剂，3%微乳剂。

防治鳞翅目害虫在卵孵化盛期及幼虫期施药，有效成分用量为 1.5～3.0g/hm^2。

用 1.5%高渗乳油，防治小菜蛾、菜青虫、夜蛾类等，在幼虫低龄时，用 2 500～3 000 倍液喷雾，高龄时用 1 500～2 000 倍液喷雾。每隔 7～10 天用药一次、连续 2～3 次效果最好。

用 0.5%微乳剂 1 500～2 000 倍液喷雾（每 667m^2 用药量 20～30ml），防治甜菜叶蛾、小菜蛾、斜纹夜蛾、豆荚螟、瓜绢螟、菜青虫、蓟马、蚜虫、红蜘蛛、斑潜蝇等。禁止和百菌清、代森锰锌混用。

用 2.2%微乳剂 2 500～3 000 倍液喷雾（每 667m^2 用药量 10～20ml）。

【注意事项】 存放在阴凉干燥处。制剂有分层现象，需摇匀后再用。与其他农药混用，需先将本品对水搅匀后，再加入其他药剂。不宜与碱性药物混合使用。不能与含铜农药混用。对铜敏感作物，敏感时期用药，应先做试验。避免在高温下使用，不宜在中午强光下喷施，在傍晚施药效果更佳。本药对鱼有毒，应避免污染水源和池塘等。对蜜蜂和蚕剧毒，禁止在开花期施用，禁止在桑蚕养殖区施用。安全间隔期 5～7 天。

5. 啶虫脒

【通用名称】 啶虫脒

【其他名称】 莫比朗,乙虫脒,马上清

【英文通用名称】 acetamiprid

【化学名称】 (E)-N-[(6-氯吡啶)-3-基]-N,2-腈基-N-甲基乙酰胺

【主要性状】 外观为白色晶体,熔点为 101.0℃～103.3℃。能溶于丙酮、甲醇、乙醇、二氯甲烷、氯仿、乙腈、四氢呋喃等。在 pH 7 时水中稳定。pH 9 时,于 45℃逐渐水解,在日光下稳定,常温下稳定。

为中等毒杀虫剂,对皮肤和眼睛有低刺激性。鱼毒性较低,对蚕有毒。对蜜蜂影响小,对植物安全。

【作用特点】 是高效新型烟碱类杀虫剂,是在硝基亚甲基类(吡虫啉)基础上合成的烟酰亚胺类杀虫剂,为超高活性的神经毒剂。作用机理是干扰昆虫内神经传导作用,通过与乙酰胆碱受体结合,抑制其活性。虽然与吡虫啉属同一系列,但杀虫范围比吡虫啉广,防效更好。具有触杀、胃毒作用,有强渗透作用和内吸性。速效性好,持效期长(20 天)。主要用于防治蚜虫、叶蝉、粉虱等同翅目害虫,半翅目、鳞翅目和鞘翅目的部分害虫。用颗粒剂做土壤处理,可防治地下害虫。防治对有机磷、拟除虫菊酯、氨基甲酸酯类杀虫剂产生抗药性的害虫有良好效果。

【剂型和使用方法】 剂型:3%乳油,5%乳油,2%高渗乳油,20%可溶性超微粉剂等。

防治刺吸性害虫如蚜虫、叶蝉、粉虱、蓟马、木虱等害虫时,可用 3%啶虫脒乳油 2 000～2 500 倍液喷雾,或 5%啶虫脒乳油 5 000～10 000 倍液喷雾,或 20%可溶性超微粉剂 8 000～10 000

倍液喷雾。

防治黄瓜蚜虫 在蚜虫发生初盛期施药，每 667m^2 用 3%乳油 40～50ml 对水均匀喷雾。在多雨年份，药效仍可持续 15 天以上。

防治白粉虱，在发生初期，虫口密度尚低时，用 3%乳油 1 000～2 000 倍液喷雾。

【注意事项】 避免与强碱性农药混用，以免分解失效。避免污染桑蚕和鱼塘区，养蚕季节严防污染桑叶。药品应贮存于阴凉、干燥、通风处。

6. 吡虫啉

【通用名称】 吡虫啉

【其他名称】 海正吡虫啉、一遍净、蚜虱净、大功臣、康福多

【英文通用名称】 imidacloprid

【化学名称】 1-(6-氯-3-吡啶基甲基)-N-硝基亚咪唑烷-2-基胺

【主要性状】 纯品为无色结晶，工业品为棕黄色或棕色结晶，熔点 143.8℃(晶体形式)。微溶于水，稍溶于异丙醇，溶于二氯甲烷。pH 5～11 时稳定。为低毒杀虫剂，对兔眼睛和皮肤无刺激作用，无致突变性、致畸性和致敏性。对蚕有毒。

【作用特点】 属硝基亚甲基类内吸杀虫剂，可使害虫中枢神经正常传导受阻，麻痹死亡。有触杀作用、胃毒作用和内吸性。速效性好，药后 1 天即有较高的防效，残留期长达 25 天左右。药效和温度呈正相关，温度高，杀虫效果好。

主要用于防治刺吸式口器害虫。对鞘翅目、双翅目和鳞翅目害虫也有效。对黑尾叶蝉、飞虱类、蚜虫类和蓟马类有优异的防效，对粉虱、稻螟虫、稻负泥虫、稻象甲也有防效。适于种子处理和以颗粒剂施用。褐飞虱对吡虫啉类农药已产生较高抗药性。

【剂型和使用方法】 剂型:25%可湿性粉剂,5%乳油,2.5%乳油,10%可湿性粉剂,20%可湿性粉剂,5%颗粒剂,70%拌种剂,20%浓可溶性粉剂,35%悬浮剂, 70%水分散性粒剂等。

防治蚜虫、粉虱、斑潜蝇等害虫,可用 10%可湿性粉剂4 000~6 000 倍液喷雾,或用 5%乳油 2 000~3 000 倍液喷雾。

用 70%水分散粒剂防治蔬菜蚜虫,每 1g 商品制剂对 15L 水,进行叶面喷雾。一个用药季节,连续使用不得超过 2 次以上。

防治温室白粉虱、蓟马等,用 25%可湿性粉剂 3 000~5 000 倍液喷雾。另有试验,防治温室白粉虱,用 20%可湿性粉剂 2 500~5 000 倍液喷雾,药后 3 天防效 90%以上,药后 15 天仍保持 75%以上。

【注意事项】 本品不可与碱性或物质混用。不可污染养蜂、养蚕场所及相关水源。不宜连续多次用药,应与其他类型药剂轮换使用,以延缓抗药性产生。收获前一周禁止用药。

7. 氟虫腈

【通用名称】 氟虫腈

【其他名称】 锐劲特

【英文通用名称】 fipronil

【化学名称】 (RS)-5-氨基-1-(2,6-二氯-4-三氟-对-甲苯基)-4-三氟甲基亚磺酰基吡唑-3-腈

【主要性状】 纯品为白色固体,熔点 200℃~201℃。溶于丙酮、二氯甲烷等。在 pH 9 时缓慢水解,在太阳光照下缓慢降解,但在水溶液中经光照可快速分解。属中等毒杀虫剂,对兔眼睛和皮肤无刺激性。对鱼、虾、蟹高毒。对蜜蜂高毒,对家蚕毒性较低。

【作用特点】 是苯基吡唑类杀虫剂,可阻碍昆虫 γ-氨基丁酸控制的氯化物代谢。对害虫以胃毒作用为主,兼有触杀和一定的

内吸作用。杀虫谱广,对蚜虫、叶蝉、飞虱、鳞翅目幼虫、蝇类和鞘翅目害虫等有很高的杀虫活性,持效期长,对作物无药害。可土壤施药或种子处理,防治地下害虫。

【剂型和使用方法】 剂型:5%悬浮剂,0.3%颗粒剂,5%和25%悬浮种衣剂,0.4%超低量喷雾剂等。

防治小菜蛾,在低龄幼虫期施药,每667m² 用5%悬浮剂18～30ml(有效成分0.9～1.5g),加水均匀喷雾,使药液喷到植株的各部位。防治马铃薯甲虫,每667米² 用18～35ml(有效成分0.9～1.75g)。

【注意事项】 对鱼、虾、蟹、蜜蜂高毒,应谨慎使用。

8. 虫螨腈

【通用名称】 虫螨腈

【其他名称】 除尽,溴虫腈

【英文通用名称】 chlorfenapyr

【化学名称】 4-溴基-2-(4-氯苯基)-1-(乙氧基甲基)-5-(三氟甲基)吡咯-3-腈

【主要性状】 纯品为无色至淡黄色固体。熔点100℃～101℃。不溶于水,溶于多种有机溶剂。对人、畜低毒,对兔眼刺激轻微。对蚕、蜜蜂、禽鸟和水生动物毒性较高。

【作用特点】 一种新型吡咯类杀虫、杀螨、杀线虫剂,作用于昆虫细胞的线粒体,主要抑制二磷酸腺苷(ADP)向三磷酸腺苷(ATP)的转化。具有胃毒作用,触杀作用和杀卵活性。在叶面渗透性强,有一定的内吸作用。杀虫谱广,速效性好,防效高,持效时间长。主要用于防治蔬菜、棉花、果树及观赏植物上的害虫和害螨,特别是用于对有机磷、氨基甲酸酯、拟除虫菊酯及几丁质合成抑制剂等杀虫剂产生抗药性的害虫、害螨防治。

【剂型和使用方法】 剂型:10%悬浮剂,5%悬浮剂。

用于防治小菜蛾、菜青虫、菜螟、夜蛾类、螨类等蔬菜害虫,在低龄幼虫期或虫口密度较低时,每 667m^2 用 10%悬浮剂 30ml,在虫龄较高或虫口密度较大时,每 667m^2 用 40～50ml,对水喷雾。每茬菜最多可喷 2 次,间隔 10 天左右。

【注意事项】 每茬菜最多只允许使用 2 次,以免产生抗药性。在十字花科蔬菜上的安全间隔期暂定为 14 天。不宜与其他杀虫剂混用,提倡与不同作用机制的杀虫剂交替使用。傍晚施药更有利药效发挥。对鱼有毒,防止污染池塘、河湖及水源地。对蜜蜂高毒,在作物开花期慎用。对蚕有毒,蚕区慎用。

9. 丁 醚 脲

【通用名称】 丁醚脲

【其他名称】 杀螨隆,宝路

【英文通用名称】 diafenthiuron

【化学名称】 1-特丁基-3-(2,6-二异丙基-4-苯氧基苯基)硫脲

【主要性状】 原药灰白色晶体,熔点 149.6℃。几乎不溶于水,溶于二甲苯、丙酮、甲苯、环乙酮、二氯甲烷等有机溶剂。性质较稳定。对高等动物低毒,对皮肤和眼睛无刺激作用。对鱼和蜜蜂毒性较高。对天敌安全。

【作用特点】 本剂属新型硫脲类杀螨、杀虫剂,其分解产物损害虫体神经细胞线粒体的功能,抑制呼吸作用和能量转换。该剂具有触杀、胃毒熏蒸作用和内吸性,对成螨、幼螨、若螨和卵都有效。可用于防治果树、棉花、蔬菜、茶及观赏植物的螨类、粉虱、蚜虫、叶蝉等,对小菜蛾、夜蛾等也有一定效果。可以有效控制对氨基甲酸酯、有机磷和拟除虫菊酯类产生抗药性的害虫、害螨。高效、低毒、低残留。

【剂型和使用方法】 剂型：50%可湿性粉剂，50%悬浮剂。

防治小菜蛾、菜青虫、甘蓝夜蛾等，于幼虫二至三龄期，每 667m^2 用 50%可湿性粉剂 45～65g，对水 40～50L 喷雾，连施两次，间隔 10～15 天。防治棉叶螨，每 667m^2 用 50%可湿性粉剂 46～55g 对水喷雾，持效期约 20 天。

【注意事项】 该药剂在紫外光下转变为具杀虫活性的物质，在晴天使用为宜。对鱼和蜜蜂毒性大，应慎用。

六、生物源杀虫剂

1. 烟　碱

【通用名称】 烟碱

【其他名称】 尼古丁，硫酸烟碱

【英文通用名称】 nicotine，nicotine sulfate

【化学名称】 1-甲基-2-(3-吡啶基)吡咯烷

【主要性状】 纯品为无色油状液体，沸点 247℃，性质不稳定，易挥发，能溶于水和有机溶剂，遇光和空气易变褐，有奇臭味和强烈刺激性。98%天然烟碱无色至淡黄色透明液体，40%硫酸烟碱棕褐色液体。纯烟碱对人、畜中等毒。对鱼、贝类毒性小，对作物药害轻。

【作用特点】 有效杀虫成分为由烟草中提取的烟碱，杀虫机制是麻痹神经。对害虫有胃毒、触杀和熏蒸作用，有一定杀卵效果。易挥发，持效期较短。其盐类硫酸烟碱则较稳定，持效期较长。经阳光和空气作用便可分解为无毒物质。用于防治蔬菜、果树、茶和棉花等的蚜虫、蓟马、卷叶蛾、食心虫、潜叶蛾、菜青虫、飞虱和叶蝉等。

【剂型和使用方法】　剂型：10%烟碱乳油，40%硫酸烟碱水剂。

10%烟碱乳油防治菜蚜用800～1 200倍液喷雾，或每667m^2用5g(有效成分)对水喷雾。

40%硫酸烟碱水剂800～1 000倍液，防治蚜虫、叶蝉、卷叶虫、食心虫、潜叶蛾等多种果树害虫。药液中加入0.2%～0.3%中性皂可增效。

【注意事项】　烟碱对人、畜有毒，配制和使用时要注意防护。喷药时务必均匀、周到，不可与碱性农药混用。安全间隔期为7～10天。

2. 除虫菊素

【通用名称】　除虫菊素

【英文通用名称】　pyrethrins

【主要性状】　用多年生草本植物除虫菊的花加工制成，原药为黄色稠油状液体，具清香味。不溶于水，易溶于多种有机溶剂。不稳定，遇碱易分解失效。在强光和高温下也分解失效。对人、畜为中等毒性，对鱼和其他水生动物、蜂、蚕高毒。

【作用特点】　主要有效杀虫成分为除虫菊素Ⅰ和除虫菊素Ⅱ，其他还有瓜菊素Ⅰ、瓜菌素Ⅱ，茉莉菊素Ⅰ和茉莉菊素Ⅱ等。属神经毒剂，麻痹昆虫中枢神经，触杀作用强，胃毒作用微弱，无熏蒸和内吸作用。杀虫谱广，击倒力强，分解快，残效期短，无残留，不污染环境。昆虫不易产生抗药性。主要用于防治卫生害虫，在农业上主要用于防治双翅目、同翅目和鳞翅目害虫。

【剂型和使用方法】　剂型：3%乳油，5%天然除虫菊素乳油，5%除虫菊素水乳剂等。

用3%乳油800～1 200倍液喷雾，防治蚜虫、蓟马、菜青虫、猿叶虫、椿象、叶蜂等多种蔬菜害虫。

5%天然除虫菊素乳油1 500～2 500倍液喷雾防治菜青虫、甜菜夜蛾、斜纹夜蛾等,持效期3～7天。

5%除虫菊素水乳剂20ml对水15L喷雾,防治蚜虫、菜青虫、椿象、蓟马、温室白粉虱、叶螨等;20ml对水10L喷雾,防治小菜蛾、甜菜夜蛾、银纹夜蛾、叶螨等抗药性害虫;20ml对水10L灌根处理,防治蛴螬、地老虎、金针虫等地下害虫。

【注意事项】 应保存在阴凉、通风、干燥处,严防高温、日晒。不宜与碱性药剂混用。对害虫击倒力强,但常有复苏现象,特别是药剂浓度低时。施药时应避免阳光直射、避高温,傍晚施药效果最佳。对鱼、蜂、蚕高毒,使用时应注意。

3. 鱼藤酮

【通用名称】 鱼藤酮

【其他名称】 鱼藤精

【英文通用名称】 rotenone,tubatoxin

【主要性状】 有效成分是从豆科藤本植物鱼藤根皮部提取的杀虫活性物质。纯品为无色斜方片状结晶,熔点165℃～166℃。不溶于水,溶于醇、丙酮、氯仿、四氯化碳、乙醚等有机溶剂。制剂外观为浅黄色至棕黄色液体,低温下易析出结晶。高于80℃易变质。具刺激性。与明火或灼热的物体接触时能产生剧毒的光气。见光易分解,在空气中易氧化,遇碱很快失效,在干燥条件下较稳定。在作物上残留时间短,对环境无污染。为中等毒性杀虫剂,对鱼有高毒。

【作用特点】 抑制昆虫细胞的电子传递链,降低体内的ATP水平,使之得不到能量供应,行动迟滞、麻痹而缓慢死亡。具触杀、胃毒作用,还有一定的驱避效果,无内吸性。杀虫谱广,对植物无害。防治蔬菜、果树、茶叶、烟叶等作物害虫，还可防治卫生害虫和家畜体外寄生虫。

【剂型和使用方法】 剂型：2.5%乳油，7.5%乳油。

防治蔬菜蚜虫，每 667m^2 用 2.5%乳油 100ml，对水 40～50L，在蚜虫发生始盛期喷雾。药液应随用随配，当天用完，以防分解失效。

7.5%鱼藤酮乳油 800～1 200 倍液喷雾防治蚜虫，600 倍液防治菜青虫和小菜蛾等。

【注意事项】 药剂应贮存在阴凉、黑暗处，并远离火源。不能与碱性农药混用。安全间隔期为 3 天。鱼类对本剂极为敏感，不宜在水生作物上使用，并注意不要使鱼塘、河流遭到污染。

4. 印 楝 素

【通用名称】 印楝素

【英文通用名称】 azadirachtin

【主要性状】 纯品为白色非结晶物质，对光热不稳定。易溶于甲醇、乙醇、丙酮、二甲亚砜等极性有机溶剂。制剂外观为棕色液体，在常温下稳定。对人、畜、低毒，对鸟类和蜜蜂安全，不影响捕食性及寄生性天敌。

【作用特点】 有效成分是从印楝种子提取的，属于四环三萜类，种类多，其中印楝素-A 是最主要杀虫成分。主要作用于昆虫神经肽，还可阻止表皮几丁质的形成。对昆虫具有显著的拒食、忌避及生长发育抑制作用，也有触杀和胃毒等作用。具有良好的内吸传导特性。土壤施药后，可被棉花、水稻、玉米、小麦、蚕豆等作物根系吸收，输送到茎叶。

印楝素具有广谱性，但作用缓慢，属于缓效性杀虫剂，持效期长，并且不易产生抗药性，在环境中易降解，无残毒污染。主要用于防治鳞翅目害虫、斑潜蝇、螨类、叶蝉、蝗虫和蚜虫等。

【剂型和使用方法】 剂型：0.3%乳油。

防治小菜蛾、菜青虫、美洲斑潜蝇、黄条跳甲等，用0.3%乳油800～1 200倍液喷雾。

防治瓜绢螟一至四龄幼虫，用0.3%乳油500～700倍液喷雾。瓜绢螟喜欢在夜间活动，白天较少活动，施药应在傍晚进行。

【注意事项】 药剂应贮存在阴凉、干燥、避光处。不宜与碱性农药混用。在阴天或日落前施药效果最佳。安全间隔期为5天。

5. 苦参碱

【通用名称】 苦参碱

【其他名称】 苦参素

【英文通用名称】 matrine

【主要性状】 从豆科植物苦参的根、苦豆子全植物提取的杀虫活性物质。纯品为白色粉末，制剂深褐色。常见的a-苦参碱能溶于水、苯、氯仿、甲醇、乙醇，微溶于石油醚。对人、畜低毒。

【作用特点】 为植物源高效、低毒杀虫杀螨剂。杀虫的主要活性物质是苦参碱、氧化苦参碱以及其他多种生物碱。是神经毒剂，害虫（螨）接触药剂后神经麻痹，蛋白质凝固堵塞气门而窒息死亡。具有触杀和胃毒作用，杀虫谱较广，药效速度较慢。对多种作物上的蚜虫、螨类、菜青虫、小菜蛾、韭蛆、地下害虫等有明显防效。在环境中易分解，无残留。

【剂型和使用方法】 剂型：0.6%水剂，0.26%水剂，0.3%水剂，0.1%粉剂等。

0.3%苦参碱水剂防治菜青虫、小菜蛾，在幼虫三龄之前，用800～1 000倍液均匀喷雾；防治蚜虫，在初发期用800～1 000倍液喷雾，叶片背面要着药；防治叶螨，在发生初期或点片发生时，喷

500～800 倍液。

用 0.6％水剂 600～800 倍液喷雾可防治茶黄螨，1000～1 200 倍液可防治蔬菜蚜虫、菜青虫、小菜蛾等。

防治地下害虫、韭蛆，每 1 000g 已浸种的蔬菜种子浸种后，用 0.1％苦参碱粉剂 100～200g 拌匀，然后播种。未浸过的种子，每 1 000g种子喷水 50～100ml 使种子湿润，再用 0.1％苦参碱粉剂 100～200g 拌匀后播种。防治韭蛆，每 667m² 用 0.1％苦参碱粉剂2～3kg，拌细沙或细土 15～20kg 撒施，或移栽前撒入移植穴内。

0.26％水剂 600～800 倍液，在发生初期喷雾，防治蔬菜蚜虫、菜青虫、小菜蛾、叶螨、白粉虱等。

【注意事项】 保存在低温冷凉处，不能与碱性农药混用。喷雾使用时，均匀地喷施植物全株。降水前和阴天害虫不活动时不宜施药。

6. 藜 芦 碱

【通用名称】 藜芦碱

【英文通用名称】 vertrine，veratridine

【主要性状】 纯品为扁平针状结晶，熔点 140℃～155℃。通常不溶于水，微溶于乙醚，溶于乙醇。易光解。属低毒杀虫剂，但对哺乳动物黏膜有很强的刺激性，对家蚕有毒。

【作用特点】 有效成分为从藜芦等植物提取的一系列生物碱，为神经毒素，可以抑制中枢神经而致害虫死亡。具有触杀和胃毒作用，杀卵效果显著，能迅速渗透虫体，持效期较长。有效成分作用机理复杂，害虫难以产生抗药性。低残留，不污染环境。

【剂型和使用方法】 剂型：0.5％醇溶液，0.5％可溶性液剂，0.5％可湿性粉剂等。

防治菜青虫，在低龄幼虫阶段，用0.5％制剂600倍液均匀喷雾，药效可持续10天。

防治菜青虫、蚜虫、根结线虫、白粉虱、韭蛆、菜螟等，每667m^2用0.5％制剂100～125g对水喷雾，或用600～800倍液均匀喷雾。

【注意事项】 使用前应摇匀后再对水稀释，与有机磷、菊酯类化学杀虫剂现混现用。不可与强酸或碱性制剂混用。在黄昏前施药效果更好。本品易光解，应在避光，干燥、通风、低温条件下贮存。

7. 茴蒿素

【通用名称】 茴蒿素

【其他名称】 山道年

【英文通用名称】 santonin

【主要性状】 纯品为白色扁平斜方柱晶体或白色粉末，无臭，在日光下易变黄色。不溶于水，略溶于乙醇，易溶于氟乙醇和氯仿。性质稳定，但遇酸、碱分解。商品制剂为低毒杀虫剂。

【作用特点】 主要成分是茴蒿中提取的山道年和百部碱，害虫接触或吞食药剂后使神经麻痹，堵塞气门窒息死亡。具有触杀和胃毒作用，有杀卵作用，为广谱杀虫剂。

【剂型和使用方法】 剂型：0.65％水剂，3％乳油。

防治菜青虫、小菜蛾、菜蚜等，用0.65％水剂400～500倍液喷雾。

【注意事项】 贮存在阴凉干燥处所。不能与酸性或碱性农药混用。使用前需将药液摇匀后，再对水稀释，药液现配现用。

8. 阿维菌素

【通用名称】 阿维菌素

【其他名称】 阿巴菌素、阿维虫清、齐墩螨素、齐螨素、害极灭、阿巴丁、爱福丁、虫螨克等

【英文通用名称】 abamectin,avermectins

【主要性状】 纯品为白色至黄白色结晶,无臭,熔点150℃～155℃。微溶于水,易溶于甲苯。制剂为棕褐色液体。在常温贮存条件下稳定。对蜜蜂、家蚕、浮游生物和某些鱼类高毒。叶面喷药4小时后对蜜蜂基本无害。人、畜口服毒性高。

【作用特点】 有效成分是从放线菌(灰色链丝菌)代谢产物中提取的大环内酯类抗生素。为神经毒剂,可干扰害虫神经生理活动,导致麻痹,停食和死亡。对昆虫和螨类具有触杀和胃毒作用,也有微弱的熏蒸作用,不杀卵。无内吸作用,但对叶片有强渗透作用,可杀死潜叶害虫。杀虫速度较慢,持效期长。与常用的杀虫剂无交互抗药性。在环境中易降解。广谱,多用于蔬菜、烟草、花卉、果树、棉花等作物防治潜叶蝇、斑潜蝇、叶螨、蚜虫、小菜蛾、夜蛾类食叶害虫、食心虫等,也可防治根结线虫。

【剂型和使用方法】 剂型:0.5%乳油,0.6%乳油,1%乳油,1.8%乳油,0.5%颗粒剂等。

1. 防治害虫　在一般情况下,防治食叶害虫,用有效成分3～6g/hm^2。

用1%乳油防治小菜蛾用1 700倍液喷雾,防治菜青虫用2 000倍液,防治斑潜蝇用2 500～3 000倍液,防治蚜虫用4 000倍液,防治棉铃虫用800～1 200倍液。

1.8%乳油防治小菜蛾等鳞翅目幼虫,在幼虫初孵化时用2 000～3 000倍液喷雾;防治各种害螨用3 000～5 000倍液,持效

期可达30天，但不能杀死螨卵，可与杀卵活性高的杀螨剂混用，防治其他鳞翅目害虫和蚜虫用3 000～4 000倍液喷雾。

2. 防治根结线虫 1.8%乳油2 000倍液，每平方米苗床用3L喷洒；定植前土壤处理每667m² 用1.8%乳油1 000ml、毒死蜱500ml，对水混用，喷洒地表后，立即翻土定植。

也可用1.8%乳油，按每平方米1～1.5g的用药量对水稀释成2 000～3 000倍液，全面均匀喷洒土表，而后立即耙入15～20cm耕层，充分拌匀后播种或定植。也可对水均匀沟施或穴施，浅覆土后播种或定植。生长期间施药，可用1.8%乳油1 000～1 500倍液灌根，每株灌药液250ml。

0.5%阿维菌素颗粒剂，每667m² 用3～4kg，定植前穴施。

【注意事项】 蚕、蜜蜂、鱼、水生浮游生物敏感，不要在蜜蜂采蜜期施药，不宜在桑园附近使用，不要使药液污染河流、水塘。

9. 多杀菌素

【通用名称】 多杀菌素

【其他名称】 菜喜，催杀，刺糖菌素

【英文通用名称】 spinosad

【主要性状】 原药为白色晶体，制剂为白色悬浮状液体。能以任意比例与醇类、脂肪烃、芳香烃、卤代烃、酯类、醚类和酮类混溶。见光易分解，水解较快，在水中半衰期为1天，在土壤中半衰期9～10天。

为低毒杀虫剂，对皮肤无刺激，对眼睛有轻微刺激。对鸟类、水生动物、鱼类低毒。制剂直接喷洒对蜜蜂高毒。

【作用特点】 有效成分是由放线菌（刺糖多孢菌）有氧发酵产生的代谢产物中提取的，属大环内酯类化合物，可以持续激活昆虫乙酰胆碱烟碱型受体，使害虫迅速麻痹、瘫痪和死亡。对害虫有

触杀和胃毒作用，对一些害虫具有一定的杀卵作用。对叶片有较强的渗透作用，可杀死表皮下的害虫。杀虫速度较快，喷药后当天即可见效。登记的安全采收期只有1天。多杀菌素在环境中可降解，无富集作用，不污染环境。能有效的防治鳞翅目、双翅目和缨翅目害虫，以及鞘翅目和直翅目中某些大量取食叶片的害虫，对刺吸式害虫和螨类的防治效果较差。适于防治蔬菜作物的小菜蛾、甜菜夜蛾、蓟马等。

【剂型和使用方法】 剂型：2.5%悬浮剂，48%悬浮剂。

防治小菜蛾，在低龄幼虫期，每667m² 用2.5%悬浮剂33～50ml，对水 20～50L 喷雾。防治甜菜夜蛾，在低龄幼虫期每667m² 用50～100ml，对水30～50L 喷雾。防治蓟马，每667m² 用33～50ml对水喷雾，或用1 000～1 500 倍液喷雾，重点喷布花、幼果、嫩芽、嫩叶等。

【注意事项】 喷雾时一定要均匀，使叶片正反面和茎都喷到药液。避免在喷药后24小时内遇到降水。最后一次施药离收获的时间为7天。每季蔬菜连续施用2次后，应换用其他杀虫剂。可能对鱼或其他水生生物有毒，应避免污染水源和池塘等。应存放于阴凉、干燥、安全的处所。

10. 苏云金杆菌制剂

【通用名称】 苏云金杆菌制剂

【其他名称】 Bt 生物杀虫剂

【英文通用名称】 *Bacillus thuringiensis*（细菌学名）

【主要性状】 可制成悬浮剂和粉剂，均含有大量菌体芽芽孢和伴孢晶体。悬浮剂呈灰色或褐色，可溶性粉剂为灰白色粉末，有发酵异臭。在光照和高温条件下，细菌芽孢和晶体失活速度快。对人、畜安全，不伤害蜜蜂和其他益虫，但对蚕有毒。对作物无药害。

【作用特点】 为昆虫病原细菌，产生两大类毒素，即内毒素和外毒素，以内毒素起主要作用。产生毒素的主要是伴孢晶体，完整的伴孢晶体并无毒性，当被敏感的昆虫幼虫吞食后，在肠道碱性条件和酶的作用下，水解成毒性肽而使昆虫中毒，患败血症，瘫痪，软化，腐烂发黑而死亡。苏云金杆菌杀虫谱广，对鳞翅目害虫特别有效，可防治蔬菜、水稻、玉米、棉、果树、茶和林区的稻苞虫、稻纵卷叶螟、玉米螟、棉铃虫、松毛虫、菜青虫、小菜蛾、烟青虫、茶卷叶蛾、茶毛虫等。药效作用比较缓慢，持效期短，田间一般为 3～7 天。防治效果易受阳光、温度、湿度、雨水等外界和生态条件的制约。

【剂型和使用方法】 剂型：可湿性粉剂(8 000 IU/mg，16 000 IU/mg)，悬浮剂(2 000 IU/mg，4 000 IU/mg)。

苏云金杆菌制剂可喷雾使用，也可喷粉，泼浇或灌心，也可制成毒土或颗粒剂。残效期 10 天左右，一般常用浓度为每 ml 菌液含 500 万 ～5000 万个活孢子。

使用可湿性粉剂(8 000 IU/mg)防治菜青虫，在低龄幼虫期，每 $667m^2$ 用 50～100g，对水 50～70L 喷雾。防治小菜蛾，每 $667m^2$ 用 100～150g 对水喷雾。

使用悬浮剂(4 000 IU/mg)防治菜青虫和小菜蛾，每 $667m^2$ 用 100～150ml，对水喷雾。

【注意事项】 ①不能与内吸性有机磷杀虫剂或杀菌剂混合使用。不能与碱性农药混用。与少量敌百虫、敌敌畏、对硫磷混用有增效作用。②施用期一般比使用化学农药提前 2～3 天。对害虫的低龄幼虫效果好。高温季节，不要在中午日光强烈时施药，要防止阳光中紫外线杀菌。在阴天、雨后或傍晚，气温 20℃以上施药效果好。③对蚕高毒，勿与蚕接触，养蚕区与施药区要保持一定的距离。④应保存在低于 25℃的干燥阴凉仓库中，防止暴晒和潮湿，以免变质。

11. 白僵菌制剂

【通用名称】 白僵菌(球孢白僵菌)

【英文通用名称】 *Beauveria bassiana*(真菌学名)

【主要性状】 粉剂为白色、黄灰色粉状物,颗粒剂用炉灰渣、细土粒、细沙等作载体,色泽各异。菌体遇高温会自然死亡而失效。制剂低毒,对人、畜无致病作用,部分人皮肤过敏,出现低烧,皮肤刺痒等。对柞蚕和家蚕有害,蚕也可被感染致病。

【作用特点】 为微生物杀虫剂,产品的有效成分为活孢子,孢子接触害虫表皮、气孔,或被害虫吃入消化道后,能在虫体内生长繁殖,使害虫致病,并产生白僵菌素等毒素,使害虫中毒。害虫缓慢死亡。死虫白色僵硬,体表长满菌丝及白色粉状孢子。孢子可随气流传播,传染健康虫体。白僵菌还能在土壤中过冬,翌年再传染害虫,一次施药,2～3 年有效。白僵菌需要有适宜的温湿度(24℃～28℃,相对湿度 90%左右,土壤含水量 5%以上)才能使害虫致病。

白僵菌为广谱性昆虫病原真菌,能寄生 700 多种有害昆虫,致病性强。用于防治森林害虫,旱地农作物害虫,主要有松毛虫、松褐天牛、玉米螟、蛴螬、茶小绿叶蝉、大豆食心虫、稻苞虫、桃小食心虫、白蚁等。

【剂型和使用方法】 剂型:粉剂(含孢量 100 亿个/g 以上,活孢率 90%以上,含水量 10%以下,细度合格),高孢粉(含孢量 1 200亿/g 以上,活孢率达 90%以上,含水率 10%以下,细度合格),颗粒剂,可湿性粉剂。

常用喷粉法、喷雾法施药,在林区可用飞机喷药,防治玉米螟可撒施颗粒剂。也可土壤施药,或拌种、拌肥使用。

白僵菌高孢粉每 667m^2 用 10～30g。将白僵菌高孢粉装入容器中，再加入适量的水，充分搅拌均匀。用双层纱布将稀释的白僵菌高孢粉悬浮液过滤2次，对水70～100L喷雾。

防治菜青虫等，将菌粉加水稀释配成菌液，每毫升菌液含孢子1亿个以上。用菌液在蔬菜上喷雾。苗粉与2.5%敌百虫粉均匀混合，每克混合粉含活孢子1亿个以上，在蔬菜上喷粉。还可将病死的害虫僵尸收集研磨，配成每ml含活孢子1亿个以上的菌液（每100个虫尸加工后，对水80～100L）在蔬菜上喷雾。

【注意事项】 应贮存在阴凉、干燥处。菌液配好后要于2小时内用完，避免孢子萌发而失去侵染害虫的能力。不能与化学杀菌剂混用。不能在养蚕区施用。

12. 棉铃虫核多角体病毒杀虫剂

【通用名称】 棉铃虫核多角体病毒杀虫剂

【其他名称】 棉铃虫病毒生物杀虫剂

【英文通用名称】 *Helicoverpa armigera Nucleopolyhedrovirus*（简称HaNPV）

【主要性状】 活体病毒杀虫剂。制剂为黄色粉末，无霉腐异味。是由活虫感染该病毒致病后，经加工制成。活性成分是棉铃虫核型多角体病毒。在显微镜下，病毒以多边的颗粒状态存在，这种颗粒被称作多角体。多角体具有外层的多角体蛋白和被其包裹的病毒粒体。多角体释放病毒粒体侵染棉铃虫，使其发病死亡。制剂产品兼具化学杀虫剂和生物杀虫剂的特性，对人、畜无毒。在常规贮藏条件下其活性比较稳定，紫外线对病毒有杀伤作用。

【作用特点】 为中国农科院武汉病毒研究所研制的国内第一个昆虫病毒杀虫剂，活性成分是棉铃虫核型多角体病毒。棉铃虫幼虫取食叶片时，将多角体摄入体内，迅速释放出病毒粒体。病毒粒体侵染中肠上皮细胞，进入血淋巴，在气管基膜、脂肪体等组织中繁殖，并逐步侵染全身细胞，使虫体组织溃散死亡。病虫粪便和死虫成为下一代棉铃虫的传染源，病毒得以继续在田间流行蔓延。棉铃虫对病毒的敏感性随龄期的增加而急剧下降。

标定产品有效成分含量时，以多角体的个数即 PIB 表示，一个 PIB 表示一个多角体内含体颗粒。标注为 10 亿 PIB/g 的产品，1g 制剂中含有 10 亿个棉铃虫多角体病毒颗粒。

棉铃虫病毒生物杀虫剂作用单一(只对棉铃虫高效)，不杀伤天敌，药效持久，不污染环境。用于防治棉花、烟草、辣椒等作物的棉铃虫、烟青虫。

【剂型和使用方法】 剂型：可湿性粉剂(10 亿 PIB/g，1 亿 PIB/g)，水分散粒剂(600 亿 PIB/g)。

防治棉铃虫，在卵盛孵期施药。每 $667m^2$ 的适宜用量为1 000 亿 PIB。使用含量为 10 亿 PIB/g 的产品时，每 $667m^2$ 的用药量为 100 克左右。使用含量为 600 亿 PIB/g 的产品时，每 $667m^2$ 的用药量为 2 克左右。药剂对水稀释后，进行常规喷雾、飞机喷雾或弥雾机喷雾。

【注意事项】 要尽量避免太阳光中紫外线对病毒的杀伤，不能在高温、强光条件下喷药，应在傍晚或阴天喷雾。喷药当天遇降水，应补喷。配制好的药液要在当天用完。贮存在阴凉、通风、干燥处。

13. 苜蓿银纹夜蛾核多角体病毒杀虫剂

【通用名称】 苜蓿银纹夜蛾核多角体病毒杀虫剂

【英文通用名称】 alfalfa looper nuclear type polyhedron viral insecticide，*Autographa califomica* NPV

【主要性状】 悬浮剂液体，比重 1.05 ± 0.02(20℃)，pH 5～7，悬浮率≥80%，平均粒径 3～5μm。冷、热贮及常温下贮存 2 年稳定性良好。低毒,对人、畜、天敌、水生生物等无害。

【作用特点】 防治鳞翅目夜蛾科的甜菜夜蛾、斜纹夜蛾、烟青虫等害虫。可与常用化学药剂混用或轮换交替使用。

【剂型和使用方法】 剂型:奥绿一号悬浮剂(10 亿 PIB/ml)。

在卵孵化盛期或低龄幼虫期,每 667m^2 用制剂 40～60ml,稀释成 800～1 200 倍液喷雾,连喷 1～2 次,每次间隔 5～7 天。

【注意事项】 贮存于阴凉、干燥、通风处。本品不能与碱性物质混用。应现配现用,药液不宜久置。在阴天或晴天傍晚用药,喷雾要均匀周到。

第四章　杀螨剂

本章介绍10种重要的专用杀螨剂。各种杀螨剂的有效成分，杀螨机制，作用特性均有不同。有的品种对不同种类的螨，或对同一种螨的不同发育期，有显著的选择性，有的品种则对螨的全生育期有效。在使用中需要合理用药，充分发挥各种杀螨剂的性能，不断提高防治水平。特别重要的是，必须轮换使用或混合使用作用机制不同的杀螨剂，以避免或延缓害螨抗药性的产生。此外，一些杀虫剂，特别是甲氰菊酯、阿维菌素等也大量用于害螨防治，在本篇第三章已有介绍。

1. 双甲脒

【通用名称】 双甲脒

【其他名称】 螨克

【英文通用名称】 amitraz

【化学名称】 N-甲基双(2,4-二甲苯亚氨基甲基)胺

【主要性状】 纯品为白色针状结晶。原药为无味白色至黄色固体。熔点为86℃～87℃，微溶于水，可溶于二甲苯、丙酮和甲醇等有机溶剂。在酸性溶液中不稳定，潮湿状态下，长期贮存时会慢慢分解。不易燃、不易爆。

低毒性杀螨剂，对试验动物眼睛、皮肤无刺激作用。对蜜蜂低毒，对鱼有毒。在农产品中的残留量较少。

【作用特点】 有机氮类广谱杀螨剂，主要抑制螨体单胺氧化酶的活性。具有触杀、拒食、驱避作用，也有一定的内吸、熏蒸作用。对卵有效，但对越冬卵效果较差。适用于防治各类作物的害

螨。对同翅目害虫也有较好的防效。

【剂型和使用方法】 剂型：20%乳油。

一般每 667m^2 用药量为有效成分 6～10g，或用 20%乳油 1 500～2 000 倍液。

防治茄子、豆类害螨，用 20%乳油 1 000～2 000 倍液喷雾；防治西瓜、冬瓜害螨，用 20%乳油 2 000～3 000 倍液喷雾。

【注意事项】 ①不要与碱性农药混合使用。施用前 1 周和施用后 2 周，不得施用波尔多液。②气温低于 25℃时使用，药效发挥较慢，较低，宜高温天晴时使用。③在收获前 30 天停用。④对鱼有毒，勿使药剂污染池塘、河道。⑤存放于阴凉干燥处。

2. 单甲脒

【通用名称】 单甲脒

【英文通用名称】 semiamitraz，formamidine

【化学名称】 N-(2，4-二甲苯基)-N′-甲基甲脒

【主要性状】 纯品为无色针状结晶，熔点 163℃～165℃。工业品为白色片状结晶，熔点 75℃～76℃。不溶于水，可溶于乙醇、苯、甲苯、二甲苯等有机溶剂。稳定性较差，在潮湿空气中会水解变质。盐酸盐（semiamitraz chloride）易溶于水和低级醇，难溶于苯、二甲苯、石油醚、正已烷等有机溶剂。其盐酸盐可加工成水剂。对人、畜中等毒性，对鱼类有毒。

【作用特点】 是有机氮杀螨剂，双甲脒的同系物。杀螨卵、若螨和成螨。能防治对三氯杀螨醇产生抗药性的螨。有相当强的杀蚜活性，对棉红铃虫、水稻三化螟和二化螟也有一定活性。对瓢虫、草蛉、食虫椿象、食螨瓢虫、棉田蜘蛛、蜜蜂、家蚕比较安全。

【剂型和使用方法】 剂型：25%水剂。

防治茄叶螨、棉蚜等，用 25%水剂 1 000 倍稀释液喷雾。

【注意事项】 对鱼类有毒,使用时防止药剂污染鱼塘、河流。忌与碱性物质混用。

3. 哒 螨 灵

【通用名称】 哒螨灵

【其他名称】 哒螨酮,牵牛星,速螨酮

【英文通用名称】 pyridaben

【化学名称】 2-特丁基-5-(4-特丁基苄硫基)-4-氯-2H-哒嗪-3-酮

【主要性状】 纯品为白色晶体,无味,熔点 111℃～112℃。不溶于水,溶于丙酮、苯、环己烷、二甲苯等有机溶剂。在强酸、强碱中不稳定,对光不稳定,但是乳油在正常贮存条件下可稳定保持2年以上。

对哺乳动物毒性中等,对兔的皮肤无刺激性,对兔的眼睛有轻微的刺激作用。对鸟类低毒,对鱼、虾和蜜蜂、蚕毒性较高。

【作用特点】 属新型广谱性杀螨剂。触杀性强,无内吸、传导和熏蒸作用,对叶螨的卵、幼螨、若螨和成螨均有较好效果,对锈螨、瘿螨、跗线螨的防治效果也较好。速效性好,持效期长,一般可达40～50天。药效不受温度变化的影响。对同翅目和缨翅目的一些害虫也有很好的防治效果。适用于果树、棉花、烟草、蔬菜(茄子除外)和观赏植物。

【剂型和使用方法】 剂型:20%可湿性粉剂,15%乳油。

防治蔬菜害螨,用 20%可湿性粉剂 3 000～4 000 倍液,或15%乳油 2 500～3 000 倍液,在初发期喷雾。

【注意事项】 不能与碱性农药混用。只有触杀作用,喷药要周到,不要漏喷。安全间隔期为 15 天,即在收获前 15 天停止用药。用药避开蜜蜂采花期、桑园、蚕室,不要污染鱼塘、河流。

4. 四螨嗪

【通用名称】 四螨嗪

【其他名称】 螨死净,阿波罗

【英文通用名称】 clofentezine

【化学名称】 3,6-双(2-氯苯基)-1,2,4,5-四嗪

【主要性状】 纯品为紫红色针状结晶,熔点179℃～182℃,无特殊气味。溶于氯仿,在苯、环已烷中溶解度低,微溶于水。对热、阳光和潮湿均稳定。对人、畜低毒。对鱼无毒。对有益昆虫无不良影响。

【作用特点】 为有机氯杂环类杀螨剂,对螨卵、若螨有强触杀作用,对成螨防效较低,但能降低雌成螨的产卵量和卵的孵化率。药效发挥慢,一般用药后7～10天才有显著效果,2～3周后达到药效高峰。持效期长达50～60天,一次用药可控制整个生长期的螨害。适用于果树、蔬菜、花卉、棉花等。

【剂型和使用方法】 剂型:20%悬浮剂,50%悬浮剂,10%可湿性粉剂等。

一般使用浓度,50%悬浮剂为4 000～6 000倍液,20%悬浮剂为2 000～2 500倍液,10%可湿性粉剂为1 000～1 500倍液。宜早期施药,在螨卵高峰期用药最佳,要减少后期施药次数。尽可能1年用药一次,以防止害螨产生抗药性。

【注意事项】 系水悬浮剂,用药前必须摇匀再稀释。

5. 唑螨酯

【通用名称】 唑螨酯

【其他名称】 霸螨灵

【英文通用名称】 fenpyroximate

【化学名称】 (E)-α-(1,3-二甲基-5-苯氧基吡唑-4-亚甲基氨基氧)对甲苯甲酸叔丁酯

【主要性状】 纯品为熔点 101.5℃～102.4℃的白色结晶。不溶于水,溶于丙酮、甲苯、苯、氯仿等有机溶剂。对人、畜中等毒,对鱼、贝高毒。在 250mg/L(5 倍于推荐剂量)下对蜜蜂无害。

【作用特点】 为肟类杀螨剂,作用方式以触杀作用为主,杀螨谱广,对螨卵、幼螨、若螨、成螨等均有特效,速效,低残留,持效期长。兼有杀虫、防病作用。对叶螨、小菜蛾、斜纹夜蛾、二化螟、稻飞虱、桃蚜等害虫,以及对稻瘟病、白粉病、霜霉病等病害有良好防治效果。

【剂型和使用方法】 剂型:5%悬浮剂。

防治各种植食性螨类,推荐使用浓度为 20～50mg/kg。在害螨发生初期用药效果好,在同一作物上,1 年使用一次。宜与其他杀螨剂交替使用。

【注意事项】 不能与碱性物质混合使用。对鱼有毒,使用时注意安全,药液不能污染水井、池塘和水源。不能让药液飘逸到桑园,否则污染桑叶,蚕拒食。

6. 噻螨酮

【通用名称】 噻螨酮

【其他名称】 尼索朗

【英文通用名称】 hexythiazox

【化学名称】 5-(4-氯苯基)-3-(N-环己基氨基甲酰)-4-甲基噻唑烷-2-酮

【主要性状】 纯品为白色晶体,熔点 108℃～108.5℃。溶于氯仿、二甲苯、丙酮等,不溶于水。为低毒杀螨剂,对家兔眼睛有轻

微刺激，对皮肤无刺激作用，在试验条件下未见致畸、致癌、致突变现象。对鱼有毒，对蜜蜂、鸟类毒性很低。对捕食性益虫安全。

【作用特点】 噻唑烷酮类杀螨剂，对害螨的杀卵、幼螨、若螨有强烈触杀作用，对成螨无效。对植物表皮具有良好渗透性。药效发挥较慢，持效期长，对害螨控制可达 30 天以上。对叶螨防效好，对锈螨、瘿螨防效较差。在高温或低温下使用的效果无显著差异，药效稳定。与有机磷、三氯杀螨醇等无交互抗药性。主要用于棉花、柑橘、苹果、柠檬等作物。可与波尔多液、石硫合剂等多种农药混用。

【剂型和使用方法】 剂型：5%乳油，5%可湿性粉剂。

防治蔬菜、花卉叶螨，常用 5%乳油或 5%可湿性粉剂 1 500～2 000 倍液喷雾。对成螨无效，宜在幼螨初发期施药。

【注意事项】 可与波尔多液、石硫合剂等多种农药混用。不宜与拟除虫菊酯、二嗪磷、甲噻硫磷混用。无内吸性，喷药要均匀周到。

7. 炔螨特

【通用名称】 炔螨特

【其他名称】 克螨特，奥美特，螨除净

【英文通用名称】 propargite

【化学名称】 2-(4-特丁基苯氧基)环己基丙-2-炔基亚硫酸酯

【主要性状】 纯品为白色至褐色粉末，工业品为深琥珀色黏状液体。不溶于水，易溶于丙酮、苯、乙醇和甲醇等有机溶剂。不能与强酸、强碱相混，易燃。通常条件下贮藏至少 2 年不变质。属低毒杀螨剂。对兔眼和皮肤有强烈刺激性。对天敌安全。

【作用特点】 为低毒广谱性有机硫杀螨剂，具有较强的触杀和胃毒作用，对成螨、若螨有效，杀卵的效果差。无内吸和渗透作

用。气温20℃以上时药效好。用于防治棉花、蔬菜、苹果、柑橘、茶、花卉等多种作物的害螨。在高温、高湿条件下喷洒高浓度的炔螨特,对某些作物的幼苗和梢稍嫩叶可能会有轻微药害,使叶片皱曲或起斑点,但这对作物的生长没有影响。

【剂型和使用方法】 剂型:73%乳油,57%乳油,40%乳油。

防治蔬菜害螨,用73%乳油2 000～2 500倍液喷雾。无内吸和渗透作用,喷药要全面周到。

【注意事项】 对25cm高度以下的瓜、豆、棉苗等,用73%乳油4 000～5 000倍液。不能与波尔多及其他强碱性药剂混用。施药时须戴安全保护用具,如药液不慎接触眼睛或皮肤,应立即用清水冲洗15分钟。贮存时要防潮湿,防暴晒受热。

8. 三唑锡

【通用名称】 三唑锡

【其他名称】 倍乐霸,三唑环锡

【英文通用名称】 azocyclotin

【化学名称】 三(环己基)-(1,2,4-三唑-1-基)锡

【主要性状】 纯品为无色结晶或粉末,熔点为218.8℃。原药有效成分含量不低于90%,外观为白色粉末。不溶于水,易溶于已烷,可溶于丙酮、乙醚、氯仿。在酸中不稳定,易水解失去三唑基团。原药贮存适当则可保存2年以上。

属中等毒性杀螨剂,对人皮肤和黏膜有刺激性,在试验剂量内无致畸、致癌、致突变作用,对鱼毒性高,对蜜蜂毒性低。

【作用特点】 广谱性杀螨剂,具有触杀作用,对幼螨、若满和成螨都有效,对夏卵有毒杀作用,但对越冬卵无效。

【剂型和使用方法】 剂型:25%可湿性粉剂。

防治害螨,用25%可湿性粉剂1 000～1 500倍液喷雾。不宜

连续使用,以防使害螨产生抗药性。

【注意事项】 在果树收获前的最后一次施药时间,距收获期应不少于 21 天。与波尔多液间隔使用,在喷三唑锡后 7～10 天再喷波尔多液,在喷布波尔多液后 20 天左右才能喷三唑锡,否则会降低药效。

9. 苯丁锡

【通用名称】 苯丁锡

【其他名称】 托尔克、螨完锡

【英文通用名称】 fenbutatin oxide

【化学名称】 双[三(2-甲基-2-苯基丙基)锡]氧化物

【主要性状】 原药为白色结晶,对光、氧气、酸都稳定。纯品为无色粉末状结晶,熔点 144℃～147℃。不溶于水,难溶于多数有机溶剂,溶于二氯甲烷、苯。遇明火、高热可燃。受高热分解,放出有毒的烟气。对人、畜低毒。对蜜蜂无害。对鱼高毒。人体每日允许摄入量(ADI)为 0.03mg/kg。

【作用特点】 苯丁锡是一种长效有机锡杀螨剂,对成螨、幼螨、若螨有良好触杀作用,但对螨卵效果差。药性缓慢,施药后 3 天才发挥药效,14 天后最强。持效期长,可达 30 天以上。对作物无药害,对各种天敌和益虫安全。适用于防治果树、蔬菜、茶树、棉花和花卉等作物的多种害螨。苯丁锡为感温型杀螨剂,在气温 22℃以下使用时药效低,在 22℃以上药效提高。

【剂型和使用方法】 剂型:10%乳油,25%可湿性粉剂,50%可湿性粉剂。

50%可湿性粉剂一般用 1 500～2 000 倍液喷雾。不宜在冬季、早春气温较低时使用。

【注意事项】 不能与波尔多液、石硫合剂等混用,不能与酸和多硫化钙混用。使用与春雷霉素的混剂，苹果、葡萄、大豆和藕等作物的嫩叶敏感，要用较低浓度，在下午 4 时后喷药。最后一次施药距收获时间，番茄 10 天，柑橘 14 天以上。不要使药液污染水源，以免引起鱼中毒。

10. 浏阳霉素

【通用名称】 浏阳霉素

【其他名称】 多活菌素

【英文通用名称】 Liuyangmicin

【主要性状】 纯品为无味、无色或微黄色棱状晶体。熔点 111℃～112℃，易溶于醇类、丙酮等有机溶剂，难溶于水。室温时稳定，在紫外光照射下不稳定。制剂外观为棕黄色油状液体。属低毒抗生素类杀螨剂，对眼睛有轻微刺激作用。对鱼有毒。

【作用特点】 有效成分是灰色放线菌浏阳变种发酵所产生的抗生素，具大四环内酯类结构。对多种作物的叶螨有良好的触杀作用，对螨卵也有一定抑制作用，为专性生物杀螨剂。

【剂型和使用方法】 剂型：10％乳油。

防治蔬菜害螨，包括二斑叶螨、朱砂叶螨等，每 667m^2 用 10％乳油 30～50ml（有效成分 3～5g）对水 50L 稀释后喷雾，在7～10 天内有效控制危害。

【注意事项】 本剂主要触杀作用，喷雾时力求均匀周到。该药对鱼有毒，施药时避免污染鱼池、湖泊、河流等水体。桑、黄瓜、木耳菜和十字花科蔬菜较敏感，勿超量用药。

第五章　杀线虫剂和杀软体动物剂

一、杀线虫剂

防治植物线虫的药剂称为杀线虫剂，大部分品种用于土壤处理，少部分用于种子、苗木处理。多数现有杀线虫剂高毒、高残留，不能用于蔬菜，国家只允许少数杀线虫剂在菜田使用。在可用于蔬菜的杀线虫剂中，威百亩、棉隆、丁硫克百威、氰氨化钙、噻唑磷、淡紫拟青霉菌等6种农药的原药和制剂的毒性分别为微毒、低毒或中等毒，而溴甲烷和阿维菌素的原药毒性为高毒，溴甲烷制剂的毒性为高毒或中等毒，阿维菌素制剂的毒性为低毒或中等毒。在第二章已经介绍了丁硫克百威和阿维菌素，本章介绍噻唑磷、威百亩、棉隆和氰氨化钙。

1. 噻唑膦

【通用名称】 噻唑膦

【其他名称】 福气多

【英文通用名称】 fosthiazate

【化学名称】 （R,S)-S-仲丁基-O-乙基-2-氧代-1,3-噻唑烷-3-基硫代磷酸酯

【主要性状】 纯品为浅棕色油状物，沸点198℃。溶解度(20℃)水为9.85mg/L，正己烷为15.14mg/L。中等毒，对兔眼睛有刺激性，而对皮肤无刺激性。

【作用特点】 为非熏蒸型的杀线虫剂，具有内吸作用。杀线

虫范围广，对根结线虫，根腐线虫，茎线虫，胞囊线虫等都有很好的防治效果，可防治多种外寄生线虫和内寄生线虫。还可兼治农业害虫、卫生害虫和叶螨。在中国已取得用于在黄瓜、番茄、西瓜的登记。福气多具有优异的触杀功能，具有明显的向上传导特性，向下传导能力很弱。药效稳定，持效期长，一年生作物可达 2～3 个月，多年生作物可达 4～6 月。杀线虫效果不受土壤条件的影响，对土壤中的有益微生物几乎没有影响。

【剂型和使用方法】　剂型：10％颗粒剂。

防治番茄、黄瓜根结线虫，每 667m^2 用 10％颗粒剂 1.5～2kg，采用多次稀释法与细干土充分拌匀，在保护地蔬菜播前或定植前，均匀撒施在畦面上，再用旋耕机或手工工具将药剂与畦面 15～20cm 表土层土壤充分拌匀。也可均匀撒在沟内或定植穴内，再浅覆土。施药当天即可播种或定植幼苗。每 667m^2 用药土大约 20kg。药效大约可持续 45 天左右。

【注意事项】　使用方法不当，超量使用或土壤水分过多时容易引起药害。对蚕有毒性，注意不要将污染桑园。

2. 威百亩

【通用名称】　威百亩

【其他名称】　线克，维巴姆，保丰收，硫威钠

【英文通用名称】　metham sodium

【化学名称】　甲基二硫代氨基甲酸钠

【主要性状】　二水化合物为无色晶体，溶于水，在醇中有一定的溶解度，在其他有机溶剂中几乎不溶。浓溶液稳定，但稀释后不稳定，土壤、酸和重金属盐可促进其分解。水溶液对黄铜、铜和锌有腐蚀性。低毒，对眼睛及黏膜有刺激作用，对鱼有毒，对蜜蜂无毒。

【作用特点】 为二硫代氨基甲酸酯类杀线虫剂和是具有熏蒸作用的杀线虫剂、土壤杀菌剂,兼具除草作用。在湿土壤中降解成异氰酸甲酯而发挥熏蒸作用,可防治根结线虫、孢囊线虫、短体线虫、螺旋线虫、纽带线虫、矮化线虫等。对土壤中的丝核菌、腐霉菌、镰刀菌、疫霉菌、菌核病菌、白绢病菌、黄萎病菌、蜜环菌、紫纹羽病菌、十字花科蔬菜根肿病菌、青枯病病原细菌等均有防效。还能防除马唐、看麦娘、马齿苋、豚草、狗牙根、石茅、莎草等杂草。适用于蔬菜、花卉、烟草、草莓等作物的苗床和温室大棚的播种前土壤处理。在潮湿土壤中本品一般在 14 天内分解。

为灭生性药剂,土壤中有益生物也被杀灭,施药麻烦,费工费时,处理等待期较长,易对蔬菜产生药害。适用于种传、土传病害并存,休闲期较长的菜田使用。

【剂型和使用方法】 剂型:35%水剂,48%水溶液,32.7%水溶液等。

防治根结线虫,每 667m^2 用 35%水剂 3～5kg,对水 300～500L,在播种前 2～3 周,开 15～20cm 深的沟(沟距 25～30cm),将药液灌施后随即覆土压实。待药效发挥后(约 2 周)播种。也可施药后随即盖土踏实,盖地膜,15 天后揭膜,翻耕散气 2～3 天后播种或移栽。

【注意事项】 必须在播种前或移栽前施用,在规定等待天数后方可播种或定植,否则易生药害。该药在稀溶液中易分解,使用时要现配。施药量及施药方式不当易产生药害。不能与含钙的农药如波尔多液、石硫合剂等混用。

3. 棉 隆

【通用名称】 棉隆

【其他名称】 必速灭(Basamid)

【英文通用名称】 dazomet

【化学名称】 四氢-3,5-二甲基-1,3,5-噻二唑-2-硫酮

【主要性状】 原药为白色结晶，熔点 106℃～107℃（分解）。微溶于水，易溶于丙酮、氯仿、环已烷、二氯乙烷等多种有机溶剂。常温条件下贮存稳定，35℃以上时，对热和潮湿气敏感。遇酸水解放出二氧化碳。

属低毒杀线虫剂。对兔皮肤无刺激作用，对眼黏膜有轻微刺激作用。在试验剂量下对动物无致畸、致癌、致突变作用。对鱼类毒性中等，对蜜蜂和鸟类无毒。

【作用特点】 硫代异硫氰酸甲酯类熏蒸性杀线虫剂，并兼治土壤真菌、地下害虫和杂草。在土壤中分解成有毒的异硫氰酸甲酯、甲醛和硫化氢等。易于在土壤中扩散并且持效期较长。

为灭生性药剂，土壤中有益生物也被杀灭，施药较麻烦，对温度要求严格，费工费时，处理等待期较长，易对蔬菜产生药害。

【剂型和使用方法】 剂型：98%棉隆微粒剂。

施药前先将土壤整平耙碎，并保持土壤湿润（土壤含水量为60%～70%）。

防治蔬菜线虫，沙质土每 667m^2 用制剂 5～6kg，黏质土用6～7kg，将颗粒剂均匀撒施于土壤表面，然后用细齿耙将颗粒剂混入土壤 20cm 深，将土面压实，洒水，密封或覆盖塑料薄膜，并保持土壤湿润 5～7 天。25℃～30℃时熏蒸 3～4 天，揭膜散气 1～2 天；20～15℃时，熏蒸 6～8 天，揭膜散气 3～5 天；10℃时，熏蒸 12 天，揭膜散气 10 天。松土散气后播种或栽植，松土时不要超过处理的土壤深度。

【注意事项】 必须在播种前或移栽前施用，在规定等待天数后方可播种或定植，否则易生药害。防效受土壤温湿度以及土壤结构影响较大，使用时土壤温度应高于 6℃，以 12℃～18℃最宜，土壤湿度要高于 40%。25℃以上不宜使用。对鱼类有毒，易污染

地下水，使用要慎重。对已成长的植物有毒，使用时要距离根部100～130cm。

4. 氰氨化钙

【通用名称】 氰氨化钙

【其他名称】 石灰氮

【英文通用名称】 calaium cyanamide

【化学名称】 氰氨化钙

【主要性状】 制剂灰黑色颗粒状，有电石臭味，总氮含量≥19%，不溶于乙醇，而溶于水，水溶液显碱性。受潮或遇湿则粉化。低毒，对消化系统和呼吸道黏膜以及皮肤有刺激性和腐蚀性。

【作用特点】 是一种农药、化肥兼用的无机物，具有杀虫、杀菌、除草、提高地温、调节土壤酸、碱度，和提供植物营养等多重作用。

氰胺化钙是一种高效的土壤消毒剂。分解的中间产物氰氨和双氰胺都具有灭虫杀菌的作用，可杀灭蔬菜的根结线虫和地下害虫，防治青枯病、软腐病、立枯病、菌核病、蔓枯病、黄萎病、枯萎病、十字花科蔬菜根肿病等病害以及杂草。石灰氮处理结合日光消毒效果好，成本较低，无任何残毒，操作安全。

氰氨化钙是一种长效的无酸根氮肥，在土壤中与水分反应，先生成氢氧化钙和氰胺，氰胺水解形成尿素，最后分解成氨，供植物吸收。在碱性土壤中，形成的氰氨可进一步聚合而形成双氰胺。氰胺和双氰胺都抑制硝化作用，施入土壤中的铵态氮不易转化为硝态氮，在土壤中长期以胺态氮形式存在，不易淋失，肥效高，持效长。氰氨化钙含有丰富的钙，可提供钙素营养。还能改变土壤pH 值，消除土壤酸化现象。

【剂型和使用方法】 剂型：50%氰氨化钙颗粒剂。

防治番茄、黄瓜的根结线虫，每 667m^2 沟施 50％颗粒剂 24～32kg(有效成分)。在番茄、黄瓜移栽定植前起垄，浇水，均匀撒施于土内，覆土。至少 15 天以后再移栽番茄、黄瓜苗子(或直播黄瓜种子)。必须严格掌握使用时期和使用剂量，并要将水浇透，使之充分溶解。施药后至移栽间隔时期至少 15 天以上。

另法，选择夏秋高温季节，大棚蔬菜收茬清园后，结合土壤翻耕和施基肥，施药并高温闷棚消毒。宜在播种或定植前 20 天以上进行。在施用农家肥后，全田撒施石灰氮，用量每 667m^{2}60～80kg，随后翻耕土壤，灌水(保持土壤含水量 70％以上)，用薄膜覆盖畦面，密闭大棚增温。夏季高温闷棚，白天棚内的地表温度可高达 60℃～70℃，10cm 地温 50℃以上，非常有利于杀灭土壤中的线虫和病菌。一般 10 天左右完成消毒，然后揭膜通风透气，翻耕土壤整地，晾晒 7 天以上，再播种或栽植苗子。

【注意事项】 必须在播种前或移栽前施用，在规定等待天数后方可播种或定植，否则易生药害。在高温和高剂量条件下，番茄、黄瓜可能出现烧苗现象，叶片边缘发白，随后焦枯，因而必须严格掌握使用时期和使用剂量。石灰氮分解产生的氰胺对人体有害，使用时应特别注意安全防护。不要在鱼塘附近的地块施用。石灰氮为碱性，不宜与硫酸铵、过磷酸钙等酸性肥料混合施用。

二、杀软体动物剂

杀软体动物剂又称为杀螺剂，当前使用的为有机杀软体动物剂，品种不多，本章介绍菜田使用的普通种类。

1. 四聚乙醛

【通用名称】 四聚乙醛

【其他名称】 密达,梅塔,蜗牛敌,灭旱螺,蜗火星,灭蜗灵,多聚乙醛

【英文通用名称】 metacetaldehyde

【化学名称】 2,4,6,8-四甲基-1,3,5,7-四氧杂环辛烷

【主要性状】 原药为白色结晶粉,熔点 246℃,升华温度 115℃,不溶于水,溶于乙醇、乙醚、丙酮和苯。四聚乙醛在 60℃～65℃保持数天后,大部分转变成三聚乙醛和乙醛。按我国农药毒性分级标准,该药中等毒性,对兔皮肤无刺激性,对眼睛有轻微刺激性。在试验剂量下,无致畸、致突变和致癌作用。对鱼低毒,对蜜蜂微毒。在土壤中的半衰期 1.4～6.6 天,不易水解和光解。

6%颗粒剂外观为蓝色或灰蓝色颗粒,遇水软化,有特殊香味,有很强的引诱力。主要成分为四聚乙醛、甲萘威、饵料。对人、畜低毒,对鱼类、陆上及水生非靶生物毒性低,对蚕低毒。贮存稳定性 6 个月,20℃条件下贮存稳定性 2 年。

【作用特点】 四聚乙醛是一种神经毒物,对蛞蝓和蜗牛等软体动物具有触杀作用与胃毒作用。当软体动物取食或接触到药剂后,体内乙酰胆碱酯酶大量释放,神经麻痹,并分泌黏液,大量体液流失,细胞被破坏,在短时间内中毒死亡。主要用于防治稻田福寿螺、旱地蜗牛和蛞蝓。植物体不吸收四聚乙醛,因此该药不在植物体内积聚。

【剂型和使用方法】 剂型:6%颗粒剂,5%颗粒剂。

防治菜田蜗牛、蛞蝓,在春、秋两季活动季节,选晴天傍晚或雨后施药。每 667m^2 用 6%颗粒剂 500g 左右(依据蜗牛、蛞蝓密度增减),直接撒施,或与细沙土 10kg 拌匀撒施。可撒施于地表面

或作物基部周围，使蜗牛、蛞蝓易于接触药剂。在蜗牛繁殖高峰期，可在第一次用药2周后，再适量施药一次。

【注意事项】 土壤温度13℃～28℃用药最佳，在低温、高温或干旱季节，蜗牛活动力弱或进入休眠，降低防治效果。施药后不要在地内践踏，若遇大雨，药粒被雨水冲刷，需补施 。本品应保存在干燥、通风、远离火源之处。启封后应尽量一次用完。

2. 杀螺胺和杀螺胺乙醇胺盐

【通用名称】 杀螺胺，杀螺胺乙醇胺盐

【其他名称】 ①百螺杀(Bayluscide)，氯螺消，贝螺杀，氯硝柳胺；②螺灭杀，除螺灵，氯硝柳胺乙醇胺盐

【英文通用名称】 ①杀螺胺：clonitralide (niclosamide)；②杀螺胺乙醇胺盐：nichosamide ethanolamine

【化学名称】 ①杀螺胺：2′，5-二氯-4′-硝基水杨酸酰替苯胺；②杀螺胺乙醇胺盐：2′，5′-二氯-4′-硝基水杨酰替苯胺乙醇胺

【主要性状】 杀螺胺(氯硝柳胺)纯品为无色固体，原药为浅黄色均匀疏松粉末。熔点230℃，室温下微溶于水，溶于一般有机溶剂如乙醇、乙醚。热稳定，紫外光下分解，遇强酸和碱分解。

杀螺胺乙醇胺盐(氯硝柳胺乙醇胺盐)原药外观为黄色均匀疏松粉末，熔点208℃，微溶于水，能溶于二甲基甲酰胺、乙醇等有机溶剂中。常温下稳定，分解点216℃，遇强酸或强碱易分解。制剂外观为黄色至棕黄色疏松粉末，pH 7～8，常温贮存稳定。

70%杀螺胺可湿性粉剂外观为黄棕色粉末，细度95%通过0.04mm筛孔，98%通过0.07mm筛孔(湿筛试验)。悬浮率以5%药液放置30分钟，沉淀物50%，湿润时间为3分钟，水分含量低于2.5%。常温贮存稳定性2年以上。对人、畜低毒，如按正常剂量使用，对塘鸭安全，对益虫无害，但对鱼、蛙、贝类有毒。

【作用特点】 杀螺胺是酰胺类低毒杀软体动物剂，通过阻止害螺对氧的摄入而降低呼吸作用，使其窒息死亡，兼杀螺卵。主要用于杀死稻田中的福寿螺。在医药卫生方面，用于治疗牛肉绦虫、猪肉绦虫等寄生虫。该剂对于鱼类毒性很大，在水中半衰期短，也用做杀鱼剂，清除商业鱼塘不想保留的鱼。

杀螺胺乙醇胺盐也是一种杀软体动物剂，对螺卵、血吸虫尾蚴等有较强的杀灭作用，对人、畜毒性低，对作物安全，使用方便。能有效防除包括福寿螺、蜗牛、蛞蝓等在内的危害农作物的多种软体动物。

【剂型和使用方法】 剂型：70%杀螺胺可湿性粉剂，25%杀螺胺乙醇胺盐可湿性粉剂，50%杀螺胺乙醇胺盐可湿性粉剂等。

70%杀螺胺可湿性粉剂（千螺飘摇）防治水稻田福寿螺，每667m^2 用30～40g，对水喷雾，或做成毒土撒施。

25%杀螺胺乙醇胺盐可湿性粉剂（除螺灵）防治福寿螺，每667m^2 用 100～120g，对水喷雾，或撒毒土。

50%杀螺胺乙醇胺盐可湿性粉剂（螺灭杀），每 667m^2 施用60～80g，对水喷雾，或撒毒土。

【注意事项】 对鱼类、蛙、贝类有毒，使用时要多加注意。

3. 灭梭威

【通用名称】 灭梭威

【其他名称】 灭旱螺，甲硫威

【英文通用名称】 methiocarb

【化学名称】 甲基氨基甲酸 4-甲硫基-3,5-二甲苯酯

【主要性状】 纯品为白色结晶粉末，熔点 119℃。微溶于水，溶于环己酮、异丙醇、甲苯。遇碱水解。对人、畜中等毒，对蜜蜂有毒，对鱼有毒。

【作用特点】 为氨基甲酸酯类杀软体动物剂、杀虫剂、杀螨剂，具有触杀和胃毒作用，杀软体动物主要是胃毒作用。用于防治各种蜗牛和蛞蝓，鳞翅目、鞘翅目、同翅目害虫，粉虱和螨类等。

【剂型和使用方法】 剂型：2%饵剂（灭旱螺）。

防治旱地、温室的蜗牛，每 667m² 用 2%灭旱螺饵剂 500～600g，防治蛞蝓每 667m² 用 333～500g。撒施于作物根际土表，注意不要撒在植株上。

【注意事项】 不能与碱性农药混用。稻田施药的前后 10 天内，不能使用敌稗。

4. 三苯基乙酸锡

【通用名称】 三苯基乙酸锡

【其他名称】 苯乙锡，薯瘟锡

【英文通用名称】 fentin acetate

【化学名称】 三苯基醋酸锡

【主要性状】 为白色无味结晶粉末。熔点 118℃～122℃。几乎不溶于水，微溶于大多数有机溶剂。置于干燥处贮存稳定，遇水分解。暴露于空气和阳光下较易分解，最后形成不溶性锡化合物。遇明火、高热可燃。受高热分解放出有毒的气体。对人、畜毒性中等。

【作用特点】 为有机锡杀螺、杀菌剂。有内吸性，将它施于稻田中经 24 小时后可由苗根传导至叶鞘和叶部。可防治福寿螺、蜗牛等软体动物。作为杀菌剂，可用以防治甜菜褐斑病、马铃薯晚疫病、稻胡麻斑病等。还可防治稻田水绵以及用作昆虫不育剂，抑制家蝇的繁殖。

【剂型和使用方法】 剂型：45%可湿性粉剂（百螺敌）。

防治福寿螺，每 667m² 用 45%可湿性粉剂 45g，稻田在抛

(插)秧前,结合撒施面肥,拌尿素、钾肥浅水撒施,随后即可抛(插)秧,药后3天内不要排水出田。或每667m^{2}用45%可湿性粉剂45g,对水40～60L稀释,在抛(插)秧后喷雾,药后3天内不要排水出田。

【注意事项】 百螺敌不能和碱性物质混用,不能与油乳剂混用。百螺敌对鱼、虾、蟹有毒,应避免污染鱼塘、水源。